建筑施工五大员岗位培训丛书

施工员必读

（第二版）

潘全祥　主编

中国建筑工业出版社

图书在版编目（CIP）数据

施工员必读/潘全祥主编. —2版. —北京：中国建筑工业出版社，2005
（建筑施工五大员岗位培训丛书）
ISBN 978-7-112-07504-1

Ⅰ. 施... Ⅱ. 潘... Ⅲ. 建筑工程-工程施工-技术培训-教材 Ⅳ. TU74

中国版本图书馆 CIP 数据核字（2005）第 114890 号

本书为建筑施工五大员岗位培训丛书之一，主要讲述施工员必备的建筑基础知识和专业施工技术及管理知识，内容包括：建筑识图、建筑构造、建筑工程定额与预算、建筑施工测量放线、建筑结构、施工组织设计的编制，以及基础工程、砖混结构、框架结构、装配式单层工业厂房、高层建筑、防水技术、门窗、楼地面、装饰、构筑物、季节施工等分项工程施工技术和施工工艺。

本书第二版是以国家所颁布的《建筑工程施工质量验收统一标准》GB 50300—2001 和相关专业的施工质量验收规范为依据，对第一版的内容进行修订。

本书可供各地施工企业对施工员进行短期培训时选用，也可作为基层施工技术人员学习参考用书。

* * *

责任编辑：郦锁林　岳建光
责任设计：董建平
责任校对：李志瑛　张　虹

建筑施工五大员岗位培训丛书
施 工 员 必 读
（第二版）
潘全祥　主编
*
中国建筑工业出版社出版、发行（北京西郊百万庄）
各地新华书店、建筑书店经销
霸州市顺浩图文科技发展有限公司制版
北京市书林印刷有限公司印刷
*
开本：787×1092 毫米　1/16　印张：44　插页：2　字数：1068 千字
2005年 11 月第二版　2014 年 6 月第二十七次印刷
定价：**72.00** 元
ISBN 978-7-112-07504-1
（13458）

本社网址：http://www.cabp.com.cn
网上书店：http://www.china-building.com.cn

《施工员必读》(第二版)编写人员名单

主　　编： 潘全祥

编写人员： 吕书田　许增林　赵炳禄　潘度谦　丁云朝

朱　钰　关　斌　马红生　张静波　马红漫

耿贺明　于　宁　崔维军　刘春贵　杨红通

齐文涛　崔　凯　宋文新　陈立强

第二版出版说明

建筑施工现场五大员（施工员、预算员、质量员、安全员和材料员），担负着繁重的技术管理任务，他们个人素质的高低、工作质量的好坏，直接影响到建设项目的成败。

2001年初，我社根据建设部对现场技术管理人员的要求，编辑出版了“建筑施工五大员岗位培训丛书”共五册，着重对五大员的基础知识和专业知识作了介绍。其中基础知识部分浓缩了建筑业几大科目的知识要点，便于各地施工企业短期、集中培训用。这套书出版后反映良好，共陆续印刷了近10万册。

近4～5年来，我国建筑业形势有了新的发展，《建设工程质量管理条例》、《建设工程安全生产管理条例》、《建设工程工程量清单计价规范》……等一系列法规文件相继出台；由建设部负责编制的《建筑工程施工质量验收统一标准》及相关的十几个专业的施工质量验收规范也已出齐；施工技术管理现场的新做法、新工艺、新技术不断涌现；建筑材料新标准及有关的营销管理办法也陆续颁发。建筑业的这些新的举措和大好发展形势，不啻为我国施工现场的技术管理工作规划了新的愿景，指明了改革创新的方向。

有鉴于此，我们及时组织了对这套“丛书”的修订。修订工作不仅在专业层面上，按照新的法规和标准规范做了大量调整和更新；而且在基础知识方面，对以人为本的施工安全、环保措施等内容以及新的科学知识结构方面也加强了论述。希望施工现场的五大员，通过对这套“丛书”的学习和培训，能具备较全面的基础知识和专业知识，在建筑业发展新的形势和要求下，从容应对施工现场的技术管理工作，在各自的岗位上作出应有的贡献。

中国建筑工业出版社

2005年6月

第一版出版说明

建筑施工企业五大员（施工员、预算员、质量员、安全员和材料员）为建筑业施工关键岗位的管理人员，是施工企业项目基层的技术管理骨干。他们的基础知识水平和业务能力大小，直接影响到工程项目的施工质量和企业的经济效益。五大员的上岗培训工作一直是各施工企业关心和重视的工作之一，原建设部教育司曾讨论制订施工企业八大员的培训计划和大纲，对全国开展系统的教育培训，持证上岗工作，发挥了积极作用。

当前我国建筑业的发展十分迅猛，各地施工任务十分繁忙，活跃在施工现场的五大员，工作任务重，学习时间少，不少企业难以集中较长时间进行正规培训。为了适应这一形势，我们以原建设部教育司的八大员培训计划和大纲为基础，以少而精的原则，结合施工企业目前的人员素质状况和实际工作需要，组织编辑出版了这套“建筑施工五大员岗位培训丛书”，丛书共分5册，它们分别是：《施工员必读》、《预算员必读》、《质量员必读》、《安全员必读》和《材料员必读》，每册介绍各大员必须掌握的基础知识和专业技术、管理知识，内容强调实用性、科学性和先进性，便于教学和培训之用。

本丛书可供各地施工企业对五大员进行短期培训时选用，同时也可作为基层施工管理人员学习参考用书。

中国建筑工业出版社

第二版前言

本书为建筑施工五大员岗位培训丛书之一，它根据原建设部教育司审定的大纲，结合目前施工企业培训的实际需要，将施工员应掌握的基础知识、专业知识，按照科学性、先进性、实用性、适当超前性和注意技能培训的原则进行编写。本书分为基础知识和专业知识两大篇，基础知识包括建筑识图、建筑构造、建筑工程定额与预算、建筑施工的测量放线、建筑结构、施工组织设计的编制。专业知识包括基础工程、砖混结构、框架结构、装配式单层工业厂房、高层建筑、屋面及防水、门窗、楼地面、装饰、构筑物、季节施工等十二个分项，并分别对它们的施工工艺和技术进行介绍。本书在编写过程中力求实事求是，理论联系实际，既注重建筑施工知识的论述，也注重实际能力的培养，便于目前施工员不同技术状况的培训，通过培训达到掌握建筑工程施工技术的目的。

由于我国建筑工程勘察设计、施工质量验收、材料等标准规范的全面修订，新技术、新工艺、新材料的应用和发展，以及为了适应我国加入 WTO 以后建筑业与国际接轨的形势，我们对《施工员必读》进行了修订。

本书既可作为各地施工企业对施工员进行短期培训时用的教材，也可作为基层施工技术人员学习参考用书。

限于编者的水平，书中不完善甚至不妥之处在所难免，欢迎读者批评指正。

第一版前言

本书为建筑施工五大员岗位培训丛书之一，它根据原建设部教育司审定的大纲，结合目前施工企业培训的实际需要，将施工员应掌握的基础知识、专业知识，按照科学性、先进性、实用性、适当超前性和注意技能培训的原则进行编写。本书分为基础知识和专业知识两大篇，基础知识包括建筑识图、建筑构造、建筑工程定额与预算、建筑施工的测量放线、建筑结构、施工组织设计的编制。专业知识包括基础工程、砖混结构、框架结构、装配式单层工业厂房、高层建筑、屋面及防水、门窗、楼地面、装饰、构筑物、季节施工等十二个分项，并分别对它们的施工工艺和技术进行介绍。本书在编写过程中力求实事求是，理论联系实际，既注重建筑施工知识的论述，也注重实际能力的培养，便于目前施工员不同技术状况的培训，通过培训达到掌握建筑工程施工技术的目的。

本书既可作为各地施工企业对施工员进行短期培训时用的教材，也可作为基层施工技术人员学习参考用书。

限于编者的水平，书中不完善甚至不妥之处在所难免，欢迎读者批评指正。

目　　录

第一章　绪　　论

第一节　建筑工程施工员课程的任务与内容

一、任务

当前，建筑业已进入一个新的发展时期：为建筑业监督管理体制改革鸣锣开道的《中华人民共和国建筑法》、《中华人民共和国招标投标法》、《建设工程质量管理条例》、《建设工程安全生产管理条例》等一系列国家法律、法规已相继出台；2000年以来，由建设部负责编制的《建筑工程施工质量验收统一标准》GB 50300—2001和相关的14个专业施工质量验收规范也已全部颁布，全面调整了建筑工程质量管理和验收方面的要求。为了适应新形势的发展，组织对本书进行修订。

本书以理论联系实际出发，针对新上岗的、具有一定专业技术知识的新施工员和原先具有相应施工实践经验的、文化在初中及高中水平的老施工员，进行比较系统的培训，达到持证上岗，进行施工现场技术、质量管理的指导，从而保证建筑工程，尤其是房屋建筑工程的施工质量。

本书的任务是把建筑识图、建筑构造、建筑工程定额与预算、施工组织设计、房屋建筑等内容综合起来，再通过培训教学使施工员能够掌握施工准备到各分部分项的施工技术和工艺等知识，并对不同结构类型的房屋从基础到工程施工结束，有一个系统的了解。通过学习能懂得在什么情况下，采用什么施工方法；不同类型的工程有哪些不同的施工工艺；怎样做和如何做好。至于深层次的提高和研究，则要根据不同学习效果，再进一步上台阶的学习和钻研，取得更大的成绩，为推进施工技术的更新发展做出应有的贡献。

二、内容

书中的内容大致分为以下几个方面：

1. 建筑识图

该部分着重介绍了投影和物体的三面图的基本原理，看三面图的基本方法，建筑图的一般规定，建筑物的表达方法，看建筑施工图、结构施工图和设备施工图的方法和步骤等内容。

2. 建筑构造

该部分内容主要介绍了民用建筑构造的基础、墙体、楼地面、屋顶、顶棚、门窗、楼梯的类型、构造以及它的作用；工业建筑的单层工业厂房的基础、柱、屋盖、圈梁及支撑、地面及基础设施的类型和结构构造；多层厂房建筑的构造及施工顺序；建筑材料中的混凝土和砂浆、墙体、金属材料的特点、分类等内容。

3. 建筑工程定额及预算

该部分内容主要介绍建筑工程定额的基本理论，定额的编制水平、编制原则、编制程序和编制方法，以及建筑工程定额的应用。

4. 建筑施工测量放线

该部分内容主要介绍施工时如何把施工图纸上房屋的位置、形状、大小尺寸放置到规划定出的地域范围内，直到确定拟建房屋在地域内的空间位置。主要了解施工放线的准备工作，测量中的专门名词，使用的仪器和工具以及使用方法，定位放线的方法和确定房屋高度的方法。

5. 建筑结构

该部分主要介绍建筑结构的荷载和计算方法，钢筋和混凝土的力学性能，钢筋混凝土受弯构件，钢筋混凝土受压、受拉、受扭构件，预应力混凝土结构，钢筋混凝土楼盖，钢筋混凝土排架结构单层厂房，多层与高层房屋结构，砌体结构，钢结构，木结构，建筑结构抗震知识等。

6. 施工组织设计的编制

内容包括流水作业原理及网络计划、建筑工程施工组织计划、单位工程施工组织工作等内容。

7. 建筑施工技术

（1） 土方和地基工程施工

内容包括：土的性能、场地平整、土方的开挖和回填、井点降水、基坑支护等土方和地基工程施工等内容。

（2） 基础工程施工

主要介绍：基础的功能、类型，基础采用的材料，各种基础适用于何种主体结构工程。同时介绍了不同基础的施工技术、方法和工艺过程。以掌握各种基础的施工方法和了解工程的工艺顺序，并能做好基础施工的质量控制和安全生产工作。

（3） 主体工程施工

主体工程的内容占了本书的相当一部分，我们采取根据不同结构类型进行编写。首先介绍了砖混结构的施工，包括所用材料及要求，砌筑施工和混合结构中混凝土构件的配合及施工，了解从基础以上整个砖混结构房屋的施工工艺程序和施工方法要点，掌握对质量、安全的控制。

其次介绍了钢筋混凝土框架结构的施工，包括使用材料、机具等内容，以及模板的支撑、钢筋的绑扎、混凝土的浇筑，混凝土的强度检验和预应力钢筋混凝土以及围护结构的施工知识、工艺和方法。并对工程质量的控制、施工生产安全的要求做了介绍。通过学习主要掌握该类结构工程的施工工艺程序和方法，并懂得应抓的质量关键和安全生产要点，做好钢筋混凝土框架结构的施工。

第三是介绍了单层工业厂房的施工，主要包括厂房的类型、构造、施工工艺、构件制作、结构吊装和围护结构的施工，并介绍了单层轻钢骨架的工业厂房的施工。通过学习主要掌握构件制作和吊装的施工方法，并了解应注意的质量和安全要求。

第四是介绍一般钢筋混凝土框架—剪力墙结构高层建筑的施工。包括高层建筑的出现、发展和类型，高层建筑的施工测量要点、高层建筑的施工机械和脚手架，以及高层建筑中框架类型、剪力墙类型、预制框架、大模板等施工。通过学习主要了解高层建筑施工的基本概念，施工的方法。懂得应掌握的质量要求，重视高层建筑施工的安全生产。

由于主体结构类型不同，所以共分成四个章节进行编写，从而使读者了解各种类型主体结构施工的方法和工艺。与其他分部工程相比，内容就比较多了。

(4) 屋面和防水工程的施工

该部分主要介绍各种屋面工程和防水工程的施工，适用于各种类型的房屋，主要介绍不同材料的屋面、防水和施工方法。尤其是2002年国家修订了屋面工程质量验收规范，书中着重对新的防水材料的使用和施工作了较多介绍。并对屋面防水如何防止质量通病和进行质量控制也提出了要求，通过学习可以使读者进一步了解和掌握。

(5) 门窗工程的施工

该部分在一般教材中是不单独列出讲述的，我们为配合土建施工四个分部，作了单独的论述，即该工程不论放在什么房屋上都必须按照它的特点进行施工。分别叙述了木门窗、钢门窗、铝合金门窗、塑料门窗等的安装工艺和质量要求。通过学习对了解掌握门窗的施工和质量控制、安全生产有很大帮助。

(6) 楼地面工程施工

主要介绍了地面和楼面的构造层次，及施工工艺程序，以及各层次的施工方法和要求。重点介绍了水泥地面、水磨石地面、板块粘贴地面、塑料地面、木地面等的具体施工以及室外散水、台阶的施工。并对楼地面工程的质量要求和标准以及如何进行质量预控，防止质量通病等做了较详细的叙述。通过学习能够掌握和指导施工。

(7) 装饰工程的施工

内容介绍了装饰工程在目前房屋建筑中的地位和重要性。叙述了最基本的抹灰工程、饰面工程、吊顶和隔断工程以及油漆涂料及玻璃工程，在玻璃工程中还介绍了对玻璃幕墙的要求。装饰工程内容比较丰富。通过学习可以了解到各种装饰的施工方法和要求，以及应掌握的质量标准，还对装饰施工中的安全生产提出了应注意的要点。

(8) 构筑物的施工

由于构筑物类型较多，有些在施工中不一定遇到，因此着重介绍了烟囱和水塔这两类常见的构筑物，对它们的构造、施工方法、质量要求及高空作业的安全生产都作了较详细的叙述。通过学习，可以了解对筒形构筑物的施工概念，再通过实践，就容易掌握该类工程的施工。

(9) 季节施工

由于施工中的湿作业必然受到季节、气候等影响，因此了解季节施工也是施工员应掌握的一部分知识。由于地域不同，我们的介绍比较粗浅，但至少可以形成一种概念，如何对待雨期、炎夏、台风、冬期等各种情况的施工。

总之，归纳起来有这9个方面的内容，培训时可分为100课时进行教学，达到基本掌握房屋建筑施工技术与工艺程序的概念，并能通过学习具有系统的施工理论知识。希望通过培训学习起到用于施工、指导施工并进行管理的作用。

第二节　建筑施工技术的发展和今后方向

我国是世界上具有悠久历史、文明发达的最早的国家之一。在公元前12世纪已利用奴隶的劳动，建造奴隶主、帝王的宫室；春秋战国到秦、汉朝代，建造了举世闻名的万里长城；唐宋至明清留下的砖木建筑如高塔、寺院、宫宇、园林更是不胜枚举，这都是通过施工技术和工艺操作建成的。在宋朝就出现了指导施工的规范性著作《营造法式》，对施工的工艺技术作了规范性的规定和要求。由于近代帝国主义入侵，使我国沦为半殖民地半封建的社会，经济发展缓慢，同样建筑施工技术与工艺开始落后于世界上经济发达的国家。即使在那个时代，我们中国人还是用自己的技术力量盖起了24层高的上海国际饭店。

随着新中国的成立，我国开始了第一个五年计划，通过兴建了大量工业厂房和民用建筑，借鉴了外国的经验，经过实践逐步形成了我们自己的一套建筑施工技术。

通过“一五”期间的大规模建设，建筑安装施工企业有了很大的发展，成立了从中央到地方的各种施工企业，形成了网络。在1965年我国有了自己的第一套施工及验收规范，在施工的机械化、专业化、工厂化和快速施工方面都取得了较大成就。在地基基础工程中采用了当时的一些新技术：如重锤夯实地基、砂垫层、砂桩、混凝土桩基和沉箱基础等。砖石工程方面已可以建造到七、八层楼的高度，并开始采用砌块建筑；钢筋混凝土工程中，对钢筋采取了冷加工作业达到节约钢材，并开始了预应力混凝土的施工及构件生产；结构上出现钢筋混凝土薄壳，并能进行施工，如完成了北京火车站大厅屋顶大跨度的预应力薄壳施工；在混凝土材料上，除了常用的普通混凝土外，还发展了轻质混凝土和特种混凝土；屋面防水工程除了传统的平瓦屋面之外，卷材防水屋面也大量采用，刚性防水的施工也得到推广应用。在北方地区运用冬期施工技术，确保工程质量，加快了建设速度。总之在建国后十多年时间中，经过施工实践建立了符合我国国情的施工技术，为进一步发展和提高奠定了基础。

20世纪60年代中期到70年代末，虽然由于社会原因，施工技术发展不快，但我们也在以下方面取得了进步。如地基基础工程中采用了灌注桩技术；井点排水；钢板桩的深坑边坡支护；引进了地下连续墙的施工技术等。在砌筑工程中，较多采用砌块及大型砌块建造住宅；钢筋混凝土中的滑模施工、高层建筑的出现，相应的脚手架、吊篮的使用，在模板方面出现了大模板、组合钢模。装饰工程也改变了老的传统的抹灰和装饰抹灰，而饰面工程大量喷涂、滚涂、弹涂工艺的使用，使外墙面的装饰变得绚丽多彩。室内也开始粘贴墙纸和用各种涂料，也改变了纸筋灰、大白浆的单一情调。塑料地面的采用、新防水材料出现、钢门窗大量应用，都反映了整个建筑施工技术在向前发展。因此在20世纪70年代又根据施工实践，结合我国的实际总结提高，修订了施工与验收规范，为接近世界水平做了努力。

近20年来，我们国家在以经济建设为中心，在改革开放的情况下，使我们有了一个学习国外先进科技的机会。因此随着建筑业的发展，建筑施工的技术和工艺也是前所未有的突飞猛进。加上新的建筑材料的配套出现，随着高层建筑大量建造，在土方工程中深基坑支护技术多样化；基础中采用大直径桩、钢管桩、钢管混凝土桩，都是过去所没有的。砌砖工艺也在墙体改革中，而将被砌块、大板、混凝土墙所取代；混凝土向高强高性能方向发展，大跨度、多层、多跨的高效预应力也大量的推广应用；模板体系也有很大的变化和发展；门窗工程除了以钢代木的钢门窗外，铝合金门窗、塑料门窗、高档次的不锈钢门窗的出现和使用，也改变了古老的木门窗工艺。地面工程的磨光镜面花岗石贴面、陶瓷地面砖的大量应用，高档次的木地板面，使地面工程增辉不少。

总之，新技术、新材料的出现、引进，将引起施工工艺的改变和发展，这都是今后我们要遇到的，要学习和研究的课题。所以今天我们必须随着建筑科技的发展，很好学习掌握目前基本的施工技术和工艺，为今后能适应建筑业的发展打下基础。

复习思考题

1. 我国的建筑施工技术是怎样发展起来的？
2. 我国建筑施工技术的发展方向怎样？

第二章　建筑识图

第一节　物体投影

我们经常所接触到的工程图样，是采用了投影的方法，在只有两个尺度的平面（纸面）上画出具有三个尺度（长、宽、高）的空间物体。那么什么叫投影？投影的基本规律又是些什么呢？

如果在电灯与桌面（P）之间，放一块三角板，在 P 面上就出现三角板的影子（图 2-1-1a）；太阳光照射电线杆，在地面上就出现电线杆的影子（图 2-1-1b），这些都是投影现象。经过人们的科学抽象，找到了影子和物体之间的几何关系，逐步形成了在平面上表达空间物体的各种投影方法。

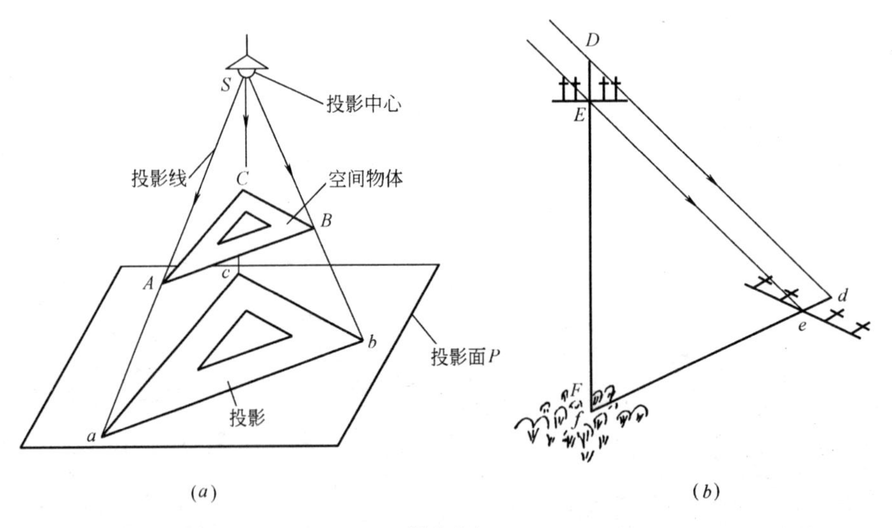

图 2-1-1

在图 2-1-1（a）中，把光源（灯泡）抽象为一点 S，叫做投影中心，把 S 点和三角板上 A 点的连线 SA 叫做投影线，把 P 平面叫做投影面。投影线 SA 和 P 平面的交点 a，叫做 A 点在 P 平面上的投影。同样 b、c 点为 B、C 点在 P 平面上的投影，连接 a、b、c 各点，就得到了三角板 ABC 在 P 平面上的投影 $\triangle abc$。

投影分为两类：中心投影和平行投影。

一、中心投影

当投影中心与投影面为有限距离时，投影线集中于一点（投影中心），这样得到的投影叫中心投影，如图 2-1-1（a）所示。人的视觉，放映的电影，美术画以及照片所显示的形象，都具有中心投影的性质。

二、平行投影

当投影中心与投影面的距离为无穷远时，则投影线互相平行（如太阳光），这样得到的投影叫平行投影，如图 2-1-1（*b*）所示。平行投影又分为两种：

1. 正投影　互相平行的投影线垂直于投影面时，得到的投影叫做正投影（图 2-1-2*a*）。

2. 斜投影　互相平行的投影线与投影面斜交时，得到的投影叫做斜投影（图 2-1-2*b*）。

在工程图样中，广泛采用正投影。图 2-1-3 是一个简单物体的正投影情况。

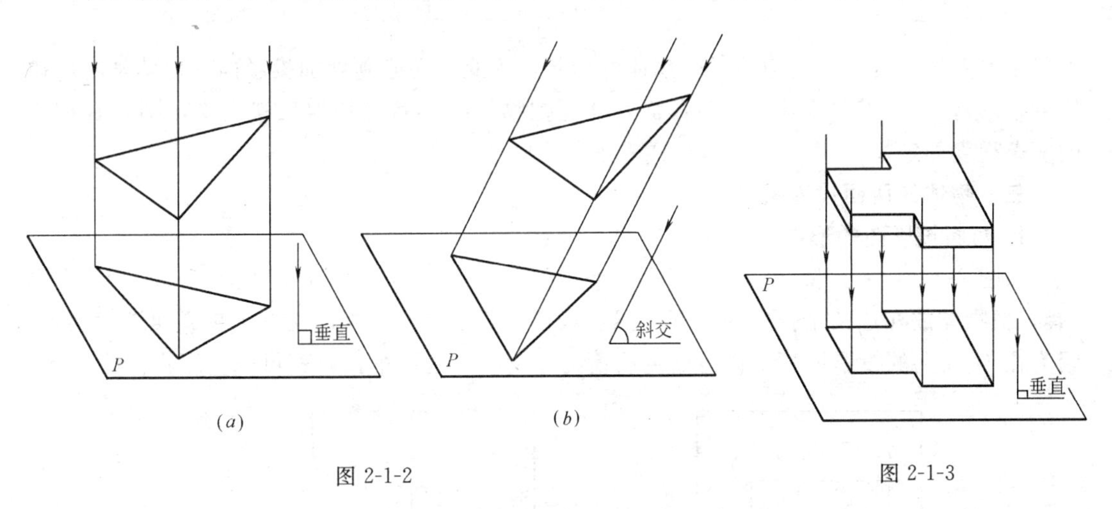

图 2-1-2　　图 2-1-3

第二节　物体多面正投影图

一、物体的长、宽、高

我们知道物体有长（用 *l* 表示）、宽（用 *b* 表示）、高（用 *h* 表示）三个方向的尺度，如果选择物体上某个面作为前面，那么物体的前后、左右和上下的方位就随着确定了。通常规定，物体左右之间的距离为长，前后之间的距离为宽，上下之间的距离为高，如图 2-2-1 所示。

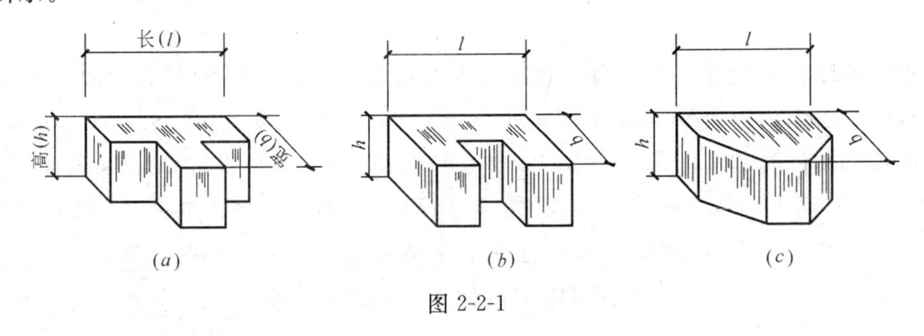

图 2-2-1

二、物体的单面正投影

如果把图 2-2-1 所示的三个不同形状的物体，分别向一个竖立的投影面（用 *V* 表示）上进行投影，如图 2-2-2。显然，它们的投影是完全相同的。但是只凭这个投影是不能确定空间物体的形状的，这是因为在 *V* 面上的投影只反映了物体的长和高的情况，不能反映物体的宽的情况。所以在一般情况下，物体的一个投影是不能确定它的形状的。而工程

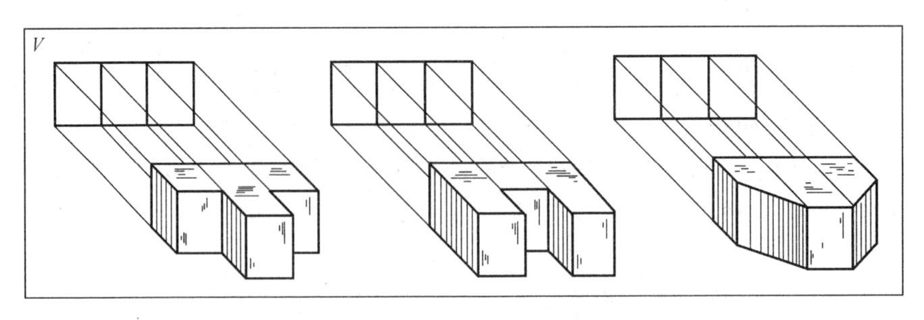

图 2-2-2

上所用的图样，要求能准确地反映物体的形状，为此，还必须增加投影面（也就是增加物体的投影），至于需要增加几个投影面，才能把物体的形状确切地反映出来，则要看物体的复杂程度而定。

三、物体的两面投影图

1. 两面投影图的形成

如图 2-2-3 所示，除了 V 投影面以外，再增加一个和 V 面垂直的水平面（用 H 表示），把物体放在这两个投影面之间，然后按正投影方法，分别向这两个投影面进行投影，因为在 H 面上的投影反映了物体的宽的情况，所以由这两个投影就可以确定物体的形状。

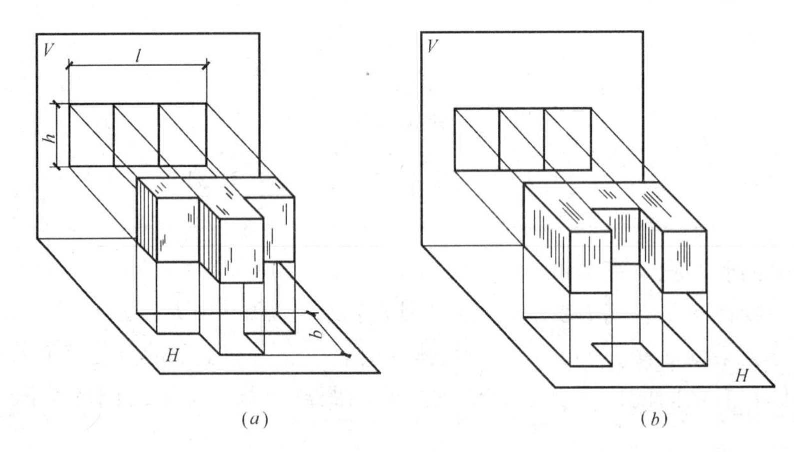

(a)　　(b)

图 2-2-3

工程上的图样是画在一个平面（图纸）上的，因此，我们规定 V 面不动，使 H 面向下旋转（图 2-2-4a）到和 V 面处于同一平面上，再去掉表示投影面的边框，便得到了物体的两面投影图，简称两面图，如图 2-2-4（b）。我们把 V 面叫做正立投影面（简称正面），物体在 V 面上的投影叫做正面投影，也叫正立面图（简称正面图）；把 H 面叫做水平投影面（简称水平面），物体在 H 面上的投影叫做水平投影，也叫平面图。

图 2-2-5 是图 2-2-3（b）所示物体的两面图。图 2-2-6 是图 2-2-2 中第三个物体的两面图。

2. 两面图的投影关系

在两面图（图 2-2-4 中），正面图反映了物体的长和高，平面图反映了物体的长和宽。这样，正面图和平面图都反映物体的长度，因此，它们应当左右对齐，这种关系叫做“长对正”。

“长对正”的投影关系，不独对物体的整体，而且对物体的局部也是一样的，如图2-2-4（b）中的 l_1。

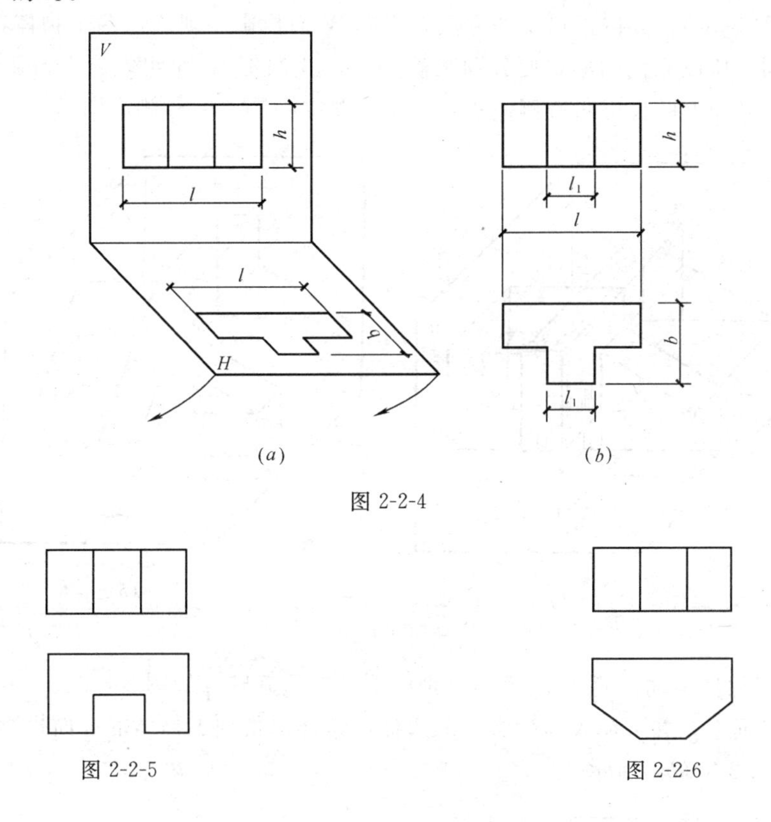

（a）　（b）

图 2-2-4

图 2-2-5　图 2-2-6

第三节　基本形体的三面图

有了物体的两面图，是不是能完全确定物体的形状呢？有时还不能。如图 2-3-1（a）、（b）是两个不同形状的物体在水平投影面和正立投影面上的投影情况，它们的两面图是完全一样的，如图 2-3-1（c）。这说明在某些情况下，物体的两面图还不能完全确定它的形状。为了确切地反映物体的形状，还需再增加投影面。

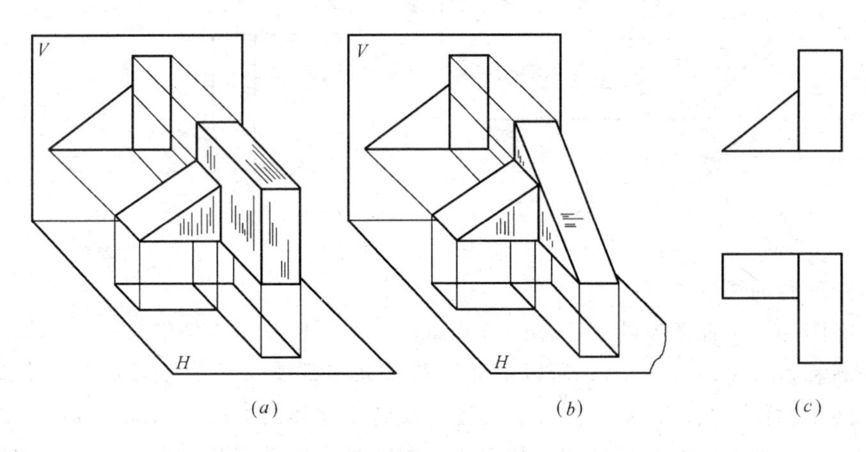

（a）　（b）　（c）

图 2-3-1

一、三面投影图的形成

如图 2-3-2 所示，如果在水平投影面和正立投影面之外，再增加一个和它们都垂直的投影面（用 W 表示），并按正投影的方法，再向 W 面投影。则因这两个物体在 W 面上的投影各自不同，所以它们的形状便分别被确定了。我们把 W 面叫做侧立投影面（简称侧面），物体在 W 面上的投影叫做侧面投影，也叫侧立面图（简称侧面图）。

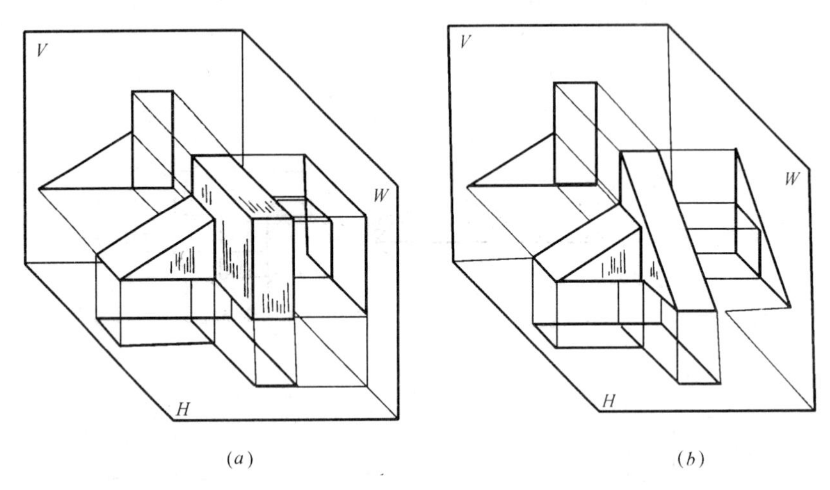

图 2-3-2

让 V 面仍保持不动，使 H、W 面分别向下、向后旋转，如图 2-3-3（a），使它们与 V 面处于同一平面上，并去掉表示投影面的边框，这样便得到了物体的三面投影图（简称三面图），如图 2-3-3（b）所示。

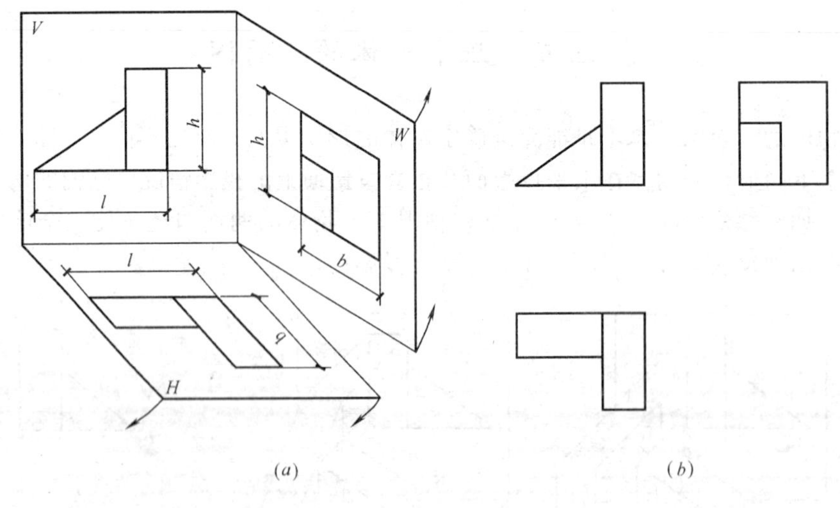

图 2-3-3

二、三面图的投影关系

在三面图中，正面图反映了物体的长和高，平面图反映了物体的长和宽，侧面图反映了物体的高和宽（见图 2-3-3a），所以平面图和正面图都反映了物体的长度；正面图和侧面图都反映了物体的高度；平面图和侧面图都反映了物体的宽度。因此三面图的投影关系是除了正面图和平面图左右对齐的“长对正”关系外，正面图和侧面图必须上下对齐，这种关系叫做“高平齐”，平面图和侧面图必须保持宽度相等，这种关系叫做“宽相等”，如图 2-3-4（*a*）。

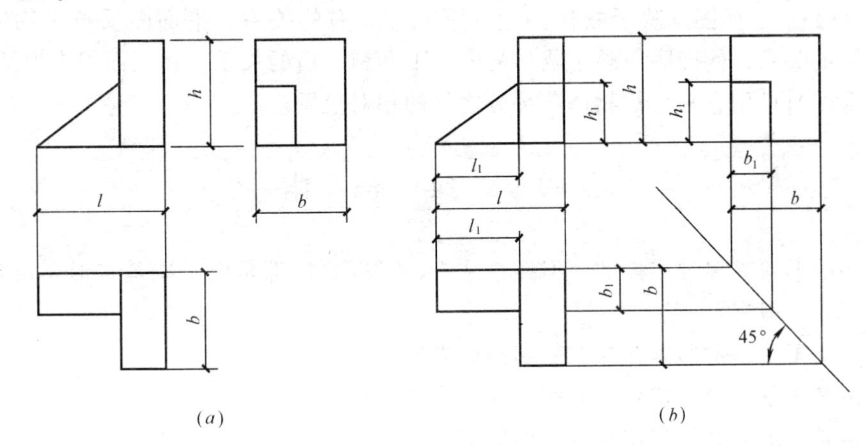

(*a*) (*b*)

图 2-3-4

这种投影关系可以归结为：

平面图和正面图长对正；

正面图和侧面图高平齐；

平面图和侧面图宽相等。

三面图中这种“长对正”、“高平齐”、“宽相等”的投影关系，不仅对于物体的整体是如此，而且对于物体的每一局部也是这样，如图 2-3-4（*b*）中的 l_1、b_1、h_1。图中画的一条45°细实线，是为了反映平面图和侧面图宽相等的投影关系而画出的。

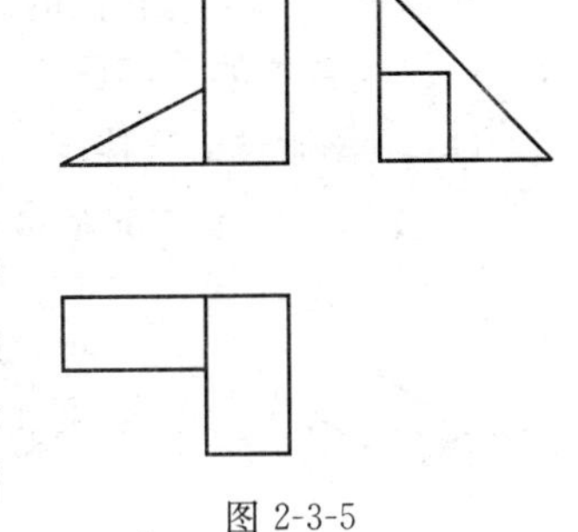
图 2-3-5

总之，三面图的这种投影关系，是画图和看图的依据，应该熟练地掌握。

图 2-3-5 是图 2-3-2（*b*）所示物体的三面图。

这里应注意，不是每一个物体都需要用三面图来表达，有的物体用两面图就可以表达清楚，有些形状复杂的物体可能需要用三个以上的投影图来表达。

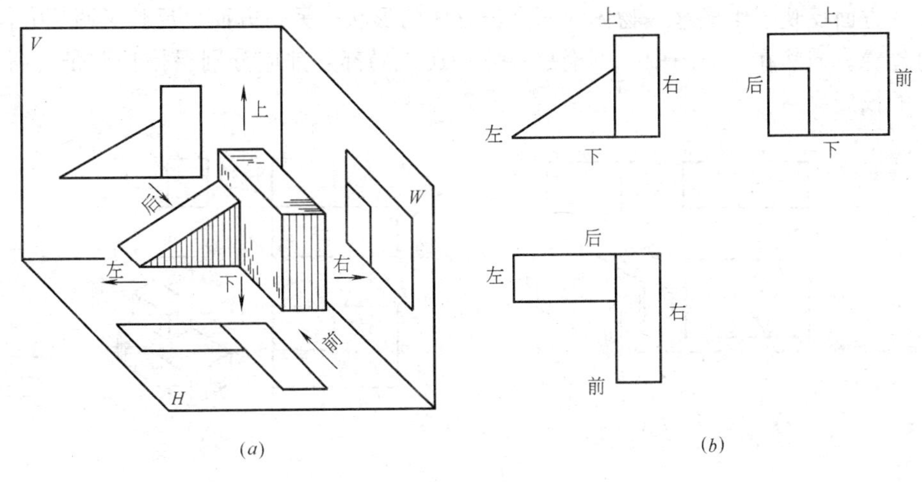

(*a*) (*b*)

图 2-3-6

三、三面图与物体方位的对应关系

物体有前后、上下、左右六个方位，如图 2-3-6（*a*）。它们在三面图中也有所反映（图 2-3-6（*b*））：正面图反映了物体的上、下和左、右的关系；平面图反映了物体的前、后和左、右的关系；侧面图反映了物体的上、下和前、后的关系。从三面图去识别物体的方位，在看图时可用它来分析物体各部分之间的相对位置。

第四节　组　合　体

建筑物的形状是多种多样的，但经过分析，可以看出都是由一些基本形体组合而成。其组合的形式一般有：

（1）由若干个基本形体叠加在一起而形成的；

（2）由某个基本形体切割去某些部分而形成的；

（3）由基本形体叠加与切割综合而形成的。

另外，在研究上述三种组合形式的同时，还应注意各基本形体间的相对位置。

本章将分别说明它们的组合情况、三面图、尺寸标注和它们的三面图的读法等。

一、组合体的三面图

（一）叠加式组合体

1. 叠加时两形体的结合处为平面　如图 2-4-1 所示的物体是由两个长方形叠加而成的。上面是一个小长方体，下面是一个大长方体。它们的结合处是平面，也就是小长方体的底面和大长方体的顶面结合在一起。它们的相对位置是：大、小长方体的后表面是靠齐的，也就是共面的；右表面也是靠齐的、共面的。

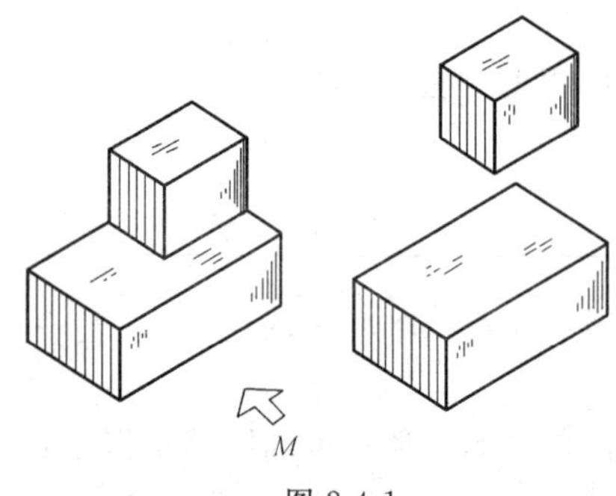

图 2-4-1

该物体的三面图的情况是这样的：如以图 2-4-1 所示的 M 方向作为正面图的投影方向，则下面的长方体的三面图如图 2-4-2（*a*）所示。然后再把小长方体叠加上去，即得如图 2-4-2（*b*）所示的三面图。在图中一方面反映了组成这一物体的两个长方体的形状，另一方面也反映了两长方体之间的相对位置。当然在三面图中，不论是整体，还是局部，都应分别保持长对正、高平齐、宽相等的投影关系。

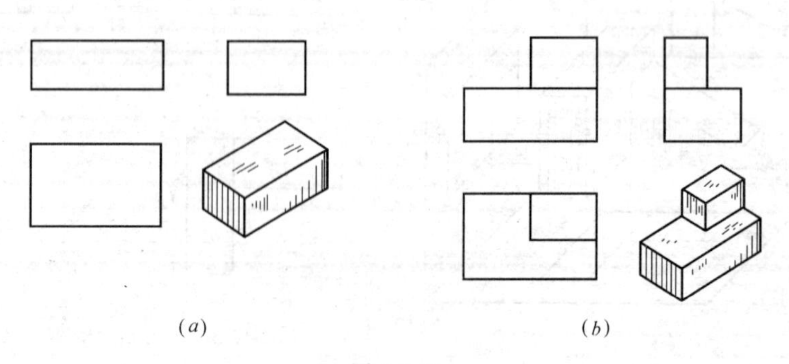
（*a*）　（*b*）

图 2-4-2

又如图 2-4-3 所示的挡土墙，可以看成是由三个基本形体组成，即底板（长方体）、挡板（长方体）和肋板（三棱柱）。挡板与肋板的结合处是平面，挡板、肋板与底板的结合处也是平面。它们的相对位置是：挡板放在底板上的靠右一些，而且它的前后表面与底板的前后表面分别靠齐并共面。肋板位于底板左部前后方向的中央。看清了形体各部分形状和相对位置后，就可以研究它的三面图了。以图 2-4-3 所示的 M 方向作为正面图的投影方向，在图 2-4-4（a）中画出底板的三面图，而图 2-4-4（b）是挡板叠加到底板上之后的三面图。由于挡板的前后表面与底板的前后表面分别靠齐、共面，所以在正面图中，挡板的前表面与底板的前表面之间是不能画线的。挡板与底板的后表面也是如此。

图 2-4-4（c）是肋板也叠加上去之后的三面图。

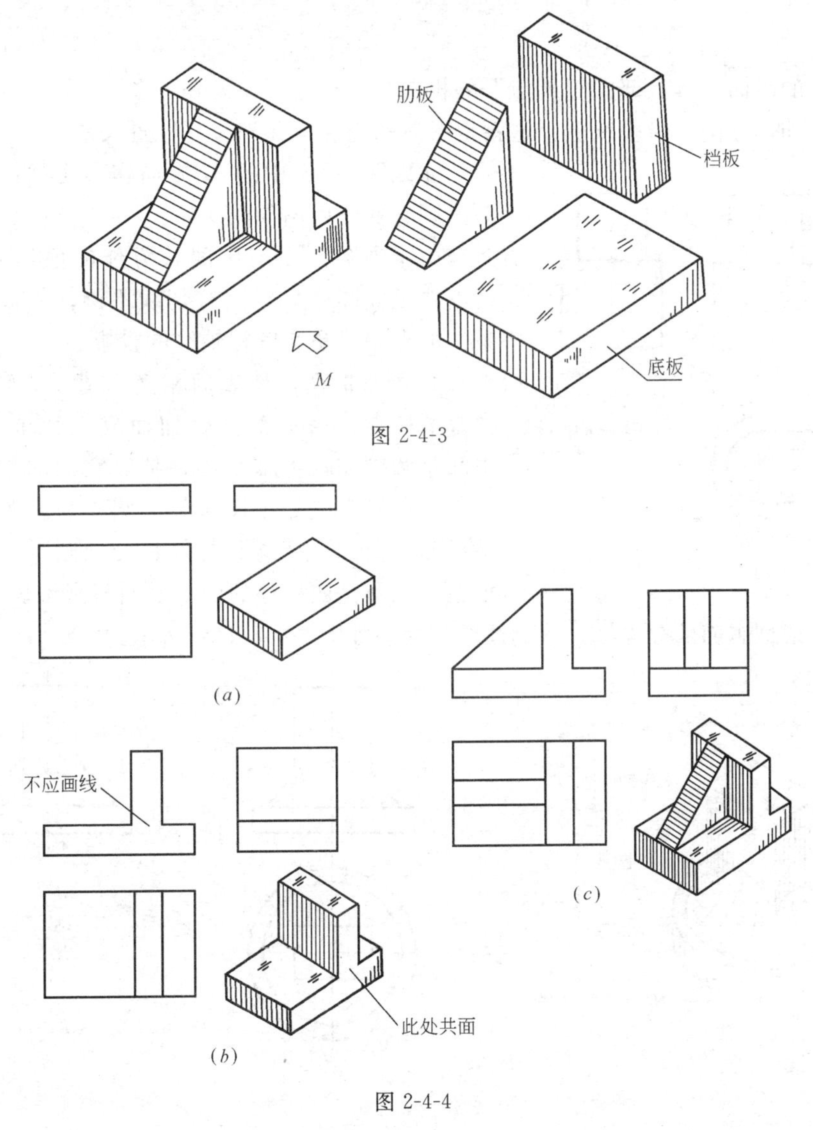

图 2-4-3

图 2-4-4

2. 叠加时两形体的表面相切　图 2-4-5 是一基础模型，其上下两部分形状都是长圆柱体，只是大小不同。就其下部来说，它是由左右两端各半个圆柱和中间一个长方体所组成，它们的结合处都是平面。但它们的前后表面则为长方体表面与圆柱表面相切，形成一

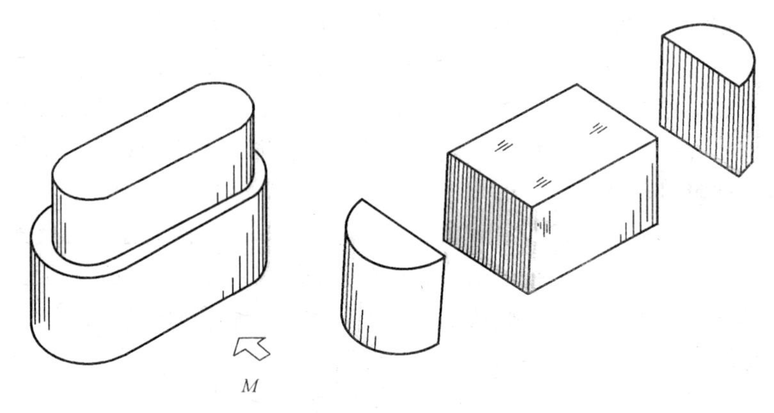

图 2-4-5

个光滑过渡的表面。其上部的组成与下部相同，不再重复。另外，上、下两半圆柱的轴线是共同的，即都在同一铅垂线上。这就是形体的组合情况和相互位置关系。

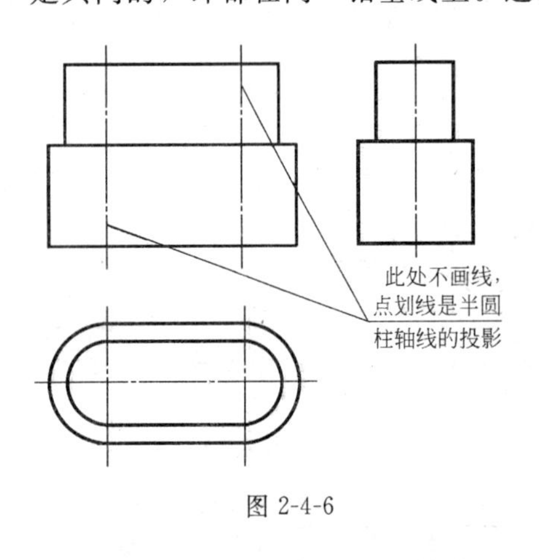

图 2-4-6

如以图 2-4-5 中的 M 方向作为正面图的投影方向。则它的三面图如图 2-4-6 所示。

由于半圆柱面与中间长方体的前后表面相切，所以在正面图中规定这些切线不画。正面图中的两条细的点划线是半圆柱轴线的投影。

3. 叠加时两形体表面相交　图 2-4-7（*a*）是一柱基的模型，由三部分叠加而成。上部是四棱柱，中间是圆锥体，下部是圆柱体。它们的中心轴线重合为一条铅垂线。由图可知，圆柱与圆锥的结合处是平面，而四棱柱与圆锥的相交处则是由四段曲线组成，也就是四棱柱的四个表面与圆锥表面的交线，它是两基本形体表面的分界线。该物体的三面图如图 2-4-7（*b*）所示。

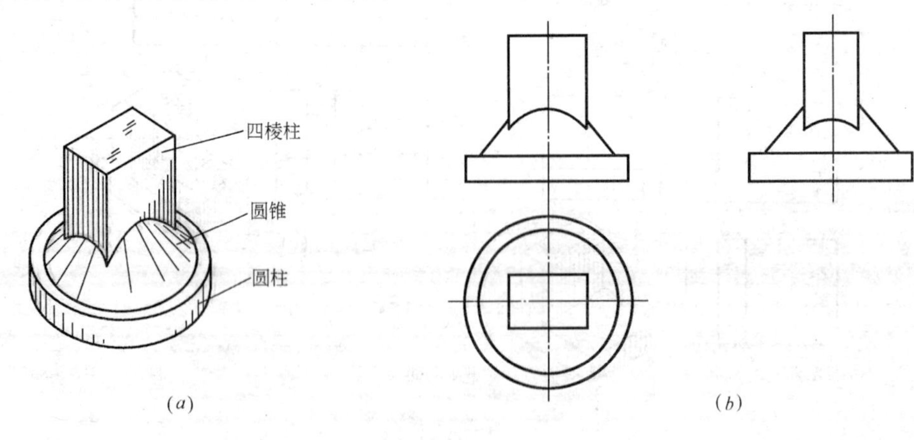

图 2-4-7

（二）切割式组合体

1. 切割平面体形成的组合体　图 2-4-8（*a*）所示的物体是一个杯形基础的模型，它是一正四棱柱，在其顶面中央切出一倒置的四棱台形的杯口。

图 2-4-8（*b*）是它的三面图。在正面图和侧面图中，因四棱台杯口是看不见的，所以都画成虚线。

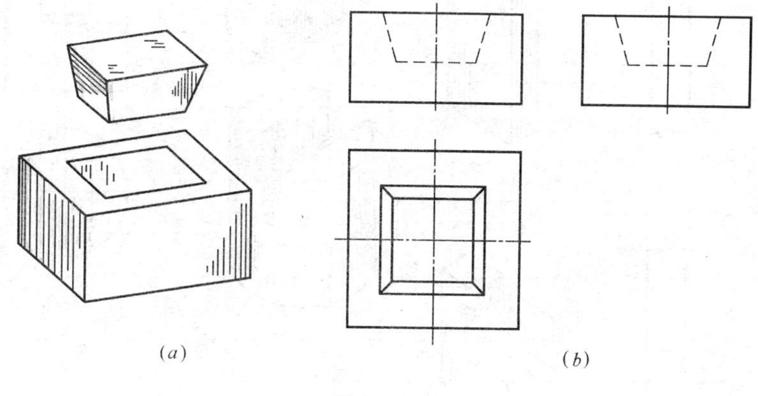

（*a*）（*b*）

图 2-4-8

由于该基础前后、左右对称，所以在图中还画出了它的对称面（点划线）的投影，这对于施工放线是必需的。

图 2-4-9 所示的物体是一厂房柱子的模型（俗称“牛腿柱”）及其三面图。它的形成可以看成是由长方体经过切割之后而成的。切割过程如下：

首先将长方体的左上角切去一小长方体，如图 2-4-10（*a*）所示，这时正面图中的缺口就反映了被切去的小长方体的长和高，根据三面图的投影关系，在平面图和侧面图中分别出现了一条可见的轮廓线（实线）。

接着又在下边切去一较大的长方体，如图 2-4-10（*b*）所示，这时，在平面图中出现了一条虚线，在侧面图中出现了一条粗实线。

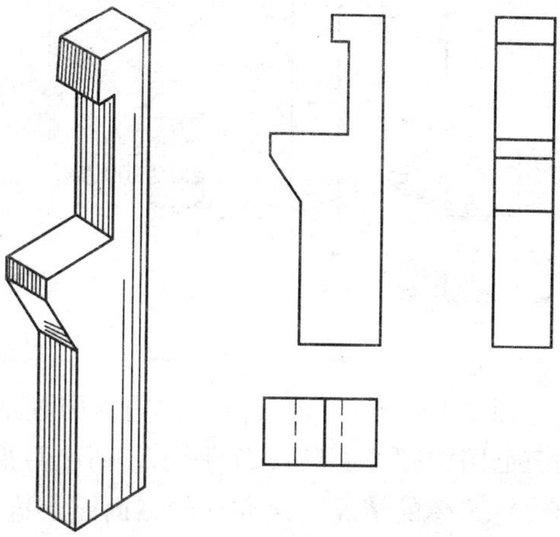

（*a*）（*b*）

图 2-4-9

最后在柱的左下角再切去一梯形的四棱柱，如图 2-4-10（*c*）所示，这时，在平面图中又增加了一条虚线；侧面图中增加了两条粗实线。

从上述切割过程可以看出，每次切割后，三面图都有变化。根据第二章关于平面的投影特性的知识，这些变化是不难看出的。

2. 切割曲面体形成的组合体　图 2-4-11 是两个圆木榫头。图 2-4-11（*a*）是凹榫，它是在圆柱的一端正中间对称地开了一个凹形槽而成的，其三面图如图 2-4-11（*b*）所示。凹槽是由三个平面切割成的，其中一个是水平面，另外两个是侧平面。水平面切割圆柱得到的截断面是圆的一部分，它在正面图和侧面图中分别积聚为一水平线段（其中侧面图中的一段为虚线）。而在平面图中反映实形。两个侧平面切割圆柱的截断面为矩形，它们在侧面图中反映实形而且重合在一起，在平面图和正面图中分别积聚为两直线段。

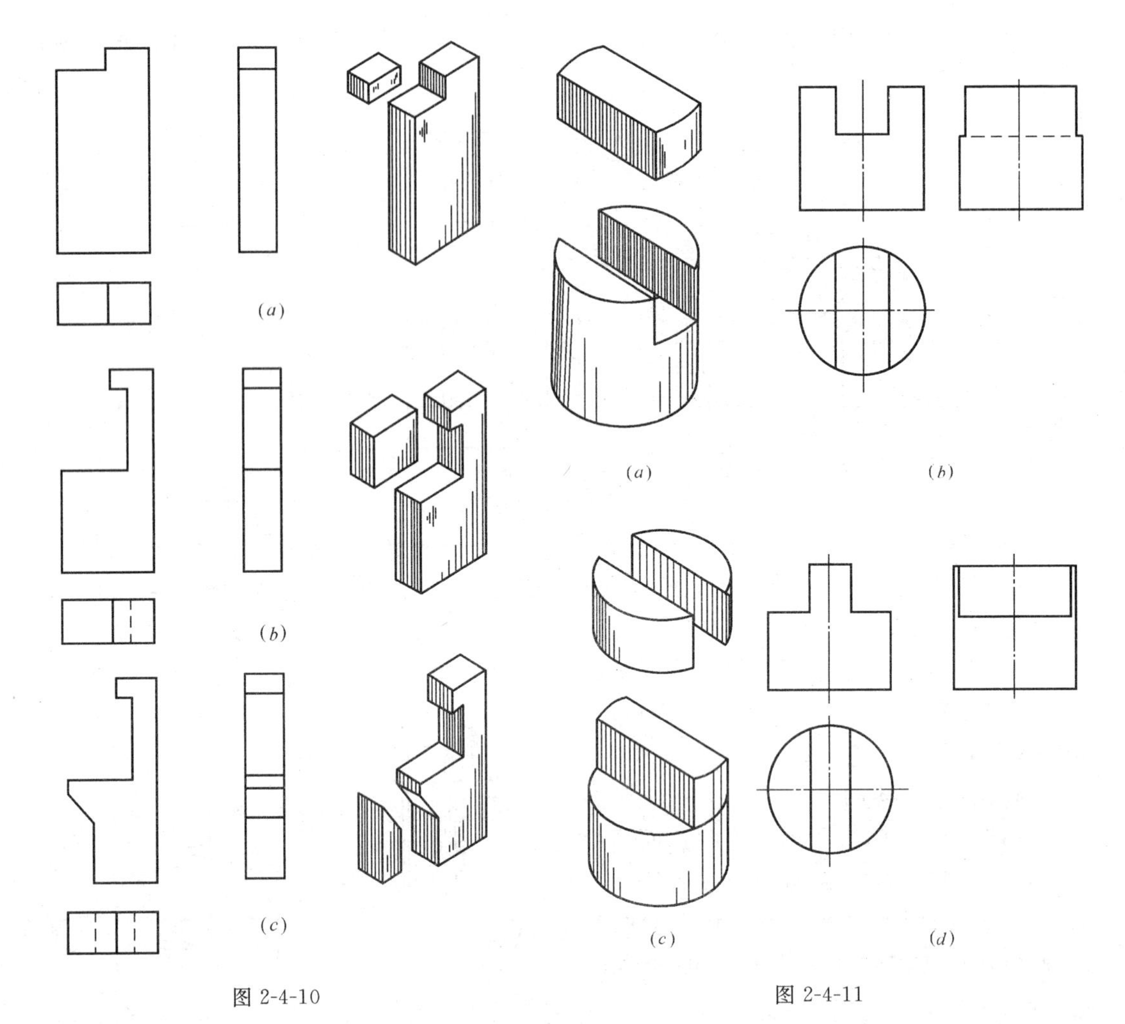

图 2-4-10　　　　图 2-4-11

图 2-4-11（*c*）是凸榫，它是由圆柱的一端对称地切去两个相同的弓形块而成的。它的三面图如图 2-4-11（*d*）所示。两个弓形块各是由一个侧平面和一个水平面切成的。我们可仿凹榫的情况，研究它的三面图，这里不再重复。

图 2-4-12（*a*）所示的屋顶是由半个圆球体被四个平面对称地切割而成的。在这里把

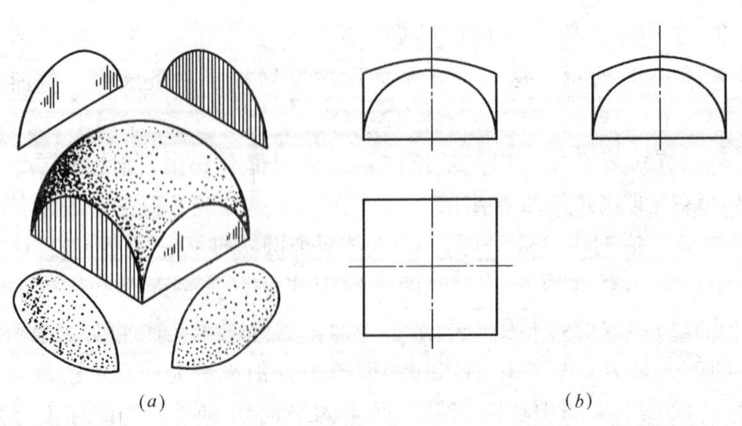

图 2-4-12

两个切割平面置于正平位置，把另两个切割平面置于侧平位置，因为圆球被任何平面切割后，截断面的形状总是圆，所以切出的截断面在三面图中或是积聚为直线段，或是反映圆的实形，如图 2-4-12（*b*）所示。

在图 2-4-13（*a*）中，画出了半圆球被前后两正平面切割后的三面图，由于是对称地切割，所以两截面圆在正面图中重合。在图 2-4-13（*b*）中画出它再被左右对称的两侧平面切割后的情况，这时，两截面圆在侧面图中的投影也重合。

从图 2-4-13（*b*）看出，屋顶的正面图和侧面图的形状和大小完全一样，但它们却是球体上不同轮廓线的投影，就像一个球的三面图都是大小相等的圆的情况一样，它们的含意是各不相同的。

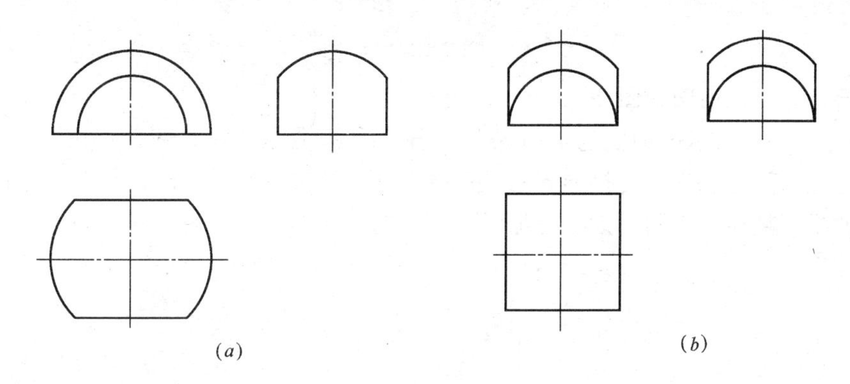

(*a*)　　(*b*)

图 2-4-13

（三）综合式组合体

图 2-4-14 是一台阶的模型，它是由第一踏步、第二踏步和边墙组成的。它的三面图如图 2-4-15 所示：

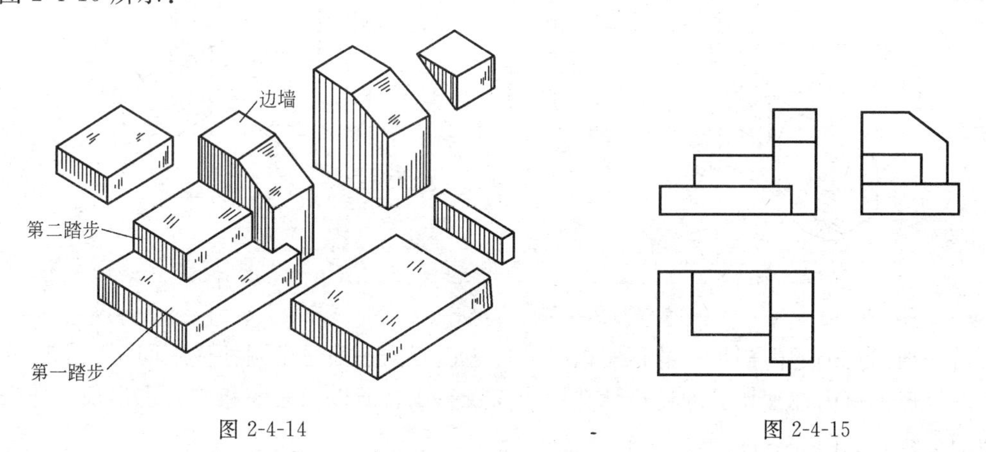

图 2-4-14　　图 2-4-15

第一踏步是长方板被切去一个小长方体，第二踏步是一小长方板叠加在第一踏步之上，它们的后表面与右表面是靠齐的。

边墙是一个长方体被切去一角（三棱柱）所形成的五棱柱，它的后表面与第一、二踏步的后表面靠齐；它的左表面与第一、二踏步的右表面相结合。

在建筑上所用的斗栱，也是综合式组合体，如图 2-4-16（*a*）所示，它是由上、下两部分组成的。上部是一正四棱柱并在其上端对称地开一“十”字形凹槽；下部是一个倒置

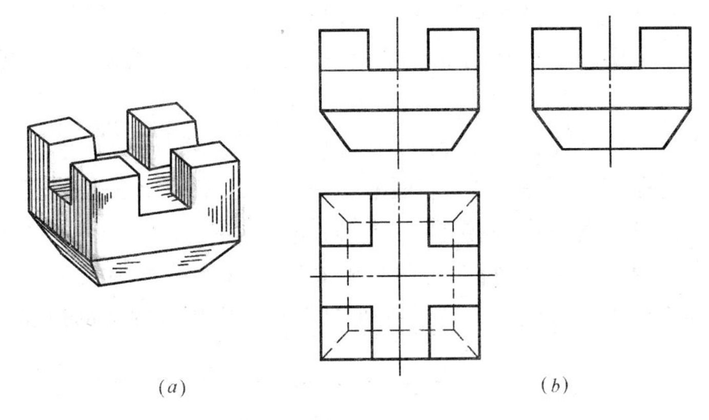

图 2-4-16

的正四棱台。它的三面图如图 2-4-16（*b*）所示。

图 2-4-17（*a*）所示的烟囱与烟道又是一种综合式组合体。它的外形由两部分组成，即竖立的圆柱形烟囱和横放的拱形烟道。而拱形烟道又可看作是半圆柱与长方体叠加而且表面相切的拱形柱体。烟囱与烟道叠加时，它们的表面相交、产生交线。

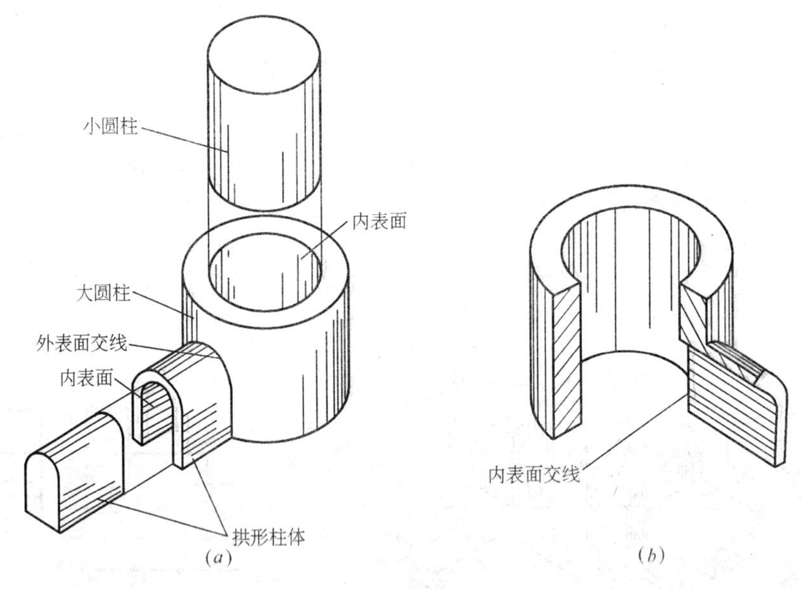

图 2-4-17

由于烟囱与烟道内部是空的，所以就有内表面，内表面是由圆柱体中间切成的圆柱孔表面与拱形烟道内部被切成的拱形柱孔的表面所组成，所以内表面相交处也出现与外表面类似的交线，见图 2-4-17（*b*）。

整个形体的三面图就如图 2-4-18 所示的那样。拱形烟道内外表面都有半圆柱面与烟道前后平面相切的问题，所以在正面图中不画切线的投影。

总之，把建筑上的一些物体分解为上述三种组合方式，仅仅是人们分析认识这些物体的一种方法，总称为形体分析法。它是画图和看图以及标注尺寸的一种基本方法。

另外，三种组合方式的划分并不是绝对的。如图 2-4-19 所示的叠加式组合体也可以认为是由一个大长方体切去两个小长方体而成的切割式形体，如图 2-4-20 所示。因此在

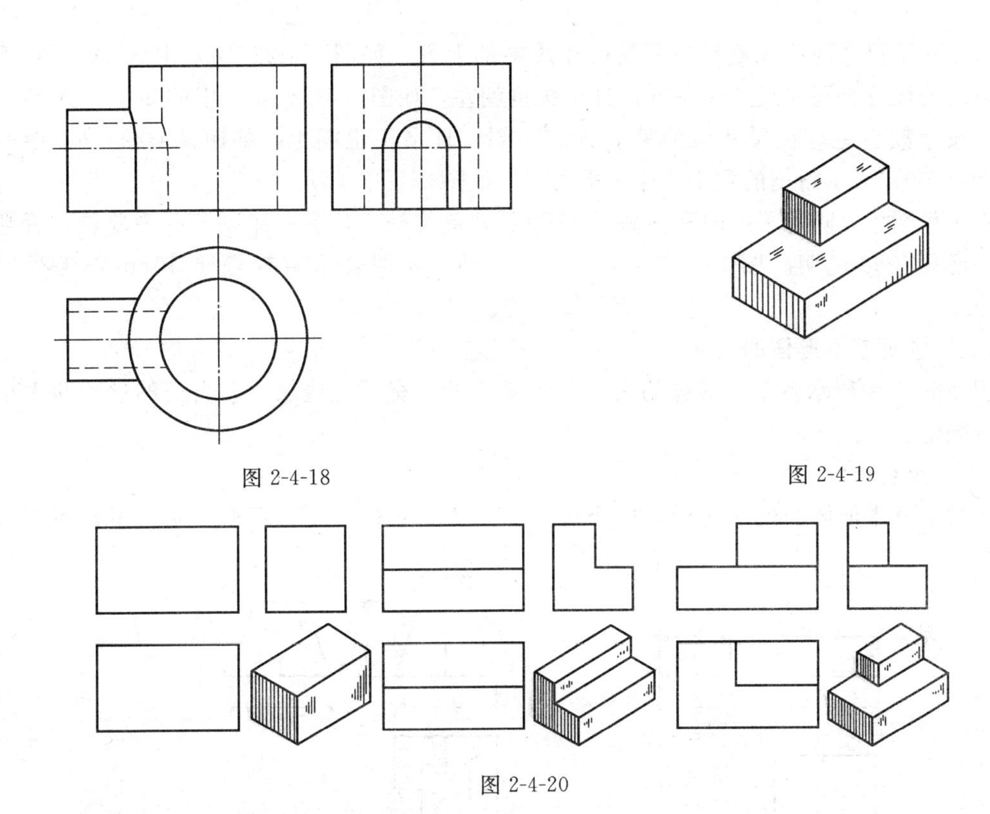

图 2-4-18　　图 2-4-19

图 2-4-20

进行形体分析时应根据物体的具体情况，结合所学的基本知识进行研究。

二、组合体的尺寸

组合体的多面投影图仅仅表示了它的形状，其大小则是由尺寸来决定的。所以尺寸是工程图的重要内容，它是施工、验收、维修的主要依据，有时对于读图也有一定的帮助。

（一）尺寸的基本知识

一个完整的尺寸是由尺寸界线、尺寸线、尺寸起止点、尺寸数字和尺寸单位组成，如图 2-4-21。

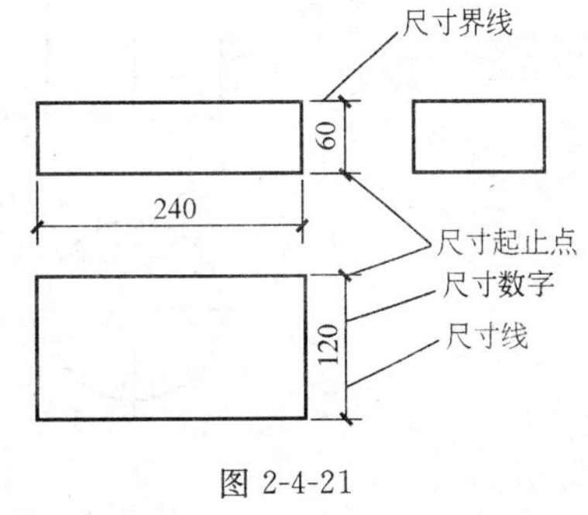

图 2-4-21

尺寸界线、尺寸线都用细实线表示；

尺寸起止点在建筑图中大部分用 45°短划表示，只有在表示圆的直径、圆弧的半径和角度大小时尺寸起止点须用箭头表示，如图 2-4-22。

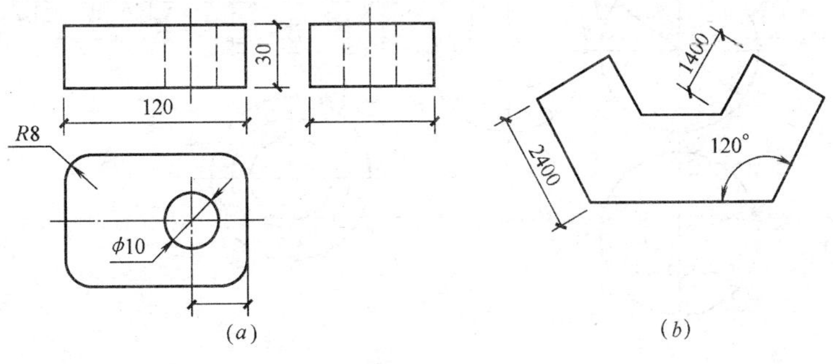

图 2-4-22

对于水平尺寸的尺寸数字是写在尺寸线中部上方，如图 2-4-22（*a*）中的 120；对于垂直方向的尺寸是写在尺寸线左方，且字头也朝左，如图 2-4-22（*a*）中的 30；对于倾斜尺寸，尺寸数字是写在尺寸线的靠上方的一侧，且字头也朝上，如图 2-4-22（*b*）中的 2400 和 1400；表示角度的数字一律水平书写，如图 2-4-22（*b*）。

在工程图中，除总平面图和标高以 m 为尺寸单位外，其余一律以 mm 为单位，否则在图中必须予以说明。图 2-4-22（*a*）中 $\phi10$，$R8$ 分别表示直径等于 10mm，半径等于 8mm。

（二）常见基本形体的尺寸

图 2-4-23 中所示各基本形体的尺寸都是必需的，有了这些尺寸，它们的形状和大小就完全确定了。

（三）组合体的尺寸

了解了基本形体的尺寸之后，再分析组合体的尺寸就有了一定的基础。组合体的尺

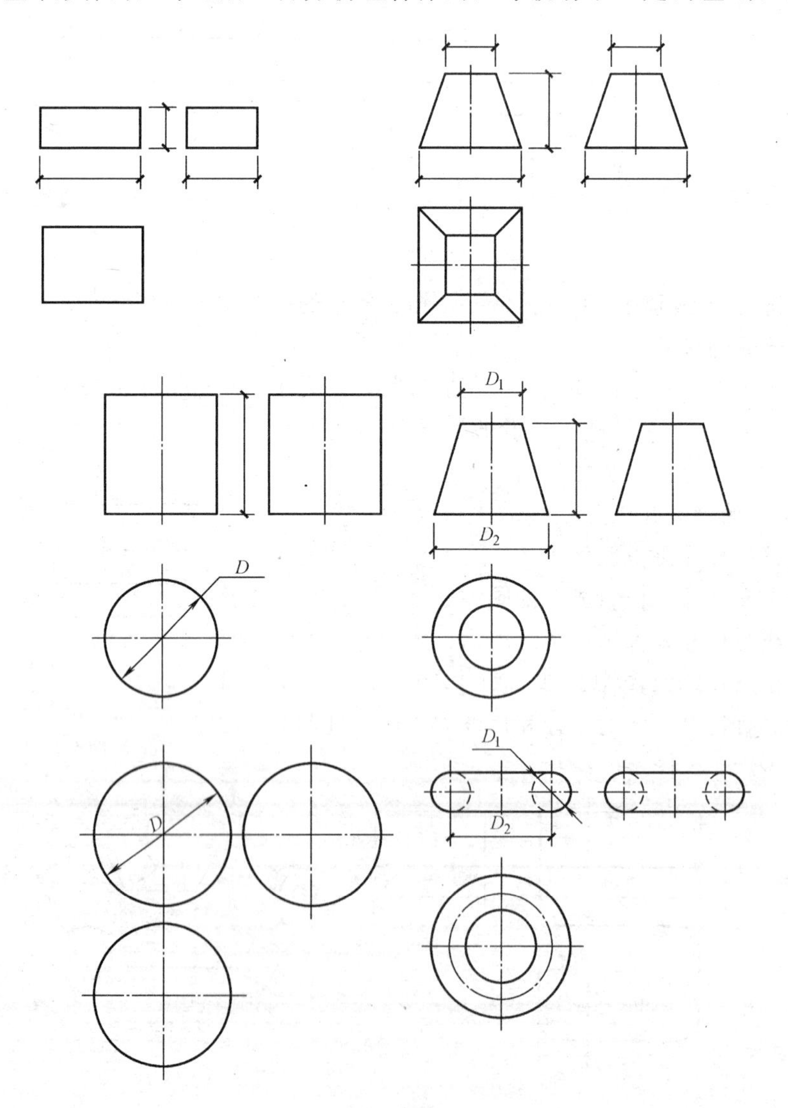

图 2-4-23

寸，一般都比较多，按它们所起的作用，可分为三种（如图 2-4-24）：

1. 定形尺寸　组成物体各基本形体的大小尺寸叫做定形尺寸。如图 2-4-24 中的 440、340、320 和 ϕ40 等都是定形尺寸。

2. 定位尺寸　确定物体各组成部分之间相互位置的尺寸叫做定位尺寸。如图 2-4-24 中的 160，就是水池的泄水孔，(ϕ40) 轴线在宽度方向的定位尺寸。由于泄水孔的轴线恰好在水池的左右对称面上，所以可不标注它在长度方向的定位尺寸。

3. 总体尺寸　表示整个物体的大小尺寸叫做总体尺寸。图 2-4-24 中的 600、500、400 就是水池长、宽、高三个方向的总体尺寸，同时也是水池的定形尺寸。

图 2-4-25 是一柱的基础图，它由上、中、下三部分组成。

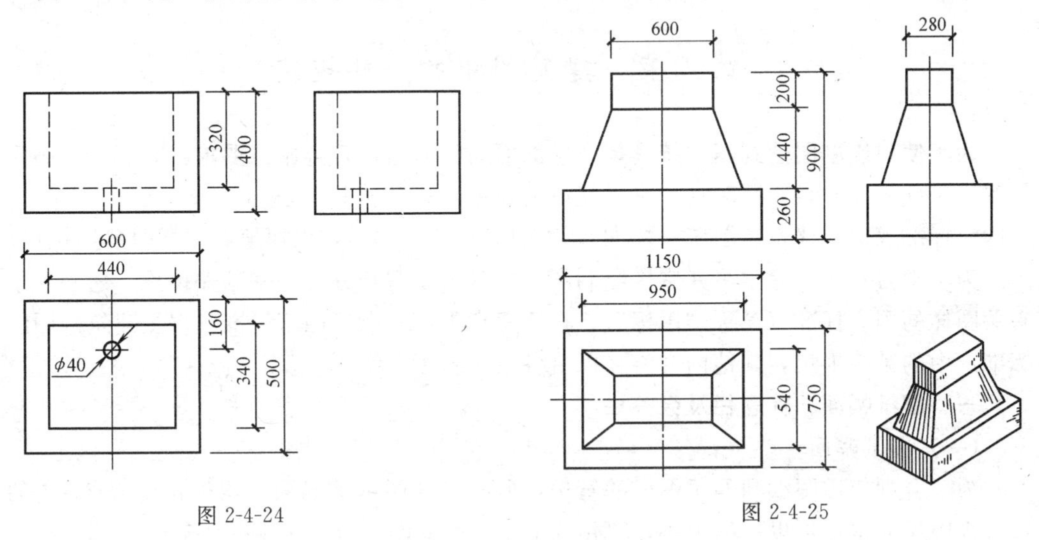

图 2-4-24　　图 2-4-25

上部是四棱柱，由 600（长）、280（宽）和 200（高）定形；

中间是四棱台，由 950、540、600、280 和 440 定形；

下部是四棱柱，由 1150、750 和 260 定形。

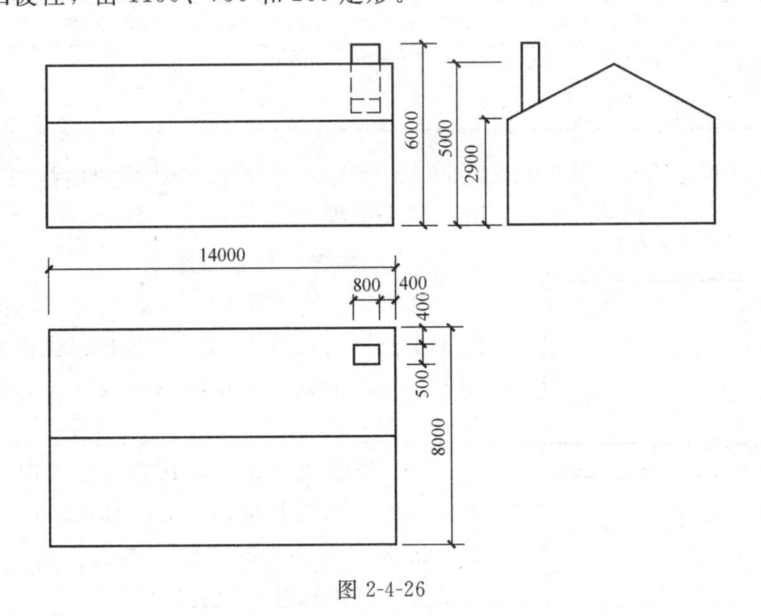

图 2-4-26

由于四棱台和四棱柱的对称平面是互相重合的，所以图中 950 和 540 既是四棱台底面大小的定形尺寸，又是四棱台置于下部四棱柱顶面上的定位尺寸。而 440 既是四棱台的定形尺寸，又是上部四棱柱的定位尺寸。

基础的总体尺寸是 mm：1150、750 和 900。

图 2-4-26 为一房子模型，其上有一个烟囱，烟囱的定形尺寸是 800、500 和 6000，其定位尺寸是 400 和 400；房子的总体尺寸是 mm：14000、8000 和 6000。

组合体的三种尺寸与前面讲的形体分析有着密切的关系。分析各个尺寸是哪一种尺寸的过程，也就是形体分析的过程。看图时经常作形体分析和尺寸分析，对于提高看图能力是大有帮助的。

第五节　建筑图中的一些规定

为了使建筑制图达到基本统一，力求图面简洁清晰，符合施工要求，有利于提高设计效率，保证设计质量，适应社会主义建设的需要，中华人民共和国建设部于 2001 年颁布了国家标准《房屋建筑制图统一标准》GB/T 50001—2001，以便绘制图样时参照执行

为了学习看图，除学习并掌握绘制图样的基本原理和方法等基础知识外，还必须了解有关图样的国家标准（简称“国标”）。在这一章里，先介绍国家标准《房屋建筑制图统一标准》中的某些规定，其他内容将在以后各章中陆续介绍。

一、图纸幅面、标题栏及会签栏

（一）图纸幅面

为了合理使用图纸和便于图样的管理，所有设计图纸的幅面，均须符合表 2-5-1 的规定。表中尺寸是裁边以后的大小，单位为 mm。表中代号的意义见图 2-5-1。

图　纸　幅　面　　　　**表 2-5-1**

基本幅面代号	A0	A1	A2	A3	A4
$b \times l$	841×1189	594×841	420×594	297×420	210×297
c	10			5	
a	25				

由表 2-5-1 可以看出，A1 号图幅是 A0 号图幅的对开，A2 号图幅是 A1 号图幅的对开，其余类推。

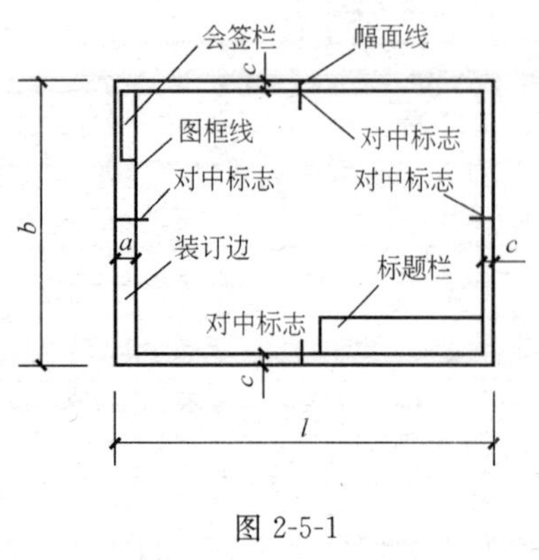

图 2-5-1

（二）标题栏及会签栏

标题栏（简称图标）应放置在图纸的右下角，它的大小及格式见图 2-5-2。会签栏仅供需要会签的图纸用，位置在图纸左上角的图框线外，它的大小及格式见图 2-5-3。

有了图标及会签栏，在查看图纸时，对了解设计单位名称、图纸名称、图号、日期、设计负责人等就有了根据。为了节省图幅，本书所介绍的建筑图中，大部分未列出标题栏及会签栏。

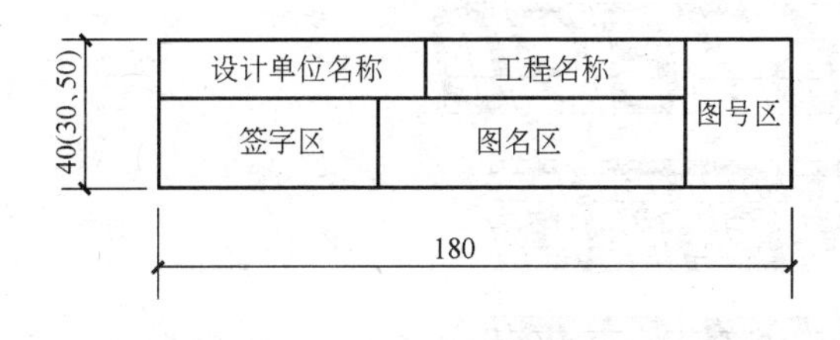

图 2-5-2

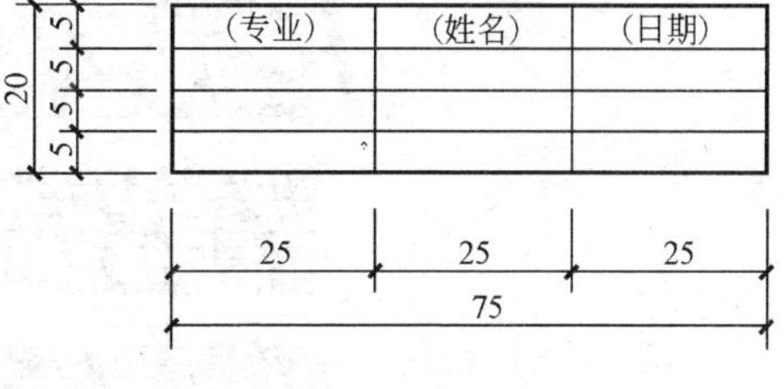

图 2-5-3

二、比例

图样的比例就是建筑物画在图上的大小和它的实际大小相比的关系。例如把长 100m 的房屋在图上画成 1m 长，也就是用图上 1m 长的大小表示房屋实际的长度 100m，这时图的比例就是 1∶100。建筑图中所用的比例，应按表 2-5-2 的规定选用。

图　的　比　例　　　　**表 2-5-2**

图　　名	常　用　比　例	必要时可增加的比例
总平面图	1∶500,1∶1000,1∶2000	1∶2500,1∶5000,1∶10000
总图专业的断面图	1∶100,1∶200,1∶1000,1∶2000	1∶500,1∶5000
平面图、剖面图、立面图	1∶50,1∶100 ,1∶200	1∶150,1∶300
次要平面图	1∶300,1∶400	1∶500
详图	1∶1,1∶2,1∶5,1∶10,1∶20,1∶25,1∶50	1∶3,1∶4,1∶30,1∶40

注：① 次要平面图指屋面平面图、工业建筑中的地面平面图等。
　　② 1∶25 仅适用于结构详图。

比例一般注写在图名的右侧，如平面图 1∶100。当整张图纸只用一种比例时，也可以注写在图标内图名的下面。标注详图的比例，应注写在详图标志的右下角，如图 2-5-4。

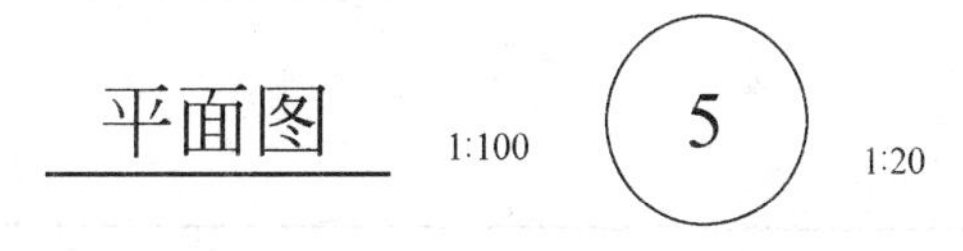

图 2-5-4

三、字体

图上所有的字体，包括各种符号、字母代号、尺寸数字及文字说明等，一般用黑墨水书写；各种字体应从左到右横向书写，并应注意标点符号清楚。

汉字的高度，一般以不小于 3.5mm 为宜。拉丁字母、阿拉伯数字、罗马数字的字高，不得小于 2.5mm。

书写各种字体时，必须做到：字体端正，笔划清楚，排列整齐，间隔均匀。汉字应写成长仿宋字体，并应采用国家正式公布的简化字。图 2-5-5 是仿宋字体的示例；图 2-5-6 是斜体的阿拉伯数字及大小写字母的示例。

字体端正　笔划清楚　排列整齐　间隔均匀

图 2-5-5

四、图线

图样上的线条以不同的形式、不同的宽度来区分。表 2-5-3 中列出了几种常用图线的形式、宽度及其应用。

图 2-5-6

线　型 **表 2-5-3**

名称		线型	线宽	一般用途
实线	粗		b	主要可见轮廓线
	中		0.5b	可见轮廓线
	细		0.25b	可见轮廓线、图例线等
虚线	粗		b	见有关专业制图标准
	中		0.5b	不可见轮廓线
	细		0.25b	不可见轮廓线、图例线等
单点长划线	粗		b	见有关专业制图标准
	中		0.5b	见有关专业制图标准
	细		0.25b	中心线、对称线等
双点长划线	粗		b	见有关专业制图标准
	中		0.5b	见有关专业制图标准
	细		0.25b	假想轮廓线，成型前原始轮廓线
折断线			0.25b	断开界线
波浪线			0.25b	断开界线

注：b 一般采用 0.35～2.0mm。

在同一张图纸上，同类图线的宽度及形式应保持一致。

在同一张图纸上，各类图纸的宽度随粗实线的宽度（b）而变，而粗实线的宽度则取决于图形的大小和复杂程度。

几种图线在房屋平面图上的应用见图 2-5-7。

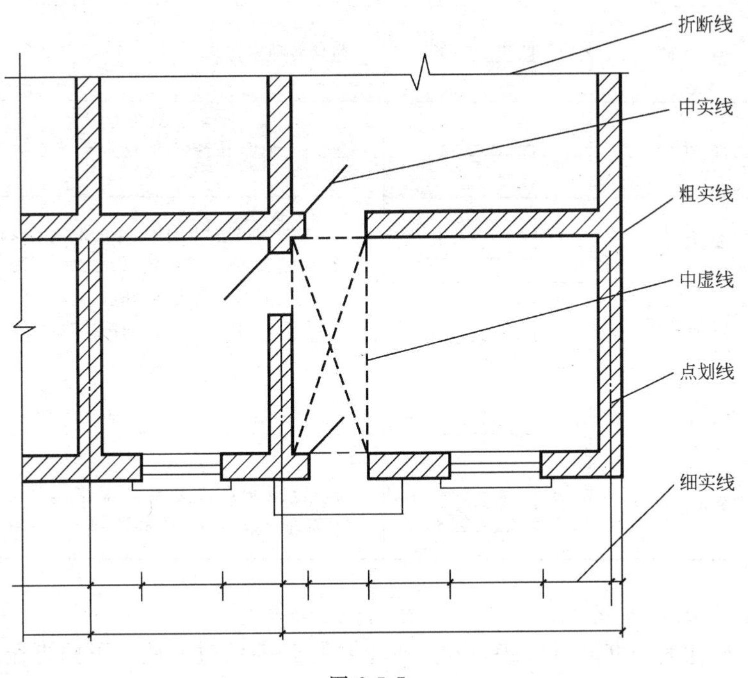

图 2-5-7

五、建筑材料图例

建筑工程中所用的建筑材料是多种多样的。为了在图（剖面图、截面图）上清楚的把它们表示出来，“国标”规定了各种建筑材料图例，表 2-5-4 是常用的几种。

常用建筑材料图例 **表 2-5-4**

序 号	名 称	图 例	说 明
1	自然土壤		包括各种自然土壤
2	夯实土壤		
3	砂、灰土		靠近轮廓线点较密的点
4	砂砾石、碎砖三合土		
5	天然石材		包括岩层、砌体、铺地、贴面等材料
6	毛 石		
7	普 通 砖		1. 包括砌体、砌块 2. 断面较窄，不易画出图例线时，可涂红

续表

序　号	名　　称	图　　例	说　　　明
8	耐火砖		包括耐酸砖等
9	空心砖		包括各种多孔砖
10	饰面砖		包括铺地砖、马赛克、陶瓷锦砖、人造大理石等
11	混凝土		1. 本图例仅适用于能承重的混凝土及钢筋混凝土 2. 包括各种标号、骨料、添加剂的混凝土 3. 在剖面图上画出钢筋时，不画图例线 4. 断面较窄，不易画出图例线时，可涂黑
12	钢筋混凝土		
13	焦渣、矿渣		包括与水泥、石灰等混合而成的材料
14	多孔材料		包括水泥珍珠岩、沥青珍珠岩、泡沫混凝土、非承重加气混凝土、泡沫塑料、软木等

六、尺寸注法

关于尺寸标注的一些基本知识，在第四节中已经介绍过一些，下面再作几点补充。

1.《房屋建筑制图统一标准》规定，各种设计图上标注的尺寸，除标高及总平面图以“m”为单位外，其余一律以“mm”为单位。因此，图中尺寸数字后面都不注写单位。

2. 尺寸数字应尽量标注在尺寸线上方的中部，当尺寸界线较窄时，最外边的尺寸数字可注写在尺寸界线的外侧；中部的尺寸数字可在尺寸线的上、下边错开注写；必要时也可以用引出线引出注写，如图 2-5-8。

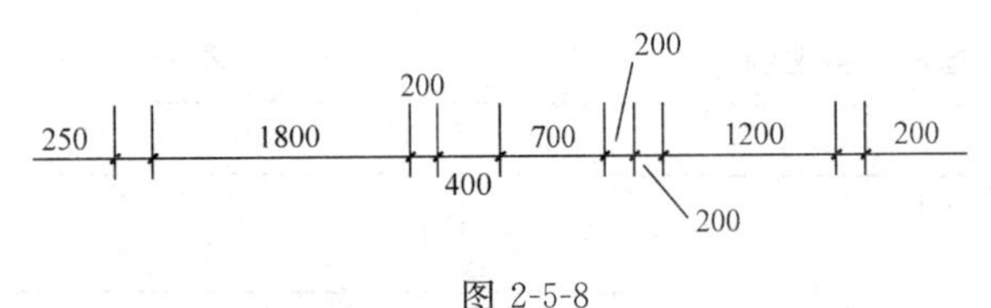

图 2-5-8

3. 为了保证图上尺寸数字清晰，任何图线、符号都不允许穿过尺寸数字。当无法避免时，应在注写尺寸数字处把图线断开，如图 2-5-9。

4. 格架式结构的单线图，可将尺寸直接注写在杆件的一侧，如图 2-5-10。

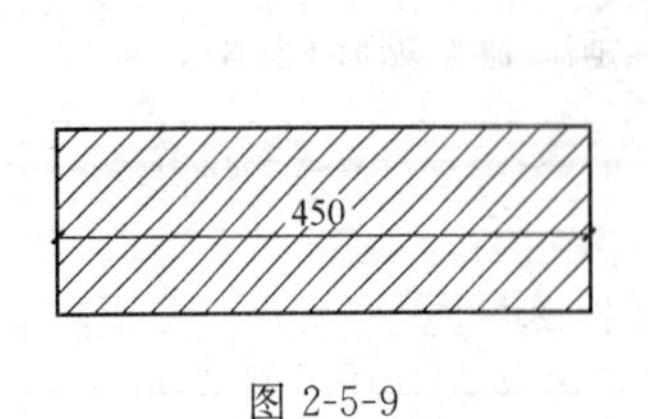

图 2-5-9

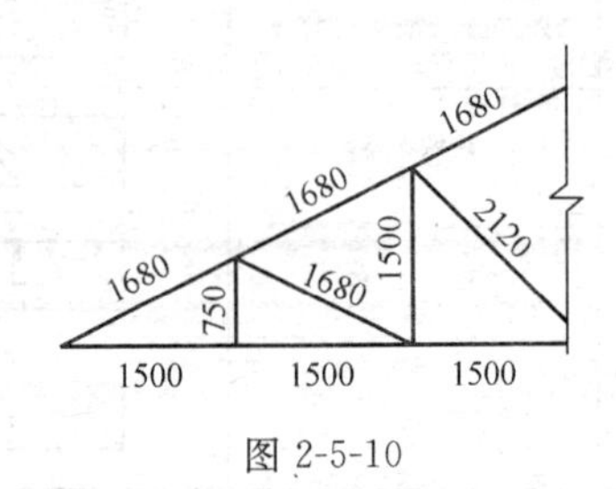

图 2-5-10

5. 一平面（或直线）对另一平面（或直线）的倾斜程度叫坡度。对于坡度可采用图 2-5-11 的标注方法。图 2-5-11（*a*）是屋面坡度较大时的注法，直角三角形的斜边应和坡度方向一致，两直角边边长之比（如图中的 1∶4）就表示坡度的高宽比。图 2-5-11（*b*）是屋面坡度较小时的注法，2%表示坡度的高宽比，箭头表示倾斜的方向。

6. 注写标高时，应采用标高符号，其形式除总平面图中的室外整平标高采用全部涂黑的三角形外，其他图面上一律采用图 2-5-12（*a*）所示的图形。在特殊情况下也可采用图2-5-12（*b*）所示的图形。

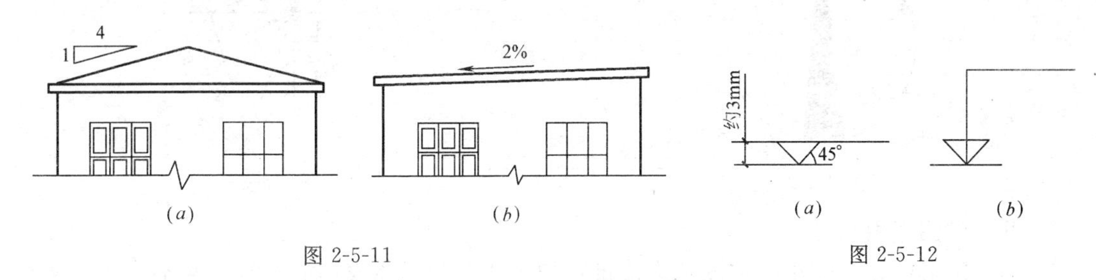

图 2-5-11　　　　　　图 2-5-12

零点标高注成±0.000，正数标高数字一律不加正号，如 3.000；负数标高数字必须加注负号，如−1.500。

在剖面图及立面图上，标高符号的尖端，可以向上指或向下指，注写数字的位置如图 2-5-13 所示。

7. 标注多层结构的尺寸时，指引线必须通过被引的各层，文字说明和尺寸数字应按构造层次注写，如图 2-5-14。

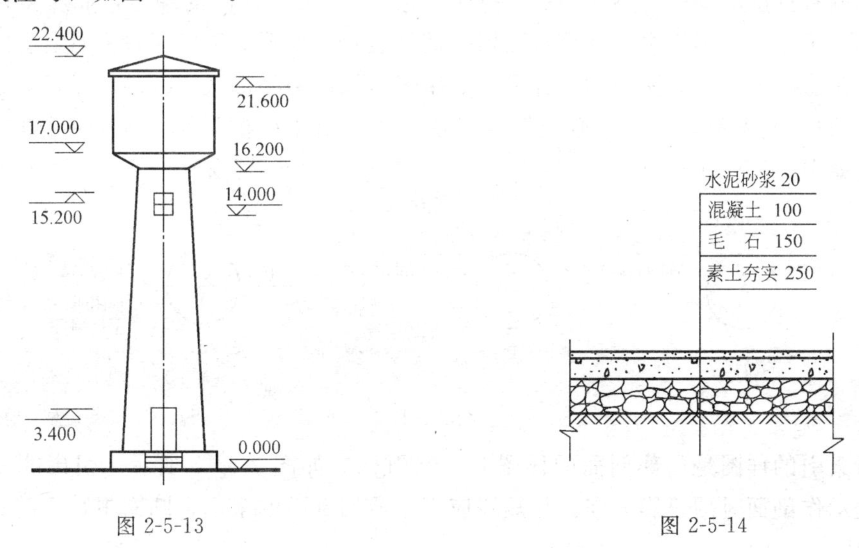

图 2-5-13　　　　　　图 2-5-14

七、指北针和风向频率玫瑰图

1. 指北针

在总平面图中应画有指北针（图 2-5-15），以表示建筑物的朝向。指北针的圆圈直径一般为 25mm，指北针南端的宽度为圆圈直径的 1/8。

2. 风向频率玫瑰图

为了表示某一地区常年的风向情况，在总平面图中要画上风向频率玫瑰图（简称风玫瑰图)，如图 2-5-16 所示。图中把东南西北划分为 16 个方位，各方位上的长度，就是把多年来各方位平均刮风的次数占刮风总次数的百分数值，按一定的比例定出的。图中所示的风向是指从外面刮向地区中心的。实线指全年的风向，虚线指夏季的风向。在总平面图上如果画有风玫瑰图，指北针的画法如图 2-5-16。

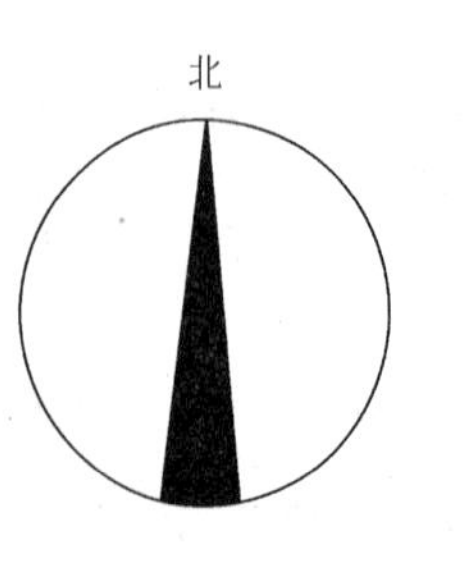

图 2-5-15

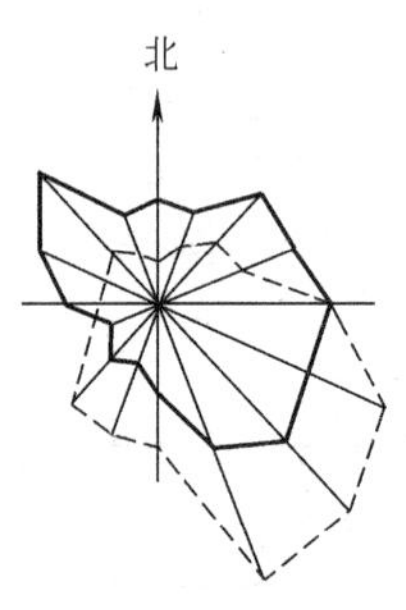

图 2-5-16

八、详图索引标志

由于图形的比例较小，在图上当建筑物的某些部分不能表达清楚时，需要另外用较大的比例画出该部分的图样，以便按照它施工或制作，这种图样叫做详图或节点图（也叫大样图)。为了使详图和有关图样前后呼应，便于看图，常采用索引标志的符号，注明已画有详图的部位、详图的编号以及详图所在的图纸编号，这种表示方法叫做详图索引标志。

1. 索引标志

为了指明图上某一部分已画有详图，应采用图 2-5-17 所示的索引标志。图中的引出线应指向画有详图的部位，圆圈中的“分子”数“5”表示详图的编号，如所索引的详图就画在本张图纸上，圆圈中的“分母”用一横线表示，如图 2-5-17（*a*)；如索引的详图画在另外一张图纸上，则圆圈中的“分母”数字表示画详图的那张图纸的编号，如图 2-5-17（*b*）中的“4”就表示 5 号详图画出第 4 号图纸上。所索引的详图，如采用标准详图时，索引标志如图 2-5-17（*c*)。

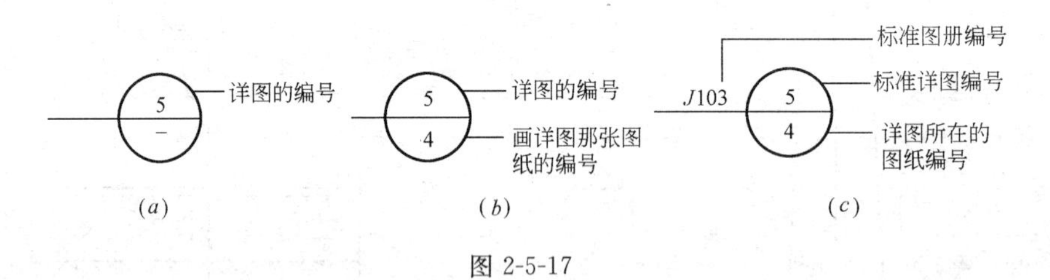

图 2-5-17

当所索引的详图是局部剖面的详图时，索引标志如图 2-5-18 所示。引出线一端的粗短线，表示作剖面时的投影方向。粗短线应贯穿所切剖面的全部，圆圈中数字的含义和图 2-5-17 相同。

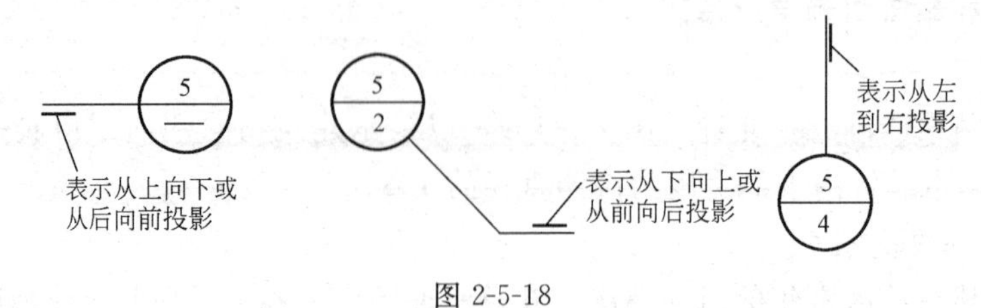

图 2-5-18

2. 详图标志

在所画的详图上，应采用图 2-5-19 所示的详图标志。图 2-5-19（*a*）圆圈中的数字“5”表示详图的编号且和所索引的详图在同一张图纸上。图 2-5-19（*b*）圆圈中的“分子”表示详图的编号，“分母”数字“2”则表示被索引的详图所在的图纸编号。

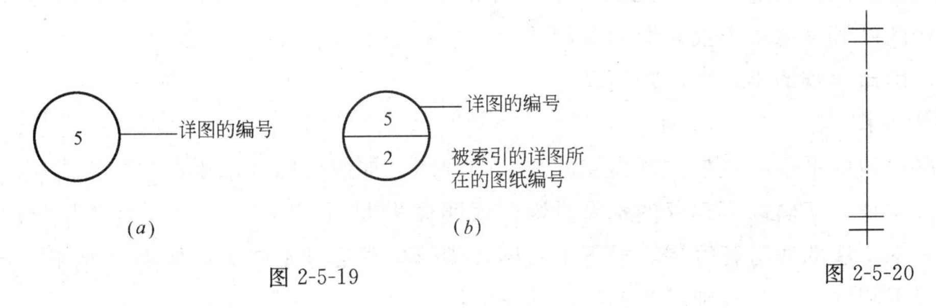

图 2-5-19

图 2-5-20

九、对称符号和连接符号

1. 对称符号

完全对称的构件图，可在构件中心线上画上对称符号（图 2-5-20），以表示在符号两边的图形完全对称，这时可只画图形的一侧，其对称部分可省略绘制。

2. 连接符号

在表示构件图形时，如遇到下面两种情况，可采用连接符号。

(1) 当两个构件的图形大部分相同而只有局部不同时，见图 2-5-21（*a*）和图 2-5-21（*b*）所示。则可完整地画出其中一个构件的图形，对另一构件可只画其不同部分，并用连接符号表示相连，如图 2-5-21（*c*）所示。两个连接符号应对准在同一线上。

(2) 同一构件的图形，如绘制的地位不够时，也可将该构件分成两个部分绘制，再用连接符号表示相连，如图 2-5-22 所示。

连接符号的编号采用大写汉语拼音字母。

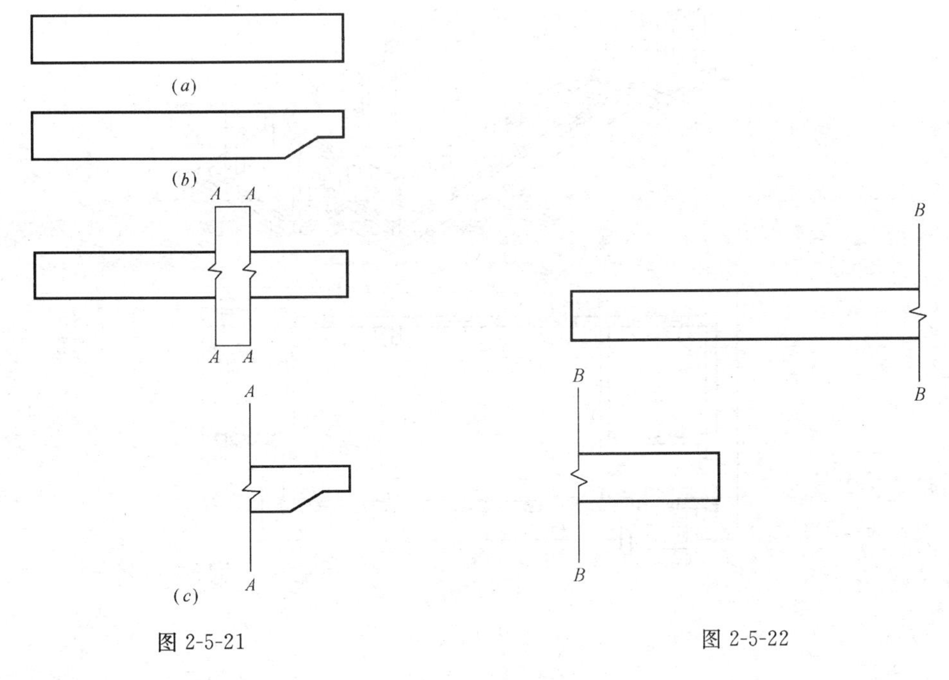

图 2-5-21　　图 2-5-22

第六节　建筑物的表达方法

房屋建筑图是表示一栋房屋的内部和外部形状的图纸，有平面图、立面图、剖面图等。这些图纸都是运用正投影原理绘制的。

一、房屋建筑的平、立、剖面图

1. 平面图

房屋建筑的平面图就是一栋房屋的水平剖视图。即假想用一水平面把一栋房屋的窗台以上部分切掉，切面以下部分的水平投影图就叫做平面图。图 2-6-1 是一栋单层房屋的平面图。一栋多层的楼房若每层布置各不相同，则每层都应画平面图。如果其中有几个楼层的平面布置相同，可以只画一个标准层的平面图。

平面图主要表示房屋占地的大小，内部的分隔，房间的大小，台阶、楼梯、门窗等局部的位置和大小，墙的厚度等。一般施工放线、砌墙、安装门窗等都要用到平面图。

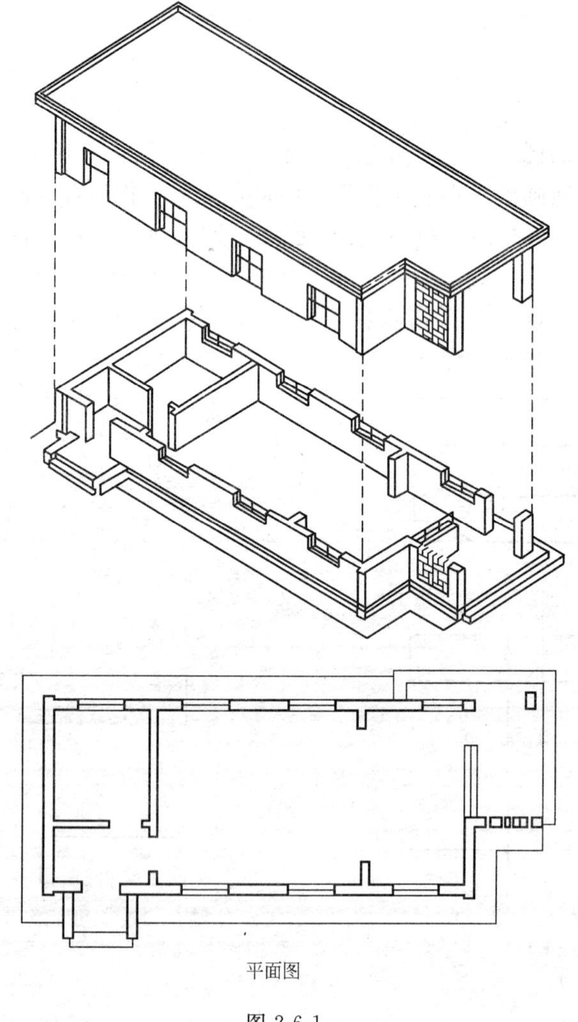

图 2-6-1

平面图有许多种，如总平面图、基础平面图、楼板平面图、屋顶平面图、吊顶或顶棚仰视图等。

2. 立面图

房屋建筑的立面图，就是一栋房子的正立投影图与侧投影图，通常按建筑各个立面的朝向，将几个投影图分别叫做东立面图、西立面图、南立面图、北立面图等。图 2-6-2 就是一栋建筑的两个立面图。

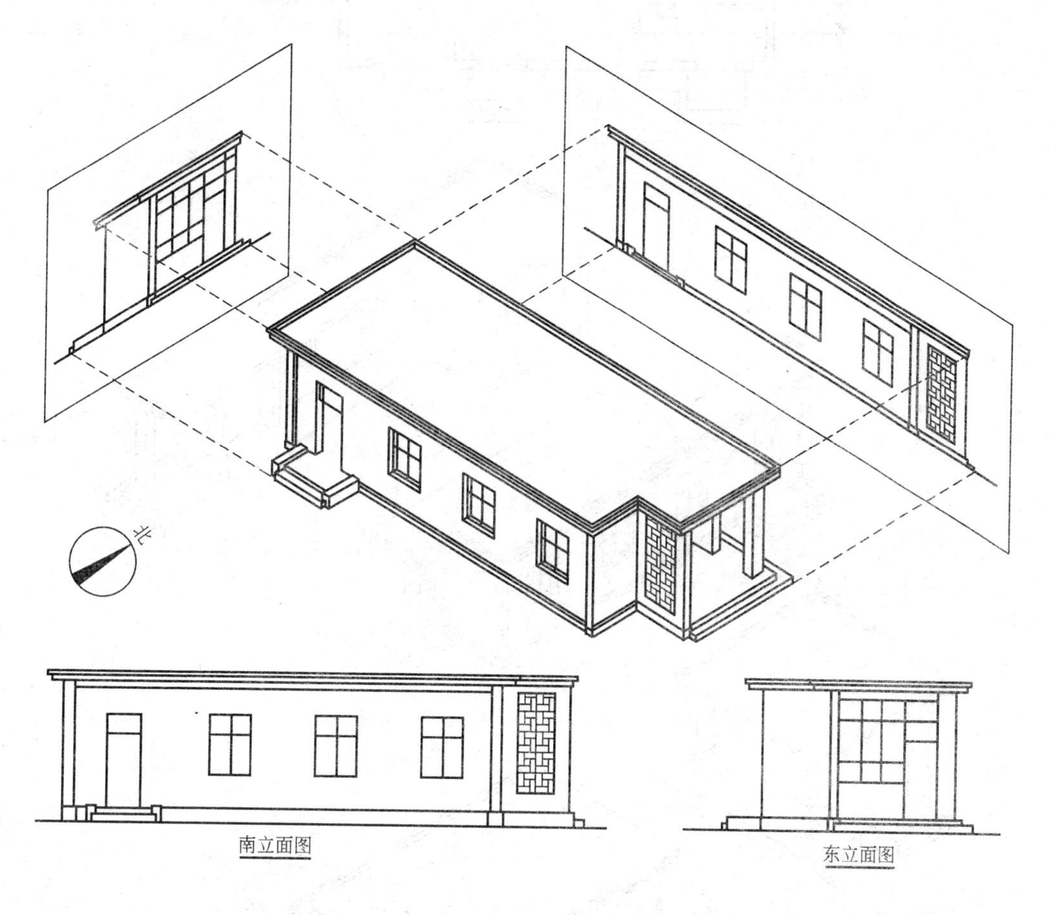

图 2-6-2

立面图主要表明建筑物外部形状，房屋的长、宽、高尺寸，屋顶的形式，门窗洞口的位置，外墙饰面、材料及做法等。

3. 剖面图

房屋建筑的剖面图系假想用一平面把建筑物沿垂直方向切开，切面后的部分的正立投影图就叫做剖面图。因剖切位置的不同，剖面图又分为横剖面图（图 2-6-3，1—1 剖面图）、纵剖面图（图 2-6-3，2—2 剖面图）。

剖面图主要表明建筑物内部在高度方面的情况，如屋顶的坡度、楼房的分层、房间和门窗各部分的高度、楼板的厚度等，同时也可以表示出建筑物所采用的结构形式。

剖面位置一般选择建筑内部作法有代表性和空间变化比较复杂的部位。如图 2-6-3，1—1 剖面是选在房屋的第二开间窗户部位。多层建筑一般选在楼梯间。复杂的建筑物需要

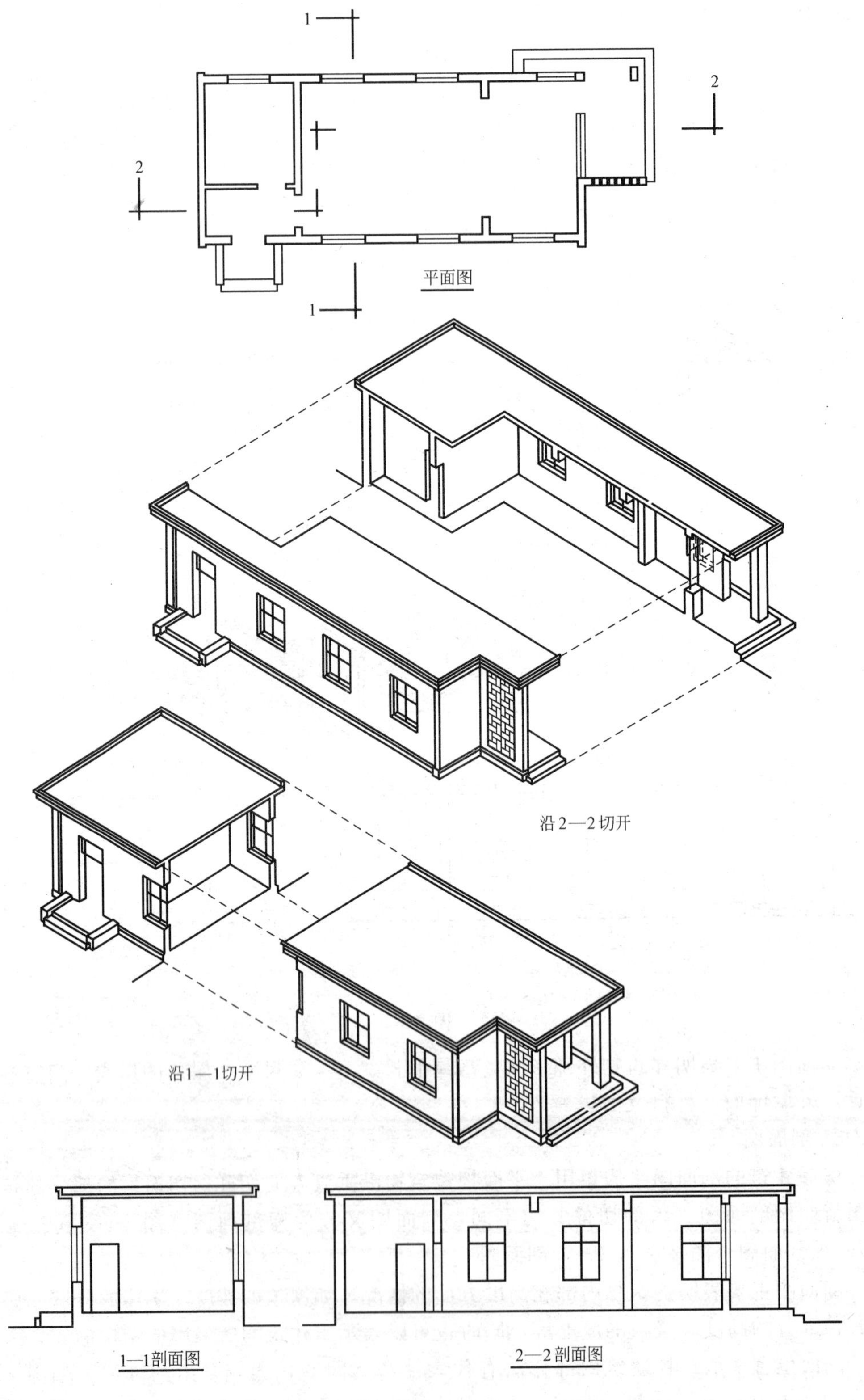
1
2
2
平面图
1
沿2—2切开
沿1—1切开
1—1剖面图
2—2剖面图

图 2-6-3

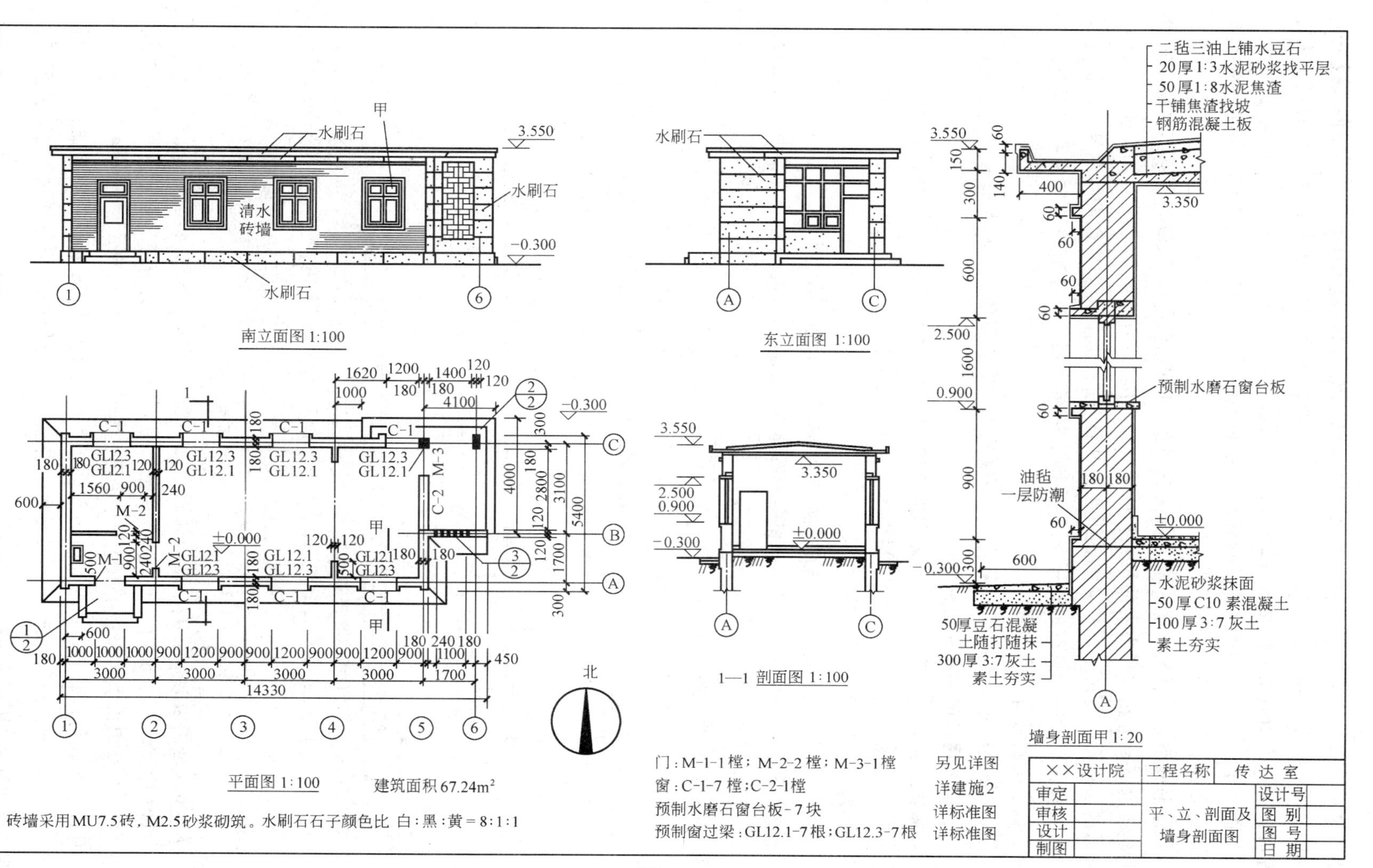
南立面图 1:100
水刷石
甲
清水砖墙
3.550
-0.300
东立面图 1:100
平面图 1:100
建筑面积 67.24m²
北
1—1 剖面图 1:100
3.350
±0.000
墙身剖面甲 1:20
二毡三油上铺水豆石
20厚1:3水泥砂浆找平层
50厚1:8水泥焦渣
干铺焦渣找坡
钢筋混凝土板
预制水磨石窗台板
油毡一层防潮
水泥砂浆抹面
50厚C10素混凝土
100厚3:7灰土
素土夯实
50厚豆石混凝土随打随抹
300厚3:7灰土
素土夯实
砖墙采用MU7.5砖，M2.5砂浆砌筑。水刷石石子颜色比 白:黑:黄=8:1:1
门：M-1-1樘；M-2-2樘；M-3-1樘 另见详图
窗：C-1-7樘；C-2-1樘 详建施2
预制水磨石窗台板-7块 详标准图
预制窗过梁：GL12.1-7根；GL12.3-7根 详标准图
××设计院
工程名称
传达室
审定
审核
设计
制图
平、立、剖面及墙身剖面图
设计号
图别
图号
日期

图 2-6-4

画出几个不同位置的剖面图。剖面的位置应在平面图上用剖切线标出。剖切线的长线表示剖切的位置，短线表示剖视方向。如图 2-6-3 平面图中剖切线 1—1 表示横向剖切，从右向左看。在一个剖面图中想要表示出不同的剖切位置，剖切线可以转折，但只允许转折一次。如图 2-6-3，2—2 剖面图就是通过剖切线的转折，同时表示右侧入口处的台阶、大门、雨篷和左侧门的情况。

从以上介绍可以看出，平、立、剖面图相互之间既有区别，又紧密联系。平面图可以说明建筑物各部分在水平方向的尺寸和位置，却无法表明它们的高度；立面图能说明建筑物外形的长、宽、高尺寸，却无法表明它的内部关系，而剖面图则能说明建筑物内部高度方向的布置情况。因此只有通过平、立 、剖三种图互相配合才能完整地说明建筑物从内到外、从水平到垂直的全貌。

图 2-6-4 是一张某传达室的施工图，就是用上述的房屋建筑图基本表示方法绘制的。

二、房屋建筑的详图和构件图

在施工图中，由于平、立、剖面图的比例较小，许多细部表达不清楚，必须用大比例尺绘制局部详图或构件图。详图或构件图也是运用正投影原理绘制的，表示方法根据详图和构件的特点有所不同。

如图 2-6-4 中墙身剖面甲就是在平面图上所示甲剖面的详图。

图 2-6-5 是构件图，采用平面图和两个不同方向的剖面图共同表示预应力大型屋面板的形状。由于大型屋面板的外形比较简单，完全可以从平面图和剖面图中知道它的形状，因此将立面图省略不画。

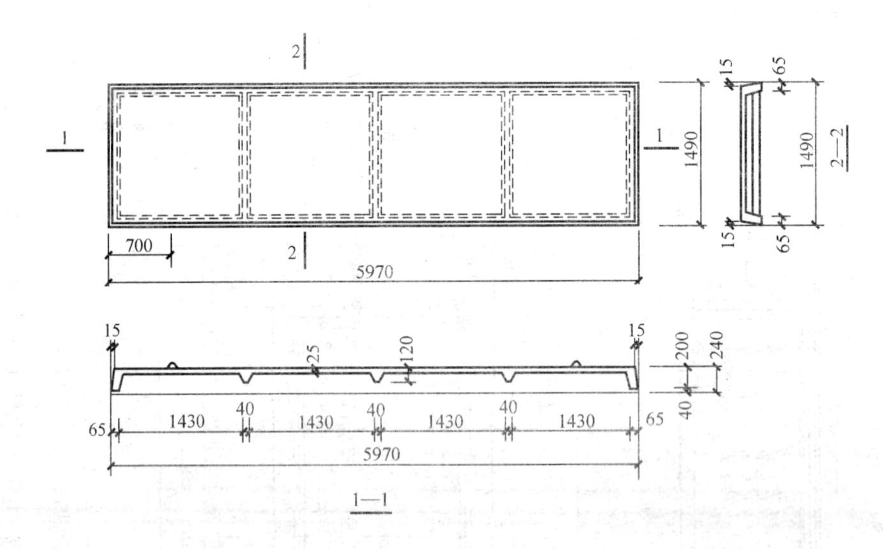

图 2-6-5

图 2-6-6 是楼盖的布置图。在平面图上画一垂直剖面，就地向左或向上折倒在平面上，这种剖面称为折倒断面，如图中涂黑的部分，这样可以更清楚地表示出其立体关系。

图 2-6-7 是用折倒断面表示出立面上线条的起伏、凹凸的轮廓。

从以上所述可以看出，房屋建筑的平、立、剖面图是以正投影原理为基础的，并根据建筑设计和施工的特点，采用了一些灵活的表现方法。熟悉这些基本表现方法，有助于我们阅读房屋建筑的施工图纸。

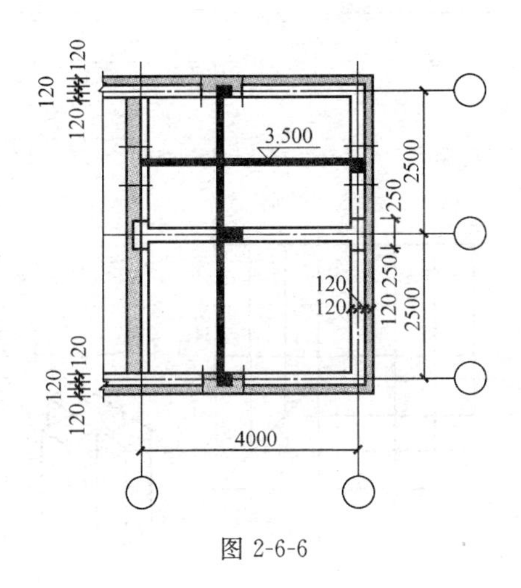

图 2-6-6

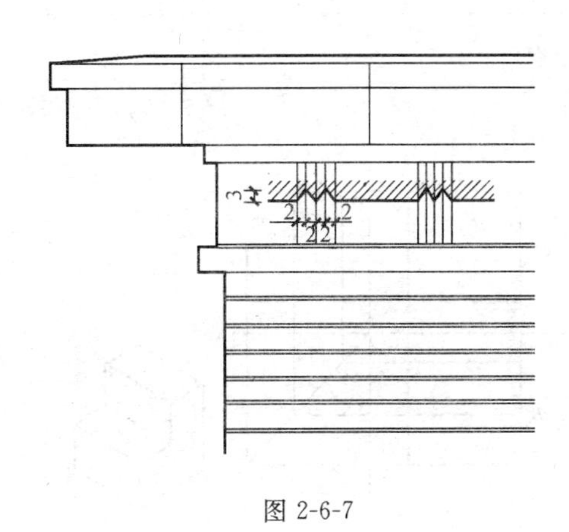

图 2-6-7

习 题 一

1. 在三面正投影图中说明 A、B、C 点的三个投影

（例题）

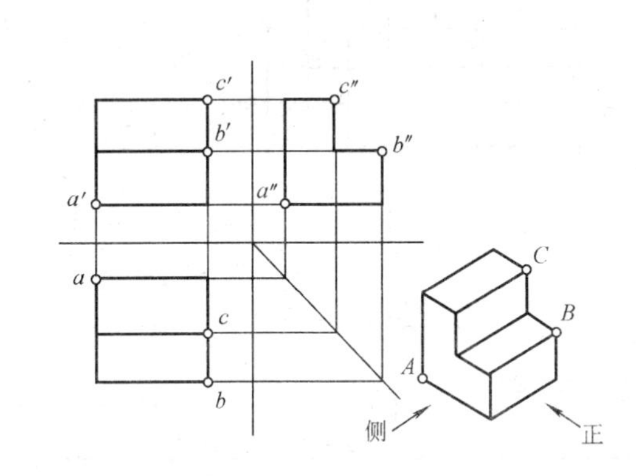

（2）

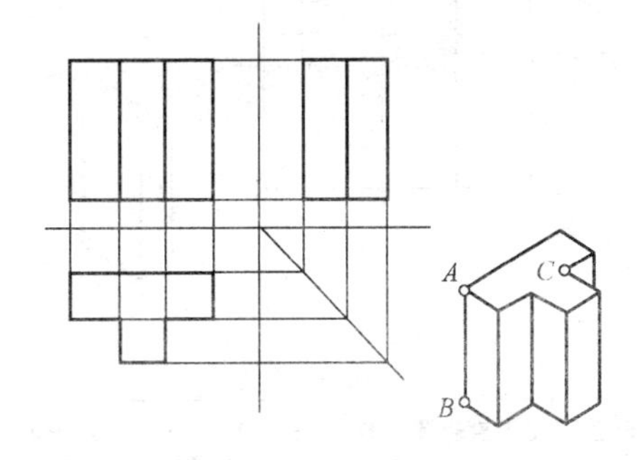

（1）

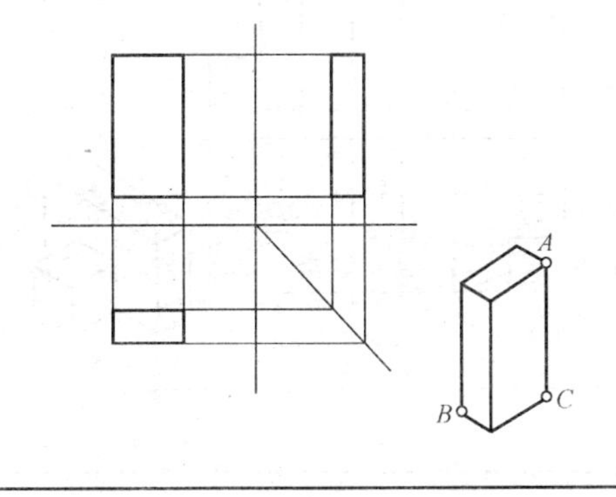

（3）

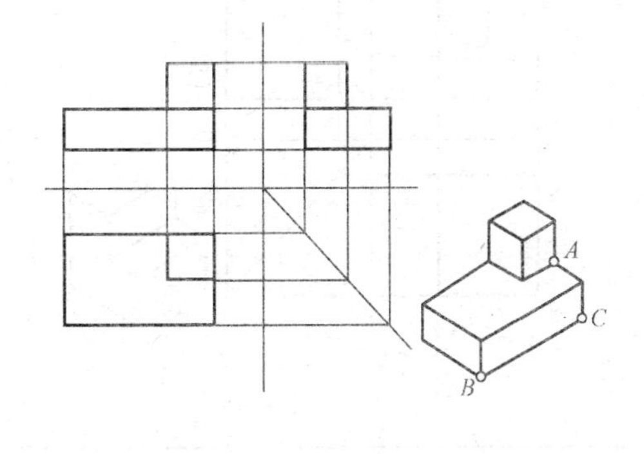

2. 在三面正投影图中注明 P、Q、R 面的三个投影

（例题）

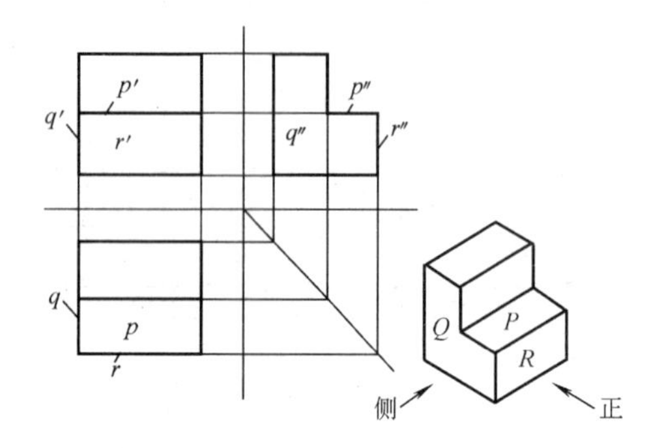

（2）

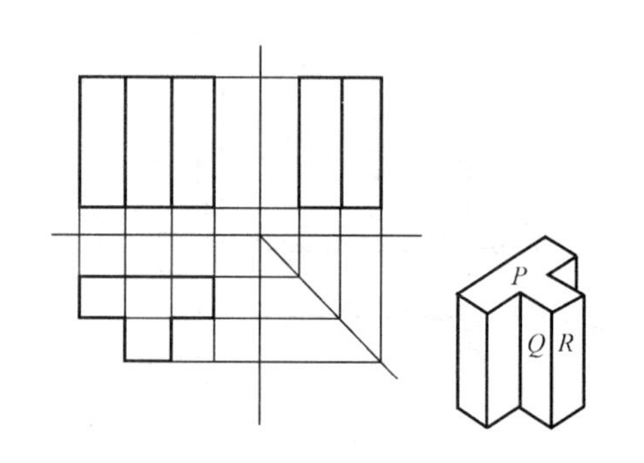

（1）

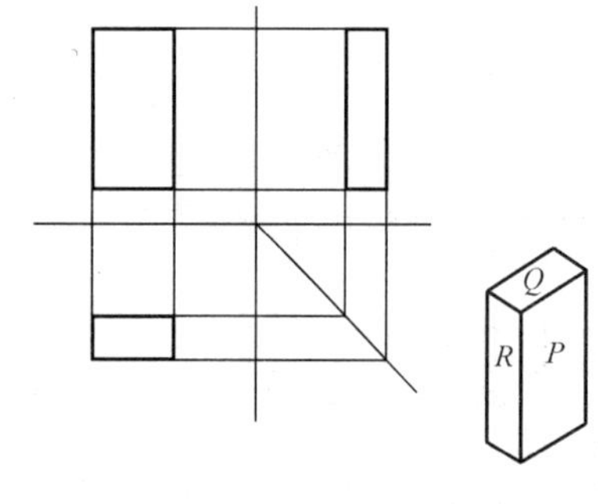

（3）

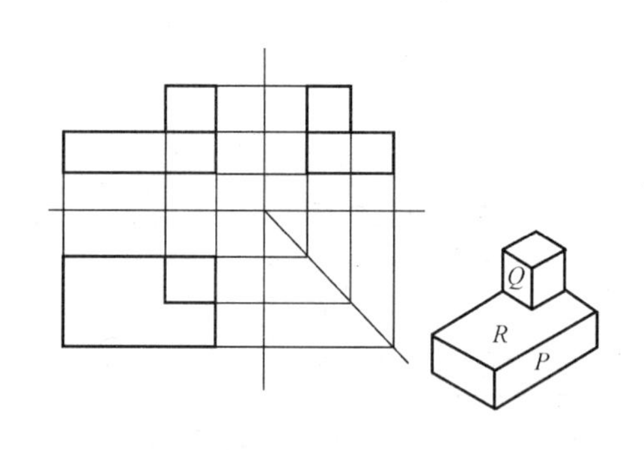

3. 根据三面正投影图的投影关系，补全下列各图中的缺线

（1）

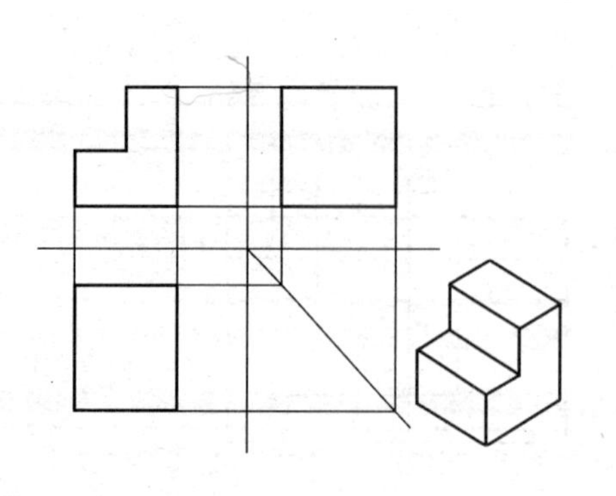

（2）

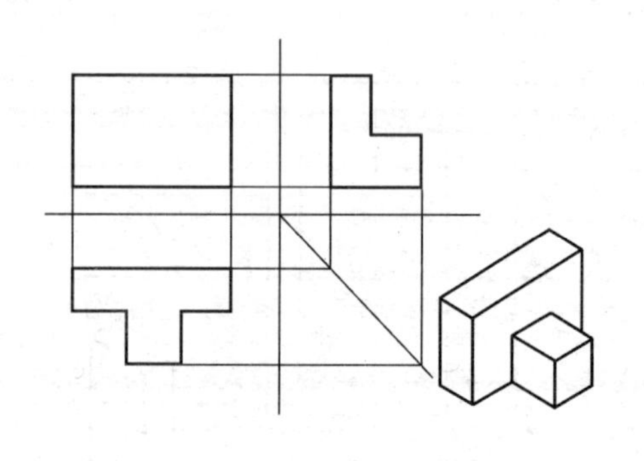

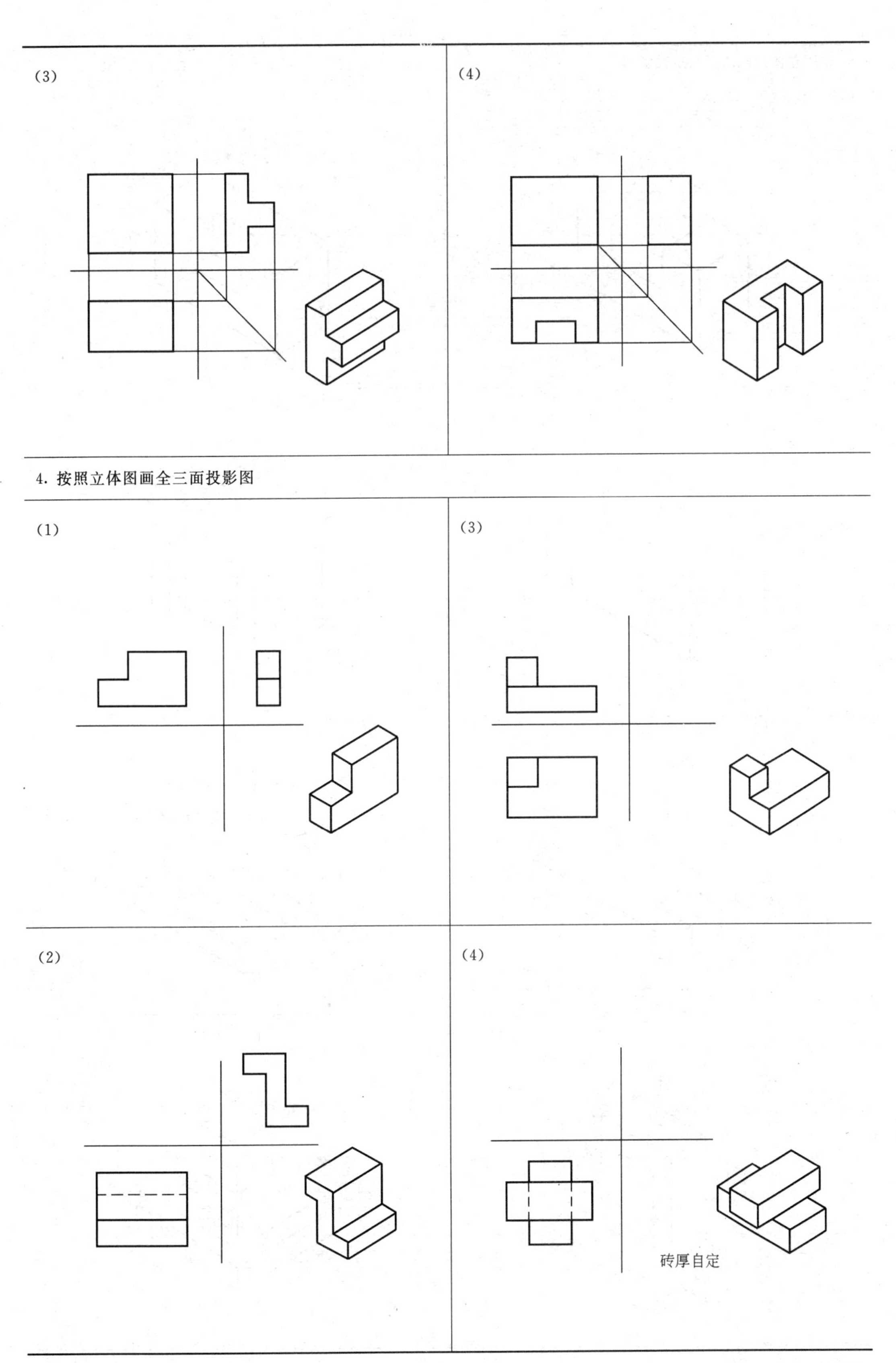
(3)
(4)
4. 按照立体图画全三面投影图
(1)
(3)
(2)
(4)
砖厚自定

5. 按照立体图画出三面正投影图

(1)

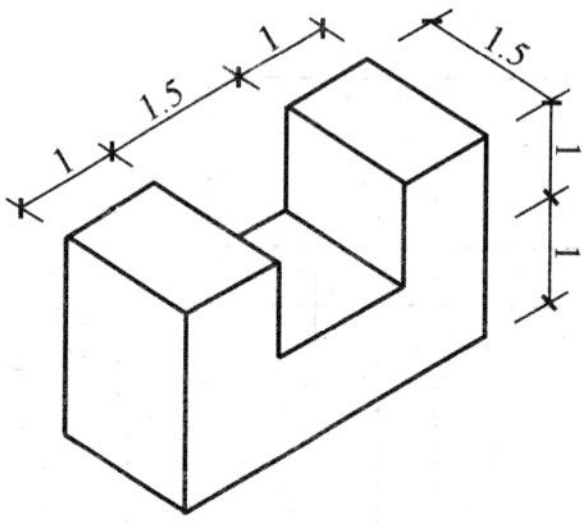

(5)

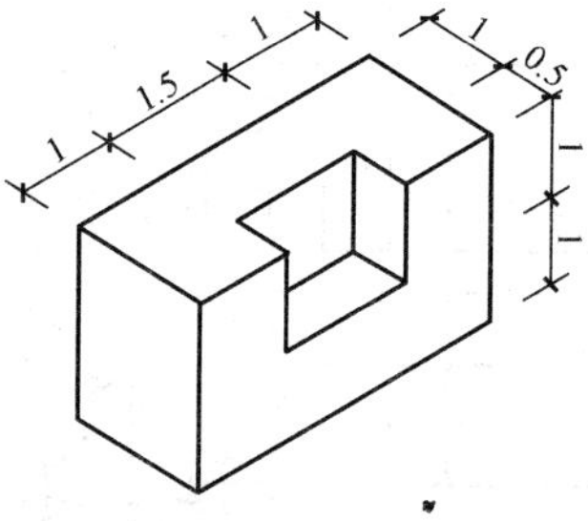

(2)

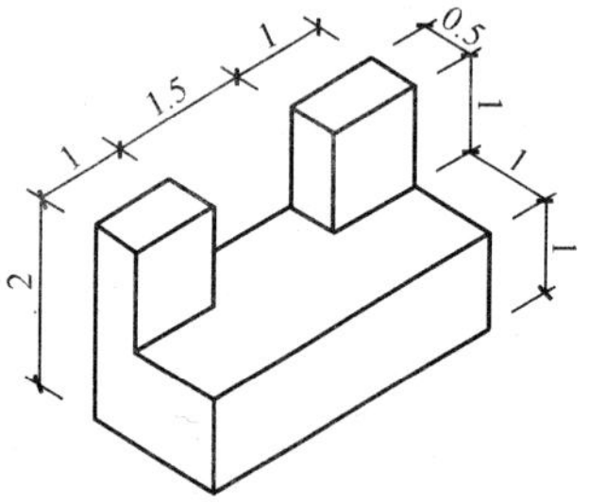

(6)

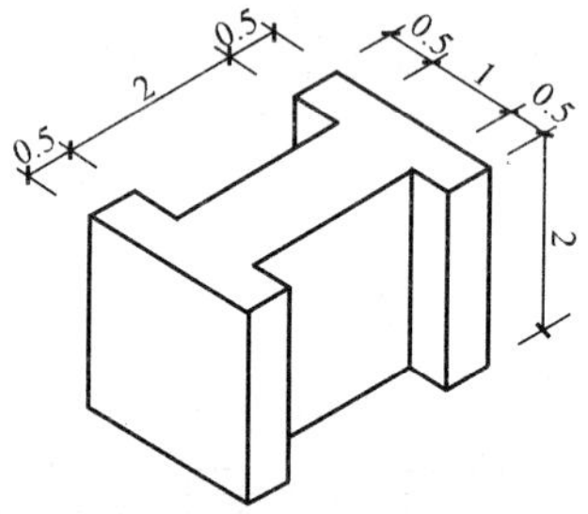

(3)

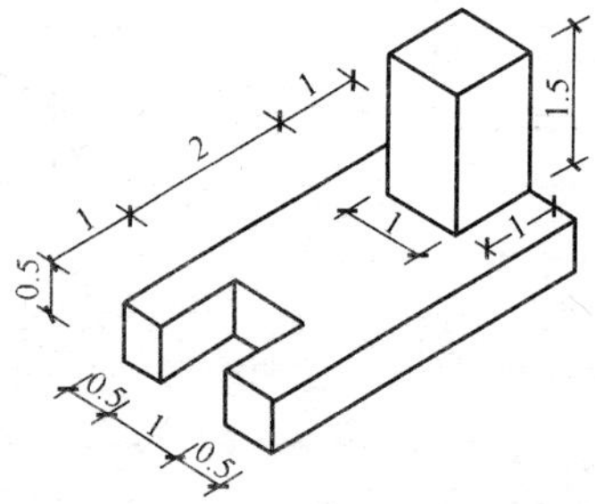

(7)

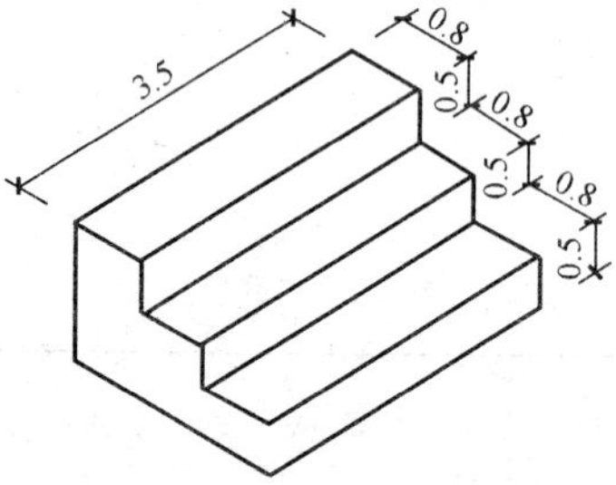

(4)

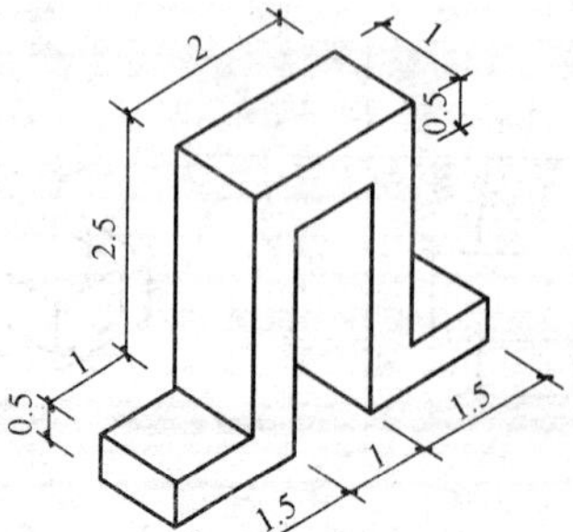

(8)

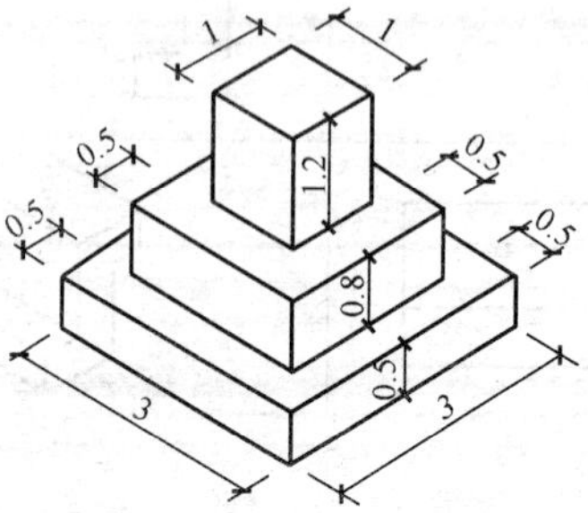

习 题 二

1．按照立体图完成三面正投影图；注明各点、面的三个投影；说明斜面、斜线与投影面的关系

（例题）

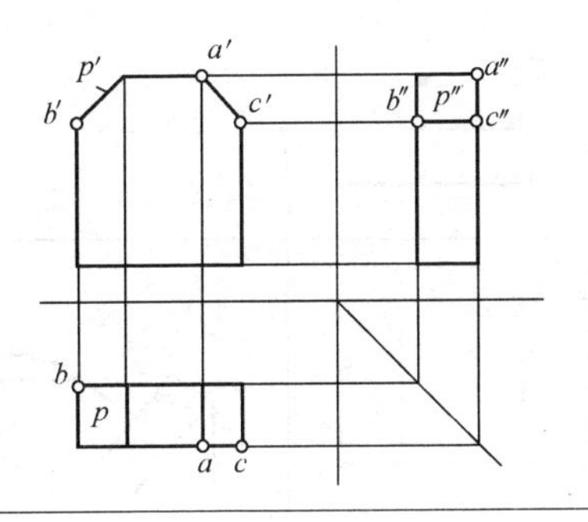

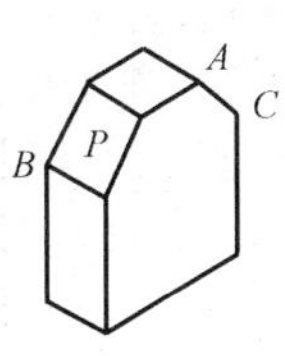

P 面与 V 面（垂直）
与 H 面（倾斜）
与 W 面（倾斜）
AC 线与 V 面（平行）
与 H 面（倾斜）
与 W 面（倾斜）

（1）

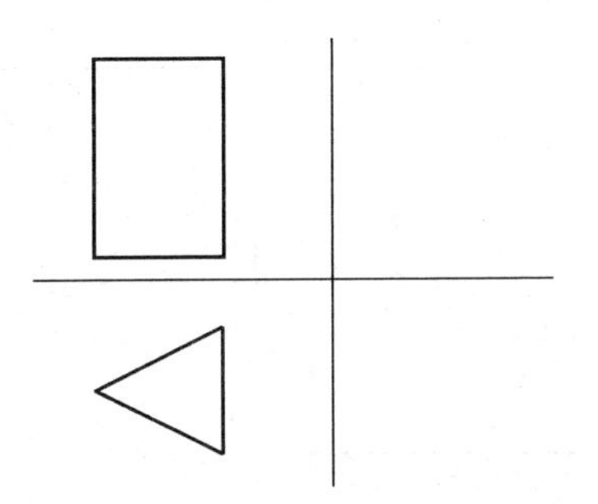

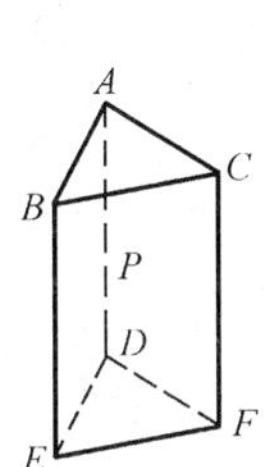

P 面与 V 面（　　）
与 H 面（　　）
与 W 面（　　）
BC 线与 V 面（　　）
与 H 面（　　）
与 W 面（　　）

（2）

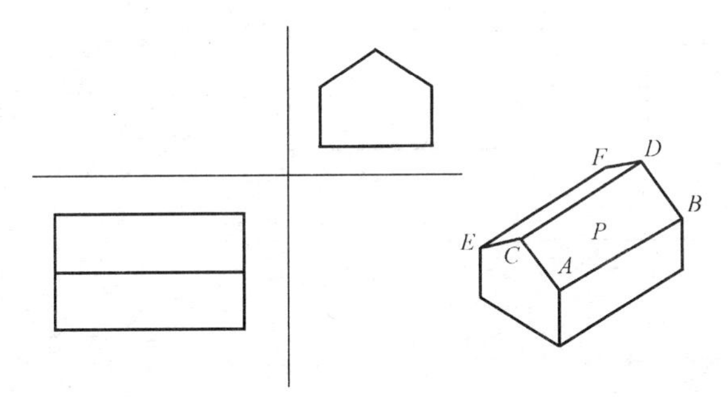

P 面与 V 面（　　）
与 H 面（　　）
与 W 面（　　）
CE 线与 V 面（　　）
与 H 面（　　）
与 W 面（　　）

（3）

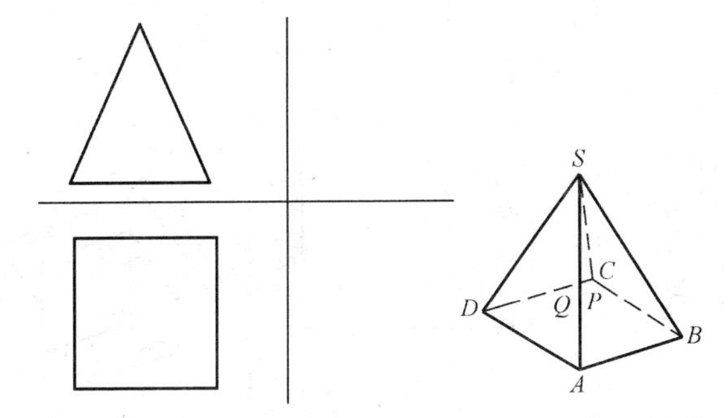

P 面与 V 面（　　）
与 H 面（　　）
与 W 面（　　）
Q 面与 V 面（　　）
与 H 面（　　）
与 W 面（　　）
SA 线与 V 面（　　）
与 H 面（　　）
与 W 面（　　）

2. 按照立体图完成三面正投影图

(1)

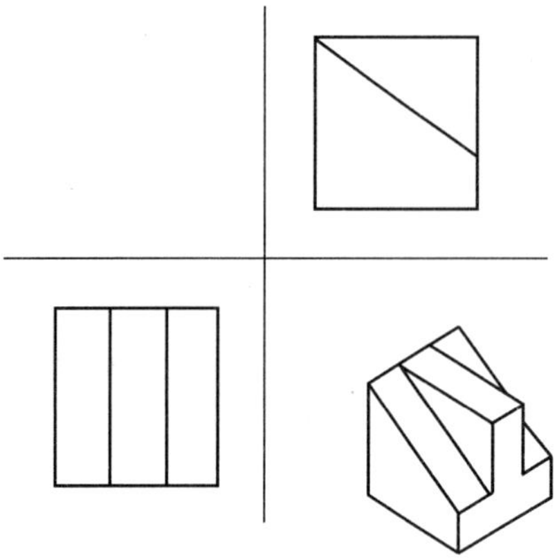

(4)

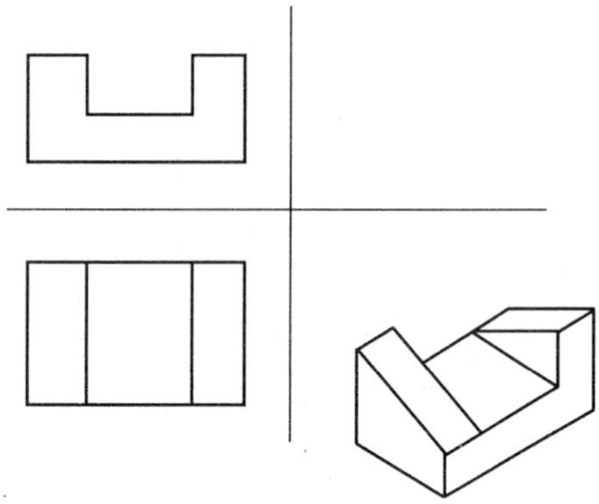

(2)

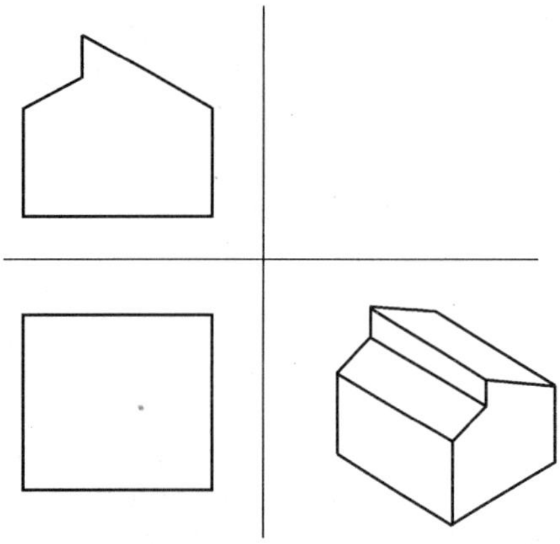

(5)

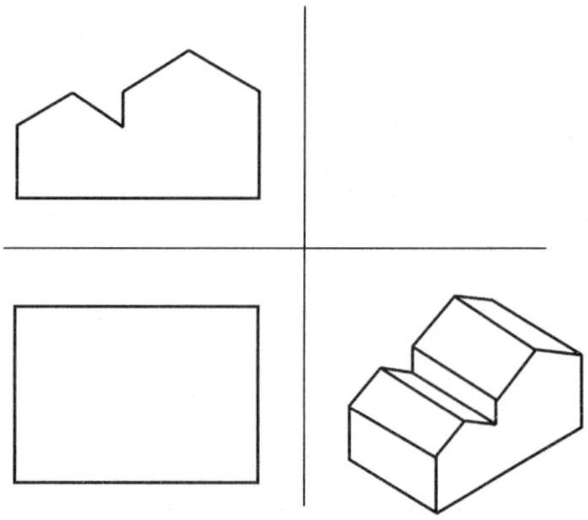

(3)

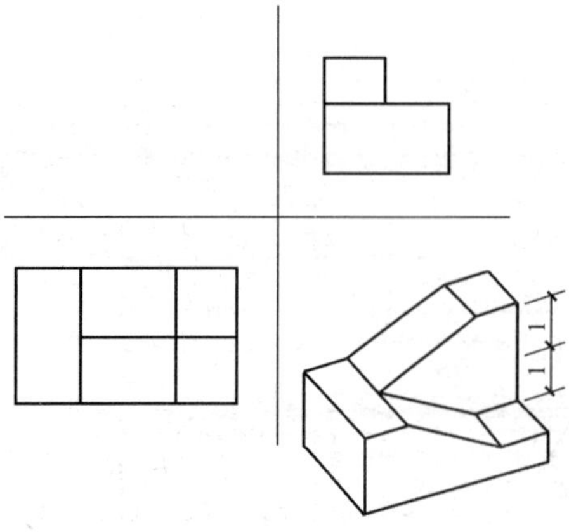

1
1
1

(6)

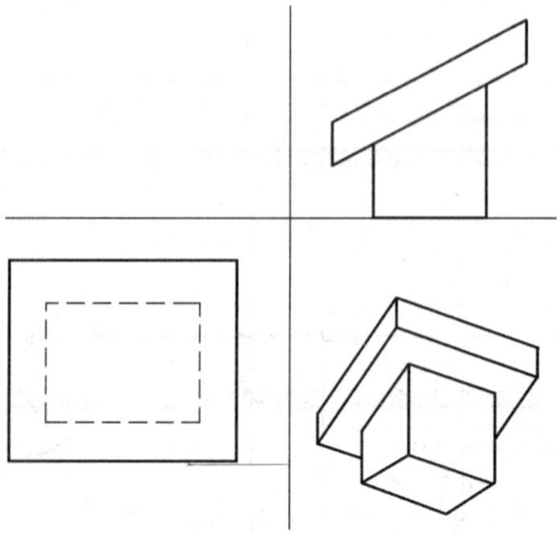

3. 根据两个已知投影，画出第三投影图

(1)

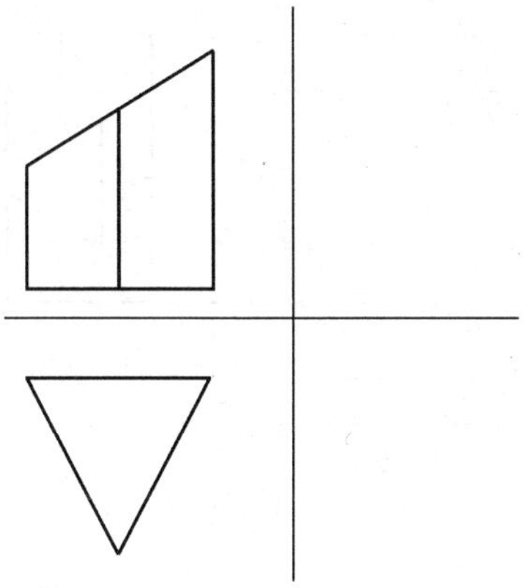

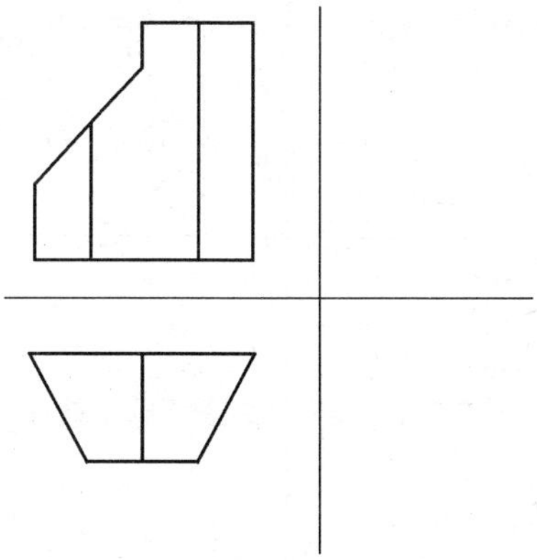

(4)

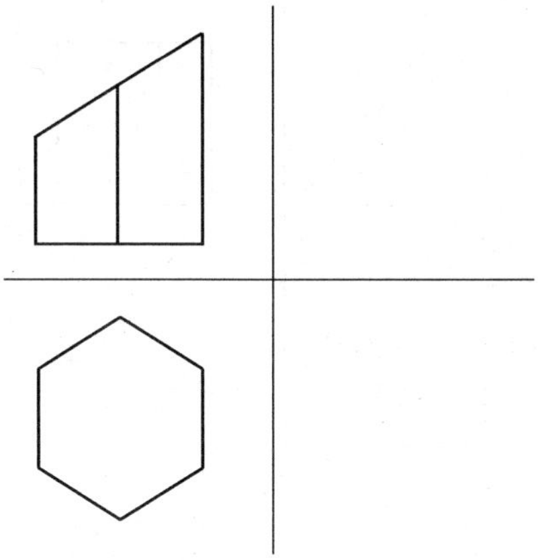

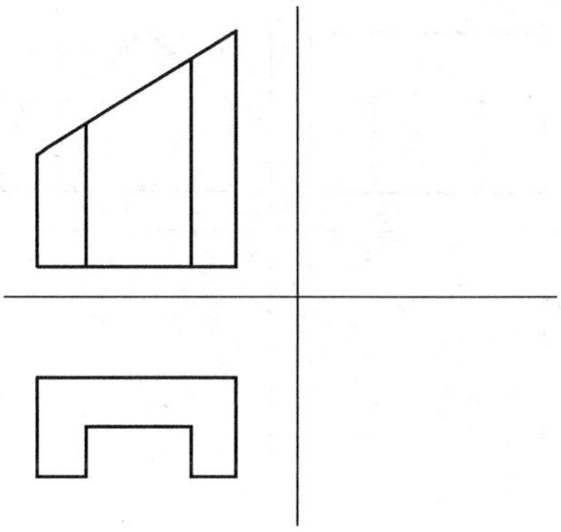

(2)

(5)

(3)

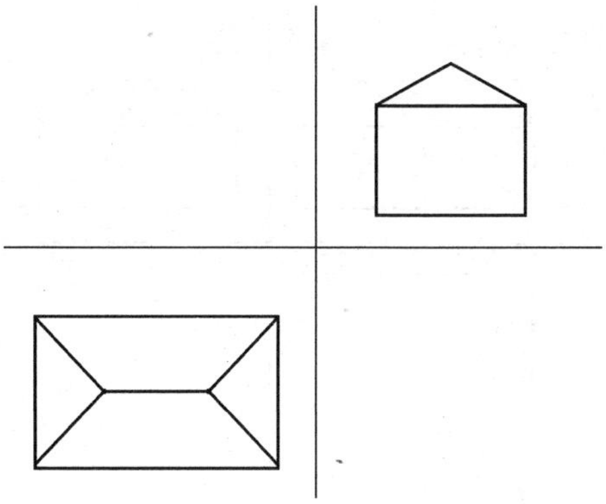

(6)

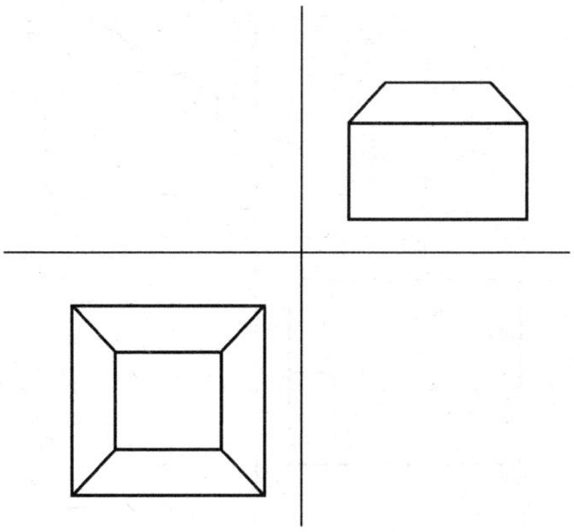

4. 根据两个已知投影,画出第三投影图(不画不可见线)

(1)

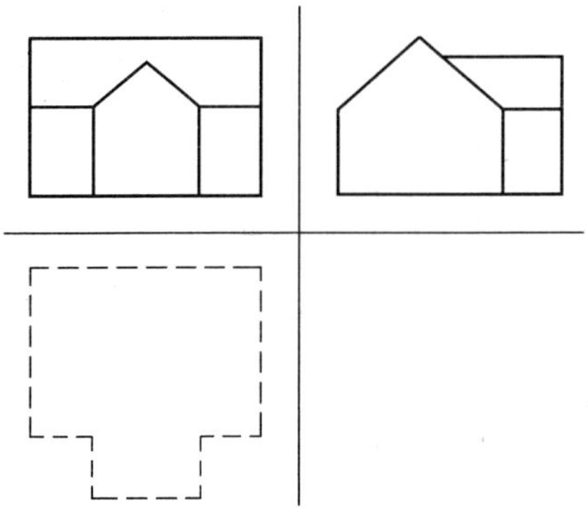

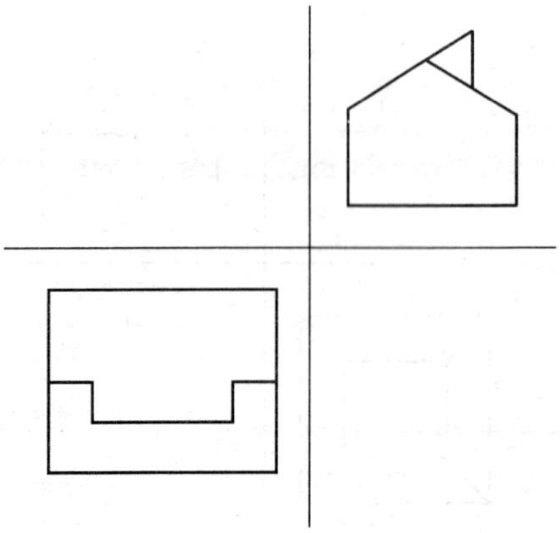

(4)

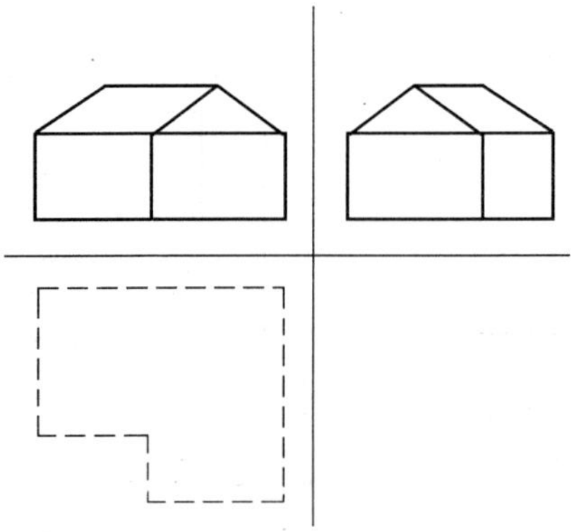

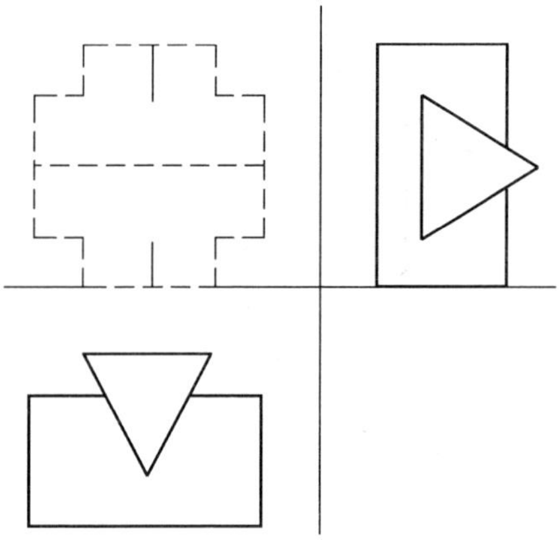

(2)

(5)

(3)

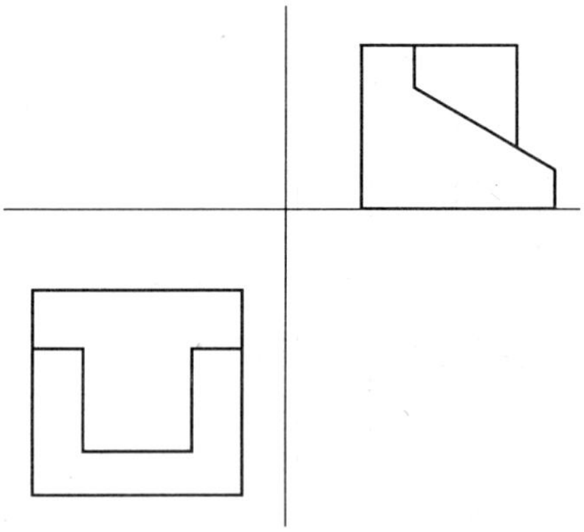

(6)

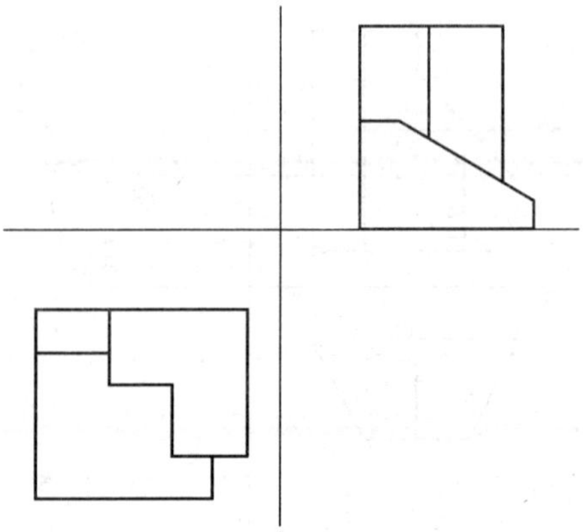

第三章　建筑构造

第一节　民用建筑构造

一、概述

（一）建筑的分类

1. 按建筑物的使用性质分

（1）工业建筑：供人们从事各类生产的房屋。包括生产用房屋及辅助用房屋。

（2）民用建筑：供人们居住、生活、工作和从事文化、商业、医疗、交通等公共活动的房屋。包括居住建筑和公共建筑。

（3）农业建筑：供人们从事农牧业的种植、养殖、畜牧、贮存等用途的房屋。

2. 按主要承重构件的材料分

（1）砖混结构建筑：用砖墙（或柱）、钢筋混凝土楼板和屋顶承重构件作为主要承重结构的建筑。

（2）钢筋混凝土结构建筑：主要承重构件全部采用钢筋混凝土的建筑。

（3）钢结构建筑：主要承重构件全部用钢材制作的建筑。

3. 按结构的承重方式分

（1）墙承重式建筑：用墙体承受楼板及屋顶传来的全部荷载的建筑。比如一些六层以下的住宅、教学楼、办公楼等。

（2）框架结构建筑：用梁、板、柱（或板、柱）组成的结构体系来承受屋面、楼面传来的荷载的建筑。

（3）剪力墙结构建筑：由纵、横向钢筋混凝土墙组成的结构来承受荷载的建筑。这种钢筋混凝土墙不仅能抵抗水平荷载和竖向荷载作用，还对房屋起围护和分隔作用。这类建筑侧向刚度大，可以建得很高，适用于高层住宅、旅馆等建筑，如北京国际饭店。

（4）大跨度建筑：横向跨越30m以上空间的各类结构形成的建筑。在这类结构中，屋盖采用钢网架、悬索或薄壳等，多用于体育馆、大型火车站、航空港等公共建筑中。

（5）排架结构建筑：排架结构建筑由屋架（或屋面大梁）、柱和基础构成主要的承重骨架。

（二）民用建筑构造组成

1. 影响房屋构造的主要因素

（1）外力作用的影响

房屋结构上的作用，是指使结构产生效应（结构或构件的内力、位移、应变、裂缝等）的各种原因的总称，包括直接作用和间接作用。房屋的结构设计主要根据作用力的大小进行结构计算，确定构件的用料和尺度。

(2) 自然界的其他影响

房屋在自然界中要经受日晒、雨淋、冰冻、地下水的侵蚀等影响，因而房屋的相关部位要采取保温、隔热、防水等构造措施。

(3) 各种人为因素的影响

人们所从事的生产、工作、学习与生活活动，也将产生对房屋的影响。如机械振动、化学腐蚀、噪声、爆炸和火灾等，就是人为因素的影响。为了防止这些影响造成危害，房屋的相应部位要采取防震、耐腐蚀、隔声、防爆、防火等构造措施。

2. 地震烈度与抗震设防标准

(1) 地震烈度

地震烈度是指地震时在一定地点震动的强度程度。相对震源而言，地震烈度也可以理解为地震场的强度。1990 年国家地震局颁布了《中国地震烈度［1990］》，见表 3-1-1。

中国地震烈度表（1990） **表 3-1-1**

烈度	在地面上人的感觉	房屋震害程度		其他震害现象	水平向地面运动	
		震害现象	平均震害指数		峰值加速度 (m/s^2)	峰值速度 (m/s)
Ⅰ	无感					
Ⅱ	室内个别静止中人有感觉					
Ⅲ	室内少数静止中人有感觉	门、窗轻微作响		悬挂物微动		
Ⅳ	室内多数人、室外少数人有感觉，少数人梦中惊醒	门、窗作响		悬挂物明显摆动，器皿作响		
Ⅴ	室内普遍、室外多数人有感觉，多数人梦中惊醒	门窗、屋顶、屋架颤动作响，灰土掉落，抹灰出现微细裂缝，有檐瓦掉落，个别屋顶烟囱掉砖		不稳定器物摇动或翻倒	0.31 (0.22～0.44)	0.03 (0.02～0.04)
Ⅵ	多数人站立不稳，少数人惊逃户外	损坏-墙体出现裂缝，檐瓦掉落，少数屋顶烟囱裂缝、掉落	0～0.10	河岸和松软土出现裂缝，饱和砂层出现喷砂冒水；有的独立砖烟囱轻度裂缝	0.63 (0.45～0.89)	0.06 (0.05～0.09)
Ⅶ	大多数人惊逃户外，骑自行车的人有感觉，行驶中的汽车驾乘人员有感觉	轻度破坏-局部破坏，开裂，小修或不需要修理可继续使用	0.11～0.30	河岸出现塌方；饱和砂层常见喷砂冒水，松软土地上地裂缝较多；大多数独立砖烟囱中等破坏	1.25 (0.90～1.77)	0.13 (0.10～0.18)
Ⅷ	多数人摇晃颠簸，行走困难	中等破坏-结构破坏，需要修复才能使用	0.31～0.50	干硬土上亦出现裂缝；大多数独立砖烟囱严重破坏；树梢折断；房屋破坏导致人畜伤亡	2.50 (1.78～3.53)	0.25 (0.19～0.35)
Ⅸ	行动的人摔倒	严重破坏-结构严重破坏，局部倒塌，修复困难	0.51～0.70	干硬土上出现地方有裂缝；基岩可能出现裂缝、错动；滑坡塌方常见；独立砖烟囱倒塌	5.00 (3.54～7.07)	0.50 (0.36～0.71)

续表

烈度	在地面上人的感觉	房屋震害程度		其他震害现象	水平向地面运动	
		震害现象	平均震害指数		峰值加速度 (m/s²)	峰值速度 (m/s)
Ⅹ	骑自行车的人会摔倒，处不稳状态的人会摔离原地，有抛起感	大多数倒塌	0.71～0.90	山崩和地震断裂出现；基岩上拱桥破坏；大多数独立砖烟囱从根部破坏或倒毁	10.00 (7.08～4.14)	1.00 (0.72～1.41)
Ⅺ		普遍倒塌	0.91～1.00	地震断裂延续很长；大量山崩滑坡		
Ⅻ				地面剧烈变化，山河改观		

注：① 用本标准评定烈度时，Ⅰ度～Ⅴ度以地面上人的感觉及其他震害现象为主；Ⅵ度～Ⅹ度以房屋震害现象和其他震害现象综合考虑为主，人的感觉仅供参考；Ⅺ度～Ⅻ度以地表震害现象为主。

② 在高楼上人的感觉要比地面上室内人的感觉明显，应适当降低评定值。

③ 表中房屋为未经抗震设计或加固的单层或数层砖混和砖木房屋。相对建筑质量特别差或特别好以及地基特别差或特别好的房屋，可以根据具体情况，对表中各烈度相应的震害程度和平均震害指数予以提高或降低。

④ 平均震害指数可以在调整区域内用普查或随即抽查的方法确定。

⑤ 在农村可按自然村为单位，在城镇可按街区进行烈度的评定，面积以 1km² 左右为宜。

⑥ 凡有地面强震记录资料的地方，表列水平向地面峰值加速度和峰值速度可作为综合评定的依据。

⑦ 表中的数量词："个别"为10%以下；"少数"为10%～50%；"多数"为50%～70%；"大多数"为70%～90%；"普遍"为90%以上。

（2）抗震设防标准

抗震设防是对建筑进行抗震设计。抗震设防标准的依据是设防烈度。在一般情况下采用基本烈度。

各抗震设防类别建筑的抗震设防标准，应符合下列要求：

1）甲类建筑，地震作用应高于本地区抗震设防烈度的要求，其值应按批准的地震安全性评价结果确定；抗震措施，当抗震设防烈度为6～8度时，应符合本地区抗震设防烈度提高一度的要求，当为9度时，应符合比9度抗震设防更高的要求。

2）乙类建筑，地震作用应符合本地区抗震设防烈度要求，抗震措施，一般情况下，当抗震设防烈度为6～8度时，应符合本地区抗震设防烈度提高一度的要求，当为9度时，应符合比9度抗震设防更高的要求；地基基础的抗震措施应符合有关规定。

对较小的乙类建筑，当其结构改用抗震性能好的结构类型时，应允许仍按本地区抗震设防烈度的要求采取抗震措施。

3）丙类建筑，地震作用和抗震措施均应符合本地区抗震设防烈度的要求。

4）丁类建筑，一般情况下，地震作用仍应符合本地区抗震设防烈度的要求，抗震措施应允许比本地区抗震设防烈度的要求适当降低，但抗震设防烈度为6度时不应降低。

3. 民用建筑构造组成

一幢房屋，尽管它们在使用要求、空间组合、外形处理、规模大小等各不相同，但是构成建筑物的主要组成部分是相同的，它们包括基础、墙和柱、楼地层、楼梯、屋顶和门窗等。如图3-1-1所示，是某校四层办公楼的各组成部分。

基础是房屋最下面的部分，它承受房屋的全部荷载，并把这些荷载传给下面的土层——地基。

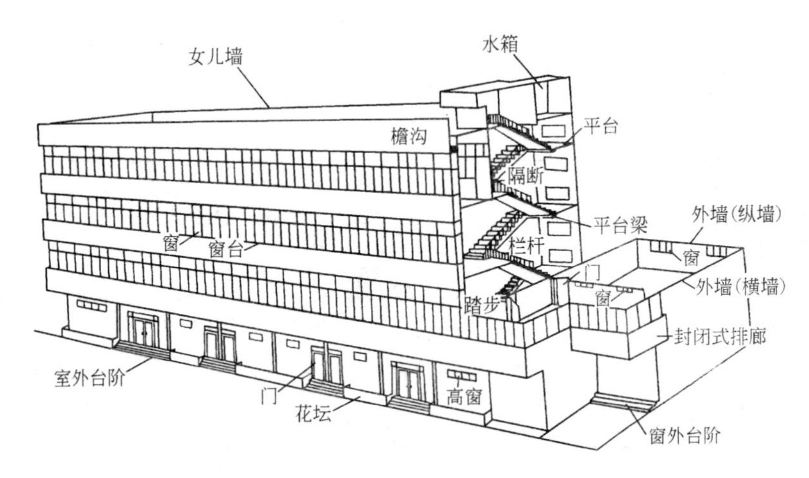

图 3-1-1　某学校办公楼各组成部分示意图

墙或柱是房屋的垂直承重构件，它承受楼地层和屋顶传给它的荷载，并把这些荷载传给基础。墙不仅有承重作用，还起着围护和分隔建筑空间的作用。

楼地层是房屋的水平承重和分隔构件，包括楼板和地面两部分。

楼梯是楼房建筑中联系上下各层的垂直交通设施。

屋顶是房屋顶部的承重和围护部分。它承受作用于屋顶上的风荷载、雪荷载和屋顶自重等荷载，还要防御自然界的风、雨、雪、太阳辐射热和冬季低温等的影响。

门是供人及家具设备进出房屋和房间的建筑配件，同时还兼有围护、分隔作用。

窗的主要作用是采光、通风和供人眺望。

房屋除上述基本组成部分外，还有台阶、雨篷、雨水管、明沟或散水等等。

二、基础与地下室

（一）基础与地基概念

1. 基础与地基

基础是房屋最下面的一个组成部分，一般埋在土中。基础支承在其下面的土层上。房屋所受的所有荷载都要通过一系列构部件传给基础，再由基础传给下面的土层。受基础荷载影响的土层叫地基。

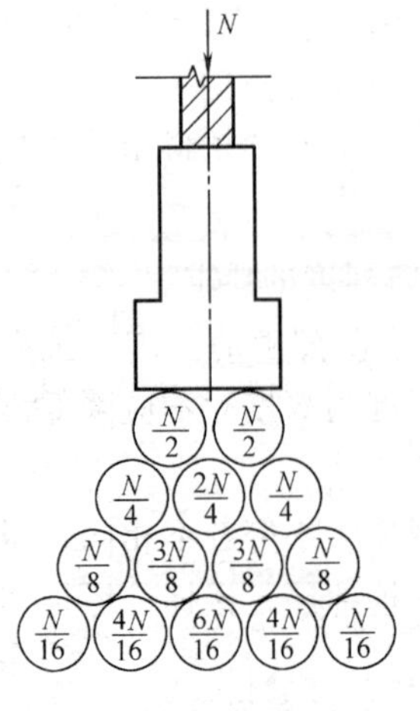

图 3-1-2　地基中荷载扩散示意图

地基承受荷载后其内部将产生应力和变形，应力随着土层厚度的增加而变小，达到一定深度以后就可以忽略不计。如图 3-1-2 所示为地基中荷载扩散示意图。

不同的地基承受基础的荷载有一定的限度，在稳定的条件下，地基每平方米所能承受的最大压力为地基允许承载力。为了保证房屋的稳定、安全和正常使用，必须保证基础底面处的平均压力不超过地基承载能力。房屋的全部荷载是通过基础底面传给地基的，当房屋荷载一定时，加大墙柱下基础的底面积可以减少单位面积基础底面处的平均压力，从而使单位面积地基土所受的压力小于或等于地基承载能力。在地基允许承载力不变的情况下，房屋总荷载越大，基础底面积需设置得愈大；当房屋总荷载不变时，地基允许承载力越小，基础底面积也需设置得越大。

2. 基础的埋置深度

由室外设计地面到基础底面的距离，叫基础的埋置深度，简称基础埋深（图 3-1-3）。基础埋深大于 5m 的称为深基础。基础埋深不超过 5m 的称为浅基础。基础埋深愈小，工程造价愈低。因此在确定基础埋深时，应优先选择浅基础。但当基础埋得过浅，地基受到压力后有可能把四周的土挤走，使基础失去稳定，同时基础还易受各种侵蚀和影响，造成破坏。故基础埋深一般不宜小于 0.5m。

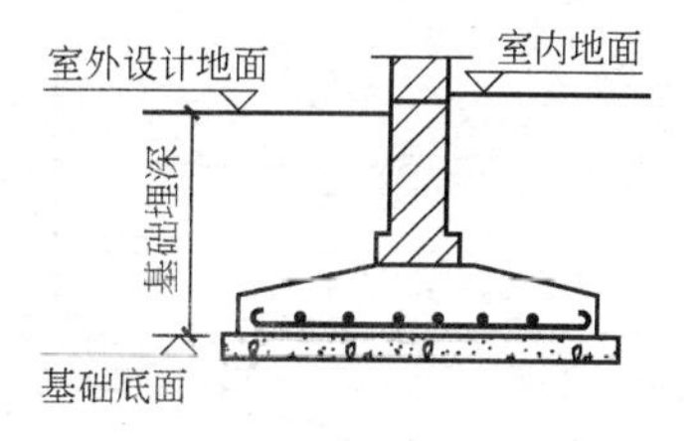

图 3-1-3　基础的埋置深度

不同的房屋基础埋置深度不同。影响基础埋深的因素很多，其中主要有以下几方面：

（1）建筑物的用途（有无地下室、设备基础和地下管线）及基础的形式和构造

在工程中要求将地下室、设备基础、地下设施以及建筑物基础一律埋到地下去。

（2）作用在地基上的荷载大小和性质

荷载有静荷载与动荷载之分，其中，静荷载引起的沉降最大，而动荷载引起的沉降往往较小，因此，当静荷载较大时，宜埋得深些。

（3）工程地质和水文地质条件

基础必须建造在坚实可靠的地基上。地表以下土呈层状分布，不同深度不同土层的特性及受力能力并不一致，在这些不同的土层中，究竟应把基础埋在什么深度要深入分析研究后才能确定。

基础应力争埋在地下水位以上，以减少特殊的防水措施，有利于施工。如必须设在地下水位以下时，基础所用材料应具有良好的耐水性能。

（4）地基土的冻结深度和地基土的湿陷

地基如为冻胀土，则地基土冻胀时，会使基础隆起，冰冻消失后，基础又会下陷，久而久之，基础就被破坏，这种现象称为冻害。为避免冻害，地基土为冻胀土时，基础埋深根据土的类别、天然含水量、冰冻期间地下水位的高度、房屋内外地面高差、房屋采暖情况等进行分析处理，当然最好能埋在冰冻线以下 200mm。湿陷性黄土地基遇水湿陷时，会使基础下沉，为此，要求基础埋得深一些，免受地表水浸湿。

（5）相邻建筑物的基础埋深

在原有房屋附近建造房屋时，除要考虑新建房屋荷载对原有房屋基础的影响外，一般新建房屋的基础埋深最好小于原有房屋基础的埋深，如新建房屋基础埋深必须大于原有房屋基础埋深时，应使两基础间保持一定净距，此净距一般为相邻基础底面高差的 1～2 倍，如图 3-1-4 所示。

（二）基础的类型与构造

基础的类型很多。按采用材料的不同可分为：砖基础、毛石基础、灰土基础、混凝土基础和钢筋混凝土基础。按受力性能又可分为：刚性基础和柔性基础。按构造形式分有：条形基础、独立基础、整片基础和桩基础。

基础构造类型的选择与建筑物上部结构形式、荷载大小及地基承载力等有关。

1. 条形基础

条形基础呈连续的带状，故也称带形基础。条形基础一般用于砖混结构的承重墙下，

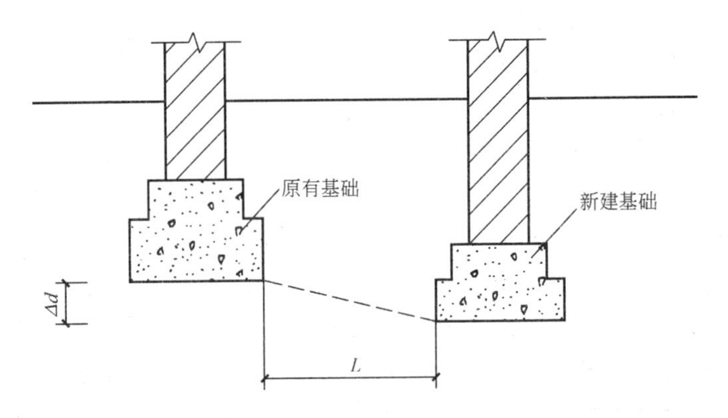

图 3-1-4　相邻建筑物基础埋深的影响

当房屋为框架结构时，若荷载较大且地基为软土时，也有从单向或双向将柱下基础连续设置。

一般的条形基础由三个部分组成，即基础墙、大放脚和垫层。图 3-1-5 是砖砌条形基础的剖面图。砖砌条形基础的大放脚有等高式与间隔式两种做法，如图 3-1-6。

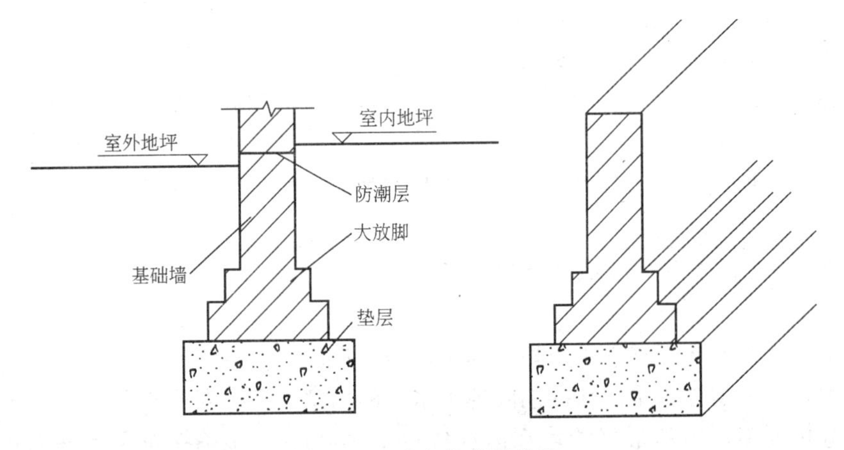

图 3-1-5　砖砌的条形基础

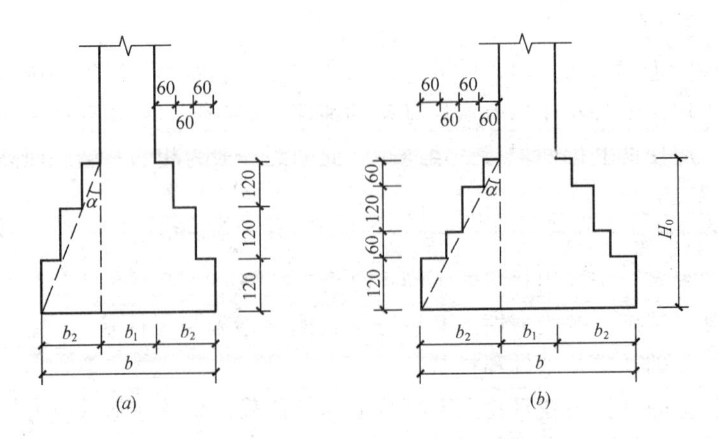

图 3-1-6　砖砌条形基础的大放脚
(*a*) 等高式；(*b*) 间隔式

大放脚采用毛石砌筑的称毛石基础。毛石基础剖面形式有矩形、阶梯形和梯形等多种。毛石基础不另做垫层，如图 3-1-7（*a*）所示。

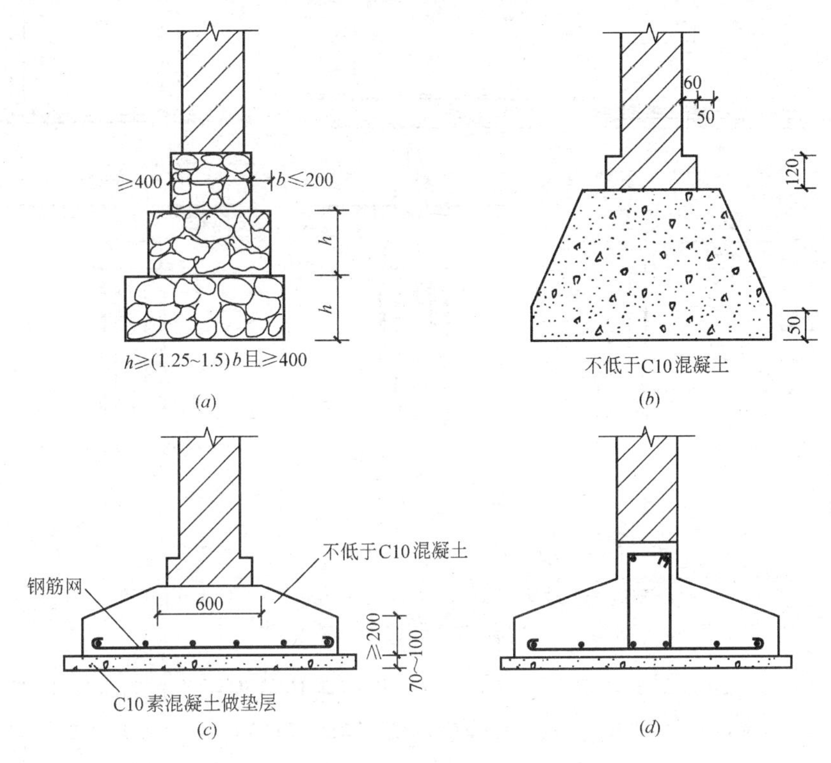

图 3-1-7　基础的形式（一）——条形基础

（*a*）毛石基础；（*b*）混凝土基础；（*c*）、（*d*）钢筋混凝土基础

大放脚采用混凝土浇捣的称混凝土基础。混凝土基础剖面形式有矩形、阶梯形和锥形，如图 3-1-7（*b*）所示。

当上部荷载很大，地基承载力很小，采用上述各类基础均不经济时，可采用钢筋混凝土基础。基础剖面多为扁锥形，因为混凝土中配有的钢筋可以承受拉力，所以钢筋混凝土基础可以做得宽且薄，基础可不受刚性角的限制。像这类不受刚性角限制的基础称柔性基础。如图 3-1-7（*c*）所示。若地基土质不均，可做成带地梁的形式，如图 3-1-7（*d*）所示。

2. 独立基础

独立基础多呈柱墩形，其形式有台阶形、锥形；用料和构造与条形基础基本相同，主要用于框架结构与排架结构的柱下，如图 3-1-8（*a*）所示。

3. 整片基础

整片基础包括筏形基础和箱形基础。

（1）筏形基础

筏形基础又叫板式基础或满堂式基础，适用于上部结构荷载较大、地基承载力差、地下水位较高、采用其他基础不够经济的情况。筏形基础按结构形式分为梁板式和板式两类。如图 3-1-8（*b*）为梁板式筏形基础，其受力状态类似倒置的钢筋混凝土楼板，框架柱

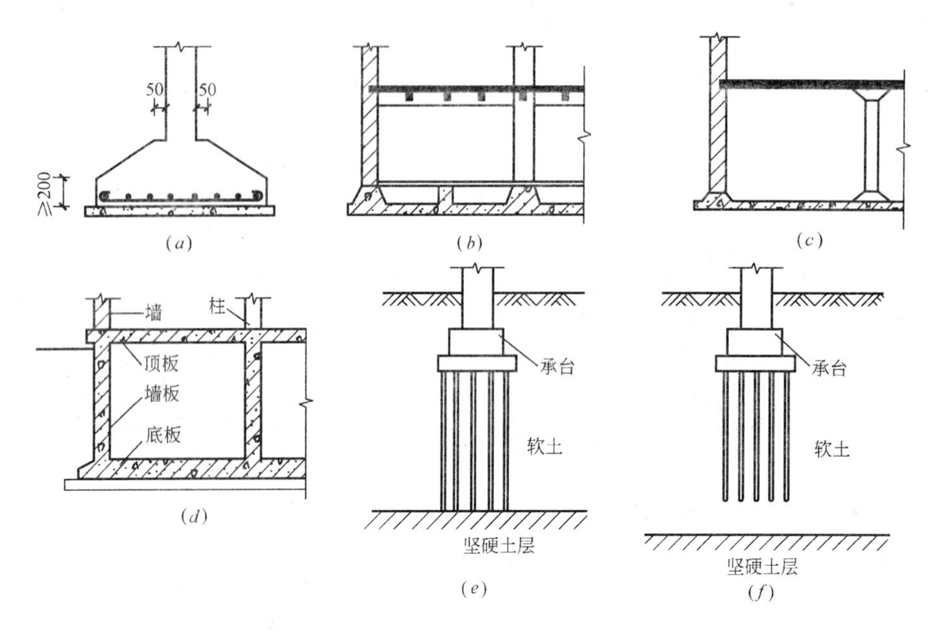

图 3-1-8　基础的形式（二）

（a）独立基础；（b）梁板式筏形基础；（c）板式筏形基础；（d）箱形基础；（e）端承型桩；（f）摩擦型桩

位于地梁上（一般均为纵横地梁的交叉点上），将荷载传给地梁下的底板，底板再将荷载传给地基。一般梁间的空隙用素土或低强度等级混凝土填实，或者在梁间架空铺设钢筋混凝土预制板。如图 3-1-8（c）为板式筏形基础，板式筏形基础底板较厚，不如梁板式筏形基础经济。

（2）箱形基础

为了使基础具有很高的刚度以承受上部极大的荷载，可将筏形基础发展为中空的箱形基础。箱形基础由钢筋混凝土底板、顶板和墙板组成。其内部空间可用作地下室。这类地基多用于高层建筑或需要有地下室的建筑。图 3-1-8（d）为箱形基础。

4. 桩基础

当建筑物荷载较大，地基的软弱土层厚度在 5m 以上，基础不能埋在软弱土层内，或对软弱土层进行人工处理存在困难或不经济时，常采用桩基础。

按桩的受力性能，桩的种类有端承型桩（图 3-1-8e）与摩擦型桩（图 3-1-8f）。把建筑物的荷载通过桩端传给深处坚硬土层的称端承型桩，而通过桩侧表面与周围土的摩擦力传给地基的则称摩擦型桩。端承型桩适用于表层软土层不太厚，而下部为坚硬土层的地基情况。摩擦型桩适用于软土层较厚，而坚硬土层距地表很深的地基情况。

三、墙体

（一）墙的种类、作用与材料的选择

1. 墙的种类

墙的种类很多。按位置分有外墙和内墙，按方向分墙有纵墙和横墙，按其受力情况分，墙有承重墙和非承重墙。

2. 作用

民用建筑中的墙一般有三个作用。首先，它承受屋顶、楼盖等构件传下来的垂直荷载及风力和地震作用，即起承重作用。第二，防止风、雪、雨的侵袭，保温、隔热、隔声、防火、保证房间内有良好的生活环境和工作条件，即起围护作用。第三，按照使用要求将建筑物分隔成或大或小的房间，即起分隔作用。

3. 材料的选择

构成墙体的材料和制品有土、石块、砖、混凝土、各类砌块和大型板材等。应根据各地的具体情况来选择经济合理的墙体材料。

（二）墙体的构造

1. 砖墙的类型

砖墙按构造一般有实心砖墙、空斗墙、空心砖墙和复合墙等几种类型。实心砖墙由普通黏土砖或其他实心砖按照一定的方式组砌而成；空斗墙是由实心砖侧砌或平砌与侧砌结合砌成，墙体内部形成较大的空洞；空心砖墙是由空心砖砌筑的墙体；复合墙是指由砖和其他高效保温材料组合形成的墙体。

砖墙的组砌方式简称砌式，是指砖在砌体中的排列方式。为了砖墙坚固，砖的排列方式应遵循内外搭接，上下错缝的原则，错缝和搭接能够保证墙体不出现连续的垂直通缝，以提高墙的整体性强度和稳定性。实心砖墙常见的砌式有全顺式、一顺一丁式、三顺一丁式、两平一侧式与梅花丁式等（如图 3-1-9）；空斗墙常见的砌式有有眠空斗墙（一斗一眠、二斗一眠）与无眠空斗墙等（如图 3-1-10）。

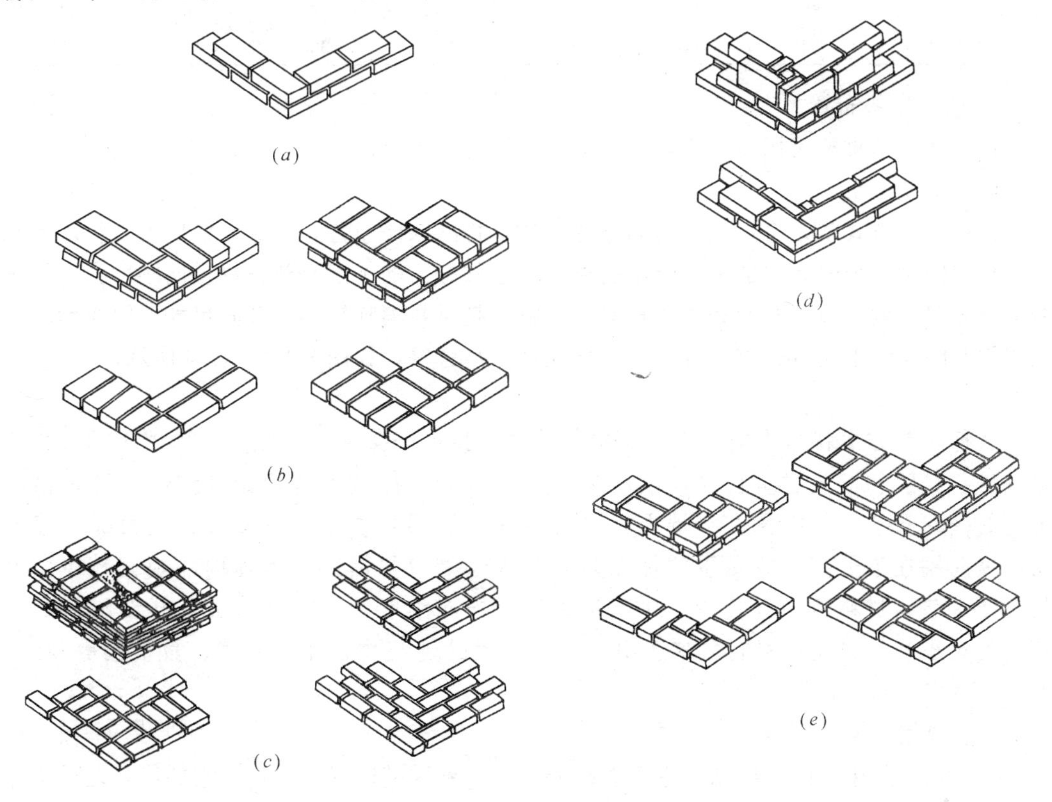

图 3-1-9　实心砖墙

(a) 全顺式；(b) 一顺一丁式；(c) 三顺一丁式；(d) 两平一侧式；(e) 梅花丁式

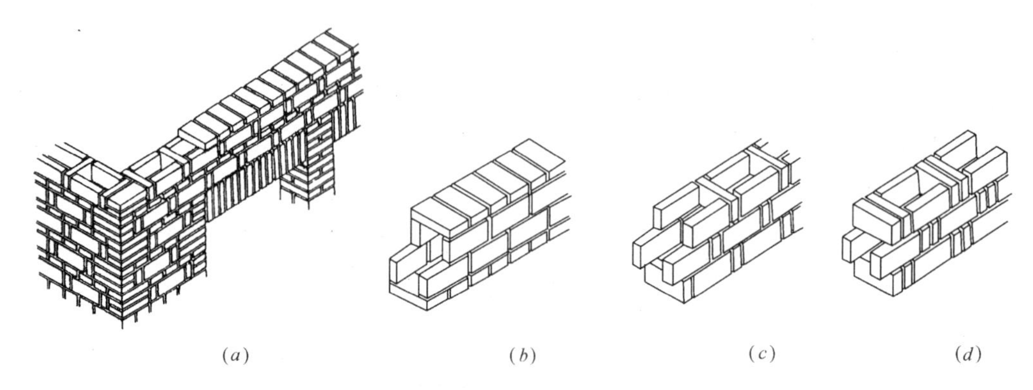

图 3-1-10　空斗墙

(a)、(b) 有眠空斗墙；(c)、(d) 无眠空斗墙

2. 砖墙的厚度

普通黏土砖的尺寸是 240mm×115mm×53mm，当采用普通黏土砖砌墙时，砖墙的厚度可以以砖长来表示，例如 1/2 砖墙、3/4 砖墙、1 砖墙、1 砖半墙、2 砖墙等，其相应厚度见表3-1-2。如果采用其他规格的砖，也可按此原则确定墙厚。

砖墙厚度的尺寸（mm）　　**表 3-1-2**

墙厚名称	1/4 砖	1/2 砖	3/4 砖	1 砖	1½砖	2 砖	2½砖
标志尺寸	60	120	180	240	370	490	620
构造尺寸	53	115	178	240	365	490	615

3. 墙体结构布置方案

在以墙体承重的民用建筑中，承重墙体的结构布置有以下几种方式：

(1) 横墙承重

这种布置方式就是将楼板、屋面板等沿建筑物的纵向布置，搁置在横墙上，纵墙不承重，只起围护、分隔和增加纵向刚度的作用。这种方案的优点是建筑物横向刚度大，在纵墙上能开较大的窗口，立面处理比较灵活。缺点是材料消耗较多，开间尺寸不够灵活。常适用于开间尺寸不大且较整齐的建筑，如住宅、宿舍等，如图 3-1-11 (*a*) 所示。

(2) 纵墙承重

这种布置方案就是将楼板、屋面板等荷载直接或间接地传给纵墙。横墙不承重，只起围护、分隔和增强建筑物横向刚度的作用。板的具体搁置有两种方式：一种是沿建筑物的横向布置，两端搁在纵墙上，另一种在纵墙间架设梁，将楼板、屋面板沿建筑物的纵向搁在梁上。纵墙承重的优点是开间大小划分灵活，楼板等构件规格较少，安装简便，墙体材料消耗也较少，缺点是建筑物横向刚度差，在外纵墙上开设门窗洞口时，其大小和位置受到限制。多适用于房间较大的建筑物，如办公楼、教学楼等建筑，如图 3-1-11 (*b*) 所示。

(3) 纵横墙混合承重

在一栋房屋中，既有横墙承重又有纵墙承重，称纵横墙混合承重。它的优点是平面布置比较灵活，房屋刚度也较好。缺点是楼板、屋面板类型偏多，且因铺设方向不一，施工比较麻烦。这种方案适用于房间开间和进深尺寸较大、房间类型较多以及平面复杂的建

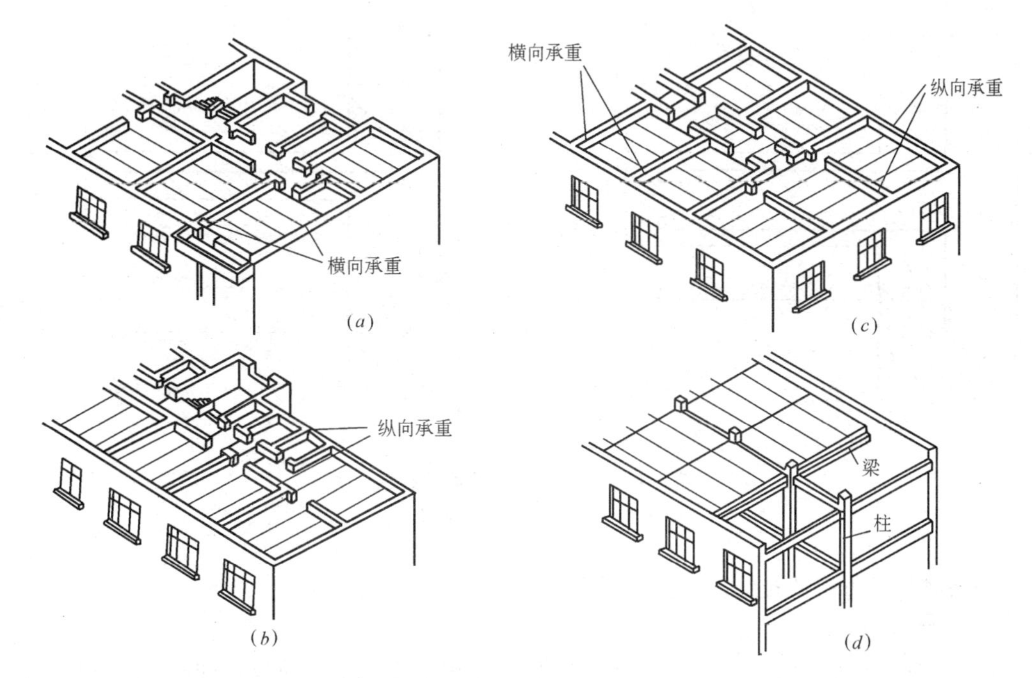

图 3-1-11　墙体的结构布置方案

(*a*) 横墙承重；(*b*) 纵墙承重；(*c*) 纵横墙混合承重；(*d*) 墙与柱混合承重

筑，比如教学楼、托儿所、医院、点式住宅等建筑，如图 3-1-11（*c*）所示。

（4）墙和柱混合承重

当房屋内部采用柱、梁组成的内框架时，梁的一端搁置在墙上，另一端搁置在柱上，由墙和柱共同承受楼板、屋面板传来的荷载，称墙与柱混合承重。这种方案适用于室内需要大空间的建筑，如仓库、大商店、餐厅等建筑，如图 3-1-11（*d*）所示。

4. 隔墙

（1）隔墙的作用与类型

非承重的内墙叫隔墙。它的作用就是把房屋内部分隔成若干房间或空间，它不承受任何外来荷载。设计时应尽可能满足轻、薄、隔声、防火、防潮和易于拆卸、安装等要求。

（2）常见隔墙的构造

1）普通黏土砖隔墙

普通黏土砖隔墙有半砖和 1/4 砖墙两种。

1/4 砖隔墙是用砖侧砌而成，其厚度的标志尺寸为 60mm，常用 M10 砂浆砌筑。多用于没有门或面积较小的隔墙，如住宅中厨房、卫生间、厕所之间的隔墙。在高度方向每隔 500mm 用 $\phi6$ 钢筋通长布置并伸入承重墙内。如图 3-1-12 所示。当隔墙设门时，门框应作成立边到顶并固定在顶棚与地面之间，否则，应在门洞上放置 2$\phi6$ 钢筋，每端伸入墙内 250mm。

半砖墙用 M5 砂浆砌筑，一般砌筑时，墙高不超过 4m，长度不超过 5m。如超出上述高度时应每隔 500mm 砌入 $\phi4$ 钢筋两根或每隔 1.2～1.5m 设一道 30～50mm 厚的水泥砂浆层，内放两根 $\phi6$ 钢筋。顶部与楼板相接处，常用立砖斜砌，使墙与楼板挤紧。图 3-1-

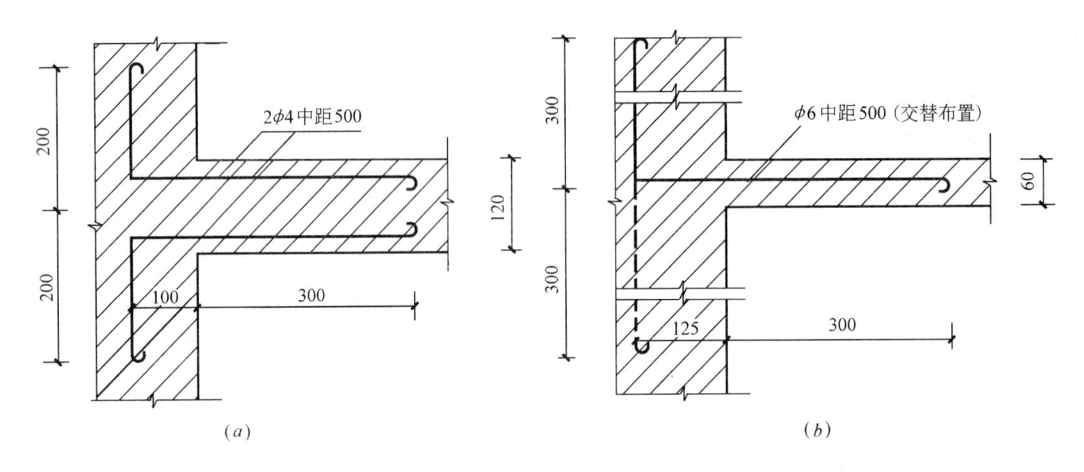

图 3-1-12　砖墙与承重墙的拉结

(a) 1/2 砖墙；(b) 1/4 砖墙

12 为砖隔墙与承重墙的拉结。

2）砌块隔墙

为了减轻隔墙的重量，可采用各种空心砖、加气混凝土块，粉煤灰硅酸盐块等砌筑隔墙。目前最常用的炉渣空心砖具有体轻、孔隙率大、隔热性能好，节省黏土等优点。但吸水率强，因此隔墙下面的 2～3 皮砖应用普通黏土砖砌筑。

为了增加空心砖墙的稳定性，沿高度方向每隔 1m 左右加设钢筋混凝土带一道，与砖墙连接处每隔 500mm 左右用 ϕ6 钢筋拉固，在顶部与楼板相接处用立砖斜砌使墙和楼板挤紧。如图 3-1-13 所示。

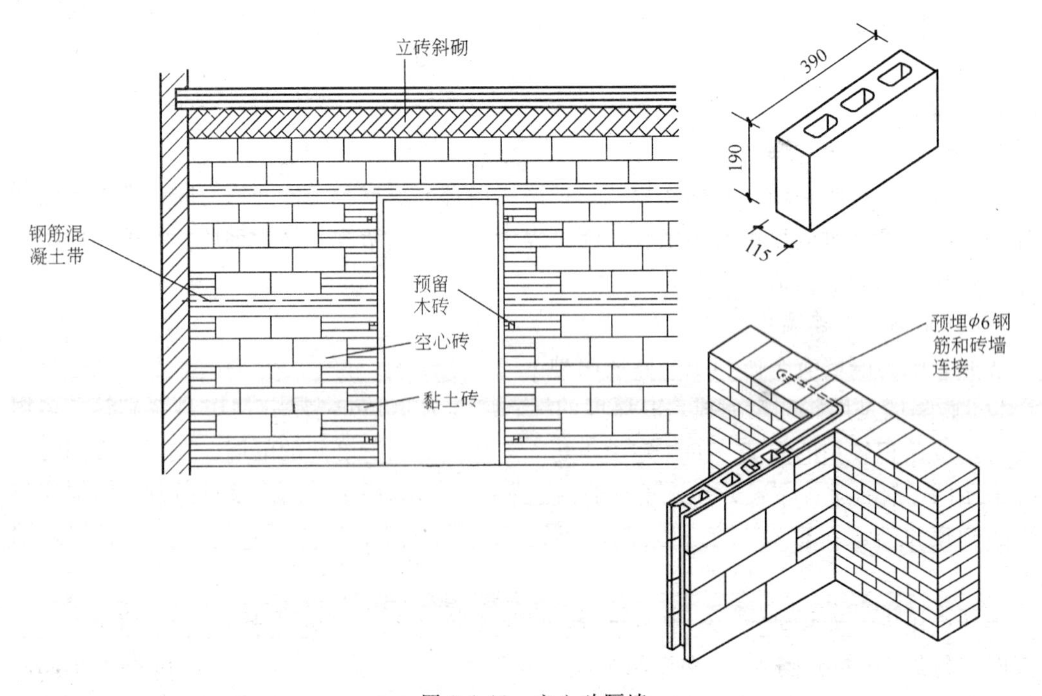

图 3-1-13　空心砖隔墙

3）石膏板隔墙

用于隔墙的石膏板有纸面石膏板、防水纸面石膏板、纤维石膏板、石膏空心板条等。石膏板长度有 2400、2500、2600、2700、3000、3300mm，宽度有 900、1200mm，厚度有 9、12、15、18、25mm。

石膏板隔墙的安装方法：是先装墙面龙骨，再将石膏板用钉固定（或用自攻螺丝固定、压条固定、粘贴固定）在龙骨上。如图 3-1-14 所示。

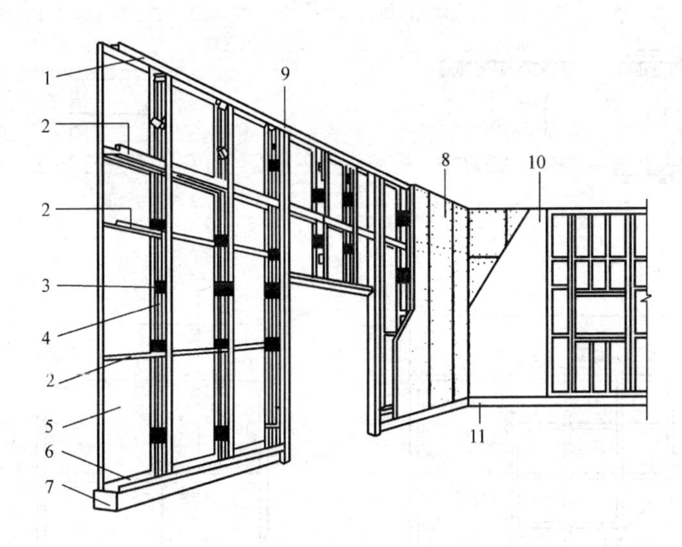

图 3-1-14　隔墙轻钢龙骨安装示意图

1—沿顶龙骨；2—横撑龙骨；3—支撑卡；4—贯通孔；5—石膏板；6—沿地龙骨；7—混凝土踢脚座；8—石膏板；9—加强龙骨；10—塑料壁纸；11—踢脚板

石膏板之间的接缝有明缝和暗缝两种。暗缝做法首先要求石膏板有倒角，在两块石膏板拼缝处用羧甲基纤维素等调配的石膏腻子嵌平，然后贴上 50mm 宽的穿孔纸带，再用上述石膏腻子与墙面刮平，如图 3-1-15（*a*）所示。明缝做法是用专门工具和砂浆胶合剂勾成立缝，如图 3-1-15（*b*）所示。常用于公共建筑等大房间。

4）胶合板隔墙

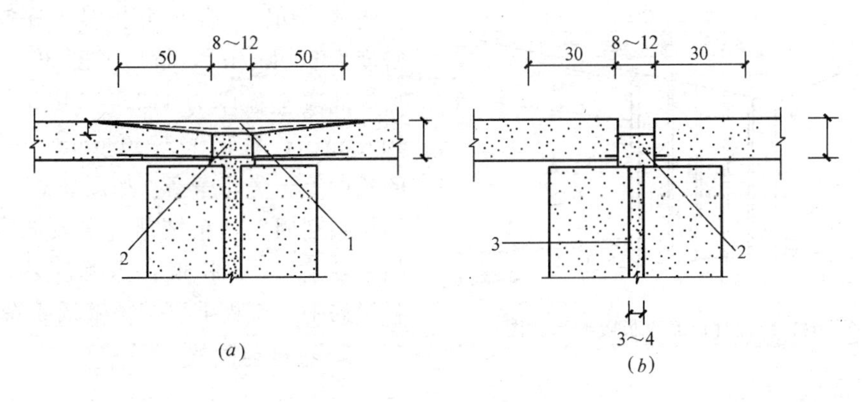

图 3-1-15　石膏板接缝做法

（*a*）暗缝；（*b*）明缝

1—穿孔纸带；2—接缝腻子；3—108 胶水泥砂浆

这类隔墙由上下槛、立筋与横筋组成骨架，胶合板镶钉在骨架上。骨架可采用木材或金属。胶合板也可以用纤维板、石膏板等轻质人造板代替，即成了纤维板隔墙与石膏板隔墙。板与骨架的构造连系有两种：一种是钉在骨架两面（或一面），用压条盖住板缝，若不用压条盖缝也可做成三角缝。另一种是将板材镶到骨架中间，板材四周用压条固定，如图 3-1-16 所示。

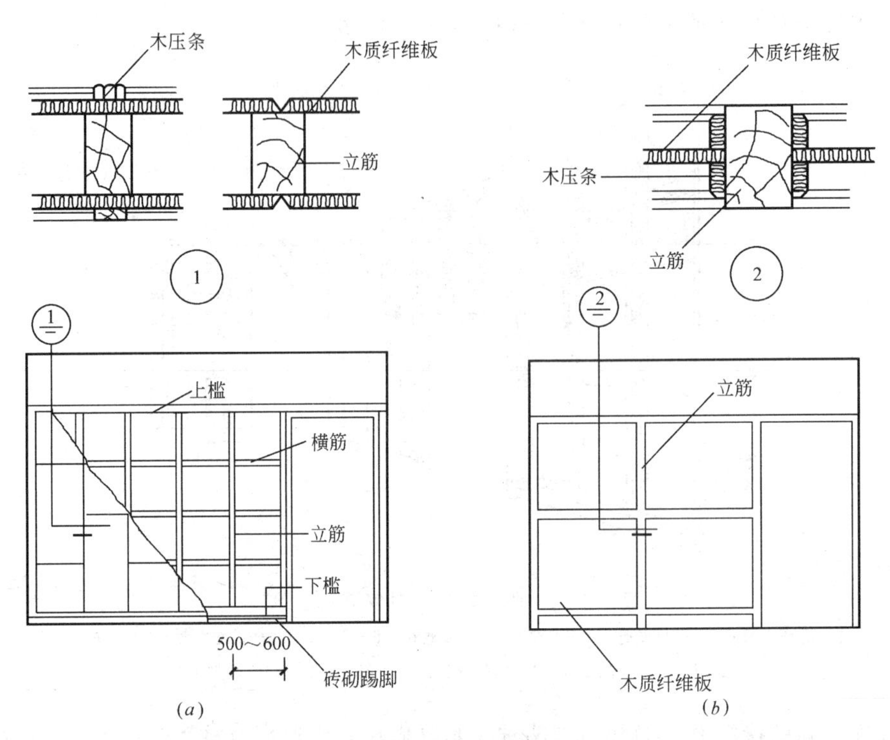

图 3-1-16　木质纤维板隔墙

(a) 贴板法；(b) 镶板法

5）加气混凝土板材隔墙

加气混凝土板由水泥、石灰、砂、矿渣、粉煤灰等，加发气剂铝粉，经过原料处理配料浇铸、切割、蒸压养护等工序制成。其密度为 500kg/m^3，抗压强度 30～50MPa。加气混凝土板厚为 125～250mm，宽度为 600mm，长度 2700～6000mm，一般使板的长度等于房间净高（如图 3-1-17）。板材用粘结剂固定，粘结剂有水玻璃磨细矿渣粘结砂浆、108 胶聚合水泥砂浆。板缝用腻子修平，墙板上可裱糊壁纸或涂刷涂料。

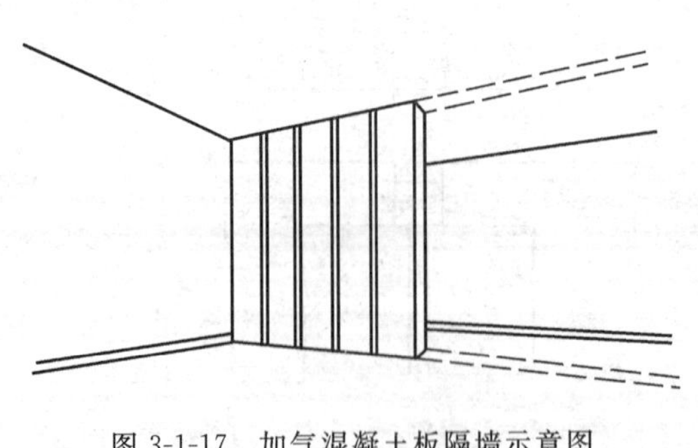

图 3-1-17　加气混凝土板隔墙示意图

5. 过梁与圈梁

（1）过梁

门窗洞口上方的横梁称门窗过梁。过梁的作用是支承门窗洞口上方的砌体自重和梁、板传来的荷载，并把这些荷载传给洞口两侧的墙上去。

过梁的种类很多，选用时依洞口跨度和洞口上方荷载不同而异，目前常用的有砖过梁、钢筋砖过梁、钢筋混凝土过梁等几种。

1）砖过梁

砖砌过梁是我国传统的做法，常见的有平拱砖过梁和弧拱砖过梁两种（如图 3-1-18）。

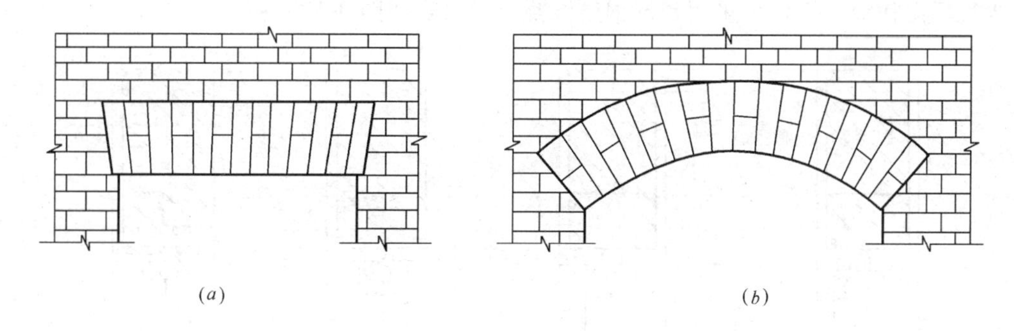

图 3-1-18 砖过梁

（a）砖砌平拱；（b）砖砌弧拱

平拱砖过梁是用砖侧砌而成。立面呈梯形，高度不小于一砖，砖数为单数，对称于中心向两边倾斜。灰缝上宽下窄呈楔形，但最宽不得大于 20mm，最窄不小于 5mm。平拱的底面，中心要较两端提高跨度的 1/100，称起拱。起拱的目的是拱受力下沉后使底面平齐。平拱砖过梁适用于洞口跨度不超过 1.5m。

弧拱砖过梁，立面呈弧形或半圆形，高度不小于一砖，跨度可达 2～3m。

砖过梁虽节省钢材和水泥，但施工麻烦，尤其不宜用于上部有集中荷载、振动荷载较大、地基承载力不均匀的建筑和地震区。

2）钢筋砖过梁

钢筋砖过梁是用砖平砌，并在灰缝中加适量钢筋的过梁。如图 3-1-19 所示。

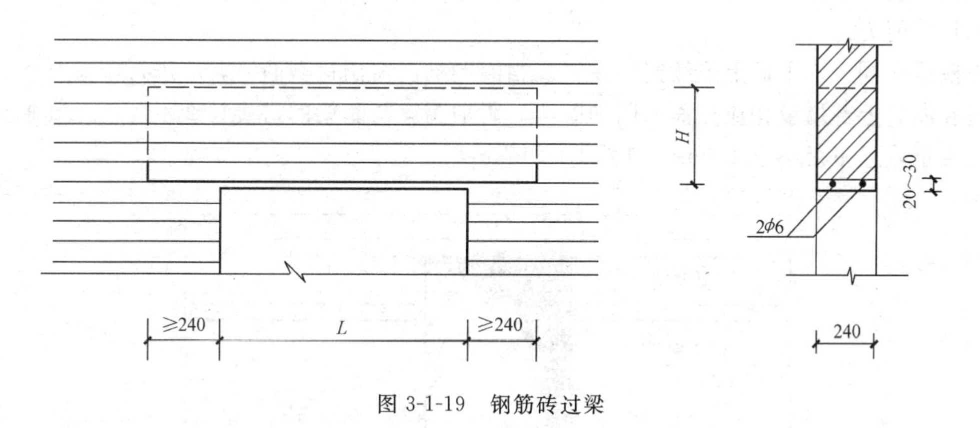

图 3-1-19 钢筋砖过梁

具体做法是：在过梁高度内，用不低于 MU7.5 的砖和不低于 M2.5 的砂浆砌筑，在过梁下铺 20～30mm 厚砂浆层，砂浆内按每半砖墙厚设 1φ6 钢筋，两端伸入两侧墙身各 240mm，再向上弯 60mm。过梁的高度应经计算确定，一般不少于 4～6 皮砖，同时不小于洞口跨度的 1/5。

钢筋砖过梁施工简便，由于梁内配置的钢筋能承受一定的弯矩，因此过梁的跨度可达 2m。

3）钢筋混凝土过梁

当门窗洞口跨度较大，或上部荷载较大，或有较大振动荷载，或可能产生不均匀沉降的房屋，应采用钢筋混凝土过梁。钢筋混凝土过梁可现浇，也可预制。为加快施工进度，减少现场湿作业，宜优先采用预制钢筋混凝土过梁，如图 3-1-20 所示。

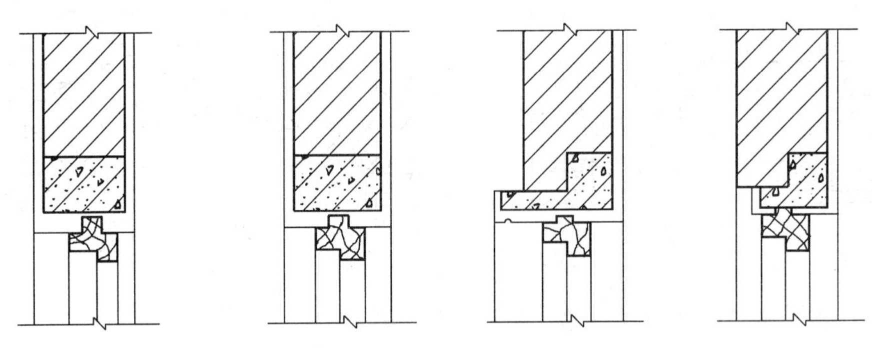

图 3-1-20　钢筋混凝土过梁

过梁的断面和配筋根据荷载的大小由计算确定。通常过梁的宽度与砖墙的厚度相适应，过梁的高度与砖皮数尺寸相配合，过梁长度为洞口宽度加 500mm，也就是两端各伸入侧墙 250mm。钢筋混凝土过梁的截面形状有矩形和 L 形两种。矩形多用于内墙和混水墙，L 形的多用于外墙。

如门窗洞口过宽，过梁的尺寸就要增大，为了便于搬运和安装方便，对尺寸过大的预制梁，可以做成两根断面较小的预制过梁，在现场拼装使用。

（2）圈梁

圈梁是沿房屋外墙四周及部分内墙在墙内设置的连续封闭的梁。它的作用是加强房屋的空间刚度和整体性，防止由于地基不均匀沉降、振动荷载等引起的墙体开裂，提高建筑物的抗震能力。

圈梁在同一水平面上连续封闭设置。当圈梁被门窗洞口截断时，应进行圈梁补强，一般可在洞口上部增设相应截面的附加圈梁。附加圈梁与圈梁的搭接长度不应小于其垂直间距的两倍，且不得小于 1.0m，如图 3-1-21。

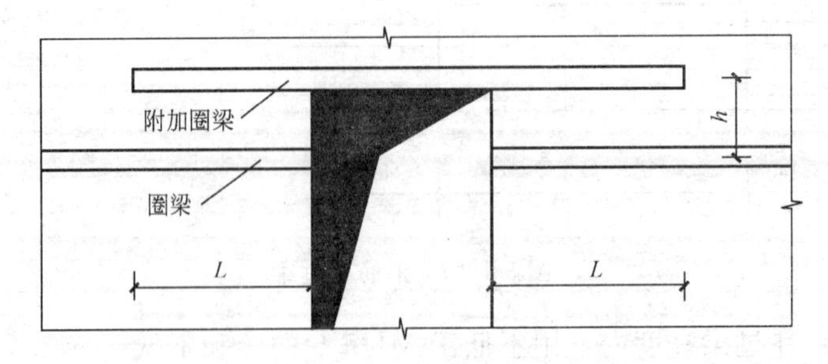

图 3-1-21　圈梁的搭接补强

$L \geqslant 2h$ 且 $L \geqslant 1.0$m

圈梁有钢筋混凝土圈梁与钢筋砖圈梁两类。钢筋混凝土圈梁有现浇和预制两种做法，目前大部分采用现浇。圈梁的高度不应小于 120mm，宽度常与墙厚相同，当墙厚大于一砖时，梁宽可适当小于墙的厚度，但不宜小于墙厚的2/3。圈梁混凝土常用C15，圈梁内按配筋构造，一般纵向钢筋不宜少于4ϕ8，箍筋间距不大于300mm。在地震设防地区，钢筋混凝土圈梁配筋应符合表3-1-3的要求。

圈梁配筋要求　　表3-1-3

配　筋	烈　度		
	6、7	8	9
最小纵筋	4ϕ8	4ϕ10	4ϕ12
最大箍筋间距(mm)	250	200	150

钢筋砖圈梁应采用不低于M5的砂浆砌筑，圈梁的高度为4～6皮砖，纵向设置构造筋，数量不宜少于4ϕ6，分上下两层布置在灰缝内，水平间距不宜大于120mm，如图3-1-22。

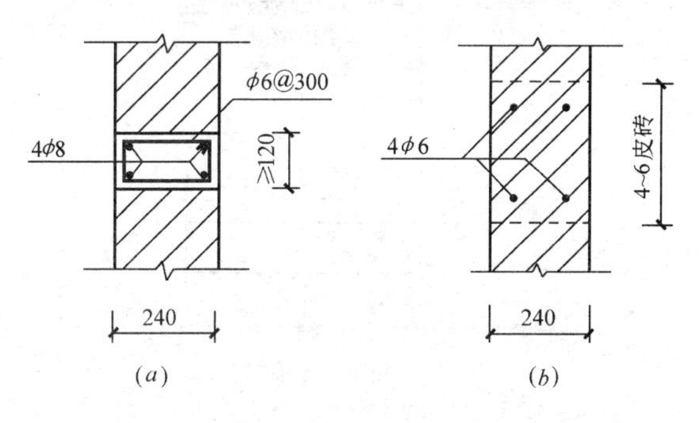

图3-1-22　圈梁

(a) 钢筋混凝土圈梁；(b) 钢筋砖圈梁

6. 墙面装修

墙体结构部分完成后，表面不再进行装修的墙称清水墙；进行装修的墙称混水墙。墙面装修有五种类型：一、抹灰类（在墙表面抹砂浆）；二、贴面类（在墙面铺贴天然或人工块材）；三、涂刷类（在墙面涂刷涂料）；四、镶钉类（在墙面附着金属或木材立筋后，再镶钉天然或人造纤维质板材）；五、裱糊类（在墙面粘贴裱糊墙纸或墙布，其中后两类只适用于内墙面装修）。墙面装修一般在墙上的管道敷设后进行。

四、楼地面

（一）地面

1. 地面的组成

地面是指建筑物底层的地坪。底层地坪的做法有空铺地坪与实铺地坪两种。空铺地坪的做法与楼板层相同。实铺地坪的基本组成有面层、垫层和基层三部分。有些有特殊要求的地面，仅有基本层次不能满足使用要求时，可增设相应的构造层次，如结合层、找平层、防水层、防潮层、保温（隔热）层、隔声层等等。

（1）面层

面层是人们日常生活工作、活动时直接接触的表面层，它要直接经受摩擦、洗刷和承受各种物理、化学作用。依照不同的使用要求，面层应具有耐磨、不起尘、平整、防水、有弹性、吸热少等性能。

（2）垫层

垫层位于基层之上，面层之下，它承受由面层传来的荷载，并将荷载均匀地传至基层。按照受力后的变形情况，垫层又可分为刚性和非刚性两种。

刚性垫层有足够的整体刚度，受力后不产生塑性变形，如混凝土、三合土等。

非刚性垫层由松散的材料组成，无整体刚度，受力后产生塑性变形，如砂、碎石、炉渣等。

(3) 基层

垫层下面的土层就是基层。它应具有一定的耐压力。对较好的土层，施工前将土层压实即可。较差的土层需压入碎石、卵石或碎砖，形成加强层。对淤泥、淤泥质土及杂填土、冲填土等软弱土层，必须按照设计更换或加固。

2. 地面种类

按面层所用的材料和施工方法，地面可分为整体面层地面和块状面层地面两大类。

整体地面的面层是一个整体。它包括水泥砂浆地面、混凝土地面、水磨石地面、菱苦土地面等。如图 3-1-23 所示。

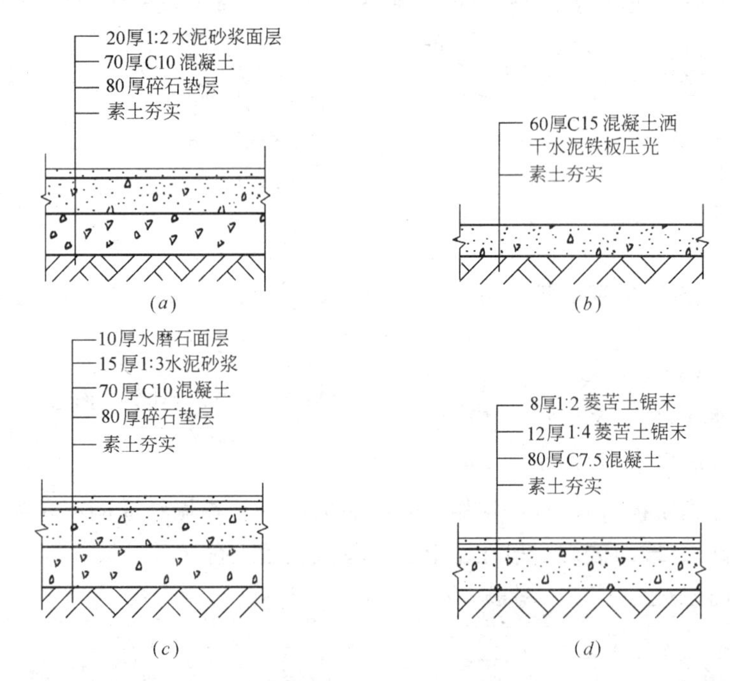

图 3-1-23　常见整体面层地面

(*a*) 水泥砂浆地面；(*b*) 混凝土地面；(*c*) 水磨石地面；(*d*) 菱苦土地面

块料地面的面层不是一个整体，它是借助结合层将面层块料粘贴或铺砌在结构层上。常用的结合层有砂、水泥砂浆、沥青等。块料种类较多，常见的有陶瓷锦砖（马赛克）、预制水磨石板、缸砖、磨光的大理石或花岗岩板、塑料板与木板等。如图 3-1-24 及 3-1-25 所示。

(二) 楼面（楼板层）

楼板层将房屋沿垂直方向分隔为若干层，并把人和家具等荷载及楼板自重通过墙体或梁柱等构件传给基础。因此楼板应具有足够的强度、刚度和一定的隔声能力。

楼板层由面层、结构层和顶棚三部分组成。楼板按其使用的材料不同，有木楼板、砖拱楼板、钢筋混凝土楼板和钢楼板等。其中钢筋混凝土楼板是目前最为广泛采用的一种。

钢筋混凝土楼板按施工方法可分为现浇（即整体式）和预制（即装配式）两种。

1. 现浇钢筋混凝土楼板

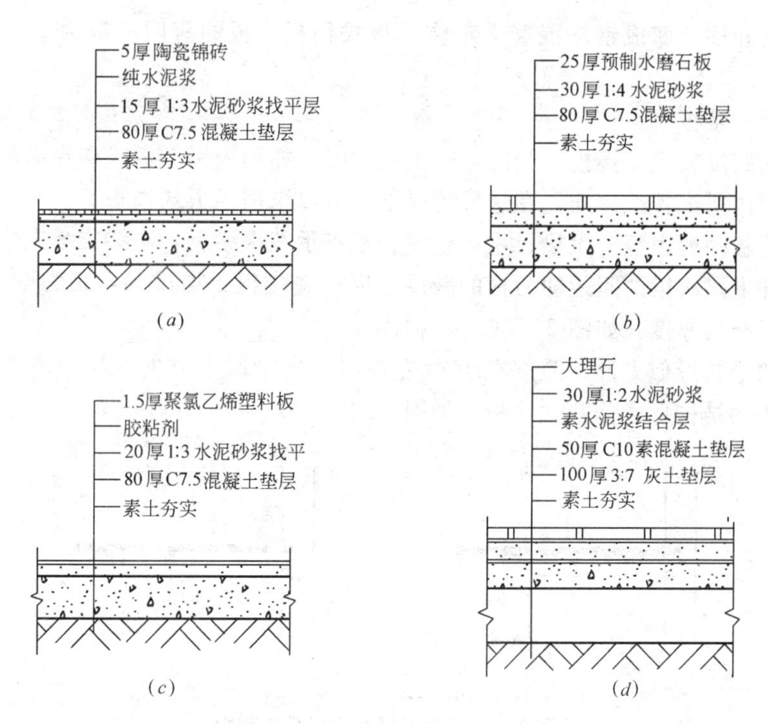

图 3-1-24　常见块状面层地面（一）

(a) 陶瓷锦砖地面；(b) 预制水磨石地面；(c) 塑料地面；(d) 大理石地面

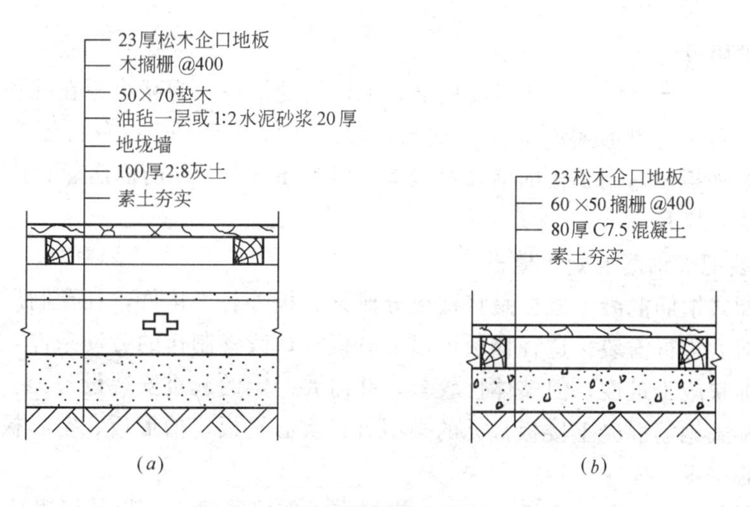

图 3-1-25　常见块状面层地面（二）

(a) 空铺木地面；(b) 实铺木地面

现浇钢筋混凝土楼板指在施工现场架设模板、绑扎钢筋和浇灌混凝土，经养护达到一定强度后拆除模板而成的楼板。这种楼板整体性、耐久性、抗震性好，刚度也大，但施工工序多，工期长，而且受气候条件影响较大。

现浇钢筋混凝土楼板按其结构布置方式可分为现浇平板、肋形楼板和无梁楼板三种。

(1) 现浇平板

当承重墙的间距不大时，如走廊、厨房、厕所等，钢筋混凝土楼板的两端直接支承在墙体上不设梁和柱，即成钢筋混凝土现浇平板式楼板，板的跨度一般为 2～3m，板厚约 80mm 左右。

(2) 梁板式楼板

当房间的跨度较大，楼板承受的弯矩也较大时，如仍采用平板式楼板必然要加大板的厚度和增加板内所配置的钢筋。在这种情况下，可以采用梁板式楼板。

梁板式楼板一般由板、次梁、主梁组成。板支承在次梁上，次梁支承在主梁上，主梁支承在墙或柱上，次梁的间距即为板的跨度，因此在楼板下增设梁，是为减小板的跨度，从而也减小了板的厚度，如图 3-1-26 (*a*) 所示。

当房间的形状近似方形，跨度在 10m 左右时，常沿两个方向交叉布置梁，使梁的截面等高，形成的结构形式称井式楼板。如图3-1-26 (*b*) 所示。

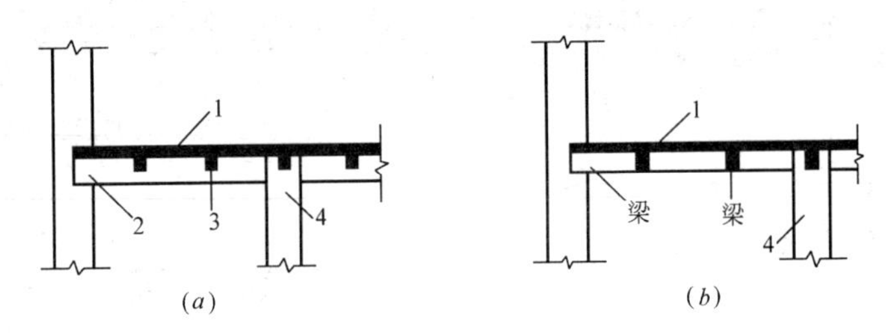

图 3-1-26 钢筋混凝土梁板式楼板

(*a*) 肋形楼板；(*b*) 井式楼板

1—板；2—主梁；3—次梁；4—柱

(3) 无梁楼板

无梁楼板是将板直接支承在墙或柱上，不设梁的楼板。为减小板在柱顶处的剪力，常在柱顶加柱帽和托板等形式增大柱的支承面积。一般柱距 6m 左右较经济，板厚不小于 120mm。无梁楼板多适用于楼面活荷载较大（$5kN/m^2$ 以上）的商店、仓库、展览馆等建筑中，如图 3-1-27 所示。

2. 预制装配式钢筋混凝土楼板

预制装配式钢筋混凝土楼板是将楼板分成梁、板等若干构件，在预制厂或施工现场预先制作好，然后进行安装。这种楼板可以节省模板，改善制作的劳动条件，减少施工现场湿作业，并加快施工进度；但整体性较差，并需要一定的起重安装设备。

预制装配式钢筋混凝土楼板常见的类型有：实心平板、槽形板、空心板等。

(1) 实心平板

实心平板的跨度一般在 2.5m 以内，直接支承在墙或梁上，板的厚度应为跨度的（1/

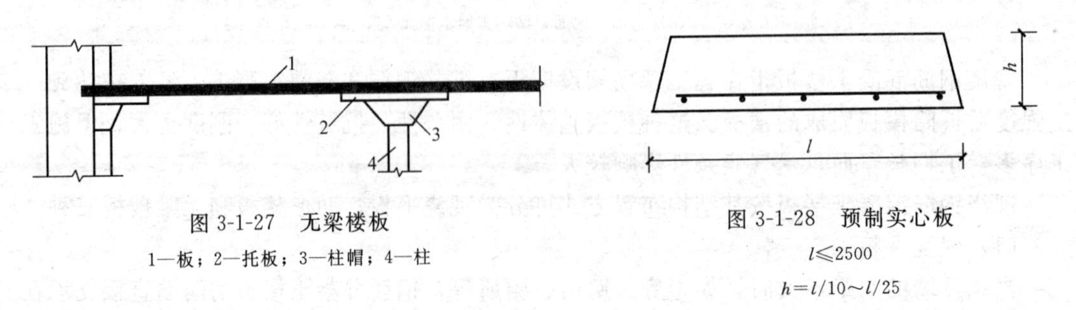

图 3-1-27 无梁楼板

1—板；2—托板；3—柱帽；4—柱

图 3-1-28 预制实心板

$l \leqslant 2500$

$h = l/10 \sim l/25$

10～1/25)，一般为50～100mm，板底配有双向钢筋网，见图3-1-28所示。常用于房屋的走廊、厨房、厕所等处。

(2) 槽形板

槽形板可以看成一个梁板合一的构件，板的纵肋即相当于小梁。作用在槽形板上的荷载，由面板传给纵肋，再由纵肋传到板两端的墙或梁上，因此面板可做得较薄（常为25～35mm)。为了增加槽形板的刚度，在板的两端以端肋封闭，并根据需要在两纵肋之间增加横肋。如图3-1-29所示。

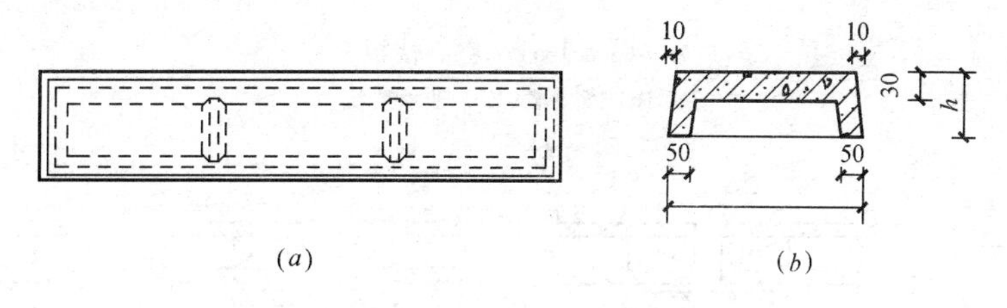

图3-1-29　槽形板

(a) 平面图；(b) 剖面图

(3) 空心板

空心板上下两面为平整面，孔洞可为方形、圆形、椭圆形等，圆形的成孔方便，故采用较多。

板中由于有了圆孔，不但减少了材料的用量，还提高了板的隔声效果和保温隔热能力。

空心板的跨度一般为2.4～6m。当板跨≤4200mm时，板厚为120mm，当板跨在4200～6000mm时，板厚为180mm；板厚为120mm的板其圆孔直径为83mm，板厚为180mm的板其圆孔直径为140mm。板宽为400～1200mm，应用时可直接采用各省市标准图集。

预制空心板单向传递荷载，图3-1-30为常用的五孔板的详图。板的两端支承在墙或梁上，长边不能有支点。如图3-1-31所示为空心板与承重墙及非承重墙的关系。

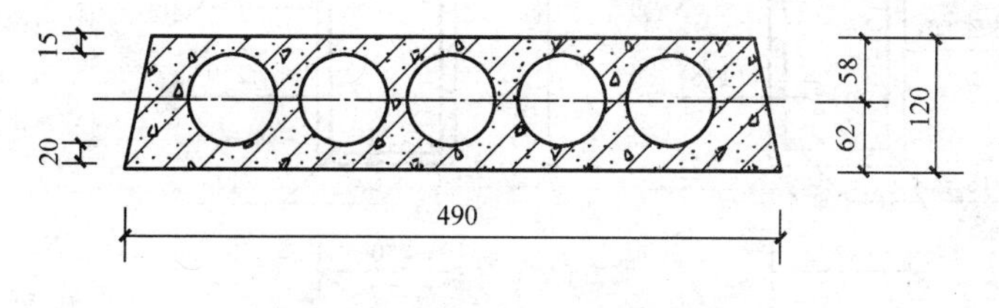

图3-1-30　预制空心板横剖面图

3. 钢筋混凝土梁的类型

梁的截面形状通常为矩形、T形、十字形、花篮形等。其中矩形截面梁制作方便，T形截面梁受力合理。预制板搁置在梁的顶面上，此时梁和板的高度增加，占用空间较多，使室内净空降低。当梁的截面形状为花篮形、十字形时，可以把板搁置在梁肩上或梁侧翼缘上，此时板的顶面与梁的顶面平齐，梁的高度即为结构高度，当层高不变时，与矩形截面及T形截面的梁相比，可使室内净空增加。在进行楼盖设计时，应根据具体情况和使

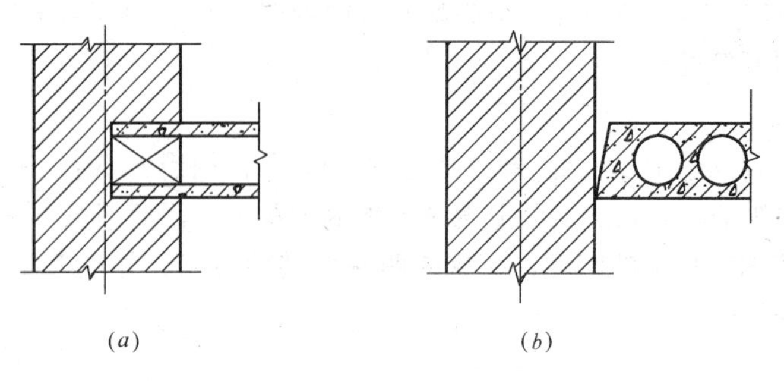

图 3-1-31　空心楼板

(*a*) 承重墙；(*b*) 非承重墙

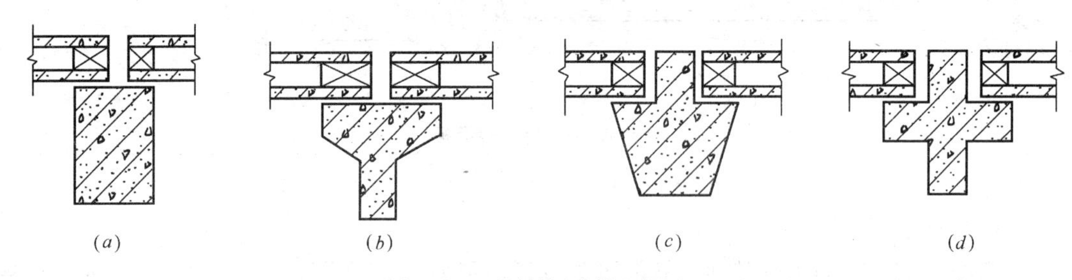

图 3-1-32　预制板在梁上搁置

(*a*) 矩形梁；(*b*) T 形梁；(*c*) 花篮梁；(*d*) 十字形梁

用要求选择合理的截面形状。见图 3-1-32。

配置在钢筋混凝土结构混凝土结构中的钢筋，按其作用可分为受力钢筋、箍筋、架立钢筋、分布钢筋和其他构造钢筋。其中受力钢筋承受拉、压应力；箍筋承受剪力或扭力。如图 3-1-33 为一简支梁的断面配筋图。当梁需打洞时，一定得避开钢筋，尤其是梁中的受力钢筋；也不能在梁受压区打洞。一般情况下梁不允许打洞。

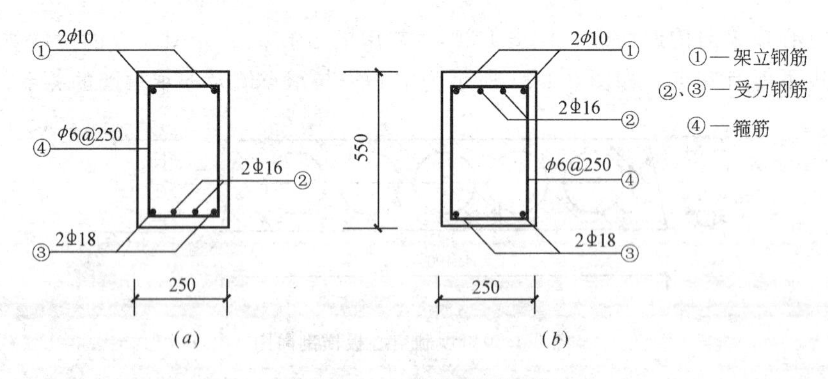

图 3-1-33　梁断面配筋图

(*a*) 梁跨中断面；(*b*) 梁端中断面

楼板层结构部分完成后，为了满足使用要求，上表面要与地面一样设置面层。

五、屋顶与顶棚

屋顶按材料、结构的不同有各种类型，其建筑的外形更是多种多样（图 3-1-34）。其中，建筑中常采用的屋顶形式主要有平屋顶和坡屋顶。

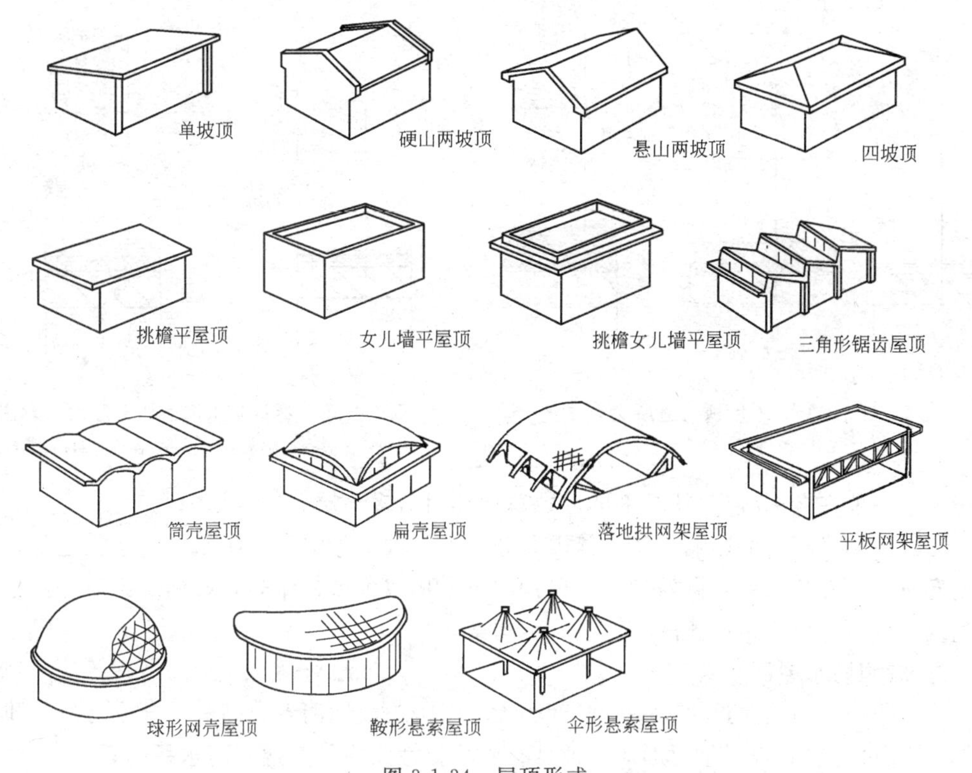

图 3-1-34　屋顶形式

（一）平屋顶

平屋顶的屋面仅设有利于排水所必需的较小的坡度，其最小坡度不宜小于 2%，一般在 3%～5%。

1. 平屋顶的构造层次及施工

平屋顶的主要构造层次有面层、结构层（承重层）和顶棚层。其布置和构造与楼板相同（图 3-1-35）。

(1) 防水层的构造

防水层按采用的防水材料不同，可以分为卷材防水屋面、涂膜防水屋面和刚性防水屋面。

1) 卷材防水屋面

卷材防水屋面的卷材的种类主要有沥青防水卷材、高聚物改性沥青系防水卷材和合成高分子防水卷材等。

卷材防水屋面一般构造层次如图 3-1-36 所示。

找平层为结构层（或保温层）与防水层的中间过渡层，可使卷材铺贴平整，粘结牢固，并具有一定的强度，以便更好地承受上面荷载。找平层可以用水泥砂浆、细石混凝土或沥青砂浆等，厚度一般在 15～35mm。找平层宜设置分格缝，缝宽 20mm，并嵌填密实材料。为使底层和防水层结合牢固，在找平层上还应涂一层基层处理剂，处理剂应选用与卷材材性相容的材料。

卷材防水层的层数应根据当地气候条件、建筑物的类型及防水要求、屋面坡度等因素

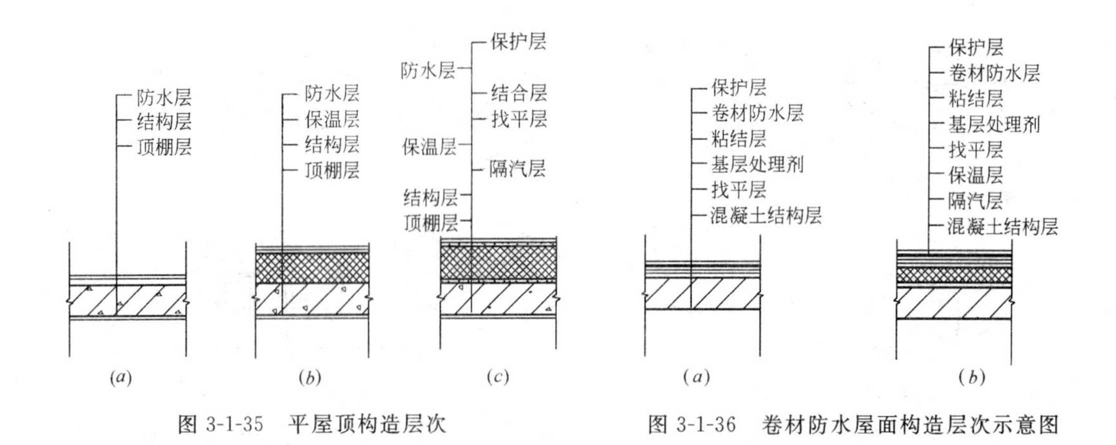

图 3-1-35　平屋顶构造层次

图 3-1-36　卷材防水屋面构造层次示意图

(*a*) 不保温卷材防水屋面；(*b*) 保温卷材防水屋面

来确定，一般在 2～5 层。粘结剂的层数总比卷材数多一层。

为减少阳光辐射的影响，防止暴雨和冰雪的侵蚀，延缓卷材防水层的老化速度，提高使用寿命，须在防水层上做保护层。保护层可采用浅色涂料涂刷，或粘贴铝箔等，也可采用铺设 30mm 厚细石混凝土、绿豆砂、云母等。

2）涂膜防水屋面

涂膜防水屋面是通过涂布一定厚度、无定形液态改性沥青或高分子合成材料（即防水涂料），经过常温交联固化而形成一种具有胶状弹性涂膜层，达到防水目的。

一般构造层次如图 3-1-37 所示。

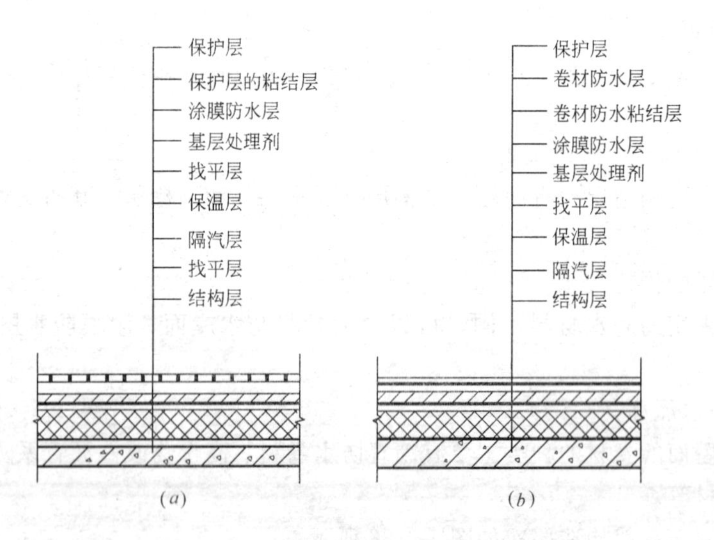

图 3-1-37　涂膜防水屋面构造示意图

(*a*) 涂膜防水屋面构造；(*b*) 涂膜与卷材复合防水屋面构造

3）刚性防水屋面

刚性防水屋面是指用细石混凝土、块体材料或补偿收缩混凝土等材料做防水层，主要依靠混凝土自身的密实性，并采取一定的构造措施以达到防水目的。

由于刚性防水屋面面层所采用材料的特性，防水层伸缩的弹性小，对地基不均匀沉降、构件的微小变形、房屋的振动、温度高低变化等都比较敏感；又直接与大气接触，表面容易风化，如设计不合理，施工质量不高都极易引起漏水、渗水等现象，故对设计及施工的要求比较高。

刚性防水屋面的一般构造层次如图 3-1-38 所示。

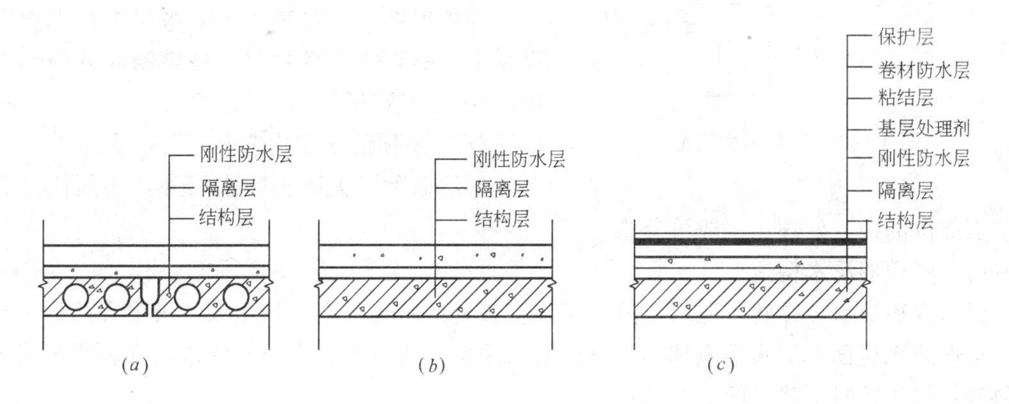

图 3-1-38 刚性防水屋面构造示意图

(a) 装配式屋面刚性防水；(b) 现浇整体式屋面刚性防水；(c) 刚性与卷材复合防水

(2) 保温与隔热层的构造

在寒冷地区，屋面一般都设置保温层，以在冬期阻止室内热量通过屋顶向外散失。而在我国南方地区，夏季时平屋顶因受太阳辐射而吸收大量的辐射热，致使热量通过屋顶传递至室内，使室内温度升高，而需对屋顶做隔热处理。

平屋顶的保温措施，主要是设置保温层，即在结构层上铺一定厚度的保温材料。常用的保温材料有：膨胀珍珠岩、膨胀蛭石、泡沫塑料类、微孔混凝土和炉渣等。

采用保温层的屋面应在保温层下设置隔汽层，其作用是防止室内的水汽渗入保温层使保温材料受潮，导致材料的保温性能降低。隔汽层可采用气密性能好的单层卷材或防水涂料。

平屋顶的隔热措施，常用的有架空隔热屋面、蓄水屋面和种植屋面等。架空隔热屋面——即用烧结黏土或混凝土的薄型制品，覆盖在屋面防水层上并架设有一定高度的空间，利用空气流动加快散热，起到隔热作用。架空隔热层的高度宜为 100～300mm。

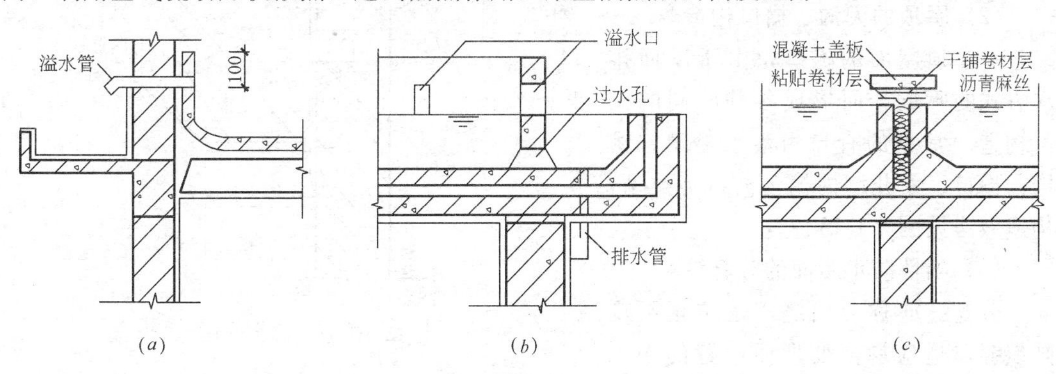

图 3-1-39 屋面及檐口构造做法

(a) 溢水口构造；(b) 排水管过水孔构造；(c) 分仓缝构造

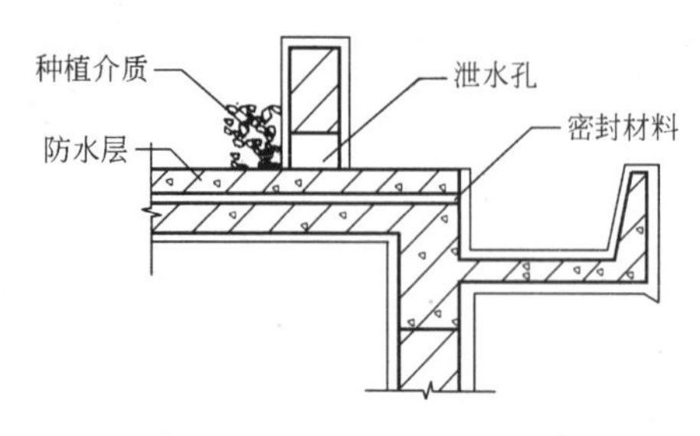

图 3-1-40　种植屋面构造

蓄水屋面——即在屋面防水层上蓄一定高度的水，起到隔热作用。蓄水屋面蓄水层高度宜为 150～200mm。屋面及檐口、过水孔、分仓缝构造做法见图 3-1-39。

种植屋面——即在屋面防水层上覆土或铺设锯末、蛭石等松散材料并种植物起到隔热作用。檐口构造见图 3-1-40。

2. 平屋顶的细部构造

平屋面除了大面积防水层外，还须注意各个节点部位的构造处理，一般可分为：

(1) 屋面的泛水构造

泛水也称返水。是防水屋面与垂直墙面交接处的防水处理，如山墙、天窗等部位。

柔性防水屋面，泛水处应加贴卷材或防水涂料，泛水收头应根据泛水高度和泛水墙体材料确定收头密封形式（图 3-1-41）。

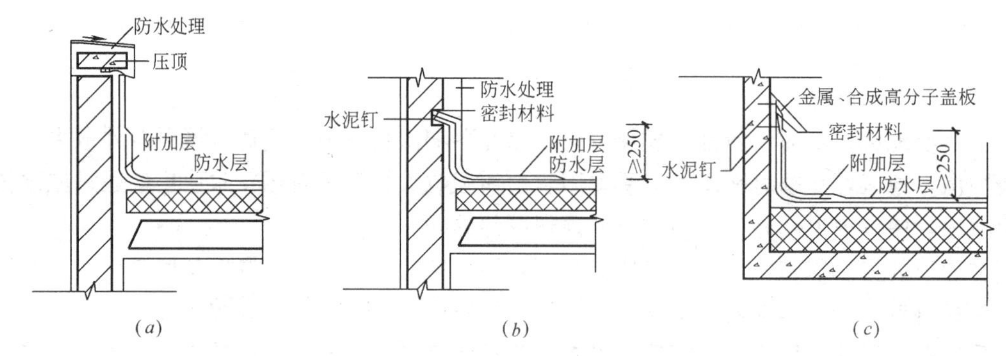

图 3-1-41　卷材泛水收头密封形式

(a) 卷材泛水收头；(b) 砖墙卷材泛水收头；(c) 混凝土墙卷材泛水收头

刚性防水屋面，防水层与墙体交接处应留有 30mm 的缝隙，并用密封材料嵌填，泛水处应铺设卷材或涂膜附加层（图 3-1-42）。

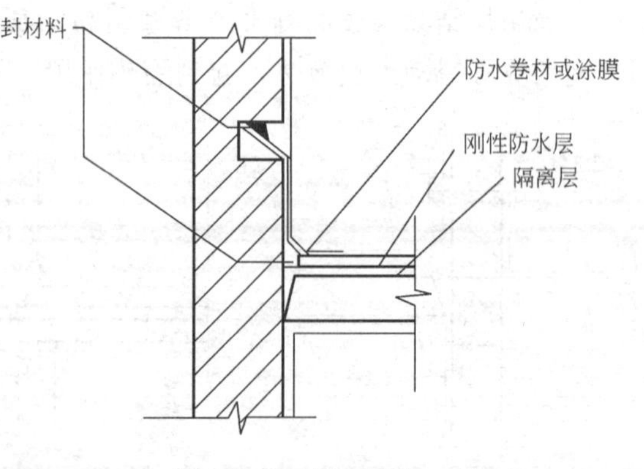

图 3-1-42　泛水构造

(2) 屋顶的天沟、檐口构造

平屋顶屋面的檐口，由于屋面排水方式的不同，而形成各种不同的檐口构造。常见的有自由落水檐口、挑檐沟檐口、女儿墙内檐沟檐口等类型，构造做法见图 3-1-43。

(3) 刚性防水屋面的分仓缝

分仓缝亦称分格缝，是防止不规则裂缝以适应屋面变形而设置的人工缝。其间距大小和设置的部位均须按照结构变形和温度胀缩等需要确定。

分仓缝的宽度宜为 20～40mm，分仓缝的常用构造做法见图 3-1-44。

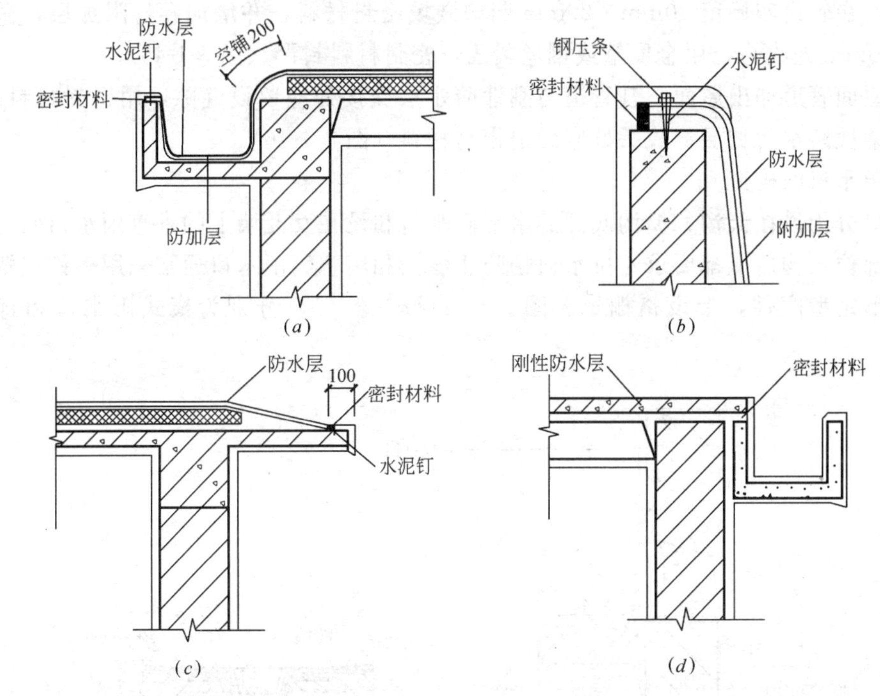

图 3-1-43　平屋顶天沟、檐口构造

(a) 檐沟；(b) 檐沟卷材收头；(c) 无组织排水檐口；(d) 檐沟滴水

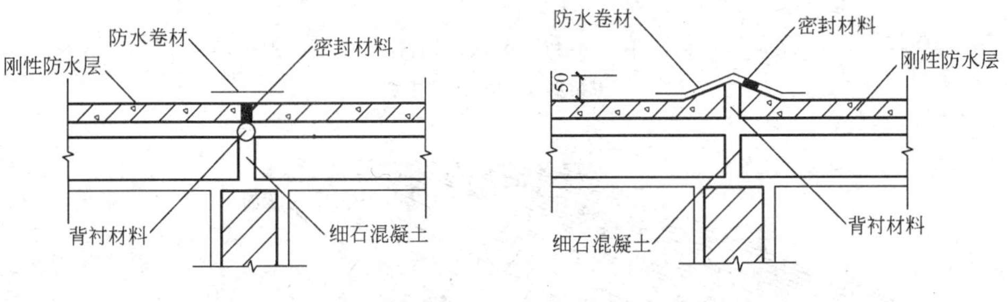

图 3-1-44　分仓缝构造

(4) 伸出屋面管道接缝处的构造

柔性屋面管道伸出屋面，在管道周围 100mm 内，以 30％的坡度找坡，组成高 30mm

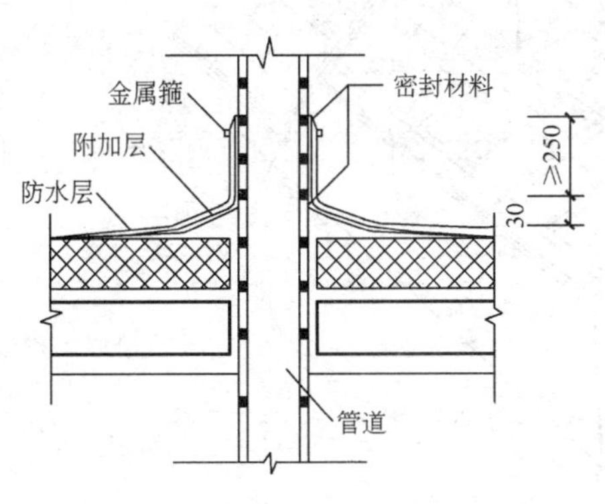

图 3-1-45　伸出屋面管道防水构造

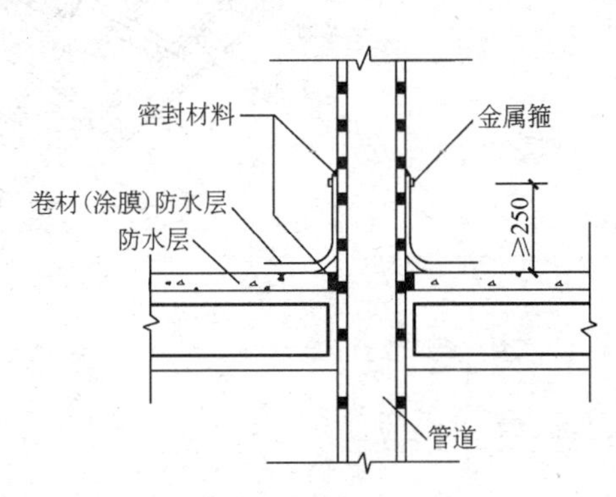

图 3-1-46　伸出屋面管道防水构造

的圆锥台，在管道四周留 20mm×20mm 凹槽嵌填密封材料，并增加卷材附加层，做到管道上方 250mm 处收头，用金属箍或钢丝紧固，密封材料封严（图 3-1-45）。

刚性屋面管道伸出屋面，其管道与刚性防水层交接处应留设缝隙，用密封材料嵌填，并应加设柔性防水附加层；收头处应固定密封材料（图 3-1-46）。

（5）雨水口的构造

雨水口分为设在天沟、檐沟底部的水平雨水口和设在女儿墙上的垂直雨水口两种。无论在什么部位，构造上都要求它排水通畅防止渗漏和堵塞。雨水口通常采用铸铁或塑料制品的漏斗形定型配件，上设格栅罩。图 3-1-47（*a*）、（*b*）分别为横式雨水口和直式雨水口。

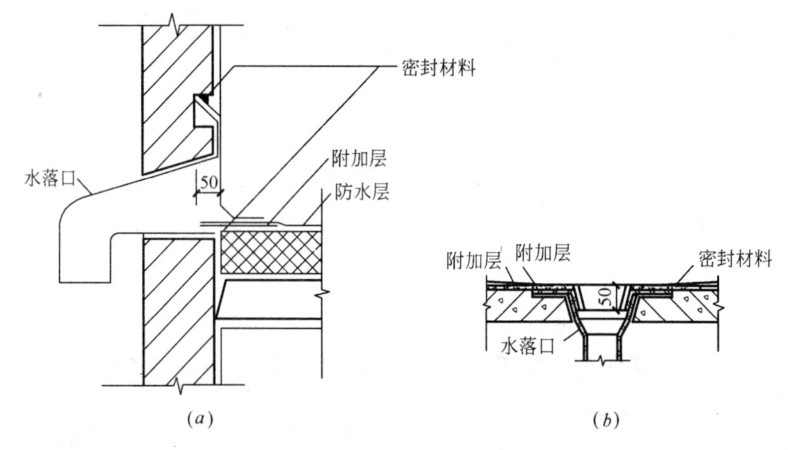

图 3-1-47　雨水口构造

（*a*）横式雨水口；（*b*）直式雨水口

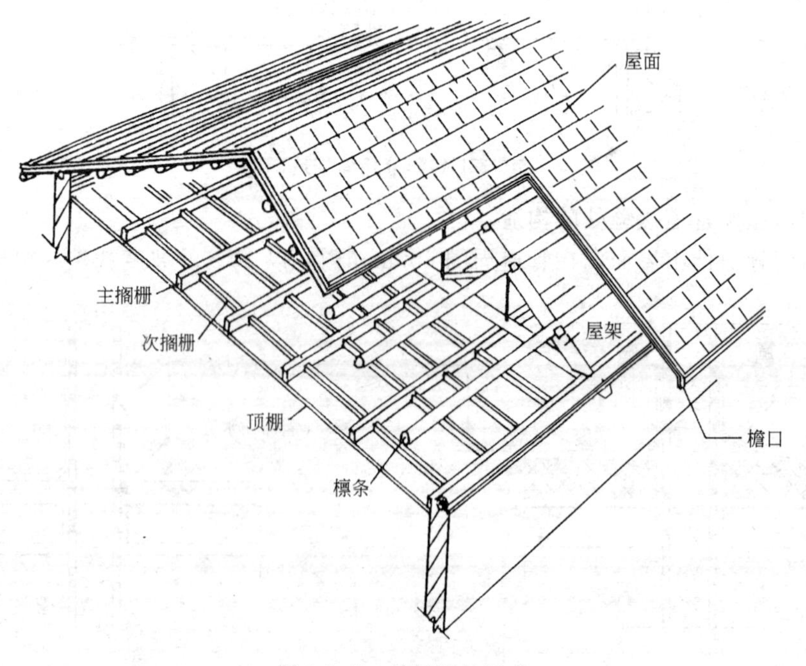

图 3-1-48　坡屋顶的组成

（二）坡屋顶

坡屋顶系排水坡度较大（一般＞10%）的屋顶，由各类屋面防水材料覆盖。根据坡面组织的不同，主要有单坡顶、双坡顶和四坡顶。

坡屋顶一般由承重结构（承重层）和屋面（防水层）两部分组成，根据不同的使用要求还可以设置保温层、隔热层及顶棚层等（图 3-1-48）。

1. 坡屋顶的承重结构

坡屋顶的承重结构主要是承受屋面荷载并把它传递到墙或柱上。它的结构大体上可以分为山墙承重和屋架承重等。

（1）山墙承重

山墙常指房屋的横墙，利用山墙砌成尖顶形状直接搁置檩条以承载屋顶重量，这种结构形式叫“山墙承重”和“硬山搁檩”（图 3-1-49）。

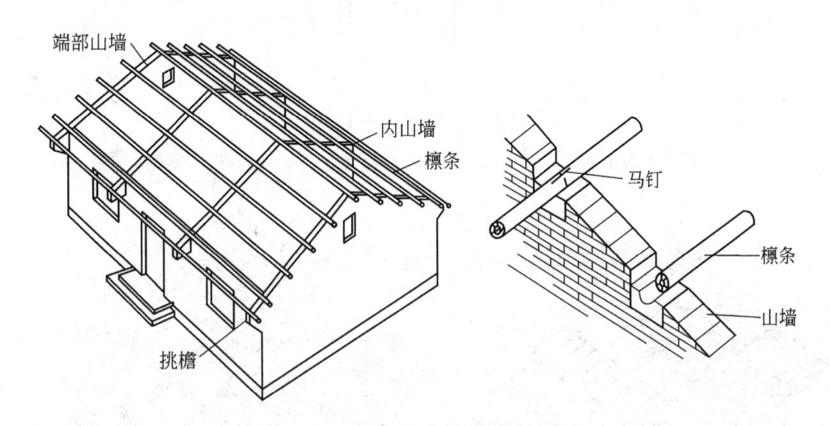

图 3-1-49　山墙支承檩条的屋顶

（2）屋架承重

屋顶采用三角形的屋架，用来搁置檩条以支承屋面荷载。通常屋架搁置在房屋的纵向外墙或柱墩上，使建筑有一个较大的使用空间（图 3-1-50）。

屋架的形式较多，一般多采用三角形屋架，常用的屋架材料有木材、钢材和钢筋混凝土等（图 3-1-51）。

2. 坡屋顶的屋面构造

当坡屋顶的屋面由檩条、椽子、屋面板、防水材料、顺水条、挂瓦条、平瓦等层次组成时，我们称之为平瓦屋面。其中当檩条间距较小（一般小于 800mm）时，可直接在檩条上铺设屋面板，而不使用椽子（图 3-1-52）。

常用的平瓦屋面构造做法有以下三种。

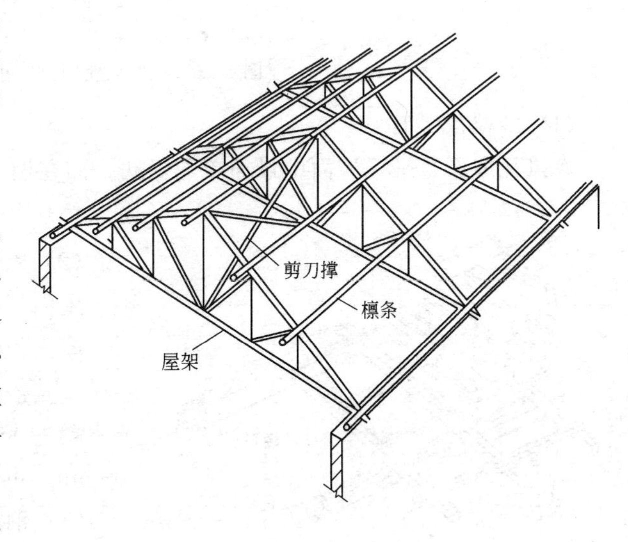

图 3-1-50　屋架支承檩条的屋顶

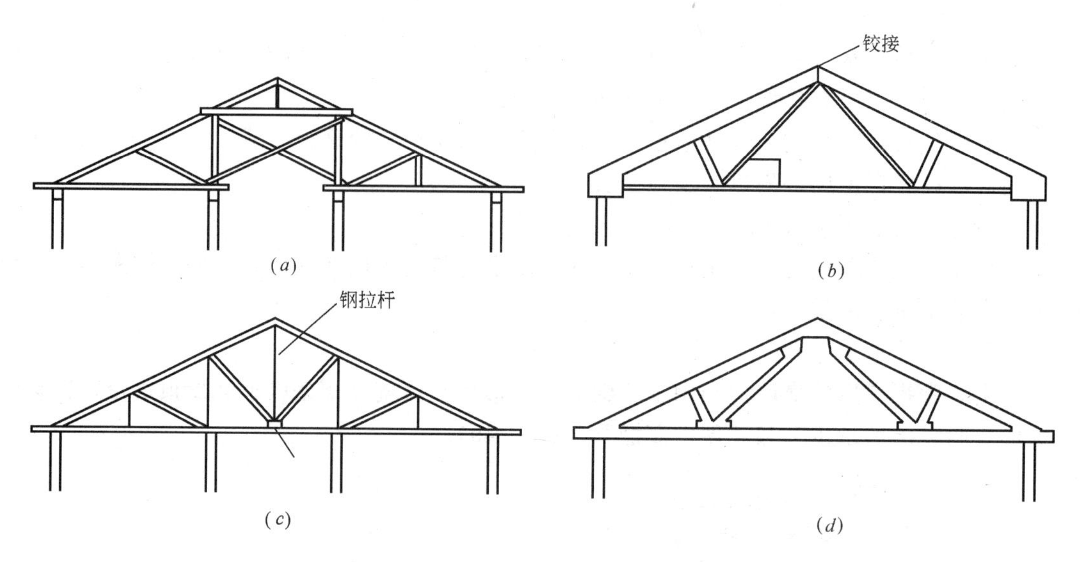

图 3-1-51　屋架形式

(a) 四支点木屋架；(b) 钢木组合豪式屋架；(c)、(d) 预制钢筋混凝土屋架

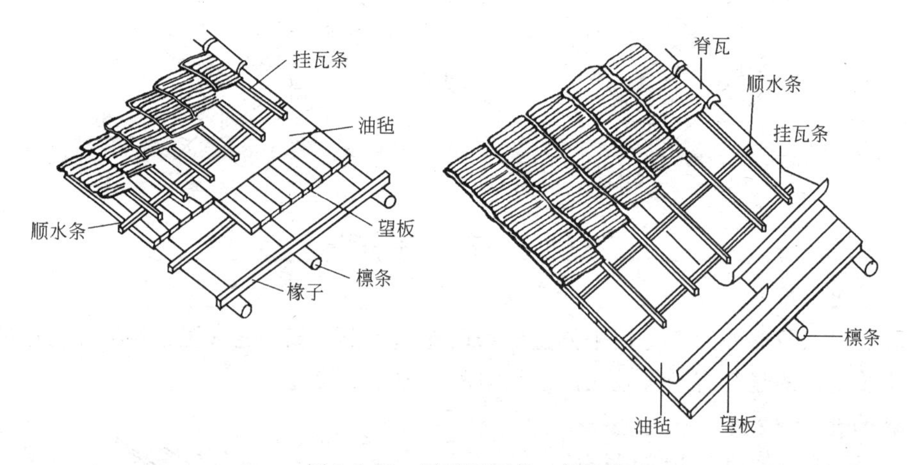

图 3-1-52　平瓦屋面的一般构造

(1) 冷摊瓦屋面

冷摊瓦屋面是平瓦屋面中最简单的做法，即在檩木上搁置椽子，再在椽子上直接钉挂瓦条后挂瓦（图 3-1-53）。

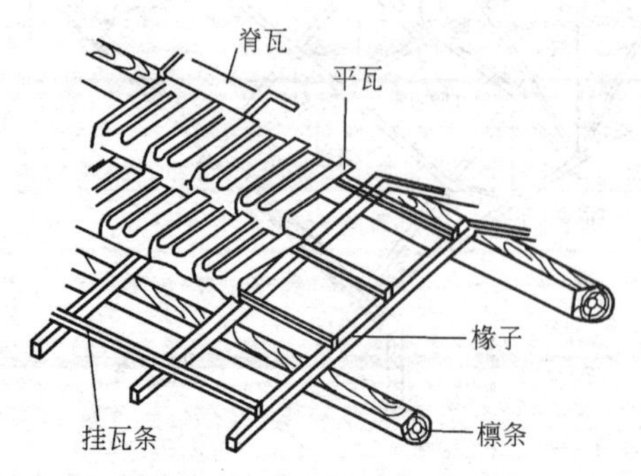

图 3-1-53　冷摊瓦屋面构造

(2) 屋面板平瓦屋面

屋面板平瓦屋面是在檩条或椽子上钉屋面板，屋面板的厚度为 15～25mm，板上铺一层卷材，其搭接宽度不宜小于 100mm，并用顺水条将卷材钉在屋面板上；顺水条的间距宜为 500mm，再在顺水条上铺钉挂瓦条后挂瓦。

(3) 钢筋混凝土挂瓦板平瓦屋面

用钢筋混凝土挂瓦板搁置在横墙或屋架上，

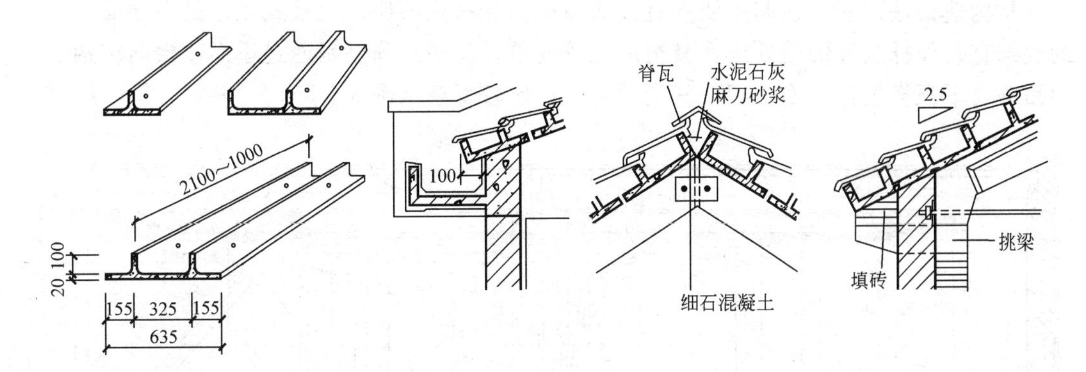

图 3-1-54　挂瓦板平瓦屋面构造

用以替代檩条、椽子、屋面板和挂瓦条。(图 3-1-54)。

（三）顶棚

1. 顶棚的功能

顶棚是室内空间的顶界面，顶棚的装饰对室内空间的装饰效果、艺术风格有很大的影响，而且可以遮盖照明、通风、音响、防火等方面所需要的设备管线，同时对一些特定的房间，还具有一定的保温、隔热、吸声等效能。

2. 顶棚的分类

顶棚装饰根据不同的室内功能要求可采用不同的类型。

顶棚按其外观可以分为平滑式顶棚、井格式顶棚、分层式顶棚、悬浮式顶棚、玻璃顶棚等（图 3-1-55）。

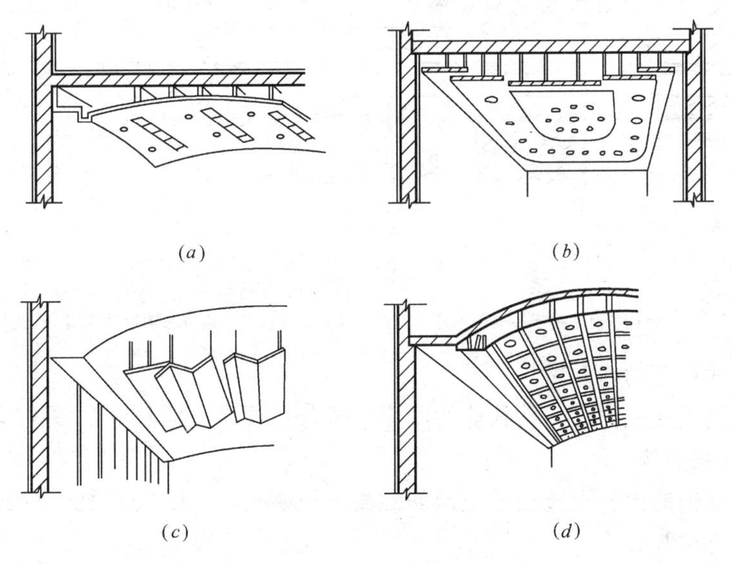

图 3-1-55　顶棚类型

(a) 平滑式；(b) 分层式；(c) 悬浮式；(d) 井格式

顶棚按构造方法可以分为直接式顶棚和悬吊式顶棚。

顶棚按承受荷载能力的大小可分为上人顶棚和不上人顶棚。

3. 顶棚的构造做法

从构造做法来看，顶棚主要有直接式顶棚和悬吊式顶棚。直接式顶棚是在楼面或屋顶的底部直接作抹灰等饰面处理，其构造比较简单；悬吊式顶棚是通过屋面或楼面结构下部的吊筋与平顶搁栅作饰面处理，其类型和构造比较复杂（图 3-1-56）。

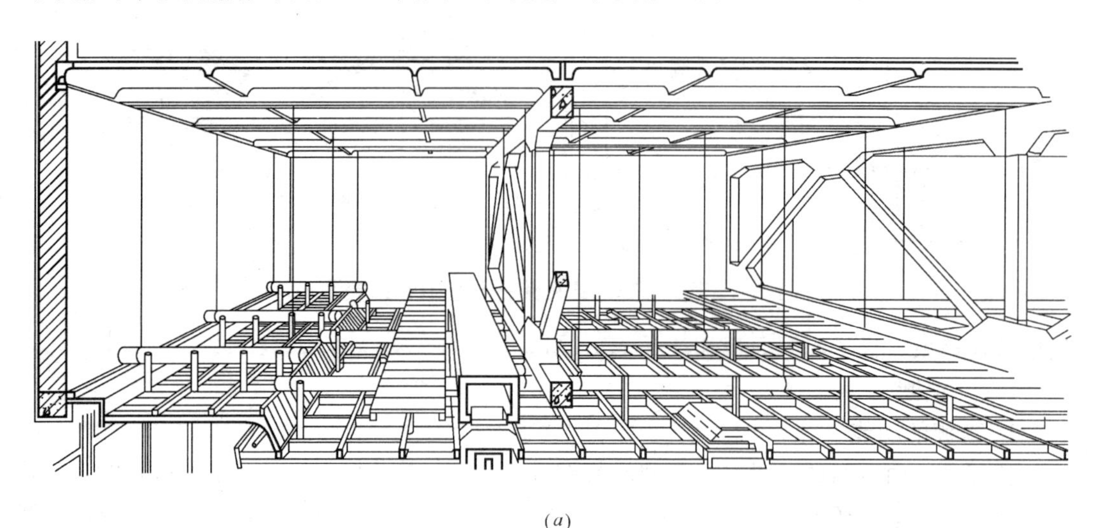

(*a*)

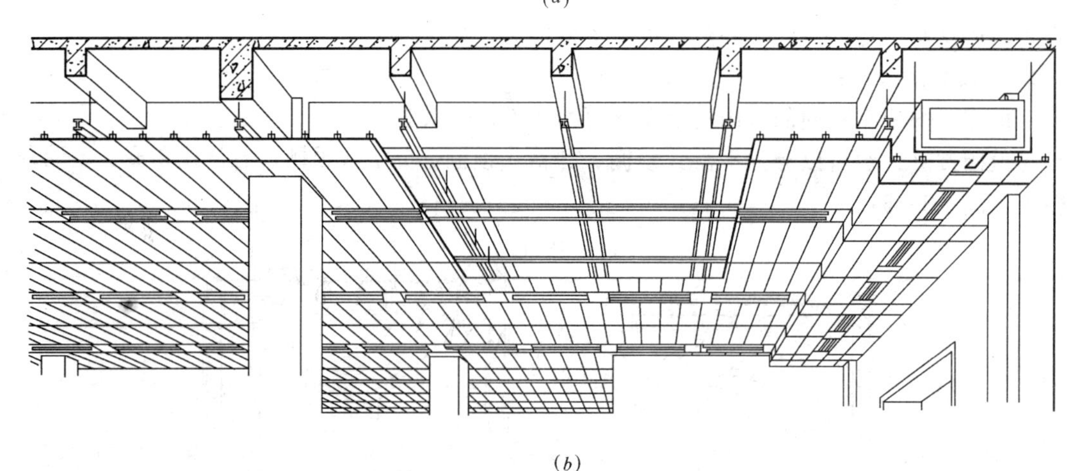

(*b*)

图 3-1-56　悬吊式顶棚构造示意图

(*a*) 吊顶悬挂于屋面下构造示意图；(*b*) 吊顶悬挂于楼板底构造示意图

(1) 直接式顶棚的构造做法

直接式顶棚是在屋面板、楼板等的底面直接进行喷浆、抹灰或粘贴壁纸等饰面材料。

1) 直接抹灰顶棚

当采用现浇钢筋混凝土楼板或用钢筋混凝土预制板时，因板底面有模板印痕或板缝缝隙，一般要进行抹灰装饰。

2) 喷刷类顶棚

如果楼板采用整间预制大楼板时，因底面平整没有缝隙可不抹灰，而直接在板底上喷浆。

喷刷的材料常用的有：石灰浆、大白浆、包粉浆、可赛银等。

(2) 悬吊式顶棚的构造做法

悬吊式顶棚是指顶棚的装饰表面与屋面板、楼板之间留有一定的距离。在这段空隙中，通常要结合各种管道、设备的安装，如灯具、空调、灭火器、烟感器等，必要时可铺设检修走道以免踩坏面层，保障安全。

悬吊式顶棚由面层、顶棚骨架和吊筋三个部分组成。面层的作用是装饰室内空间，骨架的作用是承受吊顶棚面层荷载（在上人吊顶中还要考虑检修荷载），并将这些荷载通过吊筋传递给屋面板或楼板等承重结构。吊筋的作用主要是承受吊顶棚和大小龙骨及搁栅的荷载，并将荷载传递给屋面板、楼板、梁等。

1）吊筋

吊筋常用的材料和固定方法有在混凝土中预埋 $\phi6$ 钢筋（吊环）或 8 号镀锌钢丝，也可以采用金属膨胀螺栓、射钉固定（钢丝、镀锌钢丝）作为吊筋（图 3-1-57）。吊筋的安装主要考虑下部荷载的大小。

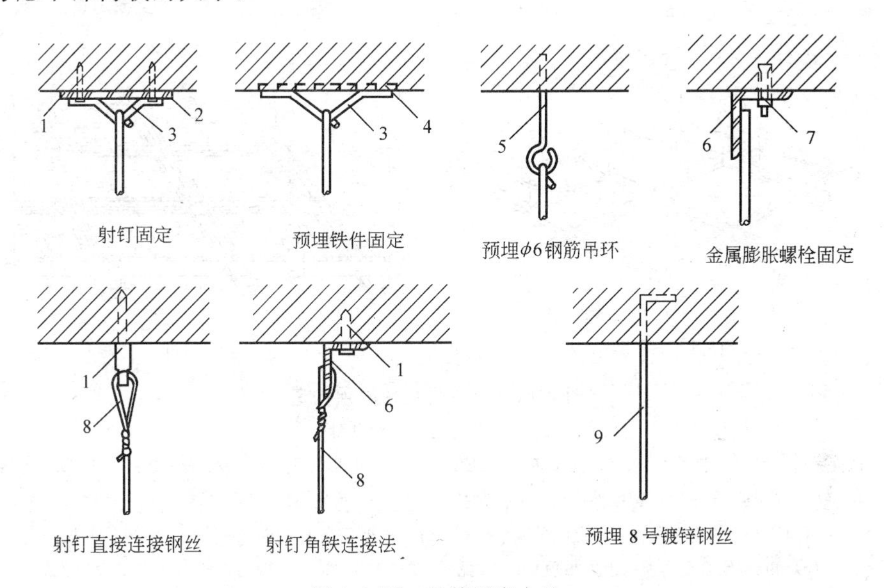

图 3-1-57　吊筋固定方法

1—射钉；2—焊板；3—$\phi10$ 钢筋吊环；4—预埋钢板；5—$\phi6$ 钢筋；6—角钢；7—金属膨胀螺栓；8—铝合金丝；9—8 号镀锌钢丝

2）骨架

吊顶的骨架由大、小龙骨组成。龙骨又称搁栅，按材料不同有木质龙骨、轻钢龙骨和铝合金龙骨等等。

图 3-1-58 所示为木质龙骨布置图，小龙骨与大龙骨垂直。小龙骨之间还设有横撑龙骨。一般大龙骨用 60mm×80mm 方木，间距宜为 1m，并用 8 号镀锌钢丝绑扎；小龙骨、横撑龙骨一般用 40mm×60mm 或 50mm×50mm 方木，底面相平，间距视罩面板的情况而定。

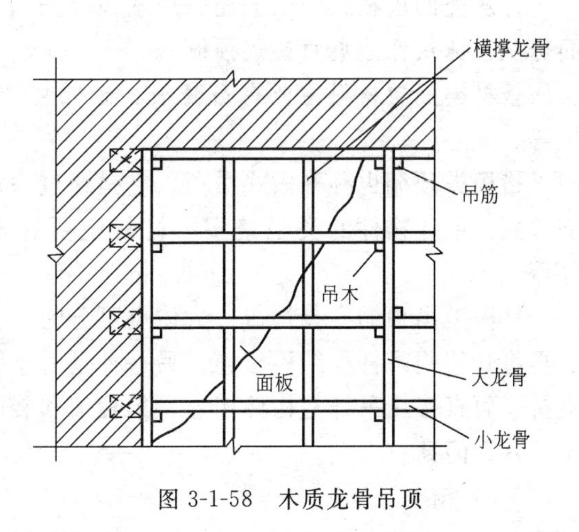

图 3-1-58　木质龙骨吊顶

轻钢龙骨和铝合金龙骨，其断面有：U 形、T 形等数种，其构造做法见图 3-1-59。

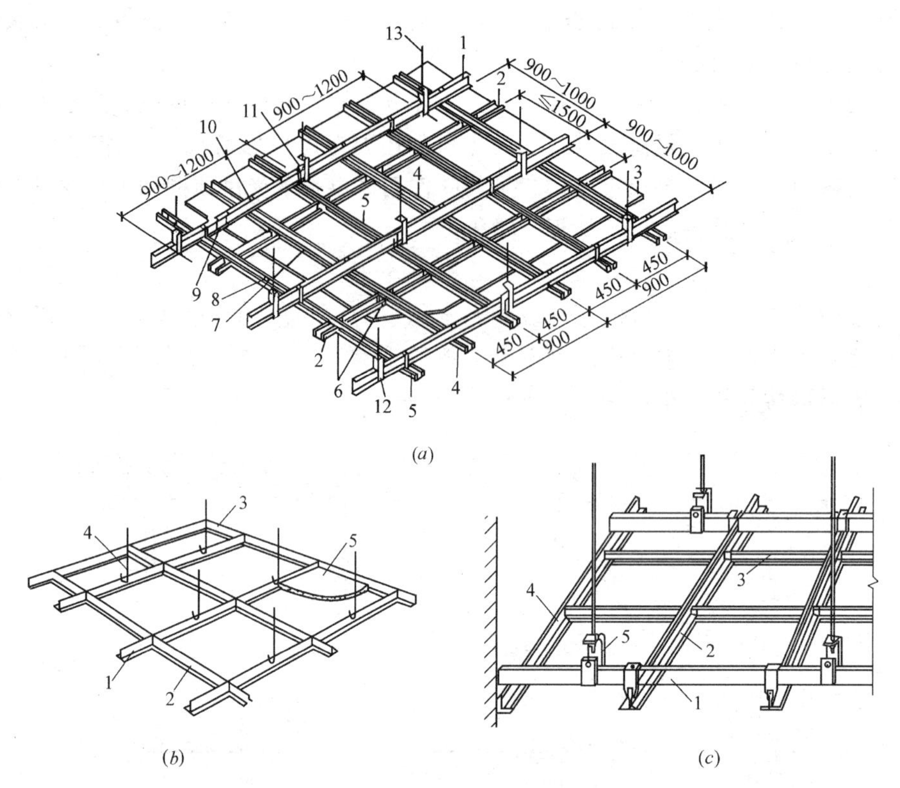

图 3-1-59　轻钢龙骨吊顶构造

(a) U 型龙骨吊顶示意图

1—BD 大龙骨；2—UZ 横撑龙骨；3—吊顶板；4—UZ 龙骨；5—UX 龙骨；6—UZ_3 支托连接；7—UZ_2 连接件；8—UX_2 连接件；9—BD_2 连接件；10—UZ_1 吊挂；11—UX_1 吊挂；12—BD_1 吊件；13—吊件 $\phi8$～$\phi10$

(b) TL 型铝合金吊顶（不上人吊顶）1—大 T；2—小 T；3—角条；4—吊件；5—饰面板

(c) TL 型铝合金吊顶（上人吊顶）1—大龙骨；2—大 T；3—小 T；4—角条；5—大吊挂件

3）面层

面层一般可以分为抹灰类、板材类和格栅类。

抹灰类面层在其骨架上还需用木板（条）、木丝板或钢丝网作基层材料，然后在其上面抹灰（抹灰作法见直接式顶棚）。

板材类面层材料主要有石膏板、矿棉装饰板、胶合板、纤维板、钙塑板和金属饰面板等。

格栅类顶棚也称开敞式吊顶。它是通过一定的单体构件组合而成的，可以表现一定的韵律感。单体构件的类型繁多，材料主要有木材构件、金属构件、灯饰构件及塑料构件等。

格栅类吊顶的安装构造，大体上可分为：一种是将单体构件固定在可靠的骨架上，然后再将骨架用吊杆与结构相连，另一种是对于轻质、高强材料制成的单体构件，不用骨架支持，而直接用吊杆与构件相连，集骨架和装饰于一身（图 3-1-60）。

六、门窗

（一）窗

1. 窗的作用和要求

窗是建筑物中的一个重要组成部分。窗的主要作用是采光、通风和眺望，同时它也是房屋的围护构件，对建筑的外观起着一定的影响。

2. 窗的类型

窗的类型很多，按使用的材料可分为木窗、钢窗、铝合金窗、塑料窗等。

按窗的层数可分为单层窗和双层窗。

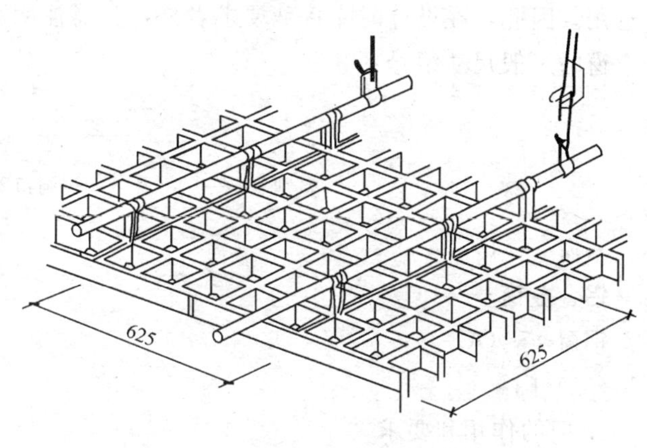

图 3-1-60　格栅类吊顶的安装构造

按窗的开启方式可分有平开窗、固定窗、转窗（上悬、下悬、中悬、立转）和推拉窗等（图 3-1-61）。

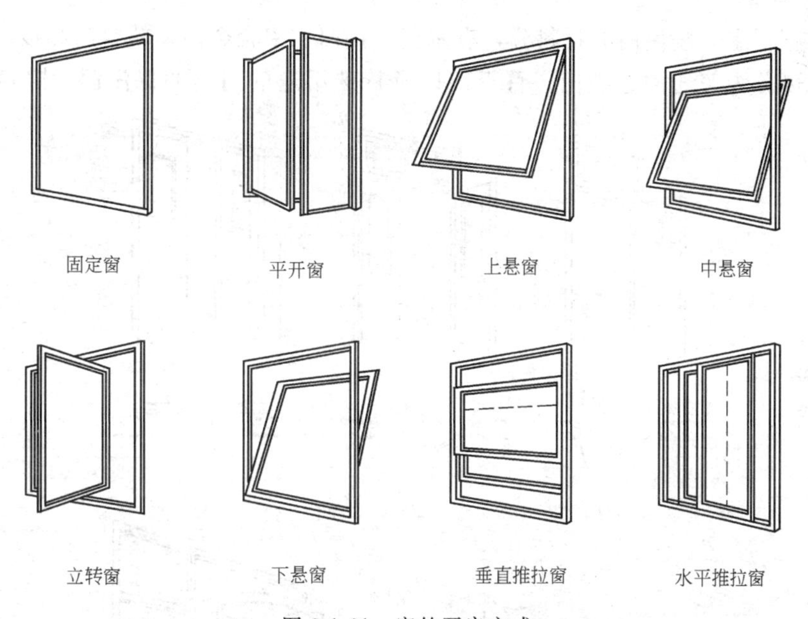

图 3-1-61　窗的开启方式

（1）平开窗

平开窗是最常用的窗，窗扇在侧边用铰链（合页）与窗框连接，可以向外或向内开启。

（2）固定窗

固定窗是将玻璃直接镶嵌在窗框上不能开启和通风，仅供采光和眺望之用。

（3）转窗

转窗就是窗扇绕某一轴旋转开启，按轴的位置可分为上悬、中悬、下悬和立转。

（4）推拉窗

推拉窗是窗扇沿导轨或滑槽进行推拉，有水平和垂直两种。

目前，我国大多数省、市的有关部门常用木门窗、钢门窗和铝合金门窗图集供设计人员选用。因此，在设计时除特殊要求者外，只需注明图集中的窗的编号即可。

窗的一般尺寸编号：

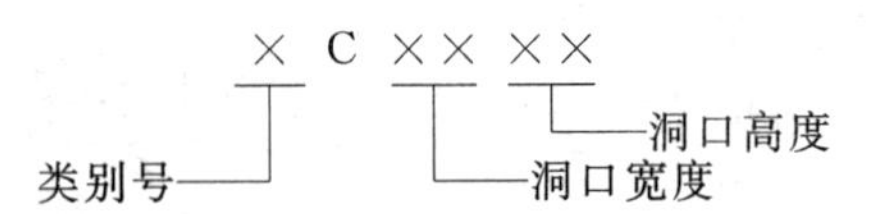

木窗——C

铝合金窗——LC

钢窗——GC

（二）门

1. 门的作用和要求

门是建筑物中不可缺少的组成部分。主要是用于交通联系和疏散，同时也起采光和通风作用。

2. 门的类型

门的类型很多，按使用的材料分，有木门、钢门、铝合金门、塑料门和玻璃门等。

按用途可分为普通门、纱门、百页门以及特殊用途的门（如保温门、隔声门、防盗

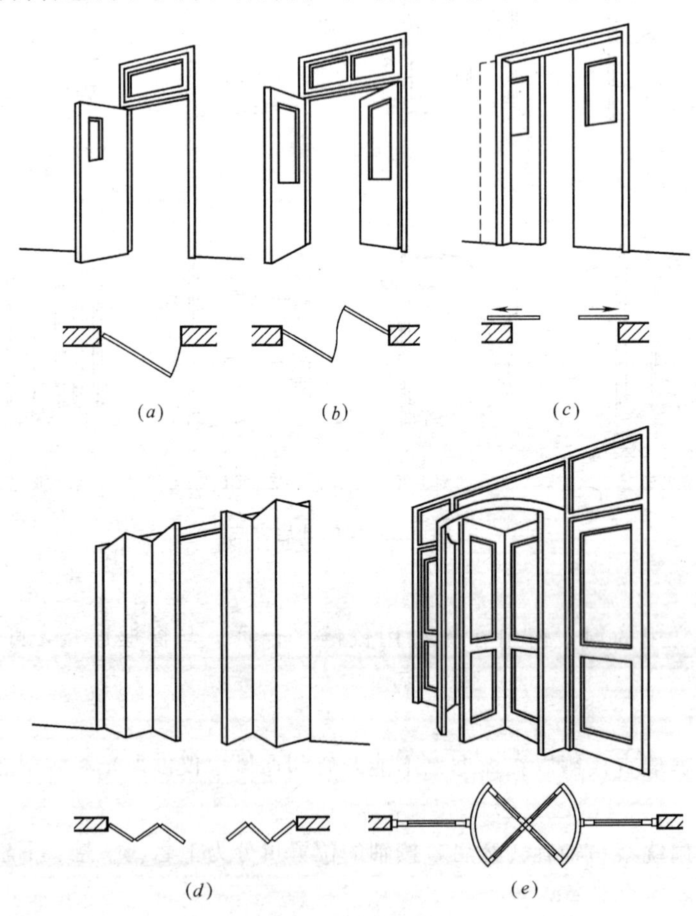

图 3-1-62 门的开启方式

(a) 平开门；(b) 弹簧门；(c) 推拉门；(d) 折叠门；(e) 转门

门、防爆门等)。

按门的开启方式分有平开门、弹簧门、推拉门、折叠门、转门、卷帘门等(图 3-1-62)。

(1) 平开门

平开门就是用普通铰链装于门扇侧面与门框连接。门扇有单扇和双扇之分，开启方式有内开和外开。

(2) 弹簧门

弹簧门为开启后会自动关闭的门，是平开门的一种。它是由弹簧铰链代替普通铰链，有单向开启和双向开启两种。

(3) 推拉门

门的开启方式是左右推拉滑行，门可以悬于墙外，也可以隐藏在夹墙内。构造作法可以分为上挂式和下滑式两种。

(4) 折叠门

折叠门是一排门扇相连，开启时推向一侧或两侧，门扇相互折叠在一起。

(5) 转门

由两个固定的弧形门套，内装设三扇或四扇绕竖轴转动的门扇，对防止内外空气的对流有一定的作用，可作为公共建筑及有空调房屋的外门。

(6) 卷帘门

卷帘门由帘板、导轨及传动装置组成。帘板由铝合金轧制成成型的条形页板连接而成，开启时，由门洞上部的转动轴旋转将页板卷起，将帘板卷在卷筒上。

和窗一样，门也常常有标准图集，一般只需在图纸上标注门的编号即可。

门的一般尺寸编号：

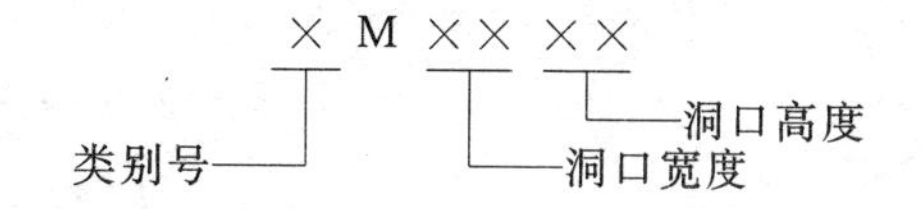

木门——M

铝合金门——LM

钢门——GM

七、楼梯

(一) 楼梯的种类和要求

在各种建筑物中，两层以上建筑物楼层之间的垂直交通设施有楼梯、电梯、自动扶梯等。这些交通设施为使用者方便和安全疏散的要求，一般都设置在建筑物的出入口附近。其中楼梯是最常用的，它经常要容纳较多的人流通过，因此要求它坚固、耐久并且能满足防火和抗震要求。而电梯和自动扶梯常见于高层建筑和人流较多的大型公共建筑中。

楼梯按用途分，有主要楼梯、辅助楼梯、安全楼梯(供火警或事故时疏散人口之用)等。

楼梯按结构材料分，有钢筋混凝土楼梯、木楼梯、钢楼梯等。

楼梯的平面布置形式常见的有单跑楼梯、双跑楼梯、三跑楼梯、双分、双合式楼梯、螺旋式楼梯等(图 3-1-63)。其中使用较多的是双跑楼梯，因其平面形式与一般房间平面

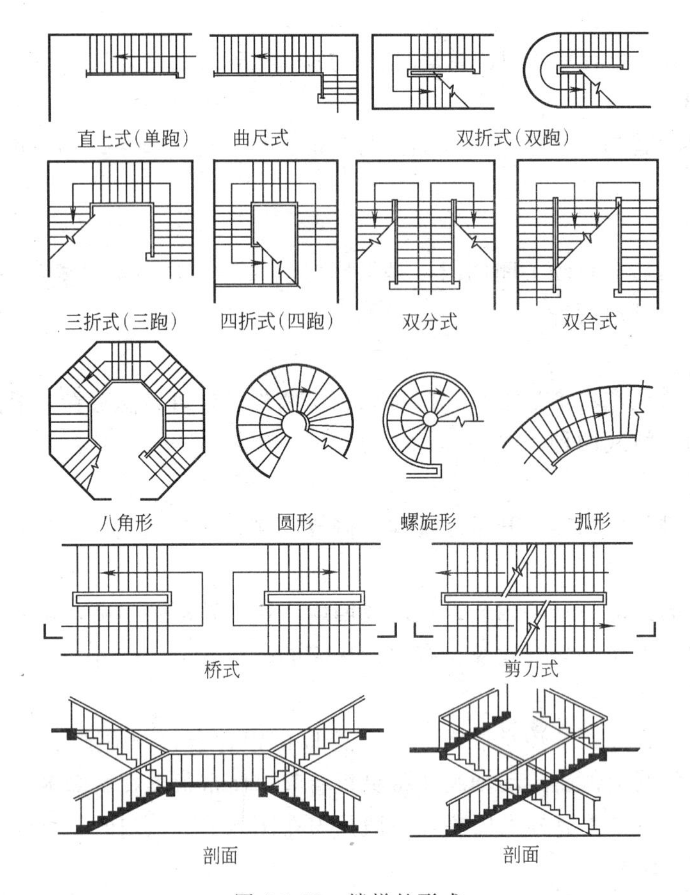

图 3-1-63　楼梯的形式

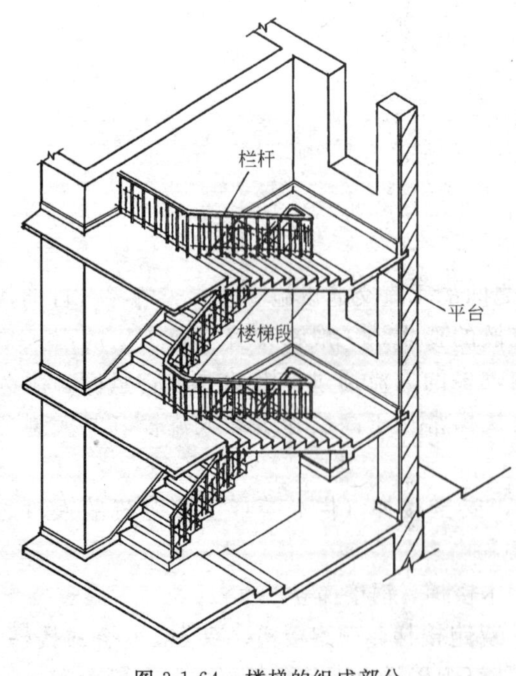

图 3-1-64　楼梯的组成部分

一致，在建筑平面设计时容易布置。

（二）楼梯的组成部分及主要部分尺寸

楼梯一般由梯段、休息平台和栏杆（或栏板）扶手三部分组成（图 3-1-64）。

1. 楼梯段

楼梯段由连续的踏步所构成，它的宽度应根据人流量的大小、安全疏散和防火等的要求来决定。一般按每股人流量宽为 0.55+(0～0.15)m 的人流股数确定，并不应少于两股人流。根据建筑使用性质和日常交通负荷，其最小宽度应符合表 3-1-4 的规定。

每一踏步高度和踏步宽度的比值，决定了楼梯的坡度。楼梯的坡度一般在20°～45°之间，从行走舒服、安全角度考虑，楼梯的坡度以 26°～35°最为适宜。

楼梯段最小宽度 **表 3-1-4**

序 号	楼 梯 使 用 特 征	最 小 宽 度(m)
1	住 宅 楼 梯	1.10
2	影剧院、会堂、商场、医院、体育馆等主要楼梯	1.60
3	其他建筑主要楼梯	1.40
4	通向非公共活动用的地下室、半地下室楼梯	0.90
5	专用服务楼梯	0.75

决定踏步高度（h）和宽度（b）的尺寸，可以用下列经验公式来进行计算（图 3-1-65）。

$$2h + b = S$$

式中　S——平均步距（一般取 600～620mm）。

一般民用建筑楼梯踏步尺寸可参见表 3-1-5。

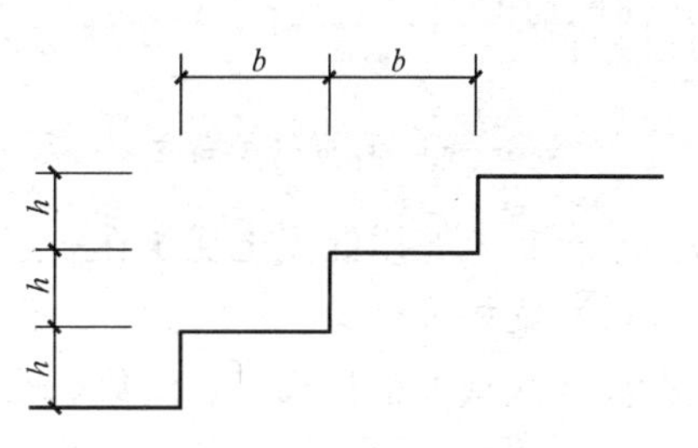

图 3-1-65　楼梯踏步的截面形式

2. 休息平台

每段楼梯的踏步数最多不得超过 18 级，最少不得少于 3 级。如超过 18 级，应在梯段中间设休息平台，起缓冲、休息的作用。平台板的最小宽度应大于等于梯段宽度。

楼梯踏步最小宽度和最大高度（m） **表 3-1-5**

楼 梯 类 别	最 小 宽 度	最 大 高 度
住宅共用楼梯	0.25	0.18
幼儿园、小学校等的楼梯	0.26	0.15
电影院、剧场、体育馆、商场、医院、疗养院等的楼梯	0.28	0.16
其他建筑物楼梯	0.26	0.17
专用服务楼梯、住宅户内楼梯	0.22	0.20

注：无中柱螺旋楼梯和弧形楼梯离内侧扶手 0.25m 处的踏步宽度不应不于 0.22m。

3. 栏杆、栏板和扶手

为行走者安全，楼梯临空一侧，必须设置栏杆或栏板，在栏杆或栏板的上部设扶手。若楼梯的净宽达三股人流，靠墙一侧宜增设“靠墙扶手”。达四股人流时应加设中间扶手。室内楼梯扶手高度自踏步前沿量起不宜小于 0.90m。儿童使用扶手高度宜为 0.50m。靠楼梯井一侧水平扶手超过 0.50m 时，其高度应不小于 1m。室外楼梯扶手高度不应小于 1.05m（图 3-1-66）。

4. 楼梯净空高度

首层平台下过人，休息平台上部及下部的净空高度，应不小于 2.0m，以保证通过者不碰头和搬运物品方便（图 3-1-67）。

楼梯段净高应不小于 2.2m。

（三）钢筋混凝土楼梯的构造

钢筋混凝土楼梯由于其坚固耐久，防火性能好等优点而被广泛的使用。它按施工方式的不同可以分为现浇钢筋混凝土楼梯和预制钢筋混凝土楼梯两种。

1. 现浇钢筋混凝土楼梯

现浇钢筋混凝土楼梯的结构形式有梁板式、板式两种。它们都是在支模配筋后将梯

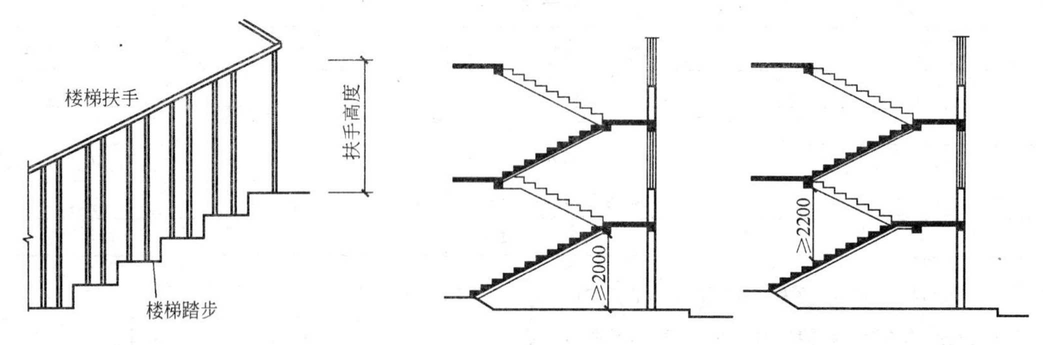

图 3-1-66　楼梯扶手高度　　　　图 3-1-67　楼梯净空高度要求及剖面处理

段、平台、梁等用混凝土浇筑在一起的，所以整体性好。

(1) 梁板式楼梯

梁板式楼梯由梯段板、斜梁、平台板和平台梁组成。梯段板上的荷载通过斜梁传至平台梁，再传到其他承重构件（墙或柱）上。

梁板式楼梯的做法一般有两种，一种是将梯段板靠墙一面的这一边直接搭接在墙上，不设斜梁。另一种做法是在梯段板两边均搭在斜梁上（图 3-1-68）。

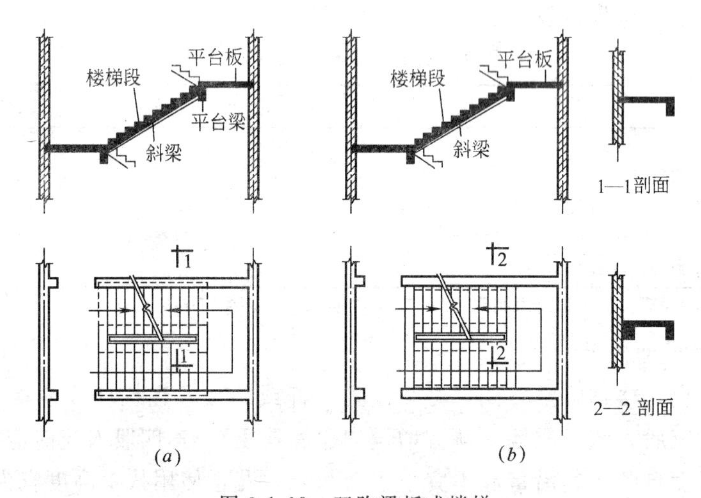

图 3-1-68　双跑梁板式楼梯

梁板式楼梯，在做室外楼梯时，可以在踏步中央设置一根斜梁，使踏步板的两端悬挑，这种形式叫单梁挑板式楼梯，它可以节省钢材及混凝土，自重较小，如图 3-1-69 所示。

(2) 板式楼梯

板式楼梯不设斜梁，整个梯段形成一块斜置的板搭在平台梁上。当跨度不大时，也可将梯段板与休息平台连结成一个整体，支承在楼梯间的纵向承重墙或梁上（图 3-1-70）。

2. 预制钢筋混凝土楼梯

装配式楼梯因其施工速度快而被经常使用。它的构造形式由于构件不同而不同。根据预制构件的不同，常可以分为小型构件装配式楼梯和大型构件装配式楼梯两种。

(1) 小型构件装配式楼梯

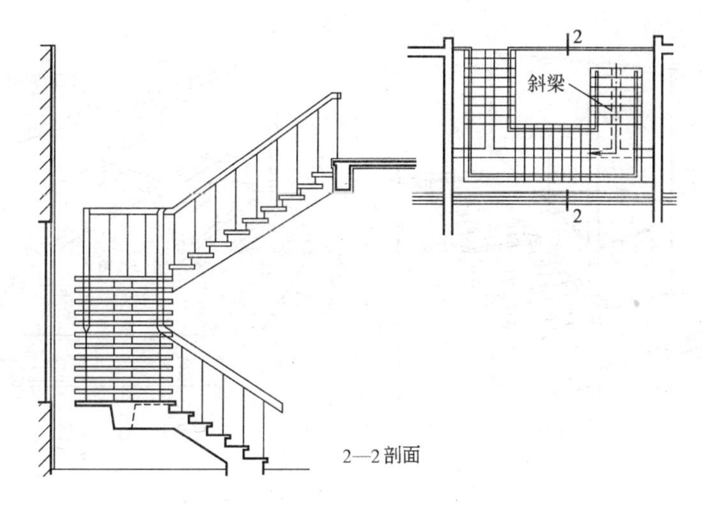

图 3-1-69　单梁挑板楼梯

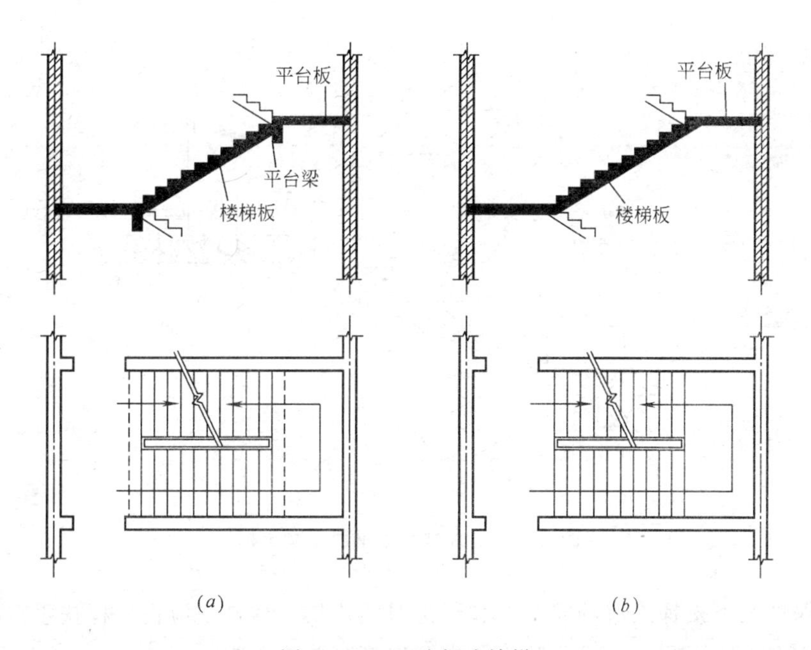

图 3-1-70　双跑板式楼梯

小型构件装配式楼梯是将踏步、斜梁、平台梁、平台板分别预制，然后进行装配。踏步断面形式有 L 形、T 形、◺形等（如图 3-1-71）。踏步板两端支承在斜梁上或墙上，在没有抗震要求的情况下也可用悬挑结构形式（图 3-1-72）。小型构件装配式楼梯构件小，重量轻，可不用起重设备，施工简单。

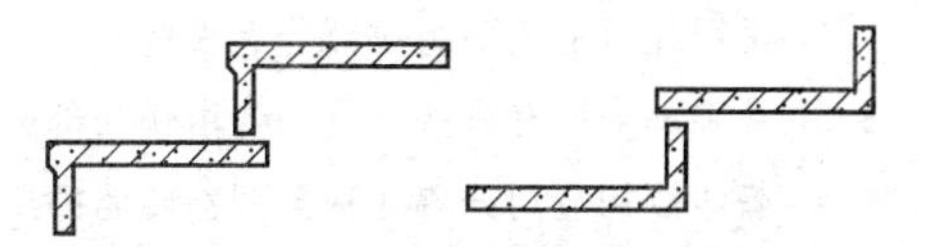

图 3-1-71　预制踏步板的形式

（2）大型构件装配式楼梯

这种楼梯是先将踏步板和斜梁预制成一个大型构件，平台梁和平台板预制成一个大型构件，然后在工地上用起重设备吊装。或者将构件做成更大的踏步和平台板连在一起的构件，在现场进行装配（图 3-1-73）。

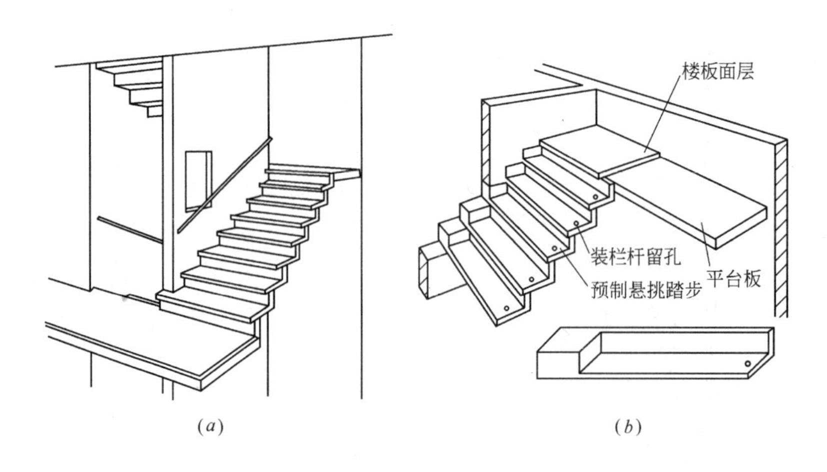

图 3-1-72　预制踏步板的支承方式

(a) 墙承式；(b) 悬挑式

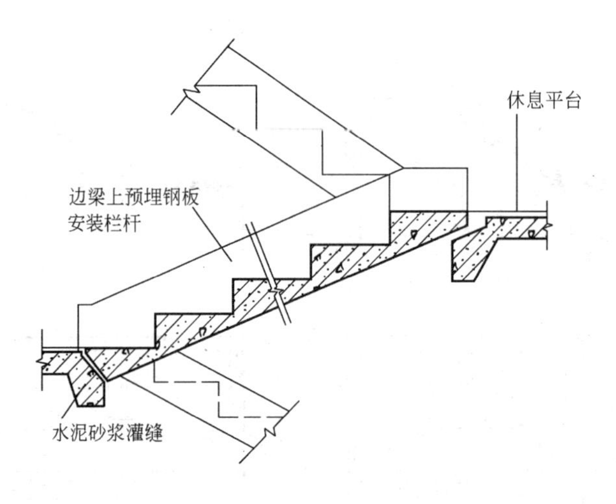

图 3-1-73　大型预制钢筋混凝土梯段

为了保证上下楼梯人流的安全性和行走时的依扶，楼梯上应设栏杆扶手。栏杆扶手的设计要求构造上坚固耐久，满足防火要求，造型简单、美观。

复习思考题

1. 建筑如何分类？
2. 民用建筑的主要组成部分有哪些？
3. 基础的类型有哪些？它们各由哪几部分组成？
4. 墙体按构造划分哪几种类型？砖墙的组砌方式有哪几种？
5. 地面按照所用材料和施工方法可分哪几类？它们各自的构造层次有哪些？
6. 平屋顶的构造层次是什么？顶棚的构造做法是什么？
7. 门、窗有哪些类型？
8. 楼梯的种类有哪些？钢筋混凝土楼梯的构造按照施工方式有几种？

第二节　建筑材料

一、混凝土和砂浆

由胶凝材料、粗细骨料、水及其他外加材料按适当比例配合，再经搅拌、成型和硬化而成的人造石材称混凝土。

现代土木建筑工程中，工业与民用建筑、给水与排水工程、水利工程、道路桥梁工程及国防工程等都广泛应用混凝土。混凝土是当代最重要的建筑材料之一，也是世界上用量最大的人工建筑材料。

由胶凝材料、细骨料、水及塑化剂按一定比例配制而成的材料称砂浆。

砂浆广泛用于胶结单块材料构成砌体；大型墙板和各种结构的接缝；墙、地面及梁柱结构表面抹灰；贴面材料的粘贴等。

（一）混凝土的特点和分类

1. 混凝土的特点

混凝土能得到广泛应用，是因为它有如下特点：

（1）原料来源广、价格低廉；

（2）适应性强；

（3）成型性好、施工方便；

（4）强度高；

（5）良好的耐久性。

2. 混凝土的分类

混凝土的品种繁多，可按其组成、特性和功能等从不同角度进行分类。

按胶凝材料分：水泥混凝土、沥青混凝土、聚合物混凝土等。

按表观密度分：轻质混凝土（$\rho_0 < 1900kg/m^3$）、普通混凝土（$\rho_0 = 1900 \sim 2500kg/m^3$）、特重混凝土（$\rho_0 > 2600kg/m^3$）。

按特性分：加气混凝土、补偿收缩混凝土、耐酸混凝土、高强混凝土、喷射混凝土等。

按用途分：结构混凝土（普通混凝土）、道路混凝土、水工混凝土等。

（二）常用混凝土品种

1. 普通混凝土

普通混凝土（即普通水泥混凝土，亦称水泥混凝土）是以普通水泥为胶结材料，普通的天然砂石为骨料，加水或再加少量外加剂，按专门设计的配合比配制。经搅拌、成型、养护而得到的混凝土。

普通混凝土是建筑工程中最常用的结构材料，表观密度 $2400kg/m^3$ 左右。

根据《混凝土结构设计规范》（GB 50010—2002）规定，目前混凝土的强度等级有C15、C20、C25、C30、C35、C40、C45、C50、C55、C60、C65、C70、C75和C80等十四级。在结构设计中，为保证混凝土的质量，应根据建筑物的不同部位及承受荷载的区别，选用不同强度等级的混凝土，一般情况下：

C15的混凝土多用于垫层、基础、地坪及受力不大的结构。

C20～C30 的混凝土多用于普通钢筋混凝土结构中的梁、柱、板、楼梯、屋架等。

C30 以上的混凝土多用于吊车梁、预应力钢筋混凝土构件、大跨度结构及特种结构。

2. 轻混凝土

表观密度小于 1900kg/m^3 的混凝土称轻混凝土。按组成和结构状态不同，又分轻骨料混凝土、多孔混凝土和无砂大孔混凝土。这里仅对常用的轻骨料混凝土和加气混凝土作简要介绍。

（1）轻骨料混凝土

用轻质的粗细骨料（或普通砂）、水泥和水配制成的表观密度较小的混凝土。按轻质骨料品种不同分有：粉煤灰陶粒混凝土（工业废渣轻骨料）、浮石混凝土（天然轻骨料）、黏土陶粒混凝土（人工轻骨料）。按混凝土构造不同，分有保温轻骨料混凝土、保温结构混凝土和结构混凝土。与普通混凝土相比，虽强度有不同程度的降低，但保温性能好，抗震能力强。按立方体抗压强度标准值划分为 LC5.0、LC7.5、LC10、LC15、LC20、……LC50、LC60等强度等级。比黏土砖强度高。

（2）加气混凝土

用含钙材料（水泥、石灰）、含硅材料（石英砂、粉煤灰、矿渣等）和加气剂为原料，经磨细、配料、浇筑、切割和压蒸养护等而制成。由于不用粗细骨料，也称无骨料混凝土，其质量轻、保温隔热性好并能耐火。多制成墙体砌块、隔墙板等。

3. 聚合物混凝土

这是一种将有机聚合物用于混凝土中制成的新型混凝土。按制作方法不同，分三类：聚合物浸渍混凝土、聚合物混凝土和聚合物水泥混凝土。

（1）聚合物浸渍混凝土（PIC）

它是将已硬化的普通混凝土放在单体里浸渍，然后用加热或辐射的方法使混凝土孔隙内的单体产生聚合作用，使混凝土和聚合物结合成一体的新型混凝土。它具有高强、耐腐蚀、耐久性好的特点，可做耐腐蚀材料、耐压材料及水下和海洋开发结构方面的材料。但目前造价较高，主要用于管道内衬、隧道衬砌、铁路轨枕、混凝土船及海上采油平台等。现在国外还在研究聚合物浸渍石棉水泥、陶瓷等。

（2）聚合物混凝土（树脂混凝土）（PC）

它是以聚合物（树脂或单体）代替水泥作为胶凝材料与骨料结合，浇筑后经养护和聚合而成的混凝土。它的特点是强度高、抗渗、耐腐蚀性好，多用于要求耐腐蚀的化工结构和高强度的接头。还用于衬砌、轨枕、喷射混凝土等。如用绝缘性好的树脂制成的混凝土，也做绝缘材料。此外树脂混凝土有美观的色彩，可制人造大理石等饰面构件。

（3）聚合物水泥混凝土（PCC）

它是在水泥混凝土搅拌阶段掺入单体或聚合物，浇筑后经养护和聚合而成的混凝土。由于其制作简单，成本较低，实际应用也比较多。它比普通混凝土粘结性强、耐久性、耐磨性好，有较高的抗渗、耐腐蚀、抗冲击和抗弯能力，但强度提高较少。主要用于路面、桥面，有耐腐蚀要求的楼地面。也可作衬砌材料、喷射混凝土等。

4. 高强、超高强混凝土

一般把 C15～C50 强度等级的混凝土称普通强度等级混凝土，C60～C80 强度等级为高强混凝土，C100 以上称超高强混凝土。

如用高强和超高强混凝土代替普通强度混凝土可以大幅度减少混凝土结构体积和钢筋用量。而且高强混凝土的抗渗、抗冻性能均优于普通强度混凝土。

5. 粉煤灰混凝土

凡是掺有粉煤灰的混凝土，均称粉煤灰混凝土。粉煤灰是指从烧煤粉的锅炉烟气中收集的粉状灰粒。多数来自于热电厂。

（三）建筑砂浆

1. 建筑砂浆的组成和分类

（1）建筑砂浆的组成

建筑砂浆常用的胶结材料是通用水泥、石灰、石膏等。在选用时，应根据使用环境、条件、用途等合理选择。细骨料经常采用干净的天然砂、石屑和矿渣屑等。为改善砂浆的和易性，还常在水泥砂浆中加入适量无机微细颗粒的掺和料，如石灰膏、磨细生石灰、消石灰粉、磨细粉煤灰等，或加少量有机塑化剂如泡沫剂。建筑砂浆用水与混凝土拌合水要求基本相同。

（2）建筑砂浆的分类

建筑砂浆按胶凝材料分：石灰砂浆、水泥砂浆和混合砂浆三种，混合砂浆又分水泥石灰砂浆、水泥黏土砂浆和石灰黏土砂浆。

按用途不同分：砌筑砂浆、抹面砂浆（包括装饰砂浆、防水砂浆）等。

2. 常用建筑砂浆品种

（1）砌筑砂浆

将砖、石、砌块等粘结成整个砌体的砂浆称砌筑砂浆。

砌筑砂浆应根据工程类别及砌体部位的设计要求选择砂浆的强度等级。一般建筑工程中办公楼、教学楼及多层商店等宜用 M2.5～M15 级砂浆，平房宿舍等多用 M2.5～M5 级砂浆，食堂、仓库、地下室及工业厂房等多用 M2.5～M15 级，检查井、雨水井、化粪池可用 M5 级砂浆。根据所需要的强度等级即可进行配合比设计，经过试配、调整、确定施工用的配合比。为保证砂浆的和易性和强度，砂浆中胶凝材料的总量一般为 350～420kg/m^3。

（2）抹面砂浆

用以涂在基层材料表面兼有保护基层和增加美观作用的砂浆称抹面砂浆或抹灰砂浆。

用于砖墙的抹面，由于砖吸水性强，砂浆与基层和空气接触面大，水分失去快，宜使用石灰砂浆，石灰砂浆和易性和保水性良好，易于施工。有防水、防潮要求时，应用水泥砂浆。

抹面砂浆主要的技术性质要求不是抗压强度，而是和易性及与基层材料的粘结力，故胶凝材料用量较多。为保证抹灰层表面平整、避免开裂，抹面砂浆应分三层施工：底层主要起粘结作用，中层主要起找平作用，面层主要起保护装饰作用。

（3）防水砂浆

给水排水构筑物和建筑物，如水池、水塔、地下室或半地下室泵房，都有较高的防渗要求，常用防水砂浆抹面做防水层。

防水砂浆是在普通砂浆中掺入一定量的防水剂，常用的防水剂有氯化物金属盐类防水剂和金属皂类防水剂等。

氯化物金属盐类防水剂又称防水浆。主要有氯化钙、氯化铝和水配制而成的一种淡黄色液体。掺入量一般为水泥质量的3%～5%。可用于水池及其他建筑物。

氯化铁防水剂也是氯化物金属盐类防水剂的一种。是由制酸厂的废硫铁矿渣和工业盐酸为主要原料制得的一种深棕色液体，主要成分是氯化铁和氯化亚铁，可以提高砂浆的和易性、密实性和抗冻性，减少泌水性，掺量一般为水泥质量的3%。

金属皂类防水剂又称避水浆，是用碳酸钠（或氢氧化钾）等碱金属化合物掺入氨水、硬脂酸和水配制而成的一种乳白色浆状液体。具有塑化作用，可降低水灰比，并能生成不溶性物质阻塞毛细管通道，掺量为水泥质量的3%左右。

防水砂浆中，水泥应选用强度等级32.5级以上的普通硅酸盐水泥，砂子宜用中砂。

（4）装饰砂浆

用于室内外装饰以增加建筑物美观效果的砂浆称装饰砂浆。装饰砂浆主要采用具有不同色彩的胶凝材料和骨料拌制，并用特殊的艺术处理方法，使其表面呈现各种不同色彩、线条和花纹等装饰效果。常用的装饰砂浆品种有：

1）拉毛：在砂浆尚未凝结之前，用刷子将表面拉成凹凸不平的形状。

2）水磨石：将彩色水泥、石渣按一定比例掺颜料拌合，经涂抹、浇筑、养护和硬化及表面磨光制成的装饰面。

3）干粘石：在水泥净浆表面粘结一层彩色石渣或玻璃碎屑而成的粗糙饰面。

4）斩假石：制法与水磨石相似，只是硬化后表面不经磨光，而是用斧刀剁毛，表面颇似加工后的花岗石。

（5）绝热、吸声砂浆

以水泥、石膏为胶凝材料，膨胀珍珠岩、膨胀蛭石、火山渣或浮石砂、陶粒砂等多孔轻质材料为骨料，按一定比例配合制成的多孔砂浆。它具有质轻、导热系数小、吸声性强等优点。

二、墙体材料

墙体材料是房屋建筑主要的围护和结构材料。目前常用的墙体材料，主要有三类：砖、砌块和板材。

（一）砌墙砖

虽墙体材料品种很多，但由于砖的价格低，又能满足一定的建筑功能要求，因此砖在墙体材料中，约占90%。按所用原料不同，分有烧结普通砖、粉煤灰砖和蒸压灰砂砖等。

1. 烧结普通砖

以黏土、页岩、煤矸石、粉煤灰等为主要原料，经取料、调制、制坯、干燥、焙烧后制成的实心砖，按主要原料分为黏土砖、页岩砖、煤矸石砖……等。

根据国家标准《烧结普通砖》（GB 5101—2003）的规定，烧结普通砖技术要求包括：外形尺寸、抗压强度、抗风化性和外观质量等。

（1）砖的外形尺寸：长240mm；宽115mm；高53mm。

（2）砖的抗压强度：砖的强度等级分有MU30、MU25、MU20、MU15、MU10五个等级。划分方法是根据10块砖的抗压强度平均值和强度标准值。

（3）砖的抗风化性能：指砖抵抗干湿变化、温度变化、冻融变化等气候作用的性能。

（4）砖的外观质量：按砖的尺寸偏差、裂纹长度、颜色、泛霜、石灰爆裂等项检验结果，分为优等品、一等品、合格品三个产品等级。

2. 粉煤灰砖

粉煤灰砖是以粉煤灰、石灰为主要原料，掺入适量石膏和炉渣，加水混合制坯、压制成型，再经高压或常压蒸汽养护而成的实心砖。

国家建材行业标准《粉煤灰砖》JC 239—2001 中规定：

（1）砖的公称尺寸为：长 240mm，宽 115mm，高 53mm。

（2）根据砖的抗压、抗折强度和抗冻性要求，分有 MU30、MU25、MU20、MU15、MU10 五个等级。

（3）按砖的外观质量、干燥收缩值可分为：优等品、一等品和合格品。

粉煤灰砖可用于工业与民用建筑的墙体和基础，但用于基础或用于易受冻融和干湿交替作用的建筑部位必须使用 MU15 及以上强度等级的砖。粉煤灰砖不得用于长期受热（200℃以上）、受急冷、急热和有酸性介质侵蚀的建筑部位。

3. 蒸压灰砂砖

蒸压灰砂砖是以石灰和砂为主要原料，经过坯料制备、压制成型、蒸压养护而制得的实心墙体材料。

蒸压灰砂砖技术性能应满足国家标准《蒸压灰砂砖》（GB 11945—1999）中的各项规定。

（1）砖的尺寸为：长 240mm，宽 115mm，高 53mm。

（2）根据灰砂砖的抗压、抗折强度和抗冻性要求，分有 MU25、MU20、MU15、MU10 四个等级。

（3）按灰砂砖的强度、外观等，可分为优等砖、一等砖和合格砖三个等级。蒸压灰砂砖 MU15 级以上可用于基础或其他建筑部位，MU10 级砖只可用于防潮层以上的建筑部位。长期受热高于 200℃、受急冷、急热和有酸性介质侵蚀的建筑部位，不得使用蒸压灰砂砖。

（二）建筑砌块

砌块是比砌墙砖大、比大板小的砌筑材料。具有适用性强、原料来源广、制作及使用方便等特点。建筑砌块按空心程度可分为实心砌块和空心砌块，按规格分为中型砌块和小型砌块，按原料成分分有硅酸盐砌块和混凝土砌块。

1. 粉煤灰砌块

粉煤灰砌块是硅酸盐砌块的品种之一。它是以粉煤灰、石灰、石膏和骨料等为原料，经成型、蒸气养护而制成的实心砌块。

国家建材行业标准《粉煤灰砌块》（JC 238—1996）中规定：

（1）砌块的主规格尺寸：880mm×380mm×240mm

880mm×430mm×240mm

（2）砌块按抗压强度、人工碳化后强度、抗冻性、密度等要求分为 10 级、13 级两个等级。

（3）砌块按外观质量、尺寸偏差和干缩性能分有一等品、合格品两个等级。

粉煤灰砌块适用于一般民用与工业建筑的墙体和基础。

2. 小型混凝土空心砌块

混凝土砌块是以水泥、砂、石为原料，加水搅拌、经振动或振动加压成型，再经自然或蒸汽养护而制得的空心砌块。

常用的混凝土空心砌块，有小型和中型两类。

小型砌块使用灵活、砌筑方便、生产工艺简单、原料来源广、价格较低。

小型混凝土空心砌块的主规格尺寸为：390mm×190mm×190mm。见图 3-2-1。

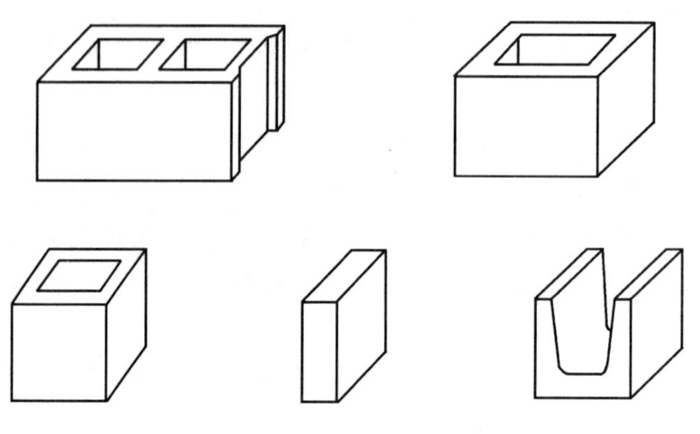

图 3-2-1 小型空心砌块

砌块各项技术性能应符合国标《普通混凝土小型空心砌块》（GB 8239—1997）中的规定。

砌块按抗压强度分为 MU3.5、MU5.0、MU7.5、MU10、MU15、MU20 六个等级。

按外观质量，砌块分为优等品、一等品和合格品。

3. 中型空心砌块

中型空心砌块是以水泥或煤矸石无熟料水泥为胶结料，配以一定比例的骨料制成的空心砌块（空心率大于或等于 25%）。

根据原料不同，中型空心砌块包括水泥混凝土砌块和煤矸石硅酸盐砌块两种。

根据国家专业标准《中型空心砌块》ZQB 15001—86（1996）中规定，中型空心砌块的尺寸及技术性能应符合以下要求。

中型空心砌块的主规格尺寸是：长：500、600、800、1000mm；宽：200、240mm；高：400、450、800、900mm。

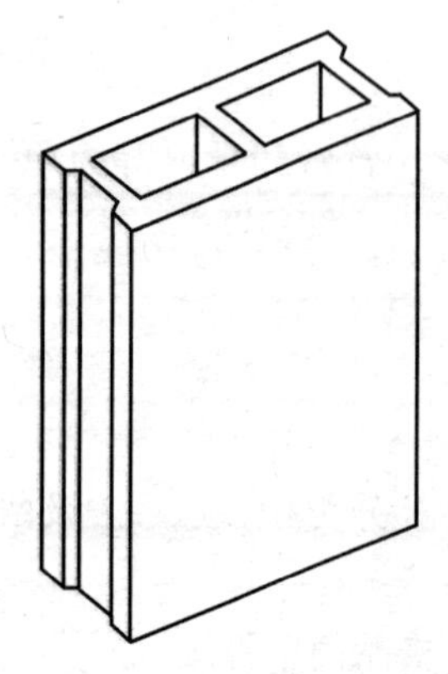

图 3-2-2 中型空心砌块

砌块的壁、肋厚度：水泥混凝土砌块≥25mm，煤矸石硅酸盐砌块≥30mm。

砌块的铺浆面除工艺要求的气孔外，一般封闭。

砌块按抗压强度分 35、50、75、100、150 号，见图 3-2-2。

中型空心砌块的尺寸偏差、缺棱掉角等外观质量均应符合标准的规定。

砌块的密度应不大于产品设计密度加 100kg/m^3。

中型空心砌块主要用于民用及一般工业建筑的墙体材料，特点是自重轻、隔热、保温、吸声等，并有可锯、可钻、可钉等加工性能。

三、金属材料

金属材料包括黑色金属和有色金属两大类。

黑色金属是指以铁元素为主要成分的金属及其合金，如钢材、铸铁等，统称为钢铁产品。有色金属指以其他元素为主要成分的金属及其合金，如铝、铜、锌、铅、镁等金属及其合金。

（一）建筑钢材

建筑钢材是指建筑工程中所用的各种钢材。主要包括钢结构用的型钢、钢板、钢筋混凝土中用钢筋和钢丝及大量用的钢门窗和建筑五金等。

1. 钢的分类

钢的分类方法很多，日常使用中，各种分类方法经常混合使用。常见的分类方法有以下几种。

（1）按冶炼方法分类

1）转炉钢：根据炉衬材料不同分为酸性转炉和碱性转炉。

2）平炉钢：平炉也分为酸性和碱性两种。

3）电炉钢：电炉分电弧炉、感应炉、电渣炉三种，也分为酸性和碱性两种。

（2）按脱氧程度分类

1）沸腾钢：脱氧不充分，存有气泡，化学成分不均匀，偏析较大，但成本较低。

2）镇静钢和特殊镇静钢：脱氧充分、冷却和凝固时没有气体析出，化学成分均匀，机械性能较好，但成本也高。

3）半镇静钢：脱氧程度、化学成分均匀程度、钢的质量和成本均介于沸腾钢和镇静钢之间。

（3）按化学成分分类

1）碳素钢：含碳量不大于1.35%，含锰量不大于1.2%，含硅量不大于0.4%，并含有少量硫磷杂质的铁碳合金。根据含碳量碳素钢可分为：

① 低碳钢：含碳量小于0.25%；

② 中碳钢：含碳量为0.25%～0.6%；

③ 高碳钢：含碳量大于0.6%。

2）合金钢：在碳钢基础上加入一种或多种合金元素，以使钢材获得某种特殊性能的钢种。根据合金元素含量可分为：

① 低合金钢：合金元素总含量小于5%；

② 中合金钢：合金元素总含量为5%～10%；

③ 高合金钢：合金元素总含量大于10%。

（4）按钢材品质分类

1）普通钢：含硫量≤0.055%～0.065%；

含磷量≤0.045%～0.085%；

2）优质钢：含硫量≤0.030%～0.045%；

含磷量≤0.035%～0.040%；

3）高级优质钢：含硫量≤0.020%～0.030%；

含磷量≤0.027%～0.035%。

（5）按用途分类

1）结构钢：按化学成分不同分两种

① 碳素结构钢：根据品质不同有普通碳素结构钢（含碳量不超过0.38%，是建筑工程的基本钢种）和优质碳素结构钢（杂质含量少，具有较好的综合性能，广泛用于机械制造等工业）。

② 合金结构钢：根据合金元素含量不同有普通低合金结构钢（是在普通碳素钢基础上加入少量合金元素制成的，有较高强度、韧性和可焊性。是工程中大量使用的结构钢种）和合金结构钢（品种繁多如弹簧钢、轴承钢、锰钢等，主要用于机械和设备制造等）。

2）工具钢：按化学成分不同有碳素工具钢、合金工具钢和高速工具钢，主要用于各种刀具、模具、量具等。

3）特殊性能钢：大多为高合金钢，主要有不锈钢、耐热钢、电工硅钢、磁钢等。

4）专门用途钢：按化学成分不同有碳素钢和合金钢，主要有钢筋钢、桥梁钢、钢轨钢、锅炉钢、矿用钢、船用钢等。

2. 建筑钢材的技术标准

目前我国建筑钢材主要有普通碳素结构钢、优质碳素结构钢和普通低合金钢三种。

（1）普通碳素结构钢

普通碳素结构钢常简称碳素结构钢，属低中碳钢。可加工成型钢、钢筋和钢丝等，适用于一般结构和工程。构件可进行焊接、铆接等。

1）钢牌号表示方法

碳素结构钢的牌号由屈服点的字母、屈服点数值、质量等级符号和脱氧程度四部分组成，各种符号及含义见表3-2-1。

碳素结构钢符号含义　　表3-2-1

符　号	含　义	备　　注
Q A、B、C、D	屈　服　点 质 量 等 级	
F B	沸　腾　钢 半 镇 静 钢	
Z TZ	镇　静　钢 特殊镇静钢	在牌号组成表示方法中，可以省略

例如Q235—B·b表示普通碳素结构钢其屈服点不低于235MPa，质量等级为B级，脱氧程度为半镇静钢。钢的质量等级A、B、C、D是逐级提高。

2）钢的技术要求

碳素结构钢的技术要求包括化学成分、力学性质、冶炼方法、交货状态及表面质量五个方面。

碳素结构钢按屈服强度分Q195、Q215、Q235、Q255和Q275五个牌号，每种牌号均应满足相应的化学成分和力学性质要求。牌号越大，含碳量越多，强度和硬度越高，塑性和韧性越差。其拉伸和冲击试验指标应符合GB 700—88的规定。

碳素结构钢中，Q235有较高的强度和良好的塑性、韧性，且易于加工，成本较低，被广泛应用于建筑结构中。

(2) 优质碳素结构钢

简称优质碳素钢，与碳素结构钢相比，有害杂质少，性能稳定。

根据《优质碳素钢技术条件》(GB 699—1999) 规定，优质碳素钢有31个牌号，除3个是沸腾钢外，其余都是镇静钢。按含锰量不同又分为两大组，普通含锰量 (0.35%～0.80%) 和较高含锰量 (0.70%～1.20%)。

优质碳素钢的钢牌号以平均含碳量的万分数表示。如含锰量较高，在钢号数字后加“Mn”，如是沸腾钢在数字后加“F”。三种沸腾钢是08F、10F、15F。分别表示其含碳量8/万、10/万、15/万。如50号钢，表示含碳量50/万，含锰量较少的镇静钢。如50Mn，表示含碳量50/万，含锰量较多的镇静钢。特殊情况下可供应半镇静钢，如08b～25b，同时要求含硅量不大于0.17%。

(3) 低合金高强度结构钢

在普通碳素结构钢中加入不超过5%合金元素制得的钢种。

根据《低合金高强度结构钢》(GB 1591—94) 中规定，低合金高强度结构钢的牌号表示方法为：

钢的牌号由代表屈服点的汉语拼音字母 (Q)、屈服点数值、质量等级符号 (A、B、C、D、E) 三个部分按顺序排列。

例如：Q390A

其中：

Q——钢材屈服点的“屈”字汉语拼音的首位字母；

390——屈服点数值，单位MPa；

A、B、C、D、E——分别为质量等级符号。

钢的牌号和化学成分 (熔炼分析)、钢材的拉伸、冲击和弯曲试验结果应符合《低合金高强度结构钢》(GB 1591—94) 的规定，合金元素含量应符合GB/T 13304对低合金钢的规定。

3. 常用建筑钢材

建筑中常用的钢材主要有钢筋混凝土用的钢筋、钢丝、钢绞线及各类型材。

(1) 钢筋和钢丝

结构中用的钢筋，按加工方法不同常分为热轧钢筋和冷加工钢筋。

1) 热轧钢筋

经热轧成型并自然冷却的成品钢筋称热轧钢筋。

热轧钢筋按外形分为光圆钢筋和带肋钢筋。带肋钢筋按肋的截面形式不同有月牙肋钢筋和等高肋钢筋。按钢种不同热轧钢筋为碳素钢钢筋和普通低合金钢钢筋。按钢筋强度等

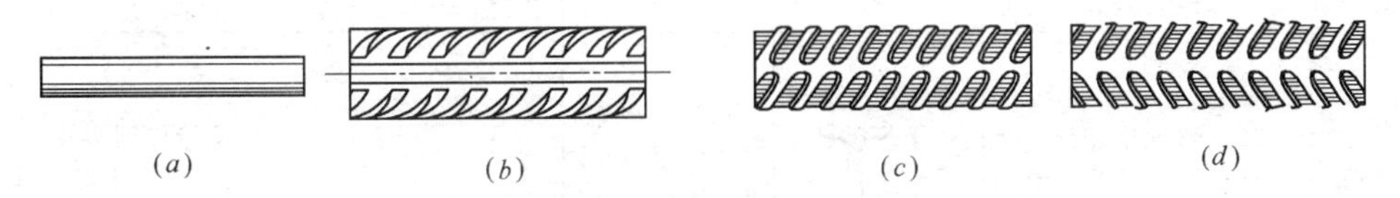

图3-2-3 钢筋的外形

(a) 光圆；(b) 月牙肋；(c) 螺旋肋；(d) 人字肋

级分Ⅰ、Ⅱ、Ⅲ、Ⅳ四个等级。Ⅰ级钢筋为碳素钢制的光圆钢筋，钢筋牌号为 HPB235；Ⅱ、Ⅲ、Ⅳ级为低合金钢制的带肋钢筋，其牌号为 HRB335、HRB400 和 HRB500。

Ⅰ～Ⅲ级热轧钢筋焊接性能尚好，且有良好塑性和韧性，适用于强度要求较低的非预应力混凝土结构。预应力混凝土结构要求采用强度更高的钢作受力钢筋。

2）冷拉钢筋

热轧钢筋在常温下将一端固定，另一端予以拉长，使应力超过屈服点至产生塑性变形为止，此法称冷拉加工。冷拉后的钢筋屈服点可提高 20%～30%，如经时效处理（即冷拉后自然放置 15～20d 或加热至 100～200℃，保温一段时间）其屈服点和抗拉强度均进一步提高，但塑性和韧性相应降低。

冷拉Ⅰ级钢可用作非预应力受拉钢筋，冷拉Ⅱ、Ⅲ、Ⅳ级可用作预应力钢筋。

3）冷拔低碳钢丝

将直径 6.5～8mm 的 Q235（或 Q215）热轧圆盘条，通过拔丝机进行多次强力冷拔加工制成的钢丝。

根据《混凝土结构工程施工质量验收规范》（GB 50204—2002），冷拔低碳钢丝分为甲、乙两个级别，甲级用于预应力钢丝，乙级用作非预应力钢丝，如焊接网、焊接骨架、构造钢筋等。

（2）型钢

由钢锭经热轧加工制成具有各种截面的钢材称为型钢（或型材）。按截面形状不同，型钢分有圆钢、方钢、扁钢、六角钢、角钢、工字钢、槽钢、钢管及钢板等。型钢属钢结构用钢材，不同截面的型钢可按要求制成各种钢构件。型钢按化学成分不同主要有两种：碳素结构钢和低合金结构钢。

常用型钢的截面形状、代号及用途见表 3-2-2。

常用型钢及钢板的规格和用途　　表 3-2-2

型钢种类	规　格	截面形状	代　号	钢材分类	用　途
角　钢	等边∟ 2～20 号 （二十种）	a a	∟a(cm)	普通碳素结构钢 普通低合金钢	可铆、焊成钢构件
	不等边∟ 3.2/2～20/12.5 （十二种）	a b	∟a/b(cm)		
槽　钢	轻型和普型[5～30 共十四个型号	h a	[hb(cm) hb	普通碳素结构钢 普通低合金钢	可铆接、焊接成钢件 大型槽钢可直接用做钢构件
工字钢	轻型Ⅰ 22～63 八个型号 普型工 10～30 十二个型号 20 种规格	h	Ⅰh 当腰宽、腿宽不同时，加用 a、b、c 表示		可铆、焊接成钢构件 大型工字钢可直接用做钢构件

续表

型钢种类	规　　格	截面形状	代　　号	钢材分类	用　　途
钢　管	无缝（一般、专用）	◎			工业、化工管道、建筑工程中用一般无缝钢管
	焊接（普通、加厚、镀锌、不镀锌）				用做输水、煤气、采暖管道
钢　板	薄钢板 $a \leqslant 0.2 \sim 4$mm	▭ a	a(mm)	普通碳素结构钢	屋面、通风管道、排水管道
	中厚钢板 $a > 4 \sim 60$mm				料仓、储仓、水箱、闸门等

(3) 冷轧钢筋

1) 冷轧带肋钢筋

冷轧带肋钢筋是采用普通低碳钢或低合金钢热轧圆盘条为母材，经冷轧或冷拔减径后在其表面冷轧成具有三面或二面月牙形横肋的钢筋。

钢筋混凝土结构及预应力混凝土结构中的冷轧带肋钢筋，可按下列规定选用：

550 级钢筋宜用作钢筋混凝土结构构件中的受力主筋、架立筋、箍筋和构造钢筋。

650 级和 800 级钢筋宜用作预应力混凝土结构构件中的受力主筋。

注：550 级、650 级、800 级分别代表抗拉强度标准值为 $550N/mm^2$、$650N/mm^2$、$800N/mm^2$ 的冷轧带肋钢筋级别。

冷轧带肋钢筋、预应力冷轧带肋钢筋的抗拉强度标准值、设计值和弹性模量应按照《冷轧带肋钢筋》(GB 13788—2000) 中的规定。

另外使用冷轧带肋钢筋的钢筋混凝土结构的混凝土强度等级不宜低于 C20；预应力混凝土结构构件的混凝土强度等级不应低于 C30。

注：处于室内高湿度或露天环境的结构构件，其混凝土强度等级不得低于 C30。

混凝土的强度标准值、强度设计值及弹性模量等应按国家现行《混凝土结构设计规范》(GB 50010—2002) 的有关规定采用。

2) 冷轧扭钢筋

冷轧扭钢筋成品质量应符合现行行业标准《冷轧扭钢筋》(JG 3046—1998) 的规定。

冷轧扭钢筋的规格及截面参数应按表 3-2-3 采用。

冷轧扭钢筋规格及截面参数　　表 3-2-3

标志直径 d(mm)		公称截面面积 $A_s(mm^2)$	公称质量 G(kg/m)	等效直径 d_0(mm)	截面周长 u(mm)
Ⅰ　型	6.5	29.5	0.232	6.1	23.4
	8.0	45.3	0.356	7.6	30.0
	10.0	68.3	0.536	9.2	36.4
	12.0	93.3	0.733	10.9	42.5
	14.0	132.7	1.042	13.0	49.2
Ⅱ　型	12.0	97.8	0.768	11.2	51.5

注：① Ⅰ型为矩形截面，Ⅱ型为菱形截面。

② 等效直径 d_0 由公称截面面积等效为圆形截面的直径。

冷轧扭钢筋的外形尺寸应符合表 3-2-4 的规定。

冷轧扭钢筋外形尺寸 (mm)　　表 3-2-4

类　型	标志直径 d	轧扁厚度 t	节　距 l_1
Ⅰ 型	6.5	≥3.7	≤75
	8.0	≥4.2	≤95
	10.0	≥5.3	≤110
	12.0	≥6.2	≤150
	14.0	≥8.0	≤170
Ⅱ 型	12.0	≥8.0	≤145

冷轧扭钢筋的强度标准值、设计值和弹性模量应按表 3-2-5 采用。

冷轧扭钢筋的强度标准值、设计值和弹性模量 (N/mm^2)　　表 3-2-5

抗拉强度标准值 f_{stk}	抗拉强度设计值 f_y	抗压强度设计值 f'_y	弹性模量 E_s
≥580	360	360	1.9×10^5

另外使用冷轧扭钢筋的钢筋混凝土构件的混凝土强度等级不应低于 C20。

混凝土强度等级、强度标准值、强度设计值、弹性模量等，均应按现行国家标准《混凝土结构设计规范》(GB 50010—2002) 的规定确定。

复 习 思 考 题

1. 混凝土有哪些品种？建筑砂浆是如何分类的？
2. 建筑砌块有哪些品种？
3. 常用建筑钢材有哪几种？

第四章　建筑工程定额与预算

第一节　建筑工程定额概述

一、建筑工程定额的概念

建筑工程定额是指在正常施工条件下，完成单位合格产品所必须消耗的劳力、材料、机械台班、设备及其资金的数量标准。这种量的规定反映出完成建筑工程中的某项合格产品与各种生产消耗之间的特定数量关系。

建筑工程定额是根据国家一定时期的管理体制和管理制度，根据定额的不同用途和适用范围，由国家指定的机构按照一定程序编制的。并按规定程序审批和颁发执行。建筑工程实行定额管理的目的，是为了在施工中力求用最少的人力、物力和资金消耗量生产出更多、更好的建筑产品，获得最好的经济效益。

二、建筑工程定额性质

（一）定额的科学性

定额的科学性表现在定额的编制是在认真研究客观规律的基础上，自觉遵循客观规律的要求，用科学方法确定各项消耗量标准，所确定的定额水平是大多数企业和职工经过努力能达到的平均水平。

（二）定额的法令性

定额的法令性是指定额一经国家、地方主管部门或授权单位颁发，各地区及有关企业单位都必须严格执行，不得随意改变定额的内容和水平。

（三）定额的群众性

定额的拟定和执行都要有广泛的群众基础。定额的拟定通常采取工人、技术人员和专职人员相结合的方式，使拟定定额时能够从实际出发，反映建筑安装工人的实际水平，并保持一定的先进性，使定额容易为广大职工所掌握。

（四）定额的稳定性和时效性

建筑工程中的任何一种定额在一段时期内都表现出稳定的状态，根据具体情况不同，稳定的时间有长有短。任何一种建筑工程定额都只能反映一定时期的生产力水平，当生产力向前发展了，定额也要随着生产力的变化而变化。所以建筑工程定额在具有稳定性的同时也具有显著的时效性，当定额再不能起到它应有的作用时，建筑工程定额就要修订或重新编制。

三、建筑工程定额的作用

建筑工程定额有以下几个方面的作用。

1. 建筑工程定额是确定建筑工程造价的依据。

2. 建筑工程定额是编制工程计划、组织和管理施工的重要依据。

3. 建筑工程定额是建筑企业实行经济责任制及编制招标标底和投标报价的依据。

4. 建筑工程定额是建筑企业降低工程成本进行经济分析的依据。

5. 建筑工程定额是总结先进生产方法的手段。

四、建筑工程定额的分类

建筑工程定额是一个综合概念，是建筑工程中生产消耗性定额的总称。它包括的定额种类很多。按其内容、形式、用途和使用要求，可大致分为以下几类：

(一) 按生产要素分类

建筑工程定额按其生产要素分类，可分为劳动消耗定额、材料消耗定额和机械台班消耗定额。

(二) 按用途分类

建筑工程定额按其用途分类，可分为施工定额、预算定额、概算定额及概算指标等。

(三) 按费用性质分类

建筑工程定额按其费用性质分类，可分为直接费用定额、间接费用定额等。

(四) 按主编单位和执行范围分类

可分为全国统一定额、主管部定额、地方统一定额及企业定额等。

建筑工程通常包括一般土建工程、构筑物工程、电气照明工程、卫生技术（水暖通风）工程及工业管道工程等。

设备安装工程一般包括机械设备安装和电气设备安装工程。

建筑工程和设备安装工程在施工工艺及施工方法上虽然有较大的差别，但它们又同是某项工程的两个组成部分。从这个意义上来讲，通常把建筑工程和安装工程作为一个统一的施工过程看待，即建筑安装工程。所以，在工程定额中把建筑工程定额和安装工程定额合在一起，称为建筑安装工程定额。

建筑安装工程定额分类详见图 4-1-1。

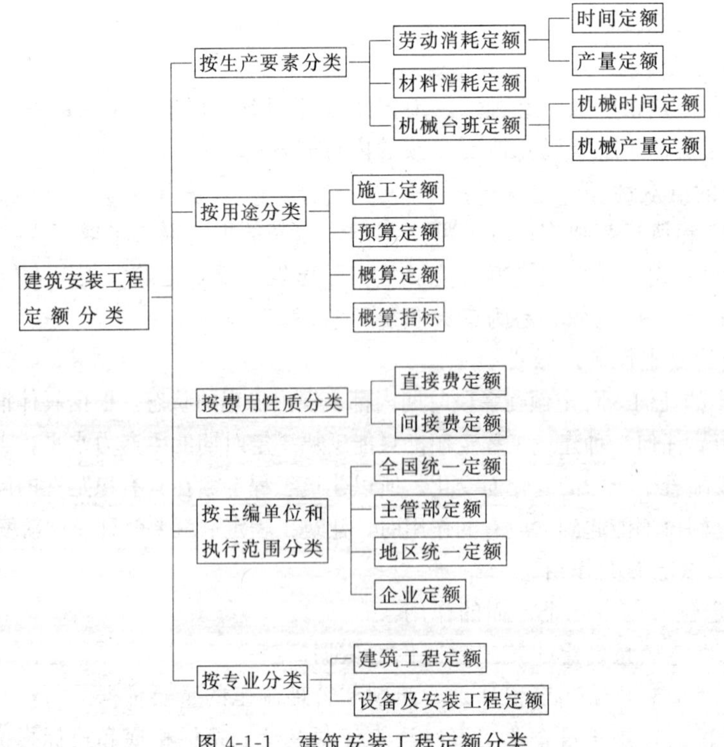

图 4-1-1 建筑安装工程定额分类

复习思考题

1. 什么是建筑工程定额？它有哪些性质？
2. 建筑工程定额有何作用？
3. 建筑工程定额是如何分类的？

第二节　施工定额

一、施工定额的作用及编制

施工定额是施工企业组织生产和加强管理，在企业内部使用的一种定额。属于企业生产定额的性质。它是以同一性质的施工过程为测定对象，规定建筑安装工人或班组，在正常施工条件下完成单位合格产品所需消耗的人工，材料和机械台班的数量标准。

施工定额由劳动定额、机械消耗定额和材料消耗定额三个相对独立的部分组成。

(一) 施工定额的作用

施工定额的作用表现在以下几个方面：

1. 施工定额是衡量工人劳动生产率的主要标准。
2. 施工定额是施工企业编制施工组织设计和施工作业计划的依据。
3. 施工定额是编制施工预算的主要依据。
4. 施工定额是施工队向班组签发施工任务单和限额领料的基本依据。
5. 施工定额是编制预算定额和单位估价表的基础。
6. 施工定额是加强企业成本核算和实现施工投标承包的基础。

(二) 施工定额的编制

1. 编制原则

(1) 施工定额应为平均先进水平。

(2) 施工定额的内容和形式要简明适用。

(3) 贯彻专业人员与群众相结合，并以专业人员为主的原则。

2. 施工定额的编制依据

(1) 现行的全国建筑安装工程统一劳动定额、建筑材料消耗定额。

(2) 现行的国家建筑安装工程施工验收规范，工程质量检查评定标准、技术安全操作规程等资料。

(3) 有关的建筑安装工程历史资料及定额测定资料。

(4) 建筑安装工人技术等级资料。

(5) 有关建筑安装工程标准图。

3. 编制方法

施工定额的编制方法有两种。一是实物法，即施工定额由劳动消耗定额、材料消耗定额和机械台班消耗定额三部分消耗量组成的。二是实物单价法，即由劳动消耗定额、材料消耗定额和机械台班定额的消耗数量，分别乘以相应单价并汇总得出单位总价，称为施工定额单价表。

(1) 定额的册、章、节的编制

施工定额册、章、节的编排主要是依据劳动定额编排的。

(2) 定额项目的划分

1) 施工定额项目按构件的类型及形、体划分。

2) 施工定额按建筑材料的品种和规格划分。

3) 按不同的构造做法和质量要求划分。

4) 按工作高度划分。

5) 按操作的难易程度划分。

(3) 选择定额项目的计量单位

定额项目计量单位要能够最确切地反映工日、材料以及建筑产品的数量，便于工人掌握，一般尽可能同建筑产品的计量单位一致。

二、劳动消耗定额、材料消耗定额及机械台班消耗定额

施工定额由劳动消耗定额、材料消耗定额、机械台班消耗定额三种定额组成，其间存在着密切联系。但从其性质和用途看，它们又可以根据不同的需要，单独发挥作用。

(一) 劳动消耗定额

劳动消耗定额，简称劳动定额或人工定额。

劳动定额是指在一定生产技术组织条件下，生产质量合格的单位产品所需要的劳动消耗量标准；或规定在一定劳动时间内，生产合格产品的数量标准。劳动定额反映出大多数企业和职工经过努力能够达到的平均先进水平。

劳动定额的表现形式，即时间定额和产量定额。

1. 时间定额

时间定额是指某种专业的工人班组或个人，在合理的劳动组织与合理使用材料的条件下，完成符合质量要求的单位产品所必须的工作时间（工日）。

时间定额一般采用工日为计量单位，即工日/m^3、工日/m^2、工日/t、工日/块……等。每个工日工作时间，按法定制度规定为8小时。

时间定额计算公式如下：

$$单位产品时间定额(工日)=\frac{1}{每工产量}$$

$$或单位产品时间定额(工日)=\frac{小组成员工日数总和}{台班产量(班组完成产品数)}$$

2. 产量定额

产量定额是指某种专业的工人班组或个人，在合理的劳动组织与合理使用材料的条件下，单位工日应完成符合质量要求的产品数量。

产量定额的计量单位是多种多样的，通常是以一个工日完成合格产品数量来表示。即以 m/工日、m^2/工日、m^3/工日、t/工日、块/工日等。产品定额计算公式如下：

$$每工产量=\frac{1}{单位产品时间定额}$$

$$台班产量=\frac{小组成员工日数总和}{单位产品时间定额}$$

3. 时间定额与产量的关系

在实际应用中，经常会碰到要由时间定额推算出产量定额，或由产量定额折算出时间定额。这就需要了解两者的关系。

时间定额与产量定额在数值上互为倒数关系。即：

$$时间定额=\frac{1}{产量定额}$$

$$时间定额\times产量定额=1$$

时间定额和产量定额，虽然以不同的形式表示同一个劳动定额，但却有不同的用途。时间定额是以工日为计量单位，便于计算某分部（项）工程所需要的总工日数，也易于核算工资和编制施工进度计划。产量定额是以产品数量为计量单位，便于施工小组分配任务，考核工人劳动生产率。

现举例说明时间定额和产量定额不同用途。

【例】 某工程有 $120m^3$ 一砖基础，每天有 22 名专业工人投入施工，时间定额为 0.89 工日/m^3。试计算完成该项工程的定额施工天数。

【解】 完成砖基础需要的总工日数$=0.89\times120=160.80$（工日）；需要的施工天数$=160.80\div22\approx7.5$ 天。

（二）材料消耗定额

简称材料定额。是指在合理和节约使用材料的条件下，生产质量合格的单位产品所必须消耗的一定品种规格的材料、燃料、半成品、构件和水电等动力资源的数量标准。

材料消耗定额可分为两部分。一部分是直接用于建筑安装工程的材料，称为材料净用量。另一部分是操作过程中不可避免的废料和现场内不可避免的运输、装卸损耗，称为材料损耗量。

材料的损耗量用材料损耗率来表示，即材料的损耗量与材料净用量的比值。可用下式来表示：

$$材料损耗率=\frac{材料损耗量}{材料净用量}\times100\%$$

材料、成品、半成品损耗率参考表 **表 4-2-1**

材料名称	工程项目	损耗率(%)	材料名称	工程项目	损耗率(%)
标准砖	基础	0.4	石灰砂浆	抹墙及墙裙	1
标准砖	实砖墙	1	水泥砂浆	抹顶棚	2.5
标准砖	方砖柱	3	水泥砂浆	抹墙及墙裙	2
白瓷砖		1.5	水泥砂浆	地面、屋面	1
陶瓷锦砖	（马赛克）	1	混凝土(现制)	地面	1
铺地砖	（缸砖）	0.8	混凝土(现制)	其余部分	1.5
砂	混凝土工程	1.5	混凝土(预制)	桩基础、梁、柱	1
砾石		2	混凝土(预制)	其余部分	1.5
生石灰		1	钢筋	现、预制混凝土	2
水泥		1	铁件	成品	1
砌筑砂浆	砖砌体	1	钢材		6
混合砂浆	抹墙及墙裙	2	木材	门窗	6
混合砂浆	抹顶棚	3	玻璃	安装	3
石灰砂浆	抹顶棚	1.5	沥青	操作	1

建筑材料、成品、半成品损耗率，详见表 4-2-1。材料损耗率确定后，材料消耗定额可用下式表示：

$$材料消耗量=材料净用量+材料损耗量$$

或

$$材料消耗量=材料净用量\times(1+材料损耗率)$$

现场施工中，各种建筑材料的消耗主要取决于材料定额。用科学的方法正确的规定材料净用量指标以及材料的损耗率，对降低工程成本，节约投资有着重大的意义。

（三）机械台班消耗定额

简称机械台班定额，按其表现形式，可分为机械时间定额和机械产量定额。

机械时间定额，是指在合理劳动组织和合理使用机械正常施工条件下，由熟练工人或工人小组操纵使用机械，完成单位合格产品所必须消耗的机械工作时间。计量单位以“台班”或“工日”表示。

机械产量定额，是指在合理劳动组织和合理使用机械正常施工条件下，机械在单位时间内完成的合格产品数量。计量单位以 m^3、根、块等表示。

机械时间定额与机械产量定额也互为倒数关系。

机械台班定额是以一个单机作业的定额员人数（台班工日）完成的台班产量和时间定额来表示的。其表现形式为：

$$\left.\frac{时间定额}{台班产量}\right|台班工日$$

施工定额中机械台班定额一般多用机械时间定额来表示。即台班/m^3，台班/m^2，台班/根等。

三、施工定额的内容及应用

（一）施工定额的主要内容

施工定额是由总说明和分册章节说明，定额项目表以及有关的附录、加工表等三部分内容所组成。

1. 总说明和分册章、节说明

总说明是说明该定额的编制依据、适用范围、工程质量要求，各项定额的有关规定及说明，以及编制施工预算的若干说明。

分册章、节说明，主要是说明本册、章、节定额的工作内容、施工方法、有关规定及说明、工程量计算规则等内容。

2. 定额项目表

定额项目表是由完成本定额子目的工作内容、定额表组成参见表 4-3-1。

(1) 工作内容是指除说明规定的工作内容外，完成本定额子目另外规定的工作内容。通常列在定额表上端。

(2) 定额表是由定额编号、定额项目名称、计量单位及工料消耗指标所组成。

3. 附录及加工表

附录一般放在定额分册说明之后，包括有名词解释、图示及有关参考资料。例如材料消耗计算附表，砂浆、混凝土配合比表等。

加工表是指在执行某定额项目时，在相应的定额基础上需要增加工日的数量表。

（二）施工定额的应用

要正确使用施工定额，首先要熟悉定额编制总说明、册、章、节说明及附注等有关文字说明部分，以便了解定额项目的工作内容，有关规定及说明、工程量计算规则，施工操作方法等。施工定额一般可直接套用，但有时需要换算后才可套用，即可分为直接套用和换算调整两种。

1. 直接套用定额

在使用施工定额时，当工程项目的设计要求、施工条件及施工方法与定额项目表中的内容、规定要求完全一致时，即可直接套用。

【例】 某工程为现浇钢筋混凝土结构，采用断面为400mm×400mm的框架柱，其模板工程量250m^2，采用塔式起重机作垂直运输，根据1993年北京市施工预算定额计算用工数，并计算钢模板、零星卡具、钢支撑、板方材、圆钉用量。

【解】 查1993年施工预算定额

用工数＝250×0.321＝80.25（工日）

钢模板＝250×0.806＝201.50（kg）

零星卡具＝250×0.469＝117.25（kg）

钢支撑＝250×0.480＝120（kg）

板方板＝250×0.0016＝0.14（m^3）

圆钉＝250×0.007＝1.75（kg）

2. 换算调整

当工程设计要求，施工条件及施工方法与定额项目的内容及规定不完全相符时，应按定额规定换算调整。

通过上面例题可以看出，施工定额的附注说明、加工表等实际上是施工定额的另外一种表现形式。当施工定额项目与设计项目不符合时，必须按定额编制说明、加工表及附注说明的有关规定加以调整换算。

复习思考题

1. 什么是施工定额？它由哪些定额组成？
2. 什么是劳动定额？有几种表现形式？
3. 什么是材料定额？有几种制定方法？
4. 什么是机械台班定额？有几种表现形式？
5. 施工定额有何作用？

第三节　建筑安装工程预算定额

一、预算定额的概念与作用

（一）预算定额的概念

建筑安装工程预算定额包括建筑工程预算定额和设备安装工程预算定额。

预算定额是指在正常施工条件下，确定完成一定计量单位分项工程或结构构件的人工、材料和机械台班消耗量的标准。

预算定额除表示完成一定计量单位分项工程或结构构件的人工、材料、机械台班消耗量标准外，还规定完成定额所包括的工程内容。

预算定额是在施工定额的基础上，适当合并相关施工定额的工序内容，进行综合扩大而编制的。

预算定额与施工定额不同，施工定额只适用于施工企业内部作为经营管理的工具，而预算定额是用来确定建筑安装产品计划价格并作为对外结算的依据。但从编制程序看，施工定额是预算定额的编制基础，预算定额是概算定额或概算指标的编制基础。可以说，预算定额在计价定额中也是基础定额。

预算定额是工程建设中一项重要的技术经济文件。预算定额的各项指标，反映了建筑企业单位，在完成施工任务中消耗劳动力、材料、机械台班的数量限度。国家和建设单位按预算定额的规定，为建筑工程提供必要的人力、物力和资金供应；施工企业则在预算定额范围内，通过自己的施工组织管理，按质按量地完成施工任务。

预算定额是由国家或被授权单位统一组织编制和颁发的一种法令性指标，在执行中具有很大的权威性。

（二）预算定额的作用

1. 预算定额是编制地区单位估价表、确定分项工程直接费、编制施工图预算的依据。

2. 预算定额是编制施工组织设计、进行工料分析、实行经济核算的依据。

3. 预算定额是建筑工程拨款、竣工决算的依据。

4. 预算定额是编制概算定额、概算指标和编制招标标底、投标报价的基础资料。

二、预算定额的组成及应用

建筑安装工程预算定额分两大类，一类是建筑工程预算定额，一类是设备安装工程预算定额。为了对建筑工程预算定额有个比较深入的了解，现以2001年《北京市建设工程预算定额》为例，加以介绍。

（一）预算定额的组成

该预算定额共十三册。有土建工程（上、下册）；炉窑砌筑工程；通风安装工程；机械设备及安装工程；电气安装工程；管道安装工程；自动化仪表工程预算定额以及钢筋混凝土预制构件预算组合价格；门窗预算组合价格；建筑配件、施工安装图册、材料作法综合单价；建筑安装工程管理费及其他费用定额；土建工程常用项目单位估价汇总表。

每册预算定额又按建筑结构、施工顺序、工程内容及使用材料等分成若干章。

每一章又按工程内容、施工方法、使用材料等分成若干节。每一节再按工程性质、材料类别等分成若干定额项目（定额子目）。

为了查阅方便，章、节、子目都按固定编号。章按一、二、三……顺序排列。节在相应章后面用1、2、3……等阿拉伯数字排列，并与章的编号连结，子目在每章按统一的阿拉伯数字编号表示，并与节的编号连结。例如，砖砌内墙子目在预算定额手册的编号形式为：

五—1—3

↓　↓　↓

章　节　定额子目

预算定额手册一般由总目录，总说明及各章说明，定额项目表以及有关附录组成。

1. 总说明及各章说明

预算定额手册的总说明，介绍了预算定额的编制依据，定额的适用范围，编制定额时已考虑的和没考虑的因素。另外，也指出了预算定额实际应用中应注意的事项和有关规定。

各章说明，介绍了部分工程预算定额的统一规定，与本册定额配合使用的专业，包括的节、子目数量以及使用中有关规定，定额的换算方法，同时也规定了各分项工程量计算规则。

2. 定额项目表

定额项目表一般由工程内容、计量单位、项目表组成。

工程内容是规定分项工程预算定额所包括的工作内容，以及各工序所消耗的人工、材料、机械台班消耗量亦均包括在定额内。

项目表是定额手册的主要组成部分，它反映了一定计量单位分项工程的预算价值（定额基价）以及基价中人工费、材料费、机械使用费，人工、材料和机械台班消耗量标准。有些地区的预算定额在项目表下面有附注，说明当设计项目与定额不符时，如何调整和换算定额。北京市预算定额把附注并入各章说明中而不另外列出。

表 4-3-1 是 2001 年《北京市建设工程预算定额》土建部分第四章砌筑工程第一节砌砖项目工程的定额项目表。

砌　砖　　**表 4-3-1**

工作内容：1. 基础：清理基槽、调运砂浆、运砖、砌砖。

2. 砖墙：筛砂、调运砂浆、运砖、砌砖等。

单位：m^3

定额编号					4-1	4-2	4-3	4-4	4-5	4-6
项目					砖					
					基础	外墙	内墙	贴砌墙		圆弧形墙
								1/4	1/2	
基价(元)					165.13	178.46	174.59	246.70	205.54	183.60
其中	人工费(元)				34.51	45.75	41.97	87.24	60.17	49.00
	材料费(元)				126.57	128.24	128.20	153.75	140.40	130.07
	机械费(元)				4.05	4.47	4.42	5.71	4.97	4.53
名称			单位	单价(元)	数量					
人工	82002	综合工日	工日	28.240	1.183	1.578	1.445	3.031	2.082	1.692
	82013	其他人工费	元	—	1.100	1.190	1.160	1.640	1.370	1.220
材料	04001	红机砖	块	0.177	523.600	510.000	510.000	615.900	563.100	520.000
	81071	M5 水泥砂浆	m^3	135.210	0.236	0.265	0.265	0.309	0.283	0.265
	84004	其他材料费	元	—	1.980	2.140	2.100	2.960	2.470	2.200
机械	84023	其他机具费	元	—	4.050	4.470	4.420	5.710	4.970	4.530

项目表中反映了砌砖各子目工程的预算价值（定额基价）以及人工、材料、机械台班消耗量指标。项目表中各子目的中小型机械费没有列出，在该定额第十五章其他直接费项目中另行计算。材料消耗只列出主要材料，而项目中的次要材料和零星材料以“其他材料费”按“元”为单位表示。

定额项目表中，各子目工程的预算价值（定额基价）、人工费、材料费、机械费与人工、材料、机械台班消耗量指标之间的关系，可用下列公式表示：

$$预算价值＝人工费＋材料费＋机械费$$

$$材料费＝\sum(定额材料用量\times材料预算价格)＋其他材料费$$

$$机械费＝\sum其他机具费$$

查表 4-3-1，以 4-2 定额为例

$$预算价值＝45.75＋128.24＋4.47＝178.46\ 元/m^3$$

$$材料费＝510\times0.177＋0.265\times135.21＋2.14＝128.24\ 元/m^3$$

机械费＝4.47 元/m³

3. 附录

附录一般在各册预算定额的后面，通常包括各种砂浆、混凝土配合比表（表 4-3-2、表 4-3-3、表 4-3-4）；各种材料、机械台班选价表等有关资料，供不同材料预算价格的预算和编制施工计划使用。

附录 砂浆、混凝土配合比表

水泥砂浆配合比表 **表 4-3-2**

单位：m³

名称	单位	单价	1∶1(抹灰用)	1∶2	1∶2.5	1∶3	1∶3.5	1∶4
水泥	kg	0.0699	792	544	458	401	350	322
砂子	kg	0.0104	1052	1442	1517	1593	1605	1707
合价	元		66.30	53.03	47.79	44.60	41.16	40.26

砌筑砂浆配合比表 **表 4-3-3**

单位：m³

名称	单位	单价	混合砂浆				水泥砂浆			勾缝水泥砂浆
			M10	M7.5	M5	M2.5	M10	M7.5	M5	1∶1
水泥	kg	0.0699	281.00	229.00	182.00	126.00	311.00	256.00	200.00	823.00
石灰膏	m³		(0.072)	(0.091)	(0.111)	(0.131)				
石灰	kg	0.0255	49.00	62.00	75.00	89.00				
天然砂子	kg	0.0104	1586.00	1652.00	1685.00	1686.00	1666.00	1686.00	1686.00	1090.00
合价	元		37.38	34.77	32.15	28.61	39.07	35.42	35.51	68.87

普通混凝土配合比表 **表 4-3-4**

单位：m³

项目	单位	单价	混凝土强度等级(石子粒径 0.5～3.2)						
			C10	C15	C20	C25	C30	C35	C40
合价	元		38.79	40.82	44.95	50.58	54.12	56.19	60.42
水泥 32.5	kg	0.0762	202	233	294	342	395	426	
水泥 42.5	kg	0.0885							414
砂子	kg	0.0104	836	824	775	715	637	588	630
石子	kg	0.0110	1337	1318					
石子	kg	0.0112			1294				
石子	kg	0.0131				1304	1328	1344	1315

（二）预算定额的应用

预算定额是编制施工图预算，确定工程造价的主要依据，定额应用正确与否直接影响建筑工程造价。在编制施工图预算应用定额时，通常会遇到以下三种情况：定额的套用、换算和补充。

1. 预算定额的直接套用

在应用预算定额时，要认真地阅读掌握定额的总说明、定额的适用范围，已经考虑和没有考虑的因素以及附注说明等。当分项工程的设计要求与预算定额条件完全相符时，则可直接套用定额。这种情况是编制施工图预算中的大多数情况。

根据施工图纸、对分项工程施工方法、设计要求等了解清楚，选择套用相应的定额项目对分项工程与预算定额项目，必须从工程内容、技术特征、施工方法及材料规格上进行仔细核对，然后才能正式确定相应的预算定额套用项目。这是正确套用定额的关键。

例如 2001 年《北京市建设工程预算定额》土建分册第十一章第十节一玻一纱木门窗油漆工程项目，有两个定额子目，一个底油加两遍调和漆，另一个是底油加三遍调和漆，则需根据施工图纸中门窗油漆作法，才能决定定额的套用项目。

2. 预算定额的换算

北京市 2001 年建筑工程预算定额第一册说明的第六条规定“本册定额中的混凝土、砂浆强度等级是按常用标准列出的，若设计要求与定额不同时，允许换算。”

下面我们讲一下如何进行换算，其公式为

换算价＝原定额预算基价＋材料差价×相应的定额用量

（1）普通混凝土的换算

例如：某工程浇筑 C40 普通混凝土墙 500m^3，问其换算价及定额直接费为多少？

首先我们查定额 103 页，只有 C30、C35 墙的基价，其 C35 的基价为 286.60 元/m^3，相应的混凝土用量为 0.988m^3，查定额附录 376 页，C35、C40 混凝土配料的单价分别为 227.72 元/m^3 和 235.39 元/m^3，则每 1m^{3}C40 混凝土墙的换算价为：

286.60元＋(235.39元－227.72元)×0.988＝294.18元

定额直接费＝换算价×材料用量

500m^{3}C40 混凝土墙的定额直接费＝294.18 元×500＝147090 元

（2）抗渗混凝土的换算

例如：某满堂基础需 C25 抗渗混凝土 600m^3，问其换算基价及定额直接费为多少？

查定额 95 页 C25 满堂基础基价为 243.75 元/m^3，定额用量为 1.015m^3，查定额附录 375 页 C25 混凝土配料价为 197.91 元/m^3，380 页 C25 抗渗混凝土配料价为 223.81 元/m^3，则 C25 抗渗混凝土满堂基础换算价为：

243.75元＋(223.81元－197.91元)×1.015＝270.04元/m^3

600m^{3}C25 抗渗混凝土满堂基础定额直接费＝270.04×600＝162024 元

（3）砂浆强度等级的换算

例如：某工程需用 M7.5 水泥砂浆砌筑砖基础 200m^3，问其换算基价和定额直接费为多少？

查定额 69 页砖基础的基价为 165.13 元/m^3，其砂浆按 M5 编制的定额用量为 0.236m^3，再查定额附录 374 页，M5、M7.5 水泥砂浆的配料价分别为 135.21 元/m^3 和 159.00 元/m^3，则换算价为：

165.13元＋(159.00－135.21)×0.236＝170.74元/m^3

直接费为 170.74 元/m^3×200m^3＝34148 元

其他项目的换算以此类推。

3. 预算定额的补充

当分项工程的设计要求与定额条件完全不相符时或者由于设计采用新结构、新材料及新工艺施工方法，在预算定额中没有这类项目，属于定额缺项时，可编制补充预算定额。

编制补充预算定额的方法通常有两种。一种是按照预算定额的编制方法，计算人工、各种材料和机械台班消耗量指标，然后乘以人工工资标准、材料预算价格及机械台班使用费并汇总即得补充预算定额基价。另一种方法是补充项目的人工、机械台班消耗量，可以用同类型工序、同类型产品定额水平消耗的工时、机械台班标准为依据，套用相近的定额项目；而材料消耗量按施工图纸进行计算或实际测定。补充定额的编号一般写成章—节—补 1、2、……

编制好的补充定额，如果是多次使用的，一般要报有关主管部门审批，或与建设单位进行协商，经同意后再列入工程预算表正式使用。

三、预算定额的编制

（一）预算定额的编制依据

预算定额的编制依据有以下六条：

（1）现行的设计规范、施工及验收规范、质量评定标准及安全操作规程等建筑技术法规。

（2）通用标准图集和定型设计图纸及有代表性的设计图纸和图集。

（3）历年及现行的预算定额、施工定额及全国各省、市、自治区的预算定额和施工定额。

（4）新技术、新结构、新材料和先进施工经验等资料。

（5）有关科学实验、技术测定和统计资料。

（6）现行的人工工资标准、材料预算价格和施工机械台班预算价格等。

（二）预算定额编制程序

1. 制定预算定额的编制方案

预算定额的编制方案主要内容包括：建立相应的机构；确定编制定额的指导思想、编制原则和编制进度；明确定额的作用、编制的范围和内容；确定人工、材料、机械消耗定额的计算基础和收集的基础资料，并对收集到的资料进行分析整理，使其资料系统化。

2. 预算定额项目及其工作内容

划分定额项目是以施工定额为基础，合理确定预算定额的步距，进一步考虑其综合性。尽量做到项目齐全、粗细适度、简明适用。在划分项目的同时，应将各工程项目的工程内容、范围予以确定。

3. 确定分项工程的定额消耗指标

确定分项工程的定额消耗指标，应在选择计量单位、确定施工方法、计算工程量及含量测算的基础上进行。

（1）选择计量单位

预算定额的计量单位应使用方便，并与工程项目内容相适应，能反映分项工程最终产品形态和实物量。

计量单位一般应根据结构构件或分项工程的特征及变化规律来确定。通常，当物体的三个度量（长、宽、高）都会发生变化时，选用 m^3（立方米）为计量单位，如土方、砖石、混凝土等工程；当物体的三个度量（长、宽、高）中有两个度量经常发生变化时，选用 m^2（平方米）为计量单位，如地面、抹灰、门窗等工程；当物体的截面形状基本固定，长度变化不定时，选用 m（米）、km（公里）为计量单位（如踢脚线、管线工程等）。当分项工程无一定规格，而构造又比较复杂时，可按个、块、套、座、吨等为计量单位。一般情况下的计量单位应按公制执行。

（2）确定施工方法

不同的施工方法，会直接影响预算定额中的人工、材料和施工机械台班的消耗指标。因此在编制定额时，必须以本地区的施工（生产）技术组织条件、施工验收规范、安全技术操作规程以及已经推广和成熟的新工艺、新结构、新材料和新的操作方法等为依据。合理地确定施工方法，使其正确反映当前社会生产力的水平。

（3）计算工程量及含量的测算

工程量计算应选择有代表性的图纸、资料和已经确定的定额项目、计量单位、按照工程量的计算规则进行计算。

计算中应特别注意预算定额项目的工作内容范围及其所包括内容在该项目中所占的比例，即含量的测算。通过测算，才能保证定额项目综合的合理性，使定额内的人工、材料、机械台班的消耗做到相对准确。

（4）确定人工、材料、机械台班消耗量指标。

（5）编制定额项目表。

在预算定额项目表中的人工消耗部分，应列出综合工日和其他人工费。

定额表中的机械台班消耗部分，应列出主要机械名称，主要机械台班消耗定额（以“台班”为计量单位）或其他机械费。

定额表中的材料消耗部分，应列出不同规格的主要材料名称、计量单位、主要材料的数量；对次要材料综合列入“其他材料费”，其计量单位以“元”表示。

在预算定额的基价部分，应分别列出人工费、材料费、机械费，同时还应列出基价（预算价值）。

（6）修改定稿，颁发执行。

初稿编出后，应与以往相应定额进行对比，对新定额进行水平测算。然后根据测算结果，分析新定额水平提高或降低的因素，而后对初稿进行合理的修订。

在测算和修改的基础上，组织有关部门进行讨论并征求意见，定稿后连同编制说明书呈报上级主管部门审批。经批准后，在正式颁发执行前，要向各有关部门进行政策性和技术性的交底，以利于定额的正确贯彻执行。

（三）预算定额项目消耗指标的确定

1. 人工消耗指标的确定

（1）人工消耗指标的组成

预算定额中人工消耗指标是由基本用工和其他用工两部分组成。

① 基本用工

基本用工是指为完成某个分项工程所需主要用工量。例如砌筑各种墙体工程中的砌砖、调制砂浆以及运砖和运砂浆的用工量。此外，还包括属于预算定额项目工作内容范围一些基本用工量。例如在墙体工程中的门窗洞口、砌砖碳、垃圾道、预留抗震柱孔、附墙烟囱等工程内容。

② 其他用工

其他用工是辅助基本用工消耗的工日，按其工作内容分为三类：

A. 人工幅度差用工　指在劳动定额中未包括的，而在一般正常施工情况下又不可避免的一些工时消耗。例如，施工过程中各工种的工序搭接、交叉配合所需的停歇时间、工程检查及隐蔽工程验收而影响工人的操作时间、场内工作操作地点的转移所消耗的时间及少量的零星用工等。

B. 超运距用工　指超过劳动定额所规定的材料、半成品运距的用工数量。

C. 辅助用工　指劳动定额内不包括，而在预算定额中又必须考虑的用工，如材料需要在现场加工如筛砂子、淋石灰膏等需增加的用工数量。

(2) 人工消耗指标的确定

为了适应基本建设体制改革的需要，人工消耗指标进行了多次调整，各地区人工费水平也不尽相同。所以各地区可根据人工费所包括的内容和工资水平确定。

2. 材料消耗指标的确定

(1) 材料消耗指标的组成

预算定额中的材料用量是由材料的净用量和材料的损耗量组成。

预算定额的材料，按其使用性质、用途和用量大小可划分为以下三类：

① 主要材料　指直接构成工程实体而且用量较大的材料。

② 周转性材料　又称工具性材料，施工中可多次使用，但不构成工程实体的材料。如模板、脚手架等。

③ 次要材料　指用量不多，价值不大的材料。可采用估算法计算，一般将此类材料合并为“其他材料费”其计量单位用元来表示。

(2) 材料消耗指标的确定

材料消耗指标是在编制预算定额方案中已经确定的有关因素（如工程项目的划分、工程内容确定的范围计量单位和工程量计算）的基础上，分别采用观测法、试验法、统计法和计算法，首先研究出材料的净用量，而后确定材料的损耗率计算出材料的消耗量，并结合测定的资料，采用加权平均的方法计算确定出材料的消耗指标，材料损耗率见表 4-3-5。

材料、成品、半成品损耗率参考表　　　　**表 4-3-5**

材料名称	工程项目	损耗率%	材料名称	工程项目	损耗率%
标准砖	基础	0.4	石灰砂浆	抹顶棚	1.5
标准砖	实砖墙	1	石灰砂浆	抹墙及墙裙	1
标准砖	方砖柱	3	水泥砂浆	顶棚、梁、柱、腰线	2.5
多孔砖	墙	1	水泥砂浆	抹墙及墙裙	2
白瓷砖		1.5	水泥砂浆	地面、屋面	1
陶瓷锦砖	（马赛克）	1	混凝土（现浇）	地面	1
铺地砖	（缸砖）	0.8	混凝土（现浇）	其余部分	1.5
水磨石板		1	混凝土（预制）	桩基础、梁、柱	1
小青瓦黏土瓦及水泥瓦	（包括脊瓦）	2.5	混凝土（预制）	其余部分	1.5
天然砂		2	钢筋	现浇及预制混凝土	2
砂	混凝土工程	1.5	铁件	成品	1
砾（碎）石		2	钢材		6
生石灰		1	木材	门窗	6
水泥		1	木材	门心板制作	13.1
砌筑砂浆	砖砌体	1	玻璃	配制	15
混合砂浆	抹顶棚	3	玻璃	安装	3
混合砂浆	抹墙及墙裙	2	沥青	操作	1

采用理论计算法计算主要材料消耗量。

【例】 求砌 $1m^3$ 一砖厚内墙所需砖和砂浆的消耗量。

已知：标准砖每块砖的体积＝0.24×0.115×0.053＝0.0014628（m^3）

砌砖工程用砖量和砂浆量的计算公式为：

$$A=\frac{1}{墙厚\times(砖长+灰缝)\times(砖厚+灰缝)}\times 2\times K$$

$$B=1-A\times 标准砖每块砖的体积$$

式中 A——砖的净用量；

K——墙厚的砖数（0.5、1、1.5、2……）；

B——砂浆净用量。

【解】

一砖厚墙砖的净用量为：

$$A=\frac{1}{0.24\times(0.24+0.01)\times(0.53+0.01)}\times 2\times 1=529.10\ (块)$$

一砖厚墙砂浆的净用量为：

$$B=1-529.1\times 0.0014628=0.226\ (m^3)$$

查表 4-3-5 砖和砂浆损耗率为 1%。

则砖和砂浆的消耗量为：

$$砖的消耗量=529.1\times(1+1\%)=534.39\ (块)$$

$$砂浆的消耗量=0.226\times(1+1\%)=0.228\ (m^3)$$

上述只是从理论上计算砖和砂浆的用量，按照预算定额的工程量计算规则，在测算砖砌体时，应扣除梁头、板头和 $0.025m^3$ 以下过梁所占的体积，并应增加各种凸出腰线等体积。因此测算出来的砖和砂浆的用量不等于理论计算量。如北京市预算定额用量：一般砌 $1m^3$ 砖墙用砖量为 510 块，砂浆用量为 $0.265m^3$。

(3) 周转性材料消耗量的确定

以模板为例：

① 现浇结构模板用量的计算

$$每立方米混凝土的模板一次使用量=每立方米混凝土构件模板接触面积\ (m^2)\times 每平方米接触面积模板用量\times(1+损耗率)$$

$$周转使用量=一次使用量\times\frac{1+(周转次数-1)\times 补损率}{周转次数}=一次使用量\times K_1$$

式中 K_1——周转使用系数。

$$K_1=\frac{1+(周转次数-1)\times 补损率}{周转次数}$$

$$摊销量=周转使用量-回收折旧系数\times 回收量=一次使用量\times K_2$$

式中 K_2——摊销量系数。

$$K_2=K_1\frac{(1-补损率)\times 回收折价率}{周转转次\times(1+间接费率)}$$

$$回收量=\frac{一次使用量\times(1-补损率)}{周转转次}$$

$$回收折旧系数=\frac{回收折价率}{1+间接费率}$$

K_1 及 K_2 系数均可按不同的周转次数和补损率算出（见表 4-3-6 所示）。

模板的 K_1、K_2 系数表 **表 4-3-6**

周转次数	每次补损率(%)	K_1	K_2	周转次数	每次补损率(%)	K_1	K_2
3	15	0.4333	0.3135	6	15	0.2917	0.2318
4	15	0.3625	0.2726	8	10	0.2125	0.1649
5	10	0.2800	0.2039	8	15	0.2563	0.2114
5	15	0.3200	0.2481	9	15	0.2444	0.2044
6	10	0.2500	0.1866	10	10	0.1900	0.1519

式中及表中一次使用量是指周转性材料在不重复使用条件下一次使用量。

补损率是指周转性材料在第二次和以后各次周转中，为了补充难以避免的损耗所补充的数量。以每周转一次平均补损率来表示。

周转次数是指周转性材料重复使用的次数。

周转使用量是指每周转一次的平均使用量。

回收量是指每周转一次的平均可回收的数。

摊销量是指定额规定的平均一次消耗量。

【例】 某工程为框架梁 $10m^3$，经计算模板与混凝土的接触面积为 $95m^2$，每 $10m^2$ 接触面所需模板：支柱大枋为 $0.22m^3$，其他板材为 $0.819m^3$，操作损耗率 5%，其他板枋材周转次数为 6 次，每次周转补损率为 15%，计算模板一次使用量和摊销量。

【解】

$$支柱大枋一次使用量=9.5\times0.22\times(1+0.05)=2.19(m^3)$$

$$其他板枋材一次使用量=9.5\times0.819\times(1+0.05)=8.17(m^3)$$

$$模板一次使用量合计=2.19+8.17=10.36(m^3)$$

支柱大枋摊销量，现行定额规定按 20 次周转，不计取补损和回收。即：

$$支柱大枋摊销量=\frac{一次使用量}{20}=\frac{2.19}{20}=0.11\ (m^3)$$

其中

$$板枋材摊销量=8.17\times0.2318=1.894(m^3)$$

$$模板摊销量合计=0.11+1.894=2.004(m^3)$$

② 预制构件模板用量计算

预制构件每次安拆损耗很小，在计算模板消耗指标时，不考虑补损和回收，应按多次使用平均分推的方法计算。其计算公式如下：

$$摊销量=\frac{一次使用量}{周转次数}$$

3. 机械台班消耗指标的确定

(1) 编制的依据

预算定额中的机械台班消耗指标是以台班为单位，每个台班按 8 小时计算，其中：

① 以手工操作为主的工人班组所配备的施工机械（如砂浆、混凝土搅拌机、垂直运输用的塔式起重机）为小组配合使用，因此应以小组产量计算机械台班量。

② 机械施工过程（如机械化土石方工程、打桩工程、机械化运输及吊装工程所用的

大型机械及其他专用机械）应在劳动定额中的台班定额的基础上另加机械幅度差。

（2）机械幅度差

机械幅度差是指在劳动定额中机械台班耗用量中未包括的，而机械在合理的施工组织条件下所必须的停歇时间。这些因素会影响机械的生产效率，因此应另外增加一定的机械幅度差的因素。其内容包括：

① 施工机械转移工作面及配套机械互相影响损失的时间。

② 在正常施工情况下，机械施工中不可避免的工序间歇时间。

③ 工程检查质量影响机械的操作时间。

④ 临时水、电线路在施工中移动位置所发生的机械停歇时间。

⑤ 施工中工作不饱满和工程结尾时工作量不多而影响机械的操作时间等。

机械幅度差系数，一般根据测定和统计资料取定。大型机械幅度差系数规定为：土方机械为 1.25；打桩机械 1.33；吊装机械 1.3。其他分项工程机械，如木作、蛙式打夯机、水磨石机等专用机械，均为 1.1。

（3）预算定额中机械台班消耗指标的计算方法

① 按工人小组配用的机械应按工人小组日产量计算机械台班量，不另增加机械幅度差。计算公式如下：

$$\text{分项定额机械台班使用量} = \frac{\text{预算定额项目计量单位值}}{\text{小组总产量}}$$

式中：

$$\text{小组总产量} = \text{小组总人数} \times \sum(\text{分项计算取定的比重} \times \text{劳动定额每工综合产量})$$

② 按机械台班产量计算

$$\text{分项定额机械台班使用量} = \frac{\text{预算定额项目计量单位值}}{\text{机械台班产量}} \times \text{机械幅度差系数}$$

【例】 砌一砖厚内墙，定额单位 $10m^3$，其中：单面清水墙占 20%，双面混水墙占 80%，瓦工小组成员 22 人，定额项目配备砂浆搅拌机一台，2～6t 塔式起重机一台，分别确定砂浆搅拌机和塔式起重机的台班用量。

已知：单面清水墙每工综合产量定额 $1.04m^3$，双面混水墙每工综合产量定额 $1.24m^3$。

【解】

$$\text{小组总产量} = 22 \times (0.2 \times 1.04 + 0.8 \times 1.24) = 26.4\ (m^3)$$

$$\text{砂浆搅拌机} = \frac{10}{26.4} = 0.379\ (\text{台班})$$

$$\text{塔式起重机} = \frac{10}{26.4} = 0.379\ (\text{台班})$$

以上两种机械均不增加机械幅度差。

复习思考题

1. 什么是建筑工程预算定额？有何作用？
2. 预算定额的编制依据和原则是什么？
3. 预算定额的计量单位是如何确定的？

4. 预算定额人工消耗指标都包括哪些用工？

5. 预算定额中的主要材料消耗用量是怎样确定的？次要材料消耗量在定额中是如何表示的？

6. 预算定额机械台班消耗量指标是如何确定的？

7. 预算定额由哪些内容组成？

第四节　建筑安装工程预算定额基价的组成

预算定额基价亦称预算价值。是以建筑安装工程预算定额规定的人工、材料和机械台班消耗指标为依据，以货币形式表示每一分项工程的单位价值标准。它是以地区性价格资料为基准综合取定的，是编制工程预算造价的基本依据。

预算定额基价包括人工费、材料费和机械使用费。它们之间的关系可用下列公式表示：

预算定额基价＝人工费＋材料费＋机械使用费

式中　人工费＝定额合计用工量＋定额日工资标准＋其他人工费；

材料费＝$\sum$(定额材料用量×材料预算价格)＋其他材料费；

机械使用费＝$\sum$(定额机械台班用量×机械台班使用费)。

为了正确地反映上述三种费用的构成比例和工程单价的性质、使用，定额基价不但要列出人工费、材料费和机械使用费，还要分别列出三项费用的详细构成。如人工费要反映出基本用工、其他用工的工日数量；材料费要反映出主要材料的名称、规格、计量单位、定额用量、材料预算单价，零星的次要材料不需一一列出，按“其他材料费”以金额“元”表示；机械使用费同样要反映出各类机构名称、型号、台班用量及台班单价等。

因此，为确定预算定额基价，必须在研究预算定额的基础上，研究定额日工资标准、材料预算价格和机械台班使用费的计算方法。

一、定额日工资标准的确定

（一）预算定额中日工资标准的确定

人工工资标准即预算定额中的人工工日单价。它是根据现行的工资制度计算出基本工资的日工资标准，再加上工资性质的津贴和属于生产工人开支范围内的各项费用。

预算定额中的日工资标准除了生产工人的基本工资外还包括：工资性的津贴、生产工人的辅助工资、生产工人劳动保护费、市内交通补助费、工人养老保险费、工人医疗保险费。

其中：

1. 基本工资

基本工资的计算方法是根据建设部建人（1992）680文《全民所有制大中型建筑安装企业的岗位技能工资试行方案》和《全民所有制大中型建筑安装企业试行岗位技能工资制有关问题的意见》，接岗位工资加技能工资计算的。

2. 工资性的津贴　包括副食品补贴、煤粮差价补贴等。

3. 生产工人的辅助工资　包括开会和执行必要的社会义务时间的工资。如职工学习、培训期间的工资；调动工作期间的工资和探亲假期间的工资；因气候影响停工的工资；女工哺乳时间的工资；由行政直接支付的病（六个月以内）、产、婚、丧等假期的工资；徒工服装补助费等。

4. 生产工人劳动保护费　按国家有关部门规定标准发放的劳动保护用品的购置费、修理费和保健费及防暑降温费等。

5. 市内交通补助纲

6. 工人养老保险费

7. 工人医疗保险费

（二）其他人工费

2001年，定额基价中的其他人工费包括材料二次搬运和各雨季施工期间所增加的人工费。

二、材料预算价格的编制和确定

在建筑安装工程中，材料、设备费约占整个造价的70%左右，它是工程直接费的主要组成部分。材料、设备价格的高低，将直接影响到建设费用的大小。因此必须加以正确细致的计算，并且要克服价格计算偏高偏低等不合理的现象，方能如实反映工程造价，方能有利于准确地编制基本建设计划和落实投资计划，有利于促进企业的经济核算，改进管理。

（一）建筑安装工程材料预算价格的组成，编制范围及审批

1. 建筑安装工程材料预算价格（简称：材料预算价格）的组成：

建筑安装工程上的材料（包括构件、成品及半成品），其预算价格是指材料由其来源地（或交货地）到达工地仓库（指施工工地内存放材料的地方）后的全部费用。材料预算价格由材料原价，材料供销部门手续费、包装费、运杂费、材料采购及保管费五部分组成。其计算公式如下：

材料预算价格＝(材料原价＋供销部门手续费＋包装费＋运杂费)×
(1＋采购保管费率)－包装品回收价值

2. 材料预算价格的编制范围

按照编制使用情况，一般分以下两种：

(1) 地区材料预算价格是按地区（城市或建设区域）编制的，供此地区内所有工程使用。运杂费计算是以地区内所有工程为对象计算的加权平均运杂费。

(2) 单项工程使用的材料预算价格是以一个工程为对象编制的，并专为该项工程服务使用。运杂费是以一个工程为对象来计算。

3. 材料预算价格的编审：一般材料预算价格是由国家建设部制定编制办法，分别由各省、自治区建委负责组织、贯彻、管理和审批。

编制地区材料预算价格，应由地区建委负责组织邀请设计、施工、建设、银行、运输、物资供应等单位参加，共同编制并经过地方建委批准后执行。一般不作变动，但确因材料来源变更，原价增降，可根据各地区的规定，整理资料，报经主管部门批准后，方可调整。如材料预算价格本中有缺项的材料，可根据供应实际情况，编制补充材料预算价格，报上级主管部门审批后执行。

（二）材料预算价格各项费用的确定

1. 材料原价的确定

材料原价就是材料的出厂价或国营商业的批发牌价。各种物资分别由不同部门管理，调拨与分配，材料的出厂价格是由国家或地方各主管部门确定。

(1) 国家统一分配的材料（简称：统配材料）如钢材、木材、水泥等，以国家规定的产品统一出厂价格为原价。

(2) 中央各部分配的材料（简称：部管材料）如玻璃、石棉等；以各工业部订的国营工业产品的出厂价格为原价。

(3) 地方分配材料（简称地方材料），这类材料大都是由地方直接生产，如砖、瓦、砂、石等，以地方主管部门所订的出厂价格为原价。

(4) 市场采购材料，如门窗小五金、清洁用具等，以国营商业批发牌价为原价，如没有国营商业批发牌价时，则以市场批发价格为原价。

(5) 构件、成品及半成品，如由建设单位生产部门生产或施工单位主管部门所属实行独立核算的加工企业生产供应时，均按其主管部门批准的产品计划价格计算。如由施工单位内部所属内部核算的附属企业生产供应时，按预算定额规定执行。

(6) 国外进口材料：以国家批准的进口材料调拨价格作为原价。

在确定材料原价时，如同一种材料，因来源地、供应单位或制造厂不同，有几种价格时，可根据不同来源地的供应数量比例，采取加权平均的办法计算其原价。

2. 材料供销部门手续费

基本建设所需要的建筑材料，大致有两种情况：一种是指定生产厂直接供应，如：钢材、水泥、沥青、油毡、玻璃等。另一种是由物资供销部门供应，如：交电、五金、化工等产品。材料供销部门手续费就是通过当地物资供销部门供应的材料应收取的附加手续费。其取费标准各地规定不一，可按各地区有关部门的规定计算。如果此项费用已包括在供销部门供应的材料原价内时，则不应再计算。

通过供销部门结算的物资应收取的手续费（管理费），其费率：金属材料 2.5%；建筑材料 3%；轻工产品 3%；化工产品 2%；木材 2%。

其计算公式：

$$供销部门手续费=原价\times供销部门手续费率$$

3. 材料包装费

材料包装费是指便于材料的运输并为保护材料而进行包装所需的一切费用。包装费的发生可能有下列两种情况：

(1) 材料在出厂时已经包装者，如袋装水泥、玻璃、钢钉、油漆等，这些材料的包装费一般已计算在原价内，不再分别计算，但需考虑其包装品的回收价格（即材料到达工地仓库拆除包装后，包装品所剩余的价值）。

(2) 施工机构自备包装品（如麻袋、钢桶等）者，其包装费应以原包装品的价值按使用次数分摊计算。

包括器材的回收价值，如地区已有规定者，应按规定计算，地区无规定者，可根据实际情况，参照下列比率确定：

① 用木材制品包装者，以 70%回收量，按包装材料原价的 20%计算。

② 用钢皮、钢线制品包装者，钢桶以 95%，钢皮以 50%，钢线以 20%的回收量，按包装材料原价的 50%计算。

③ 用纸皮、纤维品包装者，以 50%的回收量，按包装材料原价的 50%计算。

④ 用草绳、草袋制品包装者，不计回收价值。

⑤ 自备包装容器的，其包装费用按包装容器的使用次数摊销计算。

包装费和包装材料回收值计算公式为：

$$包装费=包括材料原值-包装材料的回收价值$$

$$包装材料的回收价值=\frac{包装材料原值\times回收量率\times回收价值率}{包装器（品）材标准容量}$$

自备包装品的包装费

$$=\frac{包装品原价\times[1-回收量率\times回收价值率]+使用期间维修费}{周转使用次数\times包装容器标准容量}$$

例如：圆木的原价中没有包装费，但在铁路运输过程中，每个车皮可装圆木 30m³，每个车皮需要包装用的车立柱 10 根，每根价为 2.00 元，钢丝 10kg，每千克为 1.40 元，则包装费为：

$$每立方米圆木包装材料原值=\frac{(10根\times2元)+(10kg\times1.4元)}{30m^3}=1.13元$$

包装材料回收价值，按车立柱回收量率 70%，回收值率为 20%，钢丝回收量率为 20%，回收值率为 50%，则车立柱回收值为：

$$(10根\times2元)\times70\%\times20\%=2.80元$$

钢丝回收值为：

$$(10kg\times1.4元)\times20\%\times50\%=1.40元$$

每车皮回收值合计为：4.20 元

折合每立方米回收值为：$\frac{4.20}{30}=0.14$ 元

材料预算价格应计材料的包装费为：

$$1.13元-0.14元=0.99元/m^3$$

如包装已扣除包装材料的回收价值，在利用材料预算价格公式计算时，就不再减包装品回收价值。

4. 材料运输费用

材料运输费是材料由采购（或交货）地点起运至工地仓库为止，在其全部运输过程中所支出的一切费用（包装费除外），如火车、汽车、船舶及马车等的运输费，运输保险费及装卸费等。

一般建筑材料运输费用约占材料费的 10%～15%，砖的运输费往往占材料费的 30%～50%，砂子或石子的运输费用有时可以占到材料的 70%～90%，甚至更高，由此可见，运输费直接影响着建筑工程的造价。因此，就地取材，减少运输距离，是有很重要的意义的。

运输费要根据材料的来源地，运输里程、运输方法，并根据国家或地方规定的运价标准分别计算。一般建筑材料的运输环节如图 4-4-1 所示：

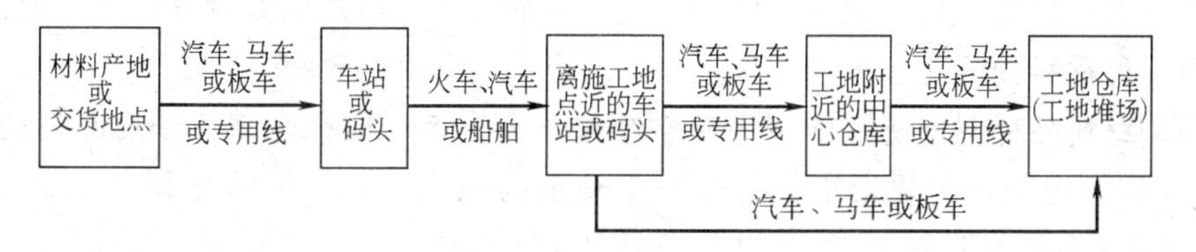

图 4-4-1 建筑材料的运输环节

5. 材料采购及保管费

材料采购及保管费是指材料部门在组织采购和保管过程中所需要的各项费用，其中包括：采购及保管部门的人员工资和管理费，工地材料仓库的保管费、货物过秤费以及材料在运输及储存中的损耗费用等等。

材料的采购及保管费按材料原价，供销部门手续费、包装费及运输费之和的一定比率计算。过去对材料采购及保管费以及供销部门手续费合并规定了一个费率：一般建筑安装材料的采购保管费综合费率为2.5%，有的地区在不影响2.5%的水平原则下，按材料分类并结合价值的大小而分定为几种不同的标准。例如：地方材料价值小，则将费率提高为3%，电器材料价值高，便将费率降低为1%，钢材、木材、水泥及其他材料则定为2.5%。北京市2001年预算定额中，材料采购保管费率定为2%。

其计算公式：

材料采购及保管费=(原价+供销部门手续费+包装费+运输费)×采购保管费率

（三）材料预算价格的编制步骤和方法

材料预算价格的编制工作，一般分为：准备工作、运输费用计算和预算价格编制汇总这三个步骤或称三个阶段进行。其具体内容简述如下：

1. 准备工作阶段

主要是搜集编制材料预算价格所需要的资料数据，进行详细的调查研究，为编好材料预算价格表打下基础，提供准备的依据。收集资料的内容有下列几个方面：

（1）各种材料原价：

可以向各主管部门搜集《产品出厂价格》，次要材料可按各省、市《交电、五金、化工产品价目表》及地方材料的现行出厂价格与土杂产品牌价。另外，还要收集各种材料的包装情况。

（2）各种材料的来源，也就是我们需用的材料具体的供货地点，这是计算运费的必要依据。

基本建设所需要的各种材料，总的来源有二：一是指生产厂直接供应；二是物资供销部门供应。供应地点不同其运输距离也不一样，相应的运输费就有高有低。但是，对材料来源地的选择是否正确，不能单凭远近来判断，还要结合材料产地的可供量，出厂价格，运输条件，材料质量等因素，进行全面分析后，再确定。

（3）外地运杂费，由生产厂至当地车站或码头的一切费用，需要掌握的资料有：

① 生产厂本地车站的运输方法和里程；

② 各种运费的规定，如：铁路、公路、轮船、群运、装卸以及运输包装费用标准；

③ 生产厂的仓库或堆场至车站的费用（上场费）；

④ 同一种材料如有几个地方供应者，应了解清楚各供应点的数量各占总量的百分比；

⑤ 同一种材料如需通过多种方式运输的，应确定各占的比率。

⑥ 分别材料品种调查研究确定火车空吨位所占比率，即空吨率（车皮吨位的差额的百分比。一般情况下，实装量不会等于车皮规定的吨位，另一种情况是30t货物，申请30t车皮，但路局一时调不出30t车皮，而调给40t车皮，这时铁路局收取运费仍然按40t计算，因而30t货物花了40t的运费，需要参照历史资料，适当考虑列入这项因系）。整

车与零担的百分比。

⑦ 通过供销部门的材料品种及其数量占该量的百分比。

(4) 市内运输费：材料由到达的车站或码头至中心仓库、中心仓库至工地的运距及运输方法。

现场中心点距离的确定，是根据建筑群组成或地区材料划分区域确定。材料运距有远有近，不统一，在材价中不能一种材料反映几种价格，因此，就需要确定一个中心点，建筑群或区域在计算里程时都按这个中心点的距离计算。一般可根据三个方面考虑加权平均计算：

① 按工程概算投资额加权平均计算；

② 按建筑物面积加权平均计算；

③ 按建筑材料概算用量加权平均计算。

【例】 某工程中心仓库，根据总图设计，至甲乙丙丁建筑物的中心距离及各建筑物的材料概算用量比例如下：

中心仓库至	距离	比例
→	1.5km	35%
→	3.5km	10%
→	3.8km	25%
→	1.4km	30%

【解】 中心仓库至各建筑物的加权平均距离：

$$1.5\times35\%+3.5\times10\%+3.8\times25\%+1.4\times30\%$$
$$=0.525+0.35+0.95+0.42=2.25\ (\text{km})$$

(5) 通过销售部门的材料，供销部门收取费用的标准；

(6) 采用保管费的标准；

(7) 各种材料运输损耗率；

(8) 砂子的过筛损耗及膨胀率等。

2. 运输费计算

当必须的资料数据已经收齐，情况也已经调查清楚，条件具备齐全，即可进行各种材料的运输费用计算。计算后要严格细致进行审核，互相校对，以免发生差错。

材料运输费用，归纳起来可分三段计算：即外地运杂费；市内运杂费；中心仓库至工地仓库的运杂费。如果是地方供应的材料，如砖、瓦、砂、石等，其运费计算则一次直达工地，但砂石等大宗材料，则应适当考虑季节性储备的二次搬运费。

交电、五金、化工杂品等材料，因用量不大，其运费计算，一般为了简化计算，即按原价的1%～5%作为运输费。对此系数的选定方法，可按材料的分类，各选一至几种用量比较大的品种按规定计算出运杂费与其原价相比，求出运杂费约占原价的百分比。

钢材、木材、水泥等材料，往往有几个地方供应，则先将各地区的外地运杂费计算出来后，再按各地供应量所占总量的比率，将运杂率进行综合。

现以钢材的预算价格的编制来说明其计算方法：

假定××市，根据近三年来的资料平均每年进钢70000t，其中由生产厂直拨的有63000t（鞍钢14500t，占23%；包钢是15500t，占25%；武钢17000t，占27%；上钢一厂 8000t，占 13%；重钢 4500t，占 7%；首钢 3500t，占 5%）；另 7000t，由本市供销部门供应，按供销部门规定不分品种每吨包括到达仓库的运杂费、手续费共计 80 元。

另外决定各生产厂地至本市的运输均采用铁路运输，按铁路里程表查得各始发站至本市货站的里程（假定数）：鞍钢 3000km，包钢 2000km，武钢 1000km，上钢一厂 2000km，重钢 1500km，首钢 1500km。再从铁路运费规定中查得钢材整车运价为 1 号，零担为 15 号，从运价表中查得每吨运价如下：

	1000km	1500km	2000km	3000km
整车	8 元/t	11 元/t	15 元/t	22 元/t
零担	50 元/t	70 元/t	80 元/t	90 元/t

另据调查各厂上站费用如下：（包括装车费）

鞍钢	包钢	武钢	上钢一厂	重钢	首钢
3.00 元/t	3.5 元/t	2.8 元/t	2.7 元/t	3.6 元/t	2.6 元/t

假定 63000t 钢材中，整车运发的为 56700t，另外 6300t 是零担，而 56700t 钢材，整车运发时，共用 62370t 车皮，因此 62370－56700＝5670（t），5670t 是空吨位，占实运量 56700t 的 10%，就是说，这批钢材由于这种原因多花了 10%的运输费，这个多花的数字应加到实运钢材数的每吨运价中去，其次装卸工人计算装卸费时，也是按照车辆标准吨位计算的，因此计算装卸费时也需按确定的空吨位系数 10%增加。

另外再假定本市车站至工地中心库平均里程为 15km，经研究确定其运输方式为：40%汽车，40%马车，20%人力车。查《公路运输规则》规定：

运距 1km，其每吨公里运价 1.5 元，运距 15km，每吨公里运价 0.5 元。

另查群运运价规定：

运距 1km，人力车，板车运输每吨公里（包括装卸堆码费）1 元。

运距 15km，人力车，板车运输每吨公里（包括装卸堆码费）0.5 元。

运距 15km，马车运输每吨公里（包括装卸堆码费）0.4 元。

装卸费标准：① 按铁路规定，钢材每吨装车费 0.6 元，卸车费 0.4 元，码堆费 0.2 元。

② 按群运规定钢材每吨装车费 0.5 元，卸车费 0.3 元。

火车站的装卸工作由铁路装卸队承担，则其费用应按铁路规定。

工地内的装卸工作由群运社承担，则其费用按群运社规定。

按上述资料，直接由生产厂供应的钢材整车运输的运费计算如表 4-4-1：

运费表 **表 4-4-1**

项目	计算式	单位	供应点					
			鞍钢	包钢	武钢	上钢	重钢	首钢
出库及调车费	按资料	元/t	3.00	3.50	2.80	2.70	3.60	2.60
火车费	按资料	元/t	22.00	15.00	8.00	15.00	11.00	11.0
到站卸车费	按资料	元/t	0.40	0.40	0.40	0.40	0.40	0.40
小计		元/t	25.40	18.90	11.20	18.10	15.00	14.00
加空吨位	10%	元/t	2.54	1.89	1.12	1.81	1.50	1.40
外地运费合计		元/t	27.94	20.79	12.32	19.91	16.50	15.40

续表

项　　目	计　算　式	单位	供　应　点					
			鞍钢	包钢	武钢	上钢	重钢	首钢
装汽车费	0.6×1.1×40%	元/t	0.264	0.264	0.264	0.264	0.264	0.264
汽车费(15km)	15×0.5×1.1×40%	元/t	3.30	3.30	3.30	3.30	3.30	3.30
卸车费	0.3×1.1×40%	元/t	0.132	0.132	0.132	0.132	0.132	0.132
码堆费	0.2×1.1×40%	元/t	0.088	0.088	0.088	0.088	0.088	0.088
马车费(15km)	15×0.4×40%	元/t	2.40	2.40	2.40	2.40	2.40	2.40
人力车费	15×0.5×20%	元/t	1.50	1.50	1.50	1.50	1.50	1.50
市区到中心库的运费合计		元/t	7.684	7.684	7.684	7.684	7.684	7.684
汽车费	15×80%×1.1	元/t	1.32	1.32	1.32	1.32	1.32	1.32
装卸费	(0.5+0.3)80%×1.1	元/t	0.704	0.704	0.704	0.704	0.704	0.704
人力车费	1×20%	元/t	0.20	0.20	0.20	0.20	0.20	0.20
中心库至工地运费合计		元/t	2.224	2.224	2.224	2.224	2.224	2.224
以上合计		元/t	37.85	30.70	22.23	29.82	26.41	25.31

按各供应地点所占百分比进行综合，便得直接由生产厂供应钢材整车到达工地仓库的综合运输费用，计算式如下：

鞍钢 37.85 ×23%＋包钢 30.70%×25%＋武钢 22.23%×27%

＋上钢一厂 29.82×13%＋重钢 26.41×7%＋首钢 25.31%×5%

＝8.71＋7.68＋6.00＋3.88＋1.85＋1.27＝29.39 元/t

直供零担运费的计算，与整车运输费有所不同的（1）零担的运价高；（2）不存在空吨位的问题；（3）上站费用不能用整车所用的标准，因零担运输不能把车皮调入厂内装车，而需用汽车或人力车等运送到车站装车，假定零担的上站费与整车上站费相等其具体数值如表 4-4-2：

零担运输的上站费（单位：元）　　　　**表 4-4-2**

	鞍钢	包钢	武钢	上钢	重钢	首钢
Ⅰ外区运杂费：	93.40	83.90	53.20	83.10	74.00	73.00
Ⅱ市区运杂费：	7.32	7.32	7.32	7.32	7.32	7.32
Ⅲ场区运杂费：	2.04	2.04	2.04	2.04	2.04	2.04
合　　计：	102.76	93.26	62.56	92.46	83.36	82.36

零担综合平均每吨运费＝102.76×23%＋93.26×25%＋62.56×27%＋92.46×13%＋83.36×7%＋82.36×5%＝23.63＋23.32＋16.89＋12.02＋5.84＋4.12＝85.82（元）

直供钢材整车与零担综合平均每吨运费＝29.39×90%＋85.82×10%＝35.03（元）

本市供销部门供应的钢材外区运费及手续费合计 80 元，则我们应增加由供销部门的仓库至工地的运费（假定等于市内运杂费与场内运杂费之和），则每吨运费总计＝80＋9.91＝89.91（元）。

现在再求供运费与供销部门运费的综合平均＝35.03×90%＋89.91×10%＝40.52，即达到工地仓库的钢材每吨的运输费用。

假定钢筋 ϕ20 的出厂价格规定每吨原价是 520 元。

钢筋 ϕ20的预算价格＝(原价＋外区运杂费＋市区运杂费＋场内运杂费)×(1＋采购保管费率)＝(520＋40.52)×(1＋2.5%)＝560.52×1.025＝574.53元

材料运输费计算表 **表 4-4-3**

材料名称：钢筋 10 单位：元/t

交货条件	工厂	总仓库		共计		货物等级	3 号整运价号
交货地点	鞍钢	包头		整车	零担		
交货数量	30%	70%		100%	—	货物实际载重量	30t

序号	运输费用项目	运输起止地点	运输距离(km)	每吨运费	
				计算公式或说明	金额(元)
1	鞍钢起运站调车费	工厂—鞍山车站	5	[(0.3×5×2)÷30]×30%	0.03
2	铁路装车费			0.6×30%	0.18
3	铁路运输	鞍山—丰润	800	11×30%	3.30
4	包头用汽车运到火车站	总仓库—包头站	10	(0.4×10+0.8)×70%	3.36
5	汽车装卸费(人力)	总仓库—包头站		0.9×70%	0.63
6	铁路装车费			0.6×70%	0.42
7	铁路运输	包头—丰润	900	12×70%	8.40
8	铁路丰润站卸车堆码费			0.60	0.60
9	丰润站至新区中心仓库汽车	丰润站—中心库	5	(0.4×5+0.8)	2.80
10	汽车装卸费(人力)			0.90	0.90
11	中心库—工地仓库(人力)	马车运输	3(平均)	0.5×3	1.50
合计					22.12

复核人： 编制人： 年 月 日

钢材的品种规格不同其原价不一样，可是钢材的运输费是一样的，基本可以通用，但应注意每件重量超过体力所能装时，势必用机械装卸，装卸费的规章上有具体规定，按规定加差额即可。

3. 分类编制各种材料的预算价格表

编制材料预算价格表，是将计算出来的各种材料的各种费用，按材料类别归口汇总，用表格的形式列出来，报经有关方面审批后，即可使用。材料预算价格是按照国家或各省、市地方具体规定的各种费率，计算出材料在到达施工场地为止，所发生的一切费用，包括原价，进行综合，加权平均，求得的总和即是完整的材料预算价格。

附：

表 4-4-3　材料运输费用计算实例及表格形式；

表 4-4-4　材料预算价格计算表

材料预算价格计算表 **表 4-4-4**

建设单位： 第　页　共　页

序号	材料名称及规格	单位	发货地点	交货地点	运输费用计算表编号	每吨运费(元)	原价依据	单位毛重(t)	供销手续费率%	材料预算价格(元)					
										原价	供销手续	包装费	运输费	采管费	合计
一	地方材料														
1	红砖														
2	砂														

续表

序号	材料名称及规格	单位	发货地点	交货地点	运输费用计算表编号	每吨运费（元）	原价依据	单位毛重（t）	供销手续费率%	材料预算价格（元）					
										原价	供销手续	包装费	运输费	采管费	合计
3	石														
	……														
二	钢材														
1	钢筋Φ20	t	综合	工地	表3-1	40.52	国拨	1.00	—	520	—	—	40.52	14.01	574.53
2															
3															
	……														

审核：　　　　　　　　　　计算：　　　　　　　　　　年　月　日

表4-4-3举例说明：

假定某地建设需用Φ10钢筋1000t，是由鞍钢和包钢提货，其中鞍钢300t，包钢700t。运输方式采用火车整车运输，其车箱装载量为30t，货物等级属于3号整运价号。

鞍钢至某地车站，距离800km，铁路运价11元/t，鞍钢厂至鞍山站有5km，铁路专用线，其规定：调车费按往返距离每机车0.3元/km。其每吨钢筋分摊调车费计算为：

$$\frac{0.3\times5\times2}{30}=0.1\text{元/t}$$

包钢至某地车站，总仓库至包头站10km汽车运输，然后装火车运至丰润站，距离900km，运价12元/t（数字假定）。

到达某地车站后，采用汽车运输至新区中心库，距离5km，中心库至各工地仓库采用马车运输，平均运距3km。

查运输费用规定：

火车：装车费0.6元/t，卸车堆码费0.6元/t；

汽车：装车费0.5元/t，卸车费0.4元/t；

马车运输费（包括装卸）：0.5元/t·km

其计算表格填写如表4-4-3。

材料预算价格计算及分类汇总形式如表4-4-4。

（四）北京市2001年材料预算价格的总说明中对有关问题的明确规定

1. 2001年《北京市建设工程材料预算价格》（以下简称材料预算价格）包括：土建、水电、工厂制品、仿古建筑、苗木共五册。价格选录见表4-4-5。

2. 2001年《北京市建设工程材料预算价格》系定额编制期北京市建材市场的综合价格，作为确定2001年《北京市建设工程预算定额》的选价基础。

3. 预算价格已包括材料由生产厂或本市物资经营部门仓库运至施工现场或施工单位指定地点的全部物流费用和2%的采购及保管费用。

4. 材料预算价格中缺项的材料，应按市场价格（含实际发生的外埠、本市运杂费），加2%采凤及保管费，组成补充预算价格。

5. 本材料预算价格解释权属北京市建设工程造价管理处。

2001 年材料预算价格选录 表 4-4-5

代号	产品名称	规格型号及特征(mm)	计量单位	预算价格
0101001	热轧圆钢	6～9	t	2340.00
0101002	热轧圆钢	10～14	t	2400.00
0101003	热轧圆钢	15～24	t	2470.00
0101004	热轧圆钢	25～36	t	2380.00
0101005	不锈钢圆钢	6～20	t	18000.00
0102001	钢筋混凝土用钢筋	10～14	t	2570.00
0102002	钢筋混凝土用钢筋	15～24	t	2500.00
0102003	钢筋混凝土用钢筋	25 以上	t	2470.00
0103001	冷拔钢丝	4～5	t	3500.00
0104001	钢绞线	普通	t	4150.00
0104002	钢绞线	低松弛	t	5200.00
0105001	无粘结钢丝束	1570MPa 1.8kg/m	t	6250.00
0105002	无粘结预应力钢绞线	1570MPa 1.22kg/m	t	7300.00
0105003	无粘结预应力钢绞线	1860MPa 1.22kg/m	t	7800.00
0106001	冷轧带肋钢筋	5～6	t	2850.00

三、施工机械台班使用费的确定

施工机械使用费以“台班”为计量单位，一台某种机械工作 8 小时，称为一个台班，为使机械正常运转，一个台班中所支出和分摊的各种费用之和，称为机械台班使用费或机械台班单价。

机械台班使用费是编制预算定额基价的基础之一，是施工企业对施工机构费用进行成本核算的依据。机械台班使用费的高低，直接影响建筑工程造价和企业的经营效果。因此，确定合理的机械台班费用定额，对加速建筑施工机械化步伐，提高企业劳动生产率、降低工程造价具有一定的现实意义。

（一）机械台班使用费的分类

根据建筑施工要求，现行“建筑机械台班费用定额”分为大型机械和中小型机械两大部分。

1. 大型机械包括：

（1）水平运输机械。

（2）起重及垂直运输机械。

（3）土石方筑路机械。

（4）打桩机械及其他机械。

2. 中小型机械包括：

（1）混凝土及砂浆搅拌机械。

（2）金属加工机械及木结构加工机械。

（3）焊接机械。

（4）动力机械及其他机械。

（二）机械台班使用费用的项目及组成计算方法

机械台班使用费用两类费用组成：

1. 第一类费用（亦称不变费用）

这类费用不因施工地点、条件的不同而发生大的变化。其费用内容如下：

（1）台班机构折旧费

机械按规定使用期限，陆续收回其原始价格的台班摊销费用。其费用应根据机械的预算价格、机械使用总台班、机械残值率等资料确定的　其计算公式如下：

$$台班机械折旧费=\frac{机械预算价格\times(1-机械残值率)}{使用总台班}$$

式中　$机械残值率=\frac{机械残值}{机械预算价格}\times100\%$

使用台班＝机械使用年限×年工作台班。

机械残值是指机械设备经使用磨损达到规定使用年限时的残余价值。各种机械残值率详见表4-4-6。

机械残值率表　　表4-4-6

序号	机械种类	机械残值率(%)
1	大型施工机械	3
2	运输机械	2
3	中小型机械	4

机械预算价格是指机械出厂价格，加上供销部门手续费和机械由出厂地点运到使用单位的一次性运杂费。公式为：

机械预算价格＝机械出厂价格×(1＋进货费率)

其中进货费率为：国产机械为5%

进口设备为11%

(2) 台班大修理费

机械使用达到规定的大修间隔期而必须进行大修理，以保持机械正常功能所需支出的台班摊销费用。其计算公式：

$$台班大修理费=\frac{一次大修理费\times大修理次数}{使用总台班}$$

(3) 台班经常维修费

在机械一个大修周期内的中修和定期各级保养所需要支出的台班的摊销费用。其计算公式如下：

$$台班经常维修费=台班大修理费\times K_a$$

式中　K_a——台班经常维修系数。$K_a=\frac{台班经常维修费}{台班大修理费}$，如载重汽车 $K_a=1.46$，自卸汽车 $K_a=1.52$，塔式起重机 $K_a=1.69$ 等。

(4) 替换设备及工具附具费　此项费用是为了保证机械正常运转而需的替换设备（如电瓶、轮胎、钢丝绳、电缆、开关、胶皮管等）以及随机械使用的工具、附具的摊销及维护的费用。计算公式为：

$$台班替换设备及工具附具费=\sum\left[\frac{某替换设备工具附具一次使用量\times相应预算单价\times(1-残值率)}{替换设备、工具、附具面用总台班}\right]$$

(5) 润滑材料及擦拭材料费　是为了保证机械正常运转，进行日常保养所需的润滑油脂（机油、黄油）及棉纱和擦拭用布等费用。计算公式为：

$$润滑材料及擦拭材料费=\sum(某润滑材料台班使用量\times相应单价)$$

$$某润滑材料台班使用量=\frac{一次使用量\times每个大修理间隔期平均加油次数}{大修理隔台班}$$

(6) 安装拆卸及辅助设施费　指机械进出工地时必须安装及拆卸所需的工料机具消耗

和试运转费以及辅助设施的搭设、拆除等费用。计算公式为：

$$台班安装拆卸费=\frac{一次安拆费\times每年安装拆次数}{年工作台班数}$$

$$台班辅助设施分摊费=\sum\left[\frac{一次使用量\times预算单价\times(1-残值率)}{摊销台班数}\right]$$

（7）机械进出场费　指机械整体或分件，从停放场运到工地或由一个工地运到另一工地，运距在25千米以内的机械进出场运输或转移费。其计算公式为：

$$台班进出场费=\frac{(每次运输费+每次装卸费)\times每年平均次数}{年工作台班}$$

（8）机械管理费　指机械管理部门保管机械所消耗的费用。包括停车库、停车棚、行政、材料库等各种房屋设施的折旧维修费和管理人员的工资、行政费、劳保费、职工福利基金及机械在规定年工作台班以外的保养维护等。其计算公式为：

$$台班机械保管费=\frac{机械预算价格\times保管费率}{年工作台班}$$

2. 第二类费用

第二类费用又称可变费用，包括机上人工费、动力燃料费、养路费及车船使用牌照税。

（1）机上人工工资　指如司机、司炉以及其他操作机械的工人的工资。它的工资单价按机械化施工定额和不同类型机械性能配备的一定技术等级的机上人员和本地区工资等级标准计算的。

（2）动力燃料费　指机械台班耗用的电力、柴油、汽油、固体燃料等费用。

（3）养路费和牌照税　养路费是指机械行驶在公路上按当地交通部门规定交纳的养路费，牌照税是税务部门按照规定征收的车船牌照税。

北京市2001年机械台班费用定额说明如下：

一、根据建设部建标［2001］年196号"关于发布《全国统一施工机械台班费用编制规则的通知》"并结合北京市的具体情况编制《北京市建设工程机械台班费用定额》（以下简称本定额）。机械台班费选录见表4-4-7。

二、本定额分大型机械、中小型机械两部分共568个子目。

三、本定额作为确定2001年《北京市建设工程预算定额》机械台班单价选价的基础；是作为总分包结算和企业经济核算的参考。

四、为了促进租赁业的发展，本定额以租赁台班费形式编制并综合了管理费等各项费用。

五、机械台班费由以下费用组成：

1. 折旧费——它是指机械在规定的使用期限内，陆续收回其原值的费用。

2. 检修费——包括大修费和维修费。大修费是指机械按规定大修间隔期（台班）必须进行大修理（或进行项修），以恢复机械正常功能所需的费用；维修费是指机械除大修以外的各级保养（一、二、三级保养）以及临时小修费、替换设备、随机工具附具摊销、润滑擦拭材料和机械停置期间的维护保养费等。

2001年北京市机械台班费选录 表4-4-7

（一）土石方筑路机械

序号	机械名称	规格及型号	租赁台班单价(元)	费用组成(元)											序号
				折旧费	检修费	辅助设施费	动力燃料费	工资	合计	养路费	运管费车船税	管理费	利润	税金	
1	履带式单斗挖土机	$0.5m^3$	483.17	110.97	148.45		99.69	71.57	430.68			21.53	15.07	15.89	1
2	履带式单斗挖土机	$1.0m^3$	703.44	180.42	188.55		186.48	71.57	627.01			31.35	21.95	23.13	2
3	履带式单斗挖土机	$1.25\sim1.5m^3$	841.70	197.88	264.72		216.08	71.57	750.25			37.51	26.26	27.68	3
4	履带式单斗挖土机	$1.6\sim2.0m^3$	1095.99	248.13	404.76		252.46	71.57	976.91			48.85	34.19	36.04	4
5	轮胎挖土机	$0.4m^3$ 内	372.84	56.45	114.83		89.48	71.57	332.33			16.62	11.63	12.26	5
6	轮胎挖土机	$0.6m^3$ 内	399.35	65.57	124.10		94.72	71.57	355.96			17.80	12.46	13.13	6
7	履带绳索抓斗成槽机	550A-50MHL-630	1609.78	612.26	352.00		327.49	143.13	1434.89			71.74	50.22	52.93	7
8	履带液压抓斗成槽机	KH180MHL-800	2260.70	928.57	534.00		409.37	143.13	2015.08			100.75	70.53	74.34	8
9	履带液压抓斗成槽机	KH180MHL-1200	3455.94	1494.51	859.46		583.36	143.13	3080.46			154.02	107.82	113.64	9
10	履带式推土机	60kW	383.76	32.07	78.62		159.81	71.57	342.07			17.10	11.97	12.62	10
11	履带式推土机	74kW	526.99	91.48	131.72		174.97	71.57	469.73			23.49	16.44	17.33	11
12	履带式推土机	90kW	600.80	117.69	153.26		192.99	71.57	535.52			26.78	18.74	19.76	12
13	履带式推土机	110kW	637.20	130.59	163.34		202.46	71.57	567.97			28.40	19.88	20.95	13
14	履带式推土机	132kW	710.94	156.06	195.05		211.02	71.57	633.70			31.68	22.18	23.38	14
15	履带式推土机	162kW	1085.93	275.67	395.75		224.96	71.57	967.94			48.40	33.88	35.71	15
16	履带式推土机	235kW	1530.21	396.76	658.82		236.80	71.57	1363.95			68.20	47.74	50.32	16
17	履带式推土机	313kW	1775.10	441.24	803.03		266.40	71.57	1582.24			79.11	55.38	58.37	17
18	履带式拖拉机	60kW	350.31	28.07	72.91		129.94	81.32	312.25			15.61	10.93	11.52	18
19	履带式拖拉机	74kW	485.80	70.16	120.68		160.85	81.32	433.02			21.65	15.16	15.97	19
20	履带式拖拉机	90kW	585.55	118.15	147.79		174.67	81.32	521.93			26.10	18.27	19.25	20
21	履带式拖拉机	105kW	647.49	130.78	152.51		212.53	81.32	577.14			28.86	20.20	21.29	21
22	履带式拖拉机	120kW	762.48	156.40	205.01		236.92	81.32	679.64			33.98	23.79	25.07	22
23	履带式拖式铲运机	$3m^3$	348.52	21.45	104.04		103.84	81.32	310.66			15.53	10.87	11.46	23
24	履带式拖式铲运机	$8m^3$	599.98	73.09	205.62		174.76	81.32	534.79			26.74	18.72	19.73	24
25	履带式拖式铲运机	$12m^3$	1059.21	100.20	541.0		221.53	81.32	944.13			47.21	33.04	34.83	25
26	除根机	ZT74kW	545.56	142.17	101.96		160.85	81.32	486.29			24.31	17.02	17.94	26
27	平地机	66kW	449.13	111.81	134.44		72.76	81.32	400.33			20.02	14.01	14.77	27
28	平地机	118kW	652.29	167.49	169.90		162.71	81.32	581.42			29.07	20.35	21.45	28
29	平地机	150kW	937.55	210.94	342.17		201.25	81.32	835.69			41.78	29.25	30.83	29

3. 安拆及场外运输费——指机械整体或分体自停放场运至工地或一个工地运至另一个工地的机械运输转移费用，以及机械在工地进行安装、拆卸所需的人工费、材料费、机具费。本定额中小型机械安拆及场外运输费均已列入台班费内，但大型机械安拆及场外运输费未列入台班费，应另行计算。

4. 辅助设施费——指机械进行安、拆、试运转所需的辅助设施（如固定锚桩、行走轨道、枕木等）费用。

5. 动力燃料费——指机械在运转过程中需用的各种燃料等费用（不包括电费）。

6. 人工费——是指机上人员工资。其工资是以平均工资单价列入台班费的。对于机械年工作台班小于国家法定工作天的工资差额均以系数方法列入工时单价中。

7. 养路费——是按规定应向国家交纳的公路养护费。本定额根据京政发［1998］9号北京市人民政府《关于调整公路养路费征收标准的通知》的规定，按核定载重吨位计算列入定额。

8. 车船税及公路运输管理费——按国家规定凡拥有并使用的车船都应缴纳车船使用税和公路运输管理费。

9. 管理费——是指机械租赁单位在经营过程中所发生的各项费用。它包括的主要内容有：工作人员工资及工资附加费、办公费、差旅交通费、固定资产使用费、税金（房地产税、车船使用税、印花税）、低值易耗品摊销、职工教育经费、劳动保护费、劳动保险费、住房基金和社会保险基金等费用。

10. 利润——是租赁公司按照国家有关规定应计取的利润。

11. 税金——是租赁公司按照国家规定应缴纳的营业税。

六、机械出租每工作八小时为一个台班。一班工作累计不足四小时按半个台班计算，超过四小时按一个台班计算。

四、单位估价表的编制

（一）单位估价表的概念和作用

单位估价表是以货币形式表示预算定额中分项工程或结构构件的预算价值的计算表，所以又称建筑工程预算定额单位估价表。

不难看出，分项工程的单价表，是预算定额规定的分项工程的人工、材料和施工机械台班消耗指标，分别乘以相应地区的工资标准、材料预算价格和施工机械台班费，算出的人工费、材料费及施工机械费，并加以汇总而成。因此，单位估价表是以预算定额为依据，既列出预算定额中的“三量”，又列出了“三价”，并汇总出定额单位产品的预算价值。

为便于施工图预算的编制，简化单位估价表的编制工作，各地区多采用预算定额和单位估价表合并形式来编制，即预算定额内不仅仅列出“三量”，同时列出预算单价，使地区预算定额和地区单位估价表融为一体。

在编制工程预算时，用不同子目的单位估价分别乘上工程量后，可以得出单位工程的全部直接费用。单位估价表的具体作用是：

1. 是编制和审查建筑安装工程施工图预算，确定工程造价的主要依据；

2. 是拨付工程价款和结算的依据；

3. 在招标投标制中，是编制标底及报价的依据；

4. 是设计单位对设计方案进行技术经济分析比较的依据；

5. 是施工单位实行经济核算，考核工程成本的依据；

6. 是制定概算定额、概算指标的基础。

（二）单位估价表的编制依据

单位估价表是以一个城市或一个地区为范围编制，在本地区实行。其编制的主要依据如下：

1. 国家和地区编制的现行预算定额；

2. 地区现行的建筑安装工人日工资标准；

3. 地区现行的材料预算单价；

4. 地区现行的机械台班单价；

5. 国家或地区有关的规定。

（三）单位估价表的编制

地区单位估价表是由编制地区建委负责组织有关单位如建设银行、设计、施工及重点建设等单位共同进行编制，经主管部门批准后，颁发执行。其编制步骤和方法如下：

1. 准备工作

包括拟定工作计划，收集预算定额以及工资标准、材料预算价格、机械台班预算价格等有关资料，了解编制地区范围内的工程类别、结构特点、材料及构件生产、供应和运输等方面的情况，提出编制地区单位估价表的方案。

2. 编制工作

单位估价表的编制应根据已确定的编制方案进行，主要编制方法是：

（1）若单位估价表与预算定额合并编制时，则预算定额的项目即为单位估价表的项目。单位估价表的编制应贯彻简明适用的原则。

（2）确定单位估价表的人工、材料、机械台班用量

单独编制单位估价表时，应将所选定的定额项目的人工、材料、机械台班消耗量，抄录在空白单价表内，其中人工工日数量只抄录合计工日数。

（3）合理确定人工日工资标准和材料、机械台班预算单价。

① 工日工资单价的确定

工日工资单价是根据地区建筑安装工人日工资标准，工资性质的津贴等，计算出日工资单价。

② 材料预算价格及其选价的确定

A. 材料预算价格的确定

材料预算价格的确定方法已在前面作了介绍，不再重复。

应该注意的是材料预算价格是按不同材料的品种、规格、型号分别编制的单项价格。例如水泥，北京市2001年材料预算价格中列有不同品种、标号，及袋装、散装的各种预算价格。

在编制单位估价表时，其材料单价的选用有两种情况：若材料品种规格单一时，即选用它的预算价格作为计算单价；若材料品种规格繁多，如水泥、钢材、木材等，必须进行综合选价。

B. 材料选价是编制建筑安装工程预算定额，确定分部分项单位估价表中材料费的依据，从而也是编制工程预算确定工程造价和拨款、结算的依据。

材料综合选价是根据预算定额内所综合的材料品种规格，以及工程特点、结构类型、

工业与民用所占的比例等，测算出工程上常用的不同品种规格和用量，并结合当时供应情况，按照一定比例以材料预算价格为基础综合测定的价格。

③ 机械台班费及其台班费选价的确定

A. 机械台班费的内容及编制方法详见前节所述。

B. 机械台班费选价。

由于定额中某些项目同样综合了不同的机械规格型号，而不同的机械型号、规格有不同的台班费价格，所以编制单位估价表时，需对本地区工程常用机械的规格型号以及现有机械配备情况进行综合测算，确定出机械台班选价。

④ 计算单位估价表的人工费、材料费、机械费和预算价值

在确定了人工、材料和机械台班用量及单价的基础上，分别计算出人工费、材料费和机械费并汇总成单位估价表。其计算公式是：

每一定额计量单位分项工程预算价值＝人工费＋材料费＋机械费

其中：

人工费＝定额工日数量×预算工资单价＋其他人工费

材料费＝∑(定额材料数量×相应材料预算选价)＋其他材料费

机械费＝∑(定额机械台班数×相应机械台班费选价)＋其他机械费

⑤ 填表

3. 修订定额

单价表编制完后，认真编写文字说明，包括总说明、分部说明、各节工作内容说明及附注等。文字应言简意明，表格简明适用。然后向有关方面征求意见，修改补充。定稿后报送主管部门审批后，颁发执行。

（四）北京市预算定额选价汇编

1. 北京市建设工程预算定额选价汇编（以下简称本汇编），是依据2001年《北京市建设工程材料预算价格》和《北京市建设工程机械台班费用定额》，结合2001年《北京市建设工程预算定额》编制的。

2. 本汇编包括：材料选价、机械台班选价和砂浆、混凝土配合比选价共3部分。

3. 本汇编与2001年《北京市建设工程预算定额》配套使用。

4. 定额中钢筋成型加工及运费的组成见表4-4-8。

钢筋成型加工及运费（单位：元）　表4-4-8

代号	名称	单位	单价	其中	
84012	Φ10以内	kg	0.135	0.092	0.043
84013	Φ10以内	kg	0.101	0.075	0.026

5. 黑色及有色金属选价摘录见表4-4-9。

黑色及有色金属选价摘录　表4-4-9

序号	代号	材料名称	规　格	单位	预算价格(元)
1	01001	钢筋	Φ10以内	kg	2.430
2	01002	钢筋	Φ10以外	kg	2.500
3	01003	冷轧带肋钢筋		kg	2.800
4	01004	冷轧带肋钢筋网片		kg	3.300
5	01006	钢丝束		kg	4.150
6	01007	钢绞线		kg	5.200
7	01008	无粘结预应力钢丝束		kg	6.250
8	01009	无粘结预应力钢绞线		kg	7.800

续表

序号	代号	材料名称	规　格	单位	预算价格(元)
9	01010	冷拔丝	Φ5 以内	kg	3.500
10	01011	镀锌钢绞线		kg	6.200
11	01012	镀锌网片筋		m	2.700
12	01013	型钢		kg	2.370
13	01014	圆钢	Φ10 以内	kg	2.340
14	01015	圆钢	Φ10 以外	kg	2.400
15	01016	角钢	63 以内	kg	2.370
16	01017	角钢	63 以外	kg	2.420
17	01018	扁钢	60 以内	kg	2.370
18	01019	扁钢	60 以外	kg	2.470
19	01020	槽钢	16 以内	kg	2.410
20	01021	方钢	16 以内	kg	2.370
21	01022	镀锌角钢		kg	3.370
22	01023	镀锌扁钢		kg	3.370
23	01024	普通钢板	δ=0.5～0.65	kg	3.700
24	01025	普通钢板	δ=0.7～0.9	kg	3.700
25	01026	普通钢板	δ=1～1.5	kg	3.580
26	01027	普通钢板	δ=1.6～1.9	kg	3.500
27	01028	普通钢板	δ=2～2.5	kg	3.390
28	01029	普通钢板	δ=2.6～3.2	kg	3.310
29	01030	普通钢板	δ=3.5～4.0	kg	2.580

复习思考题

1. 预算定额日工资标准由几部分组成？
2. 材料预算价格由哪些费用组成？如何计算？
3. 机械台班费用由哪些费用组成？
4. 什么是单位估价表和单位估价汇总表？单位估价表与预算定额有何关系？
5. 单位估价表有何作用？如何编制？

第五节　建筑工程概算定额与概算指标

一、概算定额

（一）概算定额概念

建筑工程概算定额，也叫做扩大结构定额。它规定了完成一定计量单位的扩大结构构件或扩大分项工程的人工、材料和机械台班的数量标准。

概算定额是在预算定额的基础上，综合了预算定额的分项工程内容后编制而成的。如北京市 1996 年建设安装工程概算定额中砖墙子目，包括了过梁、加固钢筋、砖墙的腰线、垃圾道、通风道、附墙烟囱等项目内容。

（二）概算定额的作用

① 是编制初步设计、技术设计、施工图阶段工程概算的依据。

② 是编制建筑工程主要材料申请计划的基础。

③ 是进行设计方案经济比较的依据。

④ 是编制建筑工程招、投标标底，评定标价，以及工程结算的依据。

⑤ 是编制概算指标的基础。

（三）概算定额编制的依据

（1）现行的设计标准及规范，施工验收规范。

（2）现行的建筑安装工程预算定额和施工定额。

（3）经过批准的标准设计和有代表性的设计图纸等。

（4）人工工资标准、材料预算价格和机械台班费用等。

（5）现行的概算定额。

（6）有关的工程概算、施工图预算、工程结算和工程决算等经济资料。

（7）上级颁发的有关政策性文件。

（四）概算定额的内容

概算定额一般由目录、总说明、建筑面积计算规则、分部工程说明、定额项目表和有关附录或附件等。

在总说明中主要阐明编制依据、适用范围、定额的作用及有关统一规定等。

在分部工程说明中，主要阐明有关工程量计算规则及各分部工程的有关规定。

在概算定额表中，分节定额的表头部分列有本节定额的工作内容及计量单位，表格中列有定额项目的人工、材料和机械台班消耗量指标，以及按地区预算价格计算的定额基价。概算定额表的形式各地区有所不同，现以北京市 1996 年建筑安装工程概算定额为例（见表 4-5-1、表 4-5-2 所示）。

（五）概算定额的编制步骤及方法

概算定额的编制步骤一般分为三个阶段，即准备工作阶段，编制概算定额初稿阶段和审查定稿阶段。

在编制概算定额准备阶段，应确定编制定额的机构和人员组成，进行调查研究了解现行概算定额执行情况和存在的问题，明确编制目的并制定概算定额的编制方案和划分概算定额的项目。

在编制概算定额初稿阶段，应根据所制定的编制方案和定额项目，在收集资料整理分析各种测算资料的基础上，根据选定有代表性的工程图纸计算出工程量，套用预算定额中的人工、材料和机械消耗量，再用加权平均得出概算项目的人工、材料、机械的消耗指标，并计算出概算项目的基价。

在审查定稿阶段，要对概算定额和预算水平进行测算，以保证两者在水平上的一致性。如与预算定额水平不一致或幅度差不合理，则需对概算定额做必要的修改，经定稿批准后，颁发执行。

二、概算指标

（一）概算指标的概念和作用

概算指标是在概算定额的基础上综合、扩大，介于概算定额和投资估算指标之间的各种定额。它是以每 100m^2 建筑面积或 1000m^3 建筑体积为计算单位，构筑物以座为计算单位，安装工程以成套设备装置的台或组为计算单位，规定所需人工、材料、机械消耗和资金数量定额指标。

概算指标和概算定额、预算定额一样，都是与各个设计阶段相适应的多次性估价的产

砖石及钢筋混凝土基础

表 4-5-1

工程内容：1. 砖基础包括：防潮层、加固筋。

2. 块体设备基础包括：预埋螺栓孔；框架式设备基础还包括垫层、预埋铁件、抹面和脚手架等。

3. 采光井包括：挖土、运土、回填土、采光井壁、采光井、内外装修。

4. 抗压板增加费包括：垫层和抗压板。

定额编号	项目			单位	概算单位（元）	其中（元）			人工（工日）	主要工程量	主要材料						其他材料费（元）	定额编号
						人工费	材料费	机械费		现浇混凝土（m^3）	01001 钢筋（kg）	03002 模板（m^3）	02001 水泥（kg）	砂子（kg）	石子（kg）	钢模费（元）		
1-79	钢筋混凝土满堂红基础	板式	C20	m^3	473.58	31.48	442.10		1.50	1.061	84	0.001	350	767	1332	2.12	2.54	1-79
1-80			C30	m^3	506.73	31.48	475.25		1.50	1.061	84	0.001	458	667	1321	2.12	2.54	1-80
1-81			C40	m^3	527.08	31.48	485.60		1.50	1.061	84	0.001	491	632	1311	2.12	2.54	1-81
1-82		筏式	C20	m^3	683.42	42.11	641.31		2.01	1.051	140	0.006	347	760	1319	18.38	3.89	1-82
1-83			C30	m^3	716.25	42.11	647.14		2.01	1.051	140	0.006	454	661	1308	18.38	3.89	1-83
1-84			C40	m^3	736.41	42.11	649.30		2.01	1.051	140	0.006	486	626	1298	18.38	3.89	1-84
1-85		抗压板增加费	C20	m^3	402.88	29.36	373.52		1.40	0.966	65	0.003	312	707	1213	4.41	2.80	1-85
1-86			C30	m^3	428.76	29.36	339.40		1.40	0.966	65	0.003	396	629	1204	4.41	2.80	1-86
1-87			C40	m^3	444.66	29.36	415.30		1.40	0.966	65	0.003	422	602	1196	4.41	2.80	1-87

砖墙、砌块墙及砖桩 **表 4-5-2**

工程内容：砖墙和砌块墙包括：过梁、圈梁、钢筋混凝土加固带、加固筋、砖砌垃圾道、通风道、附墙烟囱等。女儿墙包括了钢筋混凝土压顶。电梯井包括预埋铁件。

定额编号	项目				单位	概算单价（元）	其中(元)			人工（工日）	主要工程量		主要材料									其他材料费（元）	定额编号
							人工费	材料费	机械费		砌体（m^3）	现浇混凝土（m^3）	01001 钢筋（kg）	03002 模板（m^3）	02001 水泥（kg）	06003 过梁（m^3）	红机砖（块）	石灰（kg）	砂子（kg）	石子（kg）	钢模费（元）		
2-1	红机砖	外墙	厚度在(mm)	240	m^2	60.15	9.39	49.99	0.77	0.44	0.227	0.012	2		15	0.006	116	5	105	15	1.08	0.22	2-1
2-2				365	m^2	91.08	14.24	75.67	1.17	0.66	0.345	0.018	3		23	0.009	176	7	160	23	1.62	0.34	2-2
2-3				490	m^2	121.99	19.09	101.35	1.55	0.88	0.463	0.024	4		31	0.012	236	10	214	31	2.15	0.45	2-3
2-4		内墙		115	m^2	23.92	5.12	18.54	0.26	0.24	0.106				4	0.002	57	2	38			0.06	2-4
2-5				240	m^2	53.04	7.99	44.40	0.65	0.37	0.210	0.011	1		14	0.005	107	4	97	14	0.99	0.20	2-5
2-6				365	m^2	81.22	12.19	67.99	1.04	0.57	0.319	0.017	2		21	0.008	163	7	148	22	1.53	0.31	2-6
2-7		女儿墙		240	m^2	67.10	14.44	52.66		0.68	0.220	0.033	2	0.004	22		112	5	118	42		0.71	2-7
2-8				365	m^2	101.97	21.94	80.03		1.03	0.353	0.051	3	0.005	33		171	7	179	64		1.08	2-8

物。它主要用于初步设计阶段，其作用是：

（1）概算指标是编制初步设计概算，确定工程概算造价的依据；

（2）概算指标是设计单位进行设计方案的技术经济分析，衡量设计水平，考核投资效果的标准；

（3）概算指标是建设单位编制基本建设计划，申请投资拨款和主要材料计划的依据；

（4）概算指标是编制投资估算指标的依据。

（二）概算指标的编制

1. 编制依据

概算指标的编制依据主要有：

（1）现行的标准设计，各类工程的典型设计和有代表性的标准设计图纸；

（2）国家颁发的建筑标准、设计规范、施工技术验收规范和有关技术规定；

（3）现行预算定额、概算定额、补充定额和有关费用定额；

（4）地区工资标准、材料预算价格和机械台班预算价格；

（5）国家颁发的工程造价指标和地区造价指标；

（6）典型工程的概算、预算、结算和决算资料；

（7）国家和地区现行的基本建设政策、法令和规章等。

2. 编制步骤

编制概算指标，一般分三个阶段：

（1）准备工作阶段

本阶段主要是汇集图纸资料，拟定编制项目，起草编制方案、编制细则和制定计算方法，并对一些技术性、方向性的问题进行学习和讨论。

（2）编制工作阶段

这个阶段是优选图纸，根据选出的图纸和现行预算定额，计算工程量，编制预算书，求出单位面积或体积的预算造价，确定人工、主要材料和机械的消耗指标，填写概算指标表格。

（3）复核送审阶段

将人工、主要材料和机械消耗指标算出后，需要进行审核，以防发生错误。并对同类性质和结构的指标水平进行比较，必要时加以调整，然后定稿送主管部门，审批后颁发执行。

（三）概算指标的内容

概算指标是比概算定额综合性更强的一种指标。其内容主要包括五个部分：

1. 说明

它主要从总体上说明概算指标的应用、编制依据、适用范围和使用方法等。

2. 示意图

说明工程的结构形式，工业项目还表示出吊车及起重能力等等。

3. 结构特征

主要对工程的结构形式、层高、层数和建筑面积等做进一步说明。某省 1990 年编制颁发的建筑工程概算指标如表 4-5-3、表 4-5-7 和表 4-5-11 所示。

21. 轻板框架住宅 **表 4-5-3**

(1) 结构特征

结构类别	轻板框架	层数	七	层高	3m	檐高	21.9m	建筑面积	3746m^2

(2) 经济指标(单位:元)(每 100m^2 建筑面积) **表 4-5-4**

造价分类 \ 造价构成		合计	其中					参考系数
			直接费	间接费	计划利润	其他	税金	
单方造价		43774	25352	6467	2195	8493	1267	
其中	土建	38617	22365	5705	1973	7492	1118	
	水暖	3416	1978	505	171	663	99	
	电照	1741	1009	257	87	338	50	

4. 经济指标

说明该项目每 100m^2、每座或每 10m 的造价指标及其中土建、水暖和电照等单位工程的相应造价。如表 4-5-4、表 4-5-8 和表 4-5-12 所示。

5. 构造内容及工程量指标

说明该工程项目的构造内容和相应计算单位的工程量指标及人工、材料消耗指标。如表 4-5-5、表 4-5-6、表 4-5-9、表 4-5-10、表 4-5-13 和表 4-5-14 所示。

(3) 构造内容及工程量指标(100m^2 建筑面积) **表 4-5-5**

序号	构造及内容		工程量		占单方造价(%)
			单位	数量	
一	土建				100
1	基础及埋深	钢筋混凝土条形基础	m^3	6.05	13.9
2	外墙	250mm 加气混凝土外墙板	m^3	13.43	13.9
3	内墙	125mm 加气块/砖、石膏板	m^3	19.46,8.17,17.75	12.5
4	柱及间距	预制柱,间距 2.7m、3m	m^3	3.50	5.48
5	梁	预制叠合梁,阳台挑梁、纵向梁	m^3	3.43	3.10
6	地面	80mm 混凝土垫层、水泥砂浆面层	m^2	12.60	2.79
7	楼层	100mm 钢筋混凝土整间板、原面层	m^2	73.10	15.26
8	顶棚				
9	门窗	木门窗	m^2	58.77	14.64
10	房架及跨度				
11	屋面	三毡四油防水,200mm 加气保温,预制空心板	m^2	18.60	6.21
12	脚手架	综合脚手架	m^2	100	2.30
13	其他	厕所、水池等零星工程	m^2		9.92
二	水暖				
1	采暖方式	垂直单管上供下回式集中采暖			
2	给水性质	生活给水			
3	排水性质	生活分流污水			
4	通风方式	自然通风			
三	电照				
1	配线方式	塑料管暗配			
2	灯具种类	白炽灯、普通座灯、防水灯座			
3	用电量 W/m^2				

(4) 人工及主要材料消耗指标(每 100m²) 表 4-5-6

序号	名称及规格	单位	数量	序号	名称及规格	单位	数量
一	土建			1	人工	工日	38
1	人工	工日	489	2	钢管	t	0.17
2	钢筋	t	2.43	3	暖气片	m^2	0.17
3	型钢	t	0.02	4	卫生器具	套	4.7
4	水泥	t	14.60	5	水表	个	1.87
5	白灰	t	0.40	三	电照		
6	沥青	t	0.32	1	人工	工日	19
7	石膏板,红砖墙板,加气块	千块	17.75,8.17/13.43,19.46	2	电线	m	274
8	木材	m^3	3.81	3	钢(塑)管	t	(0.052)
9	砂	m^3	30	4	灯具	套	8.7
10	砾(碎)石	m^3	26	5	电表	个	1.87
11	玻璃	m^2	29	6	配电箱	套	0.74
12	卷材	m^2	88	四	机械使用费	%	7.5
二	水暖			五	其他材料费	%	16.53

2. 内浇外砌住宅—8 表 4-5-7

(1) 结构特征

结构类别	内浇外砌	层数	六	层高	2.8m	檐高	17.7m	建筑面积	4206m²

(2) 经济指标(单位:元)(每 100m² 建筑面积) 表 4-5-8

造价构成 / 造价分类		合计	其中					参考系数
			直接费	间接费	计划利润	其他	税金	
单方造价		37745	21860	5576	1893	7323	1093	
其中	土建	32424	18778	4790	1626	6291	939	
	水暖	3182	1843	470	160	617	92	
	电照	2139	1239	316	107	415	62	

(3) 构造内容及工程量指标(100m² 建筑面积) 表 4-5-9

序号	构造及内容		工程量		占单方造价(%)
			单位	数量	
一	土建				100
1	基础	灌注桩	m^3	14.64	14.35
2	外墙	2B砖墙、清水墙勾缝、内抹灰刷白	m^3	24.32	15.97
3	内墙	混凝土墙、1B砖墙、抹灰刷白	m^3	22.70	14.60
4	柱及间距	混凝土柱	m^3	0.70	1.46
5	梁				
6	地面	碎砖垫层、水泥砂浆面层	m^2	13	2.70
7	楼面	120mm预制空心板、水泥砂浆面层	m^2	65	15.99
8	顶棚				
9	门窗	木门窗	m^2	62	16.18
10	房架及跨度				
11	屋面	三毡四油卷材防水,水泥珍珠岩保温、预制空心板	m^2	21.7	8.04
12	脚手架	综合脚手架	m^2	100	2.36

续表

序号	构造及内容		工程量		占单方造价(%)
			单位	数量	
13	其他	厕所、水池等零星工程			
二	水暖				
1	采暖方式	集中采暖			
2	给水性质	生活给水明设			
3	排水性质	生活排水			
4	通风方式	自然通风			
三	电照				
1	配电方式	塑料管暗配电线			
2	灯具种类	白光灯			
3	用电量 W/m^2				

(4) 人工及主要材料消耗指标(每 $100m^2$ 建筑面积) **表 4-5-10**

序号	名称及规格	单位	数量	序号	名称及规格	单位	数量
一	土建			1	人工	工日	39
1	人工	工日	506	2	钢管	t	0.18
2	钢筋	t	3.25	3	暖气片	m^2	20
3	型钢	t	0.13	4	卫生器具	套	2.35
4	水泥	t	18.10	5	水表	个	1.84
5	白灰	t	18.10	三	电照		
6	沥青	t	0.29	1	人工	工日	20
7	红砖	千块	15.10	2	电线	m	283
8	木材	m^3	4.10	3	钢(塑)管	t	(0.04)
9	砂	m^3	41	4	灯具	套	8.43
10	砾(碎)石	m^3	30.5	5	电表	个	1.84
11	玻璃	m^2	29.2	6	配电箱	套	6.1
12	卷材	m^2	80.8	四	机械使用费	%	7.5
二	水暖			五	其他材料费	%	19.57

3. 水塔—2 **表 4-5-11**

(1) 结构特征

结构类别	钢混	高度	25m	容积	200t

(2) 经济指标(单位:元)(每座) **表 4-5-12**

造价分类 \ 造价构成		合计	其中					参考系数
			直接费	间接费	计划利润	其他	税金	
单方造价		48097	85917	21659	7441	28783	4297	
其中	土建	128088	74310	18733	6435	24894	3716	
	水暖	12256	7110	1792	616	2382	356	
	电照	7753	4497	1134	390	1507	225	

(四)概算指标的应用

概算指标的应用比概算定额具有更大的灵活性。由于它是一种综合性很强的指标,不可能与拟建工程在建筑特征、结构特征、自然条件和施工条件上完全一致。因此,在选用概算指标时,要十分慎重,注意选用的指标和设计对象在各方面尽量一致或接近,不一致的地方要进行调整换算,以提高概算的准确性。

(3) 构造内容及工程量指标（每座）　表 4-5-13

序号	构造及内容		工程量		占单方造价 (%)
			单位	数量	
一	土建				100
1	基础及埋深	钢筋混凝土，深 3.5m	m^3	54.50	14.73
2	塔身构造及高度	钢筋混凝土，25m	m^3	69.50	29.86
3	塔顶构造	钢筋混凝土，带通风井	m^3	25	10.74
4	水箱高度、内径	钢筋混凝土，5.63m，7m	m^3	11.10	20
5	脚手架	综合脚手架	m^2	100	8.25
6	其他				16.42
二	水暖				
1	给水性质	送配溢水管			
三	电照				
1	配线方式	钢管明配，集中控制			
2	灯具种类	弯脖灯			
3	用电量 W/m^2	0.82			

(4) 人工及主要材料消耗指标（每座）　表 4-5-14

序号	名称及规格	单位	数量	序号	名称及规格	单位	数量
一	土建			10	玻璃	m^2	14.55
1	人工	工日	2534	11	卷材	m^2	413
2	钢筋	t	14.86	二	水暖		
3	型钢	t	2.45	1	人工	工日	100
4	水泥	t	75.18	三	电照		
5	沥青	t	0.96	1	人工	工日	21
6	红砖	千块	44.84	2	钢管	t	0.20
7	木材	m^3	34.92	3	灯具	套	12
8	砂	m^3	139.20	4	配电箱	套	12
9	砾(碎)石	m^3	189.10				

概算指标的应用，一般有两种情况。第一种情况，如果设计对象的结构特征与概算指标一致时，直接套用；第二种情况，如果设计对象的结构特征与概算指标的规定局部不同时，要对指标的局部内容调整后再套用。

复习思考题

1. 什么是概算定额？它有哪些作用？
2. 概算定额与预算定额有何异同？
3. 什么是概算指标？它有哪些作用？
4. 概算指标在具体内容的表示方法上通常有哪两种形式？

第五章　建筑施工的测量放线

第一节　施工测量放线的内容

一、名词解释

测量放线中有许多术语，下面仅就这些术语作一些名词解释：

1. 高程

高程是高低程度的简称。

我国国家规定以山东青岛市验潮站所确定的黄海的常年平均海水面，作为我国计算高程的基准面。这个大地水准面（基准面）的高程为零。

有了高程的零点基准面，因此陆地上任何一点到此大地水准面的铅垂距离，就称为该点的高程或海拔。在工程测量中我们亦称之为该点的绝对标高。

2. 建筑标高

标高，是指标志的高度。建筑标高是指房屋建造时的相对高度。它表示在建房屋上某一点与该建筑所确定的起始基准点之间的高度差。房屋建筑时，一般将房屋首层的室内地面作为该房屋计算标高的基准零点，一般标成± 0.000，其计量单位为米（m）。其他部位同它的高度差称为这个部位的建筑标高，简称标高。

建筑标高和大地高程（即绝对标高）之间的关系，是用建筑标高的零点等于绝对标高多少数量来联系的。

3. 高差

高差即高度之差。它是指某两点之间的高程之差或某两点（一幢房屋内的）之间建筑标高之差，而不能是高程与建筑标高之间的差；或两栋不同建筑之间的标高之差。高差，在水准测量（施工中俗称抄平）中是常用到的术语。

4. 水准测量

水准测量是为确定地面上点的高程所进行的测量工作，在施工中称之为抄平放线。主要是用水准仪所提供的一条水平视线来直接测出地面上各点之间的高差；从已知某点的高程，可以由测出的高差推算出其他点的高程。

水准测量是房屋施工中经常要进行的工作。

5. 角度

角度是测量中两条视线所形成的夹角大小，角度又分为水平角和竖直角。水平角是地面上两相交直线（或视线）在水平面上的投影所夹的角；竖直角是竖向平面内两条直线（或视线）相交的交角，竖直角又分为仰角和俯角。

角度的测量采用经纬仪来进行。在房屋建筑施工时，房屋一边沿与另一边沿相交的角度就是用经纬仪来进行测量的。

6. 坐标

坐标是测量中用来确定地面上物体所在位置的准线，是人们假想的线。坐标分为平面直角坐标和空间直角坐标，平面直角坐标由两条互相垂直的轴线组成；空间直角坐标系由三条互相垂直的轴线组成。地球上的经纬度是最大的平面直角坐标。而区域性的由国家测绘部门定下来的坐标方格网，则是用来对房屋定位放线的测量依据。图 5-1-1 即为区域性的坐标方格网。

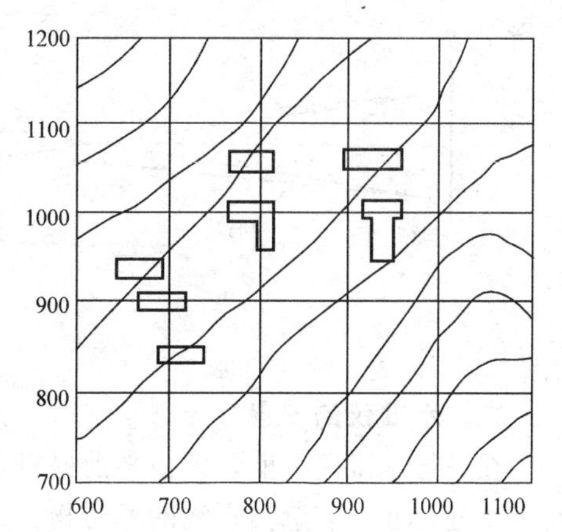

图 5-1-1　区域性坐标方格网

二、施工测量放线的主要内容

测量学的范围太广，本章只结合房屋建筑施工的实际应用介绍以下几个方面的有关内容：

（1）测量需用的仪器和工具。

（2）介绍施工放线的准备工作。

（3）介绍房屋建筑的定位和水准标高的引进，控制桩的设置与保护等。

（4）介绍不同类型建筑的测量放线的工作内容，及结构吊装时应做的一些测量放线工作。

（5）建筑物的沉降观测，包括观测点的设置和观测要求。

第二节　测量放线使用的仪器及工具

一、水准仪和水准尺

水准仪是测量高程、建筑标高用的主要仪器。

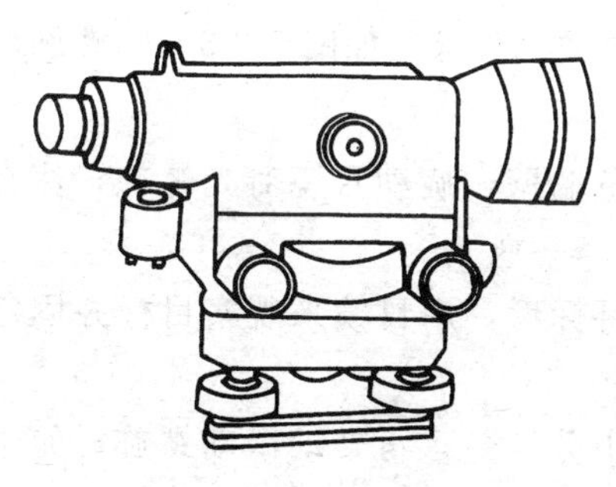
图 5-2-1　水准仪

水准尺是为测定各点之间的高度差提供数据的尺寸，俗称“塔尺”，其伸缩范围在 5.0m 以内。

水准仪目前常用的为微倾水准仪和万能自动安平水准仪两类。它由望远镜、水准器、基座三部分组成。如图 5-2-1。

望远镜由物镜、对光透镜、目镜和十字丝部分组成，是瞄准远处目标用的。如图 5-2-2。

水准器有两种形式：一种称为水准管；一种为水准盒。水准管封闭装在望远镜一侧，水准盒在望远镜下部为一圆形盒，盒内可见圆形水泡。

基座由轴座、定平螺旋（脚螺旋）和连接板组成，起到支承上部仪器和同支撑的三角架连接的作用。

在使用时还有安装在望远镜处的制动螺旋、微动螺旋、微倾螺旋等控制仪器的零件。

水准尺上的字有正写、倒写两种，配合水准仪望远镜使用。使用中应注意望远镜成像是正像或倒像，以避免误读。

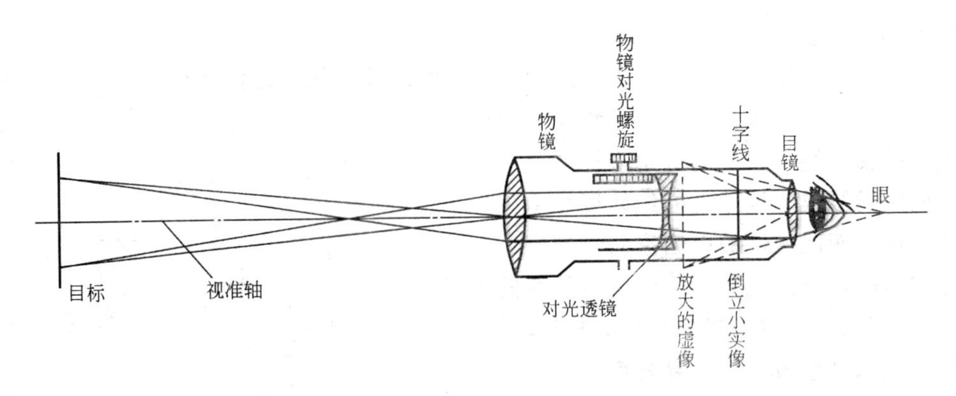

图 5-2-2 望远镜

二、水准仪的安置

在进行水准测量前，即抄平前要将水准仪安置在适当位置，一般选在观测的两点的中间距离处，并设有遮挡视线的障碍物。其安置步骤如下：

1. 支三脚架：三脚架放置位置应行人少，振动小、地面坚实。支架高度以放上仪器后观测者测视合适为宜。支架的三角尖点形成等边三角形放置，支架上平面接近水平。

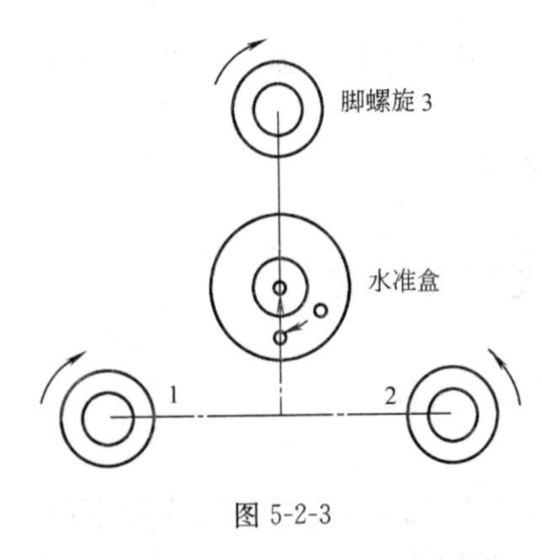

图 5-2-3

2. 安放水准仪：从仪器箱中取出水准仪放到三脚架上，用架上的固定螺栓与仪器的连结板拧牢。最后把三脚架尖踩入坚土中，使三脚架稳固在地面上。取放仪器注意轻拿轻放及仪器在箱内的摆放朝向。

3. 调平：旋松水准仪的制动螺旋，使镜筒先平行于二个脚螺旋连线，旋动脚螺旋使水准盒的气泡居中，再将镜筒转 90°与两脚螺旋连线垂直，再转动第三个脚螺旋使水泡居中。重复上述操作，使镜筒在任何位置时水泡均居中，则调平完成，说明望远镜视准轴处于水平状态，符合“抄平”要求。如图 5-2-3。脚螺旋调整是“顺高逆低”。

4. 目镜对光：依个人视力将镜转向明亮背景如白色墙壁，旋动目镜对光螺旋，使在镜筒内看到的十字丝达到十分清晰为止。

5. 概略瞄准：利用镜筒上的准星和缺口大致瞄准目标后，用目镜来观察目标并固定制动螺旋，完成概略瞄准。

6. 物镜对光：转动物镜对光螺旋，使目标在镜中十分清楚，再转动微动螺旋，使十字丝中心对准目标中心，物像和十字丝都十分清楚就照准了。

以上六步工作完成后就可进行水准测量、抄平了。需注意的是在拧旋螺旋时，不要硬拧或拧过头，以免损坏仪器。

三、用仪器抄平

房屋建筑中的抄平是根据引进的水准标高为依据的。一般从城市规划给的某水准标高点或建设单位给定水准标高点，用水准仪逐步测量到施工现场，并在施工工程附近设置该工程标高的依据水准点。通常引进后根据高差的计算，把该依据点定成设计要求的±0.000的绝对标高值。

抄平测高差的方法是先将水准尺放在第一点已知标高的点上，用望远镜照准，通过镜中十字丝的横丝所指示的读数，取得这点的观测数值。观测时通过旋对微倾螺旋，观察水准管中两半气泡重合，把水准仪调到很准的水平位置。测量时应用测量手簿进行记录，形式如下表 5-2-1。

水准测量记录　　表 5-2-1

观测点	仪器位置	后视读数	前视读数	高差	观测点高程	备注

引进水准点时用测量记录，房屋施工抄平中第一点标高为已知，如基准点为定的建筑的±0.000，测定比它高的点，把仪器读得基准点上的读数减去提高的尺寸，则该水准尺下部即为应求点的高度。如测定室内 50cm 平线，基准点上尺读数为 1.67m，则尺靠在室内墙上读数为 1.17m 时，尺下端点即为室内 50cm 高线中一点，依此测点并弹线，就有了室内标高基准线，控制地面、定门窗高度、安装楼板高度等。

抄平时注意读数要准确，在尺下划线点时要紧贴尺底，防止划线不准造成误差。若望远镜中见到的是倒置的物像，则指挥持尺者的手势与镜中物像移动的方向正好相反。

四、水准测量中的精度要求和误差因素

水准测量在建筑施工中，主要是引进水准标高点时应用。由于在多次转折测量中易产生较大误差，通过总结经验，规定了误差的允许范围。在建筑工程及道路水准测量中允许误差按下面公式计算：

$$f_{允许误差}=\pm 20\sqrt{K}(\mathrm{mm})\text{或 } f_{允许误差}=\pm 5\sqrt{n}(\mathrm{mm})$$

式中，K 是测量的路线长度，单位 km；n 是测量中转折的次数。每 km 转折点少于 15 点时用前一个公式，反之用后一个公式。

例如水准基点离工地 1768m 远，中间转折了 16 次，那么其允许误差为：

$$f_{允许误差}=\pm 5\sqrt{16}=\pm 20\mathrm{mm}$$

允许误差值有了，那么施测值是否有误差及误差是否在允许范围内？这要通过校核才知道。一般校核方法有往返测法、闭合法、附合法等。往返法是由已知水准点测到工地后再按原线反向测回到原水准点；闭合法是由已知水准点测到工地后再另外循路闭合测至原水准点；附合法是由已知水准点测到工地后再附合至已知的第二个水准点。无论哪种校核方法，当所得误差值小于允许误差值时即为合格，反之不合格需重测。

水准测量误差因素有以下几方面，在测量时应避免：

(1) 仪器引起的误差：主要是视准轴与水准管轴不平行所引起，要修正仪器才能解决。

(2) 自然环境引起的误差：如气候变化、视线不清、日照强烈、支架下沉等。

(3) 操作不当引起的误差：如调平不准、持尺不垂直、仪器碰动、读数读错或不准等。

造成误差因素是多方面的，我们在做这项工作之前要检查仪器，排除不利因素，认真细致操作，以提高精度，减少误差。

五、经纬仪和钢卷尺

经纬仪是施工测量中确定物位的主要工具。测量中通过它观测角度和由钢卷尺丈量距离来确定地面上的点和线的位置，为房屋定位用。还可用来进行竖向观测，测看房屋的垂直度，水塔、烟囱等高大构筑物的垂直度。在结构吊装中随时用来检测所吊装构件是否垂直，中心位置是否准确等。经纬仪是施工测量中必不可少的仪器。

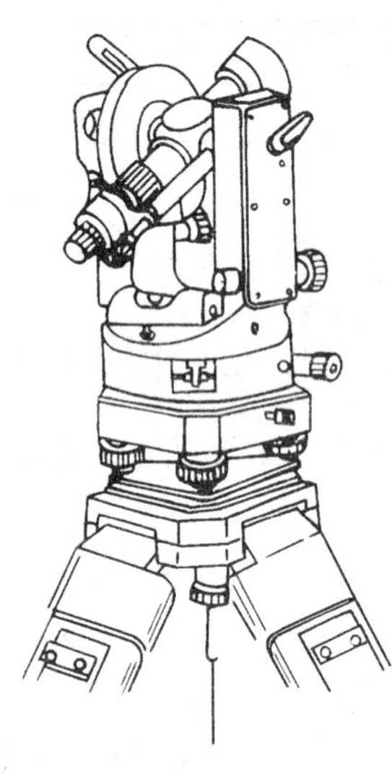

图 5-2-4　经纬仪

随着建筑施工技术的发展，对仪器的精度要求也日益提高。目前生产的经纬仪有光学经纬仪和激光经纬仪两种。

光学经纬仪由上部望远镜为主的照准部分、中间的度盘部分和下部基座三部分组成。如图 5-2-4。

1. 照准部分

主要有望远镜、测微器和竖轴组成。望远镜可精确地照准目标，它和横轴垂直固结连在一起，并可绕横轴旋转。当仪器调平后，绕横轴旋转时，视准轴可以扫出一个竖直平面。在望远镜的边上有个读数显微镜，从中可以看到度盘的读数。为控制望远镜的竖向转动，设有竖向制动螺旋和微动螺旋。照准部分上还有竖直度盘和水准器。照准部分下面的竖轴插在筒状的轴座内，可以使整个照准部分绕竖轴做水平方向的转动。为控制水平向的转动，也设有水平制动螺旋和微动螺旋。

2. 度盘部分

它主要是一个玻璃的精密刻度盘。度盘下面的套轴套在筒状的轴座外面。

度盘和照准部分的离合关系，是由装置在照准部分上的度盘离合器来控制的。当离合器的按钮向下搬时，度盘和照准部分就结合在一起，此时若松开水平制动螺旋，则度盘和照准部分就一起转动；反之照准部分可以单独转动。测角时就需要时合时离，达到测出角度的目的。

3. 基座部分

它是支撑仪器的底座。主要有座轴、定平螺旋和连接板。当转动定平螺旋可以使照准部分上的水准管气泡居中，从而使水平度盘水平。

将三脚架上的连接螺旋旋进基底的连接板中螺孔，仪器就和三脚架连成一体。再将线锤挂到连接螺旋的小钩上，就可以用线锤尖对中。有的光学经纬仪装有直角棱镜的光学对中器，这要比用线锤的精度高得多，且不受风吹的影响。

度盘和它的测微器是测角时读数的依据。度盘上刻画有分划度数的线条，刻度从0°～360°顺时针方向刻画的，每度分为六格，每格 10′。测微器的分划刻度从 0′～10′，每分又分为三格，每格 20″，不足 20″的数可以估读。因此使用不同经纬仪之前应先学会如何读数，这很重要。

钢卷尺：它分为 30m 及 50m 长两种，用于丈量距离。钢卷尺购置时应有计量合格生产厂生产及质量保证书。尺上还应有 MC 的计量标志。否则不能使用。在建筑施工中主要用于定位，量轴线尺寸、开间尺寸、竖向距离等。

使用时要展平不得扭曲，还要根据气温做温度改正和使用拉力器拉住丈量，从而保证准确的尺寸。

此外还有量小尺寸的 2m、3m 的钢卷尺，这也必须符合计量要求。使用时要读数准确，在配合使用时要满足测量放线的要求。

六、经纬仪的安置和使用

1. 经纬仪的安置

经纬仪的安置主要包括定平和对中两项内容。

(1) 支架：三角架，操作方法同水准仪支架，但是三角架的中心必须对准下面测点桩位的中心，以便对中挂线锤时找正。

(2) 安上仪器：将经纬仪从箱中取出，安到三脚架上后拧紧固定螺旋，并在螺旋下端的小钩上挂好线锤，使锤尖与桩点中心大致对准，将三角架踩入土中固定好。

(3) 对中：根据线锤偏离桩点中心的程度来移动仪器，使之对中。偏得少时可以松开固定螺旋，移动上部的仪器来达到对中；若偏离过大须重新调整三脚架来对中。对中时观测人员必须在线锤垂挂的两个互相垂直的方向看是否对中，不能只看一侧。一般桩上都钉一小钉作中心，其偏离中心一般不允许超过 1mm。对中准确拧紧固定螺旋即完成对中操作。

(4) 定平：目的是使整个仪器处于水平位置，方法和水准仪定平一样。

2. 经纬仪的使用

经纬仪的使用主要是水平方向的测角，竖直方向的观测。

(1) 水平角度的观测：经纬仪安置好后，将度盘的 0°00′00″读数对准，扳下离合器按钮，松开制定螺旋，转对仪器把望远镜照准目标，用十字丝双竖线夹住目标中心，固定度盘制动螺旋，对光看清目标后用微动螺旋使十字丝中心对准目标。扳上离合器检查读数应为 0°00′00″，读数不为 0 应再调整直至为 0。再松开制动螺旋和转动仪器，看第二个目标并照准，读出转过的度数（即根据图纸上房屋的边交角的度数，转过需要的度数），再固定仪器，让配合者把望远镜中照准的点定下桩位。此即定位定点的方法。测角示意如图 5-2-5。

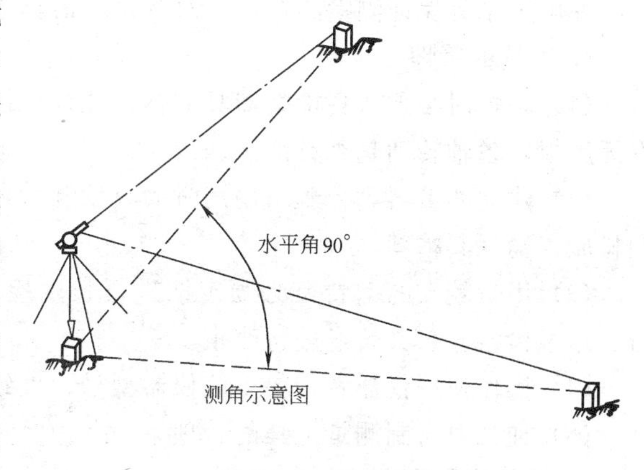

图 5-2-5　测角示意

(2) 竖直方向的观测：利用经纬仪进行竖向观测是利用望远镜的视准轴在绕横轴旋转时扫出的一个竖直平面的原理来测建筑物的竖向偏差。如构件吊装观测时，可将经纬仪放在观测物的对面，使其某构件轴线与仪器扫出的竖向平面大致对准，然后对准该构件根部的中心（或轴线）照准对好，再竖向向上转动望远镜，观测其上部中心是否在一个竖向平面中，如上部中心点偏离镜中十字丝中心，则构件不垂直，反之垂直。偏离超过规范允许偏差要返工重置。

3. 经纬仪观测的误差和原因

其误差有测角不准，90°角不垂直，竖向观测竖直面不垂直水平面，对中偏离过大等。原因是：

(1) 仪器本身的误差：如仪器受损、使用年限过久、检测维修不善、制造不精密、质量差等。

(2) 气候等因素：如风天、雾气、太阳过烈、支架下沉等。高精度测量时应避开这些因素。

(3) 操作不良因素：定平、对中不认真，操作时手扶三脚架，身体碰架子或仪器，操作人任意走开受到其他因素影响等。

七、其他工具

除上述主要器具外，施工测量放线还要用很多工具。

1. 线坠和挂线坠的支架。

2. 细涤纶线或小白线、麻线，用来拉直线用。

3. 墨斗、粉袋、竹笔，用来弹线用。

4. 其他如大锤、铁锹、斧子、钉子、木桩、木板、红蓝铅笔等等，用来定位放线、撒灰线及钉龙门桩等操作。

八、测量仪器的管理和保养

测量放线工作是一项精密细致的工作，使用的测量仪器和工具也都要求精密。根据国家计具法规规定，测量所用的仪器和某些工具都属于计量器具，应符合计量要求，即生产该器具的厂必须具备计量验收合格的条件或资质，特别是经纬仪和水准仪的生产厂必须是经国家批准且具有生产许可证的计量合格单位。

在施工中为保证测量的精度，对测量的器具必须加强管理和进行维护保养。

1. 器具的管理

(1) 采购时必须认真检查器具的合格证及计量合格证书，外观有无损坏，望远镜镜片有无磨损，各轴转动是否灵活等。

(2) 建立测量器具台账、使用时的收发制度，专管专用。精密仪器定期送计量检测部门检验，确保其精度。

(3) 用量较大的钢卷尺必须定期进行长度检定，检定送具有长度标准器的检定室进行，通过检定对名义长度进行改正。

(4) 操作使用仪器者，要了解仪器型号、大致构造和性能，严禁胡乱操作。

(5) 加强对自制测量工具的管理。

2. 器具的保养

(1) 经纬仪和水准仪的保养：仪器开箱使用时，要记清仪器各部分的箱内位置。取出时要抱住基座部分轻轻取出，不能抓住望远镜部分。测量时支架要稳，防止倒架摔坏仪器，长距离转移时，应将仪器放入箱内搬运，近距离搬运应一手抱架，一手托住仪器竖直搬运。仪器箱不能坐人。仪器用完放入箱内前要用软毛刷掸去灰尘，并检查仪器有无损伤，零件是否齐全，然后放松各制动螺旋，轻轻放入箱中，卡住关好。使用中不能淋雨或曝晒，不要用手、破布或脏布擦镜头；操作时手动要轻，不能硬来。坐车等要垫软物于箱下防震，骑自行车应把箱子背在身上骑车，不能放在后座架上颠簸运输。

（2）钢卷尺的保养：使用时防止受潮或水浸，丈量时应提起尺，携尺前进，不能拖尺走，用完后用干净布擦拭干净再回收入尺盒内，用后不能乱掷于地。使用一阵后要详细检查尺身有无裂缝、损伤、扭折等，并把尺全部拉出来擦拭干净。

（3）水准尺的保养：水准尺是多节内空的，使用时要拿稳不摔到地上，用后放于室内边角处避免碰倒摔裂，并防止雨淋曝晒。塔尺底部要注意加固保护，防止穿底损坏。

第三节　施工测量放线的准备工作

测量放线的准备工作分为室内准备和现场准备两个方面：

一、室内准备工作

1. 学习、校对并审核所要施工的建筑施工图纸，防止互相矛盾、尺寸差错，对要施工的房屋有个全面了解。

主要的学习的图纸是建筑总平面图，以了解房屋所处位置，周围环境，以及是采用什么已知条件定位的。如红线定位，方格网定位，导线网定位等。并看总说明以了解房屋首层±0.000的绝对标高值为多少。

其次看建筑施工图的建筑平面图、建筑立面图、建筑剖面图，但对施工详图可以暂时不看。

再看结构施工图，主要是基础图，主体结构平面图，剖面图等；构件详图之类可以先不看。

最后初步阅一下相关的水、电、暖、通安装图，它们的出入口与土建的关系；至于内部通线、穿管的详图，开始时也可以不看。

看图时要建筑与结构对照、土建与设备安装对照，以达到不矛盾无差错才算阅图准备工作完毕。

2. 准备施工测量放线的有关资料。如房屋用方格网定位的，就要收集了解该地区方格网的情况资料；红线定位的要了解红线规定及城市规划部门对城市规划的有关资料；了解该拟建建筑附近的水准基点的位置及有关相应的资料。如无现成资料，则应去有关部门索取。

3. 研究该建筑施工放线的程序和计划。根据工程施工组织设计中进度计划的安排，要把自己制定的测量放线计划，安排在每个分部项工程之前及穿插在施工之中。

要安排测量放线人员的搭配，以及需用的仪器工具、记录本的准备。对较大型的工程，施工员要做到心中有数，操作人员也做到人人心中有数。达到一人领导，互相配合、有条不紊地工作。

二、现场准备工作

1. 根据建筑总平面图到现场进行草测，草测的目的是为核对总图上理论尺寸与现场实际是否有出入，现场是否有其他障碍物等。通过草测可以避免仓促上阵引起不良后果。

2. 接受规划部门给的定位桩及建筑“红线”规定。“红线”往往以给的两个定位桩的连线，向一侧推进若干尺寸，作为控制建筑物位置的“红线”。所谓“红线”是禁止踩上去的线，也就是根据城市规划建筑物只能在此线一侧，不能超越线外，或踩压“红线”。

有了定位桩及“红线”施工部门才能定位。定位之后再要请城市规划部门来复验通过才能正式对该建筑的建造进行施工测量放线。不用“红线”，而采用方格网定位的，也要接受指定的方格网点上的坐标值，用它与图纸上核对，并确定房屋轴线交点的坐标值。从而才能正式放线施工。

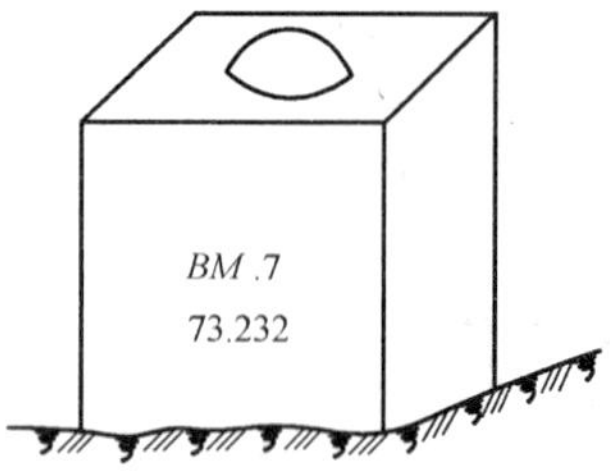

图 5-3-1 水准基点

3. 接受水准基点。对拟建房屋的水准标高，由何处引入，也要按城市规划部门指定的水准基点去引入。标准的水准基点都由混凝土墩做成，在墩中央有一个半球形金属球面，如图 5-3-1。在墩的一侧标上绝对标高数值。

4. 有时根据场地地貌的过于不平，往往还要用水准测量测场地的不同高度，经过计算进行土方平衡，达到便于施工的目的。

5. 其他准备。如木桩、木橛、竹签、龙门板、撒灰线的木挡板、场地不平时用于丈量用的三角架等等。

第四节　建筑物的定位放线

建筑物的定位是根据所给定的条件，经过测量技术的实施，把房屋的空间位置确定下来的过程。定好位后再放出线来施工，这就叫做施工测量的定位放线。下面介绍三种常用的房屋定位方法，以便了解掌握。

一、“红线”定位法

根据规划部门给出的建筑物“红线”及桩点，施工测量人员通过测量手段把房屋的主轴线定下来；同时根据给定的水准基点，把房屋的±0.000 的绝对标高引到工地。这是房屋开工挖土撒灰线前应做好的事先工作，是进行测量放线的第一步。

房屋的定位轴线是指能确定房屋位置的一对坐标轴。一般长方形的房屋都由一条纵向轴线和一条横向轴线及两轴线相交的点的坐标，就可以决定该房屋的位置了。

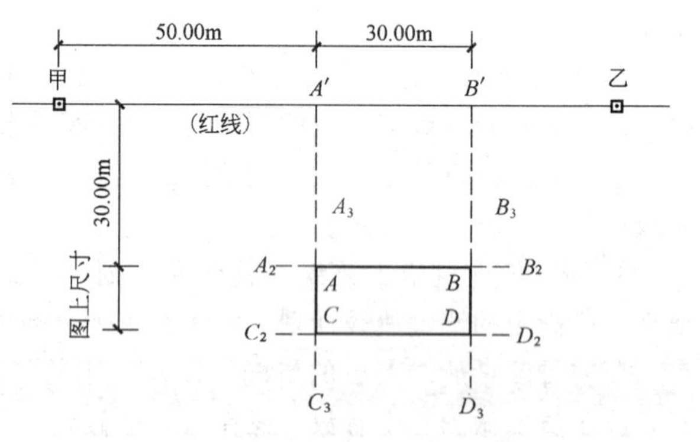

图 5-4-1 定位轴线的确定

例如如图 5-4-1，假设给出甲、乙两个确定“红线”的桩位，如何来定出某房屋的位置，即它的定位轴线。

首先要了解规划的要求，如图上所示要求是该房屋纵向主轴线应离甲、乙桩点的连线最少 30m，房屋纵、横主轴交点 A，离甲乙桩点连线为 30m。在这个要求下来确定 AB 及 AC 轴线，从而确定房屋的位置。

其测量定位方法如下：

1. 先将经纬仪安置在甲桩位上，通过对中、调平，前视乙桩位中心，照准之后固定水平度盘、关闭制动螺旋，这时再看一下十字丝中心是否还对准乙桩中心，如有偏动由微动螺旋调到照准位置，无误后从甲桩心往乙桩方向量 50m 距离，丈量要仔细、精确，临时在量点处划一短弧线。观镜者这时把望远镜向下旋转，使视准轴与划的短弧线相交处打下一桩，再从甲点丈量 50m 并测得 A'点。用同样方法再根据施工图上设计的建筑物长度，再向乙桩方向量（假设为）30m，得到 B'点，并确定 B'点的桩位。复核各尺寸无误后才可移走仪器。

2. 把经纬仪移到 A'桩点，对中、调平，并把仪器上下度盘位置对准至读数为 0°00′00″处。固定上下盘，把望远镜对准乙桩点中心，同时倒镜检查甲桩中心、B'桩中心是否在同一直线上，如无问题则将离合器打开，下盘不动，上盘制动螺旋松开后转动 90°00′00″，再固定上盘用望远镜向 A 点方向照准（实际上此时 A 点尚未测定），并从 A'点桩心向该照准方向量 30m，与视准轴相交出 A 点。再根据图上房屋的宽度一次延伸到 C 点并定出 C 点桩位。同样方法把经纬仪放到 B'点，定出 B 点及 D 点。

3. 当 A、B、C、D 四个桩点定好位之后，可以用勾股弦原理算出对角线长度，并以算出的长度用钢卷尺及拉对角线校核定位是否准确，一般误差不得超过长度的 1/4000。如有出入要重新反复再测。检验合格后则 A、B、C、D 四个桩点就形成了控制和包罗该房屋的定位轴线了。

4. 主轴线的桩位定好之后，因为在施工放线时，它往往在基槽之中，会被挖土挖掉，这样以后施工便又没有基准了。为此要把该些桩点向外延伸出 2～4m（取整数），以不被扰动及破坏，在该处再定下控制桩的桩点，如图上 A_2A_3、B_2B_3、C_2C_3、D_2D_3 等各点，并用混凝土包围成墩。这样，该房屋的定位告一段落，以后的测量放线就以此为准进行。

5. 引进水准标高点。其测定过程我们也以图 5-4-2 来介绍。

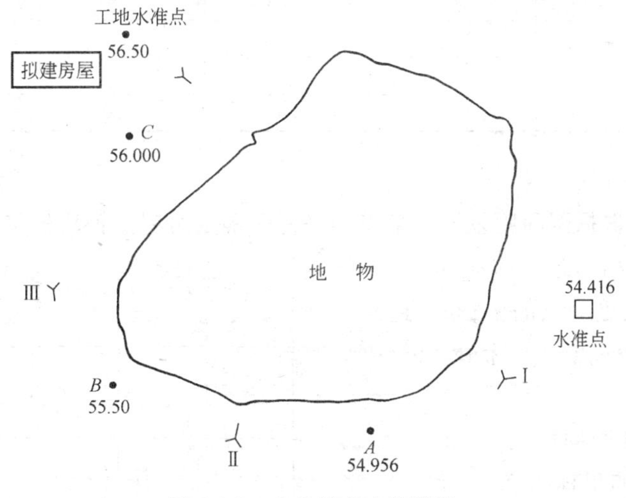

图 5-4-2 水准标高点的测定

假设给的水准基准点的绝对标高为 54.416m，原设计的房屋标高为 ±0.000＝56.500m。拟建房屋的工地离水准基准点约 600m 左右。中间有地物不能一次观测到位，这时就要转折几次才能把基准点高程测到工地，再加上两者之差 2.084m，即为房屋的基准标高。其步骤如下：

(1) 将水准仪先放在Ⅰ的位置，离水准基点 100m 左右，将水准仪整平，把水准尺立在基准点上，后视基准点得到读数假设为 1.65m，然后转动仪器把水准尺立到 A 点，并

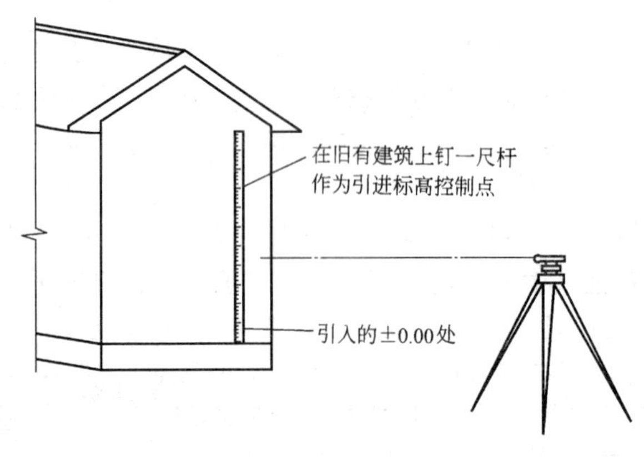

图 5-4-3　标定现场引进水准点

读得前视读数假设为 1.12m，则 A 点与基准点的高差为 0.53m，说明 A 点比基准点高 53cm，这时 A 点的高程为 54.946m。

（2）将水准仪移到Ⅱ、Ⅲ的位置，并选择中间点 B、C 等点，最后到工地处 C 点得到该处假设高程为 56.000m，那么只要在现场做出比 C 点高 50cm 的基准，这点高度的高程就是 56.500m。以后房屋的标高基准就依它来测定。该基准点可用木桩做好，用混凝土保护；也可以用如图 5-4-3 中原有房屋上钉上准确的尺杆，其底部为引入的 0.000 的高程。或在原有房屋墙上弹线作为基准线点测点记录如表 5-4-1。

水准测量记录　　**表 5-4-1**

观测点	仪器位置	后视读数	前视读数	高差	测点高程	备注
水准点		1.65				
	Ⅰ		1.12	0.53	A=54.946	
A		1.58				
	Ⅱ					
B			1.026	0.554	B=55.50	
	Ⅲ	1.63				
C			1.13	0.50	C=56.00	
工地基准点		1.13	0.63	0.50	56.50	

二、方格网定位法

方格网定位是根据网间距及网上某点的坐标来确定房屋主轴线的位置，其应给的已知条件是网格点的互相间距（如200m×200m）方格，及其上某点的坐标；再有是房屋主轴线相交点的坐标值。以图 5-4-4 为例：

假设所给方格网间距为 200m×200m，其上点 M 的坐标为 $X=1600$，$Y=1600$；图纸上标定主轴线交点 A 的坐标 $X=1750$，$Y=1500$。这时就可以先把需用范围的方格网点布出来，然后根据网格点坐标经过计算测出 A 点位置，A 点位置确定后，按图纸尺寸，用经纬仪测角度，可定出房屋的 B 点、C 点、D 点。其具体方法

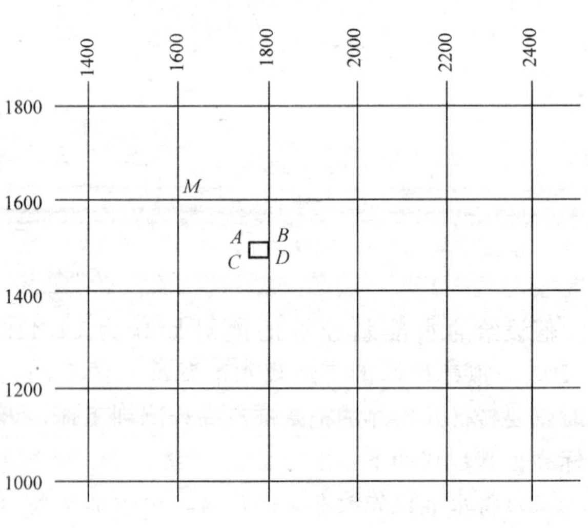

图 5-4-4　方格网定位

同上述的“红线”定位法相仿。

水准标高的测法完全相同。

三、平行线定位法

该种方法适用在住宅群中增建相同尺寸的房屋的情况。例如图 5-4-5，我们可采用与原建房屋平行线的方法定出拟建房屋的位置。其步骤如下：

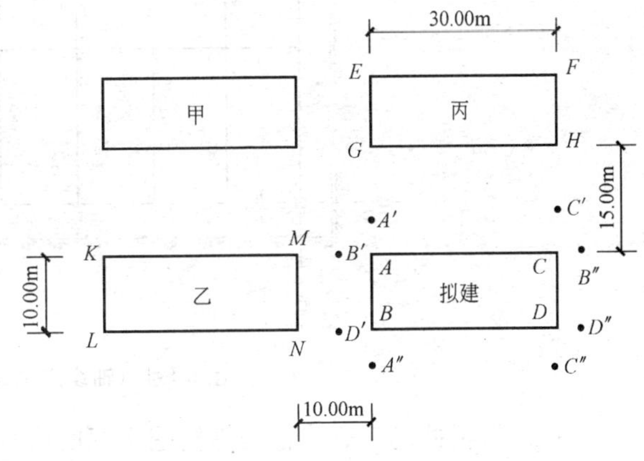

图 5-4-5　平行线定位法示意

1. 从图纸上看出拟建房屋与丙栋房相间 15m；与乙栋房相间 10m。由此可从丙栋房两山墙贴墙拉线延长到 A''及 C''点，因房屋长宽尺寸已有标注，则先量 GA'为 10m；HC'也为 10m。定一临时 A'、C'桩；再量 20m 定出 A''、C''的临时桩点，即 $A'A''=C'C''=20$m。

2. 再从乙栋房的前后檐贴墙拉线延长到 B''、D''点，同理从 M、N 点向 B''、D''方向量出 5m，定临时 B'、D'桩点，和再量 40m 定出 $B''D''$的桩点，即 $B'B''=D'D''=40$m。

3. 在 $A'A''$、$C'C''$、$B'B''$、$D'D''$拉线，在这 8 个临时桩点拉线交出 A、B、C、D 四点，这四点即为拟建房屋的外墙四角。再用量对角线 AD、BD，进行校核。无误后按施工图看轴线至墙边尺寸大小，由 AB、AC、BD、CD 向内量出轴线位置的点，确定两纵向轴线、两横向轴线，并定出轴线交点桩位。

4. 把轴线引到房屋灰线挖槽之外，建立控制桩，定好龙门板，放线就完成了。

平行线定位法，只要用小线、钢卷尺、大的直角三角尺就可以了，只要丈量仔细，校核认真，精度还是可以的。其水准标高则根据周围房屋确定，抄平更简单，不要再去引进水准标点。

第五节　一般工业与民用建筑的施工测量放线

一般民用建筑指住宅、办公楼、教学楼、集体宿舍等，一般为多层建筑，砖混结构或钢筋混凝土框架结构。它们的测量放线过程是相同的，现按分部分项介绍如下。

一、挖土的测量放线

1. 当基础为条形基础时，放线过程如下：

（1）把定位时房屋的控制桩及定位桩进行复核，检查桩与桩间及控制桩与定位桩间的尺寸，并做好记录。

（2）根据定位桩及控制桩定出房屋四大角的龙门板桩。可拉线或用经纬仪定龙门板桩位。龙门板的长度大于开挖的条形基槽的宽度，板的上平必须是确定的±0.000 标高。每条轴线的龙门板做好后，在其上把轴线、基础宽度、开挖地槽宽度都标出来。用钢尺丈量轴线间距时尺的零点必须在第一轴上不能动，量时以开间尺寸累加，尺长不够时再移到另一轴作起始，不能按开间尺寸分段去量，以免累计误差增大。轴线定位龙门板桩如图示 5-5-1。

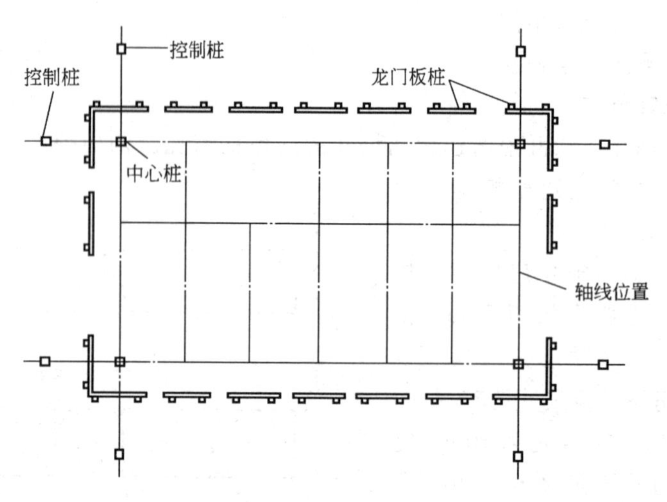

图 5-5-1　轴线定位龙门板桩

(3) 龙门板桩定完后，根据基槽挖土宽度放灰线。并在龙门板上标出槽底下挖深度。

(4) 挖土过程中配合水准测量，用木楔或竹签在基槽侧壁上钉出距槽底 50cm 的控制标高点，用于清槽找平等的控制，如图 5-5-2。

(5) 挖土方完成后自检轴线、标高等无误后由勘探、设计等部门验槽，合格后做下道工序浇灌垫层。

2. 当为框架独立柱基挖土时的放线

(1) 挖土的放线其方法与条形基大致相仿，只不过是在龙门板上划出的宽度为柱基槽的宽及长。轴间尺寸，板面标高的定法和条形基础相同，只是撒灰线的图形如图 5-5-3 中虚线。

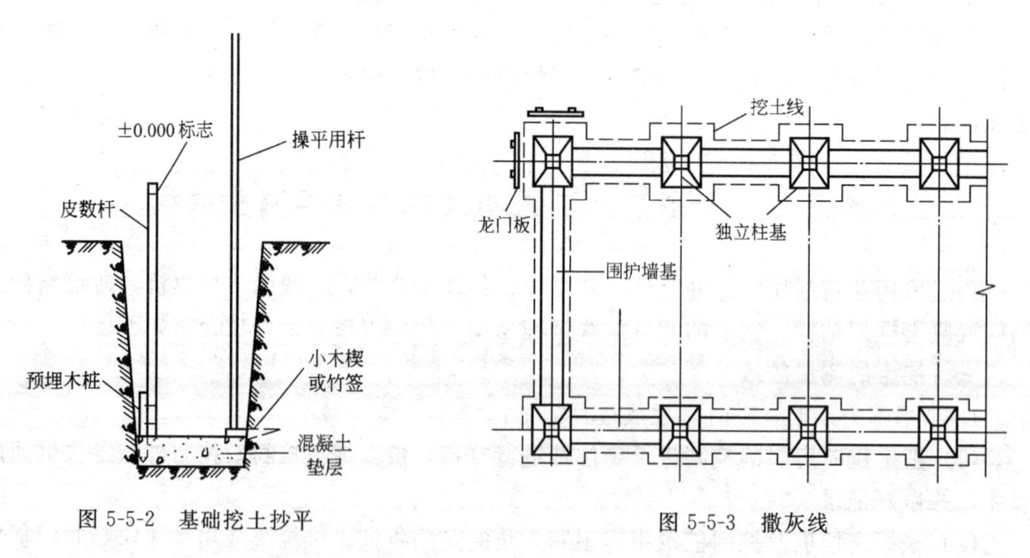

图 5-5-2　基础挖土抄平

图 5-5-3　撒灰线

(2) 挖土过程中进行水准测量（即抄平），其要求也同条形基础相同。见图 5-5-4。

二、基础的施工测量放线

1. 条形基础的放线

在基槽垫层浇灌完成后经养护，将砖砌条基的大放脚线、轴线、柱位线放到垫层上。

就是基础的测量放线工作。

（1）用经纬仪从控制桩或龙门板桩上将轴线投测到垫层表面上并弹线，找出基础控制轴线，再用钢尺量距分轴并复查调整，最后弹出轴线。

（2）根据图纸基础大放脚尺寸，从轴线两侧量出放脚尺寸并弹线，按该边线进行排砖撂底。

（3）配好抄平，立好皮数杆。皮数杆上的±0.000线必须在同一水平面上，且与基准点±0.000为同一读数。如图5-5-5。

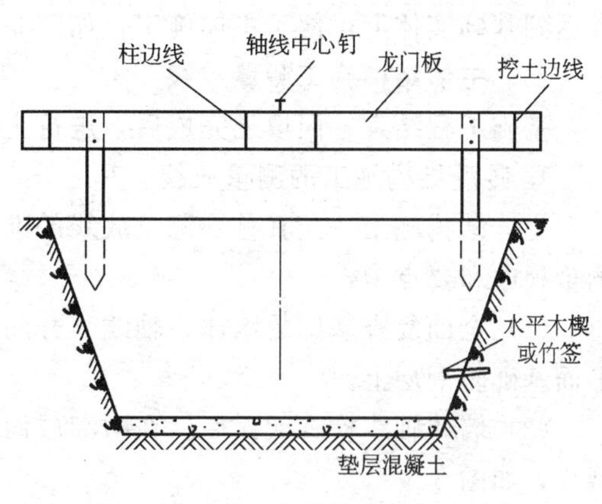

图5-5-4　龙门板及轴线和水平示意

（4）基础砌筑完成后，将基础轴线、水平标高线返测到基础墙上并弹线，经核查无误后撤去龙门板桩。如图5-5-6。

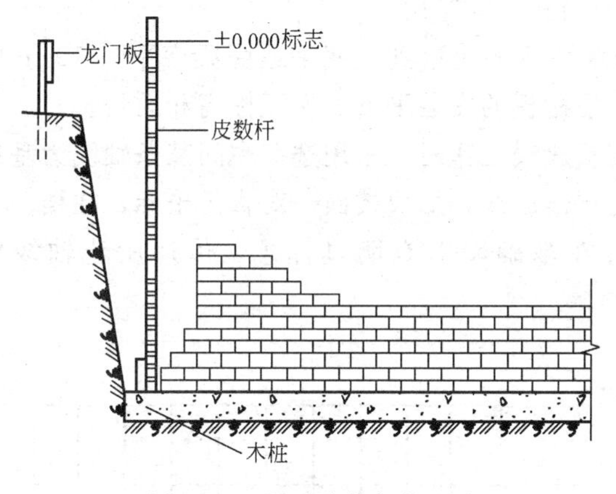

图5-5-5　基础皮数杆的立法

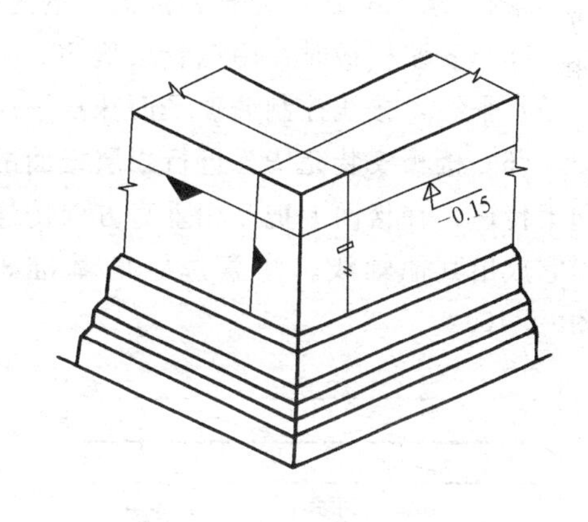

图5-5-6　返测至墙基示意

2. 框架柱基础放线

框架柱基础放线方法同条基，除在每个基础垫层上放出十字轴线外，还放出基础支模边线如图5-5-7。并配合木工支模给出水平标高。基础施工完成后，也要将轴线、水平标

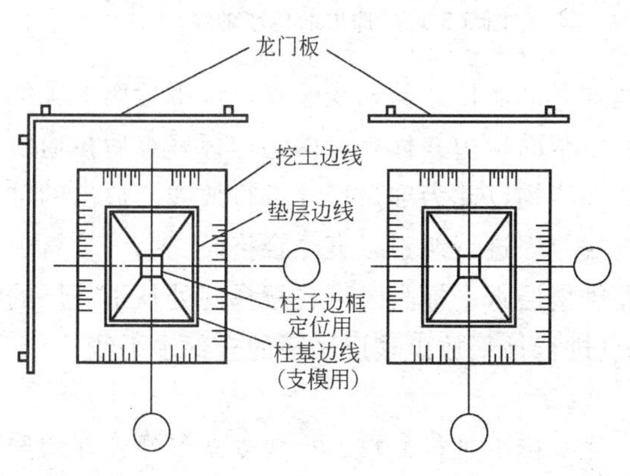

图5-5-7　框架柱基础放线

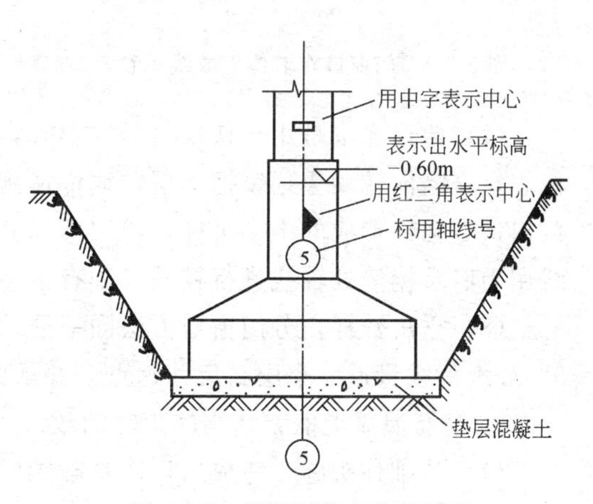

图5-5-8　返测至独立柱基示意

高返到基础实体上，便于主体施工，如图 5-5-8。

三、主体结构施工测量放线

基础工程结束、回填土完成后，进行主体结构施工测量放线。

1. 砖混结构施工的测量放线

主体结构施工，尤其首层测量放线的准确更为重要，它将影响全楼各层的准确性。其测量程序和要点为：

（1）全面复查基础的墙体、轴线、开间尺寸，合格后根据返到基墙上的轴线，放线到平面基础防潮层上。

（2）墙体轴线检查无误后，在防潮层面上及基础墙外侧放出门窗口位置，标出尺寸及型号，如图 5-5-9。

（3）确定立皮数杆的位置点，水准仪安置在与各点距离均衡的位置，抄测立放皮数杆到各设置点，使各皮数杆的同一皮数在一个水平面上。

（4）砖墙砌起 1m 左右高时，在房屋内部进行抄平，给室内提供一条离设计地面标高 50cm 的一条水平线，为安装楼板、室内抹地面、装饰等用。

（5）安装楼板时，用钢卷尺从 50cm 的水平线上上返到板底平或圈梁底平下 10cm 的一条水平线，按线控制墙顶平面抹找平层，使楼板的安装平整。保证标高和质量。

（6）楼板安装完毕，进行二层楼面的测量放线工作时，采用选取中间某条轴线为基准向上传递，在楼面上把互相垂直方向传递的点连成线，形成楼面一对直角坐标，在楼面上以它放出其他轴线。注意选定的基准轴应在基础墙上有明显标志。传递所选轴线如图5-5-10。

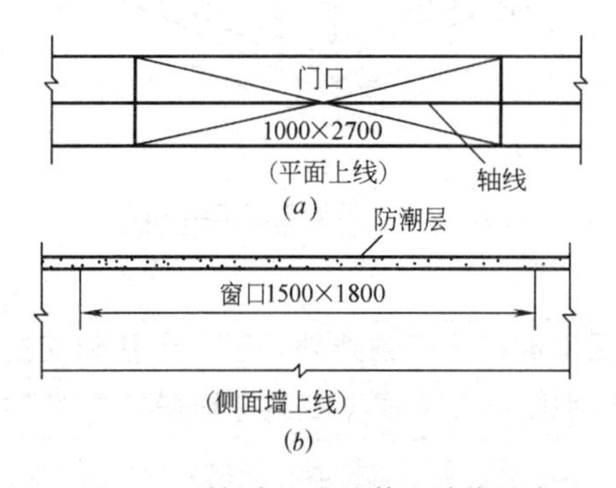

图 5-5-9　门窗口在墙体上放线示意

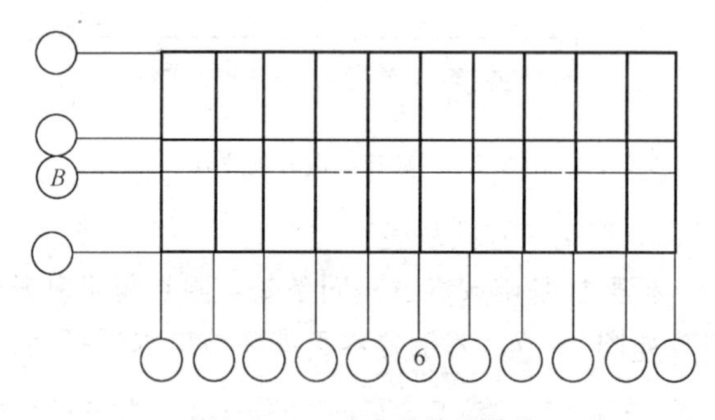

图 5-5-10　选出的传递轴线

（7）传递方法是用经纬仪离墙约 10m，基本对准需传递的轴线位置，调平后照准轴线标志点，竖向转动望远镜把下层轴线传递到上层楼面板边并标点，两端均标好点后拉通线放出这对轴线形成的十字坐标，该层楼面其他轴线均以此为准量尺寸进行放线。放出的轴线用山墙及檐墙处轴线进行校核，如有偏差查找原因进行纠正，直至合格。

（8）立皮数杆，分门窗口方法同一层，提供楼层水平标高线可在楼梯间处从下一层的 50cm 水平线量返一个层高尺寸返点，并依此点进行抄平放出楼层平面的全部水平线。

2. 钢筋混凝土框架结构施工时的放线

（1）基础柱头施工完成后，对基础轴线、柱头标高进行复核。一般支架经纬仪在房屋一端的控制桩上，对中、调平后从第一根柱基开始转镜观测到最后一根柱基，其轴线均在一条线上无偏离视准轴的为合格。发现问题时应立即查原因并进行纠正直至合格。其次根据现场基准标高复查返线标高的准确性。

(2) 根据柱轴线的位置，放出柱间墙体的基础线。

(3) 木工支模时对柱高、断面尺寸配合测量放线。

(4) 首层顶板施工完毕经养护后，进行二层的测量放线，传递轴线时在选定传递轴后由轴线一侧量出 1m 定出一点，以此点向上传递点，到楼面形成十字坐标的垂直基准线，再由该坐标为准丈量尺寸定出各轴线及放出柱子边线，如图 5-5-11。

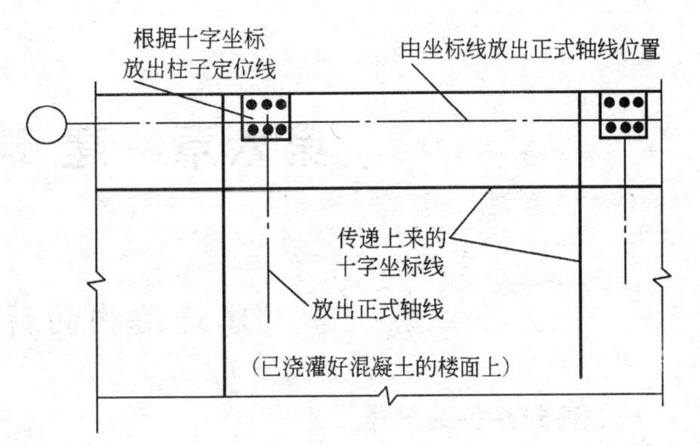

图 5-5-11　由传递上来的十字线再放柱轴线示意

(5) 放出框架围护墙的砌筑线，在柱子上划出皮数杆的皮数线，抄平出每层的 50cm 水平线。

四、装饰施工时应做的测量放线工作

这里指一般装饰工程如抹灰、做地坪、外饰面、做散水、台阶等。

1. 室内抹灰、做水泥墙裙，要以 50cm 线往上量取墙裙高度给出上平线；水泥踢脚由 50cm 线下返应扣去的尺寸，给出踢脚线上口平线；室内吊顶由 50cm 线上返出吊顶底的标高，给出底平平线。

2. 室内做地墙，由 50cm 线下返 50cm 给出地面上平线。

3. 室外抹灰或贴面时，给出标高＋1.000m 的水平基准线；围房屋四周墙面弹放出线来；贴面要大面积提供贴面的分格线。

4. 室外散水、台阶的标高及位置，施工时也得给予放线，以使施工有依据。

装饰施工的测量放线量虽不多，但施工员必须要给予垂直向竖线及水平的平线，为操作人员创造条件，指导测量放线人员进行这方面的工作。

复习思考题

1. 什么是施工中的测量放线？
2. 施工测量放线包括哪些内容？应做好什么准备工作？
3. 如何使用水准仪和经纬仪？
4. 如何用经纬仪进行房屋的定位和放线？
5. 房屋标高的确定时，如何用水准测量？

第六章 建筑结构

第一节 建筑结构的荷载及设计方法

一、建筑结构的分类

在建筑中，由若干构件（如柱、梁、板等）连接而构成的能承受荷载和其他间接作用（如温度变化、地基不均匀沉降等）的体系，叫做建筑结构。它在建筑中起骨架作用，是建筑的重要组成部分。

根据材料的不同，建筑结构分为混凝土结构、砌体结构、钢结构和木结构。

二、建筑结构的荷载

建筑结构在使用期间和施工过程中要承受各种作用：施加在结构上的集中力或分布力（如人群、设备、风、雪、构件自重等）称为直接作用，也称荷载；引起结构外加变形或约束变形的原因（如温度变化、地基不均匀变形、地面运动等）称为间接作用。

结构上的荷载，分为永久荷载，可变荷载和偶然荷载：

在结构使用期间，其值不随时间变化，或其变化与平均值相比可以忽略不计，或其变化是单调的并能趋于限值的荷载称为永久荷载，例如结构自重、土压力等。永久荷载也称恒荷载或恒载。

在结构使用期间，其值随时间变化，且其变化值与平均值相比不可忽略的荷载称为可变荷载，例如楼面荷载、屋面活荷载、雪荷载、风荷载、吊车荷载等。可变荷载也称活荷载或活载。

偶然荷载是在结构使用期间不一定出现，而一旦出现，其值很大且持续时间很短的荷载，例如爆炸力、撞击力等。

结构计算时，需根据不同的设计要求采用不同的荷载数值，称为荷载代表值，《建筑结构荷载规范》给出了三种代表值，即标准值、准永久值和组合值。

1. 荷载标准值

荷载标准值是指结构在使用期间，在正常情况下出现的最大荷载值。各种荷载标准值是结构计算时采用的荷载基本代表值。

2. 可变荷载准永久值

经常作用于结构上的可变荷载称为可变荷载准永久值。

当验算结构构件的变形和裂缝时，要考虑荷载长期作用的影响。此时，永久荷载应取标准值；可变荷载因不可能以最大荷载值（即标准值）长期作用于结构构件，所以应取经常作用于结构的那部分荷载，它类似永久荷载的作用，故称准永久值。显然，可变荷载的准永久值小于可变荷载标准值，故可以写成：

$$Q_a = \psi_q Q_k \quad (6\text{-}1\text{-}1)$$

式中 Q_a——可变荷载准永久值；

Q_k——可变荷载标准值；

ψ_q——准永久值系数（≤1.0）。

3. 可变荷载组合值

当结构同时承受两种或两种以上荷载时，由于各种荷载同时达到其最大值的可能性极小，因此除主导荷载（产生荷载效应最大的荷载）仍以其标准值为代表值外，其他伴随荷载的代表值应小于其标准值，此代表值称为可变荷载组合值。可变荷载组合值可写成：

$$Q_c = \psi_c Q_k \tag{6-1-2}$$

式中 Q_c——可变荷载组合值；

Q_k——可变荷载标准值；

ψ_c——可变荷载组合值系数。

三、建筑结构的设计方法

（一）建筑结构的极限状态

建筑结构在规定的时间内（一般取 50 年），在正常条件下，必须满足下列各项功能要求：

（1）能承受在正常施工和正常使用时可能出现的各种作用；

（2）在正常使用时具有良好的工作性能；

（3）在正常维护下有足够的耐久性；

（4）在偶然事件发生时及发生以后，仍能保持必要的整体稳定性。

以上功能要求，也可以用安全性、适用性、耐久性来概括。一个合理的结构设计，应该是用较少的材料和费用，获得安全、适用和耐久的结构，即结构在满足使用条件的前提下，既安全，又经济。

若整个结构或结构的一部分超过某一特定状态，就不能满足设计规定的某一功能的要求，则此特定状态就称为该功能的极限状态。极限状态也就是结构濒于失效的一种状态。

极限状态可分为以下两类：

1. 承载能力极限状态

这种极限状态对应于结构或结构构件达到最大承载能力或不适于继续承载的变形。

当结构或结构构件出现下列状态之一时，即认为超过了承载能力极限状态：

（1）整个结构或结构的一部分作为刚体失去平衡（如倾覆等）；

（2）结构构件或连接部位因材料强度不够而破坏（包括疲劳破坏）或因过度的塑性变形而不适于继续承载；

（3）结构转变为机动体系；

（4）结构或结构构件丧失稳定（如压屈等）。

2. 正常使用极限状态

这种极限状态对应于结构或结构构件达到正常使用或耐久性能的某项规定限值。

当结构或结构构件出现下列状态之一时，即认为超过了正常使用极限状态：

（1）影响正常使用或外观的变形；

（2）影响正常使用或耐久性能的局部损坏（包括裂缝）；

（3）影响正常使用的振动；

（4）影响正常使用的其他特定状态。

由上述两类极限状态可以看出，承载能力极限状态主要考虑结构的安全性功能。当结构或结构构件超过承载能力极限状态时，就已经超出了最大限度的承载能力，不能再继续使用。正常使用极限状态主要是考虑结构的适用性功能和耐久性功能。例如吊车梁变形过大会影响行驶；屋面构件变形过大会造成粉刷层脱落和屋顶积水；构件裂缝宽度超过容许值会使钢筋锈蚀影响耐久等。这些均属于超过正常使用极限状态。

结构或构件一旦超过承载能力极限状态，就有可能发生严重破坏、倒塌，造成人身伤亡和重大经济损失。因此，应当把出现这种极限状态的概率控制得非常严格。而结构或构件出现正常使用极限状态，要比出现承载能力极限状态的危险性小得多，不会造成人身伤亡和重大经济损失。因此，可把出现这种极限状态的概率放宽一些。

（二）极限状态设计表达式

1. 结构构件的极限状态设计表达式，应根据各种极限状态的设计要求，采用有关的荷载代表值、材料性能标准值、几何参数标准值以及各种分项系数等表达。

作用分项系数 γ_F（包括荷载分项系数 γ_G、γ_Q）和结构构件抗力分项系数 γ_R（或材料性能分项系数 γ_f），应根据结构功能函数中基本变量的统计参数和概率分布类型，以及《建筑结构可靠度设计统一标准》3.0.11 条规定的结构构件可靠指标，通过计算分析，并考虑工程经验确定。

结构重要性系数 γ_0 应按结构构件的安全等级、设计使用年限并考虑工程经验确定。

2. 对于承载能力极限状态，结构构件应按《建筑结构可靠度设计统一标准》3.0.5 条的要求采用荷载效应的基本组合和偶然组合进行设计。

（1）基本组合

1）对于基本组合，应按下列极限状态设计表达式中最不利值确定：

$$\gamma_0\left(\gamma_G S_{G_k} + \gamma_{Q_1} S_{Q1k} + \sum_{i=2}^{n} \gamma_{Q_i} \psi_{ci} S_{Q_{ik}}\right) \leqslant R(\gamma_R, f_k, a_k, \cdots) \tag{6-1-3}$$

$$\gamma_0\left(\gamma_G S_{G_k} + \sum_{i=1}^{n} \gamma_{Q_i} \psi_{ci} S_{Q_{ik}}\right) \leqslant R(\gamma_R, f_k, a_k, \cdots) \tag{6-1-4}$$

式中 γ_0——结构重要性系数，应按《建筑结构可靠度设计统一标准》7.0.3 条的规定采用；

γ_G——永久荷载分项系数，应按《建筑结构可靠度设计统一标准》7.0.4 条的规定采用；

γ_{Q_1}，γ_{Q_i}——第 1 个和第 i 个可变荷载分项系数，应按《建筑结构可靠度设计统一标准》7.0.4 条的规定采用；

S_{G_k}——永久荷载标准值的效应；

$S_{Q_{1k}}$——在基本组合中起控制作用的一个可变荷载标准值的效应；

$S_{Q_{ik}}$——第 i 个可变荷载标准值的效应；

ψ_{ci}——第 i 个可变荷载的组合值系数，其值不应大于 1；

$R(\cdot)$——结构构件的抗力函数；

γ_R——结构构件抗力分项系数，其值应符合各类材料结构设计规范的规定；

f_k——材料性能的标准值；

a_k——几何参数的标准值，当几何参数的变异对结构构件有明显影响时可另增减一个附加值 Δ_a 考虑其不利影响。

2）对于一般排架、框架结构，式（6-1-3）可采用下列简化极限状态设计表达式：

$$\gamma_0(\gamma_G S_{G_k} + \psi \sum_{i=1}^{n} \gamma_{Q_i} S_{Q_{ik}}) \leqslant R(\gamma_R, f_k, a_k, \cdots) \quad (6\text{-}1\text{-}5)$$

式中 ψ——简化设计表达式中采用的荷载组合系数；一般情况下可取 ψ=0.90，当只有一个可变荷载时，取 ψ=1.0。

注：1. 荷载的具体组合规则及组合值系数，应符合《建筑结构荷载规范》的规定；

2. 式（6-1-3）、（6-1-4）和（6-1-5）中荷载效应的基本组合仅适用于荷载效应与荷载为线性关系的情况。

（2）偶然组合

对于偶然组合，极限状态设计表达式宜按下列原则确定：偶然作用的代表值不乘以分项系数；与偶然作用同时出现的可变荷载，应根据观测资料和工程经验采用适当的代表值。具体的设计表达式及各种系数，应符合专门规范的规定。

3. 结构重要性系数 γ_0 应按下列规定采用：

（1）对安全等级为一级或设计使用年限为 100 年及以上的结构构件，不应小于 1.1；

（2）对安全等级为二级或设计使用年限为 50 年的结构构件，不应小于 1.0；

（3）对安全等级为三级或设计使用年限为 5 年的结构构件，不应小于 0.9。

注：对设计使用年限为 25 年的结构构件，各类材料结构设计规范可根据各自情况确定结构重要性系数 γ_0 的取值。

4. 荷载分项系数应按下列规定采用：

（1）永久荷载分项系数 γ_G，当永久荷载效应对结构构件的承载能力不利时，对式（6-1-3）及（6-1-5），应取 1.2，对式（6-1-4），应取 1.35；当永久荷载效应对结构构件的承载能力有利时，不应大于 1.0。

（2）第 1 个和第 i 个可变荷载分项系数 γ_{Q_1} 和 γ_{Q_i}，当可变荷载效应对结构构件的承载能力不利时，在一般情况下应取 1.4；当可变荷载效应对结构构件的承载能力有利时，应取为 0。

5. 对于正常使用极限状态，结构构件应按《建筑结构可靠度设计统一标准》3.0.5 条的要求分别采用荷载效应的标准组合、频遇组合和准永久组合进行设计，使变形、裂缝等荷载效应的设计值符合下式的要求：

$$S_d \leqslant C \quad (6\text{-}1\text{-}6)$$

式中 S_d——变形、裂缝等荷载效应的设计值；

C——设计对变形、裂缝等规定的相应限值。

6. 变形、裂缝等荷载效应的设计值 S_d 应符合下列规定：

（1）标准组合：$S_d = S_{G_k} + S_{Q_{1k}} + \sum_{i=2}^{n} \psi_{ci} S_{Q_{ik}}$ （6-1-7）

（2）频遇组合：$S_d = S_{G_k} + \psi_{f1} S_{Q_{1k}} + \sum_{i=2}^{n} \psi_{qi} S_{Q_{ik}}$ （6-1-8）

（3）准永久组合：$S_d = S_{G_k} + \sum_{i=1}^{n} \psi_{qi} S_{Q_{ik}}$ （6-1-9）

式中　$\psi_{f1}S_{Q_{1k}}$——在频遇组合中起控制作用的一个可变荷载频遇值效应；

$\psi_{qi}S_{Q_{ik}}$——为第 i 个可变荷载准永久值效应。

注：S_d 的计算公式仅适用于荷载效应与荷载为线性关系的情况。

复习思考题

1. 建筑结构按所用材料的不同共分几类？各有什么优缺点？
2. 结构上的荷载共分几类？荷载的代表值有几种？

第二节　钢筋混凝土结构构造原理及承载力的计算

一、钢筋和混凝土的共同工作

钢筋混凝土由钢筋和混凝土两种物理—力学性能完全不同的材料组成。混凝土的抗压能力较强而抗拉能力很弱，钢材的抗拉和抗压能力都很强，为了充分利用材料的性能，就把混凝土和钢筋这两种材料结合在一起共同工作，使混凝土主要承受压力，钢筋主要承受拉力，以满足工程结构的使用要求。

钢筋和混凝土是两种性质不同的材料，其所以能有效地共同工作，是由于下述特性：

1. 钢筋和混凝土之间有着可靠的粘结力，能牢固结成整体，受力后变形一致，不会产生相对滑移。这是钢筋和混凝土共同工作的主要条件。

2. 钢筋和混凝土的温度线膨胀系数大致相同（钢约为 0.000012，混凝土因骨料而异，约为 0.000007～0.000014）。因此，当温度变化时，不致产生较大的温度应力而破坏两者之间的粘结。

3. 钢筋外边有一定厚度的混凝土保护层可以防止钢筋锈蚀，从而保证了钢筋混凝土构件的耐久性。

二、钢筋

（一）钢筋的种类

钢筋按其生产工艺、机械性能与加工条件的不同分为热轧钢筋、冷拉钢筋、钢丝和热处理钢筋。其中前两种属于有明显屈服点的钢筋，后两种属于没有明显屈服点的钢筋。

1. 热轧钢筋

热轧钢筋是用普通碳素钢（含碳量＜0.25%）和普通低合金钢经热轧制成。Q235 钢，即普通碳素钢，其余均为普通低合金钢。

钢筋混凝土用热轧带肋钢筋可分为带肋钢筋、月牙肋钢筋、纵肋钢筋和横肋钢筋。

热轧带肋钢筋的牌号由 HRB 和牌号的屈服点最小值构成。H、R、B 分别为热轧（Hot rolled）、带肋（Ribbed）、钢筋（Bars）三个词的英文首位字母。热轧带肋钢筋分为 HRB335、HRB400、HRB500 三个牌号。

2. 热处理钢筋

钢材的热处理是通过加热、保温、冷却等过程以改变钢材性能的一种工艺。热处理钢筋是用几种特定钢号的热轧钢筋（其强度大致相当于 HRB500 级钢筋），经过淬火和回火处理而成。钢筋经淬火后强度大幅度提高，但塑性和韧性相应降低，通过高温回火则可以在不降低强度的同时改变淬火形成的不稳定组织，消除淬火产生的内应力，使塑性和韧性得到改善。热处理钢筋是一种较理想的预应力钢筋。

3. 钢丝和钢绞线

(1) 碳素钢丝；

(2) 刻痕钢丝；

(3) 冷拔低碳钢丝；

(4) 钢绞线。

(二) 钢筋的计算指标

1. 钢筋的强度标准值

结构所用材料的性能均具有变异性，例如按同一标准生产的钢材，不同时生产的各批钢筋的强度并不完全相同，即使是用同一炉钢轧成的钢筋，其强度也有差异。因此结构设计时就需要确定一个材料强度的基本代表值，亦即材料的强度标准值。规范规定对热轧钢筋取国家标准规定的屈服点为强度标准值，对无明显屈服点的钢筋则采用国家标准规定的极限抗拉强度为强度标准值。

普通钢筋强度标准值及预应力钢筋强度标准值见表 6-2-1、表 6-2-2。

普通钢筋强度标准值 (N/mm²) **表 6-2-1**

种类		符号	d(mm)	f_{yk}
热轧钢筋	HPB235(Q235)	Φ	8～20	235
	HRB335(20MnSi)	Φ	6～50	335
	HRB400(20MnSiV、20MnSiNb、20MnTi)	Φ	6～50	400
	RRB400(K20MnSi)	Φ^{R}	8～40	400

注：① 热轧钢筋直径 d 系指公称直径；

② 当采用直径大于 40mm 的钢筋时，应有可靠的工程经验。

预应力钢筋强度标准值 (N/mm²) **表 6-2-2**

种类		符号	d(mm)	f_{ptk}
钢绞线	1×3	Φ^{S}	8.6、10.8	1860、1720、1570
			12.9	1720、1570
	1×7		9.5、11.1、12.7	1860
			15.2	1860、1720
消除应力钢丝	光面 螺旋肋	Φ^{P} Φ^{H}	4、5	1770、1670、1570
			6	1670、1570
			7、8、9	1570
	刻痕	Φ^{I}	5、7	1570
热处理钢筋	40Si2Mn	Φ^{HT}	6	1470
	48Si2Mn		8.2	
	45Si2Cr		10	

注：① 钢绞线直径 d 系指钢绞线外接圆直径，即现行国家标准《预应力混凝土用钢绞线》GB/T 5224 中的公称直径 D_g，钢丝和热处理钢筋的直径 d 均指公称直径；

② 消除应力光面钢丝直径 d 为 4～9mm，消除应力螺旋肋钢丝直径 d 为 4～8mm。

2. 钢筋的强度设计值

钢筋混凝土结构按承载能力设计计算时，钢筋（以及混凝土）应采用强度设计值，强度设计值为强度标准值除以材料的分项系数 γ_s。

规范根据可靠度分析及工程经验，确定了各类钢筋的分项系数，例如 HPB235 级钢筋 $\gamma_s=1.15$；HRB335、HRB400、HRB500 级钢筋 $\gamma_s=1.1$ 等。

钢筋的强度设计值见表 6-2-3、表 6-2-4。

普通钢筋强度设计值（N/mm^2）　　表 6-2-3

种　类		符号	f_y	f'_y
热轧钢筋	HPB235(Q235)	Φ	210	210
	HRB335(20MnSi)	Φ	300	300
	HRB400(20MnSiV、20MnSiNb、20MnTi)	Φ	360	360
	RRB400(K20MnSi)	$Φ^R$	360	360

注：在钢筋混凝土结构中，轴心受拉和小偏心受拉构件的钢筋抗拉强度设计值大于 $300N/mm^2$ 时，仍应按 $300N/mm^2$ 取用。

预应力钢筋强度设计值（N/mm^2）　　表 6-2-4

种　类		符　号	f_{ptk}	f_{py}	f'_{py}
钢绞线	1×3	$Φ^s$	1860	1320	390
			1720	1220	
			1570	1110	
	1×7		1860	1320	390
			1720	1220	
消除应力钢丝	光面 螺旋肋	$Φ^P$ $Φ^H$	1770	1250	410
			1670	1180	
			1570	1110	
	刻痕	$Φ^I$	1570	1110	410
热处理钢筋	40Si2Mn	$Φ^{HT}$	1470	1040	400
	48Si2Mn				
	45Si2Cr				

注：当预应力钢绞线、钢丝的强度标准值不符合表 6-2-2 的规定时，其强度设计值应进行换算。

钢筋抗拉强度设计值的符号为 f_y，抗压强度设计值的符号为 f'_y；当用作预应力钢筋时分别为 f_{py} 及 f'_{py}。

钢筋的种类较多，为在设计计算及施工图中加以区别，不同的钢筋有不同的标记，如表 6-2-3、表 6-2-4 中所示。

（三）钢筋的截面面积

钢筋的直径最小为 6mm，最大为 50mm。国内常规供货直径（单位 mm）为 6、8、10、12、14、16、18、20、22、25、28、32 等 12 种。钢筋的计算截面面积及理论重量见表 6-2-5，各种钢筋按一定间距排列时每米板宽内钢筋截面面积见表 6-2-6。

钢筋的计算截面面积及理论重量 **表 6-2-5**

公称直径(mm)	不同根数钢筋的计算截面面积(mm²)									单根钢筋理论重量(kg/m)
	1	2	3	4	5	6	7	8	9	
6	28.3	57	85	113	142	170	198	226	255	0.222
6.5	33.2	66	100	133	166	199	232	265	299	0.260
8	50.3	101	151	201	252	302	352	402	453	0.395
8.2	52.8	106	158	211	264	317	370	423	475	0.432
10	78.5	157	236	314	393	471	550	628	707	0.617
12	113.1	226	339	452	565	678	791	904	1017	0.888
14	153.9	308	461	615	769	923	1077	1231	1385	1.21
16	201.1	402	603	804	1005	1206	1407	1608	1809	1.58
18	254.5	509	763	1017	1272	1527	1781	2036	2290	2.00
20	314.2	628	942	1256	1570	1884	2199	2513	2827	2.47
22	380.1	760	1140	1520	1900	2281	2661	3041	3421	2.98
25	490.9	982	1473	1964	2454	2945	3436	3927	4418	3.85
28	615.8	1232	1847	2463	3079	3695	4310	4926	5542	4.83
32	804.2	1609	2413	3217	4021	4826	5630	6434	7238	6.31
36	1017.9	2036	3054	4072	5089	6107	7125	8143	9161	7.99
40	1256.6	2513	3770	5027	6283	7540	8796	10053	11310	9.87
50	1964	3928	5892	7856	9820	11784	13748	15712	17676	15.42

注：表中直径 d=8.2mm 的计算截面面积及理论重量仅适用于有纵肋的热处理钢筋。

每米板宽内的钢筋截面面积表 **表 6-2-6**

钢筋间距(mm)	当钢筋直径(mm)为下列数值时的钢筋截面面积(mm²)												
	4	4.5	5	6	8	10	12	14	16	18	20	22	25
70	180	227	280	404	718	1122	1616	2199	2872	3635	4488	5430	7012
75	168	212	262	377	670	1047	1508	2053	2681	3393	4189	5068	6545
80	157	199	245	353	628	982	1414	1924	2513	3181	3927	4752	6136
90	140	177	218	314	559	873	1257	1710	2234	2827	3491	4224	5454
100	126	159	196	283	503	785	1131	1539	2011	2545	3142	3801	4909
110	114	145	178	257	457	714	1028	1399	1828	2313	2856	3456	4462
120	105	133	164	236	419	654	942	1283	1676	2121	2618	3168	4091
125	101	127	157	226	402	628	905	1232	1608	2036	2513	3041	3927
130	97	122	151	217	387	604	870	1184	1547	1957	2417	2924	3776
140	90	114	140	202	359	561	808	1100	1436	1818	2244	2715	3506
150	84	106	131	188	335	524	754	1026	1340	1696	2094	2534	3272
160	79	99	123	177	314	491	707	962	1257	1590	1963	2376	3068
170	74	94	115	166	296	462	665	906	1183	1497	1848	2236	2887
175	72	91	112	162	287	449	646	880	1149	1454	1795	2172	2805
180	70	88	109	157	279	436	628	855	1117	1414	1745	2112	2727
190	66	84	103	149	265	413	595	810	1058	1339	1653	2001	2584
200	63	80	98	141	251	392	565	770	1005	1272	1571	1901	2454
250	50	64	79	113	201	314	452	616	804	1018	1257	1521	1963
300	42	53	65	94	168	262	377	513	670	848	1047	1267	1636
钢筋间距	4	4.5	5	6	8	10	12	14	16	18	20	22	25

（四）钢筋的选用

1. 普通钢筋（指用于钢筋混凝土结构中的钢筋和预应力混凝土结构中的非预应力钢筋）宜采用 HPB235、HRB335、HRB400 和 RRB400 钢筋。

2. 预应力钢筋宜采用碳素钢丝、刻痕钢丝、钢绞线和热处理钢筋。

对中、小型构件中的预应力钢筋，可采用甲级冷拔低碳钢丝。

三、混凝土

（一）混凝土的强度

1. 立方体抗压强度 f_{cu}

混凝土的立方体抗压强度是确定混凝土强度等级的标准，它是混凝土各种力学指标的基本代表值，混凝土的其他强度可由其换算得到。立方体抗压强度系指按照标准方法制作养护的边长为 150mm 的立方体试件在 28 天龄期，用标准试验方法测得的具有 95%保证率的抗压强度。

根据混凝土立方体抗压强度标准值，混凝土的强度等级分为 14 级，即 C15、C20、C25、C30、C35、C40、C45、C50、C55、C60、C65、C70、C75、C80，符号 C 表示混凝土，C 后边的数字表示立方体抗压强度的标准值（单位 N/mm^2）。

钢筋混凝土结构的混凝土强度等级不应低于 C15，当采用 HRB335 钢筋时不宜低于 C20；当采用 HRB400 和 RRB400 钢筋以及对承受重复荷载的构件，混凝土强度等级不得低于 C20。

预应力混凝土结构的混凝土强度等级不宜低于 C30；当采用钢丝、钢绞线、热处理钢筋作预应力筋时，混凝土强度等级不宜低于 C40。

2. 轴心抗压强度 f_c

实际工程中的受压构件并非立方体而是棱柱体（即高度大于边长）。棱柱体的抗压强度比立方体抗压强度低，因此计算时应采用棱柱体轴心抗压强度，简称轴心抗压强度。

混凝土轴心抗压强度是按标准方法制作的、截面为 150mm×150mm 高 600mm 的棱柱体（图 6-2-1），经 28 天龄期，用标准试验方法测得的强度。根据试验结果并按经验进行修正，混凝土轴心抗压强度与立方体抗压强度的关系为：

$$f_c = 0.67 f_{cu} \tag{6-2-1}$$

强度等级较高的混凝土在受压破坏时表现出明显的脆性，为安全计，规范规定对 C45、C50、C55 和 C60 的混凝土按公式（6-2-1）计算后，应分别乘以 0.975、0.95、0.925 和 0.9 的系数进行折减。

3. 轴心抗拉强度 f_t

轴心抗拉强度试验采用如图 6-2-2 所示的标准试件进行，当试件破坏时，试件截面上的平均拉应力就是混凝土的轴心抗拉强度。

混凝土轴心抗拉强度与立方体抗压强度的关系如下：

$$f_t = 0.23 f_{cu}^{2/3} \tag{6-2-2}$$

对强度等级较高（C45～C60）的混凝土，同轴心抗压强度一样，也应分别乘以 0.975～0.9 的折减系数。

（二）混凝土的变形

由建筑力学已知，对于弹性材料，其应力与应变的关系符合直线变化的规律，即弹性模量 $E=\dfrac{\sigma}{\varepsilon}$为常数。对于混凝土，加载后当应力很小时，$\sigma$-$\varepsilon$ 的关系近似于直线，但很快

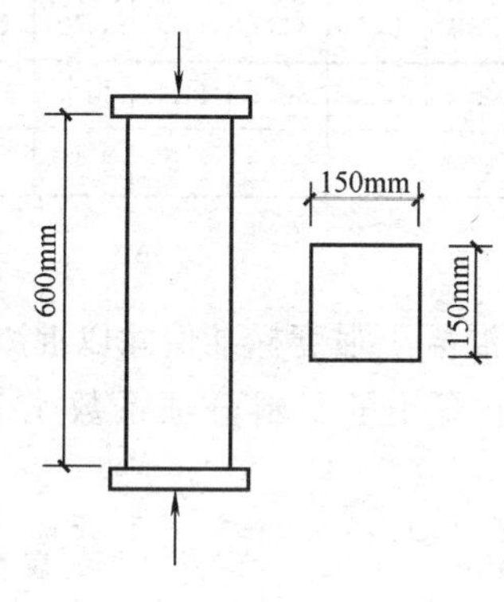

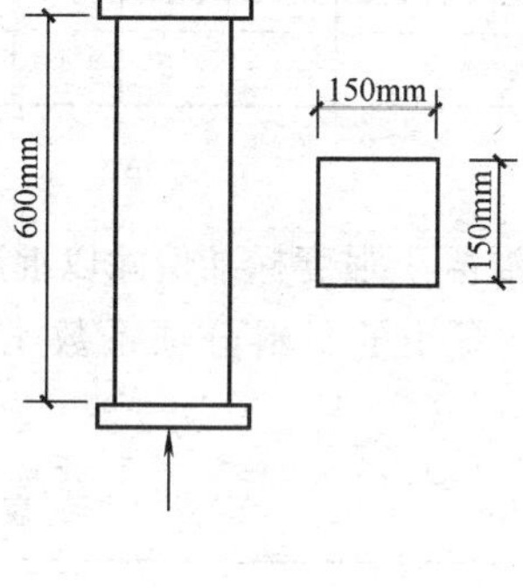

图 6-2-1　轴心抗压强度试验

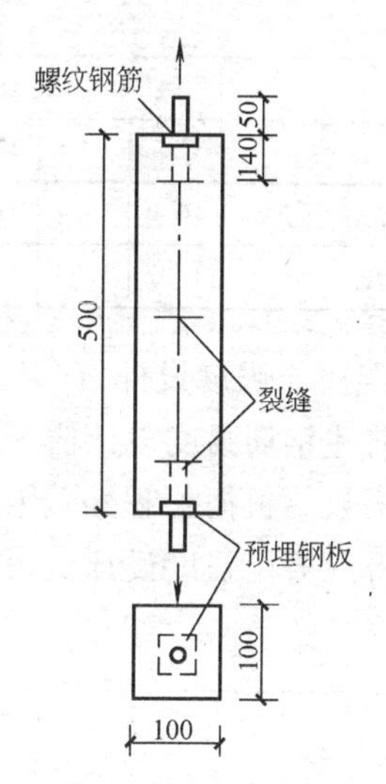

图 6-2-2　轴心抗拉强度试验

就呈曲线状态；卸载后仅能恢复部分应变，另有一部分不能恢复，称残余变形，由此可知混凝土是弹塑性材料。

混凝土在空气中结硬时体积减小的现象称为收缩。试验表明，混凝土的收缩与下列因素有关，设计和施工中应充分注意这些因素：

（1）水泥用量越多，水灰比越大，收缩就越大；

（2）高强度水泥制成的构件收缩大；

（3）骨料的弹性模量大时收缩小；

（4）振捣密实的收缩小；

（5）养护条件好的收缩小；

（6）使用环境湿度大时收缩小。

混凝土在长期不变荷载作用下其应变随时间继续增长的现象叫做徐变。徐变对结构会产生不利影响，如增大变形、引起内力重新分布、在预应力混凝土构件中产生预应力损失等。影响徐变大小的因素有如下各项，设计施工中应尽量采取能减小徐变的措施：

（1）水泥用量越多，水灰比越大，徐变越大；

（2）混凝土骨料增加，徐变将变小；

（3）混凝土强度等级越高徐变越小；

（4）养护及使用环境湿度大时徐变小；

（5）构件加载前混凝土强度大时徐变小；

（6）构件截面的应力越大，徐变越大。

（三）混凝土的计算指标

1. 混凝土的强度标准值

由于混凝土的骨料为天然材料以及施工水平的差异，混凝土强度的差异性比钢材更大。根据试验分析，考虑到结构中混凝土强度与试件强度之间的差异，《混凝土结构设计规范》（GB 50010—2002）制定了混凝土强度标准值，见表 6-2-7。

混凝土强度标准值（N/mm^2） 表 6-2-7

强度种类	混凝土强度等级													
	C15	C20	C25	C30	C35	C40	C45	C50	C55	C60	C65	C70	C75	C80
f_{ck}	10.0	13.4	16.7	20.1	23.4	26.8	29.6	32.4	35.5	38.5	41.5	44.5	47.4	50.2
f_{tk}	1.27	1.54	1.78	2.01	2.20	2.39	2.51	2.64	2.74	2.85	2.93	2.99	3.05	3.11

2. 混凝土强度设计值

与前述钢筋强度设计值一样，混凝土强度设计值为混凝土强度标准值除以混凝土的材料分项系数。根据工程经验和可靠度分析，规范规定混凝土的材料分项系数 $\gamma_c=1.35$，由此可得混凝土强度设计值，见表 6-2-8。

混凝土强度设计值（N/mm^2） 表 6-2-8

强度种类	混凝土强度等级													
	C15	C20	C25	C30	C35	C40	C45	C50	C55	C60	C65	C70	C75	C80
f_c	7.2	9.6	11.9	14.3	16.7	19.1	21.1	23.1	25.3	27.5	29.7	31.8	33.8	35.9
f_t	0.91	1.10	1.27	1.43	1.57	1.71	1.80	1.89	1.96	2.04	2.09	2.14	2.18	2.22

注：① 计算现浇钢筋混凝土轴心受压及偏心受压构件时，如截面的长边或直径小于 300mm，则表中混凝土的强度设计值应乘以系数 0.8；当构件质量（如混凝土成型、截面和轴线尺寸等）确有保证时，可不受此限制；
② 离心混凝土的强度设计值应按专门标准取用。

（四）混凝土强度等级的选用

钢筋混凝土和预应力混凝土结构的混凝土强度等级不应低于表 6-2-9 的要求。

结构的混凝土最低强度等级 表 6-2-9

序　　号	类　　别	混凝土强度等级
1	一般钢筋混凝土结构、计算上不受力的预制楼板和屋面板填缝的细石混凝土	C15
2	采用 HRB335、HRB400 钢筋的钢筋混凝土结构（包括二、三级抗震等级的结构）、剪力墙结构、叠合构件的叠合层	C20
3	序号 1、2 所包括的结构，当位于露天或室内高湿度环境时	C25
4	预应力混凝土结构、受力的预制装配接头；一级抗震等级的钢筋混凝土结构	C30
5	采用碳素钢丝、钢绞线、热处理钢筋作预应力筋的混凝土结构	C40

由于混凝土减水剂的发明和发展，当前世界各国多趋向提高混凝土的强度等级，预应力混凝土强度等级已达到 C70，甚至更高。当混凝土强度等级从 C40 提高到 C80 时，造价约增加 50%，但如在受压为主的结构中，其承载力可提高 1 倍左右。因此，提高混凝土的强度等级，是减轻结构自重，特别是大跨、高层结构自重的一种有效途径。

四、钢筋与混凝土的粘结

钢筋与混凝土能共同工作的主要原因是二者之间存在较强的粘结力，这个粘结力是由以下三部分组成的：

（1）水泥浆凝结后与钢筋表面产生的胶结力；

(2) 混凝土结硬收缩将钢筋握紧产生的摩擦力；

(3) 钢筋表面的凸凹（指变形钢筋）或光面钢筋的弯钩与混凝土之间的机械咬合力。

钢筋表面单位面积上的粘结力称为粘结强度，其大小与钢筋表面粗糙程度、直径、锚固长度以及混凝土的强度等级有关。为防止钢筋从混凝土中拔出或产生相对移动，就必须根据钢筋应力达到屈服强度时粘结力尚未破坏的原则，计算出钢筋的锚固长度，表 6-2-10 即为不同的混凝土强度等级时纵向受拉钢筋的最小锚固长度 l_a。

纵向受拉钢筋最小锚固长度 l_a **表 6-2-10**

钢 筋 类 型	混凝土强度等级			
	C15	C20	C25	≥C30
HPB235 级钢筋（端部带标准弯钩）	40d	30d	25d	20d
HRB335 级钢筋	50d	40d	35d	30d
HRB400 级钢筋	—	45d	40d	35d

注：① 当带肋钢筋直径 $d \leqslant 25$mm 时，锚固长度按表中数值减去 5d 采用；

② 当带肋钢筋直径大于 25mm 时，锚固长度应按表中数值增加 5d 采用；

③ 受拉钢筋的锚固长度在任何情况下均不应小于 250mm；

④ 当混凝土在凝固过程中易受扰动时，受力钢筋的锚固长度宜适当增加。

为了防止钢筋从混凝土中拔出或产生相对移动，除应保证钢筋在混凝土中有一定的锚固长度外，规范规定，绑扎骨架中的光面受力钢筋，除轴心受压构件外，均应在末端做弯钩（图 6-2-3）。变形钢筋、焊接骨架和焊接网中的光面钢筋，其末端均可不做弯钩。

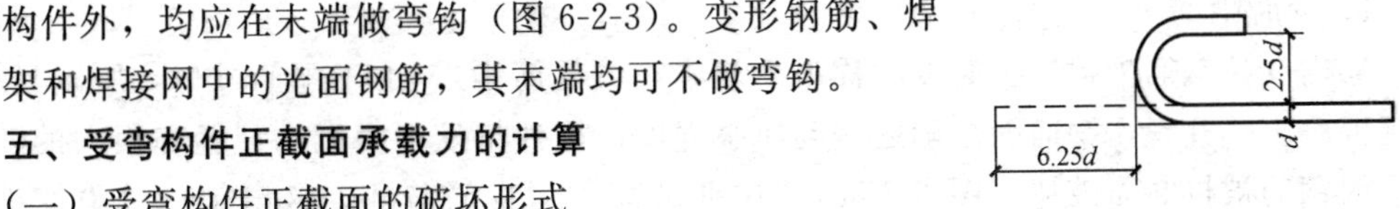

图 6-2-3 钢筋的弯钩

五、受弯构件正截面承载力的计算

(一) 受弯构件正截面的破坏形式

钢筋混凝土结构的计算理论是在试验的基础上建立的，通过试验了解破坏的形式和破坏过程，研究截面的应力分布，以便建立计算公式。

受弯构件以梁为试验研究对象。根据试验研究，梁的正截面（图 6-2-4）的破坏形式主要与梁内纵向受拉钢筋含量的多少有关。梁内纵向受拉钢筋的含量用配筋率 ρ 表示，即

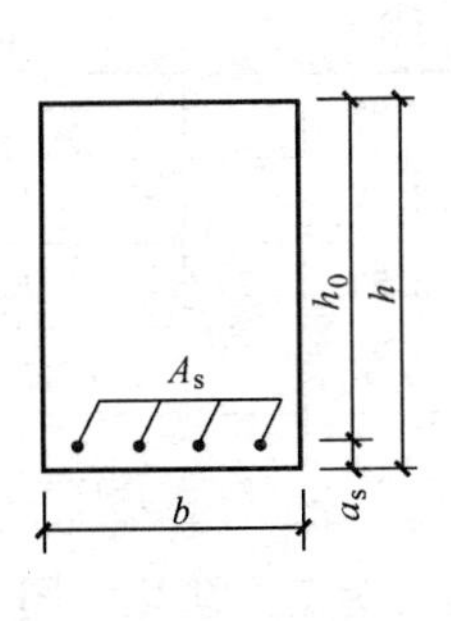

图 6-2-4 梁的截面

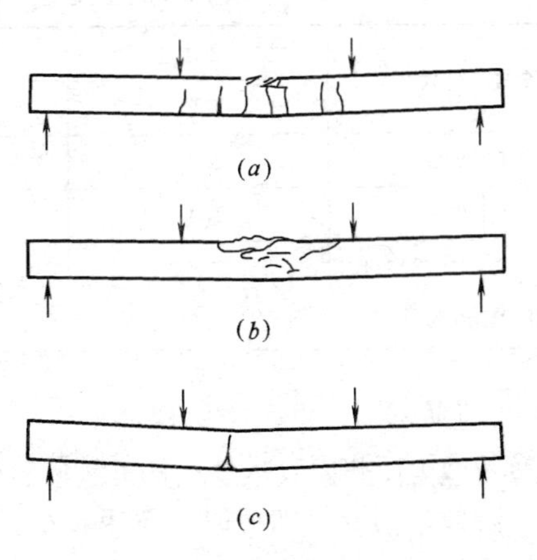

图 6-2-5 梁的三种破坏形式

(a) 适筋破坏；(b) 超筋破坏；(c) 少筋破坏

$$\rho=\frac{A_s}{bh_0} \quad (6\text{-}2\text{-}3)$$

式中 A_s——纵向受拉钢筋的截面面积；

bh_0——混凝土的有效截面面积。

由于配筋率的不同，钢筋混凝土梁有三种破坏形式（图 6-2-5）：

1. 适筋梁

是指含有正常配筋的梁。其破坏的主要特点是受拉钢筋首先达到屈服强度，受压区混凝土的压应力随之增大，当受压区混凝土达到极限压应变时，构件即告破坏（图 6-2-5a），这种破坏称为适筋破坏。这种梁在破坏前，钢筋经历着较大的塑性伸长，从而引起构件较大的变形和裂缝，其破坏过程比较缓慢，破坏前有明显的预兆，为塑性破坏。适筋梁因其材料强度能得到充分发挥，受力合理，破坏前有预兆，所以实际工程中应把钢筋混凝土梁设计成适筋梁。

2. 超筋梁

是受拉钢筋配得过多的梁。由于钢筋过多，所以这种梁在破坏时，受拉钢筋还没有达到屈服强度，而受压混凝土却因达到极限压应变先被压碎，而使整个构件破坏（图 6-2-5b），这种破坏称为超筋破坏。超筋梁的破坏是突然发生的，破坏前没有明显预兆，为脆性破坏。这种梁配筋虽多，却不能充分发挥作用，所以是不经济的。由于上述原因，工程中不允许采用超筋梁。

3. 少筋梁

梁内受拉钢筋配得过少时的梁称为少筋梁（或低筋梁）。由于配筋过少，所以只要受拉区混凝土一开裂，钢筋就会随之达到屈服强度，构件将发生很宽的裂缝和很大的变形，甚至因钢筋被拉断而破坏（图 6-2-5c），这种破坏称为少筋破坏。这也是一种脆性破坏，破坏前没有明显预兆，工程中不得采用少筋梁。

为了保证钢筋混凝土受弯构件的配筋适当，不出现超筋和少筋破坏，就必须控制截面的配筋率，使它在最大配筋率和最小配筋率范围之内。钢筋混凝土受弯构件最大配筋百分率见表 6-2-11，最小配筋百分率见表 6-2-12 中所列。

钢筋混凝土受弯构件最大配筋百分率（%） **表 6-2-11**

钢筋等级		混凝土强度等级			
		C15	C20	C25	C30
HPB235 级		2.49	3.22	3.95	4.82
HRB335 级	$d \leqslant 25$	1.49	1.93	2.37	2.90
	$d=28 \sim 40$	1.63	2.11	2.59	3.16
HRB400 级		1.32	1.71	2.10	2.56

（二）适筋梁工作的三个阶段

适筋梁的工作和应力状态，自承受荷载起，到破坏为止，可分为三个阶段（图 6-2-6）：

第Ⅰ阶段 当开始加荷时，弯矩较小，截面上混凝土与钢筋的应力不大，梁的工作情况与匀质弹性梁相似，混凝土基本上处于弹性工作阶段，应力应变成正比，受压区及受拉区混凝土应力分布可视为三角形。受拉区的钢筋与混凝土共同承受拉力。

钢筋混凝土结构构件中纵向受力钢筋的最小配筋百分率（%） **表 6-2-12**

受力类型		最小配筋百分率
受压构件	全部纵向钢筋	0.6
	一侧纵向钢筋	0.2
受弯构件、偏心受拉、轴心受拉构件一侧的受拉钢筋		0.2 和 $45f_t/f_y$ 中的较大值

注：① 受压构件全部纵向钢筋最小配筋百分率，当采用 HRB400 级、RRB400 级钢筋时，应按表中规定减小 0.1；当混凝土强度等级为 C60 及以上时，应按表中规定增大 0.1；

② 偏心受拉构件中的受压钢筋，应按受压构件一侧纵向钢筋考虑；

③ 受压构件的全部纵向钢筋和一侧纵向钢筋的配筋率以及轴心受拉构件和小偏心受拉构件一侧受拉钢筋的配筋率应按构件的全截面面积计算；受弯构件、大偏心受拉构件一侧受拉钢筋的配筋率应按全截面面积扣除受压翼缘面积 $(b'_f-b)h'_f$ 后的截面面积计算；

④ 当钢筋沿构件截面周边布置时，"一侧纵向钢筋"系指沿受力方向两个对边中的一边布置的纵向钢筋。

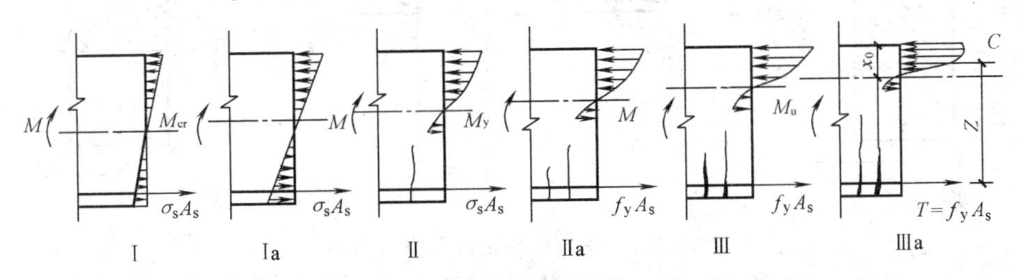

图 6-2-6　适筋梁工作的三个阶段

荷载逐渐增加到这一阶段的末尾时（弯矩为 M_{cr}），受拉区边缘混凝土达到其抗拉强度 f_t 而即将出现裂缝，此时用 $Ⅰ_a$ 表示。这时受压区边缘应变很小，受压区混凝土基本上属于弹性工作性质，即受压区应力图形仍接近于三角形，但受拉区混凝土出现较大塑性变形，应变较应力增加为快，受拉区应力图形为曲线形，中和轴的位置较第Ⅰ阶段初期略有上升。

在这一阶段中，截面中和轴以下受拉区混凝土尚未开裂，整个截面参加工作，一般称之为整体工作阶段，这一阶段梁上所受荷载大致在破坏荷载的 25%以下。

第Ⅱ阶段　当荷载继续增加，梁正截面所受弯矩值超过 M_{cr} 后，受拉区混凝土超过了混凝土的抗拉强度，这时混凝土开始出现裂缝，应力状态进入第Ⅱ阶段，这一阶段一般称为带裂缝工作阶段。

进入第Ⅱ阶段后，梁的正截面应力发生显著变化。在已出现裂缝的截面上，受拉区混凝土基本上退出了工作，受拉区的工作主要由钢筋承受，因而钢筋的应力突增，所以裂缝立即开展到一定的宽度。这时，受压区混凝土应力图形成为平缓的曲线形，但仍接近于三角形。

带裂缝工作阶段的时间较长，当梁上所受荷载为破坏荷载的 25%～85%时，梁都处于这一阶段。因此这一阶段也就相当于梁正常使用时的应力状态。

当弯矩继续增加使得受拉钢筋应力刚刚达到屈服强度时，称为第Ⅱ阶段末，以 $Ⅱ_a$ 阶段表示。

在第Ⅲ阶段　在第Ⅱ阶段末（即 $Ⅱ_a$ 阶段）钢筋应力已达到屈服强度。随着荷载的进一步增大，由于钢筋的屈服，钢筋应力将保持不变，而其变形继续增加，截面裂缝急剧伸展，中和轴迅速上升，从而使混凝土受压区高度迅速减小，混凝土压应力因之迅速增大，压应力分布图形明显地呈曲线形。当受压区混凝土边缘达到极限压应变时，受压区混凝土被压碎崩落，导致梁的最终破坏，这时称为Ⅲ$_a$阶段。

第Ⅲ阶段自钢筋应力达到屈服强度起，至全梁破坏为止。这一阶段也叫做受弯构件的破坏阶段。Ⅲ$_a$阶段的截面应力图形就是计算受弯构件正截面抗弯能力的依据。

（三）应力图形的简化和界限相对受压区高度 ξ_b

如前所述，受弯构件正截面承载能力是以适筋梁Ⅲ$_a$阶段的应力状态及其图形作为依据的，为便于计算，规范在试验的基础上，进行了如下简化：

1. 不考虑受拉区混凝土参加工作，拉力完全由钢筋承担；

2. 受压区混凝土以等效的矩形应力图形代替实际应力图形（如图 6-2-7，即两应力图形面积相等且压应力合力 C 的作用点不变）。

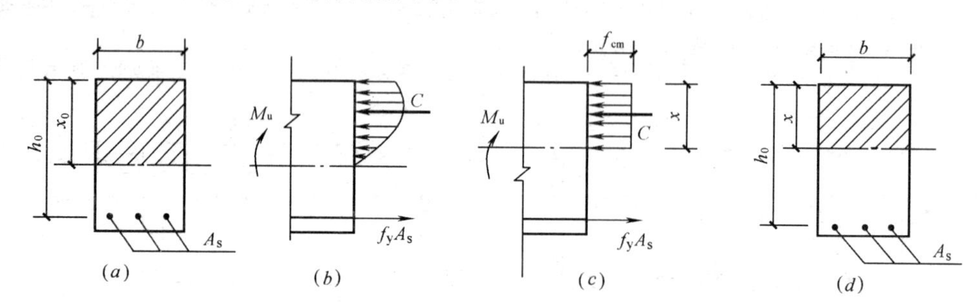

图 6-2-7　受弯构件正截面应力图形

(a) 横截面；(b) 实际应力图；(c) 等效应力图；(d) 计算截图

按如上简化原则，矩形应力图形的混凝土受压区高度 $x=0.8x_0$（x_0 为实际受压区高度），矩形应力图形的应力值称为弯曲抗压强度 f_{cm}，规范取 $f_{cm}=1.1f_c$。应当指出，混凝土的弯曲抗压强度并不是经试验测定的材料实际强度指标，而是将压应力分布图形简化成等效矩形图形后的一个折算强度。各强度等级混凝土的弯曲抗压强度标准值和设计值见表 6-2-7 及表 6-2-8。

当截面上受拉钢筋和受压区混凝土同时达到各自的强度限值时（钢筋达到 f_y，混凝土达到 f_{cm}），此截面称为界限截面，这时构件达到极限承载力，其破坏状态称为界限状态破坏。界限截面受压区高度 x_b 与截面有效高度 h_0 的比值 $\left(\frac{x_b}{h_0}\right)$ 称为界限相对受压区高度，以 ξ_b 表示。如实际配筋量大于界限状态破坏时的配筋量时，即实际的相对受压区高度 $\xi=\frac{x}{h_0}>\xi_b$，则构件破坏时钢筋应力 $\sigma<f_y$，钢筋不能屈服，其破坏便属于超筋破坏。如 $\xi\leqslant\xi_b$，构件破坏时钢筋应力就能达到屈服强度，即属于适筋破坏。由此可知，界限相对受压区高度 ξ_b，就是衡量构件破坏时钢筋强度是否充分利用，判断是适筋破坏还是超筋破坏的特征值。表 6-2-13 列出了 HPB235 级、HRB335 级和 HRB400 级钢筋的 ξ_b 值。

钢筋混凝土构件界限相对受压区高度 ξ_b　　**表 6-2-13**

钢　筋　种　类		ξ_b
HPB235 级		0.614
HRB335 级	$d\leqslant 25$mm	0.544
	$d=28\sim40$mm	0.556
HRB400 级		0.528

（四）单筋矩形截面正截面承载力的计算

1. 基本公式及其适用条件

受弯构件正截面承载力的计算，就是要求由荷载设计值在构件内产生的弯矩，小于或等于按材料强度设计值计算得出的构件受弯承载力设计值，即：

$$M \leqslant M_u \tag{6-2-4}$$

式中 M——弯矩设计值；

M_u——构件正截面受弯承载力设计值。

图 6-2-8 所示为单筋矩形截面。由平衡条件（$\Sigma X=0$、$\Sigma M=0$）可得出其承载力基本计算公式：

$$f_{cm}bx = f_y A_s \tag{6-2-5}$$

$$M \leqslant M_u = f_{cm}bx\left(h_0 - \frac{x}{2}\right) \tag{6-2-6}$$

或

$$M \leqslant M_u = f_y A_s\left(h_0 - \frac{x}{2}\right) \tag{6-2-7}$$

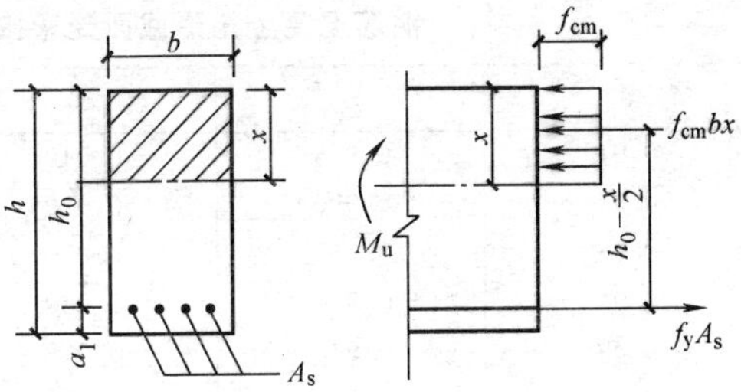

图 6-2-8　单筋矩形截面受弯构件计算图形

式中 f_{cm}——混凝土弯曲抗压强度设计值，见表 6-2-8；

f_y——钢筋抗拉强度设计值，见表6-2-3、表 6-2-4；

A_s——受拉钢筋截面面积；

b——截面宽度；

x——混凝土受压区高度；

h_0——截面有效高度。

为保证受弯构件为适筋破坏，不出现超筋破坏和少筋破坏，上述基本公式必须满足下列适用条件：

（1）

$$\left.\begin{aligned} &\xi \leqslant \xi_b \\ \text{或}\quad &x \leqslant \xi_b h_0 \\ \text{或}\quad &\rho \leqslant \rho_{max} \end{aligned}\right\} \tag{6-2-8a}$$

公式（6-2-8a）中的各式意义相同，即为了防止配筋过多形成超筋梁，只要满足其中任何一个式子，其余的必定满足。如将 $x=\xi_b h_0$ 代入公式（6-2-6），也可求得单筋矩形截面所能承受的最大受弯承载力（极限弯矩）$M_{u,max}$：

$$M_{u,max} = f_{cm}bh_0^2\xi_b(1-0.5\xi_b) \tag{6-2-8b}$$

（2）

$$\left.\begin{aligned} &\rho \geqslant \rho_{min} \\ \text{或}\quad &A_s \geqslant \rho_{min}bh\text{❶} \end{aligned}\right\} \tag{6-2-9}$$

公式（6-2-9）是为了防止钢筋配置过少而形成少筋梁。

2. 基本公式的应用

在设计中一般不直接应用基本公式，因需求解二元二次方程组，很不方便。规范将基本公式（6-2-5）、（6-2-6）按 $M=M_u$ 原则改写，并编制了实用计算表格，简化了计算。

❶ 根据《混凝土结构设计规范》，检验最小配筋率 ρ_{min}时，构件截面采用全截面面积。

改写后的公式为：

$$M=\alpha_{s}bh_{0}^{2}f_{cm} \tag{6-2-10}$$

$$M=f_{y}A_{s}\gamma_{s}h_{0} \tag{6-2-11}$$

公式（6-2-10）、（6-2-11）中的系数 α_s 和 γ_s 均为 ξ 的函数，所以可以把他们之间的数值关系用表格表示，见表 6-2-14。表中，与常用钢筋等级相对应的界限相对受压区高度 ξ_b 之值已用横线标出，因此，当计算出的 α_s 和 γ_s 系数值未超出横线时，即表明已满足第一个适用条件。但因表格中不能表示出最小配筋率，所以仍需验算第二个适用条件。

钢筋混凝土矩形截面受弯构件正截面受弯承载力计算系数表　　表 6-2-14

ξ	γ_s	α_s	ξ	γ_s	α_s
0.01	0.995	0.010	0.33	0.835	0.275
0.02	0.990	0.020	0.34	0.830	0.282
0.03	0.985	0.030	0.35	0.825	0.289
0.04	0.980	0.039	0.36	0.820	0.295
0.05	0.975	0.048	0.37	0.815	0.301
0.06	0.970	0.058	0.38	0.810	0.309
0.07	0.965	0.067	0.39	0.805	0.314
0.08	0.960	0.077	0.40	0.800	0.320
0.09	0.955	0.085	0.41	0.795	0.326
0.10	0.950	0.095	0.42	0.790	0.332
0.11	0.945	0.104	0.43	0.785	0.337
0.12	0.940	0.113	0.44	0.780	0.343
0.13	0.935	0.121	0.45	0.775	0.342
0.14	0.930	0.130	0.46	0.770	0.354
0.15	0.925	0.139	0.47	0.765	0.359
0.16	0.920	0.147	0.48	0.760	0.365
0.17	0.915	0.155	0.49	0.755	0.370
0.18	0.910	0.164	0.50	0.750	0.375
0.19	0.905	0.172	0.51	0.745	0.380
0.20	0.900	0.180	0.52	0.740	0.385
0.21	0.895	0.188	0.528	0.736	0.389
0.22	0.890	0.196	0.53	0.735	0.390
0.23	0.885	0.203	0.54	0.730	0.394
0.24	0.880	0.211	0.544	0.728	0.396
0.25	0.875	0.219	0.55	0.725	0.400
0.26	0.870	0.226	0.556	0.722	0.401
0.27	0.865	0.234	0.56	0.720	0.403
0.28	0.860	0.241	0.57	0.715	0.408
0.29	0.855	0.248	0.58	0.710	0.412
0.30	0.850	0.255	0.59	0.705	0.416
0.31	0.845	0.262	0.60	0.700	0.420
0.32	0.840	0.269	0.614	0.693	0.426

注：表中 $\xi=0.528$ 以下的数值不适用于 HRB400 级钢筋；$\xi=0.544$ 以下的数值不适用于钢筋直径 $d\leqslant25$mm 的 HRB335 级钢筋；$\xi=0.556$ 以下的数值不适用于钢筋直径 $d=28\sim40$mm 的 HRB335 级钢筋。

单筋矩形截面受弯构件正截面承载力的计算有两种情况，即截面设计与截面验算。

（1）截面设计

已知：弯矩设计值 M，构件截面尺寸 b、h，混凝土强度等级和钢筋级别。

求：所需受拉钢筋截面面积 A_s。

【解】

第一步：由公式（6-2-10）求出 α_s，即

$$\alpha_s=\frac{M}{f_{cm}bh_0^2}$$

第二步：根据 α_s 由表 6-2-14 查出 γ_s 或 ξ（如 α_s 值超出表中横线，则应加大截面，或提高强度等级，或改用双筋截面）。

第三步：求 A

由公式（6-2-11）：
$$A_s=\frac{M}{f_y\gamma_s h_0}$$

或由公式（6-2-5）：$x=\dfrac{A_s f_y}{bf_{cm}}$，则 $\xi=\dfrac{x}{h_0}=\dfrac{A_s}{bh_0}\dfrac{f_y}{f_{cm}}$，因此 A_s 也可按下式求出：

$$A_s=\xi bh_0\frac{f_{cm}}{f_y}$$

求出 A_s 后，即可按表 6-2-5 或表 6-2-6 并根据构造要求选择钢筋。

第四步：检查截面实际配筋率是否低于最小配筋率，即

$$\rho\leqslant\rho_{min}\text{或}A_s\geqslant\rho_{min}bh$$

式中 A_s 采用实际选用的钢筋截面积，ρ_{min} 见表 6-2-12。

（2）截面验算

已知：弯矩设计值 M，构件截面尺寸 b、h，钢筋截面面积 A_s，混凝土强度等级和钢筋级别。

求：正截面受弯承载力设计值 M_u，验算是否满足公式（6-2-4）。

【解】

第一步：求 ξ

$$\xi=\frac{A_s f_y}{bh_0 f_{cm}}$$

第二步：由表 6-2-14，根据 ξ 查得 α_s

第三步：求 M_u

$$M_u=\alpha_s bh_0^2 f_{cm}$$

此处应注意：如 ξ 之值在表中横线以下，即 $\xi>\xi_b$，此时正截面受弯承载力应按公式（6-2-8b）确定：

$$M_{u,max}=f_{cm}bh_0^2\xi_b(1-0.5\xi_b)$$

第四步：验算最小配筋率条件 $\rho\geqslant\rho_{min}$。如 $\rho<\rho_{min}$，则原截面设计不合理，应修改设计。如为已建成的工程则应降低条件使用。

【例 1】 某学校教室梁截面尺寸及配筋如图 6-2-9 所示，弯矩设计值 $M=80\text{kN}\cdot\text{m}$，混凝土强度等级为 C20，HRB335 级钢筋。验算此梁是否安全。

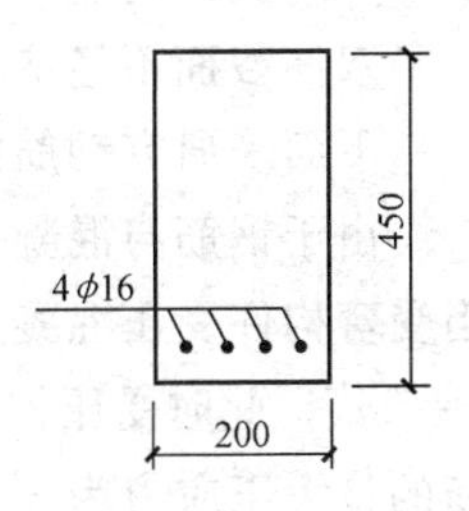

图 6-2-9 例 1 附图

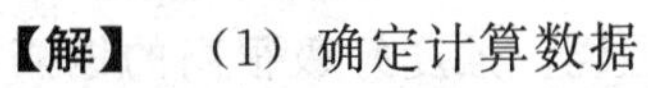
【解】（1）确定计算数据

材料强度设计值：$f_{cm}=11\text{N/mm}^2$，$f_y=310\text{N/mm}^2$

钢筋截面面积：　$A_s=804\text{mm}^2$

梁的有效高度：　$h_0=450-35=415\text{mm}$

（2）求 ξ

$$\xi=\frac{A_s f_y}{bh_0 f_{cm}}=\frac{804\times310}{200\times415\times11}=0.273$$

（3）查表 6-2-14 得 $\alpha_s=0.236$

（4）求受弯承载力设计值 M_u

$$\begin{aligned}M_u&=\alpha_s bh_0^2 f_{cm}=0.236\times200\times415^2\times11=89.4\times10^6\text{N}\cdot\text{mm}\\&=89.4\text{kN}\cdot\text{m}>M=80\text{kN}\cdot\text{m}\ （安全）\end{aligned}$$

（5）检查最小配筋率

$$\rho=\frac{A_s}{bh}=\frac{804}{200\times450}=0.89\%>\rho_{min}=0.15\%$$

（五）双筋矩形截面和 T 形截面的受力概念

1. 双筋矩形截面

如图 6-2-10 所示，在受拉区和受压区同时设置受力钢筋的截面称为双筋截面。受压区的钢筋承受压力，称为受压钢筋，其截面面积用 A'_s 表示。双筋截面主要用于以下几种情况：

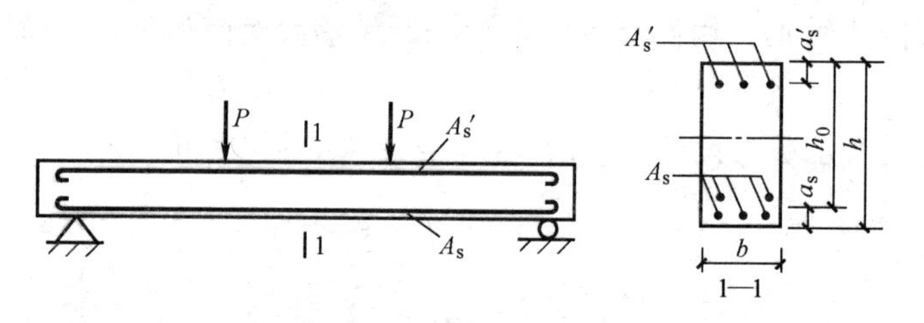

图 6-2-10　双筋矩形截面

（1）当构件承受的荷载较大，但截面尺寸又受到限制，以致采用单筋截面不能保证适用条件，而成为超筋梁时，则需采用双筋截面。

（2）截面承受正负交替弯矩时，需在截面上下均配有受拉钢筋。当其中一种弯矩作用时，实际上是一边受拉而另一边受压（即在受压侧实际已存在受压钢筋），这也是双筋截面。

（3）当因构造需要，在截面的受压区通过受力钢筋时，也应按双筋截面计算。

双筋截面不经济，施工不便，除上述情况外，一般不宜采用。

下面来研究钢筋的抗压强度设计值 f'_y 的取值：

由于钢筋与混凝土粘结在一起共同工作，所以受压钢筋处混凝土与钢筋的应变相等。当受弯构件受压混凝土边缘压碎时（极限压应变 $\varepsilon_{c,max}=0.0033$），如取混凝土受压区高度 $x=2a'_s$，此时受压钢筋处的混凝土压应变亦即钢筋的压应变为 $\varepsilon'_c=\varepsilon'_s=0.002$。则受压钢筋的最大压应力为 $\sigma'_s=\varepsilon'_s E=0.002\times2\times10^5=400\text{N/mm}^2$。由此可知，双筋截面受弯构件中受压钢筋的强度最多只能达到 400kN/mm^2。这也就是说，强度等级很高的钢筋，在用于受压时，因受混凝土的限制，并不能充分发挥作用。因此，对钢筋抗压强度设计值 f'_y 的取值规范规定为：

（1）当钢筋抗拉强度设计值 $f_y \leqslant 400\text{N/mm}^2$ 时：热轧钢筋取 $f'_y = f_y$；冷拉钢筋则按第二章第二节所述，仍采用未冷拉时的抗拉强度设计值。

（2）当钢筋抗拉强度设计值 $f_y > 400\text{N/mm}^2$ 时，取 $f'_y = 400\text{N/mm}^2$（其中刻痕钢丝及钢绞线 $E_s = 1.8 \times 10^5$，故 $f'_y = \varepsilon'_s E_s = 0.002 \times 1.8 \times 10^5 = 360\text{N/mm}^2$）。

各类钢筋的抗压强度设计值 f'_y 的数值见表 6-2-3 及表 6-2-4。

试验证明，当采用受压钢筋时，如采用开口箍筋或箍筋间距过大，受压钢筋在纵向压力作用下，将被压屈凸出引起保护层崩裂，从而导致受压混凝土的过早破坏。因此，规范有如下规定：

（1）当梁中配有计算需要的纵向受压钢筋时，箍筋应为封闭式；箍筋的间距在绑扎骨架中不应大于 $15d$，在焊接骨架中不应大于 $20d$（d 为纵向受压钢筋中的最小直径），同时在任何情况下均不应大于 400mm。

（2）当一层内的纵向受压钢筋多于三根时，应设置复合箍筋（即四肢箍筋）；当一层内的纵向受压钢筋多于五根且直径大于 18mm 时，箍筋间距不应大于 $10d$。

2. T 形截面

在矩形截面正截面承载力的计算中，由于在破坏阶段受拉区混凝土早已开裂，不能承受拉力，所以不考虑中和轴以下的混凝土参加工作。由此可以设想把受拉区的混凝土减少一部分，这样既可节约材料，又减轻了自重，如图 6-2-11 所示，就形成了 T 形截面的受弯构件。T 形截面在工程中的应用很广泛，如现浇楼盖、吊车梁等。此外，工字形屋面大梁、槽板、空心板等也均按 T 形截面计算，如图 6-2-12 所示。

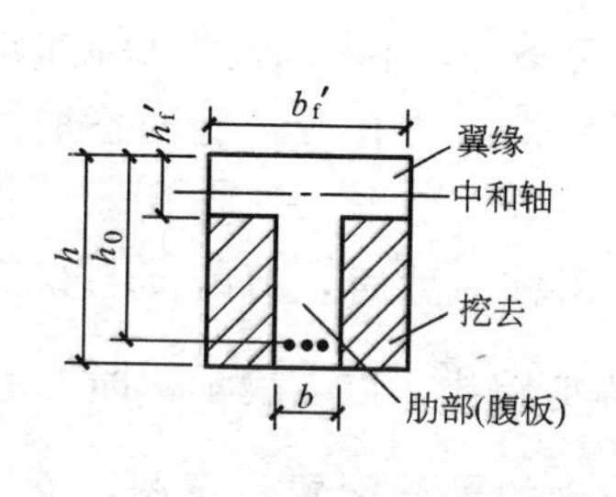

图 6-2-11　单筋 T 形截面

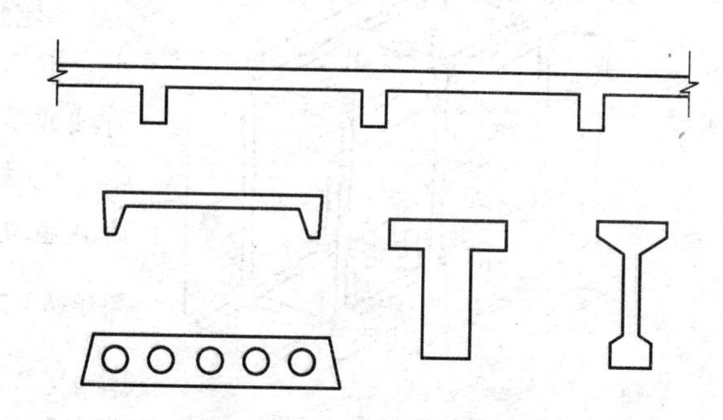

图 6-2-12　T 形截面的形式

如图 6-2-12 所示，T 形截面由翼缘和肋部（也称腹板）组成。由于翼缘宽度较大，截面有足够的混凝土受压区，很少设置受压钢筋，因此一般仅研究单筋 T 形截面。

根据中和轴位置的不同，T 形截面可分为两类：第一类 T 形截面的中和轴在翼缘高度范围内（图 6-2-13a），因其受压区实际是矩形，所以可以把梁截面视为宽为 b'_f 的矩形来计算；第二类 T 形截面的中和轴通过翼缘下的肋部（图 6-2-13b），这一类 T 形截面的受压区则为 T 形，不能按矩形截面计算。

T 形截面受弯构件受压翼缘压应力的分布是不均匀的，离开肋部越远压应力越小。因此，在实际计算时，为简化计算，假定翼缘只在一定宽度内受有压应力，并呈均匀分布，而认为在这个范围以外的翼缘不参加工作。参加工作的翼缘宽度叫翼缘的计算宽度。翼缘的计算宽度与梁的跨度 l_0，翼缘厚度 h'_f 与梁肋净距等因素有关。

六、受弯构件斜截面承载力的计算

（一）概述

在一般情况下，受弯构件截面除作用有弯矩外，还作用有剪力。图 6-2-14 为受一对集中力作用的简支梁，在集中力之间为纯弯区，剪力为零，而弯矩值最大，可能发生上节所述正截面破坏。在集中力到支座之间的区段，虽然弯矩较小，但既受弯曲又受剪力（称为剪弯区），剪力和弯矩的共同作用引起的主拉应力将使该段产生斜裂缝，即可能导致沿斜截面的破坏。所以，对于受弯构件既要计算正截面的承载力也要计算斜截面的承载力。

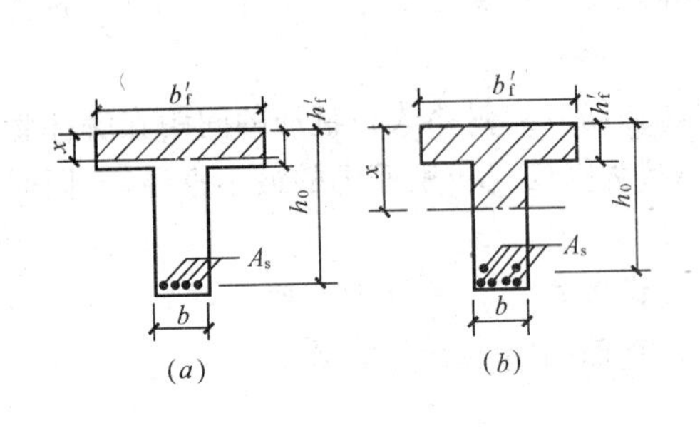

图 6-2-13　两类 T 形截面

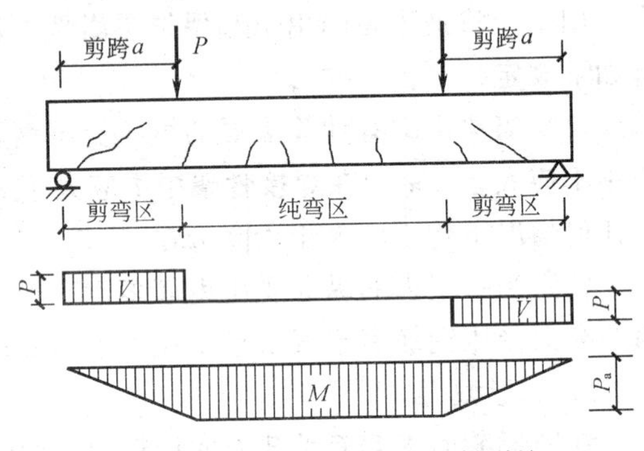

图 6-2-14　梁的垂直裂缝与斜裂缝

受弯构件的正截面是以纵向受拉钢筋来加强的，而斜截面则主要是靠配置箍筋和弯起钢筋来加强。箍筋和弯起钢筋通常也称为“腹筋”或“横向钢筋”。

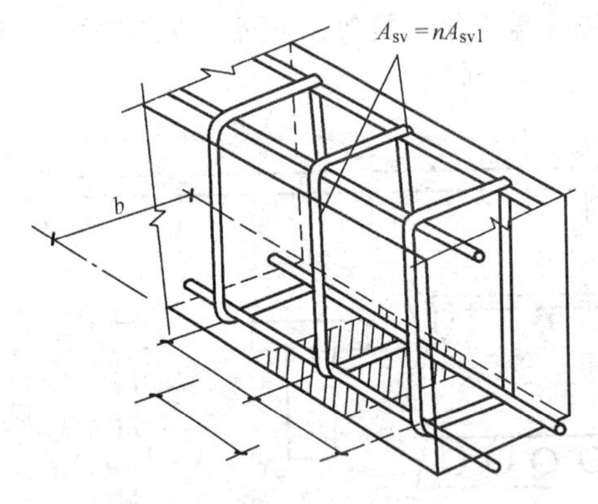

图 6-2-15　梁箍筋配置示意图

影响斜截面承载力的因素很多，除截面大小、混凝土的强度等级、荷载种类（例如均布荷载或集中荷载）外，还有剪跨比和箍筋配筋率（也称配箍率）等。如图 6-2-14 所示，集中荷载至支座的距离称为剪跨，剪跨 a 与梁有效高度 h_0 之比称为剪跨比，以 λ 表示，即 $\lambda=\frac{a}{h_0}$。图 6-2-15 所示为梁的箍筋配置示意图，箍筋配筋率可用下式表示：

$$\rho_{sv}=\frac{A_{sv}}{sb}=\frac{nA_{sv1}}{sb} \tag{6-2-12}$$

式中　ρ_{sv}——箍筋配筋率；

n——在同一截面内箍筋的肢数；

A_{sv1}——单肢箍筋的截面面积；

s——箍筋间距；

b——梁宽。

试验结果表明，斜截面的破坏可能有以下三种形式：

1. 斜压破坏　当梁的箍筋配置过多过密或梁的剪跨比较小时，随着荷载的增加，在剪弯段出现一些斜裂缝，这些斜裂缝将梁的腹部分割成若干个斜向短柱，最后因混凝土短柱被压碎导致梁的破坏，此时箍筋应力并未达到屈服强度（图 6-2-16*a*）。这种破坏与正截面超筋梁的破坏相似，未能充分发挥箍筋的作用。

2. 剪压破坏　当梁内箍筋的数量配置适当时，随着荷载的增加，首先在剪弯段受拉区出现垂直裂缝，随后斜向延伸，形成斜裂缝。当荷载再增加到一定值时，就会出现一条主要斜裂缝（称临界斜裂缝）。此后荷载继续增加，与临界斜裂缝相交的箍筋将达到屈服强度；同时，剪压区的混凝土在剪应力及压应力共同作用下，达到极限状态而破坏（图 6-2-16*b*）。这种破坏类似正截面的适筋破坏。

3. 斜拉破坏　当箍筋配置过少且剪跨比较大时，斜裂缝一旦出现，箍筋应力立即达到屈服强度，这条斜裂缝将迅速伸展到梁的受压边缘，构件很快裂为两部分而破坏（图 6-2-16*c*）。这种破坏没有预兆，破坏前梁的变形很小，与正截面少筋梁的破坏相似。

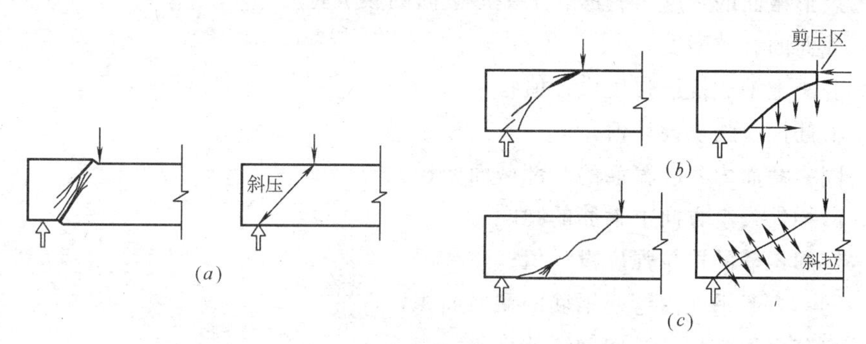

图 6-2-16　斜截面破坏的三种形式

(*a*) 斜压破坏；(*b*) 剪压破坏；(*c*) 斜拉破坏

针对上述三种不同的破坏形态，规范采用不同的方法来保证斜截面的承载能力以防止破坏。由于斜压破坏时箍筋作用不能充分发挥，斜拉破坏又十分突然，所以这两种破坏在设计中均应避免。斜压破坏可通过限制截面最小尺寸（实际也就是规定了最大配箍率）来防止；斜拉破坏则可用最小配箍率来控制。剪压破坏相当于正截面的适筋破坏，设计中应把构件控制在这种破坏类型，因此，斜截面承载力的计算主要就是以剪压破坏为计算模型，防止剪压破坏的发生。

（二）斜截面受剪承载力的计算

1. 计算公式

如上所述，斜截面承载力的计算是以剪压破坏的形态为依据（图 6-2-16*b*），为保证斜截面有足够的承载力，必须满足：

$$V \leqslant V_u \tag{6-2-13}$$

$$M \leqslant M_u \tag{6-2-14}$$

式中　V、M——构件斜截面上最大剪力设计值与最大弯矩设计值；

V_u、M_u——构件斜截面上受剪及受弯承载力设计值。

公式（6-2-13）为抗剪条件，公式（6-2-14）为抗弯条件。一般通过配置腹筋（箍筋与弯起钢筋）来满足抗剪条件，通过构造措施保证抗弯条件。

如图 6-2-17 所示，斜截面的受剪承载力由混凝土、箍筋和弯起钢筋三部分组成。根

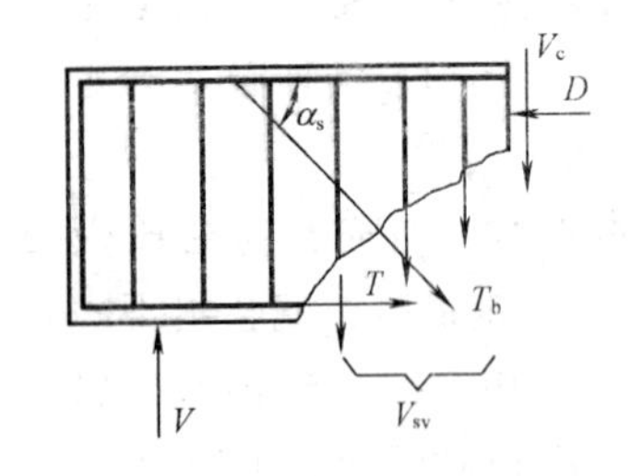

图 6-2-17 斜截面计算简图

据试验研究，矩形、T形及工字形截面受弯构件，当配有箍筋和弯起钢筋时，斜截面受剪承载力应按如下公式计算：

$$V \leqslant 0.07 f_c b h_0 + 1.5 f_{yv} \frac{A_{sv}}{s} h_0 + 0.8 f_y A_s \sin\alpha_s \tag{6-2-15}$$

公式（6-2-15）中的第一项为斜截面上剪压区混凝土受剪承载力设计值，第二项为与斜裂缝相交的箍筋受剪承载力设计值，第三项为与斜裂缝相交的弯起钢筋受剪承载力设计值（如不配置弯起钢筋则不计此项）。

公式（6-2-15）中

V——构件斜截面上最大剪力设计值；

b——矩形截面的宽度，T形、工字形截面的腹板宽度；

h_0——截面的有效高度；

f_c——混凝土轴心抗压强度设计值；

f_{yv}——箍筋抗拉强度设计值；

A_{sv}——同一截面内各肢箍筋的全部截面面积；

s——沿构件长度方向上箍筋的间距；

f_y——弯起钢筋的抗拉强度设计值；

A_{sb}——同一弯起平面内弯起钢筋的截面面积；

α_s——弯起钢筋与构件纵向轴线的夹角。

当矩形、T形及工字形截面受弯构件符合如下条件时：

$$V \leqslant 0.07 f_c b h_0 \tag{6-2-16}$$

则可不必进行斜截面的受剪承载力计算，即不必按计算配置腹筋。但由于只靠混凝土承受剪力时，一旦出现斜裂缝梁即破坏，因此规范规定，当满足公式（6-2-16）时，仍需按构造要求配置箍筋。

2. 计算公式的适用条件

如前所述，斜截面的破坏有三种形式，而斜截面受剪承载力计算公式只是根据剪压破坏的受力状态确定的，这就必须防止另外两种破坏的发生。

(1) 上限值——截面最小尺寸

由公式（6-2-15）看，似乎如无限制增加箍筋及弯起钢筋，即可随意增大梁的抗剪承载力，但试验证明，在配箍率超过一定数值后，斜截面受剪承载力将不再增大，多配的箍筋并不能充分发挥作用，如不增大构件截面，荷载再增大，斜截面将产生斜压破坏。规范根据试验结果，给出了剪压破坏受剪承载力的上限值——截面最小尺寸条件（即如剪力设计值较大，不能满足此条件时，应加大截面尺寸）。

当$\frac{h_W}{b} \leqslant 4.0$时　　$V \leqslant 0.25 f_c b h_0$　　(6-2-17a)

当$\frac{h_W}{b} \leqslant 6.0$时　　$V \leqslant 0.2 f_c b h_0$　　(6-2-17b)

当$4.0 < \frac{h_W}{b} < 6.0$时，按直线内插法取用。

式中　V——剪力设计值；

b——矩形截面的宽度，T形或工字形截面的腹板宽度；

h_W——截面的腹板高度；矩形截面取有效高度 h_0，T形截面取有效高度减去翼缘高度，工字形截面取腹板净高。

以上规定实际上是间接地对箍筋用量作了限制，并避免了斜压破坏。

（2）下限值——最小配箍率

箍筋的配置不能过少。如果斜截面上箍筋的抗剪能力还没有达到混凝土的抗剪能力，则一旦出现裂缝，混凝土退出工作，箍筋就会立即达到屈服强度而发生斜拉破坏。因此规范规定了箍筋含量的下限值——最小配筋率。即

$$\rho_{sv,min}=0.02\frac{f_c}{f_{yv}} \tag{6-2-18}$$

规定最小配箍率，可提高梁的抗剪能力，避免斜拉破坏，且可抑制斜裂缝的开展。

3. 斜截面受剪承载力的计算位置

在计算斜截面的受剪承载力时，其计算位置应按如下规定采用：

（1）支座边缘处的截面（图6-2-18截面1—1）；

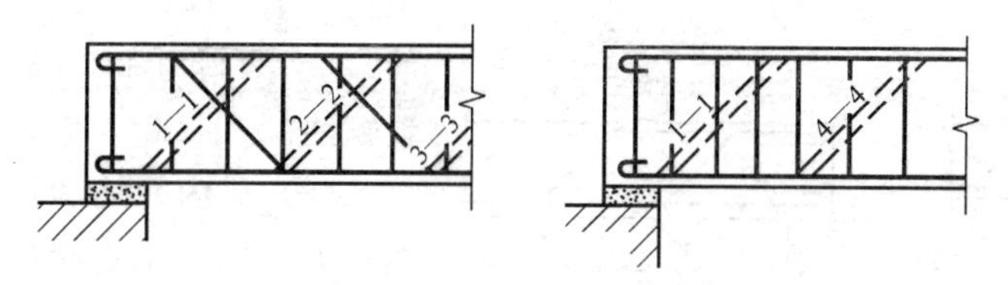

图6-2-18　斜截面受剪承载力的计算位置

（a）弯起钢筋；（b）箍筋

（2）受拉区弯起钢筋弯起点处的截面（图6-2-18a截面2—2、3—3）；

（3）箍筋截面面积或间距改变处的截面（图6-2-18b截面4—4）；

（4）腹板宽度改变处截面。

斜截面受剪承载力的计算，应取作用在该斜截面范围内的最大剪力作为剪力设计值，即取斜裂缝起始端的剪力作为剪力设计值。

4. 斜截面受剪承载力的计算步骤

（1）复核梁的截面尺寸。按公式（6-2-17a）或（6-2-17b）进行梁截面尺寸的复核，如不能满足要求，则应加大截面或提高混凝土的强度等级。

（2）确定是否需要进行斜截面受剪承载力计算。如剪力设计值满足公式（6-2-16）时，则不需进行斜截面受剪承载力计算（但需按构造要求配置箍筋）。当不能满足时，则应进行斜截面受剪承载力计算并配置腹筋。

（3）计算箍筋。当剪力设计值由混凝土和箍筋承担时，由公式（6-2-15）推导，箍筋数量按下式计算：

$$\frac{A_{sv}}{s}=\frac{V-0.07f_cbh_0}{1.5f_{yv}h_0} \tag{6-2-19}$$

求出$\frac{A_{sv}}{s}$后，先选定箍筋肢数 n 和直径（确定单肢横截面面积 A_{sv1}），则 $A_{sv}=nA_{sv1}$，

最后再求出箍筋间距 s。箍筋除应满足计算要求外，尚应符合构造要求。

（4）计算弯起钢筋。当剪力设计值由混凝土、箍筋和弯起钢筋同时承担时，应先选定箍筋直径和间距，然后按公式（6-2-15）的推导，由下式确定弯起钢筋的截面面积：

$$A_{sb}=\frac{V-0.07f_{c}bh_{0}-1.5f_{yv}\frac{A_{sv}}{s}h_{0}}{0.8f_{y}\sin\alpha_{s}} \qquad (6\text{-}2\text{-}20)$$

计算弯起钢筋时，剪力设计值应按下列规定采用：

1）计算第一排（对支座而言）弯起钢筋时，取用支座边缘处的剪力设计值；

2）计算以后每一排弯起钢筋时，取用前一排（对支座而言）钢筋弯起点的剪力设计值。弯起钢筋除应满足计算要求外，尚应符合构造要求。

5. 箍筋和弯起钢筋的构造规定

（1）箍筋除能提高梁的抗剪承载力和抑制斜裂缝的开展外，还能承受温度应力和混凝土的收缩应力，增强纵向钢筋的锚固，以及加强梁的受压区和受拉区的联系等。因此，按计算不需要箍筋的梁：如梁高大于 300mm，仍应按梁全长设置箍筋；如梁高为 150～300mm，可仅在构件端部各 1/4 跨长范围内设置箍筋（当在构件中部 1/2 跨长范围内有集中荷载作用时，仍应沿梁全长设置箍筋）；当梁高为 150mm 以下时，可不设置箍筋。

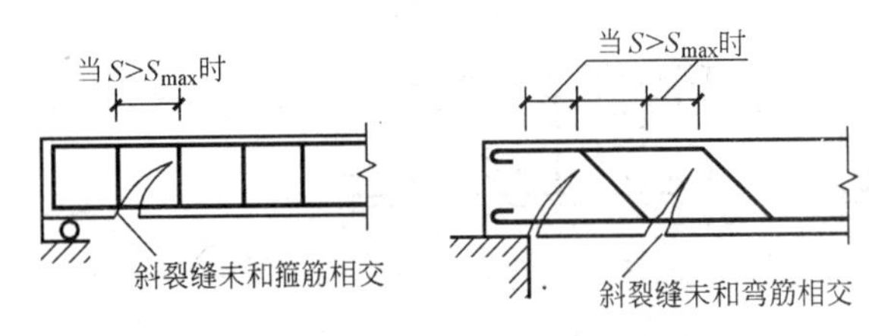

图 6-2-19　箍筋及弯筋间距过大时的斜裂缝

（2）梁内箍筋和弯起钢筋的间距不能过大，以防止斜裂缝发生在箍筋或弯起钢筋之间（图 6-2-19），避免降低梁的受剪承载力，根据混凝土结构设计规范，梁内箍筋和弯起钢筋间距 s 不得超过表 6-2-15 的规定。

梁中箍筋和弯起钢筋的最大间距 S_{max}（mm）　　　　**表 6-2-15**

项　次	梁高 h	$V>0.07f_{t}bh_{0}+0.05N_{p0}$	$V\leqslant0.07f_{t}bh_{0}+0.05N_{p0}$
1	$150<h\leqslant300$	150	200
2	$300<h\leqslant500$	200	300
3	$500<h\leqslant800$	250	350
4	$h>800$	300	500

（3）当梁中配有计算需要的纵向受压钢筋时，箍筋应为封闭式；箍筋的间距在绑扎骨架中不应大于 $15d$，在焊接骨架中不应大于 $20d$（d 为纵向受压钢筋中的最小直径），同时在任何情况下均不应大于 400mm；当一层内的纵向受压钢筋多于三根时，应设置复合箍筋；当一层内的纵向受压钢筋多于五根且直径大于 18mm 时，箍筋间距不应大于 $10d$。

（4）弯起钢筋的弯终点，尚应留有锚固长度：在受拉区不应小于 $20d$；在受压区不应小于 $10d$；对光面钢筋在末端尚应设置弯钩（图

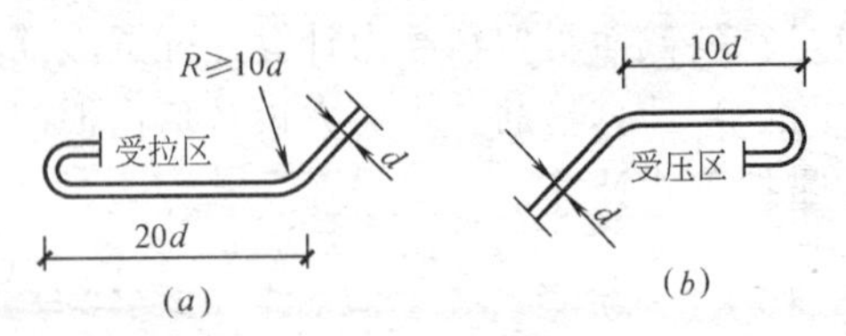

图 6-2-20　弯起钢筋端部的构造
（a）受拉区；（b）受压区

6-2-20)。位于梁底层两侧的钢筋不应弯起。

梁中弯起钢筋的角度宜取 45°或 60°。

(5) 当不能将纵筋弯起而需单独为抗剪要求设置弯筋时，应将弯筋两端锚固在受压区内（俗称鸭筋），如图 6-2-21 所示，并不得采用浮筋。

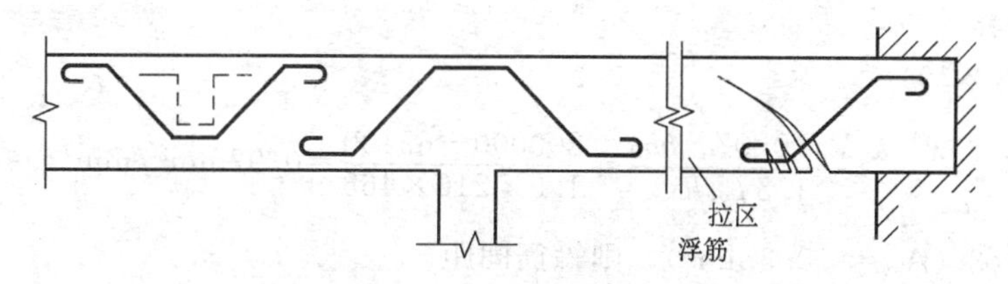

图 6-2-21 为抗剪要求单独设置的弯筋
（不得采用浮筋）

（三）斜截面受弯承载力的保证

如前所述，为了保证斜截面具有足够的承载力，必须满足抗剪和抗弯两个条件，即公式（6-2-13）及（6-2-14）。其中，抗剪条件已由配置箍筋和弯起钢筋来满足，而抗弯条件则需由构造措施来保证。

梁内的纵向受力钢筋，是根据梁的最大弯矩确定的，如果纵向受力钢筋沿梁全长不变，则梁的每一截面（包括正截面与斜截面）抗弯承载力都有充分的保证。当然，这样的配筋是不经济的，因为在内力较小的截面上，纵向钢筋未被充分利用。一般应在满足正截面抗弯承载力的条件下，按规范的要求将部分纵向钢筋弯起或者截断。

应当指出，受拉钢筋截断后，由于钢筋截面的突然变化，易引起过宽的裂缝，因此规范规定纵向钢筋不宜在受拉区截断。如必须截断时，应延伸至按正截面受弯承载力计算不需该钢筋的截面以外，其延伸的长度必须符合规范的规定。

【例 2】 矩形截面简支梁截面尺寸为200×500mm，计算跨度 $l_0=4.24$m（净跨 $l_n=4$m），承受均布荷载设计值（包括自重）$q=100$kN/m（图 6-2-22），混凝土强度等级采用 C20（$f_c=10$N/mm²），箍筋采用 HPB235 级钢筋（$f_{yv}=210$N/mm²）。求箍筋数量。

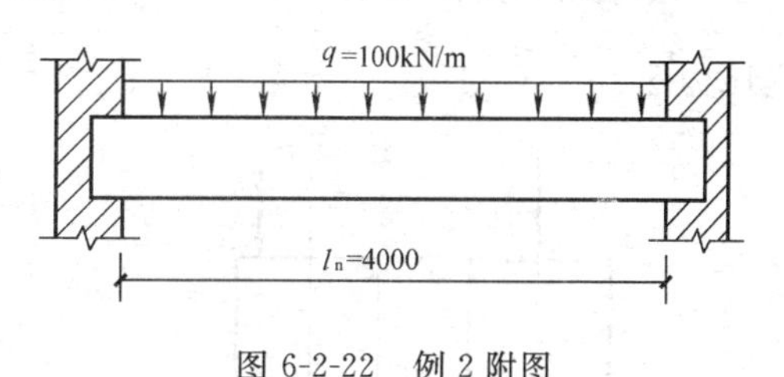

图 6-2-22 例 2 附图

【解】 1. 计算剪力设计值

$$V=\frac{1}{2}=ql_n=\frac{1}{2}\times100\times4=200\text{kN}=200000\text{N}$$

2. 复核梁的截面尺寸

$$h_W=h_0=500-35=465\text{mm}$$

$$\frac{h_W}{b}=\frac{465}{200}=2.32<4.0$$

按公式（6-2-17a）复核

$$0.25f_cbh_0=0.25\times10\times200\times465=232500\text{N}>V=200000\text{N}$$

截面尺寸满足要求。

3. 确定是否需进行斜截面受剪承载力计算

由公式（6-2-16）

$$0.07f_c bh_0 = 0.07\times10\times200\times465 = 65100\text{N} < V = 200000\text{N}$$

需进行斜截面受剪承载力计算，按计算配置腹筋。

4. 箍筋计算

由公式（6-2-19）

$$\frac{A_{sv}}{s} \geqslant \frac{V-0.07f_c bh_0}{1.5f_{yv}h_0} = \frac{200000-65100}{1.5\times210\times465} = 0.92\text{mm}^2/\text{mm}$$

选用双肢箍筋 $\phi8$（$A_{svl}=50.3\text{mm}^2$），则箍筋间距

$$s \leqslant \frac{A_{sv}}{0.92} = \frac{nA_{svl}}{0.92} = \frac{2\times50.3}{0.92} = 109.3\text{mm}$$

取 $s=100$mm，沿梁全长等距布置。

实际配箍率 $$\rho_{sv} = \frac{nA_{svl}}{sb} = \frac{2\times50.3}{100\times200} = 0.503\%$$

最小配箍率 $$\rho_{sv,min} = 0.02\frac{f_c}{f_{yv}} = 0.02\times\frac{10}{210} = 0.095\% < 0.503\%$$

$\rho_{sv} > \rho_{sv,min}$，满足要求。

七、受压构件

（一）受压构件的分类与构造

钢筋混凝土受压构件（柱）按纵向力与构件截面形心相互位置的不同，可分为轴心受压与偏心受压构件，如图 6-2-23 所示。当构件上同时作用有轴向力和弯矩时，如图 6-2-24 所示，可以看作是具有偏心距 $e_0=\frac{M}{N}$的偏心压力 N 的作用，因此这类压弯构件也是偏心受压构件。

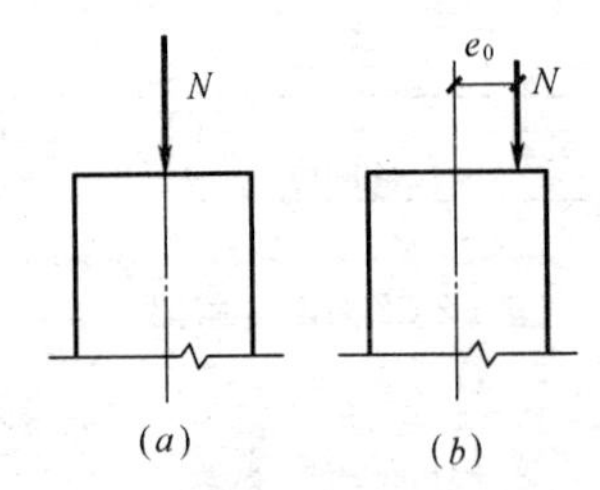

图 6-2-23 轴心受压与偏心受压

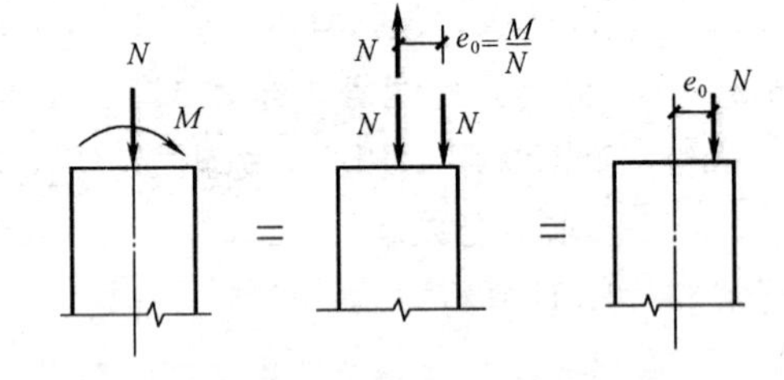

图 6-2-24 压弯构件

混凝土的强度等级对受压构件的承载力影响很大，为减小截面尺寸，节省钢材，一般应选用 C20、C30 或强度等级更高的混凝土，以减小截面尺寸。受压构件不宜采用高强度钢筋，因为从前一章我们已经知道，强度等级很高的钢筋，在受压时因受混凝土的限制而不能充分发挥作用，所以不能采取选用高强度钢筋的办法来提高构件承载力。

钢筋混凝土受压构件常用正方形或矩形截面，有特殊要求时也采用圆形或多边形截面，装配式厂房柱则常用工字形截面。柱截面边长在 800mm 以下者，取 50mm 的倍数；800mm 以上者，取 100mm 的倍数。

受压构件中应配有纵向受力钢筋和箍筋。纵向受力钢筋应由计算确定；箍筋不进行计算，其间距和直径按构造要求确定。规范对柱中的纵向受力钢筋及箍筋规定如下：

柱中纵向受力钢筋应符合下列规定：

1. 纵向受力钢筋直径 d 不宜小于 12mm，全部纵向钢筋配筋率不宜超过 5%。

2. 当偏心受压柱的截面高度 $h\geqslant600$mm 时，在侧面应设置直径为 10～16mm 的纵向构造钢筋，并相应地设置复合箍筋或拉筋。

3. 柱内纵向钢筋的净距不应小于 50mm；对水平浇筑的预制柱，其纵向钢筋的最小净距应按梁的规定取用。

4. 在偏心受压柱中，垂直于弯矩作用平面的纵向受力钢筋及轴心受压柱中各边的纵向受力钢筋，其间距不应大于 350mm。

柱中的箍筋应符合下列规定：

1. 在柱中及其他受压构件中的箍筋应为封闭式。

2. 箍筋间距不应大于 400mm，且不应大于构件截面的短边尺寸。同时，在绑扎骨架中，不应大于 $15d$；在焊接骨架中，不应大于 $20d$；d 为纵向钢筋的最小直径。

3. 采用热轧钢筋时，其箍筋直径不应小于 $d/4$，且不小于 6mm；采用冷拔低碳钢丝时，其箍筋直径不应小于 $d/5$，且不应小于 5mm；d 为纵向钢筋的最大直径。

4. 当柱中全部纵向受力钢筋的配筋率超过 3%时，则箍筋直径不宜小于 8mm，且应焊成封闭环式，其间距不应大于 $10d$（d 为纵向钢筋的最小直径），且不应大于 200mm。

5. 当柱子各边纵向钢筋多于三根时，应设置复合箍筋；当柱子短边不大于 400mm，且纵向钢筋不多于四根时，可不设置复合箍筋。

6. 柱内纵向钢筋搭接长度范围内的箍筋间距，应按规范规定适当加密。

图 6-2-25 所示为柱中箍筋配置示例。对截面形状复杂的柱，注意不可采用具有内折角的箍筋，以免产生外向拉力而使折角处混凝土破损。

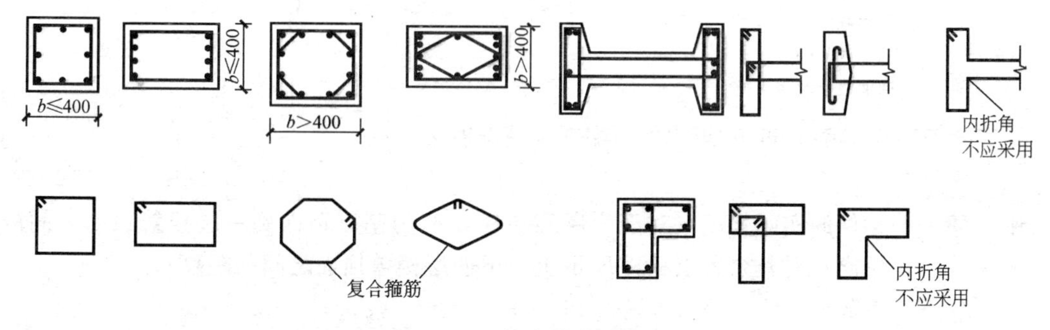

图 6-2-25　柱中箍筋的配置

（二）轴心受压构件

轴心受压构件的承载力由混凝土和钢筋两部分的承载力组成。由于实际工程中多为细长的受压构件，破坏前将发生纵向弯曲，所以需要考虑纵向弯曲对构件截面承载力的影响。其计算公式如下（参照图 6-2-26）：

$$N\leqslant\varphi(f_cA+A'_yA'_s) \tag{6-2-21}$$

式中　N——轴向力设计值；

φ——钢筋混凝土轴心受压稳定系数，按表 6-2-16 采用；

f_c——混凝土轴心抗压强度设计值；

A——构件截面面积；

f'_y——纵向钢筋抗压强度设计值；

A'_s——全部纵向钢筋的截面面积。

当纵向钢筋配筋率大于3%时，式中 A 应改用 A_n，$A_n = A - A'_s$。

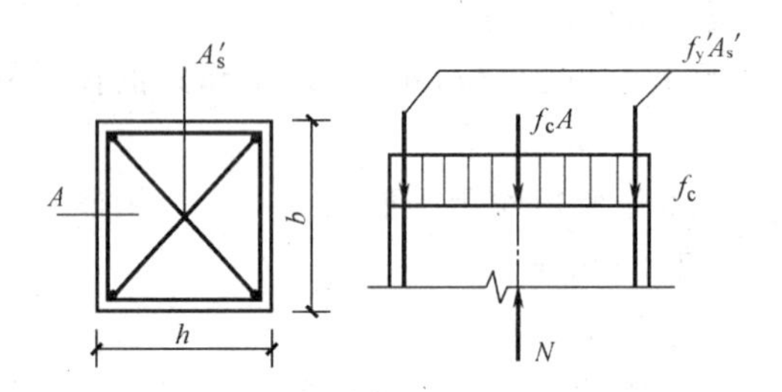

图 6-2-26　轴心受压构件截面

钢筋混凝土轴心受压构件稳定系数 φ　　　　表 6-2-16

l_0/b	≤8	10	12	14	16	18	20	22	24	26	28
l_0/d	≤7	8.5	10.5	12	14	15.5	17	19	21	22.5	24
l_0/i	≤28	35	42	48	55	62	69	76	83	90	97
φ	1.0	0.98	0.95	0.92	0.87	0.81	75	0.70	0.65	0.60	0.56
l_0/b	30	32	34	36	38	40	42	44	46	48	50
l_0/d	26	28	29.5	31	33	34.5	36.5	38	40	41.5	43
l_0/i	104	111	118	125	132	139	146	153	160	167	174
φ	0.52	0.48	0.44	0.40	0.36	0.32	0.29	0.26	0.23	0.21	0.19

注：表中 l_0—构件计算长度；

b—矩形截面的短边尺寸；

d—圆形截面的直径；

i—截面最小回转半径。

表 6-2-16 的计算长度 l_0 与构件两端支承情况有关，取

$$l_0 = \psi H \tag{6-2-22}$$

式中　H——构件的实际长度（对于房屋底层柱，H 为基础顶面到一层楼盖顶面之间的距离；对其余各层柱，H 取上、下两层楼盖顶面之间的距离）；

ψ——系数。

梁与柱为刚接的钢筋混凝土框架柱的系数 ψ，按下列规定采用：

1. 一般多层房屋的钢筋混凝土框架柱，取为：

当为现浇楼盖时：底层柱　　$\psi=1.0$

其余各层柱　　$\psi=1.25$

当为装配式楼盖时：底层柱　　$\psi=1.25$

其余各层柱　　$\psi=1.5$

2. 可按无侧移考虑的钢筋混凝土框架结构，如具有非轻质隔墙的多层房屋，当为三跨及三跨以上，或为两跨且房屋的总宽度不小于房屋总高度的1/3时，其各层柱的系数 ψ

取为：

当为现浇楼盖时：　　　　　　　　　$\psi=0.7$

当为装配式楼盖时：　　　　　　　　$\psi=1.0$

【例 3】 某多层现浇框架标准层中柱（楼层高 $H=5.6\text{m}$），承受设计轴向力 $N=1680\text{kN}$，混凝土强度等级为 C20，HRB335 级钢筋，试确定该柱截面尺寸及纵筋面积。

【解】

采用柱截面 $b=h=400\text{mm}$，$l_0=1.25H$，则

$$\frac{l_0}{b}=\frac{1.25\times5600}{400}=17.5$$

查表 6-2-16 得　　　　　　　　　　$\varphi=0.825$

由公式（6-2-21）

$$A_s'=\frac{\frac{N}{\varphi}-f_cA}{f_y'}=\frac{\frac{1680000}{0.825}-10\times400\times400}{310}=1407\text{mm}^2$$

选用 4 Φ 22（$A_s'=1520\text{mm}^2$）

配筋率　　　$\rho=\frac{A_s'}{bh}=\frac{1520}{400\times400}=0.0095=0.95\%>\rho_{\min}=0.4\%$

故符合表 6-2-12 最小配筋率的要求。

（三）偏心受压构件

1. 大、小偏心受压构件

偏心受压构件的破坏特征与纵向力的偏心距和配筋情况有关，可分为两种情况：

（1）大偏心受压构件

当纵向力相对偏心距较大，且距纵向力较远的一侧钢筋配置得不太多时，截面一部分受压，另一部分受拉。随着荷载的增加，首先在受拉区发生横向裂缝，荷载不断增加，混凝土裂缝不断地开展。破坏时受拉钢筋先达到屈服强度，混凝土受压区高度迅速减小，最后受压区混凝土达到极限压应变而被压碎，此时受压钢筋也达到屈服强度。其破坏过程类似适筋梁，这种破坏叫受拉破坏，见图 6-2-27*a*，这种构件称为大偏心受压构件。

（2）小偏心受压构件

当纵向力相对偏心距较小，构件截面大部或全部受压；或者偏心距较大，但距纵向力较远的一侧配筋较多时，这两种情况的破坏都是由于受压区混凝土被压碎，距纵向力较近一侧的钢筋受压屈服所致。这时，构件另一侧的混凝土和钢筋的应力均较小（图 6-2-27*b*、*c*）。这种破坏叫受压破坏，这种构件称为小偏心受压构件。

2. 大、小偏心受压构件的界限

在大、小偏心破坏之间，有一个界限，此界限时的状态，称为界限破坏。当构件处于界限破坏时，受拉区混凝土开裂，受拉钢筋达到屈服强度；受压区混凝土达到极限压应变被压碎，受压钢筋也达到其屈服强度。

界限破坏时截面受压区高度 x 与截面有效高度 h_0 的比值 $\left(\frac{x}{h_0}\right)$ 称为界限相对受压区高度，以 ξ_b 表示，ξ_b 之值仍按表 6-2-13 确定。即：

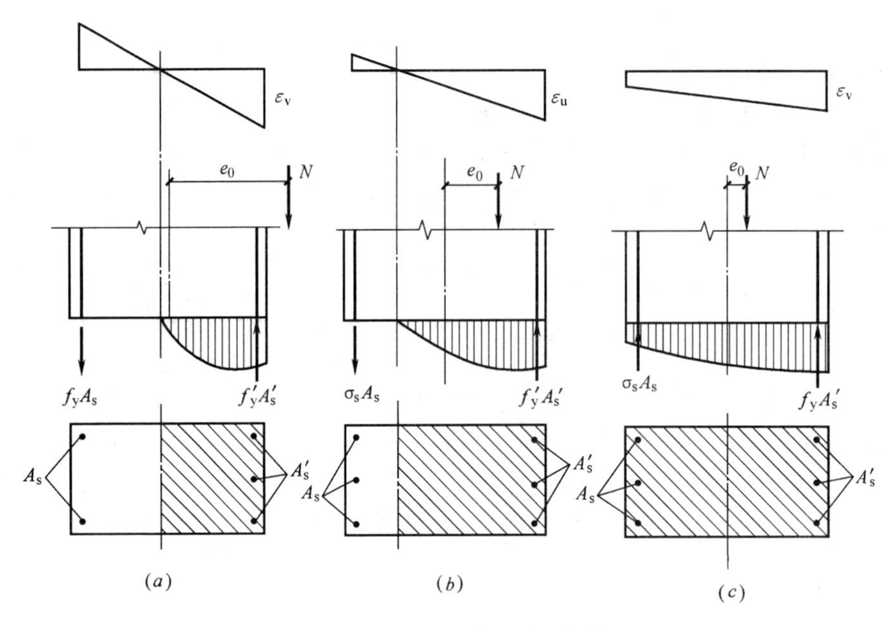

图 6-2-27　大、小偏心受压构件

当 $\xi \leqslant \xi_b$ 时，为大偏心受压构件；

当 $\xi > \xi_b$ 时，为小偏心受压构件。

八、受拉构件

（一）轴心受拉构件

纵向拉力的作用点与截面形心重合时的构件为轴心受拉构件。在实际工程中按轴心受拉构件计算的有屋架的拉杆、水池池壁以及承受内压力的圆管管壁等。

混凝土的抗拉强度很低，极限应变很小（$\varepsilon_c = 0.0001$），所以当构件承受的拉力不大时，混凝土就要开裂，而这时钢筋的应力还很小（以Ⅰ级钢筋为例，$\sigma_s = \varepsilon_s E_s = \varepsilon_c E_s = 0.0001 \times 2.1 \times 10^5 = 21\text{N/mm}^2$）。因此，轴心受拉构件承载力的计算不考虑混凝土的工作，拉力全部由钢筋承担。

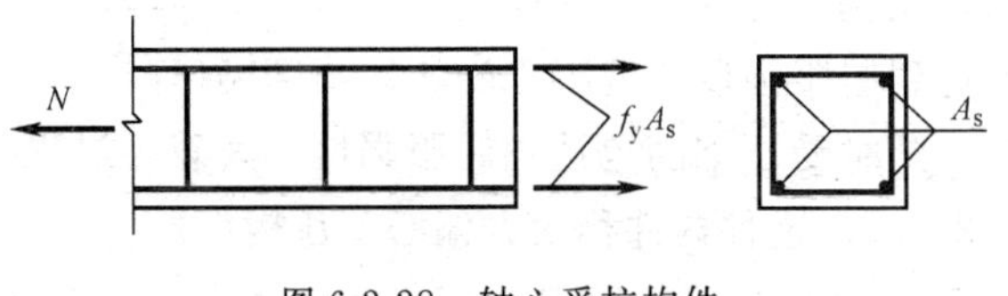

图 6-2-28　轴心受拉构件

轴心受拉构件正截面受拉承载力按下式计算（图 6-2-28）：

$$N \leqslant f_y A_s \tag{6-2-23}$$

式中　N——轴向拉力设计值；

f_y——钢筋抗拉强度设计值；

A_s——受拉钢筋截面面积。

【例 4】　钢筋混凝土桁架下弦杆，承受轴向拉力设计值 $N = 300\text{kN}$，截面尺寸 $b \times h = 180 \times 200\text{mm}$，采用 C30 混凝土，HRB335 级钢筋，试求纵向钢筋。

【解】　由公式（6-2-23）　$A_s = \dfrac{N}{f_y} = \dfrac{300000}{310} = 967.7\text{mm}^2$

选用 4Φ18（$A_s = 1017\text{mm}^2$）。

（二）偏心受拉构件

试验表明，根据偏心力作用位置的不同，偏心受拉构件的破坏可分为以下两种情况：

当纵向拉力 N 作用在纵向钢筋 A_s 及 A'_s 之间时，构件全截面受拉。随着荷载的增加，混凝土开裂并贯通整个截面，全部拉力将由纵向钢筋承受，因此，构件的承载能力取决于钢筋的抗拉强度。这种情况称为小偏心受拉。

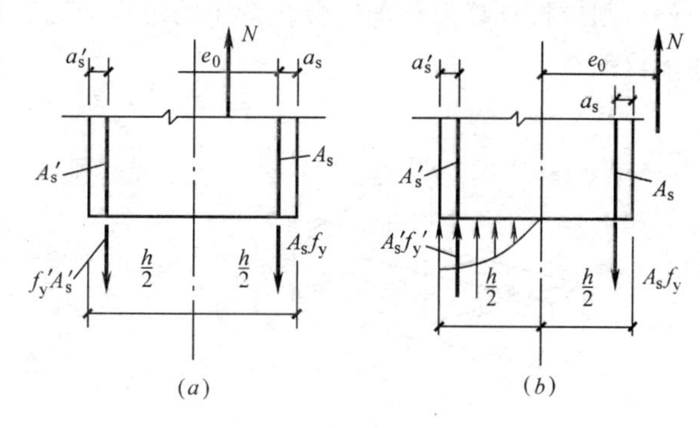

图 6-2-29　大、小偏心受拉构件

（a）小偏心受拉；（b）大偏心受拉

当纵向拉力 N 作用在纵向钢筋 A_s 及 A'_s 范围之外时，截面一部分受拉、一部分受压。随着荷载的增加，受拉一侧的混凝土将出现裂缝，但裂缝不贯通整个截面，截面另侧的混凝土受压区始终存在。荷载进一步增加，受拉区钢筋将达到屈服强度；受压区逐渐减小，以致压碎，受压钢筋也达到其屈服强度。这种情况称为大偏心受拉。

大、小偏心受拉的应力图形如图 6-2-29 所示。

九、受扭构件

（一）受扭构件的类型及配筋形式

截面上作用有扭矩的构件即为受扭构件。在建筑结构中，受纯扭的构件很少，一般在受扭的同时还受弯、受剪。图 6-2-30 所示的雨篷梁、框架的边梁和厂房中的吊车梁就是这样的例子。

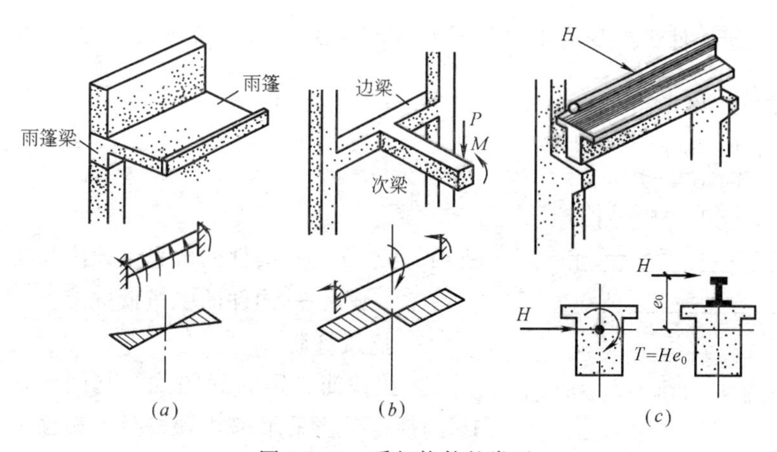

图 6-2-30　受扭构件的类型

图 6-2-31 为一受纯扭的试件，通过试验可知，当扭矩逐渐增加时，将首先在一个面上出现斜裂缝，其方向与构件纵轴约成 45°交角。之后裂缝向两相邻面按 45°螺旋方向延伸，同时又出现更多条螺旋裂缝。扭矩继续增加，则其中的一条裂缝所穿越的纵向钢筋及箍筋将达到屈服强度，使该裂缝急剧开展，并在第四个面上形成一个剪压面，在剪力和压力的共同作用下构件破坏。

根据上述破坏状态，抗扭钢筋如按与纵轴成 45°（与斜裂缝垂直）的螺旋形放置比较理想，但实际上这种形式的配筋不便施工，特别是当一个构件承受正负两种方向的扭矩时，正负扭矩交界处的构造更是难以处理，因此在工程上不采用螺旋式配筋，而是采用抗扭箍筋和抗扭纵筋共同来抵抗扭矩产生的斜拉力（图 6-2-32）。对于受弯受剪同时受扭的构件，则应按计算另行配置负担弯矩的纵向受力钢筋和负担剪力的箍筋。最后将这两类钢筋加以综合。

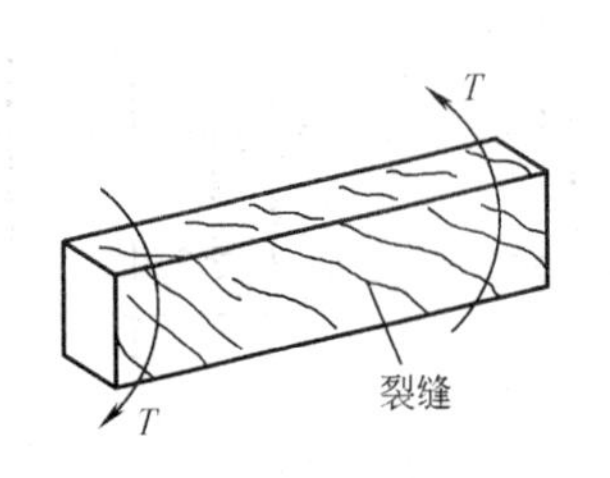

图 6-2-31　受扭构件的破坏

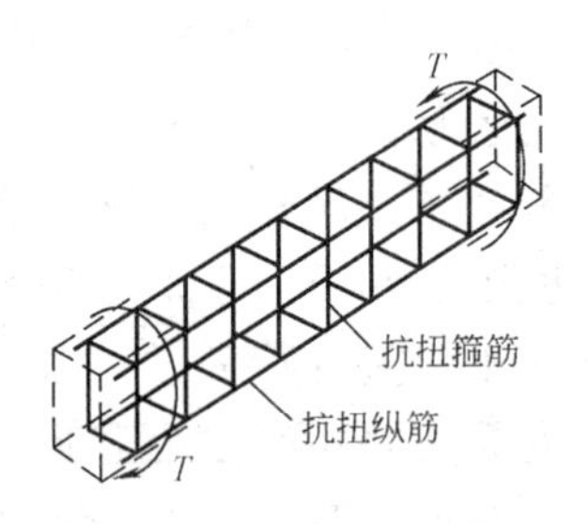

图 6-2-32　受扭构件的配筋

（二）受扭构件配筋的构造要求

1. 抗扭纵筋

抗扭纵筋应沿构件截面周边对称布置。矩形截面的四角以及 T 形和工字形截面各分块矩形的四角，均必须设置抗扭纵筋。抗扭纵筋的间距不应大于 300mm，也不应大于梁的宽度。

梁的架立钢筋和梁侧面的纵向构造钢筋可作为抗扭纵筋。

弯剪扭构件纵向钢筋的配筋率，不应小于受弯构件纵向受力钢筋的最小配筋率与受扭构件纵向受力钢筋的最小配筋率之和。受弯构件纵向受力钢筋的最小配筋率，可按表 6-2-12取用；受扭构件纵向受力钢筋的最小配筋率为 $0.08(2\beta_t-1)\dfrac{f_c}{f_{yv}}$。$\beta_t$ 为混凝土受扭承载力降低系数，按下式计算：

$$\beta_t=\frac{1.5}{1+0.5\dfrac{VW_t}{Tbh_0}} \tag{6-2-24}$$

式中　V、T——构件的剪力设计值与扭矩设计值；

W_t——构件的受扭抵抗矩。

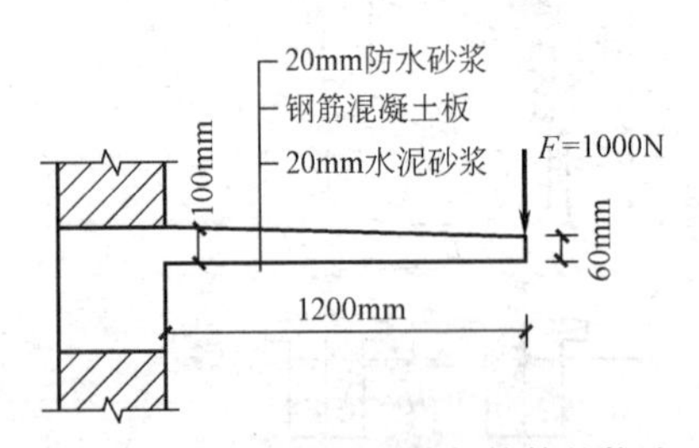

图 6-2-33　抗扭纵筋和抗扭箍筋的构造

2. 抗扭箍筋

抗扭箍筋必须为封闭式，其间距应符合表 6-2-15 的规定。当采用绑扎骨架时，箍筋的末端应做成不小于 135°的弯钩，弯钩端头平直段长度不应小于 $5d$（d 为箍筋直径）和 50mm（图 6-2-33）。

复习思考题

1. 为什么要把钢筋和混凝土这两种性质不同的材料结合在一起？它们为什么能共同工作？钢筋混凝土结构有哪些优缺点？

2. 计算钢筋混凝土结构时，对有屈服点的钢筋为什么取其屈服强度作为强度限值？没有屈服点的钢筋其强度限值怎样确定？

3. 试述钢筋的种类、标记、常规供货直径及选用。

4. 混凝土的强度等级是怎样确定的？共分多少级？混凝土的轴心抗压强度和轴心抗拉强度是怎样确定的？

5. 什么是混凝土的收缩和徐变？对结构有何影响？怎样减小收缩和徐变？

6. 什么是钢筋和混凝土的强度标准值和强度设计值？用什么符号表示？怎样查表？

习　题

1. 某办公楼矩形截面简支梁承受均布荷载：活荷载标准值 7800N/m，恒载标准值 9800N/m（不包括梁的自重），采用混凝土强度等级 C20 和 HRB335 级钢筋，计算跨度$l_0=6$m，梁截面尺寸为 $b\times h=200\times500$mm，配有 3 Φ 20 钢筋，试进行验算。

2. 已知梁截面 $b=200$mm，$h=500$mm；混凝土强度等级采用 C20，HRB335 级钢筋。梁承受设计弯矩 $M=190$kN·m，试求截面的纵向钢筋。

3. 钢筋混凝土矩形截面简支梁，净跨为 3760mm，截面尺寸为 200×500mm，承受均布恒荷载 $q=25$kN/m（荷载系数 1.2），均布活载 $p=45$kN/m（荷载系数 1.4），采用 C20 混凝土，已由正截面设计选用纵向受力钢筋 2 Φ 25＋2 Φ 18，求箍筋数量（箍筋用 HRB235 级钢筋）。

4. 轴心受压柱截面 300×300mm，计算长度 $l_0=4000$mm，配有 4 Φ 25，混凝土强度等级为 C25。求该柱所能承受的轴向力设计值，并确定该柱箍筋的直径及间距。

第三节　钢筋混凝土排架结构单层厂房

一、排架结构单层厂房的组成及受力特点

（一）排架结构单层厂房的组成

单层厂房按主要承重结构的类型分有排架结构与刚架结构，其中常用排架结构。

装配式单层厂房的主要承重结构是屋架（或屋面梁）、柱和基础。当柱与基础为刚接，屋架与柱顶为铰接时，这样组成的结构叫排架（图 6-3-1a）。其特点是：在屋面荷载作用下，屋架本身按桁架计算；当柱上作用有荷载时，屋架被认为只起将两柱顶联系在一起的作用，相当于一根横向的链杆，图 6-3-1（a）所示排架结构的计算简图即如图 6-3-1（b）所示。由于厂房有吊车所以排架柱多采用阶梯形变截面。图 6-3-2 所示为钢筋混凝土排架结构的几种形式。

装配式钢筋混凝土排架结构的单层厂房，是一种由横向排架和纵向连系构件以及支

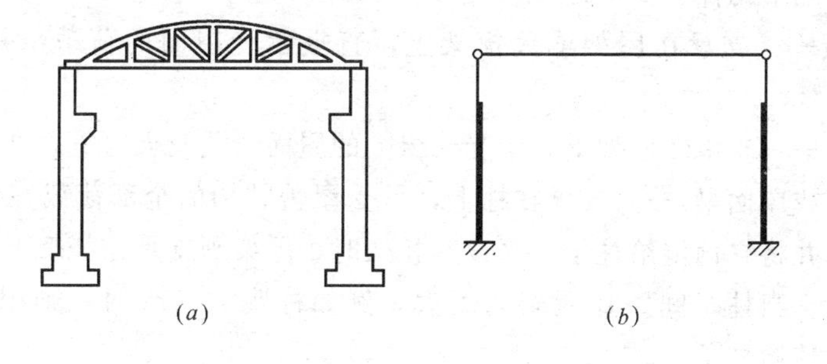

图 6-3-1　排架结构

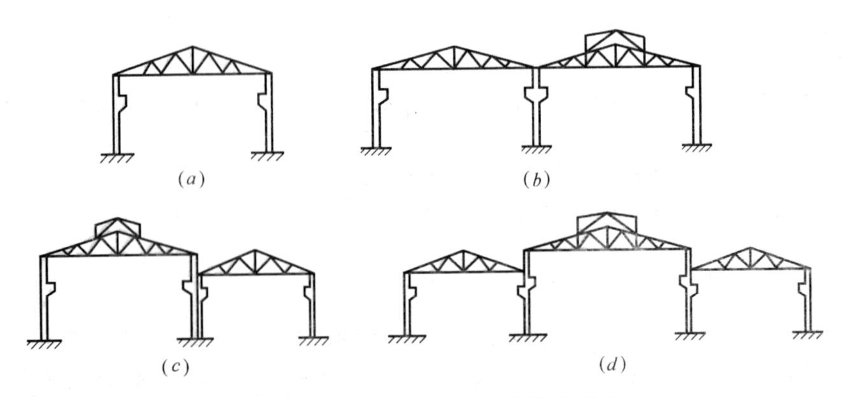

图 6-3-2　钢筋混凝土排架结构的形式

撑系统等组成的空间体系。它通常由下述结构构件组成，并相互连接成一个整体（图6-3-3）。

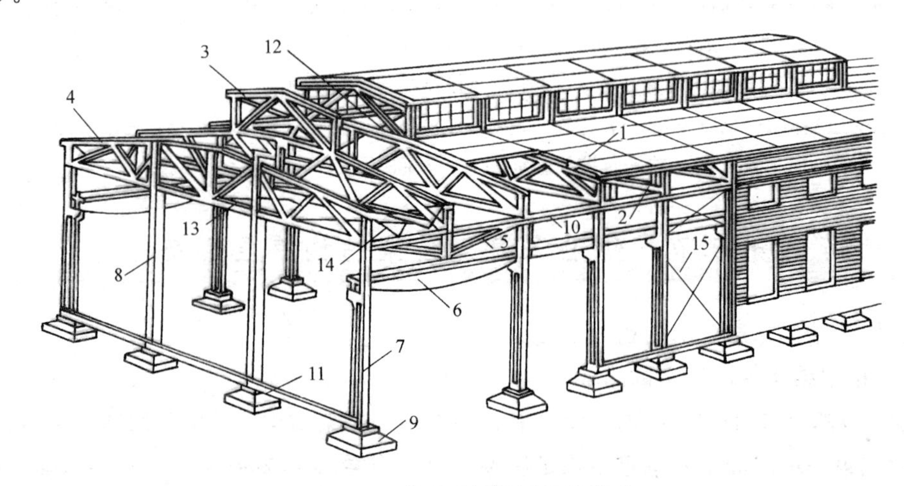

图 6-3-3　装配式单层厂房的组成

1—屋面板；2—天沟板；3—天窗架；4—屋架；5—托架；6—吊车梁；7—排架柱；8—抗风柱；9—基础；10—连系梁；11—基础梁；12—天窗架垂直支撑；13—屋架下弦横向水平支撑；14—屋架端部垂直支撑；15—柱间支撑

1. 屋盖结构

屋盖结构分无檩体系及有檩体系两种，常用无檩体系：即将大型屋面板直接支承在屋架上。屋盖包括如下构件：

(1) 屋面板——支承在屋架或天窗架上，直接承受屋面的荷载，并传给屋架或天窗架。

(2) 天窗架——支承在屋架上，承受天窗上的屋面荷载及天窗重，并传给屋架。

(3) 屋架（或屋面梁）——支承在柱上，承受屋盖结构的全部荷载（包括有悬挂吊车时的吊车荷载）并将它们传给柱子。当设有托架时，屋架则支承在托架上。

(4) 托架——当柱子间距比屋架间距大，例如柱距≥12m 时，则用托架支承屋架，并将其上的荷载传给柱子。

2. 吊车梁

吊车梁支承在柱子牛腿上，承受吊车荷载（包括吊车的竖向荷载和水平荷载），把它传给柱子。

3. 柱子

柱子承受由屋架（或托梁）、吊车梁、连系梁和支撑等传来的竖向荷载和水平荷载，把它们传给基础。

4. 支撑

包括屋盖支撑和柱间支撑，主要作用是加强结构的空间刚度和稳定性；传递风荷载和吊车纵向水平荷载；受地震作用时尚可传递纵向地震作用。

5. 基础

承受柱子和基础梁传来的荷载，亦即整个厂房在地面以上的荷载，并将它们传给地基。

6. 围护结构

包括纵墙及横墙（山墙）以及由墙梁、抗风柱和基础梁等组成的墙架。这些构件所承受的荷载主要是墙体和构件的自重以及作用在墙上的风荷载。

（二）单层厂房的荷载

单层厂房所承受的主要荷载如下（参照图 6-3-4）：

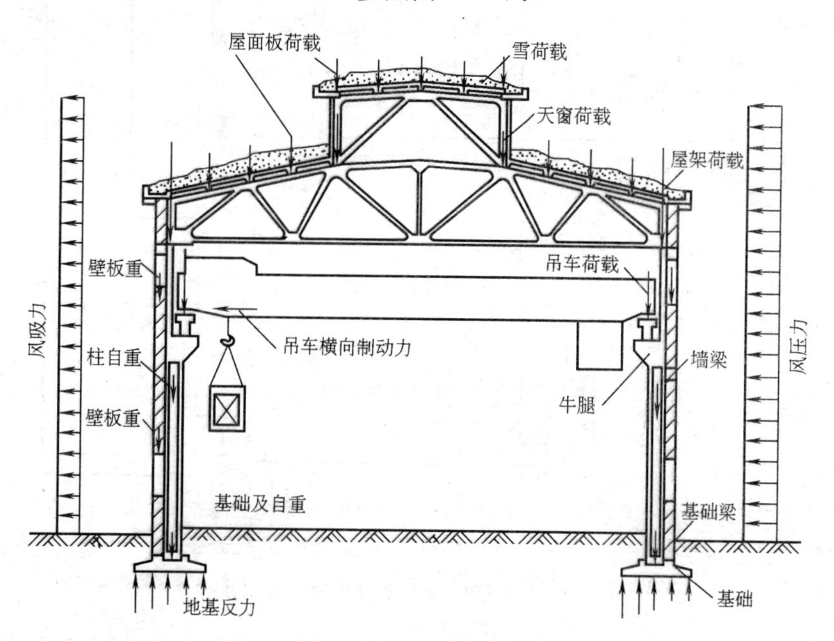

图 6-3-4 单层厂房的荷载

1. 永久荷载

即长期作用在厂房结构上的不变荷载（恒载），如各种构件和墙体的自重等。

2. 可变荷载

即作用在厂房结构上的活荷载，主要有：

（1）雪荷载；

（2）风荷载，包括风压力与风吸力；

（3）吊车荷载，包括吊车竖向荷载（由吊车自重及最大起重量引起的轮压）和吊车水平荷载（吊车制动时作用于轨顶的纵向和横向水平制动力）；

（4）积灰荷载，大量排灰的厂房及其邻近建筑，应考虑屋面积灰荷载；

（5）施工荷载，即厂房在施工或检修时的荷载。

3. 偶然荷载

爆炸力和撞击力等，一般厂房很少考虑。

此外，厂房还可能受到某些间接作用，如地震作用和温度作用等。

单层厂房结构主要荷载的传递路线如图 6-3-5 所示。

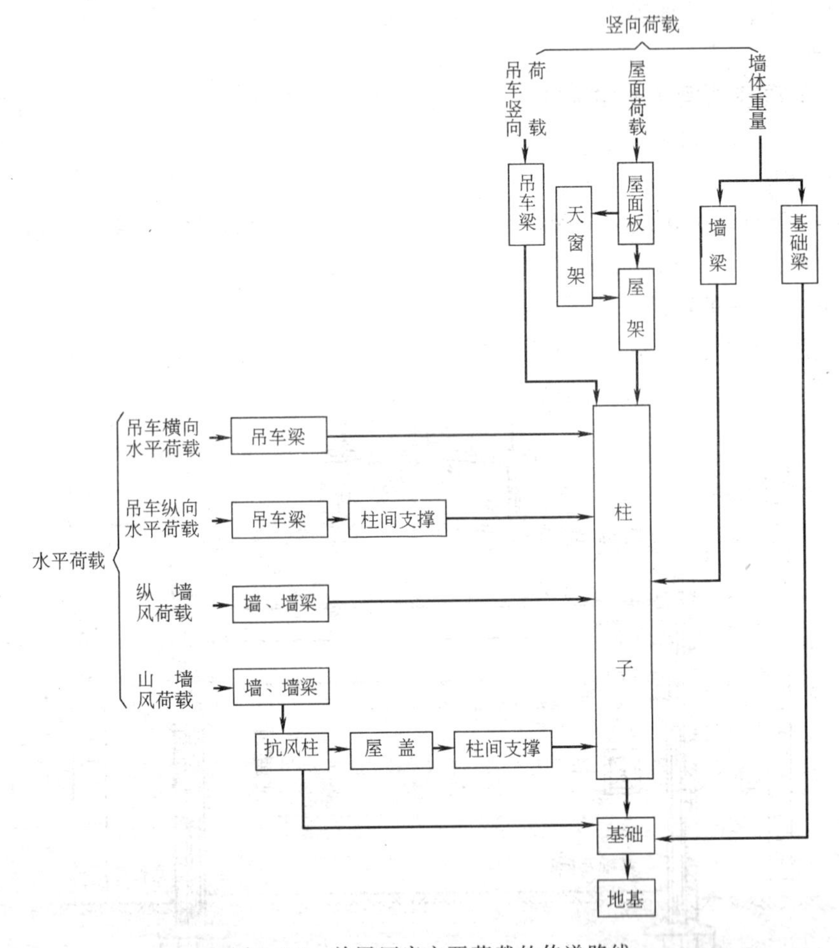

图 6-3-5 单层厂房主要荷载的传递路线

厂房的基本承重结构为由横梁（屋面梁或屋架）与横向柱列（柱及基础）组成的横向排架，上述竖向荷载以及横向水平荷载主要通过横向排架传到基础和地基，见图 6-3-4。

除横向排架外，厂房的纵向柱列通过吊车梁、连系梁、柱间支撑等构件，也形成一个骨架体系，称为纵向排架。纵向排架的作用是：保证厂房结构纵向的稳定和刚度；承受作用在山墙和天窗端壁然后通过屋盖结构传来的纵向风荷载；承受吊车纵向水平荷载。

图 6-3-6 为厂房纵向排架受力的示意图。

纵向排架的柱距小、柱子多，有吊车梁、连系梁等多道联系，又有柱间支撑的有效作用，因此构件内力不大，通常仅在构造上保证必要的措施即可，一般不作计算。

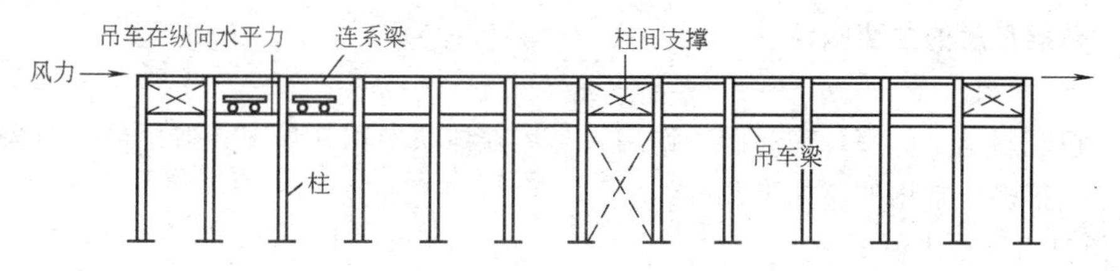

图 6-3-6 厂房的纵向排架

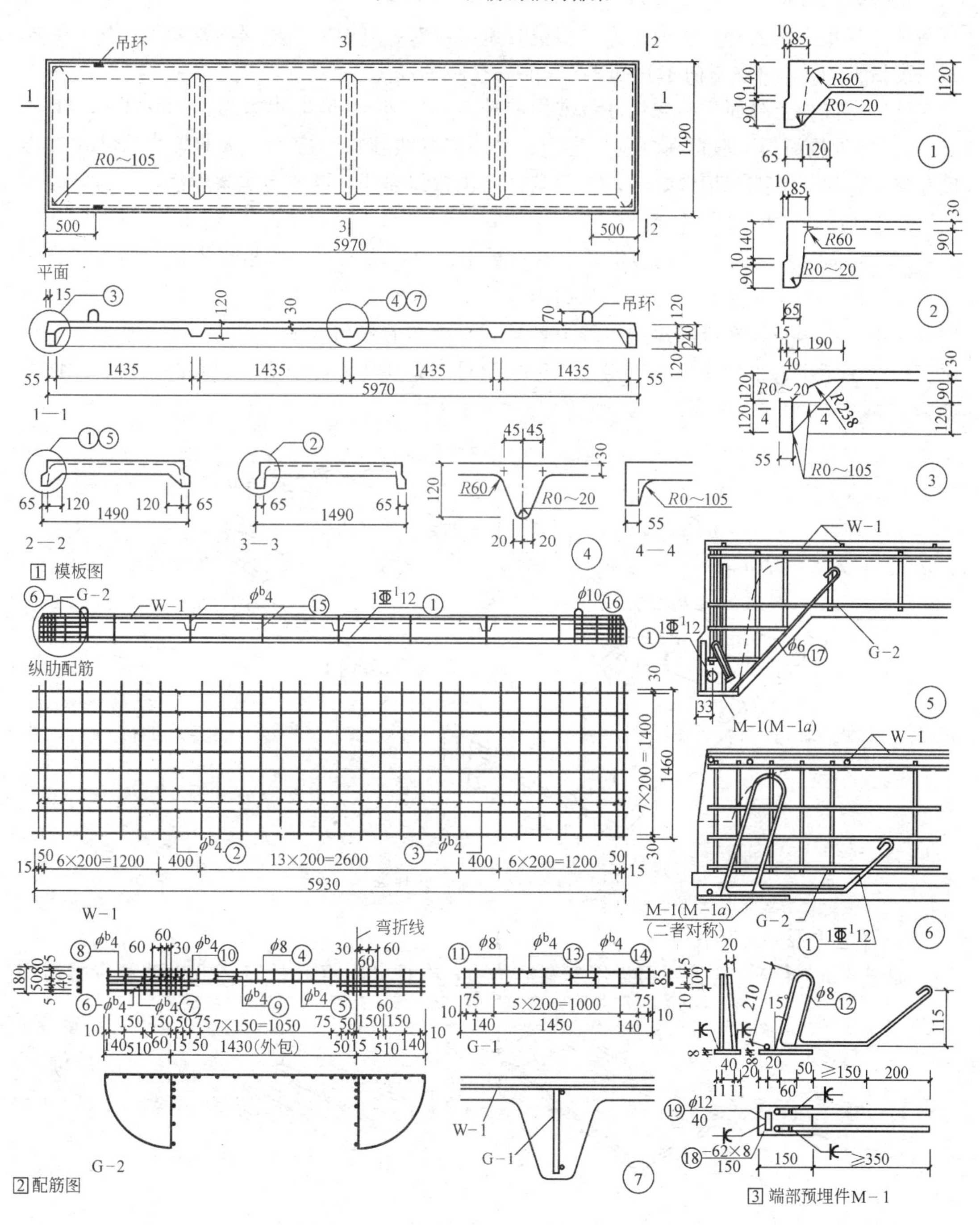

图 6-3-7 预应力混凝土屋面板施工图示例

二、单层厂房的主要构件

（一）屋面板

屋面板既起承重作用，又起围护作用，是屋盖体系中用料最多、造价最高的构件，屋面板的形式很多，常用的有如下几种：

1. 预应力混凝土屋面板

预应力混凝土屋面板由面板、横肋和纵肋组成，如图 6-3-7。有卷材防水和非卷材防水两种。其水平刚度好，适用于大、中型和振动较大、对屋面刚度要求较高的厂房。其屋面坡度最大为 1/5（卷材防水）和 1/4（非卷材防水）。

预应力混凝土屋面板标志尺寸最常用的是 1.5m×6m，有时也采用 1.5m×9m、3m×6m 等。这种屋面板一般都在预制厂生产，采用先张法施加预应力。板的轮廓尺寸比标志尺寸略小，所留空隙为填缝之用。主肋端部应设置预埋件，以便与屋架焊接。

2. 预应力混凝土 F 形屋面板

F 形屋面板的特点是每块板沿长边有一挑出部分，它与另一块板相搭接，能起“自防水”的作用。不需嵌缝和铺卷材，从而减轻重量，节省材料。为了防水，F 形屋面板的三边有凸出的挡水条，在板的短边接缝上铺盖瓦，沿屋脊则铺脊瓦，如图 6-3-8 所示。F 形屋面板适用于中、小型非保温厂房，不适用于对屋面刚度和防水要求较高的厂房。屋面坡度为 1/8～1/4。

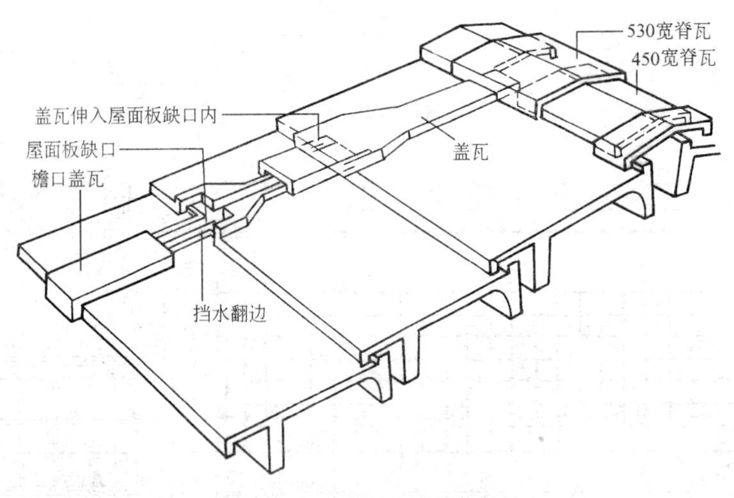

图 6-3-8　F 形屋面板及其搭接

3. 预应力混凝土槽瓦

如图 6-3-9（*a*），这种屋面板用于有檩体系，在檩条上互相搭接。沿横缝和脊缝需加

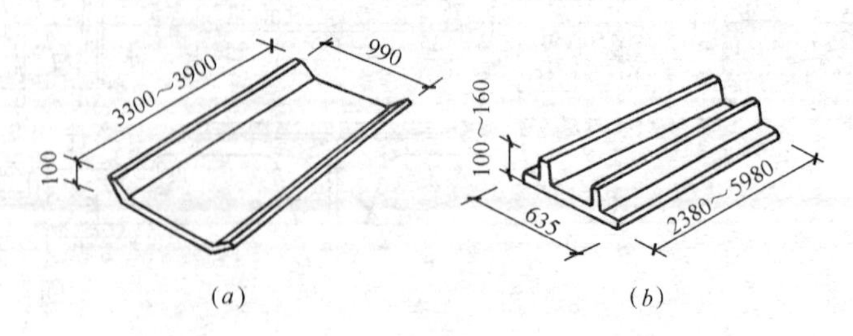

图 6-3-9　预应力混凝土槽瓦和挂瓦板

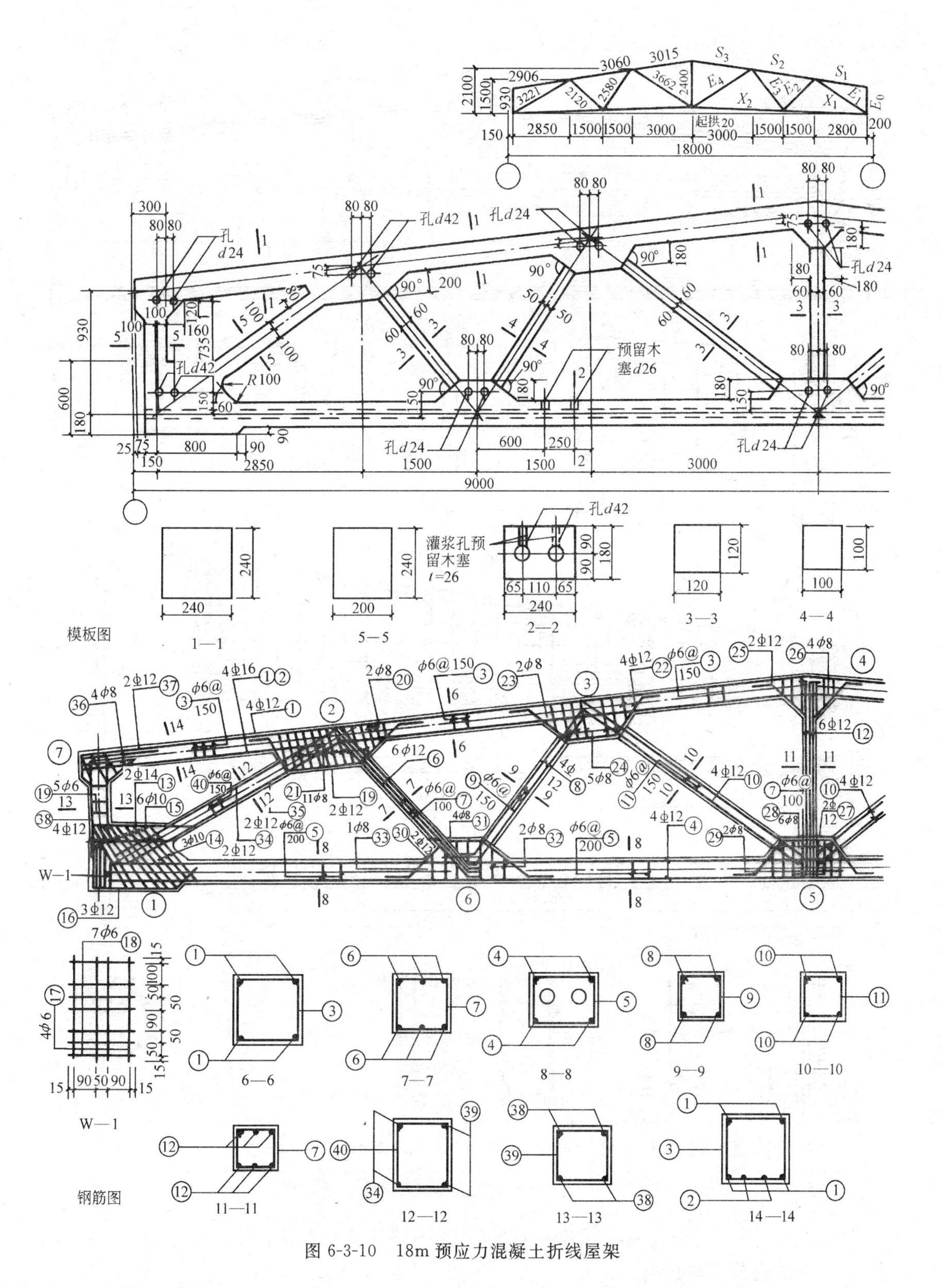

图 6-3-10 18m 预应力混凝土折线屋架

盖瓦和脊瓦。其特点是板型简单，构件轻巧，制作方便，可在长线台座上叠层制作，节约模板。但其刚度较差，使用中易渗漏，施工过程中易损坏。一般适用于轻型厂房，不适用

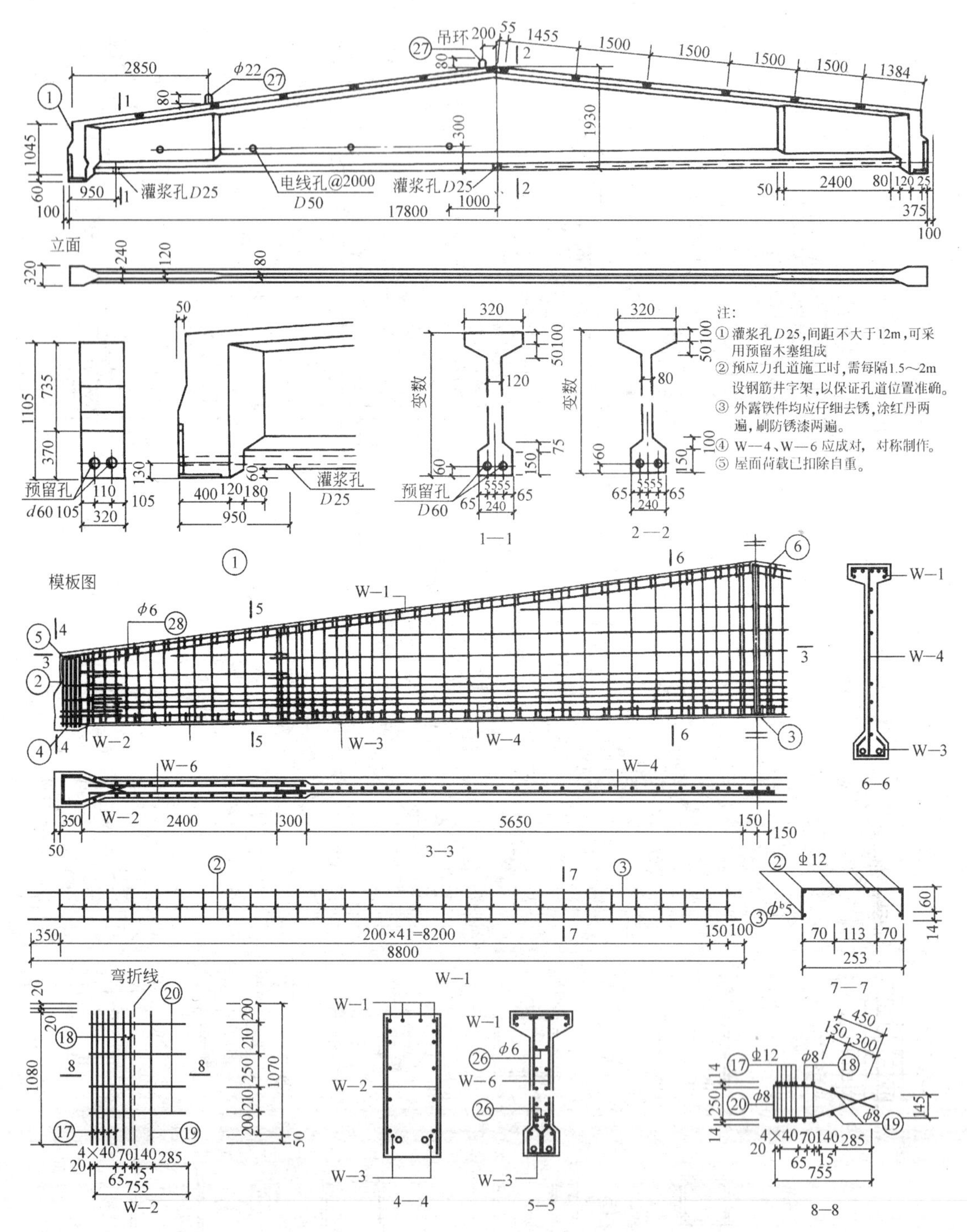

图 6-3-11 18m后张法预应力混凝土屋面梁

于有腐蚀性气体、有较大振动、对屋面刚度及隔热要求高的厂房。屋面坡度为1/5～1/3。

4. 钢筋混凝土挂瓦板

用于无檩体系屋盖，挂瓦板密排，上铺粘土瓦，有平整的顶棚，其外形与尺寸见图6-3-9 (*b*)。适用于用粘土瓦的轻型厂房、仓库等，屋面坡度为1/2.5～1/2。

（二）屋架与屋面梁

屋架与屋面梁是单层厂房屋盖结构的主要构件，类型较多，如预应力混凝土折线形屋架、钢筋混凝土组合式屋架、双铰拱或三铰拱屋架、预应力混凝土梯形屋架以及预应力混凝土屋面梁等。

图 6-3-10 为 18m 预应力混凝土折线形屋架实例，图 6-3-11 为 18m 后张法预应力混凝土工字形双坡屋面梁实例。

（三）吊车梁

吊车梁沿厂房纵向布置，承受吊车传来的竖向荷载和水平制动力，同时对传递厂房纵向荷载和加强厂房的纵向刚度、连接厂房各个平面排架、保证厂房结构的空间工作起着重要作用。

吊车梁的形式较多，常用的吊车梁均编有标准图集，设计时可直接选用。图 6-3-12*a* 为 6m 钢筋混凝土 T 形等截面吊车梁，图 6-3-12*b* 为 6m 预应力混凝土工字形等截面吊车梁。

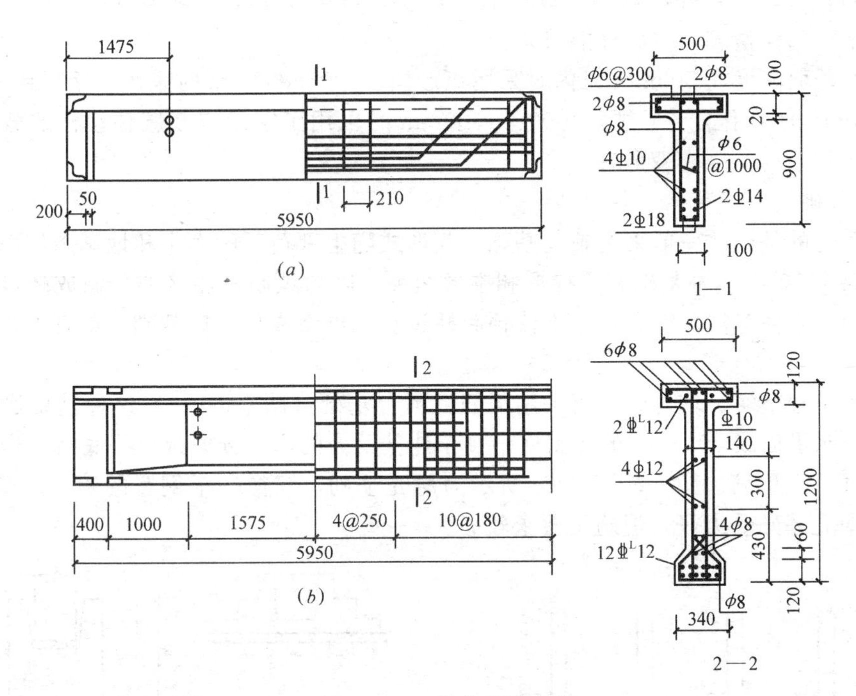

图 6-3-12　等截面吊车梁

图 6-3-13*a* 为鱼腹式吊车梁，图 6-3-13*b* 为折线形吊车梁，这两种吊车梁均为变截面，因其外形接近于弯矩图形，各截面抗弯接近等强，故经济效果较好，其缺点是施工不便。这两种吊车梁均有钢筋混凝土的或预应力混凝土两种类型。

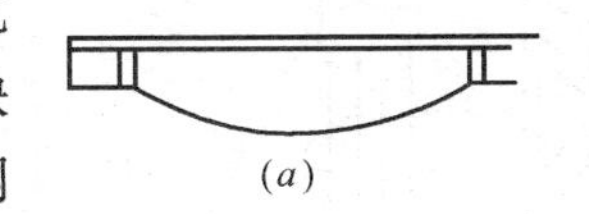

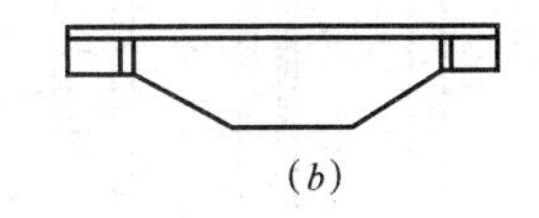

图 6-3-13　变截面吊车梁

吊车起重量小于 5t 的小型厂房，也可采用组合式吊车梁，如图 6-3-14。组合式吊车梁的下弦杆采用钢材（竖杆也可采用钢材）。这种吊车梁对焊缝质量要求较高，并应注意外露钢材的防腐处理。

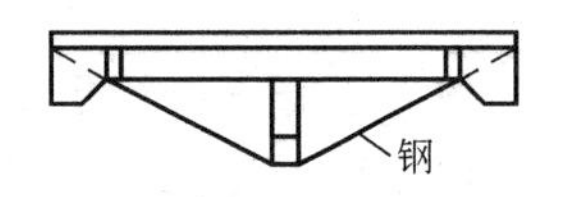

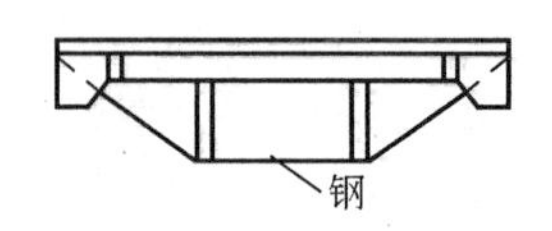

图 6-3-14 组合式吊车梁

（四）柱

常用柱的形式见图 6-3-15。

图 6-3-15（*a*）为矩形截面柱，它外形简单，设计、施工方便，但有一部分混凝土不能充分发挥作用，自重大，费材料，仅在截面不大时采用。

工字形截面柱的用料比矩形柱合理，如图 6-3-15（*b*）所示，这种柱整体性能较好，刚度大，用料省，适用范围较广，在单层厂房中采用最为普遍。

双肢柱有平腹杆双肢柱和斜腹杆双肢柱两种，如图 6-3-15（*c*）、（*d*）所示。前者构造简单，制作方便，腹部的矩形孔便于布置工艺管道，应用较广泛。但当吊车吨位大且承受较大水平荷载时则宜采用斜腹杆双肢柱，斜腹杆双肢柱呈桁架形式，受力比较合理。双肢柱整体刚度较差，钢筋复杂。

图 6-3-15（*e*）为圆管柱，管柱的圆管系在离心制管机上成型，管壁一般厚为 50～100mm，自重轻，质量好，减少了现场的工作量，符合建筑工业化的方向。但圆管柱节点构造复杂，用钢量多，抗震性能较差。

当柱的截面高度在 500mm 以内时采用矩形柱；600～800mm 时采用工字形或矩形柱；900～1200mm 时采用工字形柱；1300～1500mm 时采用工字形或双肢柱；柱的截面高度在 1600mm 以上时，采用双肢柱。

（五）基础

单层厂房的基础，一般采用独立基础，其形式随上部荷载的大小和地基条件而定。图 6-3-16为杯形基础，这种基础有阶梯形和锥形两种。因与预制柱连接部分做成杯口，故称为杯形基础。当柱基需深埋时，为不使预制柱过长，可做成高杯口基础，如图 6-3-16（*b*）所示。

当地基土较坚实、均匀时，可采用无筋倒圆台基础（图 6-3-17*a*）这种基础底板的一部分做成与水平面成 30°～50°的倾斜面，由于地基反力的水平分力减小了底板的弯矩，则基础底板可不配钢筋。图 6-3-17（*b*）所示为薄壳基础，它像一个倒置的碗，壁厚 100～150mm。薄壳基础受力好，但施工要求较高。

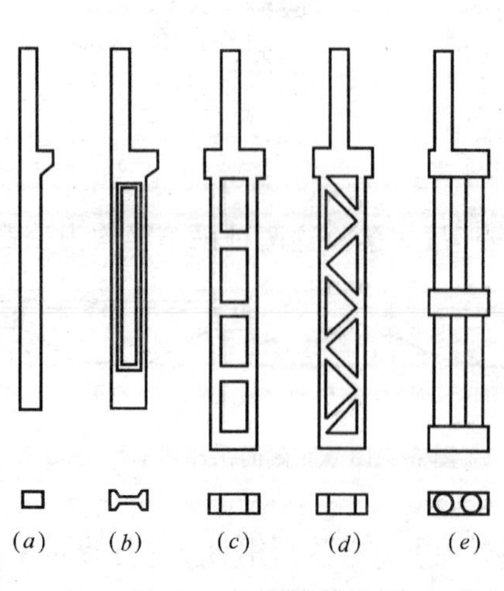

图 6-3-15 柱的形式

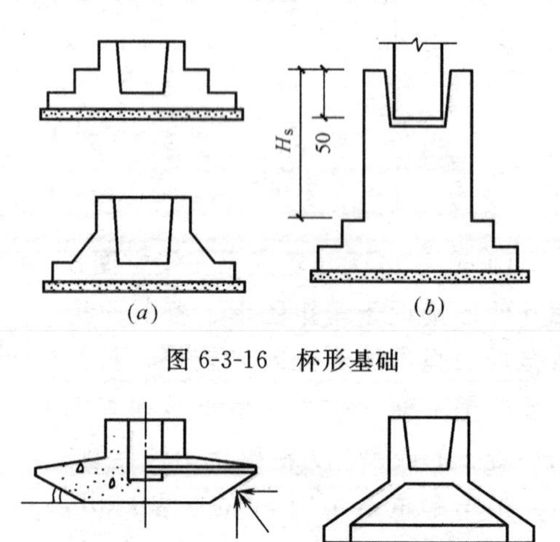

图 6-3-16 杯形基础

图 6-3-17 无筋倒圆台基础和薄壳基础

（六）支撑

1. 支撑的作用

在装配式钢筋混凝土单层厂房中，支撑是连系各主要承重构件，以构成空间骨架的重要组成部分。支撑布置不当，不但会影响厂房的正常使用，甚至可能引起严重的工程事故。所以，支撑虽然不是厂房中的主要承重构件，但却是重要的和不可缺少的结构构件。

支撑的主要作用是：

（1）使厂房形成整体空间骨架，保证厂房的空间刚度；

（2）传递水平荷载，如山墙风荷载、吊车纵向制动力等；

（3）保证构件和杆件的稳定；

（4）保证施工、安装时的稳定和安全。

单层厂房主要有屋盖支撑与柱间支撑。

2. 屋盖支撑

屋盖支撑包括垂直支撑，上、下弦平面内的横向支撑和设在下弦平面内的纵向水平支撑以及水平系杆。

天窗架支撑也属于屋盖支撑。

（1）垂直支撑及水平系杆

设置垂直支撑的作用是保证屋架的整体稳定（防止倾倒）。与垂直支撑配合设置的有上、下弦水平系杆，设置上弦水平系杆的作用是保证屋架上弦的侧向稳定（防止局部失稳）；下弦水平系杆的作用则是防止由吊车或其他振动的影响产生的下弦侧向颤动。图 6-3-18、图 6-3-19 为垂直支撑布置示例。

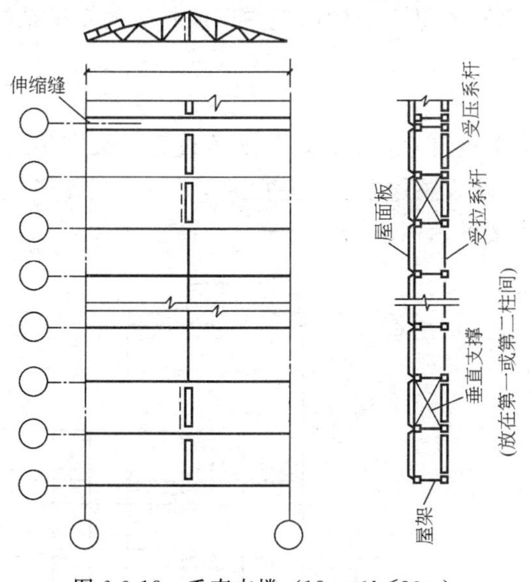

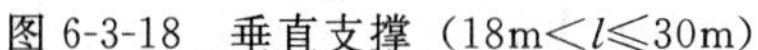

图 6-3-18　垂直支撑（$18\text{m}<l\leqslant30\text{m}$）

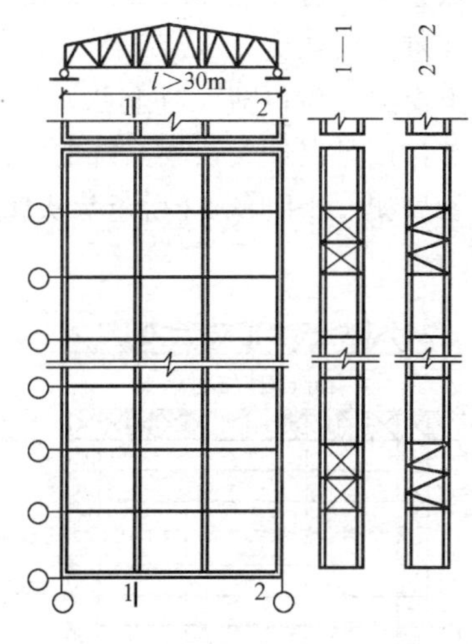

图 6-3-19　垂直支撑（$l>30\text{m}$）

（2）上弦横向支撑

上弦横向支撑的主要作用是保证屋架上弦的侧向稳定，增强屋面刚度，将抗风柱作用于屋架上弦的风荷载传至柱顶。图 6-3-20 为上弦横向支撑布置示例。

（3）下弦横向水平支撑

下弦横向水平支撑是垂直支撑的支承点，当下弦有悬挂吊车或山墙抗风柱的风荷载传至屋架下弦时，能保证纵向水平荷载或风荷载传至柱顶。图 6-3-21 所示为下弦横向水平支撑布置示例。

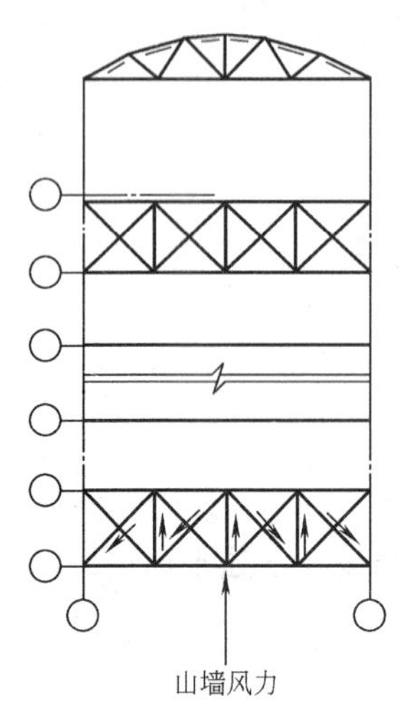

图 6-3-20　上弦横向支撑

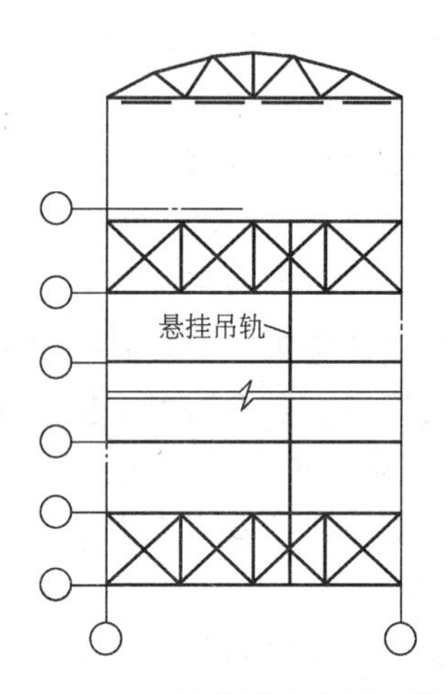

图 6-3-21　下弦横向水平支撑

（4）下弦纵向水平支撑

纵向水平支撑布置在屋架的下弦，其主要作用是保证横向水平力的纵向分布，增强排架间的空间作用和刚度；当厂房设有托架时，则保证托架的侧向稳定，承受横向排架中由中间屋架传来的水平荷载。

当厂房设有下弦横向水平支撑时，纵向水平支撑应同横向支撑形成封闭的支撑系统，以增加整个厂房的整体刚度，如图 6-3-22 所示。

（5）天窗架支撑

天窗架支撑包括天窗上弦水平支撑和天窗架间垂直支撑，一般均设置在天窗架的两端。其作用是保证天窗架系统的空间不变性，增强整体刚度，并把天窗端壁上的水平风荷载传给屋架，图 6-3-23 所示为天窗架支撑设置的示例。

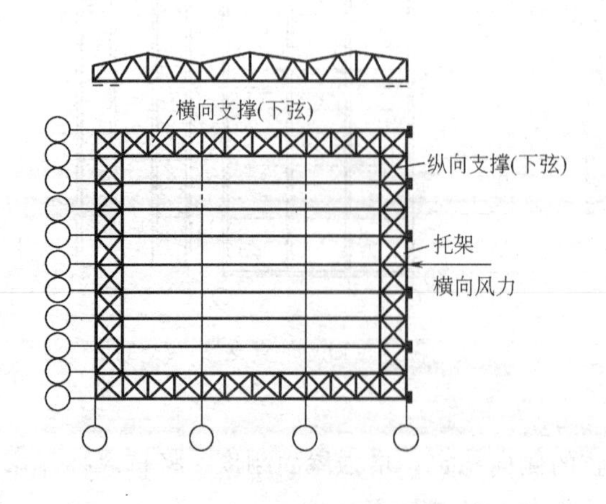

图 6-3-22　下弦纵向和横向水平支撑

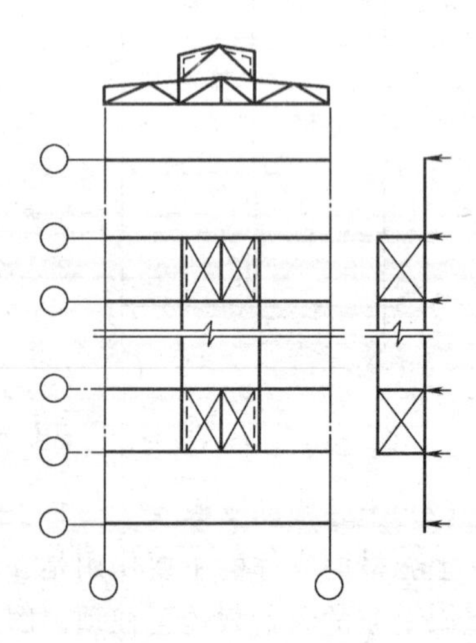

图 6-3-23　天窗架支撑

3. 柱间支撑

柱间支撑一般由上、下两组十字交叉的钢拉杆组成，一组在上柱区段，一组在下柱区段。柱间支撑一般设于温度区段的中部，如图 6-3-24 所示，这样既能起到支撑的作用，又不会限制厂房沿纵向的变形。从图中可以看出，柱间支撑与其两侧的柱一起形成一竖向桁架。

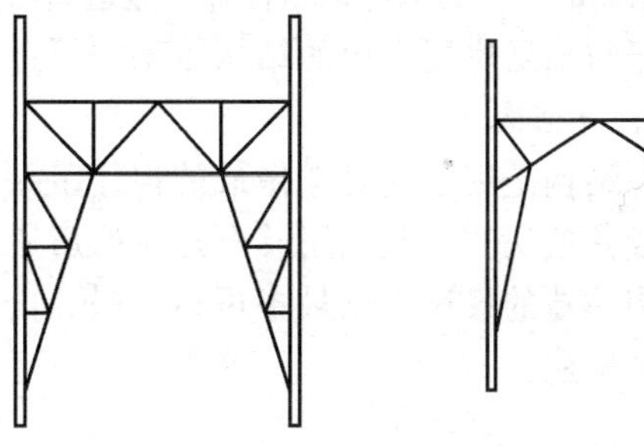
图 6-3-24　门架式柱间支撑

柱间支撑的作用是：

（1）将屋盖系统传来的山墙风荷载和吊车纵向制动力传至基础，避免柱子因这些荷载的作用出现平面外受弯。

（2）加强厂房沿纵向的刚度。

当设置支撑的柱间因交通或因布置设备而不宜设置十字交叉支撑时，也可采用如图6-3-24所示的门架式柱间支撑。

复 习 思 考 题

1. 装配式钢筋混凝土排架结构由哪些构件组成？试画出厂房主要荷载的传递路线。
2. 排架上都作用有哪些荷载？
3. 简述等高排架用剪力分配法计算内力的基本概念。
4. 试述牛腿的受力特点、计算简图和牛腿配筋的主要构造要求。
5. 试述支撑的各种类型及其作用。
6. 选择一建成的单层厂房，观察该厂房所采用的各种构件，并画出其简图。

第四节　多层与高层房屋建筑

一、多层与高层房屋结构的类型

多层与高层建筑的界限各国不一。联合国 1972 年国际高层建筑会议将高层建筑按高度分为四类：

第一类：9～16 层（最高到 50m）；

第二类：17～25 层（最高到 75m）；

第三类：26～40 层（最高到 100m）；

第四类：40 层以上（即超高层建筑）。

我国《高层建筑混凝土结构技术规程》（JGJ 3—2002）规定 10 层及 10 层以上或房屋高度大于 28m 的建筑物为高层建筑。

高层建筑所采用的结构主要是钢筋混凝土结构和钢结构。钢筋混凝土结构造价较低，且材料来源丰富，可节约钢材，防火性能好，经过合理的设计可获得满意的抗震性能，发展中国家主要采用钢筋混凝土建造高层建筑，我国的高层建筑基本上都采用钢筋混凝土结构。

钢结构自重较轻，地基与基础易于处理，建于软弱地基时尤为明显。钢结构现场作业量较小，施工周期短。钢结构的抗震可靠性也明显地优于钢筋混凝土结构。由于上述情况，发达国家的高层建筑采用钢结构的较多。我国北京京广中心 57 层（208m）即为钢结构高层建筑。

除钢筋混凝土结构与钢结构外，建造高层建筑还有组合结构和钢与钢筋混凝土混合结构。

多层与高层房屋常用的结构体系如下：

1. 混合结构

混合结构是用不同材料做成的构件组成的房屋，通常指楼（屋）盖用钢筋混凝土，墙体用砖或其他块材，基础用砖石建成的房屋。我国 5～6 层以下的房屋多用混合结构，用混合结构建造的民用房屋最多可达 9 层。由于砖石材料强度较低，抗震性能差，所以不宜用于高层房屋。

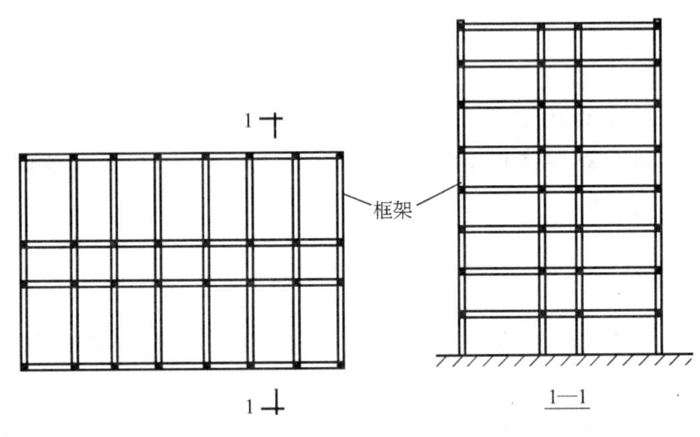

图 6-4-1　框架结构

2. 框架结构

框架是由梁和柱刚性连接而成的骨架结构，如图 6-4-1 所示。现浇钢筋混凝土框架要求在构造上把节点形成刚接，当节点有足够数量的钢筋，满足一定的构造要求，便可以认为是刚节点。

框架结构的优点是强度高、自重轻、整体性和抗震性好。它不靠砖墙承重，建筑平面布置灵活，可以获得较大的使用空间，应用广泛。主要适用于多层工业厂房和仓库，以及民用房屋中的办公楼、旅馆、医院、学校、商店和住宅等建筑。近年来，框架体系主要用于 10 层以下的房屋并以工业厂房为多。

框架体系用以承受竖向荷载是合理的，因为当层数不多时，风荷载影响较小，竖向荷载对结构设计起控制作用。但在框架层数较多时，水平荷载将使梁、柱截面尺寸过大，因此在技术经济上不如其他结构体系合理。

图 6-4-2　剪力墙结构

3. 剪力墙结构

如图 6-4-2 所示，剪力墙结构全部由纵横墙体组成。一般多用于 25～30 层以上的房屋，由于剪力墙结构的房屋平面极不灵活，所以一般常用于住宅、旅馆等建筑。对底部（或底部 2～3 层）需要大空间的高层建筑，可将底部（或

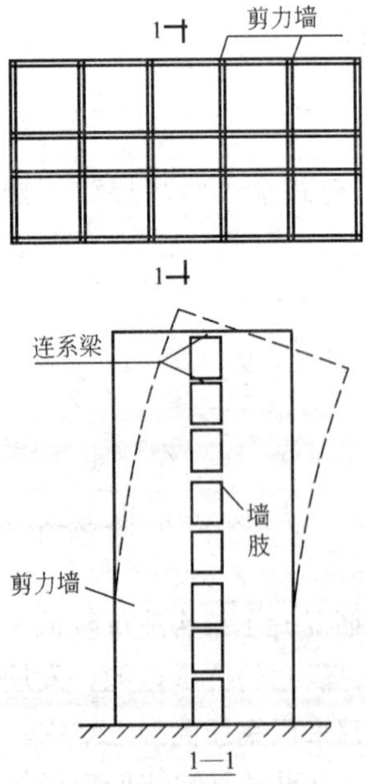

底部2～3 层）的若干剪力墙改为框架，这种体系称为框支剪力墙结构。框支剪力墙结构不宜于抗震设防地区（图 6-4-3）。

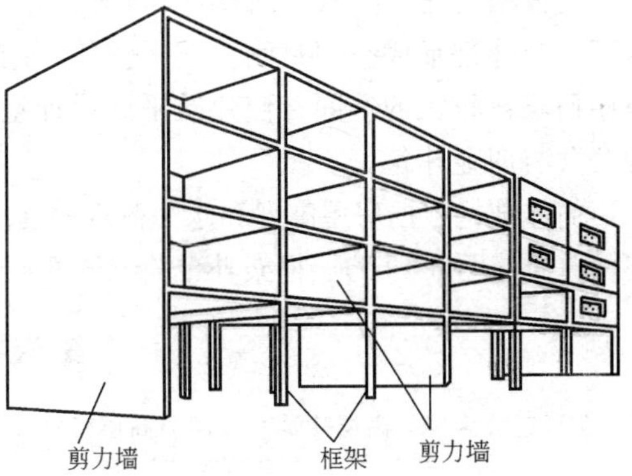

图 6-4-3　框支剪力墙结构

4. 框架-剪力墙结构

图 6-4-4 所示为框架-剪力墙结构，在框架-剪力墙结构中，剪力墙将负担绝大部分水平荷载，而框架则以负担竖向荷载为主，这样即可大大减小柱的截面尺寸。

剪力墙在一定程度上限制了建筑平面的灵活性。这种体系一般用于办公楼、旅馆、住宅以及某些工业厂房，宜在 16～25 层房屋中采用。

5. 筒体结构

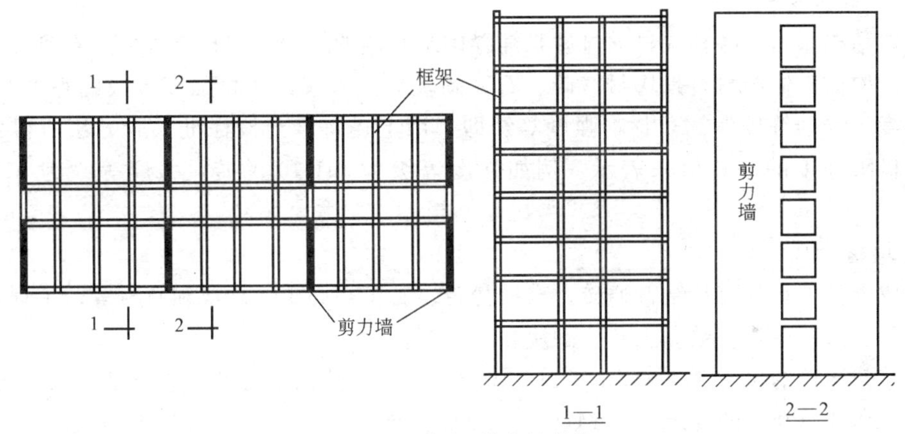

图 6-4-4　框架-剪力墙结构

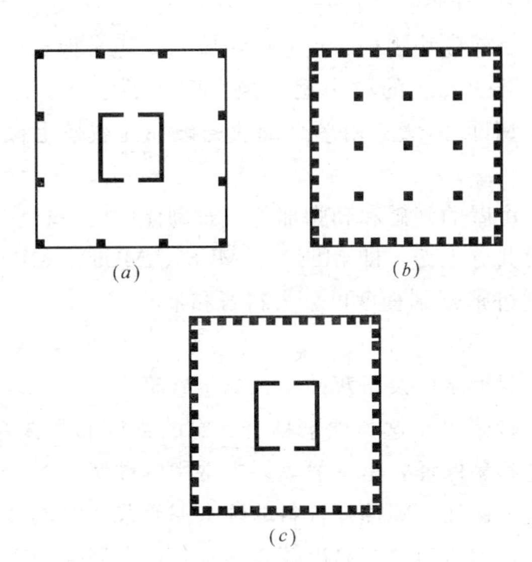

图 6-4-5　筒体结构（一）

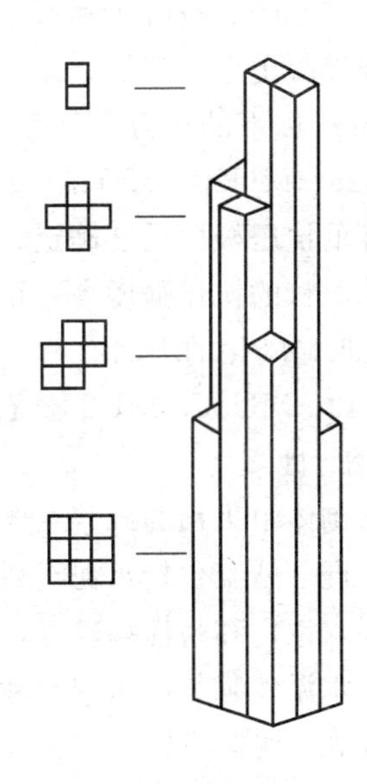

图 6-4-6　筒体结构（二）

筒体结构是框架-剪力墙结构和剪力墙结构的演变与发展。它将剪力墙集中到房屋的内部，与外部形成空间封闭筒体，使整个结构体系既具有极大的刚度，又能因为剪力墙的集中而获得较大的空间，使建筑平面设计重新获得良好的灵活性，所以适用于办公楼等各种公共与商业建筑。

筒体结构根据房屋高度和水平荷载的性质、大小的不同，可以采用四种不同的形式：框架内单筒（图 6-4-5*a*）、框架外单筒（图 6-4-5*b*）、筒中筒（图 6-4-5*c*）和成组筒（图 6-4-6）。

复 习 思 考 题

怎样区分多层与高层建筑？多层与高层建筑有几种结构体系？

第五节　砌 体 结 构

一、砌体材料及砌体的力学性能

（一）砌体材料

砌体结构系指用各种块材通过砂浆铺缝砌筑而成的结构，包括砖砌体、石砌体、砌块砌体等。构成砌体的材料是块材（砖、石、砌块）与砂浆，块材强度等级的符号为 MU，砂浆强度等级的符号为 M。材料强度等级即采用上述符号与按标准试验方法所得到的材料抗压极限强度的平均值来表示，例如强度等级为 MU10 的砖，强度等级为 M5 的砂浆等。

1. 块材

构成砌体的块材有烧结普通砖、硅酸盐砖、黏土空心砖、砌块和石材等。工程上常用的有烧结普通砖中的烧结黏土砖、砌块和石材等。

烧结普通砖的尺寸为 240mm×115mm×53mm。其强度等级，按《砌体结构设计规范》GB 5003—2001 的规定，有 MU30、MU25、MU20、MU15、MU10 五级。

实心砖、空心砖和石材以外的块体都可称为砌块。我国采用的有粉煤灰硅酸盐砌块、普通混凝土空心砌块、加气混凝土砌块等。目前砌块规格、尺寸尚不统一，通常把高度在 350mm 以下的称为小型砌块，高度在 350～900mm 的称中型砌块。砌块的强度等级分 MU25、MU20、MU15、MU10、MU7.5、MU5 六级，由单个砌块的破坏荷载按毛截面计算的抗压极限强度确定。

石材的抗压强度高，耐久性好，多用于房屋的基础和勒脚部位。石砌体中的石材应选用无明显风化的天然石材。石材的强度等级共分七级，即 MU100、MU80、MU60、MU50、MU40、MU30、MU20。石材按其加工后的外形规则程度可分为料石和毛石。

2. 砂浆

砌体中采用的砂浆主要有混合砂浆、水泥砂浆以及石灰砂浆、黏土砂浆。

混合砂浆包括水泥石灰砂浆、水泥黏土砂浆等。这类砂浆具有一定的强度和耐久性，且保水性、和易性均较好，便于施工，质量容易保证，是一般墙体中常用的砂浆。

水泥砂浆是由水泥与砂加水拌和而成的不掺任何塑性掺合料的纯水泥砂浆。水泥砂浆强度高、耐久性好，但其拌和后保水性较差，砌筑前会游离出较多的水分，砂浆摊铺在砖面上后这部分水分将很快被砖吸走，使铺砌发生困难，因而会降低砌筑质量。此外，失去一定水分的砂浆还将影响其正常硬化，减少砖与砖之间的粘结，而使强度降低。因此，在强度等级相同的条件下，采用水泥砂浆砌筑的砌体强度要比用其他砂浆时低。砌体规范规定，用水泥砂浆砌筑的各类砌体，其强度应按保水性能好的砂浆砌筑的砌体强度乘以小于1的调整系数。

石灰砂浆和黏土砂浆强度不高，耐久性也差，不能用于地面以下或防潮层以下的砌体，一般只能用在受力不大的简易建筑或临时建筑中。

砂浆的强度等级按龄期为28天的立方体试块（70.7mm×70.7mm×70.7mm）所测得的抗压极限强度的平均值来划分，共有M15、M10、M7.5、M5、M2.5。如砂浆强度在两个等级之间，则采用相邻较低值。当验算施工阶段尚未硬化的新砌砌体时，可按砂浆强度为零确定其砌体强度。

3. 砌体材料的选择

对于一般房屋，承重砌体用砖，其强度等级常采用MU10、MU7.5；石材的强度等级常采用MU40、MU30、MU20、MU15。承重砌体的砂浆一般采用M2.5、M5、M7.5，对受力较大的重要部位可采用M10。

六层及六层以上房屋的外墙、潮湿房间的墙，以及受振动或层高大于6m墙、柱所用材料的最低强度等级：砖为MU10；砌块为MU5；石材为MU20；砂浆为M2.5。

地面以下或防潮层以下的砌体，所用材料的最低强度等级应符合表6-5-1的规定。

地面以下或防潮层以下的砌体所用材料的最低强度等级　　表6-5-1

基础的潮湿程度	烧结普通砖		蒸压灰砂砖	混凝土砌块	石材	水泥砂浆
	严寒地区	一般地区				
稍潮湿的	MU10	MU10	MU7.5	MU7.5	MU30	M5
很潮湿的	MU15	MU10	MU7.5	MU10	MU30	M7.5
含水饱和的	MU20	MU15	MU10	MU10	MU40	M10

注：① 石材的重力密度不应低于$18kN/m^3$；

② 地面以下或防潮层以下的砌体，不宜采用空心砖。当采用混凝土中、小型空心砌块砌体时，其孔洞应采用强度等级不低于C15的混凝土灌实；

③ 各种硅酸盐材料及其他材料制作的块体，应根据相应材料标准的规定选择采用。

（二）砌体的抗压性能

在工程中，砌体主要用于承压，受拉、受弯、受剪的情况很少遇到。

如图6-5-1所示，砌体轴心受压时，自加载受力起，到破坏为止，大致经历三个阶段：

从开始加载到个别砖出现裂缝为第Ⅰ阶段（图6-5-1*a*）。出现第一条（或第一批）裂缝时的荷载，约为破坏荷载的0.5～0.7倍。这一阶段的特点是：荷载如不增加，裂缝不会继续扩展或增加。继续增加荷载，砌体即进入第Ⅱ阶段。此时，随着荷载的不断增加，原有裂缝不断扩展，同时产生新的裂缝，这些裂缝彼此相连并和垂直灰缝连起来形成条缝，逐渐将砌体分裂成一个个单独的半砖小柱（图6-5-1*b*）。当荷载达到破坏荷载的0.8～0.9倍时，如再增加荷载，裂

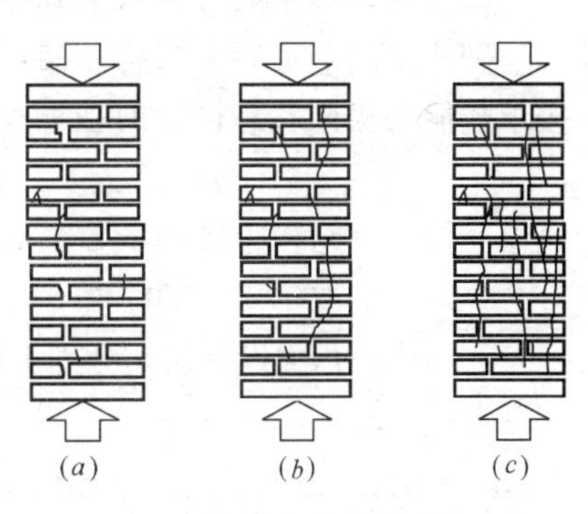

图6-5-1　砌体轴心受压的破坏过程

缝将迅速开展，单独的半砖小柱朝侧向鼓出，砌体发生明显的横向变形而处于松散状态，以致最终丧失承载能力而破坏（图 6-5-1c），这一阶段为第Ⅲ阶段。

试验表明，砌体中的砖块在荷载尚不大时即已出现竖向裂缝，即砌体的抗压强度远小于砖的抗压强度。通过观察研究发现，轴心受压砌体在总体上虽然是均匀受压状态，但砖在砌体内则不仅受压，同时还受弯、受剪和受拉，处于复杂的受力状态。产生这种现象的原因是：砂浆铺砌不匀，有薄有厚，砖不能均匀地压在砂浆层上；砂浆层本身不均匀，砂子较多的部位收缩小，凝固后的砂浆层就会出现突起点；砖表面不平整，砖与砂浆层不能全面接触。因此砖在砌体中实际上是处于受弯、受剪和局部受压的状态。此外，因砂浆的横向变形比砖大，由于粘结力和摩擦力的影响，砌体内的砖还同时受拉。

由以上分析可知，砌体中的块材（砖）处于压缩、弯曲、剪切、局部受压、横向拉伸等复杂受力状态，而块材的抗弯、抗剪、抗拉强度很低，所以砌体在远小于块材的抗压强度时就出现了裂缝。随着荷载的增加，裂缝不断扩展，使砌体形成半砖小柱，最后丧失承载能力。

影响砌体抗压强度的因素主要有：

1. 块材和砂浆的强度

块材和砂浆的强度是影响砌体强度的重要因素，其中块材的强度又是最主要的因素。应当指出，砂浆强度过低将加大块材与砂浆横向变形的差异，对砌体抗压强度不利。但是单纯提高砂浆强度并不能使砌体抗压强度有很大提高，因为影响砌体抗压强度的主要因素是块材的强度等级，块材与砂浆横向变形的差异还不是主要的因素，所以采用提高砂浆强度等级来提高砌体强度的做法，不如用提高块材的强度等级更有效。

2. 块材的尺寸和形状

增加块材的厚度可提高砌体强度，因为块材厚度的提高可以增大其抗弯、抗剪能力。当采用砌块砌体时，可考虑以适当增大砌块厚度的办法来提高砌体的抗压强度。

3. 砂浆铺砌时的流动性

砂浆的流动性大，容易铺成均匀、密实的灰缝，可减小块材的弯、剪应力，因而可以提高砌体强度。但当砂浆的流动性过大时，硬化受力后的横向变形也大，砌体强度反而降低。因此砂浆除应具有符合要求的流动性外，也要有较高的密实性。

4. 砌筑质量

砌筑质量也是影响砌体抗压强度的重要因素。在砌筑质量中，水平灰缝是否均匀饱满对砌体强度的影响较大。一般要求水平灰缝的砂浆饱满度不得小于 80%。

二、砌体结构的计算表达式和计算指标

砌体结构与混凝土结构相同，也采用以概率理论为基础的极限状态设计法设计[1]，其按承载能力极限状态设计的基本表达式为：

$$\gamma_0 S \leqslant R\ (f_d,\ a_k \cdots\cdots) \qquad (6\text{-}5\text{-}1)$$

式中 γ_0——结构重要性系数。对安全等级为一级、二级、三级的砌体结构构件，可分别取 1.1、1.0、0.9；

S——内力设计值，分别表示为轴向力设计值 N、弯矩设计值 M 和剪力设计值 V 等；

[1] 砌体均应按承载能力极限状态计算，同时要满足正常使用极限状态的要求，在一般情况下，后者由相应的构造措施来保证。

R（·）——结构构件的承载力设计值函数；

f_d——砌体的强度设计值，$f_d=\frac{f_k}{\gamma_f}$；

f_k——砌体的强度标准值；

γ_f——砌体结构的材料性能分项系数，$\gamma_f=1.5$；

a_k——几何参数标准值。

龄期为 28 天的以毛截面计算的烧结普通砖和烧结多孔砖砌体的抗压强度设计值，根据砖和砂浆的强度等级应按表 6-5-2 采用：

烧结普通砖和烧结多孔砖砌体的抗压强度设计值（MPa）　　表 6-5-2

砖强度等级	砂浆强度等级					砂浆强度
	M15	M10	M7.5	M5	M2.5	0
MU30	3.94	3.27	2.93	2.59	2.26	1.15
MU25	3.60	2.98	2.68	2.37	2.06	1.05
MU20	3.22	2.67	2.39	2.12	1.84	0.94
MU15	2.79	2.31	2.07	1.83	1.60	0.82
MU10	—	1.89	1.69	1.50	1.30	0.67

下列情况的强度设计值应乘以调整系数 γ_a：

1. 有吊车房屋和跨度不小于 9m 的多层房屋，γ_a 为 0.9。
2. 构件截面面积 A 小于 $0.3m^2$ 时，γ_a 为其截面面积（按 m^2 计）加 0.7。
3. 当用水泥砂浆砌筑时，γ_a 为 0.85。
4. 当验算施工中房屋的构件时，$\gamma_a=1.10$。

三、受压构件的计算

（一）受压构件的受力状态及计算公式

无筋砌体在轴心压力作用下，砌体在破坏阶段截面的应力是均匀分布的，如图 6-5-2（a）所示。当轴向压力偏心距较小时（图 6-5-2b），截面虽全部受压，但应力分布不均匀，破坏将发生在压应力较大的一侧，且破坏时该侧边缘压应力较轴心受压破坏时的应力稍大。当轴向力的偏心距进一步增大时，受力较小边将出现拉应力（图 6-5-2c），此时如应力未达到砌体的通缝抗拉强度，受拉边不会开裂。如偏心距再增大（图 6-5-2d），受拉侧将较早开裂，此时只有砌体局部的受压区压应力与轴向力平衡。

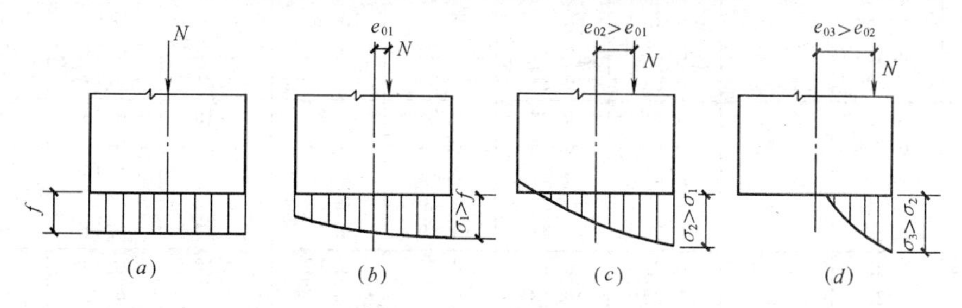

图 6-5-2　无筋砌体的受压

砌体虽然是个整体，但由于有水平砂浆层且灰缝数量较多，使砌体的整体性受到影响，所以纵向弯曲对构件承载力的影响较其他整体构件（如素混凝土构件）显著。此外，对于偏心受压构件，还必须考虑在偏心压力作用下附加偏心距的增大和截面塑性变形等因素的影响。规范在试验研究的基础上，确定把轴向力偏心距和构件的高厚比对受压构件承载力的影响采用同一系数 φ 来考虑；而轴心受压构件则可视为偏心受压构件的特例，即视轴心受压构件为偏心距 $e=0$ 的偏心受压构件，因此砌体受压构件的承载力（包括轴心受压与偏心受压）即可按下式计算：

$$N \leqslant \varphi f A \tag{6-5-2}$$

式中 N——荷载设计值产生的轴向力；

φ——高厚比 β 和轴向力的偏心距 e 对受压构件承载力的影响系数，常用值（砂浆强度等级≥M5，M2.5）按表 6-5-3 采用；

e——按荷载标准值计算的轴向力偏心距；

f——砌体抗压强度设计值；

A——截面面积。

高厚比 β 和轴向力的偏心距 e 对受压构件承载力的影响系数

影响系数 φ（砂浆强度等级≥M5） **表 6-5-3**

β	$\frac{e}{h}$ 或 $\frac{e}{h_T}$①								
	0	0.025	0.05	0.075	0.1	0.125	0.15	0.175	0.2
≤3	1	0.99	0.97	0.94	0.89	0.84	0.79	0.73	0.68
4	0.98	0.95	0.91	0.86	0.80	0.75	0.69	0.64	0.58
6	0.95	0.91	0.86	0.81	0.76	0.70	0.64	0.59	0.54
8	0.91	0.87	0.82	0.77	0.71	0.66	0.60	0.55	0.50
10	0.87	0.82	0.77	0.72	0.66	0.61	0.56	0.51	0.46
12	0.82	0.77	0.72	0.57	0.62	0.57	0.52	0.47	0.43
14	0.77	0.72	0.68	0.63	0.58	0.53	0.48	0.44	0.40
16	0.72	0.68	0.63	0.58	0.54	0.49	0.45	0.40	0.37
18	0.67	0.63	0.59	0.54	0.50	0.46	0.42	0.38	0.34
20	0.62	0.58	0.54	0.50	0.46	0.42	0.39	0.35	0.32
22	0.58	0.54	0.51	0.47	0.43	0.40	0.36	0.33	0.30
24	0.54	0.50	0.47	0.44	0.40	0.37	0.34	0.30	0.28
26	0.50	0.47	0.44	0.40	0.37	0.34	0.31	0.28	0.26
28	0.46	0.43	0.41	0.38	0.35	0.32	0.29	0.26	0.24
30	0.42	0.40	0.38	0.35	0.32	0.30	0.27	0.25	0.22

β	$\frac{e}{h}$ 或 $\frac{e}{h_T}$								
	0.225	0.25	0.275	0.3	0.325	0.35	0.4	0.45	0.5
≤3	0.62	0.57	0.52	0.48	0.44	0.40	0.34	0.29	0.25
4	0.53	0.48	0.44	0.40	0.36	0.33	0.28	0.23	0.20
6	0.49	0.44	0.40	0.37	0.33	0.30	0.25	0.21	0.17
8	0.45	0.41	0.37	0.34	0.30	0.28	0.23	0.19	0.16
10	0.42	0.38	0.34	0.31	0.28	0.25	0.21	0.17	0.14
12	0.39	0.35	0.31	0.28	0.26	0.23	0.19	0.15	0.13
14	0.36	0.32	0.29	0.26	0.24	0.21	0.17	0.14	0.12
16	0.33	0.30	0.27	0.24	0.22	0.20	0.16	0.13	0.10
18	0.31	0.28	0.25	0.22	0.20	0.18	0.15	0.12	0.10
20	0.28	0.26	0.23	0.21	0.19	0.17	0.13	0.11	0.09
22	0.27	0.24	0.22	0.19	0.17	0.16	0.12	0.10	0.08
24	0.25	0.22	0.20	0.18	0.16	0.14	0.12	0.09	0.08
26	0.23	0.21	0.19	0.17	0.15	0.13	0.11	0.09	0.07
28	0.22	0.20	0.17	0.16	0.14	0.12	0.10	0.08	0.06
30	0.20	0.18	0.16	0.15	0.13	0.12	0.09	0.08	0.06

① h_T 为 T 形截面的折算厚度，可近似取 $h_T=3.5i$（i 为 T 形截面的回转半径）。

影响系数 φ（砂浆强度等级 M2.5） 续表

β	$\frac{e}{h}$或$\frac{e}{h_T}$								
	0	0.025	0.05	0.075	0.1	0.125	0.15	0.175	0.2
≤3	1	0.99	0.97	0.94	0.89	0.84	0.79	0.73	0.68
4	0.97	0.94	0.89	0.84	0.79	0.73	0.68	0.62	0.57
6	0.93	0.89	0.84	0.79	0.74	0.68	0.62	0.57	0.52
8	0.89	0.84	0.79	0.74	0.68	0.63	0.57	0.52	0.48
10	0.83	0.78	0.74	0.63	0.63	0.58	0.53	0.48	0.43
12	0.78	0.73	0.68	0.63	0.58	0.53	0.48	0.44	0.40
14	0.72	0.67	0.63	0.58	0.53	0.49	0.44	0.40	0.36
16	0.66	0.62	0.58	0.53	0.49	0.45	0.41	0.37	0.34
18	0.61	0.57	0.53	0.49	0.45	0.41	0.38	0.34	0.31
20	0.56	0.52	0.49	0.45	0.42	0.38	0.35	0.31	0.28
22	0.51	0.48	0.45	0.41	0.38	0.35	0.32	0.29	0.26
24	0.46	0.44	0.41	0.38	0.35	0.32	0.30	0.27	0.24
26	0.42	0.40	0.38	0.35	0.32	0.30	0.27	0.25	0.22
28	0.40	0.37	0.35	0.32	0.30	0.28	0.25	0.23	0.21
30	0.36	0.34	0.32	0.30	0.28	0.26	0.24	0.21	0.19

β	$\frac{e}{h}$或$\frac{e}{h_T}$								
	0.225	0.25	0.275	0.3	0.325	0.35	0.4	0.45	0.5
≤3	0.62	0.57	0.52	0.48	0.44	0.40	0.34	0.29	0.25
4	0.52	0.47	0.43	0.39	0.35	0.32	0.27	0.22	0.19
6	0.47	0.43	0.39	0.35	0.32	0.29	0.24	0.20	0.16
8	0.43	0.39	0.35	0.32	0.29	0.26	0.21	0.18	0.15
10	0.39	0.36	0.32	0.29	0.26	0.24	0.19	0.16	0.13
12	0.36	0.32	0.29	0.26	0.24	0.21	0.17	0.14	0.12
14	0.33	0.30	0.27	0.24	0.22	0.19	0.16	0.13	0.10
16	0.30	0.27	0.24	0.22	0.20	0.18	0.14	0.12	0.09
18	0.28	0.25	0.22	0.20	0.18	0.16	0.13	0.10	0.08
20	0.26	0.23	0.21	0.18	0.17	0.15	0.12	0.10	0.08
22	0.24	0.21	0.19	0.17	0.15	0.14	0.11	0.09	0.07
24	0.22	0.20	0.18	0.16	0.14	0.13	0.10	0.08	0.06
26	0.20	0.18	0.16	0.15	0.13	0.12	0.09	0.08	0.06
28	0.19	0.17	0.15	0.14	0.12	0.11	0.09	0.07	0.06
30	0.18	0.16	0.14	0.13	0.11	0.10	0.08	0.06	0.05

墙、柱的高厚比 β 是衡量砌体长细程度的指标，它等于墙、柱计算高度 H_0 与其厚度之比，即：

对矩形截面 $$\beta=\frac{H_0}{h} \tag{6-5-3}$$

式中 H_0——受压构件的计算高度，见表 6-5-5；

h——矩形截面轴向力偏心方向的边长，当轴心受压时为截面较小边边长。

对矩形截面构件，当轴向力偏心方向的截面边长大于另一方向的边长时，除按偏心受压计算外，还应对较小边长方向按轴心受压验算。

（二）偏心距较大时受压构件的计算

当轴向力偏心距 e 很大时，截面受拉区水平裂缝将显著开展，受压区面积显著减小，构件的承载能力大大降低。考虑到经济合理性，砌体规范建议按荷载标准值计算的轴向力偏心距 e 不宜超过 $0.7y$（y 为截面重心到轴向力所在偏心方向截面边缘的距离）。

当 $0.7y<e\leqslant0.95y$ 时，构件除应按公式（6-5-2）进行承载力验算外，尚应对截面受拉边水平灰缝的裂缝宽度加以控制，即按下式进行正常使用极限状态验算：

$$N_k\leqslant\frac{f_{tm\cdot k}A}{\frac{Ae}{W}-1} \tag{6-5-4}$$

式中 N_k——轴向力标准值；

$f_{tm,k}$——砌体沿通缝截面的弯曲抗拉强度标准值，取 $f_{tm,k}=1.5f_{tm}$；

f_{tm}——砌体沿通缝截面的弯曲抗拉强度设计值，可从《砌体结构设计规范》查得；

W——截面抵抗矩。

当 $e>0.95y$ 时，由于偏心过大，有可能截面一旦开裂就很快发生破坏而失去承载能力，因此砌体规范规定，此时应按砌体通缝弯曲抗拉强度确定截面的承载能力，即要求砌体截面的最大拉应力不超过砌体弯曲抗拉强度设计值：

$$N\leqslant\frac{f_{tm}A}{\frac{Ae}{W}-1} \tag{6-5-5}$$

式中 N——轴向力设计值；

其余符号意义同式（6-5-4）。

【例 5】 砖柱截面为 490mm×370mm，采用强度等级为 MU10 的标准砖及 M5 的混合砂浆砌筑，柱计算高度 $H_0=5$m，柱顶承受轴心压力设计值为 145kN，试验算柱底截面强度。

【解】 1. 求柱底部截面的轴向力设计值

$$\begin{aligned}N&=145+\gamma_G G_k=145+1.2(0.49\times0.37\times5\times19)\\&=165.67\text{kN}=165670\text{N}\end{aligned}$$

2. 求柱的承载力

由 MU10 砖和 M5 混合砂浆查表 6-5-2，得砌体抗压强度设计值 $f=1.50$MPa（N/mm²）。

截面面积 $A=0.49\times0.37=0.18\text{m}^2<0.3\text{m}^2$，则砌体强度设计值应乘以调整系数 $\gamma_a=A+0.7=0.18+0.7=0.88$。

由 $\beta=\frac{H_0}{h}=\frac{5000}{370}=13.5$ 及 $\frac{e}{h}=0$ 查表 6-5-3 得影响系数 $\varphi=0.782$。则柱的承载力为：$\varphi\gamma_a f_A=0.782\times0.88\times1.50\times490\times370=187145\text{N}>165670\text{N}$

经验算，柱截面安全。

四、局部受压的计算

（一）局部均匀受压的计算

压力仅作用在砌体的部分面积上的受力状态称为局部受压。如在砌体局部受压面积上的压应力呈均匀分布时，则称为砌体的局部均匀受压，如图 6-5-3 所示。

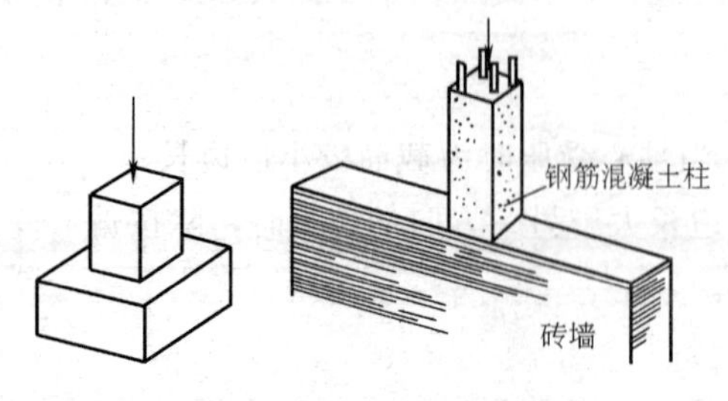

图 6-5-3 砌体的局部均匀受压

直接位于局部受压面积下的砌体，因其横向应变受到周围砌体的约束，所以该受压面上的砌体局部抗压强度比砌体的抗压强度高。但由于作用于局部面积上的压力很大，如不准确进行验算，则有可能成为整个结构的薄弱环节而造成破坏。

砌体受局部均匀压力时的承载力按下式计算：

$$N_1 \leqslant \gamma f A_1 \tag{6-5-6}$$

式中 N_1——局部受压面积上轴向力设计值；

γ——砌体局部抗压强度提高系数；

A——局部受压面积。

砌体的局部抗压强度提高系数 γ 按下式计算：

$$\gamma = 1 + 0.35\sqrt{\frac{A_0}{A_1} - 1} \tag{6-5-7}$$

式中 A_0——影响砌体局部抗压强度的计算面积，按下列规定采用（图 6-5-4）：

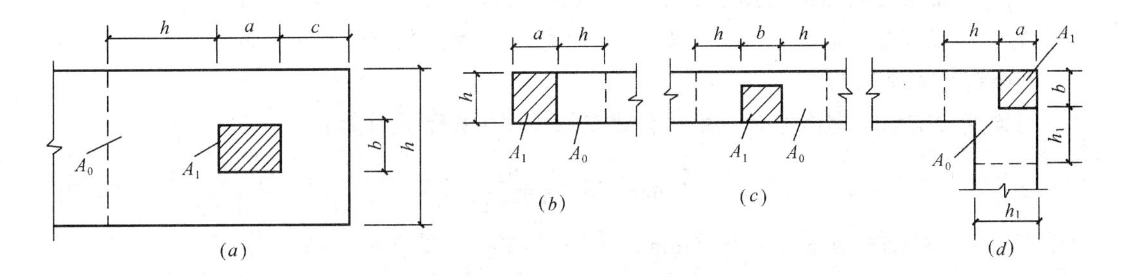

图 6-5-4 影响局部抗压强度的面积

(1) 图 6-5-4 (a) $A_0 = (a + c + h)h$；

(2) 图 6-5-4 (b) $A_0 = (a + h)h$；

(3) 图 6-5-4 (c) $A_0 = (b + 2h)h$；

(4) 图 6-5-4 (d) $A_0 = (a + h)h + (b + h_1 - h)h_1$。

其中：a、b——矩形局部受压面积 A_1 的边长；

h、h_1——墙厚或柱的较小边长；

c——矩形局部受压面积的外边缘至构件边缘的较小距离，当大于 h 时，应取为 h。

按公式 (6-5-7) 计算所得的砌体局部抗压强度提高系数 γ 尚应符合下列规定：

(1) 在图 6-5-4 (a) 的情况下，$\gamma \leqslant 2.5$；

(2) 在图 6-5-4 (b) 的情况下，$\gamma \leqslant 1.25$；

(3) 在图 6-5-4 (c) 的情况下，$\gamma \leqslant 2.0$；

(4) 在图 6-5-4 (d) 的情况下，$\gamma \leqslant 1.5$；

(5) 对空心砖砌体，局部抗压强度提高系数 γ 应小于或等于 1.5；对未灌实的混凝土中型、小型空心砌块砌体，局部抗压强度提高系数 γ 为 1.0。

(二) 梁端支承处砌体局部受压的计算

如图 6-5-5 所示，当梁端支承处砌体局部受压时，其压应力的分布是不均匀的。同时，由于梁端存在转角，梁的有效支承长度可能小于梁的实际支承长度。

梁端支承处砌体局部受压计算中，除应考虑由梁传来的荷载外，还应考虑局部受压面

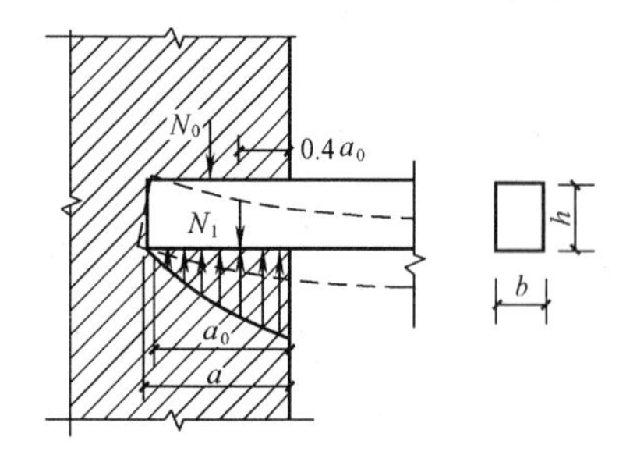

图 6-5-5　梁端支承处砌体的局部受压

积上由上部荷载产生的轴向力，但由于支座下砌体被压缩，致使梁端顶部与上部砌体脱开，而形成内拱作用，所以计算时应对上部传下的荷载作适当折减。

梁端支承处砌体的局部受压承载力应按下式计算：

$$\psi N_0+N_1\leqslant\eta\gamma fA_1 \tag{6-5-8}$$

式中　ψ——上部荷载的折减系数，$\psi=1.5-0.5\dfrac{A_0}{A_1}$，当$\dfrac{A_0}{A_1}\geqslant3$时，取$\psi=0$；

N_0——局部受压面积内上部轴向力设计值，$N_0=\sigma_0A_l$，σ_0为上部平均压应力设计值；

η——梁端底面压应力图形的完整系数，一般可取0.7，对于过梁和墙梁可取1.0；

A_1——局部受压面积，$A_1=a_0b$，b为梁宽，a_0为梁端有效支承长度。

其余符号意义同前。

当梁直接支承在砌体上时，梁端有效支承长度可按下式计算：

$$a_0=38\sqrt{\frac{N_1}{bf\tan\theta}} \tag{6-5-9}$$

式中　a_0——梁端有效支承长度（mm），当$a_0>a$时，应取$a_0=a$；

a——梁端实际支承长度（mm）；

N_1——梁端荷载设计值产生的支承压力（kN）；

b——梁的截面宽度（mm）；

$\tan\theta$——梁变形时，梁端轴线倾角的正切，对于受均布荷载的简支梁，当$w/l_0=\dfrac{1}{250}$时，可取$\tan\theta=\dfrac{1}{78}$；

ω——梁的最大挠度；

l_0——梁的计算跨度。

对于跨度小于6m的钢筋混凝土梁，梁端有效支承长度可按下式计算：

$$a_0=10\sqrt{\frac{h_c}{f}} \tag{6-5-10}$$

式中　h_c——梁的截面高度（mm）；

f——砌体的抗压强度设计值（MPa）。

（三）梁端设有垫块时砌体局部受压的计算

为提高梁端下砌体的承载力，可在梁或屋架的支座下设置垫块，以保证支座下砌体的安全。图6-5-6表示壁柱上设有垫块的梁端局部受压。

当梁端下设有预制刚性垫块时，垫块下砌体的局部受压承载力应按下式计算：

$$N_0+N_1\leqslant\varphi\gamma_1fA_b \tag{6-5-11}$$

式中　N_0——垫块面积A_b内上部轴向力设计值，$N_0=\sigma_0A_b$；

φ——垫块上N_0及N_1合力的影响系数（N_1的作用点可近似取距砌体内侧$0.4a_0$

处)，应采用表 6-5-3 中 $\beta \leqslant 3$ 时的 φ 值；

γ_1——垫块外砌体面积的有利影响系数，$\gamma_1=0.8\gamma$，但不小于 1.0。γ 为砌体局部抗压强度提高系数，按公式（6-5-7）以 A_b 代替 A_l 计算得出；

A_b——垫块面积，$A_b=a_b b_b$，a_b 为垫块伸入墙内的长度，b_b 为垫块的宽度。

刚性垫块的高度不宜小于 180mm，自梁边算起的垫块挑出长度不宜大于垫块的高度 t_b。当在带壁柱墙的壁柱内设有垫块时，（图 6-5-6），其计算面积应取壁柱面积，不应计算翼缘部分，同时壁柱上垫块伸入翼墙内的长度不应小于 120mm。

现浇钢筋混凝土梁也可采用与梁端现浇成整体垫块，如图 6-5-7 所示。由于垫块与梁端现浇成整体，当梁在荷载作用下发生挠曲时，梁垫将随梁端一起转动，因此梁端支承处砌体的局部受压承载力仍按公式（6-5-8）计算，但此时 $A_l=a_0 b_b$，且在计算有效支承长度的公式（6-5-9）中也以 b_b 代替 b。

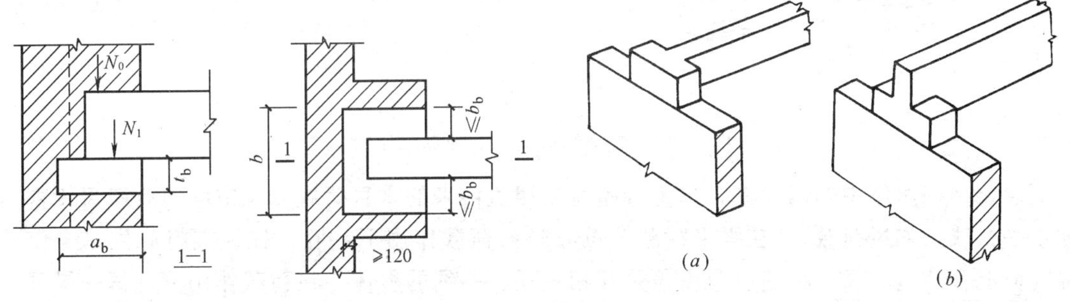

图 6-5-6　设有垫块时梁端局部受压　　图 6-5-7　现浇整体垫块

【例 6】 如图 6-5-8 所示，钢筋混凝土柱（截面 200mm×240mm）支承在砖墙上，墙厚 240mm，采用 MU10 黏土砖及 M2.5 混合砂浆砌筑，柱传至墙的轴向力设计值 $N=100\text{kN}$，试进行砌体局部受压验算。

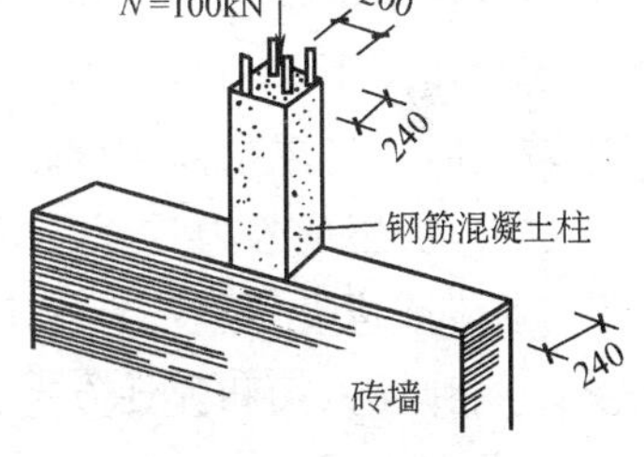

图 6-5-8　例 6 附图

【解】 按公式（6-5-6）验算

局部受压面积 $A_l=200\times240=48000\text{mm}^2$

影响砌体局部抗压强度的计算面积按图 6-5-4（c）计算，

$A_0=(b+2h)h=(200+2\times240)\times240=163200\text{mm}^2$

砌体局部抗压强度提高系数：

$$\gamma=1+0.35\sqrt{\frac{A_0}{A_l}-1}=1+0.35\sqrt{\frac{163200}{48000}-1}=1.54<2.0$$

由表 6-5-2 查得砖砌体抗压强度设计值 $f=1.38\text{N/mm}^2$，则由公式（6-5-6）得：

$$\gamma f A_l=1.54\times1.38\times48000=102010N=102.01\text{kN}>100\text{kN}$$

符合要求。

五、房屋的空间工作和静力计算方案

（一）房屋的空间工作

混合结构通常指用不同材料的构件所组成的房屋，是由多种构件组成的整体，主要是指楼（屋）盖用钢筋混凝土，墙体及基础采用砖、石砌体建造的单层或多层房屋。一般民用建筑如住宅、宿舍、办公楼、学校、商店、食堂、仓库等以及各种中小型工业建筑都可采用混合结构。

进行墙体内力分析时，首先要确定计算简图。图 6-5-9 所示为一混合结构的单层房屋，由屋盖、墙体、基础构成承重骨架，它们共同工作，承受作用在房屋上的垂直荷载和水平荷载。当外墙窗口为均匀排列时，如图 6-5-9（a）所示，且作用于房屋上的荷载为均匀分布，则在两个窗口中间截取一个单元，由这个单元来代表整个房屋，这个单元称为计算单元。

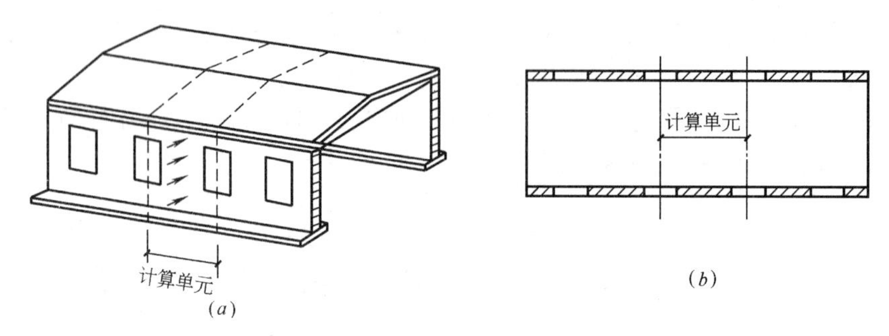

图 6-5-9　混合结构房屋的计算单元

混合结构房屋中的墙、柱，承担着屋盖或楼盖传来的垂直荷载以及由墙面或屋盖传来的水平荷载（如风荷载），在水平荷载及偏心竖向荷载作用下，墙、柱顶端将产生水平位移。而混合结构的纵、横墙以及屋盖是互相关联、制约的整体，在荷载作用下，每一局部构件不能单独变形，因此在静力分析中必须考虑房屋的空间工作。

根据试验研究，房屋的空间工作性能，主要取决于屋盖水平刚度和横墙间距的大小。当屋盖或楼盖的水平刚度大，同时横墙间距小时，则房屋空间刚度大，在水平荷载或偏心竖向荷载作用下，水平位移很小，甚至可以忽略不计；当屋盖或楼盖水平刚度较小，横墙间距较大时，房屋空间刚度较小，其水平位移就必须考虑。

（二）房屋的静力计算方案

《砌体结构设计规范》规定，房屋的静力计算，根据房屋的空间工作性能，分为刚性方案、刚弹性方案和弹性方案。

1. 刚性方案

当横墙间距较小、屋盖与楼盖的水平刚度较大时，则在水平荷载作用下，房屋的水平位移很小，在确定房屋的计算简图时，可将屋盖或楼盖视为纵墙或柱的不动铰支承，即忽略房屋的水平位移（图 6-5-10a），这种房屋称为刚性方案房屋。一般多层住宅、办公楼、

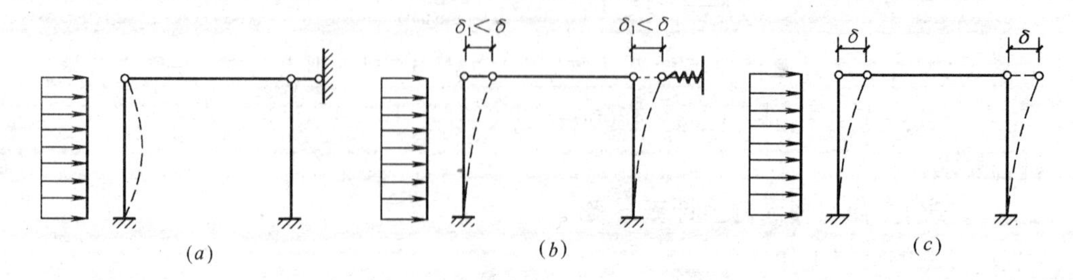

图 6-5-10　混合结构房屋的计算简图

（a）刚性方案；（b）刚弹性方案；（c）弹性方案

宿舍以及长度较小的单层厂房、食堂等均为刚性方案房屋。

2. 弹性方案

当房屋的横墙间距较大，屋盖与楼盖的水平刚度较小时，房屋的空间刚度较弱，则在水平荷载作用下，房屋的水平位移较大，不可忽略，计算时把楼盖或屋盖视为与墙、柱铰接，即按平面排架计算（图 6-5-10c），这种房屋称为弹性方案房屋。

3. 刚弹性方案

这是介于"刚性"和"弹性"两种方案之间的房屋，其屋盖及楼盖具有一定的水平刚度，横墙间距不太大，能起一定的空间作用，在水平荷载作用下，其水平位移较弹性方案的水平位移小，这种房屋称为刚弹性方案房屋。计算时按横梁（屋盖或楼盖）具有弹性支承的平面排架计算（图 6-5-10b）。

根据上述原则，砌体规范将屋盖或楼盖按刚度划分为三种类型，并依据房屋的横墙间距来确定其计算方案，见表 6-5-4。

房屋静力计算方案　　　　**表 6-5-4**

	屋盖或楼盖类别	刚性方案	刚弹性方案	弹性方案
1	整体式、装配整体式和装配式无檩体系钢筋混凝土屋盖或钢筋混凝土楼盖	$s<32$	$32\leqslant s\leqslant 72$	$s>72$
2	装配式有檩体系钢筋混凝土屋盖、轻钢屋盖和有密铺望板的木屋盖或木楼盖	$s<20$	$20\leqslant s\leqslant 48$	$s>48$
3	冷摊瓦木屋盖和石棉水泥瓦轻钢屋盖	$s<16$	$16\leqslant s\leqslant 36$	$s>36$

注：① 表中 s 为房屋横墙间距，其长度单位为 m；

② 对无山墙或伸缩缝处无横墙的房屋，应按弹性方案考虑。

从表 6-5-4 可以看出，确定静力计算方案时，屋盖或楼盖的类别是主要因素之一，在屋盖或楼盖的类型确定后，横墙间距就是重要条件。

刚性和刚弹性方案房屋的横墙应符合下列要求：

（1）横墙中开有洞口时，洞口的水平截面面积不应超过横墙截面面积的 50%。

（2）横墙的厚度不宜小于 180mm。

（3）单层房屋的横墙长度不宜小于其高度，多层房屋的横墙长度不宜小于 $H/2$（H 为横墙总高度）。

当横墙不能同时符合上述三项要求时，应对横墙的刚度进行验算。如其最大水平位移值不超过横墙高度的 1/4000 时，仍可视作刚性或刚弹性方案房屋的横墙（凡符合此要求的一段横墙或其他结构构件，如框架等，均视为刚性或刚弹性方案房屋的横墙）。

六、墙、柱高厚比的验算

（一）墙、柱的允许高厚比

高厚比系指墙、柱的计算高度 H_0 和墙厚（或柱边长）h 的比值。高厚比的验算是砌体结构一项重要的构造措施，其意义如下：

1. 保证构件不致因过于细长而在荷载作用下发生失稳破坏，使受压构件除满足强度要求外，还有足够的稳定性；

2. 通过高厚比的控制，使墙、柱在使用阶段具有足够的刚度，避免出现过大的侧向变形；

3. 保证施工中的安全。

墙、柱的计算高度 H_0 的计算见表 6-5-5。

受压构件的计算高度 H_0 **表 6-5-5**

房屋类别			柱		带壁柱墙或周边拉结的墙		
			排架方向	垂直排架方向	$s>2H$	$2H \geqslant s>H$	$s \leqslant H$
有吊车的单层房屋	变截面柱上段	弹性方案	$2.5H_u$	$1.25H_u$	$2.5H_u$		
		刚性、刚弹性方案	$2.0H_u$	$1.25H_u$	$2.0H_u$		
	变截面柱下段		$1.0H_l$	$0.8H_l$	$1.0H_l$		
无吊车的单层和多层房屋	单跨	弹性方案	$1.5H$	$1.0H$	$1.5H$		
		刚弹性方案	$1.2H$	$1.0H$	$1.2H$		
	两跨或多跨	弹性方案	$1.25H$	$1.0H$	$1.25H$		
		刚弹性方案	$1.10H$	$1.0H$	$1.1H$		
	刚性方案		$1.0H$	$1.0H$	$1.0H$	$0.4s+0.2H$	$0.6s$

注：① 表中 H_u 为变截面柱的上段高度；H_l 为变截面柱的下段高度；

② 对于上端为自由端的构件，$H_0=2H$；

③ 独立砖柱，当无柱间支撑时，柱在垂直排架方向的 H_0 应按表中数值乘以 1.25 后采用。

表 6-5-5 中的构件高度 H 应按下列规定采用：

1. 在房屋底层，为楼板到构件下端支点的距离。下端支点的位置，可取在基础顶面。当埋置较深时，则可取在室内地面或室外地面下 300～500mm 处。

2. 在房屋其他层次，为楼板或其他水平支点间的距离。

3. 对于山墙，可取层高加山墙尖高度的 1/2；山墙壁柱则可取壁柱处的山墙高度。

墙、柱的允许高厚比 [β] 值见表 6-5-6。

墙、柱的允许高厚比 [β] 值 **表 6-5-6**

砂浆强度等级	墙	柱	砂浆强度等级	墙	柱
M2.5	22	15	≥M7.5	26	17
M5	24	16			

注：① 下列材料砌筑的墙、柱允许高厚比应按表中数值分别予以降低：空斗墙和中型砌块墙、柱降低 10%；毛石墙、柱降低 20%；

② 组合砖砌体构件的允许高厚比，可按表中数值提高 20%，但不得大于 28。

（二）墙、柱高厚比验算

1. 验算公式

墙、柱高厚比应按下式验算：

$$\beta=\frac{H_0}{h} \leqslant \mu_1 \mu_2 [\beta] \tag{6-5-12}$$

式中 H_0——墙、柱的计算高度，按表 6-5-5 采用；

h——墙厚或矩形柱与 H_0 相对应的边长；

μ_1——非承重墙允许高厚比的修正系数，按如下规定采用：

厚度 $h \leqslant 240$mm 的非承重墙，允许高厚比应按表 6-5-6 数值乘以下列提高系数 μ_1：

（1）$h=240$mm　$\mu_1=1.2$；

(2) $h=90\text{mm}$　$\mu_1=1.5$；

(3) $240\text{mm}>h>90\text{mm}$　μ_1 按插入法取值。

上端为自由端墙的允许高厚比，除按上述规定提高外，尚可提高 30%。

μ_2——有门窗洞口墙允许高厚比的修正系数，按下式确定：

$$\mu_2=1-0.4\frac{b_s}{s} \tag{6-5-13}$$

式中　b_s——在宽度 s 范围内的门窗洞口宽度；

s——相邻窗间墙或壁柱之间的距离。

当按公式（6-5-13）算得的 μ_2 值小于 0.7 时，应采用 0.7。当洞口高度等于或小于墙高的 1/5 时，取 $\mu_2=1.0$。

砌体规范规定，当墙高 H 大于或等于相邻横墙或壁柱间的距离 s 时，应按计算高度 $H_0=0.6s$ 验算高厚比；当与墙连接的相邻两横墙间的距离 $s\leqslant\mu_1\mu_2[\beta]h$ 时，墙高可不受限制；变截面柱的高厚比可按上、下截面分别验算。验算上柱的高厚比时，墙、柱的允许高厚比可按表 6-5-6 的数值乘以 1.3 后采用。

2. 带壁柱墙的高厚比验算

带壁柱墙如图 6-5-11 所示，其高厚比的验算应分为两部分，首先进行带壁柱墙的高厚比（即整片墙的高厚比）验算，把壁柱看成是 T 形（或十字形）截面柱，验算其高厚比；其次要验算壁柱间墙的高厚比，即把壁柱看成是壁柱之间墙体的侧向支点，验算两壁柱之间墙的高厚比。

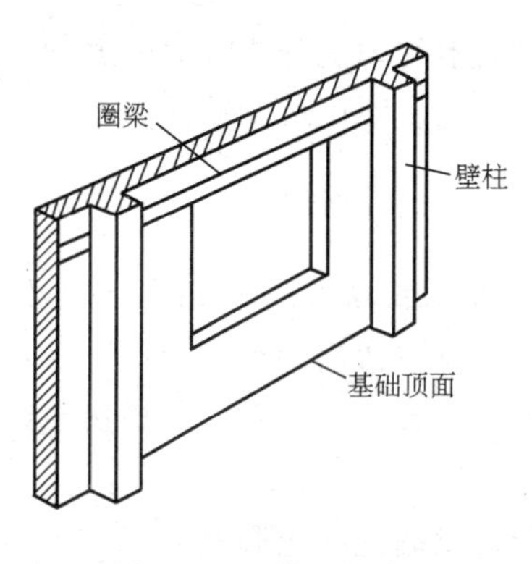

图 6-5-11　带壁柱墙

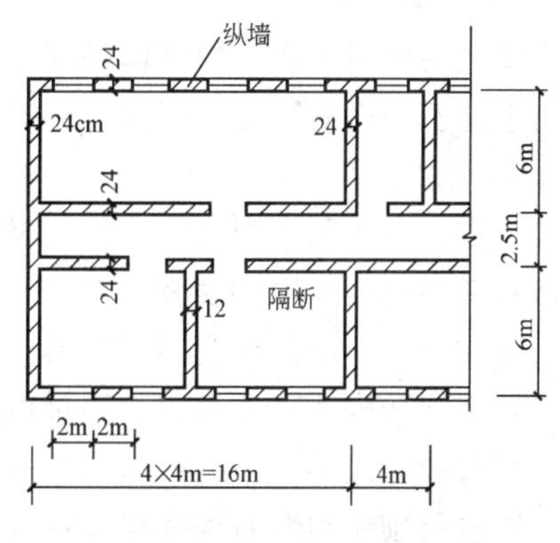

图 6-5-12　例 7 附图

【例 7】 验算如图 6-5-12 所示的多层混合结构房屋底层各墙的高厚比。纵横承重墙墙厚均为 240mm，采用 M5 砂浆，墙高为 4.6m（下端支点取基础顶面）。非承重隔断墙墙厚 120mm，采用 M2.5 砂浆，高 3.6m。

【解】 1. 判断房屋静力计算方案及求允许高厚比

房屋横墙最大间距 $s=16\text{m}$，由表 6-5-4 可判断为刚性方案。

由表 6-5-6 承重纵墙横砂浆强度等级为 M5，得 $[\beta]=24$；非承重墙砂浆为 M2.5，得 $[\beta]=22$。

2. 纵墙高厚比验算

由表 6-5-5 因 $s=16\text{m}>2H=2\times4.6=9.2\text{m}$，故 $H=1.0H=4.6\text{m}$。

$$\mu_2=1-0.4\frac{b_s}{s}=1-0.4\frac{2}{4}=0.8$$

$$\beta=\frac{H_0}{h}=\frac{4600}{240}=19.17<\mu_2[\beta]=0.8\times24=19.2$$

满足要求。

3. 横墙高厚比验算

$$s=6\text{m}\begin{matrix}<2H=2\times4.6=9.2\text{m}\\>H=4.6\text{m}\end{matrix}$$

由表 6-5-5，$H_0=0.4s+0.2H=0.4\times6+0.2\times4.6=3.32\text{m}$

$$\beta=\frac{H_0}{h}=\frac{3320}{240}=13.8<[\beta]=24\quad \text{满足要求。}$$

4. 非承重墙高厚比验算

$$s=6\text{m}\begin{matrix}<2H=2\times3.6=7.2\text{m}\\>H=3.6\text{m}\end{matrix}$$

则 $H_0=0.4s+0.2H=0.4\times6+0.2\times3.6=3.12\text{m}$

非承重墙修正系数当 $h=240$mm 时 $\mu_1=1.2$，$h=90$mm 时 $\mu_1=1.5$，则得 $h=120$mm 时 $\mu_1=1.44$

$$\beta=\frac{H_0}{h}=\frac{3120}{120}=26<\mu_1[\beta]=1.44\times22=31.7\quad \text{满足要求。}$$

七、圈梁与过梁

（一）圈梁

为增强砌体结构房屋的整体刚度，防止由于地基的不均匀沉降或较大的振动荷载等对房屋引起的不利影响，应在墙体的某些部位设置钢筋混凝土圈梁或钢筋砖圈梁。

1. 圈梁的设置

多层房屋可参照下列规定设置圈梁：

（1）多层砖砌体民用房屋，如宿舍、办公楼等，当墙厚 $h\leqslant240$mm，且层数为 3～4 层时，宜在檐口标高处设置圈梁一道；当层数超过 4 层时应适当增设。

（2）多层砖砌体工业房屋，圈梁可隔层设置，对有较大振动设备的多层房屋，宜每层设置钢筋混凝土圈梁。

（3）多层砌块和料石砌体房屋，宜按下列规定设置钢筋混凝土圈梁：

1）对外墙和内纵墙，在屋盖处应设置一道圈梁，楼盖处宜隔层设置一道。

2）对横墙，在屋盖处应设置一道圈梁，楼盖处宜隔层设置，横墙上圈梁的水平间距不宜大于 15m。

3）对有较大振动设备，或承重墙厚度 $h\leqslant180$mm 的多层房屋，宜每层设置圈梁。

空旷的单层房屋，如车间、仓库、食堂等，当墙厚 $h\leqslant240$mm 时，应按下列规定设置圈梁：

（1）砖砌体房屋，当檐口标高为 5～8m 时，应设置圈梁一道；檐口高度大于 8m 时，宜适当增设。

（2）砌块及石砌体房屋，当檐口标高为 4～5m 时，应设圈梁一道；檐口标高大于 5m 时，宜适当增设。

(3) 对有电动桥式吊车或有较大振动设备的单层工业房屋，除在檐口或窗顶标高处设置钢筋混凝土圈梁外，尚宜在吊车梁标高处或其他适当位置增设。

对于软弱地基，根据《建筑地基基础设计规范》的规定，多层房屋在基础和顶层应各设置一道圈梁；其他各层可隔层设置，必要时也可层层设置；单层工业厂房、仓库，可结合基础梁、连系梁、过梁等酌情设置。

应当指出，为防止地基的不均匀沉降，以设置在基础顶面和檐口部位的圈梁最为有效。当房屋中部沉降较两端为大时，位于基础顶面的圈梁作用较大；当房屋两端沉降较中部为大时，位于檐口部位的圈梁作用较大。

2. 圈梁的构造要求

(1) 钢筋混凝土圈梁的宽度宜与墙厚相同，当墙厚 $h \geqslant 240$mm 时，其宽度不宜小于 $2/3h$，圈梁高度不应小于 120mm。纵向钢筋不宜少于 $4\phi8$，绑扎接头的搭接长度按受拉钢筋考虑，箍筋间距不宜大于 300mm。混凝土强度等级不宜低于 C15（现浇）和 C20（预制）。

(2) 钢筋砖圈梁是砌体内配有通长纵向钢筋的配筋砖带，采用不低于 M5 的砂浆砌筑 4～6皮砖，其中配有不少于 $6\phi6$ 的纵向钢筋，分上下两层设在此配筋砖带的顶部和底部的水平灰缝内，纵向钢筋的水平间距不宜大于 120mm。

(3) 圈梁宜连续地设在同一水平面上并交圈封闭。当圈梁被门窗洞口截断时，应在洞口上部增设与截面相同的附加圈梁，附加圈梁与圈梁的搭接长度不应小于垂直间距 H 的 2 倍，且不得小于 1000mm（图 6-5-13）。

(4) 刚性方案房屋的圈梁应与横墙连接，即将圈梁伸入横墙 1.5～2m（或在该横墙上设贯通圈梁），其间距不宜大于表 6-5-4 规定的相应横墙的间距。

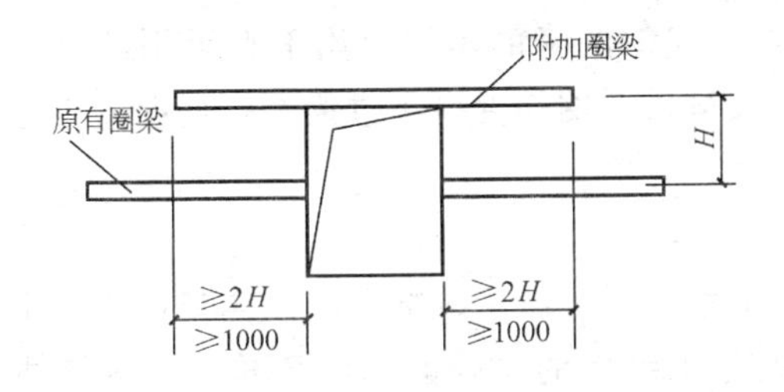

图 6-5-13　附加圈梁

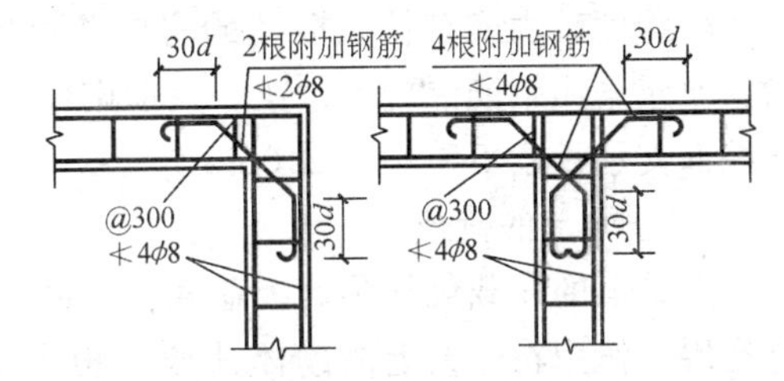

图 6-5-14　房屋转角及丁字交叉处圈梁构造

(5) 刚弹性和弹性方案房屋，圈梁应与屋架、大梁等构件可靠连接。

(6) 当圈梁兼作过梁时，过梁部分的钢筋应按计算用量单独配置。

(7) 为保证圈梁与墙体紧密连接，圈梁特别是屋盖处的圈梁应为现浇。当采用预制圈梁时，安装时应坐浆，并应保证接头可靠。在房屋转角及丁字交叉处，圈梁的连接构造见图 6-5-14，在纵、横墙圈梁接头处，横墙圈梁的纵向钢筋应伸入纵墙圈梁，其伸入长度应满足受拉钢筋锚固长度的要求。

(二) 过梁

1. 过梁的构造

过梁是门窗洞口上用以承受上部墙体和楼盖传来的荷载的常用构件，有砖砌平拱、砖砌弧拱、钢筋砖过梁和钢筋混凝土过梁等（图 6-5-15）。

砖砌平拱的跨度不宜超过 1.8m，常用跨度在 1.2m 以内，采用竖砖砌筑，竖砖砌筑部分的高度应不小于 240mm，过梁计算高度内砖的强度等级不得小于 MU7.5。

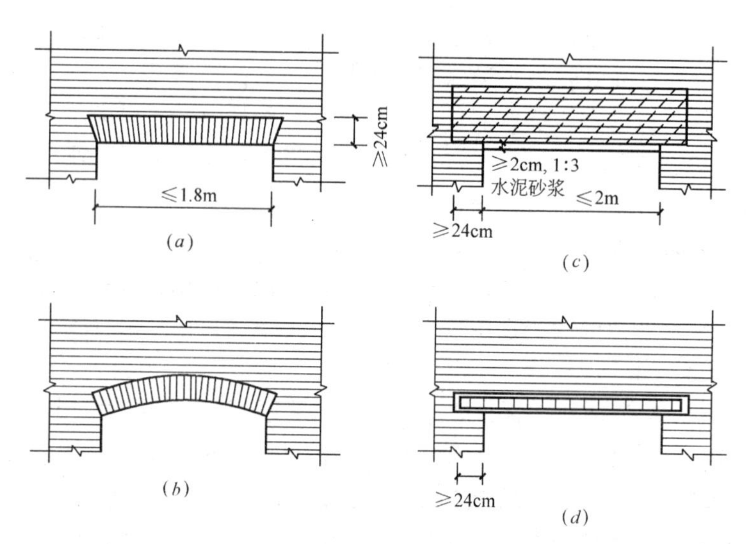

图 6-5-15　过梁的类型

(a) 砖砌平拱；(b) 砖砌弧拱；(c) 钢筋砖过梁；(d) 钢筋混凝土过梁

砖砌弧拱采用竖砖砌筑，竖砖砌筑高度不小于 120mm。当矢高 $f=(1/8\sim1/12)\ l$ 时，弧拱的最大跨度为 2.5～3.5m，当 $f=(1/5\sim1/6)\ l$ 时，为 3～4m。这种过梁因施工复杂，已较少采用。

钢筋砖过梁的跨度不宜超过 2m，底面砂浆层处的钢筋直径不应小于 5mm，间距不宜大于 120mm，钢筋伸入支座砌体内的长度不宜小于 240mm，砂浆层的厚度不宜小于 30mm，砂浆不宜低于 M2.5。

对跨度较大或有较大振动的房屋及可能产生不均匀沉降的房屋，均不宜采用砖砌过梁，而应采用钢筋混凝土过梁。目前砌体结构已大量采用钢筋混凝土过梁。钢筋混凝土过梁端部支承长度不宜小于 240mm。

2. 过梁上的荷载

过梁上的荷载包括梁、板荷载和墙体荷载。试验表明，由于过梁上的砌体与过梁的组合作用，作用在过梁上的砌体荷载约相当于高度等于跨度的 1/3 的砌体自重。试验还表明，在过梁上部高度大于过梁跨度的砌体上施加荷载时，过梁内的应力增大不多。因此规范对过梁上荷载的取用规定如下：

(1) 梁、板荷载

对砖砌体和小型砌块砌体，梁、板下的墙体高度 $h_w<l_n$（l_n 为过梁净跨）时，按梁、板传来的荷载采用。梁、板下的墙体高度 $h_w\geqslant l$ 时，可不考虑梁、板荷载。

对中型砌块砌体，梁、板下的墙体高度 $h_w<l_a$ 或 $h_w<3h_b$（h_b 为包括灰缝厚度的每皮砌块高度）时，可按梁、板传来的荷载采用。梁、板下的墙体高度 $h_w\geqslant l_a$ 且 $h_w\geqslant 3h_b$ 时，可不考虑梁、板荷载。

(2) 墙体荷载

对砖砌体，当过梁上的墙体高度 $h_w<l_n/3$ 时，应按墙体的均布自重采用。墙体高度 $h_w\geqslant l_n/3$ 时，应按高度为 $l_n/3$ 墙体的均布自重采用。

对小型砌块砌体，当过梁上的墙体高度 $h_w<l_n/2$ 时，应按墙体的均布自重采用。墙体高度 $h_w\geqslant l_n/2$ 时，应按高度为 $l_n/2$ 墙体的均布自重采用。

对中型砌块砌体，当过梁上的砌体高度 $h_w < l_n$ 或 $h_w < 3h_b$ 时，按墙体的均布自重采用。墙体高度 $h_w \geqslant l_n$ 且 $h_w \geqslant 3h_b$ 时，应按高度为 l_n 和 $3h_b$ 中较大值的墙体均布自重采用。

（三）过梁的受力特点

图 6-5-16 所示为对砖砌平拱及钢筋砖过梁所作破坏试验的示意图。过梁受力后，上部受压，下部受拉。当荷载增大到一定程度时，跨中受拉区将出现垂直裂缝，在支座附近将出现 45°方向的阶梯形裂缝，此时过梁的受力状态相当于三铰拱，过梁跨中上部砌体受压，过梁下部的拉力由支座两端砌体平衡（对砖砌平拱）或由钢筋承受（对钢筋砖过梁）。过梁的破坏可能有三种情况，即：因跨中截面受弯承载力不足而破坏；因支座附近斜截面受剪承载力不足，阶梯形斜裂缝不断扩展而破坏；墙体端部门窗洞口上，因过梁支座处水平灰缝受剪承载力不足而发生的破坏。

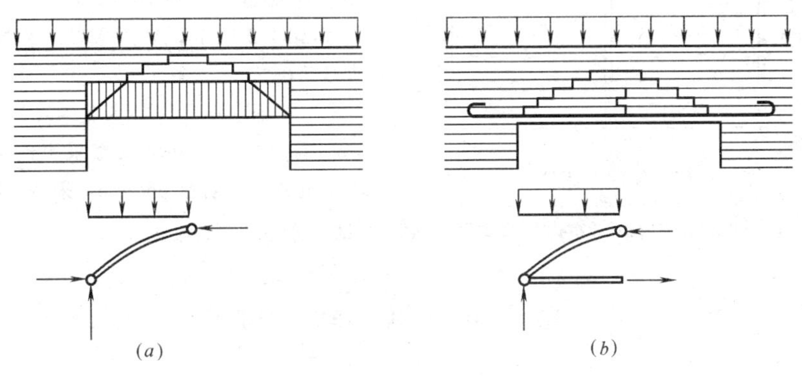

图 6-5-16　砖砌过梁的破坏形式及计算简图

根据理论推导，砖砌平拱的承载力实际仅由受弯条件控制，且只与墙厚及砂浆强度等级有关，因此可求出砖砌平拱在各种墙厚及砂浆强度等级条件下的允许均布荷载设计值，见表 6-5-7，设计时可直接查用。

砖砌平拱允许均布荷载设计值（kN/m）　　**表 6-5-7**

墙厚 h(mm)	240		370		490	
砂浆强度等级	M2.5	M5	M2.5	M5	M2.5	M5
允许均布荷载	6.40	8.89	9.87	13.70	13.07	18.15

注：1. 本表为混合砂浆砌筑，当采用水泥砂浆砌筑时，表中允许均布荷载值应乘以 0.75 后采用；
2. 本表按过梁计算高度为 $l_n/3$ 计算，在 $l_n/3$ 范围内不允许开设门窗洞口。

复习思考题

1. 试述影响砌体抗压强度的主要因素。
2. 砌体的强度设计值在什么情况下应乘以调整系数？
3. 当采用水泥砂浆砌筑各类砌体时，砌体强度设计值应怎样取用？为什么？
4. 怎样计算砌体受压构件的承载力？当 $e>0.7y$ 和 $e>0.95y$ 时应怎样计算？
5. 砌体的局部受压有几种情况？试述其计算要点。
6. 砌体结构房屋的静力计算有几种方案？根据什么条件确定房屋属于哪种方案？

7. 为什么要验算高厚比？写出其公式。

8. 为什么要设置圈梁？怎样设置？有何构造要求？

9. 怎样计算过梁上的荷载？

习　题

1. 砖柱截面为490mm×490mm，计算高度 $H_0=4.8$m，采用标准砖（强度等级为MU10）及混合砂浆（强度等级为M2.5），柱顶承受轴心压力设计值 $N=190$kN，试进行验算。

2. 验算房屋外纵墙梁端下砌体的局部受压承载力。已知梁截面尺寸 $b\times h=200\text{mm}\times500\text{mm}$，梁伸入墙体内长度 $a=240$mm，梁传来的由设计荷载产生的支座反力 $N_1=59$kN，上层墙体传来的设计荷载 $N=175$kN，窗间墙截面尺寸为1500mm×240mm，采用MU10标准砖和M5混合砂浆砌筑。

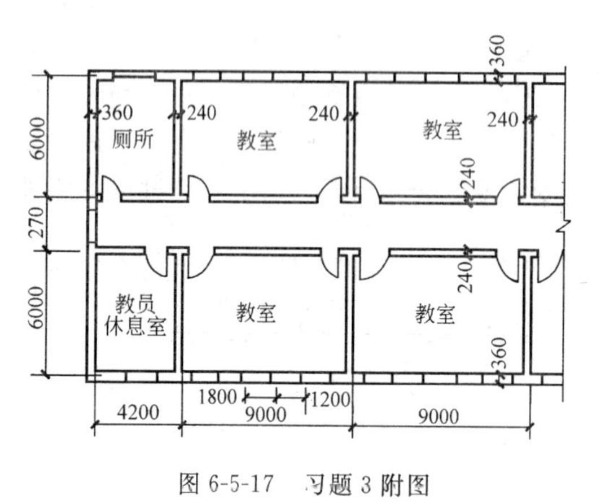

图 6-5-17　习题3附图

3. 如图6-5-17所示某教学楼教室横墙间距为9m，首层层高3.6m，楼盖采用预应力长向板纵墙承重方案，墙厚365mm，采用M5混合砂浆，每个教室有三个1.8m宽的窗洞，室内外高差为0.45m。试验算外纵墙高厚比。

第六节　钢　结　构

一、钢材及钢结构的计算方法

（一）钢材

我国在建筑结构中采用的钢材有Q235钢、16锰钢（16Mn）、15锰钒钢（15MnV）、16锰桥钢（16Mnq）、15锰钒桥钢（15MnVq）等。

承重结构的钢材，应根据结构的重要性、荷载特征、连接方法、工作温度等进行选择，规范规定：

1. 承重结构的钢材，宜采用平炉或氧气转炉Q235钢（沸腾钢或镇静钢）、16Mn钢、16Mnq钢、15MnV钢或15MnVq钢，其质量应符合现行标准的规定。

2. 下列情况的承重结构不宜采用Q235沸腾钢：

焊接结构：重级工作制吊车梁、吊车桁架或类似结构，冬季计算温度等于或低于−20℃的轻、中级工作制吊车梁、吊车桁架或类似结构，以及冬季计算温度等于或低于−30℃时的其他承重结构。

非焊接结构：冬季计算温度等于或低于−20℃时的重级工作制吊车梁、吊车桁架或类似结构。

3. 承重结构的钢材应具有抗拉强度、伸长率、屈服强度和硫、磷含量的合格保证，对焊接结构尚应具有碳含量的合格保证。

承重结构的钢材，必要时尚应具有冷弯试验的合格保证。

对于重级工作制和吊车起重量等于或大于50t的中级工作制焊接吊车梁、吊车桁架或类似结构的钢材，应具有常温冲击韧性的合格保证。但当冬季计算温度等于或低于－20℃时，对于 Q235 钢尚应具有－20℃冲击韧性的合格保证；对于 16Mn 钢、16Mnq 钢、15MnV 钢、15MnVq 钢尚应具有－40℃冲击韧性的合格保证。

对于重级工作制的非焊接吊车梁、吊车桁架或类似结构的钢材，必要时亦应具有冲击韧性的合格保证。

钢结构所用钢材主要有热轧成型的钢板和型钢以及冷弯成型的薄壁型钢。

轧制钢材是由钢坯经轧钢机轧制而成。钢坯的厚度与钢板的厚度（或轧制型钢的厚度）之比称为压缩比，压缩比越大，即钢材越薄，钢材的质量就越好。也就是说，虽然是采用同一个钢号的钢材，但厚度不同时，其质量也不同。因此，规范按厚度把钢材进行分组，例如 Q235 钢分为三组（表 6-6-1），不同分组的钢材，对其机械性能的要求以及强度设计值也不同。

Q235 钢钢材分组尺寸（mm） **表 6-6-1**

组别	圆钢、方钢和扁钢的直径或厚度	角钢、工字钢和槽钢的厚度	钢板的厚度
第 1 组	⩽40	⩽15	⩽20
第 2 组	＞40～100	＞15～20	＞20～40
第 3 组		＞20	＞40～50

注：工字钢和槽钢的厚度系指腹板的厚度。

（二）钢结构的计算方法

钢结构的计算采用以概率理论为基础的极限状态设计方法，用分项系数的设计表达式进行计算。按《钢结构设计规范》（GB 50017—2003）的规定，设计钢结构时，应根据结构破坏可能产生的后果，采用不同的安全等级，一般工业与民用建筑钢结构的安全等级可取二级（特殊建筑钢结构的安全等级可根据具体情况另行确定）。

承重结构应按承载能力极限状态和正常使用极限状态进行设计。按承载能力极限状态设计钢结构时，应考虑荷载效应的基本组合，必要时尚应考虑荷载效应的偶然组合。按正常使用极限状态设计钢结构时，除钢与混凝土组合梁外，应只考虑荷载短期效应组合。计算结构或构件的强度、稳定性及连接的强度时，应采用荷载的设计值（荷载标准值乘以荷载分项系数），计算疲劳和正常使用极限状态时，应采用荷载标准值。对于直接承受动力荷载的结构，在计算强度和稳定性时，动力荷载设计值应乘以动力系数；在计算疲劳和变形时，动力荷载标准值不乘动力系数。

如前所述，钢结构与钢筋混凝土结构、砌体结构一样，采用以概率理论为基础的极限状态设计方法，用分项系数的设计表达式进行计算。但钢结构与本书所述前二种结构不同之处是，为考虑设计工作者的习惯，按承载能力的极限状态设计时，钢结构的设计表达式系采用应力计算式，即

$$\gamma_0\left(\sigma_{\mathrm{Gd}}+\sigma_{\mathrm{Q1d}}+\sum_{i=2}^{n}\psi_{ci}\sigma_{\mathrm{Q}i\mathrm{d}}\right)\leqslant f_{\mathrm{d}} \tag{6-6-1}$$

式中 γ_0——结构重要性系数，对安全等级为一级、二级、三级的结构构件，分别取 1.1、1.0、0.9；

σ_{Gd}——永久荷载设计值在结构构件截面或连接中产生的应力；

σ_{Q1d}——第一个可变荷载的设计值在结构构件的截面或连接中产生的应力（该应力大于其他任意第 i 个可变荷载设计值产生的应力）；

σ_{Qid}——第 i 个可变荷载设计值在结构构件的截面或连接中产生的应力；

ψ_{ci}——第 i 个可变荷载的组合值系数，当风荷载与其他可变荷载组合时，可采用 0.6；

f_d——结构构件或连接的强度设计值。

对于正常使用极限状态，结构或构件应按荷载的短期效应组合，用下式计算：

$$v = v_{Gk} + v_{Q1k} + \sum_{i=2}^{n} \psi_{ci} v_{Qik} \leqslant [v] \tag{6-6-2}$$

式中 v——结构或结构构件产生的变形值；

v_{Gk}——永久荷载标准值在结构或构件中产生的变形值；

v_{Q1k}——第一个可变荷载的标准值在结构或构件中产生的变形值，该值大于其他任意第 i 个可变荷载标准值产生的变形值；

v_{Qik}——第 i 个可变荷载标准值在结构或构件中产生的变形值；

$[v]$——结构或构件的容许变形值，按规范规定采用；

其他符号意义同前。

（三）钢结构的设计指标

钢材和连接的强度设计值（材料的标准值除以抗力分项系数），应根据钢材厚度或直径（对 Q235 钢按表 6-6-1 的分组）按表 6-6-2～表 6-6-4 采用。

钢材的强度设计值（N/mm²） **表 6-6-2**

钢材		抗拉、抗压和抗弯 f	抗剪 f_v	端面承压（刨平顶紧）f_{ce}
牌号	厚度或直径(mm)			
Q235 钢	≤16	215	125	325
	>16～40	205	120	
	>40～60	200	115	
	>60～100	190	110	
Q345 钢	≤16	310	180	400
	>16～35	295	170	
	>35～50	265	155	
	>50～100	250	145	
Q390 钢	≤16	350	205	415
	>16～35	335	190	
	>35～50	315	180	
	>50～100	295	170	
Q420 钢	≤16	380	220	440
	>16～35	360	210	
	>35～50	340	195	
	>50～100	325	185	

注：表中厚度系指计算点的钢材厚度，对轴心受拉和轴心受压构件系指截面中较厚板件的厚度。

焊缝的强度设计值（N/mm²）　　表 6-6-3

焊接方法和焊条型号	构件钢材		对接焊缝				角焊缝
	牌号	厚度或直径(mm)	抗压 f_c^w	焊缝质量为下列等级时，抗拉 f_t^w		抗剪 f_v^w	抗拉、抗压和抗剪 f_f^w
				一级、二级	三级		
自动焊、半自动焊和 E43 型焊条的手工焊	Q235 钢	≤16	215	215	185	125	160
		>16～40	205	205	175	120	
		>40～60	200	200	170	115	
		>60～100	190	190	160	110	
自动焊、半自动焊和 E50 型焊条的手工焊	Q345 钢	≤16	310	310	265	180	200
		>16～35	295	295	250	170	
		>35～50	265	265	225	155	
		>50～100	250	250	210	145	
自动焊、半自动焊和 E55 型焊条的手工焊	Q390 钢	≤16	350	350	300	205	220
		>16～35	335	335	285	190	
		>35～50	315	315	270	180	
		>50～100	295	295	250	170	
	Q420 钢	≤16	380	380	320	220	220
		>16～35	360	360	305	210	
		>35～50	340	340	290	195	
		>50～100	325	325	275	185	

注：① 自动焊和半自动焊所采用的焊丝和焊剂，应保证其熔敷金属的力学性能不低于现行国家标准《埋弧焊用碳钢焊丝和焊剂》GB/T 5293 和《低合金钢埋弧焊用焊剂》GB/T 12470 中相关的规定。

② 焊缝质量等级应符合现行国家标准《钢结构工程施工质量验收规范》GB 50205 的规定。其中厚度小于 8mm 钢材的对接焊缝，不应采用超声波探伤确定焊缝质量等级。

③ 对接焊缝在受压区的抗弯强度设计值取 f_c^w，在受拉区的抗弯强度设计值取 f_t^w。

④ 表中厚度系指计算点的钢材厚度，对轴心受拉和轴心受压构件系指截面中较厚板件的厚度。

螺栓连接的强度设计值（N/mm²）　　表 6-6-4

螺栓的性能等级、锚栓和构件钢材的牌号		普通螺栓						锚栓	承压型连接高强度螺栓		
		C 级螺栓			A 级、B 级螺栓						
		抗拉 f_t^b	抗剪 f_v^b	承压 f_c^b	抗拉 f_t^b	抗剪 f_v^b	承压 f_c^b	抗拉 f_t^a	抗拉 f_t^b	抗剪 f_v^b	承压 f_c^b
普通螺栓	4.6 级、4.8 级	170	140	—	—	—	—	—	—	—	—
	5.6 级	—	—	—	210	190	—	—	—	—	—
	8.8 级	—	—	—	400	320	—	—	—	—	—
锚栓	Q235 钢	—	—	—	—	—	—	140	—	—	—
	Q345 钢	—	—	—	—	—	—	180	—	—	—
承压型连接高强度螺栓	8.8 级	—	—	—	—	—	—	—	400	250	—
	10.9 级	—	—	—	—	—	—	—	500	310	—
构件	Q235 钢	—	—	305	—	—	405	—	—	—	470
	Q345 钢	—	—	385	—	—	510	—	—	—	590
	Q390 钢	—	—	400	—	—	530	—	—	—	615
	Q420 钢	—	—	425	—	—	560	—	—	—	655

注：① A 级螺栓用于 $d \leqslant 24$mm 和 $l \leqslant 10d$ 或 $l \leqslant 150$mm（按较小值）的螺栓；B 级螺栓用于 $d > 24$mm 或 $l > 10d$ 或 $l > 150$mm（按较小值）的螺栓。d 为公称直径，l 为螺杆公称长度。

② A、B 级螺栓孔的精度和孔壁表面粗糙度，C 级螺栓孔的允许偏差和孔壁表面粗糙度，均应符合现行国家标准《钢结构工程施工质量验收规范》GB 50205 的要求。

规范规定，计算下列情况的结构构件或连接时，表 6-6-2～表 6-6-4 的强度设计值应乘以相应的折减系数：

1. 单面连接的单角钢

（1）按轴心受力计算强度和连接　0.85；

（2）按轴心受压计算稳定性　等边角钢 $0.6+0.0015\lambda$，但不大于 1.0；短边连接的不等边角钢 $0.5+0.0025\lambda$，但不大于 1.0；长边相连的不等边角钢 0.70（λ 为长细比，对中间无连系的单角钢压杆应按最小回转半径计算，当 $\lambda<20$ 时，取 $\lambda=20$）；

2. 施工条件较差的高空安装焊缝和铆钉连接　0.90；

3. 沉头和半沉头铆钉连接　0.80。

当以上几种情况同时存在时，其折减系数应连乘。

二、钢结构构件的计算

（一）轴心受力构件

轴心受力构件包括轴心受拉构件与轴心受压构件。在杆件体系结构如桁架、网架、塔架等结构中，因一般假设节点为铰接，所以其杆件均由轴心受拉或轴心受压构件组成。其常见截面形式如图 6-6-1、图 6-6-2 所示。

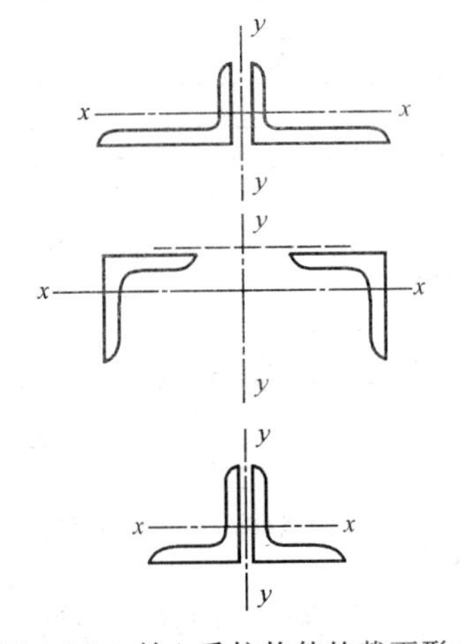

图 6-6-1　轴心受拉构件的截面形式

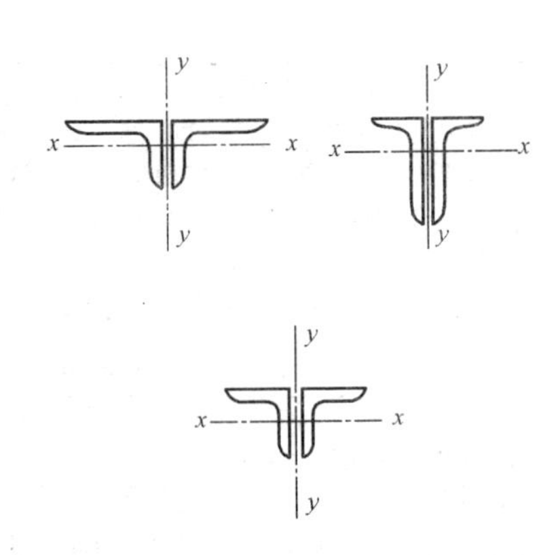

图 6-6-2　轴心受压构件的截面形式

1. 轴心受力构件的强度

轴心受拉和轴心受压构件的强度，都以截面应力达到屈服强度为极限，按下式进行计算

$$\sigma=\frac{N}{A_{\mathrm{n}}}\leqslant f \tag{6-6-3}$$

式中　N——轴心拉力或轴心压力；

A_{n}——净截面面积；

f——钢材的抗拉、抗压强度设计值。

按轴心受力计算的单角钢杆件，当两端与节点板采用单面连接时，因有构造偏心，实际上不可能是轴心受力构件，但为简化计算，可按轴心受力构件计算强度，计算时将构件和连接的强度设计值降低 15%（即乘以 0.85 的折减系数）。单圆钢拉杆连接于节点板一侧时，杆件和连接也可按轴心受拉构件计算强度，强度设计值也应降低 15%。

2. 轴心受力构件的长细比

当构件过于柔细，刚度不足时，在自重作用下就会产生较大的挠度，运输和安装中会弯扭变形；动力荷载作用下还易发生较大的振动等。根据实践经验，为保证受拉构件及受压构件的刚度，规范规定以其长细比的容许值来控制，即应满足如下要求：

$$\lambda_x=\frac{l_{0x}}{i_x}\leqslant[\lambda] \tag{6-6-4}$$

$$\lambda_y=\frac{l_{0y}}{i_y}\leqslant[\lambda] \tag{6-6-5}$$

式中 l_{0x}，l_{0y}——构件 x 及 y 轴的计算长度（桁架杆件的计算长度见表 6-6-15）；

i_x，i_y——构件截面 x 轴和 y 轴的回转半径；

$[\lambda]$——允许长细比，见表 6-6-5、表 6-6-6。

受压构件的容许长细比　　表 6-6-5

项　次	构 件 名 称	允许长细比
1	柱、桁架和天窗架构件	150
	柱的缀条、吊车梁或吊车桁架以下的柱间支撑	
2	支撑（吊车梁或吊车桁架以下的柱间支撑除外）	200
	用以减少受压构件长细比的杆件	

注：桁架（包括空间桁架）的受压腹杆，当其内力等于或小于承载能力的 50%时，长细比限值可取为 200。

受拉构件的容许长细比　　表 6-6-6

项　次	构 件 名 称	承受静力荷载或间接承受动力荷载的结构		直接承受动力荷载的结构
		无吊车或有轻、中级工作制吊车的厂房	有重级工作制吊车的厂房	
1	桁架的杆件	350	250	250
2	吊车梁或吊车桁架以下的柱间支撑	300	200	—
3	支撑（第 2 项和张紧的圆钢除外）	400	350	—

注：① 承受静力荷载的结构中，可仅计算受拉构件在竖向平面内的长细比；
② 在直接或间接承受动力荷载的结构中，计算单角钢受拉构件的长细比时，应采用角钢的最小回转半径；在计算单角钢交叉受拉杆件平面外的长细比时，应采用与角钢肢边平行轴的回转半径；
③ 中、重级工作制吊车桁架下弦杆长细比不宜超过 200；
④ 在设有夹钳吊车或刚性料耙吊车的厂房中，支撑（表中第 2 项除外）的长细比不宜超过 300；
⑤ 受拉构件在永久荷载与风荷载组合作用下受压时，其长细比不宜超过 250。

3. 轴心受压杆件稳定性的计算

细长的轴心受压杆件，往往当荷载还没有达到按强度考虑的极限数值，即应力还低于屈服点时，就会发生屈曲破坏，这就是轴心受压杆件失去稳定性的破坏，也叫做“失稳”。轴心受压构件的稳定性应按下式计算：

$$\frac{N}{\varphi A}\leqslant f \tag{6-6-6}$$

式中 N——轴心压力；

A——构件的毛截面面积；

f——钢材的抗压强度设计值；

φ——轴心受压构件稳定系数，根据表 6-6-7 的分类按表 6-6-9 采用（表 6-6-9 为 Q235 钢 b 类截面，其他钢种及其他类截面稳定系数见《钢结构设计规范》GB 50017）。

轴心受压构件的截面分类（板厚 $t<40$mm） **表 6-6-7**

<table>
<tr><th>截　面　形　式</th><th>对 x 轴</th><th>对 y 轴</th></tr>
<tr><td>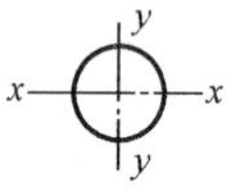 轧制</td><td>a 类</td><td>a 类</td></tr>
<tr><td>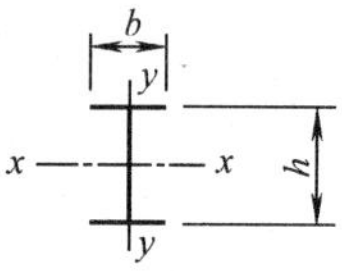 轧制，$b/h\leqslant0.8$</td><td>a 类</td><td>b 类</td></tr>
<tr><td>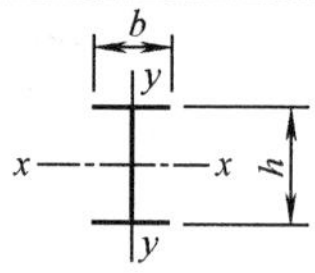 轧制，$b/h>0.8$</td><td rowspan="9">b 类</td><td rowspan="9">b 类</td></tr>
<tr><td>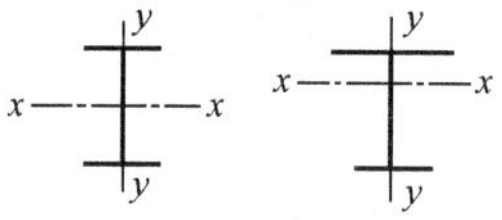 焊接，翼缘为焰切边</td></tr>
<tr><td>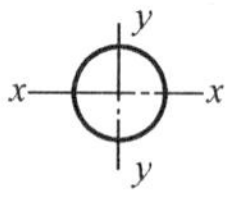 焊接</td></tr>
<tr><td>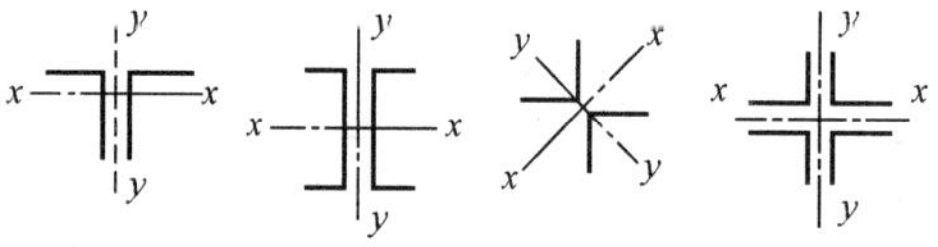 轧制</td></tr>
<tr><td>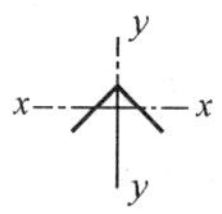 轧制等边角钢</td></tr>
<tr><td>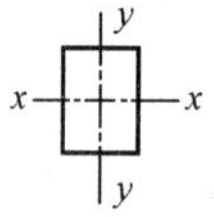 轧制，焊接（板件宽厚比>20）</td></tr>
<tr><td>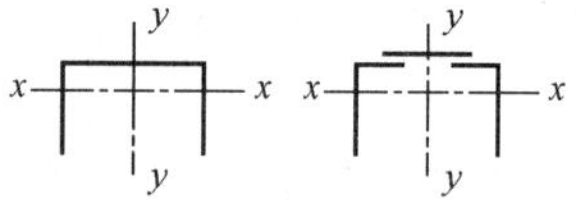 轧制或焊接</td></tr>
<tr><td>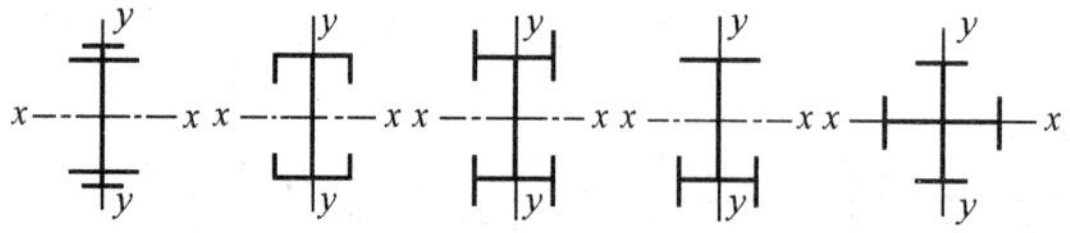 焊接</td></tr>
<tr><td> 轧制截面和翼缘为焰切边的焊接截面</td></tr>
<tr><td>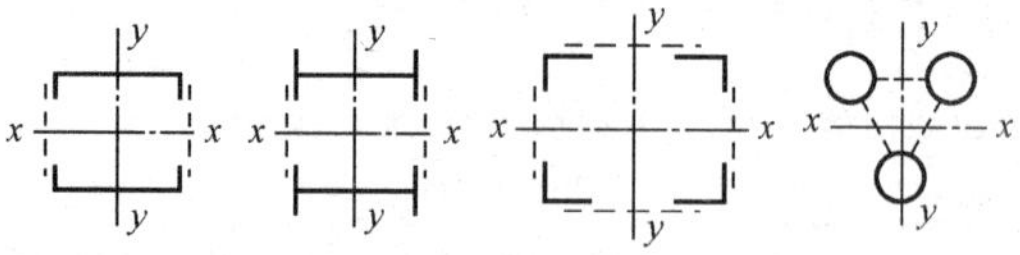 格构式
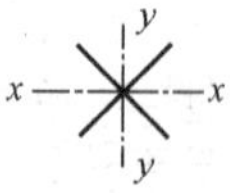 焊接，板件边缘焰切</td><td>b 类</td><td>b 类</td></tr>
<tr><td>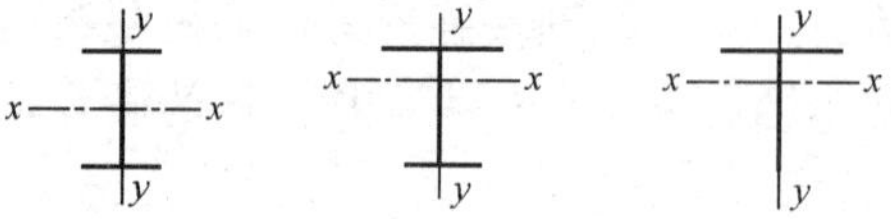 焊接，翼缘为轧制或剪切边</td><td>b 类</td><td>c 类</td></tr>
<tr><td>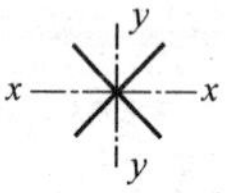 焊接，板件边缘轧制或剪切
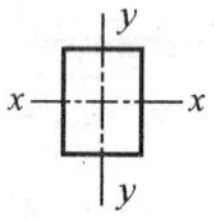 焊接，板件宽厚比$\leqslant20$</td><td>c 类</td><td>c 类</td></tr>
</table>

轴心受压构件的截面分类（板厚 $t \geqslant 40$mm） **表 6-6-8**

截面形式		对 x 轴	对 y 轴
轧制工字形或 H 形截面	$t<80$mm	b 类	c 类
	$t \geqslant 80$mm	c 类	d 类
焊接工字形截面	翼缘为焰切边	b 类	b 类
	翼缘为轧制或剪切边	c 类	d 类
焊接箱形截面	板件宽厚比＞20	b 类	b 类
	板件宽厚比≤20	c 类	c 类

钢结构轴心受压构件的稳定系数（Q235 钢 b 类截面） **表 6-6-9**

$\lambda\sqrt{\frac{f_y}{235}}$	0	1	2	3	4	5	6	7	8	9
0	1.000	1.000	1.000	0.999	0.999	0.998	0.997	0.996	0.995	0.994
10	0.992	0.991	0.989	0.987	0.985	0.983	0.981	0.978	0.976	0.973
20	0.970	0.967	0.963	0.960	0.957	0.953	0.950	0.946	0.943	0.939
30	0.936	0.932	0.929	0.925	0.922	0.918	0.914	0.910	0.906	0.903
40	0.899	0.895	0.891	0.887	0.882	0.878	0.874	0.870	0.865	0.861
50	0.856	0.852	0.847	0.842	0.838	0.833	0.828	0.823	0.818	0.813
60	0.807	0.802	0.797	0.791	0.786	0.780	0.774	0.769	0.763	0.757
70	0.751	0.745	0.739	0.732	0.726	0.720	0.714	0.707	0.701	0.694
80	0.688	0.681	0.675	0.667	0.661	0.655	0.648	0.641	0.635	0.628
90	0.621	0.614	0.608	0.601	0.594	0.588	0.581	0.575	0.568	0.561
100	0.555	0.549	0.542	0.536	0.529	0.523	0.517	0.511	0.505	0.499
110	0.493	0.487	0.481	0.475	0.470	0.464	0.458	0.453	0.447	0.442
120	0.437	0.432	0.426	0.421	0.416	0.411	0.406	0.402	0.397	0.392
130	0.387	0.383	0.378	0.374	0.370	0.365	0.361	0.357	0.353	0.349
140	0.345	0.341	0.337	0.333	0.329	0.326	0.322	0.318	0.315	0.311
150	0.308	0.304	0.301	0.298	0.295	0.291	0.288	0.285	0.282	0.279
160	0.276	0.273	0.270	0.267	0.265	0.262	0.259	0.256	0.254	0.251
170	0.249	0.246	0.244	0.241	0.239	0.236	0.234	0.232	0.229	0.227
180	0.225	0.223	0.220	0.218	0.216	0.214	0.212	0.210	0.208	0.206
190	0.204	0.202	0.200	0.198	0.197	0.195	0.193	0.191	0.190	0.188
200	0.186	0.184	0.183	0.181	0.180	0.178	0.176	0.175	0.173	0.172
210	0.170	0.169	0.167	0.166	0.165	0.163	0.162	0.160	0.159	0.158
220	0.156	0.155	0.154	0.153	0.151	0.150	0.149	0.148	0.146	0.145
230	0.144	0.143	0.142	0.141	0.140	0.138	0.137	0.136	0.135	0.134
240	0.130	0.132	0.131	0.130	0.129	0.128	0.127	0.126	0.125	0.124
250	0.123	—	—	—	—	—	—	—	—	—

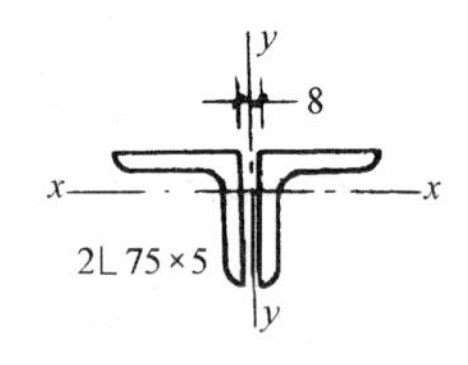

图 6-6-3 例 8 附图

【例 8】 验算钢屋架的受压腹杆（图 6-6-3）。$N=-148.5\text{kN}$，计算长度 $l_{0x}=2291\text{mm}$，$l_{0y}=2864\text{mm}$，$A=1473.4\text{mm}^2$，$i_x=23.3\text{mm}$，$i_y=35.7\text{mm}$，材料 Q235 钢。

【解】 对于轴心受压杆，当截面无孔眼的情况下，如符合公式（6-6-6）的稳定条件时，必然满足公式（6-6-3）的强度条件，所以不必进行强度验算。本题仅验算长细比与稳定性。

长细比验算：

$$\lambda_x=\frac{l_{0x}}{i_x}=\frac{2291}{23.3}=98.3<[\lambda]=150$$

$$\lambda_y=\frac{l_{0y}}{i_y}=\frac{2864}{35.7}=80<[\lambda]=150$$

由表 6-6-7 查得图 6-6-3 所示截面为 b 类，则由最大长细比 $\lambda=98.3$ 按 b 类截面查表 6-6-8得 $\varphi=0.566$

稳定性验算：

$$\frac{N}{\varphi A}=\frac{148.5\times10^3}{0.566\times1473.4}$$

$$=178\text{N/mm}^2<f=215\text{N/mm}^2$$

（二）受弯构件

建筑结构中，承受横向荷载的实腹式受弯构件通称为梁。钢梁按制作方法可分为型钢梁及组合梁，主要用于工业建筑的墙架横梁、檩条、工作平台梁和吊车梁等结构中，施工工地也常用型钢梁作为临时性结构。钢梁的截面类型如图 6-6-4 所示。

1. 抗弯强度计算

梁在弯矩作用下，截面上正应力的发展过程可分为三个阶段，即①弹性阶段（图 6-6-5b），此时正应力为直线分布，梁最外边缘的应力不超过屈服点；②弹塑性阶段（图 6-6-5c），弯矩继续增加，截面边缘区域出现塑性变形，但其中间部分仍保持弹性；③塑性阶段（图 6-6-5d），当弯矩再继续增加，梁截面塑性变形继续向内发展，整个截面全部进入塑性，截面将形成一塑性铰，此时梁的承载能力达到最大值。

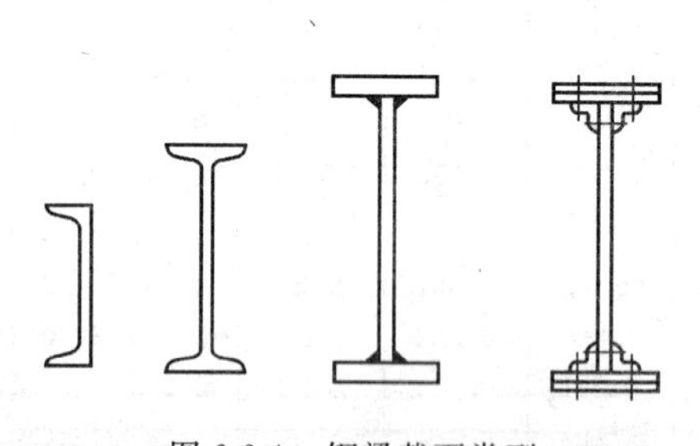
图 6-6-4 钢梁截面类型

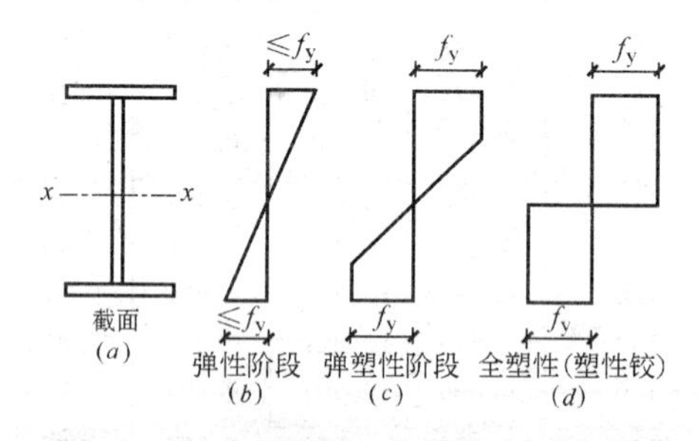

图 6-6-5 受弯构件各阶段正应力的分布

钢结构规范规定，计算抗弯强度时，对直接承受动力荷载作用的受弯构件，不考虑截面塑性变形的发展，以边缘纤维屈服作为极限状态（图 6-6-5b）。对承受静力荷载或间接承受动力荷载作用的受弯构件，考虑部分截面出现塑性变形（图 6-6-5c），故计算公式如下：

（1）承受静力荷载或间接承受动力荷载时

$$\frac{M_x}{\gamma_x W_{nx}}\leqslant f \tag{6-6-7}$$

式中 M_x——绕 x 轴的弯矩（对工字形截面：x 轴为强轴，y 轴为弱轴）；

W_{nx}——对 x 轴的净截面抵抗矩；

γ_x——截面塑性发展系数；对工字形截面 $\gamma_x=1.05$；

f——钢材的抗弯强度设计值。

当梁受压翼缘的自由外伸宽度与其厚度之比大于 $13\sqrt{235/f_y}$（但不应超过 $15\sqrt{235/f_y}$）时，应取 $\gamma_x=1.0$。f_y 为钢材的屈服强度：对 Q235 钢，取 $f_y=235\text{N/mm}^2$；对 16Mn 钢、16Mnq 钢，取 $f_y=345\text{N/mm}^2$；对 15MnV 钢、15MnVq 钢，取 $f_y=390\text{N/mm}^2$。

(2) 直接承受动力荷载时，仍按公式（6-6-7）计算，但应取 $\gamma_x=1.0$。

2. 抗剪强度的计算

在主平面内受弯的实腹构件，其抗剪强度按下式计算（图 6-6-6）：

$$\tau=\frac{VS}{It_w}\leqslant f_v \tag{6-6-8}$$

式中 V——计算截面沿腹板平面作用的剪力；

S——计算剪应力处以上毛截面对中和轴的面积矩；

I——毛截面惯性矩；

t_w——腹板厚度；

f_v——钢材抗剪强度设计值。

型钢梁因腹板较厚，一般均能满足抗剪强度要求，如最大剪力处截面无削弱可不必计算。

3. 梁的刚度计算

梁的刚度计算应满足：

$$v\leqslant[v] \tag{6-6-9}$$

或

$$\frac{v}{l}\leqslant\frac{[v]}{l} \tag{6-6-10}$$

式中 v——梁的最大挠度，按荷载标准值计算；

$[v]$——受弯构件的挠度限值，见《钢结构设计规范》；

计算挠度时，截面可不考虑由螺栓孔引起的减弱，即按毛截面计算。

对等截面的简支梁，可按下式计算：

$$\frac{v}{l}=\frac{5}{48}\frac{M_xl}{EI_x}\approx\frac{M_xl}{10EI_x}\leqslant\frac{[v]}{l} \tag{6-6-11}$$

式中 I_x——跨中毛截面惯性矩；

M_x——荷载标准值作用下梁的最大弯矩。

4. 梁的整体稳定

梁的强度计算时，认为荷载作用于梁截面的垂直对称轴（图 6-6-6 中的 y 轴）平面，即最大刚度平面，因此它只能产生沿 y 轴方向的弯曲变形。但实际上荷载不可能准确对称作用于梁的垂直平面，同时，不可避免地也会有因各种偶然因素而产生的横向作用，所以梁不但产生沿 y 轴的垂直变形，也同时会有沿 x 方向的水平位移。梁在 x 方向的水平位移一般不大，但由于钢梁两个方向的刚度相差悬殊，所以在 x 方向位移虽小，影响却

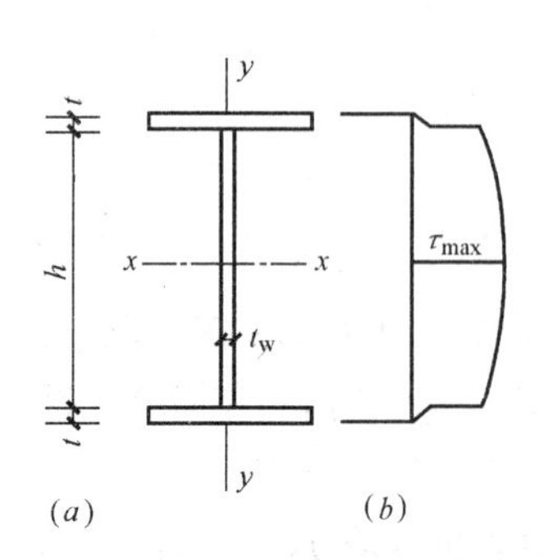

图 6-6-6　工字形受弯构件剪应力图

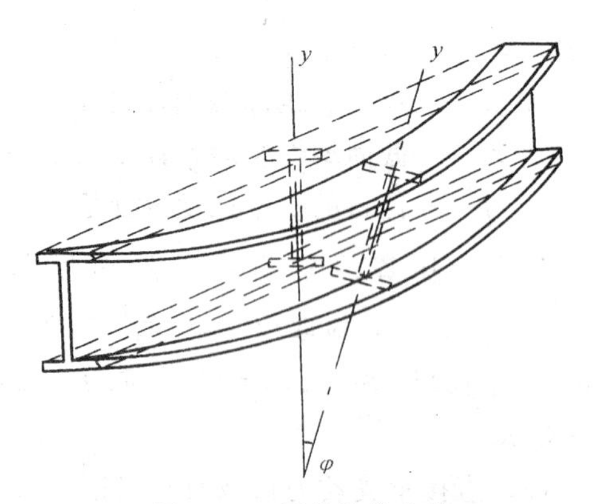

图 6-6-7　梁的整体失稳

很大，因而远在钢材到达屈服强度前就可能因出现水平位移而扭曲破坏，如图 6-6-7 所示。梁的这种破坏叫做丧失整体稳定性或称整体失稳。

梁丧失整体稳定是突然发生的，事先并无明显的预兆，因而比强度破坏更为危险，设计、施工中要特别注意。为提高梁的稳定承载能力，任何钢梁在其端部支承处都应采取构造措施，以防止其端部截面的扭转。当有铺板密铺在梁的受压翼缘上并与其牢固相连、能阻止受压翼缘的侧向位移时，梁就不会丧失整体稳定。

梁的整体稳定应按规范规定的公式进行计算。当符合下列情况之一时，可不计算梁的整体稳定性：

（1）有铺板（各种钢筋混凝土板和钢板）密铺在梁的受压翼缘上并与其牢固相连，能阻止梁受压翼缘的侧向位移时。

（2）工字形截面简支梁受压翼缘自由长度（即侧向支承点间的距离）l_1 与其宽度 b_1 之比不超过表 6-6-10 所规定的数值时。

等截面工字形简支梁不需计算整体稳定性的最大 l_1/b_1 值　　　　**表 6-6-10**

钢号	跨中无侧向支承点的梁		跨中受压翼缘有侧向支承点的梁，不论荷载作用于何处
	荷载作用在上翼缘	荷载作用在下翼缘	
Q235	13.0	20.0	16.0
Q345	10.5	16.5	13.0
Q390	10.0	15.5	12.5
Q420	9.5	15.0	12.0

注：其他钢号的梁不需计算整体稳定性的最大 l_1/b_1 值，应取 Q235 钢的数值乘以 $\sqrt{235/f_y}$。

5. 梁的局部稳定

从用材经济观点看，选择组合梁截面时总是力求采用高而薄的腹板以增大截面的惯性矩和抵抗矩，同时也希望采用宽而薄的翼缘以提高梁的稳定性。但是，当钢板过薄，亦即梁腹板的高厚比或翼缘的宽厚比增大到一定程度时，腹板或受压翼缘在尚未达到强度限值或在梁未丧失整体稳定前，就可能发生波浪形的屈曲，如图 6-6-8 所示，这种现象就叫做失去局部稳定或称局部失稳。

如果梁的腹板或翼缘出现了局部失稳，整个构件一般还不至于立即丧失承载能力，但由于对称截面转化为非对称截面而产生扭转，部分截面退出工作等原因，就使构件的承载

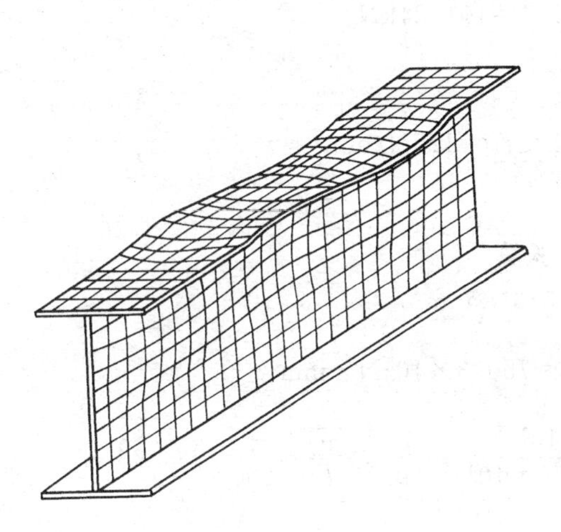

图 6-6-8　梁的局部失稳

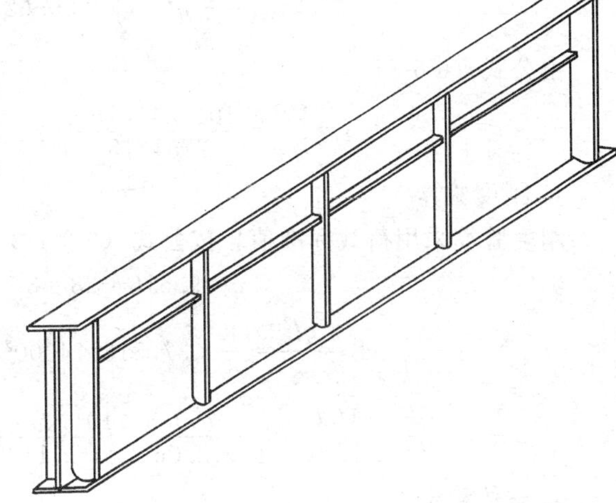

图 6-6-9　有纵横加劲肋的组合梁

能力大为降低。所以，梁丧失局部稳定的危险性虽然比丧失整体稳定的危险性小，但它往往是导致钢结构早期破坏的因素。

为了避免梁出现局部失稳，一种办法是限制板件的宽厚比，一般用于梁的翼缘；另一种办法是在垂直于钢板平面方向，设置具有一定高度的加劲肋，这种办法用于梁的腹板，如图 6-6-9。

轧制的工字钢和槽钢的翼缘和腹板都比较厚，不会发生局部失稳，不必采取措施。

【例 9】 一简支梁计算跨度 4m，采用型钢梁（I32a），Q235 钢。承受均布荷载，其中永久荷载（不包括梁自重）标准值为 9kN/m，可变荷载（非动力荷载）标准值为 28kN/m，结构安全等级为二级。梁上翼缘密铺钢筋混凝土板并牢固相连。试进行验算。

由型钢表已查得 I32a 的有关数值：自重 516N/m，$W_x=692\times10^3\text{mm}^3$，$I_x=11076\times10^4\text{mm}^4$，$I/S_x=275\text{mm}$，腹板厚 $t_w=15\text{mm}$。由规范查得 $\frac{[v]}{l}=\frac{1}{250}$，$E=2.06\times10^5\text{N/mm}^2$。

【解】 1. 荷载计算

$$由\ q=\gamma_0(\gamma_G G_k+\gamma_{Q1}Q_{lk})$$

$$\gamma_0=1.0,\gamma_G=1.2,\gamma_{Qi}=1.4$$

$$G_k(永久荷载)=9+0.516=9.516\text{kN/m}$$

$$Q_{lk}(可变荷载)=28\text{kN/m}$$

$$q=1.0(1.2\times9.516+1.4\times28)=50.62\text{kN/m}=50.62\text{N/mm}$$

2. 抗弯强度验算

跨中最大弯矩　$M_x=\frac{ql_0^2}{8}=\frac{1}{8}\times50.62\times4000^2=1012.4\times10^5\text{N}\cdot\text{mm}$

由公式（6-6-7）

$$\frac{M_x}{\gamma_x W_{nx}}=\frac{1012.4\times10^5}{1.05\times692\times10^3}=139.3<f=215\text{N/mm}^2$$

3. 抗剪强度验算

$$V_{\max}=\frac{1}{2}ql=\frac{1}{2}\times 50.62\times 4=101.24\text{kN}$$

由公式（6-6-8）

$$\tau=\frac{VS}{It_{\mathrm{w}}}=\frac{101.24\times 10^{3}}{275\times 15}=24.5<f_{\mathrm{v}}=125\text{N/mm}^{2}$$

4. 刚度验算

刚度验算采用荷载标准值，按公式（6-6-11）验算。

$$q=9.516+28=37.516\text{N/mm}$$

$$M_{\mathrm{x}}=\frac{ql^{2}}{8}=\frac{1}{8}\times 37.516\times 4000^{2}=750.3\times 10^{5}\text{N}\cdot\text{mm}$$

$$\frac{v}{l}=\frac{M_{\mathrm{x}}l}{10EI_{\mathrm{x}}}=\frac{750.3\times 10^{5}\times 4\times 10^{3}}{10\times 2.06\times 10^{5}\times 11076\times 10^{4}}=\frac{1}{740}<\frac{[v]}{l}=\frac{1}{250}$$

5. 整体稳定

因梁上翼缘密铺钢筋混凝土板并与上翼缘牢固相连，故不必计算梁的整体稳定。

（三）偏心受力构件

偏心受力构件有拉弯构件与压弯构件。

钢结构中，拉弯构件较少，如钢屋架下弦，当节间作用有荷载时杆件不但受拉，同时受弯，即为拉弯构件，或称偏心受拉构件。

压弯构件是钢结构中常见的构件，即杆件不但受压而且受弯。这种情况由荷载偏心作用或端弯矩引起；或由受压杆件中间作用的横向力引起，如图 6-6-10 所示。压弯构件也称偏心受压构件。在工程上，如节间荷载作用下的屋架上弦、风荷载作用下的天窗架侧竖杆、自重及风荷载作用下的起重臂杆以及偏心荷载作用下的厂房柱等，均为压弯构件。

压弯构件的截面有工字形、T 形、箱形等。压弯构件截面中两个主轴方向的刚度一般不相等，抗弯刚度大的 x-x 轴称为强轴，抗弯刚度小的为 y-y 轴称为弱轴。

拉弯构件要计算强度与刚度；压弯构件要计算强度、稳定性及刚度。拉弯构件与压弯构件的刚度均以容许长细比来控制。偏心受力构件的容许长细比 [λ] 与轴心受力构件的容许长细比相同，见表 6-6-5、表 6-6-6。

偏心受力构件的截面上，除有轴向力产生的拉应力或压应力外，还有弯矩产生的弯曲应力。拉弯构件与压弯构件强度计算时，把轴向力和弯矩产生的应力叠加，即得截面上任

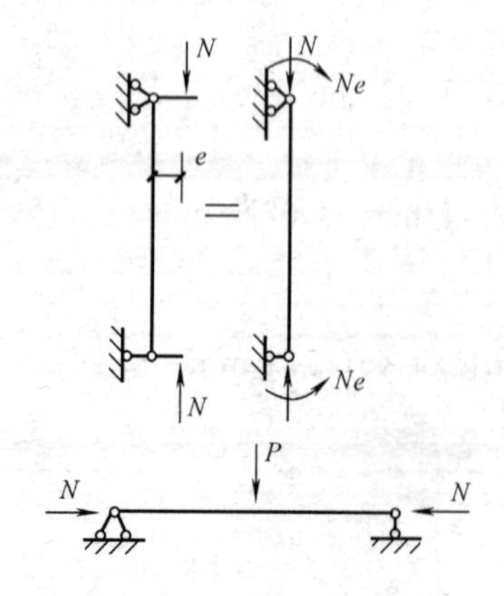

图 6-6-10　偏心受压构件

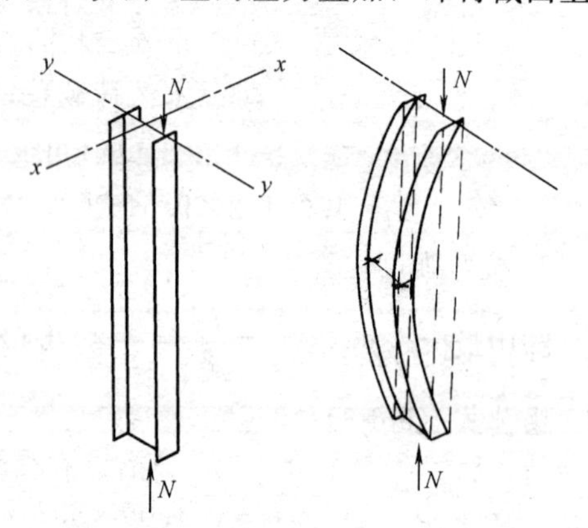

图 6-6-11　压弯构件在弯矩平面外的失稳

意点的正应力。截面设计及验算时应按上边缘或下边缘正应力计算。

对压弯构件还应验算稳定性，其中包括弯矩作用平面内的稳定性和弯矩作用平面外的稳定性（压弯构件在弯矩作用平面外失稳的示意图见图 6-6-11）。

三、钢结构的连接

（一）焊接连接

焊接连接有气焊、接触焊和电弧焊等方法。在电弧焊中又分手工焊、自动焊和半自动焊三种。目前，钢结构中常用的是手工电弧焊。利用手工操作的方法，以焊接电弧产生的热量使焊条和焊件（即被连接的钢材）熔化，从而凝固成牢固接头的工艺过程，就是手工电弧焊。

对于一般钢结构（重级工作制吊车梁、吊车桁架或类似结构除外），焊接 Q235 钢时宜采用 E4300～E4313 型焊条，焊接 16Mn 钢或 16Mnq 钢时宜采用 E5001～E5014 焊条，焊接 15MnV 钢或 15MnVq 钢时宜采用 E5500～E5513 型焊条。

1. 焊缝的形式与构造

（1）对接焊缝

对接焊缝的形式有直边缝、单边 V 形缝、双边 V 形缝、U 形缝、K 形缝、X 形缝等（图 6-6-12）。

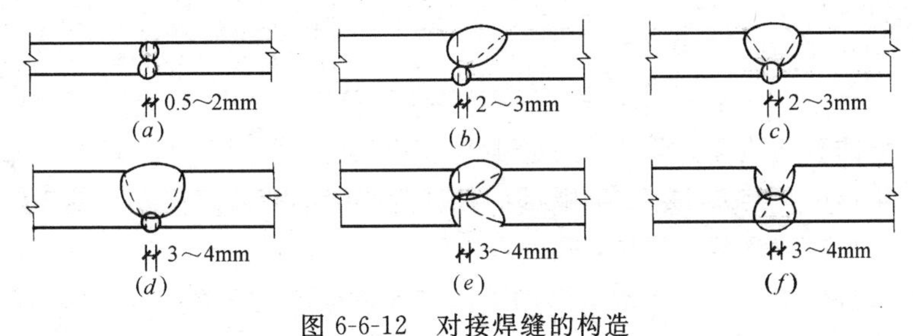

图 6-6-12　对接焊缝的构造

(a) 直边缝；(b) 单边 V 形缝；(c) 双边 V 形缝；
(d) U 形缝；(e) K 形缝；(f) X 形缝

当焊件厚度很小（$t \leqslant 10$mm，t 为钢板厚度），可采用直边缝。对于一般厚度（$t=10 \sim 20$mm）的焊件，因为直边缝不易焊透，可采用有斜坡口的单边 V 形缝或双边 V 形缝，斜坡口和焊缝根部共同形成一个焊条能够运转的施焊空间，使焊缝易于焊透。对于较厚的焊件（$t>20$mm），则应采用 U 形缝、K 形缝和 X 形缝。其中 V 形缝和 U 形缝为单面施焊，但在焊缝根部还需要补焊，当焊件可随意翻转施焊时，使用 K 形缝和 X 形缝较好。

焊缝的起点和终点处，常因不能熔透而出现凹形的焊口。为避免受力后出现裂纹及应力集中，按《钢结构工程施工质量验收规范》（GB 50505—2001）的规定，施焊时应将两端焊至引弧板上（图 6-6-13），然后再将多余部分切除，这样也就不致减小焊缝处的截面。在某些特殊情况下，不能采用引弧板时，每条焊缝的长度在计算时应减去 10mm（每端 5mm）。但这仅限于承受静力荷载或间接承受动力荷载结构的情况，对于直接承受动力荷载的结构必须用引弧板施焊。

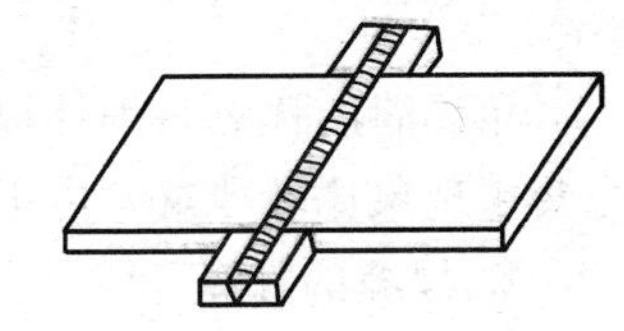

图 6-6-13　对接焊缝的引弧板

对接焊缝的优点是用料经济，传力均匀、平顺，没有显

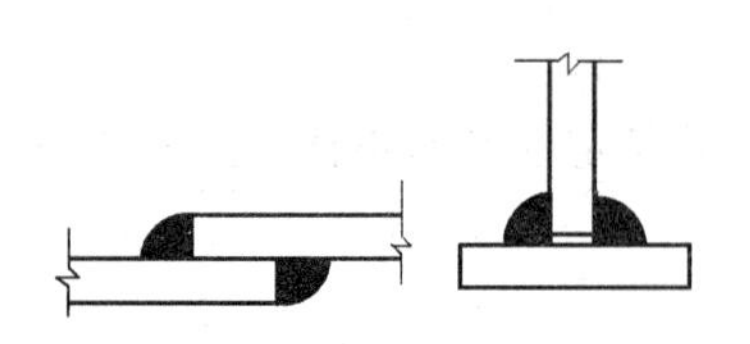

图 6-6-14　角焊缝

著的应力集中，承受动力荷载的构件最适于采用对接焊缝。缺点是施焊的焊件应保持一定的间隙，板边需要加工，施工不便。

(2) 角焊缝

在相互搭接或丁字连接构件的边缘，所焊截面为三角形的焊缝，叫做角焊缝（图 6-6-14）。角焊缝按外力作用方向可分为平行于外力作用方向的侧面角焊缝和垂直于外力作用方向的正面角焊缝（或称端焊缝）。

钢结构中，最常用的是图 6-6-15 (*a*) 所示的普通直角角焊缝，其他形式主要是为了改变受力状态，避免应力集中，一般多用于直接受动力荷载的结构。

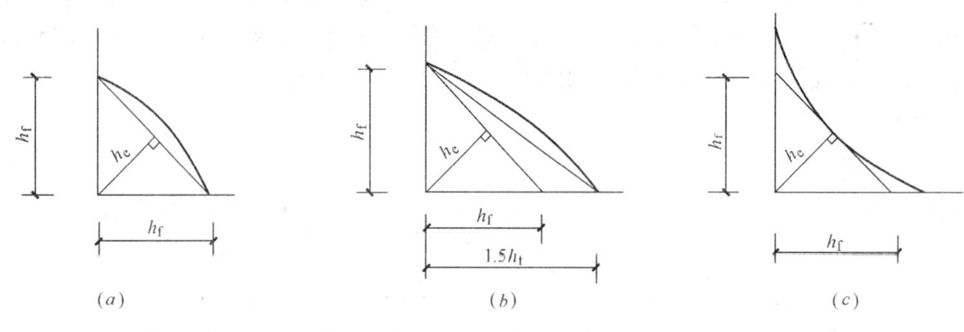

图 6-6-15　直角角焊缝

直角角焊缝的直角边称为焊脚尺寸，其中较小的焊脚尺寸以 h_e 表示，在以 h_e 为两直角边的直角三角形中，与 h_f 成 45°的喉部的长度为焊缝的有效厚度 h_e，也就是角焊缝计算截面的有效厚度。在直角角焊缝中，$h_e=\cos45°\times h_f=0.7h_f$。

杆件与节点板的连接焊缝一般宜采用两面侧焊，也可用三面围焊；对角钢杆件还可采用 L 形围焊，但为不引起偏心，角钢背焊缝长度常受到限制，所以一般只适用于受力较小的杆件。所有围焊的转角处必须连续施焊。图 6-6-16 所示为杆件与节点板焊缝连接的示意图。

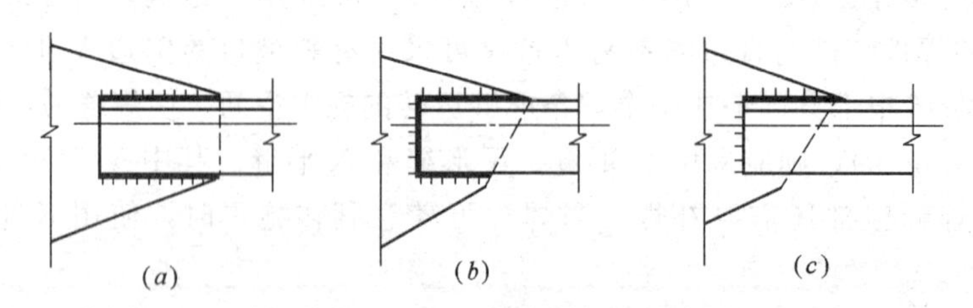

图 6-6-16　杆件与节点板的焊缝连接

(*a*) 两面焊缝；(*b*) 三面围焊；(*c*) L 形围焊

当角焊缝的端部在构件转角处作长度为 $2h_f$ 的绕角焊时，转角处必须连续施焊，如图 6-6-17。

角焊缝的优点是焊件板边不必预先加工，也不需要校正缝距，施工方便。其缺点是应力集中现象比较严重；由于必须有一定的搭接长度，角焊缝连接在材料使用上不够经济。

2. 焊缝的计算

(1) 对接焊缝的计算

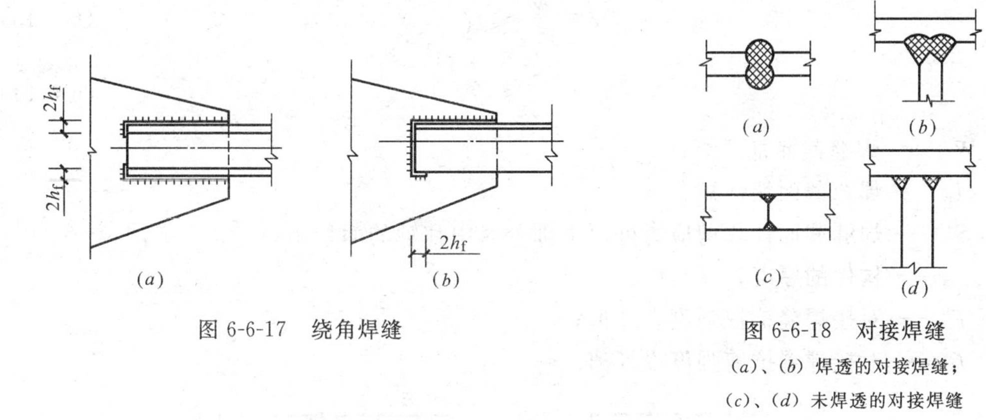

图 6-6-17　绕角焊缝

图 6-6-18　对接焊缝
(a)、(b) 焊透的对接焊缝；
(c)、(d) 未焊透的对接焊缝

1）对接焊缝的形式及受力特点

对接焊缝有对接接头和 T 型接头两类，如按焊缝是否被焊透，又分焊透的对接焊缝和未焊透的对接焊缝两种，如图 6-6-18 所示。

焊透的对接焊缝，其焊条金属充满整个连接截面并和母材熔成一体，焊缝的强度与被焊构件的强度基本相同（当焊缝质量为三级时较低）。当连接焊缝受力很小甚至不受力，但又要求焊接结构外观平齐时；或连接焊缝受力虽较大，但采用焊透的对接焊缝其强度并不能充分利用时，则应采用未焊透的对接焊缝。钢结构中采用较多的是焊透的对接焊缝。

《钢结构工程施工质量验收规范》对焊缝的质量检验标准分成三级：一、二级要求焊缝不但要通过外观检查，同时要通过 x 光或 γ 射线的一、二级检验标准；三级则只要求通过外观检查。能通过一、二级检验标准的焊缝，其质量为一、二级，焊缝的抗拉、抗弯强度设计值与母材的抗拉、抗弯强度设计值相同；未通过一、二级检验标准或只采用外观检查的对接焊接，其质量均属于三级，焊缝的抗拉、抗弯强度为钢材抗拉、抗弯强度的 0.85 倍。当对接焊缝承受压力或剪力时，焊缝中的缺陷对强度无明显影响，因此对接焊缝的抗压与抗剪强度设计值均与钢材的强度设计值相同。对接焊缝的强度设计值见表 6-6-3。

2）焊透的对接焊缝的计算

图 6-6-19（a）为垂直于轴心拉力或轴心压力的对接焊缝，其强度应按下式计算：

$$\sigma=\frac{N}{l_{w}t}\leqslant f_{t}^{w} \text{ 或 } f_{c}^{w} \tag{6-6-12}$$

式中　N——轴心拉力或轴心压力；

l_w——焊缝长度；

t——对接接头中连接件的较小厚度（T 形接头中为腹板的厚度）；

f_t^w、f_c^w——对接焊缝的抗拉、抗压强度设计值。

当承受轴心力的板件用斜焊缝对接时（图 6-6-19b），如焊缝与作用力间的夹角 θ 符合 $\mathrm{tg}\theta\leqslant 1.5$ 时，其强度可不计算。

当对接焊缝无法采用引弧板施焊时，每条焊缝的长度计算时应减去 10mm。

在对接接头和 T 形接头中，承受弯矩和剪力共同作用的对接焊缝（图 6-6-20a），其正应力和剪应力应分别按下式计算：

$$\sigma=\frac{M}{W_{\mathrm{w}}}\leqslant f_{\mathrm{t}}^{\mathrm{w}} \tag{6-6-13}$$

$$\tau=\frac{VS_{\mathrm{w}}}{I_{\mathrm{w}}t}\leqslant f_{\mathrm{v}}^{\mathrm{w}} \tag{6-6-14}$$

式中 W_{w}——焊缝截面抵抗矩；

I_{w}——焊缝截面惯性矩；

S_{w}——焊缝截面计算剪应力处以上部分对中和轴的面积矩；

t——构件的厚度；

$f_{\mathrm{t}}^{\mathrm{w}}$——对接焊缝抗拉强度设计值；

$f_{\mathrm{v}}^{\mathrm{w}}$——对接焊缝抗剪强度设计值。

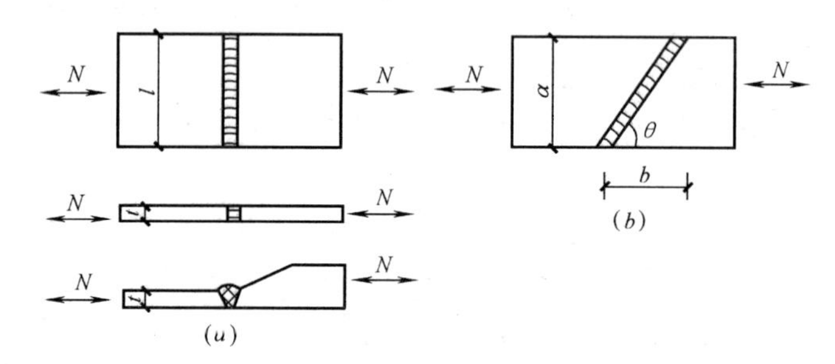

图 6-6-19　焊透的对接焊缝

(a) 直焊缝；(b) 斜焊缝

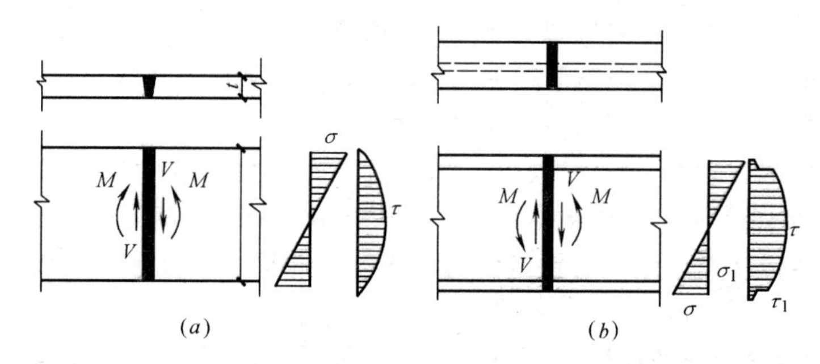

图 6-6-20　弯矩和剪力共同作用下的对接焊缝

如图 6-6-20 (b) 的工字形截面承受弯矩和剪力共同作用的对接焊缝中，在同时受有较大正应力和剪应力处（如图中梁腹板对接焊缝的端部），还应按下式验算折算应力：

$$\sqrt{\sigma^2+3\tau^2}\leqslant 1.1f_{\mathrm{t}}^{\mathrm{w}} \tag{6-6-15}$$

式中 1.1 是考虑最大折算应力只在焊缝的局部出现时而将强度设计值提高的系数。

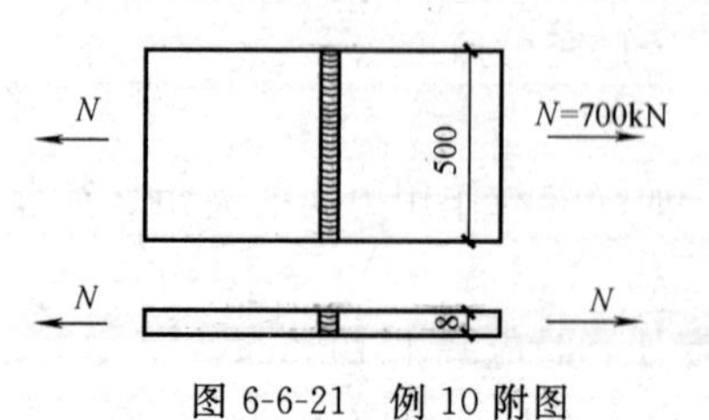

图 6-6-21　例 10 附图

【例 10】 验算如图 6-6-21 所示的钢板对接焊接连接，N=700kN（静力荷载），钢材为 Q235 钢，焊条采用 E43 型，焊缝质量为三级，施工中不采用引弧板。

【解】

首先验算钢板的承载能力：

$$A\times f8=500\times 8\times 215=860000\mathrm{N}$$

$$=860\text{kN}>700\text{kN}$$

验算对接焊缝的应力：

$$\sigma=\frac{N}{l_w t}=\frac{700\times10^3}{(500-10)\times8}$$
$$=178.6\text{N/mm}^2\leqslant f_t^w=185\text{N/mm}^2$$

（2）角焊缝的计算

1）角焊缝的受力特点

角焊缝的应力状态十分复杂，建立角焊缝的计算公式主要靠试验分析。通过对角焊缝的大量试验可得如下结论及计算原则：

a. 图 6-6-22 为角焊缝截面，试验表明，通过 A 点的任一辐射面都可能是破坏截面，但侧焊缝的破坏大多在 45°线的喉部；

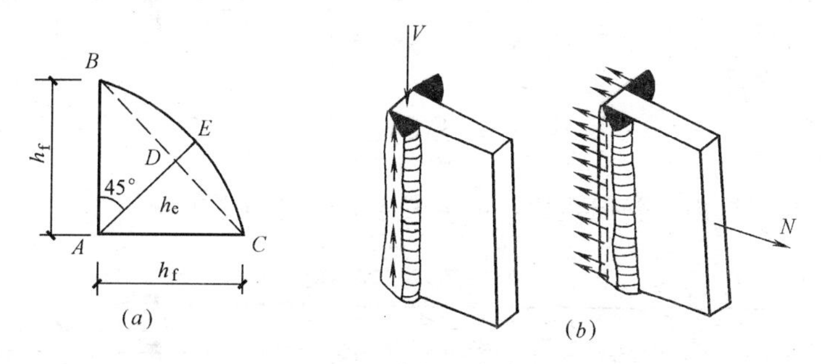

图 6-6-22 角焊缝截面及其破坏

b. 设计计算时，不论角焊缝受力方向如何，均假定其破坏截面在 45°喉部截面处（图 6-6-22*a*），即图中的 AD 截面（不考虑余高 DE），称为计算截面，图中 h_e 称为角焊缝的有效厚度，$h_e=\cos45°h_f=0.7h_f$；

c. 正面焊缝的破坏强度较高，一般是侧面焊缝的 1.35～1.55 倍；

d. 角焊缝的抗拉、抗压、抗剪强度设计值均采用同一指标，用 f_t^w 表示，见表 6-6-3。

2）直角角焊缝在通过焊缝形心的拉力、压力或剪力作用下的计算强度

当力垂直于焊缝长度方向时，

$$\sigma_f=\frac{N}{h_e l_w}\leqslant\beta_f f_t^w \tag{6-6-16}$$

当力平行于焊缝长度方向时，

$$\tau_f=\frac{N}{h_e l_w}\leqslant f_t^w \tag{6-6-17}$$

式中 σ_f——垂直于焊缝长度方向的应力，按焊缝有效截面（$h_e l_w$）计算；

τ_f——沿焊缝长度方向的剪应力，按焊缝有效截面计算；

h_e——角焊缝的有效厚度，对直角角焊缝等于 $0.7h_f$，h_f 为较小焊脚尺寸；

l_w——角焊缝的计算长度，对每条焊缝取其实际长度减去 10mm；

f_t^w——角焊缝的强度设计值，由表 6-6-3 中查出；

β_t——正面角焊缝的强度设计值增大系数：对承受静力荷载和间接承受动力荷载的结构，$\beta_f=1.22$；对直接承受动力荷载的结构 $\beta_f=1.0$。

3）角钢连接中角焊缝的计算

用侧焊缝连接截面不对称的构件（如角钢与节点板的连接，见图 6-6-23）时，由于截面重心到肢背与肢尖的距离不等，肢背与肢尖焊缝分担的力也不等，靠近重心的肢背焊缝承受较大的内力。设计时应将焊缝进行分配，使两侧焊缝截面的重心与构件重心一致或接近。

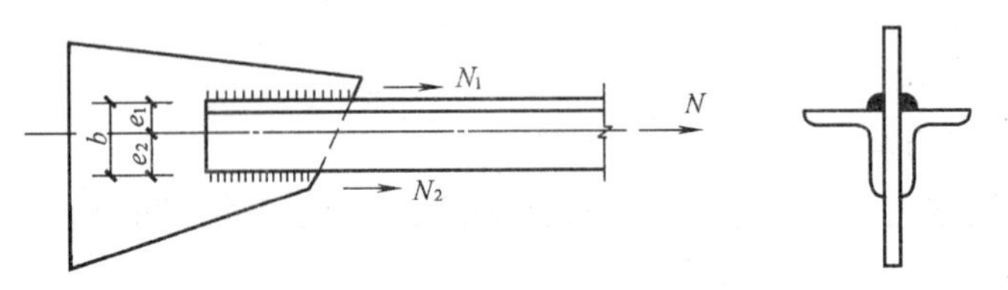

图 6-6-23　用侧焊缝连接不对称构件

如图 6-6-23 所示，N_1、N_2 分别为角钢肢背与肢尖承担的内力，由 $\Sigma M=0$ 可得

$$N_1=\frac{e_2}{b}N=K_1 N \tag{6-6-18}$$

$$N_2=\frac{e_1}{b}N=K_2 N \tag{6-6-19}$$

K_1、K_2 称为焊缝内力分配系数，可按表 6-6-11 的近似值采用。

焊缝内力分配系数　　　　**表 6-6-11**

角钢类型	连接形式	内力分配系数	
		肢背 K_1	肢尖 K_2
等肢角钢		0.7	0.3
不等肢角钢(与短肢相连)		0.75	0.25
不等肢角钢(与长肢相连)		0.65	0.35

当角钢为三面围焊时（图 6-6-24a），可先按构造要求确定端焊缝的焊脚尺寸与焊缝

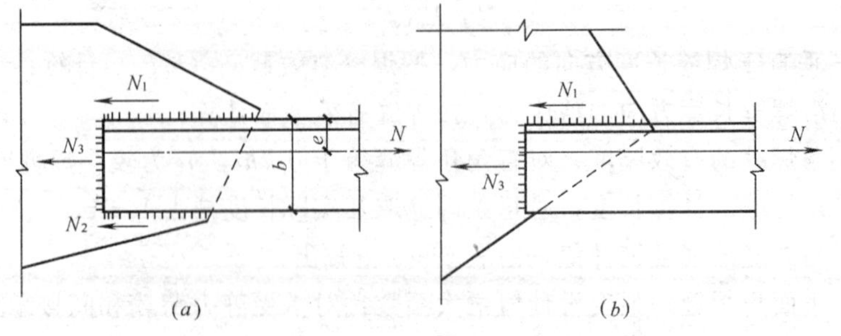

图 6-6-24　角钢围焊

(a) 三面围焊；(b) L 形围焊

长，求出端焊缝承担的内力 N_3，然后再求出角钢肢背与肢尖焊缝分担的 N_1 及 N_2，由 N_1、N_2 确定两侧焊缝的长度及焊脚尺寸。

L 形围焊（图 6-6-24*b*）只有端焊缝和肢背的侧焊缝，即 $N_2=0$，也可按上述过程计算。

【例 11】 设计一双盖板连接（图 6-6-25），钢板截面 500×10mm，承受轴向力 $N=$ 1000kN（静力荷载），钢材为 Q235 钢，采用手工焊，E43 型焊条。

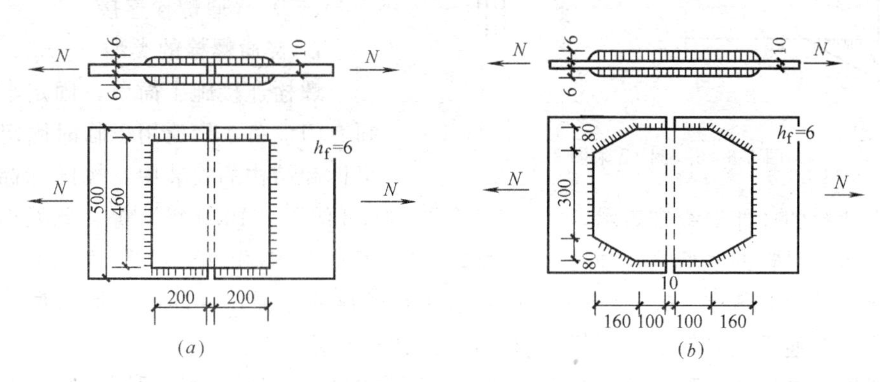

图 6-6-25 例 11 附图

【解】 盖板所需总截面面积应不小于被连接钢板的截面面积，即 500×10mm。现采用两块截面为 460×6mm 的钢板，则盖板的总截面面积为：

$$A=2\times460\times6=5520\text{mm}^2>500\times10=5000\text{mm}^2$$

由表 6-6-3 查得焊缝的强度设计值 $f_t^w=160\text{N/mm}^2$。

采用如图 6-6-25（*a*）所示的围焊缝，取 $h_t=6\text{mm}$，因受静力荷载，端焊缝应考虑强度的提高，即 $\beta_t=1.22$（侧焊缝 $\beta_t=1.0$）。

由公式 6-6-16 可得验算公式

$$\frac{N}{\Sigma\beta_t h_c l_w}\leqslant f_t^w$$

考虑在转角处连续施焊，计算时仅侧焊缝长度每端减去 5mm，则

$$\frac{N}{\Sigma\beta_t h_c l_w}=\frac{1000\times10^3}{4\times0.7\times6\times195+2\times1.22\times0.7\times6\times460}$$

$$=125\text{N/mm}^2<160\text{N/mm}^2 \text{ 满足强度要求。}$$

为使传力均匀，也可采用切角盖板，如图 6-6-25（*b*）所示。

【例 12】 由 2∟140×90×8（长肢相连）组成的 T 形截面杆件与厚度为 12mm 的节点板以角焊缝相连，由静力荷载引起的轴向力 $N=600\text{kN}$，采用 Q235 钢，手工焊 E43 焊条，试设计其连接。

【解】 角钢肢背与肢尖焊脚尺寸 h_f 分别采用 $h_{f1}=8\text{mm}$ 及 $h_{f2}=6\text{mm}$。

由表 6-6-10，肢背受力 $N_1=0.65\times600\text{kN}$

肢尖受力 $N_2=0.35\times600\text{kN}$

一个角钢所需焊缝长为：

肢背 $$l_{w1}=\frac{\frac{1}{2}N_1}{0.7h_{f1}f_t^w}=\frac{\frac{1}{2}\times0.65\times600\times10^3}{0.7\times8\times160}=218\text{mm}$$

肢尖 $$l_{w2}=\frac{\frac{1}{2}N_2}{0.7h_{f2}f_t^w}=\frac{\frac{1}{2}\times0.35\times600\times10^3}{0.7\times6\times160}=156\text{mm}$$

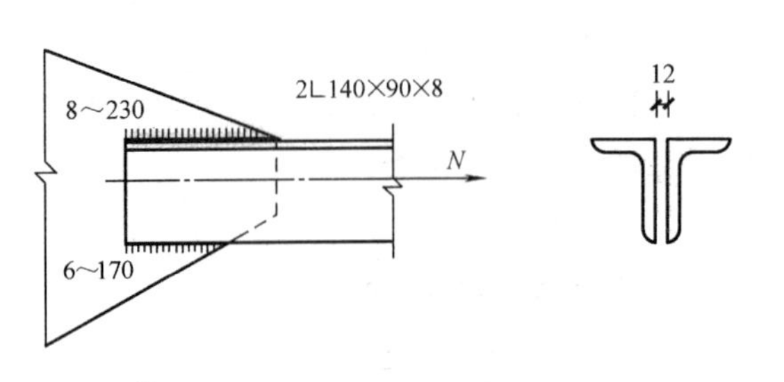

图 6-6-26 例 12 附图

因需各增加 10mm 的焊口长，故肢背采用 230mm，肢尖采用 170mm 如图 6-6-26 所示。

（二）普通螺栓连接

1. 普通螺栓的类型

螺栓连接施工简单，固定牢靠，无须专门设备，广泛用于临时固定构件及可拆卸结构的安装中。按国际标准，螺栓统一用螺栓的性能等级来表示，如“4.6 级”、“8.8 级”、“10.9 级”等。此处小数点前数字表示螺栓材料的最低抗拉强度 f_u，例如“4”表示 400N/mm²，“8”表示 800N/mm² 等。小数点及以后数字（0.6、0.8 等）表示螺栓材料的屈强比，即屈服点与最低抗拉强度的比值。普通螺栓是属于 4.6 级的螺栓，用 Q235F 钢制成。

普通螺栓连接有两种，一种是 C 级螺栓（粗制螺栓）连接，另一种是 A 级或 B 级螺栓（精制螺栓）连接。C 级螺栓加工粗糙、尺寸不够准确，只要求Ⅱ类孔（即在单个零件上一次冲成或不用钻模钻成设计孔径的孔），成本低；A 级和 B 级螺栓经车削加工制成，尺寸准确，要求Ⅰ类孔（连接板件组装后，孔精确对准，内壁平滑，孔轴垂直于被连板件的接触面，见表 6-6-4 注），其抗剪性能比 C 级螺栓好，但成本高，安装困难，较少使用。

C 级螺栓在传递剪力时，连接的变形较大，但传递拉力的性能尚好。因此钢结构规范规定，C 级螺栓宜用于沿其杆轴方向受拉的连接。规范同时指出，在下列情况下可用于受剪连接：

（1）承受静力荷载结构中的连接或间接承受动力荷载结构中的次要连接；

（2）不承受动力荷载的可拆卸结构的连接；

（3）临时固定构件用的安装连接。

C 级螺栓的直径为 16、18、20、22、24、27、30mm，常用的为 16 及 20mm、C 级螺栓的螺栓孔直径可比螺栓杆大 1～1.5mm。

2. 普通螺栓连接的计算

螺栓连接按受力性质分为抗剪螺栓连接与受拉螺栓连接。

（1）抗剪螺栓连接的计算

抗剪螺栓连接是指在外力作用下，被连接构件的接触面产生相对剪切滑移的连接，如图 6-6-27 所示。普通抗剪螺栓连接可能有五种破坏形式：

1）当螺栓杆较细、板件较厚时，螺栓杆可能被剪断，如图 6-6-28（a）所示。

2）当螺栓杆较粗、板件相对较薄时，板件可能先被挤压而破坏，如图 6-6-28（b）所示。

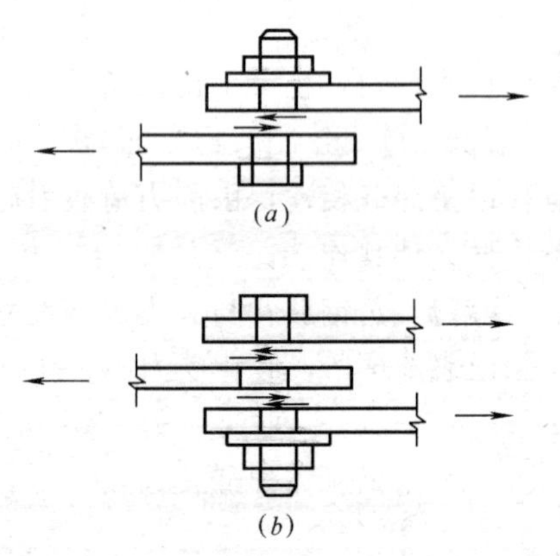

图 6-6-27 抗剪螺栓连接

（a）单剪；（b）双剪

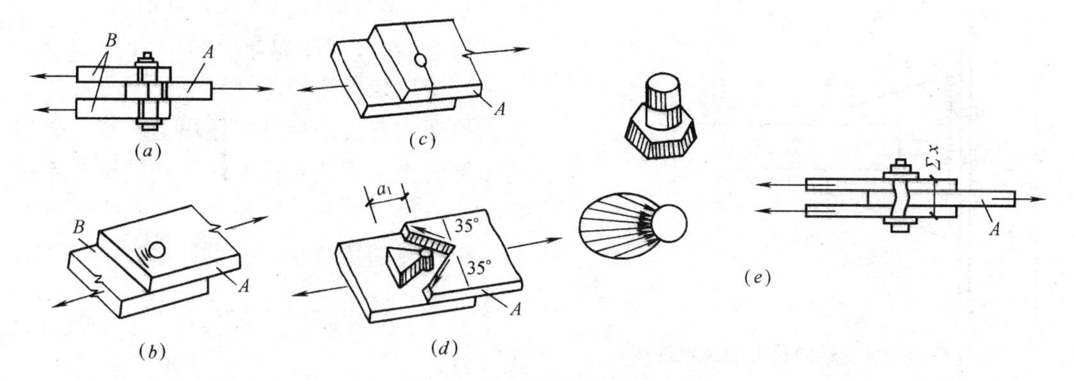

图 6-6-28 受剪螺栓的五种破坏形式

3）当螺栓孔对板的削弱过于严重时，板件可能在削弱处被拉断，如图 6-6-28（*c*）所示。

4）当端距太小时，板端可能受冲剪而破坏，如图 6-6-28（*d*）所示。

5）当螺栓杆细长，螺栓杆可能发生过大的弯曲变形而使连接破坏，如图 6-6-28（*e*）所示。

上述五种破坏中，第 4）、5）两项主要通过构造措施来保证不发生破坏，例如规范规定了螺栓端部的最小允许距离以避免第 4）项破坏；规定螺栓连接的板叠厚度（即螺栓杆长）$\Sigma t \leqslant 5d$（d 为螺栓直径）避免螺栓弯曲过大，防止发生第 5）项破坏。第 1）、2）、3）三项则需通过计算来保证。

一个螺栓的受剪承载力设计值按下式计算：

$$N_{\mathrm{v}}^{\mathrm{b}} = n_{\mathrm{v}} \frac{\pi d^2}{4} f_{\mathrm{v}}^{\mathrm{b}} \tag{6-6-20}$$

一个螺栓的承压承载力设计值按下式计算

$$N_{\mathrm{c}}^{\mathrm{b}} = d \Sigma t \cdot f_{\mathrm{a}}^{\mathrm{b}} \tag{6-6-21}$$

式中 n_{v}——螺栓的受剪数目（图 6-6-27*a* $n_{\mathrm{v}}=1$，图 6-6-27*b* $n_{\mathrm{v}}=2$）；

d——螺栓直径；

Σt——在同一受力方向的承压构件的较小总厚度；

$f_{\mathrm{v}}^{\mathrm{b}}$——螺栓的抗剪强度设计值（表 6-6-4）；

$f_{\mathrm{a}}^{\mathrm{b}}$——螺栓的承压强度设计值（表 6-6-4）。

当外力通过螺栓群中心时，可以认为每个螺栓平均受力，则螺栓抗剪连接所需螺栓数为：

$$n = \frac{N}{N_{\min}^{\mathrm{b}}} \tag{6-6-22}$$

式中 N——作用于连接件的轴向力；

$N_{\min}^{\mathrm{b}}$——$N_{\mathrm{v}}^{\mathrm{b}}$ 和 $N_{\mathrm{c}}^{\mathrm{b}}$ 中的较小值。

这样，即可保证不发生前述 1）、2）两种破坏（螺栓杆不被剪坏和板件不被挤压坏）。

由于螺栓孔削弱了构件的截面，因此尚应按下式验算构件的强度，以防止构件在净截面上被拉断（即防止第 3）项破坏）：

$$\sigma = \frac{N}{A_0} \leqslant f \tag{6-6-23}$$

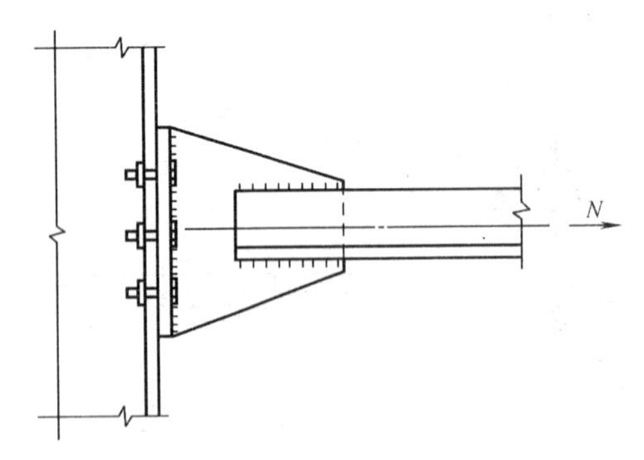

图 6-6-29 承受轴向拉力的螺栓连接

式中 f——钢材的抗拉强度设计值；

A_0——构件的净截面面积。

(2) 受拉螺栓连接的计算

受拉螺栓连接是指外力作用下，被连接构件的接触面将互相脱开而使螺栓杆受拉的连接(图 6-6-29)。

一个螺栓的抗拉承载力设计值为：

$$N_t^b = A_e f_t^b = \frac{\pi d_e^2}{4} f_t^b \qquad (6\text{-}6\text{-}24)$$

式中 d_e——螺栓在螺纹处的有效直径，见表 6-6-12；

A_e——螺栓在螺纹处的有效面积，见表 6-6-11；

f_t^b——螺栓的抗拉强度设计值，见表 6-6-4。

螺栓的有效直径及有效面积 **表 6-6-12**

螺栓直径 d(mm)	16	18	20	22	24	27	30
螺栓有效直径 d_e(mm)	14.12	15.65	17.65	19.65	21.18	24.18	26.71
螺栓有效面积 A_e(mm^2)	156.7	192.5	244.8	303.4	352.5	459.4	560.6

当外力 N 作用于螺栓群中心时，所需螺栓数为

$$n = \frac{N}{N_t^b} \qquad (6\text{-}6\text{-}25)$$

(三) 高强度螺栓连接

1. 高强度螺栓连接的受力特点

高强度螺栓是一种新的连接形式，它具有施工简单、受力性能好、可拆换、耐疲劳以及在动力荷载作用下不致松动等优点，是很有发展前途的连接方法。

如图 6-6-30 所示，用特制的扳手上紧螺帽，使螺栓产生巨大而又受控制的预拉力 P，通过螺帽和垫板，对被连接件也产生了同样大小的预压力 P。在预压力 P 作用下，沿被连接件表面就会产生较大的摩擦力，显然，只要 N 小于此摩擦力，构件便不会滑移，连接就不会受到破坏，这就是高强度螺栓连接的原理。

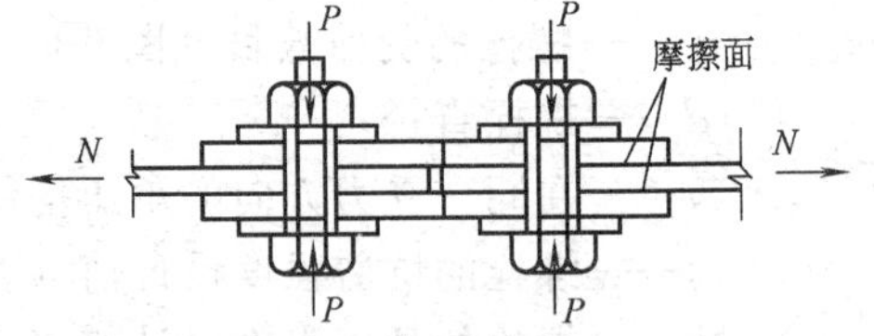

图 6-6-30 高强度螺栓连接

如上所述，高强度螺栓连接是靠连接件接触面间的摩擦力来阻止其相互滑移的，为使接触面有足够的摩擦力，就必须提高构件的夹紧力和增大构件接触面的摩擦系数。构件间的夹紧力是靠对螺栓施加预拉力来实现的，但由低碳钢制成的普通螺栓，因受材料强度的限制，所能施加的预拉力是有限的，它所产生的摩擦力比普通螺栓的抗剪能力还小，所以如要靠螺栓预拉力所引起的摩擦力来传力，则螺栓材料的强度必须比构件材料的强度大得多才行，亦即螺栓必须采用高强度钢制造，这也就是称为高强度螺栓连接的原因。

高强度螺栓所用材料的强度约为普通螺栓强度的 4～5 倍，一般常用性能等级为 8.8 级和 10.9 级的钢材制造。8.8 级采用的为优质碳素钢的 45 号钢或 35 号钢；10.9 级采用

的钢号为合金结构钢的20MnTiB钢（20锰钛硼钢）、40B钢（40硼钢）、35VB钢（35矾硼钢）。高强度螺栓的性能等级及所采用的钢号见表6-6-13。一个高强度螺栓的设计预拉力 P 见表6-6-14。

高强度螺栓的性能等级与采用的钢号　　表6-6-13

螺栓种类	性能等级	采用的钢号	抗拉强度	
			(kgf/mm^2)	(N/mm^2)
大六角头高强度螺栓	8.8级	45号钢、35号钢	85～105	830～1030
	10.9级	20MnTiB钢 40B钢 35VB钢	106～126	1040～1240
扭剪型高强度螺栓	10.9级	20MnTiB钢	106～126	1040～1240

一个高强度螺栓的预拉力 P (kN)　　表6-6-14

螺栓的性能等级	螺栓公称直径(mm)					
	M16	M20	M22	M24	M27	M30
8.8级	80	125	150	175	230	280
10.9级	100	155	190	225	290	355

高强度螺栓连接中，摩擦系数的大小对承载力的影响很大。试验表明，摩擦系数与构件的材质（钢号）、接触面的粗糙程度、法向力的大小等都有直接的关系，其中主要是接触面的形式和构件的材质。为了增大接触面的摩擦系数，施工时应将连接范围内构件接触面进行处理，处理的方法有喷砂、用钢丝刷清理等。设计中，应根据工程情况，尽量采用摩擦系数较大的处理方法，并在施工图上清楚注明。各种摩擦面上的抗滑移系数 μ 见表6-6-15。

摩擦面的抗滑移系数 μ　　表6-6-15

在连接处构件接触面的处理方法	构件的钢号		
	Q235钢	Q235钢、Q390钢	Q420钢
喷砂(丸)	0.45	0.55	0.50
喷砂(丸)后涂无机富锌漆	0.35	0.40	0.40
喷砂(丸)后生赤锈	0.45	0.55	0.50
钢丝刷清除浮锈或未经处理的干净轧制表面	0.30	0.35	0.40

应当指出，高强度螺栓实际上有摩擦型和承压型之分。摩擦型高强度螺栓承受剪力的准则是设计荷载引起的剪力不超过摩擦力，以上所述就是指这一种；而承压型高强度螺栓则是以杆身不被剪坏或板件不被压坏为设计准则，其受力特点及计算方法等与普通螺栓基本相同，但由于螺栓采用了高强度钢材，所以具有较高的承载能力。

2. 摩擦型高强度螺栓的计算

如图6-6-30所示，在抗剪连接中，每个摩擦型高强度螺栓的承载力与其传力摩擦面的摩擦系数和对钢板的预压力有关，即与作用于板叠接触面上的法向压力即螺栓的预拉力

P、接触面的抗滑移系数 μ 及传力摩擦面数 n_f 成正比。一个摩擦型高强度螺栓在被连接板叠间产生的最大摩擦阻力为 $n_f\mu P$，再考虑螺栓材料的抗力分项系数，即得一个摩擦型高强度螺栓的承载力设计值：

$$N_v^b=0.9n_f\mu P \tag{6-6-26}$$

式中 n_f——传力摩擦面数目；

μ——摩擦面的抗滑移系数，见表 6-6-14；

P——每一个高强度螺栓的预拉力，见表 6-6-13。

一个高强螺栓的承载力设计值求得后，即可按下式计算连接一侧所需的高强度螺栓的数目：

$$n\geqslant\frac{N}{N_v^b} \tag{6-6-27}$$

式中 n——连接一侧所需高强度螺栓个数。

高强度螺栓连接的净截面强度计算与普通螺栓连接不同。如图 6-6-31 所示，被连接钢板最危险截面在第一列螺栓孔处，但在这个截面上，每个螺栓所传的力的一部分，已由摩擦作用在孔前传递（称为孔前传力），因此净截面的实际拉力 $N'<N$。根据试验，每个高强度螺栓所分担的内力有 50%已在孔前的摩擦面中传递，即孔前传力系数为 0.5。

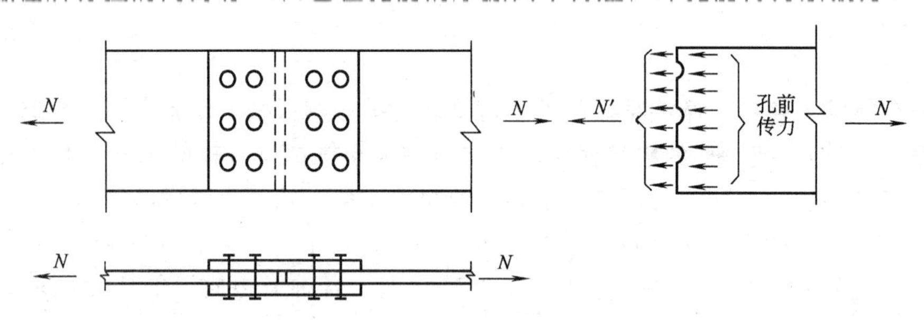

图 6-6-31 高强度螺栓连接的孔前传力

如图 6-6-31 所示，设连接一侧的螺栓数为 n，所计算截面（最外列螺栓处）上的螺栓数为 n_1，则构件净截面受力为：

$$N'=N-0.5\frac{N}{n}n_1=N\left(1-0.5\frac{n_1}{n}\right) \tag{6-6-28}$$

净截面强度计算公式为

$$\sigma=\frac{N'}{A_n}\leqslant f \tag{6-6-29}$$

式中 A_n——构件的净截面面积。

应当指出，虽然 $A_n<A$，但因 $N'<N$，即构件强度也可能由毛截面控制，所以尚应按毛截面验算强度，即

$$\sigma=\frac{N}{A}\leqslant f \tag{6-6-30}$$

通过以上分析可以看出，采用高强度螺栓连接时，开孔对构件截面的削弱影响较普通螺栓连接小，有时可能无影响，这也是高强度螺栓连接的一个优点。

【例 13】 如图 6-6-32 所示，截面为 340×12mm 的钢板采用双盖板普通螺栓连接（C级），连接钢板厚为 8mm，钢材为 Q235F，螺栓直径 $d=20$mm，孔径 $d_0=21.5$mm，构

件受力 $N=600\text{kN}$。试进行螺栓连接计算。

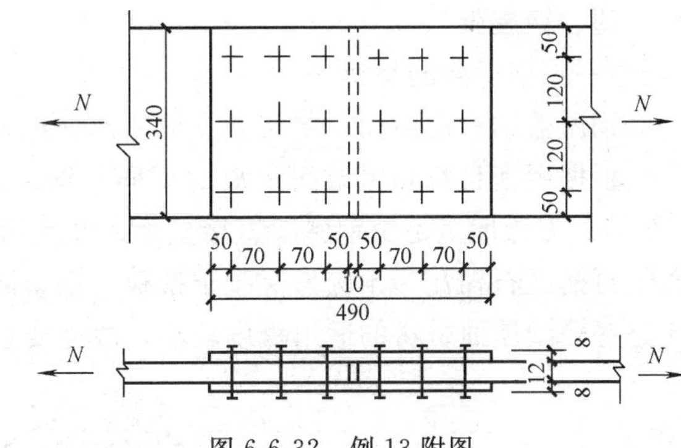

图 6-6-32 例 13 附图

【解】 1. 螺栓连接的计算

一个螺栓的受剪承载力设计值：

$$N_{\mathrm{v}}^{\mathrm{b}}=n\frac{\pi d^2}{4}f_{\mathrm{v}}^{\mathrm{b}}$$

$$=2\times\frac{\pi 20^2}{4}\times 130=81640\text{kN}$$

一个螺栓的承压承载力设计值：

$$N_{\mathrm{c}}^{\mathrm{b}}=d\Sigma t f_{\mathrm{c}}^{\mathrm{b}}=20\times 12\times 305=73200\text{N}$$

则 $N_{\min}^{\mathrm{b}}=73200\text{N}$。

构件一侧所需螺栓数为：

$$n=\frac{N}{N_{\min}^{\mathrm{b}}}=\frac{600000}{73200}=8.2\ \text{个}$$

采用并列式排列，每侧用 9 个螺栓（图 6-6-32）。

2. 构件截面验算

构件的净面积

$$A_{\mathrm{n}}=A-n_1 d_0 t=340\times 12-3\times 21.5\times 12=3306\text{mm}^2$$

式中，$n_1=3$　为第一列螺栓的数目。

构件的强度：

$$\sigma=\frac{N}{A_{\mathrm{n}}}=\frac{600000}{3306}=181.5\text{N/mm}^2<f=215\text{N/mm}^2$$

【例 14】 将例 13 改用高强度螺栓连接。采用 10.9 级 M22 高强度螺栓，螺栓孔为 23.5mm，构件接触面用钢丝刷清理浮锈。

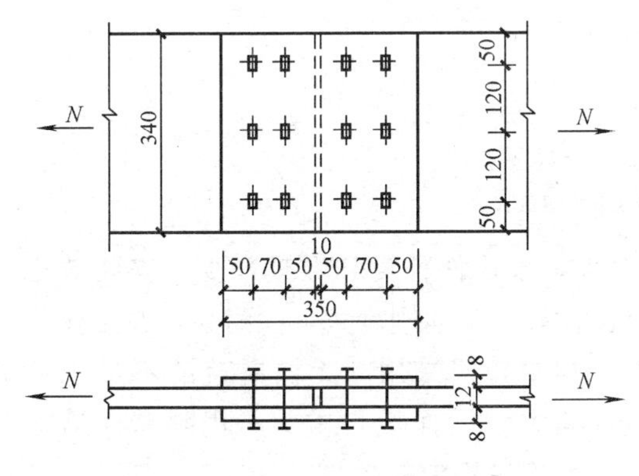

图 6-6-33 例 14 附图

【解】 1. 高强度螺栓连接的计算

一个高强度螺栓抗剪承载力设计值：

$$N_{\mathrm{v}}^{\mathrm{b}}=0.9n_{\mathrm{f}}\mu P$$

$$=0.9\times 2\times 0.3\times 190$$

$$=102.6\text{kN}$$

连接一侧所需高强螺栓数：

$$n=\frac{N}{N_{\mathrm{v}}^{\mathrm{b}}}=\frac{600}{102.6}=5.8\ \text{个}$$

取 6 个，排列如图 6-6-33 所示。

2. 构件截面验算

验算第一列螺栓孔处的危险截面强度：

$$N'=N\left(1-0.5\frac{n_1}{n}\right)=600\left(1-0.5\times\frac{3}{6}\right)=450\text{kN}$$

$$\sigma=\frac{N'}{A_{\mathrm{n}}}=\frac{450000}{340\times 12-3\times 23.5\times 12}=139.1\text{N/mm}^2<f=215\text{N/mm}^2$$

四、钢屋架

（一）钢屋架的类型

钢屋盖结构由屋面、屋架和支撑三部分组成。

根据屋面材料和屋架间距离的不同。钢屋盖可以设计成无檩屋盖或有檩屋盖，见图6-6-34。无檩屋盖是由钢屋架直接支承大型屋面板；有檩屋盖是在钢屋架上放檩条，在檩条上再铺设石棉瓦、预应力混凝土槽板、钢丝网水泥槽形板、大波瓦等轻型屋面材料，由于这些轻型屋面材料的适用跨度较小，故需要在屋架之间设置檩条。

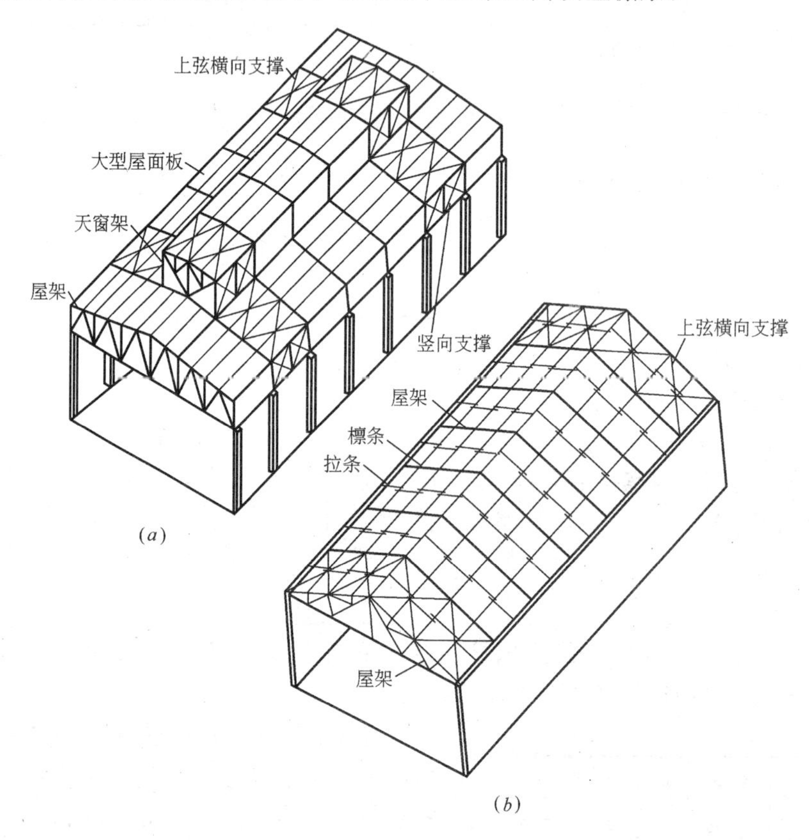

图 6-6-34 无檩屋盖与有檩屋盖

(a) 无檩屋盖；(b) 有檩屋盖

无檩屋盖的承重构件仅有钢屋架和大型屋面板，故构件种类和数量都少，安装效率高，施工进度快，便于做保温层，而且屋盖的整体性好，横向刚度大，能耐久，在工业厂房中普遍采用。无檩屋盖的不足之处是大型屋面板自重大，用料费，运输和安装不便。

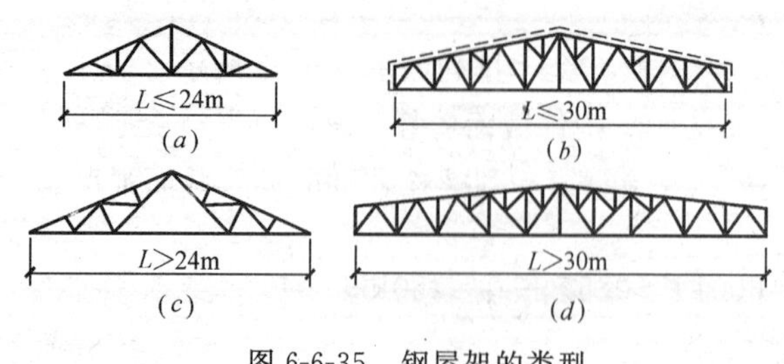

图 6-6-35 钢屋架的类型

有檩屋盖的承重构件有钢屋架、檩条和轻型屋面构件，故构件种类和数量较多，安装效率低。但是，结构自重轻，用料省，运输和安装方便。

常用屋架有三角形、梯形等形式，见图 6-6-35。

（二）钢屋架杆件的截面

计算钢屋架杆件内力时作如下简化假定：

1. 钢屋架各杆件的轴线都在同一平面内，各杆的轴线都为直线，且相交于节点的中心；

2. 荷载都作用在节点上；

3. 钢屋架各节点均为理想的铰接。

上述假定都属于理想情况，和实际情况有一定的差别，尤其是最后一条假定出入更大。节点的刚性对桁架的受力虽有影响，但对普通钢屋架，由于钢材有较好的塑性，在破坏之前节点产生较大的塑性变形，这就限制了次应力❶的进一步发展。因此计算钢屋架各杆件内力时，节点可按理想的铰接考虑。

钢屋架杆件截面形式的选择，应从节约材料、便于和杆件相连和具有必要的刚度等几个方面进行考虑。普通钢屋架的杆件采用两个角钢组成的 T 形和十字形截面，它具有取材方便、构造简单、自重较轻、便于制造和安装、适应性强和易维护等许多优点，所以应用很广泛。

受压杆件的承载能力是由稳定条件决定的。从稳定方面考虑，应使所选截面满足压杆等稳定的要求，即沿截面两个主轴方向的长细比应相等，即 $\lambda_x = \lambda_y$。根据角钢组合截面 x-x、y-y 两个主轴的回转半径比以及各类杆件在两个主轴方向的计算长度（表 6-6-16），按照等稳定条件，以及构造需要（例如下弦杆还要考虑连接支撑）来确定截面形式。钢屋架的杆件截面形式见表 6-6-17。

桁架弦杆和单系腹杆的计算长度 l_0 **表 6-6-16**

项次	弯曲方向	弦杆	腹杆	
			支座斜杆和支座竖杆	其他腹杆
1	在桁架平面内	l	l	$0.8l$
2	在桁架平面外	l_1	l	l
3	斜平面	—	l	$0.9l$

注：① l 为构件的几何长度（节点中心间距离）；l_1 为桁架弦杆侧向支承点之间的距离。

② 斜平面系指与桁架平面斜交的平面，适用于构件截面两主轴均不在桁架平面内的单角钢腹杆和双角钢十字形截面腹杆。

③ 无节点板的腹杆计算长度在任意平面内均取其等于几何长度（钢管结构除外）。

屋架杆件截面形式 **表 6-6-17**

组合方式		截面形式	回转半径的比值	用途
不等肢角钢	短肢相并	(x-x, y-y)	$\frac{i_y}{i_x} \approx 2.6 \sim 2.9$	计算长度 l_{0y} 较大的上、下弦杆
	长肢相并	(x-x, y-y)	$\frac{i_y}{i_x} \approx 0.75 \sim 1.0$	端斜杆、端竖杆、受局部弯矩作用的弦杆

❶ 由于钢屋架节点的刚性连接，而使其杆件弯曲的弯矩称为次弯矩，由此产生的应力称为次应力。

续表

组合方式	截面形式	回转半径的比值	用途
等肢角钢		$\frac{i_y}{i_x} \approx 1.3 \sim 1.5$	其他腹杆或一般上、下弦杆
等肢角钢十字相连		$\frac{i_y}{i_x} \approx 1.0$	连接垂直支撑的竖杆
单角钢			用于轻钢屋架中内力较小的杆件

（三）钢屋架节点的构造

1. 下弦中间节点

下弦中间节点构造如图 6-6-36 所示。节点板夹在所有组成构件的两角钢之间，下边伸出肢背 10～15mm，用直角角焊缝与下弦焊接。组成腹杆的角钢，在肢尖和肢背两侧用直角角焊缝焊接，也可采用 L 形或三面围焊。

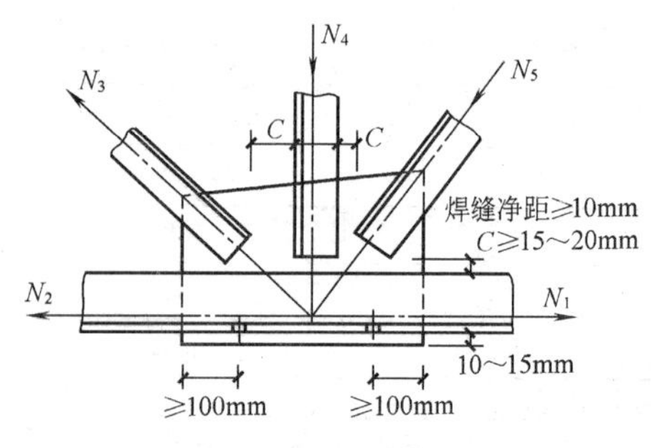

图 6-6-36　下弦中间节点

2. 上弦中间节点

上弦节点常有集中力作用，例如大型屋面板的肋或檩条传来的集中荷载（图 6-6-37），在计算上弦与节点板的连接焊缝时，应考虑上弦杆内力与集中荷载的共同作用。

上弦节点因需搁置屋面板或檩条，故应将节点板缩进角钢背而采用槽焊缝连接，节点板缩进角钢背的距离应不少于节点板厚度的一半

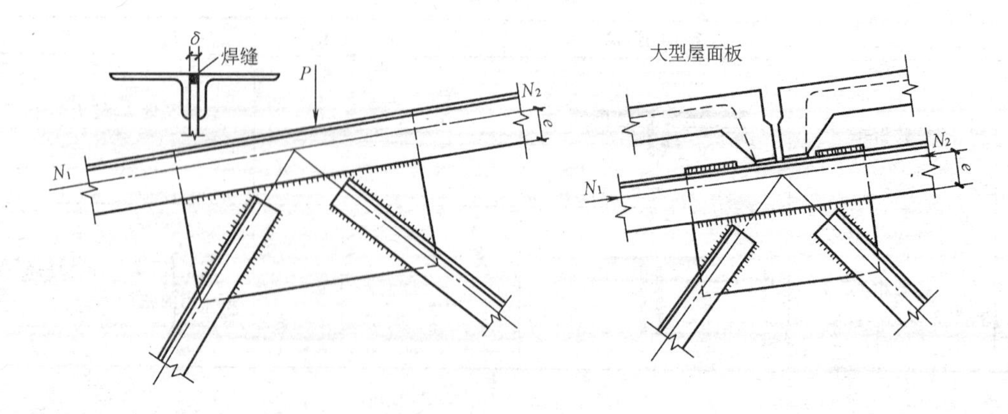

图 6-6-37　上弦中间节点

加 2mm，但不大于节点板的厚度。槽焊缝可作为两条角焊缝计算，其强度设计值应乘以 0.8 的折减系数。对梯形屋架计算时略去屋架上弦坡度的影响，假定集中荷载 P 与上弦垂直。

3. 弦杆的拼接节点

屋架弦杆的拼接有工厂拼接和工地拼接。工厂拼接是为了接长型钢而设的杆件接头，宜设在杆力较小的节间；工地拼接是由于运输条件限制而设的安装接头，通常设在节点处，如图 6-6-38 所示。

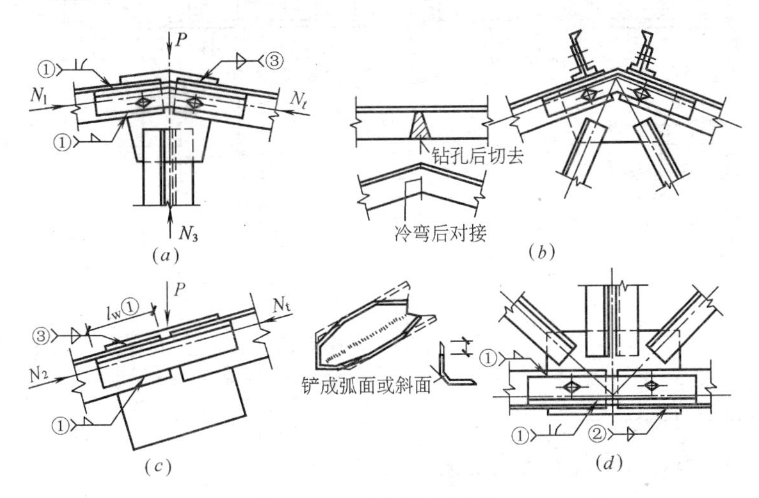

图 6-6-38　弦杆的拼接节点

弦杆一般用连接角钢拼接。拼接时，通过安装螺栓定位和夹紧所连接的弦杆，然后施焊。连接角钢一般采用与被连弦杆相同的截面（铲去角钢背棱角），为了施焊方便和保证连接焊缝的质量，连接角钢的竖直肢应切去 $\Delta=t+h_f+5$mm，t 是连接角钢的厚度。

连接角钢的长度由焊缝计算决定。考虑到拼接节点的刚度，l 应不小于 400～600mm（跨度大的屋架取较大值）。如果连接角钢截面的削弱超过受拉下弦截面的 15%，宜采用比受拉弦杆厚一级的连接角钢，以免增加节点板的负担。

如弦杆肢宽在 130mm 以上时，应将连接角钢肢斜切，以减少应力集中。根据节点构造需要，连接角钢需要弯成某一角度时，一般可采用热弯；如需弯成较大角度时，则应采用先切肢后冷弯对焊的方法。

4. 支座节点

如图 6-6-39 所示，支座节点包括节点板、加劲肋、支座底板及锚栓等。加劲肋的作用是加强支座底板刚度，以便均匀传递支座反力并增强支座节点板的侧向刚度。加劲肋要设在支座节点中心处。为了便于节点焊缝施焊，下弦杆和支座底板间应留有一定距离 h，h 不小于下弦水平肢的宽度，也不小于 130mm。锚栓预埋于钢筋混凝土柱中（或混凝土垫块中），直径一般取 20～25mm；底板上的锚栓孔直径一般为锚栓直径的 2～2.5 倍，可开成圆孔或开成椭圆孔，以便安装时调整位置。当屋架调整到设计位置时，将垫板套住锚栓，然后与底板焊接以固定屋架。

支座节点的传力路线是：屋架杆件的内力通过连接焊缝传给节点板；然后经节点板和加劲肋把力传给底板，最后传给柱子。因此支座节点的计算包括底板计算、加劲肋及其焊

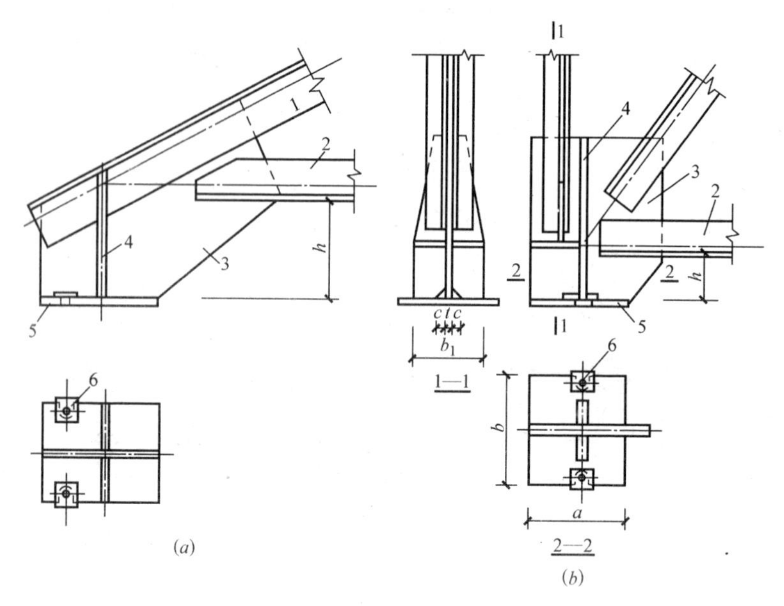

图 6-6-39　支座节点

1—上弦；2—下弦；3—节点板；4—加劲肋；5—底板；6—垫板

缝计算与底板焊缝计算。

图 6-6-40 为 24m 梯形钢屋架施工图实例。

复习思考题

1. 衡量结构用钢材质量标准的机械性能主要有哪几项？除铁（Fe）以外钢材中还有哪几项化学元素？

2. 我国建筑结构常用哪几种钢材？规范对承重结构钢材选用的主要规定有哪几项？

3. 钢结构与钢筋混凝土结构、砌体结构相比，在设计表达式上有何不同？熟悉表 6-6-2、表 6-6-3 和表 6-6-4 以及与之有关的折减系数。

4. 怎样计算轴心受力构件的强度和刚度？轴心受压构件为什么要计算稳定性？怎样计算？

5. 梁需进行哪几项计算？试解释梁的抗弯强度计算中截面塑性发展系数的意义。

6. 什么是梁的整体稳定？在何种条件下可不计算梁的整体稳定？组合梁的翼缘和腹板各采取什么办法保证局部稳定？

7. 角焊缝的受力情形一般有几种？各怎样计算？角钢连接中的角焊缝怎样计算？

8. 焊透的对接焊缝应怎样计算？

9. 螺栓的性能等级怎样表示？普通螺栓是哪一级？用何种钢材制成？

10. 普通抗剪螺栓连接有几种可能破坏形式？怎样保证不发生破坏？怎样计算一个螺栓的承载力？

11. 摩擦型高强度螺栓连接与普通螺栓连接有何不同？摩擦型高强度螺栓的受剪连接怎样计算？高强度螺栓连接的净截面强度怎样计算？

12. 常用的钢屋架形式有几种？

13. 桁架的各个杆件——上弦杆、下弦杆、腹杆，各应采用何种形式的截面？其确定的原则是什么？

14. 桁架的节点有几种类型？熟悉其构造。

习　题

1. 验算图 6-6-41 所示屋架下弦截面，轴向拉力 $N=850\text{kN}$，$l_{0x}=300\text{cm}$，$l_{0y}=1500\text{cm}$，厂房设有轻

级工作制吊车。

2. 钢屋架中一轴心受压杆 $N=1200\text{kN}$，$l_{0x}=150\text{cm}$，$l_{0y}=450\text{cm}$，节点板厚12mm，试选择由两个不等肢角钢（短边相连）组成的T形截面，钢材为Q235F。

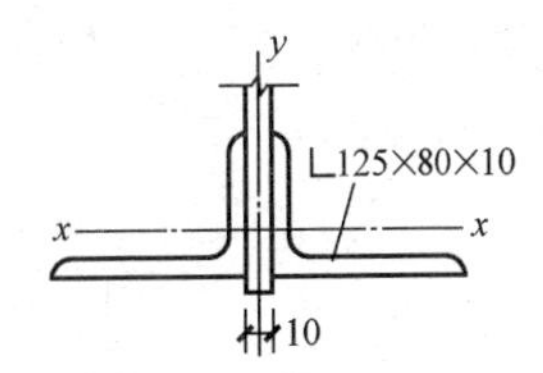

图 6-6-41　习题1附图

3. 简支梁跨度 $l=3\text{m}$，承受均布荷载，其中永久荷载标准值为15kN/m（未包括梁自重），可变荷载标准值为20kN/m，试选择普通工字钢截面，材料为Q235钢，结构安全等级为二级。梁上为现浇钢筋混凝土板，$\frac{[v]}{l}=\frac{1}{250}$。

第七节　木　结　构

一、木材及木结构的计算方法

（一）结构用木材及其力学性能

由木材或主要由木材组成的承重结构称为木结构。木结构在我国有着悠久的历史，但由于木材是天然材料，生长速度缓慢，所以木材资源有限。因此在大、中城市的建设中，已不准采用木结构。应当指出，当前在木材产区的县镇，砖木混合结构的房屋还比较常见，城镇原有的建筑也有相当部分砖木结构，木结构在一定范围内还会得到利用和发展，从事土建工作的工程技术人员和工人，掌握一定的木结构知识是十分必要的。

承重木结构应在正常温度和湿度环境中的房屋结构和构筑物中使用。《木结构设计规范》（GB 50005—2003）规定，凡处于下列生产、使用条件的房屋和构筑物不应采用木结构，即：

1. 极易引起火灾的；

2. 受生产性高温影响，木材表面温度高于50℃的；

3. 经常受潮湿且不易通风的。

《木结构设计规范》规定，承重结构用的木材应从规范所列树种中选用，主要的承重构件宜采用针叶材；重要的木制连接件应采用细密、直纹、无节和无其他缺陷的、耐腐的硬质阔叶材。

结构构件所用木材根据使用前截面的不同，可分为原木、方木和板材三种。

木材的顺纹受拉强度最高，但木材的各种缺陷（疵病、缺口、木节、斜纹）对抗拉强度的影响很大。木材在顺纹受压时有较好的塑性性质，故使应力集中趋于和缓，各种缺陷对受压性能影响较小，因此木材的受压比受拉可靠。木材的抗弯强度极限则介于抗拉及抗压强度极限之间。

两个构件利用表面互相接触传递压力叫承压，在构件的接头和连接中常遇到这种情况。承压强度极限实际是按使用时对压缩变形的限制条件确定的，这与其他受力性能不同。

木材承压工作按外力与木纹所成角度的不同，可分为顺纹承压、横纹承压和斜纹承压三种形式（图6-7-1），其中横纹承压又分全表面承压、局部表面承压和拉力螺栓垫板下承压。

木材的受剪可分为截纹受剪、顺纹受剪和横纹受剪（图6-7-2）。截纹剪切的强度很大，为顺纹剪切强度的 8 倍，一般不会发生这种破坏。木结构中通常多为顺纹受剪（见图 6-7-3）。

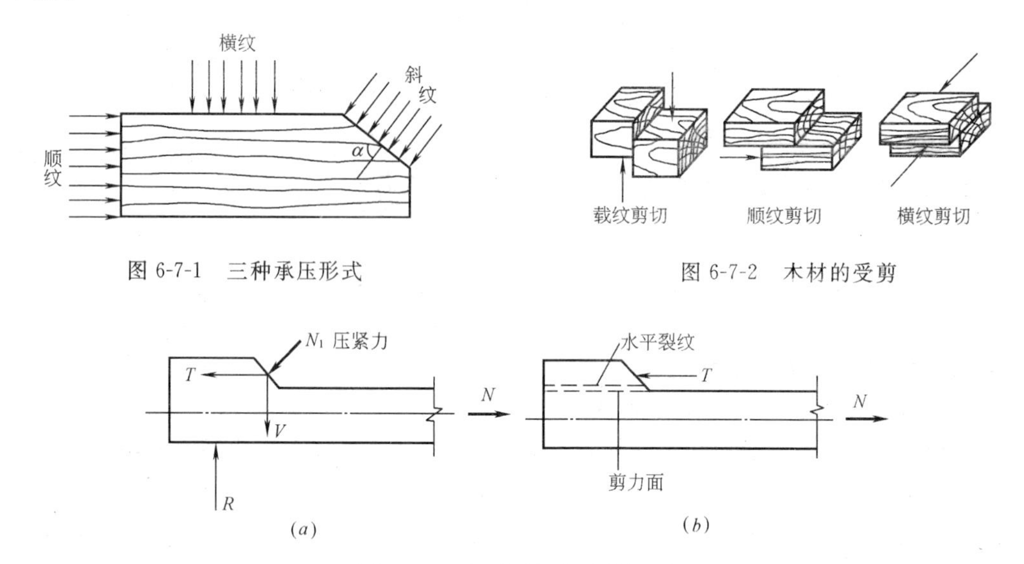

图 6-7-1 三种承压形式

图 6-7-2 木材的受剪

图 6-7-3 有无压紧力的剪切面

木材的受剪强度与构件的受力情况有关，如图 6-7-3（*a*）所示的受剪构件，N_1 就能把受剪面压紧，减少撕裂的影响，提高了抗剪强度。在结构设计中，木结构节点的每一个剪切面都应有足够的压紧力，无压紧力的剪切面（图 6-7-3*b*）应当避免。剪切面上出现裂缝最危险，如缝与剪切面重合，就等于没有抗剪面而丧失承载能力，所以受剪面上不允许有裂缝存在。

含水率对木材强度有很大影响，木材强度一般随含水率的增加而降低。

（二）木结构的计算方法

木结构采用概率理论为基础的极限状态设计方法，以分项系数设计表达式进行计算。木结构的计算应考虑下列两种极限状态，即：

1. 承载能力的极限状态。这种极限状态对应于结构或结构构件达到最大承载能力；

2. 正常使用的极限状态。这种极限状态对应于结构或结构构件达到正常使用的某项规定的容许值。

木结构与钢结构一样，当按承载能力的极限状态设计时，木结构的设计表达式采用应力计算式。

对于所有结构均应按承载能力极限状态计算其强度及稳定性；对于在使用时变形值须受限制的结构，应按正常使用极限状态的要求，验算其变形。

设计木结构时，荷载应按国家现行《建筑结构荷载规范》的规定执行。按承载能力极限状态计算时，应采用荷载的设计值；按正常使用极限状态计算时，应采用荷载的标准值。

设计木结构时，应根据结构破坏产生的后果，采用不同的安全等级。在一般情况下，工业与民用房屋和一般构筑物的木结构，其安全等级可取为二级。对于特殊的建筑物，其木结构的安全等级可根据具体要求另行确定。

（三）木结构的设计指标

1. 强度设计值及弹性模量

在正常情况下，木材的强度设计值及弹性模量应按表 6-7-1 采用。

常用树种木材的强度设计值和弹性模量（N/mm^2） **表 6-7-1**

强度等级	组别	适用树种	抗弯 f_m	顺纹抗压及承压 f_c	顺纹抗拉 f_t	顺纹抗剪 f_v	横纹承压 $f_{c,90}$			弹性模量 E
							全表面	局部表面及齿面	拉力螺栓垫板下面	
TC17	A	柏木	17	16	10	1.7	2.3	3.5	4.6	10000
	B	东北落叶松		15	9.5	1.6				
TC15	A	铁杉、油杉	15	13	9	1.6	2.1	3.1	4.2	10000
	B	鱼鳞云杉、西南云杉		12	9	1.5				
TC13	A	油松、新疆落叶松、云南松、马尾松	13	12	8.5	1.5	1.9	2.9	3.8	10000
	B	红皮云杉、丽江云杉、红松、樟子松		10	8.0	1.4				9000
TC11	A	西北云杉、新疆云杉	11	10	7.5	1.4	1.8	2.7	3.6	9000
	B	杉木、冷杉		10	7.0	1.2				
TB20	—	栎木、青冈、稠木	20	18	12	2.8	4.2	6.3	8.4	12000
TB17	—	水曲柳	17	16	11	2.4	3.8	5.7	7.6	11000
TB15	—	锥栗（栲木）、桦木	15	14	10	2.0	3.1	4.7	6.2	10000

注：对位于木构件端部（如接头处）的拉力螺栓垫板，其计算中所取的木材横纹承压强度设计值应按“局部表面及齿面”一栏数值采用。

木材斜纹承压的强度设计值可根据 f_c、$f_{c,90}$ 和 α 数值由图 6-7-4 查得。

对于下列情况，表 6-7-1 中的设计指标尚应按下列规定予以调整：

（1）在表 6-7-2 所列的使用条件下，木材的强度设计值和弹性模量应乘以表中的调整系数。

木材强度设计值和弹性模量的调整系数 **表 6-7-2**

项次	使用条件	调整系数	
		强度设计值	弹性模量
1	露天结构	0.9	0.85
2	长期生产性高温环境，木材表面温度达 40～50℃	0.8	0.8
3	按恒荷载验算	0.8	0.8
4	用于木构筑物时	0.9	1.0
5	施工和维修时的短暂情况	1.2	1.0

注：① 当仅有恒荷载或恒荷载所产生的内力超过全部荷载所产生的内力的 80%时，应单独以恒荷载进行验算。
② 当若干条件同时出现，表列各系数应连乘。

（2）当采用原木时，若验算部位未经切削，其顺纹抗压和抗弯的强度设计值以及弹性模量可提高 15%。

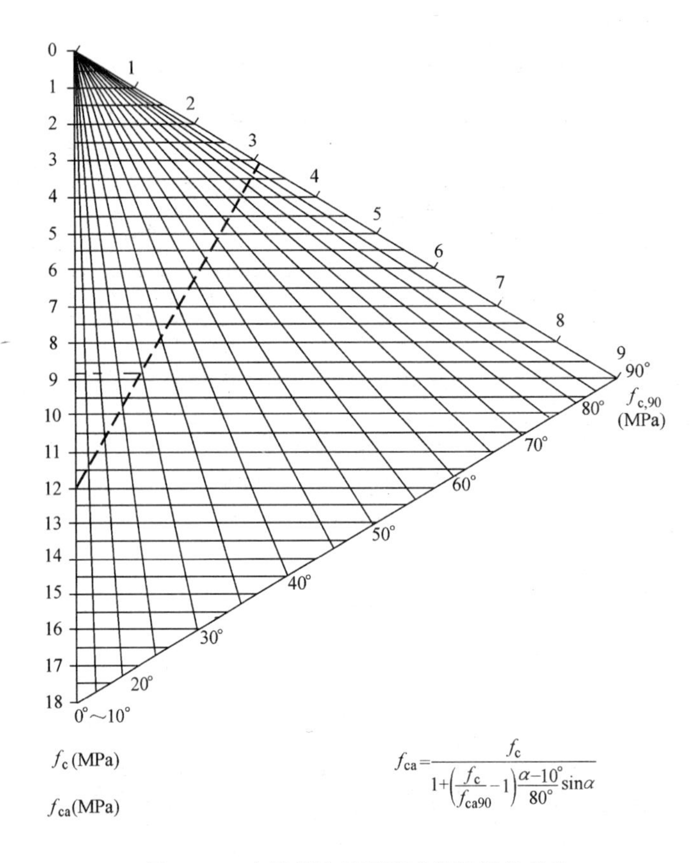

图 6-7-4　木材斜纹承压强度设计值的确定

（3）当构件矩形截面的短边尺寸等于或大于 150mm 时，其抗弯强度设计值可提高 10％。

（4）当采用湿材时，各种木材的横纹承压强度设计值和弹性模量，以及落叶松木材的抗弯强度设计值宜降低 10％。

2. 容许挠度及容许长细比

木结构受弯构件的计算挠度不应超过表 6-7-3 的挠度限值。

受弯构件挠度限值　　**表 6-7-3**

项次	构件类别		容许挠度值[ω]
1	檩　条	$l\leqslant3.3$m	$l/200$
		$l>3.3$m	$l/250$
2	椽　条		$l/150$
3	吊顶中的受弯构件		$l/250$
4	楼板梁和搁栅		$l/250$

注：表中，l—受弯构件的计算跨度。

受压构件的长细比不应超过表 6-7-4 的长细比限值。

受压构件的容许长细比 **表 6-7-4**

项　次	构　件　类　别	长细比限值[λ]
1	结构的主要构件(包括桁架的弦杆、支座处的竖杆或斜杆以及承重柱等)	120
2	一般构件	150
3	支　　撑	200

3. 其他计算规定

(1) 验算受压构件的稳定时，其计算长度 l_0 应按下列规定采用：

1) 平面内：取节点中心间距离；

2) 平面外：屋架上弦取锚固檩条间的距离；腹杆取节点中心间的距离；在杆系拱、框架及类似结构中的受压下弦，取侧向支撑点间的距离。

(2) 承重木结构中的钢构件部分，其强度设计值和设计容许值应按国家现行《钢结构设计规范》采用。

当采用两根圆钢共同受拉时，考虑其受力不均，宜将钢材的强度设计值乘以 0.85 的调整系数。

对圆钢拉杆应验算螺纹部分的净截面受拉，其强度设计值按《钢结构设计规范》中粗制螺栓的数值采用。

【例 15】 试用图 6-7-4 确定鱼鳞云杉构件作用力与木纹成 30°夹角时的斜纹承压强度设计值 $f_{c,30}$。

【解】 1. 由表 6-7-1 查得鱼鳞云杉 $f_c=12\text{N/mm}^2$，$f_{c,90}=3.1\text{N/mm}^2$；

2. 在图 6-7-4 中分别由 f_c 线及 $f_{c,90}$ 线找出 $f_c=12$ 及 $f_{c,90}=3.1$ 二点并连成直线；

3. 再从底边线中查出 $\alpha=30°$，此线与 f_c 及 $f_{c,90}$ 连线交于一点；

4. 自交点引水平线交于 f_{ca} 线（即 f_c 线），即得 $f_{c,30}=8.8\text{N/mm}^2$（MPa）。

二、木结构构件的计算

(一) 轴心受拉构件

轴心受拉构件的承载能力应按下式计算：

$$\sigma_t=\frac{N}{A_n}\leqslant f_t \tag{6-7-1}$$

式中 f_t——木材顺纹抗拉强度设计值（N/mm²）；

σ_t——轴心受拉应力设计值（N/mm²）；

N——轴心拉力设计值（N）；

A_n——受拉构件的净截面面积（mm²）。

计算 A_n 时应将分布在 150mm 长度上的缺孔投影在同一截面上扣除。这是因为木构件可能沿着在相距不远的缺孔间形成的曲折路线断裂，见图 6-7-5。

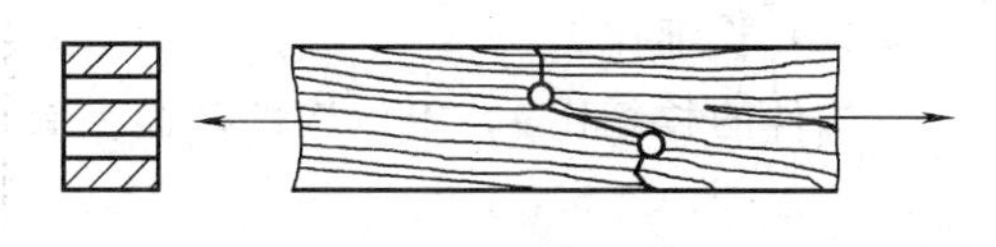

图 6-7-5　受拉构件沿曲折路线断裂

(二) 轴心受压构件

轴心受压构件的承载力应计算强度和稳定两个方面，但一般稳定起控制作用。

1. 轴心受压构件强度计算

$$\sigma_c = \frac{N}{A_n} \leqslant f_c \tag{6-7-2}$$

式中 N——轴心压力设计值（N）；

f_c——木材顺纹抗压强度设计值（N/mm^2）；

A_n——受压构件的净截面面积（mm^2）。

2. 轴心受压构件的稳定计算

（1）计算公式

$$\frac{N}{\varphi A_0} \leqslant f_c \tag{6-7-3}$$

式中 N——轴心压力设计值（N）；

φ——轴心受压构件稳定系数，根据树种强度等级与构件的长细比 λ 由表 6-7-5 或表 6-7-6 查得；

A_0——受压构件的计算面积。

TC17、TC15 及 TB20 级木材的 φ 值表 **表 6-7-5**

λ	0	1	2	3	4	5	6	7	8	9
0	1.000	1.000	0.999	0.998	0.998	0.996	0.994	0.992	0.990	0.988
10	0.985	0.981	0.978	0.974	0.970	0.966	0.962	0.957	0.952	0.947
20	0.941	0.936	0.930	0.924	0.917	0.911	0.904	0.898	0.891	0.884
30	0.877	0.869	0.862	0.854	0.847	0.839	0.832	0.824	0.816	0.808
40	0.800	0.792	0.784	0.776	0.768	0.760	0.752	0.743	0.735	0.727
50	0.719	0.711	0.703	0.695	0.687	0.679	0.671	0.663	0.655	0.648
60	0.640	0.632	0.625	0.617	0.610	0.602	0.595	0.588	0.580	0.573
70	0.566	0.559	0.552	0.546	0.539	0.532	0.519	0.506	0.493	0.481
80	0.469	0.457	0.446	0.435	0.425	0.415	0.406	0.396	0.387	0.379
90	0.370	0.362	0.354	0.347	0.340	0.332	0.326	0.319	0.312	0.306
100	0.300	0.294	0.288	0.283	0.277	0.272	0.267	0.262	0.257	0.252
110	0.248	0.243	0.239	0.235	0.231	0.227	0.223	0.219	0.215	0.212
120	0.208	0.205	0.202	0.198	0.195	0.192	0.189	0.186	0.183	0.180
130	0.178	0.175	0.172	0.170	0.167	0.165	0.162	0.160	0.158	0.155
140	0.153	0.151	0.149	0.147	0.145	0.143	0.141	0.139	0.137	0.135
150	0.133	0.132	0.130	0.128	0.126	0.125	0.123	0.122	0.120	0.119
160	0.117	0.116	0.114	0.113	0.112	0.110	0.109	0.108	0.106	0.105
170	0.104	0.102	0.101	0.100	0.0991	0.0980	0.0968	0.0958	0.0947	0.0936
180	0.0926	0.0916	0.0906	0.0896	0.0886	0.0876	0.0867	0.0858	0.0849	0.0840
190	0.0831	0.0822	0.0814	0.0805	0.0797	0.0789	0.0781	0.0773	0.0765	0.0758
200	0.0750	—	—	—	—	—	—	—	—	—

（2）长细比 λ

构件的长细比 λ，不论构件截面上有无缺口，均按下式计算：

$$\lambda = \frac{l_0}{i} \tag{6-7-4}$$

$$i = \sqrt{\frac{I}{A}} \tag{6-7-5}$$

式中 l_0——受压构件的计算长度（mm），应按实际长度乘以下列系数：

TC13、TC11、TB17、TB15 及 TB11 级木材的 φ 值表　　表 6-7-6

λ	0	1	2	3	4	5	6	7	8	9
0	1.000	1.000	0.999	0.998	0.996	0.994	0.992	0.988	0.985	0.981
10	0.977	0.972	0.967	0.962	0.956	0.949	0.943	0.936	0.929	0.921
20	0.914	0.905	0.897	0.889	0.880	0.871	0.862	0.853	0.843	0.834
30	0.824	0.815	0.805	0.795	0.785	0.775	0.765	0.755	0.745	0.735
40	0.725	0.715	0.705	0.696	0.686	0.676	0.666	0.657	0.647	0.638
50	0.628	0.619	0.610	0.601	0.592	0.583	0.574	0.565	0.557	0.548
60	0.540	0.532	0.524	0.516	0.508	0.500	0.492	0.485	0.477	0.470
70	0.463	0.456	0.449	0.442	0.436	0.429	0.422	0.416	0.410	0.404
80	0.398	0.392	0.386	0.380	0.374	0.369	0.364	0.358	0.353	0.348
90	0.343	0.338	0.331	0.324	0.317	0.310	0.304	0.298	0.292	0.286
100	0.280	0.274	0.269	0.264	0.259	0.254	0.249	0.244	0.240	0.236
110	0.231	0.227	0.223	0.219	0.215	0.212	0.208	0.204	0.201	0.198
120	0.194	0.191	0.188	0.185	0.182	0.179	0.176	0.174	0.171	0.168
130	0.166	0.163	0.161	0.158	0.156	0.154	0.151	0.149	0.147	0.145
140	0.143	0.141	0.139	0.137	0.135	0.133	0.131	0.130	0.128	0.126
150	0.124	0.123	0.121	0.120	0.118	0.116	0.115	0.114	0.112	0.111
160	0.109	0.108	0.107	0.105	0.104	0.103	0.102	0.100	0.0992	0.0980
170	0.0969	0.0958	0.0946	0.0936	0.0925	0.0914	0.0904	0.0894	0.0884	0.0874
180	0.0864	0.0855	0.0845	0.0836	0.0827	0.0818	0.0809	0.0801	0.0792	0.0784
190	0.0776	0.0768	0.0760	0.0752	0.0744	0.0736	0.0729	0.0721	0.0714	0.0707
200	0.0700	—	—	—	—	—	—	—	—	—

两端铰接　　1.0

一端固定，一端自由　　2.0

一端固定，一端铰接　　0.8

i——构件截面的回转半径（mm）：对于矩形截面 $i=0.289b$（b 为截面短边），对于圆形截面 $i=0.25d$（d 为直径）；

I——构件的毛截面惯性矩（mm^4）；

A——构件的毛截面面积（mm^2）。

计算矩形截面构件的长细比时，应采用较小的回转半径。当采用原木时，应按构件长度中央的截面计算。

为了避免受压构件因自重下垂过大以及避免过分颤动，受压构件的长细比不得超过容许值：

$$\lambda \leqslant [\lambda] \tag{6-7-6}$$

式中　$[\lambda]$——受压构件的容许长细比，见表 6-7-4。

（3）计算面积 A_0

轴心受压构件稳定性计算中的计算面积 A_0，应按下列规定采用：

1）无缺口时，取

$$A_0=A$$

式中　A——受压构件的毛截面面积（mm^2）。

2）缺口不在边缘时，取

$$A_0=0.9A$$

3）缺口在边缘且为对称时，取

$$A_0=A_n$$

式中 A_n——构件的净截面面积。

4）缺口在边缘但不对称时，应按偏心受压构件计算。

5）验算稳定时，螺栓孔可不作缺口考虑。

【例 16】 方木屋架斜杆截面为 12cm×15cm，$l=400$cm，两端铰接，轴心压力设计值 $N=23.08$kN,木材选用杉木，试进行验算。

【解】 此压杆截面无减损及缺口，故承载力受稳定性控制，不必验算强度。

计算长度 $l_0=l=400$cm

回转半径 $i=0.289\times12=3.47$cm

长细比 $$\lambda=\frac{l_0}{i}=\frac{400}{3.47}=115<[\lambda]=150$$

由表 6-7-1，杉木的强度等级为 TC11，由表 6-7-6 查得 $\varphi=0.212$。

由公式 6-7-3：

$$\frac{N}{\varphi A_0}=\frac{23.08\times10^3}{0.212\times120\times150}=6.05\text{N/mm}^2<f_c=10\text{N/mm}^2$$

（三）受弯构件

受弯构件的抗弯承载能力应按下式计算：

$$\sigma_m=\frac{M}{W_n}\leqslant f_m \tag{6-7-7}$$

式中 M——弯矩设计值（N·mm）；

W_n——构件的净截面抵抗矩（mm^3）；

f_m——木材抗弯强度设计值（N/mm^2）。

受弯构件的抗剪承载能力应按下式计算：

$$\tau=\frac{VS}{Ib}\leqslant f_v \tag{6-7-8}$$

式中 V——剪力设计值（N）；

I——构件的毛截面惯性矩（mm^4）；

b——构件的截面宽度（mm）；

S——剪切面以上的毛截面面积对中和轴的面积矩（mm^3）；

f_v——木材顺纹抗剪强度设计值（N/mm^2）。

受弯构件主要是弯曲强度起控制作用，一般不作抗剪计算。

为满足正常使用要求，受弯构件还必须进行挠度验算：

$$w\leqslant[w] \tag{6-7-9}$$

式中 w——构件按荷载短期效应组合计算的挠度（mm），按建筑力学公式计算；

$[w]$——受弯构件的容许挠度值（mm），按表 6-7-3 采用。

（四）拉弯构件

受拉同时受弯的构件称为拉弯构件，或称偏心受拉构件。拉弯构件的承载能力按下式计算：

$$\frac{N}{A_{\mathrm{n}}}+\frac{Mf_{\mathrm{t}}}{W_{\mathrm{n}}f_{\mathrm{m}}}\leqslant f_{\mathrm{t}} \qquad (6\text{-}7\text{-}10)$$

式中符号意义同前。

（五）压弯构件

构件受轴向压力的同时还承受弯矩作用时，称为压弯构件，或称偏心受压构件。压弯构件的受力特点是：当构件弯曲时，除初始弯矩和挠度外，还出现了轴向压力引起的附加弯矩，如图 6-7-6 所示，在计算中必须考虑这一因素。压弯构件的承载能力按下式计算：

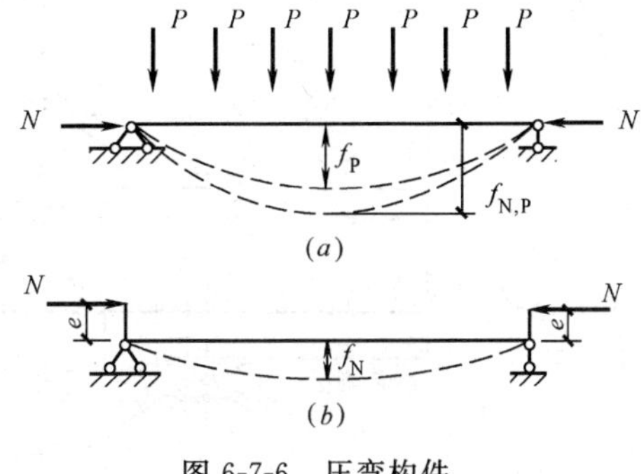

图 6-7-6　压弯构件

$$\frac{N}{\varphi\varphi_{\mathrm{m}}A_{0}}\leqslant f_{\mathrm{c}} \qquad (6\text{-}7\text{-}11)$$

$$\varphi_{\mathrm{m}}=\left[-1\ \frac{\sigma_{\mathrm{m}}}{f_{\mathrm{m}}\left(1+\sqrt{\dfrac{\sigma_{\mathrm{c}}}{f_{\mathrm{c}}}}\right)}\right]^{2} \qquad (6\text{-}7\text{-}12)$$

式中　φ_{m}——考虑轴向力和横向弯矩共同作用的折减系数。

其余符号同前。

压弯构件还应验算垂直于弯矩作用平面的稳定，此时可按公式（6-7-3）验算，不考虑弯矩的影响。

三、木结构的连接

（一）齿连接

齿连接通过构件与构件之间直接抵承传力，即在一构件端头做齿，另一构件上刻槽，将齿与槽嵌合起来。齿连接只应用在受压构件与其他构件连接的节点上。

齿连接构造简单、传力明确、便于检查，且辅助连接物少，常用于豪式木屋架中。其缺点是被结合构件刻槽的局部削弱甚大，制造费工，不易准确。

齿连接有单齿连接与双齿连接。

1. 单齿连接

单齿连接常用作豪式木屋架的节点连接，现以木屋架支座节点为例说明其受力及构造。

如图 6-7-7 所示，上弦的压力通过刻槽抵承面 a-b 传给下弦，其水平分力通过剪切面 b-c 与下弦拉力相平衡，其垂直分力通过下弦与支座反力相平衡。

连接的主要构造要求如下：

（1）齿连接的承压面（图中 a-b）应与所连接的压杆轴线垂直；

（2）单齿连接应使压杆轴线通过承压面中心；

（3）上弦轴线及支座反力作用线应与下弦净截面的中心线交汇于一点（当采用原木时，可与下弦毛截面的中心线交汇于一点）。

除上述主要要求外，单齿连接尚应符合如下要求：

齿连接的齿深，对于方木不应小于 20mm，对于原木不应小于 30mm；

桁架支座节点齿深不应大于 $h/3$（h 为沿齿深方向的构件截面高度），中间节点的齿

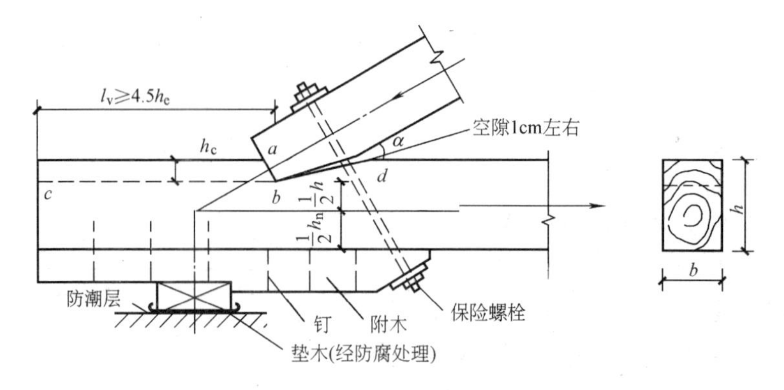

图 6-7-7　单齿支座节点

深不应大于 $h/4$；

当采用湿材制作时，木桁架支座节点齿连接的剪面长度应比计算值加长 50mm；

为使承压面 a-b 传力明确，也为使上弦端部有一定转动的可能，而不致在齿槽根部引起下弦横纹撕裂，图中 b-d 斜面宜留有 1cm 左右空隙；

支座节点中，在垂直于上弦轴线方向应设置 $\phi16 \sim \phi22$ 起后备作用的保险螺栓（当下弦剪面破坏时，保险螺栓将阻止上弦沿剪面滑动，防止或延缓屋架倒塌），保险螺栓应与上弦轴线垂直；

为避免木屋架在运输、架设或使用过程中发生错动或脱落，应用扒钉将构件系紧，扒钉直径不宜过大，常用 6～10mm；

支座节点应设置附木，以加强被刻槽削弱的下弦和固定保险螺栓。附木厚 8～12cm，用钉子与下弦钉牢，钉子数量可按构造布置确定，支座节点的垫木必须经过防腐处理。

单齿连接的计算包括：槽齿承压面强度验算、下弦剪面强度验算，下弦净截面抗拉强度验算和保险螺栓的计算。

2. 双齿连接

双齿连接构造如图 6-7-8 所示。制作时要求两齿抵承面紧密一致，以保证两齿共同传力。第一齿顶点 a 位于上、下弦上边缘交点处，其齿深应不小于 20mm（方木）或 30mm（原木）；第二齿顶点 c 位于上弦轴线与下弦上边缘交点处，第二齿槽的深度应比第一齿槽深度至少大 20mm 但不应大于 $h/3$ 或 $d/3$。第一齿的剪面长度不应小于该齿深的 4.5 倍，

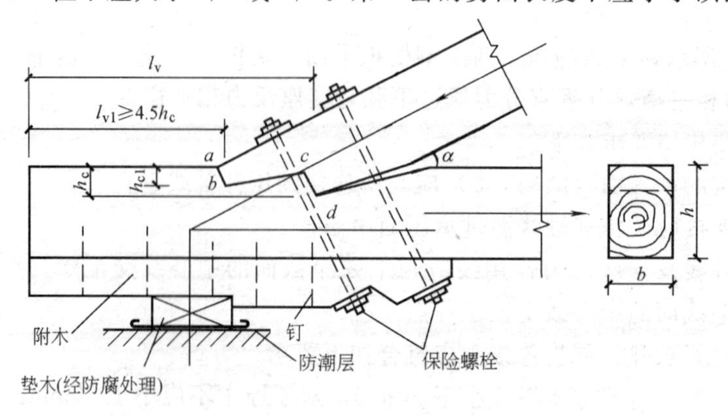

图 6-7-8　双齿支座节点

两齿的承压面均应与上弦轴线垂直。

方木屋架支座反力应与上弦中心线及下弦第二齿削弱后的净截面中心线汇交；原木屋架支座反力应与上弦中心线及下弦毛截面中心线汇交。

双齿连接的端节点应设二根保险螺栓。其余构造要求与单齿连接相同。

双齿连接与单齿连接一样，也需要计算四个方面，即槽齿承压面强度、下弦剪面强度、下弦净截面抗拉强度以及保险螺栓的计算。

（二）螺栓连接

1. 螺栓连接的构造

螺栓连接用在木构件的接长和节点的连接中。螺栓连接的工作主要是螺栓的受弯和螺栓孔木材的被挤压，这两种材料工作的塑性都比较好，所以螺栓连接是一种比较可靠的连接方式。

螺栓连接一般应选用螺栓数量较多、直径较细，形成排列分散、受力均匀的“柔性”连接。这样，除可增加连接的韧性以外，还能使木材疵病的不利影响减至最小，如个别螺栓因其位置与疵病重合而退出工作，但由于螺栓总数较多，所以对整个连接承载能力影响不大，这也就增加了结合的可靠性。

根据螺栓穿过被连接构件间剪切面数目的不同，螺栓连接可分为双剪连接和单剪连接，如图 6-7-9 所示。

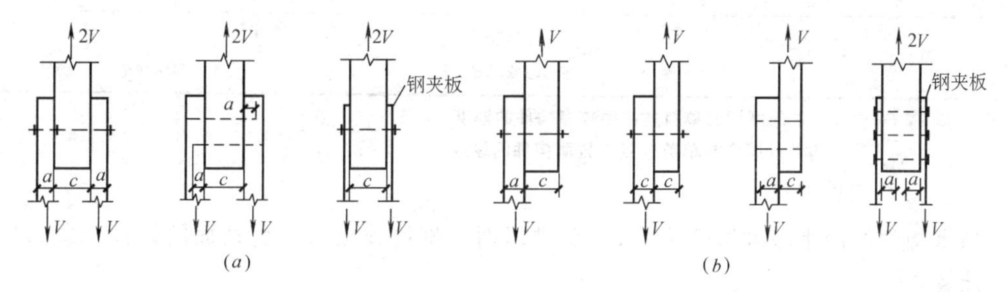

图 6-7-9　双剪连接和单剪连接

（a）双剪连接；（b）单剪连接

如前所述，螺栓的直径不宜过大，一般为 12～22mm。木屋架下弦受拉接头每边螺栓数目不宜少于 6～8 个。

连接用木夹板，应选用纹理平直，没有木节和髓心的干木材制作，任何情况都不能采用湿材制作。

螺栓排列应按两纵行齐列或错列布置（图 6-7-10），这样可以避免单列布置可能产生的干裂危害，同时也减少了螺栓穿过木材髓线平面的可能性。螺栓排列的最小间距见表 6-7-7。

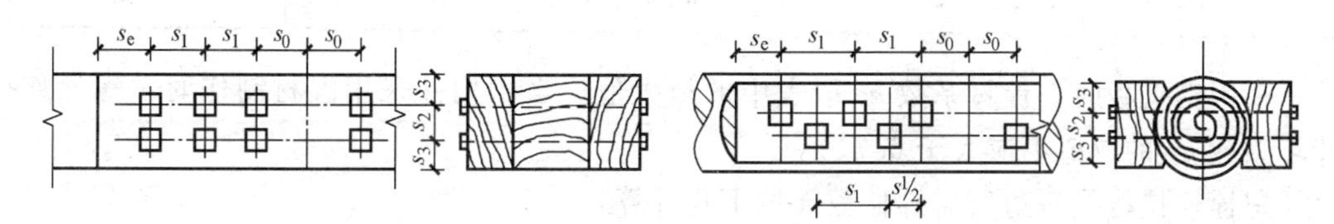

图 6-7-10　螺栓连接的排列方式

（a）两纵行齐列；（b）两纵行错列

螺栓排列的最小间距 **表 6-7-7**

构造特点	顺纹			横纹	
	端距		中距	边距	中距
	s_0	s_0'	s_1	s_3	s_2
两纵行齐列	$7d$		$7d$	$3d$	$3.5d$
两纵行错列			$10d$		$2.5d$

注：d—螺栓直径。

当被连接的木构件采用湿材制作时，木构件顺纹端距 s_0 应加长 70mm。当采用钢夹板时，钢板上的端距 s_e 取螺栓直径的 2 倍；边距 s_3 取螺栓直径的 1.5 倍。

2. 螺栓连接的计算

螺栓连接的承载能力主要由螺栓的抗弯能力和螺栓孔木材的挤压强度确定，但后者破坏很突然，属于脆性破坏。为使连接不发生脆性破坏，规范对螺栓连接中木构件的最小厚度作了限制，见表 6-7-8。

螺栓连接中木构件的最小厚度 **表 6-7-8**

螺栓直径	$d<18$mm	$d\geqslant 18$mm
双剪连接	$c\geqslant 5d$ $a\geqslant 2.5d$	$c\geqslant 5d$ $a\geqslant 4d$
单剪连接	$c\geqslant 7d$ $a\geqslant 2.5d$	$c\geqslant 7d$ $a\geqslant 4d$

注：表中：c—中部构件的厚度或单剪连接中较厚构件的厚度；
a—边部构件的厚度或单剪连接中较薄构件的厚度；
d—螺栓直径。

当木构件的最小厚度符合表 6-7-8 的要求时，螺栓连接每一剪切面的设计承载力应按下式计算：

$$N_v = k_v d^2 \sqrt{f_c} \tag{6-7-13}$$

式中 N_v——每一剪面的设计承载力（N）；
f_c——木材顺纹承压强度设计值（N/mm^2）；
d——螺栓的直径（mm）；
k_v——螺栓连接承载力的计算系数，按表 6-7-9 采用。

螺栓连接承载力的计算系数 k_v **表 6-7-9**

a/d	2.5～3	4	5	≥6
k_v	5.5	6.1	6.7	7.5

采用钢夹板时，计算系数 k_v 取表中的最大值。当木构件采用湿材制作时，螺栓连接计算系数 k_v 的取值不应大于 6.7。

螺栓连接接头每边所需螺栓数 n 按下式计算：

$$n = \frac{N}{mN_v} \tag{6-7-14}$$

式中　N——连接处拉力设计值（N）；

N_v——一个螺栓每一剪面的设计承载力（N）；

m——螺栓的剪面数，单剪 $m=1$，双剪 $m=2$。

【例 17】 设计一杉木方木屋架下弦接头，下弦计算内力 $N=59.37\text{kN}$，截面 15cm×18cm。

【解】 螺栓直径取 $d=1.6\text{cm}$，木夹板厚度取 8cm（$>2.5d=4\text{cm}$），螺栓布置成两排。

螺栓每一剪面的设计承载力$\left(a/d=\dfrac{8}{1.6}=5,\ k_v=6.7\right)$：

$$N_v=k_v d^2\sqrt{f_c}=6.7\times1.6^2\times\sqrt{10}=5424\text{N}=5.42\text{kN}$$

接头每边所需螺栓数：

$$n=\frac{N}{mN_v}=\frac{59.37}{2\times5.42}=5.48\text{ 个，取 6 个。}$$

螺栓排列如图 6-7-11 所示。

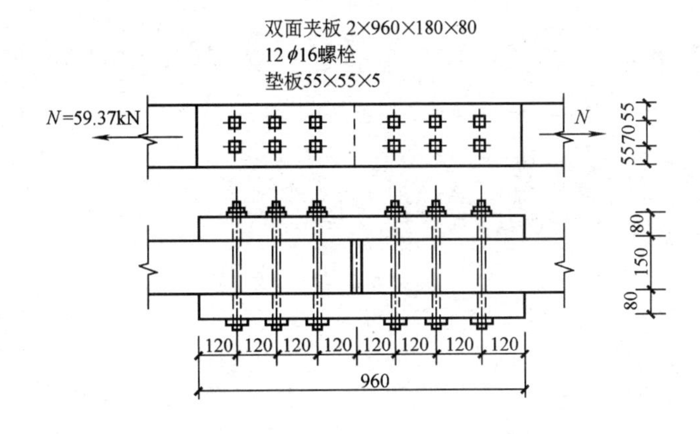

图 6-7-11　例 17 附图

下弦净截面抗拉强度验算（螺栓孔为 ϕ18）：

$$A_n=15\times19-1.8\times15\times2=231\text{cm}^2$$

$$\sigma_t=\frac{N}{A_n}=\frac{59370}{231}=257\text{N/cm}^2=2.57\text{N/mm}^2<f_t=7.0\text{N/mm}^2$$

复 习 思 考 题

1. 你所在地区常用哪几种木材？其强度设计值各应为多少？

2. 在哪些情况下木材的强度设计值需要调整？

3. 计算轴心受压构件稳定性时的 A_0 与计算长细比时的 A 有何不同？轴心受压构件计算公式中的 φ 由什么条件确定？

4. 试述单齿连接与双齿连接的构造要点。采用单齿及双齿连接的木屋架支座节点应计算哪些部分？

5. 怎样计算螺栓数？螺栓连接有几种排列方法？有何要求？

6. 图 6-7-12 所示齿连接构造都是不正确的，为什么？

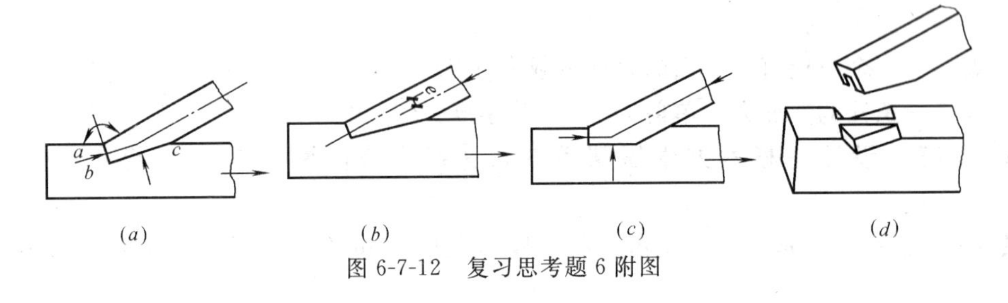

图 6-7-12　复习思考题 6 附图

习　题

1. 选择一原木屋架轴心受压杆截面，内力设计值 $N=20$kN，杆长 2.6m，两端铰接，杉木。
2. 设计一马尾松方木屋架下弦接头，下弦内力设计值 $N=75$kN，截面尺寸为120mm×200mm。

第七章　施工组织设计的编制

第一节　流水作业原理及网络计划

一、流水作业原理

任何一栋建筑物或构造物的建筑都包含着许多个施工过程，每一个施工过程中都要发生劳动力、机械和建筑材料的组织问题。流水作业是一种比较优越的生产组织方法，是现在建筑安装施工生产活动中最有效的科学的组织方法。

（一）施工作业的组织方式

在组织建筑施工时，按一个或几个单位工程项目组织分区、分部、分项工程的施工，可以采用顺序作业、平行作业和流水作业三种组织方式。

1. 顺序作业

顺序作业是将建设工程项目分解成若干个施工过程，即划分工序，然后按施工过程的先后顺序、一道工序接一道工序地进行施工生产作业，依次直到施工完毕。

2. 平行作业

平行作业是同时集中较多的工人平行的、各自独立地顺序完成多件相同的建筑产品。

3. 流水作业

流水作业是将工程项目分解成若干个施工过程，同时将施工对象或按区域按层划分成工程量大致相等的若干个施工段，再根据时间和技术要求及劳动力状况，组织分工种作业队，然后组织各工种作业队按照施工顺序依次投入到施工过程中，使施工组织保持连续性、划一性、规则性和秩序性。

（二）流水作业的分类

按流水作业的组织范围，可从划分为群体工程流水、单位工程流水、分部工程流水、分项工程流水。

1. 群体工程流水

是将若干项单位工程作为一个整体，将一个或几个单位工程作为一个流水段而组织的流水作业。这种流水作业适用于小区建筑中的部署型计划。

2. 单位工程流水

是在一个单位工程内分部位组织的流水作业。这种流水作业适用于编制单位工程综合进度计划。

3. 分部工程流水

它是将一个单位工程的施工划分为基础、结构、装修等部位，而组织的流水作业。这种流水作业适用于编制分部工程作业计划。

4. 分项工程流水

是一个专业工种为单位的流水作业。这种流水作业适用于编制专业工种的作业计划。

（三）流水作业的基本参数及计算

在组织流水作业时，要正确了解有关流水作业的基本参数，并要搞清各基本参数之间的关系。这些基本参数包括：施工过程（工序）、流水段、流水节拍、流水步距、流水作业持续时间、施工工期等。

1. 施工过程

了解施工过程的目的是划分施工工序和排列施工顺序。

不同建筑结构类型的工程其主导工序也不相同，因此在划分施工过程时，要找出在流水组中起决定性作用的主导施工过程，以这些施工过程为主线进行排序。

在划分施工过程时，还要考虑施工方法及劳动组织等因素，不同的施工方法，就会有不同的施工顺序，不同的劳动组织，就会分解不同的工序，所以要求分解施工过程时，要了解本企业的施工特点和经常采用的施工方法，从而做到分解恰当、正确排序。

施工过程数是流水作业中的工艺参数之一，用符号“N”表示，当一个工程组成一个混合承包队施工时：

$$N=\text{施工过程数}=\text{专业工程作业队（组）数}$$

2. 流水段

在实际生产中，我们将体积庞大的建筑物或构筑物按长度或区域划分出若干个施工段落，称为流水段，用字母“M”表示。有些分项工程，则需要按高度划分施工段落，称为流水层。

流水段的划分要适当，当流水段划分过多、过小时，需要的操作工人愈少，但机械设备不能充分发挥作用，同时由于有过多的空闲工作面，也使施工工期延长；当流水段划分过少过大时，会出现流水间段现象，也会造成资源供应过于集中，给施工组织带来了困难，因此划分流水段时要遵循以下原则：

（1）多层或高层建筑物的流水段划分数量要大于或等于施工过程的数量即：

$$M \geqslant N$$

当 $M=N$ 时，每一个流水段中容纳一项施工过程或一个专业作业队，流水可以正常进行；

当 $M>N$ 时，每一个流水段中容纳一项施工过程或一个专业作业队伍还会有空闲的流水段；

当 $M<N$ 时，每一个流水段中容纳一项施工过程或一个专业作业队后，还有施工过程或作业队因没有作业面而造成窝工。

（2）在流水段划分时，应尽量将起主导作用的施工过程或劳动力用量大的工序每一段上实物工程量要大致相等，以便组织等节奏流水施工。

（3）流水段的划分要与主要机械设备的效率相适应，每一个流水段上要有足够的工作面，能容纳所需要的机械台数，并使施工机械充分发挥效率，提高机械化施工水平。

（4）流水段的划分要与劳动组织相结合，各专业工种人员的多少与组合，本地区的施工特点，本企业的施工习惯，都与流水段的划分关系密切，流水段划分时要结合施工的习惯作法、合理配备劳动组织，充分发挥劳动效率。

（5）在高层或多层建筑施工时，即要划分流水段，还要考虑层与层之间的流水结合，以保证流水作业的连续性。

3. 流水节拍

流水节拍是指一个专业作业队（组）在一个流水段上完成任务所需要的时间，通常以字母“t”表示，它是流水作业中重要的时间参数之一。

流水节拍的计算方法：

（1）根据流水段上实物工程量和专业工种作业队人数以及施工机械台数计算流水节拍，其计算公式是：

$$t_i=\frac{Q_i}{N_i \cdot S_i \cdot R_i} \quad 或 \quad t_i=\frac{P_i}{R_i \cdot N_i} \tag{7-1-1}$$

式中　t_i——某专业作业队在 i 流水段上的节拍；

Q_i——第 i 流水段上某专业作业队承担的实物工程量；

S_i——某专业工种的计划产量定额；

P_i——某施工过程在 i 流水段上的劳动量或机械台班数量；

R_i——某施工过程投入的工人数量或机械台班数量；

N_i——某专业队的工作班次。

（2）根据施工工期的要求确定流水节拍，其计算公式是：

$$t=\frac{T}{M} \tag{7-1-2}$$

式中　t——流水节拍；

T——某施工过程工期要求的持续时间；

M——某施工过程划分的流水段数量。

4. 流水步距

流水步距是最恰当地确定各依次连续施工的两个专业作业队施工开始的最小时间间隔。

流水步距的大小直接影响着施工工期的长短，在流水段一定的条件下，流水步距大，工期延长；流水步距小，工期缩短。

流水步距的确定与施工工艺的要求，施工组织和技术间歇的要求，以及成品保护的要求等方面有关系，在确定流水步距时要考虑以上各因素。

确定流水步距的方法有多种，而其中以潘特考夫斯基法比较简单，其确定步骤如下：

（1）根据各施工过程在各流水段上的流水节拍，求平行累加数列；

（2）将相邻施工过程所求出的累加数列与后者错一位相减，得出第三个数列；

（3）在第三列数列中，找出相减结果数值中最大的正数，即两个相邻工序的流水步距。

【例 1】 某分项工程，分别由 A、B、C 三个施工过程组成，该分项工程划分四个流水段施工，流水节拍见表 7-1-1，试计算相邻施工过程之间的流水步距。

表 7-1-1

	Ⅰ	Ⅱ	Ⅲ	Ⅳ
A	4	4	5	5
B	3	3	4	4
C	5	5	6	5

【解】 第一步：求各施工过程的累加数列

A：4、8、13、18

B：3、6、10、14

C：5、10、16、21

第二步：错位相减

A 与 B：

$$\begin{array}{r} 4、8、13、18 \\ -\quad 3、6、10、14 \\ \hline 4、5、7、8、-14 \end{array}$$

B 与 C：

$$\begin{array}{r} 3、6、10、14 \\ -\quad 5、10、16、21 \\ \hline 3、1、0、-2、-21 \end{array}$$

第三步：求流水步距

$$K_{AB}=\max\{4、5、7、8、-14\}=8$$

$$K_{BC}=\max\{3、1、0、-2、-21\}=3$$

第四步：绘制进度计划安排（见图 7-1-1）。

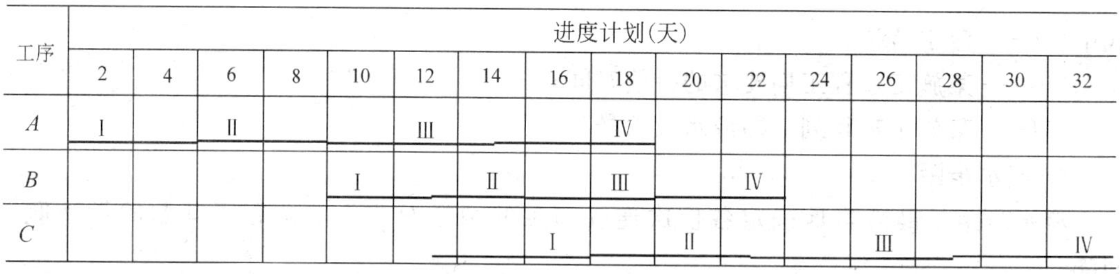

工序	进度计划(天)															
	2	4	6	8	10	12	14	16	18	20	22	24	26	28	30	32
A	Ⅰ		Ⅱ			Ⅲ			Ⅳ							
B					Ⅰ		Ⅱ		Ⅲ		Ⅳ					
C								Ⅰ		Ⅱ			Ⅲ			Ⅳ

图 7-1-1　进度计划安排

5. 施工工期

一个流水作业的施工，从第一个施工过程投入，流水作业开始，到最后一个施工过程退出，流水作业终止的整个作业时间，是这个流水作业的施工工期用符号“T”表示。

施工工期的计算公式为：

$$T=\sum_{1}^{n-1}K+T_{N} \tag{7-1-3}$$

式中　T——施工工期；

$\sum_{1}^{n-1}K$——流水作业中各流水步距时间的总和，一个流水组中共有（$n-1$）个流水步距；

T_{N}——最后一个施工过程的流水作业持续时间。

从公式中可以看出总工期是由两部分时间组成，即各流水步距之和与最后一项投入施工的施工过程中每段上作业时间之和，因此要缩短工期就必须从这些方面去采取措施。

计算举例：

$$T=\sum_{1}^{n-1}K+T_{\mathrm{N}}=K_{\mathrm{AB}}+K_{\mathrm{BC}}+T_{\mathrm{C}}=8+3+21=32\text{(天)}$$

施工工期为32天。

（四）流水施工作业合理组织

1. 建筑流水作业的组织方法

将建筑流水作业的组织方法归纳如下：

（1）确定流水作业中所包含的施工过程及其施工顺序。

（2）划分流水段。

（3）按各施工过程组织专业作业队，各专业工种的组成要满足施工作业面及合理流水的需要。

（4）确定流水节拍。

（5）计算各施工过程之间的流水步距。

（6）计算施工工期。

（7）绘制流水作业进度计划。

2. 流水段数与施工过程的关系

在前面分析流水段时已经确定，流水段的数量要大于或等于施工过程的数量，其中施工过程是施工中所包含的主导工序的内容，有些施工工序如：结构施工中的预埋电管、预留管洞、搭内外架子等工序，由于可以与主导工序并行施工，所以我们在实际生产中把它们进行并项处理，不作为一道工序列出，这样可以控制施工过程的数量不至于过多，在流水作业时，每一个流水段上一般只容纳一个专业队，如果施工过程数大于流水段的数量，这样会造成有的专业作业队因无作业面而闲置，造成窝工，同时也会出现流水间断现象。如果流水段的数量大于施工过程的数量，将会有空闲工作面得不到充分利用，当然在流水段中保留一定的空闲工作面对防止窝工是有好处的，但会造成工期的延长。

在作业时间和流水步距不变的条件下，在操作人员达到饱和的条件下，流水段的数量愈多、工期愈长，但需要的工人愈少；反之，流水段的数量愈少，则工期愈短，需要的工人数量就愈多。

3. 间断流水及处理

在实际组织流水施工过程中，往往有一些施工项目因工程实物量较小或因劳动组织的限制，使流水节拍小于其他施工项目的流水节拍，这时若过分强调所有的施工项目都要连续施工，可能会导致工期的延长，也会使其他施工项目在下一个循环施工开始前出现间歇现象，会造成时间和资源的浪费。若将这个施工项目采用间断流水的方法来处理，会收到较好的效果。

例如：某框架结构一、二层施工，划分四个流水段，由墙柱扎筋，墙柱、梁板支模，梁板扎筋，浇灌混凝土四个主导施工过程组成，连续流水施工组织安排进度计划如图7-1-2。

如果将其中墙柱扎筋、梁板扎筋、浇灌混凝土施工处理成间断流水施工，其流水作业进度计划如图7-1-3。

把以上两个计划方案进行比较，第一方案工期为31天，第二方案工期为25天，第二方案可缩短工期6天。第一方案中二层扎筋空闲时间为6天，支模也相应拖后6天；第二

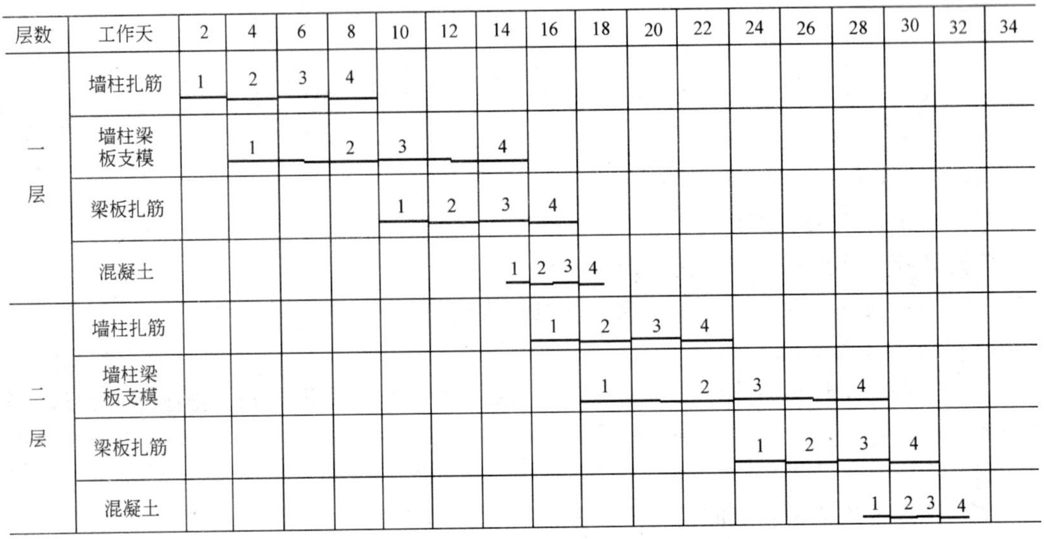

层数	工作天	2	4	6	8	10	12	14	16	18	20	22	24	26	28	30	32	34
一层	墙柱扎筋	1	2	3	4													
	墙柱梁板支模		1		2	3		4										
	梁板扎筋					1	2	3	4									
	混凝土							1	2 3	4								
二层	墙柱扎筋								1	2	3	4						
	墙柱梁板支模									1		2	3		4			
	梁板扎筋												1	2	3	4		
	混凝土														1	2 3	4	

图 7-1-2 以主导工序划分的施工过程

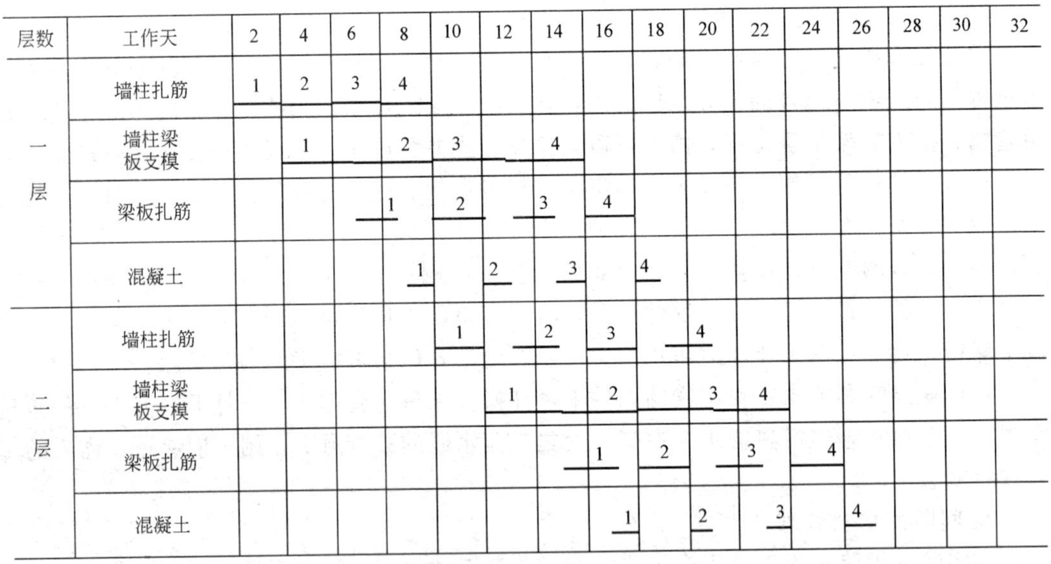

层数	工作天	2	4	6	8	10	12	14	16	18	20	22	24	26	28	30	32
一层	墙柱扎筋	1	2	3	4												
	墙柱梁板支模		1		2	3		4									
	梁板扎筋				1	2		3	4								
	混凝土				1		2	3		4							
二层	墙柱扎筋					1		2	3		4						
	墙柱梁板支模						1		2		3	4					
	梁板扎筋								1	2		3	4				
	混凝土								1		2	3		4			

图 7-1-3 流水作业进度计划

方案中支模板工序保持了连续施工，所以第二方案的施工组织比较合理。

从以上分析我们可以看出，对于流水施工连续性的要求，不能绝对化。要保持主导施工连续作业是根本的要求，可采取间断流水的方法。

（五）单位工程流水施工计划及流水组织方法

本节将围绕一个单位工程项目的流水施工计划进行剖析，介绍其编制方法及组织方法。

1. 工程概况

该工程为一栋高层住宅楼，地下 2 层，地上 18 层，建筑面积 11000m^2，结构形式为全现浇钢筋混凝土结构，内装修地面为水泥地面，墙顶装修为喷大白浆，外檐装修为刷涂料。

2. 施工方案

本计划为单位工程流水施工计划，共分五个分部工程分别组织流水施工。这五个分部工程是：基础工程、地下结构工程、结构工程、内装修工程、屋面及外装修工程。在组织流水施工时，基础工程、地下结构工程、结构工程为水平流水，内装修工程、屋面及外装修工程为竖向流水施工。

以主导工序划分的施工过程（见图 7-1-2）中分项工程一栏，所列工序是按施工顺序排列的。

流水段的划分各施工阶段各有不同；

（1）基础工程：根据工艺要求抗压板混凝土需一次浇灌，因此不划分流水段。

（2）地下结构工程：根据施工垂直运输机械和劳动力组织及外墙浇灌混凝土的要求，划分为二段施工。

（3）结构工程：根据结构主要施工过程及平面布置情况，将每层划分为 4 个流水段，划分情况见图 7-1-4。

（4）内装修工程：流水段是按层划分的，除水泥地面外，其他施工过程每 4 层为一竖向流水段，均由 4 个施工班组组成、一个流水节拍同时完成 4 个层的作业、5 次流水完成全部施工项目。水泥地面受垂直运输机械限制，竖向按层流水施工。

（5）外装修工程：竖向按层流水施工。

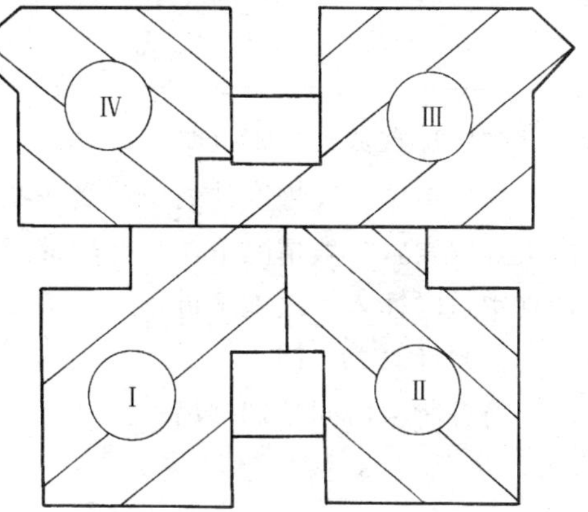

图 7-1-4　流水段划分示意图

3. 劳动力组织

分基础、结构、装修三个阶段组成劳动力组织。

（1）基础、地下结构阶段：木工 80 人，钢筋工 40 人，架子工 12 人，混凝土工 30 人，其他工种 20 人，共 182 人。

（2）结构阶段：木工 60 人，钢筋工 40 人，架子工 10 人，混凝土工 20 人，其他工种 20 人，共 150 人。

（3）装修阶段：抹灰工 150 人，木工 80 人，油工 70 人，其他 160 人，共计 460 人。

4. 计算时间参数

（1）流水节拍计算结果（见表 7-1-2）

流水节拍计算结果　　　　**表 7-1-2**

分部工程	分项工程	实物工程量	专业队人数	流水节拍
基础工程	垫层	$64m^3$	20	
	抗压板	$418m^3$	120	
地下结构工程	地下室结构	$948m^3$	182	
	地下室防水	$711m^2$	6	
	沟槽填土	$688m^3$	15	

续表

分部工程	分项工程	实物工程量	专业队人数	流水节拍
结构工程	结构	$3188m^3$	150	5
	二次结构	$123m^3$	25	12
内装修工程	水泥地面	$9923m^2$	30	7
	内抹灰	$19800m^2$	80	13
	安装门窗	3300 樘	60	10
	墙顶浆活	$41228m^2$	50	12
	灯具、油漆	1 项	30	7
屋面及外装修工程	屋面防水	$565m^2$	30	
	外墙抹灰	$9771m^2$	40	
	外墙涂料	$9771m^2$	20	
	门头、台阶、散水	1 项	40	

(2) 计算流水步距（略）

由于单位工程进度计划中，受一些不流水单一过程项目的影响及一些施工过程是并行施工等因素，一般情况下，只在分部工程流水作业计划中计算流水步距，在单位工程进度计划中适时插入下道施工过程，不单独计算流水步距。

(3) 计算总工期

将各阶段时间分别列出：

$$T_{基础}=125\text{天}$$

$$T_{结构}=115\text{天}$$

$$T_{装修}=150\text{天}$$

其中：交叉施工 30 天。

总工期：

$$\begin{aligned}T&=T_{基}+T_{结}+T_{装}-T_{交}\\&=125+115+150-30=360\text{天}\end{aligned}$$

通过计算得出施工总工期为 360 个工作天。

5. 绘制单位工程流水作业计划

单位工程流水作业进度计划见图 7-1-5。

二、网络计划

网络计划是利用网络图来表示一项计划中各项工作之间的开展顺序、持续时间以及相互之间的逻辑关系。与横道图计划相比较，网络计划克服横道图计划的缺点，能够从工程的整体出发，将计划中各项工作组成一个整体，并明确地表现出各项工作之间相互联系、相互制约的关系，突出了关键工作，使管理者能抓住主要矛盾，同时也可以利用各种机动时间对计划进行优化，以取得最佳经济效果。因此网络计划是一种科学的计划管理方法。

(一) 网络图的基本概念

1. 箭线

“箭线”是网络图的基本组成部分之一，在双代号网络图中，一条箭线代表一项工作(工序、施工过程)，在网络图中，凡是占用一定时间或有资源消耗的工作，都用箭线表示。

分部工程	分项工程	单位	工程量	计划用工	进度计划安排													
					1	2	3	4	5	6	7	8	9	10	11	12	13	14
基础工程	机械挖土方	m^3	4129															
	基础处理	m^2	640															
	垫层混凝土	m^3	64															
	抗压板混凝土	m^3	418															
地下结构工程	地下室结构	m^3	948				−2	−1										
	地下室防水	m^2	711															
	沟槽填土	m^3	688															
结构工程	结构（混凝土）	m^3	3188						1 3	5 7 9	11 13 15	17						
	二次结构	项	1								4 8	12 16 18						
内装修工程	装修准备	项	1															
	水泥地面	m^2	9923										15 11 7	3 −2				
	内抹灰	m^2	19799										15	11 7	3−2			
	门窗安装	樘	3300											15 11	7 3−2			
	墙顶浆活	m^2	41228											15	11 7 3	−2		
	灯具安装油漆	项	1												15 11	7 3−2		
屋面及外装工程	屋面防水	m^2	565															
	外墙抹灰涂料	m^2	9771															
	门头台阶散水	项	1															
	竣工清理	项	1															

图 7-1-5 单位工程流水作业进度计划

箭线所反映的工作范围可大可小，一个箭线可以表示一项分项工程，也可以表示一项分部工程，甚至可以表示一栋建筑物的施工全过程。

箭线的箭尾代表了工作的开始，箭头指向工作的结束，在箭线的上方标注工作名称、在箭线的下方标注工作的持续时间（如图 7-1-6）。箭线的长度在无时标网络图中以满足构图要求与前后箭线合理连接为标准；在有时标网络图中按时间长度画定。

箭线有实箭线和虚箭线两种，其中虚箭线只表示前后所连接两工作之间的逻辑关系，虚箭线表示方法如图 7-1-7。

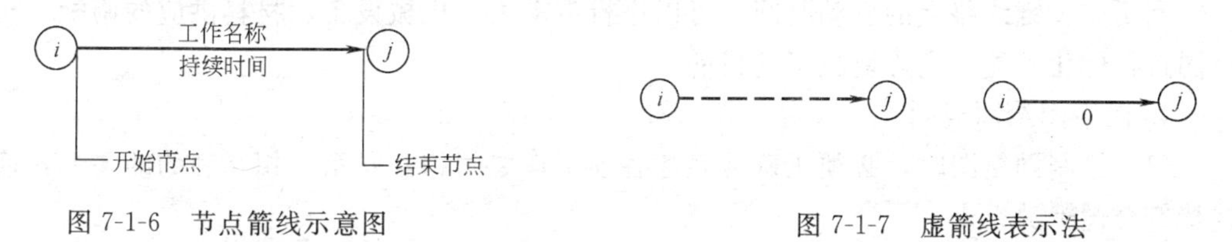

图 7-1-6 节点箭线示意图

图 7-1-7 虚箭线表示法

在单代号网络图中，箭线只表示各项工作之间相互制约、相互联系的关系，单代号网络图中没有虚箭线。

2. 节点

在双代号网络图中，节点是两工序之间的交点，既是上道工序的结束，也是下道工序的开始，节点一般用“○”表示。

一项工作箭尾处节点叫开始节点，箭头处节点叫结束节点，为了叙述和检查的方便、节点要编号，号码要在“○”内，（如图 7-1-6），编号要求结束节点编号要大于开始节点的编号，号码可以连续编，也可以根据需要跳号编，如图 7-1-8 所示。

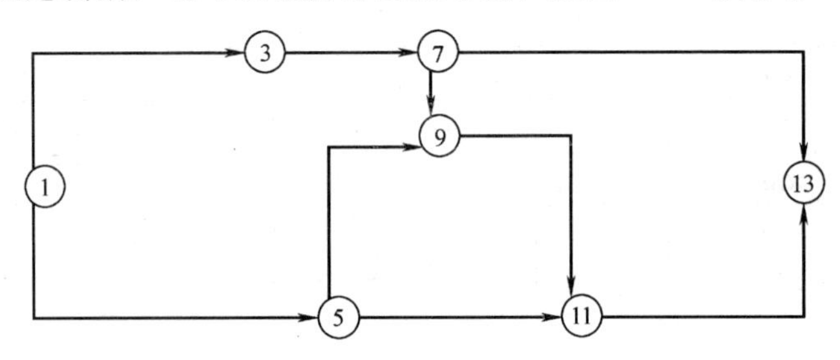

图 7-1-8　节点编号方法

表示整个网络计划开始的节点叫网络图的“起点节点”，网络计划最终完成的节点，叫网络图的“终点节点”，其余的节点叫“中间节点”。

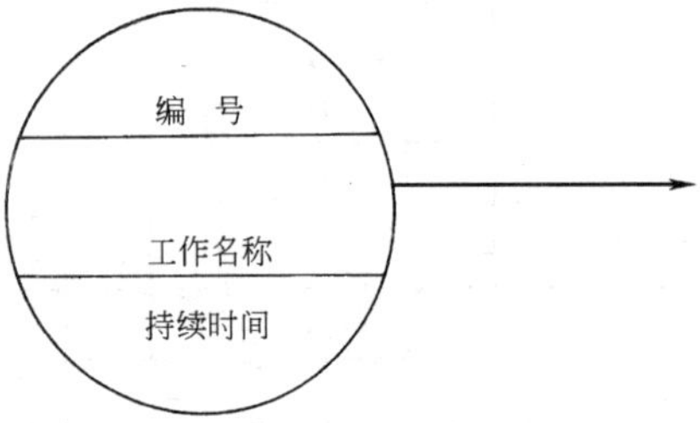

编　号
工作名称
持续时间

图 7-1-9　单代号节点图

在单代号网络图中，节点代表一项工作（见图 7-1-9），由于篇幅有限，本书不作介绍。

3. 线路、关键线路

在网络图中，由起点节点开始顺箭线所指方向连续通过一系列的节点和箭线，最后到达终点节点的通路称为线路。一个网络图中有若干条线路，每条线路所包含的若干个作业的持续时间之和，是这条线路的长度。

在网络图众线路中，需用时间最长的线路叫做关键线路，关键线路是没有任何机动时间可以利用的，关键线路决定了网络计划的总工期，位于关键线路上的工作叫关键工作。

关键线路以外的线路，都是非关键线路，在非关键线路上，总是有时差存在的。

关键线路不是一成不变的，在一定的条件下，关键线路与非关键线路之间可以互相转化。

利用关键线路可以在名目繁多，错综复杂的计划中找出决定工程进度的关键工作，以便于管理者集中力量抓主要矛盾、确保工期。

利用非关键线路上的机动时间，可以进行劳动力、机械设备、材料供应的调配，对网络图进行优化，能达到均衡施工的目的。

4. 网络图绘图规则

（1）绘制网络图时，必须正确地表达各项工作之间相互联系、相互制约的关系，箭线连接符合逻辑关系；

（2）绘图时要条理清楚、布局合理、箭线的画法统一；

（3）两个相邻节点之间只能有一条箭线，不允许有同样节点编号的作业出现；

（4）网络图中不允许出现循环线路；

（5）网络图中只有一个起点节点和一个终点节点；

（6）网络图中尽量避免使用反向箭线；

（7）每一条箭线的箭尾节点编号要小于箭头节点编号；

（8）不允许出现没有开始节点的工作。

5. 绘制方法

（1）在编制网络计划之前，要将工程项目进行分解，明确计划中所包含的工作内容，施工顺序及各相关工作之间的逻辑关系，以及施工组织方式等；

（2）绘制草图、加工整理，核对逻辑关系是否有错误，然后合理布点，正式绘图；

（3）绘图时箭线应尽量成水平线或带部分折线的水平线，而不使用斜向箭线，尽量避免交叉，如果必须出现交叉时，其处理办法如图 7-1-10 所示，网络图的结构应条理清楚，布局合理，图面不要太零乱；

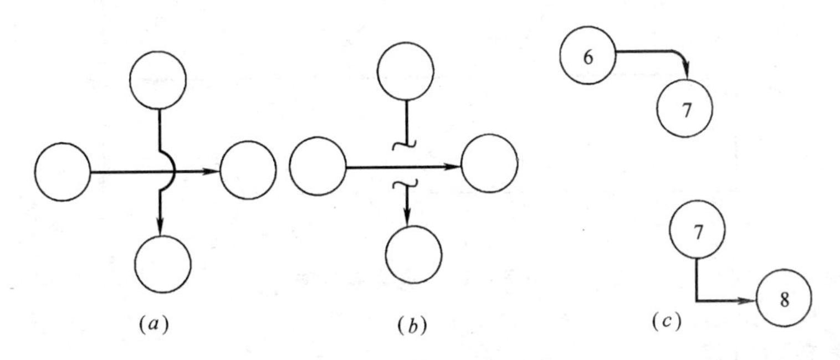

图 7-1-10　箭线交叉方法

（a）暗桥法；（b）断线法；（c）指向法

（4）当二个相邻节点之间同时有几项作业平行进行时，除一项作业外，其余的作业均应增加节点并引入虚工序（见图 7-1-11），这样使每一项作业都只有惟一的两个节点编号，避免出现重复编号的混乱。

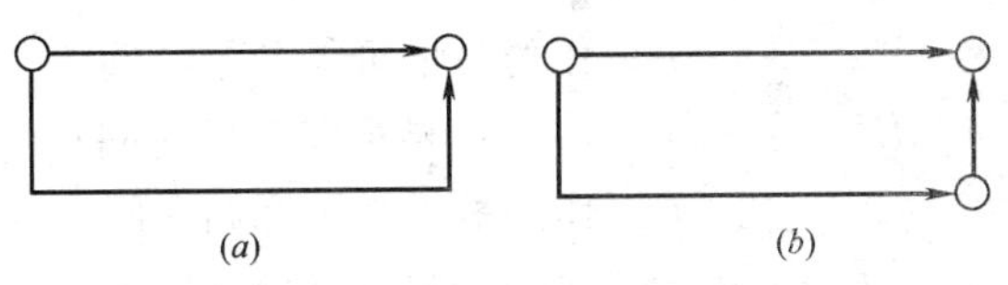

图 7-1-11　平行作业节点处理方法

（a）错误；（b）正确

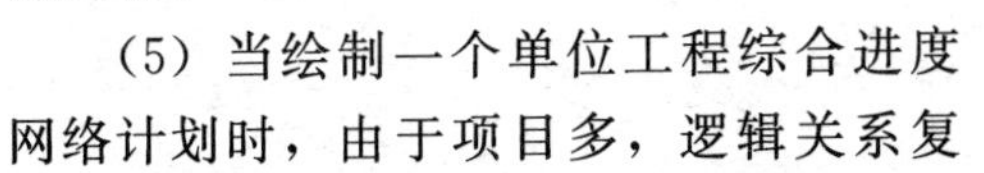

（5）当绘制一个单位工程综合进度网络计划时，由于项目多，逻辑关系复杂、整体绘制难度较大，可以采用分部、分项工程分别绘制的方法去绘图。如按分部工程分别绘制基础、结构、装修网络计划，再将各分部工程网络计划连接合并成一个单位工程网络计划，在拼接时要根据工艺流程和组织关系使拼图的逻辑关系正确。

（6）节点编号是在画完整体网络图后进行的，具体方法是：

① 选定网络图起点的号码，然后顺箭线指向依次由小往大排序编号；

② 编号的方法有两种，一种是水平编号，从起点开始由上到下逐行编号，每行从左至右编排。另一种是垂直编排，从起点节点开始由左至右竖向逐列排序编号（见图 7-1-12、图 7-1-13）。

③ 在编号时，一般要跳号编排，如 1，3，5……，这样可以在增加或调整某些工序时，有新增节点编号的余地，从而可以避免对网络图的节点重新编号。

（二）网络图的时间参数计算

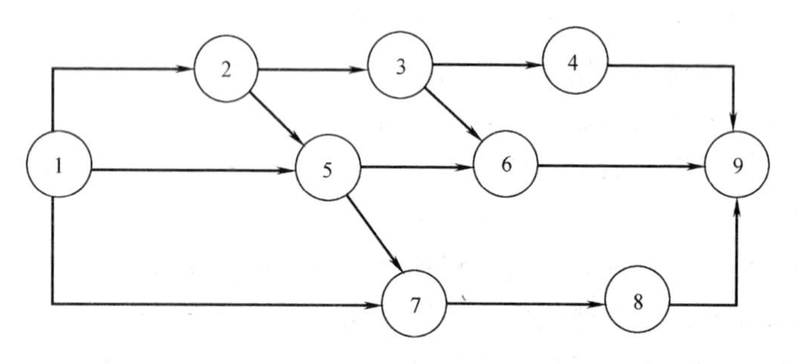

图 7-1-12　水平编号法

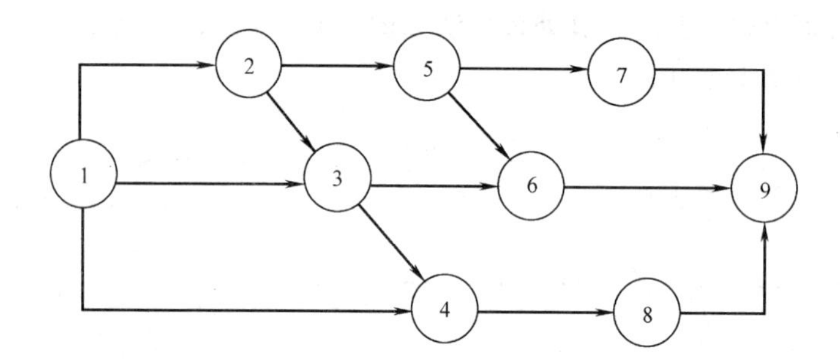

图 7-1-13　垂直编号法

1. 时间参数的内容

在一个网络图中，所包含的时间参数用符号表示如下：

t_{ij}——工作 i-j 的持续时间；

t_{hi}、t_{jk}——紧前和紧后工序；

ES_{ij}——i-j 工作的最早可能开始时间；

EF_{ij}——i-j 工作的最早可能完成时间；

LS_{ij}——i-j 工作的最迟必须开始时间；

LF_{ij}——i-j 工作的最迟必须完成时间；

TF——总时差；

FF——自由时差；

T——总工期。

2. 时间参数的计算

（1）网络图时间参数的计算步骤

① 从起点节点开始依次计算各项工作的最早可能开始时间 ES 和最早可能完成时间 EF 直至终点节点。

② 确定网络计划的总工期 T。

③ 从终点节点起向起点节点依次计算各项工作的最迟必须完成时间 LF 和最迟必须开始时间 LS。

④ 计算各项工作的总时差 TF 和自由时差 FF。

（2）最早可能开始时间 ES 和最早可能完成时间 EF 的计算

最早可能开始时间是受起点节点限制的，应从网络图的起点节点顺工作箭头方向向终点节点进行计算、计算过程是一个加法过程。

计算最早可能开始时间的基本公式是：

$$ES_{ij}=\max EF_{hi}(h<i<j)$$

计算工作的最早可能开始时间有以下三种情况：

① 由网络图起点节点出发的工作，其最早可能开始时间等于零。

$$ES_{ij}=0(i=1)$$

② 如果工作之前只有一项紧前工作时，其工作的最早可能开始时间等于紧前工作的最早可能完成时间。

$$ES_{ij}=EF_{hi}(h<i<j)$$

③ 如果工作前面有多项平行的紧前工作时，其工作的最早可能开始时间等于各项紧前工作的最早可能完成时间中的最大值。

$$ES_{ij}=\max EF_{hi}(h<i<j)$$

工作的最早可能完成时间等于本项工作的最早可能开始时间加上工作的持续时间。

$$EF_{ij}=ES_{ij}+t_{ij}$$

工作的最早可能开始时间和最早可能完成时间计算举例：

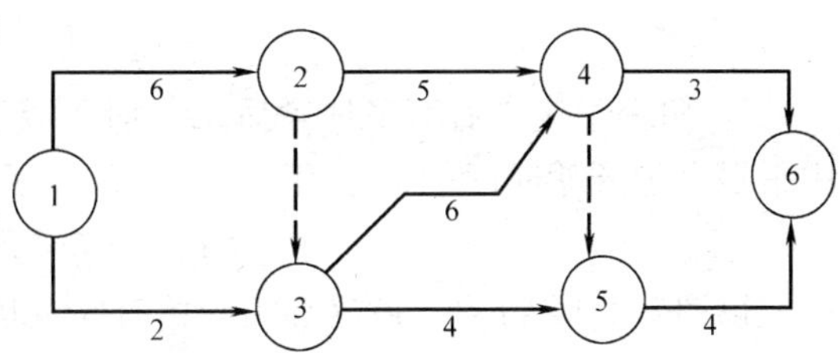

图 7-1-14

图 7-1-14 中 ES、EF 计算结果如下：

$ES_{12}=ES_{13}=0$

$EF_{12}=ES_{12}+t_{12}=0+6=6$

$EF_{13}=ES_{13}+t_{13}=0+2=2$

$ES_{23}=EF_{12}=6$

$EF_{23}=ES_{23}+t_{23}=6+0=6$

$ES_{24}=EF_{12}=6$

$EF_{24}=ES_{24}+t_{24}=6+5=11$

$ES_{34}=ES_{35}=\max\{EF_{13}、EF_{23}\}=\max\{2,6\}=6$

$EF_{34}=ES_{34}+t_{34}=6+6=12$

$EF_{35}=ES_{35}+t_{35}=6+4=10$

$ES_{45}=ES_{46}=\max\{EF_{24}、EF_{34}\}=\max\{11,12\}=12$

$EF_{45}=ES_{45}+t_{45}=12+0=12$

$EF_{46}=ES_{46}+t_{46}=12+3=15$

$ES_{56}=\max\{EF_{45}、EF_{35}\}=\max\{12,10\}=12$

$EF_{56}=ES_{56}+t_{56}=12+4=16$

(3) 确定总工期

在与终点相联系的各项工作中，最早可能完成时间的最大值，就是整个网络计划的完成时间，即是总工期，计算公式为：

$$T=\max EF$$

以图 7-1-14 为例计算总工期：

$$T=\max\{EF_{46},EF_{56}\}=\max\{15,16\}=16$$

（4）计算工作的最迟必须完成时间和最迟必须开始时间

工作的最迟必须开始时间等于其最迟必须完成时间减去其工作的持续时间：

$$LS_{ij}=LF_{ij}-t_{ij}$$

工作的最迟必须完成时间的计算，有以下三种情况：

① 在网络图中进入终点节点的工作，其最迟必须完成时间等于工程的完成时间，即所有最后工作中最早完成时间的最大值。

$$LF_{in}=\max EF_{in}(n\text{—终点节点})$$

② 如果工作之后只有一项紧后工作，其工作的最迟必须完成时间等于它的紧后工作最迟必须开始时间。

$$LF_{ij}=LS_{jk}(i<j<k)$$

③ 如果工作之后有多项紧后工作时，其工作的最迟必须完成时间等于各项紧后工作中最迟必须开始时间的最小值。

$$LF_{ij}=\min LS_{jk}(i<j<k)$$

以图 7-1-14 为例，最迟必须开始时间及最迟必须完成时间计算如下：

$LF_{56}=\max\{EF_{46},EF_{56}\}=\max\{15,16\}=16$

$LS_{56}=LF_{56}-t_{56}=16-4=12$

$LF_{46}=\max\{EF_{46},EF_{56}\}=\max\{15,16\}=16$

$LS_{46}=LF_{46}-t_{46}=16-3=13$

$LF_{35}=LF_{45}=LS_{56}=12$

$LS_{45}=LF_{45}-t_{45}=12-0=12$

$LS_{35}=LF_{35}-t_{35}=12-4=8$

$LF_{24}=LF_{34}=\min\{LS_{46},LS_{45}\}=\min\{13,12\}=12$

$LS_{24}=LF_{24}-t_{24}=12-5=7$

$LS_{34}=LF_{34}-t_{34}=12-6=6$

$LF_{13}=LF_{23}=\min\{LS_{34},LS_{35}\}=\min\{6,8\}=6$

$LS_{23}=LF_{23}-t_{23}=6-0=6$

$LS_{13}=LF_{13}-t_{13}=6-2=4$

$LF_{12}=\min\{LS_{23},LS_{24}\}=\min\{6,7\}=6$

$LS_{12}=LF_{12}-t_{12}=6-6=0$

（5）计算工作的总时差

工作的总时差是指一项工作在不影响总工期的情况下，所拥有的最大的机动时间。

一项工作从最早可能开始时间到最迟必须完成时间之间，除工作实际持续时间，t_{ij} 外，还有 [$LS_{ij}-ES_{ij}$] 一段时间，因此工作总时差的计算公式是：

$$TF_{ij}=LS_{ij}-ES_{ij}$$

在网络图中有部分工作的最早可能开始时间等于最迟必须开始时间，即

$$TF_{ij}=LS_{ij}-ES_{ij}=0$$

这时的总时差为零，总时差为零的工作是关键工作。

在网络图中还有部分工作的最早可能开始时间小于最迟必须开始时间，即

$$TF_{ij}=LS_{ij}-ES_{ij}>0$$

这时的总时差大于零，总时差大于零的工作是非关键工作。

以图 7-1-14 为例，其各工作的总时差计算如下：

$TF_{12}=LS_{12}-ES_{12}=0-0=0$

$TF_{13}=LS_{13}-ES_{13}=4-0=4$

$TF_{23}=LS_{23}-ES_{23}=6-6=0$

$TF_{34}=LS_{34}-ES_{34}=6-6=0$

$TF_{35}=LS_{35}-ES_{35}=8-6=2$

$TF_{24}=LS_{24}-ES_{24}=7-6=1$

$TF_{45}=LS_{45}-ES_{45}=12-12=0$

$TF_{46}=LS_{46}-ES_{46}=13-12=1$

$TF_{56}=LS_{56}-ES_{56}=12-12=0$

总时差的存在，说明在非关键线路上，各道工序有一定的潜力可挖，我们可以利用它优化网络计划。

（6）计算工作的自由时差

工作的自由时差是一项工作在不影响紧后工作按最早时间开始的条件下，本身可以自由使用的时间，自由时差的计算公式为：

$$FF_{ij}=ES_{j\mathrm{k}}-EF_{ij}\ (i<j<k)$$

以图 7-1-14 为例，其各项工作的自由时差计算如下：

$FF_{12}=ES_{23}-EF_{12}=6-6=0$

$FF_{13}=ES_{34}-EF_{13}=6-2=4$

$FF_{23}=ES_{34}-EF_{23}=6-6=0$

$FF_{24}=ES_{45}-EF_{24}=12-11=1$

$FF_{34}=ES_{45}-EF_{34}=12-12=0$

$FF_{35}=ES_{56}-EF_{35}=12-10=2$

$FF_{45}=ES_{56}-EF_{45}=12-12=0$

$FF_{46}=T-EF_{46}=16-15=1$

$TF_{56}=T-EF_{56}=16-16=0$

自由时差是工序独立的机动时间，是存在于总时差之内的，所有具有自由时差的工序，一定具有总时差，但是具有总时差的工序，却不一定具有自由时差。

通过上面的分析，我们得到了各种时间参数的计算公式，据此就可以进行网络图时间参数的计算。

3. 图上计算法

图上计算法是根据时间参数计算公式，在网络图上直接进行时间参数计算的一种方法，这种方法简单明确，在实际应用中普遍采用。

(1) 计算工作的最早时间

工作的最早时间包括：最早可能开始时间和最早可能完成时间，其中最早可能开始时间是从起点节点开始顺箭头所指方向逐项进行计算的。计算时必须先计算紧前工作，然后才能计算本项工作。

现以图 7-1-15 计算例题来说明。

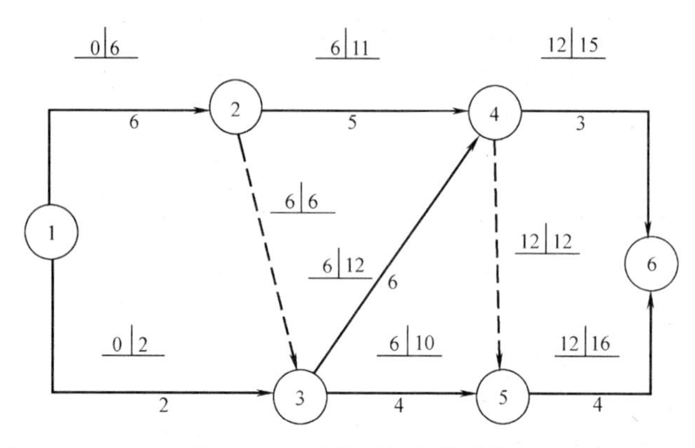

图 7-1-15 最早时间参数计算

从图 7-1-15 中看出，与起点节点相联系工作的最早可能开始时间都为零，中间节点若只有一项紧前工作时，其最早可能开始时间为紧前工作的最早可能开始时间与紧前工作持续时间之和，若有二条以上紧前工作时，它的最早可能开始时是它的各项紧前工作的最早可能开始时间分别与各自的工作持续时间相加，取其和中最大者。

工作的最早可能完成时间 EF 是其工作的最早可能开始时间与其本项工作的持续时间之和。

(2) 计算工作的最迟时间

工作的最迟时间包括最迟必须开始时间和最迟必须结束时间。

工作的最迟必须开始时间是从终点节点逆箭头方向逐项进行计算的，必须先计算紧后工作，然后才能进行本项工作的计算。现以图 7-1-16 例题计算来说明。在图 7-1-15 中我们通过最早时间参数的计算，得出总工期为 16，与终点节点相联系的工作 4 6，5 6 的最迟开始时间是总工期减去其相应的工作持续时间：

$$LS_{46}=16-3=13$$

$$LS_{56}=16-4=12$$

当有二项以上紧后工作时，其最迟必须开始时间的计算是将各紧后工作的最迟必须开始时间中最小值者减去本项工作的持续时间，所得的差，计算结果见图 7-1-16。

(3) 计算工作的时差

在网络图上计算各项工作的总时差时，利用公式：$TF_{ij}=LS_{ij}-ES_{ij}$ 依次将各项工作 LS 与 ES 数值相减，其关系式是：

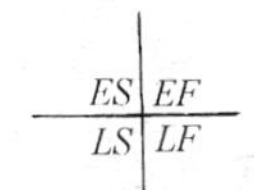

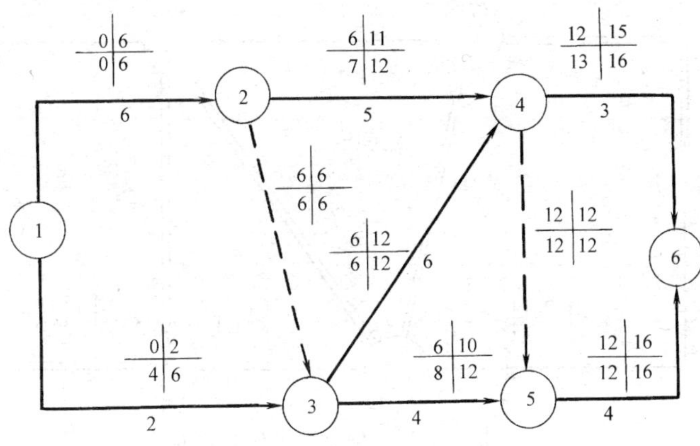

图 7-1-16　网络图最早与最迟时间参数计算

结果（ES → TF），减（ES − LS）

ES	EF	TF
LS	LF	FF

在网络图上计算各项工作的自由时差 FF 时，是利用公式：$FF_{ij}=ES_{jk}-FF_{ij}$（$i<j<k$）来进行计算的，其关系式是：

减（ES_{jk} − EF_{ij}），结果（→ FF_{ij}）

ES_{ij}	EF_{ij}	TF_{ij}
LS_{ij}	LF_{ij}	FF_{ij}

ES_{jk}	EF_{jk}	TF_{jk}
LS_{jk}	LF_{jk}	FF_{jk}

计算例题见图 7-1-17。

4．表上计算法

表上计算法是借助表格形式分析计算出各种时间参数，在计算用表格上的项目应该有工作名称、工作编号、工作的持续时间和所要求出的各项时间参数，现仍以图 7-1-9 为例，列表求出各项时间参数，计算步骤如下：

（1）列出网络图中时间参数计算表，见表 7-1-3，表中②③④⑤项为原始数据，⑥～⑫项为需要计算的时间参数。

（2）计算最早可能开始时间 ES_{ij} 逐个填入⑥项内，其计算方法按计算最早可能开始时间公式进行计算。

（3）计算最早完成时间 EF_{ij} 用项目⑤加项目⑥填入项目⑦中（横向填写）。

（4）计算最迟完成时间 LF_{ij}，按计算公式自网络图终点结点逆箭线方向进行计算，并逐项填入表中第⑨项。

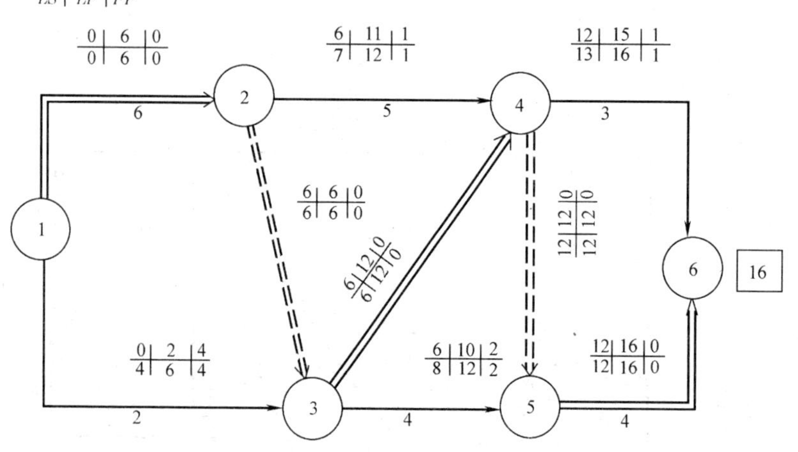

图 7-1-17　网络图工作时差的计算

网络图时间参数计算表　　　　**表 7-1-3**

序号	工作名称	紧前工作数/紧后工作数	工作编号	持续时间 t_{ij}	最早开始 ES_{ij}	最早完成 EF_{ij}	最迟开始 LS_{ij}	最迟完成 LF_{ij}	总时差 TF_{ij}	自由时差 FF_{ij}	关键工作（√）
(1)	(2)	(3)	(4)	(5)	(6)	(7)=(5)+(6)	(8)=(9)−(5)	(9)	(10)=(8)−(6)	(11)	(12)
1	*A*	0/2	①—②	6	0	6	0	6	0	0	√
2	*B*	0/2	①—③	2	0	2	4	6	4	4	
3	*C*	1/2	②—③	0	6	6	6	6	0	0	√
4	*D*	1/2	②—④	5	6	11	7	12	1	1	
5	*E*	2/2	③—④	6	6	12	6	12	0	0	√
6	*F*	2/1	③—⑤	4	6	10	8	12	2	2	
7	*G*	2/1	④—⑤	0	12	12	12	12	0	0	√
8	*H*	2/0	④—⑥	3	12	15	13	16	1	1	√
9	*I*	2/0	⑤—⑥	4	12	16	12	16	0	0	√

（5）计算最迟必须开始时间 LS_{ij}，横向用项⑨减项⑤，所得的差填入⑧项。

（6）计算总时差，TF_{ij} 横向用⑧项减去⑥项，所得的差填入⑩项。

（7）计算自由时差，查出本项工作的紧后工作，用紧后工作的第⑥项减去本项工作的第⑦项，所得的差填入本项工作⑪项内。

（8）选择关键工作，从表中选出所有总时差为零的工作，在⑫项中打"√"，表示这项是关键工作。

图 7-1-14 中的计算结果见表 7-1-3。

（三）确定关键线路的方法。

1. 应用时差法确定关键线路

这种方法是通过网络图的参数计算，找出在网络图中总时差为零的所有的关键工作，用红线或粗线将它们连接起来，就形成了关键线路。

关键线路上总的持续时间就是总工期，如图 7-1-18 所示。

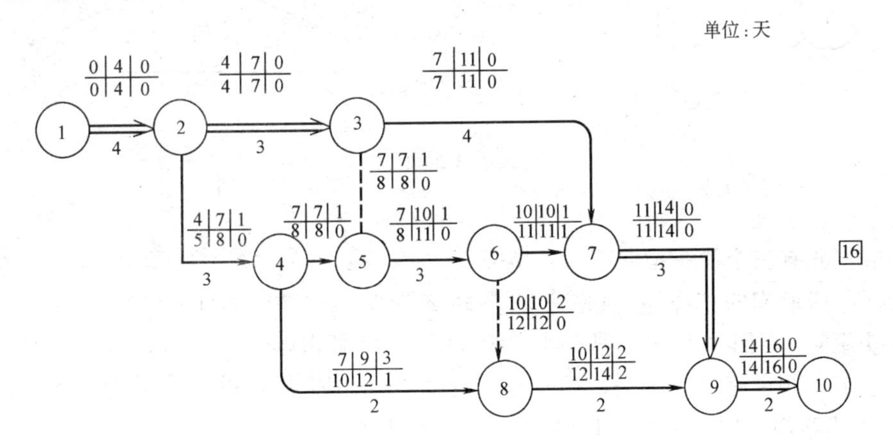

图 7-1-18　关键线路上的总工期

经过时间参数的计算，我们可以从网络图中找出总时差为零的各项工作，然后用双线将它们一一标出，这条线路就是这个网络图中的关键线路，即节点①→②→③→⑦→⑨→⑩总工期为 16 天。

2. 应用破圈法确定关键线路

在一个网络中有许多节点和线路，这些节点和线路形成了许多封闭的“圈”。这里所谓的“圈”是指在两个节点之间由两条线路连通该两个节点所形成的最小圈，破圈法是将网络中各个封闭圈的二条线路按各自所含工作的持续时间来进行比较，逐个“破圈”，直至圆圈不可破时为止，最后剩下的线路即为网络图的关键线路。

举例说明：

以图 7-1-19 为例：

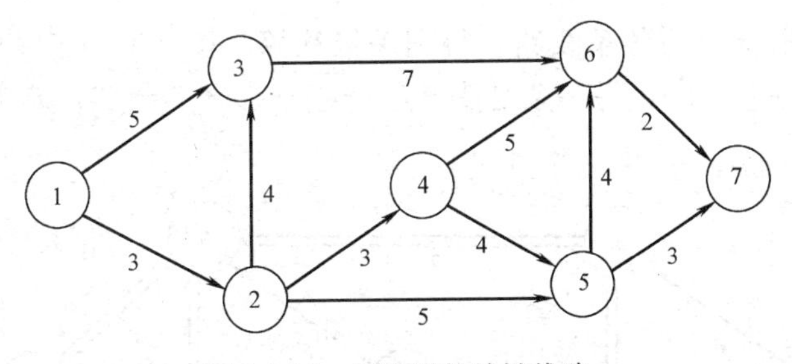

图 7-1-19　网络图的关键线路

(1) 从节点①开始，节点①、②、③形成了第一个“圈”，即到节点③有两条线路，一条是①→③；一条是①→②→③、①→③需要时间是 5，①→②→③需要时间是 7，因为 7>5，所以切断①→③。见图 7-1-20。

(2) 节点⑤有两个箭头指向节点、节点②、④、⑤形成第二个“圈”，到节点⑤有二条线路，第一条②→⑤用时 5，第二条②→④→⑤用时 7，因为 7>5，所以切断②→⑤，见图 7-1-21。

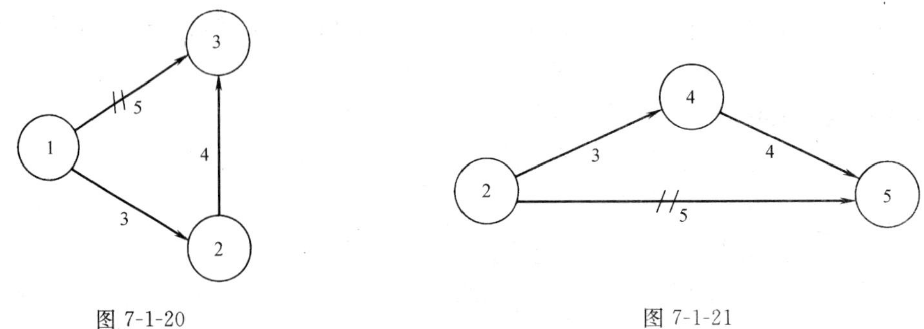

图 7-1-20　　　　图 7-1-21

（3）节点⑥有三个箭头指向节点，节点②、③、④、⑤、⑥形成二个“圈”。先看节点④、⑤、⑥所形成的“圈”，有两条线路到达节点⑥，第一条④→⑥用时 5，第二条④→⑤→⑥用时 8，因为 8＞5，所以切断④→⑥，再看由②、③、④、⑤、⑥所形成的“圈”，到达节点⑥也有二条线路、第一条②→③→⑥用时 11，第二条②→④→⑤→⑥用时 11，两条线路都保留。见图 7-1-22。

（4）节点⑦有两个箭头指向节点、有两条线路到达节点⑦，一条是⑤→⑦用时 3，另一条是⑤→⑥→⑦用时 6，因为 6＞3，所以切断⑤→⑦，见图 7-1-23。

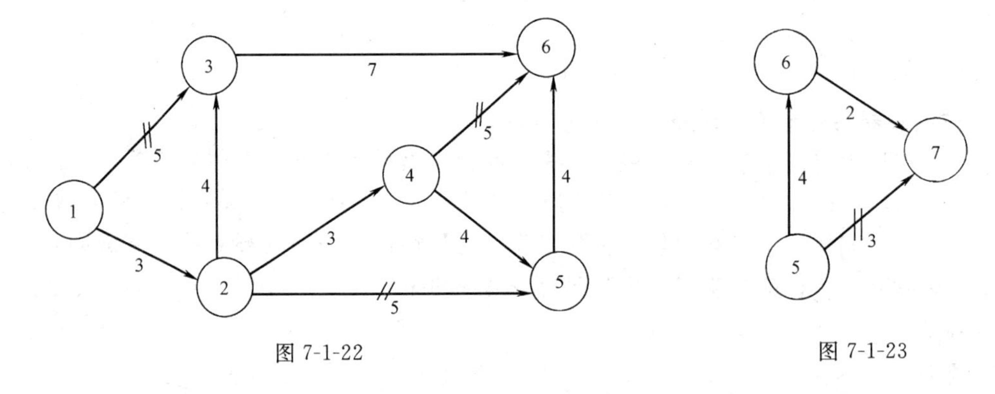

图 7-1-22　　　　图 7-1-23

（5）用双线标出保留的各条线路，得到关键线路。图 7-1-19 中共有两条关键线路，一条是①→②→③→⑥→⑦，另一条是①→②→④→⑤→⑥→⑦，总工期是 16。见图 7-1-24。

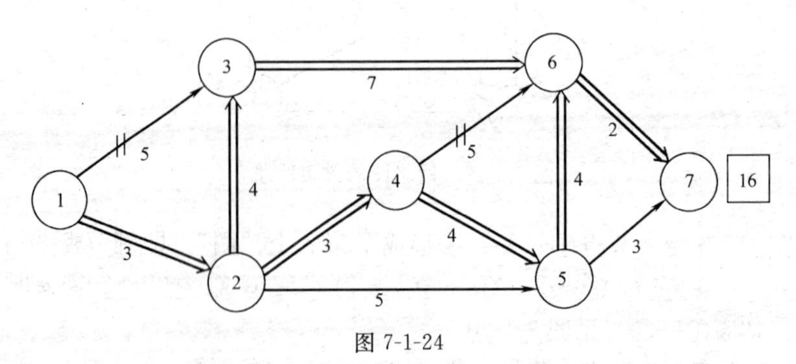

图 7-1-24

（四）网络计划在建筑工程中的应用

1. 网络计划的分类

（1）按应用范围分　网络计划按应用范围划分为综合网络计划、单位工程网络计划和局部网络计划三种类型。

综合网络计划是对一个新建民用、公共或工厂建筑群体编制的网络计划。

单位工程网络计划，是按一个单位工程（一栋建筑物或构筑物）编制的网络计划。

局部网络计划是按建筑物或构筑物的某一分部、分项工程或某一施工阶段编制的网络计划。

以上三种网络计划，既可以单独编排，形成各自独立的网络计划，也可以配套编排，形成互为补充的网络体系。

（2）按时间表示方法可以分为“无时标网格计划”和“有时标网络计划”。

无时标网络计划是将工作的持续时间用数字注明在工作线之下，时间的长短与箭线的长短无关。见图 7-1-25。

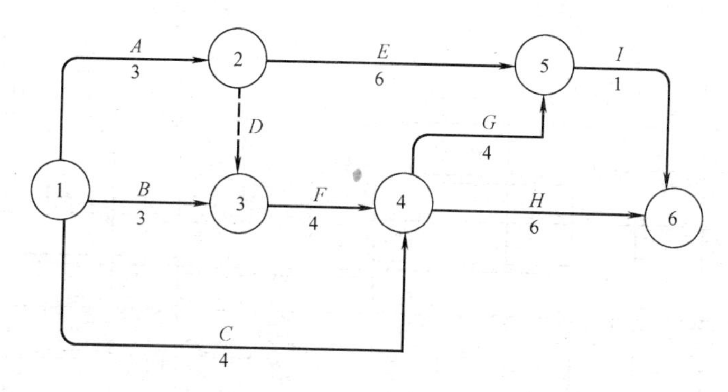

图 7-1-25　无时标网络计划

有时标网络计划是将工作的持续时间用箭线表示在网络图的横坐标上，箭线在横坐标上的长度代表时间的长度，因此可以直接从网络图上反映出各工作的持续时间。见图7-1-26。

通过以上两种网络图的比较，我们可以看出有时标网络计划的优点是：时间明确、直

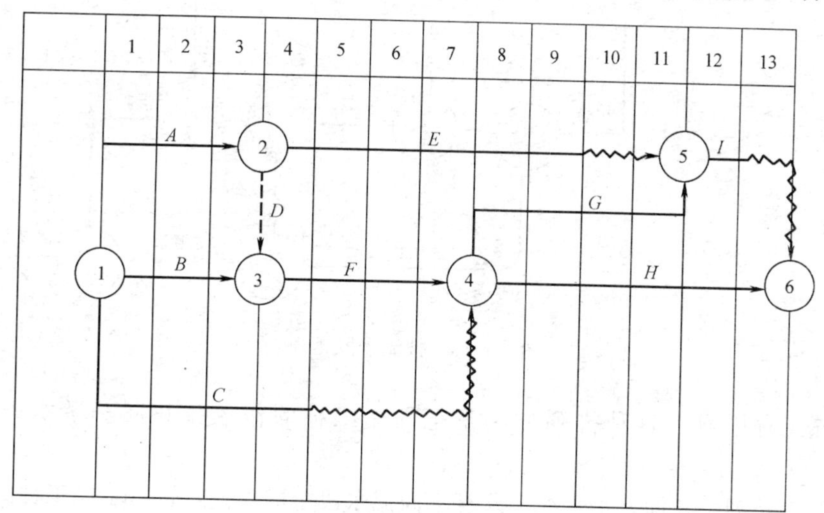

图 7-1-26　有时标网络计划

观，而且容易编排劳动力需用计划，因此在实际施工中应用比较广泛。

2. 施工网络计划的排列方法

网络计划在绘制时有多种排列方法，在绘图时应尽量使网络计划整洁有序、有条有理、避免图面零乱。所以不同的施工组织方法及不同类的网络计划，在绘图时要灵活选用排列方法、要使网络计划在工艺上紧密衔接，与实际施工工序的排列顺序一致，在组织上反映出劳动力转移或流水搭接的逻辑关系，便于施工管理人员及工人掌握，也便于计算和调整。

施工网络计划排列方法一般有以下几种：

（1）按施工流水段排列　这种排列方法是把同一流水段上的作业按施工顺序排在同一条水平线上。

例如：某工程基础混凝土工程，划分为三个流水段施工，其横道图如图 7-1-27 所示。

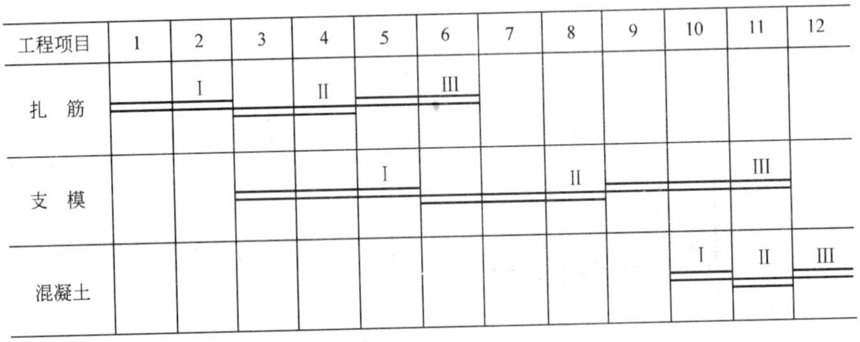

工程项目	1	2	3	4	5	6	7	8	9	10	11	12
扎　筋		I		II		III						
支　模					I			II			III	
混凝土										I	II	III

图 7-1-27　横道图

按流水段排列法，其网络计划如图 7-1-28。

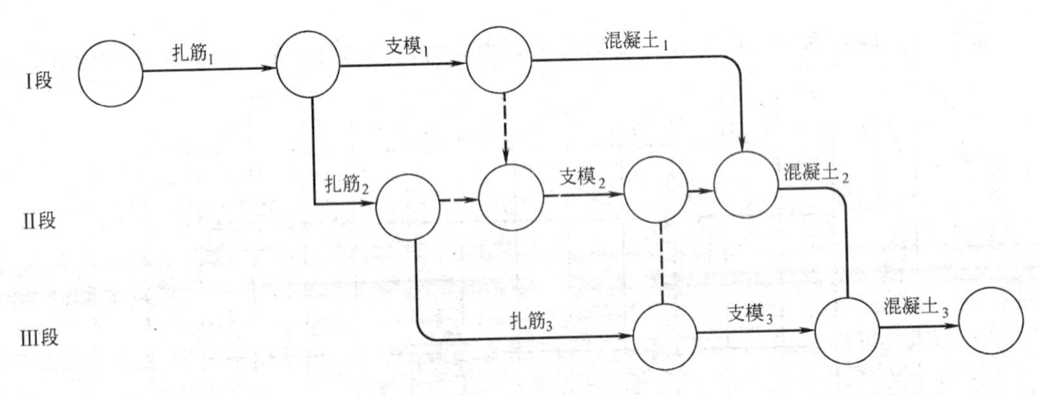

图 7-1-28　按流水段排列

（2）按工种排列　这种排列方法是把同一工种的作业排在同一条水平线上。如图7-1-29。

（3）混合排列　在同一水平线上既有不同流水段中的作业，也有不同工种的作业。如图 7-1-30。

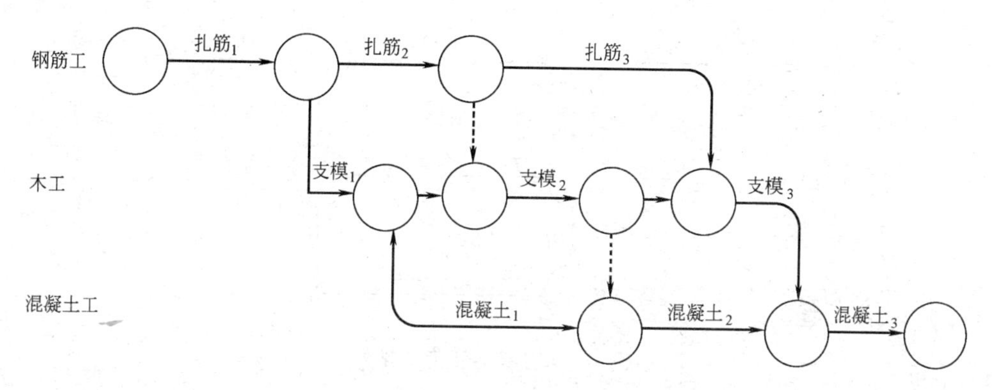

图 7-1-29 按工种排列

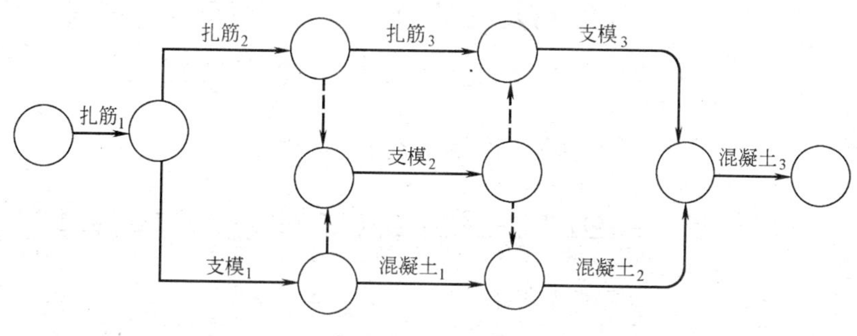

图 7-1-30 混合排列

(4) 按楼层排列 在同一条水平线上，其施工项目是按楼层水平排列的，如图7-1-31。

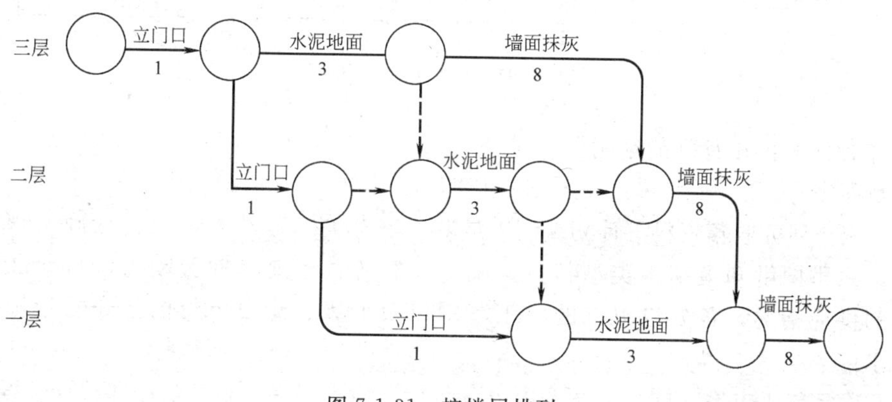

图 7-1-31 按楼层排列

(5) 按施工专业排列 在同一条水平线上是按施工专业的施工顺序水平排列的，如图7-1-32。

(6) 按单位工程排列 在同一条水平线上是一个单位工程按施工顺序水平排列的，如图7-1-33。

(7) 按工程部位排列 在同一条水平线上是同一个分部工程按施工顺序排列的，如图7-1-34。

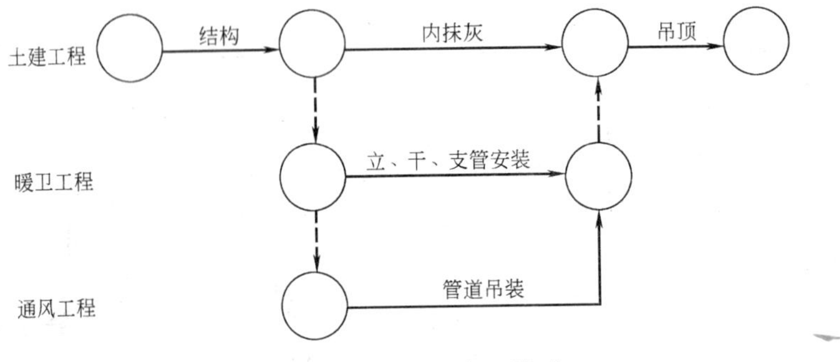

图 7-1-32　按施工专业排列

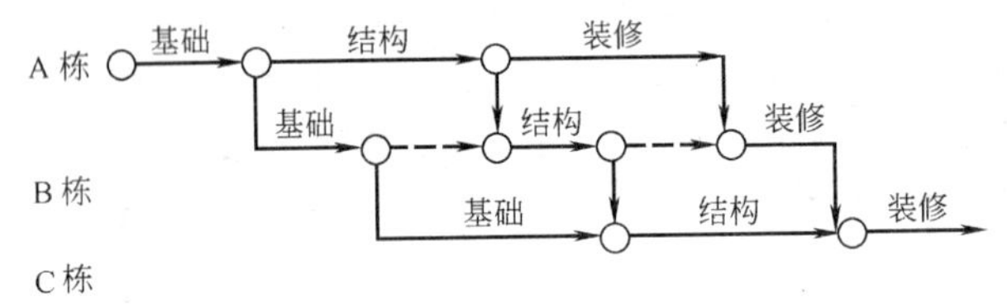

图 7-1-33　按单位工程排列

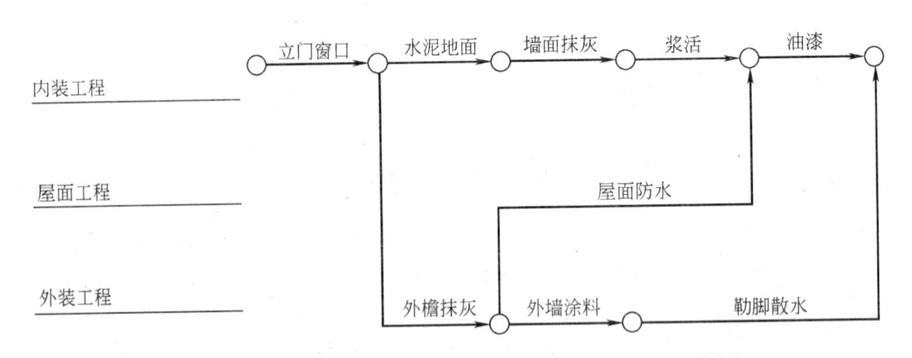

图 7-1-34　按工程部位排列

3. 单位工程网络计划的编制

编制程序：

（1）调查研究收集资料　计划编制人员要了解有关工程基本情况包括施工现场的自然情况、熟悉图纸知道结构类型特点、施工内容等，还要掌握劳动力、材料和施工机械设备的供应情况，各分包单位的施工范围以及上级、建设单位的指令性指标和其他目标要求。

（2）确定施工方案　施工方案的内容应包括：施工程序、施工顺序和根据工程结构类型特点及本企业的施工习惯做法选择各分部分项工程的施工方法及选择施工需用的主要机械设备。

（3）确定分项工作项目　根据施工方法确定分项工作项目，并按施工顺序列表排序，分别计算出各分项工程实物量和计划工日数量。

（4）确定劳动力组织　根据本企业的具体情况，分别组织各分部分项工程的劳动力。

（5）确定分项工作项目（工序）的持续时间　工序的持续时间是由工程量、劳动力数量和劳动效率等方面因素决定的。

（6）编制工作项目一览表　将以上内容汇编在工作项目一览表内。

（7）编制网络计划的初始方案　编制时要先绘制草图，它的主要作用是正确反映各工作间的逻辑关系，供计算和调整使用。

（8）计算网络计划的时间参数，找出关键线路。

（9）调整与优化网络计划　根据初始方案的时间参数计算结果，对照工期要求及资源使用情况，对网络计划初始方案进行调整与优化。

（10）绘制正式网络计划。

4. 单位工程网络计划编制实例

（1）工程概况

某单位工程为全现浇框架结构办公楼，建筑面积 4173m^2，层高为 3m，基础为抗压板、地下一层、地上 4 层；内装修墙面为抹灰喷大白浆，地面为水泥地面，顶为矿棉吊顶；外檐装修为抹灰刷涂料。

（2）施工方案简介

基础地下室根据要求划分为二段施工，抗压板扎筋、浇灌混凝土一次完成，地下室浇灌混凝土采用墙与梁板分别浇灌的方法施工；框架结构施工划分为四个流水段、混凝土采用柱、梁、板一次浇灌的方法施工；装修按层划分流水段，由上到下竖向流水施工。

（3）划分施工工序并确定施工顺序

以主导工序来划分施工工序，一些辅助配合工种与主导工序并项，如防水中包括抹找平层、作防水层、抹保护层等工序。

框架结构的施工顺序为：柱扎筋→柱、梁板支模→梁板扎筋→浇灌混凝土。

内装修施工顺序为：立门窗口→抹水泥地面→内墙抹灰→吊顶→门扇安装→喷浆→灯具安装→油漆。

（4）确定劳动力组织

分别组成基础、结构承包队和装修承包队，各分部工程衔接时人员适当调整。

（5）确定工序的作业时间

列表计算出工程实物量及计划用工，根据劳动力组织计算出各工序的作业时间。

（6）绘制各分部工程网络计划的初始方案

分部工程的网络计划是按基础、结构、装修三个阶段分别绘制。

（7）绘制单位工程网络计划

将分部工程网络计划拼接起来，正确连接各衔接节点的逻辑关系。

（8）计算时间参数确定关键线路及总工期

单位工程网络计划见图 7-1-35。

5. 网络计划的工期调整

工期的调整，主要是压缩工期，一般采取如下方法。

（1）直接压缩关键线路上的工期

一个网络计划的总工期是由关键线路上总的持续时间决定的，因此压缩工期主要是压缩关键线路上的工作时间，可以采取以下措施达到压缩工期的目的。

1）增加劳动力和机械设备。在工作面允许的条件下，增加劳动力人数和机械设备台数，增加每天完成的实物工程量，从而达到压缩工期的目的。

2）增加作业班次。由每天一班工作，增加到二班甚至于三班工作，以一天当二天或三天使用，从而达到压缩工期的目的。

3）采用先进的施工技术，利用先进的施工技术，改革传统的施工方法，提高机械化施工水平，提高劳动生产率，从而达到压缩工期的目的。

（2）改变施工方案，选择合理的组织方法

1）改变施工顺序。施工顺序选择的方式不同，施工工期也不同，如某框架结构施工顺序及工期见图 7-1-36。

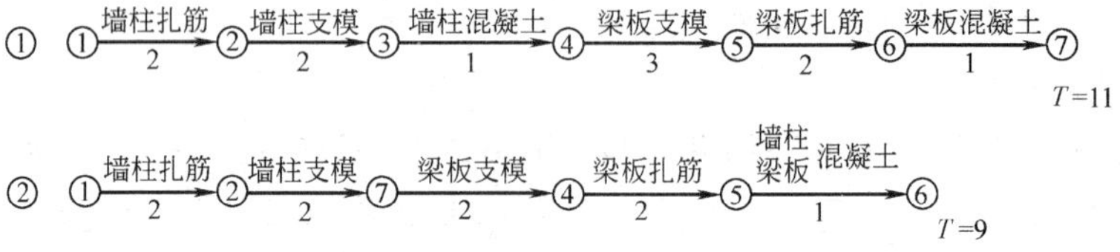

① ①墙柱扎筋 2 ②墙柱支模 2 ③墙柱混凝土 1 ④梁板支模 3 ⑤梁板扎筋 2 ⑥梁板混凝土 1 ⑦ T=11

② ①墙柱扎筋 2 ②墙柱支模 2 ⑦梁板支模 2 ④梁板扎筋 2 ⑤墙柱梁板混凝土 1 ⑥ T=9

图 7-1-36　某框架结构施工顺序

两种施工顺序相比较，第二种墙柱、梁板支模合并施工可以节省一天工期，墙柱、梁板混凝土一次浇灌可以节省一天工期，第二种施工方法可以压缩工期二天。

2）组织分段施工或重新划分流水段，组织分段施工，可以使下道工序提前插入（如图 7-1-37）。

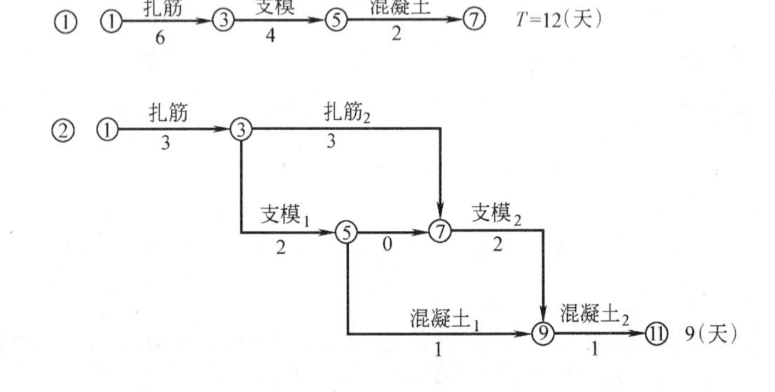

图 7-1-37　分段施工

从以上两图相比较可以看出，由于采用分段施工，可以使下道工序提前插入，从而压缩工期 3 天。

在不同的流水段划分的情况下，施工工期也不同，如图 7-1-38。

从以上两图中可以看出，不同的流水段划分方法，最后的工期也不相同，一般情况下，流水段划分的越小、工期越短，但受楼层平面布置及实物工程量、劳动力、机械效率等方面因素影响，流水段只能适当划小。

6. 资源平衡方法

以资源平衡为目标调整网络计划就是在工期固定的情况下，使资源的需要量大致平衡，这样便于资源供应工作，也使施工在较均衡的状态下进行。

资源平衡工作是利用网络计划中各非关键工序的时差进行的。一项网络计划在初始方

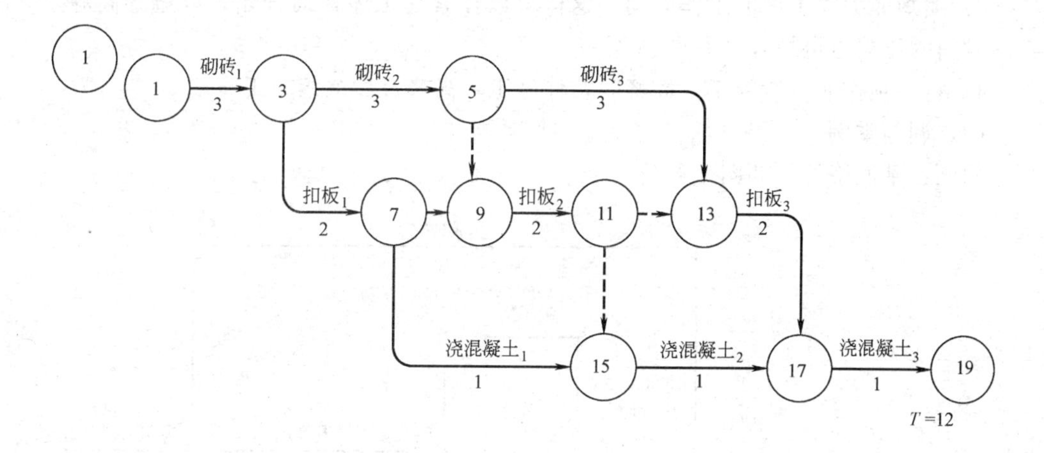

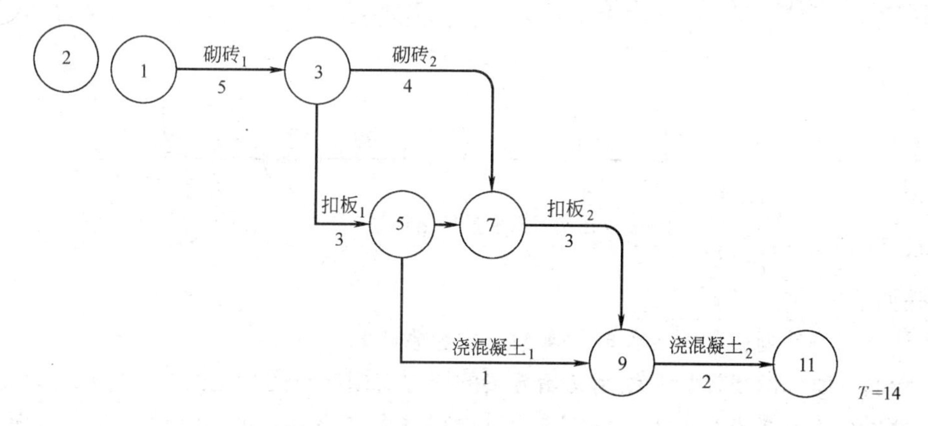

图 7-1-38　不同的流水段不同的施工工期

案中往往会出现资源需要量的高峰和低谷现象，为了削掉某一时间的高峰或补足低谷的现象，可以利用改变一些非关键工作开始时间或延长施工时间的办法，使资源消耗量改变，从而使高峰低谷趋于平缓，下面简单介绍手工调整步骤和方法。

（1）调整步骤

1）计算网络计划中各项工作的时间参数。

2）绘制有时标网络计划。

3）标注各工作的资源需要量。

4）绘制出初始方案的资源需用曲线图。

5）分析资源需用曲线是否有高峰低谷等现象。

6）调整非关键工作箭线。

7）重新绘制调整后的资源需用曲线图。

（2）调整方法

1）推移非关键工序的开始时间，将处于高峰时的非关键工序的开始时间后移，后移多少以避开高峰区或填补低谷区为限。

2）延长工序的作业时间，将非关键工序的作业时间延长至没有时差，这样会降低单位时间内的资源需用量，以缓解高峰或填平低谷的矛盾。

3）缩短非关键工序的工作时间，这样可以让紧后工序提前开始，以避开高峰，同时工序时间的压缩也可填补低谷区。

4）将一项作业分段施工，高峰时暂停施工，高峰过后继续施工。

（3）调整举例

例题：某网络计划如图 7-1-39。

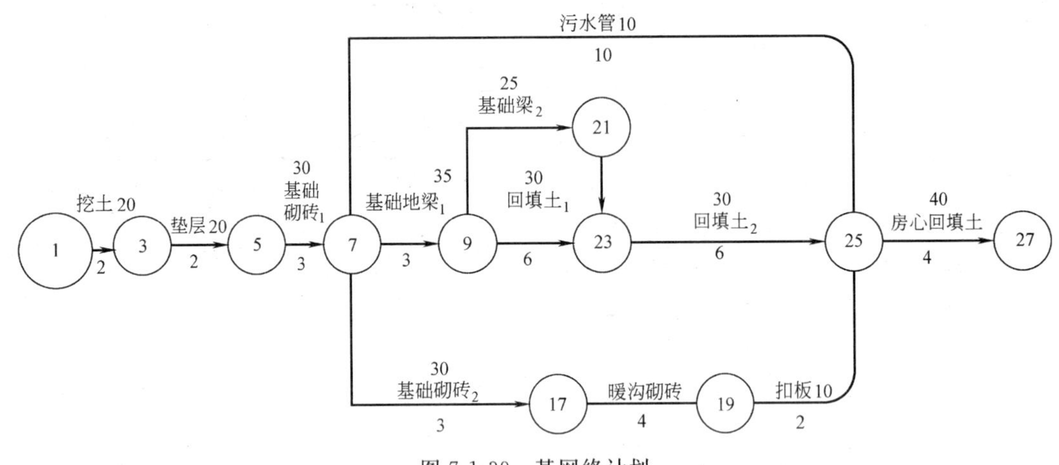

图 7-1-39　某网络计划

调整如下：

1）计算网络计划中各项工作时间参数'（内容省略）；

2）绘制有时标网络计划及绘制初始方案的资源需用曲线图（见图 7-1-40）；

3）分析初始方案中在第 11 至第 13 天时出现一个高峰期，第 18 至第 22 天出现一个低谷区。高低相差 55 人；

4）调整工作⑨→㉑，将工作时间延长至 6 天，调整工作⑰→⑲，将工作开始时间由 11 日后延到 17 日开始，调整工作⑦→㉕，将工作开始时间由 8 日后延到 11 日开始；

5）重新绘制调整后的资源需用曲线图，见图 7-1-41，从新的资源需用曲线图中可以看出，已经没有了高峰低谷现象，基本上达到均衡施工，调整完毕。

网络技术在我国推广已经有几十年的历史了，但是在 20 世纪 90 年代之前，这一科学的管理方法的推广应用情况并不很理想，这主要有以下几方面原因限制了它的推广应用。其一，网络计划与横道图计划相比，直观性差，内容复杂，管理者不易理解作用；其二，网络计划手工绘制达不到使用要求，一栋大型公共建筑有几百个节点，手工绘图、手工计算时间参数难度大、易出错；其三，生产计划是需要经常进行调整的，手工调整更增加了绘图工作量，另外还有一些其他原因。

随着科学技术的发展，网络技术与计算机的应用相结合开辟了一个新天地，现在编制的一些应用软件，使编网络计划变成了一件很容易的事情，而且单、双代号网络计划可以互相转换，网络计划与横道图计划互相转换，形成配套使用的计划体系。利用计算机对网络计划进行优化更是一件十分容易的事情，且随着计算机应用技术的发展，可以容纳更多项资源集于网络计划的管理当中。相信网络计划在施工计划应用中会越来越广泛。

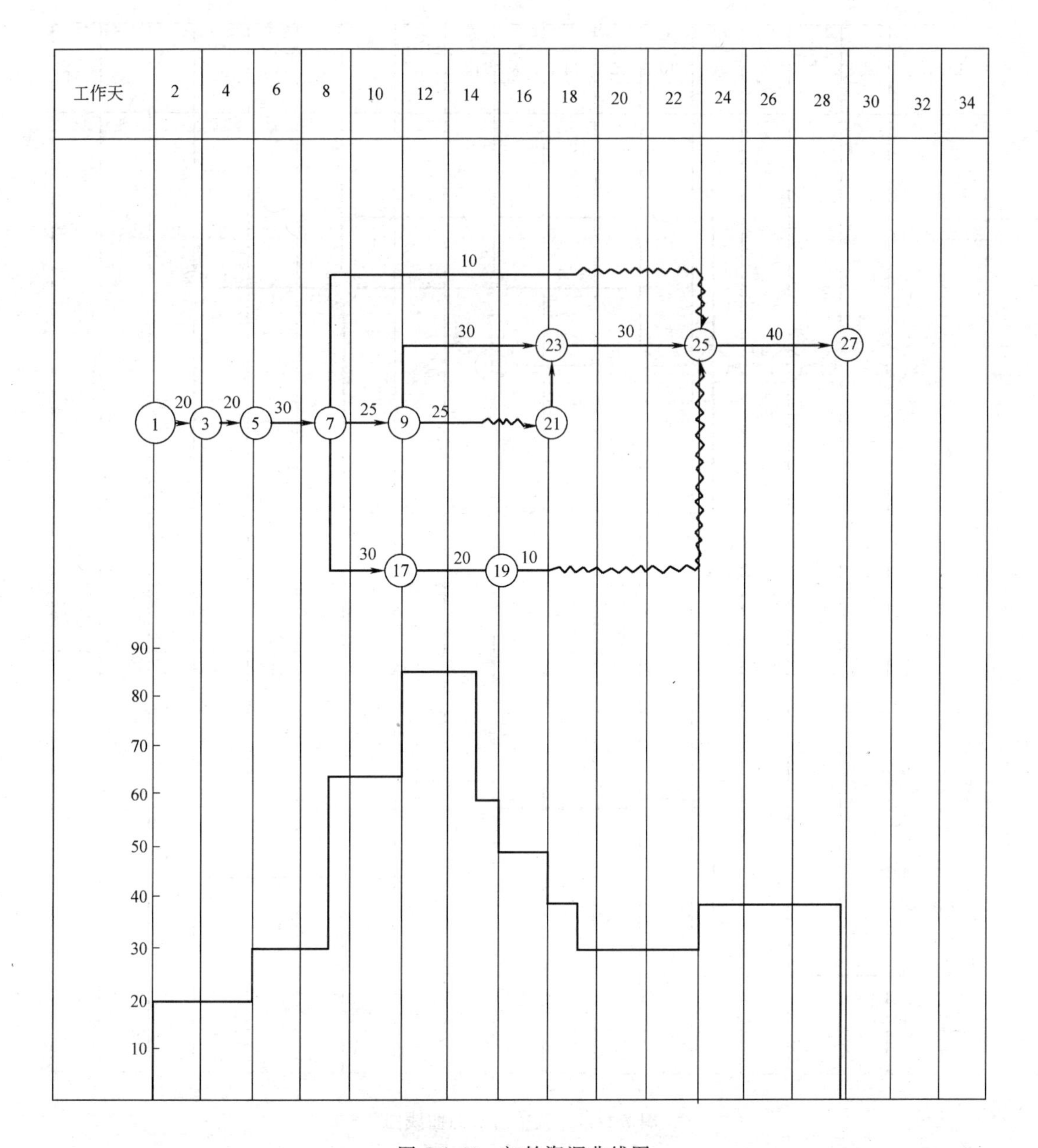

图 7-1-40　初始资源曲线图

作为建设项目的施工员，是生产作业计划的执行者。在学习网络技术时要重点掌握以下几个方面：

（1）了解掌握网络图的基本概念；

（2）会应用图上计算法计算各种时间参数；

（3）会应用时差法确定关键线路；

（4）了解网络计划的分类；

（5）会绘制有时标网络计划；

（6）了解单位工程网络计划的编制程序。

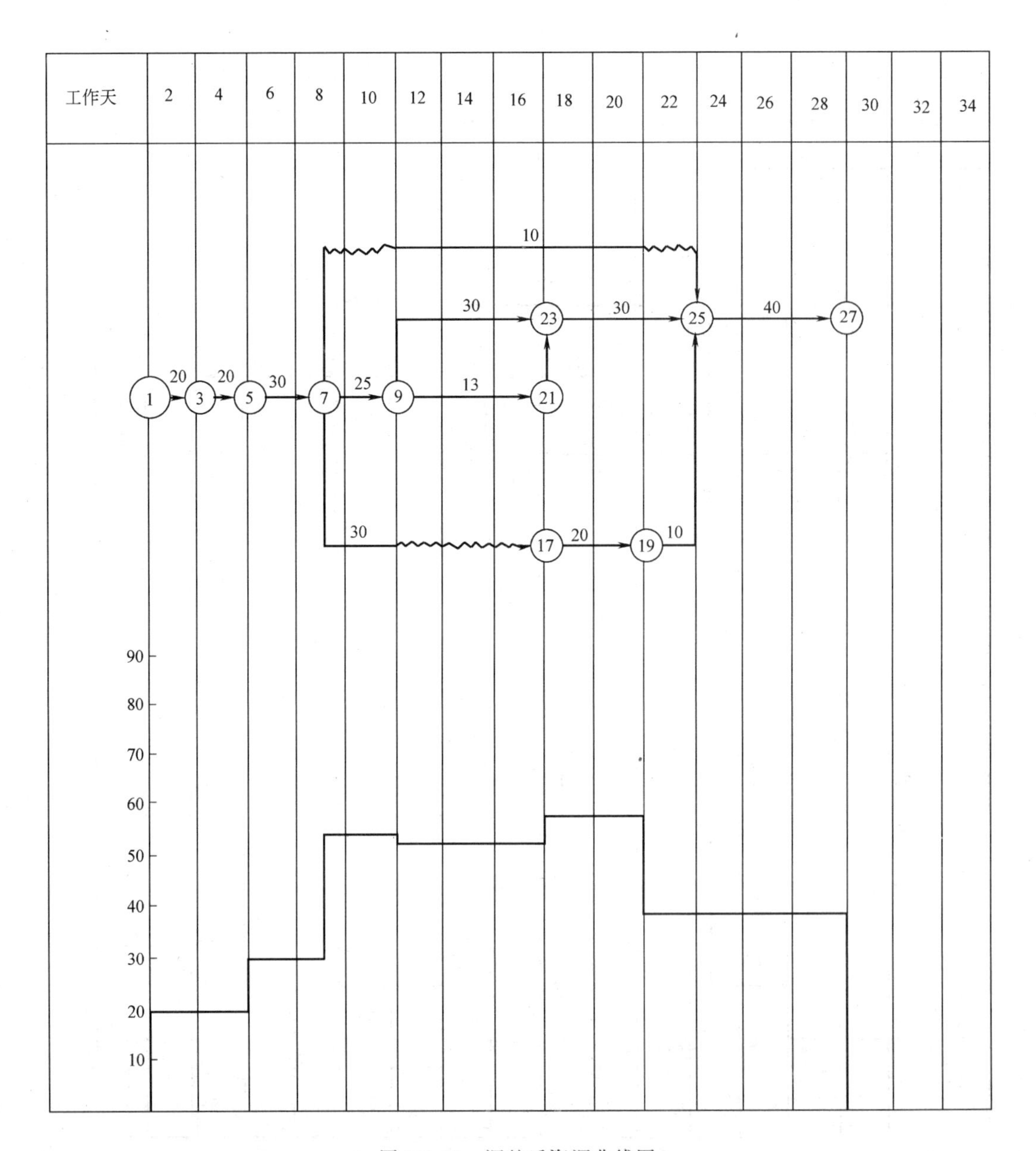

图 7-1-41　调整后资源曲线图

第二节　建筑工程施工组织设计

一、建筑工程施工组织设计的作用

（一）建筑工程施工组织设计的概念

建筑工程施工是一项十分复杂的生产过程，针对一个工程项目，需要组织大量的人员，投入大量的机械设备，消耗千百种成千上万吨材料。除了直接的生产活动内容和过程之外，还需要组织构件、半成品的生产，各种材料的运输、储存，机械设备的供应与维修，施工供水、供电设施的设置，各种临时设施（如办公室、生活福利设施、生产辅助设施、材料堆放场地和库房等）的修建等大量的工作。

建筑物的施工，必须由多个工种共同完成，无论是在施工技术还是施工组织方面，通常都有多个可行的方案可供施工人员选择。做出科学合理的决定后，就可以对施工组织和相关各项施工活动作出全面的安排和部署，编制出指导施工准备工作和施工全过程的技术经济文件。这个技术经济文件，就是建筑工程施工组织设计。

（二）施工组织设计的作用

组织设计的作用，归纳起来，主要有以下几个方面：

1. 在工程的招标过程中，施工组织设计作为投标文件的重要内容之一，根据招标文件的要求，通过选择科学、先进的施工技术，合理、适用的施工组织与管理方法，向客户充分阐述对招标工程的理解，对承揽客户工程的设想，承揽工程后的总体施工安排及对客户的承诺。从而充分体现企业的总体实力，赢得客户对企业的初步信任，结合其他方面的工作，达到承揽工程的目的。

2. 承揽工程后，为做好施工准备工作，保证资源供应提供依据。

3. 通过选定的科学合理、切实可行的施工方案和施工方法，优化资源投入和资源配置，保证工程的有序施工，指导工程优质、高速、安全地施工。

4. 为制订施工作业计划及施工过程中的核算工作创造有利条件。

5. 采用科学的劳动组织形式，充分发挥施工人员的生产潜力。

6. 通过优化选用的施工技术方法和各项技术措施，指导工程施工，满足环境保护、工业卫生和文明施工要求。

7. 通过采用科学合理、切实可行的施工方案和施工方法及其实施过程，使施工人员认识到施工组织设计是建筑施工中一门综合性的学科，技术性较强，应该具有一定的技术理论水平及施工经验，不断提高编制水平及专业知识。

（三）施工员与施工组织设计的关系及对施工组织设计的学习要点

施工现场的施工员是施工的直接组织者，因此，其地位和作用都是非常重要的，是施工组织的要素之一。施工组织设计是指导施工准备工作和施工全过程的技术经济文件，也是施工组织要素之一。这两大施工要素能否达到密切结合，相互适应，是建筑施工能否顺利进行的关键所在。

施工组织设计的编制过程中，从酝酿时起就应让施工员充分参与，编制中，施工员可以充分发表自己的意见，只有那些在所有参施人员集思广益，反复探讨而得的施工组织设计，才可能是科学合理、切合实际的优秀施工组织设计。

作为施工员，对于施工组织设计应该有比较正确的认识、比较深入的学习，在此基础上，才能按照施工组织设计的内容实施施工组织工作，并且通过施工过程，提高自己的专业工作能力和知识水平。总之，施工员在对施工组织设计的学习和实施上，应该把握以下几项要点：

（1）了解施工组织设计的作用。

（2）了解常规情况下，施工组织设计的分类、构成、各部分内容所要达到的目的和应该起的作用。

（3）积极参与施工组织设计的编制，主动提出自己的设想和建议，以期使施工组织设计编制得尽可能科学合理，切合实际。

(4) 收到正式下发的施工组织设计之后，要认真学习，正确领会施工组织设计所定内容的含义和要求。

(5) 在自己责任范围内，实施施工组织设计，结合工程进度计划，组织人员、材料、机械设备的进出场、使用、协调。

(6) 实施过程中，认真做好“施工日志”和其他工作记录，为成本核算、工程结算打下基础。

二、施工组织设计的分类和内容

根据编制目的不同，施工组织设计分为两种。一种是在工程项目招标阶段编制的，一种是为实施工程项目施工而编制的施工组织设计。

由于社会主义市场经济的确立和发展，建筑施工业也逐步从计划体制转入市场，施工企业将全面进入市场成为竞争的主体，竞争性招投标也就成为我国建筑市场的必由之路。投标过程中编制的施工组织设计，其特点是依据招标文件要求，在时间紧迫、资料有限的情况下，粗线条地选择科学、先进、符合企业自身实力、满足顾客工程要求、并能充分反映企业能力的施工方案、施工方法和施工组织。编制的要点是在满足顾客对工程要求的前提下，反映出企业的技术水平和各种优势，获得业主的信任。

第二种施工组织设计是为实施工程项目施工而编制的切合实际，指导施工过程的施工组织设计。本文将以此为对象进行阐述。对于第一种将不再涉及。

施工组织设计根据设计阶段和编制对象的不同，大致可以分为三类：施工组织总设计、单位工程施工组织设计和分项工程施工组织设计。

(一) 施工组织总设计

施工组织总设计的编制对象是整个建设项目或群体工程，是施工的全局性、指导性文件。

1. 施工组织总设计的作用

施工组织总设计的作用大致有以下五个方面：

(1) 确定设计方案的施工可能性和经济合理性；

(2) 为编制建筑安装工程计划提供依据；

(3) 为组织物资技术供应提供依据；

(4) 保证及时地进行施工准备工作；

(5) 解决有关建筑生产和生活基地的组织或发展问题。

2. 施工组织总设计的编制依据

施工组织总设计的编制依据主要有：建筑工程设计任务书及工程合同，工程项目一览表及概算造价，建筑总平面图，建筑区域平面图，房屋及构筑物平、剖面示意图，建筑场地竖向设计，建筑场地及地区条件勘察资料，现行定额、技术规范，分期分批交施工与交工时间要求，工期定额，参考数据等。

3. 施工组织总设计的内容

施工组织总设计的内容和编制深度视工程的规模大小、性质，建筑结构和工程复杂程度，工期要求和建设地区的自然经济条件而有所不同，但都应该突出“规划”和“控制”的特点，一般应包括以下主要内容：

(1) 建设工程概况

在建设工程概况中，应说明工程的性质、规模、地点、地质、地下水位及水质情况；工程合同中对土建质量的要求；工程项目、施工任务的划分；结构特征、施工力量及其条件，如材料的来源及供应情况、预制构件及其他加工件的生产能力、机具的配备及可能的协作力量。

(2) 施工部署

根据工程合同的要求和建设项目的性质，首先确定各单项工程的开工顺序，安排好施工部署：

1) 任务配套：为了确保竣工使用，建筑项目必须按配套齐全的原则，安排合理的施工顺序，使工程完工即能满足使用要求。

2) 合理组织施工力量和工程施工规模：权衡施工任务的要求与力量的可能性，在均衡生产的前提下，确定组织多大规模的施工力量，合理地考虑在施工程的比例。

3) 分期分批建设：在保证工期的前提下，实施分期分批建设，既可使各具体项目迅速建成，尽早投入使用，又可在全局上实现施工的连接性和均衡性，减少临时设施数量，降低工程成本。

4) 统筹安排各类项目施工，保证重点，兼顾其他，确保工程项目按期投入使用。按照各工程项目的重要程度，应优先安排的工程项目主要有：

① 按生产工艺要求，须先期投入生产或起主导作用的工程项目；

② 工程量大，施工工艺复杂，工期长的项目；

③ 运输系统、热力系统和动力系统，如场区内外道路、变配电站等；

④ 生产及生活上需先期使用的厂房、办公楼及部分宿舍。

对于建设项目中工程量小，施工难度不大，周期短而又不急于使用的辅助项目，可作为现场平衡项目穿插在主体工程的施工中进行。

5) 所有工程项目均应按照先地下、后地上；先深后浅；先干线后支线的原则进行安排。

6) 要考虑季节对施工的影响：例如，大规模土方工程和深基础施工，最好避开雨季；入冬以后最好封闭房屋并转入室内作业和设备安装。

(3) 主要工程项目的施工方案

施工部署确定以后，施工组织总设计中要拟定一些主要工程项目的施工方案。这些项目通常是建设项目中工程量大，施工工艺复杂，周期长，对整个建设项目的完成起着关键性作用的建筑物（或构筑物），以及现场范围内工程量大，影响全局的特殊分项工程。拟定主要工程项目施工方案的目的是为了进行技术和资源的准备工作，同时也为了施工的顺利展开和现场的合理布置。

施工方案的主要内容包括确定施工方法、施工工艺流程、施工机械设备等。对施工方法的确定要兼顾技术工艺的先进性和经济上的合理性；对施工机械的选择，应使其性能既能满足施工需要，又能发挥其效能，在各个工程上能够实现综合流水作业，减少其拆、装、运的次数；对于辅助配套机械，其性能应与主导施工机械相适应，以充分发挥主导施工机械的工作效率。

(4) 施工总进度计划

根据施工部署所决定的各建筑工程的开工顺序、施工方案和施工力量，定出各主要建筑工程的施工期限，用进度表的方式表达出来。

(5) 主要材料、构件、半成品及劳动力需用计划

根据施工总进度计划、各建筑工程的开竣工时间及初步设计，可估算出各主要工程项目的实物量，并概略地估算出各种主要材料、构件、半成品及劳动力的需用计划，以便交有关部门拟出相应的供应计划。

(6) 主要施工机具计划

根据施工部署、主要建筑工程的施工方案和施工总进度计划的要求，提出主要施工机具的数量，供应办法和进场日期，以保证施工中所需的机械能得到及时供应，并为施工总平面布置图中计算施工用电、选择变压器容量提供计算依据。

(7) 施工总平面布置图

把建设地区已有的、拟建的地下或地上建筑物、构筑物、施工材料库、运输线路、现场加工场、给水排水系统、供电及临时建筑物等绘制在建筑总平面图上，即为施工总平面布置图。施工总平面图对于指导现场有组织、有计划地安全文明施工具有重要意义。

(8) 技术经济指标分析

用以评估上述设计的技术经济效果并作为今后考核的依据。

(二) 单位工程施工组织设计

单位工程施工组织设计是具体指导施工的文件，一般以单栋工程或一个交工系统工程为编制对象，其内容与施工组织总设计类同，但更为具体、详细。单位工程有的是群体工程中的一个组成部分，也有的是一个单独工程。若属于前者，则单位工程施工组织设计应根据施工组织总设计进行编制。

1. 单位工程施工组织设计的编制依据

(1) 施工合同。

(2) 施工组织总设计（若单位工程为群体建筑的一部分）。

(3) 建筑总平面图、施工图、设备布置图及设备基础施工图。

(4) 地质勘探报告及其他地质、水文、气象资料。

(5) 概预算文件、现行施工定额。

(6) 现行技术规范。

(7) 企业年度施工技术、生产、财务计划。

2. 单位工程施工组织设计的内容

(1) 工程概况。

(2) 施工方案和施工方法：包括确定总的施工顺序、施工流向，划分流水段，主要分部分项工程施工方法的选择，主要施工机械的选择，特殊项目的施工方法和技术措施，质量和安全技术措施，降低成本技术措施，季节性施工措施等。

(3) 施工准备工作计划：包括技术准备，现场准备，机械、设备、工具、材料、构件加工和半成品的准备等，并编制施工准备工作计划图表。

(4) 施工进度计划：包括确定施工顺序、划分施工项目、计算工程量和机械台班量，确定各施工项目的作业时间，组织各施工项目的搭接关系并绘制进度图表等。

(5) 主要材料、构件、半成品、劳动力及机具计划：包括材料需用量计划，劳动力需用量计划，构件加工及半成品需用量计划，机具需用量计划，运输量计划等。

(6) 质量、安全、技术、环保、节约、工业卫生措施。

(7) 施工平面图：用来表明单位工程可需施工机械，加工场地，各种材料及构件堆放场地，临时运输道路，临时供水、供电及其他设施的布置。

(三) 分部分项工程施工组织设计

分部分项工程施工组织设计的编制对象是施工难度大、技术工艺复杂的分部分项工程或新技术项目，用来具体指导分部分项工程的施工。主要内容包括：施工方案、进度计划、技术组织措施等。

各种类型的施工组织设计，内容相当广泛，对施工组织设计的编制要求是及时、有针对性、抓住重点、突出主要矛盾，对施工中的人力、物力和方法、时间与空间、局部与整体、阶段与全过程等都给与周密的安排。使施工组织设计成为技术经济的综合性文件，以实现提高经济效益的最终目的。

三、施工组织设计的编制

(一) 施工组织设计的编制原则

编制组织设计，要遵循的主要原则有以下几点：

(1) 认真贯彻党和国家对基本建设的各项方针政策，严格执行基本建设程序。

(2) 根据工程合同要求，以确保履约为前提，结合工程及施工力量的实际情况，做好施工部署和施工方案的选定。

(3) 统筹全局，组织好施工协作，分期分批组织施工，以达到缩短工期，尽早交工并同时达到使用要求。

(4) 合理安排施工顺序，组织好平行流水、立体交叉作业。

(5) 坚持质量第一，确保施工安全。对重点、关键部位的质量、安全问题认真周密地制订措施。

(6) 充分发挥科技“第一生产力”作用，积极采用和推广新技术、新工艺、新材料、新设备，努力提高劳动生产率。

(7) 用科学的方法组织施工，优化资源配置，以达到低投入、高产出的目的。

(8) 做好人力、物力的综合平衡调配，做好季节性施工安排，力争全年均衡施工。

(9) 合理紧凑地布置临时设施，节约施工用地。

(10) 缜密考虑环保、环卫措施，减少环境污染和扰民，做到文明施工。

(二) 施工组织设计编制前的准备工作

施工组织设计的编制必须遵守科学合理、切实可行、严谨周密的原则。编制前深入地进行调查研究，获取必要的原始资料，使编制完成的施工组织设计符合现场施工条件和企业现有实力。编制前的准备工作的主要内容有：

1. 收集原始资料

要搞清工程合同对工程的工期、造价、质量等级、工程变更洽商及其相关的经济事项的具体要求；搞清设计文件的内容，以了解设计构思及要求；搞清勘探资料情况，根据上述各项以及会审图纸情况，收集有关的技术规范、标准图集及相关国家和地方政府的有关法规。

2. 调查研究、搜集必要资料

(1) 现场条件调查

1) 建筑物周围地形与自然标高、地上障碍物（如建筑物、树木、管线等)、地下障碍物（如地下管线、人防通道、旧建筑物基础、坟墓等）情况以及施工时可临时使用的场地、房屋等条件。

2）了解交通情况：场内场外运输条件，尤其是场外原有道路可否利用，能否与工地相通，通行能力如何？有否交通管制要求（建筑施工中，运输作业异常繁重，一栋3600m^2的宿舍楼，约需运入5500t材料并在工地内运转）。场内道路的安排是否可以满足现场消防要求。

3）了解水源条件：在城市要了解离施工现场最近的自来水干管的距离及管径大小；在农村无自来水或其距现场较远时，需了解附近的水源及水质情况，能否满足施工及消防用水的要求。

4）了解电源条件：业主可能提供的电源形式及容量，能否满足施工用电负荷。

5）了解水文地质情况，资料应由勘测单位提供，如地下水位高低、土壤特征、承载能力、有无古河道、古墓、流砂、膨胀土等。对不熟悉的地区，还要掌握气候的变化、雨量、土壤冻结深度等自然条件，在上述各项基础上进行现场踏勘。

（2）生产条件调查

1）细致研究工程合同条款，对工程性质、施工特点、重要程度（国家重点、市或地区重点、重要还是一般工程）、工期要求、质量等级、技术经济要求（如工程变更洽商可发生的费用的限额及支付方式等）要搞清楚。

2）了解劳动力的实际状况，尤其是主要工种，如瓦工、木工、钢筋工、混凝土工、抹灰工、油工等的组织情况及技术水平。

3）了解机具供应情况，尤其是大型机具（如塔式起重机，挖土机、施工用电梯等）的供应情况。

4）了解材料供应情况：除钢材、木材、水泥、砖、砂、石等大宗材料供应情况外，尚应了解设计要求的特殊材料的供应情况。

5）了解成品、半成品的加工供应情况（如门窗、混凝土构件、铁件等）。

3．会审图纸

接到施工图后，应及时组织有关人员熟悉与会审图纸，根据图纸情况及合同要求，尽快与业主、协作单位进行项目划分工作，明确各自工作范围；同时将图纸上的问题及合理化建议提交业主，工程监理及设计人员，共同协商，争取将重大工程变更洽商集中在施工前完成或大部分完成。除基础工程由于因素多变不可预测外，施工中尽量减少变更洽商数量。

4．及时编制工程概（预）算

及时编制工程概（预）算，以便为编制施工组织设计提供数据（工程量和单方分析），为选定施工方法，进行多方案比较提供技术经济效果的依据，为主要生产资料的供应作准备。

5．为科研和试验创造条件

当工程中拟采用某些新技术、新工艺、新材料（或本企业未使用过）时，要注意为试验、科研创造必要条件，为成果尽早投入使用打基础。

（三）单位工程施工组织设计的编制

1．工程概况

工程概况是提纲挈领地对工程进行概略但全面的描述，应将工程及有关各方面的特征、特点、重点、难点、要求讲明，施工组织设计的后续各个部分都将以此为由展开。

工程概况应该包括以下主要内容：工程的地理位置、建筑面积、建筑高度、基础和结构形式、主要尺寸、各项特点及参数；装修特点、作法及要求；地质水文情况及气候情况；现场及四周环境情况；工程的工期、质量要求；水、电源情况及其他相关情况。

2. 施工部署

单位工程的施工部署是影响整个工程施工的关键性问题，因此必须认真研究，综合各方面条件，充分听取参施各单位、各工种的意见，在反复探讨论证的基础上确定。施工部署一般应包括：

(1) 确定整个建筑物施工应划分成几个施工阶段，以及每个施工阶段中应配备的劳动力及主要机械设备。

(2) 确定施工现场预制与外加工构件的安排以及劳动力、机具的配备。

(3) 定出施工总工期及完成各主要施工阶段的控制工期。

(4) 确定施工顺序　施工顺序体现了施工步骤上的客观规律性，组织施工时符合这个规律性，对保证质量、缩短工期、提高经济效益均有很大意义。确定合理的施工顺序应考虑以下几点：

1) 做好施工准备工作再开工。开工前的技术规划准备、现场施工准备、施工队伍及有关组织准备必须尽量完善，以便工程开工后能够有序地开展工作。

2) 坚持“先地下、后地上；先土建、后设备；先主体、后围护；先结构、后装修”的总体原则。

“先地下，后地上”，指地上工程开工前，应该尽可能把管道、线路等地下设施和土方工程做完或基本做完，以免对地上部分的施工产生干扰，造成浪费，影响质量。

“先土建、后设备”，即无论建筑性质和类型如何，土建与水电、暖卫、设备的关系都要摆正。尤其在装修阶段，要从保证质量、降低物耗的角度，处理好土建与设备施工的关系。

“先主体、后围护”主要是指框架或框剪结构而言。应该注意在总体顺序上有合理的搭接。一般来说，多层民用建筑工程的结构与装修以不搭接为宜，而高层建筑应尽量搭接施工，以有效地节约时间。

3) 要有合理的施工流向。合理的施工流向是指平面和立面上都要考虑施工的质量保证和安全保证；考虑使用的先后，要适应分区分段，要与材料、构件的运输方向不发生冲突，要适应主导工程的施工顺序。

4) 在施工顺序上要注意给施工最后阶段的收尾、调试，使用前的准备以及交工验收创造条件。前有准备，后有收尾，才是周密安排。

(5) 划分流水段　划分流水段，组织流水作业，是充分利用人、机资源，提高工效、缩短工期的有效手段，建筑施工在可能的情况下，要尽力组织并组织好流水作业，而组织好流水作业的首要条件是划分好流水段。在划分流水段时，要考虑以下几个主要问题：

1) 有利于结构的整体性，尽量利用伸缩缝、沉降缝、平面有变化处以及留槎而不影响质量处作为流水段的分界。住宅楼可以按单元、楼层划分；厂房可按跨、按生产线划分；线性工程可以依据主导施工过程的工程量为平衡条件，按长度比例分段，大型建筑也可以按区、栋划分流水段。

2) 分段应尽量使各段工程量大致相等，以便组织等节拍流水，使施工均衡、连续、有节奏。

3）段数的多少应与主要施工过程相协调，以主导施工过程为主形成工艺组合。工艺组合数应等于或小于施工段数。因此，分段不宜过多，过多可能延长工期或使施工操作面狭窄；过少则因无法流水而使劳动力或机械设备停歇窝工。

4）分段的大小应与劳动组织相适应，应保证各专业施工队有足够的工作面。以机械为主的施工对象，还应当考虑机械的台班能力，使其能力得以充分发挥。混合结构、大模板现浇钢筋混凝土结构、全装配结构等工程的分段大小，都必须考虑吊装机械的能力。

（6）施工机械的选择　施工机械的选择应当遵循切实需要，实际可能，经济合理的原则，主要考虑以下几点：

1）技术条件：包括机械的技术性能，工作效率，工作质量，能源耗费，劳动力的节约，使用的安全性和灵活性，方便与耐用程度等。

2）经济条件：机械的使用寿命、使用费用、维修费用等情况。如果是租赁机械，则应考虑其租赁费用如何。

3）要进行定量的技术经济分析比较，选取性能价格比较高的机械。

3. 主要项目的施工方法

主要项目的施工方法是施工方案的核心。编制此部分首先要根据工程特点，找出哪些项目是主要项目，以便使选择的施工方法有针对性，能解决关键问题。主要项目随工程不同而异，同一类工程的基础、结构、装修又各有不同的主要项目，应分别对待。

（1）在选择施工方法时，有几条原则应当遵循：

1）方法可行，条件允许，可以满足施工工艺要求。

2）符合国家颁发的施工验收规范和质量检验评定标准的有关规定。

3）符合工程合同有关条款的规定，不超出经验承受能力。

4）尽量选择经过试验鉴定的科学、先进、合理的施工方法，尽可能进行技术经济分析。

（2）选择主要项目施工方法应当围绕以下项目和对象：

1）土石方工程：计量土石方工程量，确定土石方开挖或爆破方法，选择土石方施工机械。确定放坡坡度系数或土壁支撑形式和打桩方法。选择排除地面、地下水的方法，确定排水沟、集水井或降水井点布置及所需设备。确定土石方平衡调配方案。

2）基础工程：浅基础中垫层、混凝土基础施工的技术要求，地下室施工的技术要求，以及桩基础施工的施工方法及施工机械的选择。

3）混凝土工程：模板类型和支模方法，对于复杂的还需进行模板设计及绘制模板加工图。钢筋加工绑扎和焊接方法，运输和安装方法，混凝土搅拌和运输方法，混凝土浇灌顺序，施工缝位置，分层高度，振捣方法和养护时间等，在选择施工方法时，特别注意大体积混凝土的施工，模板工程的工具化和钢筋、混凝土施工的机械化。

4）砌筑工程：砖墙砌筑方法和质量要求，弹线及皮数杆的控制要求。

5）结构吊装工程：根据选用的机械设备确定吊装方法，安排吊装顺序，机械位置、行驶路线，构件的制作，拼装方法及场地，构件的运输、装卸、堆放方法，所需的机具，设备型号，数量和对运输道路的要求。

6）现场垂直、水平运输：确定垂直运输量，选择垂直运输方式，脚手架的选择及搭设方式，水平运输方式及设备的型号、数量、配套使用的专用工具设备（如砖车、砖笼、混凝土车、灰浆车和料斗等），确定地面和楼层上水平运输的行驶路线，合理地布置垂直运输设施的位置，综合安排各种垂直运输设施的任务和服务范围，混凝土后台上料方式。

7）屋面工程：屋面各个分项工程施工的操作要求，确定屋面材料的运输方式。

8）装修工程：围绕室内、室外装修、门窗安装、木装修、油漆、玻璃等，确定采用工厂化，机械化施工方法并提出所需机械设备，确定工艺流程和劳动组织，组织流水施工，确定装修材料逐层配套堆放的数量和平面布置。

9）特殊项目：如采用新结构、新材料、新工艺、新技术、高耸、大跨、重型构件，以及水下、深基和软弱地基项目等，应单独选择施工方法，确定工艺流程，施工措施，劳动组织技术要求，质量安全措施，进度要求，材料、构件和机械设备需用量。

10）防水工程：根据工程选用的防水材料，安排好防水工程各项施工内容的顺序，操作方法和技术质量要求。

4. 技术组织措施

技术组织措施是指在技术、组织方面对保证质量、安全、降低成本消耗和季节性施工所采取的技术方法。确定这些方法是编制施工组织设计的创造性工作内容。

（1）保证质量措施

保证质量的关键是对施工组织设计的工程对象经常发生的质量通病制订有效的预防措施，措施要得当，要建立质量保证体系，保证“P、D、C、A循环”的正常运转。对采用的新工艺、新材料、新技术和新结构，须制定有针对性的技术措施及保证质量的控制方法。认真制定放线定位准确无误的措施，确保地基基础特别是特殊、复杂地基基础的施工措施，保证主体结构中关键部位质量措施的控制及复杂特殊工程的施工技术措施。

（2）安全施工措施

严格执行安全生产制度及安全操作规程的各项规定，对施工中可能发生安全问题的环节进行预测，提出预防措施。

安全施工措施主要包括：

1）对于采用的新工艺、新材料、新技术和新结构，制定有针对性的、行之有效的专门安全技术措施，以确保安全。

2）预防自然灾害（防台风、防雷击、防洪水、防地震、防冻、防寒、防滑等）的措施。

3）高空及立体交叉作业的防护和保护措施。

4）防火防爆措施。

5）安全用电和机电设备的保护措施。

（3）降低成本措施

降低成本措施的制定应以施工预算为准，以企业（或工程项目经理部）年度、季度降低成本计划和技术组织措施计划为依据进行编制，要针对工程施工中降低成本潜力大的项目（如工程量大有采取措施的可能性）。把措施计划提出来，并计算出经济效果和指标，加以评价、决策。这些措施必须保证质量、安全的要求。降低成本措施应包括节约劳动力、降低材料消耗，节约机械设备费用，降低直接或间接费用、节约临时设施费措施。

当工程施工跨越冬期和雨期时，要制定冬期和雨期施工措施。制定这些措施的目的是保质量，保安全、保工期，降低成本。

雨期施工措施要根据工程所在地的雨量、雨期及施工工程的特点制定。要在防淋、防潮、防泡、防淹、防拖延工期等方面，分别采取“遮盖”、“排水”、“防雷”、“避雨施工”及“加固防陷”等措施。

冬季因为气温、降雪量不同，工程部位及施工内容不同，各地区的条件不同，则应采用不同的冬期施工措施。北方地区冬期施工措施必须严格，周密。要按照《冬期施工手册》或有关资料选用措施，以达到保温、防冻、改善施工环境，保证质量、控制工期、安全施工。

四、单位工程施工进度计划的编制

施工进度计划是根据合同工期及在确定了施工方案的基础上，对工程的施工顺序，各个工序的延续时间及工序的搭接关系，工程的开竣工时间及总进度计划等作出安排。在这个基础上，可以编制劳动力计划，材料供应计划，成品半成品计划，机械需用量计划等。因此，施工进度计划是施工组织中一项很重要的内容。

编制施工进度计划的基本要求是：保证拟建工程在规定的期限内完成；迅速发挥投资效益；施工的连续性和均衡性，节约施工费用。

根据施工部署中建设工程若分期分批投产顺序，将每个系统的各项工程分别列出，在控制的期限内进行各项工程的具体安排；如建设项目的规模不太大，各交工系统工程项目不很多时，亦可不按分期分批投产顺序安排，而直接安排总进度计划。

（一）编制依据和编制程序

单位工程施工进度计划的编制依据包括：施工总进度计划，施工方案，施工预算、预算定额，施工定额、资源供应状况、上级对工期的要求，建设单位对工期的要求（合同工期）等。这些依据中，有的是通过调查研究得到的。

施工进度计划的编制顺序是：收集编制依据→划分施工项目→计算工程量→套用施工定额→计算劳动量或机械台班需用量→进度计划的判别（工期符合要求否、劳动力机械均衡否、材料超过供应限额否）→绘制正式进度计划。

（二）施工项目划分并计算工程量

1. 施工项目是包括一定工作内容的施工过程，它是进度计划的基本组成单元。项目内容的多少，划分的粗细程度，应根据计划的需要来决定。一般来说，单位工程进度计划的项目应明确到分项工程或更具体，以满足指导施工作业的要求。通常划分项目应顺序列成表格编排序号，查对是否遗漏或重复。凡是与工程对象施工直接有关的内容均应列入。划分项目应与施工方案一致。

2. 计算工程量，可按设计图纸并根据各种定额手册进行计算。常用的定额、资料有如下几种：

（1）万元、十万元投资工程量、劳动力及材料消耗扩大指标。这种定额规定了某一种结构类型建筑，每万元或十万元投资中劳动力、主要材料等消耗数量。根据设计图纸中的结构类型，即可估算出拟建工程各分项需要的劳动力，主要材料的消耗数量。

（2）概算指标或扩大结构定额。这两种定额都是预算定额的进一步扩大，概算指标是以建筑物每 $100m^3$ 体积为单位；扩大结构定额则以每 $100m^2$ 建筑面积为单位。查定额时，首先查找与本建筑物结构类型、跨度、高度相类似的部分，然后查出这种建筑物按定额单位所需要的劳动力和各项主要材料消耗量，从而推算出拟计算建筑物所需要的劳动力和材料的消耗数量。

除房屋外，还必须计算主要的全工地性工程的工程量，如场地平整、道路及地下管线的长度等，这些可以根据建筑总平面图来计算。

（三）确定各单位工程的施工期限

由于各施工单位的施工技术与管理水平，机械化程度、劳动力和材料供应情况等不同，而有很大差别。因此应根据各施工单位的具体条件，并考虑施工项目的建筑结构类型、体积大小和现场地形工程与水文地质、施工条件等因素加以确定。工期定额是根据我国各部门多年来的施工经验，经统计分析对比后制定的。

（四）确定各单位工程的开竣工时间和相互搭接关系

在施工部署中已经确定了总的施工期限、施工顺序和各系统的控制期限及搭接时间，但对每一个单位工程的开竣工时间尚未具体确定。通过对各主要建筑物的工期进行分析，确定了每个建筑物的施工期限后，就可以进一步安排各建筑物的搭接施工时间，通常应考虑以下各主要因素：

1. 保证重点、兼顾一般

在安排进度时，要分清主次，抓住重点，同时期进行的项目不宜过多，以免分散有限的人力物力。主要工程项目指工程量大，工期长，质量要求高，施工难度大，对其他工程施工影响大，对整个项目建设的顺利完成起关键性作用的工程子项，这些项目在各系统的控制期限内应优先安排。

2. 满足连续、均衡施工要求

在安排施工进度时，应尽量使各工种施工人员、施工机械在全工地内连续施工，同时尽量使劳动力、施工机具和物资消耗量在全工地上达到均衡，避免出现突出的高峰和低谷，以利于劳动力的调配、原材料供应和充分利用临时设施。

3. 满足生产工艺要求

生产工艺系统是串联各个建筑物的主动脉，要根据工艺确定的分期分批建设方案，合理安排施工顺序，以缩短建设周期，尽快发挥投资效益。

4. 认真考虑施工进度计划对施工平面图空间布置的影响

建设项目的建筑平面设计，应在满足有关规范规定要求的前提下，使各建筑物的布置尽量紧凑，节省占地面积，缩短场内各种道路、管线的长度。对相邻各建筑物的开工时间和施工顺序予以调整，以避免或减少相互影响也是重要措施之一。

5. 统筹安排各建筑物的施工顺序

在确定各建筑物施工顺序时，还应考虑各种客观条件的限制。如施工力量，各种原材料、机械设备的供应情况，设计单位提供图纸的时间，各年度建设投资数量等，对各项建筑物的开工时间和先后顺序予以调整。

（五）进度计划的调整与修正

施工进度计划表绘制完后，将同一时期各项工程的工作量加在一起，用一定的比例画在施工进度计划的底部，即可得出建设项目资源需要量动态曲线。若曲线上存在较大的高峰或低谷，则表明在该时间里各种资源的需求量变化较大，需要调整一些单位工程施工速度或开竣工时间，以便消除高峰或低谷，使各个时期的资源需求量达到均衡。

五、施工平面图的设计

施工平面图是布置施工现场的依据，也是施工准备工作的一项重要依据，是实现文明施工，节约土地，减少临时设施费用的先决条件。

（一）施工平面图的设计内容

施工平面图是按一定比例和图例，按照场地条件和需要的内容进行设计的。单位工程施工平面图的内容包括：

（1）建筑平面图上已建和拟建的地上和地下的建筑物、构筑物和管线的位置或尺寸。

（2）测量放线标准，地形等高线和取舍土地点。

（3）行走式起重机的开行路线及垂直运输设施的位置。

（4）材料、加工半成品、构件和机具的堆场。

（5）生产、生活用临时设施。如搅拌站、高压泵站、钢筋棚、木工棚、仓库、办公室、供水管、供电线路、消防设施、安全措施、道路以及其他需搭建或建造的设施。

（6）必要的图例、比例尺、方向等标记。

（二）施工平面图设计的依据

（1）各种设计资料，包括建筑总平面图、地形地貌图、区域规划图、建筑项目范围内有关的一切已有和拟建的各种设施位置。

（2）建设地区的自然条件和技术经济条件。

（3）建设项目的工程概况、施工方案、施工进度计划。

（4）各种建筑材料、构件、加工品、施工机械和运输工具需要一览表，以便规划工地内部的储放场地和运输线路。

（5）各构件加工厂规模、仓库及其他临时设施和数量和外廓尺寸。

（三）施工平面图设计的原则

（1）尽量减少施工用地，使平面布置紧凑合理。

（2）合理组织运输，减少运输费用，保证运输方便通畅。

（3）施工区域的划分和场地的确定，应符合施工流程要求，尽量减少专业工种和各工种之间的干扰。

（4）充分利用各种永久性建筑物、构筑物和原有设施为施工服务，降低临时设施的费用。

（5）各种生产生活设施应便于工人的生产生活。

（6）满足安全防火、劳动保护的要求。

（四）施工平面图的设计步骤和设计要点

单位工程施工平面图的一般设计步骤是：

确定起重机的位置→确定搅拌站、仓库、材料和构件堆放场地、加工厂的位置→布置运输道路→布置生产、生活、福利等用临时设施→布置水电管线→计算技术经济指标。合理的设计步骤有利于节约时间，减少矛盾。

1. 起重机械布置

井架、门架等固定式垂直运输设备的布置要结合建筑物的平面形状、高度、材料、构件的重量，考虑机械的负荷能力和服务范围，做到便于运送，便于组织分层分段流水施工，便于楼层和地面的运输，运距要短。

塔式起重机的布置要结合建筑物的形状及四周的场地情况布置。起重高度、幅度及起重量要满足要求，使材料和构件可达建筑物的任何使用地点。路基按规定进行设计和建造。

履带吊和轮胎吊等自行式起重机的行驶路线要考虑吊装顺序，构件重量，建筑物的平面形状、高度、堆放场位置及吊装方法。

2. 搅拌站、加工厂、仓库、材料、构件堆场的布置，它们要尽量靠近使用地点或起重机起重能力范围内，运输、装卸要方便。

搅拌站要与砂、石堆场及水泥库一起考虑，即要靠近，又要便于大宗材料的运输装卸。

木材棚、钢筋棚和水电加工棚可离建筑物稍远，并有相应的堆场。

仓库、堆场的布置，应进行计算，能适应各个施工阶段的需要。按照材料使用的先后，同一场地可以供多种材料或构件堆放。易燃、易爆品的仓库位置，须遵守防火、防爆安全距离的要求。

单件重量大的，要在起重机臂下，单件重量小的，可远离起重机。

3. 运输道路的修筑

应按材料和构件运输的需要，沿着仓库和堆场进行布置，使之畅行无阻。宽度要符合规定，单行道不小于3～3.5m，双行道不小于5.5～6m，路基要经过设计，转弯半径要满足运输规定要求。要结合地形在道路两侧设排水沟。总的来说，现场应设环形路，在易燃品附近也要尽量设计成进出容易的道路。消防车道不小于3.5m。

4. 生产、生活、福利用临时设施的布置

应使用方便，不妨碍施工，符合防火安全的要求。要节省材料消耗，降低成本，尽量利用已有设施或正式工程，必须修建时要经过计算确定面积。

5. 供水设施的布置

临时供水管道先要经过计算，设计，然后进行设置，其中包括水源选择，取水设施，贮水设施，用水量计算（生产用水、机械用水、生活用水、消防用水），管径的计算等。

(1) 确定用水量。生产用水包括工程施工用水、施工机械用水。生活用水包括施工现场生活用水和生活区生活用水。

1) 施工工程用水量：

$$q_1 = K_1 \Sigma \frac{Q_1 \cdot N_1}{T_1 \cdot b} \times \frac{K_2}{8 \times 3600} \tag{7-2-1}$$

式中 q_1——施工工程用水量（L/s）；

K_1——未预见的施工用水系数（1.05～1.15）；

Q_1——年（季）度工程量（以实物计量单位表示）；

N_1——施工用水定额，见表7-2-1；

T_1——年季度有效工作日（天）；

b——每天工作班次；

K_2——用水不均衡系数，见表7-2-2。

施工用水（N_1）参考定额 **表7-2-1**

序号	用水对象	单　位	耗水量(N_1)(L)	备　注
1	浇筑混凝土全部用水	m^3	1700～2400	
2	搅拌普通混凝土	m^3	250	
3	搅拌轻质混凝土	m^3	300～350	
4	搅拌泡沫混凝土	m^3	300～400	
5	搅拌热混凝土	m^3	300～350	

续表

序号	用水对象	单位	耗水量(N_1)(L)	备注
6	混凝土养护(自然养护)	m^3	200～400	
7	混凝土养护(蒸汽养护)	m^3	500～700	
8	冲洗模板	m^3	5	
9	搅拌机清洗	台班	600	
10	人工冲洗石子	m^3	1000	
11	机械冲洗石子	m^3	600	
12	洗砂	m^3	1000	
13	砌砖工程全部用水	m^3	150～250	
14	砌石工程全部用水	m^3	50～80	
15	粉刷工程全部用水	m^3	30	
16	砌耐火砖砌体	m^3	100～150	
17	洗砖	千块	200～250	
18	洗硅酸盐砌块	m^3	300～350	
19	抹面	m^3	4～6	
20	楼地面	m^3	190	
21	搅拌砂浆	m^3	300	
22	石灰消化	t	3000	

施工用水不均衡系数 **表 7-2-2**

	用水名称	系数		用水名称	系数
K_2	施工工程用水 生产企业用水	1.5 1.25	K_4	施工现场生活用水	1.30～1.50
K_3	施工机械运输机械 动力设备	2.00 1.05～1.10	K_5	居民区生活用水	2.00～2.50

2）施工机械用水量：

$$q_2 = K_1 \Sigma Q_2 \cdot N_2 \cdot \frac{K_3}{8 \times 3600} \tag{7-2-2}$$

式中 q_2——施工机械用水量（L/s）；

K_1——未预计施工用水系数（1.05～1.15）；

Q_2——同种机械台数（台）；

N_2——施工机械用水定额，见表 7-2-3；

K_3——施工机械用水不均衡系数，见表 7-2-2。

施工机械（N_2）用水参数定额 **表 7-2-3**

序号	用水对象	单位	耗水量(N_2)	备注
1	内燃挖土机	L/台·m^3	200～300	以斗容量 m^3 计
2	内燃起重机	L/台·t	15～18	以起重量 t 计
3	蒸汽打桩机	L/台·t	1000～1200	以锤重 t 计
4	内燃压路机	L/台·t	12～15	以压路机 t 计
5	拖拉机	L/台·昼夜	200～300	
6	汽车	L/台·昼夜	400～700	

续表

序　号	用水对象	单　位	耗水量(N_2)	备　注
7	空气压缩机	L/台(m^3/min)	40～80	以空气压缩机排气量 m^3
8	内燃机动力装置(直流水)	L/台・马力	120～300	
9	内燃机动力装置(循环水)	L/台・马力	25～40	
10	锅炉	L/h・t	1000	以小时蒸发量计
11	锅炉	L/h・m^2	15～30	以受热面积计
12	点焊机25 型 50 型 75 型	L/h L/h L/h	100 150～200 250～350	实测数据 实测数据
13	冷拔机	L/h	300	
14	对焊机	L/h	300	
15	凿岩机01-30(cm-56) 01-45(Tn-4) 01-38(cm-4)	L/min L/min L/min	3 5 8	

3）施工现场生活用水量：

$$q_3=\frac{P_1N_3K_4}{b\times 8\times 3600} \tag{7-2-3}$$

式中　q_3——施工现场生活用水量（L/s）；

P_1——施工现场高峰期生活人数（人）；

N_3——施工现场生活用水定额，参见表 7-2-4；

K_4——施工现场生活用水不均衡系数，见表 7-2-2；

b——每天工作班次（班）。

生活用水量 N_3（N_4）参考定额　　　　表 7-2-4

序　号	用 水 对 象	单　　位	耗水量 N_3(N_4)	备　注
1	工地全部生活用水	L/人・日	100～120	
2	生活用水(盥洗生活饮用)	L/人・日	25～30	
3	食堂	L/人・日	15～20	
4	浴室(淋浴)	L/人・次	50	
5	洗衣	L/人	30～35	
6	理发室	L/人・次	15	
7	小学校	L/人・日	12～15	
8	幼儿园托儿所	L/人・日	75～90	
9	医院	L/床・日	100～150	

4）生活区生活用水量：

$$q_4=\frac{P_2N_4K_5}{24\times 3600} \tag{7-2-4}$$

式中　q_4——生活区生活用水量（L/s）；

P_2——生活区居民人数（人）；

N_4——生活区昼夜全部用水定额，见表 7-2-4；

K_5——生活区用水不均衡系数，见表 7-2-2。

5）消防用水量：

q_5——消防用水量，见表 7-2-5。

消防用水量 表 7-2-5

序号	用水名称	火灾同时发生次数	单 位	用水量
1	居民区消防用水 5000 人以内 10000 人以内 25000 人以内	 一次 二次 二次	 L/s L/s L/s	 10 10～15 15～20
2	施工现场消防用水 施工现场在 25ha(公顷)以内 每增加 25ha 递增	 一次	 L/s	 10～15 5

6）总用水量 Q：

a）当 $(q_1+q_2+q_3+q_4)\leqslant q_5$ 时，则

$$Q=q_5+\frac{1}{2}(q_1+q_2+q_3+q_4)$$

b）当 $(q_1+q_2+q_3+q_4)>q_5$ 时，则

$$Q=(q_1+q_2+q_3+q_4)$$

c）当工地面积小于 5 万 m^2，并且 $(q_1+q_2+q_3+q_4)<q_5$ 时，则

$$Q=q_5$$

最后计算的总用水量，还应增加 10%，以补偿不可避免的水管渗漏损失。

（2）确定供水管径。在计算出工地的总用水量后，可计算出管径，公式如下：

$$D=\sqrt{\frac{4Q\times 1000}{\pi\cdot v}} \tag{7-2-5}$$

式中 D——配水管内径（mm）；

Q——用水量（L/s）；

v——管网中水的流速（m/s），见表 7-2-6。

临时水管经济流速表 表 7-2-6

管 径 D	流速(m/s)		管 径 D	流速(m/s)	
	正常时间	消防时间		正常时间	消防时间
支管 $D<0.10$m	2		生产消防管道 $D>0.3$m	1.5～1.7	2.5
生产消防管道 $D=0.1\sim0.3$m	1.3	>3.0	生产用水管道 $D>0.3$m	1.5～2.5	3.0

单位工程施工组织设计的供水计算和设计可以简化或根据经验进行安排。一般5000～10000m^2 的建筑物施工用水主管径为 50mm，支管径为 40mm 或 25mm，消防用水一般利用城市或建设单位的永久消防设施。消防水管线直径不小于 100mm，消火栓间距不大于 120m。高层建筑施工用水要设置蓄水池和加压泵，以满足高空用水需要。管线布置应使线路长度短，消防管和生产、生活用水管可以合并设置。

6. 临时供电设施

（1）临时供电设计包括用电量计算，电源选择，电力系统选择和配置。用电量包括电动机用电量、电焊机用电量、室内和室外照明容量。如果是扩建的单位工程，可计算出施工用电总数供建设单位解决，不另设变压器。独立的单位工程施工，要计算出现场施工用电和照明用电的数量，选用变压器和导线截面及类型。变压器应布置在现场边缘，高压线接入处离地应大于30cm，在2m以外四周用高度大于1.7m钢丝网围住以保安全，但不要布置在交通要道处。

（2）施工用电计算：施工现场用电量大体上可分为动力用电量和照明用电量两类。在计算用电量时，应考虑以下几点：

1）全工地使用的电力机械设备、工具和照明的用电功率；

2）施工总进度计划中，施工高峰期同时用电数量；

3）各种电力机械的利用情况：

总用电量可按下式计算：

$$P=1.05-1.10(K_1\Sigma P_1/\cos\varphi+K_2\Sigma P_2+K_3\Sigma P_3+K_4\Sigma P_4) \tag{7-2-6}$$

式中 P——供电设备总需要容量（kVA）；

P_1——电动机额定功率（kW）；

P_2——电焊机额定容量（kW）；

P_3——室内照明容量（kW）；

P_4——室外照明容量（kW）；

$\cos\varphi$——电动机的平均功率因数（施工现场最高为0.75～0.78，一般为0.65～0.75）；

K_1、K_2、K_3、K_4——需要系数，见表7-2-7。

需要系数 **表7-2-7**

用电名称	数量	需要系数		备注
		K	数值	
电动机	3～10台	K_1	0.7	如施工中需用电热时，应将其用电量计算进去
	11～30台		0.6	
	30台以上		0.5	
加工厂动力设备			0.5	
电焊机	3～10台	K_2	0.6	
	10台以上		0.5	
室内照明		K_3	0.8	
室外照明		K_4	1.0	

（3）确定变压器。施工现场临时供电变压器的选择，应根据施工现场临时用电总量，确定变压器的容量。根据供电系统的电压等级及现场使用条件，查找有关变压器系列技术参数，选择变压器的类型和规格。

变压器安装的位置，应安全可靠，便于安装和检修，场地无剧裂震动，周围无污秽气体并应设在供电范围负荷中心或大负荷附近，使线路能满足电压质量要求，减少线路损耗。如现场低压供电采用三相五线制，设置漏电开关保护和改善功率因数等。

（五）计算技术经济指标

为评价施工总平面图的设计质量，可以计算下列技术经济指标加以分析。

（1）施工用地面积及施工占地系数：

$$施工占地系数=\frac{施工占地面积(m^2)}{建筑面积(m^2)}\times 100\%$$

（2）施工场地利用率：

$$施工场地利用率=\frac{施工设施占用面积(m^2)}{施工用地面积(m^2)}\times 100\%$$

（3）施工用临时房屋面积、道路面积、临时供水线长度及临时供电线长度。

（4）临时设施投资率：

$$临时设施投资率=\frac{临时设施费用总和(元)}{工程总造价(元)}\times 100\%$$

六、施工组织设计的技术经济分析

（一）技术经济分析的目的

技术经济分析的目的是保证施工组织设计在技术上可行，经济上合算，通过科学的计算和分析比较，选择技术与经济最佳的施工方案，为寻求增产节约的途径和提高经济效益提供信息。技术经济分析是施工组织设计的重要内容之一。

（二）技术经济分析的基本要求

（1）全面分析。要对施工的主要技术方法、组织措施及经济效果进行分析；对需要与可能进行分析，对施工的具体环节及全过程进行分析。

（2）作技术经济分析时应抓住施工方案、施工进度计划和施工平面图三大重点，并据此建立技术经济分析指标。

（3）在作技术经济分析时要灵活运用定性方法和有针对性地应用定量方法。在做定量分析时，应对主要指标、辅助指标和综合指标区别对待。

（4）技术经济分析应以设计方案的要求，有关国家规定及工程的实际需要为依据。

（三）施工组织设计技术经济分析指标

施工组织总设计中技术经济分析指标应包括：施工周期；劳动生产率；工程质量；降低成本；安全指标；机械化施工程度；施工机械完好率；工厂化施工程度；临时工程投资比例；临时工程费用比例；节约三大材料百分比。单位工程施工组织设计中技术经济指标应包括：工期指标；劳动生产率指标；质量指标；安全指标；降低成本率；主要工程工种机械化程度；三大材料节约指标，这些指标应在施工组织设计基本完成后进行计算并写进施工组织设计的文件中，作为施工方案考核的依据。

（1）总工期指标：即从破土动工至竣工的全部日历天数。

（2）单方用工：它反映劳动力的使用和消耗水平。不同建筑物的单方用工之间有可比性。

$$单方用工=\frac{总用工数(工日)}{建筑面积(m^2)}$$

（3）质量优良品率。这是在施工组织设计中确定的控制的目标；主要通过保证质量措施实现。

（4）主要材料节约指标。主要材料根据工程不同而异，靠材料节约措施实现。可分别计算主要材料节约量，主要材料节约额或主要材料节约率。

$$主要材料节约量=技术组织措施节约量$$

或：主要材料节约量=预算用量－施工组织设计计划用量

$$主要材料节约率=\frac{主要材料计划节约额(元)}{主要材料预算全额(元)}\times100\%$$

或：

$$主要材料节约率=\frac{主要材料节约量}{主要材料预算用量}\times100\%$$

（5）大型机械耗用台班数及费用

$$大型机械单方耗用台班数=\frac{耗用总台班(台班)}{建筑面积(m^2)}$$

$$单方大型机械费=\frac{计划大型机械台班费(元)}{建筑面积(m^2)}$$

（6）降低成本指标

$$降低成本额=预算成本－施工组织设计计划成本$$

$$降低成本率=\frac{降低成本额(元)}{预算成本(元)}\times100\%$$

（四）施工组织设计技术经济分析的重点

技术经济分析应围绕质量、工期、成本三个主要方面。选用某一方案的原则是，在质量能达到优良的前提下，工期合理，成本最低，效益最好。

对于单位工程施工组织设计，不同的设计内容，应有不同的技术经济分析重点。

（1）基础工程应以土方工程，现浇混凝土，打桩、排水和防水的工期为重点。

（2）结构工程应以垂直运输机械选择，流水段划分，劳动组织，现浇钢筋混凝土支模、浇灌及运输，脚手架选择，特殊分项工程施工方案，各项技术组织措施为重点。

（3）装修阶段应以施工顺序、质量保证措施、劳动组织、分工协作配合、节约材料、技术组织措施为重点。

单位工程施工组织设计的技术经济分析重点是：工期、质量、成本、劳动力使用，场地占用和利用，临时设施，协作配合，材料节约，新技术、新设备、新材料、新工艺的采用。

施工组织总设计的技术经济分析重点是：施工周期，大流水作业，施工准备，临时设施，劳动力均衡使用与均衡施工、成本、质量、节约、占地和土地利用、社会效益。

第八章　建筑施工技术

第一节　土石方和地基工程施工

土石方和地基工程是建筑工程施工一开始就遇到的工程。它的工程量在施工中也往往是极大的。土石方和地基工程包括了场地平整，土石方的开挖、运输、降水工作，边坡支护，地基种类和天然地基的处理，回填土及工程验收等内容。该类工程的特点是面广量大、劳动繁重，施工条件复杂，受地质构成和气候的变化影响较大。因此在施工之前，施工人员应详细学习，了解各类有关技术资料，如地形图、工程地质勘探报告。还应调查了解工程地区中，地面以下是否有原有建筑物的基础，地下构筑物、管道、电缆以及其他地下物。通过了解后在施工前可制定经济合理、安全可靠的施工方案。

一、土方及基础施工的概念

（一）土的分类

土层是地球表面各种不同的物质形成的，是地壳的主要组成部分。在工程上对土是以其软硬程度、强度、含水等大致分为六类：

1. 岩石类

它又分为特坚石、坚石、次坚石。凡饱和单轴抗压强度大于或等于30MPa者为硬质岩石；小于30MPa的岩石称为软质岩石。岩质新鲜的称微风化。岩石被节理、裂隙分割成块状，裂隙中有少量风化物称为中等风化。节理裂隙发育，岩石分割成2～20cm的碎块，用力可折断时称为强风化。

（1）特坚石：一般为玄武岩、花岗片麻岩、坚实的细粒花岗岩、辉长岩、辉绿岩等。开挖方法一般用爆破方法开挖。一般整平后就可以做坚实的地基。

（2）坚石：一般为辉绿岩、粗或中粒花岗岩、坚实的白云岩、砂岩、砾岩、花麻岩、石灰岩、大理岩等。用爆破方法开挖，可做坚实的地基。

（3）次坚石：为泥岩、砂岩、砾岩、坚实的页岩、密实的石灰岩，风化的花岗岩等。用爆破结合风镐开挖，属较坚实的地基。

2. 软石类

它包括中等密实的页岩、泥灰岩、白垩土、胶结不紧的砾岩、软的石灰岩等。它们可用镐、撬棍、大锤挖掘，部分也得使用爆破方法，属于良好的地基。

3. 碎石类砂砾坚土

它包括如重黏土及含碎石、卵石的黏土、粗卵石、天然级配砂石，软泥灰岩及蛋白石等。可用镐、撬棍、然后用铁锹挖掘。砂石按颗粒组成及颗粒形状可分为漂石、块石、卵石、碎石、圆砾和角砾。漂石和块石类是粒径大于20cm的颗粒含量占全重的60%；卵石和碎石类是指粒径大于2cm的颗粒占全重的50%；圆砾和角砾类是指粒径大于2mm的颗粒占全重的50%。

当碎卵石土的骨架颗粒空隙全为砂所充填，这时称为砂卵石；当其空隙为黏土所充填，则称为含碎、卵石黏土。它们的承载力工程性质都是由其骨架组成及密实情况所确定。

4. 坚土类

它包括中等密实黏土、重粉质黏土、粗砾石、干黄土及含碎、卵石的黄土、压实的填筑土等。主要用镐挖掘，少许用撬棍开挖。它可作为多层建筑及浅基础的良好地基。

5. 普通土

它包括粉质黏土、潮湿的黄土、夹有碎卵石的砂、填筑土及粉质砂质粉土等。用铁锹挖掘，少许用镐挖。其中砂类土又根据其颗粒直径大小及所占的重量比例，按颗粒分法定名。

砾砂：粒径大于2mm的颗粒占全重25%～50%；

粗砂：粒径大于0.5mm的颗粒占全重的50%；

中砂：粒径大于0.25mm的颗粒占全重的50%；

细砂：粒径大于0.075mm的颗粒占全重的85%；

粉砂：粒径大于0.075mm的颗粒占全重的50%。

普通土可作为一般天然地基用，当有的要求承载较大荷载时，还得作地基处理。

6. 松软土类

如亚砂土、冲积土、种植土、淤泥等，用锹即可挖掘。该类土往往不能作为天然地基承受荷载。

由于我国地质条件复杂，还有很多特殊的土类，如陕西的大孔土即湿陷性黄土；云、广、湖地区的膨胀土；东北、西藏的多年冻土，季节性冻土；内陆及沿海的盐渍土；江河冲积处的泥炭淤泥土等。很难划入哪类土种，而作为特殊土类处理。

（二）土的性能

任何物质都具有其固有的物理性能，土类亦不例外。为对土石方进行施工，对其基本性能应作一些了解。

1. 土的组成

土是由三种成分组成的复杂体：

（1）作为土体骨架的矿物质颗粒，称为固相；

（2）填充土体骨架之间的水分，称为液相；

（3）含在孔隙之中的空气，称为气相；

2. 土的密度

土的密度可用字母ρ表示，即其单位体积的质量用g/cm^3表示计量单位。它的密度分为天然密度和干密度。天然密度过去称为容重，一般根据土类不同单位体积的质量由$1.6\sim2.7g/cm^3$不等。干密度d_s过去称为比重，其单位体积的质量由$2.65\sim2.70g/cm^3$不等。

3. 含水量

含水量一般教课书中用字母W表示，因为天然状态下的土中，都含有水分。土中含水的分量与固体颗粒的分量的百分比称为土的含水量，可用公式表示：

$$W=\frac{A-B}{B}\times 100\% \tag{8-1-1}$$

式中 A——直接用环刀切土称得的质量；

B——把该土称重后，放入烘箱经恒温105℃、烘12h以上再称重后得到的质量。

4. 土的孔隙比

土的孔隙比常用字母 e 表示，它是土体中孔隙与土粒体积之比，可用公式表示：

$$e=\frac{\rho_W d_s(1+0.01W)}{\rho}-1 \tag{8-1-2}$$

式中 ρ_W——水的密度；

ρ——土的自然密度；

d_s——土的干密度；

W——含水量。

土的孔隙比是一个重要的指标，它用来确定土的压缩性、相对密度、固结度等计算指标，也是评价粉土的承载力的主要指标。一般地说，$e<0.6$ 的土工程性能较好；$e>1.0$ 的则较差。

5. 土的可松性

土体在挖掘后，组织破坏，体积增大，这种现象称为土的可松性。土增大后的体积与原体积之比称为可松性系数。可松性系数对土方施工中估算挖出土的运输车辆，计算回填土时应用的土量都有很大的关系。

为此有两个可松性系数：

（1）最初可松性系数 K_s

$$K_s=\frac{V_2}{V_1} \tag{8-1-3}$$

（2）最后可松性系数 K'_s

$$K'_s=\frac{V_3}{V_1} \tag{8-1-4}$$

式中 V_2——挖出后散状的体积；

V_3——回填土夯实后的体积；

V_1——自然状态下的体积。

一般是 $V_2>V_3>V_1$。越密实的土其可松性系数越大。$V_3>V_1$ 是即使回填土如何密实的夯实，也不可能完全回到天然状态的体积。即天然状态的土挖出 1m^3，回填回去总用不了挖出来的那堆 1m^3 的土了，最后总会剩下一点点。

为了便于参考将上述几类的可松性系数列于表8-1-1：

土的可松性系数 **表8-1-1**

土的类别	最初可松性系数 K_s	最后可松性系数 K'_s
特坚石	1.45～1.50	1.20～1.30
坚　石	1.30～1.45	1.10～1.20
次坚石	1.33～1.37	1.11～1.15

续表

土的类别	最初可松性系数 K_s	最后可松性系数 K'_s
软　石	1.26～1.32	1.06～1.09
砂砾坚土	1.24～1.30	1.04～1.07
坚　土	1.14～1.28	1.02～1.05
普通土	1.20～1.30	1.03～1.04
松软土	1.08～1.17	1.01～1.03

6. 土的渗透性

水穿过土层的现象称为土的渗透性。单位时间内，水穿透土层的能力称为渗透系数。以 K(m/d) 表示，一般土的渗透系数可见表 8-1-2。

土的渗透系数 **表 8-1-2**

土　类	K(m/d)	土　类	K(m/d)
黏土、粉质黏土	<0.1	含黏土的中细砂	20～25
亚砂土	0.1～0.5	含黏土的粗中砂	35～50
粉　土	0.5～1.0	粗砂层	50～75
粉　砂	1.5～5.0	砂卵石	50～100
含黏土细砂	10～15	卵　石	100～200

7. 土的自然倾斜角

堆积土壤的表面与水平面之间所成的夹角，称为自然倾斜角。了解它与挖土的放坡施工有一定关系。在松散情况下各类土种的自然倾斜角大致如表 8-1-3。

土壤自然倾斜角 **表 8-1-3**

土壤种类	干燥		湿润		潮湿	
	角度	高宽比	角度	高宽比	角度	高宽比
普通软土	≈40°	1∶1.2	≈35°	1∶1.4	≈20°	1∶2.25
粗、中砂土	30°～35°	1∶1.4～1.7	35°～40°	1∶1.2～1.6	25°～27°	1∶2～2.15
中、细砂土	25°～30°	1∶1.75～1.9	30°～35°	1∶1.4～1.75	15°～20°	1∶2.75～3.75
砂质黏土	40°～45°	1∶1.0～1.2	35°	1∶1.4	15°～20°	1∶2.75～3.75
硬质黏土	70°	1∶0.4	45°	1∶1	25°	1∶2.15
砂砾土	35°～40°	1∶1.2～1.4	35°	1∶1.4	30°	1∶1.75
岩　石	>80°	1∶0.1				

自然倾斜角及高宽比示意图见图 8-1-1。

二、场地平整

场地平整就是将需进行建筑范围内的自然地坪，通过人工或机械平整改造成为设计所需要的平面。在目前总承包施工中，三通一平的工作往往由施工单位实施，因此场地平整也成为开工前的一项工作内容。实现场地平整对文明施工、现场平面布置

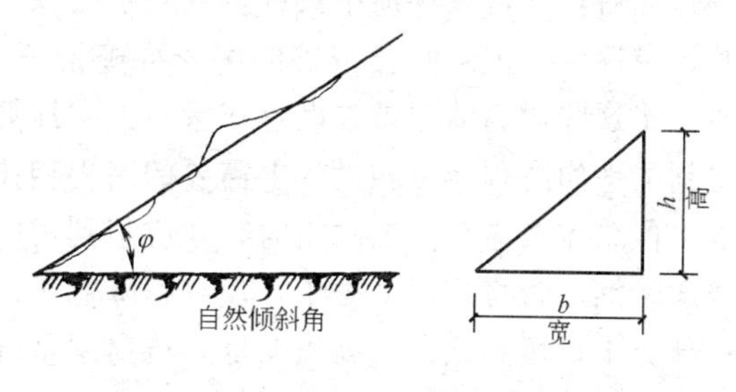

图 8-1-1　自然倾斜角及宽度比示意图

极为有利，也是现代化施工所体现的一种水平。

场地平整要考虑满足总体规划，生产施工工艺，交通运输和排除雨水等要求。并尽量使土方的挖、填平衡，减少运土量。

（一）场地平整的工艺程序

场地平整作为施工中的一个项目，它也有一个程序的安排，一般过程如下：

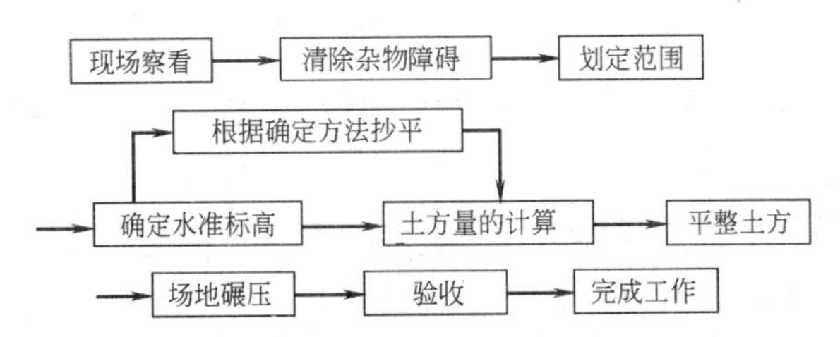

解释：当确定某工程后，作为施工人员必须到现场进行察看，了解地物地貌和周围环境。根据建筑总平面图及规划图了解确定现场的大致范围。这是给施工人员的第一印象。

当现场看完后，平整前必须把平整范围内的如杂树、茅草、断墙残垣、小河干沟等了解清楚，并把该些东西清除。小河干沟先大致填平压实。第二步是划定要平整的范围，可以在场地的四角、周边做些标志。

第三步是根据总图要求的标高，从水准基点引进基准标高，作为确定土方量计算的基点。

土方量的计算有方格网法和纵横断面法。现场抄平的程序和方法则由确定了的计算方法进行。

通过抄平测量之后，经过计算知道了该场地按设计要求平整是需填土（运进土），还是去土（运出土）。土的运进运出还要初步估计基础还有多少挖出（减去回填）的土量。这样总体考虑大的土方平衡，可以节约运费。

平整土方可以采用机械进行，如用推土机、铲运机、有大量土堆的还要用挖土机等。平整中要交错用压路机压实。

（二）土方量的计算

土方量的计算，其目的是确定整个场地是需填土还是去土外运。其计算方法一般采用方格网法。方格网划分的大小，需看要平整的地面的大小和地形复杂程度而定。最小的分成10m×10m的方格网，大的有40m×40m的方格。范围小的场地，可用小方格网；地形复杂起伏大的亦应用小方格网。反之则可以采用大方格网。

方格网确定之后，在每个格点打入一木桩并编号，把桩打至该处土面平。所有方格网桩打完后，即可在场地中央部位支架水准仪，先视引进水准基点的读数，然后测各网点，并记录读数，记录时要按桩的编号准确记清。根据观测的高差，可以确定各网点的标高值。将这些标高值记录在网点记录本上。计算时将各测点高程进行代数和后除以测点数，得到的平均高程，再和设计上需要的高程相比，如大于设计高程则要去土；反之要进土填土。但总体考虑该范围的土时，还应想到房屋基础挖、填后的多余土。假如为去土，则在铲运、推土时将地面多去土，使高程降低于设计高程的面；如要进土填方的，则可以先进一部分土，填到比设计高程略低，待房屋基础工程结束后，把场内余土再平整到室外场地上去。

当然我们这里讲的是正常情况，实际施工现场是多变的，我们则应根据具体情况适应工程需要进行土方平衡工作。

下面我们举一简单例子，说明方格网点法测定场地高程和计算应挖，还是应填土方的场地平整。

【例】 设 20m 的方格网，共 9 格。如图 8-1-2。其编号以坐标交点编之。写在点的左下角，设计高程写在右下角。测的高差及算出的高程写在左、右上角。测时的记录可记本上如表 8-1-4 所示。

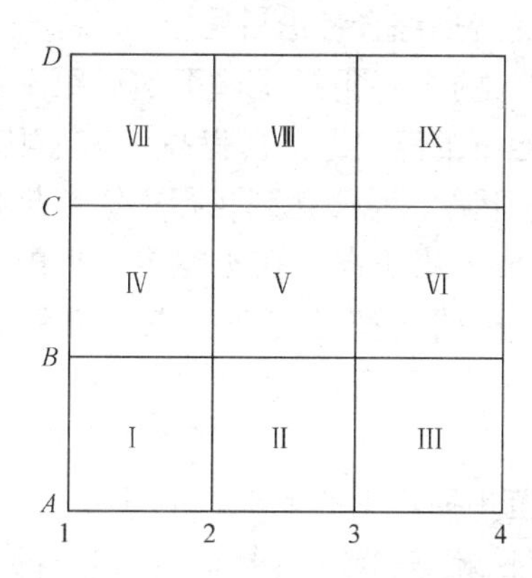

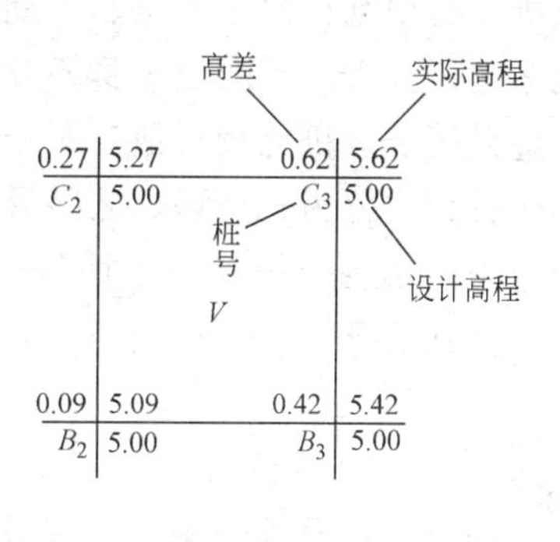

图 8-1-2　方格网点法例题图示

方网格测点记录　　**表 8-1-4**

桩　　号	后 视 值	前 视 值	桩点高差	桩点高程	备　　注

假设测得的各点高程为：5.09m、5.42m、5.27m、5.62m……等，共为 16 点。则其平均高程为

$$H_{平均}=\frac{\sum H_{实际}}{P_{(点数)}} \tag{8-1-5}$$

假如计算出 $H_{平均}$ 为 5.15m，那么全场应去场面土为 60×60×0.15＝540m³。加建筑挖、填后余土（假设为 270m³），则全部应出土 810m³。为了减少多次运土，平整场地时可以将场面降下 7.5cm，定为 4.925m。这样施工时就可以按此高程平整。

（三）场地平整的施工

场地平整的施工其内容为察看现场后的一系列室外工作。

1. 清理范围内及附近周边的场地。

其内容有：清除杂树、茅草，迁移有用树木，尤其有价值的古木则应设法保护，如确不能处于该地，要设计迁移方案，保证移植成功。场内如有坟墓应通知迁移，房屋应拆迁，通讯或电力设施，上下水道的改道。如有河塘、淤泥沟道，应抽干水，挖去淤泥，重新用建筑垃圾、好土或山皮渣土等分层填实到低于设计标高面。

2. 排除地面水和设置排水沟、截水沟或挡水坝，以保证场地平整后干燥，利于施工。

3. 修建施工临时设施。

如临时场边道路，现场临时工作棚，供电、供水的临时设施，可以结合以后施工的施工组织设计统一考虑。

4. 进行场地平整的施工，一般较大场地都采用机械施工。

(1) 当距离较近在100～200m范围内，平土时的推高填低可采用推土机进行。选用多大功率或机械类型则根据土方量、工期及租赁费用综合考虑后确定。

(2) 地形起伏不大，土的含水量不超过27%的Ⅰ～Ⅲ类土，平均运距不超过1000m时，场地平整采用铲运机比较合适。对于机械运行的路线，如何提高效率，则根据实践经验确定。其运行路线分为：环形、之字形、8字形等。总之达到运行中铲挖与填土相宜。

(3) 场地中有小土丘等高出地面很多时，要采用正向铲挖土运走，再配合推土机推平。如有河沟淤泥则要配反向铲挖除，清理。机械的型号与功率以土方量和坚实情况确定。

5. 场地平整中的夯压密实。

对于填土的一类，要求采用的土应符合规范中回填土的要求。不得用有机质含量大于8%的土，含水量大的黏土及含5%以上的水溶性硫酸盐土。同时每层回填的土的土质应相同，不要混杂使用。透水性大的土应填在透水性小的土层下。

压实方法分为夯实及碾压密实两种。夯实适用于较小面积的平整。要采用机夯。碾压有平碾压（压路机）及羊足碾，一种带铁足的大型滚筒，由拖拉机带动。其特点是铁足面积小，单位面积压力较大效果较好，适用于黏性土。

对于碾压的行驶速度，一般规定如下：

平碾压速度不大于2000m/h；

羊足碾速度不大于3000m/h。

碾压厚度以30cm左右为一层，每层碾压要求平碾6～8次；羊足碾8～16次。

三、基槽基坑土方开挖施工

(一) 挖土施工工艺程序

挖土施工的工艺过程如下程式进行：

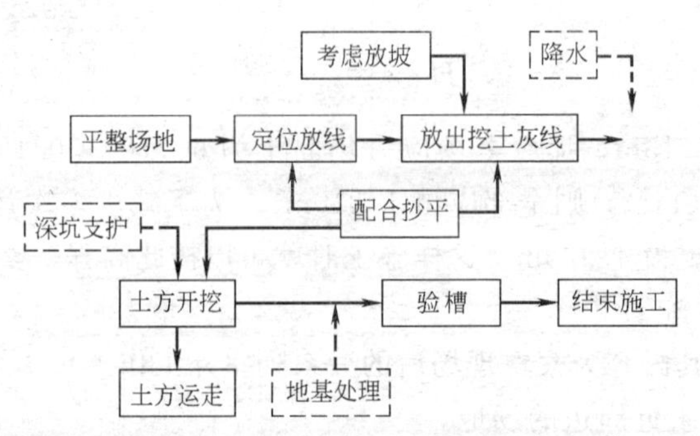

在工艺过程中的虚线方格是指该项工序在有的工程中可能遇到，有的工程中不一定遇到。

作为施工人员根据工艺程序，了解到该工程情况哪些工序是必备的，哪些工序可不必考虑，哪些工序应作可能的准备。

如一般砖混多层建筑，实线部分的工序都会有，虚线部分的深坑支护一般可以不考虑；降水主要考虑地下水位较高或地表水的明排水；地基处理则要有所准备，万一挖土中出现需要解决的问题，就应进行处理。

总之，施工前应对该地区的情况全面了解，详细审阅地质勘探资料报告，筹划整个挖土工程的工作。

（二）土方的开挖

土方的开挖有大开挖和基槽开挖两类。目前高层建筑、多层框架建筑有地下室的都采用大开挖施工；多层条基的房屋建筑，无地下室的都为基槽开挖。前者用机械挖掘为主，后者多数为人工挖土。不论何种开挖，除有边坡支护措施外，都要考虑土侧的放坡。

1. 边坡坡度的放坡要求

在地质条件良好，土质比较均匀，且地下水位低于基槽底面标高时，挖土深度在5m以内不加支撑的边坡的最陡坡度见表8-1-5。

深在5m内基槽边坡不加支撑最陡坡度 **表8-1-5**

土的类别	边坡坡度(高：宽)			备注
	坡顶无荷载	坡顶有静载	坡顶有动载	
中密的砂土	1：1.00	1：1.25	1：1.50	
中密的碎石类土	1：0.75	1：1.00	1：1.25	填充为砂土
硬塑的粉土	1：0.67	1：0.75	1：1.00	
中密的碎石类土	1：0.50	1：0.67	1：0.75	填充为黏土
硬塑的粉质黏土、黏土	1：0.33	1：0.50	1：0.67	
老黄土	1：0.10	1：0.25	1：0.33	
软土(经井点降水后)	1：1.00			

注：静载指堆土或材料等，动载指挖土机、汽车等。静载或动载均应在坡边1m以外。

在我们施工中放坡一般选择坡顶有静载的状况，无荷载的情况很少。

如土质较差，放坡又受限制，基槽相对较深，这时就要考虑基槽支护。一般每挖深1m即开始在上口进行支护，竖向间距可根据土质情况确定。最后一道支护一般离基底1～1.5m。支护形式见图8-1-3。但这种支护也仅适用于土质较均匀的情况，而江南一带近于淤泥质软土则不适合使用。因其在支护的空格中均会流出土来造成坍土。因此使用时也要结合实际经验和当地土质确定。支撑可用钢管木板结合、木方木板结合。

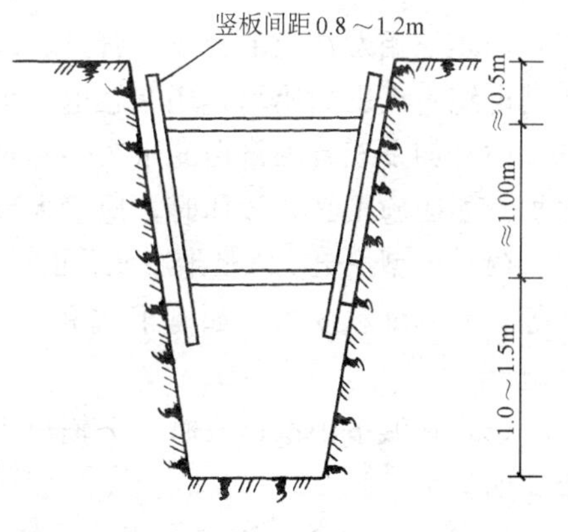

图8-1-3 支护形式

2. 基坑基槽开挖

基槽土方开挖前应对放的灰线进行复核，确认无误后才可开挖。并对该地区的地下物应向挖土人员或挖土机驾驶员交待清楚，避免发生意外事故。

人工挖土，应确定开挖顺序，结合施工流水计划确定从一头向一头挖，还是半面半面挖。当地下水位较高时，应选一处作集水坑，让水顺基槽流入坑内用潜水泵抽走。基槽挖到底标高处时应留余量经抄平后清底，不能一下到底，以免扰动基土。如下道工序间隔较长，应在基底标高以上留 10～20cm 的土不挖，待到做基础前一天再清土，以保证基底土不被扰动或被水浸泡。在冬季时还可以防止基底土遭受冻结。

机械挖土，机械挖土一般在地坑、或需满堂开挖时使用。一般采用的单斗挖土机有正向铲、反向铲、拉铲、抓铲等多种，以反向铲挖掘为多。

正向铲挖土机适用于场地在Ⅰ～Ⅳ类土的丘陵地带，含水量小于 27%；经爆破后的岩石或冻土。工作面的高度应在 1.5m 以上。配合自卸汽车运土。在基坑内挖土则要先修 10%～15%的下坡道让机械进入施工区。一般是正向挖土，侧向装车，向前推进式进行。因此施工前必须计划好运行线路，以提高工作效率和与后续工序的搭接。

反向铲挖土机适用于开挖Ⅰ～Ⅳ类的砂土或黏土。主要用于开挖停机面以下深度在斗臂范围内的基坑或基槽。挖出的土可配自卸汽车运走，也可根据场地情形堆放在坑、槽边 1.5m 以外。目前小型反向铲挖土机代替人工挖条形基础的基槽已逐步推广应用。

拉铲挖掘机适用于Ⅰ～Ⅳ类土，开挖较深较大的基坑、沟渠及挖取水中泥土以及填筑路基，修筑堤坝等。

抓铲挖土机适用于挖土质比较松软，施工面小而深的基坑、深槽、深井、清理河泥等工程。或用于料场装卸碎石、砂等材料。

凡是作为房屋基础下地基的坑、槽用机械挖时，一定要准确抄平，机挖要余留 20～30cm 厚土，由人工清土，避免挖机扰动基土，而加深基底造成浪费。

3. 土方开挖中应注意的事项

土方开挖除应了解现场情况，及时处理好开挖前的事前工作，了解地质土层情况，筹划施工程序等外。在开挖过程中还可能遇到各种情况要我们引起注意：

(1) 挖掘中如发现文物（古铜器、瓷器等）或右墓应立即妥善保护，并应报请当地有关部门来现场处理，待处理妥善结束后才可继续施工。保护区应设标志，并有专人管护现场。

(2) 挖掘发现地下管线（管道、电缆、通讯线路）等，应及时通知有关部门来处理。尤其电缆不仅影响使用，还有触电的可能。

(3) 如发现有测量用的永久性标桩或地质、地震部门设置的长期观测孔等，亦应加以保护。如因施工必须毁坏时，应事先取得原设置单位或保管单位的书面同意。

(4) 大型挖土及降低地下水位时，应经常注意观察附近已有建筑物或构筑物、道路、管线等有无下沉和变形。如有下沉和变形，必要时应与设计单位、建设单位协商采取防护措施。

(5) 在城市中挖运土时，车辆出土地时要清洗轮胎，防止泥土带入城市道路，影响城市文明卫生。

4. 石方的开挖（爆破工程）的施工

专门的石方开挖和爆破，是一项专门工艺我们不作介绍。而在土方施工中，深基坑内有时遇到岩层，有时有地下构筑物，北方冬季施工厚大的冻土，这都是普通挖掘难以解决的工作。这时就要借助爆破开挖。在这方面我们应注意的事项及一般知识介绍于下：

(1) 大型爆破工程；或在城镇与其他居民聚居的地方；风景名胜区和重要工程设施附近进行爆破施工时，施工单位必须事先申报县、市以上主管部门和所在地县、市公安局同意批准，并要专业队伍制定作业方案，批准后才可进行爆破该项工作的实施。

(2) 爆破材料的购买、运输、储存、保管，都应遵守国家关于爆炸物品管理条例的规定。

(3) 爆破工作进行前，必须做好下列安全、准备工作：

1) 建立指挥机构，明确爆破人员的职责和分工。

2) 在危险区内的建筑物、构筑物、管线、设备等，应采取安全保护措施，防止爆破、地震、飞石和冲击波的破坏。

3) 防止有害气体，噪声对人体的危害。

4) 在爆破危险区的边界设立警戒哨和警告标志。

5) 将爆破信号的意义、警告标志和起爆时间通知当地单位和居民。起爆前，督促人畜等撤离危险区。

(4) 爆破工程的一般知识：爆破所用材料一般有炸药、雷管、导火索、导爆索、导爆管等。爆破前一般要计算炮孔的数量、位置，破定装药量，起爆方法等。爆破内容有一般爆破如挖土中遇到岩层，或冬季冻土厚；还有是旧建筑的拆除爆破。起爆方法有：火花起爆，即对导火索点火；电力起爆，即用导线和电雷管起爆；还有导爆索起爆和导爆管起爆。

一般爆破中要进行凿孔施工，凿孔分为人工打孔和机械钻孔两种方法。

爆破工程的工艺大致为：布点→凿孔→装药→引索→检查→警戒→引爆→检查→清土。

随着科技的进步，爆破技术也日益发展，除了过去的传统爆破技术外，近年又发展了近人爆破，定向爆破等新技术，减少了过去爆破的危险性，提高了工艺水平。

四、降水施工

在土方开挖中都会遇到地表水和地下水，它们渗入基坑对基坑施工不便，同时对基土的浸泡也不利。为此降水施工成为土方开挖中、地基基础工程中有时需要实施的一项工作。一般降水、排水分明排水和暗降水（实际是人工井点降水，外表看不见）两种。

(一) 基坑排水

一般基础的基坑开挖主要是地表水，其次是高水位地区的地下水。为了防止地表水流入基坑，在地面上采取地面截水；在基槽坑内采用挖排水沟及集水井，然后用潜水泵在集水井中抽水排走。

1. 地面截水

(1) 最简单的截水方法是在挖基槽时，利用挖出的土沿地槽四周，筑起 0.5～0.8m 高的土堆堤截住可能流入基槽的地面水；

(2) 在平整场地时，可在四周挖排水沟泄水，以拦截附近的地表水；

(3) 在山坡地段时，可在坡脚处设环形截水沟或挡水堤，以拦截附近坡面的地表水；

(4) 湿陷性黄土地区，现场应设置临时或永久性的防洪排水设施，以防基坑受水浸后，造成地基下陷。该类地区除防水排水措施外，对场内的施工用水，废水排放都应有管道等来排泄，防止水渗漏等措施，这是专门课题。

2. 基坑排水

(1) 当浅基坑或地下水位低，水量不大的基坑，可在基坑内一侧或两侧或坑内四周设排水沟。在坑内四角或每30～40m距离设一个直径为70～80cm的集水井。总之井的多少，以进水量能被排出为原则。即各井用泵的排出量应大于土坑内渗水量的1.2～1.5倍。这样才能保持基底的适度干燥。集水井底应比沟底低0.5～1.0m，井壁可用混凝土管支撑加固。

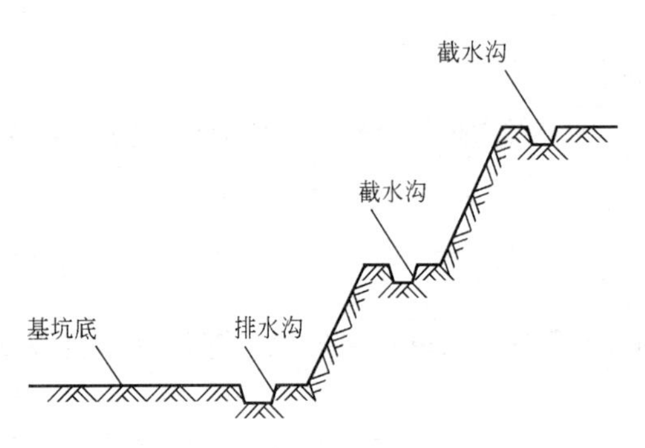

图 8-1-4 排水沟设置示意

(2) 如基坑土质为渗水性较大的土壤，则应将排出水的水管引得远些，以防水回渗到基坑中。

(3) 当基坑较深时，且四周又可放坡，地下水位较高，以及多层土中都有渗水性较强的土层，则可在边坡上设2～3层排水沟，排除上一层土中渗出的地下水。如图8-1-4。

(二) 人工井点降水

采用井点降水必须要结合地质勘探报告，如果明沟排水已能满足要求，则不必用井点降水，因为施工较复杂且费用也大。井点降水一般是遇到大量地下水涌水或出现较严重的流砂现象，这样不仅使基坑无法施工，还会造成大量水土流失，影响邻近建筑的安全，遇到该种情况，一般要采用井点降水。

井点降水一般是在基坑开挖前，预先在周围埋设一定数量的滤水管（也叫井点），并利用水平总管联结到抽水设备，从中抽水。再从总管中排到坑外远处，或城市下水管道中。由于该水多为清水，可以直接排放入下水管道。如为污水则要过滤才行。通过降水，使地下水位降落到坑底以下，并在开挖过程中不间断抽水，使坑内土始终保持较干燥状态，以利于施工。井点降水还可以防止流砂现象和增加边坡的稳定。

井点排水一般有一级轻型井点，二级或多级轻型井点；还有喷射井点、电渗井点、管井井点和深井井点等。采用井点降水时，应根据含水层土的类别及其渗透系数，要求降水的深度，工程特点，施工设备条件和施工期限等因素进行技术经济比较，从而选择适合的井点装置。例如，当含水层的渗透系数小于5m/d，且不是碎石类土时，宜选用轻型井点和喷射井点装置。当含水层渗透系数大于20m/d时，宜选用管井井点装置。

井点降水应编制施工方案。其内容大致为：该工程地区的水文地质情况，基坑的平、剖面图和降水深度要求，井点的平面布置，井点管的构造、长度和数量，抽水机的型号和数量，地面排水管路布置的走向，降水的施工要求和注意事项等。

在降水前应考虑在降水影响范围内的已有建筑物和构筑物可能产生的附加沉降和位移，必要时应采取措施，如回灌技术等。同时应定期进行必要的沉降观测。

在这里我们主要介绍一下轻型井点降水的一些知识。

轻型井点根据抽水机组类型的不同，可分为干式真空泵轻型井点，射流泵轻型井点和隔膜泵轻型井点三种。其配用功率、井点数量、集水总管长度可参见表8-1-6。它们一般由井点管（加滤管）、连接管、集水总管及抽水设备等组成。

其中射流泵轻型井点和隔膜泵轻型井点，适用于粉砂、粉土等渗透系数较小的土层中降水。

各种轻型井点配用功率、井点（管）根数和总管长参考表　　表 8-1-6

轻型井点类别	配用功率(kW)	井点(管)根数	总管长度(m)
干式真空泵轻型井点	18.5～22	80～100	96～120
射流泵轻型井点	7.5	30～50	40～60
隔膜泵轻型井点	3	50	60

轻型井点的施工程序大致为：

（1）挖井点沟槽，敷设集水总管；

（2）冲孔，沉没井点管，灌填砂滤料，将井点管与集水总管连接；

（3）安装抽水机组，并与总管连接上；

（4）试抽，发现问题立即纠正。

其组成的设备大致介绍如下：

（1）井点管采用直径为 38～55mm 的钢管，长约 6～9m，管下用丝扣配有滤管和管尖。滤管直径同井管，其长度不小于储水层厚度的 2/3，大致长度为 0.9～1.7m。管壁上钻梅花点形孔，孔径为 12～18mm。管外要包两层滤网，网眼为 30～50 孔/cm^2（可用黄铜丝布，尼龙丝布），用作内层；而网眼为 3～10 孔/cm^2 的则做外层。

（2）连接管与集水总管：连接管一般用胶皮管，或用配套的定型钢管（弯头丝扣与总管、井管连接），直径同井管。每个连接管均宜装设阀门，以便检修。集水总管一般用直径 75～100mm 的钢管，分节连接，每节长 4～6m，一般间隔 0.8～1.6m 设一个连接接头。

（3）抽水设备：真空泵轻型井点，通常由真空泵一台、离心泵二台（一台备用），气水分离器一台组成一套抽水机组。射流泵轻型井点由离心泵、射流器、循环水箱等组成。

井点的布置，这是井点降水中一项主要工作。它要根据基坑的面积大小、水文地质情况、地下水流向和降水深度等决定。一般地说当基坑宽度小于 6m，且降水深度不超过 5m，可用单排井点，把它布置在地下水流的上游一侧；如基坑宽度大于 6m，或土质不佳，渗透系数较大时，可以在坑宽的两侧布一排井点；如基坑面积大，则要围坑布井点了。但在挖土运输出入处要留缺口。目前高层建筑的基础部分施工的深坑，都采用环状布井点。一排不够两排或多级井点。布点示意图可参见图 8-1-5。

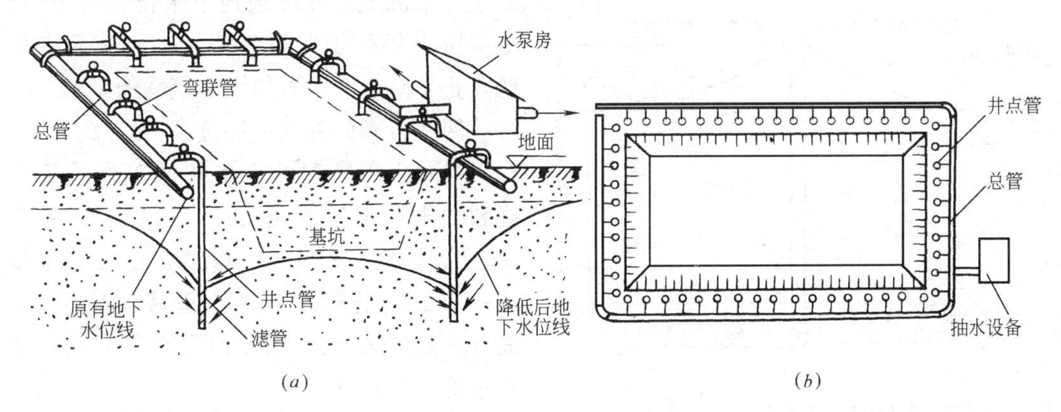

图 8-1-5　井点排水

(a) 透视图；(b) 平面图

布置井点应注意以下要求：

（1）井点管距离坑壁应大于 1～1.5m；

（2）井点管与管的距离选 0.8～1.6m；

（3）集水总管标高宜尽量接近地下水位线，并沿抽水水流方向有 0.25%～0.5%的上仰坡度，水泵轴心与总管齐平；

（4）井点管的入土深度应根据降水深度及储水层所在位置决定，但必须将滤管埋入储水层内，并比所挖基坑或沟坑底深 0.9～1.0m。通常有个计算公式：

$$H \geqslant H_1 + \Delta h + iL + l \tag{8-1-6}$$

式中 H——井点管埋置深度（m）；

H_1——井点管埋设面至基坑底的距离（m）；

Δh——降水后地下水面至坑底的安全距离（m），可取 0.5～1m；

L——井点管中心至基坑中心线的水平距离（取短面）；

i——降水曲线坡度，应根据实测，但实际不可能，故一般按经验取。环状的可取 1∶10；对单排线状的井点取 1∶4；

l——滤管的长度（一般为 0.9～1.7m）。

H 计算出来后，为安全起见，往往再增加 1/2 的滤管长度作为实际井点埋置的深度。

（三）回灌施工技术

由于在软土中进行井点降水时，造成地下水位下降，使土层中粘性土含水量减少产生固结、压缩、土层中夹入的含水砂层浮托力减少而产生压密，致使地面产生不均匀沉降。这种不均匀沉降造成附近建筑物或构筑物产生附加沉降而发生开裂裂缝。为了减少井点降水对周围建筑物的影响，减少地下水的流失，人们采取在降水区和原有建筑物之间的土层中设置一道抗渗屏幕的办法，如采用深层搅拌法形成一固体“隔墙”。除此之外，也可以在降水井点系统与需要保护的建筑物之间埋置一道回流井点，以补充地下水的方法来保持原建筑物下的地下水位的目的，这就是回灌施工技术。

回灌技术的原理是，通过回灌井点向土层中灌入足够的水，使降水井点的影响半径不超过回灌井点的范围。这样，回灌井点就以一道隔水帷幕，阻止回灌井点外侧的建筑物下的地下水流失，使那边地下水位保持不变，土层压力仍处于原始平衡状态，从而有效地防止了降水井点对周围建筑物的影响。

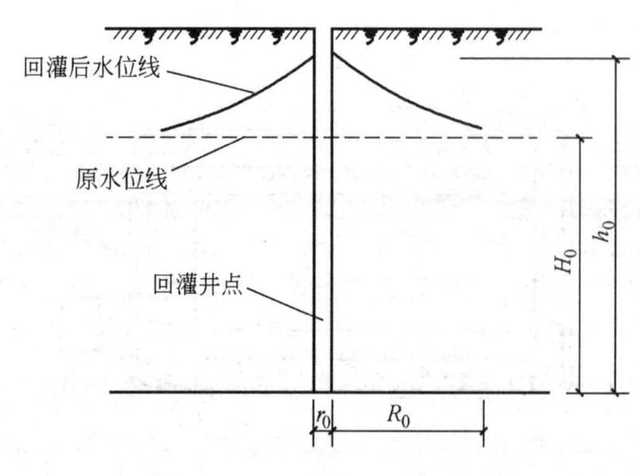

图 8-1-6 水灌井点水位图

R_0—灌水半径（m）；r_0—回灌井点的计算半径（m）；H_0—动水位高度（m）；h_0—静水位高度（m）

回灌技术的施工应注意以下几点：

（1）由于回灌井点系统的工作条件恰好和抽水井点系统相反。当水回灌入井点后，水从井点周围土层渗透，在土层中形成一个倒转的降水（水往下渗时降下去）漏斗，见图 8-1-6。因此回灌水量应按照水井理论进行计算。

（2）回灌井点主要是靠滤管长度，它的长度应从地下水位面以上 0.5m 处开始一直到井管底部。其埋设方法与降水井点相同。

（3）回灌井点与抽水井点之间应保持一定距离，回灌井点管的埋设深度应根据透水层的深度来决定，以确保基坑施工安全和回灌效果。

（4）回灌水量应根据地下水位的变化及时调节，相对保持抽、灌平衡。既要防止回灌量过大而水渗入基坑影响施工，又要防止回灌量过小，使地下水位下降失控影响回灌效果。所以应在回灌井点系统附近设置一定数量的水位观测井；同时对建筑物设置一定量的观测点；做好观测记录，以便及时调整回灌水量。

回灌水采用水箱架高的办法提高回灌水的压力，其高度大小以水箱内能装多少回灌水量而定。回灌是利用水位差产生的重力自流灌入土中。

（5）回灌要用清水，自来水或井水，洁净河水均可。

（6）回灌工作应和降水启动同时进行，不得中断。如一方有故障停工，另一方亦应停工。

五、地基种类和地基处理

地基是承受房屋建筑及其相关荷载的基土，是地壳上在建筑物位置下的那一部分土层。它的范围较大，一般独立柱基及条形基础，至少要考虑基础底下 5m 的深度的土质情况，而箱形基础及筏式、厚板基础则要考虑其基础短边尺寸的一倍以上深度的土质及分布。地基在房屋建筑及施工中相当重要，也是工程建设中相当复杂的问题之一。一旦建筑场地选定了，不论其区域内土的性质如何，地基就没有选择的余地了。而对出现的地基问题只有采取地基加固（即建立人工地基），或改变基础形式的办法来解决。

（一）地基的种类

地基的种类粗略地分为：天然地基和人工地基两大类。天然地基是指经过地质勘探，设计人员选定某个土层作为承受建筑物上部荷载的持力层，而不必经过什么处理而作为地基土的，我们则把该地基称为天然地基。人工地基则是开挖出来的土层不能满足直接作为承受荷载的基土，而要经过人为的加固或处理后才能使用的地基。

1. 天然地基

天然地基是最理想的地基，可以节省不少地基处理的费用。在前面第一节中介绍的土的分类中，其中Ⅰ～Ⅳ类土大多都是理想的天然地基。不过在房屋建筑下，所用的天然地基土应均匀一致，土层厚度也应相差不多才行。而如果房屋的纵向一端土质很好，另一端土质较差，那么不能以好的一端土作天然地基来建造房屋，必须要经过处理使之均匀才能建房。这时好的土质一边也失去了天然地基的意义。我们在山区建设中就遇到过一半为岩质土，地基很好；而另半面是山坡风化冲积土。这样，只有经过处理使其在受上部结构荷载后，能达到沉降均匀的地基时，才可以进行建房。

为了确定各种土类，我们给施工人员介绍一下土的野外鉴别方法，以便于识别哪些可作天然地基的土类。

（1）岩石土。坚实成块成整体，良好的天然地基，也易于鉴别。

（2）碎石土、砂土。大部分可作天然地基其鉴别方法见表 8-1-7。

（3）黏土、粉土。根据上部建筑的荷载情况，部分可以直接作天然地基。其鉴别方法见表 8-1-8。

（4）人工填土、淤泥等软土。一般不能做天然地基，都需经过人工处理或加固才能应用。其鉴别方法见表 8-1-9。

碎石土、砂土野外鉴别方法　　表 8-1-7

类别	土的名称	观察颗粒粗细	干燥时的状态及强度	湿润时用手拍击状态	粘着程度
碎石土	卵(碎)石	一半以上的颗粒超过 20mm	颗粒完全分散	表面无变化	无粘着感觉
	圆(角)砾	一半以上的颗粒超过 2mm	颗粒完全分散	表面无变化	无粘着感觉
砂土	砾　砂	约有 1/4 以上颗粒超过 2mm	颗粒完全分散	表面无变化	无粘着感觉
	粗　砂	约有 1/2 以上颗粒超过 0.5mm	颗粒完全分散但有个别胶结一起	表面无变化	无粘着感觉
	中　砂	约有 1/2 以上颗粒超过 0.25mm	颗粒基本分散局部胶结但一碰就散	表面偶有水印	无粘着感觉
	细　砂	大部分颗粒与粗豆米粉近似>0.074mm	颗粒大部分分散,少量胶结	表面有水印(翻浆)	偶有轻微粘着感
	粉　砂	大部分与小米粉近似	颗粒少部分分散大部分胶结,加压可散	表面明显翻浆	有轻微粘着感

黏土、粉土等野外鉴别方法　　表 8-1-8

土的名称	湿润时用刀切	湿土用手捻摸时的感觉	土的状态		湿土搓条情况
			干　土	湿　土	
黏土	切面光滑,有粘刀阻力	有滑腻感,感觉不到有砂粒,水分较大时很粘手	土块坚硬用锤才能打碎	易粘着物体,干后不易剥去	塑性大,能搓成直径小于0.5mm的长条手持一端不易断裂长约7～8cm
粉质黏土	稍有光滑面,切面平整	稍有滑腻感,有粘滞感,感觉到少量砂粒	土块用力可压碎	能粘着物体,干后能剥去	有塑性,能搓成直径0.5～2mm条
粉土	无光滑面切面稍粗糙	粘滞减少,感到砂粒较多	土块用手捏或抛扔可碎	不易粘着物体,干后即掉	塑性小,能搓成直径2～3mm条
砂土	无光滑面切面粗糙	无粘滞感,感到全是砂粒、粗糙	松散	不能粘着物体	不能搓条,无塑性

人工填土、淤泥等野外鉴别方法　　表 8-1-9

土的名称	观察颜色	夹杂物质	形状(构造)	浸入水中的现象	湿土搓条情况
人工填土	无固定的颜色	砖、瓦碎块、垃圾、炉渣等	夹杂物显露于外无规律构造	大部分变成稀软淤泥,夹杂物沉淀于其中,单独出现	能搓成直径3mm土条,杂质多的不行
淤泥	灰黑色有臭味	是池沼中半腐朽的细小的动植物遗体,如草根、小螺壳	夹杂物轻,仔细观察可发现构造呈层状,但不明显	外观无显著变化水面出现气泡	可搓成直径3mm土条易断长约3cm
黄土	黄褐二色的混合物	有白色粉末出现在纹理之中	夹杂物清晰显见,构造上有垂直大孔	浸入水中立即崩散分成散的颗粒集团,水面出现白色液本	搓条情况近似同上
泥炭	深灰或黑色	有半腐朽的动植物遗体,其含量超过60%	夹杂物有时可见,构造无规律	极易崩散,变成稀软淤泥	一般能搓成1～3mm土条

2. 人工地基

人工地基是通过人为的手段，采用各种不同的施工技术，对已开挖出来的土质或勘探出来的地质情况，认为需要做成人工地基后，才能建造房屋的各种“新地基”。

人工地基大致有：

（1）灰土垫层地基：它是用粉化石灰和黏性土以体积比 2∶8 或 3∶7 均匀拌合后，经分层夯实而成。适用于一般黏性土的地基加固。其 28d 的强度可达 100kPa 左右。在北方地区用得较多。它用的土可用地槽中挖出的土，但不得含有机杂质。使用前应过筛，其颗粒不大于 15mm；所用石灰要喷水熟化并过筛，其颗粒直径不得大于 5mm。这些熟石灰中不得夹有未熟化灰块，也不得含有过多的水分。

施工时应先检查地槽，如发现坑内有局部软弱层土或孔穴应先挖去，后用素土或低比例的灰土夯起来到槽底平，再统一按虚铺 20～25cm 后夯实至 15～20cm 分层夯至要求垫层的厚度。其夯实可用蛙式打夯机，最少夯四遍。所有灰土在拌好后，以手捏成团，落地散开的干湿度为宜。水分不足可适当湿润，水分过多应适当晾干。拌和一定要均匀，色泽一致，比例准确。3∶7 灰土施工时用一无底木箱在箱内划一道 70％的黑线，这是往内装松土的高度，再往上装 30％熟化粉状石灰。装平后把箱往上一提，灰土混在一起再拌，这样就比例准确了。

灰土分段施工时，不得在墙角，柱基、承重窗间墙下接头。分层夯实时，上下层灰土的搭接至少应大于 50cm。如有坑内水应先抽干清理，夯实后的灰土应在三天内不得浸泡水。最好采取养护措施，或加快下道基础工程的施工。

冬期施工应防止冻土块混入，或防止夹有冻结的物块混入土中。打夯完后要保温养护防冻。

灰土的密实度检查，可用环刀取样，测定其干密度。其干密度要求见表 8-1-10。

灰土密实度质量要求标准 **表 8-1-10**

项　　次	土 料 种 类	灰土最小干密度(g/cm^3)
1	粉　　　土	1.55
2	粉 质 黏 土	1.50
3	黏　　　土	1.45

（2）砂垫层和砂石垫层地基：砂垫层或砂石垫层是用压实或震实的砂或砂加石的土层来替换地基土中一部分的软土层。它可以起到提高原地基土的强度、承载力，减少沉降量，加速软土层的排水固结作用。它适用于处理软土透水性强的黏土地基。

它所用材料宜用中、粗砂或砾砂；碎（卵）石或碎石屑。但材料中不得含有草根、垃圾等有机杂物。碎（卵）石的粒径不宜大于 50mm。

施工前对基坑内积水，软土等亦应处理好。砂石级配应按设计要求或技术部门确定的进行配比，可用混凝土搅拌机拌和均匀后入坑铺筑。其每层虚铺厚度为 250mm 左右。然后震实，压实。其搭接处接头可留成 45°左右的坡度，接头处要震实。铺筑时也应先深后浅，把底面取得同一水平后，再分层铺压到设计要求厚度为止。

冬期施工时，不得夹杂砂石冻块，和其他冻结物混入。

质量要求也同样是用体积大于 $200cm^3$ 的环刀取经捣实的垫层，然后测定其干密度，要求其干密度值大于或等于试验所确定的中密状态的干密度数值。经验测定的中砂在中密状态时的干密度约为 1.55～1.60g/cm³。

(3) 灰土挤密桩地基：这种用灰土的桩不是桩基，而是使土加固的地基，这点必须明确。灰土挤密桩一般适用于地下水位以上深度为 5～10m 的湿陷性黄土、素填土或杂填土的挤密加固地基。经加固处理后地基的承载力比原先的基土提高一倍以上力量。其工艺程序为：

布置加密孔位 → 成孔（可用钢管打入土内后拔出成孔）→ 拌灰土料 → 装灰土入孔 → 分层填入夯实（每次回填厚度 35～40cm）→ 挤密效果试验 → 质量检验 → 合格后结束施工 → 其上做灰土垫层（约 0.5～0.8m 厚）。

灰土挤密桩的孔径一般为 300～450mm，深度可达 4～10m，平面都呈三角形排列，桩距一般取 2.5～3.0 倍桩直径，排距为 0.87 的桩距。其挤密面积应大出基坑宽 0.2 倍。参见图 8-1-7。

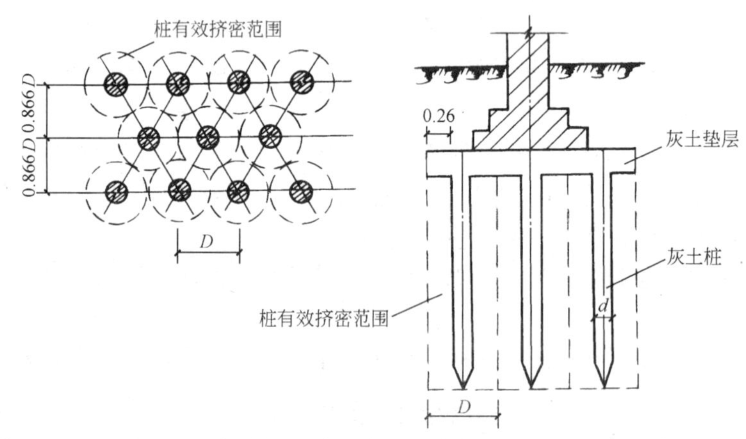

图 8-1-7　灰土挤密桩

d—灰土桩直径；D—桩距（2.5～3d）

其施工要求为：灰土料配比要准确，其含水量超过最佳含水量 3%时要晾干，少于最佳含水量 3%时要适当湿润。成孔时孔径偏差不应大于 50mm，填灰土时应将孔底浮土清除。施工时可采用先外排后里排，同排孔应间隔进行回填夯击，夯击次数不少于 8 次，回填灰土时每次填入厚度以 350～400mm 为宜。

施工完后可做静压试验，确定挤密效果。对其中灰土密实度可用洛阳铲在孔中挖取出后，用环刀取样，测定干密度。要求同灰土标准，见前表 8-1-10。

(4) 砂桩：砂桩的原理和灰土挤密桩地基加固的道理一样。但它适合于加固饱和软土的基土或人工松散杂填的土质，或松散的砂土地。对软土的基土能做到迅速排水固结，加速基土下沉和稳定，起到挤密周围土层而提高地基承载力。

砂桩的孔径一般为 220～320mm，最大的也可达到 700mm。间距一般为孔径的 1.8～4.0 倍，深度按设计要求。其布置形式宜采用梅花形。桩的布面应大于基础边缘，外围的桩轴线离基础边缘尺寸应不小于砂桩直径的 1.5 倍。在桩顶面一般还要铺设厚 20～30cm 的砂垫层，以防止基土塑性变形及冻胀影响。

砂的材料要求为天然级配的中、粗砂为好。粒径以 0.3～3mm 为宜，且含泥量不大于 5%。

砂桩的施工工艺为：

布桩孔 → 确定运行路线（一般应从外围或两侧向中间进行）→ 振动沉桩（用同孔直径相同的钢管下沉）→ 同时随即灌砂 → 振动拔管 → 成桩 → 清平土面 → 铺压砂垫层。

砂桩形成主要靠灌砂后振动振实砂粒，拔出钢管而做成。要求振动力为 30～70kN，不要太大而扰动软土。拔管速度控制在 1～1.5m/min。

对砂的含水率也要加以控制，对饱和水的土层，砂可采用饱和状态，亦可用水冲法灌砂；而对非饱和土或杂土含水量应采用 7%～9%。

灌砂量一般按桩孔体积能装多少砂在中密状态时的干密度计算。亦可按桩管入土体积的两倍计算。实际灌砂重量（不包括水重），应不得少于计算出的重量的 95%。如发现砂量不够（即未达到 95%者），或砂桩断桩等情况，应在该处复打灌砂达到满足要求。

对其质量好坏，是以检查桩间被挤密的土的质量为准。可以采用标准贯入或轻便触探检查。以达到不小于设计要求的数值为合格。砂桩位置的允许偏差为桩的直径尺寸，垂直度允许偏差为 1.5%。

（5）振冲地基：振冲地基是利用振冲器水冲成孔，再填以砂石骨料，借振冲器的水平振动和竖向振动，振密填料，形成碎石桩体。它与原来的基土构成了复合地基，可以提高地基承载力和改善土体的排水降压通道，并对可能发生液化的砂土产生预振效应，防止液化。它适用于加固松散砂土地基。

振冲法需要具备以下一些机具设备：

振冲器：由钢圆桶、电动机和偏心块组成。桶直径为 350～400mm，长 1.9～4.5m，自重约 2.5t，电动机功率约 35kW。

起重机：提升高度在不大于 18m 时，可选起重能力 8～15t 的机械。

水泵及供水管道：水泵可选用流量 20～30m³/h 和水压 0.6～0.8MPa 的功能。

控制设备：即控制电流的操作台，其上应有 150A 以上容量的电流表，500V 电压表。

加料设备：可采用起重机吊吊斗加料或翻斗车加料，但其能力必须满足施工要求。

其施工工艺为：

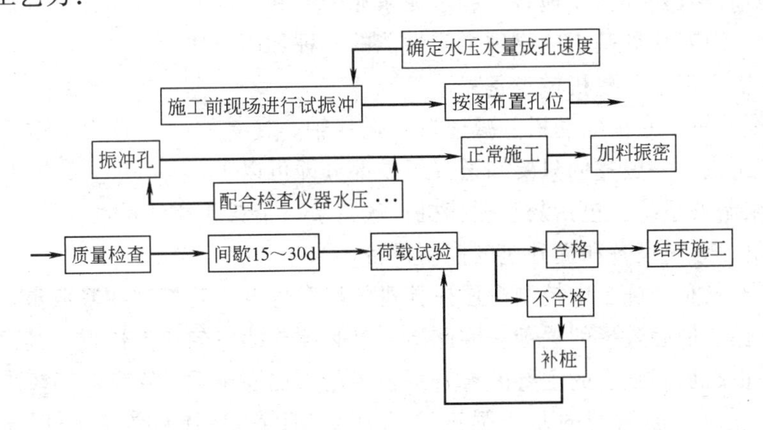

施工应注意事项是：布孔必须编号并注在布孔图上；施工前一定要试验，才可确定合

适的水压、水量、成孔速度、填料方法、电流控制值、加固时间等参数；填料可用碎石、卵石、角（圆）砾、砾砂，其最大粒径不大于50mm，含泥量不大于10%，不得有黏土块；造孔时，水压一般保持30～80N/cm^2，振冲器贯入速度为1～2m/min；填料时应保持小水量补给，采用边振边填，对称均匀地加；振冲造孔方法可采用排孔法、跳打法、围幕法等。施工时要复查孔位和编号并按表8-1-11做好记录。冬期施工填料不得有冻，停机时要把机内水排净防冻。

振冲地基施工记录 **表8-1-11**

工程名称＿＿＿＿＿＿施工单位＿＿＿＿＿＿

孔位编号＿＿＿累计号＿＿＿振冲器号＿＿＿

填料规格＿＿＿＿＿＿施工日期＿＿＿＿＿＿

造孔					填料					
作业		电流（A）	水压（kPa）	备注	作业		填料量（m^3）	电流（A）	水压（kPa）	备注
时间	深度（m）				时间	深度（m）				

对振冲施工的质量要求为：

振冲器尖端喷水中心与孔径中心的偏差不得大于50mm；

成孔后，成孔中心与设计定位中心偏差不得大于100mm；

完成后的桩顶中心与定位中心偏差不得大于0.2D（D为桩孔直径）；

对其振冲效果，砂土地宜在完成15d后进行检验；黏性土宜在完成30d后进行。方法可用荷载试验，标准贯入，静力触探或土工试验。

（6）深层搅拌桩地基：该种地基加固方法，近年在软土地基区域使用较多。主要适合软黏土类，采用水泥浆（或加些砂的水泥砂浆）作为与黏土结合固化的材料，采用深层搅拌机械，在地面下较深部位就地将土和水泥浆充分拌和，在软土和水泥拌和后结硬以达到提高地基强度，改善该处基土的物理力学性能的一种加固方法。

深层搅拌需要以下一些机械设备：

1）深层搅拌机。它由电动机、减速器、搅拌轴、搅拌头、中心管、输浆管、横向系板和球形阀等组成。一般我们只要知道其组成部分即可以了。

2）水泥浆制备系统。包括灰浆搅拌机；灰浆泵；集料斗和计量设备等。

3）起重机、导向设备和提升速度控制设备。

它的施工要点是：施工中控制深层搅拌机的提升速度，是控制注浆数量、搅拌的均匀程度，这些是保证加固效果的关键。因此施工时必须连续、匀速地进行。其次，水泥的掺用量的多少是提高加固强度的主要因素，一般掺量为加固土重的7%～15%。有例子当掺量为土重的8%时，加固处的基土强度可达0.24MPa；当掺量为10%时，可达0.6～0.7MPa。而天然土仅为0.06MPa（老的计量为每m^{2}受6t力）。假如用水泥砂浆做加固固化材料，砂浆的重量比应为 1∶1 或 1∶2（水泥∶砂）。为增加砂浆和易性可泵送，则可在砂浆中加木质素磺酸钙减水剂（用量为水泥重的 0.2%～0.25%）。由于木钙有缓凝作用，为此可以再加水泥重量 1%的硫酸钠和水泥重量 2%的石膏，水泥砂浆的稠度可为 10～14cm。

每个台班工作完毕，应立即用清水清洗搅拌机、管道、贮料罐、砂浆泵等，避免凝固堵塞影响正常施工使用。

其质量情况可采用将固结体挖出直接检查；也可以用钻机钻取加固体上芯样检查内部的均匀程度；也可以采取每 m^2 静压试验。

(7) 其他人工地基：除上述介绍的常用的人工地基外，还有采用机械力或静压力使土质压实压密的方法，提高基土的承载力的，有强夯地基；重锤夯实地基；静力预压地基等。前两者由于震动大、噪声大，城市内是不准应用的，而只适合于野外、江河滩边等。静力预压需用很多堆载压重，时间较长，施工也较繁，故使用时要根据条件确定。其他还有旋喷法加固地基和硅化地基等人工加固的地基，由于使用较少不多作介绍了。

（二）地基土的处理

地基的处理是指在开挖土方中出现了问题应如何处理的方法。当然前面所述的人工地基也都是对软弱基土处理的方法。不过是由地质勘探报告提供的资料后，经设计部门认为应作怎样的地基加固，而施工单位则按图实施施工。

这里我们要介绍的是开挖中出现的问题，应采取什么办法解决。根据我们的经验，介绍一些处理方法如下：

1. 流砂出现的处理

流砂是土中水渗流造成的一种破坏现象。开挖基坑后，由于水位差形成渗透压力，在该压力作用下，水向低压处流动，并推动土粒移动。如果在挖至一定深度处，遇薄层粉砂或粉土，当动水压力大于砂的密度时，砂将被水带走，则出现流砂。

产生流砂的条件是：

(1) 水力坡度大，动水压力超过土粒浸水容重。

(2) 砂土孔隙度愈大，愈容易形成流砂。

(3) 砂土的渗透系数小，排水性能愈差，愈容易形成流砂。

(4) 颗粒砂、颗粒均匀、松散而饱和的土，例如粉细砂、轻亚黏土，容易产生流砂。

(5) 砂土中含有较多的片状矿物，如云母、绿泥石等，则容易形成流砂。

因此在研究地质勘探资料报告时，应注意到这些问题，做到以防为主。比如深坑开挖采用井点降水，深坑支护（板桩、地下连续墙、深层搅拌桩固结土层等），都可以达到减少和防止流砂的出现。

但当一旦在开挖中出现了流砂应如何办呢？这时就要根据不同的情况及严重程度进行不同的处理。一般有以下一些处理办法：

(1) 应停止开挖，观察及研究处理办法。

(2) 如果坑槽较窄，可采用支撑土壁，槽中间填压石块，或打木桩挤紧，桩间可用麻袋装砂压实基土面。如果坑面大，但砂涌冒现象不严重亦可采用该办法阻止流砂扩大。

(3) 如流砂量大、涌砂严重，则可采取在坑边打板桩至隔水层，或有足够深度，使其

渗流水力梯度小于临界值。即

$$I<\frac{d_s-1}{1+e} \tag{8-1-7}$$

式中 I——水力梯度；

d_s——土粒相对密度（比重）；

e——孔隙比。

板桩打得愈深，渗流路径愈长，渗流梯度也就随之逐渐降低。

（4）紧急时亦可采取外设井点降水法，这是在水量大，流砂涌又引起边土坍塌时才能采用。

（5）有能力的施工单位，可以采取压浆技术用化学方法封固基土面层，达到阻止流砂上涌。

2. 基槽基坑内出现枯井、坟坑的处理

一般井、坑都低于基土面，遇到这种情形先要查看井、坑内情况，清理干净其内杂土或腐蚀物质，后用挖的同类土分层夯填至基土面；或采用砂或砂加石回填至基土面。

3. 基坑，基槽按设计标高已挖到要求；但土质仍为杂填土或较软土质，有的要再挖一米多点才到老土，但放坡及周围建筑不允许。这时可采用打石丁（江南一带常有采用），石丁长 1.2～1.4m，15～20cm 见方，人工夯打入土，起到挤密作用，可提高基土地耐力。石丁之间用大块石轧紧，俗称轧石，形成一个基面，再在上面做基础垫层。

4. 换土

即基坑或基槽内相当深的土质较软弱，全挖去或打桩又都不经济，这时可以采取挖出一定厚度的较软土，把它换成砂（粗砂或中砂）或砂加石土类。这样基表土有足够强度，其下的土作为下卧层土仍可起作用，这也是常会遇到的一种地基处理方法。

5. 加碎石夯压提高基土强度

在基坑或基槽挖至标高时，土质仍不理想，但承载力相差不大。这时可以用碎石铺垫其上，槽内可用打夯机分层夯实；在坑内可用压路机多次压实，使石子压入软土层中提高强度。表面层可作为碎石垫层，上面再浇筑一层素混凝土就可以作为基础的基层了。

地基的一般处理方法，作为施工人员是应该掌握的。它们多半是在多层建筑，荷载不大的民用建筑方面运用。

六、深基坑的边坡支护

随着高层建筑的建设，由于高层建筑上部结构传到地基上的荷载比多层建筑大得多，除了用桩基外，有很多高层建筑都建造补偿性基础，即以天然地面到建筑物基础埋置深度之间的土体重量，来补偿一部分建筑物的荷载，即基础埋置每加深 1m，就可增加 16～18kN/m^2 的地耐力。所以高层建筑的基础埋深都较大。如北京的京城大厦埋深－23.5m，国际贸易中心埋深－15.7m，上海电信大楼埋深－13.15m，新锦江大酒店埋深－9.5～－11.5m；广州中国大酒店埋深－9.0m；深圳国际贸易中心－12.0m；南京金陵饭店－7.0m等等。这深埋的部分对增加建筑物的稳定性，利用地下空间（做地下室）、改善建筑物的功能也都有利。

但是，基础埋深的增加给施工带来很多困难，尤其在城市之中，建筑密集、道路和地下管线纵横交错，很多情况下不允许采用比较经济的放坡开挖，而需要采用人工的边坡支护，才能进行施工挖土。

（一）边坡支护的方法和类型

1. 为什么要进行边坡支护

我们知道在开挖土方、基坑、基槽时，除了土质特别好的岩土，坚实的老黄土可以近乎垂直地开挖边坡与水平面几乎成直角。而大多数土壤都要放些坡度，挖得越深放出去的坡越大。而对于深度大于3m的基坑，还要通过边坡稳定的验算来确定。土方边坡的大小与土质、基坑开挖深度、开挖方法、基坑开挖后到回填时中间的留置时间（也是施工工期），以及附近有无堆载、排水情况都有关。

基坑开挖后，如果边坡土体中的剪应力（也可以说下滑力）大于土体具有的抗剪强度（是土内部的粘聚能力），则边坡就会滑动失稳（即坍塌下来）。而土体因风化等气候影响使土质变得松疏；黏土中因为水浸而产生润滑作用；细砂、粉砂土因受振动液化；土体上有堆载、动载，下雨含水自重增加。这些外界因素都会造成土抗剪强度下降边坡失稳而下滑。

要使开挖的基坑边坡稳定不下滑，一是按照不同土质及外界因素开展放坡；另一是在不可能放坡的情况下采用边坡支护不让它下滑。

2. 边坡挡土支护结构的一些型式

（1）钢板桩：有槽钢钢板桩、工字钢钢板桩，热轧锁口钢板桩（有U型、Z型、一字型等）。见图8-1-8。

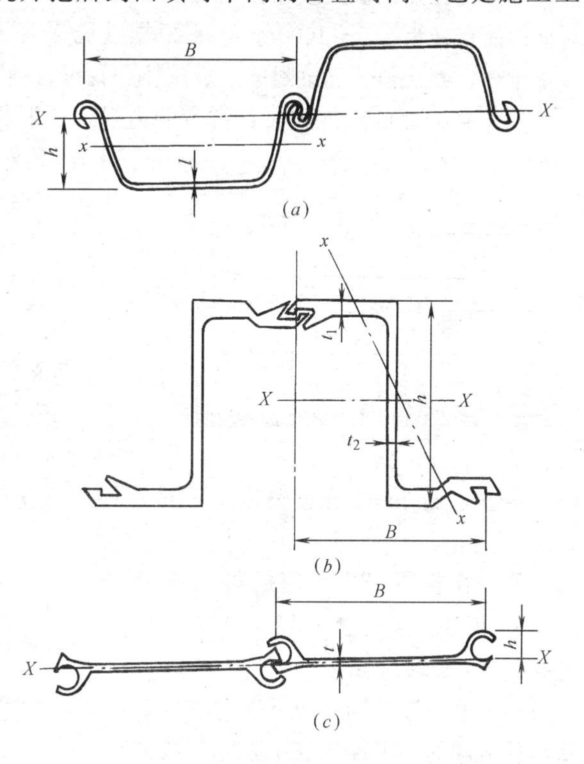

图8-1-8　常用的钢板桩截面形式

(a) U形截面；(b) Z型截面；(c) 直腹板式

槽钢型和工字钢型的采用正反搭扣组成。由于抗弯能力较弱，长度定尺6～8m，所以一般用在深度不超过4m的基坑。其顶部还得设一道支撑或拉锚。

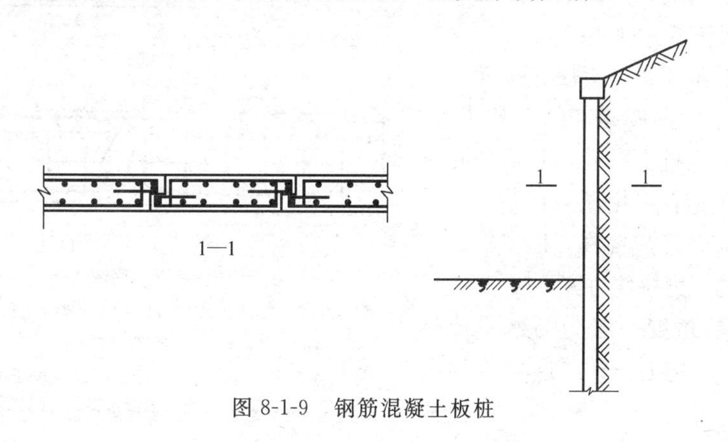

图8-1-9　钢筋混凝土板桩

热轧锁口型和一字型土建施工中基本不用，U 型的可用于 5～10m 深基坑。

它们的优点是可回收使用，但由于一次投资太大，加上刚度小，还有的要进行拉锚，对施工带来困难。所以一般仅不太深的基坑支护考虑应用。

（2）钢筋混凝土板桩：它是一种传统的支护结构，截面带企口有一定挡水作用，顶部可设圈梁。但用后不再拔除，永久保存在土中，一次性投入费用。它可支护深达 7m 的深坑边坡。它在施工质量优良、平整的情况下，也可作地下室墙板外的模板。见图 8-1-9。

（3）钻孔灌注桩挡坡悬臂结构：采用钻孔灌注桩作为支护结构也是近十年发展起来的。它采用的直径为 500～1000mm，它根据基坑深度、土质情况计算确定其直径和桩长。它可成排排列，并在顶上浇筑圈梁形成整体。我国各地均有采用。但也是一次投资，不能回收。

灌注桩挡墙的刚度较大，抗弯能力强，变形相对较小，现已有用于基坑深 7～8m 者，即其外露悬臂为 7～8m。在土质好的地区，估计 10m 以内可作成悬臂桩。为了挡水桩间往往要做钢丝水泥网；或采用与深层搅拌水泥土桩结合，让深层搅拌桩起防水帷幕作用。

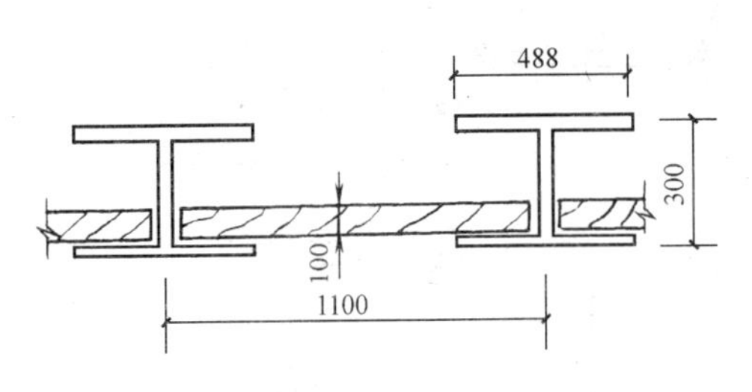

图 8-1-10　H 型钢加木板挡护

（4）H 型钢作支柱，柱间加插横板以挡土的支护墙：这种支护适用于土质较好的地区，国外应用较多。国内应用的有北京京城大厦深 23.5m 的基坑，它将长 27m 断面外尺寸 488mm×300mm 的 H 型钢按 1.10m 间距打入土中，用 3 层土锚拉固、桩间插木板。见图 8-1-10。

它一次性投资大，用后可以拔出来重复使用。这与企业经济实力，H 型钢的供应都有关系。

（5）地下连续墙：地下连续墙也是从国外引进的一种深坑支护技术。墙常用厚度为 600～800mm，尤其适用于软土地基，地下水位较高地区。有的地下连续墙为了减少壁厚，采用内支撑（钢管结构可以回收）加强。其断面及连续接头的形式可见图 8-1-11。

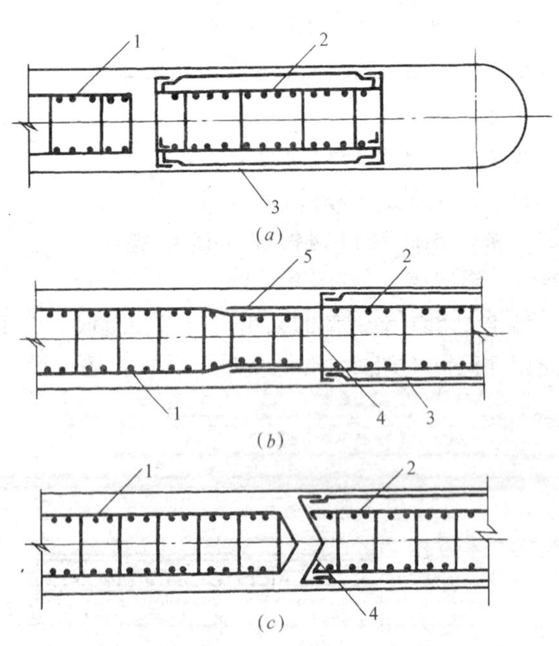

图 8-1-11　地下连续墙形式和施工（隔板接头）

（a）平隔板；（b）榫形隔板；（c）V 形隔板

1—正在施工槽段的钢筋笼；2—已浇筑混凝土槽段的钢筋笼；3—化纤布；4—钢隔板；5—接头钢筋

（6）土层拉锚支护：土层拉锚支护是 20 世纪 60 年代发展起来的新技术。它利用钻孔机在土壁上钻孔，然后往孔中插入钢筋或钢索，再用压力注浆（混凝土或高强砂浆）形成锚杆，以锚杆的摩擦力和土体的压力拉住边坡土层。

钻孔注锚的角度一般为与水平成 10°左右倾角，不超过 15°，这样拉锚作用大。

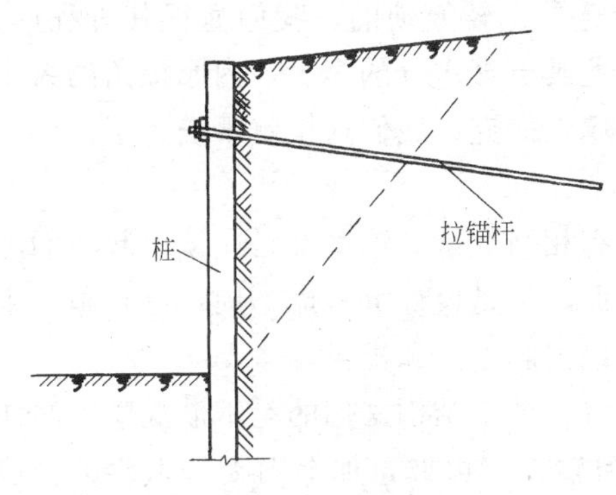

图 8-1-12　拉锚支护

拉锚支护中，一种是当挡土结构（如桩、板、墙）经计算，仍不能达到满足支护边坡稳定的作用，采用拉锚办法来协助支护，共同承担土体支护的工作，其形式可见图 8-1-12。

另一种是近年出现的，对土质相对好的深坑，采用钢筋网片加喷射混凝土作成一块大板，拉锚孔成梅花形分布，做成拉锚杆作支护的深坑支护技术。它在北京西站施工中应用，坑深达 12m 多。

土层拉锚支护，目前已发展到用预应力钢绞线作为拉锚钢索，这也是一种技术发展与提高。

（二）深坑支护的计算理论

深坑支护如何达到既安全、又节省，这与深坑支护的土推力计算方法大有关系。这也是目前岩土力学研究的课题之一。土的特性研究，力学性质，采用理论虽有一定发展，但仍旧离不开已在 1776 年由库伦提出的基本理论来计算土坡滑移时的土体压力。

库伦提出的土压力分为主动土压力和被动土压力。其计算公式如下：

主动土压力

$$E_A=\gamma h \mathrm{tg}^2\left(45°-\frac{\varphi}{2}\right)=\gamma h K_a \quad (\mathrm{kN/m^2}) \tag{8-1-8}$$

被动土压力

$$E_P=\gamma h \mathrm{tg}^2\left(45°+\frac{\varphi}{2}\right)=\gamma h K_p \quad (\mathrm{kN/m^2}) \tag{8-1-9}$$

式中　γ——坑边土的平均密度（$\mathrm{kN/m^3}$）；

φ——坑边土的平均内摩擦角；

h——基坑深度；

K_a、K_p——为主动土压力与被动土压力系数。

挡土结构的抵抗土推力，就要使其抗力大于其土压力，不足时再用拉锚补充。这就是挡土支护的基本原理。

挡土结构均为悬臂形式，它受的土压力分布如图 8-1-13 所示。

计算挡土结构，比如采用悬臂式钢筋混凝土灌注桩。先要决定采用什么计算理论，先算出土推力，由于悬臂是嵌固在土壤中的，因此再要算出土推力的集中点的位置、桩身反弯点（即弯矩等于零的点在什么位置），这样才能算出最大弯矩。根据弯矩计算决定桩的直径及配筋量，桩埋置深度和桩的总长度。如果算出后直径已足够大，但抵抗土推力仍不够，这时就要考虑补充措

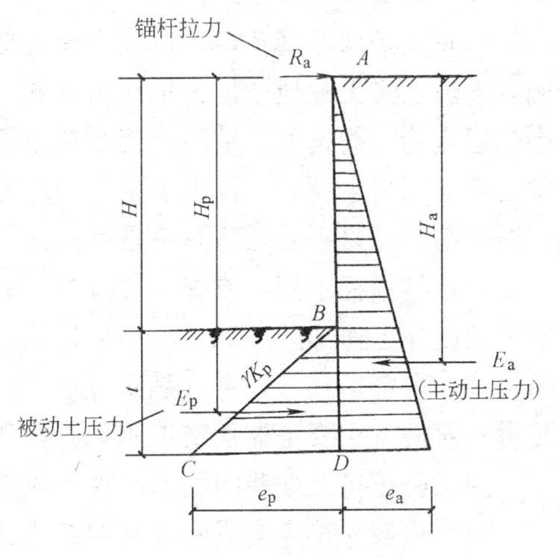

图 8-1-13　挡土结构土压力分布

施如内支撑或拉锚，使之变成非悬臂形式。总之计算是比较繁琐的，我们懂得其过程后，有机会可以深入钻研。同时施工经验、土质变化、尤其土含水分的多少，内摩擦角的大小等，对计算的影响都很大。在科研单位也正作为课题在研究，我们这里就不赘述了。

（三）深坑支护可能出现的问题

深坑边坡的支护，由于种种原因，出问题的也有相当数量。这些都是应该引起我们施工人员注意的事情。造成问题的原因不外乎两个方面，一是设计上考虑不周，一是施工中未达到质量要求。我们遇到的一些问题介绍如下，以引起注意和提供参考。

（1）挡土结构超规定位移，边坡道路、管沟下沉。挡土结构采用的是钢筋混凝土灌注桩。造成原因是计算上过于“先进”，土质为近饱和软黏土边坡，加上雨天，引起桩身位移达 $1\%H$。作为挡土设计我们希望尽量经济又安全，但是由于土壤的复杂因素宁可多考虑一些安全度。出现问题后，我们立即采取利用基础桩作支顶基石，用型钢支撑住围护桩体，加快底板施工减少悬臂部分，避免了坍塌事故。

（2）灌注桩浇灌质量差造成局部倒坍。该事故基坑并不十分深，仅－5.6m。但有部分支护的灌注桩浇筑的混凝土内部不均匀，断裂部分石子多，与断桩相近。出现问题后立即加强该些桩边的支护桩的内部支撑，清理断桩，加临时钢管桩支护，并挖去部分边坡土降低护桩外地坪，减少土压力。因此施工时必须加强管理，掌握混凝土配比计量，搅拌均匀。此外当采用非均匀配筋，而是受力筋配筋在外侧，则下钢筋笼时一定要认真核对，仔细下笼保证受力筋位置准确，这都是用灌注桩做支护应注意的事情。

（3）支护结构底部入土深度不够，或由于挖土超深或地下水的冲刷等原因造成支护结构底部滑移走动，使周边建筑或道路、构筑物下沉。甚至支护结构也失效破坏。因此正确计算支护结构的入土深度很重要，根据经验自立式悬臂结构支护入土深度（H）与外露悬臂长度（l）之比，好的土质地区如北京 $H/l\approx0.6\sim1.2$。天津、上海冲积软土地区 $H/l\approx1.2\sim2.5$。所以软土地质桩入土深度一定要足够。

（4）地下连续墙浇灌质量差，造成墙蜂窝小孔，引起地下水渗漏，致使相邻建筑物发生不均匀沉降，使地面、墙面开裂，造成纠纷使该基础工程施工发生困难。因此地下连续墙的施工对清孔、接头都应严格施工监督，浇灌混凝土应计量准确、坍落度符合，浇捣密实，才可避免该类事故发生。

（5）支护墙厚度不足，造成平面变形过大或弯曲破坏。造成原因是对土压力估算不准确，边坡上又无意地增加大量地面荷载。这种变形会引起墙外边坡地面过大的沉降，给周围的建筑物、构筑物、道路、管线造成损害。因此准确计算其承受的最大弯矩值，验算支护墙截面都很重要。一旦出现发生初步变形应立即作内支撑或拉锚，或降低墙外土面标高临时卸荷。总之事后处理总不是办法。

（6）拉锚杆不到位或施工质量差。一种是拉锚杆的长度未伸出土体滑动的三角区，即拉杆长度在上面部分不够长。一种是压力灌浆量不足，锚头未能起作用，造成的原因有孔道堵塞、内部坍孔等，再有是压力不足、充盈程度不够。对前者必须看图纸核实杆长是否足够；对后者主要是加强施工质量监督和技术交底。

为了防止以上这些问题的出现造成事故，我们在事前及施工中要做好以下工作：

（1）边坡支护应有明确的目的和要求。施工单位在制定深坑支护方案时，一定要根据现场及周围环境条件，准确计算主动土压力值。考虑有否出现地面超载情况。并确定桩顶位移规定值，一般砂土允许 $1/1000H$；黏土 $4/1000H$。

(2) 严格施工程序、施工质量监控，聘请监理单位一起参与加强管理。

(3) 软土软泥地区不宜采用锚杆支护。如必须采用，应有试验结论提供计算。

(4) 北方支护阶段遇到冬期施工，应考虑边坡土产生的冻胀造成对支挡结构的冻胀推力。

(5) 在施工中应有专人对支挡结构的变形、位移进行观测和对周围道路、建筑物等的观测。以便及早发现隐患，提前采取防范措施，避免事故发生造成损失。

(四) 地下连续墙及锚杆的施工

支护结构中，钢板桩、H 型钢、预制钢筋混凝土桩等，只要用机械按放线位置打入设计深度即可。因此施工上没有什么需要多介绍的。钢筋混凝土灌注桩的施工将在基础工程中介绍。由于地下连续墙及锚杆在以后的章节中不会再讲到，所以在这里主要把这两项的施工作一些介绍，以便我们了解掌握。

1. 地下连续墙的施工

施工工艺程序见图 8-1-14。

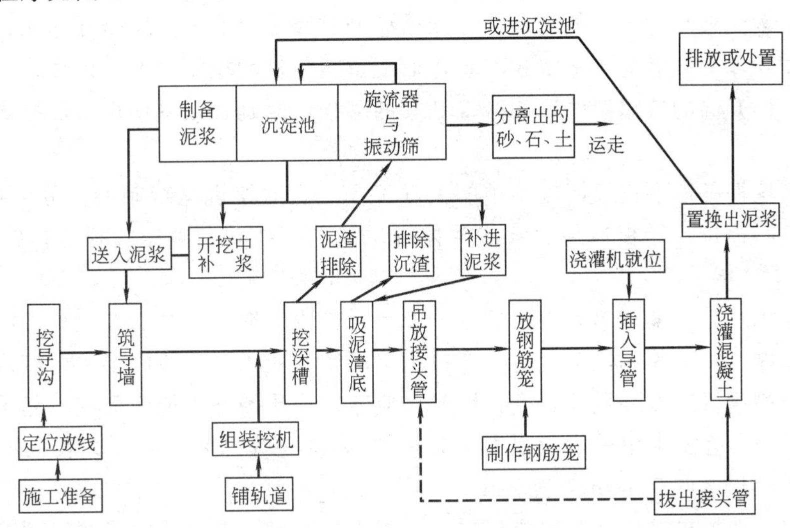

图 8-1-14 地下连续墙施工工艺程序

(1) 修筑导墙：地下连续墙施工，在做好施工准备之后，有了作业方案，选定了挖掘的机械设备，就要进行导墙设计。根据确定的地下连续墙的位置，需进行定出墙位的放线，并撒挖导墙的小沟槽灰线。沟槽挖好后就要支模、绑钢筋，浇筑导墙。在地下连续墙施工中，导墙起着多方面的作用，它是成槽机械轨道的水平基准和支承点；能存储泥浆稳定槽内泥浆的液面；能防止槽口坍陷；也是钢筋笼和接头管搁置的支点；又是连续墙挖深的测量基准。导墙的形式可见图 8-1-15。深度一般为 1～2m，顶

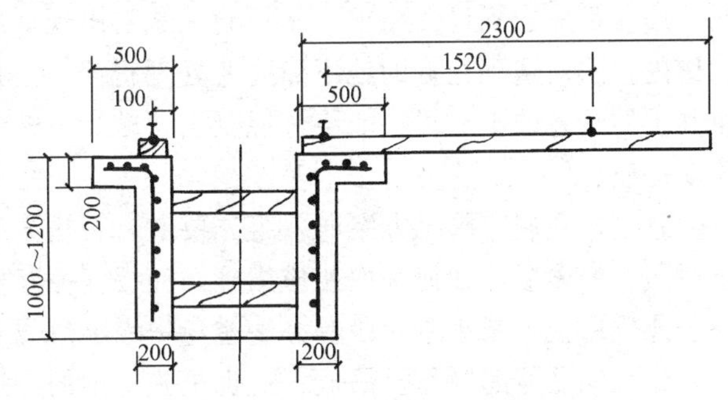

图 8-1-15 现浇钢筋混凝土导墙

面应高出施工地面。

导墙施工时要求导墙内侧墙面平行连续墙的轴线，即放线要准确。对轴线距离的最大允许偏差为±10mm，内外导墙面间的净距应比连续墙厚再大40mm，净距的允许误差为±5mm。导墙墙面要垂直，导墙顶面应水平，水平高差在导墙全长范围内不大于±10mm。导墙的基底土和表面土要密度，防止槽内泥浆渗入导墙后面。

现浇完成的钢筋混凝土导墙拆模后，应立即将左右两边导墙用木方支撑牢，防止位移变形。尤其禁止在混凝土强度未到设计强度时重型机械在其旁边行走。

（2）深槽挖掘：在导墙强度达到设计要求后，我们即可根据所用机械，安装轨道，在轨道上组装机械并就位准备挖掘。在挖掘前应制备好泥浆，并把它储放到导墙槽内。这样在挖掘时泥浆自行流入挖的深槽中起到固壁、携砂、冷却和润滑作用。其中固壁是主要作用。

泥浆具有一定的密度，如槽内泥浆的液面高出地下水位一定高度时，泥浆在深槽内会对槽壁产生一定的静水压力，相当于一种液体支撑，可以防止槽壁坍塌。另外，泥浆还渗入槽壁形成一层透水性很低的泥膜，也是有利于维护槽壁的稳定。

其次，泥浆具有较高的粘度，在深槽挖掘过程中，能将土碴悬浮起来，可随同泥浆一起排出槽外，又可避免土碴沉积在工作面上影响机械的挖掘效率。此外，泥浆还可以作为对机械工作升温的散温液体，和减轻钻具的磨损，对延长钻具使用寿命提高挖掘效率都是有利的。

深槽挖掘是地下连续墙施工中的关键工序。它的挖机是特制的，分为挖抓式挖槽机，有索式中心提拉式导板抓斗、索式斗体推压式导杆抓斗、液压式抓斗；钻头式挖槽机等两类。

在挖掘之前应进行单元槽段的划分。单元横段是地下连续墙在延长方向上一次浇灌混凝土的长度。每一单元段头上有一个接头（空间）便于下一段施工的衔接。单元槽段的长度应大于挖槽机工作装置的长度，同时又应考虑地质条件、地面荷载、起重机的起重能力（吊钢筋笼）、并要求单元段内混凝土应在4h内浇完等因素，所以太长也不行。根据经验一般单元段长度取5～8m为宜。

挖掘时选择机械要结合地质报告，考虑土质情况，选合适的机械以利施工。施工时要保证机械平整，因此轨道铺设质量很重要，施工中也应经常检查。

在挖掘中要防止槽内坍塌土壁，如果一旦塌壁后果十分严重。因此要注意做好以下几方面工作：①泥浆的供应要保证，且防止漏失，泥浆循环时要及时补浆；②泥浆的配合比、质量都应达到设计要求，不得偷工减料出现低质量的泥浆；③防止天雨时地面水渗流入槽内；④对遇到挖掘的地下障碍要处理得当，不能造成塌壁；⑤单元段分得不能过长，尤其土质较差的土要尽快能浇好混凝土，减少空壁的时间；⑥减少地面荷载，尤其是车辆等动荷载。

总之，在制定施工方案时，事先要对有否塌方的危险进行仔细研究，尤其土质中有无淤泥层、粉砂层，如何采取相应措施，如提高泥浆质量，减少对土体的扰动，保证泥浆在安全液位以上，减小单元段等办法避免坍塌事故。

（3）钢筋笼的制作及吊放：这也是施工中的一道工序。制作必须按图施工，并绑扎焊接形成一个长方形的笼架，以备吊放入槽。单元槽较长时，笼可分成几块，但横向要用电焊焊牢。纵向钢筋搭接长度应要 60 倍钢筋直径。制作时要注意接头处的处理和隔开钢板的焊牢。连续墙的主筋保护层要 7～8cm，保护层垫块用厚 2mm 钢板弯成厚 50mm 方块做成，焊在钢筋笼上。为了防止笼子吊放时变形，钢筋笼要进行加钢筋架加固，图纸上没有，要自行设计制作并焊在网片上。

钢筋笼的水平起吊、运输、垂直吊放都应进行技术交底。吊放应平稳缓慢进行。吊放至设计标高后，可搁置在导墙上。吊放前要清槽底，把残碴等清干净。吊放时如发现槽壁不直笼下不去，不要硬下，应吊起后修正槽后，清碴干净再吊放。

(4) 浇灌混凝土：这是施工中的最后一道工序。浇灌前对混凝土的强度等级、配合比、计量均应达到设计要求。对原材料要求粗骨料最大粒径不超过 25mm，应用坚硬的碎(卵)石；砂应用级配粒度良好的中粗砂（不宜用山砂、细砂）；水泥用强度等级为32.5～42.5[1] 的普通硅酸盐水泥为佳。水泥用量以每立方米混凝土用 400kg 左右，水灰比不大于 0.6。坍落度可达 18～20cm。

浇灌时采用导管浇筑。要求导管下端埋在已浇的混凝土中 1.5m 以上，避免与泥浆直接接触，边浇边提导管，速度要掌握，不要使提管时埋入深度产生少于 1.5m 的情况。导管的水平间距以 3～4m 为宜，不要超过 4.5m。导管在两端的，距单元端头又应小于 2m。各根导管浇筑速度要接近，使浇的混凝土面大致在同一高度，混凝土在槽内上升的速度不宜低于 2m/h。

2. 锚杆的施工

(1) 锚杆施工工艺程序为：

施工准备 → 锚杆设计 → 锚杆布置 → 成孔 → 安放拉杆 → 灌浆 → 养护 → 结束施工

土层锚杆在 1958 年首先用于深基坑支护的是德国。由于它有相当优点，逐渐在各国推广应用。1969 年在墨西哥召开的第七届国际土力学和基础工程会议上，还专题讨论了土层锚杆问题。

(2) 土层锚杆是由锚头、拉杆、锚固体三部分组成。目前各国已向小直径、长杆、扩体锚固端发展，从而提高锚固力。锚杆构造可见图 8-1-16。

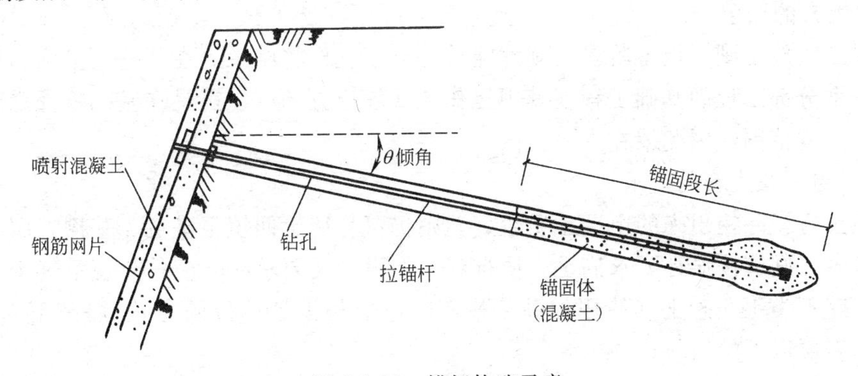

图 8-1-16 锚杆构造示意

---

[1] 根据新的水泥国家标准 GB 175—1999 规定，水泥已改用强度等级表示，不再用标号表示。425 号水泥的强度等级为 32.5，525 号水泥的强度等级为 42.5，最低水泥强度等级为 32.5。

(3) 锚杆设计包括的内容是：确定需支护的基坑边坡荷载；锚杆承载能力；布置数量；稳定性；从而确定锚固长度、直径和拉杆直径。

(4) 锚杆的布置要考虑：定锚的层数，锚杆的竖向间距和水平距离，锚杆的水平倾角。布置时应注意几点：①为了不使锚杆引起地面隆起，最上层锚杆的上面要有必要的覆土厚度（厚度由计算确定）；②锚的层数由计算确定，上下层竖向间距可取 2～5m，水平间距可取 2m 左右；③水平倾角的大小影响锚杆水平分力与垂直分力的比例，倾角应小，但也要考虑灌浆的方便，所以一般倾角应比 12.5°大一些。

(5) 锚杆的成孔：成孔施工质量好坏直接影响锚杆的锚固能力，施工效率和支护成本。成孔费用大约占锚杆全部造价的 30%以上。

成孔的机械和方法有：旋转式钻孔机、冲击式钻孔机、旋冲结合的钻孔机三类。钻孔作业必须选择有经验的施工队伍，不是有个机械会打个洞孔就可以担任该施工任务的。

对于成孔施工有以下要求：

1) 孔壁要求顺直，以便安放拉杆和灌浆；

2) 孔壁不得坍陷、松动，否则要影响拉杆安放和锚杆的承载能力；

3) 钻孔时不能用膨润土循环泥浆护壁，以免在孔壁上形成泥膜，降低锚固体与土间的摩擦力；

4) 由于锚杆长细比大，钻孔容易偏斜，但规定允许偏差不得大于 1∶50；

5) 由于孔有一定倾角，要注意孔壁的稳定性，抓紧成孔时间和灌浆时间。

(6) 安放拉杆：作为拉杆的材料有钢筋、钢管、高强钢丝束或钢绞线。对钢筋及钢管应作必要的除锈，除完锈立即安放使锚固段的握裹力增加。安放拉杆由于它较长因此要采用定位器，使杆的位置相对居中。

(7) 灌浆：灌浆是锚杆施工的关键工序。灌浆一般采用纯水泥浆，水泥可用普通硅酸盐水泥，如地下水有腐蚀性可用防酸水泥。水灰比为 0.4 左右，流动度以适合泵送为宜。有时可掺水泥重的 0.3%的木质素磺酸钙。灌浆时主要把锚固段灌密实，拉杆段不灌，以让其自由伸缩。一般灌时用堵浆器隔开。不灌部分有的用干砂、卵石等填满，有的用低标号的混凝土填入。灌浆结束后自然养护逐步承受拉锚应力。

七、土方的回填

土方工程施工到回填土阶段，则意味着土方工程即将结束。在开挖地基到回填，这中间还有一个分部工程即基础工程在其中运作。回填土方的施工虽是在基础工程之后，但它仍属土方工程范围，因此编在本章之内。

（一）对回填土料的要求

回填土方，除挖出来的土层土质较好，则仍可将原土回填至基坑、基槽。而当土质不符合要求时，则应按设计要求满足土质选料。如设计无要求时，应符合规范规定。

(1) 碎石类土、砂土（使用细砂、粉矿时应取得设计单位同意）、爆破下来的石碴，这些可作表层以下的填料；

(2) 含水量符合夯、压实要求的黏性土，可作各层填料；

(3) 碎块草皮和有机质含量大于 8%的土，仅能用在无压实要求的填方；

(4) 淤泥和淤泥质土一般不能用作填土材料，但在软土或沼泽地区经过处理（晾晒干后）使含水量符合压实要求时，可用于填方中的次要部位；

(5) 含有盐分的盐渍土中，仅中、弱两类盐渍土，一般可以使用。但填料中不得含有盐晶、盐块或含盐植物的根茎。

(6) 用碎石类或爆破石渣时，其最大粒径不得超过每层铺填厚度的2/3。

(二) 大片土方的回填

在第二节场地平整中，讲了一些填土压实的要求，这里再做些补充。

(1) 对要填的大片土的基底上的树墩及根应清根拔除。坑穴应清除积水，淤泥和杂物；

(2) 厚度小于0.5m的填土，应清除基底上的草皮和垃圾；

(3) 在土质较好的平坦地上（地面坡度不陡于1/10）填方时，可不清除基底上的草皮，但应割除长的茅草、杂草。

(4) 在稳定的山坡上填方时，当山坡坡度为1/10～1/5时，应清除基底上的草皮；当坡度陡于1/5时，应将基底挖成阶梯形，台阶的宽度不小于1m；

(5) 当填方基底为耕植土或松土时，应先将基底碾压密实；

(6) 在水田、沟渠或池塘上填土方时，应根据实际情况采用排水疏干、挖除淤泥，抛填块石、砂砾、矿碴等方法处理后，面上先铺一定厚度土层，碾压密实后，再正常填土施工；

(7) 永久性填方的边坡坡度应按设计要求进行施工；

(8) 使用时间较长，但虽临时性填方，其边坡坡度可按下述情况考虑：填方高度为10m以内，可采用1∶15；高度超过10m，边坡可做成折线形，上部用1∶1.5，下部用1∶1.75；见图8-1-17。

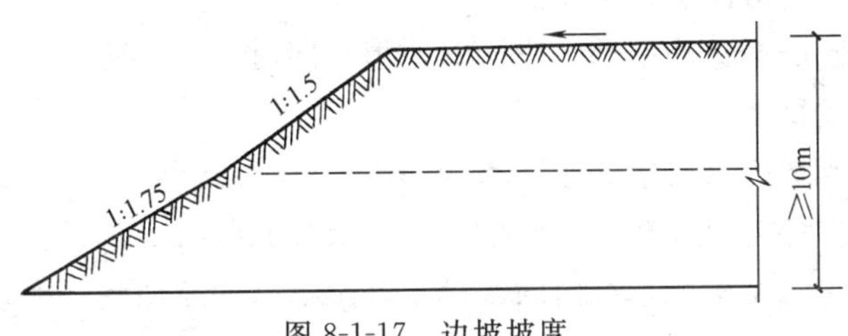

图 8-1-17　边坡坡度

当地质情况不良，如有滑坡、长年浸水和软弱土层等的地段，填方时其边坡坡度应由计算确定。

(9) 填筑方法应分水平层依层填筑，由一端向另一端填筑。异类土方应分开层次填筑。见图8-1-18。

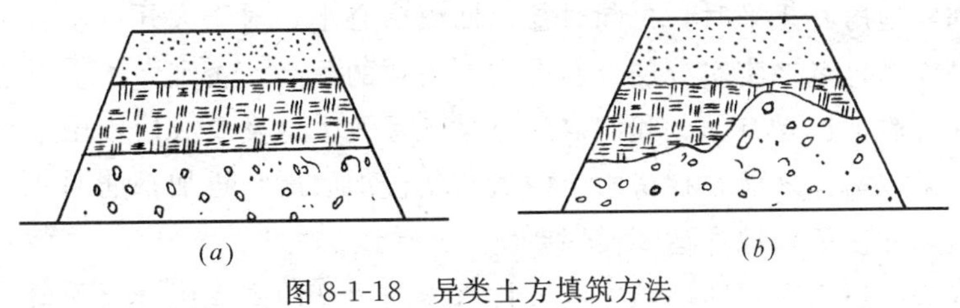

图 8-1-18　异类土方填筑方法

(a) 正确；(b) 错误

(10) 黏性土填方应控制含水量。如含水量偏高，可用翻松、晾干、均匀掺入干土等措施。填料为碎石、砂石类，碾压前可适当泼水湿润，以提高压实效果。

（11）填方每层铺土厚度和压实遍数可见表 8-1-12。

填方每层的铺土厚度和压实遍数 **表 8-1-12**

压实机具	每层铺土厚度(mm)	每层压实遍数
平　辗	200～300	6～8
羊足辗	200～350	8～16
蛙式打夯机	200～250	3～4
人工打夯	≯200	3～4

碾压及夯实时应相互搭接、防止漏压、漏夯。

（12）填方中如采用了两种透水性不同的填土料，在分层填筑时，上层宜填透水性较小的土料，下层宜用透水性较大的填料。填方基土表面应作适当的排水坡。边坡可用透水性较小的填料封闭。

（13）填方应按设计要求预留一定沉降量，设计无要求时，可根据工程性质、填方高度、填料种类、压实系数和地基情况协商确定。一般沉降量不超过填方高度的 3%。

（14）雨期施工时防止土料过多含水，经压夯实的土面要排水；冬季施工时主要填土时，对基层要清除冰雪，不得用冻土填筑。回填完毕的应采取保温措施防止表面冻结。

（三）基槽基坑边及室内房心回填土施工

房屋建筑在基础或地下室施工完毕后，其基槽边、基坑边均要进行回填。无地下室的室内房心也有要进行回填土，达到地坪下的标高。

这类回填土施工时应注意以下几点：

（1）基槽的基础墙两边槽空档，应同时回填，同时夯实。防止一边回填夯实时土的侧推力把基础墙挤歪或挤倒。

（2）在基槽内回填，每层虚铺厚度为 30cm，夯实后达到 20cm，这样才达到回填密实的要求。回填土要用环刀取样测定干密度，符合质量验收规定。

（3）回填之前应将基槽或基坑内的水排干，杂物（如废塑料、纸箱盒、碎木头、模板等）应清理干净。

（4）如用一部分建筑垃圾回填，应填在底下部位，按碎石类土料看待。但最大的块粒不应超过直径约 20cm 的混凝土块或砖砌块。由于这类填料较干燥，可以浇水作适当湿润。但垃圾中不得有有机物、碎木块等不合要求的填料。

（5）房心土的回填，应先把基层大致平整，然后分层夯实。分层方法同基槽。一般应先回填基槽到实地房心土平时，再同时往上回填房心土。对于大开挖，需回填很厚的房心土，必须按操作规程老老实实分层分遍夯实到需要的标高，否则做了室内地面会造成坍陷引起事故，这种教训也是有的。我们遇到过某工程发生这类事故后，压路机又进不去，地面断裂，最后采取凿穿地面，在房心土内做石灰桩加固后，再加钢筋网片，后浇混凝土垫层，再做地面，才使室内地坪达到使用要求。

（6）管沟槽回填土时，回填顺序应按排水方向由低向高逐段分层回填。回填时为防止管道中心偏移及管子可能损坏，应用人工先在管子周围填土夯实，两侧同时进行，直到高出管顶 50cm 后，在不损坏管道的情况下才可采用机械夯实。此外，回填下土时，不得有大块填料，以防止砸坏管子。在管子接头处，防腐绝缘层或地下电缆处的回填土一律要用细粒土料。

(7) 所有回填土必须在基础墙及混凝土等有足够强度后，才能开始施工。

八、土方工程应做的质量和安全工作

土方的开挖后和回填前都要进行必要的验收工作以保证质量；同时也要做有关的安全工作。

(一) 基槽及基坑开挖后的验收

基槽开挖完毕，对基土的土质、基坑的深度、底部的平整、基槽的宽度都要进行验收，俗称验槽。验收内容包括：

(1) 基底及槽边的土质是否符合设计的要求，与地质勘探资料上该深度的土质是否一致。可用上述土的野外鉴别方法检测。如要做人工地基亦应对其下层的土作验收鉴别，并做隐蔽记录。

(2) 对人工地基应按相应的验收要求验收，并记录情况办理验收手续。

(3) 用水准仪测量基底标高是否符合图纸要求，用卷尺量取基槽或基坑底的尺寸是否符合图纸及设计要求。如果不符合，则应进行修正达到验收要求。

(4) 基底标高允许偏差为 0～50mm，浪费以后垫层材料也是不允许的。

(5) 对天然地基中局部处理的情形都应作稳蔽记录，并记录好采取处理的措施和办法，作为档案备考。

(二) 回填土的质量验收

(1) 回填土压实，夯实后，土的干密度，应有 90%以上符合设计要求，其余 10%的最低值与设计值的差，不得大于 $0.08g/cm^3$，且应分散不得集中。

(2) 基坑回填土要求用环刀法取样，每 $20～50m^3$ 土取样一组，但每个基坑至少不少于一组；基槽和管沟的回填土则以每层按长度 20～50m 长取样一组；房心填土每层按 $100～500m^2$ 取样一组；场地平整的填方每层按 $40～900m^2$ 取样一组。取样部位应选每层压实后的下半部。

(3) 场地平整、房心回填土的表面标高允许偏差是：采用人工清理的土为±50mm；机械清理的为±100mm。

土方工程虽属工艺相对粗一些的施工工程，但它是整个房屋的基底，所以验收工作不应忽视。如果一旦疏忽，造成以后建造的房屋会裂缝、倾斜，严重的还可能倒塌。这是不可原谅的失职和错误，甚至可能算得上犯罪。应引起我们施工人员的重视和警惕。

(三) 开挖及回填土方时的安全要求

1. 土方开挖区或槽沟的外围，应做警戒标志，防止路人坠落。

2. 挖土机臂下回转半径内，不得有人活动；吊运土方的绳索、滑轮、钩子等要经常检查，起吊时垂直方不得有人。

3. 人工挖土要放坡，挖出的土要堆离槽边 1m 以外，高度不得超过 1.5m。挖土时两人操作的间距应保持 2m 以上。

4. 经常注意土坡有无裂缝，如土粒连续下落、松散，应防止坍土方。并防止地面水浸蚀。

5. 挖土方、挖冻土等，禁止在下面捣洞挖土。

6. 爆破作业时，施工员应按爆破的方案中的安全要求，明确交底和实施安全措施。

7. 深槽、深沟回填土时，下方不得有人。使用的打夯机等，要检查电器线路，防止漏电、触电。停机时要拉掉电闸。

总之，安全工作是多方面的，我们施工员要考虑到不安全因素，加强教育和做好防范措施。

复习思考题

1. 土有哪些分类和性能？
2. 场地平整工作有哪些内容？
3. 土方开挖的放坡要求是怎样的？
4. 石方开挖应注意哪些要求？
5. 基坑降水施工有几种方法？井点降水有什么要求？
6. 地基有哪些种类？人工地基目前采取哪些方法施工形成？
7. 如何处理出现流砂现象？
8. 深基坑边坡支护有哪些方法？
9. 锚杆支护施工应注意什么？
10. 如何才能做好回填土施工？

第二节　基础工程施工

一、砖石基础的施工

（一）砖石基础的施工工艺

砖、石材料组砌的基础，大部分为条形墙基，但也有作独立砖柱的基础。其施工的工艺程序为：

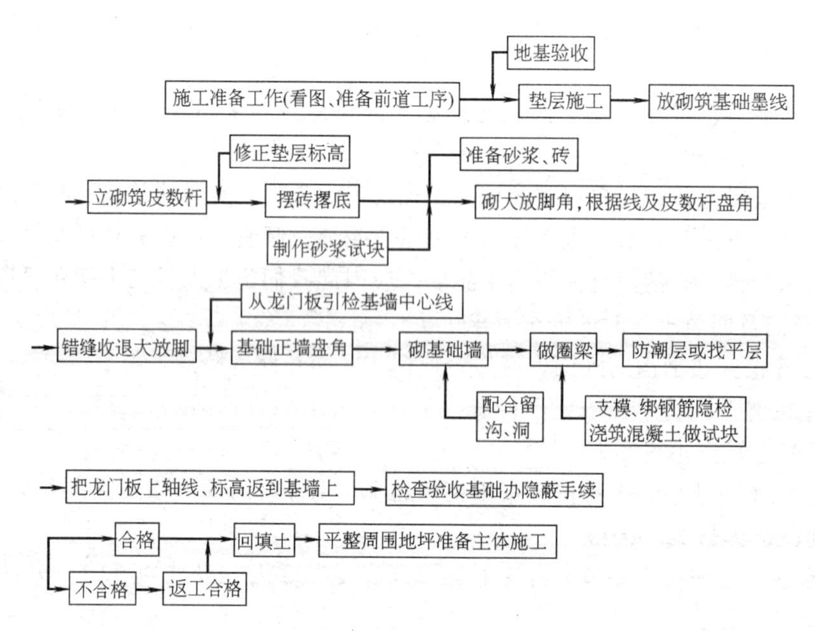

工艺中设计有圈梁的，要做圈梁施工，完成后做找平层。如无圈梁构造的，则抹防潮层并达到找平基墙顶面的目的。

（二）砖石基础使用的材料

这里介绍所用的材料主要是着重使用时的要求，其他性能由建筑材料课程介绍。

（1）砖：基础使用的砖必须是能经受地下水等浸蚀的。如烧结普通砖、混凝土实心砌块，煤矸石砖，而灰砂砖、炉渣砖、粉煤灰砖则不应使用。强度等级应在MU7.5以上。

（2）石材：毛石、块石、粗料石等。但风化石不能使用。

（3）水泥砂浆：基础中砌筑必须用水泥砂浆，这是设计及用于地下的构造要求。不能用混合砂浆。它由水泥、砂子、水拌和而成。强度等级不低于M5.0。水泥一般强度等级用32.5。砂要求用中砂。细砂不宜用，一是强度差，二是多用水泥。水用洁净水，如自来水、井水，经化验可用的河水。砂浆配合比为重量比。

（4）防水粉或防水剂：用于防潮层的使用。一般掺量为水泥砂浆中水泥重的3%～5%。防潮层的水泥砂浆是抹灰砂浆，不是砌筑砂浆，该水泥与砂之比是体积比，一般采用1∶3。

（5）食盐：冬期施工时，可作为抗冻剂掺入砌筑砂浆。

（6）细石（北方用豆石）混凝土：用来找补垫层标高，或第一皮砖下灰缝过厚时用。

（7）混凝土：有圈梁及构造柱时，就要用到它。以后章节中详细介绍。

（8）钢筋：圈梁、构造柱、墙加筋等用。以后章节中详细介绍。

砂浆配合比到砌墙时介绍。

（三）砖基础砌筑的施工

作为施工员在砌筑砖基础前，应先把基础施工图详细阅读，并要做垫层的施工准备和实施施工。垫层一般用混凝土C15的强度，要准备好配合比，计量器具，垫层上标高等。再进行拌制、运输、浇灌和养护等，然后才正式是砖基础的施工。

（1）施工前要检查放线（放线工作由放线工做）：在核对检查时要求放线尺寸的允许偏差不超过表8-2-1。

放线尺寸的允许偏差 表8-2-1

长度 L、宽度 B 的尺寸(m)	允许偏差(mm)	长度 L、宽度 B 的尺寸(m)	允许偏差(mm)
$L(B)\leqslant 30$	±5	$60<L(B)\leqslant 90$	±15
$30<L(B)\leqslant 60$	±10	$L(B)>90$	±20

注：L 及 B 指房屋纵向及横向长、宽，尤其是宽 B，不是基础断面的宽。所以要求是严格的。

经对放的总尺寸线及局部或断面宽的尺寸线检查后，认为合格，才可再进行对抄平立皮数杆的检查。检查中还要核对垫层标高、厚度，凡不符合的要进行纠正。

（2）排砖、摆底：工作由操作者做，但必要时应进行技术指导。摆大放脚砖关键要处理好转角、檐墙和山墙、内隔墙等交接槎部位。为满足大放脚上下皮砖错缝的要求，基础转角处一定要放七分头。其排砖方法可见图8-2-1。

大放脚的收退应按图纸实施。一般有（1）等高式大放脚每两皮一收，每次收退60mm（1/4砖长）；（2）间隔式大放脚是两层一收及间一层一收交错进行。其断面形式可见图8-2-2。大放脚摆砖必须从转角开始，摆通后，在转角处先盘砌几皮砖，作为皮数标

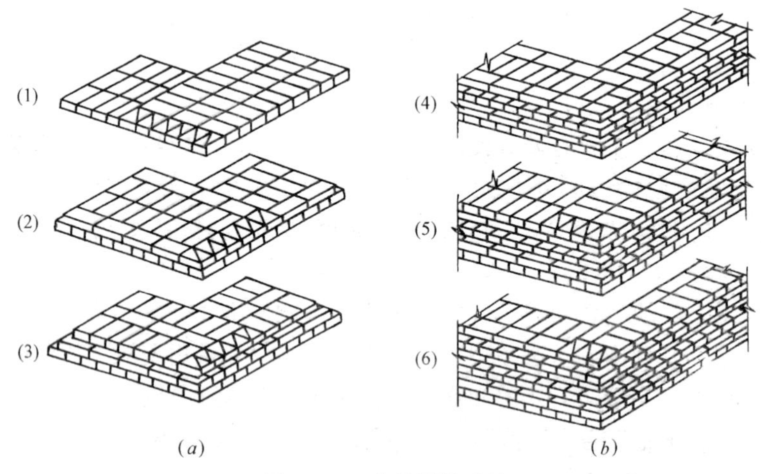

图 8-2-1　大放脚排砖法

准（对照皮数杆），再以山丁檐跑的“规矩”摆通全墙身，再按盘角拉线（双面）进行大放脚砌筑。

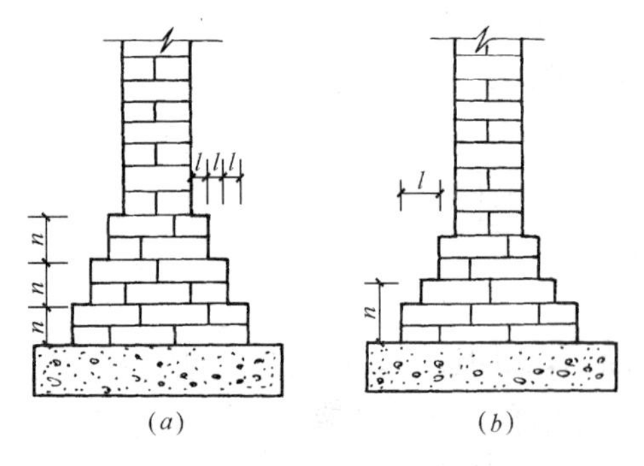

图 8-2-2　砖基础剖面图

(a) 等高式；(b) 不等高式

(3) 收退放脚：砖基础大放脚摆砖结束后开始砌筑，砌时关键要掌握收退方法。收退应遵循“退台压顶”的原则，用“一顺一丁”的砌法。退台的每台阶上面一皮砖用丁砖，这样传力效果好，砌筑完毕后填土时也不易将退台砖碰掉。退台应从转角处开始，每次退台要尺寸准确，中间段退台均应按照拉线进行。

(4) 基础正墙砌筑：当大放脚收退结束，基础正墙（厚 37cm 或 24cm）就应开始砌筑。这时要利用龙门板上的轴线位置，拉线挂线锤在大放脚最上皮砖面定出轴线（或中心线）的位置，为砌正墙提供基准。同时还应利用皮数杆检查一下大放脚部分的砖面标高、皮数是否符合，如不一致，在砌正墙前应及时修正合格。正墙的第一皮砖应丁砖排砖砌筑。

基础墙墙身，对砖混结构上部墙体来说是起到承上起下的作用，因此对墙身的垂直平整度及顶面的标高要很好控制。在操作时要求操作者一次盘角不要超过五皮砖为宜。并经常用线锤挂吊检查角的垂直度。

(5) 在地震区，砌基础时就应注意要按图纸留出构造柱位置，到±0.000 线以下要留出圈梁高度，以备支撑圈梁模板，墙上要留模板的横担洞。凡有圈梁的墙体一般圈梁顶面为好砌上部砖墙，也要抹一层找平层。在非抗震设防地区，一般基础正墙砌到－0.07m 时，要抹一层防潮层，并兼做找平层。厚约 20mm。

(6) 当各项工序结束后，应进行轴线、标高的检查。检查无误后，可以把龙门板上的轴线位置，标高水平线返到基墙上，并用红色鲜明标志。检查合格，办好隐蔽手续，尽快回填土。

(7) 其他应注意事宜：①基础若不在同一深度，应先砌深的，后砌浅的，砌至同一标高再收退大放脚。②凡基础图上有要留的洞口、管沟、地槽和预埋件，应在砌筑时留出。当洞口、管沟等宽度大于50cm时，上面应设置预制的钢筋混凝土过梁。

（四）毛石或粗料石基础的施工

其施工工艺过程同砌砖基础一样。但毛石墙不能有层次分明的皮数杆，故采用砌筑挂线架，根据石块大多数的厚度尺寸，做成台阶形，见图8-2-3以此作为砌石依据。

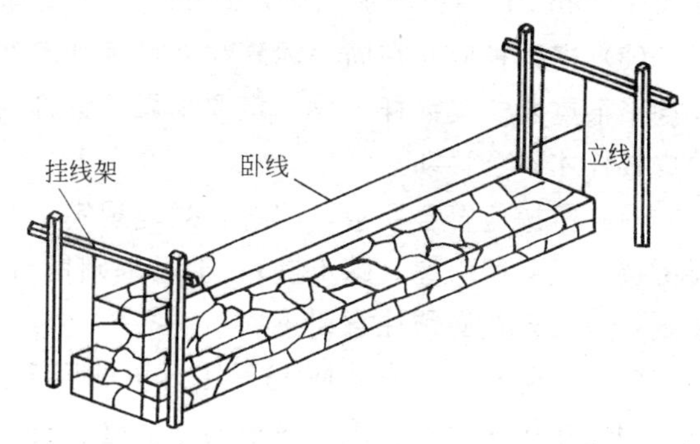

图8-2-3 砌毛石的立线与卧线

砌第一皮石块时，要清干净基槽（一般不做垫层，有的或做灰土垫层），选择较方正的石块放在转角处，称为角石，也叫定位石。其厚度最好与大放脚第一台的厚度相等。其他中间的石块应选一面较平整的石头，铺放在底面上。石块砌筑时要相互靠紧，大石缝中先填1/3～1/2的水泥砂浆，再用小石块、石片塞入其中轻轻敲实。禁止先塞小石块后灌浆的办法，以免形成干缝和灌不到的空隙。

砌中间层时，要做到石块上下错缝。砌时要先试摆合适，然后再铺灰坐浆砌好。石块如有不稳应垫塞一些石片，石片要平、薄，垫后必须平稳牢靠。砌时上下皮石间一定要有拉结石，亦称过墙石，把内外层石块拉合成整体。拉结石长度应大于墙厚的2/3，在立面上看时成梅花形，上下、左右错开。

毛石的转角处和交接处要同时砌筑，如不能同时砌筑，则应留成大踏步槎。

当大放脚收台结束，需砌正墙毛石时，该台阶面要用水泥砂浆和小石块大致找平，便于上面基础正墙的砌筑。

毛石墙中预留的洞应事先留出，禁止事后敲凿，以免松动破坏墙体。凡有变形缝处，缝中不能掉入小石块、砂浆造成堵缝。

砌完后应用小抿子取砂浆把石缝嵌填密实。最后全面检查无误，将龙门板上的轴线、标高返到基墙。其他如检查隐蔽办手续、进行回填土均同砖基础。

（五）独立砖石基础施工

独立砖石基础和前面介绍的条形基础施工，其方法步骤没有什么不同，而应注意的是：

（1）各独立基础必须在纵向一个轴线上，用龙门板控制，防止造成一列柱歪进、突出的状况；其次横轴线间的尺寸，在基础砌时要经常检查，防止开间尺寸误差太大。

（2）大放脚的收退是四边向中间收退。必须按图纸尺寸收退准确，防止偏心歪扭。

（3）各独立柱基的台顶标高应在一个水平面上。完成后应进行检查，标高错的应返工修正。

（4）基础完成后，轴线应从两个方向返至基础台上。

（六）应注意的质量要求

（1）基础为承载上部全部荷重的中介结构，因此砖的强度必须保证，在外观上如过火砖烧得很结实，但颜色不好看，在基础中完全可以用。不是碎砖、断砖坏得很严重的，只要是棱角稍坏也可以用，关键是强度保证。其次是砂浆强度一定要保证，其配合比（计量、称量）要准确。目前有些工程中出现的试块强度合格，而实际砌体上的砂浆粉疏，或外观上水泥砂浆色泽不够，抠动时会松落，实际是偷工减料，严重犯规，甚至可以说是犯罪。所以施工中对砂浆的拌制使用必须严加管理、监控。

（2）防止基础墙身位移过大。规范规定的轴线偏移：砖基础不大于10mm；毛石基础不大于20mm；因此收退完后，砌正墙一定要在龙门板上拉线测准后再砌。

（3）皮数杆应立在同一标高线上，否则会造成基础墙顶不交圈。因此施工前验收放线及抄平很重要。皮数杆生根一定要牢靠，钉杆的木桩一定要事先浇在垫层中，这样钉上去的皮数杆才不会移动。

（4）留槎应符合要求，即符合规范规定。基础中最好内外基础墙一起砌，不留槎。如要留槎一定要留斜槎（踏步槎），毛石基础留台阶槎。不允许留直槎。这种通病目前仍有发现，施工人员必须注意纠正。

（5）应防止上下皮砖或上下层石块的竖直灰缝通缝。通缝使砌体的整体性得不到保证。因此在排砖时要合理，每皮砖的头缝要均匀，这样可以防止上下缝通缝。凡有四皮砖通缝共三处就是不合格。这点施工员必须明确，心中有数。

（6）还有其他质量上应注意的事如拉结钢筋、预埋件不能遗漏，位置要准确。抹防潮层时基层砖面要清干净，浇水湿润，抹面的标高要量准。防水粉掺量不能超过，否则会裂碎。抹压时要用力均匀，适当压实不起壳不裂缝。

（7）基础的质量标准分为保证项目、基本项目、允许偏差项目。这在国家质量评定标准上都有规定。施工员应很好学习掌握。

二、钢筋混凝土基础的施工

用钢筋和混凝土材料做基础的，目前用量相当大，它有用在墙下做条形基础的；有用在柱子下成为独立基础的；有用在大型建筑做板式、筏式基础的；再有是兼作地下室的箱形基础等。虽然它们形式各异，但其共同点是所用材料相同；主要的施工工艺：放线、支模板、绑钢筋、浇灌混凝土，这些也是相同的。因此本节重点以介绍独立柱基施工为主，其他各类基础则将其应注意的特点作一定介绍，达到了解钢筋混凝土基础（除桩基外）施工的基本概念。

（一）钢筋混凝土独立柱基的施工

1. 施工的工艺过程

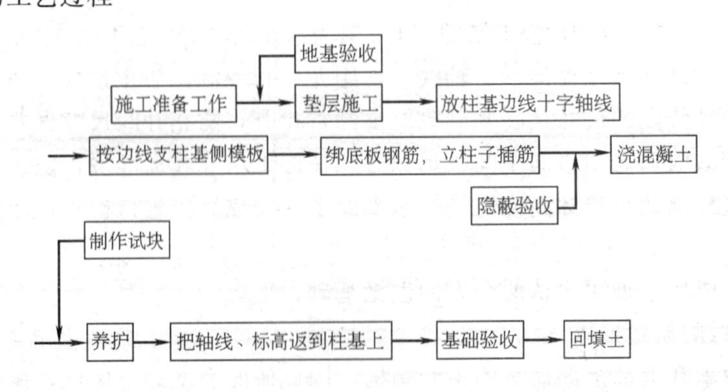

2. 基础所用的材料

关于钢筋混凝土所用材料的性能、要求、配比等已在第三章详细叙述。

3. 模板的支撑

独立柱基的模板主要是侧模板，以承受混凝土流性的侧向压力。支模时要让模板生根，上侧撑住，这样浇混凝土时不会发生胀模、倒模。支撑形式参看图 8-2-4。

图上为台阶式的；一般非台阶式的只要下面一周模板，基台把混凝土拍成 20°～30°的角到柱根即可。台阶式支模时主要第二台要架起来，架起来的横担可支放在下面台的模板上。然后四周箍紧，侧面支牢。侧面可支在土壁上，支撑在土壁上要用垫板。

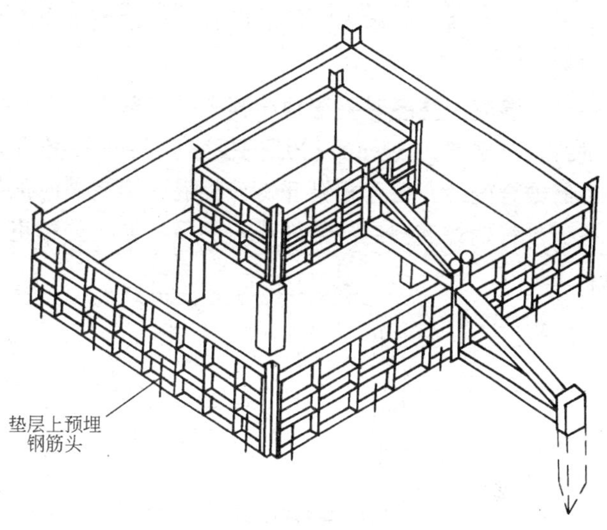

图 8-2-4　台阶形独立基础模板示意

4. 钢筋绑扎

底板钢筋应将主受力钢筋放在底层，副受力钢筋放在上层。柱子的插筋要按在基础垫层上放线的位置插立，并用箍筋箍住。插筋至少箍三道箍筋。底板钢筋网下一定要垫好垫块，垫块按基础保护层要求做成 35mm 厚（有垫层时）或 70mm 厚（无垫层时）的高强水泥砂浆块。

5. 浇灌混凝土

浇混凝土要做好材料准备、施工准备、钢筋、模板的验收，对基底要浇水湿润，清理杂物。施工中对混凝土主要要抓住配合比准确，计量认真，控制坍落度。独立柱基要一次浇灌完成不留施工缝。浇时主要防止柱子插筋偏位，浇捣应密实，台阶形的应防止吊脚。完成后应及时养护，可覆盖草帘浇水湿润。

6. 将轴线、标高返到柱基上，并检查验收合格，再拆模回填土。

7. 施工中不要忘记做混凝土试块，试块能多做几组，就多做一二组以备用。试块要送标准养护室养护，尤其冬期要防止受冻。

（二）条形钢筋混凝土基础施工

条形基础的模板支撑、钢筋绑扎均没有什么特殊的地方。主要浇灌混凝土，由于条基长度较长，有时要留施工缝。施工缝应留在外墙或纵墙的窗口或门口下；横墙和山墙的跨度中部为宜。切忌留在内外墙丁字交接处和外墙大角附近。

模板支撑在长度方向一定要直，不能曲曲弯弯似直非直，影响上部墙体。凡有抗震构造柱的，必须按图留好插筋，不得遗漏。

（三）板式或筏式钢筋混凝土基础

1. 板式基础

其特点是板厚，有的可达 1m。浇灌时作为大体积混凝土施工，要考虑施工措施。在此对该类基础应注意的地方和大体积混凝土施工的要求作一些介绍：

（1）施工放线时应注意的是：在大面积垫层浇灌平整好后，放线工作主要把柱子的位置要准确放出。放完后要复验无误才能绑扎钢筋。柱子框线要明显。如有后浇带构造的，也要把后浇带的线放出并有明显标志。

（2）钢筋绑扎：一般均为上下两层钢筋，每层都有纵横两个方向的上下皮钢筋。应注意的是所配的钢筋应按图纸上的方向、规格放准确，并进行详细检查，填写隐蔽手续。架空上下两层钢筋时要相当数量的撑铁，撑铁规格应不小于Φ20。柱子插筋位置要准确，事后要核查。

（3）混凝土浇灌时要清理净其中可能落入的杂物，并浇水湿润。浇捣时应合理分段分层进行，每层厚约30cm。分层的接头时间间隔不超过2h。见图8-2-5。施工中交接的竖向临时结合的缝，要互相错开。该类混凝土浇灌时最好采用商品混凝土、泵送供料。施工应连续进行，浇灌到后浇带处或板的另一端头处结束。不应留施工缝。否则易造成渗漏的隐患。

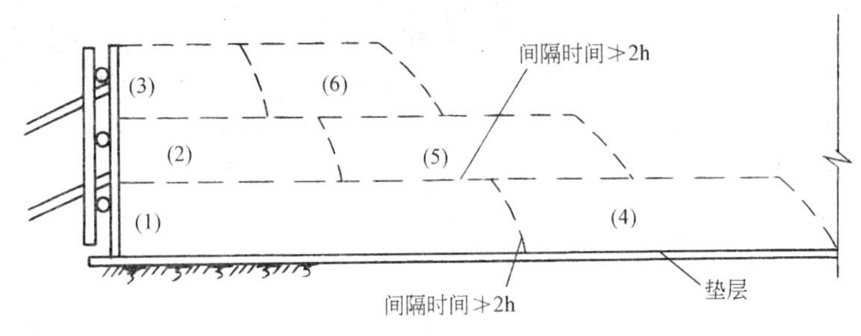

图 8-2-5　分段分层浇捣

（4）大体积混凝土浇捣应注意事项：所谓大体积混凝土是指面积很大，有几百甚至几千平方米；而厚度等于大于1m时的混凝土体。大体积混凝土的特点是由于体积大，水化热热量大，而造成内部升温很高，容易由于内外温差过大造成混凝土裂缝。所以浇灌时除了上面讲过的要分层分段浇灌，以便随时可以发散一些水化热外，还应采取以下的一些措施：

1）选用水化热较低的水泥（如矿渣水泥、火山灰质水泥或粉煤灰水泥），掺加缓凝剂或缓凝型减水剂。目的是使其慢慢水化凝结，慢慢释放热量，从而升温不快不高。

2）选择合宜的砂石级配，尽量减少水泥用量，使水化热量相应降低。

3）尽量减小水灰比，以减少每立方米混凝土的用水量，而减少水化热。

4）降低混凝土的入模温度（如夏季用低温水、井水或用冰水拌制混凝土）。

5）在夏季时可采用人工导热法，即在混凝土中预先埋设冷却水管，用循环水来降低混凝土的内部温度。但这种方法施工复杂，费用增多；冬期可采用双层薄膜加盖草帘与外界隔开的办法，让内部升温时与外界温差不发生很大影响。

6）有可能时，在配筋稀疏及设计允许下，可以在大体积混凝土中掺加适量块石，既可节约混凝土，而减少混凝土又可减少水化热总量。但石块要强度高，用前洗净，粒径应在15～30cm范围内。放时要散开，避开钢筋及离模板大于15cm。石块周围应裹有混凝土。

7）可掺加磨细粉煤灰，减少水泥用量。

8）应根据施工方案布设测温孔点，由专人定时进行测温。温孔可用白铁皮卷做成，在浇混凝土未初凝前敲打插入混凝土，深度为50cm，上口露出混凝土表面10～20mm。测温主要掌握内部温度情况，防止内外温差过大，一般温差以不超过25℃为宜。测温是为万一温差太大时可采取措施，而防止裂缝发生。

(5) 后浇带的施工：后浇带是当大体积混凝土纵向长度超过 50m 时，在中间人为设置的施工缝。该部分的宽度由设计确定，一般宽为 80～100cm，深度等于大体积混凝土的厚度。该部分分开的两段中的钢筋按图纸连续而不断开，见图8-2-6。支模时，要将横向钢筋先不绑，纵向钢筋割断若干根开洞使人能进入后浇带内支模操作。待两边混凝土浇完后，拆除模板并按设计决定的间隔时间到可浇灌时，将带内清理干净，并浇水湿润，焊好开洞的钢筋，绑好该部分横向钢筋，即可浇灌混凝土。但该部分混凝土都要采用微膨胀水泥，达到补偿收缩的目的。要求振捣密实，并充分养护。

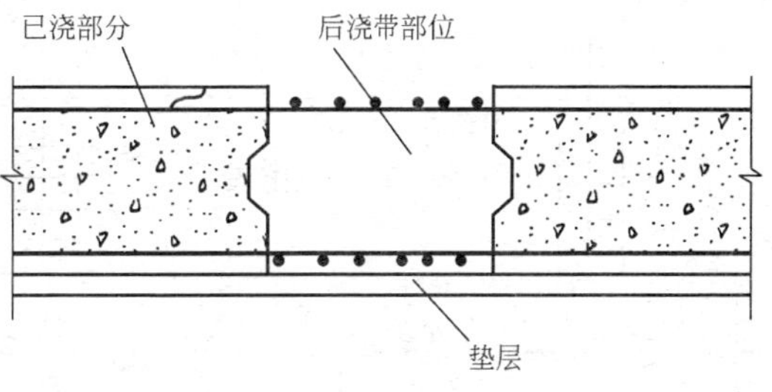

图 8-2-6　后浇带的施工

2. 筏形基础施工

筏形基础实际上是一个倒置的钢筋混凝土梁板结构。它有两种形式，一种是梁在板的底下埋入土内；一种是梁在板的上面，但做地坪时要放架空板。后一种形式比较容易施工，这里不多介绍。前一种是梁要埋入土中，使板的上面是个平面。我们在这里把施工应注意的要点介绍如下：

(1) 定位放线：该类基础一般土方均为大开挖的基坑。要将梁埋入土中，则必须把梁的位置（轴线、梁宽加模板宽）放出线来，再在基坑面往下挖梁的深度。放线要仔细，挖出的土要及时运走，并防止梁槽坍土。

(2) 做模板：该类梁的模板，实际是无法拆除的，因此所谓模板是用其他材料来替代的。一般做法是挖好梁槽的土后，先浇其中素混凝土势层约 4～5cm，垫层面即为梁的下标高。再在两侧支模，在模板中间留出梁的宽度，在模板与土壁间灌注细石素混凝土，而与垫层一起形成一个混凝土壳的“模板”；另一种方法是在垫层上两侧砌半砖或 1/4 斗砖（视土质情况而定），与垫层一起形成一个砖壳子的“模板”。这两种“模板”永远埋在土内了。

(3) 在基坑土面上浇筑筏基板的垫层。垫层表面必须平整、标高一致。浇筑时先要抄平，在中间做标筋和梁槽上口一致，这样才能保证浇出来的质量达到要求。

(4) 绑扎梁的钢筋，先要清理做好“模板”的梁槽内杂物，再放好保护层的垫块 35mm 厚（垫块应事先做、强度高些、养护 7～10d 可用），然后才能下钢筋套箍绑扎。梁钢筋绑好后落下就位垫好垫块，再按弹的墨线绑扎板的钢筋。板厚有 30～100cm 不等，它是根据荷载和土质设计而定的。绑扎板钢筋与板式基础一样要用撑铁，保证上下层间距离，再有柱子插筋位置要准确。板的保护层也为 35mm 这时垫块也不要遗漏。

(5) 混凝土的浇筑，应先梁后板，从一端浇到另一端，应连续浇筑不留施工缝。板厚超过 50cm 时，可以分层浇灌，交错推进。如为大体积混凝土亦应考虑施工方案，按大体积混凝土施工要求实施施工。筏板基础的局部断面图如图 8-2-7 所示。

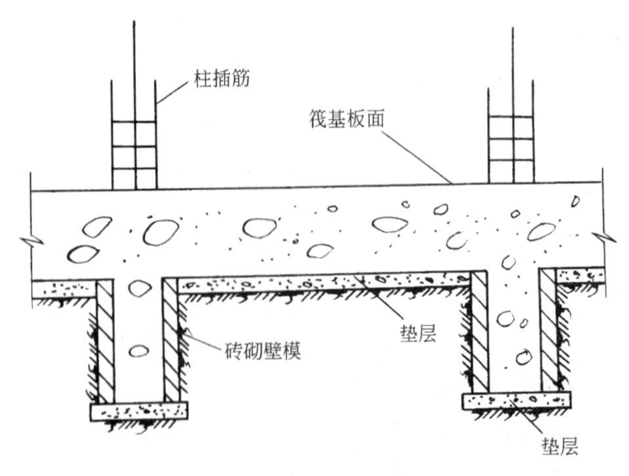

图 8-2-7　筏形基础局部断面图

三、桩基础的施工

当天然地基土质不良，人工地基也无法满足建筑物对地基变形和强度要求时，往往采用桩基础。桩基础由若干根单桩组成，在单桩顶部做承台联结在一起共同受力。

桩按其受力承载性能可分为：

（1）摩擦桩：在极限承载力状态下，桩顶荷载由桩侧阻力承受；

（2）端承摩擦桩：在极限承载力状态下，桩顶荷载主要由桩侧阻力承受；

（3）摩擦端承桩：在极限承载力状态下，桩顶荷载主要由桩端阻力承受；

（4）端承桩：在极限承载力状态下，桩顶荷载由桩端阻力承受。此类桩极少，除非端部支在岩层上。可以像柱子一样，荷载全部由端部承受。

按施工方法可分为：

（1）挤土桩：打入或静压的预制桩，挤土的灌注桩；

（2）部分挤土桩：部分挤土灌注桩，先钻孔后打入的预制桩，打入式敞口桩；

（3）非挤土桩：干作业法、泥浆护壁法、套管护壁法的钻孔灌注桩。

按桩身材料可分成：

（1）钢筋混凝土材料的预制桩或灌注桩；

（2）钢桩；木桩；

（3）组合材料桩。

按使用功能可分为：

（1）竖向抗压桩；

（2）竖向抗拔桩；

（3）水平受荷桩；

（4）复合受荷桩（竖向及水平均有较大荷载的桩）。

按桩的断面或直径可分为：

（1）小型桩：断面 200mm×200mm 或直径 $d \leqslant 250$mm；

（2）中等型桩：断面大于 300mm×300mm 或直径为 250mm$<d<$800mm；

（3）大直径桩：直径 $d \geqslant 800$mm。

作为我们土建施工人员主要是了解桩的施工方法，技术质量要求。所以本节重点介绍常用的预制钢筋混凝土挤入桩和钻孔灌注桩。

（一）钢筋混凝土预制打入桩的施工

1. 施工工艺

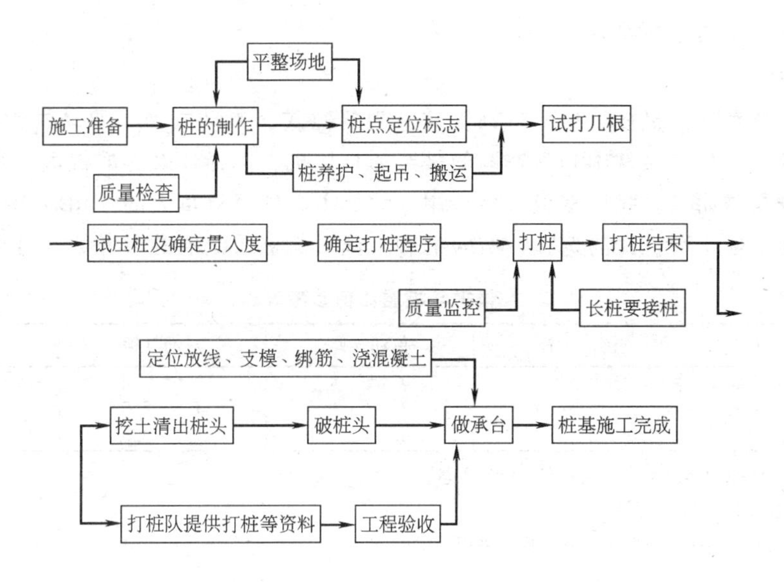

2. 桩的制作

桩可以在工厂制作后运到工地，也可以在施工工地制作。在工地制作必须把场地平整好，并压实或夯实。然后在地上铺设底模，支撑侧模。侧模以中间间隔一根桩支撑，待浇好两根桩后拆除侧模，中间的空档还可以浇灌一根桩，可不必支模，只要在两侧桩上涂刷隔离剂即可。模板支撑要牢固、平直，浇成的桩不能棱角弯曲。规范上规定允许桩身弯曲矢高不大于桩长的1/1000，也不许超过20mm。所以支好模板是制桩的基础。

桩的钢筋骨架的主筋连接要用焊接，对焊或电弧焊，同时同一截面内不许超过50%的接头。接头相隔错开间距应大于35倍钢筋直径，且同时大于50cm。桩头的钢筋网片，桩尖的尖头粗钢筋要与主筋焊牢。多节桩锚固筋的长度、锚孔位置均应准确无误；多节桩用预埋铁件的要位置正确与主筋牢固联结。且不要忘记吊环的安放。

制作时如要重叠层数，则不宜超过4层。浇注混凝土时应从桩顶开始，但浇到桩尖时，防止砂浆积聚过多。浇前应刷隔离剂防止粘连。重叠浇时必须在下一层的强度达到设计强度的30%以后，方可进行浇注。浇注完后要标上日期。

制成的桩的强度必须达到和超过设计的混凝土强度；其几何尺寸的允许偏差应符合规范规定。其外观，表面应平整、密实，掉角的深度不应超过10mm，且局部蜂窝和掉角的缺损总面积不得超过该桩表面全部面积的0.5%，并不得过分集中；由于混凝土收缩产生的裂缝，深度不得大于20mm，宽度不得大于0.25mm；横向裂缝长度不得超过边长的一半；桩顶和桩尖这是打桩时受力集中点，因此该处不得有蜂窝、麻面、裂缝和掉角。

3. 现场的桩点定位

有桩位的地方，应根据定位放线把桩点用小木橛或竹签打入该处，在其上用红漆涂抹，使之标志明显，便于打桩时寻找到。对这些桩点位置要根据放线的控制桩经常检查，防止被外界因素造成偏位，移动。

4. 起吊堆放

当制作的桩强度达到70%设计强度时，可以起吊堆放，但层数不宜超过四层高。如果由工厂往工地运输时，强度必须达到100%。起吊和运输时必须平稳，堆放时应有垫木。叠放时上下垫木要对齐。

5. 打桩

首先要选择打桩机械。目前打桩机械分为落锤式、单动气锤、双动气锤、柴油桩锤、振动桩锤等。而目前最常用和最普遍的是柴油打桩机。选择什么样的桩锤，则应根据土质情况和桩身重量而定。我们常说打桩宜用重锤低击，桩身自重大的，相对选择的桩锤应该重大些。为了便于对桩锤的选择，经验上有个锤重与桩重比值的参考数，可见表 8-2-2。

锤重与桩重比值参考表 **表 8-2-2**

桩 类 别	落 锤	单动气锤	双动气锤	柴油锤
混凝土预制桩	0.35～1.5	0.4～1.4	0.6～1.8	1.0～1.5
木 桩	2.0～4.0	2.0～3.0	1.5～2.5	2.5～3.5
钢 桩	1.0～2.0	0.7～2.0	1.5～2.5	2.0～2.5

注：1. 锤重系指锤体总重，桩重则包括桩帽重量。
2. 桩长以长度 20m 为限。
3. 土质松软时采用下限值，较坚硬时采用上限值。

对于柴油锤目前的锤重及性能可以见表 8-2-3。供参考。

柴油锤参考表 **表 8-2-3**

锤 型	1.8	2.5	3.2	4	7
冲击部分重(t)	1.8	2.5	3.2	4.5	7.2
锤总重(t)	4.2	6.5	7.2	9.6	18
锤冲击力(kN)	～2000	1800～2000	3000～4000	4000～5000	6000～10000
常用冲程(m)	1.8～2.3	1.8～2.3	1.8～2.3	1.8～2.3	1.8～2.3
适用的预制方桩	30cm×30cm～40cm×40cm	35cm×35cm～45cm×45cm	40cm×40cm～50cm×50cm	45cm×45cm～55cm×55cm	55cm×55cm～60cm×60cm
适用的钢管桩	ϕ40	ϕ40	ϕ40	ϕ60	ϕ90
黏土一般进入深度	1～2m	1.5～2.5m	2～3m	2.5～3.5m	3～5m
黏性土桩尖可达到静力触探 P_s 平均值(MPa)	3	4	5	>5	>5
砂土一般进入深度	0.5～1m	0.5～1m	1～2m	1.5～2.5m	2～3m
砂土中桩尖可达标准落入击数 N	15～25	20～30	30～40	40～45	50
软质岩石桩尖进入深(风化)		0.5m	0.5～1m	1～2m	2～3m
软质岩石桩尖进入中等深(风化)			表层	0.51m	1～2m
锤的常用控制落入度(cm/10 击)	2～3	2～3	2～3	3～5	4～8
设计的单桩极限承载力(kN)	400～1200	800～1600	2000～3600	3000～5000	5000～10000

注：预制桩适用长度 20～40m，钢管桩适用长度 40～50m。且桩尖进入硬土层一定深度。不适用于桩尖处于软土层的情况。

【例】 假设预制钢筋混凝土桩，断面为 30cm×30cm，长度为 15m。问选用锤重为多少的柴油锤打桩机为合适？

【解】 (1) 先计算桩的重量。

假设混凝土的浇灌密度为 2.5t/m³。则桩重为

$$0.3\text{m}\times0.3\text{m}\times15\text{m}\times2.5\text{t/m}^3=3.375\text{t}$$

（2）查表 8-2-2，知道该类桩重与柴油锤重之比为锤重：桩重＝1.0～1.5 的范围。

（3）设土质为中等土壤假设取 1.2 比值。

（4）可算出锤重为：

$$锤重=1.2\times桩重=1.2\times3.375t=4.05t$$

因此可以选择柴油打桩机锤型为 1.8t 的一种。因其锤总重为 4.2t＞4.05t，适用。

其次是确定打桩顺序。应按下列规定确定：

（1）按桩的密集程度分为由中间向两个方向对称进行；自中间向四周进行；由一侧向单一方向进行三种方式。见图 8-2-8。

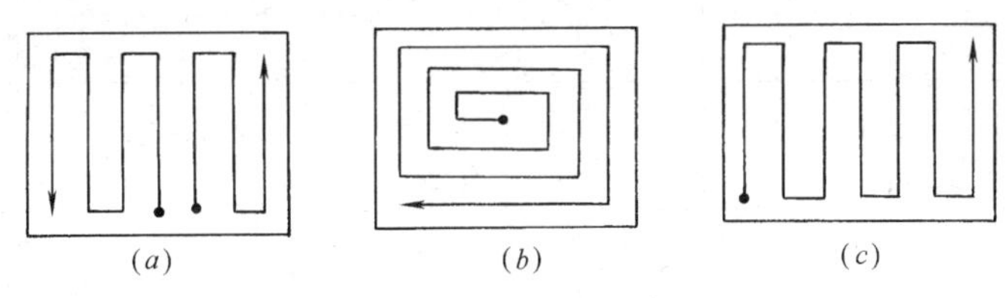

图 8-2-8　打桩的顺序

(a) 中间向两向；(b) 中间向四周；(c) 一侧向另一侧

（2）依据基础的设计标高，宜先打深的，后打浅的。

（3）根据桩的规格，宜先大后小，先长后短。

第三，打桩必须桩帽与桩身周围之间有 5～10mm 间隙；锤与桩帽、桩帽与桩之间应有相适应的弹性衬垫；桩锤、桩帽、桩身应在同一中心线上；桩或桩管插入时的垂直度偏差，不得超过 0.5%；送桩留下的桩孔，应立即回填密实。

在打桩时，开始锤的落距应较小，入土一定深度且待桩稳定后，再按要求的落距进行。用落锤或单动汽锤打桩时，最大落距不宜大于 1m。用柴油锤时应使锤跳动正常。

但打桩中遇到下列情况，应暂停打桩，并及时与有关单位研究处理：

（1）贯入度发生剧变时；

（2）桩身突然发生倾斜、移位或有严重回弹时；

（3）桩顶或桩身出现严重裂缝或破碎时。

以上这些都是预制打入桩应注意的事项。我们土建施工员掌握这些则有利于对打桩的质量监控。作为专业打桩人员，还应在打桩前在桩的侧面或桩架上设置标尺，并做打桩记录如表 8-2-4。

正常的打桩工序，在桩端（指桩的全断面）位于一般土层时，打至以控制桩端设计标高为主，贯入度可作参考；而桩端到达坚硬或硬塑的黏性土、中密以上粉土、砂土、碎石类土、风化岩时，则打桩以贯入度控制为主，而桩端标高只作参考。

6. 接桩

长桩在桩架一次无法容纳其长度时，要先打入一节，再接一节，直至打完设计长度为止。因此长桩施工必然有接桩的工序。桩的连接方法有：焊接、法兰接、硫磺胶泥锚接三种。前两种可以用于各类土层；而后者只适用于软土层，且对一级建筑的桩基或承受拔力的桩不宜采用。

焊接接头的接头处，端头均有已预埋的周圈钢板，焊时采用低碳钢钢板裁切好尺寸，

钢筋混凝土预制桩施工记录 表 8-2-4

施工单位________________ 工程名称________________

施工队组________________ 桩的规格________________

桩锤类型及冲击部分重量________ 自然地面标高________________

桩帽重量__________ 气候__________ 桩顶设计标高________

编号	打桩日期	桩入土每米锤击次数 1.2.3.4.……………	落距 (cm)	桩顶高出或低于设计标高 (m)	最后贯入度 (cm/10击)	备注

搭住相接两端，用E43型焊条在接板四边焊牢，焊缝厚按图纸要求执行。相焊两桩的端顶预埋钢板面相顶应平服，若有误差应垫薄钢片焊牢。

法兰接头，主要是相接桩端的相顶面要平服，这样传力才能均匀。有误差应设法垫薄片纸或石棉达到平服，然后用低碳钢螺栓把两端扣紧联接牢并焊死螺帽不松动。

采用硫磺胶泥接头，胶泥配合比应先通过试验室试验确定，并要求有耐酸性；弹性模量大于等于5×10^{5}kPa；抗拉强度4×10^{3}kPa，抗压强度4×10^{4}kPa；握裹强度与螺纹钢筋为1.1×10^{4}kPa，与螺纹孔混凝土为4×10^{3}kPa。这类胶泥在灌注后，应随气温高低不同，中间要停歇4～24min不等，以达到硬化可打的目的。

在接该类桩之前，锚筋应调直、清刷干净；检查孔深与锚筋长度，达到吻合。孔内要清干净，无积水、杂物、油污等。胶泥灌注时间不得超过2min。胶泥要做70×70×70的试块，每班不得少于1组。相接时上下桩的中心线偏差不得大于10mm，节点处弯曲矢高不得大于1/1000的桩长。

7. 桩位的检查

整个打桩工程结束时要检查桩的数量是否符合图纸。总量应＝实际制作量减去损坏量＝设计图纸上要求量。总量准确说明第一步满足了设计要求。其次是检查桩位是否在图纸确定的位置上。一般的允许偏差可见表8-2-5。如果超过规定，则要同设计人员研究补桩或其他处理办法。

预制桩（钢桩）桩位的允许偏差（mm） 表 8-2-5

序号	项目	允许偏差
1	盖有基础梁的桩： (1)垂直基础梁的中心线 (2)沿基础梁的中心线	 $100+0.01H$ $150+0.01H$

续表

序　号	项　目	允许偏差
2	桩数为1～3根桩基中的桩	100
3	桩数为4～16根桩基中的桩	1/2桩径或边长
4	桩数大于16根桩基中的桩； (1)最外边的桩 (2)中间桩	 1/3桩径或边长 1/2桩径或边长

注：H为施工现场地面标高与桩顶设计标高的距离。

此外，当打桩按标高来控制其停止的，则桩顶标高的允许偏差为±50mm。

（二）钢筋混凝土灌注桩的施工

由于灌注桩的成孔方法不同，分为：泥浆护壁成孔灌注桩；沉管灌注桩和内夯灌注桩；干作业成孔灌注桩等。由于泥浆护壁成孔灌注桩目前应用较广，且大多土层都有地下水，干作业成孔仅适用于北方地区，地下水位低的土层。所以这里我们主要介绍泥浆护壁成孔灌注桩。

1. 施工工艺

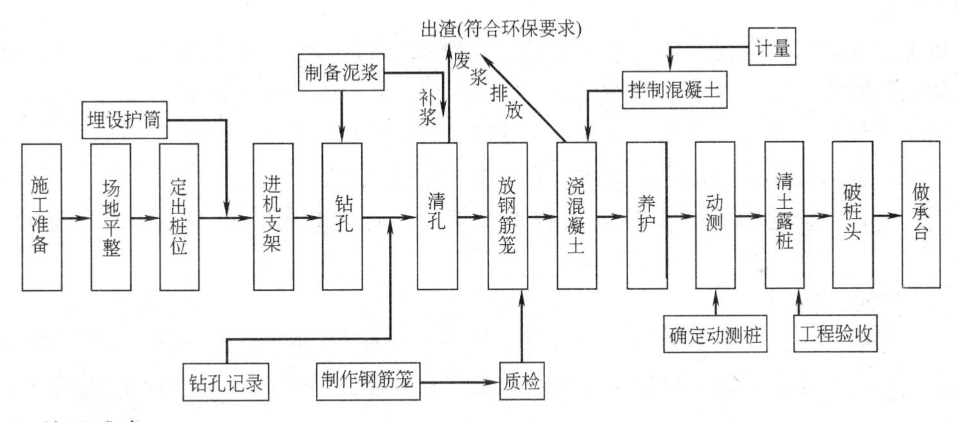

2. 施工准备

灌注桩的施工准备工作包括：取得建筑场地范围内的地质勘探资料；桩位平面布置的施工图；桩的钢筋笼设计施工图及施工说明和要求；并可收集附近地区桩的成孔工艺及承载力的试验资料；钢筋、水泥、砂、石等材料的质检报告；以上部分可以称为内业。

同时要对施工现场进行踏勘，了解场地内有无架空的高压线、电话线；地下的管道、电缆、构筑物；附近的危房或有精密仪器的车间等。

在现场要安排好通水、通电、道路，做好泥浆池、沉淀池、对施工排水的出路；建立一些临时设施，清除障碍物等。并要解决施工对环境的影响。

最后平整施工场地，设置桩基轴线定位点和水准点；根据桩位平面布置施工图，定出每根桩的位置，以备进机立架可以钻孔。

施工准备还包括编制施工方案，绘制施工现场平面布置图。内容包括标明桩位、桩号，确定施工程序。标明水电线路，临时设施和泥浆循环系统的位置。选择成孔机械和配套设施。还应有保证质量、安全、防止环境污染等的技术措施。

施工准备是做好钻孔桩的先决条件，也是保证质量的技术先行。因此施工准备的充分和细致，对完成钻孔灌注桩工程是有利的。

3. 不同灌注桩的适用范围

（1）泥浆护壁钻孔灌注桩适用于地下水位以下的黏性土、粉土、砂填土、碎（硬）石土及风化岩层；以及地质情况复杂，夹层多、风化不均，软硬变化较大的岩层。

（2）冲孔灌注桩除了（1）中所述土层外，还能穿透旧基础、大孤石等障碍物，但在岩溶发育地区应慎重使用。

（3）沉管灌注桩适用于黏性土、粉土、淤泥质土、砂土及填土；在厚度较大、灵敏度较高的淤泥和流塑状态的黏性土等软弱土层中采用时，要制定质量保证措施，并经工艺试验成功后方可实施。

（4）夯扩桩适用于桩端持力层为中、低压缩性黏性土、粉土、砂土、碎石类土，且其埋深不超过 20m 时。

（5）干作业成孔灌注桩适用于地下水位以上的黏性土、粉土、填土、中等密实以上的砂土、风化岩层。

（6）人工挖孔的灌注桩适用范围同（5），但在地下水位较高，特别是有承压水的砂土层、滞水层、厚度较大的高压缩性淤泥层和流塑淤泥层中施工时，必须有可靠的技术措施和安全措施。

以上这些桩，可采用不同的成孔机具。如潜水钻机，可适用于黏性土、粉土、淤泥、淤泥质土、砂土、强风化岩、软质岩；回旋钻（正反循环）可钻碎石类土、砂土、黏性土、粉土、强风化岩、软质与硬质岩；冲抓钻可用于碎石类土、砂土、砂卵石层、黏性土、粉土、强风化岩；而冲击钻则可适合各类土层及风化岩、软质岩。

施工时，我们则根据采用的桩类和土质情况，选择相适应的机具，达到完成施工作业。

4. 泥浆的制备

采用泥浆护壁的钻孔灌注桩，必须首先要制备足够应用的泥浆。泥浆制备应选用高塑性的黏土或膨润土。拌制的泥浆应根据施工机具，施工工艺和桩所穿越的土层，进行配合比的设计。

泥浆由黏土（或膨润土）、清水、泥浆化学处理剂三种原料按设计的配合比，搅拌配制而成。用膨润土制备的泥浆各项性能指标如表 8-2-6。

制备泥浆的性能指标 表 8-2-6

项次	项目	性能指标	检验方法	项次	项目	性能指标	检验方法
1	密度	1.1～1.15	泥浆密度计	6	泥皮厚度	2～6mm/h	失水量仪
2	黏度	10～25s	50000/70000 漏斗法	7	静切力	(1min)20～30mg/cm^2 (10min)50～100mg/cm^2	静切力计
3	含砂率	<6%		8	稳定性	<0.03g/cm^3	-
4	胶体率	>95%	量杯法	9	pH 值	7～9	pH 试纸
5	失水量	<60mL/h	失水量仪				

泥浆搅拌要充分，并通过振动筛、旋流器除去石粒等杂质，经沉淀后进入储浆池备用。沉淀池和储浆池可设在地上，但要加盖防杂物落入；设在地下则要用钢板制作，并架

起一定高度。沉淀池及储浆池的容积应大于同时施工的桩孔总体积和泥浆槽输送管总体积的 3 倍以上。因此现场必须要有充分的地方，不行时只能放到地下去。

目前有些沉淀池、储浆池不够正规，这对施工是不利的，应该及时纠正，为施工创造良好的条件。

5. 护筒的埋设

护筒一般采用工具式钢板护筒。钢板厚 4～8mm。护筒要有一定的刚度，在地面压力下不致变形。当采用回旋钻具时，护筒内径应大于钻头直径约 100mm；当采用冲击钻具时，护筒内径应大于钻头直径 200mm 以上。上部宜开设 1～2 个溢浆孔。

护筒多采用挖坑埋设，每节护筒长度在 1.5～3m 之间。护筒埋置深度根据土质和地下水位而定，在黏性土中不宜小于 1m；砂性土中不宜小于 1.5m；其高度尚应满足孔内泥浆面高度的要求。

所挖基坑的深度要比埋设的护筒长度再深 400～500mm，坑的直径比护筒外径大 800～1000mm。护筒放入坑内之前，应在坑内先夯填 400～500mm 厚的好黏土层，然后对正位置，放入护筒，使护筒底口埋入黏土层内；并在护筒外侧填入黏土，分层夯实。护筒顶部宜高出地面 200～300mm。要求护筒中心与桩位中心线的偏差不大于 50mm。凡受水位涨落影响或在水下施工的钻孔灌注桩，护筒应加高加深，必要时应打入不透水层。护筒要等到灌注桩的混凝土强度达到设计强度的 25%以上后才能拆除。

护筒埋设和构造可见图 8-2-9。

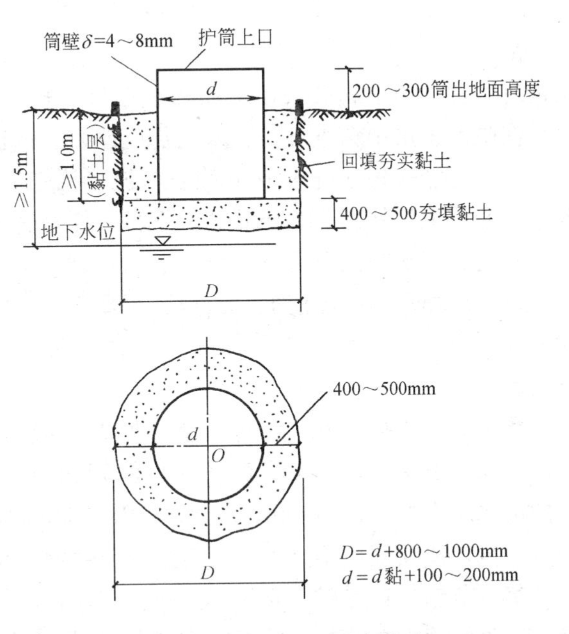

图 8-2-9　护筒的埋设与构造

6. 钻孔

护筒施工完成后，即可钻机就位。钻机就位应保证平衡，用经纬仪在两个相互垂直的方向观测垂直度，使钻杆的垂直偏差控制在 2‰以内，钻头对孔应准确。钻头的中心与护筒中心的偏差，当回旋钻时应控制在 15mm 以内；当为冲击钻时，应控制在 30mm 以内。钻机经检查调整后，应在钻机底部按机型具体构造，采用可靠措施固定。防止钻进作业时发生倾斜或受力后机架位移。

(1) 正循环钻孔灌注桩：开始钻孔时，应先在护筒内放入一定数量的泥浆或黏土块。稍提钻杆空转，并从钻杆中压入清水，搅拌成浆，开动泥浆泵循环。待泥浆拌匀后开始钻进。

为了达到护壁的目的，在护筒及孔内应有足够的静水压力，则要求钻孔中水头具有一定的高度。水头设置高度应符合两条规定：

第一是水头设置高度应根据孔壁土的综合抗剪强度 φ_g 值确定。一般情况下 φ_g 值大于 22°时，水头高度宜选用 1.0～1.5m；当 φ_g 值为 15°左右时，宜选用 1.5～2.0m；当为流

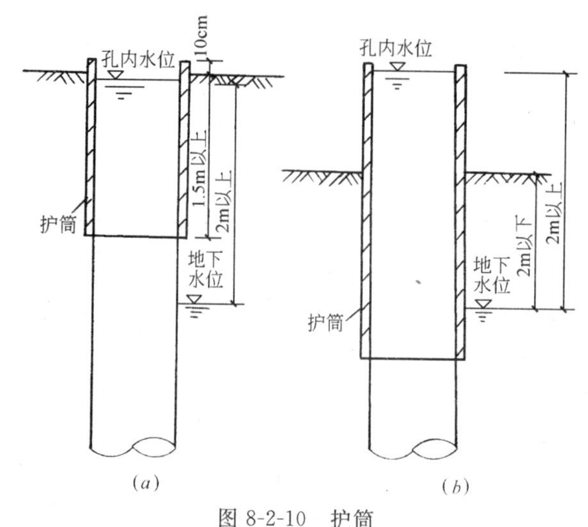

图 8-2-10　护筒

(a) 地下水位在地表面下 2m 以上时；

(b) 地下水位在地表面下小于 2m 时

砂、软土时，宜提高为 3.0m。

第二是当地下水位深度大于 2m 时，按图 8-2-10（a）设置；地下水位深度小于 2m 时，按图 8-2-10（b）设置。

初钻时，应低档慢速钻进，钻至刃脚下 1m 并形成坚固的泥皮护壁后，根据土质情况可按正常速度钻进。当护筒底土质松软而出现漏浆时，应提起钻头，并向孔内倒入黏土块，再放下钻头倒转，直至胶泥挤入孔壁堵住漏浆后，方可继续钻进。正常钻进中，应根据不同地质条件，随时检查泥浆的浓度。

在黏土层中钻进时，宜选用尖底钻头，采用中等转速，大泵量、稀泥浆的操作方法；在砂土、软土等易坍土层中钻进时，宜选用平底钻头，采用控制进尺、轻压、低档慢速、大泵量、稠泥浆的操作方法；在坚硬土层中钻进时，宜采用优质泥浆、低档慢速、大泵量、两级钻进的操作方法。

钻孔直径应每钻进 5～8m 检查一次。检查方法是用检孔器进行垂挂下落检查。检孔器用钢筋焊成圆柱网，直径同钻头直径一样，高度可取直径的 3～5 倍。当检孔器能顺利下落到孔底即认为该孔质量符合要求。

（2）反循环钻孔灌注桩：一般孔深小于 50m 时，宜采用泵吸反循环方式；孔深大于 50m 时，宜采用气举反循环方式。通常小于 50m 深的孔为多，故介绍该类钻孔的操作方法。

当钻具插入护筒后，应将真空泵加满清水，关闭阀门，启动真空泵，使水充满泥石泵。启动泥石泵，随即关闭真空泵，形成反循环。然后启动钻机慢慢开始钻进。要求泥石泵的出水压力保持在 200kPa 以上。当压力减少低于 200kPa 时，应调节出水控制阀门减少排出量，或反复启闭出水阀，将泵内压力调至正常。

每一节钻杆钻完后，要先停止转盘转动，反循环系统仍应延续工作至孔底沉渣基本排净，再关闭泥石泵，接长钻杆。在相接的法兰盘之间要垫 3～5mm 厚的橡皮圈，拧紧螺栓，钻杆接好后，钻头提起离孔底 20～30cm，再开动反循环系统，到流动正常后可下降钻头继续钻进。

钻速以土质不同而进行控制。在硬黏土层中钻进时，宜采用一档转速。放松起吊钢丝绳，让其自由进尺；在一般的黏性土层中钻进时，可采用二三档转速自由进尺；在砂类土或含少量卵石的土层中钻进时，宜采用一二档转速，并控制进尺；在地下水丰富、孔壁易坍塌的粉、细砂或粉土层中钻进时，宜采用低档慢速钻进，还要加大泥浆比重和提高孔内水头。这些都是属于机械操作的要求，我们仅了解就可以了。

（3）冲击成孔灌注桩：冲击成孔虽可适用于各类土层及风化岩层，但它因有冲击力，冲击振动易使相邻孔的孔壁坍塌，或影响已灌注混凝土的凝固，所以要求待相邻孔的混凝土达到其强度的 50％后方可开钻。这使施工增加重复劳动，来回移机，因此非硬质土层往往很少采用。

其施工方法为：开孔前应在护筒内多放一些黏土块（膨润土块），当土质松软时，还应加入一定数量的小片石，注入泥浆或清水，反复冲击，把泥和石片挤进孔壁，达到护壁目的。开孔段的冲程不宜大于1m，当深至护筒脚以下3～4m时，可根据地质情况，适当加大冲程，并配以相应密度的泥浆。

1）如为在护筒中及其刃脚以下3m，采用低冲程，高1m左右，泥浆密度取1.4～1.5。土层土如较松软，应加入小片石和黏土块。

2）如在黏性土和粉土层时，采用中、低冲程，高1～2m，加清水或稀泥浆，经常清除钻头上的泥块。

3）粉、细、中、粗砂层时，采用中、低冲程，高1～2m，泥浆密度为1.3～1.5，抛黏土块、勤冲、勤掏渣。

4）砂卵石层时，采用中、高冲程，高2～3m，泥浆密度1.3～1.5，要勤掏渣。

5）岩石层时，用高冲程，高3～4m，泥浆密度1.3左右，要勤掏渣。

6）如遇到坍孔回土需重钻时，采用低冲程反复冲击，加黏土及小片石，泥浆密度为1.3～1.5。

在冲击过程中，应勤抽渣，勤检查钢丝绳和钻头磨损情况，检查转向装置是否灵活，预防发生安全、质量事故。

排渣的方法宜采用泥浆泵循环排渣。当采用抽渣筒时，钻洞至4～5m以后，每钻进0.5～1m时宜抽渣一次，并即时补浆；每钻进4～5m以后，或更换钻头时，要检查一次孔径。

对冲击成孔中遇到下列情况时，应立即停钻，并进行处理。

1）产生斜孔、弯孔、缩孔时，应停钻抛填黏土块或小块石到检孔器被卡处以上0.5～1m处再重新钻进，不得用钻头修孔。

2）遇坍孔时，应立即停钻，回填含片石的黏土块，反复冲击造壁，孔壁稳定后，应加大泥浆比重继续钻进。

3）护筒周围翻浆或地表沉陷时，应停钻在护筒外围回填夯实后，继续钻进。

4）遇卡钻时，应交替紧绳、松绳，将钻头慢慢吊起，不得硬提猛拉。必要时使用打捞套、打捞钩等辅助工具助提。

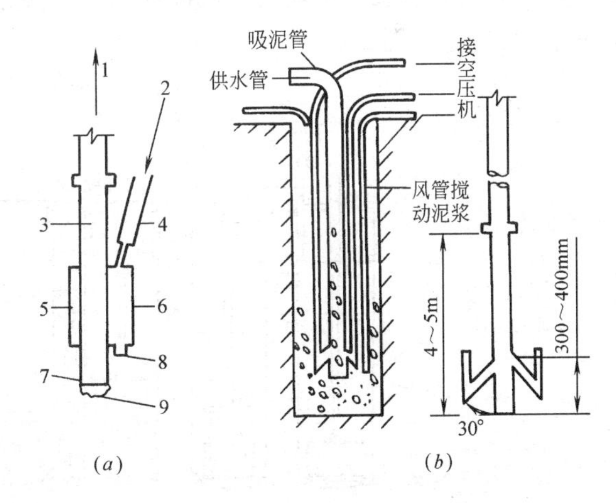

图8-2-11 真空吸泥渣法

(a) 吸泥机；(b) 简易吸泥机

1—出浆口；2—吹风；3—导管；4—胶管；5—喷气小孔；6—风包；7—十字丝；8—清理口；9—吸浆口

5）掉钻头时，应立即打捞。为防止此类事件发生，在钻头上一般应预设打捞环，打捞杆或打捞套。

7. 清孔

当钻孔达到设计深度（标高）后，经终孔检查合格，应立即进行清孔，清孔后孔底沉渣对端承桩时要求其厚度小于 50mm；对摩擦端承桩或端承摩擦桩时要求沉渣厚度小于 100mm。

清孔方法分为：真空吸泥渣法，适用于密实、不易坍塌的土层。其运作如图 8-2-11 所示：

其次是射水抽渣法，适用于一般不够稳定的土层。其运作可见图 8-2-12。

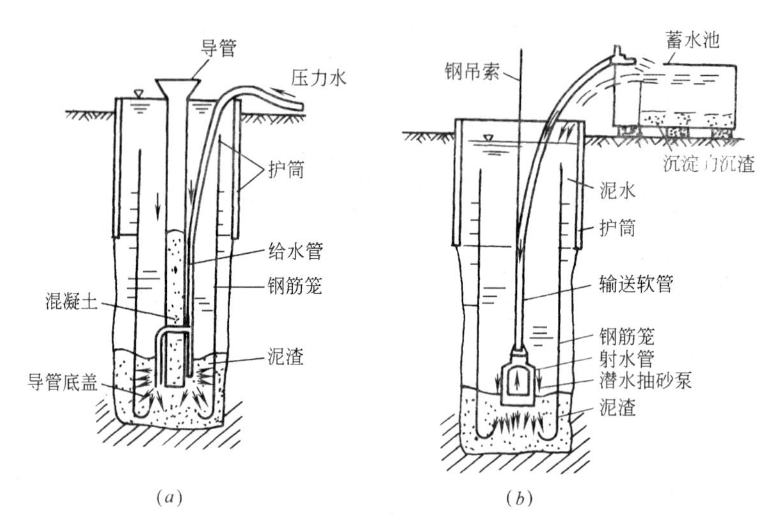

图 8-2-12　射水抽渣法

(a) 射水泵式；(b) 射水空吸式

再是换浆法，它用于正反循环回转钻孔，它是把水泥砂浆滑筒下到孔底，转动拌合翼片，使钻渣混入砂浆之中使之不沉淀在孔底，再借助泥浆的不断循环，将钻渣排出孔外。可见8-2-13的过程图示：

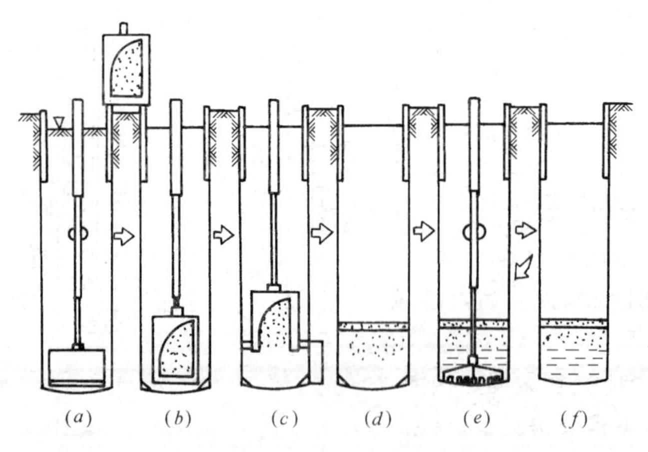

图 8-2-13　换浆法

(a) 孔底用戽斗清理挖掘泥渣，地面上有水泥砂浆滑筒备用；(b) 降下水泥砂浆滑筒；(c) 灌注水泥砂浆；(d) 砂浆灌完；(e) 转动拌合翼片，少量余渣卷入砂浆中；(f) 底部清理完毕

还有一种是掏渣法，它是在冲、抓锥钻进过程中，钻渣一部分连同泥浆被挤入孔壁，大部分靠掏渣筒清出。也可以在清渣后，投入一些泡发过的散碎黏土，通过冲击锥低冲程的反复拌浆，使孔底剩余沉渣悬浮排出。

清孔应达到如下标准才算合格：一是对孔内排出或抽出的泥浆，用手触摸捻应无粗粒感觉，泥浆的密度在1.3以下，且含砂量不大于4%；二是在灌注水下混凝土之前，检查沉渣厚度，必须符合质量标准中所规定的值，端承桩不大于50mm，摩擦桩不大于100m。

8. 浇灌混凝土和吊放钢筋笼子

这是灌注桩成桩的最后一道工序。钢筋笼子一般都在工地制作，便于吊运及吊放。钢筋笼按设计图纸的钢筋规格、数量配制。配制成笼后主筋间距允许误差为±10mm；箍筋间距允许误差为±20mm；钢筋笼外围直径允许误差为±10mm；钢筋笼的长度允许误差为±50mm。制成后为稳固起见，可以梅花点似的把主筋与箍筋适当电焊点牢。为运输和吊放不发生变形，还可以在笼中之字形电焊若干内撑钢筋，作为加固措施。

钢筋笼制作长度不宜超过8m，凡超过的均应分段制作，使总长（考虑焊接搭接长）与图纸符合即可。分段的接头采用焊接，焊接一般用电弧焊，接头长度应符合设计要求或规范规定。

吊放钢筋笼前应进行垂直校正；吊放时应对准孔位轻放、慢放，严禁高起猛落，强行下放。要防止倾斜、弯折或碰撞孔壁。钢筋笼就位后，顶面和底面标高误差不应大于50mm，保护层应大于70mm。

混凝土灌注时，要设法防止钢筋上浮或下落现象，即应保持与设计图上相符合的位置。除了钢筋笼长与桩长相同时，可能只出现上浮而无下落现象，一般这两种情况均应防止。

混凝土的浇灌工序应首先做到混凝土配合比准确、计量认真，达到保证混凝土的设计强度。选用粗骨料的最大粒径，钢筋混凝土灌注桩不宜大于50mm，并不得大于钢筋最小净距的1/3；而素混凝土灌注桩，则最大粒径不得大于80mm。细骨料应选用干净的中、粗砂。

灌注的方法因地下水情况不同而不同，可分为：

（1）导管法，用于孔内水下灌注，要求混凝土坍落度为18～22cm；

（2）串筒法，用于孔内无水或渗水量小时灌注，其混凝土坍落度可为8～10cm；

（3）护筒投料法，用于孔内无水或能疏干时灌注，坍落度可选用6～8cm；

（4）对大直径钻、挖成孔的桩，混凝土量大时，可采用泵送混凝土，坍落度由制品站确定。

灌注混凝土时应做到以下几点：

（1）桩顶混凝土灌筑标高应超过桩顶设计标高0.5m。主要是使浮浆、强度弱的混合体在桩身之外，在破桩头时可以把这部分除去。

（2）凡人工灌注混凝土的桩，在桩顶标高以下4.0m时，要采用振捣棒振捣密实。

（3）浇灌时混凝土温度不应低于3℃；当环境温度低于0℃时，混凝土应采取保温措施；桩顶部位混凝土未达到设计强度的50%前不得受冻；当环境温度高于30℃时，应根据具体情况对混凝土采取缓凝措施。

（4）混凝土灌注的充盈系数不得小于1.0，一般取1.1～1.15。充盈系数是实际浇灌的混凝土体积与设计图上桩身体积之比。由于土壁柔软等多种因素所以必须大于1.0，如若小于1.0，则说明孔内有缩颈或坍孔（形成断桩），这也是对质量控制的一个参数。若充盈值过大，亦是不正常的，应查明原因。

（5）灌注过程中，应设专人做好施工记录。

9. 灌注桩的质量

由于灌注桩不像打入桩可以事先看到桩的质量，而是埋在地下看不见的桩身。因此事先控制和事后检查，达到保证质量是很重要的。一般做法是：

（1）先应做试桩，并进行静载试验，从而修正设计和确定施工方法。对以后的大批量桩的施工有好处，可以取得不少经验。

（2）要作好桩的成孔等施工记录。可采用表格形式。应记录的内容为：施工单位、工程名称、钻机型号、设计桩长、桩径，混凝土强度等级，场地地坪标高，桩顶要求标高，配筋情况（可绘断面图及注明笼长及上标高），混凝土坍落度等已知要求。同时可以列表编号记录：桩位编号、施工日期、实测孔径、孔深、护筒埋深、沉渣厚度、灌注混凝土前清孔情况、钢筋笼高低偏差，泥浆的密度、黏度、含砂率，浇筑的混凝土量、实际充盈系数等内容。如有扩大头还应记扩大头直径；如有坍孔、缩颈等事故处理亦应记下来。该类记录可根据具体施工情况自行设计表格，也有由质监部门统一制定表格进行记录。

（3）做好对钢盘笼的吊放前验收，并在吊放后做好隐蔽验收记录。

（4）做好灌注桩成孔质量允许偏差的检查。其允许偏差见表 8-2-7。

灌注桩成孔质量允许偏差表 **表 8-2-7**

<table>
<tr><th rowspan="2">灌注桩的类型</th><th rowspan="2">桩径类别</th><th colspan="2">桩位允许偏差(mm)</th><th rowspan="2">桩径允许偏差(mm)</th><th rowspan="2">垂直度允许偏差</th><th colspan="2">孔底沉渣(或虚土)允许厚度(mm)</th></tr>
<tr><th>单排桩基垂直于中心线和群桩基础的边桩</th><th>条形桩基沿顺中心线方向和群桩基础的中间桩</th><th>端承桩</th><th>摩擦端承桩或端承摩擦桩</th></tr>
<tr><td rowspan="2">钻孔灌注桩</td><td>大直径桩</td><td>不大于80</td><td>不大于160</td><td>不小于设计桩径</td><td rowspan="7">H%</td><td rowspan="2">不大于50</td><td rowspan="2">不大于100</td></tr>
<tr><td>普通桩</td><td>设计桩径的1/6</td><td>设计桩径的1/4</td><td>±20</td></tr>
<tr><td>挖孔灌注桩</td><td>大直径桩</td><td>不大于80</td><td>不大于160</td><td>不小于设计桩径</td><td>0</td><td>不大于10</td></tr>
<tr><td>沉管灌注桩</td><td>普通桩</td><td>设计桩径的1/6</td><td>设计桩径的1/4</td><td>+50
−20</td><td>0</td><td>不大于50</td></tr>
<tr><td rowspan="2">扩底灌注桩</td><td>大直径桩</td><td>不大于80</td><td>不大于160</td><td>不小于设计桩径</td><td rowspan="2">人工挖扩的为0
机械扩底的不大于50</td><td rowspan="2"></td></tr>
<tr><td>普通桩</td><td>设计桩径的1/6</td><td>设计桩径的1/4</td><td>+50
−20</td></tr>
</table>

（5）选择总桩量的10%量进行动测，动测的功能是检验桩的完整性。评价这批桩是好还是有缺陷如缩颈、离析、断或半断、空洞等。还可以估算其单桩的承载力。动测的方法分为大应变和小应变两种，是采用不同的机械仪器进行。动测都有一定误差，只能作为参考。但动测的工作必须认真仔细进行，才能反映出比较真实的桩的状态。

（6）控制好浇灌前混凝土强度的配合比设计，并做试块检验；施工时做到每桩有一组混凝土试块，试块应进行标准养护。混凝土的搅拌时的计量、水灰比、坍落度都要认真控制，因为一桩一组试块，若试块不合格，则该桩也就不合格，成为废桩，这就是事故和浪费，因此必须重视。

（三）锚杆静压桩的施工

近年来在南方软土地基上采用锚杆静压桩提高地基承载力，建造多层房屋，得到较广泛的使用。尤其住宅建筑，多层综合楼等使用效果良好。作为一个新发展起来的小桩基现介绍给读者。

1. 锚杆静压桩的原理

静压桩是利用桩身挤压土壤，使原土层的黏聚力破坏，超孔隙水压力增大，土的抗剪强度降低，而桩侧摩阻力减小，而在一定压力下可以把桩压入土层中。随着时间的推移，超孔隙水压力逐渐扩散，土层的密实增加，土结构的强度得到恢复，抗剪强度又提高起来，而桩侧的摩阻力也增大了，从而具有足够的承载力。锚杆静压桩就是利用这一原理。静压小桩主要是依靠先建部分房屋结构的重量和埋在基础上的抗拔锚杆，通过固定在锚杆上的小型反力架，用油压千斤顶把小桩分段压入土中。其施工作业如图 8-2-14 所示。

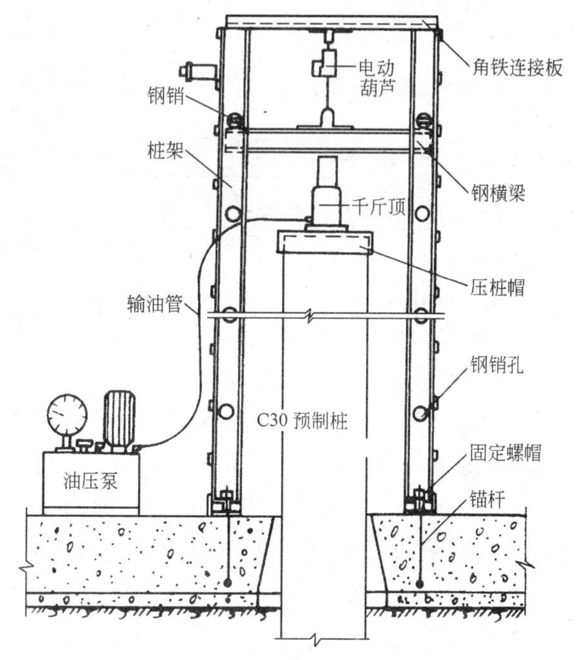

图 8-2-14　锚杆静压桩的原理

先建部分房屋结构重量以未压桩时基底允许地耐力大小确定的。一般以先建二层为基本平衡重。施工时油压千斤顶作用于横梁上，压桩的反力通过横梁传递到反力桩架上，再通过埋在基础中的锚杆与先建部分房屋结构重量相平衡。

压桩结束，经过封桩头处理使桩与已建基础和整个房屋形成总体，共同受力达到提高承载能力的目的。

锚杆静压桩的优点是机具简单，施工时无震动、无噪声，桩架移动灵活，操作方便，不受施工周围环境的限制。但其不足之处也是由于桩小、深度有一定限制，只能作为多层房屋的荷载承载桩，承载能力受到限制，比不了大桩，但以“寸有所长，尺有所短”，来发扬它的优势。

2. 桩与桩孔的构造

桩身断面一般为 200mm×200mm 或 250mm×250mm，每段长度为 2m。桩的一端为四根桩配筋伸出的锚固长度；另一端为针对四根锚固筋的四个圆孔。见图 8-2-15。但第一节桩应有桩尖，便于挤入土中。最后一节头上无圆孔，内部主钢筋到顶。

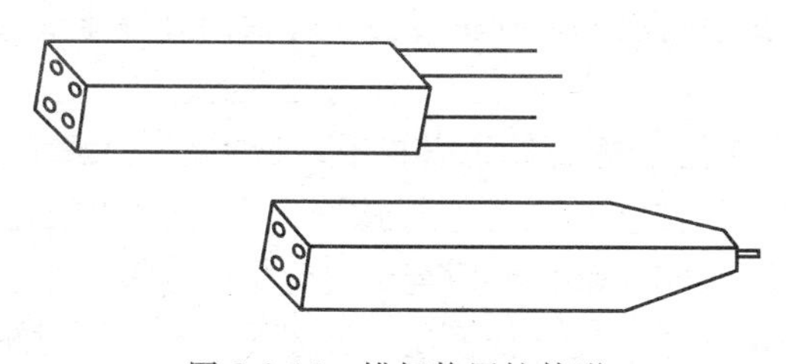

图 8-2-15　锚杆静压桩外形

人桩孔是在先做的基础上留出的，孔口为上小下大锥台形。一般上口为 250mm×250mm（用于 200×200 的桩）和 300mm×300mm；下口为 320mm×320mm 及 380mm×

380mm。孔的周边另加 2ϕ14 加强周壁。

3. 施工工艺流程

锚杆静压桩的施工工艺程序为：

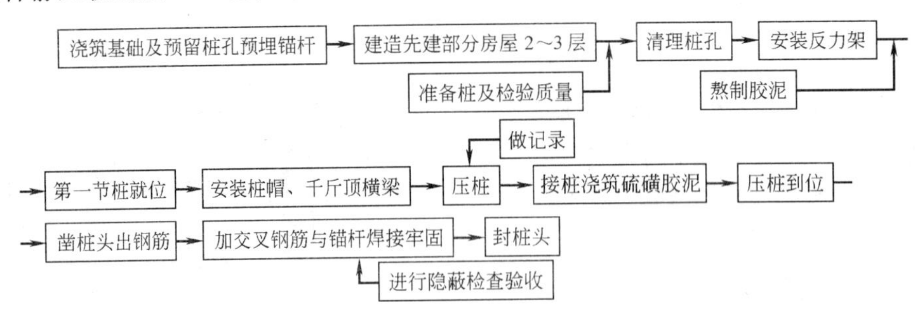

4. 施工操作

（1）预留桩孔在基础浇筑时，采用预制的水泥钢丝网模浇在基础中，形成预留孔，以后不必再拆模板了。见图 8-2-16。

（2）锚杆的预埋，一般在浇筑基础时先埋入其中，杆端可镦粗或弯成 90°。另一种是在基础做成后，压桩前用钻孔机钻孔，后用硫磺胶泥或环氧树脂注入孔中锚固住锚杆。但后一种方法施工工序增多，费用增加，特殊情况时才使用。锚杆用 ϕ25 钢筋，头上套 150mm 长的螺纹丝扣，以备固定反力架时用螺栓帽拧牢。如图 8-2-17 所示：

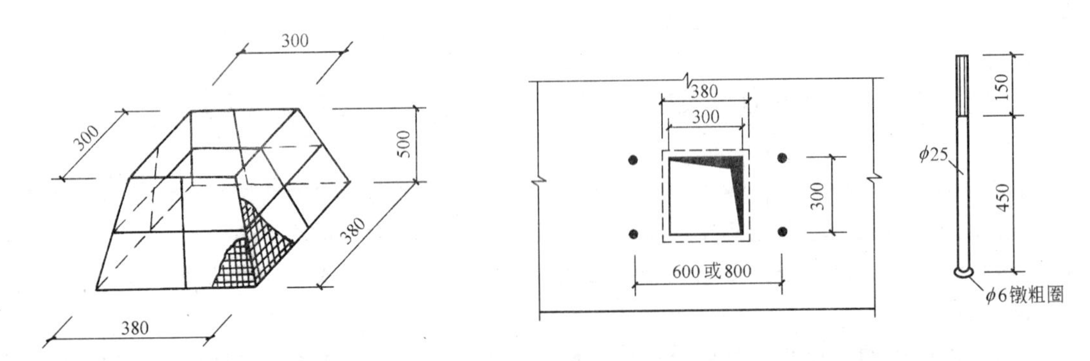

图 8-2-16　预制水泥钢丝网模壳

图 8-2-17　锚杆的预埋

锚杆间距由反力架宽度和肢底宽度确定。一般一个方向与孔口尺寸相同，另一方向为反力架宽度的肢架中到中尺寸。

锚杆四周的混凝土必须振捣密实，使其有足够的锚固力和抗拔力。螺栓部分外露基础表面不少于 12cm。

（3）反力架的安装与压桩；支放反力架的部位，基础表面应找平，反力架一定要垂直，可用线锤挂吊检查。两肢架的高低应一样，使横梁安装后达到水平，保证压桩的垂直下压。反力架两肢的底座螺孔套在锚杆上，锚杆头螺栓部分要用至少两只螺帽拧紧。

当横梁被钢销卡住后，在桩上的千斤顶即可开动油泵进行顶压。见图 8-2-14。压时桩上要加桩帽，防止压碎桩顶。压桩时一定要掌握垂直度。

（4）接桩：接桩的锚筋孔以灌注硫磺胶泥粘结。要求胶泥的抗拉强度＞4MPa，抗压强度大于 40MPa。现场熬制温度严格控制在 150℃左右，不能超过 170℃。常温下（15～20℃）继续压桩需间隙 5min，气温越高则间隔时间越长。

（5）封桩：压桩完毕，桩顶应压入基础表面以下 30～40cm。然后把桩头凿开，清去混凝土碎屑，露出钢筋。上面把锚杆略打弯，加交叉钢筋，对角线焊接成 X 形把口封上。最后用与桩等强度或高一级强度的微膨胀混凝土浇灌入孔口振捣密实。这样桩与建筑结合成一体，可以共同受力。但要等该部分混凝土强度达到 C15 以上后，方可进行上部结构的继续施工。封桩头可见图 8-2-18。

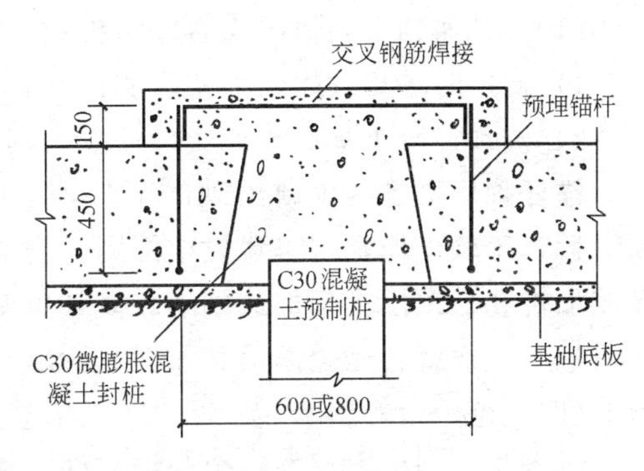

图 8-2-18　封桩头示意

5. 施工的质量要求

（1）钢筋混凝土小型静压桩制作应符合表 8-2-8 的质量要求：

小桩制作允许偏差　　表 8-2-8

序号	偏差名称	允许偏差值(mm)	序号	偏差名称	允许偏差值(mm)
1	主筋间距	±5	8	保护层厚度	±5
2	箍筋间距	±20	9	截面尺寸	±5
3	桩尖对中心线的位移	10	10	桩顶对角线长	±10
4	锚固钢筋长度	±10	11	锚筋预留孔深	0～+20
5	锚固钢筋平面位置	5	12	预留孔平面位置	0～5
6	桩顶钢筋网片位置	±10	13	预留孔直径	±5
7	主筋距桩顶距离	±10			

（2）钢筋应有质保书和复验资料，并合格。

（3）混凝土应有试块强度资料，并合格。

（4）硫磺胶泥的力学性能应符合：抗拉强度≥4MPa；抗压强度≥40MPa；抗折强度≥10MPa。

（5）锚杆材料应有质保书，埋设的位置尺寸偏差不大于 10mm，露出基础面的螺栓必须保证大于 120mm。

（6）压桩时桩身应垂直，第一节桩的垂直偏差不允许大于 5mm；接桩后上下节桩轴线偏差不大于 3mm；上节桩的垂直偏差也不大于 3mm。

（7）交叉钢筋的焊接，其钢筋、焊条都应有质保书，并达到合格。

（8）封顶混凝土必须密实，强度达到设计要求。要做试块。

（9）做好压桩记录，记录表如表 8-2-9。

压桩记录表例子　　表 8-2-9

桩　位			施工日期	年　月　日
桩　节	千斤顶行程次数	油压表读数	折合 kPa 值	进尺深度(m)
1	1	9	57	0.18
	2	10	65	0.36
	3	12	82	0.54
	⋮	⋮	⋮	⋮

(10) 凡遇到下列情况应暂停压桩：

1) 初压时桩身发生较大幅度的位移、倾斜；压入过程中桩身突然下沉和倾斜。

2) 桩顶混凝土被压碎或压桩的阻力剧变。

锚杆静压桩是一种新出现的工艺，运用小机器、小桩达到加强地基，又支承上部房屋，适合于软土地基村镇建设中使用。一般建5～6层的砖混结构房屋，采用钢筋混凝土条基加桩孔，顶压小型桩达到承载该类房屋的荷载，其应用面将会逐步扩大。施工工艺只要看过一二次就会完全懂得和掌握，所以在此介绍给读者。

(四) 桩承台的施工

承台是大型桩上部的一个联结构件。在桩基工程验收合格后，方可进行该项施工。

根据设计的施工图将桩承台范围，放撒灰线进行挖土，露出桩头。承台位置和台底标高必须准确。然后浇灌垫层，弹墨线、支模板、绑钢筋，最后浇灌混凝土做成如施工图上的承台结构，与桩体共同受力。

对于独立桩基的承台，施工顺序应先深后浅。承台埋置如较深时，应对临近建筑物、市政设施，采取必要的保护措施。在施工期间还要进行监测。如深度很大坑也大，还得考虑深坑支护。承台底土要清平、排水无虚土、杂物。

在垫层浇灌完毕后，绑扎钢筋之前，应将灌注桩桩头浮浆部分凿去，预制打入桩的桩头被击碎部分凿去，都露出钢筋并伸入承台。伸入承台的钢筋长度要符合设计要求。钢筋绑扎时，要将伸入承台的桩头钢筋弯到承台底层筋的面上。经检查合格，做好隐蔽验收后，支模浇灌混凝土，混凝土应分层一次浇灌完成。大体积承台混凝土施工，应采取有效措施防止温度应力引起的裂缝。承台拆除侧模后，其边土应分层进行夯实回填。

若为群桩上整块底板式的承台，那么它的施工方法就如前面三、(三) 所述的内容，这里就不重复了。

四、基础工程施工应做好的质量预控和安全生产

基础工程是房屋的关键部位。基础工程的设计和施工质量的良好与否，将对整个房屋建筑的耐久使用，安全使用起决定作用。因此在基础工程的施工中，我们应抓住某些关键工作，做好质量的预控，是保证基础的长期、耐久、安全使用和充分发挥基础功能的根本。

(一) 抓好地基及人工地基的检查验收

1. 天然地基

对天然地基的检查验收应包括：

(1) 验槽观察：主要观察基底土层是否符合设计要求的持力层的土质。如果观察原状土的结构、孔隙、含水量、含有物等，重点看墙角、柱基等承重受力部位。还应看土的颜色、坚硬程度、含水量是否有异常变化。验槽观察需要经验，这与施工房屋的多少、工作经历的时间都有关系。但我们可以向地质勘探部门同志请教，向经验多的同志们请教和自我积累，达到对天然地质的观察验收的经验日臻完善。

(2) 钎探：钎探是将一定长度的钢钎打入基底的土内，根据每打入一定深度的锤击数来判断地基土质软硬情况的一种方法。也可以用钎探发现深埋的墓穴或枯井等。

钢钎一般用$\phi25$的光圆钢筋，把钎尖打成60°左右的锥状，长度为2.2m左右。锤击用的锤采用俗称的8～10磅铁锤。钎身上可每10cm刻划一痕。打钎时，一人扶钎，一人锤击，锤下落高度为离钎顶50～70cm，每次高度应相接近。每打入30cm记一下锤击次数，最后用来作判断土质的参考。

钎孔布置要根据地基土的情况和基槽宽度、形状而确定。一般小于1.0m的槽宽，钎孔距为2m以内；1.0～2.0m槽宽的，钎孔距为1.5m，槽宽大于1.5m时，排钎应两排错开，如图8-2-19（*a*）；槽宽大于2.0m时，钎孔应梅花形排列，钎距为1m，如图8-2-19（*b*）；柱基以四角和中心5点钎探。钎探深度应根据图纸要求或施工组织设计确定。一般钎探不少于1.2m，不超过2.1m。天然地基经过这两项工作，检查无异常，一般说对上部基础施工应该可以正常进行了。

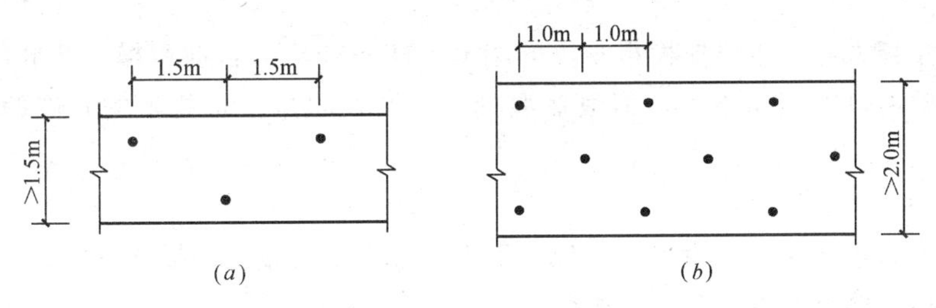

图8-2-19 打钎布置图

2. 人工地基

人工地基在前面介绍的，主要有灰土、砂或砂石垫层；挤密土的灰土桩、砂桩、振冲碎石桩等；还有改变土质的深层搅拌桩等。

（1）灰土地基主要抓拌时的配比是否准确，拌和是否均匀；夯实遍数和虚铺厚度；最后要取得干容重的资料。如发现问题，则在做基础前纠正或返工还来得及补救。

（2）砂或砂石垫层，主要抓砂的质量和砂石的配比，均应符合图纸提出的要求。对其夯实及振实的情况，必须取得干容重资料。如干容重不够，应再振或夯实至密实达到要求，才可以做基础工程。

（3）对挤密桩加固的地基：主要抓原材料的质量要求，桩孔距和桩孔径，施工时我们施工员应参与实地观察检查。要取得事后贯入试验和静力触探的资料，符合后才能进行基础施工。

（4）对深层搅拌桩类：要在其施工过程中抓水泥渗入量，过少不行，过多了也是浪费。其次抓钻孔深度、孔径、孔距等施工实际情况。要求经过该种加固后，地耐力达到设计要求。然后才能进行基础工程施工。

（二）刚性基础应做到的质量预控内容

刚性基础主要是采用以受压为主的材料施工完成的，对不同材料分别要求如下：

1. 对砖砌基础主要应抓以下几方面的预控：

（1）砖的强度：砖强度必须达到及超过设计要求的强度。凡强度不足且又找不到合适的砖，则应与设计联系，加大断面或提高砂浆标号。

（2）水泥砂浆强度：基础一定要用水泥砂浆，并要防止砂浆混用；一定要做足够试块。水泥用量及砂的质量要事先控制，不要到基础完后，由于砂浆强度不足而拆除返工。这类事不是没有发生过。

（3）抓轴线位置准确，组砌合理，大放脚收退准确。

2. 毛石基础：同样要抓砂浆强度，并做足够的砂浆试块。防止夹心墙的砌筑，一定要有充分的拉结石。抓住这两点毛石基础质量一般就可以保证了。

（三）钢筋混凝土基础应抓的质量预控内容

1. 总体要求方面

（1）是对钢筋的制作、绑扎、材质等方面的预控。要防止劣质钢材做制作材料。施工员只要在施工前工作做仔细些、全面些、就可达到预防。

（2）要对混凝土的原材料、配比、计量等方面进行质量预控。尤其是搅拌前的计量工作，往往成为通病而忽视，使混凝土的强度不稳定。这要求我们在施工的每个环节都按规范标准施工。

（3）对模板方面，主要抓模板支撑的刚度，防止变形。目前胀模、凸肚的情况较多。有的认为基础中可以埋而不见，但浪费混凝土材料及超过质量要求的允许偏差都是不可取的。

2. 独立基础

施工中要防止台阶处拆模后，出现“吊脚”现象。防止柱子插筋偏位。再有是基底钢筋的保护层垫块要放足够、放准、放好。

3. 整体式的大基础

施工中主要要防止冷缝，以避免造成后期底板的渗漏水。尤其有地下室的底板施工。浇灌时一定要分层分段交错覆盖式施工，做好施工方案和顺序的考虑。墙与板交接处的施工缝一定要按图留置，有止水带的要准确放置。对反梁式埋在土中的梁的浇灌一定要仔细，防止可能出现的露筋而造成后患。这些都是整体式大基础，除基本的总体要求外应注意预控的地方。

（四）桩基础的质量预控

1. 钢筋混凝土的打入桩

（1）必须了解混凝土强度是否满足要求；所用原材料有无问题；所用石子级配应符合0.5～4.0cm的要求，因为有的工厂预制的桩和多孔板同用一种0.5～1.5cm的石子，结果锤击时容易碎裂，不利于打桩。这些都是在打入前应掌握的资料。

（2）检查桩的外观，尤其纵向弯曲必须控制在规范允许范围之内。否则打桩时增加附加弯矩，容易把桩打断。

（3）桩帽内衬是否符合要求。如不垫或衬垫过硬则桩头很容易打碎。

（4）对长桩的接桩处，施工员必须亲自参加观察及检查，防止接头不良使桩的打入发生问题。

2. 钻孔灌注桩

（1）护筒安置时必须要亲自检查了解，有的施工队忽视该项工作，必须要加强这方面的管理。

（2）经常察看泥浆的密度（可以从色泽、稀稠程度判断），必要时用比重计测定。

（3）要按规定用检孔器检查孔洞的垂直度和孔径。

（4）检查清孔情况，防止沉渣过多过厚。

（5）对钢筋笼的预检和施工中要防止上浮。

（6）用混凝土的实际用量与计算用量比，要使充盈系数大于1.0，一般达1.0～1.15。

这样才能发现是否有缩颈及断桩的可能。如有该类情况的桩，应选作动测的对象。

(7) 对动测时要跟动测人员一起，以了解动测情况，防止动测不到位，取照参数结果的情况。

(8) 对每根桩必须做一组混凝土试块，能在最后对每根桩的情况有比较实际的反映。尤其人工挖土的大孔径桩，更要如此做。

桩基础施工中能做到以上这些预制要求，那么桩的施工质量基本上就能得到保证。这是施工员在现场应抓的技术工作。

(五) 应注意的安全工作

(1) 砖、石基础在地槽中施工，要注意防止槽坑坍土；人员上下基槽要用梯子，严禁在土坡上爬上爬下。

(2) 要教育操作人员防止砖、石砸脚，运输这些重物要有架子和措施。

(3) 大型基础施工，采用塔吊运物时，要防止物体坠落。要机工经常检查机械及钢丝绳。

(4) 桩基施工时，要有操作区的划分，桩机架下不得有闲人和路人行走。

(5) 大风恶劣天气时，要采取措施或停止施工。

(6) 接桩等硫磺胶泥配制，应有专人进行，并应按安全劳动保护要求操作，防止中毒等。

总之，基础施工时，施工员应根据基础的特点，考虑相应的安全生产措施。做到大家重视安全，完成施工作业。

复习思考题

1. 砖石砌筑的基础其施工工艺过程是怎样的？
2. 砌砖石基础施工中应注意哪些质量要求？
3. 钢筋混凝土基础施工应注意些什么？
4. 基础大体积混凝土施工应注意些什么？
5. 灌注桩的施工工艺和应注意的施工要求有哪些？
6. 各类基础施工应抓好的质量要点是什么？

第三节　砖混结构施工

一、砖混结构需用的材料

1. 烧结普通砖

烧结普通砖是以黏土、页岩、煤矸石、粉煤灰等为主要原料，经搅拌成可塑状，用机械挤压成型的砖坯，经风干后入窑煅烧即成为砖。

烧结普通砖随着发展它又分为两类：

(1) 实心烧结普通砖，它又分为按国家标准尺寸制作的标准砖，其尺寸为 240mm×115mm×53mm。也有些地方砖比标准尺寸略小些的实心烧结普通砖，其尺寸为 220mm×105mm×43mm 的。

(2) 空心砖（大孔砖）和多孔砖，这是为了节省用土和减轻建筑自重而从实心砖改进而来的。空心砖的规格一般为 190mm×190mm×90mm；多孔砖一般为 20 孔砖规格有 240mm×115mm×90mm。这两种砖可见图 8-3-1。

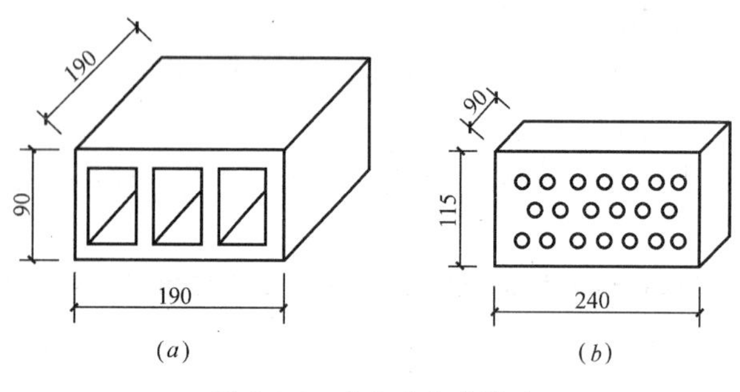

图 8-3-1 空心砖和多孔砖

(*a*) 空心砖（大孔砖）；(*b*) 多孔砖

烧结普通砖中，多孔砖可以用来砌筑承重的砖墙，而大孔砖则主要用来砌框架围护墙、隔断墙等承自重的砖墙。

烧结普通砖的强度等级用 MU××表示，例如我们过去称为 100 号砖的强度等级就用 MU10 表示。它的强度等级的确定是以它的试块受压能力的大小而定的。根据国家标准 GB 5101—2003，抗压强度分为：MU30、MU25、MU20、MU15、MU10 五个强度等级。其要求可见表 8-3-1。但实际上我们的工艺水平还达不到 MU30、MU25、MU20，一般常用的为 MU10 及 MU15。

强度等级表 **表 8-3-1**

强度等级	抗压平均值 $R \geqslant$(MPa)	标准值 $f_k \geqslant$(MPa)	强度等级	抗压平均值 $R \geqslant$(MPa)	标准值 $f_k \geqslant$(MPa)
MU30	30.0	22.0	MU15	15.0	10.0
MU25	25.0	18.0	MU10	10.0	6.5
MU20	20.0	14.0			

2. 其他类砖

除烧结普通砖外，还有蒸压灰砂砖、粉煤灰砖、煤渣砖等硅酸盐类砖，它们是利用工业废料制成的。它们的优点是化废为宝、节约土地资源、节约资源、节约能源。但由于其化学稳定性等原因，使用没有烧结普通砖广。其强度等级为MU7.5～MU25 之间，尺寸与标准砖相同。

3. 石材

在具有石材资源的地方，因地制宜的应用该种材料来砌筑墙体或做基础是恰当的。用于砌筑的石材从外观上分可以有毛石、粗料石两种。毛石是由人工采用撬凿法和爆破法开采出来的不规则石块。但是由于岩石层理的关系，往往可以获得相对平整的和基本平行的两个面。用于砌筑时，要求毛石块在一个方向有 300～400mm，中部厚度不大于 150mm，每块毛石重约 20～30kg。它适宜用于基础、勒脚、一层墙体；此外在土木工程中用于挡土墙、护坡、堤坝等。粗料石亦称大块石，形状比毛石整齐，具有近乎规则的六面体，它是在大块毛石基础上经粗加工而得的成品。在房屋建筑中可用于基础、房屋勒脚、两层楼房的墙体，部分可选来用于毛石砌体的转角部位，控制两面毛石墙的平直度。

石材的强度等级可分为：MU200、MU150、MU100、MU80、MU60、MU50 等。它是把石块做成 70mm 立方体，经压力机压至破碎，得出的平均值来确定的。其性能可参看表 8-3-2。

石材的性能 **表 8-3-2**

石材种类	表观密度(kg/m^3)	抗压强度(MPa)	石材种类	表观密度(kg/m^3)	抗压强度(MPa)
花岗石	2500～2700	120～250	砂　岩	2400～2600	50～250
石灰岩	1800～2400	50～120			

4. 砌块

砌块是利用半机械化机具进行砌筑的一种墙体材料。它的规格比砖大得多，大型砌块的尺寸长可达 1m 以上。砌筑时要用小型塔吊或台灵机协助进行。砌块的优点是可大量利用工业废料，节约大量造砖的土地，同时还可以组织大规模的劳动生产，减少砌一块砖弯一次腰的手工劳动，提高劳动生产率。

常见的砌块材料有：加气混凝土砌块，用于砌筑内隔墙；硅酸盐砌块如粉煤灰为主的掺入石灰、石膏、煤渣做成的；以炉渣、石灰、煤渣做成的；以煤矸石、石灰、石膏、砂做成的等。还有近年发展起来的混凝土空心砌块，用混凝土材料做成，其粗骨料的粒径要采用 0.5～1.5cm 的石子。混凝土空心砌块是今后代替黏土砖的最好材料，也是发展方向。

砌块的强度，以加气混凝土材料为最低，其抗压强度为 1.5～4MPa，硅酸盐砌块抗压强度为 5～15MPa，混凝土空心砌块抗压强度为 5～10MPa。

5. 砂浆

砂浆是砖混结构墙体材料中块体的胶结材料。墙体是砖块、石块、砌块通过砂浆的粘结形成为一个整体的。它起到填充块体之间的缝隙，起到防风、防雨渗透到室内；同时又起到块体之间的铺垫，把上部传下来的荷载均匀地传到下面去；还可以阻止块体的滑动。砂浆应具备一定的强度、粘结力的工作度（或叫流动性、稠度）。

砂浆是由骨料（砂）、胶结料（水泥）、掺合料（石灰膏）和外加剂（如微沫剂、防水剂、抗冻剂）、加水拌和而成。当然掺合料及外加剂是根据需要而定的。

砂浆用在墙体砌筑中，按所用配合材料不同而分为：

（1）水泥砂浆：它是由水泥和砂子按一定重量的比例配制搅拌而成的。它主要用在受湿度大的墙体、基础等部位。

（2）混合砂浆：它是由水泥、石灰膏、砂子（有的加少量微沫剂以节省石灰膏）等按一定的重量比例配制搅拌而成的。它主要用于地面以上墙体的砌筑。

（3）石灰砂浆：它是由石灰膏和砂子按一定比例搅拌而成的。它强度较低，一般只有 0.5MPa 左右。但作为临时性建筑，半永久建筑仍可作砌筑墙体使用。

（4）防水砂浆：它是在 1∶3（体积比）水泥砂浆中，掺入水泥重量 3%～5%的防水粉或防水剂搅拌而成的。它在房屋上主要用于防潮层，化粪池内外抹灰等。

（5）勾缝砂浆：它是水泥和细砂以 1∶1（体积比）拌制而成的。主要用在清水墙面的勾缝。

砂浆中所组成的材料除水泥在以后讲混凝土时详细介绍外，这里把石灰膏等材料介绍如下：

1）石灰膏：它是用生石灰块料经水化和网滤在沉淀池中沉淀熟化，贮存后为石灰膏，它要求在池中熟化的时间不少于 7 天。沉淀池中的石灰膏应防止干燥、冻结、污染。砌筑砂浆严禁使用脱水硬化的石灰膏。

2）砂：砌筑砂浆应采用中砂，使用前要过筛，不得含有草根等杂物。此外对含泥量亦有控制，如水泥砂浆和强度等级等于或大于 M5 的水泥混合砂浆所用的砂，其含泥量不应超过 5%；而强度等级小于 M5 的水泥混合砂浆所用的砂，其含泥量不应超过 10%。

3）微沫剂：它是一种憎水性的有机表面活性物质，是用松香与工业纯碱熬制而成的。它的掺量应通过试验确定，一般为水泥用量的 0.5/10000～1.0/10000（微沫剂按 100%纯度计）。

4）防水剂：它是与水泥结合形成不落性材料和填充堵塞砂浆中的孔隙和毛细通路。它分为：硅酸钠类防水剂、金属皂类防水剂、氯化物金属盐类防水剂、硅粉等。应用时要根据品种、性能和防水对象而定。

5）食盐：它是作为砌筑砂浆的抗冻剂而用的。

6）水：砂浆必须用水拌和，因此所用的水必须洁净未污染的。若使用河水必须先经化验才可使用。一般以自来水等饮用水来拌制砂浆。

砂浆按其强度等级分为：M15、M10、M7.5、M5、M2.5。砂浆强度是以7cm立方体试块，试压后得出的。所以我们在砌筑时，为了验证砂浆的强度，经常要做一组（六块）试块，经养护后去试压。从而说明我们配制的砂浆是否达到设计的要求。

砂浆的技术要求：作为砌体的胶结材料除了强度要求外，为了达到粘结度好，砌体密实，还有一些技术上的要求应做到：

1）足够的流动性，也称为稠度，是指砂浆的稀稠程度。试验室中用稠度计来测定，目的是为便于操作。流动性与砂浆的加水量、水泥用量、石灰膏掺量、砂子的粒径、形状、孔隙率和砂浆的搅拌时间有关。对砂浆流动度的要求，可以因砌体种类、施工时大气的温度、湿度等的不同而变化。

2）具有保水性，砂浆的保水性是指砂浆从搅拌机出料后到使用时这段时间内，砂浆中的水和胶结料、骨料之间分离的快慢程度。分离快的使水浮到上面则保水性差，分离慢的砂浆仍很粘糊，则保水性较好。保水性与砂浆的组分配合、砂子的颗粒粗细程度、密实度等有关。一般说来，石灰砂浆保水性较好，混合砂浆次之，水泥砂浆较差些。此外，远距离运输也容易引起砂浆的离析。

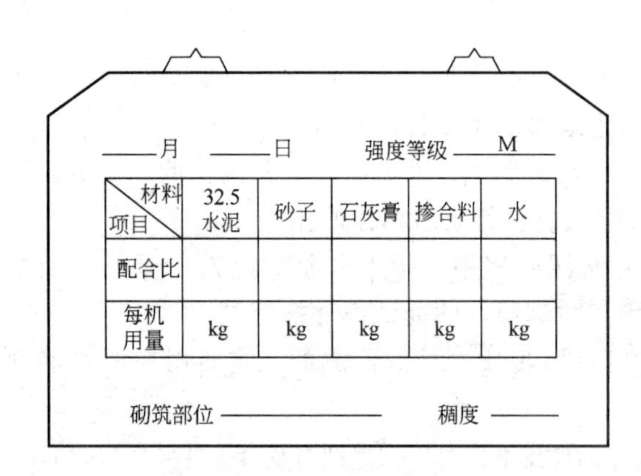
____月　____日　　强度等级____M

材料 项目	32.5水泥	砂子	石灰膏	掺合料	水
配合比					
每机用量	kg	kg	kg	kg	kg

砌筑部位________　　稠度____

图 8-3-2　砂浆配合比指示牌

3）搅拌时间要充分，砂浆应采用机械拌合，拌合时间应自投料完算起，不得少于2min。搅拌前必须进行计量。在搅和机棚中应悬挂配合比牌。如图8-3-2。目前施工中计量不准，搅拌时间不足，这都是施工员应严加管理的一项工作。

4）使用时间合理，砂浆应随拌随用。水泥砂浆和水泥混合砂浆必须分别在拌成后3h和4h内使用完毕；如施工期间最高气温超过30℃时，必须分别在2h和3h内使用完毕。而目前出现的搅好一大堆，堆在砂浆搅拌机前，谁用谁装车运走，不管出机后时间长短，这对砂浆的实际强度产生不利影响，一定要做到随拌随用，在规定时间内用完。

5）砂浆试块的制作，在砌筑施工中，根据规范要求，每一楼层或250m³砌体中的各种强度的砂浆，每台搅拌机应至少检查一次，每次至少应制作一组（6块）试块。如砂浆强度或配合比变更时，还应制作试块。并送标准养护室进行龄期为28d的标准养护。后经试压的结果是作为检验砌体砂浆强度的依据。

6）施工中不得任意用同强度的水泥砂浆去代替水泥混合砂浆砌筑墙体。如由于某些原因需要替代时，应经设计部门的结构工程师同意签字。

以上这些对砂浆的技术要求，都应认真做到。这对保证砖混结构中墙体的强度和质量都相当必要。

6. 钢筋

这也是砖混结构房屋必须用到的材料。它除了用于混合结构中的钢筋混凝土构件内，如某些基础、圈梁、楼板、阳台、楼梯、构造柱等，还用在砖砌体中的钢筋砖过梁、加筋砖圈梁、加筋砌体、抗震构造钢筋等。但其具体的性能和要求将在以后讲钢筋混凝土结构的施工中介绍。

7. 砂、石

是混合结构中混凝土材料的骨料。以后详细介绍。

8. 砂浆配合比的计算

(1) 对砌筑砂浆的总体要求为：

1) 对所用材料要求是：水泥的强度等级应根据砂浆强度等级进行选用，要求水泥砂浆和水泥混合砂浆采用的水泥强度等级一般为 32.5 级。严禁使用废品水泥。砂、石灰膏、水、等均与“5”中要求的一样。

2) 砌筑砂浆的强度等级规定宜采用 M15、M10、M7.5、M5、M2.5 这几个等级。对砌筑砂浆拌合物的密度：水泥砂浆不应小于 1900kg/m^3；水泥混合砂浆不应小于 1800kg/m^3。水泥砂浆中水泥用量不宜小于 200kg/m^3；水泥混合砂浆中水泥加掺加料总量应在300～350kg/m^3 之间。

(2) 配合比计算步骤为：

1) 计算砂浆试配强度 $f_{试}$：

$$f_{试}=f_{设}+0.645\sigma$$

式中 $f_{试}$——为砂浆的试配强度，精确至 0.1MPa；

$f_{设}$——为砂浆的设计强度（图纸上要求）(MPa)；

σ——砂浆现场强度标准差，精确至 0.01MPa。

标准差的值在企业无较强管理的试验统计资料时按表 8-3-3 取用：

砂浆强度标准差 σ 选用值 (MPa) **表 8-3-3**

施工水平 \ 砂浆强度等级	M2.5	M5	M7.5	M10	M15	M20
优　良	0.50	1.00	1.50	2.00	3.00	4.00
一　般	0.62	1.25	1.88	2.50	3.75	5.00
较　差	0.75	1.50	2.25	3.00	4.50	6.00

2) 水泥用量的计算应符合下列规定：

每立方米砂浆中的水泥用量，应按下式计算：

$$Q_{c}=\frac{1000(f_{m,0}-\beta)}{\alpha \cdot f_{ce}}$$

式中 Q_{c}——每立方米砂浆的水泥用量，精确至 1kg；

$f_{m,0}$——砂浆的试配强度，精确至 0.1MPa；

f_{ce}——水泥的实测强度，精确至 0.1MPa；

α、β——砂浆的特征系数，其中 $\alpha=3.03$，$\beta=-15.09$。

3）计算水泥混合砂浆中的石灰膏用量：

$$Q_D=Q_A-Q_C$$

式中 Q_D——每 1m³ 砂浆中石灰膏掺量（kg/m³）；

Q_C——计算出的每 1m³ 砂浆中水泥用量（kg/m³）；

Q_A——砂浆技术要求规定的胶结料和掺加料的总量，约在 300～350kg/m³ 之间。

其中石灰膏稠度以 120mm 为准，当不足 120mm 时均要进行折减，折减换算系数见下表。

石灰膏不同稠度时的换算系数

石灰膏稠度(mm)	120	110	100	90	80	70	60	50	40	30
换 算 系 数	1.00	0.99	0.97	0.95	0.93	0.92	0.90	0.88	0.87	0.86

4）计算每 1m³ 砂浆中砂子用量，是以干燥状态（含水率小于 0.5%）的堆积密度值作为计算值，计量单位为 kg/m³ 计。

5）选用每 1m³ 砂浆的用水量，可根据下表选用：

每 1m³ 砂浆中用水量的选用值

砂 浆 品 种	混合砂浆	水泥砂浆
用水量(kg/m³)	260～300	270～330

但用水量应扣除砂中含水量，但不包括石灰膏中含水量。

（3）配合比的计算实例：

为了更明白些，举具体例子说明。假设要配制砌砖墙的砂浆，设计强度等级为 M5.0 的水泥混合砂浆，稠度要求 50～70mm。原材料为：水泥强度等级 32.5，普通硅酸盐水泥；砂子：中砂，堆积密度为 1450kg/m³，含水率为 2%；石灰膏的稠度为 90mm。施工水平一般。

1）算出试配强度：

$$f_{试}=f_{设}+0.645\sigma, f_{设}=5\text{MPa}, \sigma\text{ 取}=1.25$$

所以 $f_{试}=5+0.645\times1.25=5.81\text{MPa}$

2）算出水泥用量：

$$Q_C=\frac{1000(f_{m,0}-\beta)}{\alpha\cdot f_{ce}}$$

查表得 $\alpha=3.03$，$\beta=-15.09$，$f_{ce}=32.5\text{MPa}$

所以水泥用量 $Q_C=\dfrac{1000(5.81+15.09)}{3.03\times32.5}=212\text{kg/m}^3$

取 212kg/m³。

3）确定石灰膏用量 Q_D

我们取 $Q_A=300$，则 $Q_D=Q_A-Q_C=300-212=88\text{kg/m}^3$，由于石膏稠度为 90，所以 $Q_D\times0.95=88\times0.95=83.6=84\text{kg/m}^3$。

4）确定砂子实际称量，考虑含水率 2%，则用砂量 $Q_S = 1450(1+0.02) = 1479\text{kg/m}^3$。

5）根据稠度情况选用用水量，根据经验可选 280kg/m³（考虑了砂含水率）。

由此配合比可以得出，并进行试配。其配合比为：水泥∶石灰膏∶砂∶水为

212∶84∶1479∶280

1∶0.396∶6.98∶1.32

有了理论计算出的试配配合比，是不能直接用到施工中去的，而且在试验室经过试配测定稠度、分层度后再调整用水量和掺加料，直到符合为止。并以此为基准再分别增减水泥 10%用量，再搞两个配合比，然后制作试块，经过试压结果选出最佳配合比提供施工中应用。

应该明确的是，一次试配应用的配合比，不是在整个房屋砌筑中一成不变可以用到底的，而是要根据每次来料的砂、石灰膏、水泥经常调整，这就要求施工人员经常与试验室联系，调整出符合实际的施工配合比。

目前砌筑砂浆试块强度的不稳定，往往与固定采用一个配合比，不进行合理调整有关。为了保证质量，又要节约水泥，对砂浆配合比的及时调整做到科学合理是非常必要的。

9. 砂浆试块的强度评定

根据质量评定标准的要求，认为砌筑砂浆的品种必须符合设计要求，强度结果必须符合下述规定：

(1) 同品种、同标号砂浆各组试块的平均强度不小于 $f_{m,k}$（设计的标号）；

(2) 任意一组试块的强度不小于 $0.75f_{m,k}$。

当砂浆试块试压出的结果，符合上述两条规定时，则认为砂浆质量合格，反之有一条不符合，则要考虑对砌体的返工或补强，否则砌体也不合格，那将是大的质量事故。

为了能使试块符合要求，因此在试块制作和养护上应符合以下几点：

(1) 制作试块：

1）制作时应将无底试模内壁涂刷一层很薄的机油，把试模放在有吸水性的湿纸的普通砖上，砖的含水率不应大于 2%。

2）砂浆从拌和机出料取样后，一次注满试模内，用直径 10mm、长 350mm 的钢筋捣棒（其一端呈半球形）均匀插捣 25 次，然后在模框内四侧用油漆刮刀沿模壁插捣数下，砂浆应高出试模顶面 6～8mm。

3）约经 15～30min 后，当砂浆表面开始出现麻斑状态时，将高出的部分砂浆用刮刀沿模子顶面刮削平。

(2) 试块的养护：

1）试块制作后，一般应在正温度环境中养护一昼夜，当气温较低时，可适当延长时间，但不应超过两昼夜（不得受冻），然后对试块进行编号并拆模送试验室标准养护。

2）标准养护时，水泥混合砂浆应在温度 20±3℃、相对湿度 60%～80%的条件下养护；水泥砂浆应在温度 20±3℃，相对湿度为 90%以上的潮湿条件下养护。养护时间为 28d。

3）平均气温大于 15℃时，也可以采用自然养护，但湿度条件要用草包包住经常浇水。没有把握和无专人负责时，不宜采用。

严禁做假试块，即试块强度高而不符合实际的砂浆情况。造成砌体强度实际上的降低，这种行为实际上是犯法行为。必须严禁，一旦发生必须查处。

10. 造成试块强度达不到的因素

砂浆试块试压后，其强度达不到质量评定为合格的要求时，根据我们的经验，大致有以下一些因素造成：

(1) 配合比和计量不准确。配合比不准是试验及计算有误，或仅计算未实际试配试压而造成的。再有一种是配合比不错，而现场施工中计量不准。所以施工中计量必须认真，规范规定水泥用量的误差允许为±2%；砂及石灰膏的允许误差为±5%；水的加入量要用稠度来控制，这样才能保证砂浆强度。

(2) 原材料技术性能达不到或发生变化。如水泥过期或来货改变牌号、产地，砂子来货与做试配时不同，砂过细或含泥量大。因此原材料是否符合基本技术要求是第二个因素。

(3) 搅拌时间不足。我们要求砂浆的搅拌时间每盘不少于 2min，只有充分均匀的把水泥、石灰膏、砂拌和好，才能充分发挥各自的作用和结合协调。凡砂浆中有团块和夹生现象，则就是未搅拌到位，尤其水泥团块形成，不能均匀分布到砂子中去，就会明显影响砂浆的强度均衡性。

(4) 养护的因素。由于管理不善，不送去标准养护，由试块在某一地方“自然”地养护，结果强度达不到。如冬期室内温度低，有的甚至遭冻，这样试块强度肯定下降。其次是湿度不够，环境干燥、高温造成砂浆脱水，特别是水泥砂浆，脱水后水泥不能充分水化，最终使强度达不到。

只有将以上这些不利于砂浆强度增长的因素消除，那么在准确计量均匀搅拌下，砂浆试块强度是会达到的。

二、砖混结构施工中应用的机具和设备

砖混结构施工中必然要用到各种机械、工具和设备。作为施工人员应对其有所了解，到施工时，根据工程实际情况进行采用。

(一) 材料拌制机械

砖混结构中所使用的砂浆和混凝土都需要拌制的机械。

1. 砂浆拌和机

砂浆搅拌机是砖混结构中，砌筑工程的必用机械 。它的规格是 0.2m^3 和 0.325m^3 两种，其每台班拌制砂浆为 18～26m^3。按其安装方式可分为固定式和移动式两种。以其出料方式分为倾斜翻式和活门式两种。

砂浆搅拌机是由动力装置（电动机）带动搅拌筒内的叶片翻动砂浆而进行工作的。一般由操作人员在进料口通过计量加料，经搅拌 2min 左右后成为使用的砂浆。目前常用的砂浆搅拌机的各项技术数据可见表 8-3-4。

砂浆搅拌机主要技术数据 表 8-3-4

技术指标	型号				
	HJ-200	HJ_1-200A	HJ_1-200B	HJ-325	连续式
容量(L)	200	200	200	325	
搅拌叶片转速(r/min)	30～32	28～30	34	30	383

续表

技术指标			型号				
			HJ-200	HJ_1-200A	HJ_1-200B	HJ-325	连续式
搅拌时间(min)			2		2		
生产率(m^3/h)					3	6	$16m^3$/班
电机	型号		JO_2-42-4	JO_2-41-6	JO_2-32-4	JO_2-32-4	JO_2-32-4
	功率(kW)		2.8	3	3	3	3
	转速(r/min)		1450	950	1430	1430	1430
外形尺寸(mm)		长	2200	2000	1620	2700	610
		宽	1120	1100	850	1700	415
		高	1430	1100	1050	1350	760
自重(kg)			590	680	560	760	180

2. 混凝土搅拌机

混凝土搅拌机按其工作原理可分为自落式（自由落下搅拌）和强制式（强制搅拌）两大类。搅拌机的搅拌筒一般分为鼓形、锥形、盘形三种。

（1）鼓形搅拌机是最早使用的传统形式的自落式搅拌机，由于使用方便、耐用可靠，在相当长一段时间内广泛使用于施工现场，但由于该机存在着出料困难、卸料时间长、搅拌筒利用率低、水泥耗量大等缺点，已被责令淘汰。

（2）锥形反转式出料搅拌机，这种搅拌机的搅拌筒呈两端平头橄榄形。筒内装有搅拌叶片和出料叶片，正转搅拌，反转出料。它具有搅拌质量好、生产效率高、运转平稳、操作简单、出料干净迅速和不易发生粘筒等优点，目前已取代鼓形搅拌机。它的型号有JZ150、JZ250、JZ350等。见图8-3-3。

JZ150、JZ250、JZ350的技术性能见表8-3-5。

国产锥形搅拌机技术性能

表 8-3-5

搅拌机型号	JZ150	JZ250	JZ350
出料容量(L)	150	250	350
进料容量(L)	240	400	560
额定功率(kW)	3.0	4.0	5.5
每小时最少循环次数	≥30次	≥30次	≥30次
骨料最大粒径(mm)	60	60	60

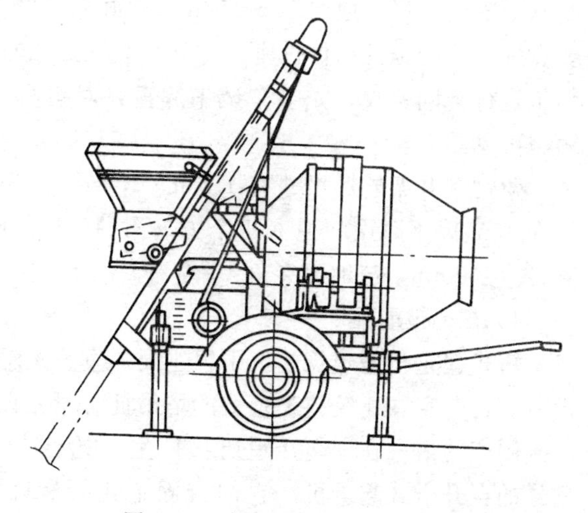

图 8-3-3 锥形反转式出料搅拌机

（3）强制式盘形搅拌机，它是靠搅拌盘内旋转的叶片对混合料产生剪切、挤压、翻转和抛出等多种动作进行搅拌。其特点是搅拌强烈、均匀，生产效率高、搅拌时间短，质量好、出料干净。在中小型预制构件厂使用较多。它又分为立轴式和卧轴式两大类。常用机型有 JD250、JW250、JW500、JD500 等。

（二）垂直和水平运输机具

房屋建筑是空间工程，材料的运输到工程施工点，必然有水平（地面和楼面）和垂直（地面到楼面）的运输。随着建筑施工的发展，机具类型也出现多样化，现将常用的简单介绍如下：

1. 手推车

这是用人力进行水平运输的工具。它是最古老，但又在现代还离不开的运输工具。

2. 机动翻斗车

它系用柴油机装配而成的小翻斗车，功率约 7kW，最大行驶速度约 35km/h。车前装有容量为 400L，载重 1000kg 的翻斗。见图 8-3-4。

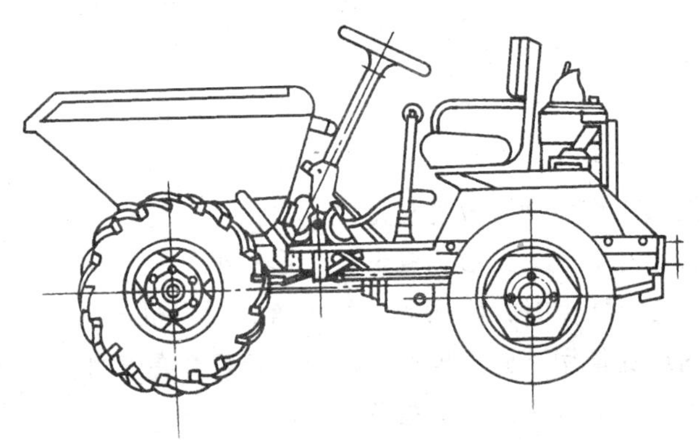

图 8-3-4　机动翻斗车

3. 井架

它是垂直运输的机械。它由角钢构成的井架、摇头拔杆、天轮、卷扬机、吊盘以及钢丝绳缆风绳等组成。它具有构造简单、装拆方便的优点。它的垂直运输高度一般为 20m～40m。井架要做基座，基座下地坪要夯实达到 80kN/m^2 的耐压力，并浇筑厚 10～15cm 的基座混凝土，低于地面 10～15cm。做好后才能竖井架。卷扬机座要固定于地坪上，其后要做埋入地的锚桩拉住机座。井架安装完后试车前应由施工员、安全员、机管员、机械操作工进行会同验收。先空车试吊起重，对机具、井架、钢丝绳验收无误后，才可正式使用。可见图 8-3-5。

角钢制井架外形尺寸有 1.6m×1.6m、1.8m×1.8m，起重量有 500～1500kg，缆风绳在 15m 以下时设一道（四个方向），15m 以上时，每增高 10m 增设一道，缆风钢丝绳直径应≥9mm，与地面夹角 45°左右。

4. 塔式起重机

塔式起重机是建筑施工中很主要的垂直运输和小距离（塔臂范围内）水平运输的施工设备。目前我国建筑施工企业的塔吊拥有量正以年增长 500～600 台的速度发展。

国产的塔吊在湖南江麓机械厂生产的已有 QTZ63A、QT80EA、QTZ125、JL150 等型号的自升塔式起重机。它们有固定式、附着式（两者需要钢筋混凝土基础），行走式（需要路基道轨），内爬式（建筑物要加强及埋件）四种。例如 QTZ63A 这种塔吊，它在

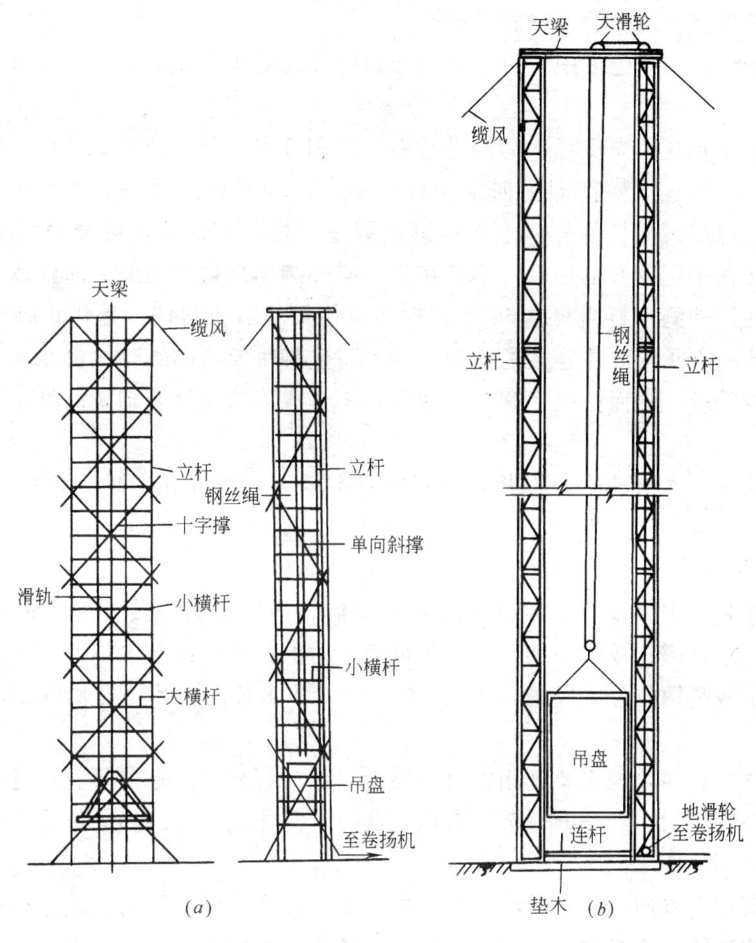

图 8-3-5　井架

(a) 木井架；(b) 钢门架

伸臂 48m 时，可以起吊约 1t 多一点的重物，所以塔吊的应用对提高劳动生产率是相当可观的。我们把 QTZ63A 型塔吊的一些技术性能列表于 8-3-6，提供参考。

QTZ63A 一些技术参数表　　　　**表 8-3-6**

名称＼形式	行走式	附着式	名称＼形式	行走式	附着式
塔身高度	41.6m	80m	总功率	38kW	38kW
最大起重量	6t	6t	工作温度	−20～40℃	−20～40℃
最大幅度(半径)	48m	48m	自　重	≈33t	≈33t
起升速度	起重 3t 10m/min	3t 10m/min			

而在一般砖混结构中用 QT16、QT25、QT45 等型号的塔吊就可以应付工程的需要了。

（三）脚手架

砖混结构房屋砌筑、运输都需要施工用的架子，这类架子在术语上称为脚手架。搭设脚手架的成品和材料亦称为“架设材料”或架设工具，它属于建筑施工应备有的施工工具或称设备。脚手架对建筑施工具有特殊的重要性，它是进行施工作业，确保施工安全、工程质量和施工进度不可少的手段和设备。

在砖混结构的砌筑施工中，目前使用的脚手架我们作些如下介绍：

1. 木脚手架

木脚手架主要是用去皮杉木为构搭材料，采用 8 号铁丝（d=4mm）绑扎而成的。它由立杆即竖直杆件；大横杆即纵向水平杆；小横杆即横向水平杆；斜撑即与地面成 45°角，绑扎在立杆和大横杆外侧，上下连续设置呈“之”字形式，可加强脚手架的整体作用；剪刀撑又称十字盖，也是以×形绑在脚手架外侧加强脚手架的纵向整体刚度；抛撑是设在脚手架底层外侧，与地面成 60°角，横向撑住架子的斜向杆，是防止脚手架向外倾斜的作用；连墙杆它是与墙体连接的横向杆件，防止脚手架横向侧移。再在大、小横杆的施工层上铺上脚手板，从而由以上这些杆件组合构搭成为房屋外墙砌筑的脚手架，进行施工生产。

木脚手架由于木材的生长期长，材料的日益缺乏，损耗相对地大，所以目前已很少采用。

2. 竹脚手架

竹脚手架是选用生长期 3 年以上的毛竹或楠竹的竹竿为主要杆件。它采用竹篾或铁丝、或塑料篾进行绑扎成脚手架。它在组成架子时的杆件形式与名称都同木脚手一样，只是铺道的脚手板是用竹片编成的竹笆板，它是用 1m 多长的竹片（宽约 3cm）纵横交织编制而成的。

用作架子的竹竿，一定要选用挺直、质地坚韧的杆材。对弯曲不直、青嫩或枯脆、腐烂及虫蛀的坚决不用。对裂缝通节二节以上的竹竿只能用作挡脚杆等不受力的地方，裂缝通节过长的亦不应使用。

竹脚手架在南方地区，尤其盛产毛竹的地带，因为可就地取材，使用面仍占一定的比例。但使用该种脚手架必须施工工期较短，以防止竹篾因长时间暴露在空气中而断裂；再有毛竹料材料，做过几次工程后一定要全部更新，否则对安全使用是不利的。

3. 扣件式钢管脚手架

这类脚手架是目前多层建筑广泛使用的脚手。它的特点是：

(1) 承载力大。当其构搭要求符合规定要求时，一般情况下，脚手架的单管立柱可承载竖向力 15～30kN。

(2) 装拆方便，搭设灵活。

(3) 使用周期长。与竹、木脚手架相比，它可用于工期较长的工程，不因铁丝腐蚀或竹篾脆断而危及架子安全。

(4) 相对经济。一是与其他钢管脚手架比，加工简单，一次投资费相对低些。一是与木、竹架子比，虽一次投资相对高，但其周转使用次数多。每次所摊成本低。

钢管脚手采用的钢管为焊接钢管，外径为 48mm，壁厚 3.5mm，长为 6500mm。做横管的长度可截成 2000～2200mm。

扣件应采用机械性能不低于 KTH330-08 可锻铸铁制作。

钢管质量应有产品质保书，表面应平直光滑，不应有裂缝、分层、压痕、划道和硬弯，端面应平整，严禁打孔。壁厚与外径尺寸的允许偏差为－0.5mm。使用前应刷防锈油漆两遍外涂铅油一遍。

扣件亦应有出厂合格证和质保书。表面不得有裂缝、气孔、砂眼等缺陷。应与管面有良好的贴扣面。扣件亦应进行防锈油漆。在受力上当扣件螺栓拧紧扭力矩达 70N·m 时，要求可锻铸铁扣件不得破坏，螺栓不得滑丝。

扣件式钢管脚手架的脚手板，大多用木脚手板、竹笆板等。虽有冲压式钢脚手板，但由于太滑使用不广。

钢管脚手架的搭设在一般 20m 高的砖混房屋施工时，其要求尺寸大致如下：

双排架：

(1) 排距（即双排间的宽度）：为 1.30～1.50m。

(2) 步距：竖向水平横杆的间距为：1.50m 或 1.80m。

(3) 柱距：立柱的纵向间距为 1.50m 或 1.80m。

(4) 连墙件间距：竖向 3～6m，横向 4～7m，施工时双排架上可以进行运输，行走小推车。

单排架：

(1) 宽度：1.20m 左右。

(2) 步距：1.35m 左右。

(3) 柱距：1.50m 左右。

(4) 连墙件间距：同双排架子。

脚手架上允许的荷载为 270kg/m^2。在土地面上搭支立柱时，其土层应夯实，其立柱钢管下应放垫木。垫木厚度不小于 50mm。搭设时严禁不同外径及壁厚的钢管混用。

脚手架搭好之后，要进行验收，验收由安全监督员，施工员，架子工班长，经验收合格后才可正式使用。

4. 脚手架的使用可靠性应具备以下几点

(1) 杆部件和联结点构造应合理，受力明确，能较好地发挥材料的承载能力，并有适当的安全储备。

(2) 结构要稳定，整体性好，有足够的与建筑物联结的拉撑点，抗失稳的能力强。

(3) 有可靠的安全防护设施。如外围安全网或竹笆片等。

(4) 能有效地控制搭设、使用和拆除过程中可能发生的变形，避免出现导致偏心荷载等不利的受力状态。

(5) 能避免在无征兆的情况下发生突然破坏的情况。

5. 为保证其可靠性，要采取以下一些措施

(1) 要使杆件联结点的扣件联结工作可靠，传力明确，符合操作规范。

(2) 要立杆尽可能的受轴心压力，避免和减少偏心力的作用。

(3) 减小立杆受压的计算长度，如增设辅助杆件的办法来加强立杆的抗失稳能力。

(4) 用水平杆及斜杆来承受水平力。

(5) 加强整体联结和附墙拉结，达到确保脚手架的整体稳定性。

(6) 加强管理，在搭设中不得随意改变构架要求和减少杆部件数量。

(7) 必要时应进行脚手架的计算，以调整常规搭设的柱距、间距、杆距等。

(8) 严格控制架子上施工荷载和同时作业的施工层数。

(9) 架子必须支座在可靠的基面上，避免发生不均匀沉降。

(10) 经过大风大雨之后，应进行全面检查以保证再作业时的使用安全可靠性。

除了外部脚手架外，在房屋内部砌筑施工时，还有里脚手架。里脚手架，可以像外脚手架那样用短钢管搭设；也可以做工具式座架（或铁凳）铺木脚手板搭成操作架子。70 年代初随着塔吊广泛使用后，在住宅建筑，或单身宿舍、办公楼等砖混结构内，采用操作平台架做里脚手的组合脚手，安装方便，工作面大，这也是一种创新，其外形构造可见图 8-3-6。

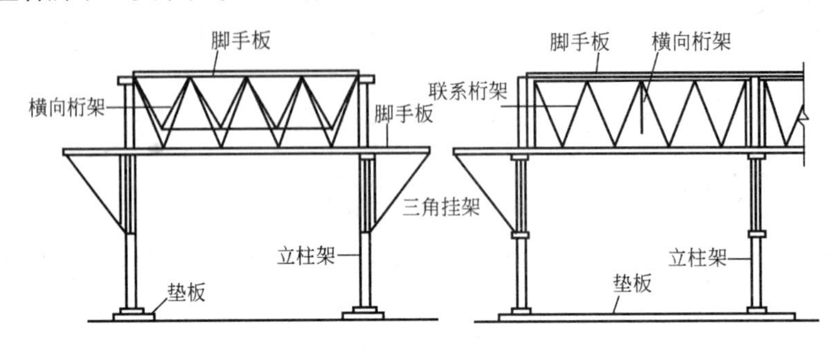

图 8-3-6　组合式操作平台

其他形式的脚手架，我们将在高层建筑的施工中进行介绍。

三、砌筑施工

砖混结构房屋中主要施工项目是墙体。墙体均要用块材经砂浆粘结砌筑而成。因此砌筑施工是砖混结构施工中重点要掌握的内容。

(一) 砖混结构主体施工的工艺程序

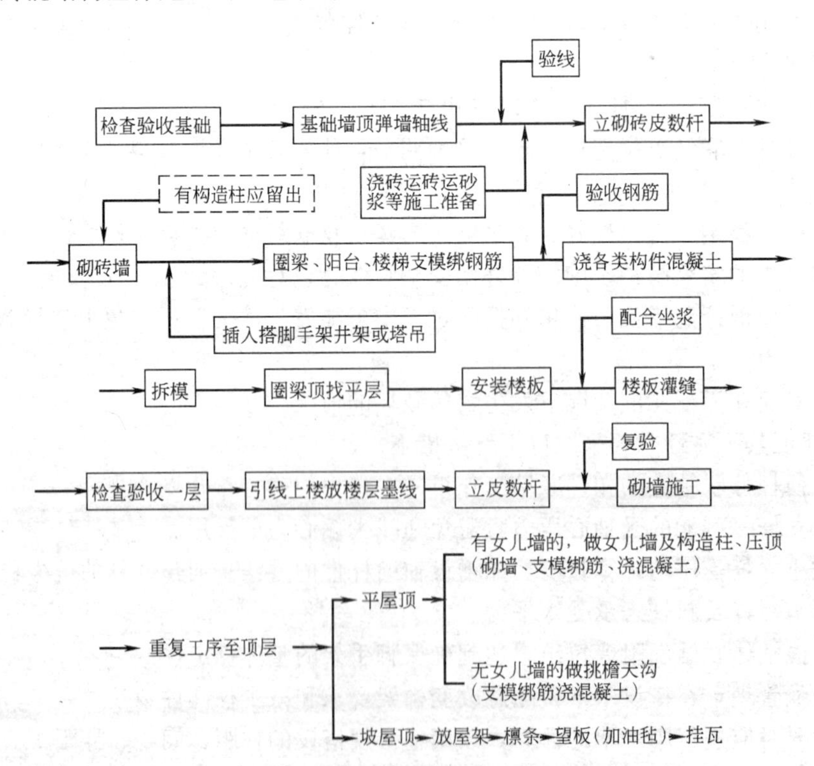

施工员掌握施工工艺程序，是做好施工准备，预控工程质量，安排工作，协调工种所必须的。可以使自己工作做得更细，考虑问题能更周详些。

（二）砖墙和砖柱的组砌

1. 墙体的厚度

砖墙的厚度根据受力、保温、耐久等各种因素确定的。

（1）实心砖砌体厚度分为：120mm，俗称半砖墙；180mm，俗称“十八”墙；240mm，俗称一砖墙；370mm，俗称一砖半墙；490mm，俗称二砖墙等。

（2）多孔砖砌体厚度，按国家标准的 KP_1 型砖，它与实心砖的墙体厚度是相同的。

（3）大孔空心砖的厚度分为做内隔墙时可把砖立砌则墙厚为：90mm；作框架填充墙则厚度为 190mm，及 290mm 两种。

实心砖和多孔砖的 120mm 墙，只能做非承重的隔断墙；厚度在 240mm 及以上时可以作为承重墙。大孔空心砖只能作承自重墙。

2. 砌体中砖和灰缝的名称

一块砖有三个面两两相等，最大的面叫做大面，长条的面叫条面，短的一面叫丁面。砖砌入墙体内后，由于放置位置不同还有立砖、陡砖之分。砌筑时条面朝操作者的称为顺砖，丁面朝操作者的称为丁砖。灰缝则有水平方向的称为水平缝，在竖向的缝称为竖缝或立缝亦有称为砖头前的“头缝”。具体可以参看图 8-3-7。

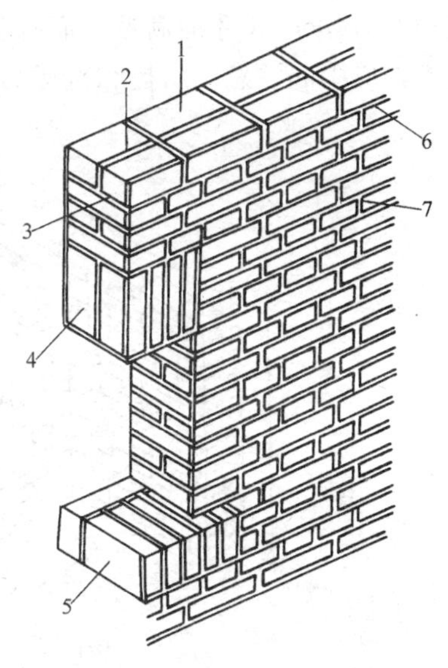

图 8-3-7 砌体中砖和缝的称法

1—顺砖；2—花槽；3—丁砖；4—立砖；5—陡砖；6—水平灰缝；7—竖直灰缝

3. 砖砌体的组砌原则

砖砌体是由砖块和砂浆通过各种形式的组合而搭砌成的整体。要想形成牢固的墙体，砌筑时应遵循以下三个原则：

（1）砌体中的砖块必须错缝砌筑。砖砌体由一块一块砖，利用砂浆作为填缝和粘结材料，组砌成砖墙或砖柱。为了使它们能共同作用，砌筑时必须错缝搭接。要求最小错缝长度应有 1/4 砖长或 6cm，才算符合搭接要求。在受力时错缝与不错缝会发生的情形可见图 8-3-8。

（2）必须控制水平灰缝的厚度。按规范规定，灰缝一般为 10mm，最大不超过 12mm，最小不少于 8mm。水平灰缝太厚在受力时，砌体压缩变形增大，还可能使砌体产生滑移，这对墙体结构很不利。如灰缝过薄，则不能保证砂浆的饱满度，对墙体的粘结力削弱，影响整体性。同样竖缝亦应控制厚度保证粘结。

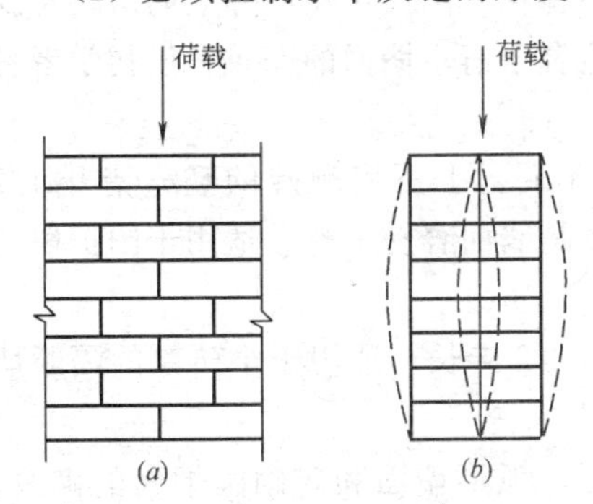

图 8-3-8 砖砌体受力情形

(a) 咬合错缝传力分散下去；

(b) 不咬合通缝易破坏

（3）墙体之间的联结应牢固。一幢房屋的墙体，都是纵横交错、互相支撑、拉结形成所需空间的整体。所以墙体之间的连接十分重要。因此在理论上认为：两道相互接合的墙体，应该同时砌筑。但实际施工中往往很难实施，为此需要有接合的方法，在砌筑上称为接槎。要保证墙体连接牢固，则接槎应严格符合规范规定。砖墙接槎质量的好坏，对整个房屋的稳定性相当重要，接槎不符合要求时，在砌体受到外力作用和震动（如地震）后，会在墙体之间产生裂缝。

规范规定在砌筑中只允许采用两种接槎方式：一种是斜槎又称踏步槎；一种是直槎又叫马牙槎。凡留直槎的，必须在竖向每隔 500mm 配置 $\phi6$ 钢筋（每 120mm 厚放一根），两头弯 90°钩作为拉结钢筋。埋在先砌的墙内 50cm，伸出接槎一面 50cm。因此钢筋全长应有130～140cm 长才能满足，而有些施工人员只用 100cm 长来做，这种疏忽不能满足规范要求，应引起注意。斜槎和直槎的做法可见图 8-3-9。

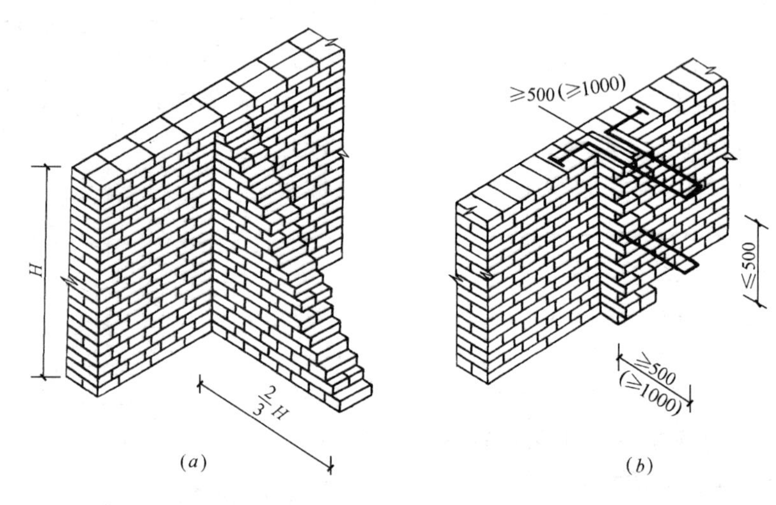

图 8-3-9 接槎方式

(a) 斜槎；(b) 直槎

4. 砖砌体的组砌形式

除大孔空心砖的组砌以孔不外露为原则，以条砌法为主的形式外，其他实心砖、多孔砖的组砌一般为以下各种形式：

(1) 一顺一丁（或叫满丁满条）组砌法，这是最常见的组砌方法。它以上下皮竖缝错开 1/4 砖进行咬合。这种砌法在墙面上又分为十字缝及骑马缝两种形式，可见图 8-3-10。

(2) 梅花丁组砌法，它又称为沙包式砌法。这种砌法是在同一皮砖上采用一块顺砖一块丁砖相互交接砌筑，上下皮砖的竖缝也错开 1/4 砖。梅花丁砌法可使内外竖向灰缝每皮都能错开，竖向灰缝容易对齐，墙面平整容易控制。适合于清水墙面的砌筑。但初学者易弄乱弄错，且工效相对低。其组砌的墙面形式见图 8-5-11。

(3) 三顺一丁的砌法，它是砌三皮顺砖后砌一皮丁砖，上下皮顺砖的竖缝错开 1/2 砖，顺砖皮与丁砖皮上下竖缝则错开 1/4 砖。它的优点是墙面容易平整，适用于围护墙的清水墙面。其组砌形式可见图 8-3-12。

(4) 条砌法，它是每皮砖都是顺砖，砖的竖缝错开 1/2 砖长。适用于半砖厚的隔断墙砌筑。形式见图 8-3-13。

(5) 丁砌法：它是墙面均见丁砖头，主要用于圆形、弧形墙面和砖砌圆烟囱的砌筑。其外表形式见图 8-3-14。

(6) 空斗墙的组砌：空斗墙是由普通实心砖侧砌和丁砌组成的。分为一斗一眠和多斗一眠的两种形式。它适用于填充墙；比实心墙自重可以减轻。但它在作墙体承重时，在墙

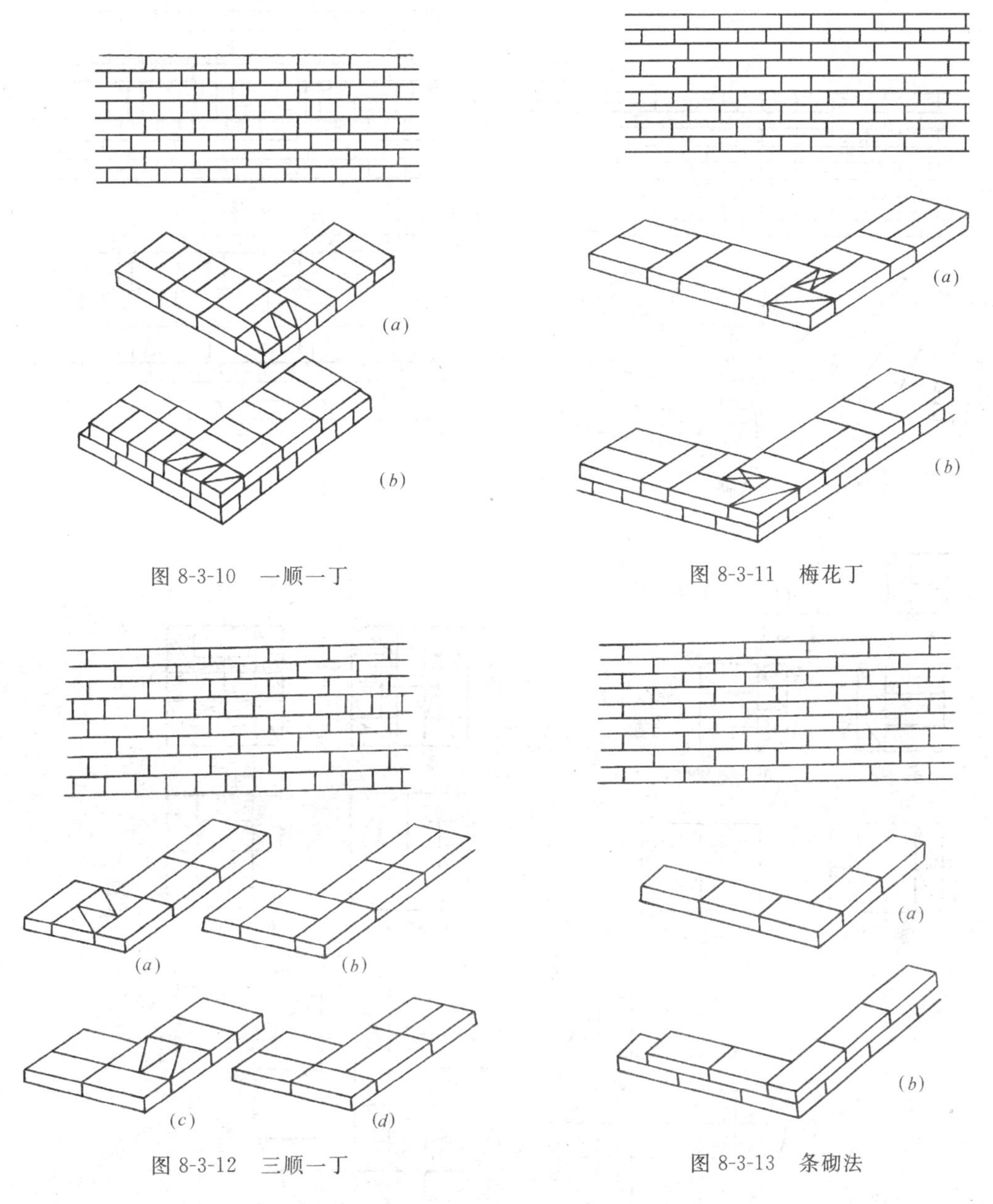

图 8-3-10　一顺一丁

图 8-3-11　梅花丁

图 8-3-12　三顺一丁

图 8-3-13　条砌法

的转角交接处；基础；地坪及楼面以上三皮砖；楼板、圈梁下三皮砖；门窗洞口的两侧24cm范围内；作填充墙时其与柱的拉结筋处都要砌筑实心砖墙，这都是规定的构造要求。其形式可见图 8-3-15。

（7）砖柱的组砌方法：砖柱一般分为方形、矩形、圆形、正多角形等形式。砖柱一般都是承重的，目前已较少采用，而改为钢筋混凝土柱。但修旧、改造非砖柱不可时，则还得砌筑。我们觉得砌砖柱应比砌砖墙要更认真些，要求柱面上下各皮砖的竖缝至少错开1/4 砖长，柱心不得有通缝，不得采用包心砌法。其各种柱形的组砌方法见图 8-3-16。

（三）砖墙、砖柱的砌筑施工

1. 施工准备工作

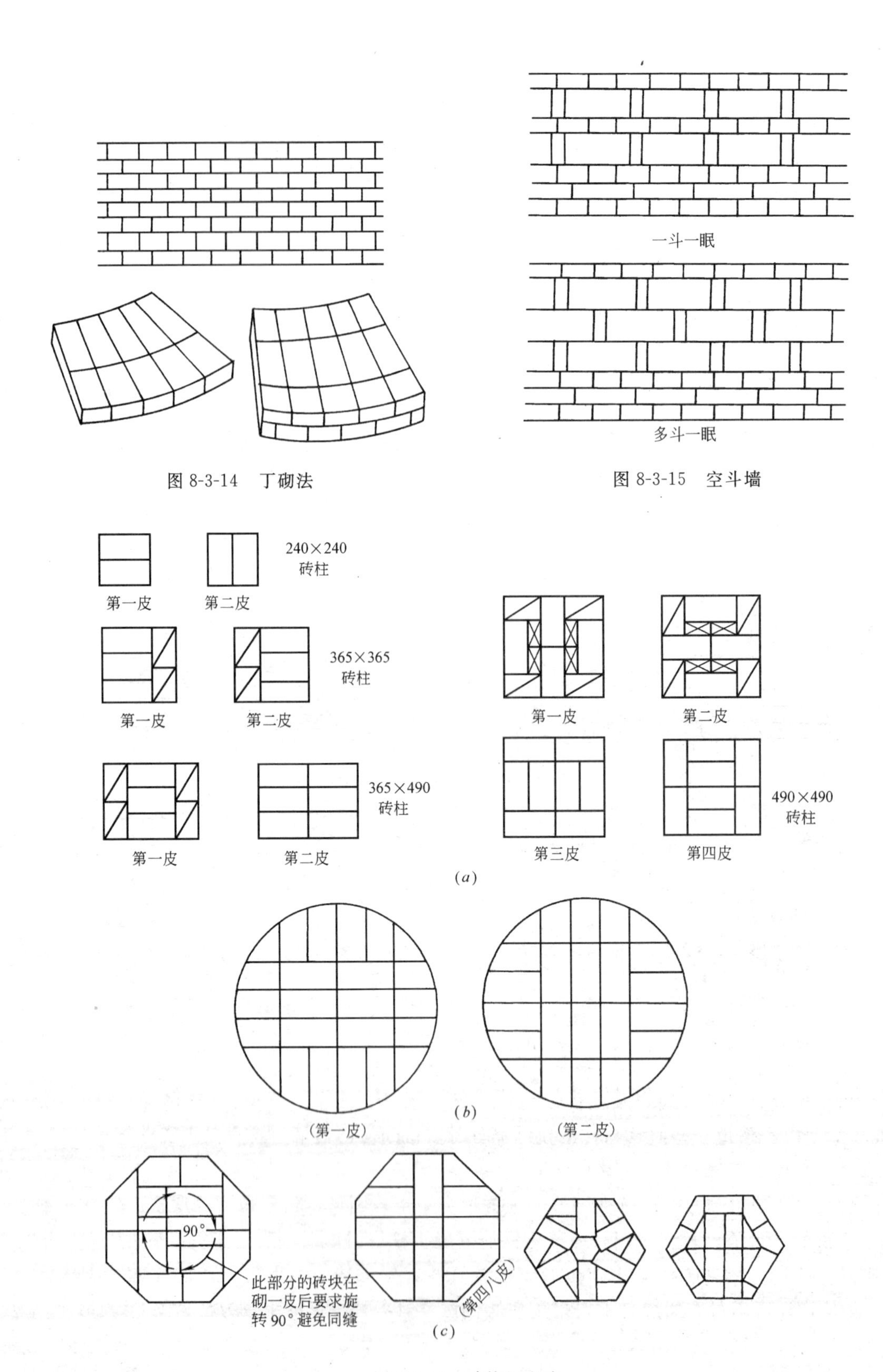

图 8-3-14　丁砌法

图 8-3-15　空斗墙

图 8-3-16　砖柱组砌法

施工准备是实施施工的前期工作，它分为施工技术准备，材料准备和现场施工准备和操作准备几个方面。

(1) 施工技术准备：施工技术准备包括：

1) 熟悉图纸详细了解图纸内容，并应考虑于施工之中。

2) 向试验室提取工程有关原材料所试配的砂浆配合比。

3) 检查皮数杆的画制，是否符合图纸上外墙节点大样图。杆上是否标出皮数、门、窗口高度，过梁、圈梁高度位置，楼板的底标高等。

4) 书写砌筑技术、质量、安全的施工交底书。

(2) 材料准备：主要是对砖、砂、水泥、石灰膏、其他掺合料、木砖、加筋、门窗框等的数量准备和质量抽查。

1) 对砖应检查取样复验砖的强度；对规格、外观检查；合格后才可取用。

2) 检查水泥的牌号、生产厂属于大厂还是小水泥厂。应抽样复验。

3) 砂：检查其细度和含泥量。太细的砂影响砂浆强度，所以要求砌筑用的砂浆采用中砂。

4) 石灰膏；应了解其熟化时间是否足够，这点很重要。

5) 其他材料如木砖应涂防腐材料；先立口的木门、窗框侧也要涂防腐材料；墙体用的加筋、拉结筋、砖过梁钢筋，均应事先计算数量，根据不同规格进行加工。来到现场后要检查长度、规格、数量是否准确。

(3) 现场施工和操作准备：

1) 检查墙体放线的准确性，检查所立的皮数杆的标高是否在同一水平面上。

2) 了解搅拌设备、运输设备、脚手架材料是否到场；计量器具是否齐全和安放合适；运输道路是否通畅。

3) 检查基础防潮层是否完好，缺、掉的应及时修补好。如皮数杆的第一皮砖灰缝太厚，超过 20mm 时要适度找补细石混凝土。

4) 检查回填土是否全部完成，回填质量，土的密实度是否足够。如有暖气沟的，要检查盖板是否全部盖好，如有问题应及时修筑和铺设完成。

5) 考虑按施工组织设计中的施工总平面布置图所指定的部位，设置搅拌机棚、井架或塔吊，以及脚手架的配合搭设。

6) 拌制砂浆、运输砖块和砂浆，放到砌筑部位。准备砂浆试模及时制作砂浆试块。

2. 砖墙的砌筑

(1) 砖墙砌筑前应先确定组砌方法。这要根据墙面要求清水还是混水，操作工人的技术水平、人数、工期等而定。

(2) 排砖撂底：根据确定的组砌形式，在防潮层上弄清墨线后，进行排砖、撂底。原则是第一皮砖“山丁檐跑”排砖。排砖对于砖的错缝咬合很重要；尤其清水墙墙面排砖对灰缝的宽窄，立缝的上下一致都有关系，所以排砖是砌清水墙必须进行的工艺程序。

(3) 盘角：排砖撂底把整个墙体分划好后，在房屋的大角、转角处可以进行盘角，为砌墙身作为基准。盘角应由技术较高的技工操作，每次盘角的高度不要超过五皮砖，要用线锤吊挂检查角的垂直度，盘角要对照皮数杆控制皮数和标高。

(4) 砌墙：当两头大角盘好之后，可以拉线砌墙。要求 37cm 厚及以上的墙双面挂线，

24cm 厚及以下可以单面挂线。中间砌筑者以线为准。目前砌砖有些操作者不挂线，砌得一道墙一头高一头低等现象出现。我们施工人员应该给予指出，并纠正其操作方法，才能保证质量。

(5) 接槎：砌墙中的接槎尽量做斜槎。甩出长度为墙砌筑高度的 2/3，如砌一步架 1.5m 高，则斜槎底应甩出 1.0m 长。接槎时必须将留槎的表面清理干净，浇水湿润，砌时要灰缝保持平直和砂浆饱满密实。直槎接槎时要检查拉结筋是否符合要求，槎头是否平直，由于槎口成锯齿状，所以对接槎处清理更应仔细，向其中填塞砂浆砌筑，必须先湿润后铺入槎口，在砖榫头处挤紧密实。要求达到接槎后，接合处无明显的接槎痕迹和凹凸现象。

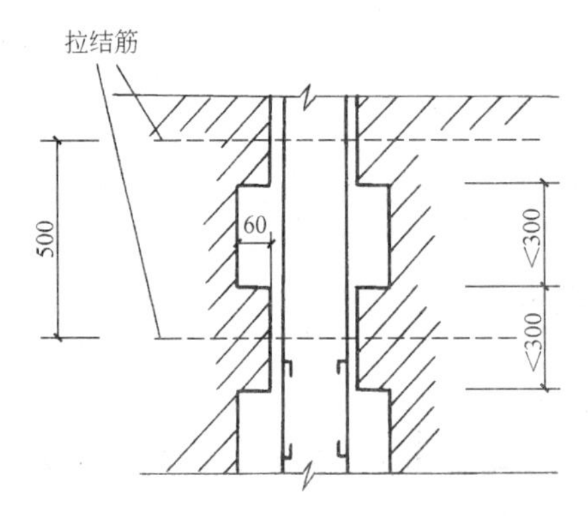

图 8-3-17　构造柱处大马牙槎留设方法

(6) 构造柱边的墙体，在砌砖前先应根据设计图纸弹线放出构造柱的位置，并把构造柱插筋理直，砌砖时墙要砌成大马牙槎。每一大马牙槎沿高度方向不宜超过五皮砖（即 30cm）。砖墙与构造柱之间沿高度方向每 50cm 间距应设置水平拉结钢筋，每 12cm 厚设一根，每边伸入墙内不少于 1m。其构造如图 8-3-17。收退为 6cm，应先放大，后收小。

(7) 砖墙砌筑时注意要点。

1) 砌体相邻工作段的高度差，不得超过一个楼层的高度，也不宜高差大于 4m。分段施工的分段处，最好设在变形缝或门窗口处。

2) 砌体砌筑的临时间断处的高度差，不得超过一步脚手架的高度（约 1.2～1.5m）。

3) 变形缝中不得夹有砂浆、碎砖和杂物。

4) 采用单排脚手架施工时，墙体上留的脚手眼应符合砌体施工规范 2.15 条。

5) 在承重墙的最上面一皮砖，应丁砌；梁垫下一皮砖也要丁砌，砖砌体的阶台水平面上以及砖砌体的挑出层中，也应采用丁砌法砌筑。有圈梁的墙应与木工联系，墙上留横担孔。

6) 宽度小于 1m 的窗间墙，应选用整砖砌筑，不得用碎砖、半头砖砌筑。

7) 施工时需在砖墙中留置的施工用洞口，其侧边离交接的墙面距离应大于 50cm。洞口上要设置过梁板。

8) 当砌筑有横向配筋的砌体时，要做到埋设钢筋的灰缝厚度，应比钢筋直径大 4mm，以保证钢筋上下至少有 2mm 砂浆层；用钢筋网作横向配筋时，要使网片有一头在砌体灰缝中露出，便于检查是否已加钢筋；加的钢筋不能用单根散筋放入，应做成矩形网片或连弯形网片，采用连弯形网片时，在砌筑的相隔砖层中应互相垂直放置。可参看图 8-3-18。

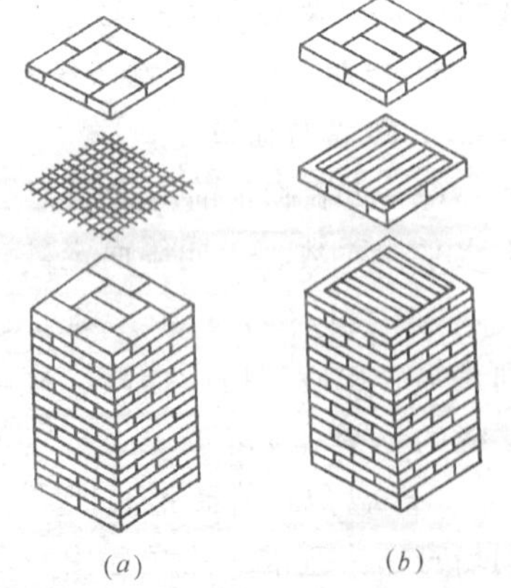

图 8-3-18　配筋砖柱

(a) 矩形网片；(b) 连弯形网片

3. 窗口、平拱、砖配筋过梁的砌筑

(1) 窗口砌筑主要应掌握的是，在砌到 90cm 或 1m 高时（应看图纸高度，这里是一般常规），要分窗口、出窗台，这是施工员应关心到的事。同时要根据窗材的类别，如木窗则要留木砖（对称放置），钢窗或铝合金窗则应根据尺寸要求余留宽度及高度量。然后注意窗口上的过梁是什么过梁，口两头标高要一致。如为以下情况应注意：

钢筋混凝土预制过梁：要在口两边顶上铺灰坐浆放置过梁，并检查口高是否满足。

现浇钢筋混凝土过梁：则要先支底模，检查口的高度，无误后支撑牢固，再支侧模、绑钢筋、浇混凝土，不拆模即可在上面砌砖，到混凝土强度达到设计强度70%后才可拆除底模。

若为平拱及钢筋砖过梁做过梁应按下述要求砌筑。

（2）平拱的砌筑：按设计规范规定窗口宽度不超过1.8m，在其上无集中荷载的，可以用平拱作过梁。由于目前应用较少，这里作较详细的介绍以便了解。

当窗口砌到上口标高时，在口两边墙上应留出2～3cm小台，俗称碹肩，然后砌筑碹（平拱）的两侧墙身，俗称碹膀子。墙身砌到拱碹高度后，在窗口上标高支撑碹胎模，板宽应同墙厚。胎模支好后在板上铺一层湿砂，铺成中间厚约20mm，两头薄约5mm，作为碹的起拱。再排砖使砖数成单数，并确定立缝的宽度。初学者可在碹胎上划线做记号以确定每块砖的位置，才不会砌错。发碹（这种砌拱的操作称呼）应由两端向中央发，留中央一块最后挤入碹中。这块最后砌的砖称为锁砖。发碹一定要掌握立缝的灰缝厚度，使全碹均匀美观，尤其清水墙面更为重要。有斜度的拱碹上口灰缝最大不得超过15mm，下口灰缝最小不得小于5mm。发碹的灰浆要饱满。平拱碹的形式和发碹可见图8-3-19。

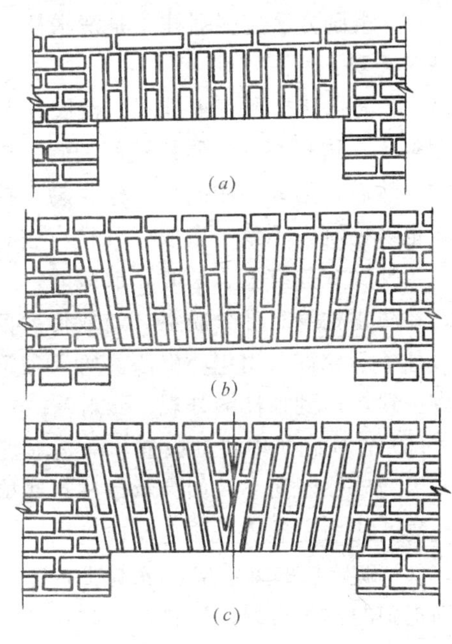

图8-3-19 平拱碹
（a）立砖碹；（b）斜形碹（扇子碹）；
（c）插子碹（镐楔碹）

（3）钢筋砖过梁：设计规范中规定当窗口宽度不超过2m时，可以用钢筋砖过梁。目前操作中仍较多使用，但砌筑方法有很多不合要求，现将应如何规范砌筑介绍如下：

1）当砌到窗口上标高时，可在其处支撑砖筋过梁的底模，然后把底模清理干净，洒水湿润，再在其上抹1∶3水泥砂浆3cm（这点目前很多施工者未做到），再按图纸把配筋均匀放在水泥砂浆上，每12cm厚墙应有1根。两端应有6cm向上90°的直弯钩，每头应伸过口边进墙24cm作支座。弯钩处应用丁砖卡紧。

2）放好钢筋后，按正常砌砖把墙砌起来，过梁的高度一般以窗口宽度的1/4为限。如窗宽1.5m，则梁高可按40cm考虑，即标准砖7皮砖。在口边各24cm及40cm高的范围内，即认为是砖加筋的过梁。这范围内要求用的砖的强度不低于MU7.5；砂浆强度不低于M2.5，钢筋直径应大于等于$\phi6$。可见图8-3-20所示。

3）砌筑时，砂浆要饱满，钢筋埋入水泥砂浆不要太深，应有2cm左右的保护层。当砂浆强度达到设计强度的50%以上后，才可以拆除底胎模。

4. 砖柱的砌筑

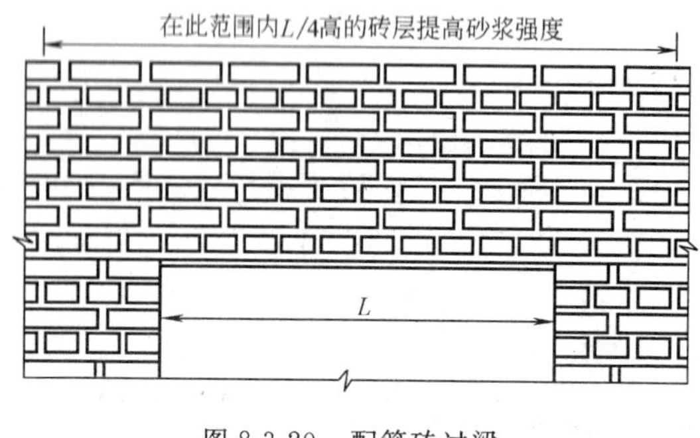

图 8-3-20　配筋砖过梁

(1) 砌筑工艺过程：

柱尺寸及位置定位，立皮数杆→选择组砌方法→排砖、撂底、砌筑→检查柱垂直度（用线锤吊）、平整度→继续砌筑→完成施工。

(2) 柱子尺寸应根据图纸确定，不能弄错；矩形柱其长边和短边的方向也不能弄错。然后根据轴线放线定位，弹出尺寸外围及长边、短边向方位。

(3) 组砌方法应根据柱子是清水柱，还是混水柱而定，清水柱要考虑组砌外形、灰缝的均匀美观。

(4) 清水砖柱要着重排砖、撂底，混水砖柱一般大致排砖后即可砌筑。砖柱砌筑一定要用整砖、边角整齐、质量较好的砖。柱边应立皮数杆。如果施工一列通柱，则应先砌两端柱，然后拉通线砌中间柱，这样易于控制砖的皮数和高度，尤其清水柱。再则柱的一侧位置也易控制，不致于造成一列柱有进有出的不直现象。

当外廊立柱有上下层时，放线时，一定要引线准确，上柱位置必须完全落在下柱范围内。要防止柱身有部分脱空，造成传力偏心对结构危害。

柱子不允许采用包心砌法。每天砌筑高度不宜超过 2.4m。清水柱要各柱每皮的排砖组砌一致，达到列柱的外观一致好看。

(5) 砖柱砌筑中要勤检查，一是垂直度、一是兜方；再是平整及灰缝厚度、灰缝饱满度。因为砖柱断面小，如为承重柱这些检查尤为必要。检查应每砌 10 皮砖检查一次，整个柱高及柱列完成后，要全面检查一次。

(6) 砌砖柱的脚手架，必须独立自成体系，不得靠或支在柱身上。以防止架子荷载或晃动把砌的柱子挤偏、挤斜。

5. 空斗墙的砌筑

在前面组砌形式中，已初步介绍了砌空斗墙的一些要求，即哪些部位要用实心砖加入组砌。现在这里着重讲砌筑的一些规定和要求：

(1) 空斗墙要用披灰法砌筑，事先最好排排砖，从墙角放实心砖然后再排空斗砖，排好一道墙，心中有数后进行砌筑才不会发生矛盾。空斗墙不允许有竖向通缝。

(2) 经排砖砌筑，在不够整砖处，应加丁砖砌筑，不得砍凿斗砖。空斗之中不得填砂浆或碎砖、杂物。因空斗墙本身是为减轻自重、节省材料，在空斗中填砂浆等则是适得其反。

(3) 空斗墙的水平灰缝厚度和竖向灰缝宽度一般为 10mm，但不应小于 7mm，也不应大于 13mm。空斗墙中的洞口，必须在砌筑时留出，严禁砌完后再行砍凿。

(4) 空斗墙的尺寸和位置的偏差，如超过规范规定的限值时，应拆除重砌。不允许用敲击的方法进行矫正。

6. 清水墙的勾缝

砌筑清水墙结束后，墙面必须进行勾缝。其目的一是达到美观，二是防风雨侵入。

清水墙勾缝前应做好下列准备工作：

(1) 清除墙面粘结的砂浆、泥浆和杂物等，并浇水湿润墙面。一般用水管淋浇，使墙面的缝中吸水，墙面达到水色深后即可满足湿润要求。

(2) 开凿瞎缝，对部分缺棱掉角的地方，可用砖灰拌的砂浆修补方正，达到色泽一致。

(3) 有脚手眼或留的施工洞，应将砖边清理干净，洒水湿润，再用与原墙面相同的砖块补砌严密。

(4) 要人工用纱窗纱做的筛子筛出细砂，拌制 1∶1 水泥砂浆，人工少量拌制，随拌随用。砂浆和易性应适合勾缝操作为宜。

清水墙勾缝应注意的要点是：

(1) 勾缝应横平竖直、深浅一致、搭接平整并压实溜光，不得有丢缝、开裂和粘结不牢等现象。缝凹入墙面一般为 4～5mm，勾缝完毕后，应清扫墙面。12h 后适当浇水养护。

(2) 勾缝施工应从上往下，由高往低进行。翻拆架子要防止污染墙面。

(3) 对已勾好的墙面采取保护措施，防止清水墙面被撞碎、碰掉棱角。

(4) 对少量无法避免的外露混凝土应凿去，低进墙面 1cm 左右，采用砖粉和砖色颜料拌制砂浆抹成墙面，在该墙面上勾缝做成如清水墙一样，俗称做假砖。这要让技术高、有经验的瓦工来做这项工作。

(四) 砖筒拱的施工

砖砌筒拱在目前采用日益见少，但一些地区和工程仍有施工的。为此对该项施工也作一些介绍，达到初步了解，一旦遇到也能应付施工。

1. 砖拱施工工艺过程

施工准备→模架支撑→搭设架子→材料运输→砖拱砌筑→养护→落架拆模→全面检查→结束施工。

2. 施工准备

(1) 熟悉施工图，按图复核拱座的墙身高度，按图制作拱模，弄清跨度矢高及拱体厚度。并计算出砖的块数（按单数排列）和灰缝厚度。

(2) 对拱支座的墙身进行质量检查，如墙身垂直度、砂浆强度、垂直偏差等都不允许超过规范规定。如拱座为混凝土圈梁，则侧面应做成斜面，斜面应垂直于拱轴线。拱支座是墙体则砂浆应达到设计强度的 70%以上；拱座是混凝土则强度应达到设计强度 50%以上，方可进行筒拱的砌筑。

3. 材料准备

(1) 拱的用砖宜采用强度 MU10 以上的砖，砖的外形尺寸要一致，棱角要整齐、无凹陷、粗裂痕、翘曲、欠火、疏松等疵病。

(2) 砂浆宜采用 M5 强度以上和易性好的混合砂浆（地下部分应采用水泥砂浆），稠度可适当增加。

(3) 对砖进行适当挑选和浇水洇砖，浇水时间应在砌筑前 2d 为宜，浇湿程度和砌墙相同。

(4) 砌筑前应将材料运到拱施工的脚手上，应注意的是拱模上不能堆放材料。如为单拱，脚手架搭在拱座两侧；如为连续拱，脚手架可搭在两拱相接的中间地带，如图 8-3-21。脚手架上堆放材料也应以量少能满足施工短时间用为宜，应勤运勤放。

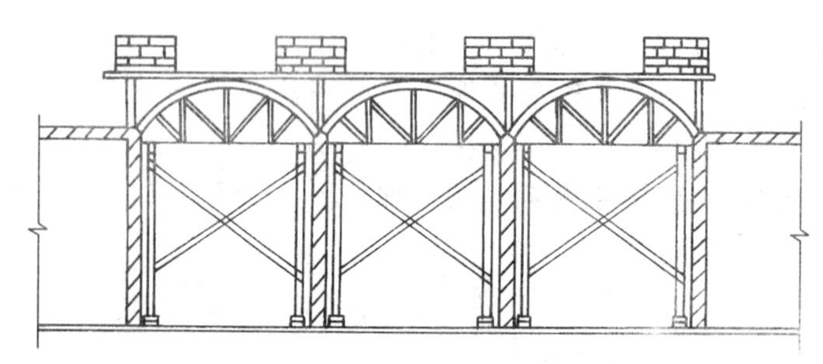

图 8-3-21　拱施工应搭架子示意

4. 模架支撑

(1) 筒拱的模架可根据筒拱的进深分段制作拱模，每段长 2m 左右，模架宽度应根据图纸放实样确定，并比实样略小 100mm，便于装拆。胎模形状如图 8-3-22。

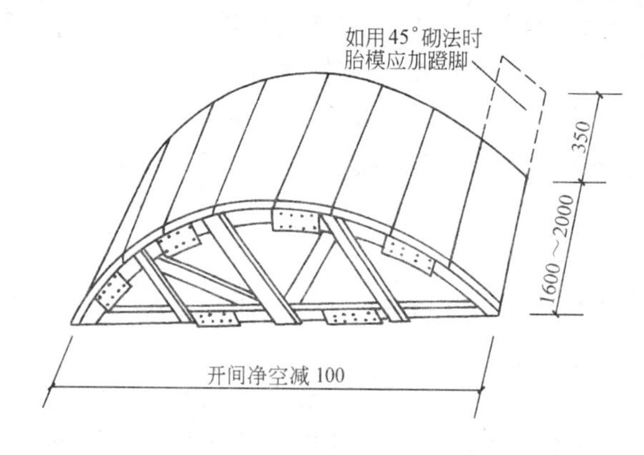

图 8-3-22　砖拱胎模形式

(2) 模架支撑可采用立柱式支顶，也可以在墙上做横担，垫木梁加木楔支顶。

(3) 模胎支撑安装后应在以下允许偏差之内：

1) 在任何一点上的竖向偏差，不应超过该点拱高的 1/200；

2) 拱顶位置沿跨度方向的水平偏差，不应超过矢高的 1/200。

因此要求拱胎模制作时曲度与实样样板符合。支撑时测好水平标高线。

5. 筒拱的砌筑

筒拱厚度根据其上面荷载不同，分为厚 12cm 及 6cm 两种，也有少数厚 24cm 的。

砌筑时要求如下：

(1) 砌时按算好的单数砖，进行排砖，并控制灰缝，上口不大于 15mm，下口不小于 5mm。

(2) 采用披灰挤浆法砌筑。由拱脚向拱顶错缝砌筑，最后中间一块要挤塞紧密。必要时可加铁片塞紧。

(3) 砌好后可用砌筑砂浆铺刮填满灰缝，俗称“刮斗”。在整个施工过程中，拱体应对称受荷。

(4) 砌时要求拱度必须一致，顶面不得有纵向高高低低的现象。纵向端头如有檐墙，则与墙之间应留出变形缝，宽度约 2～3cm。

(5) 穿过拱体的洞口应在砌筑时留出，洞口的加固环应与周围砌体紧密结合。已砌完的拱体不得任意凿洞。

(6) 砌筑拱体应在纵向全部完成后才能告一段落，如午餐等临时间断施工，在再施工接槎时，应把先砌部分的舌头灰清干净后再接槎，以防止先砌与后砌的变形不同和接槎不严密产生裂缝。

(7) 多跨连续的筒拱施工时，最好各跨同时施工；如不能同时施工，应采取抵消横向推力的措施。

(8) 拱砌时咬合接槎及施工流程可见图 8-3-23。

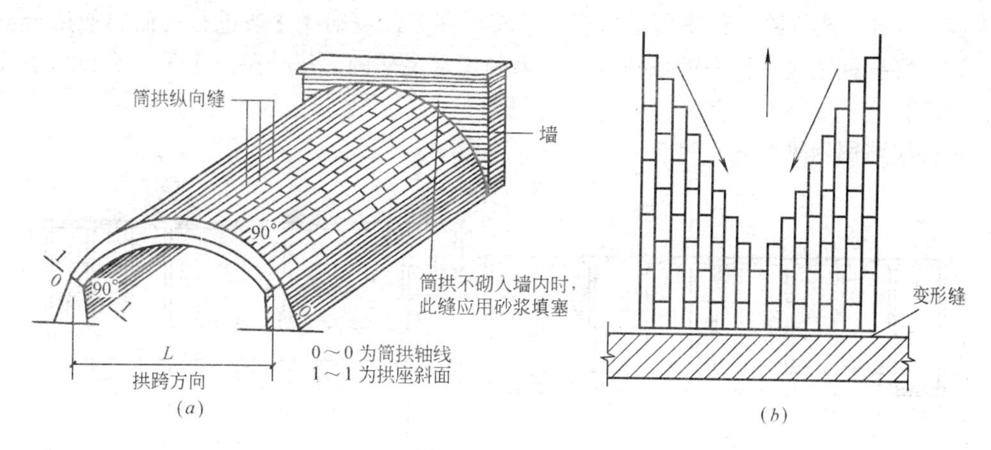

图 8-3-23　筒拱

(a) 筒拱形状；(b) 筒拱组砌流程形式

6. 养护

筒拱砌筑完毕，间隔 12h 后应用草帘覆盖浇水养护。养护时间应为 7 天以上。在养护期间应防止被冲刷、冲击、振动。同时不允许在砌好的拱上增加额外荷载。

7. 拆模

筒拱的模板拆除，应在砂浆强度达到设计强度 70%以上时才可进行，并应保证横向推力不产生有害影响。在拆模时先使模板均匀下降 5～20cm，并对砌体进行检查。发现裂缝或局部下垂，应立即停止拆模，进行研究解决。

对有拉杆的筒拱，要在拆模前，先将拉杆按设计要求拉紧，用拧紧端头螺帽而使杆抻紧，并要求同跨内各拉杆的受力都相等且均匀。拧紧螺帽可用计力扳手进行。

(五) 砌块的砌筑施工

建筑施工要实行工厂化、机械化，改变用小块砖砌筑的手工工艺，进行墙体改革，那么利用各种材料或工业废料做成大、中型砌块，是墙体改革的一个重要途径。在这里我们将它的施工过程作一些介绍。

1. 施工工艺过程

施工准备→机具准备→材料准备和运输→铺浆和砌块就位→校正→填补空当→灌缝→清理结束施工。

2. 施工准备

施工准备包括以下内容：

(1) 熟悉施工图，了解砌块排列图及编号。记牢各种型号的砌块数量和大致尺寸。

(2) 平整需堆放砌块的场地，要夯实并利于排水。为防止泥土玷污砌块表面，可在平整的场地上铺一层煤渣或砂石。

(3) 运入砌块后应派人编号，按号分类堆放。堆放高度不得超过 3m。顶上一二层砌块应放成阶梯形使堆垛稳定。堆与堆间应有 50～60cm 空隙便于吊运时人通过或挂钩。堆放时要避开高压电线通过的地方。

(4) 在基础上或楼层进行放线，立标高杆。要放出轴线、边线、洞口线，对大型空心砌块还应放出分块线。立标高杆是控制每道墙的高度，避免形成墙高低参差不齐。

(5) 确定安装线路。若使用塔吊进行吊装，则可以按轴线逐条进行；而当使用台灵架吊装，则要根据建筑平面图的墙体布置，来确定台灵架的运行线路。台灵架是以后退式吊装就位的。

运行线路图示见图 8-3-24。

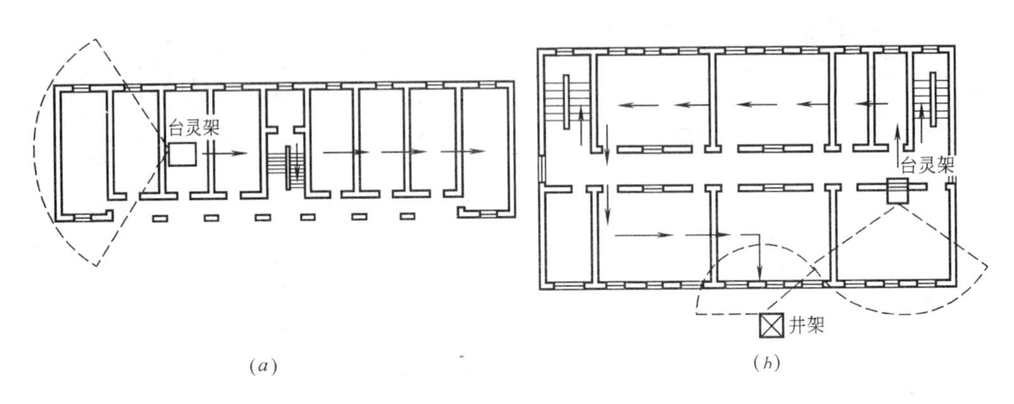

图 8-3-24 运行线路

(a) 直线；(b) 折线

3. 机具准备

由于大、中型砌块重量很大，不是人力可以安装的，因此一般采用台灵吊，最好采用塔吊安装。台灵吊是自制小型吊装机具见图 8-3-25。

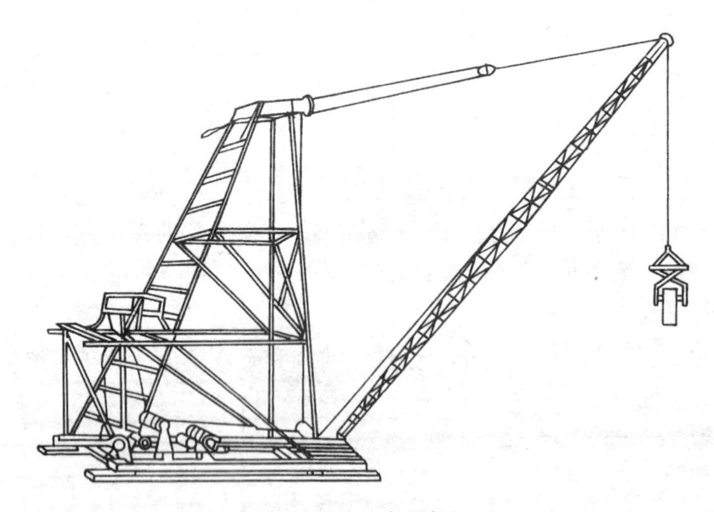

图 8-3-25 台灵架

此外还要准备夹具、钢丝索具、水平运输板车；小型工具如撬棍（作校正用），灌缝夹板，泥桶、瓦刀、勾缝抿子；移动台灵的滚筒（ϕ80～ϕ100 的短钢管），铁棍等。

4. 材料准备和运输

材料准备主要应以每层需用的各种型号砌块，配套供给，并按编号及先用后用进行运送。其次应准备砂浆和细石混凝土，按设计强度要求，算出配合比及进行计量拌制，配合砌块吊装进行运送。砂浆稠度以 5～7cm 为宜。

砂浆须随拌随用；细石混凝土一般在一二道墙结束后，根据灌缝量的多少进行拌制使用。

5. 砌块安装

(1) 按墙面排列确定先放及后放的程序。排列形式可见图 8-3-26。排列错缝的搭砌长度不得小于块高的 1/3，也不应少于 15cm。

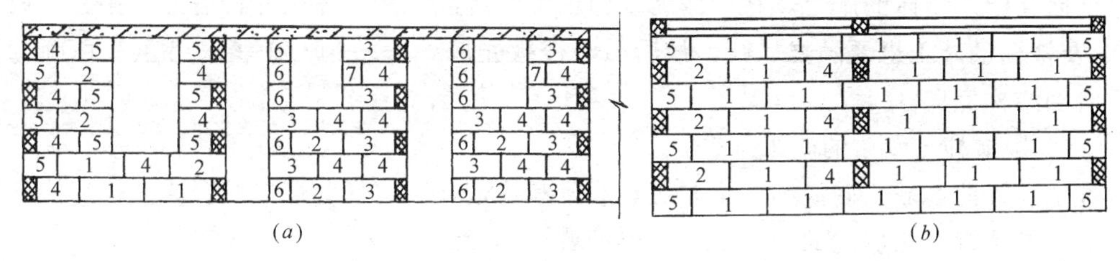

图 8-3-26　砌块排列形式

(a) 檐墙；(b) 山墙

(2) 铺底灰，一般一次铺 3m 长左右，以吊装就位时不干为准。砌筑前要将块体外表清理干净，并对砌块外观进行检查，发现裂缝过长或断裂应不予使用。

(3) 内外墙应同时砌筑，纵横墙应有交错搭接。临时间断处应留成台阶槎。相邻施工段之间的高差不应超过一个楼层。每层砌完后要复核标高。如有误差须找平校正。

(4) 设计规定的洞口、沟槽、管道和预埋件等，应有砌筑时预留和预埋。空心砌块的墙体不得打凿通长沟槽。

(5) 砌块就位并经校正，达到垂直平整后，可在两块体间的竖缝中灌细石混凝土。然后对竖缝及水平缝进行原浆勾缝。勾缝深度 3～5mm。砌块竖缝封闭式灌浆槽可参看图 8-3-27。

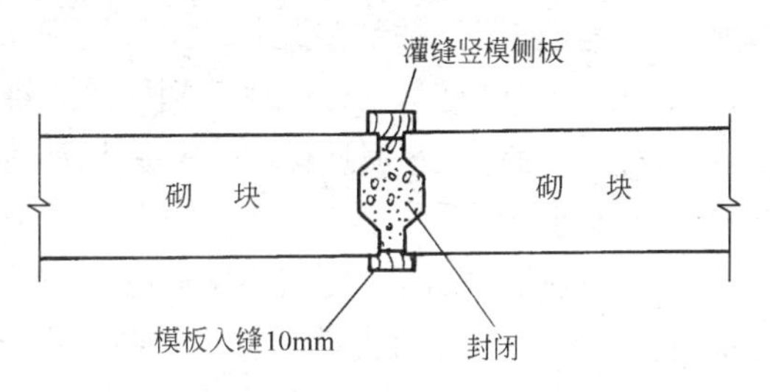

图 8-3-27　砌块封闭槽灌浆

(6) 在灌好竖直缝的砌块，不得再碰撞或撬动，如发生位移，要重新铺砌。

(7) 空心砌块凡有竖向加筋的，其插筋孔要事先浇水湿润，再加筋后灌细石混凝土。

(8) 砌筑应组织专门劳动班组。有些地区以 16～20 人为一砌筑安装小组。由于该砌块大，又有吊装施工，因此必须加强安全技术交底，经常检查绳索。加强临时稳定的支撑工作，安装时，不准站在墙上（即已砌的砌块上）进行操作。房屋四周设单排脚手，或悬挂安全网。凡是大风、雾天、机具故障、绳索不牢时应停止作业。

6. 注意事项

(1) 对砌块质量必须检查。凡表面疏松、贯穿面棱的裂缝，直径大于 50mm 的灰团、空洞、爆裂和突出高度大于 20mm 的局部凸起部分等质量疵病均不允许应用。翘曲不大于 10mm，倾斜不大于 8mm，缺棱掉角深度不大于 50mm。

(2) 边头缺口等需填补砖的，应分散布置。

(3) 砂浆和细石混凝土都应做试块，试块强度应符合砖石工程和混凝土工程的施工及验收规范要求。每一层楼或 250m^3 砌体中，每种标号的砂浆或细石混凝土应至少制作一组试块（砂浆 6 块；混凝土 3 块）。

(4) 砌块进行冬期施工不宜使用冻结法。砂浆外加剂的掺量须经试验确定。砌好后要覆盖草帘保温。低于－10℃时要提高一级砂浆强度。

(5) 雨期施工不得使用过湿的砌块，以避免砂浆流淌，影响砌体质量；雨后继续施工时，要检查砌体的垂直度。

四、圈梁、阳台、楼梯的施工

前面介绍了墙体的施工。在墙体砌筑施工中，砖混结构中圈梁、构造柱、阳台（或外廊）、及楼梯的施工也要随之进行。最后吊装楼板完成一层结构的施工，再重复该施工程序，直到结构完成。

(一) 构造柱与圈梁的施工

在抗震设防区域，砖混结构都要设置圈梁和构造柱。它们和墙体结合成一幢房屋的整体，它们是砖混结构房屋的一个部件，也需要认真施工。

1. 施工程序

施工准备→材料准备→支撑构造柱和圈梁模板→绑扎钢筋→验收钢筋隐蔽工程→浇灌混凝土→养护→拆模→梁面找平层→安装楼板。

2. 施工准备工作

(1) 学习图纸了解构造柱及圈梁断面尺寸，圈梁的平面位置。这些图在砌墙时就应学习，这样可以便于留出构造柱和把无圈梁的墙砌到板底标高。这里再次学习是为具体指导构造柱和圈梁施工，并加强记忆 。

(2) 核对钢筋料单，检查钢筋翻样是否准确，防止遗漏而造成绑扎时手忙脚乱。

(3) 提取钢材、水泥质保书，对原材料进行核验。向试验室申请混凝土配合比，并向有关队组进行交底。

(4) 检查墙身标高，复核圈梁底标高位置与墙身标高是否一致。具体是运用墙上已弹的室内标高线进行竖向丈量。发现问题应在支模板前处理解决好。

3. 材料准备

(1) 模板的配置。用木模的，应按木工翻样配料。用组合钢模的，应提取相应规格的钢模数量。还有相应的支撑材料（木方或钢管）。

(2) 混凝土原材料如水泥、砂、石的进料存放。

(3) 到加工场把相应要施工的圈梁、构造柱的钢筋，根据料单提取到工地分类堆放，并核点准确。

4. 施工

(1) 对构造柱，应先把钢筋绑好后，清理柱子根部的落地灰等杂物，并用水冲刷干净，然后支撑构造柱两侧的模板。模板要支牢夹紧，用支撑法或螺栓拉结法，使之牢固。主要防止浇灌混凝土时胀模及漏浆。

(2) 对圈梁，可先绑钢筋后支模板，也可先支模板后绑钢筋。因为模板只有侧模，以哪个工种有空哪个工种可先上。侧模立在横担上，待钢筋完成后把模板上口卡住，保持模板的断面尺寸。模板也要防止胀模和漏浆。支模形式如图 8-3-28。

(3) 检查钢筋做好隐蔽工程验收记录。主要内容是检查构造柱钢筋直径、箍筋直径和间距；检查圈梁断面尺寸、主筋直径和箍筋间距，以及转角及长度不够处的搭接长度是否足够。垫块是否垫好，保护层是否符合要求。

(4) 浇灌混凝土。要求先浇灌构造柱，在全部构造柱浇灌完毕后才可进行圈梁、阳台挑梁、卫生间的现浇板等处浇混凝土。混凝土要控制坍落度防止漏浆；另外由于构件较小振捣时要适当，不要过振。

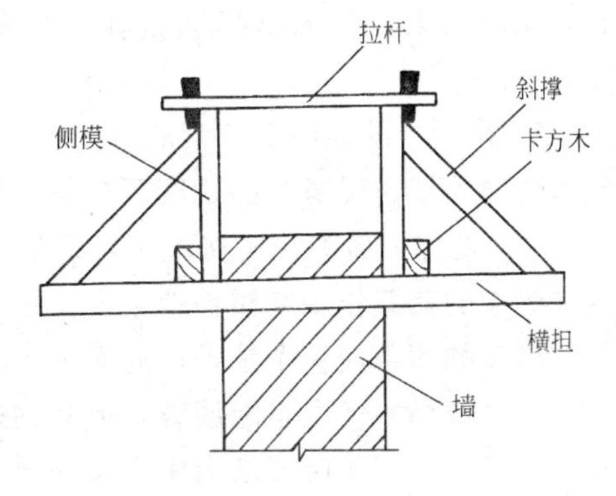

图 8-3-28　支模形式

浇灌混凝土时，应分构件、分强度等级、分楼层做好混凝土强度检测用的试块。试块制作后，应送标准养护室去进行养护。每种试块应做一组，待试模中混凝土表面干燥后，应在其上用墨笔写出强度、部位、浇捣日期。

5. 现场养护

这类小型构件在施工现场的养护往往被忽视，这是不应该的。尤其抗震设防地区更应注意养护。

混凝土的养护要根据水泥品种和气候情况不同，采用不同的养护时间，一般应在浇筑完毕后的 12h 内对混凝土加以覆盖和浇水，养护时间一般不得少于 7d，对掺用缓凝型外加剂的或有抗渗要求的不得少于 14d。目前在养护天数上往往达不到，为此也有采用刷养护剂的办法来进行养护。

养护的目的是使混凝土处于湿润状态，防止其水分散失。当水泥得不到足够的结合水，不能形成水泥石，就会降低混凝土强度。所以不能忽视混凝土养护这一环节。

6. 拆模

构造柱和圈梁，由于都在砌体中，因此浇灌后 2～3d 就可以拆除侧模板。除非圈梁中有代替过梁的部位，那么得等到该处混凝土强度达到设计强度 70%以上后，才能拆去底模板。

(二) 阳台和楼梯的施工

阳台（包括雨篷）是悬挑结构件；楼梯是跨过空间的两端支承的斜向结构件。它们与构造柱和圈梁不同，因此施工中有所不同。所以和前面分开介绍。

1. 构造要求

(1) 阳台（或雨篷）：它是砖混结构中的悬挑构件，它分为梁挑式和板挑式两种。梁挑式，即以悬挑出去的梁为受力主构件，梁上再放板形成一个阳台；板挑式是一块板悬挑伸出墙身，加上栏杆形成一个阳台。近年由于设计及施工因素板挑式阳台发生质量事故较多，已基本上不允许采用，除雨篷不上人，仍可用板挑式，阳台一般已不再用板挑式了。对于梁挑式阳台在构造上我们施工人员必须掌握以下三点：

1) 梁挑式的悬挑梁根部（即嵌入墙处）其梁高 h，至少应为挑出距离的 1/6，表达式为：

$$h \geqslant 1/6l$$

有的设计往往强度上满足了，而刚度上不满足，即 h 高度不够。我们遇到过强度足够而刚度不够的阳台，到阳台上人多了会发生弹跳动现象。所以刚度也很重要，让使用者有安全感。如外挑 1.2m 的阳台，其梁根部至少应有 20cm。

2) 悬挑出去部分的长度和埋入砌体内的长度，一般也应是 1∶1.2～1.5，有的后面与圈梁连接起来，目的是提高抗倾覆的能力。比如挑出去 1.5m 长，那么埋入墙内应为 1.8～2.2m。

3）在梁中的纵向受力钢筋至少有 1/2 的钢筋面积伸到梁的尾端，且不少于 2ϕ12。其他钢筋伸入墙内梁身中的长度至少是梁埋入墙体长的 2/3。

（2）楼梯：砖混结构房屋中，楼梯也分为梁式楼梯和板式楼梯两种。梁式楼梯是楼梯踏步传递的荷载作用在楼梯斜梁上；板式楼梯是一跨楼梯的两端都支座在楼梯平台梁上，每个踏步的荷载使整个楼梯一起受力。

梁式楼梯的优点是配筋省，但其构造较复杂，施工中支模等较繁。当跨度不大于 3m 时，一般不采用。砖混结构中，每一层之间采用单跑楼梯时，梁式楼梯应用较多。

板式楼梯施工比较方便，支模省力，但用钢筋量比梁式多。在砖混结构中有休息平台的中转两跑的楼梯，跨度较小由于施工方便，往往采用板式楼梯。

楼梯一般为方便疏通人流，往往设置中转的休息平台，这在施工中应作为楼梯的一部分一起施工。

2. 施工工艺过程

施工准备→材料准备→模板制作及支撑→钢筋绑扎及验收→浇灌混凝土→养护→拆模板→验收构件质量。

3. 施工准备工作

施工准备工作基本上也是再熟悉图纸、核准梁板断面尺寸和长度尺寸。主要的是结构标高的核定，因阳台一般比室内要低 3cm 左右，楼梯平台也比室内低 2cm 左右。除图纸核准外，还得到工程实物上与现场标高核对，与墙砌体核对，无误后才能进行支模等施工工序。

其次是查对原材料质保书，钢筋配料单等。

4. 材料准备

主要是模板料的准备，钢筋到场和分类堆放，混凝土原材料的到场和质量检测。

5. 阳台的施工

（1）模板的支撑：阳台模板主要支撑外挑部分的底模及侧模，埋入墙内部分仅为侧模。支模主要应重视标高的核准，梁体的断面尺寸要准确，内伸部分主要是梁长部分的横担留孔与圈梁不在一标高上，该部分墙身比圈梁也要低一到二皮砖。按照图纸并掌握以上常识性要求，就能把模板支好。

（2）钢筋绑扎：主要是按图纸配筋并核对配料单，无误后即可绑扎。应注意的是外挑部分的箍筋应使环口在下，因为受力主筋是在梁的上部的。伸入墙内的尾部钢筋应与圈梁纵筋绑扎。绑扎完后组织班组自检；然后请质量员和建设方有关人员一起验收，并办理隐蔽验收签证。

（3）浇灌混凝土：除通常要求的配比准确，坍落度适宜之外，主要是施工时要一次完成，尤其悬挑部分不得留施工缝。此外该类构件较小，完成后要加强养护，该层次的圈梁等混凝土试块的取样，最好在浇阳台部分时取样做试块。

（4）模板拆除：混凝土浇筑完毕后，在 12h 内进行养护，养护期为 7 天以上。悬挑构件强度应达到 100％才可拆模。

（5）构件验收：阳台悬挑部分拆除模板后，应仔细检查构件，有无漏振造成的空洞、露筋、麻面、以便及时修补处理。同时还要看有无其他原因如物体冲击等造成悬挑部分裂缝的情况，因为悬挑部分出现裂缝是非常有害的。

6. 楼梯施工

(1) 模板的支撑：楼梯支模主要是掌握坡度准确、踏步模板的牢靠。楼梯侧边的踏步台级，一般都要用木板按图纸的台高、级宽制作成锯齿状侧模，作为浇筑混凝土的依据。栏板式楼梯支模时，要防止栏板浇筑混凝土时胀模。有楼梯栏杆的要在浇混凝土时，别忘记放栏杆预埋铁件。

(2) 钢筋绑扎：梁式楼梯比较简单，把梁绑扎好后，两端伸入支座并使锚固长度满足，梯步的钢筋伸入梁中支座足够，这样即完成了绑扎工作。

板式楼梯，主筋除通长伸入上下梁内锚固外，其梯板两端还有上层的附加负筋，这类钢筋绑扎好后要垫牢防止斜倒或踩平。

绑扎完成后，同样要进行检查和办理隐蔽验收签证。

(3) 浇灌混凝土：要注意检查保护层垫块是否垫好，模板上要浇水湿润。浇灌时防止踏步板下沉，要保持支模时位置，浇完一台级要检查一下台高是否准确。目前有些楼梯拆模后，台级高高低低，级与级的高度有的甚至相差了 3～4cm。这不利于装饰工程的工序施工。

楼梯施工为了楼层间的交接，往往要提前向上面一层楼方向支起底模，并留钢筋插筋。因此也要求混凝土向上多浇筑几个踏步留置施工缝。根据施工缝留置原则，一般留在第三或第四踏步处，要求留置面与底板垂直。应注意再往上浇筑时，施工员一定要检查该施工缝处是否清理干净用水冲净。目前该类施工缝由于清理不到位，检查时会发现该类缝中有砖屑、木片渣等脏物，这对楼梯的结构受力将是很大的隐患，这都是浇筑混凝土时应注意的事项。

(4) 养护和拆模：楼梯的养护和其他构件一样。楼梯的拆模一般的是当同条件试块试压后，其强度达到设计强度 70%以上时，即可全部拆除。

五、板的安装

砖混结构房屋的楼板，除少数因特殊需要采用现浇钢筋混凝土梁板外，大多数都采用预制的预应力多孔板。一是使构件工厂化，二是可以节约钢材，三是不需要施工养护期。这里主要是介绍预制多孔板在砖混结构中安装的工序和技术要求。

(一) 楼板安装工艺程序

楼板安装的施工程序为：

配合坐浆↓

施工准备⟶楼板进场及质量验收⟶场内水平运输及吊装就位⟶核对楼板号与安放位置⟶板缝支模⟶湿润清理缝道及浇灌细石混凝土⟶养护⟶拆模⟶清理。

做试块↑

(二) 施工准备

楼板安装前应做以下准备工作：

(1) 熟悉图纸，把每层的板号、长度、宽窄、各类的数量记下来，最好绘成线条示意图便于安装时核查。同时记住有无需现浇的板带，以及钢筋配置、板的厚度与宽度。

(2) 提取楼板的质保书及有关使用的钢材、水泥的资料和混凝土试块强度记录报告。

目前已不允许使用冷拔钢丝做楼板的预应力钢筋，而要用冷轧带肋钢筋，这在检验时应特别注意。混凝土试块强度资料包括剪切时强度和28d强度均应具备。

（3）平整夯实堆放楼板的场地，准备垫木，以及装卸楼板的吊机。现场有塔吊的则最好，卸板应不成问题。但堆放场地应在塔臂半径的范围内。

（4）在工程的墙体上操出标高水平线，以此标高（一般在圈梁底10cm左右），在圈梁面抹好找平层。使板底标高在一个水平面上，这样安装好的楼板板面亦可以比较平整，以减少用细石混凝土垫层加厚的办法来找平楼面。工作更细一点的话，在圈梁墙上还可以用粉笔分别标出板宽，写上板号，以及板缝20mm的宽度，使安装人员一目了然。如图8-3-29所示。

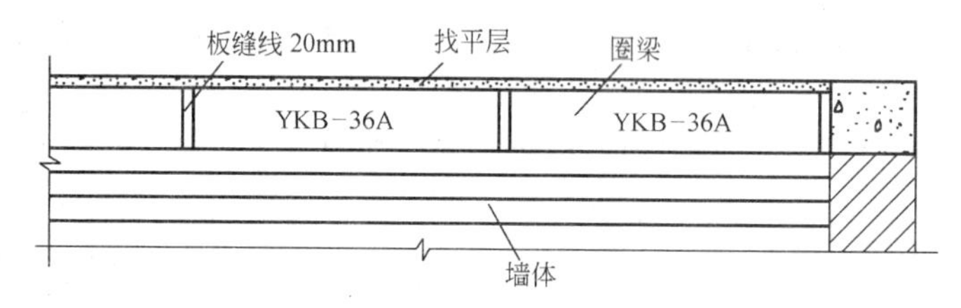

图8-3-29　安装楼板位置及型号放线示意

（5）组织安装的劳动人员，准备必要的安全设施，安装用的一些工具如撬棍、地面水平运输车，如用井架的摇臂作垂直运输的，还要准备楼层运输安装的专用车。

（三）楼板进场堆放及验收

根据楼板加工订货计划，向材料部门提出要货后，在已准备好的场地上进板。一般以一层量的1/2提供堆场，随安装随运进。

楼板进场后按不同型号分开堆放。堆放高度最多不能超过8块。最底下一块垫木应用10cm×10cm方子。中间垫木可用5cm×10cm方子。垫木位置在两端进来$10l_0$处（l_0为板长），上下垫木必须在一条竖直线上，板中间不得搁置任何东西，防止反拱把板面拱裂。堆放形式如图8-3-30。

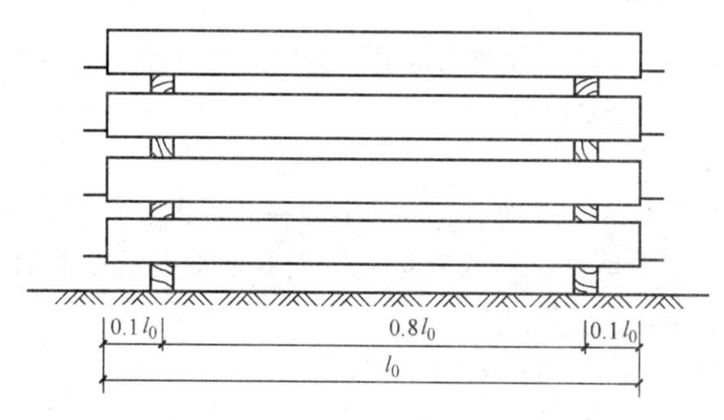

图8-3-30　多孔板堆放图

在堆放好后，应组织工人把板孔进行堵头，尤其在抗震区保证板端抗剪要求，细石混凝土可以灌入板孔中，为减少流淌，可以做成标准形的堵块，放入孔中。在堆放的时间，同时进行数量及质量的验收。质量验收主要是外观看板底、板侧有无裂缝。裂缝有受损裂缝、收缩裂缝两类。凡裂缝贯通板底到肋，或纵向通长的板底或板面贯通裂缝的板，均不能再吊装就位，应作为不合格板或待处理板放在一块。还要检查有无板底蜂窝、麻面及露筋，如情况严重者亦应剔除。情况尚可者应安装就位后在板底专门抹灰处理，保护好钢筋。

此外也可用锤子敲击板侧，从声音中鉴别板的混凝土强度是否足够，这需要有一定的经验。还可以从板的颜色看其强度是否足够等方法来进行外观检查，以达到保证工程质量的目的。

（四）吊装就位

在楼板吊装就位过程中有水平运输、垂直运输，及安装就位等操作。这中间应注意的事项为：

(1) 做好安全技术交底，防止板在运输中冲撞或失落引起各类事故；

(2) 要检查所用机具的安全可靠性；

(3) 要有专人（班长或副班长）进行安装的统一指挥；

(4) 安装板时要瓦工或抹灰工配合在就位处的板下坐浆；

(5) 安装时要轻放、轻撬，防止砸碎找平层或撬碎找平层，使板安装后搁置不平而翘动。

（五）检查验收

在楼层的板全面安装完毕后，应会同质量员进行检查验收。验收内容为：

(1) 板号是否准确；支座长度是否满足，一般要求板在梁上的支承长度最少为 8cm，在砖墙上（无圈梁时）支承长度有 10cm 以上为合格；不能满足者应适当撬动使其满足，最主要的是应在安装时控制好。后补撬动会使坐浆、找平层破坏。

(2) 检查板缝是否均匀。有些安装工人为图省事，或木工为图省事少支板缝模板，把板挤并在一起。板与板之间缝道不足 20mm，难以把细石混凝土灌实，在交付使用后板缝处出现通长裂缝。因此在安装时要交底并提出要求，安装时要进行预控，最后用全面检查来作保证。

(3) 再次在楼层下检查板底是否有质量疵病，以防止进场验收时的漏检，达到保证构件使用无隐患。如有问题应立即处理。

(4) 观察楼层平面是否有起落不平现象，有怀疑时应用水准仪测点检查，以保证整个楼面的平整，对下步施工有利。

（六）细石混凝土灌缝

预制多孔板安装及检查完毕后，要支好板缝模板。其缝可用 50mm×50mm 方木的一条棱支入板缝中，支法有吊模或下面撑住。见图 8-3-31。

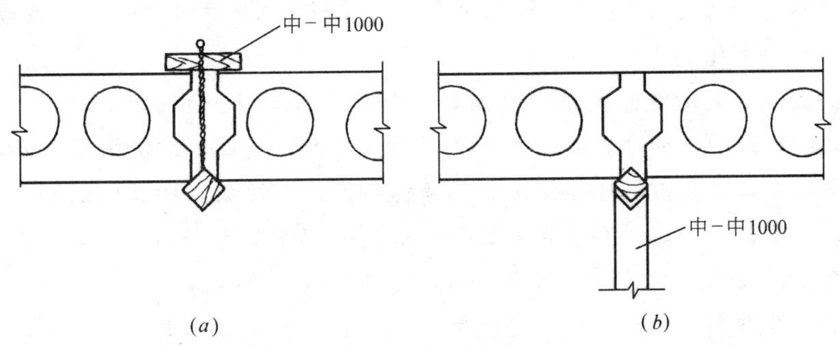

图 8-3-31　多孔板缝支模方法

(a) 吊杆支模；(b) 支杆支模

禁止用碎砖、草绳嵌入缝中作为垫缝当“模板”用。这种做法破坏和削弱板缝的混凝土起楔块作用，把板与板联成整体的作用破坏了。

模板支好之后，应准备细石混凝土材料开始灌缝，灌缝的细石混凝土应不低于 C20

的强度，设计有规定按设计要求配置。浇筑前要湿润板缝。

灌缝的细石混凝土坍落度可适当放大，以5～7cm为宜。要求灌时用铁钎人工插捣密实，防止用力过大把方木挤下去，拆模后造成缝中混凝土外泄不平。

细石混凝土浇灌后，常温时应浇水养护至少7d，才能上砖等准备上一层楼的施工。否则缝中混凝土强度不足，受施工荷载震动，造成其内部破坏，达不到灌缝的作用。

灌缝完毕应清理楼层上掉落的混凝土残渣。养护完毕可拆除模板，收拾好缝模归堆一处以备下层使用。

经过清理清扫后，一层结构告一段落。接下来继续放线、立皮数杆、运砖、翻架子等等进行再一层的施工。

（七）屋顶结构的施工

前面讲述了每层砖混结构的施工过程和方法，如此重复到多层的屋顶部位。其屋顶结构的施工则有平屋顶和坡屋顶之分。为此我们在这里作一简单的介绍，以了解屋顶的施工过程作为砖混结构施工的结束。

1. 平屋顶的施工

平屋顶的顶板和每层楼的楼板施工一样，所不同的是板号可能不同，荷载等级不同。

(1) 若无女儿墙时，则屋顶圈梁要连排水檐沟的混凝土结构一起支模、绑钢筋、浇混凝土，与屋面形成整体结构，完成结构“封顶”施工，应注意的是外檐支模时要支撑牢固，防止倾覆。

屋顶如为结构找坡，向檐沟泛水，那么在支顶上圈梁时应在标高上，支模上做出坡度。

(2) 凡屋顶有女儿墙的，则应砌女儿墙，做女儿墙构造柱、压顶等施工。砌女儿墙也要立小皮数杆，放线做施工准备。砌时要留出屋面的排水孔。如为屋顶结构找坡，也要在顶层圈梁位置找准。

2. 坡屋顶的施工

砖混结构的坡屋顶，可以用硬山搁檩，木屋架或混凝土屋架加檩条，也可以浇筑混凝土的斜坡屋面。这些都要根据施工图确定。

施工时也要做好施工准备，如找坡、放线、立皮数杆等；材料准备如做屋架、檩条，以及验收屋架和檩条（主要混凝土檩条的质量）。如做斜板屋面，则要准备模板、钢筋、混凝土材料，最后实施施工。

坡屋顶的施工主要应注意的是：

(1) 屋面坡度必须找准，尤其山墙与中间为屋架的，这两者之间坡度必须一致。

(2) 凡用屋架者，要做好屋架支座处与墙体的连结。屋架与屋架间的支撑。

(3) 檩条支座处，木檩条要防腐和钉牢，混凝土檩条要电焊。

(4) 屋面望板和檩条的结合，要符合木结构施工与验收规范。

(5) 施工时外脚手板的施工面应升至檐口高度，立杆应超过檐口1m以上，并有两道护栏，保证安全施工。

六、砖混结构施工中应抓住的质量和安全要点

（一）质量上应抓住的关键

我们这里讲的抓住质量上的关键，是指必须做好的事项，不是提出质量标准和检测要求。抓住了这些关键性项目，一般说不会发生大的质量事故了。

1. 砌筑方面的要点

我们通常在砌筑施工中，俗话要我们抓住砌体的“内三度”和“外三度”加接好槎。能抓住这些，砌筑的质量就能保证了。

(1)“内三度”：它是指砌体的三项内在质量要求。一是砖、石、砌块的强度；二是砌筑砂浆的强度；三是砂浆与砖的粘结饱满程度。如果这三项都能符合验收规范、标准的要求，那么砌体的基本质量就保证了。

(2)“外三度”：它是指砌体外观上可以测得的三项技术要求。一是砌体的垂直度，这是保证传力的首要条件；二是砌体的平整度，这是反映组砌整体性能好的一个侧面；三是十皮砖厚度，这是控制灰缝保持在10mm左右的一项指标。这三度能做到，则墙体的外观质量就达到了要求。

(3) 接槎：它是房屋砌体能否形成共同作用的整体的联结关键。凡是墙体有接槎的地方，我们施工人员一定要交待操作人员按规范规定留置。接槎能符合验收标准，不仅使房屋整体刚度好；而在地震区对抗震亦是极有利的一面。

2. 混凝土构件方面的要点

(1) 抓住原材料的材料质量。其中尤其是钢材和水泥两项；其次是细骨料砂，砂的偏细在目前混凝土中将成为通病，所以一定要抓砂的细度模数使它应达到$M \geqslant 2.5$，至少不低于2.3。原材料质量保证了，这是构件质量的第一关。

(2) 抓支模板的准确性。包括标高、断面尺寸和支撑牢固。

(3) 抓悬挑构件、架空构件（梁或板）的钢筋验收检查。尤其是$\phi 16$和$\phi 18$，或$\phi 18$和$\phi 20$，它们在观感上不易分辨，只差2mm，因此必要时应用量、卡来验证。

(4) 抓混凝土的配比，计量的准确和抽查坍落度，以保证混凝土的质量；查搅拌时间是否足够，在减少离散性。

(5) 在砖混结构中，混凝土施工要做到不留施工缝，构件应一次浇灌完成。除梁柱接头处，楼梯上的施工缝因工序需要可以设置，一般平面上是可以做到不留施工缝的。但要防止该类缝中再浇灌时夹渣和夹杂物。

3. 楼板安装中应注意的要点

(1) 楼板来货的质量要验收合格。裂缝，破损的板严禁使用。这是第一关。

(2) 抓板的坐浆稳实。吊板时随吊随坐浆的操作，目前有所忽视，这点在施工中应抓住做好，以保证板、墙的横向连结。

(3) 抓与板的稳固有关的附加钢筋的放置。应按构件标准图集要求，使操作人员按图做好。尤其在抗震设防地区，在板端还要加筋与板上外露的锚固筋结合后浇灌细石混凝土。

(4) 抓板缝的均匀分开和支模质量。从而使浇灌入的混凝土能起到锲键作用，使楼板的整体性得到保证。

以上三个方面能在施工中抓好，那么我们施工的砖混结构房屋，其基本质量是能够得到保证了。

（二）安全生产上的注意点

砖混结构的房屋，一般地说规模不大，总体不算高。但麻雀虽小五脏俱全，安全生产的各个方面还是有不少工作要认真抓好的。

(1) 充分用好安全“三宝”。进入现场必须戴好安全帽。尤其砌砖时，砖块小容易掉下，戴好安全帽可以防砸。安全网和安全带作为施工员应指导工人适时安装安全网和携带安全带。

(2) 抓机械设备安全使用。尤其是垂直运输的吊塔、井架、台灵等，它们的零件、钢丝绳索，要经常派人检查。一旦出事，它必是大事故。

(3) 抓脚手架的安全使用。对搭设好的架子应进行检查验收；对风雨后的架子应加强检查；对停工较长时间后又恢复施工的架子应检查及加固。对架子上的荷载一定要严加控制，每平方米不得超过270kg。同时要防止非架子工拆改架子而造成事故。

(4) 南方台风、大雨时期，要交待砌筑工人按规范控制每天墙身的砌筑高度，单堵墙还应设置支护物，防止墙身倒塌。

(5) 楼梯处要有护栏，施工主要出入口要有护棚。管道井、楼板孔等处要有护盖。上下架子要有扶梯。

(6) 在楼层施工时要限制在板上超荷重堆放砖块，砌块及砂浆。这点在目前往往被忽视，实际上是极大的隐患。

复习思考题

1. 砖混结构常用材料有哪些？砂浆应如何制备？
2. 砂浆强度是怎样评定的？影响砂浆强度的因素有哪些？
3. 砖混结构施工中常用的机械、工具有哪些？对脚手架有哪些要求？
4. 砖混结构砌筑及配合工程的施工工艺是怎样的？
5. 砌筑中墙体的组砌和接槎有哪些要求？
6. 砌砖墙有哪些准备工作？怎么画制皮数杆？
7. 各种砌体的施工要点应注意什么？
8. 砌体结构施工中对抗震要求的构造应怎样做好？
9. 砖混结构房屋中混凝土结构施工的配合及施工要求，应注意什么？
10. 如何把预制的多孔板安装好？应注意些什么？
11. 如何抓好砖混结构的施工质量？

第四节　钢筋混凝土框架结构工程施工

钢筋混凝土结构是由钢筋和混凝土组成的。而钢筋又有很多类别，混凝土是由水泥、砂、石、水及外加剂组成。因此我们必须了解这些原材料的性能要求，才能保证施工工程质量。由于我们在前面第三章中已经介绍了这些内容，所以不再详细介绍。

一、钢筋混凝土结构施工使用的机具

框架结构当以钢筋和混凝土材料组合，而要构成构件时，钢筋、混凝土以及使它们成型的模板，均需要相应的机具来实施。本节主要介绍应用的相关机具，便于我们施工人员了解、掌握。

(一) 钢筋制作及焊接机具

钢筋放入结构件中时，有一定长度和形状。要使钢筋符合图纸上的要求，必须进行制作加工，这就需要相应的机具来实现。

1. 钢筋的拉直机具

钢筋直径小于12mm的，一般都成盘进场，要使其展直才可进行加工，一般采用冷拉拉直。这时我们采用电动卷扬机、滑轮组、冷拉小车、夹具、地锚等组成一套冷拉设备，见图8-4-1。

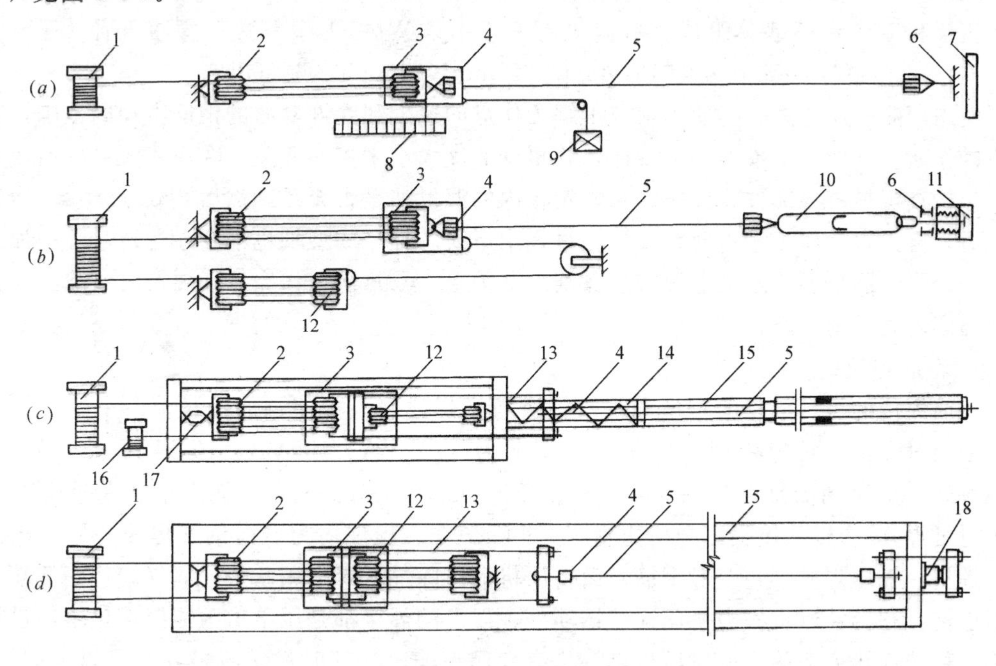

图8-4-1　卷扬机冷拉钢筋设备工艺布置示意

1—卷扬机；2—滑轮组；3—冷拉小车；4—钢筋夹具；5—钢筋；6—地锚；7—防护壁；8—标尺；9—回程荷重架；10—连接杆；11—弹簧测力器；12—回程滑轮组；13—传力架；14—钢压柱；15—槽式台座；16—回程卷扬机；17—电子秤；18—液压千斤顶

2. 钢筋的切断机具

钢筋切断，过去是采用人工。ϕ16以下钢筋用手动切断器；ϕ20以下的可用大锤、克子、铁砧，人抡大锤打上克子，下克子插在铁砧上，钢筋夹在克子中，以冲击力切断钢筋，这种方法很费力；再粗些的用气割或砂轮锯等。

后来有了切断机，施工就方便多了。目前常用的机械有GJ5-40型、QJ40-1型和GJ$_5$Y-32型三种。其主要技术性能见表8-4-1。

钢筋切断机技术性能　　**表8-4-1**

机械型号	切断直径 (mm)	外形尺寸 (mm)	功率 (kW)	重量 (kg)
GJ5-40	6～40	1770×695×828	7.5	950
QJ40-1	6～40	1400×600×780	5.5	450
GJ$_5$Y-32	8～32	889×396×398	3.0	145

使用切断机时应注意：①工作开始前，必须检查机器各部结构是否正常。刀片是否牢固，电动机、齿轮等处有无杂物，检查后认为安全正常才可开机。②开动后应先空转一次，看电动机旋转方向是否正确，运转时声音是否正常。③钢筋放入时要和切断机刀口垂直，并放入刀口下部，钢筋要摆正摆直。④切忌超载，如多根较细钢筋一起切，也不要切

断超过刀片硬度的钢材。⑤工作完毕必须切断电源、锁上电箱。

3. 钢筋的成型机具

成型有人工弯曲和机械弯曲两种方法。弯曲机械主要用在 ϕ12 以上钢筋，它由传动部分、机架和工作台三部分组成。弯曲机有 GJ7-40、WJ40-1 型等。其弯曲直径为 ϕ12～ϕ40，功率 2.8kW，外形尺寸为 1360mm×865mm×746mm，重 662kg。

使用弯曲机应注意：①使用前应了解工作盘的速度和允许弯曲的钢筋直径的范围。②弯曲操作前应试弯一根摸索一下规律，并根据曲度大小来控制开关。③正式大量弯曲成型前，应检查机械的各部件、油杯以及蜗轮箱内的润滑油是否充足。然后空载运转，待运转正常后，再正式操作。④不允许在运转过程中更换芯轴，成型轴也不要在运转过程中加油或清扫。⑤弯曲机要接地、电源安装在闸刀开关上。⑥每次工作完后，要及时清除工作圆盘及插座内之铁屑、杂物等。

4. 钢筋焊接机具

钢筋焊接的机具最早的是电弧焊机，进行搭焊或帮条焊使钢筋接长。后来有闪光对焊，采用对焊机，对焊机型号以额定功率分为：25kVA、75kVA、100kVA 和 150kVA 等几种。一般采用的是 UN-100kVA 型杠杆传动式手工对焊机，它能焊钢筋直径达 ϕ36，每小时可焊 30 个以上接头，全机重量为 450kg。在工程现场为竖向钢筋焊接的还有电渣压力焊机，气压焊机具，变形钢筋套筒挤压机等。除气压焊采用乙炔、氧气熔化钢筋端头挤压连接，和套筒以机械力挤压连接钢筋外，以上的焊接都是用电力为能源熔化钢筋进行连接。新的焊接方法的焊或挤压机具，均有专门说明书，到时经学习培训就可以掌握的。构件加工厂还有点焊机等。

对焊接机械使用时，应注意：①焊接机应由专人使用和管理。应有上岗证书，非专业人员不得擅自操作。②机械必须经试运转。调整正常后，才可正式使用。③机械的电源部分要妥加保护，防止因操作不慎使钢筋和电源接触，不允许两台焊机使用一个电源闸刀。④焊机必须有接地装置，其入土深度应在冻土线以下，地线的电阻不应大于 4Ω。操作前要检查接地状态是否正常。停止工作或检查、调整焊接变压器级次时，应将电源切断。在对焊机及点焊机工作地点宜铺设木地板。⑤操作时要穿防护工作服，在闪光焊区应设铁皮挡板。⑥大量焊接生产时，焊接变压器不得超负荷工作，变压器温度不要超过 60℃。⑦焊接工作房应用防火材料搭建。冬期施工时，棚内要采暖，防止对焊机内冷却水箱冰冻。

（二）混凝土施工用机具

(1) 混凝土小型搅拌站：它是由水泥罐、砂、石储斗、输送带、计量电子秤、搅拌机平台，联合组成的一个混凝土拌制机体。在较大型工程现场，配合机动小翻斗车运输，能满足混凝土工程的施工。

(2) 混凝土搅拌机：第三节已介绍。

(3) 混凝土振捣器：它是一种利用小振幅、高频率的振动，使混凝土密实的机具。振捣器分为：内部振捣器、外部振捣器和表面振捣器三类。

1) 内部振捣器亦称为插入式振捣器，它由电动机、高频软管、振捣棒头三个部分组成。这在工地上很常见的。

2) 外部振捣器又称附着式振捣器。这种振捣器是利用螺栓或夹具将其固定在模板外侧，并通过模板将振动力传递给混凝土，使之捣实。附着式振捣器的振动深度一般为

25cm，如构件尺寸厚大时可在模板两侧同时安装，达到振实的目的。多用于墙板。

3）表面振捣器又称平板振动器。它是在木制平板上安装一个带偏心块的电动振动器，使用时振动通过平板传给混凝土。主要用在楼板施工中。

振捣器使用要注意维护、保养。使用完毕应清理各部分的表面，并存放在干燥处，防止雨淋。每年要进行一次维修、清洗轴承、更换润滑油。振捣器不能在干硬的地面开动，防止振动过大损坏机件。

在使用中要注意防止漏电，操作人员应带绝缘手套等劳保护具。

(4) 混凝土机动小翻斗车：第三节已介绍。

(5) 自卸翻斗汽车：用于基础等大型混凝土量施工时，远距离运输用。

(6) 混凝土搅拌运输车：这是近年随着商品混凝土的发展而使用的运输工具。它是在专用汽车的底盘上装置一个梨形反转出料的搅拌机，它兼有运载混凝土和搅拌混凝土的双重功能。它在运送混凝土的同时，对其缓慢地搅拌，以防止混凝土产生离析或初凝，从而保证混凝土的质量。

（三）模板施工时的机具

模板工程施工时需用的机具主要是对木模板方面的。主要是用于锯、刨木料用的。它分为：

1. 圆盘锯

它在工地现场放置使用较多，主要用于纵向锯开木材和横向切断木料用。它由机架、台面、电动机、锯片、导板、防护罩等组成。

对圆盘锯的使用，亦应专人负责。使用前应检查锯片是否有断齿或裂口现象，然后安装锯片。安装要对中、夹紧、空转时锯片不晃动。并装好防护罩及保险装置。

操作时要两人同时配合进行，上手推料入锯，下手接拉锯料。上手在推料距锯片30cm时，就要放手，人站一边，下手收料时要防止木料碰撞锯片，防弹出伤人。锯短料要用推杆送料，确保安全。

用完一次要清理干净，机下木屑及时清走搞好消防工作。机器要经常检查并加润滑油。电气线路、开关等要经常检查，发生故障要电工及时修理。

2. 平刨机

它也叫手压刨，可以刨削木板的一个基准面或相邻的平面成直角，也可以利用调整导板和加设模具刨成斜面或曲面。是施工现场用得比较广的一种刨削机械。在模板工程中主要做清水模板时要用它刨光木材表面。

它由机座、前后台面，刀轴、导板、台面升降机构、防护罩、电动机等组成。机座、台面、导板均为铸铁结构。

平刨机使用中为了防止操作中伤手，必须装设安全防护装置，确保安全操作。用手压时可用带刺手把压在木材上，手握压手把推进，这样可以防止木材滑脱时伤手，总之要采取多种措施保证安全使用。

刨削前应检查机件，刨刀螺栓要拧紧固定，刨前要试车1～3min，正常后才能正式工作。所刨木材必须清除上面的砂灰和钉子，对严重缺陷的、大节疤的应挑出。发生故障时，应先切断电源，仔细检查找出原因，及时找机工或自己能处理的处理解决好。也要做到机有专人管理、保养和维护。

3. 轻便电动工具

如有手提式电动圆锯；电刨机；电钻机（模板上打孔用）。这些电动工具的发展对方便施工，减轻体力劳动都起了良好的作用。也是今后提高机械化的一个方面。

(四) 框架结构工程用施工机械

框架结构用的施工机械，主要是垂直运输和水平运输等机械。这与砖混结构没有大的区别。也无非是井架、塔式起重机、这在第三节中已经介绍过了。

其不同点主要是当框架体量大时，用井架可能台数增加；用塔吊可能起重的 t·m 增加及塔臂加长，或台数增加。总之达到使用满足施工要求。

近年来，随着商品混凝土的兴起，框架结构现浇混凝土时，对混凝土在工地上的水平及垂直运输采用了混凝土泵车。混凝土泵车是一种带泵挤送的专用车，由汽车牵引运送到施工地点。它分为动力系统，液压泵送系统，受料搅拌斗，管道系统等部分组成。

其机械有各种类型，有一种泵车的技术参数如下，以供参考：

理论输送量 $40m^3/h$；电机功率 45kW；

最大泵送压力 9.5MPa；泵送缸直径为 180mm；

最大输送高度 200m；泵送缸行程为 1000mm；

最大可用骨料粒径：卵石 50mm，碎石 40mm；

外形尺寸：4600mm×1620mm×1700mm；车重约 5t。

有了泵送混凝土机械，水平及垂直的运输均通过钢管接长送到浇筑地点。同时解决了水平和垂直运送混凝土的工作。要求是接管要严密、牢固，运输线路及先浇、后浇的程序要明确，这样装、拆管道的效率可以提高。

泵车的开机要专人负责，工作前应先行检查机件各部分，试运转后无问题才可正式工作。在泵送过程中发生障碍应立即停机检查，不可硬泵。泵送结束要清洗受料斗、管道等，以备下一次施工时应用。机械要经常维护、保养。使用前一定要看说明书，并由机械生产厂来指导的人操作指导明确后，再专人上机操作。

(五) 脚手架

框架结构房屋施工的脚手系统，目前大多采用钢管扣件式脚手，也有采用较新的门式框形脚手。只要是多层框架结构，脚手架和砖混结构基本相同，这里不再重复。

二、钢筋混凝土框架结构的施工

(一) 现浇钢筋混凝土框架施工工艺过程

钢筋混凝土框架结构的施工，在基础完成之后，一般由房屋的±0.000 标高线往上进行。从柱子钢筋的绑扎到柱子模板支撑这个工序开始，直到混凝土梁、板浇筑完毕为止，其每层的施工工艺程序如下：

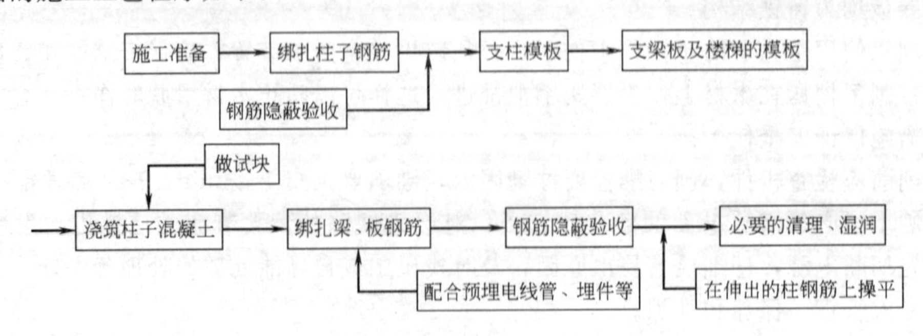

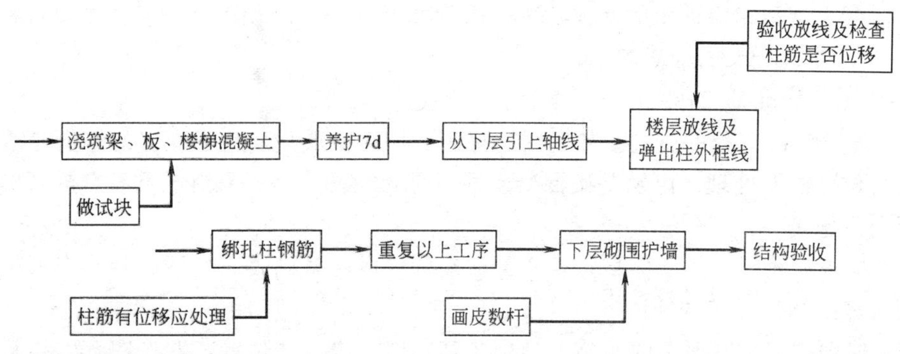

（二）施工准备工作

框架结构的施工准备和砖混结构一样包括技术准备、施工现场准备和材料机具准备。

1. 技术准备工作

技术准备主要有图纸学习和审核；对支模板、绑钢筋、浇灌混凝土等工项，根据施工组织设计，写出具体实施方案；准备相应的各种技术交底；提出各工项需要的材料数量和进场日期等。

(1) 施工图纸的学习和审核：主要是了解结构的柱距、柱网尺寸；柱和梁的断面、高度和跨度；围护墙体与柱轴线之间的尺寸关系；板的厚度和结构标高等。这些内容主要与支撑模板有关，作为施工员应掌握这些数据。

其次应通过看图知道柱子纵向钢筋的强度等级、规格、数量以及搭接上有无专门要求；箍筋的规格、间距和强度等级，以及每层柱的配筋量的变化等；对梁的配筋要针对梁号分别记忆它们的规格、数量和强度等级，还有有没有预应力配筋等；对板的配筋除了解强度等级、规格、数量外，还要记住配筋间距、配筋形式、双向板还是单向板，有无预应力钢筋等。

最后了解各类、各层所用的混凝土的强度等级，有无特殊要求，如抗渗、抗蚀、防腐等。

图纸的审核，主要是为防止一些图上的矛盾在施工中造成故障。如建筑标高与结构标高之间有无矛盾；线管的安装对结构有无不利影响；图纸上设计的图样在实际施工中能否实施等。总之，看图、审图的目的是为顺利施工和保证工程质量，这是施工员技术准备工作中的重要一项。

(2) 支模方案的确定，这必须根据企业料具的实际来进行编写。包括采用木模还是组合钢模，立柱式支模还是桁架式支模，要分析可能性和可行性，以及经济效果比较。包括装拆速度、质量可靠性等，并向木工翻样提出要求。

还有混凝土的配合比设计向试验室提出要求，浇灌程序、连续浇灌还是分段浇筑，施工缝设置于何处，试块的制作计划等都应进行考虑和作出施工方案。

再有如钢筋的绑扎程序，一些搭接要求，并向钢筋翻样提出要求，事后索取翻样料单。

(3) 写出支模、绑扎钢筋、浇筑混凝土的技术交底。包括技术上的要求、质量上的要求，和安全生产应注意的事项。应分层分期向操作班组进行书面及口头的交底。

(4) 向材料部门提出支模应用的模板量即多少平方米，钢材品种和数量（吨位），每次浇筑混凝土量和相应需用的水泥、砂、石等原材料。并应相应索取各种主要材料的质保书，以备归档。必要时送试验室复验。

2. 施工现场准备工作

(1) 复核基础工程的质量。如轴线、标高、回填土质量，柱子伸出的钢筋是否符合图纸，有无位移需要处理。以及基础混凝土强度是否全部合格。只有全部符合规范的情况才可进行上部施工。

(2) 检查放线的轴线、标高是否全部回复到已成的基础表面上了。并确定那两条轴线作为楼层放线的传递基准轴。

(3) 规划施工总平面图的实施，划出各种材料、设备的位置，并按图落实执行，达到工程文明施工。

(4) 道路的压实、通畅，运行线路的确定，保证施工场内的材料进出顺利，消防通道畅通。

(5) 检查原水、电供应情况是否满足上部施工的要求，以达到要求为止。

(6) 遇到冬雨等季节施工，还应有相应的准备工作。

3. 材料及机具准备

(1) 模板工程如用钢模板，则模板及支撑钢管均应进场。如用木模应已制作完成、陆续进场。

(2) 钢筋已制作好一层的量，并应按施工程序，分类进场堆放并标明所用的地位。保护层所需用的砂浆垫块已制作好。

(3) 混凝土原材料已基本进场，并够一个层次的施工用料。

(4) 起重用的井架或塔吊已经立好，并已经过试运转和验收工作。

(5) 脚手材料已到工地。

(6) 混凝土搅拌需用的机械、计量器具均已安置完成，并做操作棚保证施工可顺利进行。

总之做好施工准备对结构施工的顺利进展，保证工程质量，安全生产都是重要的一个环节。

(三) 柱子钢筋的绑扎

1. 对柱钢筋在构造上的一些要求

绑扎柱子钢筋，我们必须对设计及施工规范上规定的要求应有所了解，对保证工程质量是有好处的。其要求大致有以下这些方面：

(1) 柱子的纵向主筋必须大于或等于 $\phi12$；纵向钢筋之间的净间距必须大于或等于 50mm；箍筋的竖向间距不应大于 400mm，或柱子断面的短边尺寸；箍筋直径一般应大于或等于 $\phi6$；在柱子搭接区域内箍筋的间距应不大于 $5d$ (d 为纵向的最小受力筋的直径)，且亦不应大于 100mm。

(2) 有抗震要求的框架结构，其纵向受力钢筋应进行检验，检验所得的强度实测值应符合下列要求：

1) 抗拉强度实测值与屈服强度实测值之比值不应小于 1.25；

2) 屈服强度实测值与其强度标准值之比值，当按一级抗震设计时，不应大于 1.25；当按二级抗震设计时，不应大于 1.4。

3）钢筋在运输和储存时，要分类堆放，并防止锈蚀或油污。

（3）钢筋的代换应征得设计单位的同意，或经上级技术部门的同意和核定。不得违反规范规定自行代换。

（4）做吊环预埋在构件中的钢筋，必须采用未经冷拉过的Ⅰ级热轧钢筋制作，严禁用其他钢筋代换。

（5）采用竖向钢筋焊接的搭接，应符合各种焊接的技术规定（如电渣压力焊、气压焊等各项规定）。

2. 柱钢筋绑扎的操作

1）应检查下部伸上来的钢筋位置是否在放线范围内，上部接插的钢筋应根据上伸钢筋离柱边线的距离，确定插在内侧、外侧或旁边。

2）每次绑扎前应将部分钢箍先套在伸出的钢筋上，边插筋先四角后其余，边绑扎接头及箍筋，箍筋勾口处应上下互相转着错开。箍应与主筋交点处点点绑扎。

3）接头处应按图上间距加密箍筋，尤其抗震设防地区更应注意该项操作。

4）绑扎时应给操作者准备脚手架，便于操作人员施工，也保证安全。脚手架可搭成围柱的井形架，在横担上放脚手板站人操作。

5）绑扎完毕后应将带铁丝的砂浆垫块（一般强度应为 $20N/mm^2$）绑在外侧钢筋上，作为垫于模板之间的钢筋保护层。垫块厚度应为 25mm。

3. 验收和做隐蔽手续

在支柱模板封没钢筋前，应进行隐蔽验收检查。主要查钢筋的规格、根数、纵筋间净距、箍筋间距。认为符合设计图纸后，即可逐个封模板。并应填写隐蔽验收单，做好各方验收人认可的签字工作，作为存档的原始资料。

（四）柱、梁、板的支模

1. 模板的种类

钢筋混凝土结构中，模板工程是相当重要的一项工序。随着生产的发展，模板的用材，支撑方式，施工方法都有很大的变化和发展。

从用材方面来看，最早是木板拼合成的木模；后来是用钢模；近几年来又用夹板（胶合板）模；塑料壳模等。

从其形式来看有：

（1）整体式的模板，大多用于整体支模的框架类型的建筑。其柱、梁、板联成整体，在其中绑钢筋、浇筑混凝土。

（2）定型模板，如大模板、杯型基础芯模、板柱结构的柱帽模，它们以定型尺寸制作的模板，可以在一个工程中重复使用。

（3）筒子式模板，一般用于较长的筒壳结构、隧道结构施工。它可以做成定型的移动使用。

（4）台模或飞模，是适用于少梁框架结构及板柱结构的楼板的模板。它做成同开间同柱网的一个平台，上铺模板成台，可以整体支、拆及吊出（称飞出）放到上一层结构施工，故称台模或飞模。

（5）滑升模板，用于筒体结构及筒仓和烟囱之类的构筑物。这是需用千斤顶等附带机具的整体联合的模板。

2. 对模板的技术要求

模板系统包括模板和支撑两大部分。模板俗称壳子板，是形成混凝土构件的外壳造型，是与混凝土直接接触的板面；支撑是支承和撑牢模板的骨架，以保证其位置的准确和承担钢筋、混凝土、施工荷载的作用。因此对模板系统的技术要求有：

(1) 保证工程结构和构件各部分形状尺寸和相互位置的正确；

(2) 具有足够的承载能力、刚度和稳定性，能可靠地承受新浇筑混凝土的自重和侧压力，以及在施工过程中所产生的荷载；

(3) 构造简单，装拆方便，并便于钢筋的绑扎、安装和混凝土的浇筑、养护等要求；

(4) 模板的接缝不应漏浆；

(5) 模板与混凝土的接触面应涂隔离剂，对油质类等影响结构或妨碍装饰工程施工的隔离剂不宜采用，严禁隔离剂污染钢筋及混凝土接槎处；

(6) 对钢模板要拆后及时清理，钢支架应防止生锈，总之要进行定期的维修、整形。

3. 模板体系的设计

模板的支撑需要进行施工前的设计。这是保证模板在施工中达到位置正确、不变形、尺寸形状符合图纸的必要工作。其具体原则要求为：

(1) 模板及其支架的设计应根据工程结构形式、荷载大小、地基土类别、施工设备和材料供应等条件，结合实际地进行设计。

(2) 钢模板和钢支架的设计，以《钢结构设计规范》GB 50017—2003 为准；木模板和木支架的设计，以《木结构设计规范》GB 50005—2003 为准。

(3) 模板和支架应考虑下列各种荷载：

1) 模板及支架的自重；

2) 新浇筑的混凝土的重量；

3) 钢筋的重量；

4) 施工人员及施工荷载（设备、脚手道）；

5) 振捣混凝土时产生的荷载；

6) 新浇筑的混凝土对模板的侧压力；

7) 倾倒混凝土时产生的荷载等。

(4) 验算模板及其支架时，最大变形值不得超过下列要求：

1) 结构表面外露的构件，其模板以构件跨度的 1/400 验算刚度；

2) 结构表面隐蔽（如吊顶吊没）的构件，其模板以构件跨度的 1/250 验算刚度；

3) 支架的压缩变形值或弹性挠度，为相应的结构计算跨度的 1/1000，验算刚度。

(5) 在必要时，还应验算模板及支架在自重和风荷载作用下抗倾覆的能力。

4. 柱子模板的支撑

柱子模板主要是四侧模板加四周的柱箍，以

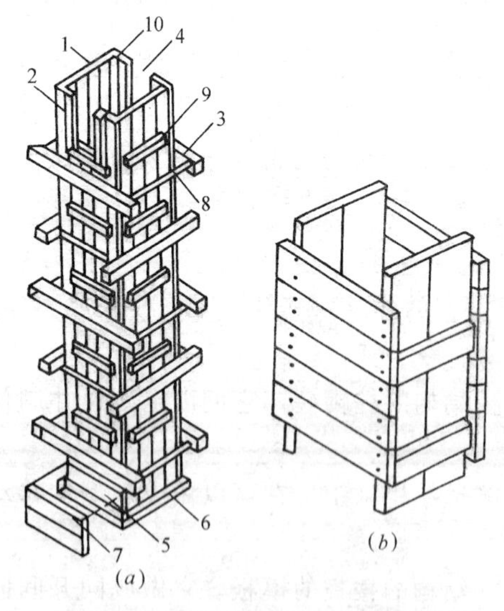

图 8-4-2 柱模板构造示意

(a) 柱模板；(b) 短板柱模板

1—内拼板；2—外拼板；3—柱箍；4—梁缺口；5—清理孔；6—木框；7—盖板；8—拉紧螺栓；9—拼条；10—三角木条

及支撑稳定柱身的支杆。

模板可用木模根据柱的宽度、高度用木板加劲条钉组成一个侧面，用四个侧面围成柱子模板。见图 8-4-2。

用组合钢模时，以模板的模数组合到符合柱的尺寸，做成柱模板。见图 8-4-3。

其施工步骤为：

(1) 在柱子外框线外做好定位的方木框或定位墩台。要按标高整平，墩台可用细石混凝土浇筑后抹平。这样可以保证柱模的位置和标高。墩台要留一清理口作最后清理杂物的出口。

(2) 清理已绑好柱钢筋的底部，然后按放的线和定位墩台立柱模（这时墩台应有足够强度，不用墩台的可无此要求），并临时固定好。

(3) 把四侧模板用柱箍围住，柱箍可用角钢加螺栓或短钢管加扣件做成。柱箍主要是为承担混凝土侧压力的，其竖向间距为 400～800mm，柱子根部可密些，往上可稀些，这是与侧压力根部大上部减小相符合的。

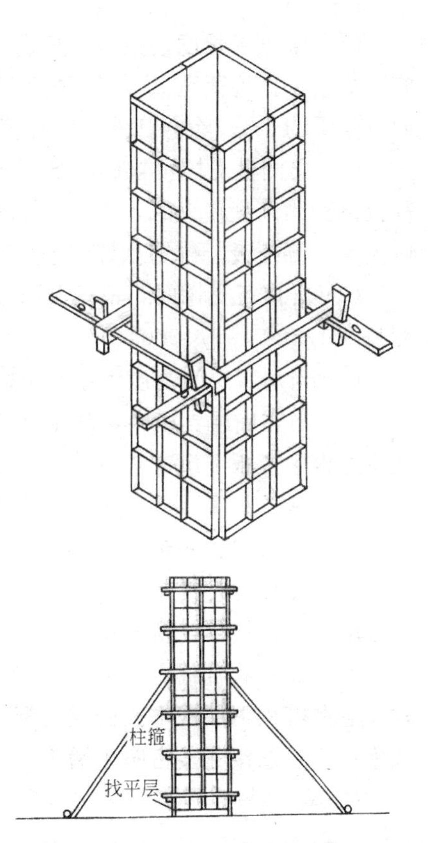

图 8-4-3　柱模、柱箍和支撑

(4) 如柱子高度超过 3m，则应在柱模板中部留出一门子板口，便于浇筑时插入振捣棒。

(5) 柱子断面大，仅柱箍不足以承担侧压力时，应拉对串螺栓，保证在浇混凝土后不发生胀模。

(6) 柱模初步支好后，要挂线锤吊垂直进行检查。在检查中纠正偏差进行校正，达到竖向垂直，根部位置准确。

(7) 架设支撑，可用钢管四周顶住，还可用牵杠互相牵牢。使柱模稳实可靠才算完成支模施工。

(8) 在浇筑混凝土前，应用水冲洗内部，一起湿润作用，二把模板底部脏物杂物冲出清洗口，再把口封住，这样浇筑的混凝土柱根不会夹渣、吊脚。

柱子模板支撑的关键是一要垂直；二要柱箍足够保证不会胀模；三是稳定不会移动。

5. 梁、板模板的支撑

在柱子模板支好后，结合梁、板模板可以一起支撑。梁板模支好后，一般可作为一个操作层先浇灌柱子混凝土，完成后才进行梁板的钢筋绑扎。

(1) 梁的模板支撑要按图纸翻样，用木板或钢模来组合底模和侧模。当梁较高时底模的支撑最好进行计算，按模板设计要求每米梁长上有多少荷载（一般是考虑模板自重、钢筋重、浇的混凝土重及施工荷重、振捣荷载）来计算用多少立杆支承。立杆支承要考虑细长比。用扣件作水平管和立管的联结，那么支承能力要以扣件与立管的摩擦力来计算。根据经验每个扣件的摩擦抗力为 6kN。那么每根立管能承担的支承力为 6kN，能支住重约 600kg 的荷重。一般梁底由一根横管、二根主管组成一支撑架。

假设梁每米长度内模板加横管、斜撑等自重为1kN，钢筋重0.4kN，混凝土重6kN，施工荷重、振捣荷重共3kN总计11kN左右，那么即按双立管一横管组成支撑，梁长方向需间距为1m。除立管外还需计算横管受弯能力。

（2）梁侧模支撑可在底部处用方木或钢管卡住不让外跑；上部可用斜撑或上口卡或螺栓拉住。梁高度较大时，中间要加对串螺栓。如梁高大于800mm，绑钢筋较困难时，可以先支一侧模板，待绑扎好钢筋后再支另一侧模板。

（3）梁模板支撑时，根据其跨度如等于或大于4m时，梁中间要把模板支起拱度为跨度长的1/1000～3/1000。

（4）当房屋层间高度大于5m时，宜采用钢管排架支模，也可用桁架支模。

（5）当在底层支模时，基土必须夯实，并有排水措施，立管或立杆下要加设垫板防止浇筑过程中模板下沉。

（6）模板支撑中要通过检查轴线或中线来进行校正，并根据标高调整支撑高度，可用木楔在立杆或立管底进行调整。

（7）板的模板的支撑比较简单，用木模的应先把板下搁栅铺放平整，再在其上钉木板。用组合钢模的，应先将板支点的间距定好，然后在这些点上放钢管并调平，最后铺钢模。如用大张胶合板（夹板）铺面，则支模更方便。假如设计的楼板厚度大于120mm时，应在模板下加密木搁栅或钢管，再用立杆支撑，保证刚度避免拆模后出现板底下垂的现象。并注意接缝紧密防止漏浆。

（8）梁、板模板支撑的关键是要保证刚度及支撑牢固。要避免出现拆模后梁成鱼腹式，板底下沉的情形。再有不要忘了预埋件、预留孔洞，并保证其位置的正确。

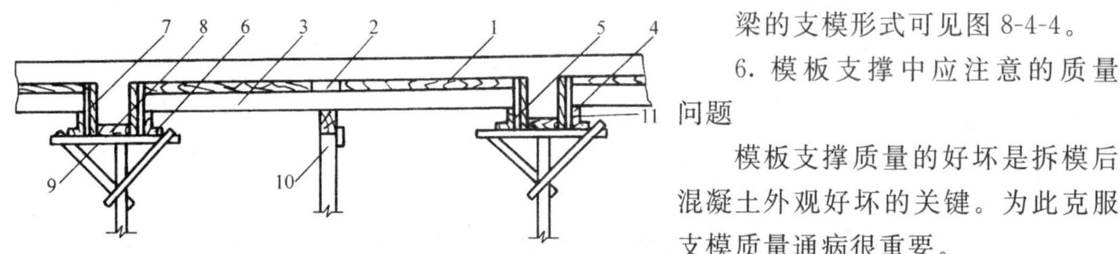

图8-4-4　梁及板的模板支撑示意

1—定型模板；2—非定型模板；3—楞木；4—托板；5—侧模板拼条；6—固定夹板；7—梁侧模板；8—梁底模板；9—琵琶撑；10—中间支撑排架；11—短撑

梁的支模形式可见图8-4-4。

6. 模板支撑中应注意的质量问题

模板支撑质量的好坏是拆模后混凝土外观好坏的关键。为此克服支模质量通病很重要。

（1）柱模板的质量方面容易出的问题是：

1）柱成葫芦形。主要是柱箍不足。原因是对侧压力的计算和经验不足。防止该种情况应通过侧压力计算，柱箍间距要合适，必要时再加对串螺栓。

2）柱根成树根式。主要是底箍不牢或墩台不平有缝隙，水泥浆外泄。采取防止该种情况发生，即可避免。

3）柱与梁交接处，柱发生缩颈，而断面削弱。主要是柱上端支撑向内侧位移，端头固定不牢所致。克服办法是柱顶口模与梁端模要固定牢固，不得位移，防止柱的四角向内滑移。

4）柱角漏浆露筋。主要是柱角缝不严密。克服办法是加强检查，发现不严应及时用木条或泡沫塑料堵塞严密。钢模用角模U形卡卡紧。

（2）梁板模板质量上易出的问题有：

1）梁模支撑不牢固，强度不足造成坍模。这是比较大的事故，在浇筑过程中出现该种情形处理也困难，并耽误时间影响进度及影响已浇好的混凝土质量。因此对梁、板模板的支撑一要通过计算和综合经验。对选材必须严格，尤其是木模板。支撑后要进行模板自检和验收，从而保证正常施工。

2）梁、板模板局部下沉，造成拆模后梁成鱼腹式、板成斜坡式。主要原因是支撑不牢。梁出现该种情况的是支撑于土层上出现的为多。楼层的则可能是立杆下木楔脱开，或立杆压弯，长细比过大。板的下沉是局部支撑脱开造成。克服办法是土层必须夯实加垫板，回填土上支撑应加厚垫板，及防止支撑不牢情况出现。

3）漏浆。这是板模最容易出现的弊病。主要是木模干缩造成拼缝扩大；钢模底U形卡未卡，模板松散。要克服这个毛病，必须安装时挤紧缝，及卡紧缝。木模在浇混凝土前浇水湿润。对较大的缝应堵塞及补缝，达到不漏浆及少漏浆。

7. 楼梯模板的支撑

楼梯模板分为梁式及板式两种。其特点是斜坡和有踏步。施工步骤是：

(1) 放样计算斜坡模板长度及踏步三角木的尺寸。

(2) 定标高和起步位置，根据放线的水平线，照图纸尺寸及标高定出平台及起步的标高。

(3) 支基础梁的模板，主要是外侧模和梯步处侧模，梯步处侧模上口要与斜坡底板坡口相接。

(4) 支撑休息平台梁和平台板。支法和上述梁板支模相似。问题要掌握好结构标高。

(5) 支斜坡模板。主要是支撑必须与斜坡垂直，并要互相用拉杆牵牢。斜撑支点根部不能滑动。

(6) 钉梯帮板及踏步板，并把锯出三角的木板倒卡在踏步板上钉牢。

(7) 配合浇筑混凝土时设置栏杆埋件。

楼梯模板的构造可参见图 8-4-5。

(五) 梁和板的钢筋绑扎

1. 对梁板钢筋在构造上的一些规定

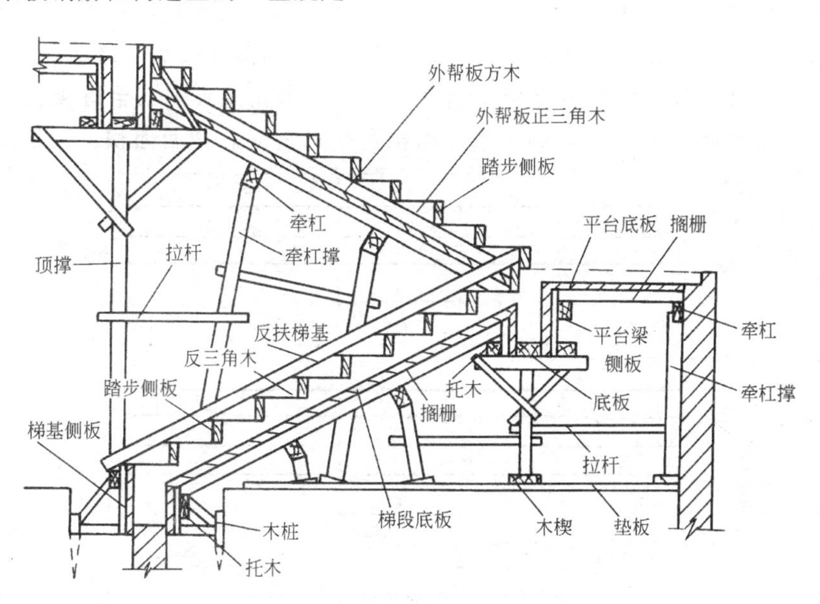

图 8-4-5　楼梯模板支撑示意

板的钢筋：

（1）当板厚小于或等于150mm时，板的受力钢筋间距不应大于200mm，板厚大于150mm时，受力筋的间距不应大于板厚的1.5倍同时不大于300mm。

（2）板中伸入支座的下部钢筋，其间距不应大于400mm，面积不小于跨中钢筋面积的1/3。

（3）现浇楼盖的主梁上应有与板受力主筋垂直的构造加筋，直径应大于$\phi6$，间距应不大于200mm。

梁的钢筋方面：

（1）当梁高为300mm及以上时，纵向受力钢筋直径不应小于10mm。

（2）伸入支座内纵向受力钢筋，当梁宽为150mm及以上时，不应少于2根。

（3）在现浇楼盖中梁内伸入支座（大梁或主梁）的钢筋长度与混凝土强度有关，与钢筋等级有关，应按图纸及设计规范执行。

（4）梁内弯起钢筋当梁高小于800mm时可采取45°角；当等于大于800mm时，可采取60°角。弯起钢筋的末端应在受压区，且锚固长度不少于$20d$。禁止采用“浮筋”作弯起钢筋。

（5）弯起钢筋的第一弯曲点，应离支座（柱边或主梁边）50mm。

（6）当梁高大于300mm时，全梁应设钢箍；当梁高大于800mm时，箍筋直径不宜小于8mm；高度小于800mm时，箍筋直径不宜小于6mm。

（7）当梁高大于700mm时，在梁的两侧面沿高度每隔300～400mm，应设置一根直径不小于10mm的纵向构造钢筋。

（8）在梁内当纵向受力钢筋在长度上需要搭接时，凡采用焊接接头的，则在接头中心至长度为钢筋直径d的35倍且不小于500mm的区段l内，同一根钢筋不得有两个接头；在该区段内有接头的受力钢筋截面面积占受力钢筋总截面面积，在受拉区不超过50%，受压区不限，见图8-4-6。图内$l=35d$且不小于500mm。只要我们做到一根钢筋只焊一个接头，又互相错开，在l这个区段内只有50%的钢筋有焊接接头，这就符合规范了。

凡采用绑扎接头时，位置也要相互错开。从任一绑扎接头中心至搭接长度l_1的1.3倍的区段内，有绑扎接头的受力钢筋截面面积占受力钢筋总截面面积：在受拉区不超过

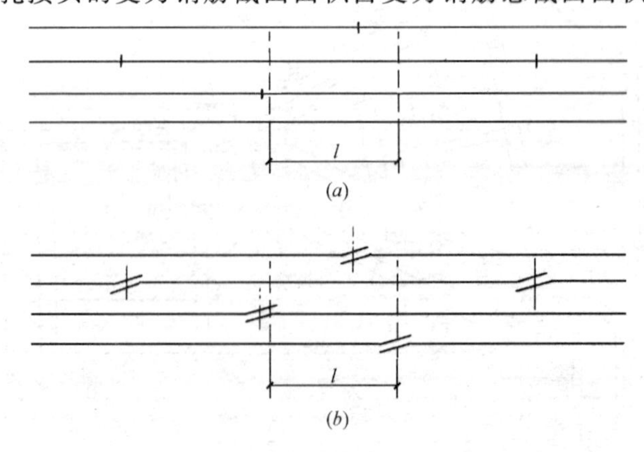

图8-4-6 钢筋焊接接头错开示意

（a）对焊接头；（b）搭接焊接头

25%；受压区不超过 50%，见图 8-4-7。图中 l_1 长度是个变值，它根据混凝土强度和钢筋强度不同而不同。如混凝土为 C20，钢筋为 HRB335 级钢Φ20，那么 $l_1=45\times20=900$mm，其区域范围 l 即为 $1.3\times900=1170\text{mm}\approx1200\text{mm}$。

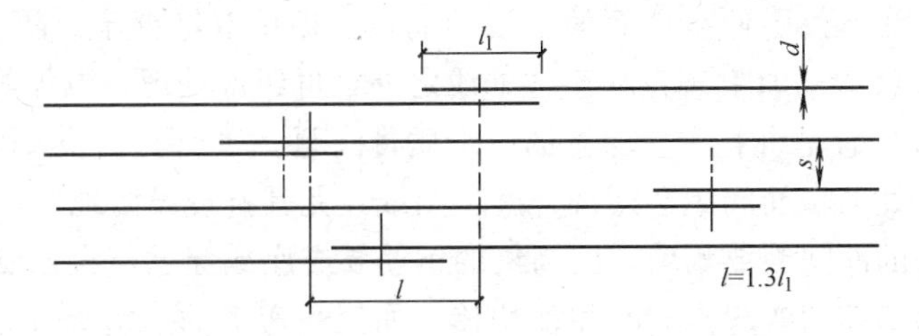

图 8-4-7　纵向受拉钢筋绑扎接头错开示意

注：图中所示同一连接区段内的搭接接头钢筋为两根，当钢筋直径相同时，钢筋搭接接头面积百分率为 50%。

(9) 绑扎时，箍筋的钩口也应互相错开，不要都在一根钢筋上。

2. 梁的绑扎

在框架结构肋形楼盖中，梁分主梁和次梁。绑扎时应先主梁后次梁再板。绑前应先核实梁号和该梁所用的钢筋规格、根数、形状。备齐料后可以用木凳两只架一根短钢管，多放几档，先把架立钢筋放在其上，再穿上箍筋，后把下部受力主筋穿到钢箍中去，然后绑扎。

主梁全部在梁模上部绑好，再落到模板中，这时要把保护层的垫块垫好。当下部有二排钢筋时，在二排筋中可加 $\phi25$ 的短钢筋头，以保持设计要求的净距。

在主梁全部或一二个开间完成后，可以跟着绑次梁。次梁的上部钢筋应放在主梁上层钢筋的上边，下部钢筋从主梁腹中穿过去。有的主梁在次梁穿过的部位加有弯起的元宝筋，称为吊筋，增加主梁该部分抗剪能力。

3. 板的绑扎

板的钢筋均在主、次梁钢筋结束之后再绑。要先弄清各开间配筋规格、间距有无不同；是单向板还是双向板。弄清后对料、铺筋再绑扎。绑扎可以在中间跳花绑，但沿边四周应绑扎。要注意上部负弯矩钢筋和构造加筋的绑扎，并防止被踩弯、踩倒。绑完后在底部垫上保护层的垫块。

4. 楼梯钢筋的绑扎

楼梯钢筋分为梁式（包括栏板式）和板式受力不同的两种。

梁式楼梯是斜梁下端支在基础梁上，上部支在休息平台梁上。梯步下横向钢筋伸入斜梁，梯步支座在斜梁上。绑扎钢筋时应先把平台梁绑扎好，然后绑扎斜梁，斜梁底筋伸入平台梁的底筋之上。因考虑到斜梁与平台梁及基础梁是固结在一起的，所以斜梁上部钢筋的两端要增加钢筋截面，承担可能产生的负弯矩。在绑扎时应按图施工，不要忽视。斜梁绑扎好后，把踏步下的横向钢筋和在横向钢筋上的分布筋绑好，横向筋要伸入支座斜梁上。梁板均要垫垫块。

板式楼梯是以一块厚度大于 100mm 的板，板上再有梯踏步，斜向上端支座在平台梁上，下部支座在基础梁上。板式楼梯的跨度一般不大于 3m，其纵向钢筋较粗，一般直径 10～16mm，横向为辅筋，每踏步一般放两根，直径为 6～8mm。由于板的两端也与梁固结，因此板筋的两端也有负弯矩的钢筋，这也必须按图上设置的进行绑扎。主筋排好之后，辅筋按踏步均匀地排列，并进行绑扎，形成一网片，要求主筋伸入梁内的支座尺寸要足够。最后垫好垫块，使保护层得到保证。

5. 钢筋绑扎应注意的质量问题

(1) 柱子的插筋及每层伸出楼面的上端钢筋，必须用双箍绑牢。防止混凝土振捣时，钢筋散开，待再放线接筋时发现位移至柱框线之外，再纠偏处理，电焊等等非常麻烦。因此保证柱筋的正确位置是绑扎中应注意的一个质量问题。

(2) 柱筋接头处的箍筋间距必须符合施工图纸，尤其抗震设防地区。

(3) 柱子纵筋的净间距要均匀，因为梁的钢筋要支座或穿过，为方便施工必须做好。

(4) 梁的弯起钢筋的弯起点有时往往位移，如第一弯下的点应离柱边 50mm，而有时误差很大，这对抗剪很不利，施工中必须事先注意，待绑好后再纠正，相当费力。

(5) 梁在柱处的支座负弯矩钢筋，两端伸出柱子的尺寸，必须按图施工。有的绑扎马虎误差甚大，这是不允许的，发现后必须纠正。

(6) 梁钢筋伸入支座的长度，必须按规范要求做到。一般下部钢筋伸入柱内为 $20d$，上部钢筋伸入柱内的锚固长度为 l_a (l_a 因混凝土及钢筋强度不同而不同)，则应按图纸尺寸锚入柱内。

(7) 板的钢筋主要不要弄错规格和间距，一定要看准图纸。其次是架立负钢筋、构造钢筋不要踩倒和弯曲，每边挑出的长度要准确。

6. 检查和隐蔽验收

在钢筋全部绑扎完毕后，应分段分开间检查；或以梁、次梁全长先检查，后检查板楼梯等。总之应对照图纸先进行自检，可以会同质量员一起进行。经自检认为无误后，再请建设方或工程监理进行验收并办理隐蔽手续。只有验收合格，才能准备浇灌混凝土。

(六) 混凝土的浇筑施工

在框架结构的模板复查无误后，对钢筋又进行了隐蔽验收，这样就可以准备浇筑混凝土了。

浇筑混凝土的准备工作有原材料的进场和必要的复试或检测；混凝土配合比的计算和试配；楼面脚手道的铺搭；如用泵送混凝土，还要架设输送管道等。这些准备工作有的在支模前就要进行，有的在绑扎钢筋后进行。这要根据具体的工程进度，自行安排了。

1. 原材料检验

(1) 水泥：如对来料水泥的性能有怀疑时，可对来的水泥抽取不同部位 20 处（如随机抽 20 袋每袋抽 1kg 左右），总量至少 12kg，然后送试验室做强度测试和安定性试验。待试验结果合格后才可以作为混凝土材料来用。

(2) 砂、石：一般低于或等于 C20 强度等级以下的混凝土，其砂、石通过有经验的观察触摸，可以不做筛分析和有机物含量的其他测试。而当混凝土强度大于 C25 以上时，砂、石必须抽样，即来料堆上分中间、四角等不同部位取 10kg 以上送试验室进行测试。试验其级配情况是否合格；含泥量、有机有害物质的含量是否超过；表观密度（过去称容重）多少；对高强度混凝土的石子可能还要做强度试验，可用压碎指标来反映。

(3) 水：如采用非饮用水、自来水时，有必要对水进行化验。测定其 pH 值和有机含量，认为对水泥、砂、石无害后才可使用。

(4) 外加剂：如混凝土要掺外加剂，则也应送试验室经试配掺量的结果，决定在混凝土中如何掺用。

2. 混凝土配合比的理论计算

当所有原材料均符合要求后，应确定混凝土的配合比，然后才能在现场计量搅拌混凝土进行浇筑。混凝土配合比的确定，先要进行理论计算，再试配做试块，养护后进行试压测定，再经过调整后确定正式可下达的施工配合比。

混凝土配合比的计算，是按国家现行的行业标准《普通混凝土配合比设计规程》(JGJ/T 55—96) 进行的。其步骤为：①先确定混凝土的配制强度；②计算出相应的水灰比；③选定每立方米混凝土的用水量；④计算出每立方米混凝土的水泥用量；⑤按要求确定砂率；⑥计算砂、石的用量；⑦计算出提供试配用的混凝土配合比；⑧试配和调整；⑨确定实际施工用的配合比。现在我们分别介绍如下：

(1) 确定混凝土的配制强度：按规程规定，配制强度（$f_{cu,o}$）应按下面公式计算：

$$f_{cu,o} \geqslant f_{cu,k} + 1.645\sigma \tag{8-4-1}$$

式中 $f_{cu,o}$——混凝土配制强度（MPa）；

$f_{cu,k}$——混凝土立方体抗压强度标准值（MPa）；

σ——混凝土强度标准差（MPa）。

混凝土强度标准差采用无偏估计值，确定该值的强度试件组数不应少于 25 组。

当混凝土强度等级为 C20、C25 级时，其强度标准差计算值低于 2.5MPa 时，计算配制强度用的标准差应取用 2.5MPa；当强度等级等于或大于 C30 级，其强度标准差计算值低于 3.0MPa 时，计算时应取用 3.0MPa。

(2) 计算出相应的水灰比：按规程规定，应用下式计算：

$$W/C = \frac{Af_{ce}}{f_{cu,o} + A \cdot B \cdot f_{ce}} \tag{8-4-2}$$

式中 A、B——回归系数；

f_{ce}——水泥的实际强度（N/mm^2）。

当无水泥实际强度数据时，式中的 f_{ce} 值可按下式确定：

$$f_{ce} = \gamma_c \cdot f_{ce,k} \tag{8-4-3}$$

式中 $f_{ce,k}$——水泥强度等级的标准值；

γ_c——水泥强度等级标准值的富余系数。

回归系数 A 和 B 应根据工程所使用的水泥、骨料和通过试验建立水灰比与混凝土强度关系式确定；当不具备这种试验统计资料时，其回归系数，对碎石混凝土 A 可取 0.48，B 可取 0.52；对卵石混凝土 A 可取 0.5，B 可取 0.61。

(3) 选定用水量：规程规定用水量的选定可按表 8-4-2 进行。

(4) 计算出水泥用量：用算出的水灰比和选定的用水量，就可算出每立方米混凝土的水泥用量了。其计算式如下：

$$M_{co} = \frac{M_{wo}}{W/C} \tag{8-4-4}$$

式中 M_{co}——水泥用量；

M_{wo}——水的用量。

(5) 确定砂率：砂率确定按规程规定是，当坍落度大于或等于 10mm 且小于或等于 60mm 时，砂率可按表 8-4-3 选取。

干硬性和塑性混凝土的用水量（kg/m³）　　表 8-4-2

拌合物稠度		卵石最大粒径(mm)			碎石最大粒径(mm)		
项　目	指　标	10	20	40	16	20	40
维勃稠度(s)	15～20	175	160	145	180	170	155
	10～15	180	165	150	185	175	160
	5～10	185	170	155	190	180	165
坍落度(mm)	10～30	190	170	150	200	185	165
	30～50	200	180	160	210	195	175
	50～70	210	190	170	220	205	185
	70～90	215	195	175	230	215	195

注：① 本表用水量系采用中砂时的平均取值，当采用细砂时，每立方米混凝土用水量可增加 5～10kg，采用粗砂则可减少 5～10kg；

② 掺用各种外加剂或掺合料时，用水量应相应调整。

混凝土的砂率（%）　　表 8-4-3

水灰比 W/C	卵石最大粒径(mm)			碎石最大粒径(mm)		
	10	20	40	16	20	40
0.4	26～32	25～31	24～30	30～35	29～34	27～32
0.5	30～35	29～34	28～33	33～38	32～37	30～35
0.6	33～38	32～37	31～36	36～41	35～40	33～38
0.7	36～41	35～40	34～39	39～44	38～43	36～41

注：① 本表数值系中砂的选用砂率，对细砂或粗砂，可相应地减少或增大砂率；

② 只用一个单粒级粗骨料配制混凝土时，砂率应适当增大；

③ 对薄壁构件砂率取偏大值；

④ 本表中的砂率系指砂与骨料总量的质量比。

(6) 计算砂、石的用量：砂和石的用量用两种方法确定，一种采用重量法；一种采用体积法。常用的方法为重量法，即根据统计经验认为每立方米混凝土的重量在 2400～2450kg 范围内。因此可以用算式表示：

$$m_{cp}=m_{c0}+m_{w0}+m_{s0}+m_{g0} \tag{8-4-5}$$

式中　m_{cp}——每立方米混凝土重量；

m_{c0}——每立方米混凝土中水泥用量；

m_{w0}——每立方米混凝土中水的用量；

m_{s0}——每立方米混凝土中砂的用量；

m_{g0}——每立方米混凝土中石的用量。

所以砂及石的重量就为：$m_{s0}+m_{g0}=m_{cp}-m_{c0}-m_{w0}$，当砂率 β_s 确定之后，则砂的重量就可以计算出来。

$$m_{s0}=(m_{s0}+m_{g0})\times\beta_s \tag{8-4-6}$$

随之石子的重量也就算出来了。

(7) 提供试配的配合比：只要把水泥用量除各种材料的量，就得出水泥为 1 的比值，即计算的理论配合比。

(8) 配合比的试配和调整：根据理论配合比，试配时应取的量用机拌时，应不小于拌和机额定搅拌量的 1/4，用人工拌时每盘最小搅拌量应符合表 8-4-4。

试拌好后的混凝土应检查拌合物的性能，当拌出的拌合物坍落度或维勃稠度不能满足要求，或粘聚性、保水性能不好时，应保证水灰比不变的条件下相应调整用水量或砂率，直到符合要求为止。然后才提供出混凝土强度试验用的基准配合比。

混凝土试配用最大搅拌量

表 8-4-4

骨料最大粒径(mm)	拌合物数量(L)
31.5 及以下	15
40	25

提供试验强度的配比，要求采用三个不同的配合比，一个是基准配合比，一个应是水灰比较基准的增加 0.05；一个应是较基准水灰比减少 0.05。用水量应基本相同，但前者砂率可增加 1%，后者砂率可减少 1%。根据三组配比做试块试压符合要求，才可确定提供实际施工用的配合比。但到施工现场后，还要根据砂、石的含水率，调整实际用水量和砂、石的过磅称量，才能进行正式搅拌。

3. 混凝土配合比理论计算例题

由于我们是在“纸上谈兵”，不是真正根据工程实际情况来计算配合比，只是把前面“2”中介绍的具体化。所以我们的例题是在很多假设的条件下进行计算的。

设某工程框架结构的首层柱、梁、板的混凝土，按图纸要求其强度为 C30；施工中要求的坍落度为 30～50mm，施工单位施工的质量水平较好，施工中采用机械搅拌、机械振捣。

原材料情况为：水泥是 32.5 强度的普通硅酸盐水泥；砂为中砂；石子采用 5～40mm 级配的碎石；水为自来水。

按照上面“2”介绍的步骤我们用具体数字进行计算。

(1) 按公式确定混凝土的配制强度；

1) 假设 σ 值为 2.85MPa，取 3MPa。

2) $f_{cu,k}=30$MPa

$$f_{cu,0}=30+4.935=34.935\text{MPa}$$

我们取 35MPa 为配制强度。

(2) 计算水灰比：

1) 取 $A=0.48$，取 $B=0.52$。

2) 取 $f_{ce}=\gamma_c \cdot f_{ce,k}$，一般 $\gamma_c=1.0\sim1.13$，我们这里取富余系数假定为 1.05，$f_{ce}=42.5\text{N/mm}^2$ 由此得出 $f_{ce}=1.05\times42.5=44.625\text{N/mm}^2$，取 44.63MPa

按公式算出水灰比为：

$$W/C=\frac{A\cdot f_{ce}}{f_{cu,0}+A\cdot B\cdot f_{ce}}=\frac{0.48\times44.63}{35+0.48\times0.52\times44.63}=\frac{21.42}{46.14}=0.462$$

取水灰比为 0.46。

(3) 选定用水量：可按表 8-4-2 选取，根据条件坍落度为 30～50mm，碎石最大粒径为 40mm，中砂，所以用水量为 175kg/m³。

(4) 计算出水泥应用量：可以按下式算出：

$$m_{c0} = \frac{m_{w0}}{W/C} = \frac{175}{0.46} = 380\text{kg/m}^3$$

从计算得出，要配制的 C30 混凝土，需用强度 32.5 水泥 380kg/m^3。

(5) 选定砂率：由于例题假设条件为中砂，所以按表 8-4-3 选定，因水灰比为 0.46，我们选时可用插入法，得到取值幅度在 28.8%～33.8%之间，我们选取 32%。即 $\beta_s = 0.32$。

(6) 计算砂、石的用量：在这里我们采用重量法，并取每立方米混凝土重为 2450kg/m^3。因此可用算式计算出砂石总量：

$$m_{s0} + m_{g0} = m_{cp} - m_{w0} - m_{c0} = 2450 - 175 - 380 = 1895\text{kg/m}^3$$

则砂的重量为：$m_{s0} = \beta_s(m_{s0} + m_{g0}) = 1895 \times 0.32 = 606.4\text{kg/m}^3$；由此石重为 $1895 - 606.4 = 1288.6\text{kg/m}^3$。

(7) 可以得出计算的初步理论配合比为：

$$\frac{m_{w0}}{m_{c0}} : \frac{m_{c0}}{m_{c0}} : \frac{m_{s0}}{m_{c0}} : \frac{m_{g0}}{m_{c0}} = 0.46 : 1 : 1.596 : 3.391$$

为简化起见可写成：水灰比 0.46，配合比为

1∶1.6∶3.39

拿这个配合比去做试配的理论依据。假定试配量按表 8-4-4，取 25L 量则要准备水泥 9.49kg，水 4.4kg，砂 15.2kg，石子 32.2kg。考虑损耗则为 10kg 水泥、17kg 砂、35kg 石子。由于要做三组试块共 9 块，则为 32L 量。因此必须将试验备量至 65L，送试验室试配。则水泥为：30kg 一般以抽取一袋装水泥 50kg 送料，其他相应为送砂 $50 \times 1.6 = 80$kg，石子为$50 \times 3.39 = 170$kg。

试验室通过试配、调整、最后确定给出施工的配合比，送到施工工地。假定最后确定的配合比是：水灰比不变，配合比为：1∶1.58∶3.37 则工地可按现场实际砂、石含水等调整后进行搅拌。

4. 现场混凝土的拌制

混凝土的拌制，是在工地上对原材料检查合格后，即与送试配比的材料相同，且经试配确定的配合比下达之后进行。

其工作程序为：

(1) 配备好水泥、砂、石等材料的计量器具；检查搅拌机上自动加水限制系统等是否完好；如无加水系统，则应用 10L 体积的容器作为计量加水的器具，在搅拌时按机械搅拌量加水。要求计量器具必须灵敏、准确。计量工作是保证混凝土配比准确，也是保证混凝土质量的重要关键一环。现在有些工地，没有计量器具，而用铁锨、小车大约数的装水泥、砂、石子，这样做是违反施工验收规范的，是没有不出问题的。一是质量无保证，二是可能浪费材料，三是给偷工减料者有机可乘。

(2) 要经常测定砂、石的含水量，尤其是雨期或雨后天晴的日子，砂、石含水量超过正常含水量时，一般要多次测定，调整砂石量、减少加水量；如仍按下达的配合比进行拌和，则混凝土必然稀，水灰比大、强度就降低。测出含水量之后，要扣除配合比中加水量，增加砂、石的称量，这样调整后的配合比进行拌和混凝土，才能保证混凝土的质量。

（3）把调整后的配合比投料量和下达的配合比，同时写在配合比牌上，作拌合计量的依据。

假设下达的配合比为：1∶1.58∶3.37，水灰比0.46。每次搅拌投料量为：水泥100kg，砂158kg，石子337kg，水为46kg。经现场实测砂的含水率为6%，石子的含水率为5%。这样实际投料量就要调整：砂的称量要变为：158＋(158×0.06)＋(158×0.06)×0.06＝158＋9.48＋0.6＝168kg；石子的称量要变为：337＋(337×0.05)＋(337×0.05)×0.05＝354.86kg；水的量则要减少到46－10.1－17.85＝18.05kg。

从而看出加水量要大大的减少。这些都应在配合比牌上标明，如图8-4-8所示：

混凝土施工拌制配合比

混凝土强度C30

项　目	水　泥	砂	石	水
配合比	1	1.58	3.37	
每罐投料	100kg	158kg	337kg	46kg
测定含水率		6%	5%	
调整后投料	100kg	168kg	355kg	18kg

图8-4-8　配合比牌

当实际投料的配合比量牌示之后，每拌一罐混凝土，就应进行一次称量。还应记住，随时间的变化，如天晴多日之后，砂、石中含水量日益减少，则应不断调整投料值。因此配合比牌最好用黑板，项目部分可以用油漆写，固定不变，实际数字如强度等级、配比中的数字、含水率、投料量、调整量等要根据不同强度等级、不同含水率经常调整书写。

按施工规范规定，混凝土原材料的每罐称量的偏差，不得超出表8-4-5的规定。

（4）拌制时的投料：向搅拌机的后斗内投料，一般是先投称量好的石子，再投水泥，最后投砂，在搅拌过程中逐步加水，但不能超量。这样投料为避免水泥直接接触料斗，减少水泥沾在斗上，否则会使每罐拌出的料水泥量不足。但目前也有采用先投砂，后加水泥、按加水量先少加水进行搅拌成为砂浆，最后加入石子再搅拌2min，称为两次搅拌。这种两次搅拌根据经验介绍可以节约水泥，但仍能保证混凝土的强度。在管理水平好、队伍素质好的施工单位中，可以学习经验研究推广。

混凝土原材料称量的允许偏差（%）　　表8-4-5

材料名称	允许偏差
水泥、掺合料	±2
粗、细骨料	±3
水、外加剂	±2

注：① 各种计量衡器应定期校验，保持准确；
② 骨料含水率应经常测定，雨天施工应增加测定次数。

（5）混凝土的搅拌：混凝土的搅拌，机械操作工应配合后台运料工进行，并应验看投料量、次是否符合。只有准确无误后才能起斗进料入机，并开始搅拌。根据规范规定搅拌时间应符合表8-4-6。表中自落式搅拌机已经开始淘汰，为考虑到有些地区可能还在应用，所以列入表中以供参考。

混凝土搅拌时间最少应为（s） **表8-4-6**

混凝土坍落度（mm）	搅拌机机型	搅拌机出料量（L）		
		<250	250～500	>500
≤30	强 制 式	60	90	120
	自 落 式	90	120	150
>30	强 制 式	60	60	90
	自 落 式	90	90	120

对混凝土的搅拌要求为：

1）搅拌开始前，应空转数分钟检查机器，当无问题后，适当加1～2L水，使搅拌筒壁湿润，最后把湿润多余的水倒出。

2）搅拌第一盘时，考虑到机筒壁上会粘附掉一部分砂浆，投料时可将石子量减少一半进行投料。

3）在搅拌过程中，应待搅拌筒内混凝土料出净后，再投料起斗进行搅拌。严禁边出料，边进料。搅拌时间应达2min为宜，搅拌时间适当长可以达到拌和均匀，砂浆能充分包裹石子，使混凝土离散性小，和易性好。对强度的增长有好处。

4）当拌和的材料起斗入搅拌筒后，应即时打开水箱控制器，按计量加水。严禁无计量加水。无计量加水会造成水灰比过大，降低混凝土强度。有的野蛮操作在无水箱控制器时，直接把水管伸入机筒口加水，造成混凝土加水量不稳定，极大地影响混凝土质量，都必须加以严禁，并进行教育。

5）在搅拌开始时，出料后应用坍落度筒在机旁进行坍落度检查。经检查合格后，即说明加水量及计量基本正常，可以正常搅拌；否则应进行加水量的调整。在搅拌浇筑过程中，常规应每台班在浇筑地点抽查至少2次坍落度，以保证混凝土质量。

5. 混凝土的运输

混凝土从搅拌机出料后到浇筑地点，必须经过运输。目前混凝土有两种情况：

（1）工地浇筑，工地搅拌这一类。我们要求应以最少的转载次数，最短的时间运到浇筑点上。施工工地内的运输一般采用手推车或机动翻斗车。要求容器不吸水、不漏浆。使用前表面要先湿润一下。对车斗内的残余混凝土要经常清理干净，运石灰之类的车不能用。运输时间一般应不超过规定的最早动凝时间即45min。

运输过程中要求保持混凝土的均匀性，做到不分层、不离析、不漏浆。不能因发现干硬了而任意加水！此外要求混凝土运到浇筑的地点时，还应具有规定的坍落度。如果运到浇筑地点发现混凝土出现离析或初凝现象，则必须在浇筑前进行二次搅拌，达到均匀后方可入模。

（2）工地浇筑而采用商品混凝土这一类。我们要求运送的搅拌车能满足泵送的连续工作。因此根据混凝土厂至工地的路程要制定出用多少搅拌车运送，估计每辆车的运输时间，防止间隙过大而造成输送管道阻塞。

在工地上从泵车至浇筑点的运输，全部依靠管道进行。因此要求输送管线要直，转弯宜缓，接头严密，如管道向下倾斜，应防止混入空气产生阻塞。泵送前应先用适量的与混凝土内成分相同的水泥砂浆润滑输送管内壁。万一发生泵送间歇时间超过45min，或混凝土出现离析现象时，应立即用压力水或其他方法冲洗出管内残留的混凝土。由于目前商品混凝土都掺加缓凝型外加剂，间歇时间略超过45min时，也不一定发生问题。但我们必须注意，并积累经验，便于处理发生的问题。

根据规范规定混凝土由运输到浇筑完成的延续时间和间歇的允许时间可参见表8-4-7。

混凝土运输、浇筑和间歇允许时间（min）　　表8-4-7

混凝土强度等级	气温	
	低于、等于25℃	高于25℃
小于等于C30	210	180
大于C30	180	150

6. 混凝土浇捣

混凝土的浇捣是混凝土工程施工的关键工序，它的工作质量对混凝土结构的整体性、密实度等质量有直接的影响。因此我们要求该工序完成后能达到混凝土充满模板、密实、保证钢筋和预埋件的准确，新老混凝土结合处良好，拆模后能外观平整、光洁、尺寸准确。

(1) 混凝土浇捣前的准备工作：混凝土的浇捣必须对模板及其支架、钢筋及预埋件、安装部分的管线进行检查，并作记录，符合设计要求后才能进行。

浇筑前要把模板内掉入的杂物，钢筋上的油污等清理干净；对模板的缝隙和孔洞应予堵严；对模板应适当浇水湿润，但不得有积水。

如现场拌制、现场运输的混凝土应在楼面搭好运输道（用钢管架子搭设，高度离板面30～50cm），搭设的线路应根据浇捣的程序确定。如为泵送商品混凝土，则应以浇捣程序的先后，把输送管架至浇捣区域。

准备好浇捣点的混凝土振捣器，临时堆放小车推来的混凝土的铁板（1～2mm厚，1m×2m的黑铁板），流动电闸箱（给振捣器送电的），铁锨和夜间施工需要的照明或行灯（有些过深的部位仅上部照明看不见，还要有手提的灯照射）等。

(2) 浇捣混凝土应注意的规定：

1) 混凝土向模板内倾倒下落的自由高度，不应超过2m。超过的要用溜槽或串筒送落。

2) 浇筑竖向结构的混凝土，第一车应先在底部浇填与混凝土内砂浆成分相同的水泥砂浆（即第一盘按配合比投料时不加石子的砂浆）。

3) 每次浇筑所允许铺的混凝土厚度为：振捣器振时，用插入式，允许铺的厚度为振捣器作用部分长度的1.25倍，一般约50cm；用平板振动器（振楼板或基础），则允许铺厚度为200mm。如有些地区实在没有振捣器，而用人工捣固的，则一般铺200mm左右，根据钢筋稀密程度确定。

4) 插入式振捣器振捣时要快入慢出，每一振动点振捣的时间，以混凝土表面呈现浮浆不再沉落为准。振完一点移至另一点时，其间距不宜大于振捣器作用半径的1.5倍。一般振捣棒的作用半径为30～40cm。振捣器与模板的距离，不应大于其作用半径的0.5倍，并应避免碰撞钢筋、模板、芯管、吊环、预埋件等。振捣器在分层浇捣时，应把振捣器插入下层（刚浇的）混凝土内的深度不小于50mm。振捣器插入形式及平面布点见图8-4-9。

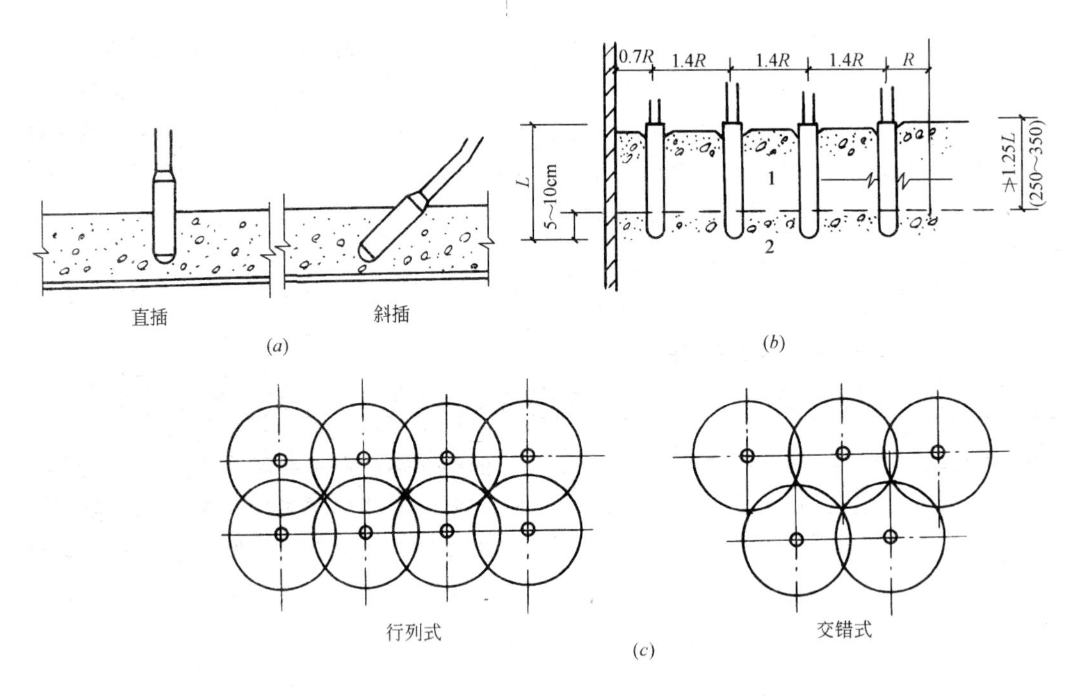

图 8-4-9　振捣器插入形式及平面布点

(a) 插入式振捣器的振捣方法；(b) 插入式振捣器的插入深度；(c) 插点排列

1—新灌注的混凝土；2—下层已振捣但尚未初凝的混凝土；

R—有效作用半径；L—振捣棒长

5）在浇捣混凝土过程中，应经常观察模板、支架、钢筋、预埋件和预留孔洞的情况，当发现有变形、位移时应及时采取措施进行处理。我们在常规中浇混凝土要派两名木工“看模板”，两名钢筋工“看钢筋”，就是这个道理。

6）当竖向构件柱、墙与横向梁板整体联结时，柱、墙浇筑完毕后应让其自沉 2 小时左右，才能浇筑梁板与其结合。如没有间歇的连续浇捣，往往由于竖向构件模板内的混凝土自重下沉还未稳定，上部混凝土又浇下来，这样在拆模后会发现结合部出现横向水平裂缝，这是不利的。

(3) 框架柱的混凝土浇捣：框架结构施工中，一般在柱模板支撑牢固后，先行浇筑混凝土的。这样做可以使上部模板支撑的稳定性好。浇灌时可单独一个柱搭一架子进行，或在梁、板支撑好后先浇柱混凝土，然后绑扎梁、板钢筋顺序施工。

1）浇灌前先清理柱内根部的杂物，并用压力水冲净、湿润，封好根部封口模板，准备下料。

2）用同混凝土内砂浆配比相同的水泥砂浆先填铺 5～10cm，用铁锹在柱根均匀撒开。再根据柱子高度如超过 3m 时，要用一串筒挂入送料；不超过 3m 高，可直接用小车倒入。见图 8-4-10。

3）一般填入料深为 40～50cm 时，即可用插入式振捣器插入振捣。根部可在柱子中部开的“门子板”处插入振捣。待浇筑至“门子板”口下 10cm 时，把“门子板”封死，振捣器移至柱顶处，这时柱内的串筒也可以拿走，在上部边浇灌边振捣。一般柱高小于 3m 的，振捣棒在柱顶也够得到，那么门子板就不设置了。

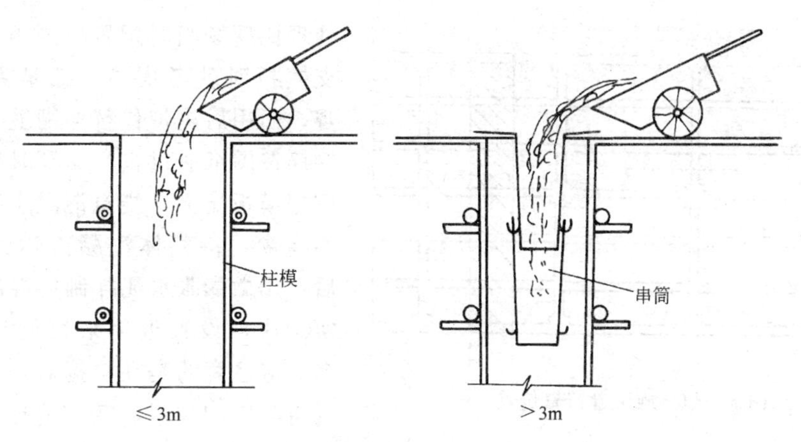

图 8-4-10 框架柱的混凝土浇捣

4）浇灌至梁底标高下 10cm 左右，柱子第一次浇灌就算完成了。如与梁板连续浇筑，那么这时就应开始记录间歇时间。到经过 2h 才可接着浇梁柱接头处混凝土。如果工期许可，我们不赞成连续浇筑。一是钢筋密无法下料；二是混凝土由于钢筋多容易产生离析；三是振捣不容易进行，容易发生蜂窝、麻面或孔洞。

5）浇捣中要注意柱模不要胀模或鼓肚；要保证柱子钢筋的位置，即在全部完成一层框架后，到上层放线时，钢筋应在柱子边框线内。

（4）框架梁、板的混凝土浇捣：在柱子浇筑全部结束后，绑完梁、板钢筋，经检查符合设计，即可浇捣梁、板混凝土。

1）清理梁、板模上掉的杂物；对缺少的保护层垫块，补加垫好。要浇水湿润，大面积框架楼层的湿润工作，可随浇灌进度随时湿润。

2）根据混凝土量确定浇灌台班，组织劳动力。框架梁、板宜连续浇筑施工，实在有困难时应留置施工缝。施工缝的留法见后面介绍。

3）确定浇灌程序。一般从最远端开始，以逐渐缩短混凝土运距，避免捣实后的混凝土受到扰动。浇灌时应先低后高，即先浇捣梁，待浇捣至梁上口后，可一起浇捣梁、板、浇筑过程中尽量使混凝土面保持水平状态。深于 1m 的梁，可以单独先浇捣，然后与别处拉平。

4）向梁内下混凝土料时，应采用反铲下料，这样可以不使混凝土离析。当梁内下料有 30～40cm 深时，就应进行振捣，振捣时直插、斜插，移点等均应按前面介绍的规定实施。

5）梁板浇捣一段后（一个开间或一柱网），应采用平板振动器按浇灌方向，拉动机器振实面层。平板振动后，由操作人员随后按楼层结构标高面，用木杠及木抹子槎抹混凝土表面，使之达到平整。

6）施工缝或后浇带的留置：当楼层不能一次浇灌完成时，或遇到特殊情况时，中间停歇时间超过 2h 以上时，应设置施工缝。

施工缝设置于结构受剪力较小，且便于施工的部位。规范上对施工缝留置有具体的规定，框架肋形楼盖施工缝的留置可见图 8-4-11。

因为框架肋形楼盖混凝土的浇筑行程大多与框架梁垂直，与次梁平行的，所以把施工缝留在次梁中间部位的 $L/3$ 范围内，对受力上是有利的。

后浇带是设计上设置的构造“缝”，一是由于房屋过长，而人为设置的施工缝，这样

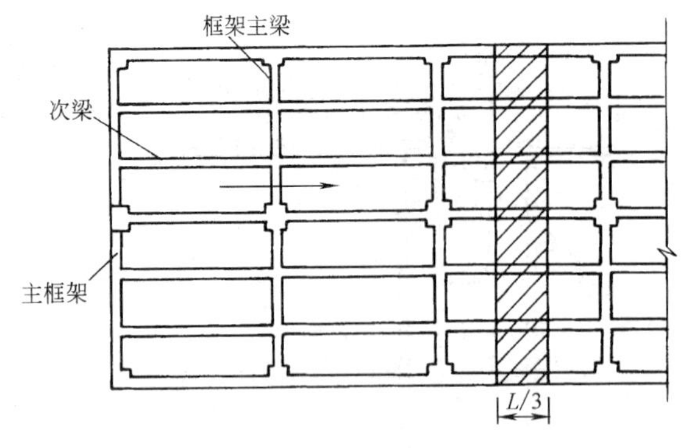

图 8-4-11　施工缝留置位置

处理比现场当时留置要规矩、整齐，在支模板时就考虑了。二是为了房屋外观，而用后浇带代替伸缩缝。后浇带的钢筋按图纸通过去，支模时在带宽的两侧把模板支上，浇筑混凝土时，带内先不浇灌，待整体混凝土达到一定强度后，用微膨胀水泥拌制的混凝土浇捣密实。这种设置近年来在设计上应用较多。应注意的是在浇捣后浇带时，一定要将其中的垃圾、杂物清理干净，必要时把模板拆掉重支。在留置的侧边，新老混凝土的接合一定要处理好。

对于施工缝处继续接着浇混凝土时，要符合已浇筑的混凝土的抗压强度达到大于 $1.2N/mm^2$；对已硬化的混凝土表面，要清除水泥薄膜和松散石子、软弱混凝土层，并洒水湿润；浇筑前接头处要先用同混凝土配比的水泥砂浆铺垫；该处振捣要细致、密实，使结合牢固。

(5) 楼梯段的混凝土浇捣：在楼层浇捣混凝土时，结合把层间的通道——楼梯也浇筑起来。楼梯的浇捣与梁板一样，也先要清理、湿润、找补垫块等。主要浇捣时应注意的是：

1) 从下层往上层浇灌。随踏步的上升一步一步的浇捣密实。

2) 防止把支撑踏步的挡板的小木条碰掉，要保证挡板不沉入混凝土中。小木条要随浇捣一步，取走一步。

3) 在踏步中振捣要适度，不要将挡板振胀或振弯，造成拆模后踏步侧面不垂直，平面成弧形的情况出现。

4) 由于楼梯要向上升起，因此要浇上几个踏步，并留置与上面连接的施工缝。一般留在向上层的第二或第三步平面的地方。

5) 当再施工往上踏步混凝土时，一定要把施工缝处清理干净，浇水湿润，加浆结合，防止夹渣夹屑。在拆模之后要看不出有接缝，而表面应光洁顺畅。

(6) 混凝土试块的制作：框架结构混凝土施工中，应根据不同部位，在拌制该结构件混凝土时，抽样做强度试块。试块用 150mm×150mm×150mm 钢模制作。

一般每层柱子的混凝土应做 1～2 组试块；梁与板每台班至少做一组，每层楼应做2～4 组，根据工程量大小而定。如要做同条件试块的，还应相应增加 1～2 组。

试块制作时，应选择与施工配合比相同，坍落度符合的拌制出的混凝土。抽取出的混凝土，分两层装入钢模中，每层用 $\phi16$ 的捣棒按螺旋方向从边缘向中心均匀地插捣 25 次。捣第一层时，捣棒应插至模底；捣第二层时，捣棒应插至下层 2～3cm。面层捣完后，用抹刀沿钢模壁插捣数下，以消除混凝土与模壁接触处的气泡。然后用抹刀刮去多余的混凝土，使混凝土稍高出试模，静定放置半小时后，再用抹子仔细抹平、抹光，误差不超过±1mm。

试块做好后，应放在室内正温处，并用草包湿润覆盖 1～2d，再拆除试模，在试块上编号、写上日期，工程名称、部位、强度等级，然后垫上草包用车辆送标准养护室进行养护。养护条件是温度为20±3℃；相对湿度为90%以上，养护时间为28d。

（七）混凝土的养护

混凝土浇筑完后，逐渐凝结硬化，强度也不断增长，这个过程主要由水泥的水化作用来达到。而水泥的水化作用又必须在适当的温度和湿度条件下进行。混凝土的养护就是为达到这个目的手段。

根据规范规定，对已浇筑完毕的混凝土，应加以覆盖和浇水，并应符合以下规定：

(1) 应在浇筑完毕后的12h以内对混凝土加以覆盖和浇水；

(2) 混凝土的浇水养护的时间，对采用硅酸盐水泥、普通水泥或矿渣水泥拌制的混凝土，不得少于7d，对掺用缓凝型外加剂或有抗渗性要求的混凝土，不得少于14d；

(3) 浇水次数应能保持混凝土处于湿润状态；

(4) 混凝土的养护用水应与拌制水相同。但当日平均气温低于5℃时，不得浇水。

在养护中的覆盖，目前一般采用草帘、草袋，并经常浇水保持湿润。

除了这种常用的养护方法外，目前也有采用塑料薄膜覆盖养护的，要使其敞露的全部表面应用塑料膜覆盖严密，并要求薄膜内可见凝结水。

再有一种是喷刷养护剂养护，这是近年发展起来的，它的优点是现场干净。这种养护剂是成品出售，当它被涂至混凝土表面后，会结成一层薄膜，使混凝土表面与空气隔绝，封闭了混凝土中水分的蒸发，而完成水泥水化作用，达到养护的目的。它适用于不易浇水养护的构件，如柱子、墙，对于楼面梁板，因其薄膜容易破坏而造成养护质量差的情况，要使用它必须工序清楚按部就班，不抢工不混乱才行。

在工程中如遇到大体积混凝土时，其养护则不能与通常一样浇水覆盖，这样会适得其反。大体积混凝土养护主要避免内外温差过大，而造成收缩裂缝。因此养护时要与外界隔绝，保持其内外温差不超过25℃。可用薄膜对混凝土全面覆盖，上面再加草包或草帘保温。有一个例子，在常温施工中，一大体积混凝土养护，按一层薄膜二层草包保温养护中，建设方不懂大体积混凝土养护的要求，让操作工人浇水养护，结果表面温度下降至15℃左右，而内部水化热温度达50℃左右，温差大于25℃，结果部分表面收缩裂缝严重，这种不懂得养护要求的情况造成出问题，这必须引起我们施工人员的注意。仅记住正常情况的养护，而不懂得特殊需要的养护，也是不行的。

如果我们在浇筑好后，不进行正常养护，而让混凝土处于炎热、干燥、风吹、日晒的环境中，水分很快蒸发，影响混凝土中水泥的正常水化作用。从而会使混凝土表面泛白、脱皮、起砂，严重的出现干缩裂缝，甚至内部粉酥，降低混凝土的强度。因此混凝土的养护决不是一件可有可无的工作。是混凝土工程施工的最后环节，也是保证质量的重要一环。

在混凝土养护过程中，目前的弊端是养护期不足，浇水湿润度不够，抢工上马，使养护得不到充分保证。这必须在统筹整个施工工期进度中权衡该项工作。

规范规定凡在养护之中，混凝土强度尚未达到1.2N/mm^{2}时，不得在混凝土上踩踏和进行下道工序如支模架、运料的操作。

关于养护中的冬期采用蓄热法养护和蒸汽养护，我们将在季节施工一节中介绍。

（八）混凝土强度的评定

浇筑好的混凝土其强度是否达到设计要求，是对混凝土质量的一个评价。评定混凝土强度的依据，则是我们在施工过程中制作的试块，经过28d的标准养护，并进行试压的结果。

按规定其强度是取每组试块三块的平均值，作为该组试块的代表。因此要求每组三个试件应在同盘混凝土中取样制作，并按下列规定确定该组试件的强度代表值：

（1）取三个试件强度的平均值；

（2）当三个试件强度中的最大值或最小值之一与中间值之差超过中间值的15%时，取中间值；

（3）当三个试件强度中的最大值和最小值与中间值之差均超过中间值的15%时，该组试件不应作为强度评定的依据。

这三条中的后两条，有些施工人员不太明确，为此在这里解释一下：

（2）中的意思是这一组三块试块，试压后得出三个结果：大、中、小三个数值，按直观及计算发现大与中，或小与中二者数值之差为中的数值的15%以上时，这时这组试块的强度以中的数值为准。例如一组试块压出三块的值分别为28.1N/mm、22.5N/mm、20.3N/mm，按直观28.1与22.5（中间值）之差为大，22.5的15%为3.375，而28.10－22.5＝5.6＞3.375；而22.5与20.3之差为：2.2不属于＞中间值的15%；所以根据（2）的原则，该组试块强度以22.5N/mm^{2}为评定依据。

（3）中的意思是一组试块，压出的三个值：大、中、小，而大减中之差及中减小之差均超过中值的15%，那么该组试块作废。例如一组试块压出来的值为：31.5N/mm^2，24.3N/mm^2，20.1N/mm^2，那么24.3的15%＝3.645N/mm^2，31.5－24.3＝7.2N/mm^2，24.3－20.1＝4.2N/mm^2，7.2和4.2均＞3.645，那么这组试块作废。

遇到（3）这种情况，对我们如果试块组数做得不够，其部分构件的混凝土就没有依据评定，在资料归档及工程质量评定时均为缺项，这会引起许多麻烦。因此告诫我们在构件浇筑时应尽量多做些试块；也告诫我们千万别做假试块，因为假试块是极不稳定的，有的不是同一盘的，施工人员对工程技术问题只有老老实实，以认真求实的态度对待。

在一个单位工程上，规范又规定要以设计强度相同的混凝土，作为同一验收批。而对同一验收批的混凝土强度，应以同批内标准试件的全部强度的代表值来评定。

（1）当混凝土的生产条件在较长时间内能保持一致，且同一品种混凝土的强度变异性能保持稳定时，应由连续的三组试件代表一个验收批，其强度应同时符合下列要求：

$$m_{fcu} \geqslant f_{cu,k} + 0.7\sigma_0 \tag{8-4-7}$$

$$f_{cu,min} \geqslant f_{cu,k} - 0.7\sigma_0 \tag{8-4-8}$$

当混凝土强度等级≤C20时，尚应符合下式要求：

$$f_{cu,min} \geqslant 0.85 f_{cu,k} \tag{8-4-9}$$

当混凝土强度等级＞C20时，尚应符合下式要求：

$$f_{cu,min} \geqslant 0.9 f_{cu,k} \tag{8-4-10}$$

式中 m_{fcu}——同一验收批混凝土强度的平均值（N/mm^2）；

$f_{cu,k}$——设计的混凝土强度标准值（N/mm^2）；

σ_0——验收批混凝土强度的标准差（N/mm^2）；

$f_{cu,min}$——同一验收批混凝土强度的最小值（N/mm^2）。

验收批混凝土强度的标准差，应根据前一检验期内同一品种混凝土试件的强度数据，按下列公式确定：

$$\sigma_0 = \frac{0.59}{m}\sum_{i=1}^{m}\Delta f_{cu,i} \tag{8-4-11}$$

式中　m——前一检验期内验收批总批数；

$\Delta f_{cu,i}$——前一检验期内第 i 验收批混凝土试件中强度的最大值与最小值之差。

注：每个检验期不应超过三个月，且在该期间内验收批总批数不得少于 15 组。

（2）而当混凝土生产条件不能满足较长时间内能保持一致，强度变异性能保持稳定的情况；或在前一检验期内的同一品种混凝土没有足够的强度数据用以确定验收批混凝土强度标准差时，那么应由不少于 10 组的试块代表一验收批，其强度应符合下列要求：

$$m_{fcu} - \lambda_1 S_{fcu} \geqslant 0.9 f_{cu,k} \tag{8-4-12}$$

$$f_{cu,min} \geqslant \lambda_2 f_{cu,k} \tag{8-4-13}$$

式中　S_{fcu}——验收批混凝土强度的标准差，当 S_{fcu} 的计算值小 $0.06 f_{cu,k}$ 时，取 $S_{fcu} = 0.06 f_{cu,k}$；

λ_1、λ_2——合格判定系数，见表 8-4-8。

合格判定系数　　**表 8-4-8**

试块组数	10～14	15～24	≥25
λ_1	1.70	1.65	1.60
λ_2	0.90	0.85	

而 S_{fcu} 这标准差值可按下式计算：

$$S_{fcu} = \sqrt{\frac{\sum_{i=1}^{n} f_{cu,i}^2 - n m_{fcu}^2}{n-1}} \tag{8-4-14}$$

式中　$f_{cu,i}$——验收批内第 i 组混凝土试块强度值；

n——验收批内混凝土试块的总组数。

举例说明：假设某框架结构设计强度均为 C20 的混凝土强度，又不具备以前足够强度数据的标准差，只有 11 组试块的试压的平均值，要确定该框架混凝土强度是否合格。我们只有采用刚才的公式进行判断。其数据如下：

24.20、23.50、22.8、25.10、24.3、21.2、20.70、22.6、23.7、24.5、25.2（N/mm^2）

求得平均值 $m_{fcu} = 23.44 N/mm^2$

求该批混凝土的标准差，用上述公式：

$$S_{fcu} = \sqrt{\frac{(24.2-23.44)^2+(23.5-23.44)^2+(22.8-23.44)^2+(25.10-23.44)^2\cdots\cdots}{11-1}}$$

$= 1.483$（N/mm^2）

查表得：　$\lambda_1 = 1.70$　$\lambda_2 = 0.9$。

判定混凝土强度：

$$m_{fcu} - \lambda_1 S_{fcu} \geqslant 0.9 f_{cu,k}.$$

$$23.44 - 1.7 \times 1.483 \geqslant 0.9 \times 20$$　　符合；

$$f_{cu,min} \geqslant \lambda_2 f_{cu,k}.$$

$$20.7 \geqslant 0.9 \times 20 \quad 符合$$

结论：　该批混凝土强度合格。

(3) 而当施工工程较小，混凝土试块总数不足 10 组时，评定其强度只能采用非统计方法评定。这时验收批的混凝土的强度应符合下列公式要求：

$$m_{fcu} \geqslant 1.15 f_{cu,k} \tag{8-4-15}$$

$$f_{cu,min} \geqslant 0.95 f_{cu,k} \tag{8-4-16}$$

例如有六组混凝土试块强度，设计强度为 C20，但其每组的平均值为：23.10、22.2、24.1、20.7、19.1、21.2。

经计算：$m_{fcu}=21.73$。

判定强度：$m_{fcu} \geqslant 1.15 f_{cu,k}$

$21.73 < 1.15 \times 20$　　不符合

$f_{cu,min} \geqslant 0.95 f_{cu,k}$

$19.1 \geqslant 0.95 \times 20$　　符合

该批混凝土显然平均强度大于 C20 的标准强度，但不符合大于或等于标准强度的 1.15 倍；虽第二公式试块最小值大于标准强度的 0.95 倍。但这批试块还认为不合格。因此也认为该批试块所代表的结构混凝土也不合格。对于一般人来说认为不合理，想不通，但按规范判定就这么严格。原因是说明我们混凝土强度离散性大，管理差，保证率低。因此我们做试块要尽量多些，代表性强些，并应保证每组试块强度都比标准强度高出 15% 左右，这样保证性就可靠了。

(九) 模板的拆除

混凝土结构在浇筑完毕，自然养护之后，到一定强度时，就应拆除支撑的模板，达到周转使用的目的。

一般说不受力的模板如侧模，当混凝土硬化后，侧压力消失，就可以拆除。而底模，如梁底、板底用来支托梁、板混凝土重量的模板及支架，在混凝土没有达到一定强度时，是不能拆除的。什么时候能够拆除，按照规范规定：现浇结构的模板及其支架拆除时的混凝土强度，应符合设计要求；当设计无具体要求时，应符合下列规定：

(1) 侧模，在混凝土强度能保证其表面及棱角不因拆除模板而受损坏后，方可拆除。

(2) 底模，在混凝土强度符合下表规定后，方可拆除。见表 8-4-9。

现浇结构拆模时所需混凝土强度　　表 8-4-9

结构类型	结构跨度(m)	按设计的混凝土强度标准值的百分率计(%)
板	≤2	50
	>2,≤8	75
	>8	100
梁、拱、壳	≤8	75
	>8	100
悬挑结构	>2	100

表中的强度系指抗压强度标准值。这些强度在常温下可以按曲线表推算，而在低温时应按做的同条件试块压出的值来确定。所以冬期施工拆模时间离浇筑完毕时间较长。

模板拆除后，只有到混凝土强度符合设计强度等级的要求后，方可承受全部使用荷载；而当施工荷载所产生的效应比使用荷载的效应更为不利时，必须经过核算，加设临时支撑。

这一点规定必须注意和牢牢记住。我们在加快施工速度抢工的情况下，往往忽视此点，而造成混凝土的“内伤”，对结构的耐久性不利。

（十）混凝土缺陷的修整

在混凝土施工中，由于操作人员在思想和技术上的疏忽，以及模板支撑中的缺陷，而造成拆模后出现混凝土构件表面有蜂窝、麻面、露筋、裂缝等质量缺陷。有的人员因碍于情面或怕追查事故责任，而忙用砂浆堵抹，进行表面掩饰处理，这是十分有害的。

我们认为出了问题，应本着对工程质量负责的精神，正确对待，认真处理、防止后患才对。首先应对发生问题的混凝土部位进行观察，必要时会同工程监理、建设方或质量人员一起，做好记录，并根据质量问题的情况，发生的部位、影响程度等进行全面分析。

对于发生在构件表面浅层局部轻微的质量问题，如蜂窝、麻面、露筋、缺棱掉角等可按规范规定进行修补。而对影响混凝土强度或构件承载能力的质量事故，如大孔洞、断浇、漏振等，应会同有关部门研究必要的加固方案或补强措施。

此外，还应通过分析事故产生的原因，总结经验教训，杜绝事故再发生。

1. 麻面

这是混凝土构件表面局部缺浆粗糙，出现无数的小凹坑，但无钢筋外露现象。

产生的原因是：

（1）木模板在浇筑混凝土之前没有浇水湿润或湿润不够，以至在混凝土浇筑后，与模板接触部分的混凝土中的水分被模板吸收，混凝土表面由于失水过多而出现麻面。

（2）模板重复使用，表面清理不干净，粘有干硬的砂浆或混凝土，在浇筑混凝土后，该部分硬物与模板粘住后，拆模对混凝土表面出现缺陷性麻面。

（3）模板上隔离剂涂刷不均匀、漏刷，拆模时，漏刷处模板把混凝土表皮粘走，产生麻面。

（4）模板拼缝不严密，混凝土浇筑时缝隙漏浆，构件表面沿模板缝隙出现麻面。

（5）混凝土振捣不密实，混凝土中气泡未排出，部分气泡停留在模板表面，拆模后表面出现麻面。

只要克服以上出现麻面的产生原因，即可防止发生。而出现麻面后可进行修补，修补前先将麻面部位用钢丝刷加清水刷洗，并使麻面部位充分湿润，然后用水泥素浆或1∶2～1∶2.5的水泥砂浆抹平，达到外观平整顺畅。

2. 露筋

这是指构件中的主筋、副筋或箍筋等，部分或局部未被混凝土包裹而外露。

产生的原因是：

（1）混凝土浇捣时，钢筋保护层垫块移位或垫块间距过大甚至漏垫，钢筋紧贴模板，拆模后出现露筋。

（2）构件尺寸断面较小，钢筋过密，如遇到个别骨料粒径过大，水泥浆无法包裹钢筋和充满模板，拆模后钢筋密集处产生露筋。

（3）混凝土配合比不当，浇灌方法不正确，使混凝土产生离析，部分浇筑部位缺浆，造成露筋。

(4) 模板拼缝不严，缝隙过大，混凝土漏浆严重，尤其是角边，拆模时又带掉边角出现露筋。

(5) 振捣手振捣不当，振钢筋或碰击钢筋，造成钢筋移位；或振捣不密实有钢筋处混凝土被挡住包不了钢筋，拆模后出现露筋。

(6) 钢筋绑扎不牢，保护层厚度不够，脱位突出，拆模后发现露筋。

要克服露筋，必须要钢筋绑扎牢固，垫块铺垫准确，保护层厚度按规范做足，混凝土配合比准确，对构件截面小的应换粗骨料的粒径，模板要支撑好、拼缝严密，混凝土下料倾倒高度应小于2m，不要振钢筋等。

出现露筋后可作如下处理：

(1) 构件表面露筋；可先将混凝土残渣及铁锈清理干净，将露筋部位用清水冲刷并湿润，再用1∶2～1∶2.5的水泥砂浆抹光压平整。

(2) 露筋部位较深，应将软弱的混凝土层及露石剔除干净，再用清水冲刷干净并使之充分湿润，可用原强度等级的细石混凝土填补，用细铁棒捣实，并包草包认真浇水养护。

3. 蜂窝

当拆模后发现构件有局部混凝土松酥，石多浆少，石子间出现空隙，形成蜂窝状的窟窿，我们称为蜂窝缺陷。

产生蜂窝的原因是：

(1) 拌制投料时，计量不准，秤的石子多，水泥和砂子相对少，造成混凝土浆少石多，浆流至一边，则另一边会出现蜂窝。

(2) 混凝土的搅拌时间太短，拌合不均匀，振捣时造成砂浆与石子分离，石子集中处会形成蜂窝。

(3) 下料时不当，使混凝土产生离析，振捣时振不出水泥浆来，使局部形成蜂窝。

(4) 浇筑时未分层分段进行，有些地方一次下料过多，振捣赶不上，振不密或漏振；也有下料与振捣不配合，未及振好又下料，也容易使混凝土产生蜂窝。

(5) 模板支撑不牢固，振捣时胀模，模板局部脱开大漏浆，拆模后，该部分很容易出现蜂窝。

防止蜂窝产生，只要做到搅拌时投料计量准确，拌合时间充分，下料和振捣按操作工艺要求认真执行，模板支撑牢固，发现胀模应立即停止再浇灌，整修好模板后补振好后再浇灌。这样可以克服及减少蜂窝出现。

蜂窝的修补如下：

(1) 对于小蜂窝，用钢丝探后仅表面层20～30mm时，则可先用清水冲洗干净并充分湿润，再用1∶2～1∶2.5水泥砂浆拍入小孔，修补抹平。

(2) 对于大的蜂窝，应先将蜂窝处松动的石子剔凿干净，见到实底后，将外露的部分用清水冲洗刷净。充分湿润后，根据凿后的形状如需支些模板还应支模，最后用同强度的细石混凝土填补捣实，认真养护即可。

4. 孔洞

浇灌后拆除模板，发现构件上有空腔、孔洞，可将手指或杆棒伸入或有的可通过物件者都称为孔洞。产生孔洞则认为是较大的质量事故，甚至是重大质量事故。

产生孔洞的原因有：

(1) 混凝土振捣时漏振，分层浇捣时，振捣棒未伸至下一层混凝土中，致使上下层间脱空。

(2) 竖向构件一次下料太多，坍落度相对小些，混凝土被钢筋等摩阻力架住，形成下部成拱顶住上部混凝土，如加上振捣不认真下部漏振，拆模后出现混凝土脱空，底下成为孔洞。

(3) 混凝土中混入了杂物、木块结果在拆模后露了真相，把这些东西抠掉，形成明显的空洞。

(4) 钢筋密集处，预留孔或预埋件周边，由于混凝土浇筑时不通畅，不能充满模板而形成孔洞。

总之，孔洞、空腔的形成与振捣工序有很大关系，只有在混凝土中不混入杂物，下料合理，振捣按规矩循序操作，仔细认真，孔洞是可以避免的。至于预留孔、预埋件边、钢筋过密处可采取相应技术措施振捣好，也不会发生孔洞的。

孔洞出现后的修整：

(1) 对孔洞的处理，应经技术部门研究并制定修补方案后方可实施。

(2) 孔洞修补前，应将孔洞周围不密实的混凝土凿清。如为竖向构件，在其上有削弱断面的孔洞，应立即将梁端支撑牢固减少竖向构件的荷载。

(3) 把已剔凿好的孔洞周边用压力水冲洗，并用钢丝刷刷洗，经充分湿润，保持湿润36h，以上。在孔洞处支好模板，然后浇灌同强度的微膨胀混凝土，混凝土面可略高出孔洞上口，出一喇叭口，待12h后可轻轻凿平。浇灌时要用铁棒认真捣实。见图8-4-12。

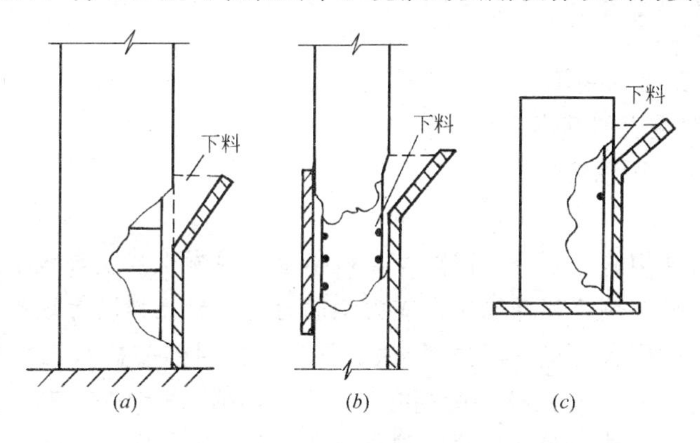

图8-4-12　孔洞修补

(a) 柱；(b) 墙；(c) 梁

5. 夹层

夹层是在构件接头处或施工缝交接处的缝道中，夹入非混凝土异物，如木屑、刨花、砖屑、粉尘等，造成混凝土断开。不注意到是一种隐性破坏，也是一个质量问题。

产生的原因有：

(1) 梁柱接头处，由于相接施工间隙时间略长，当浇灌梁板时，柱上端的施工缝未处理干净，落入杂物在浇灌混凝土时垫在底下，拆模后从外面看见夹层缝隙，造成上下脱离；柱子根部与下层楼面处也有时出现相似的夹层缝隙。

(2) 施工缝表面未认真处理干净；或梁的施工缝未支撑竖直模板，任其斜坡式流成施工缝，而再浇接时，斜面上已有脏物、粒屑等；楼梯踏步施工缝由于经常上下人，边上砌砖墙等因素掉入碎砖屑等。这些施工造成的缝道，在要浇接新混凝土时，没有及时清理，处理不干净、不洒水湿润、不垫砂浆再浇筑，拆模后出现施工缝夹层。

防止办法是认真处理干净这些施工中必须形成的缝道。接槎要充分湿润，先垫浇砂浆，再认真灌注混凝土并振捣密实。

出现夹缝层的处理是：

(1) 当竖向构件如柱子，较严重的情况应将柱上支座的梁板结构先另外支撑牢固。然后再把缝剔凿成V形，把脏物掏出，剔一面，清一面，把其内湿润后用高一级强度等级的微膨胀细石混凝土捻塞密实，四周全部捻塞完毕后，包草袋认真浇水养护，待强度达到原混凝土强度后，才可拆除支撑。

(2) 缝隙夹层较小，可一面一面的剔凿或一段一段剔凿掉缝中杂物，用压力水冲净缝中，再用水充分湿润，用高强度（至少同混凝土强度）的较干的砂浆捻塞挤入密实；或用压缩空气吹净缝隙，并用喷灯烤干内部，再用环氧胶泥捻塞缝道，反复搓动使之紧密粘结。

夹层缝隙应重在防止，且也容易做到。而发生后的处理却是比较困难的，因为不易很密实，且总有隐患感。

以上介绍的是钢筋混凝土工程的施工，是以框架结构作为结构形式和施工对象来说明的。具体包括了钢筋混凝土工程的基本概念、所用材料、施工准备、使用机具、实施施工的各项要求，通过学习对掌握钢筋混凝土工程施工，以及应进行哪些质量控制应该是有帮助的。

三、预应力混凝土的施工

(一) 预应力混凝土的基本常识

1. 预应力混凝土所用的材料

(1) 混凝土

对用于预应力结构的混凝土，按国家规范指出：混凝土强度等级不宜低于C30；当采用碳素钢丝、钢绞线、热处理钢筋作预应力钢筋时，混凝土强度等级不宜低于C40。

对于混凝土中所用水泥宜采用强度42.5及以上普通硅酸盐水泥。骨料中粗骨料要选用质地坚硬的碎石，其最大粒径不应超过40mm，宜在25mm左右。含泥量应小于1%。细骨料要采用中粗砂，其含泥量必须控制在3%以下。含泥量大的砂，应清洗干净，使含泥量下降至3%以下，以免影响高效减水剂的效果。

预应力混凝土结构中采用高强度混凝土，是因为预应力混凝土中所用的预应力钢筋，其强度比普通钢筋混凝土中所用的钢筋高出好多，所以混凝土的强度也要相应提高。使钢筋与混凝土的强度有相适应的比例，共同承受外力。混凝土强度高还可减小构件的截面，减轻自重，并节约材料用量。高强混凝土还可以提高钢筋与混凝土之间的粘结力，对有粘结预应力十分有利。

高强混凝土配合比的设计方法，与普通混凝土基本相同。根据大量的工程实践，高强混凝土除要用高强度等级水泥，好的骨料，还要掺加高效减水剂，经掺高效减水剂后，可配制出高于水泥强度等级10～20N/mm^2 的高强混凝土。如进一步优选高效减水剂、水泥和骨料的条件下，可配制出高于水泥强度等级 20～30N/mm^2 的高强混凝土。除高效减水剂外，还有优质活性掺合料。我们简单介绍如下，这是高强混凝土与普通混凝土的不同之处。

高效减水剂有：

1）萘系高效减水剂：它是由煤焦油中提炼的萘，经磺化、缩合而成。如 FDN、UNF、NF、SN 等，它们适用于配制 C60～C80 的高强混凝土。

2）其他煤焦油中组分制成的高效减水剂，如 MF、JN、DH、AF 等。这类减水剂适用于配制 C50～C70 的高强混凝土。

3）树脂型高效减水剂：它由三聚氰胺经磺化缩合而成，又称密胺树脂，如 SM 高效减水剂。

高效减水剂多数为早强型。当施工气温高、混凝土浇筑时间长，就需要用减水和缓凝双重功能的缓凝型高效减水剂，如 FDN 和木钙复合。

优质的活性掺料有：

1）硅粉：它是生产硅铁合金的副产品，属火山灰质优质掺合料。它在高效减水剂的作用下，均匀地分布在混凝土中，起填充孔隙、参与水化、改善水泥与骨料界面上的粘结力等作用。这些共同作用导致了硅粉混凝土密实、高强。采用硅粉与高效减水剂的双掺技术，可配制 C80 级的混凝土，并节省水泥。

2）F 矿粉：它以天然沸石岩为主要成分，配以少量的其他无机物经磨细加工而成。以 F 矿粉置换强度等级 42.5 硅酸盐水泥量的 5％～10％，再配以适量的萘系减水剂，水灰比 0.35 左右，坍落度为 16～18cm，混凝土强度可达到 80N/mm^2 左右。

高强混凝土的配制应根据实际工程中所需的早强、高强、流态要求，来选择高效减水剂的品种和掺量。必要时还应考虑缓凝要求，选用缓凝型高效减水剂。采用硅粉与高效减水剂双掺时，还要确定硅粉的掺量。

高强混凝土的水灰比一般在 0.5～0.35 范围内波动。水泥用量不宜大于 550kg/m^3。

高强混凝土的砂率宜低些，一般为 0.25～0.32，混凝土强度越高则砂率越小。在配制硅粉混凝土时，应视硅粉取代量的大小，适当地减小混凝土的砂率。

高强混凝土的粘性大，搅拌时应采用强制式搅拌机。搅拌时间应适当延长，一般为 3～4min。

高效减水剂的掺法有两种：一种是在水泥投料后就掺入拌和；一种是先将所有组分全部加入机内先拌 1.5min，然后将称好的减水剂干粉均匀撒入，再搅拌 1.5min 后出料，后一种方法有利于延长坍落度保持时间。

长期静置的水剂高效减水剂会产生沉淀，要注意用时搅动均匀，并保持一定的温度。高效减水剂的减水效果会受温度影响而变化，一般说混凝土的温度越高，效果越好。

(2) 预应力钢筋材料

预应力筋按材料类型可分为：钢丝、钢绞线、钢筋、非金属预应力筋等。其中，以钢绞线与钢丝采用最多。非金属预应力筋，主要有碳纤维增强塑料（CFRP）、玻璃纤维增强塑料（GFRP）等，目前还处于开发研究阶段。

预应力筋的发展趋势为高强度、低松弛、粗直径、耐腐蚀。

1）预应力钢丝

预应力钢丝是用优质高碳钢筋条经索氏体化处理、酸洗、镀铜或磷化后冷拔而成的钢丝总称。预应力钢丝用高碳钢盘条采用 80 号钢，其含碳量为 0.7%～0.9%。为了使高碳钢盘条能顺利拉拔，并使成品钢丝具有较高的强度和良好的韧性，盘条的金相组织应从珠光体变为索氏体。由于轧钢技术的进步，可采用轧后控制冷却的方法，直接得到索氏体化盘条。

预应力钢丝根据深加工要求不同，可分为冷拉钢丝和消除应力钢丝两类。消除应力钢丝按应力松弛性能不同，又可分为普通松弛钢丝和低松弛钢丝。

预应力钢丝按表面形状不同，可分为光圆钢丝、刻痕钢丝和螺旋肋钢丝。

2）预应力钢绞线

预应力钢绞线是由多根冷拉钢丝在绞线机上成螺旋形绞合，并经消除应力回火处理而成的总称。钢绞线的整根破断力大，柔性好，施工方便，具有广阔的发展前景。

预应力钢绞线按捻制结构不同可分为：1×2 钢绞线、1×3 钢绞线和 1×7 钢绞线等（图 8-4-13）。1×7 钢绞线是由 6 根外层钢丝围绕着一根中心钢丝（直径加大 2.5%）绞成，用途广泛。1×2 钢绞线和 1×3 钢绞线仅用于先张法预应力混凝土构件。

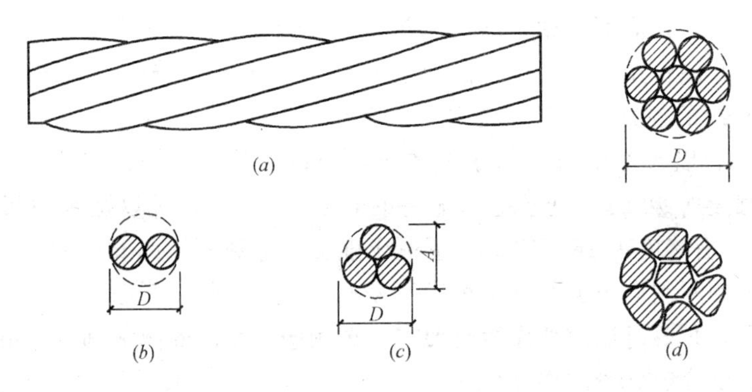

图 8-4-13　预应力钢绞线

(*a*) 1×7 钢绞线；(*b*) 1×2 钢绞线；

(*c*) 1×3 钢绞线；(*d*) 模拔钢绞线

D—钢绞线公称直径；*A*—1×3 钢绞线测量尺寸

钢绞线根据深加工要求不同又可分为：标准型钢绞线、刻痕钢绞线和模拔钢绞线。

3）精轧螺纹钢筋

精轧螺纹钢筋是一种用热轧方法在整根钢筋表面上轧出不带纵肋而横肋为不连续的梯形螺纹的直条钢筋，该钢筋在任意截面处都能拧上带内螺纹的连接器进行接长，或拧上特制的螺母进行锚固，无需冷拉与焊接，施工方便，主要用于房屋、桥梁与构筑物等直线筋。

（3）预应力钢筋的检验及存放

预应力筋出厂时，在每捆（盘）上都挂有标牌，并附有出厂质量证明书。

预应力筋进场时，应按下列规定验收。

1）预应力钢丝验收

① 外观检查

预应力钢丝的外观质量，应逐盘检查。钢丝表面不得有油污、氧化铁皮、裂纹或机械损伤，但表面上允许有浮锈和回火色。镀锌钢丝的锌层应光滑均匀，无裂纹。钢丝直径检查，按10%盘选取，但不得少于6盘。

② 力学性能试验

钢丝的力学性能，应抽样试验。每验收批应由同一牌号、同一规格、同一生产工艺制度的钢丝组成，重量不大于60t。

钢丝外观检查合格后，从同一批中任意选取10%盘（不少于6盘）钢丝，每盘在任意位置截取二根试件，一根做拉伸试验（抗拉强度与伸长率），一根做反复弯曲试验。如有某一项试验结果不符合GB 5223—2002标准的要求，则该盘钢丝为不合格品；并从同一批未经试验的钢丝盘中再取双倍数量的试件进行复验，如仍有一项试验结果不合格，则该批钢丝判为不合格品，或逐盘检验取用合格品。

对设计文件有指定要求的疲劳性能、可镦性等，应再进行抽样试验。

2）钢绞线验收

① 外观检查

钢绞线的外观质量，应逐盘检查。钢绞线的捻距应均匀，切断后不松散，其表面不得带有油污、锈斑或机械损伤，但允许有浮锈和回火色。镀锌或涂环氧钢绞线、无粘结钢绞线等涂层表面应均匀、光滑、无裂纹、无明显折皱。

无粘结预应力筋的油脂重量与护套厚度，应按60t为一批，抽取3个试件进行检验。其测试结果应满足国家标准GB/T 5224—2003无粘结预应力筋的质量要求。

② 力学性能试验

钢绞线的力学性能，应抽样检验。每验收批应由同一牌号、同一规格、同一生产工艺制度的钢绞线组成，重量不大于60t。

钢绞线外观检查合格后，从同一批中任意选取3盘钢绞线，每盘在任意位置截取一根试件进行拉伸试验。如有某一项试验结果不符合GB/T 5224—2003标准的要求，则不合格盘报废。再从未试验过的钢绞线中取双倍数量的试件进行复验。如仍有一项不合格，则该批钢绞线判为不合格品。

对设计文件有指定要求的疲劳性能、偏斜拉伸性能等，应再进行抽样试验。

3）精轧螺纹钢筋验收

① 外观检查

精轧螺纹钢筋的外观质量，应逐根检查。钢筋表面不得有锈蚀、油污、横向裂纹、结疤。

允许有不影响钢筋力学性能、工艺性能以及连接的其他缺陷。

② 力学性能试验

精轧螺纹钢筋的力学性能，应抽样试验。每验收批重量不大于60t。从中任取二根，每根取二个试件分别进行拉伸和冷弯试验。当有一项试验结果不符合Q/S G 53.3—1999标准规定时，应取双倍数量试件重做试验。复验结果仍有一项不合格时，该批高强精轧螺纹钢筋判为不合格品。

4）预应力筋存放

预应力筋由于其强度高与塑性差，在无应力状态下对腐蚀作用比普通钢筋敏感。预应力筋在运输与存放过程中如遭受雨淋、湿气或腐蚀介质的侵蚀，易发生锈蚀，不仅降低质量，而且将出现腐蚀坑，有时甚至会造成钢材脆断。

成盘的预应力筋在存放过程中的外部纤维就有拉应力存在。其外部纤维应力，可按 $\frac{dE_s}{D}$ 公式估算（d—预应力筋直径，D—卷盘直径）。例如 ϕ^{P}s 钢丝的卷盘直径为 1.7m，则其外纤维应力约为 600N/mm² （0.38σ_b），当有腐蚀介质作用时，就有可能产生应力腐蚀使钢材自然断裂。

预应力筋运输与储存时，应满足下列要求：

① 成盘卷的预应力筋，宜在出厂前加防潮纸、麻布等材料包装。

② 装卸无轴包装的钢绞线、钢丝时，宜采用 C 形钩或三根吊索，也可采用叉车。每次吊运一件，避免碰撞而损害钢绞线。

③ 在室外存放时，不得直接堆放在地面上，必须采取垫枕木并用苫布覆盖等有效措施，防止雨露和各种腐蚀性气体、介质的影响。

④ 长期存放在设置仓库，仓库应干燥、防潮、通风良好、无腐蚀气体和介质。

⑤ 如储存时间过长，宜用乳化防锈剂喷涂预应力筋表面。

2. 锚具与夹具

锚具是后张法结构或构件中为保持预应力筋拉力并将其传递到混凝土上用的永久性锚固装置。夹具是先张法构件施工时为保持预应力筋拉力并将其固定在张拉台座（或钢模）上用的临时性锚固装置。后张法张拉用的夹具又称工具锚，是将千斤顶（或其他张拉设备）的张拉力传递到预应力筋的装置。连接器是先张法或后张法施工中将预应力从一根预应力筋传递到另一根预应力筋的装置。

预应力筋用锚具、夹具和连接器按锚固方式不同，可分为夹片式（单孔与多孔夹片锚具）、支承式（镦头锚具、螺母锚具等）、锥塞式（钢质锥形锚具等）和握裹式（挤压锚具、压花锚具等）四类。工程设计单位应根据结构要求、产品技术性能和张拉施工方法等选用锚具和连接器。

锚具和夹具的种类很多，各有一定的适用范围，现我们将一些常用的锚、夹具按其特点和构造分类列表于 8-4-10。

常用锚、夹具一览表 **表 8-4-10**

型式	类别	名称	预应力筋	张拉设备
螺杆式	锚具	螺丝端干锚具 锥形螺杆锚具 精轧螺纹钢筋锚具	冷拉Ⅱ、Ⅲ级钢筋 冷轧带助钢筋 精轧螺纹钢筋	拉杆式千斤顶 YL60 型 穿心式千斤顶YC60 型 YC20 型
螺杆式	夹具	螺杆销片夹具 螺杆镦头夹具 螺杆锥形夹具 单根镦头钢筋螺杆夹具	钢丝束 钢筋束	同上
镦头式	锚具	钢丝束镦头锚具	钢丝束	同上
镦头式	夹具	单根镦头夹具 镦头梳筋板夹具	钢筋 钢丝束	同上

续表

型　式	类　别	名　称	预应力筋	张拉设备
夹片式	锚　具	JM 型锚具 XM 型锚具 QM 及 OVM 型锚具 单根钢绞线锚具	Ⅳ级钢筋束 钢绞线束	穿心式千斤顶 YC60 YCD100、200 YCQ100、200 YC18、20
夹片式	夹　具	圆套筒三片式夹具 方套筒二片式夹具 圆锥形二片式夹具 单根钢绞线夹具	冷拉Ⅳ级钢筋 钢绞线束 热处理钢筋 钢绞线束	拉杆式或穿心式千斤顶
锥销式	锥销锚具	钢质锥型锚具 KT-Z 型锚具	钢丝束 钢筋束、钢绞线束	锥锚式千斤顶 YZ38.60 型 穿心式千斤顶 YC60 型
锥销式	锥销夹具	锥销夹具	钢　　丝	电动螺杆或卷扬机
其　他		帮条锚具	冷拉粗钢筋	

在预应力混凝土工程中锚具大部分用在后张法施工中，并作为同预应力钢筋一样用在工程上，成为工程材料的一部分。而夹具则大多用在先张法施工中，作为一种周转工具来考虑的。

在工程现场施工的预应力混凝土工程，即使是构件如屋架、吊车梁等也是采用后张法施工，因此使用锚具是现场预应力工程用得最多的材料。为此在这里主要介绍它们：

（1）螺丝端杆锚具：这是过去用于冷拉Ⅱ与Ⅲ级钢筋的端头锚固。它由螺丝端杆、螺母、垫板等组成。其要求是螺丝端杆锚具的强度，不得低于预应力筋的抗拉强度实测值。螺丝端杆采用 45 号钢、螺母与垫板采用 Q235 钢。45 号钢在粗加工后，进行调质热处理（硬度达 HB251～283），热处理后的抗拉强度不得小于 700N/mm^2，伸长率 δ_5 不得小于 14%。

（2）帮条锚具：它也是过去作为冷拉Ⅱ与Ⅲ级钢筋固定端锚具用的（张拉端不能用）。帮条可用预应力筋相同的钢筋，围在预应力筋外圈成等三角形焊牢并加衬板组成。

（3）锥形螺杆锚具：它适用于锚固 14 根至 28 根 ϕ5 的钢丝束。由锥形螺杆、套筒、螺母、垫板等组成。原理是利用套筒与锥形杆之间的挤压力把钢丝卡紧，然后张拉螺杆、拧紧螺母，建立预应力。

（4）镦头锚具：它分为张拉端锚具和固定端锚具两类。张拉端的称为锚环型，由锚环、螺母组成；也有用锚环和螺母组成。固定端的称为锚板锚具，仅一块锚板做成。

制作时要求锚环和锚板采用 45 号钢；螺母采用 45 号钢或 30 号钢。锚环和锚板都要进行调质热处理（硬度 HB251～283）。

镦头锚具用于钢丝作为预应力钢筋的施工。其上的锚孔采用两种排列方法：一种是沿圆周均匀分布，这是常用的排列方法；一种是正六角形排列，便于孔中等距离，但钢丝数应为 6 的倍数，主要用于大吨位锚具。

（5）JM 型锚具：这种锚具是由锚环和楔块（亦称夹片）组成。楔块的两个侧面设有带齿的半圆槽，每个楔块卡在两根钢绞线或高强钢筋之间，它们共同形成组合式锚塞将钢筋或钢绞线束楔紧。见图 8-4-14。

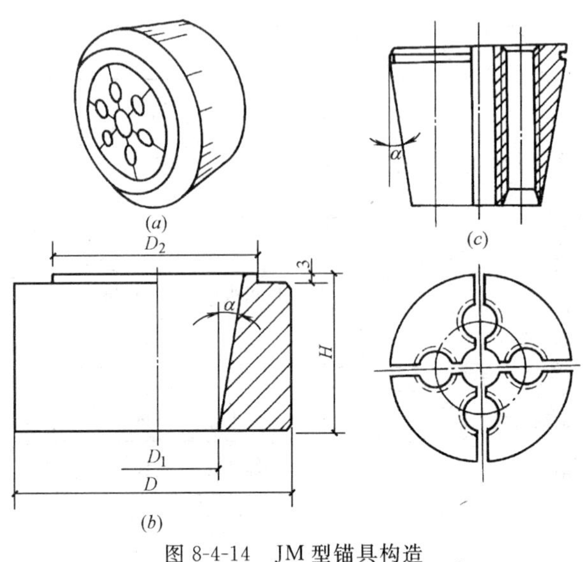

图 8-4-14　JM 型锚具构造

(a) 外形；(b) 锚环；(c) 楔块

JM 型锚具根据所锚固的预应力强度与外形不同，其尺寸、材料、齿形与硬度等有差异。用于钢绞线的锚具，厚度有所增加，锥度和夹筋孔略有减小，夹片齿面要有较高的硬度。

一般材料要求是锚环采用 45 号钢，调质热处理硬度 HRC32～37。夹片采用 45 号钢，热处理硬度 HRC40～45。对钢绞线的锚具则要改用 20Cr 钢，表面渗碳，层深 0.6～0.8mm，淬火并回火后表面硬度 HRC50～55。

(6) 单根钢绞线锚具：它适用于锚固 ϕ^j12 及 ϕ^j15 钢绞线。其形状较小，锚环直径仅 38mm 及 44mm。材料要求为锚环用 45 号钢，调质热处理硬度 HRC32～37。夹片为三片式，斜角 4°，采用 20Cr 钢，热处理后表面硬度 HRC55～58。用于楼板无粘结单根钢绞线。

(7) XM 型锚具、QM 型锚具、OVM 型锚具：这三种锚具，我们称为群锚体系，主要用于锚固钢绞线。它是在一块多孔的锚板上，利用每个锥形孔装一套夹片，夹持一根钢绞线的一种楔紧式锚具。这种锚具的优点是任何一根钢绞线锚固失效，不会引起整束锚固失效，但构件的端头要做成喇叭孔。由于是群锚。所以其锚固的根数可以多到最大达 37 根 ϕ^j15 和 55 根 $\phi^j12.7$。

XM 型锚具的锚板采用 45 号钢，调质热处理硬度 HB＝285±15；夹片材料采用 60SiMnA 合金钢，整体淬火并回火后硬度为 HRC53～58，要韧性好、强度大、耐磨性高。

锚板上锚孔的排列，沿圆周排时对 ϕ^j15 钢绞线，其间距不小于 36mm。锚孔中心线的倾斜为 1∶20，锚板顶面应垂直于锚孔中心线，以利夹片均匀塞入。

XM 型锚具除可作为工作锚外，还能作工具锚使用。当用于工具锚时，可在夹片和锚板之间涂抹一层能在极大压强下保持润滑性能的固体润滑剂，如石墨、石蜡。当用于工具锚少于三次的，还可以转为工作锚具用，可节约材料。

在构件上于 XM 型锚具下要设置钢垫板：喇叭管和加强孔口的螺旋筋。喇叭管用薄钢板卷成并焊在钢垫板上，螺旋筋绕在管外，一起浇筑在端头混凝土中。

QH 型锚具也是由多孔锚板与夹片组成。与 XM 型不同之处是：锚板的顶面为平面，锚孔为直孔；夹片为直开缝，侧锯形细齿，表面热处理后硬度为 HRC58～61。配有专门工具锚。

OVM 型锚具是在 QM 型锚具的基础上，将夹片由三片改为二片式，进一步方便了施工；并在夹片背面上部锯有一条弹性槽，以提高锚固性能。

群锚体系形状可见图 8-4-15。

这些锚具有的可自行加工，如螺杆式的；大部分均由厂家生产。我们在购买和使用时，一定要验收质量，检验硬度，必要时用抽样若干进行锚固试验。证明确无问题后才可正式使用到工程实体上。其中夹片的淬火技术、内齿的强度、韧性、耐磨是关键。

3. 预应力的张拉设备及其他设备

预应力混凝土生产中所使用的机械设备种类较多，主要可分为：张拉设备、镦头设备、冷拉设备、灌浆设备及测力设备等。我们在这里主要介绍张拉设备、镦头设备、灌浆设备。其他以前使用的冷拉Ⅱ、Ⅲ级钢筋的冷拉卷扬机、钢筋对焊机等均不再作介绍了。

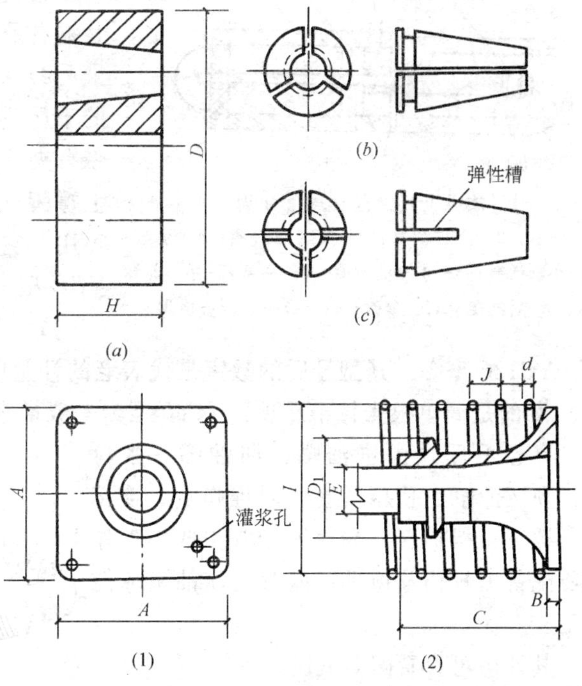

图 8-4-15 群锚体系形状

(1) QM 与 OVM 型锚具；(2) QM 锚固体系的铸铁喇叭管与螺旋筋

(*a*) 锚板；(*b*) 三片式夹片；(*c*) 二片式夹片

(1) 液压冷镦设备：过去有手动的机械式的冷镦设备，现已不用。目前主要是液压冷镦设备。它分为钢筋冷镦器和钢丝冷镦器两种。

YLD-45 型的钢筋冷镦器，主要镦粗直径 12mm 以下的钢筋。它由油缸、夹紧活塞、镦头活塞、顺序阀、回油阀、镦头模、夹片及锚环等部件组成。工作时要与高压油泵配套使用。

LD-10、LD-20 型的钢丝冷镦器，它由油缸、夹紧活塞、镦头活塞、顺序控制碟簧、回程碟簧、镦头模、夹片及锚环等部件组成，密封件为圆形耐油橡胶密封圈。工作时也要与高压油泵配套使用。其中 LD-10 可镦 $\phi5$ 钢丝，镦头压力为 32～36N/mm^2；LD-20 可镦 $\phi7$ 钢丝，镦头压力为 40～43N/mm^2。

液压镦头器的形状可见图 8-4-16。

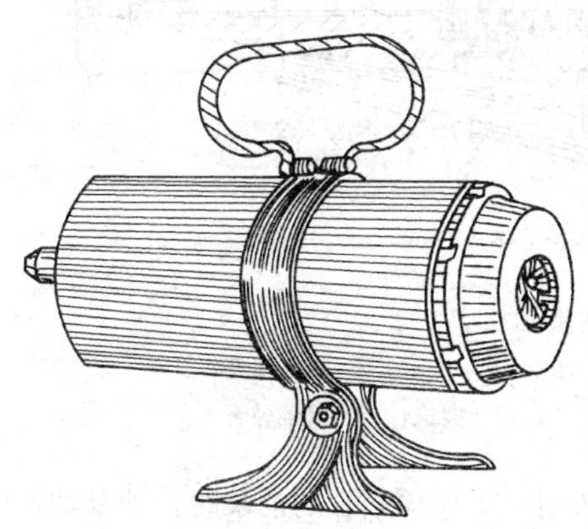

图 8-4-16 DLD-9 型钢丝冷镦器外形

(2) 液压拉伸机：

液压拉伸设备由千斤顶和高压油泵组成的。千斤顶则分为拉杆式、穿心式、锥锚式三类；高压油泵则分为手动式和轴向电动式两种。分别介绍于下：

1) 拉杆式千斤顶：它以活塞杆作为拉力杆件，适用于张拉带有螺丝端杆的粗钢筋，及带有螺杆式锚夹具或镦头式锚夹具的钢丝束。它由主缸、活塞、活塞杆、副缸、套碗及顶脚等组成。见图 8-4-17。大缸、大缸活塞是该千斤顶的主要部分，活塞上有油封圈，以防止漏油。

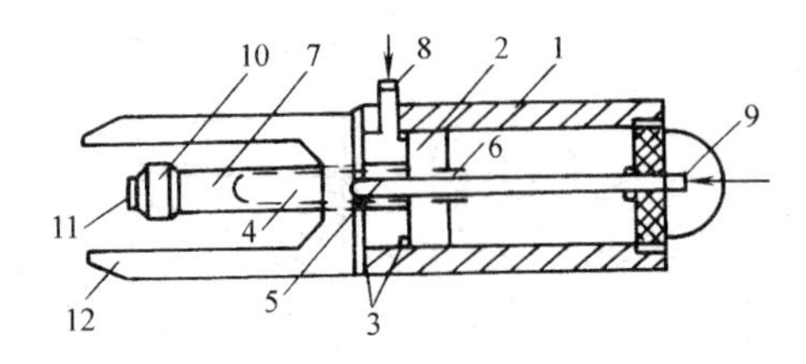

图 8-4-17　拉杆式千斤顶

1—大缸；2—大缸活塞；3—大缸油封圈；4—小缸；5—小缸活塞；6—小缸油封圈；7—活塞杆；8—前油嘴；9—后油嘴；10—套碗；11—拉头；12—顶脚

它用电动油泵供油，但油泵必须配备高压紫铜管及高压橡皮管以便输油。

2）穿心式千斤顶：它是中空通过钢筋束的千斤顶，适应性较强的千斤顶。它既可张拉带有夹片锚具或夹具的钢筋束和钢绞线束；配上撑脚、拉杆等附件后，也可作为拉杆式千斤顶用。它根据使用功能不同，又可分为 YC 型、YCD 型、YCQ 型、YCW 型等系列产品。

YC 型又分为 YC18 型、YC20 型、YC60 型、YC120 型等。其型号后的数字是代表老的计量单位能张拉多少“吨力”（表示法 tf），18、20 的是属单根张拉千斤顶。YC60 型为一般最常用的。

穿心千斤顶由进油嘴、回油嘴、张拉缸、顶压油缸、顶压活塞、回程弹簧、连接套、撑套、保护套、端盖螺母等组成。工作时要配备工具锚及顶部，以及高压油泵才能施工。

其外形可参看图 8-4-18。

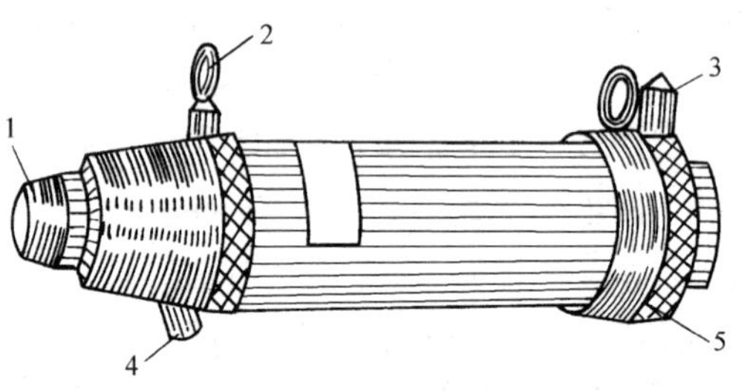

图 8-4-18　YC-200 型穿心式千斤顶外形

1—撑头；2—吊环；3—后油嘴，4—前油嘴；5—端盖

3）锥锚式千斤顶：它是又称为双作用或三作用千斤顶，是种专用千斤顶。主要用于张拉带有钢质锥形锚具的钢筋束或钢丝束。

它由大缸（张拉油缸）、大缸活塞、小缸（顶压油缸）、小缸活塞、顶头、卡环、楔块、退楔装置等主要部分组成。形状可见图 8-4-19。

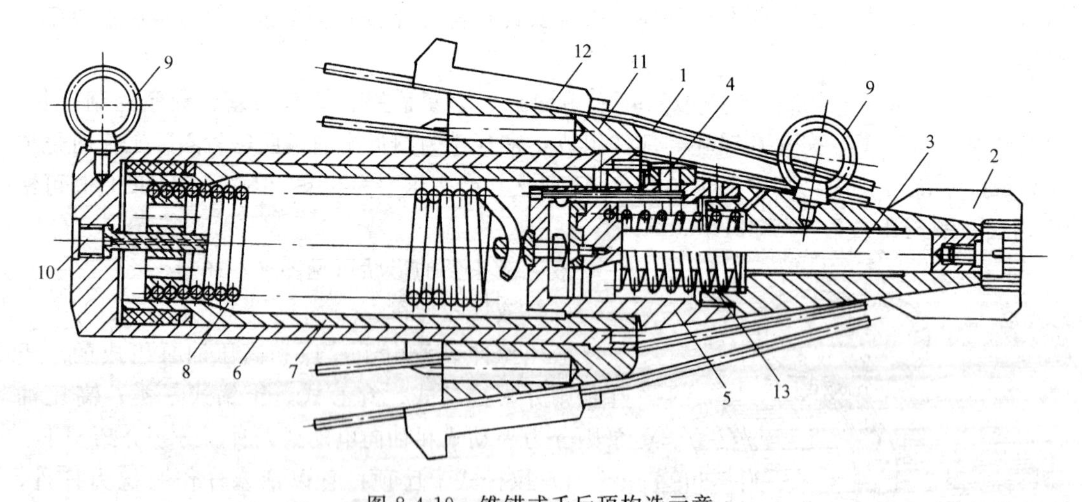

图 8-4-19　锥锚式千斤顶构造示意

1—钢丝；2—顶头；3—小缸活塞；4—小缸油嘴；5—小缸；6—大缸；7—大缸活塞；8—拉力弹簧；9—吊环；10—大缸油嘴；11—锥形卡环；12—楔块；13—复位弹簧

（3）油泵：油泵是配合千斤顶施工的必要设备。选用与千斤顶配套的油泵时，油泵的额定压力应等于或大于千斤顶的额定压力。

高压油泵具有小流量、超高压、泵阀配套和可移动的特点。它按动力方式可分为手动和电动高压油泵两类；电动高压油泵又分为径向泵和轴向泵二种形式。小规模生产或无电源情况下，手动高压油泵仍有一定实用性；而电动高压油泵则具有工作效率高，劳动强度小和操作方便等优点。

手动高压油泵型号为 SYB-1 型，一般由油箱、油泵、换向阀、手柄、压力表、高压管线等组成。它额定油压为 70MPa，油箱容量为 0.77L，外形尺寸为 622mm×165mm×170mm，净重 9kg。

电动高压油泵 ZB_4-500 型是目前通用的拉伸机油泵。主要与额定压力不大于 50MPa 的中等吨位的预应力千斤顶配套使用。也可供对流量无特殊要求的大吨位千斤顶和对油泵自重无特殊要求的小吨位千斤顶使用，还可供液压镦头用。

技术性能为：额定油压是 50MPa，双路供油时为 40MPa，电动机功率 3.0kW，额定流量 2×2L/min，油箱容量为 50L，用油种类为 10 号、20 号机油。外形尺寸为：745mm×494mm×1052mm，净重 120kg。

外形可见图 8-4-20。

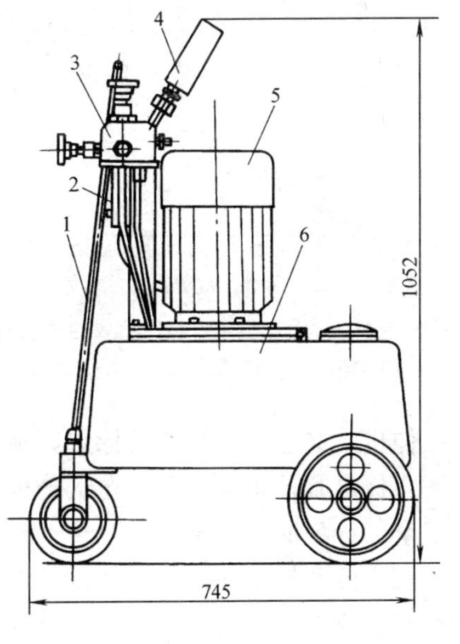

图 8-4-20 ZB_4-500 型电动油泵外形

1—拉手；2—电气开关；3—组合控制阀；4—电动机及泵体；5—油箱小车；6—加油口

其他还有电动小油泵 $ZB_{0.8}$-500 型及 $ZB_{0.6}$-630 型，主要用于小吨位预应力千斤顶和液压镦头器。它由泵体、组合控制阀、铸铝油箱、铝壳微型电动机和电器开关、压力表等组成。

(4) 油管与接头：它们也是张拉设备中配套的组件。此种油管是连接油泵和千斤顶的外接油管，与机上的紫铜高压油管不同。目前推荐采用钢丝编织的胶管。内径 6mm、8mm，长约 3m。

当与千斤顶、油泵连接时，需要胶管的螺纹接头(一般铜质)，应注意的是购置该种接头时，其螺纹必须与千斤顶油嘴螺纹要一致，否则无法咬合。

为了解决接头装卸需用扳手，拆下接头带油流出造成油液损失和环境污染问题，近年来发展一种内径 6mm 的三层钢丝编织胶管和自封式快装接头。它可以承受 $50N/mm^2$ 的油压，而且柔软易弯折，不需工具就能迅速装卸。卸下的接头能自动密封，油液不会流失，使用上比较方便。

(5) 千斤顶的标定：施工预应力用的机械设备及仪表，应由专门张拉小组、专人使用和保管。并应定期维护和校验(亦称标定)。

张拉设备应配套标定，从而确定张拉力与表读数的关系曲线。标定用试验机或测力计的精度，不得低于 2%；压力表的精度不宜低于 1.5 级，最大量程不宜小于设备额定张拉力的 1.3 倍。标定时，千斤顶活塞的运行方向，应与实际张拉工作状态一致。

千斤顶的标定期限，按计量规定不应超过半年。尤其当出现下列情况之一时，应对张拉设备(千斤顶)重新进行标定：

1) 千斤顶经过拆卸修理后；

2）千斤顶久置后重新使用；

3）压力表受过碰撞或出现失灵现象；

4）更换了新的压力表；

5）张拉中预应力筋发生多根断裂事故或张拉伸长值误差较大。

标定的时候应将千斤顶与压力表同时配套进行，这样可以减少累计误差，提高测力精度。标定的方法有：

1）用标准测力计标定：用测力计标定千斤顶是一种简单可靠的方法，准确程度较高。常用的有水银压力计、压力传感器或弹簧测力环等。

标定时，千斤顶进油，当测力计达到一定分级荷载读数 N_1 时，可读出千斤顶压力表上相应的读数 P_1 值；同理读得 N_2、P_2；N_3、P_3；……。其中 N_1、N_2、N_3……为对应于压力表读数 P_1、P_2、P_3……时的实际作用力。重复三次，取其平均值。并将测得的各值绘成标定曲线。实际使用时，可由此标定曲线找出与要求的 N 值相对应的 P 值。曲线表可见图 8-4-21。

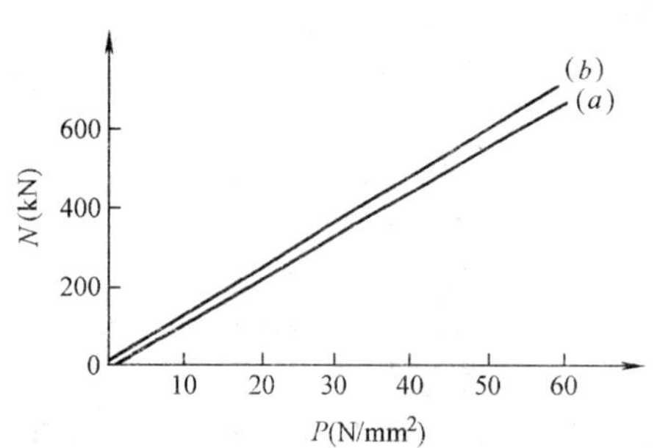

图 8-4-21　千斤顶张力与表读数的关系曲线

(a) 千斤顶主动工作；(b) 千斤顶被动工作

2）采用试验机标定：建筑企业一般都有试验室和万能试验机、压力机等。所以标定工作也可利用该设备来进行。

拉杆式千斤顶的标定，一般用万能试验机上的拉伸机。穿心式千斤顶的标定，则采用万能试验机上的压力机，或直接在压力机上进行。

标定时，将千斤顶放在试验机上，并对准中心。开动油泵向千斤顶供油，使活塞运行至全部行程的 1/3 左右，开动试验机，连接拉杆要与试验机夹具连好；或使压板与千斤顶接触（前者为拉杆式千斤顶，后者为穿心式千斤顶）。当试验机处于工作状态时，再开动油泵，使千斤顶张拉或顶压试验机。这时就可用同测力计标定时一样，分级记录试验机吨位值和对应的压力表读数。重复 3 次，取其平均值，即可绘出油压和吨位的标定曲线，以供张拉时使用。

(6) 张拉设备的选用和使用

施工时选用张拉设备，应根据所用预应力筋的种类及张拉锚固工艺情况而定。原则是预应力筋的张拉力不应大于设备额定张拉力；预应力筋的一次张拉伸长值不应超过设备的最大张拉行程。当一次张拉行程不足时，可采用分级重复张拉的方法，但所用的锚具与夹具应适应重复张拉的要求。

1）张拉设备选用吨位的计算：张拉设备所需张拉的吨位，实质上是张拉机械能拉多少"千牛"力，过去是用多少"吨力"，延至今天还习惯称为吨位。设备的额定张拉力，实际上就是它的吨位。例如 YC60 型千斤顶的额定张拉力为 600kN，也相当于 60t・f，按习惯说法就是 60 吨位的千斤顶。

预应力钢筋所需的张拉力应小于设备的额定张拉力。预应力筋的张拉力与钢筋（钢丝或钢绞线）的张拉控制应力和预应力筋的总截面面积有关。因此预应力筋的张拉力可用下面公式表示：

$$P_y = \sigma_{con} \times A_p \times n \qquad (8\text{-}4\text{-}17)$$

式中　P_y——预应力筋的张拉力（kN）；

σ_{con}——预应力筋张拉的控制应力（N/mm^2）；

A_p——单根预应力筋的截面面积（mm^2）；

n——同时张拉的钢筋根数。

为了保证张拉过程的安全可靠和准确性，选用设备的“吨位”（额定张拉力），应比预应力筋的张拉力大 1.5 倍左右。

2）张拉设备的行程计算：油压千斤顶等张拉设备所需的行程长度，应满足预应力筋张拉时的伸长要求，用公式表示如下：

$$l_y \geqslant \Delta l = \frac{\sigma_{con}}{E_s} \cdot L \tag{8-4-18}$$

式中　l_y——千斤顶的行程长度（mm）；

Δl——预应力筋张拉伸长值（mm）；

σ_{con}——预应力筋张拉控制应力（N/mm^2）；

E_s——预应力筋的弹性模量（N/mm^2）；

L——预应力筋张拉时的有效长度（mm）。

3）压力表的选用

压力表上指示的压力读数，是指张拉设备（千斤顶）的工作油压面积（即活塞面积）上单位面积所承受的压力，计量单位为 MPa。选用压力表时，要使它的最大读数值大于理论计算出的单位面积压力的值的 2 倍。理论计算的单位面积压力可用公式如下：

$$N_j = \frac{P_y}{A_u} \tag{8-4-19}$$

式中　N_j——计算出的单位面积上压力（MPa）；

P_y——预应力筋的张拉力（kN）；

A_u——张拉设备的工作油压面积（cm^2）。

选用举例

假设有预应力框架梁若干根需要张拉，其配筋为 ϕ^j15 钢绞线 6 根一束，梁跨度 15m，钢筋有效长度为 15.60m，求应用何种千斤顶张拉？

1）查表得 ϕ^j15 钢绞线的强度标准值为 $f_{ptk}=1470$N/mm^2；设计允许控制应力值为 $0.7f_{ptk}$；ϕ^j15 钢绞线公称面积为：139.98mm^2 · $E_s=1.8\times10^5$。

2）计算张拉力：

$$P_y=\sigma_{con}\times A_p\times n=0.7\times1470\times139.98\times6=864 \quad \text{kN}$$

3）选张拉力为 $1.5P_y$ 左右的张拉设备：

$$1.5\times864=1296 \quad \text{kN}$$

根据资料可选用 YC120 型穿心式千斤顶。其张拉力为 1200kN。满足要求。

4）计算预应力一次张拉的伸长值：

$$\Delta L = \frac{\sigma_{con}}{E_s} \cdot L = \frac{0.7\times1470}{1.8\times10^5}\times15600 = 89.18\text{mm}$$

根据 YC120 型穿心式千斤顶资料，张拉行程为 300mm，故大于 89.18mm 符合要求。只要选用电动高压油泵配套，即可使用于施工。

5）油表的选择：

计算出的单位面积上压力为：$N_j=\frac{P_y}{A_u}$，查得 YC120 型千斤顶顶压活塞面积为 113cm²。因此可求得：

$$N_j=\frac{P_y}{A_u}=\frac{864000}{113\times0.10\times10}=76 \quad (N/mm^2)$$

因此选用最大压力表值为 150N/mm² 的表，即 150MPa 最大值的压力表。

对张拉设备的使用应注意下列事项，这对保护设备正常使用很有必要。

使用高压油泵应注意的事项：

1）油泵和千斤顶所用的工作油液，一般采用 10 号或 20 号机油；亦可用性质相近的液压用油，如变压器油等。灌入油箱的油液需经滤清，经常使用时要每一个月过滤一次，不经常使用的至少每三个月要过滤一次。油泵的油箱要定期清洗，油箱内应保持 85％左右的油位，不足此量时应及时补充，补充的用油应与油箱内的油相同。油箱内的油温应在 10～40℃，不宜在负温下使用。冬施时采取保温措施。

2）连接油泵和千斤顶的油管应保持清洁，不用时要用螺丝封堵，防止泥砂混入。油泵和千斤顶外露的油嘴要用螺帽封住，防止尘土、杂物进入机内。每日施工完后，应将油泵擦净，并清除滤油铜丝布上的油垢。

3）油泵不宜在超负荷下工作，安全阀须按设备额定油压或使用油压调整压力，严禁任意调动。使用前必须进行检查。

4）接电源时，机壳必须接地。经检查线路及绝缘情况后，才可进行试运转。

5）高压油泵运转前，应将各油路调节阀松开，然后开动油泵，待空负荷运转正常后，再紧闭回油阀，逐渐旋拧进油阀杆，增大负荷，并注意压力表指针是否正常。不正常应停机查找原因，解决后再开机。

6）油泵停止工作时，应先将回油阀缓缓松开，待压力表慢慢退回至零位后，方可卸开千斤顶的油管接头螺母。严禁在负荷时拆换油管或压力表等。

7）配合双作用千斤顶的油泵，以采用两路同时输油的双联式油泵为宜。

8）耐油橡胶管必须同时耐高压，其工作压力不得低于油泵的额定油压或实际工作的最大油压。油管长度一般为 3m。当一台油泵带动两台千斤顶时，油管的规格、型号应一致。

千斤顶使用时应注意的事项：

1）千斤顶不允许在超过规定的负荷和行程的情况下使用。

2）千斤顶在使用时（施工中），必须保证活塞外露部分的清洁（施工作业场合有灰尘下落等情况，应有操作防护小棚），如果沾上尘土杂物，应及时用带油棉丝擦洗干净（用油洗净）。使用完毕，油缸应回程到底，并保持进、出口的清洁。用塑料布覆盖保护，并妥善保管。

3）千斤顶张拉顶压时，应观察有无漏油，千斤顶位置是否偏斜，若发生时应回油调整。操作中进油、升压必须徐缓、均匀、平稳，回油降压时应缓慢松开回油阀，并使各油缸的回程到底。

4）双作用千斤顶在张拉过程中，应使顶压的油缸全部回油。在顶压过程中，则张拉油缸要持荷，以保证恒定的张拉力，直到顶压锚固完成后，张拉油缸才可回油。

（7）灌浆设备：在预应力后张法的施工中，采用有粘结预应力筋时，张拉工序结束后，构件的串筋孔道需要用水泥浆或水泥砂浆灌满。灌浆需用灌浆设备。

目前常用的为电动灰浆泵。它由灰浆搅拌机、灌浆泵、贮浆桶、过滤器、橡胶管和喷浆嘴等组成。

其型号有 HB6-3，为电动活塞式泵。其大致技术性能有：输送量为每小时 $3m^3$；垂直输送可达 40m，水平输送达 150m；工作压力 1.5MPa；电动机功率 4kW；排浆口胶管内径为 51mm；进浆口胶管内径为 64mm；外形尺寸 1033mm×474mm×890mm。橡胶管宜用带 5～7 层帆布夹层的厚胶管。喷浆嘴后应有阀门，以保安全和节约灰浆。

（二）后张法预应力的施工准备

由于我们在工程现场，后张法施工常会遇到，因此这里重点介绍该方面的施工准备工作。

1. 预应力筋的准备

当我们根据设计图纸上确定的预应力钢筋类别，需要先进料，并做好验收、抽检，合格后，就要开始制作构件上使用的预应力钢筋。制作前要进行下料长度计算，然后下料，编号成束，储存及运输到工程上。

（1）预应力筋的验收、抽检在前面已经介绍，这里不再赘述。

（2）预应力筋的下料长度的计算：预应力筋下料长度计算时应考虑下列因素：结构的孔道长度、锚具厚度、千斤顶长度、焊接接头或镦头预留量、冷拉伸长值、弹性回缩值、张拉伸长值等。但使用的预应力钢筋不同，千斤顶不同，曲线配筋和直线配筋的不同，其计算的内容也不同。例如预应力筋为钢绞线，采用穿心式千斤顶，两端张拉，这时它的计算下料长度的公式为：

$$L=l+2\times(l_1+l_2+l_3+100) \tag{8-4-20}$$

式中 L——钢绞线下料长度（mm）；

l——构件孔道长度（mm）；

l_1——夹片式工作锚厚度（mm）；

l_2——穿心式千斤顶长度（mm）；

l_3——夹片式工具锚厚度（mm）；

100——钢绞线外露长度（mm）。

假如预应力筋为钢丝束，采用镦头锚具，以拉杆式或穿心式千斤顶在构件上张拉时，钢丝的下料长度 L 计算，应考虑钢丝束张拉锚固后，螺母位于锚杯中部。当两端张拉时计算公式为：

$$L=l+2h+2\delta-(H-H_1)-\Delta L-C \tag{8-4-21}$$

式中 L——下料长度（mm）；

l——构件孔道长度（mm）；

h——锚杯底部厚度或锚板厚度（mm）；

δ——钢丝镦头留量（mm）；

H——锚杯高度（mm）；

H_1——螺母厚度（mm）；

ΔL——钢丝束张拉伸长值（mm）；

C——张拉时构件混凝土的弹性压缩值（mm）。

（3）下料和编束：预应力钢筋均为高强钢材，如局部加热或急剧冷却，将引起该部位的马氏体组织脆性变态，小于允许张拉力的荷载即可造成脆断，危险性很大。因此在工地上加工组装预应力筋，不得采用加热、焊接和电焊气焊切割。

1）钢丝的下料和编束：钢丝下料时如发现钢丝表面有电接头或机械损伤，应随即剔除。

采用镦头锚具时，钢丝的等长要求较严，同束钢丝下料长度的相对差值（指同一束中，最长一根与最短一根之差）不应大于 $L/5000$，且不得大于 5mm。为了达到这一要求，钢丝下料可用钢管限位法或用牵引索在拉紧状态下进行。钢筋限位法是用直径比钢丝大 3～5mm 的钢管，固定在木板上，钢丝穿过钢管至另一端角铁限位器时，用 DL10 型冷镦器的切断装置切断。限位器与切断器切口间的距离，即为钢丝的下料长度。形式如图 8-4-22。

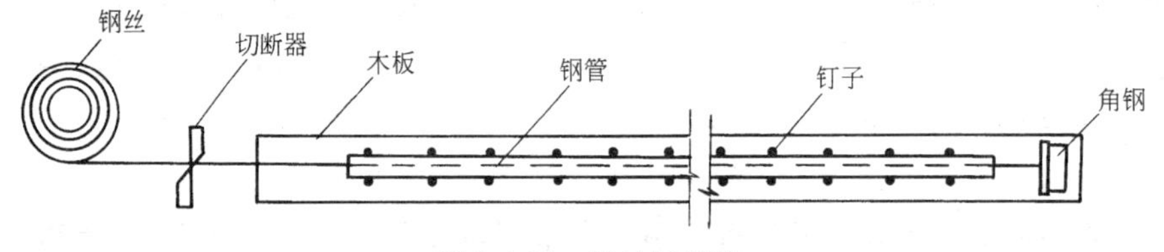

图 8-4-22　钢丝切断器

编束是钢丝及钢绞线穿管前应做的工作。编束是为了保证钢丝束（或钢绞线束）两端的排列顺序一致，使穿束后张拉时不致紊乱。如 5 根一束编束，可以将 5 根编成 5 个号，1 号在中间；2 号在右上角；3 号在左上角；4 号在右下角；5 号在左下角，那么另一端也应相对应位置。只不过面对钢筋束时由于面向不同，相应位置的角位不同，如 2 号在这端是面对者的右上角；当人站到另一端面对时，2 号则在左上角了，这一点必须清楚。这样张拉时，不会使钢丝或钢绞线在孔道中绞起来。

另外，编束时随着锚具形式不同，编束方法也有差异。若采用镦头锚时，钢丝束根据锚具钢丝分圈布置的特点，首先将内圈和外圈钢丝分别用铁丝顺序编扎，然后将内圈钢丝放在外圈钢丝内扎牢。或一端先将钢丝穿入锚杯，理顺后，从另一端部进来 20cm 左右开始编束，中间适当绑扎几道。若采用钢质锥形锚具或锥形螺杆锚具时，钢丝编束可分空心束和实心束两种，但编时都要用圆盘梳丝板理顺钢丝，并在距钢丝端部 5～10cm 处编扎一道，使张拉分丝时不致紊乱。空心束是在束长中每隔 1.5m 放一个弹簧衬圈。空心的优点是钢丝散开，灌浆时钢丝都能被水泥浆包裹，握裹力好，缺点是束外径较大，穿束困难。实心的，只要编好理顺容易穿孔。

2）钢绞线的下料及编束：钢绞线的切割也是圆盘拉出时理直，拽紧，限位切断，切断用砂轮锯。切断后钢绞线的头要用 20 号铁丝绑扎牢固，防止散开。

钢绞线的编束，方法同钢丝，中间每隔 1～1.5m 绑捆一道 20 号铁丝。张拉时保证相应位置对称，不致紊乱。

（4）无粘结预应力筋的准备：无粘结预应力筋，可以购置；也可以自行制作或生产。无粘结用钢材可选 $7\phi^{s}5$ 钢丝束或 $\phi^{j}12$、$\phi^{j}15$ 的钢绞线。其涂料可用沥青和石油厂生产的“专用建筑油脂”，对涂料的要求是有较好的化学稳定性，韧性、不发脆、不流淌，并能较好地粘附在钢筋上，且对钢材和包裹层无腐蚀作用。外面的护套材料是常用的塑料布或塑料管，要求有足够强度、耐腐蚀性强，防水性能好，在预期的温度变化范围内不硬化或软化，对混凝土、钢材和涂料层无侵蚀作用。塑料布要用质地稍硬的材料，厚度为 0.17～0.2mm，宽度宜切成 70mm 宽，分两层交叉缠绕在涂有沥青（经过一定掺合料改性的沥青）或油脂的预应力筋上，每层重叠一半，实际是四层，总厚约 0.7～0.8mm。塑料管一种是用现成管人工硬套上，但入套困难，采用的少。一种是用聚乙烯或聚丙烯，通过机械加工直接挤压在涂上涂层的预应力筋上，可以作成品出售。

当无粘结预应力筋来料后，要进行质量检验。先进行外观检查，看包裹层有无损伤，应外观圆整光滑。看断面应油脂均匀饱满，不漏涂，可每批随机抽样三根，切取每根 1m 长，称重量后，用刀剖开包裹层，洗掉油脂并擦净，再分别用天平称出钢筋与塑料包裹层重量，并用千分卡量取层皮平均厚度，再对照质量要求评定。

质量要求是：油脂用量为用 $\phi^{j}15$ 或 $7\phi^{s}5$ 的材料，都不应小于 0.5kg/10m；用 $\phi^{j}12$ 则不应小于 0.43kg/10m。管壁厚度：用于正常环境的壁厚不小于 0.8mm；有腐蚀性的环境中不小于 1.2mm。

(5) 运输和堆放：有粘结的预应力筋的运输和存放，在前面讲材料时已介绍了。这里介绍无粘结预应力筋的运输和堆放。由于无粘结钢筋的每盘重量要达 1～1.5t，装卸时塑料包裹层容易擦破，要特别注意。因此长途运输一定要采用麻袋片包装上 1～2 层，吊点处要用尼龙绳捆扎，并应轻装轻卸，严禁掷摔于地并在地上拖拉。

堆放应入库，并架空放置。不得与地面直接接触。露天临时堆放，要用防雨苫布覆盖。堆放期间严禁碰撞、踩压。如发现表面小的破损，应及时用塑料胶带纸包裹修补。

2. 锚具的验收和抽检

预应力筋的锚、夹具和连接器应有出厂证明，并在进场时按下列规定进行验收：

1) 外观检查：应从每批中抽取 10%，但不少于 10 套的锚具来检查其外观和尺寸。当有一套表面有裂纹或超过产品标准及设计图纸规定尺寸的允许偏差时，应另取双倍数量的锚具重做检查，如仍有一套不符合要求，则不得使用或逐套检查，合格者方可使用；

2) 硬度检查：应从每批中抽取 5%但不少于 5 件的锚具，对其中有硬度要求的零件做硬度试验，对多孔夹片式锚具的夹片，每套至少抽五片。每个零件测试三点，其硬度应在设计要求范围内，当有零件不合格时，应另取双倍数量的零件重做试验，如仍有一个零件不合格，则不得使用或逐个检查，合格者方可使用；

3) 静载锚固性能试验：经上述两项试验合格后，应从同批中抽取 6 套锚具（夹具或连接器）组成三个预应力筋锚具（夹具、连接器）组装件，进行静载锚固性能试验，当有一个试件不符合要求时，应另取双倍数量的锚具（夹具或连接器）重做试验，如仍有一套不合格，则该批锚具（夹具或连接器）为不合格。

目前工程中对 3) 的试验，往往由锚具生产厂提供试验报告，而工地上做将要花费很大的成本，而一般就不做了，随着生产厂的工艺技术的提高，锚具的锚固性能也日臻完善。

3. 准备波纹管

金属波纹管是目前框架预应力混凝土施工时，穿好钢绞线一起预埋于混凝土中，形成张拉孔道的管材。它是由薄钢带通过卷管机经压波后卷成，具有重量轻、刚度好、可弯曲、连接简单、摩擦系数小、与混凝土粘结得好等优点。

波纹管的种类和规格是这样分的，种类分为单波和双波；标准型和增强型；圆形和扁形；镀锌的和不镀锌的。规格圆形的可见表 8-4-11；扁形的可见表 8-4-12。其长度由于运输原因，每根约为 4～6m。

圆形波纹管规格（mm）　　表 8-4-11

内径		40	45	50	55	60	65	70	75	80	85	90	95	100	
钢带厚	标准型	0.25		0.30											
	增强型							0.40				0.50			

扁型波纹管（mm）　　表 8-4-12

短轴	19				25		
长轴	57	70	84	67	83	99	

镀锌波纹管宜用于有腐蚀性介质的环境中，及重要工程或使用期较长的情况。在一般预应力混凝土工程中，波纹管不需要镀锌。

波纹管在仓库中长期保存时，仓库应干燥、防潮、通风、无腐蚀气体和介质。不宜在室外保存，临时堆放时应放在枕木上架高，并用苫布等有效的防雨措施覆盖，防止有害气体和介质的环境影响。

波纹管进场后亦应进行验收、检验。波纹管的外观应清洁，内外表面无油污、无引起锈蚀的附着物，无孔洞和不规则的折皱、咬口脱开和裂缝。

波纹管作为预应力筋的套管，应具备两点基本要求：①在外荷载的作用下，有抵抗变形的能力；②在浇筑混凝土时，水泥浆不能渗入管内。因此要做合格性的检验。其内容有：①抵抗集中荷载的试验。②抵抗均布荷载试验。③承受荷载后抗渗漏试验。④弯曲抗渗漏试验。⑤轴向拉伸试验。这些试验可以在生产厂做后提取合格报告；或工程上随机抽样进行试验。试验方法可查找有关资料。

在工程上使用 4～6m 的长度是不够的，往往需要接长，接长的办法是采用比要用的管径大一号的管子，切取 25cm 左右，套在两根管头上，把两根管接起来，接口两端用密封胶带封裹，防止接头处缝道漏浆。

4. 确定张拉程序及控制应力

预应力混凝土构件，在浇筑完后，就应考虑如何在结构上进行张拉。以便强度达到后，即可实施施工。应考虑的问题是 1）张拉的程序；2）张拉控制应力的确定。

（1）张拉程序：施工程序一是按设计的结构说明上的要求进行；二是根据工程实际和施工经验结合确定。

对框架结构来说，总的程序可分为：

1）逐层浇筑、逐层张拉。即多层框架结构施工时，有预应力结构，可浇筑一层框架梁的混凝土后，待到设计强度达到，即可张拉一层框架梁的预应力筋，自下而上逐层完成施工。

2）数层浇筑、顺向张拉。即在多层框架中，当浇筑了 2～3 层框架梁混凝土后，自下向上（顺施工进展之向称顺向）逐层张拉框架梁的预应力筋。

3）数层浇筑、逆向张拉。即多层框架在浇筑3层之后，待第三层混凝土强度达到设计要求后，从上往下（称为逆向）逐层张拉框架梁的预应力筋。

具体到每层楼面，先张拉那根梁，后张拉那根梁也有程序。这最好对称进行，使整体结构的受力能均匀。在每根梁上有几束孔道，张拉时也要对称进行，比如有四孔束，那么最好对称先下后上张拉，使梁不致受偏心力过大。

（2）张拉的控制应力的确定：张拉控制应力是指预应力筋在用千斤顶张拉时，每单位面积上应拉多少力。这个拉应力必须在预应力筋的弹性范围内。按照国家标准混凝土结构设计规范规定，对于后张法的张拉控制应力的允许值为：

1）碳素钢丝、刻痕钢丝、钢绞线是极限抗拉强度标准值的0.7倍，即写成$0.70f_{ptk}$。

2）热处理钢筋是其极限抗拉强度标准值的0.65倍，即$0.65f_{ptk}$。

3）冷拉钢筋是冷拉后屈服强度标准值的0.85倍，即$0.85f_{pyk}$。

同时又规定1）及2）两类钢筋的张拉控制应力值不应小于$0.4f_{ptk}$；3）的这类钢筋的张拉控制应力值不应小于$0.5f_{pyk}$。

一般设计的图纸上都有明确的说明，我们可以遵照执行。但由于在施工中有时预应力筋需要超张拉，以抵消预加应力的损失，所以在国家标准混凝土结构工程施工及验收规范中，又规定了由于超张拉的因素，确定了其最大张拉控制应力可增加5%的量。因此对于：碳素钢丝、刻痕钢丝、钢绞线后张法的最大张拉控制应力可提高至$0.75f_{ptk}$；热处理钢筋可提高至$0.70f_{ptk}$；冷拉钢筋可提高至$0.90f_{pyk}$。

因此我们在确定张拉控制应力时，一定先要弄清使用的是什么钢材，然后按其强度标准值乘以上述各类设计规定的：0.70；0.65；0.85等系数算出控制应力。再根据每束的根数，每根筋的断面积，算出总的张拉控制力，然后才能进行预应力张拉。但千万记住，控制应力决不可以超过施工规范规定的最大值。因为高强钢材的脆性大于延性，超过允许张拉控制应力值太多没有什么好处。张拉时必须严格、认真掌握。

（三）框架梁的预应力施工

我国在80年代初，由于现代工业发展的需要，及大型公共建筑的出现，房屋要求跨度大、空间高，因此在框架结构中采用预应力钢筋混凝土大梁，以解决该类建筑使用功能上的要求。

其框架梁的跨度大致为12～24m，也有最大的达到30m以上的。跨高比为12～18，跨数有1～3跨少数的有4～5跨。柱距为6～9m，层数为2～6层。这类结构形式，柱子往往采用非预应力的，施工相对方便些，也达到了使用功能的目的。

1. 施工工艺过程

施工准备→支大梁底模和一侧侧模→安放纵向非预应力钢筋→绑扎底筋、腰筋→在柱侧模（梁端头一

支架制作→

侧）内安装垫板喇叭口及螺旋钢筋→根据管道曲线坐标放预应力筋的管架→把穿入波纹管的预应力筋一起

钢垫板喇叭口螺旋筋制作→

从梁上方放入梁内支于管架上→把上部钢箍回原封闭→绑好架立钢筋等梁的上部钢筋→在波纹管上开灌浆孔并封闭好→检查所有配筋及预应力管道曲线及管内预应力筋的规格数量→清理模板内杂物→支撑另一侧侧模→在侧模板中间部位穿抗混凝土侧压力的拉杆螺栓→清理、浇水湿润→检查端头钢垫板喇叭口等位置有无变动，预应力筋波纹管位置是否准确→无误后浇灌梁及柱节点处混凝土→养护→测定混凝土

强度——→张拉预应力钢筋——→灌浆——→端头锚具封头——→拆底模——→完成施工。

拆梁侧模——↑

2. 施工准备

施工工艺过程中所指的施工准备，除了在（二）中讲的对预应力筋、锚具、波纹管这些总体准备外，还有以下一些细节上的准备，比如：

（1）模板支撑的准备，以及在一侧侧模上根据施工图纸定出预应力筋的曲线坐标。

（2）计算承压的钢垫板（或铸铁垫板）的尺寸大小和厚度，并制作好，开好圆孔。

（3）制作喇叭口，并焊接在钢垫板的圆孔四周。口的坡度、喇叭的扩口均应事先计算好。

（4）制作架立波纹管的钢筋支架，及喇叭口螺旋钢筋并运到工地上准备应用。

（5）在工地上把预应力筋（钢绞线）穿入波纹管，并用塔吊多点吊装运放在梁模边，准备放入梁内。

（6）准备预应力锚固端柱头处模板，该处一般均采用木模，便于制作及安装。有的锚固是端头与柱面平，锚具外露；有的锚固处凹进柱面，锚具不外露，封头后外观较好。

（7）高强度混凝土的准备，如配比、水泥、砂、石的符合要求；浇灌程序、方法等确定。

（8）计算张拉中各种预应力损失。它包括：①孔道摩擦损失；②锚固损失；③弹性压缩损失；④钢材应力松弛损失；⑤混凝土收缩徐变损失等。这些计算，作为预应力专业施工的施工人员应该会计算；作为土建工程施工员则应有所了解。这些具体损失的总和，应从预应力的超张拉中得以补偿挽回。如选用锚具、钢材（预应力筋）质量好，那么②、④两点的损失就小得多。但①、③、⑤是不可避免的，只能设法减小，如孔道安放得好就可以减少摩擦损失。

在这些准备工作中，有些是预应力专业施工单位做的，有的是要土建工程配合做的，如模板支撑、钢垫板加工、喇叭口加工、波纹管坐标位置画出，波纹管钢筋支架制作、螺旋筋的加工等。只有在双方共同协作配合后，才能把预应力框架施工工程做好。

3. 波纹管的安装

波纹管安装准确，对张拉顺利，孔道摩擦损失的减少都很重要。

安装前应事先按设计图纸中，预应力的曲线坐标，以波纹管底边为准，在一侧模板上弹出曲线来，定出波纹管的位置；也可以以梁底模板为基准，按预应力筋曲线上各点坐标，在垫好底筋保护层垫块的箍筋肢上做标志（可用油漆点一下），定出波纹管的曲线位置。

波纹管的固定，可用钢筋支架，间距600mm焊在箍筋肢上，箍筋下一定要把保护层垫块垫实、垫牢。波纹管放下就位后，其上用短钢筋再压管绑扎在箍筋支上，以防止浇混凝土时，把管子浮起来（先穿入预应力筋的情况稍好），造成质量事故。曲线支架和形式见图8-4-23和图8-4-24。

波纹管安装就位过程中，要避免反复弯曲造成管壁开裂。支架等电焊应事先焊好。安装完后，应检查曲线形状是否符合设计要求，波纹管的固定是否牢固，接头是否完好，管壁有无破损等。发现破损应及时用粘胶带绑补好。波纹管的安装与坐标点允许偏差为竖直方向±10mm；水平方向±20mm。

我们这里在工艺过程中介绍的是已把预应力筋穿好后，一起放入的方法。这种方法穿筋省力可避免事后穿筋的困难，但占用工期；此外束的自重会引起波纹管的摆动，对今后

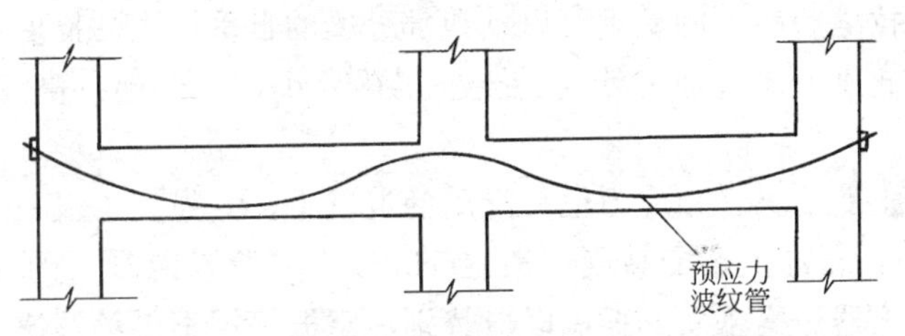

图 8-4-23　框架双框内预应力筋曲线位置

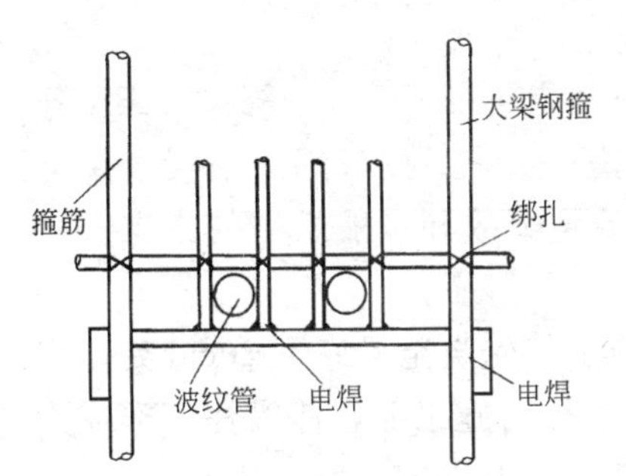

图 8-4-24　波纹管固定支架

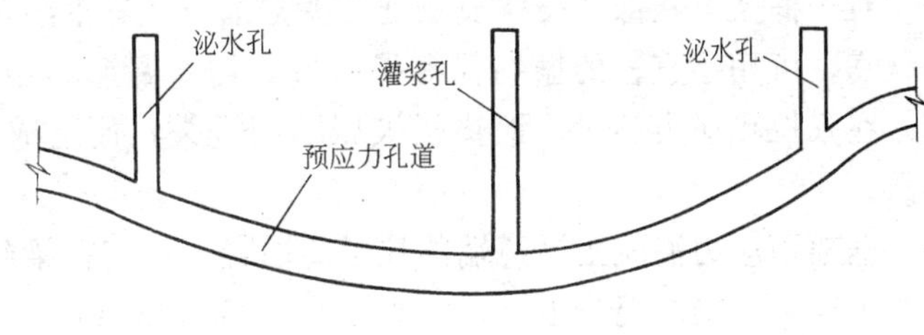

图 8-4-25　灌浆孔（泌水孔）设置示意

张拉时，管道摩擦损失会增大的缺点。另一种方法是先放波纹管，后用人工或倒链穿预应力筋。这种方法放管时重量轻、方便，同时穿筋可在养护期进行，省工期；其缺点是穿筋费力，空管在浇灌混凝土时容易变位、变形或被振捣器碰破。

总之，具体的如何安放波纹管，应根据工程的具体情况，经过研究后确定。

4. 灌浆孔的设置

有粘结的预应力，其管道内必须灌浆。灌浆需要设置灌浆孔（或泌水孔），从经验得出设置泌水孔道的曲线预应力管道的灌浆效果好。一般一根梁上设三个点为宜，灌浆孔宜设在低点处，泌水孔可相对高些，灌浆时可使孔道内的空气或水从泌水孔顺利排出。位置可见图 8-4-25。

在波纹管安装固定后，用钢锥在波纹管上凿孔，再在其上覆盖海绵垫片与带嘴的塑料弧形压板，用铁丝绑扎牢固，再用塑料管接在嘴上，并将其引出梁面 40～60mm。其构造见图8-4-26。

5. 支模和浇混凝土的特点

(1) 支模的要求：由于预应力混凝土框架梁跨度大，因此梁的高度大、自重重，故支模时，支架的承载力应能承受施工中可能出现的最大施工荷载，而且稳定性要好。特别是底层的梁模板支撑的地基必须坚实、稳定可靠，绝不可发生沉陷。

由于预应力施工有很多相交插的工序，所以施工中模板的支撑要考虑相关工种的交叉进行，要待钢筋绑扎、预应力筋管道安放、端头板安装完毕，才可最后封模板完成支模施工。

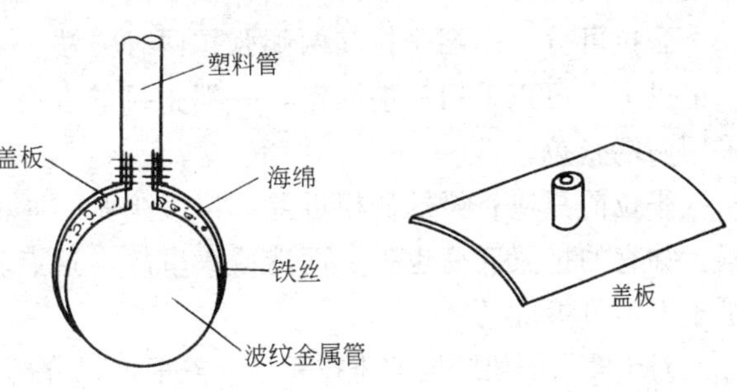

图 8-4-26　灌浆孔构造示意

预应力框架梁模的底模起拱，要考

虑到梁在预应力张拉之后产生的反拱可以抵消部分梁的自重产生的挠度，因此，预应力混凝土框架梁模板的起拱值比普通钢筋混凝土框架梁要小，一般起拱高度宜为跨度的0.5/1000～1/1000。

(2) 浇灌混凝土的要求：预应力框架梁用的混凝土，其强度等级一般较高，要C40～50甚至C60的等级。再加上梁的高度一般在1m以上，所以混凝土的浇筑一定要分层进行，并用插入式振捣器振捣密实。振捣时应特别注意振捣棒不得触及波纹管，防止损坏波纹管而引起漏入水泥浆，堵塞孔道。孔道堵塞，对先穿筋的张拉带来困难，甚至无法张拉；对后穿筋的造成无法穿筋。

对于框架梁端部、梁柱节点处等关键部位，其钢筋较密，还有埋件等，浇捣时必须仔细认真，可用小直径的振捣棒振捣密实，切勿漏振和振捣不实。否则会因梁端混凝土不实，在张拉预应力筋时，钢垫板被压陷凹进去，而造成质量事故和可能发生的张拉安全事故。

框架预应力混凝土梁两端的柱子的混凝土，应在梁施工前先浇至梁底下20cm处，留出施工缝，在梁浇混凝土时，柱头处应浇高约40cm，留上柱的施工缝，使梁柱该部成为一体的节点。见图8-4-27。

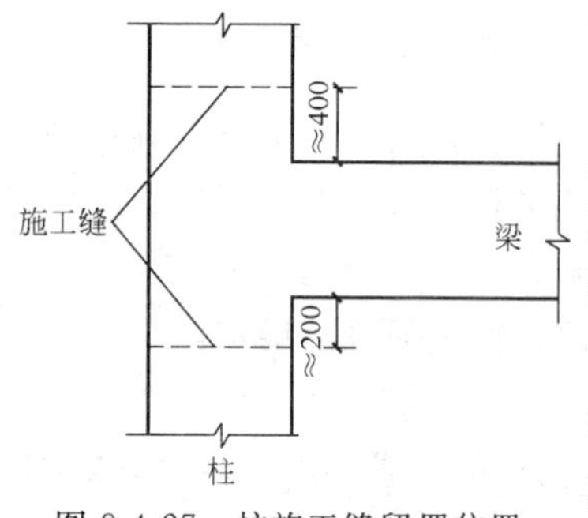

图8-4-27　柱施工缝留置位置

再有是预应力框架梁的混凝土，一定要一次浇筑完成，梁上不允许留施工缝。楼面混凝土的施工缝，可按施工规范规定，留在次梁跨中的1/3范围内。因此施工安排时必须很好考虑。

为了防止可能万一发生的波纹管损坏，而管内流入一些水泥浆，因此在浇灌该梁的混凝土时，对已先穿入预应力筋的管道，两端要让人经常地拉动穿入的预应力筋，可用人工拉，也可用倒链拉。通过来回拉拽，防止可能有的水泥浆卡住、堵牢。对先埋管而未穿筋的，则要采用尼龙绳的牵引通孔器（比孔道直径小10mm，长70～80mm的铁块）在波纹管孔道内来回拉动，保证孔道通畅。

除了以上的特点要求外，对混凝土的配比、计量均应严于普通钢筋混凝土施工，这是应该做好的。

6. 预应力筋的张拉

预应力筋的张拉，必须待混凝土达到设计说明中要求的强度之后进行；如设计上无明确规定，则应达到梁的混凝土设计强度的75%之后，且不低于C30等级。

张拉可分为一端张拉和两端张拉两种方法。一般跨度较小，仅单跨，配筋束为二束及二束以下，可以采用一端固定，一端张拉的方法。而束数较多，又是多跨的预应力梁，宜采用两端张拉。

张拉前只应将梁的侧模拆除，以减少张拉时的牵制，但切记别忘了是要进行预应力的梁。如有的把梁底模也拆了而造成大事故，这点教训也是有的，所以底模在预应力张拉前是千万不可拆除的。

对于整个框架结构的张拉程序，除前面已介绍过的“逐层浇筑、逐层张拉”等层间程序外，对每一层平面的张拉应对称进行为宜。如平面有10条轴线的框架梁，张拉时可以①、⑩

轴、②、⑨轴这样进行，有两套设备更好，可同时进行。或⑤、⑥轴、④、⑦轴这样进行。

如果结构上现浇预应力框架梁的断面尺寸较大，楼面整体性好，那么框架梁的张拉程序也可以按轴线从一端向另一端推进，这样对一套张拉设备来讲，移动的路线最短。

如果次梁也要进行预应力张拉的，那么应先于框架主梁张拉之前进行，即先张拉次梁。

对于每榀框架梁中的预应力筋的张拉程序，可自上而下或自下而上进行，可根据受力特点和安全施工等因素确定。如图 8-4-28 张拉方式：1→2→3→4 进行。

在张拉中应做的工作及注意事项是：

(1) 张拉前应先检查混凝土试块的强度资料，确认混凝土强度达到张拉时的要求，才可进行张拉施工。

(2) 张拉前要检查模板有无下沉现象，构件（梁等）有无裂缝等质量问题和混凝土疵病。如问题严重应研究处理，不应轻率从事张拉。

(3) 对张拉设备及锚具进行检查校验。

(4) 制定施工安全措施。

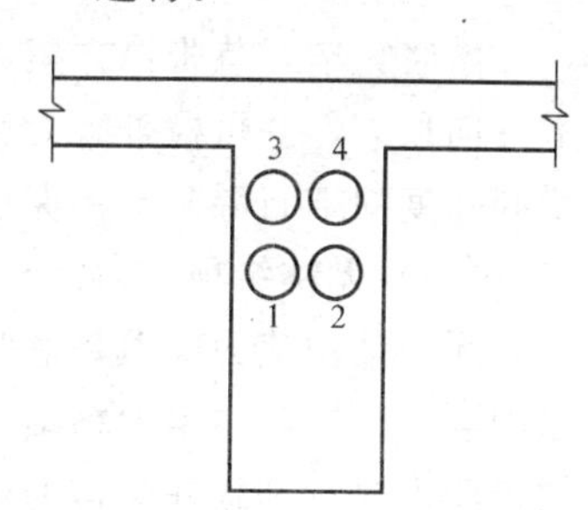

图 8-4-28　预应力筋张拉孔编号

(5) 准备张拉记录表格及记录人员。

(6) 确定张拉过程，如先张拉 10%，再拉至 1.05 倍的预应力筋的张拉控制应力 σ_{con}，持荷 2min，后卸荷回复至控制应力；或从 10%张拉力起，一直拉至 1.03 倍预应力筋的张拉控制应力。按规范上是：$0\rightarrow1.05\sigma_{con}\rightarrow2min\rightarrow\sigma_{con}$、$0\rightarrow1.03\sigma_{con}$ 两种拉法。我们这里从 10%说起，是因为在张拉中要进行双控，即张拉应力控制和伸长值的控制。伸长的控制是从拉应力为控制应力的 10%时起始，量出一个数值，因此 10%的过程是在操作中必经的一个拉应力点，而且要停一下量一量，所以我们说先拉 10%的张拉控制应力值。然后按规范规定拉至 $1.05\sigma_{con}\rightarrow\sigma_{con}$ 及拉至 $1.03\sigma_{con}$ 停止，两种方法。

因此在校核预应力筋的伸长值时，如发现张拉后的实际伸长值比计算伸长值大了 10%，或小了 5%，应暂停张拉，经采取措施予以调整后，方可继续张拉。

(7) 注意张拉中的情况，如发现滑丝或断裂，要及时停张，进行检查。规范中规定对后张法构件，断、滑丝严禁超过结构同一截面预应力钢材总根数的 3%，且一束钢丝只允许一根。当超过上述规定要重新换预应力筋，或对锚具进行检验，无误后才可再恢复施工。

(8) 张拉完毕要进行记录资料的整理，并检查各个结果是否正常，最后作为技术资料归档。

7. 灌浆

预应力筋张拉结束后，应及时进行灌浆。一般张拉完一跨，就应灌注一跨；应避免全层张拉完后全部一次连续灌浆。

灌浆应采用强度等级不低于 32.5 的普通硅酸盐水泥所制作的水泥浆；孔隙大的孔道，也可采用水泥砂浆灌注。水泥浆及水泥砂浆强度，均不应低于 $20N/mm^2$。

灌浆的水灰比宜为 0.4 左右，搅拌后三小时泌水率宜控制在 2%，最大不得超过 3%。

孔道灌浆前应检查灌浆孔和泌水孔，必须通畅。灌浆前孔道应用高压水冲过、湿润，并用高压风吹去积在低点的水，孔道应畅通、干净。灌浆应先灌下层孔道，对一条孔道必须在一个灌浆口，一次把整个孔道灌满。灌浆应缓慢进行，不得中断，并应排气通顺；在灌满孔道并封闭排气孔（泌水口）后，宜再继续加压至0.5～0.6MPa，稍后再封闭灌浆孔。

如果遇到孔道堵塞时，必须更换灌浆口，那么必须在第二灌浆口灌入整个孔道的水泥浆量，把第一灌浆口灌入的水泥浆排出，使两次灌入水泥浆之间的气体排出，保证灌浆饱满密实。

冬期施工灌浆，要求把水泥浆体温度提高到20℃左右。并掺些减水剂，防止水泥浆中的游离水造成冻害裂缝。

8. 结束施工

灌浆完毕，待张拉方案可以允许拆该层梁的底模时，即可进行拆模，拆模时不允许往上方向顶力，并可检查有无反拱及反拱是否异常。最后要把端头外露的锚具支模板浇灌与梁同强度的细石混凝土，保护好锚具。有些凸出柱面的，还应请建筑师考虑适当的装饰。

（四）无粘结预应力混凝土的施工

无粘结预应力技术是后张预应力技术的一个重要分支。无粘结是指预应力筋与混凝土之间隔了一层膜，很少粘结力，而是靠锚具传力的一种预应力混凝土。它适用于密肋楼板的密肋中放置和板柱结构的楼板中放置。其施工过程是先将无粘结预应力筋铺在模板中，待混凝土浇筑后并达到设计强度后进行张拉锚固。这种预应力混凝土比之有粘结的施工要方便。

1. 无粘结预应力筋的下料

无粘结筋的下料长度与预应力筋的布置形状，所采用的锚固体系，以及张拉用设备有关。

采用夹片式锚具时，无粘结筋的下料长度是由埋入构件内的长度加两端外露的长度。而两端外露的长度，又与张拉设备型号及张拉方法不同而不同。当采用YC-20型千斤顶时，其张拉端外露长度要600mm；当采用YCN-18型前置内卡式千斤顶时，张拉端外露长度取250～300mm。如张拉中采用一端张拉的，那么固定端取的外露长度有100mm就可以了。所以下料长度公式为

$$L = L_1 + 2L_a \text{ 或 } L = L_1 + 100 \tag{8-4-22}$$

式中 L——下料长度；

L_1——在构件内长度（包括曲线形）；

L_a——外露长度。

2. 预应力筋的布置

无粘结预应力筋的铺设布置，由于板的类型不同也不相同。

因为板结构有单向板、双向板及它们一类的连续板。

单向板和单向连续板的预应力筋的铺设和非预应力钢筋相同。仅在支座处弯曲过梁支点，一般也形成曲线形。它的曲率可以用垫铁马凳控制，铁马凳高度可根据设计要求的曲率坐标高度制作，马凳的间距为1～2m。马凳应与非预应力筋绑扎牢固，无粘结预应力筋又要放在马凳上用铁丝扎牢，但不要扣得太紧。

在双向板及双向连续板的结构中，由于无粘结筋要配置两个方向的悬垂曲线，要经计算两个方向点的坐标高度，最后以先铺设标高低的无粘结筋层，再铺设相交错而标高较高的无粘结筋。要避免两个方向的无粘结筋的相互穿插的编结铺设。

铺设布置应按施工图上的根数多少确定间距，进行布筋。并应严格按设计要求的曲线

形状就位并固定牢固。布筋时还应与水、电工程的管线配合进行，要避免各种管线将预应力筋的竖向坐标抬高或压低。

一般均布荷载作用下的板，预应力筋的间距约为250～500mm，最大间距对单向板允许为板厚的6倍尺寸；对双向板允许为板厚的8倍尺寸。安装偏差矢高方向为±5mm；水平方向±30mm。

无粘结预应力筋的混凝土保护层，是根据结构耐火等级及暴露条件而定，还要考虑无粘结筋铺设时的竖向偏差。

根据耐火等级不同，保护层厚度是：对无约束的板为20～40mm，对有约束的板为20～25mm。

为保证长期的耐久性，特别是处于侵蚀性环境的情况，则要采用密实优质的混凝土，足够的保护层，良好的施工作业过程和限制水溶性氯化物在混凝土中的用量，都是保护无粘结筋的必要措施。

3. 锚固区的构造

锚固区一般有张拉承压板、锚具、螺旋筋等。由于无粘结预应力筋大多是单根张拉，单个锚具。其承压板用钉子固定在板端模板上，内侧预应力筋端套上螺旋钢筋（用ϕ6钢筋制成），直径为70mm，4～5圈。

板端无粘结筋的最小间距按采用千斤顶不同而不同，用YC-20D型千斤顶时间距最小应有70mm；用YCN-18型前置内卡式千斤顶时为60mm。

锚固处的板端可做成锚具外露的凸式做法；也可在板上凹进一块做成凹式锚固。前者施工比较容易，后者封闭防腐蚀性能较好。凸式做法的，张拉完后留30mm切断，把丝分开折弯，然后用混凝土圈梁式的方法封固锚具。达到防腐作用。凹入式的，在板端把凹进部分的锚具用掺膨胀剂的砂浆封堵密实，表面做成和板的棱角一样。

4. 无粘结筋的张拉

无粘结预应力筋的张拉都采用小型千斤顶单根张拉，使用单孔夹片式锚具锚固。

单孔夹片锚具，其锚环尺寸为ϕ43×45mm；夹片有二片式、三片斜缝式、三片直缝式等。

无粘结筋的长度在25m以内的，可采用一端张拉；长度在50m以内的，要采用双端张拉；如长度超过50m则要采用分段张拉。

张拉的顺序和要求与有粘结的基本相同。张拉端钢绞线外皮要剥去擦净油脂。如张拉时混凝土的强度不应低于设计强度值的75%；张拉顺序可以依次张拉；锚固端预应力筋切断后应留出不少于30mm的长度；张拉可以一次完成等。无粘结预应力没有灌浆的工序。只有锚固端的及时封闭防腐蚀。

由于单根张拉，千斤顶重量轻，工序较简单，而施工速度也较快。在梁板结构、板柱结构、密肋结构中的板跨较大时，都在广泛采用，这是无粘结预应力推广发展的因素。

无粘结预应力张拉也要做张拉记录，并整理资料。一般在张拉中不会发生滑丝及断丝情况，因为单根且千斤顶总张拉力有限，且没有偏心等情况。但万一发生该类问题则要抽出预应力筋，重新穿筋及张拉，这将非常困难。为此张拉时要徐徐缓张，控制应力要准确，顶锚后，即卸下工具锚将端头锚固牢。张拉中也要注意施工安全生产，不要站在千斤顶的正面。

以上介绍了预应力混凝土结构的施工。其中主要介绍的是现浇框架的施工，与本章钢筋混凝土框架施工相配套的。而预应力施工的内容很广泛，还有先张法构件施工，后张法屋架等构件施工，不管如何它们的原理方法是一致的。由于篇幅要求，我们仅介绍这些以供读者了解。

四、框架的围护结构施工

框架的围护结构是框架结构施工的最后部分。我们前面介绍了钢筋混凝土框架的施工工艺、方法和要求；又插入介绍了框架结构中有预应力混凝土的施工；现在我们把围护结构（墙体）在框架中的施工作一介绍。

（一）围护结构的施工工艺过程

总的施工工艺为：

施工准备→墙体位置的放线→画出门窗口的位置→在框架柱上画出皮数杆→凿出柱侧的预埋拉结筋→找平第一皮砖的基层→对照皮数杆砌端头墙体→拉线砌中间部分墙体→砌到顶部时砌斜砖与框架梁顶紧→完成一开间墙体→进行另一开间砌筑，直至完成每层填充墙的施工。

1. 围护墙砌筑的准备

框架围护墙，好多地区提出墙体改革，已禁止使用实心烧结土砖做框架围护的填充墙。因此填充墙最起码要用多孔砖或空心砖，最好采用非粘土制的砌筑块材。

砌筑前的施工准备基本上同本章第三节中墙体砌筑的准备一样。主要应熟悉图纸，了解围护结构的砌体材料、墙厚，从而可以为放线提供依据。要了解砂浆种类和强度等级，从而为提供砂浆配合比做好准备。

做好材料准备，使用的砌体材料要到场，并通过质量验收。水泥、中砂、石灰膏等准备及存放。以及砌筑前拌制砂浆等。

砌筑时使用的如砂浆机等设备安置；垂直运输设备的搭设。框架施工时的塔吊这时已不能吊运到楼面上了，需要在脚手架边搭承重架子放置塔吊运来的砌筑材料。如无塔吊还得设井架等运输设备。

总之要在砌筑填充墙前做好技术准备、材料设备的各项施工员应考虑到工作。

2. 围护填充墙的放线

填充墙的放线必须以框架柱的轴线为基准，不能以浇筑好的楼面框架梁外边为基准。根据轴线定出墙体内外边线。然后在框架柱之间放线弹出砌筑墨线。并根据图纸上门、窗口的位置在墨线上标出，以便砌筑时可以留出。

其次是根据砌体块料的尺寸，在框架柱上先用水准仪把第一皮的底标高测出，并划上墨线。以此墨线在柱上向上按块体厚度画出每皮线墨线，作为砌体的皮数杆，就不必再用木杆做皮数杆了。

再是由于混凝土楼面不是很平整的，因此要看第一皮的底标高是否画得上（地坪高了）；或第一皮线高出楼面大于20mm，都要进行处理。地坪低于20mm的要用细石混凝土找平；高的，则要在块体上设法处理。总之第一皮砌筑的高度应在同一水平线上，填充墙才能砌好。

3. 框架上的预埋拉结筋的凿出

框架柱支模时，往往把与填充墙的拉结筋折起贴在模板内侧。在浇筑混凝土后，这些拉结筋都埋在柱侧保护层中，因此在砌筑前应沿竖向每 50cm 找一下，凿出拉结筋并理直以备砌入墙体。这是工艺流程中需要解释的一点。

（二）围护填充墙的砌筑

围护墙体的砌筑，由于框架柱的隔开，往往每个柱间成为一个砌筑单元。由两个人负责一间砌筑或与该间墙体交错的内墙的留槎。砌时应先摆砖，使柱间墙体的咬槎组砌达到满足砌体错缝的要求。

然后，在两端柱边砌起斜槎，到一定高度，再拉通线砌中间墙体，直至到上层边梁底约 20cm 处停止砌水平砖，而要用实心粘土砖斜砌挤紧，俗称鹅毛皮。

砌时一定要按竖向每 50cm 把柱中留的 2ϕ6 拉结筋，砌入墙体。根据抗震要求，对一、二级抗震框架则要求拉结筋沿墙全长设置；对三、四级抗震框架，只要求伸入墙内不少于墙长的 1/5，且不应小于 70cm。而当墙长度大于 5m 时，墙体顶部要与梁有拉结措施；墙高度大于 4m 时，要在墙高的中部（一般在窗台下）设置一道与柱连通的通长钢筋混凝土水平墙梁。

如无抗震要求的框架，拉结筋只要伸入墙体 50cm 即可以了。

砌筑要求横平竖直，砂浆饱满，上下没有通缝，与框架柱相接触处灰浆应挤满无透亮。

如框架楼面有内墙，砌筑方法与本章第三节砖砌体或块砌体相同，仅是与墙上顶板或梁体接触处要用斜砌顶紧。接槎的留法，要求都应符合规范。

框架填充墙，砌体的砌筑砂浆也要每台班、每层或按立方米数做试块。试块一组 6 块，应分开间隔适当多做些，能实际反映砂浆强度。

五、框架结构施工的质量控制和安全要求

钢筋混凝土材料构成的框架结构，在施工中应注意质量控制的关键和安全生产的特点是我们施工员必须了解掌握的。只有这样才能保证工程质量可靠，安全无事故。

（一）质量控制的要点

1. 模板工程

（1）室内工作抓图纸看透，抓模板翻样。这是重要的技术准备，只有通过这两项技术工作，发现矛盾，解决问题，才能够使实际工作顺利开展。

（2）对承重模板必须事先进行模板支撑的计算。如立杆间距，横杆受弯核算和间距确定。竖向杆件尤其是墙体的模板受侧压力的计算。侧压一般用两个公式算，在规范上附录一中有说明。但大路货的计算，往往以浇筑高度与混凝土的重力密度的乘积估算。而其高度是变化的，因为墙体是分层浇筑的，当第二层新混凝土浇筑上来时，下部一层已可能坍落度变小，侧压力也变小。因此当浇一个高 3m 的墙，在底下的侧压力不全是混凝土重力密度 24kN/m^3 乘上 3m 高为每平方米侧压力为 72kN/m^2。这中间就有经验。但如果我们按 72kN/m^2 估算，则施工中不会有问题，但支撑系统可能要增加些费用。

（3）实际施工中应重视的是：

1）柱子模板：主要是柱根紧固，中间箍的间距要控制在 600～800mm 之间。抓住垂直度和方位，则柱模板支撑的关键就抓住了。

2）梁模板：主要抓防止下沉。梁高度大的，要考虑侧模的拉结，防止中间胀模。

3）楼板模板：主要抓防止漏浆。

4）楼梯模板：抓住不发生梯段变形弯曲，踏步板不发生下沉；斜向支撑要垂直斜板，支撑要牢固，防止支点滑移。

5）墙体（如电梯井墙）；主要抓防止胀模、鼓肚。充分考虑混凝土侧压力的影响。

2. 钢筋工程

（1）室内工作看透施工图中配筋图，抓好钢筋翻样和料单的准确。发现问题在技术准备中即行解决。

（2）注意本地区是否是抗震设防地区。应根据框架结构抗震裂度分为不同的四个等级，对钢筋构造上应重视什么问题，要有所了解，对图纸上的规定有所明确。

（3）实际施工中应注意的是：

1）对主构件受力钢筋，必须进行力学复验抽查。对加工过程中发生断裂的钢筋必要时应做化学分析。

2）对柱子的绑扎：主要是抓搭接；抓加密区箍筋间距，对有抗震要求的尤为重要。竖向钢筋采用焊接的（电焊、电渣压力焊、气压焊）要做抽验试验。

3）对梁的绑扎：主要抓锚固长度和弯起钢筋的弯起点。对抗震结构要重视梁柱节点处梁箍筋的加密范围和箍筋间距。

4）对板的钢筋：主要防止负弯矩受力箍被踩下去。

5）楼梯钢筋：主要抓梯板处的钢筋锚固，和钢筋弯折方向不要弄错。

至于钢筋规格、间距是常规检查，这里不作为关键，并不是不要求按图施工。所提的关键，是在施工中往往容易忽视的，且又影响受力和工程质量的问题。

3. 混凝土工程

（1）室内工作主要抓配合比的出台。了解构件、层次的混凝土强度等级有无变化，不同。由于搞错混凝土强度等级（过去称标号）而出质量事故的事并不少见！

（2）对水泥原材料的抽检，尤其是安定性的检验。主要抓从来未用过的厂生产的，或出厂比较匆忙的（没有足够分解时间 MgO 含量大），或小水泥厂的。水泥安定性不合格，一切混凝土质量等于零！由于水泥安定性未抽验，匆忙用上工程，而造成炸拆楼的事故，也是出现过的。

（3）实际工程施工中对混凝土要注意以下事项：

1）计量要严格，计量要准确。试块要按规范规定做，宁多勿少。

2）搅拌时间要充分：严禁前边出料，后边进料的不分程序操作。

3）抓混凝土的养护工作。目前这项工作在抢进度、抓产值的情形下，往往忽视。造成混凝土实际强度的下降。

4）柱子的浇筑中，应抓与水平梁板浇筑的间隙，最好先浇筑好柱，第二天开始梁板浇筑。保证柱混凝土有个自沉过程。其次抓两条施工缝中的清理干净，严防夹渣夹屑。

5）梁的浇筑，尤其深梁，要抓分层浇筑和分层振捣。如留施工缝的，一定要支临时断开处的竖直模板，防止施工缝自由流淌式的不规则缝道。

6）板的浇筑；一定要用平板振动器，不能用插入式振捣器应付振捣。并要注意浇筑完的面层平整，要搓毛抹平，既防表面收缩开裂，又节约面层的找平层材料。

7）墙的浇筑，重点抓分层分次逐步上升式的浇筑。严禁一处下料，用振捣棒分散混凝土的做法。

8）楼梯的浇筑，要抓防止踏步板的下沉，和挡板由于振捣过量而外移或弯曲。注意施工缝的清理干净。

9）抓混凝土操作中防止对钢筋的踩踏，造成结构设计在施工中不到位的现象。

4. 预应力混凝土工程

（1）室内准备要抓好对设计要求的详细了解。计算好下料长度；预应力伸长值等准备工作。

（2）确定总张拉力、控制应力和张拉顺序。

（3）实际工程中主要抓两点：①锚具的质量保证，不滑丝。②张拉应力不过度，控制有效。这两点抓住了，预应力混凝土的质量基本上有了保证。

（二）安全生产的要求

由于框架结构施工起来后，在围护墙没有砌筑时，四周是空旷的，和砖混结构有所不同。因此安全生产的注意点也因生产施工特点的不同，而有所侧重。

1. 安全的常规工作

（1）模板工程中的安全生产：

1）支模工作中要戴好安全帽。应在脚手架上进行工作；禁止边支模，边在模架上工作。工作前应先检查所用工具是否牢固。如采用桁架支模等施工，应严格检查桁架是否有变形，螺栓有无松动，如何及时修复，调整。支模板应按工序进行，在模板没有固定牢固前，不得进行下道工序。并禁止利用拉杆、支撑攀登上下。模板吊运过程中应有专人指挥，吊索必须经检查牢固无损才能使用。

其他如使用木工机械要专人负责，刨花木屑要注意防火。机械电器必须绝缘，并防止触电等。

2）拆模工作应事先对队伍进行交底，要按顺序分段进行。在施工中严禁硬砸、猛撬，更不准大片一起撬落或拉倒。拆完后不得留下松动和悬挂的模板。拆下后应及时指定地点堆放、运走。木模板更要防止钉子扎脚。

层高较高的，拆模时不允许往下乱扔，应用绳子系牢下降。外界拆模要有专人指挥，并标志拆模区，暂停人员过往。

（2）钢筋工程中的安全生产：

1）在制作时，冷拉区严禁人员来回过往。使用机械要专人负责，防止机械打伤及触电事故。焊接机械要注意防触电和防火。

2）绑扎时，运输钢筋用人工抬运，应注意限量，不要超量抬运，一定要有斜道可走。机械吊运时，要有专人指挥，并防止触碰附近电线。钢筋不要集中堆放在脚手架上或模板上。绑扎边缘梁、挑梁、圈梁，不允许立在模板上悬空操作，应站在脚手架上施工。绑扎时要注意周边有无电线，如有电线应让架子工先绑绝缘档线架后施工，防止钢筋触碰而触电，这种事故是发生过的。现场用气压焊要注意防火，电渣压力焊应防止触电。用剩的钢筋应及时回收，不得乱扔乱堆，防止造成挂人衣服，绊倒人员。

（3）混凝土工程中的安全生产：

1）拌制和运输时，搅拌机应专机专人，运转中工具不得伸入筒中，检查电器防止触电。运输中要注意道路通畅，防止小车撞人，在架子上运输要检查脚手板是否牢固，有无护栏。夜间施工应有足够照明。

2）浇捣时，倾倒混凝土要听人指挥，防止乱倒，尤其边梁及悬挑结构，防止倒到房外下落砸人。检查振捣机械，戴好绝缘手套和穿胶鞋，防止触电、漏电。操作人员应站在脚手架上或模板内，不得站在模板外侧及支撑上操作。

采用吊斗吊运混凝土时，要专人指挥，专人扶斗下料。并戴好安全帽。

(4) 预应力张拉施工，要注意检查张拉设备，高压油管有无裂缝，接头是否牢固。严禁超负荷运行。张拉时人员应偏在预应力筋的两侧，不得对着预应力筋工作。张拉力要严格控制，不得超过施工规范的最大允许控制力值。其他如使用前对锚具要作外观检查等。

(5) 围护砌筑施工的常规，安全要求同本章第三节砌筑施工。

2. 框架结构应注意其特点的安全生产要求

(1) 采用外围护封闭式施工。这样可以防止工程上的物件窜出而伤人，发生安全事故。同时封闭式施工，有利于文明施工的外观。

(2) 柱间空挡要绑护栏，因为不一定每层处，脚手架的脚手板都铺满。若每一层都进行施工，则要做到每层楼面外脚手架上有脚手板和护栏。

(3) 有电梯井的井门处要护挡，防止人误入坠落，发生大事故，楼梯口处也要设护栏。

(4) 框架结构的工业厂房，楼层有好多设备洞口等，要有牢固的覆盖，防止误踩跌下造成重大安全事故。

(5) 楼边有行人通道（如小街、小巷）则要在其上 3m 高搭设全通道的防护屋盖式遮栏。

(6) 预应力张拉施工时，应在其上搭防护棚，防止落物砸人。

(7) 灰浆泵压浆灌浆时，要防止管子脱落而压力灰浆喷人伤眼等。

复习思考题

1. 钢筋混凝土结构所需材料有哪些？它们有哪些性能和技术要求？
2. 钢筋混凝土框架施工要用的机具有哪些？
3. 请述钢筋混凝土框架结构的施工工艺？
4. 钢筋混凝土框架结构支模应考虑哪些要求？
5. 钢筋工程施工完成后，隐蔽检查应查哪些内容？
6. 如何计算混凝土配合比？
7. 混凝土浇捣、搅拌等施工过程中应注意哪些要点？
8. 如何评定混凝土强度？
9. 为什么要对混凝土进行养护？
10. 什么情况下才能拆除模板？
11. 什么叫预应力混凝土？与一般钢筋混凝土相比有哪些优点？
12. 预应力的方法有哪几种？
13. 预应力混凝土所用的材料和机具有哪些？有什么要求？
14. 现场后张法预应力施工应做好哪些准备工作？
15. 预应力张拉前应做好哪些工作？张拉力的控制过程是怎样的？
16. 如何抓好钢筋混凝土及预应力混凝土的施工质量？

第五节　装配式单层工业厂房施工

一、钢筋混凝土构件吊装准备

装配式结构的工业厂房，是将许多单个构件，分别在工地现场或混凝土制品厂预制成型，运输到施工地点，然后按照图纸用起重设备吊装拼成骨架。其优越性是体现设计标准化、构件定型化、产品工厂化、安装机械化。它可以改善劳动条件，提高劳动生产率，也是建筑工业化的途径之一。钢筋混凝土构件的装配式结构，是目前单层工业厂房应用最普遍的形式。本节主要介绍其施工工艺程序及构件制作和吊装前要做的工作。

（一）施工工艺程序

装配式结构的单层工业厂房其施工工艺从定位放线到结构安装完毕，工艺程序如下：

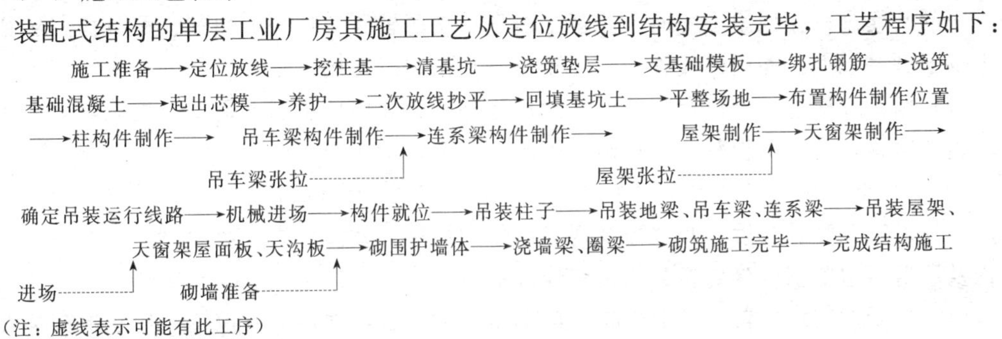

（注：虚线表示可能有此工序）

（二）施工准备内容

（1）技术准备：主要是学习审核结构施工图，确定工地需制作的构件种类、数量及具体尺寸的大小；以及哪些需要外部加工订货的数量、类别、型号；提出现场制作构件上用的铁件加工单。了解基础形式，挖土深度、平面尺寸、杯口大小等；柱距、柱网的尺寸、跨度等，以便施工放线。了解围护墙体的材料、厚度、构造形式，为砌筑做好技术准备。

（2）施工准备：确定挖土方法，如用机械则还需确定机械种类、数量。确定吊装方法和吊装机械。规划现场加工制作的构件布置图，确定机械吊装的运行路线。场地平整等准备工作。

（3）定位放线：先确定纵向和横向的轴线位置，确立设置四只角柱的定位控制桩，达到整个厂房的定位控制。再根据柱距大小和柱基尺寸的大小，确定挖土是单个进行则放单独柱基的灰线；而由于基础大，柱距小，可以在纵向挖成条形长坑，则放纵向柱基的挖土边灰线。并根据轴线，在挖土不影响的位置钉立龙门板桩，确定每个基础的位置。并在龙门板上平确定标高值，以便检验挖土深度和以后做基础的标高。

（三）基础施工

（1）挖土：人工挖土，人工清土是最简单的方法，但进度慢、劳动量大。当土方量大时应采用反铲挖土机挖去大量土方，底下留 20cm 左右，给人工清土，保证基底土不受扰动。挖土时以灰线控制尺寸大小，以龙门板控制深度。清土时要按龙门板清出正确尺寸和底标高。

（2）浇筑垫层：四边土质良好的，可以以土壁作为垫层四周的模板，垫层上平用抄平钉竹签定出标高，浇筑后按此标高抹平。

（3）放出基础边框线及十字交错的轴线，并在边框线外支撑柱基第一台的侧模。支好侧模后，清扫内部垫层，绑扎基底钢筋，再支杯口处外周四侧模板，绑好杯口内构造钢筋，再吊杯口芯模，使浇筑混凝土之后形成安插柱子的杯口。钢筋保护层按规定垫好垫块。

（4）浇筑基础混凝土。应注意的是防止杯口芯模上浮，否则会造成杯口内标高提高，对安装柱子造成困难，如要凿去高出的部分，再进行找平等。因此防止芯模上浮必须由专人看模板，必要时在芯模内加压重。

（5）混凝土浇筑后 8～10h 即可拆除芯模，并应量一下杯口深度是否足够，万一有上浮的现象，在混凝土强度低时较容易处理。然后拆除侧模，进行覆盖养护，也可在杯口中放水养护。

（6）进行清理后做基坑的回填土。回填土必须按规范规定分层、分次进行夯实，并应抽查土的密实度。在回填土同时，测量工应把厂房的轴线、柱子的边线、杯口标高从龙门板上返回到基础上，并用墨线弹出，便于核查和吊装时使用。

（7）因为杯形基础上口标高都低于地坪标高，因此回填土后四周土应拍成坡度。杯口上应盖上木板，防止杂物落入杯口内，也起到安全防护作用。

（四）平整场地，布置构件制作位置

在杯形基础完成之后，其他需在现场制作的构件，就需按施工组织设计的方案，在厂房内及厂房四边范围内分划各类构件制作的地点。

（1）柱子的制作位置：一般以相对应的基础为中心，确定放置位置。如柱根在基础处斜向放置，或柱中部邻近基础平行或略斜放置。

（2）吊车梁的制作位置：一般 6m 标准型轻量级的吊车梁可以由加工厂制作。而当重型或需采用后张法预应力的吊车梁，则在现场制作。其位置可对称于柱的布置在基础的另一侧放置。

（3）屋架的制作位置：屋架由于其长度长，并可采用叠浇 3～4 榀一堆，所以往往在厂房中间偏一侧放置。制作完后吊装前由吊装机械根据屋架实际安装轴线位置，做一次吊装前的就位。

其他小构件如需在现场制作的，可以根据场地实际，合理安插布置。

大构件现场预制的布置图可参看图 8-5-1。

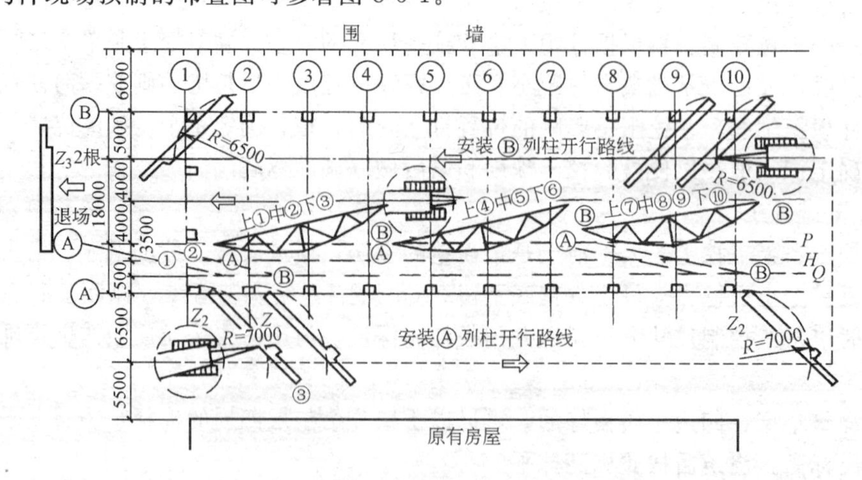

图 8-5-1　车间预制构件平面布置图

二、构件的制作施工

根据构件制作场地布置图，现场工种就可以按照施工人员的指导，进行支模、绑筋、浇筑混凝土的施工了。制作的程序先后，应考虑构件先后应用的程序和构件本身制作期的长短。如屋架虽然比柱子后用，但它施工制作比较复杂，如需进行预应力施工，那么工期较长，因此开工制作的日期应插在柱子制作中同时进行。这样对吊装的总工期有利。

（一）柱子的制作

(1) 柱子模板的铺设：柱子成型采用平卧支模，要求模板架空铺设，基底地坪必须夯实。铺板或钢模的底棱间距不大于 1m，底模宽度应大于柱的侧面尺寸，牛腿处应更宽些。侧模高度应同柱的宽度尺寸相同，目的便于浇筑后抹平表面。并应支撑牢固，防止浇灌时脱开、胀模、变形，而使构件外形失真不合要求，造成不合格构件。柱长、柱宽等尺寸要准确。

(2) 绑扎柱子钢筋：按施工图的配筋进行穿箍绑扎。应注意的是牛腿处钢筋的绑扎和预埋铁件的安装，以及柱顶部的预埋铁板安装。要做到钢筋长短、规格、数量，箍筋规格、间距的正确无误。最后垫好保护层垫块，并进行隐蔽检查验收。

(3) 浇筑混凝土：要求浇灌时认真振捣，混凝土水灰比和坍落度尽可能小。尤其边角处要密实，拆模后棱角清晰美观。浇平后要拍抹平整，最后用铁抹子压光。

(4) 待表面硬化手按无痕时，覆盖草帘浇水进行养护，养护要有专人，按规范规定时间进行养护，保证混凝土强度的增长。

(5) 为提高模板周转，2～3d 后可拆除侧模，拆时防止棱角损伤。底模应根据混凝土强度达到 70%以上后，适当抽去支棱（最后间距不大于 4m）和部分底模。最好的办法是支模时，就应考虑拆模，使之提高模板利用率。最后柱子支座在若干根支棱上，待吊装时全部撤走剩余模板。

柱子制作形式可参看图 8-5-2。

吊车梁制作形式可看图 8-5-3。

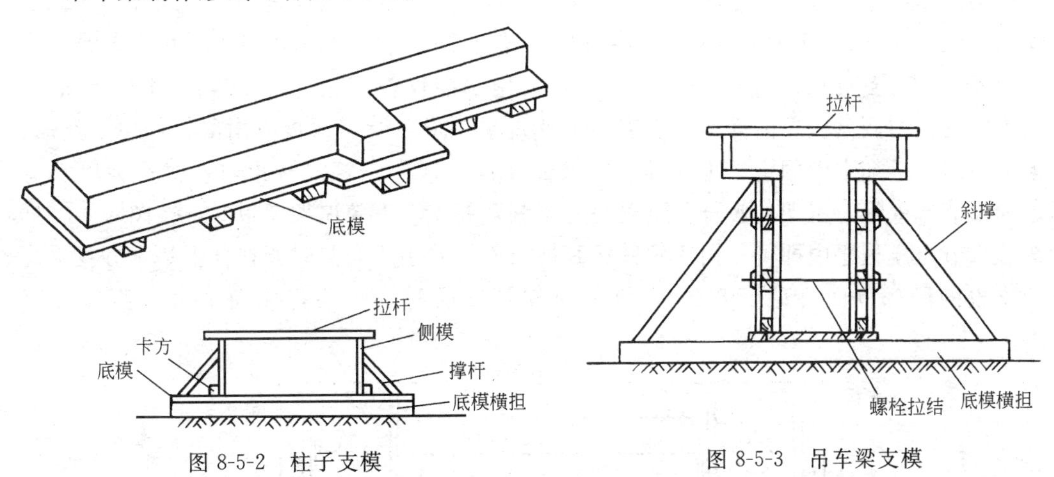

图 8-5-2　柱子支模

图 8-5-3　吊车梁支模

（二）吊车梁的制作

大型重级的吊车梁，由于运输不便，往往要在工地现场制作。制作时，支模有立式和卧式两种。立式即支模后如同吊车梁安装在柱上的位置一样，吊装时直接起吊即可；卧式即梁一侧面做底模，同柱卧在地下支模相似，吊装时先要竖直后才能挂钩起吊。现介绍其各工序施工应注意的事项。

（1）模板支撑：立式支模一定要把两侧模板支牢，并要加斜向支撑以稳定构件，这点特别重要。因为在浇灌混凝土后，梁身加重，遇到侧向力而支撑稳定性不够，梁身倒下压伤施工人员发生安全事故这类事情也出现过的。卧式支模比较安全，但底模占用量大，不利于模板的周转。吊车梁支模中应注意的是梁支座处有预埋铁件；梁两端有预埋铁件；梁翼上要留出以后安装轨道的小圆孔。

（2）钢筋的绑扎：吊车梁是受动力荷载的构件，因此在梁内的主筋不得采用绑扎接头；也不宜采用焊接接头。如有预应力筋的，在施工时要预埋管道，管道根据施工实际情况确定用钢管或胶管，然后抽出成孔，或薄铁波纹管永久性预埋。

（3）混凝土的浇筑：同上述柱的要求相同。

（4）养护：吊车梁养护要特别重视。因为受动荷载作用，构件有收缩裂缝的出现，都是极不利的，因此严格遵照规范上养护要求进行养护，是施工员应负的责任。

（5）拆模：拆模应根据模板支撑方式确定。凡立式支模的，可在浇筑后经二三天能拆除两侧侧模，但应拆后支撑好梁，保持稳定。而底模则要到吊装时才能拆下。采用卧式支模，由于浇筑后短期内能拆的侧模量较少，所以可根据工地情况拆除，底模也要到吊装时才能拆下来。

（三）屋架的制作

钢筋混凝土材料制作的屋架，大多在工地现场预制。当跨度为 18m 及其以上者，往往采用下弦杆预应力配筋。屋架在工地上制作时由于场地限制，而采用叠浇形式，最多叠浇四层为限。按规范规定，采用平卧、重叠法制作构件时，其下层构件混凝土的强度，需达到 5MPa 后，方可浇筑上层构件的混凝土，并应有隔离措施。因此制作工期较长，用分堆流水作业施工。

1. 模板的制作

屋架制作都采用卧式。由于形状复杂，因此底模为节省模板而采用夯实地坪，在其上按屋架形状浇筑 5cm 细石混凝土（仅浇有屋架弦杆部分），然后在其上用 1：2 水泥砂浆抹平压光。所有各点均应在同一水平面上，要用水准仪检查校核，误差不超过±2mm。然后支撑弦杆的侧模板。因为上弦为多边形或近乎拱形，所用模板应用薄板，便于弯曲。侧模下边用木桩加木楔固定，上边用冂形铁件卡住，这样浇筑混凝土时，就不会侧移变形。为了节省模板，屋架的腹杆都可以另行预制，在支上下弦屋架模板时，按图对号将杆两头装入节点模板之中即可。由于腹杆比弦杆断面尺寸小，安装时要在杆下垫木方找平。

支模的局部剖面可见图 8-5-4，再往上支第二层时，只要将侧模上移，侧向支牢

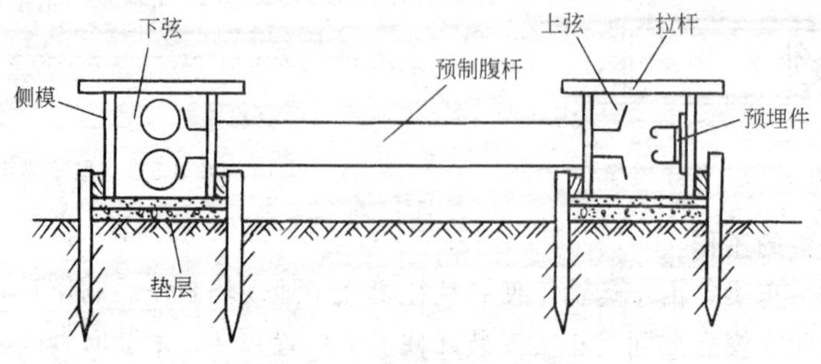

图 8-5-4　屋架卧式支模图

即可。

2. 钢筋绑扎

钢筋绑扎中主要是要放置好腹杆伸入的锚固筋，尤其拉杆必须充分锚固好。其次是放置预应力埋置管的管架，并让埋置的管子顺理通过。再是屋架上弦有预埋铁板，与下弦交会处屋架的支承端节点，该处有端头铁板、弹簧钢筋，再是预埋管与铁板处的连接，这都是钢筋绑扎时要木工配合协作做好的。

3. 浇筑混凝土

由于屋架弦杆的断面也是相对小的，因此振捣棒最好用ϕ30的或用振捣片。混凝土的粗骨料可采用0.5～2.5cm的粒径。水灰比及坍落度要小，能施工操作即可，防止水灰比大了有收缩裂缝。节点处振捣必须认真仔细，并振捣密实。尤其有预应力的屋架，其支承处的端节点一定要密实，防止张拉时压碎报废。浇好后，外露面要用抹子抹平和压光，抹压要分两次，可以减少表面收缩裂纹。浇捣时下料，一定要人工用铁锹往内装料，不能用小车直接倒入模板。每榀屋架应有一组试块。

4. 养护

屋架养护一定要用草袋包裹覆盖，再浇水养护。严禁暴晒和只浇水湿润式的养护。养护要派专人。由于养护不好，表面粉化的状态而降低强度的质量事故亦是发生过的，因此不能小看断面较小构件的养护工作。

5. 拆模

当屋架的混凝土强度达到5MPa后，即可拆除侧模，并进行模板清理。在下层屋架表面刷上隔离剂之后，近年也有用塑料薄膜的，即可将侧模上移一层支撑第二榀叠浇的屋架。

6. 应注意事项

采用非正式模板作底模的，如混凝土底模或砖底模，施工时地面一定要夯实。施工中包括养护，不能使水浸泡地面，造成地坪下沉而引起屋架折断。如施工无把握的，那么还是用正式模板，用木楞或钢管架起支模。

（四）对预制构件的质量要求

由于构件需要最后进行装配，其要求的精确度，相对比现浇的要高。为此在施工中应注意以下几个方面：

（1）按图施工，在施工制作前一定要认真看透图纸，保证构件尺寸的准确，强度满足，使用钢筋、水泥及其他原材料都应进行检验。

（2）模板及其支架必须有足够的强度、刚度和稳定性，严禁产生不允许的变形。尺寸必须符合图纸，如关键处的尺寸像柱牛腿面到柱根尺寸只能负误差，不能比原尺寸长出一点点。

模板尺寸的允许偏差如表8-5-1。

（3）钢筋方面：除对原材料进行检验外，还应对焊接、埋件焊接等质量按有关规范进行检验。钢筋应平直，表面不能有裂纹、油污、片状老锈。

（4）混凝土的质量：计量要准确，水泥称量误差允许±2%；骨料允许±3%；水和外加剂允许±2%；要经常抽查。并每台班要抽查两次坍落度，每台班对梁、柱要做至少一组混凝土试块；对吊车梁、屋架则每一榀要做一组试块。用于强度检验。

构件预制模板尺寸允许偏差表 **表 8-5-1**

项目		允许偏差(mm)			
		薄腹梁、桁架	梁	柱	板
长		±10	±5	0 −10	±5
宽		+2 −5	+2 −5	+2 −5	0 −5
高(厚)		+2 −5	+2 −5	+2 −5	+2 −3
侧向弯曲		l/1500 且≤15	l/1000 且≤15	l/1000 且≤15	l/1000 且≤15
拼板表面高低差		1	1	1	1
表面平整		3	3	3	3
中心位置偏移	插筋预埋件	5	5	5	5
	安装孔	3	3	3	3
	预留孔	10	10	10	10
主筋保护层厚		+5 −3	+5 −3	+5 −3	±3
对角线差					7
翘曲					l/1500
设计起拱		±3	±3		

注：l 为构件的长度（mm）。

（5）对于预应力施工：屋架和吊车梁往往有后张预应力施工。其质量要求应同第四节预应力施工部分一样，对预应力筋、锚具等事先检验。张拉时掌握好控制应力。张拉屋架应对称张拉，防止翘曲。

（6）对完成构件的外观质量要求，可见表 8-5-2。

构件外观质量要求 **表 8-5-2**

项目		质量要求
露筋	主筋	不应有
	副筋	外露总长不超过 500mm
孔洞	任何部位	不应有
蜂窝	主要受力部位	不应有
	次要部位	总面积不超过所在构件面面积的 1%，且每处不超过 0.01m^2
裂缝	影响结构性能和使用的裂缝	不应有
	不影响结构性能和使用的少量裂缝	不宜有
连接部位缺陷	构件端头混凝土疏松或外伸钢筋松动	不应有
外形缺陷	清水表面	不应有
	混水表面	不宜有
外表缺陷	清水表面	不应有
	混水表面	不宜有

续表

项目		质量要求
外表沾污	清水表面	不应有
	混水表面	不宜有
备注	露筋指构件内钢筋未被混凝土包裹而外露的缺陷。孔洞指混凝土中深度和长度均超过保护层厚度的孔穴。联接部位缺陷指构件联接处混凝土疏松或受力钢筋松动	

三、构件的吊装施工

在装配式单层工业厂房的构件制作完成后，经过养护，混凝土已达到设计强度，对外加工的构件也已具备提货运入的时间，这样厂房的吊装就可以开展施工了。

（一）结构吊装的施工特点

（1）结构吊装是装配式建筑的主导工序，只有结构安装就绪，才能进行其他工序的继续。

（2）构件的尺寸、重量、安装高度决定选择何种起重设备。

（3）构件制作的质量，如尺寸长短、埋件位置准确与否、强度高低，都会影响吊装的质量和施工进度。

（4）构件在起吊、就位、运输的吊装过程中，吊点和支点必须选好，必要时要进行构件强度和刚度的验算。

（5）构件制作时的平面布置和吊装的运行路线，都要事先结合在一起考虑。

（6）结构吊装，构件重、体量大、又有空中作业，因此施工时要特别强调安全施工，并应制定安全生产措施。

（二）结构安装的施工程序

构件吊装的程序是先柱后梁再屋盖。它们各自的过程是：

1. 柱子的吊装程序

定吊点绑扎钢丝绳、起吊、就位进入杯型基础；用大木楔临时固定并用支撑临时四面撑牢，用经纬仪观测后校正，重新用大木楔固定，并浇灌杯口内2/3高混凝土，硬化后拔去木楔，再浇灌杯口混凝土，柱子安装结束。

2. 吊车梁、连梁等的吊装程序

选两点起吊点，绑扎钢丝绳，起吊，就位，临时固定，校正，电焊，正式固定。

3. 屋架的吊装程序

确定两点或四点作吊点，绑扎钢丝绳，加固屋架（在水平及竖向绑扎加固钢管），翻身起吊，靠边就位，正式吊升安装，柱顶就位，临时拉撑固定，垂直度及轴线位的校正，最后支点电焊固定，上弦吊装屋面板电焊焊牢固定。

4. 大型屋面板吊装程序

配合屋架吊装就位，从两边檐口左右对称的吊板，逐块铺至屋脊，避免屋架受不对称荷载。如有天窗架的，应按图先吊天窗架，吊天窗架的固定、校正同屋架相似。屋面板在屋架上就位后，每块板可电焊三点固定。

整个单层工业厂房的吊装，其方法可分为分件吊装法和综合吊装法两类。分件安装法是吊完一种构件，再吊一种，直至安装完毕。这种方法适用于小型厂房，两侧各用一台重型塔吊进行吊装。但它临时稳定的支架太多，也复杂，所以实际采用较少。在施工中采用较多的是分件法和综合法结合起来用。如先把柱子全部吊装完毕后，再分单元的（一个轴线开间为一单元）进行吊梁、吊屋架及屋面板，完成一单元后，吊机移动一个位置。

（三）吊装机械设备和需用工具

吊装用的机械设备有履带式起重机、轮胎式起重机、汽车吊、塔式起重机、桅杆起重机等。现分别简要介绍于下：

1. 履带式起重机

履带式起重机是自行式、全回转的一种起重机械。它具有操作灵活、使用方便，在一般平整坚实的场地上可以载重行驶或进行吊装工作，是目前结构吊装工程中的主要起重机械。

它由机身（包括柴油机、平衡重等）、履带、转盘、伸臂（即吊杆）、起落吊杆钢丝绳、起落吊钩重物钢丝绳等组成。

2. 轮胎式起重机

轮胎式起重机是一种自行式全回转起重机，起重机构安装在以轮胎为行走轮的特种底盘上。它具有移动方便、安全可靠等特点。在起重时重物较轻时可不用支腿，当重物重时可伸出支腿提高起重能力。

轮胎吊用于吊装小型车间比较适宜。

3. 汽车起重机

汽车起重机是汽车和起重结合在一起的一种起重机械。起重部分安装在汽车底盘上，位于后轮部分。它具有行驶速度较高，机动性好的特点。它主要用于随运输车装卸构件为多。

4. 桅杆式起重机

桅杆式起重机是由桅杆、转盘、底座、吊杆、起伏吊杆的滑车组、起重的滑车组和拉住桅杆的缆风钢丝绳组成。桅杆和吊杆起重量在10t左右的，可用无缝钢管做成；大多用角钢组成的格构式截面作桅杆及吊杆，起重量最大的可达60t左右。桅杆及吊杆高度可根据建筑物高度组装，最高的可达80m左右。其形状可见图8-5-5。

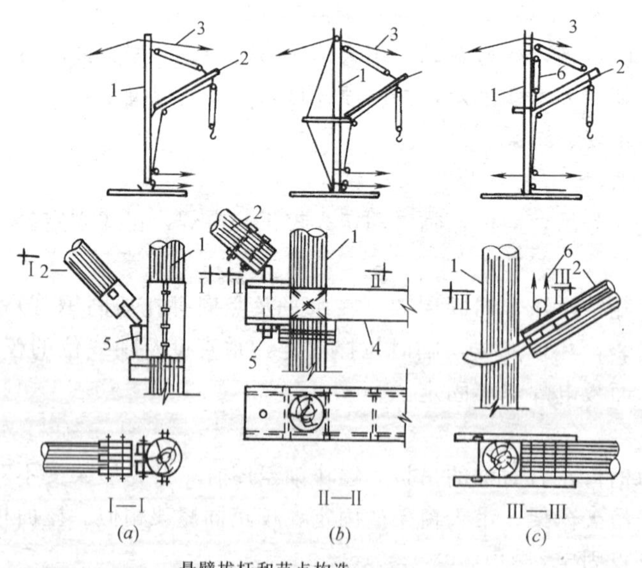

悬臂拔杆和节点构造

(a) 一般形式；(b) 带有加劲杆；(c) 起重杆可升降

1—拔杆；2—悬臂起重杆；3—缆风绳；4—槽钢；5—销子；6—升降悬臂的滑车组

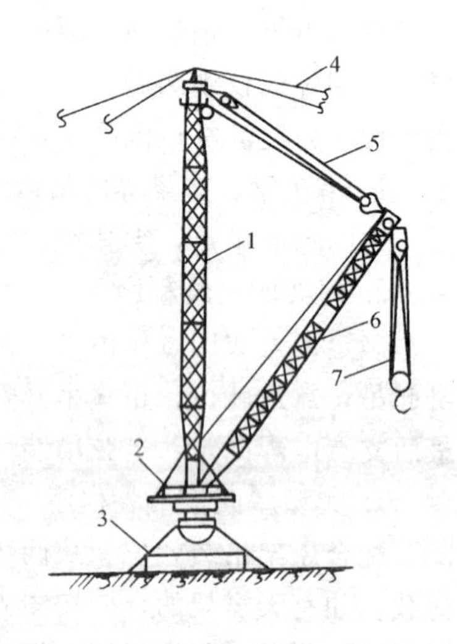

牵缆式拔杆起重机

1—拔杆；2—转盘；3—底座；4—缆风绳；5—起伏滑车组；6—吊杆；7—起重滑车组

图 8-5-5 桅杆式起重机杆件

5. 如何选择起重机械

起重机械的选用必须根据构件中最大的重量，构件尺寸，安装的高度来确定。

(1) 起重机的起重量必须大于所安装构件重量与索具的重量之和。

(2) 起重机的起升高度必须满足所安装构件的安装高度要求。其公式为

$$H \geqslant h_1 + h_2 + h_3 + h_4 \tag{8-5-1}$$

式中 H——起重机的起升高度（m），从停机面算起至吊钩中心；

h_1——安装的构件的支座面高度（m），从停机面算起；

h_2——安装时的吊装间隙，一般不小于0.2m；

h_3——绑扎点至构件吊起后底面的距离（m）；

h_4——索具的高度（m），自绑扎点至吊钩中心的高度，按具体尺寸而定。

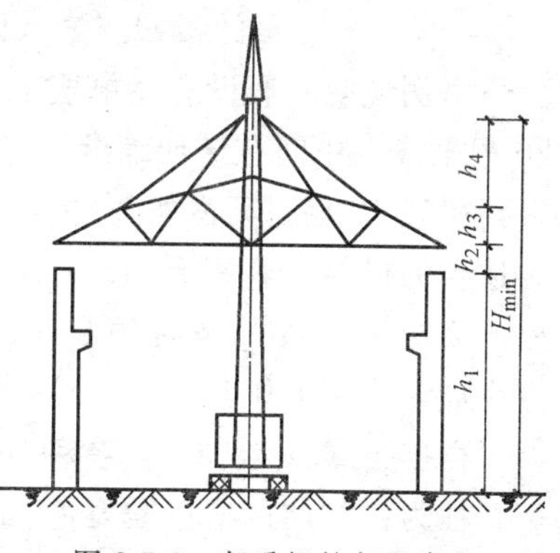

图 8-5-6 起重机的起重高度

见图 8-5-6 形式。

当在安装屋面板时，起重机吊杆需要跨越已吊装好的构件，如屋架、天窗架时，则选用起重机的吊杆长度，要按下面公式计算：

$$L = l_1 + l_2 = \frac{h}{\sin\alpha} + \frac{a}{\cos\alpha};\ \alpha = \mathrm{tg}^{-1}\sqrt[3]{h/a} \tag{8-5-2}$$

式中 L——吊杆的最小长度（m）；

a——吊钩跨过已安装构件的距离（m）；

α——吊杆的仰角；

h——等于 $H_1 + c + b + g - E$；

H_1——已安装好的结构高度（m）；

c——屋面板与屋架间的安装间隙≥0.2m；

b——吊装起构件的厚度（m）；

g——吊杆轴线与吊件面之间的间隙（可取1m）；

E——吊杆底部铰点至地面的距离（m）。

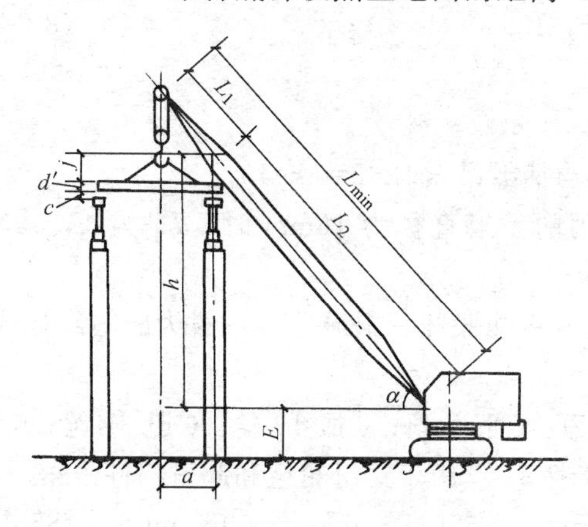

图 8-5-7 最小杆长计算简图

见图 8-5-7 形式。

从上述两个公式看，吊装时一般单层厂房在正常工期下，只需一台吊机。所以选择吊杆主要以第二个公式考虑，并在吊重上综合考虑，使达到用一台机满足两种吊装要求。

6. 起重机数量的确定

当厂房面积大，构件数量多，工期又较紧，这时需要多台吊机才能满足工程需要。那么在选好某型吊机后，到底要多少台，这就要用下面公式推算：

$$N=\frac{1}{T \cdot C \cdot K} \cdot \Sigma \frac{Q_i}{\rho_i} \tag{8-5-3}$$

式中 N——起重机台数；

T——工期；

C——每天工作班数；

K——时间利用系数，一般取 0.8～0.9；

Q_i——每种构件的安装工程量（t）（件）；

ρ_i——台班的机械产量（t/台班；件/台班）。

举例说明：假设有一单层工业厂房，为钢筋混凝土结构，共两跨每跨 18m，纵向长为 20 根轴线，中间有道伸缩缝，柱距 6m。经计算共有柱子 60 根，吊车梁 72 根，连梁 36 根，屋架 40 榀，天窗架 20 榀，柱间支撑、屋架支撑等 64 件。假设所选为起重量、高度均适合的机械，其每台班（8h）中，能吊柱子 8 根；吊车梁 16 根；连梁 16 根；屋架 6 榀；天窗架 10 榀；支撑约 8 件。根据以上情况试问要多少台吊机才能在一个月（日历天）内完成该吊装工作？

根据公式（8-5-3）其各种分项的计算即 Q_i/ρ_i 为：

柱为：60/8；吊车梁为 72/16；连梁为 16/16；屋架为：40/6；天窗架为：20/10；支撑为 64/8。这样，$\Sigma Q_i/\rho_i=\frac{60}{8}+\frac{72}{16}+\frac{16}{16}+\frac{40}{6}+\frac{20}{10}+\frac{64}{8}=29.6$

$$N=\frac{1}{T \cdot C \cdot K} \cdot \Sigma \frac{Q_i}{\rho_i}=\frac{1}{30 \times 1 \times 0.8} \times 29.6=1.2\text{ 台}$$

经计算需 1 台多一点，这就要考虑经济效益问题，用 2 台不合算，用 1 台差一点，只有提高 C，台班次数增加来解决，这样在某些构件上一个台班 8h 不够，用 12h，算 1.5 台班，这样就可以满足在 30 天工期内完成该吊装工作。

7. 吊装工具

（1）索具

1）白棕绳：它用于一般起吊轻型构件（如钢支撑）和作为受力不大的缆风和溜绳。白棕绳是用剑麻基纤维搓成线，线搓成股，再将股拧成绳。它分三股、四股和九股三种。

白棕绳的允许拉力可按公式计算：

$$[F_z]=F_z/K \tag{8-5-4}$$

式中 $[F_Dz]$——白棕绳的允许拉力（kN）；

F_z——白棕绳的破断拉力（kN）；

K——安全系数，当缆风时 $K=5$；当捆绳吊索时 $K=8$～10。

白棕绳的破断拉力有资料可查。一般常用的：当直径为 16mm 时，F_z 为 11.5kN；20mm 时，F_z 为 16kN；25mm 时，F_z 为 24kN。

2）钢丝绳：结构吊装中常用的钢丝绳是由六束绳股和一根绳芯（一般为麻芯）捻成。绳股又是由许多高强细钢丝捻成。

钢丝绳按绳股数及每股中的钢丝数不同分为：6 股 7 丝；6 股 19 丝；6 股 37 丝；6 股 61 丝等。其中 6 股 19 丝常作为吊索和缆风；6 股 37 丝用于穿滑轮组和起重构件吊索。

钢丝绳的公称抗拉强度分为：1400N/mm^2；1550N/mm^2；1700N/mm^2；1850N/mm^2；2000N/mm^2 等五种。

钢丝绳的允许拉力可按下列公式计算：

$$[F_g]=\frac{\alpha \cdot F_g}{K} \tag{8-5-5}$$

式中 $[F_g]$——钢丝绳允许拉力（kN）；

F_g——钢丝绳破断拉力（kN）；

α——换算系数；

K——安全系数。

其中 F_g 是从试验得出，在有关资料上可查到；α 系数与钢丝绳股、丝有关：当为 6 股 19 丝时，α 取 0.85；当为 6 股 37 丝时，α 取 0.82；当为 6 股 61 丝时，α 为 0.80。K 值是根据使用状况而定，当用作缆风时，$K=3.5$；用于机动起重设备时，$K=5\sim6$；作吊索而无弯曲时，$K=6\sim7$；作捆绑吊索时，$K=8\sim10$。

钢丝绳在使用中要经常检查，以保证安全。因为在使用一定时间过后，会产生断丝、腐蚀和磨损，承载能力必然降低。当断丝较多，或被腐蚀磨损较严重，则应报废。因此在使用中应定期对钢丝绳加润滑油。对滑轮等处要经常检查有无压扁、磨损等。

（2）工具

1）撬棍：撬棍是用圆钢或六角形钢锻制成的。它的一端做成尖锥形；另一端为扁嘴形，并弯起 40°～45°。该部分在锻制后要进行淬火和回火处理，达到硬度为洛氏硬度 40～45。

2）吊钩：起重吊钩大多是用整块钢材锻造成的。材料为 20 号平炉钢的优质碳素钢。锻成后要进行退火处理，增加韧性，要求硬度达到 HB95～135。吊钩表面应光滑，不得有剥裂、刻痕、锐角、裂缝等缺陷存在，并不准对磨损或有裂缝的吊钩进行补焊修理。

3）卡环（或称卸甲）：卡环主要用在吊索与吊索或吊索与构件之间的连结，由弯环和销子两部分组成。形状如图 8-5-8。

4）吊索：吊索主要用来绑住构件进行挂钩吊装，它分为环状索（又称万能吊索或闭合吊索）和 8 股头吊索（又称轻便吊索或开式吊索）两种。见图 8-5-9。

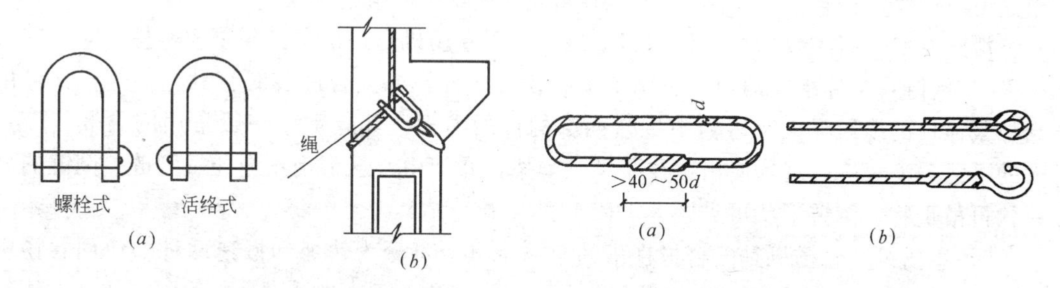

图 8-5-8 卡环及柱子绑扎
（a）卡环；（b）绑扎柱子（脱销示意）

图 8-5-9 吊索
（a）封闭式；（b）开口式

吊索用钢丝绳做成的，因此，该钢丝绳的允许拉力，即为做成吊索的允许拉力。在吊装工作中要小于允许拉力。吊索上所受的拉力取决于所吊构件的重量和吊索与水平线的夹角。因此，一般要求吊索与水平面的夹角>45°。

5）横担：亦称横吊梁或铁扁担。主要用于屋架等长构件吊装的，它可以减少吊索长度和使吊索近乎垂直，而减小水平分力对屋架的压力，对吊装有利。见图 8-5-10。

横担短的可以用钢板做成；长的用型钢或钢管做成。

6）垫铁、钢楔或木楔：垫铁是用薄钢板裁割而成块，再锻打成薄楔形的垫块，主要用

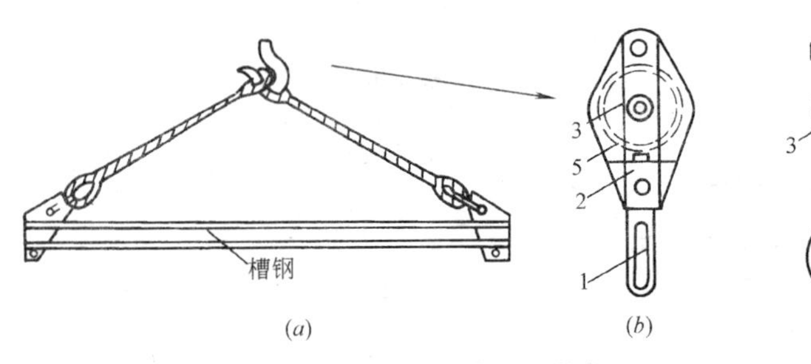

图 8-5-10 横担和滑车

(a) 铁扁担；(b) 滑车的构造

1—吊钩；2—拉杆；3—滑轮；4—轴；5—夹板

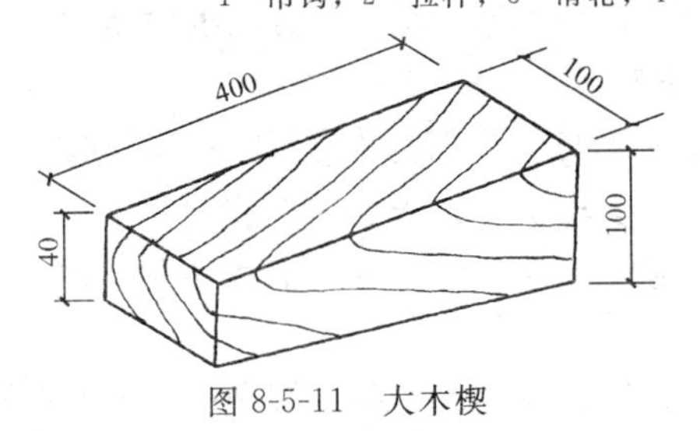

图 8-5-11 大木楔

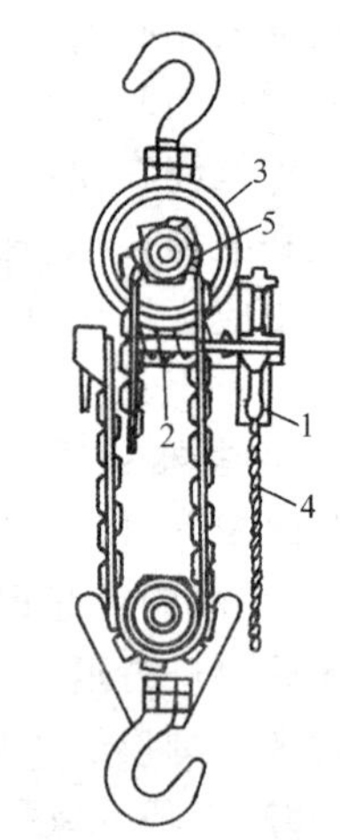

图 8-5-12 倒链

1—主动轮；2—蜗杆；3—蜗轮；4—拉链；5—链齿轮

于屋架、吊车梁等支座处不平，以达到垫稳焊牢的目的。钢楔或木楔主要用于安装柱子时，在杯型基础杯口处卡住柱子用的。长度约400mm，宽约100mm，楔头厚约100mm，另一头薄些约40mm。其形状如图 8-5-11 所示。

7）滑车和滑车组：滑车是由滑轮做成，它可以省力，也可改变力的方向。滑车按滑轮的多少，分为单门、双门和多门。以连接件的结构形式不同，可分为吊钩型，链环型，吊环型，吊梁型四种。滑车组是由一定数量的定滑车和动滑车及绕在滑轮上的钢丝绳组成的。

滑车及滑车组主要用在桅杆式起重机上，用卷扬机通过滑车吊装重大构件。

8）倒链：又称手拉葫芦。可用来吊起较轻构件，如配合吊装时移动构件等；亦可用它拉紧桅杆的缆风绳，及运输中拉紧捆绑构件的绳索。其起重量一般常用的为 3t 及 5t。大的可达 10t、20t。现场使用往往要搭三脚架，在架中心悬下钢丝绳挂吊倒链，倒链的另一钩再吊重物。倒链形状可见图 8-5-12。

9）卷扬机：卷扬机是配合桅杆吊的起重机具。可分为快速和慢速两种。使用卷扬机一定要选好位置，在吊装过程中不能移动。因为它需要用地锚等锚固方法固定住，才能平衡起吊构件的重量。当然其拉力可以通过滑车组的辅助而减小，达到能拉吊起重物，使卷

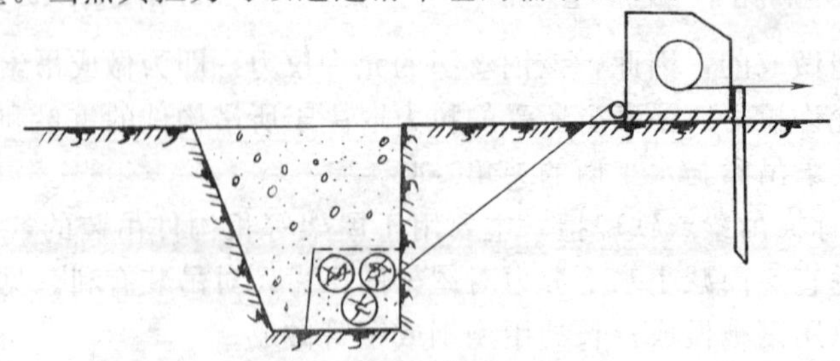

图 8-5-13 卷扬机的固定拉锚示意

扬机的能力能够胜任。卷扬机的一种固定方法可见图 8-5-13。

卷扬机的牵引力的大小与电动机的功率，机械效率，钢丝绳的行走速度有关。其公式如下：

$$F=1.02\frac{N_H \cdot \eta}{V} \tag{8-5-6}$$

式中 F——卷扬机牵引力（kN）；

N_H——卷扬机上电动机功率（kW）；

η——机械的效率（各种零件等汇总的效率）；

V——钢丝绳运行速度（m/s）。

根据经验各种零件的咬合、摩擦……机械的总效率 η 大约只有 0.6 左右。假如电动机功率为 25kW；钢丝绳每秒运行 0.5m，那么其牵引力为：

$$F=1.02\frac{25\times0.6}{0.5}=30.6\ (\text{kN})$$

当然要正式计算不能如此简单，应查有关资料和结合实际情况来进行。如计算出来的牵引力一次起吊重物不行，那么就要用滑车组协助解决，或改换卷扬机。

10）地锚：是拉住卷扬机、缆风等的一种固定物件的装置。简单的有木桩、铁棍桩打入土中，后拴住钢丝绳拖住物件。还有水平地锚，可用几根圆木、钢管、型钢用钢丝绳捆绑后，横放在挖开的坑中，一根钢丝绳引出地面，坑用土及石子回填夯实。需用水平方向的圆木多少，应根据固定物件需用多少拉力拉住而定。当需要很大拉力时，一般还应在水平方向圆木前，放置竖向圆木或钢管，以阻止圆木向前滑移，放置竖向圆木后可使土的接触面大，而加大横向抗拉能力。

（四）单层厂房柱子的吊装

1. 施工准备

（1）将基础的杯口清理干净，并根据抄平的标高把杯口底的找平层抹好（当厚度大于20mm 时要用细石混凝土，强度等级同基础），找出已弹在杯口边的柱轴线、边线作立柱的标准。

（2）在预制好的柱上弹出两小面的轴线，并标出轴线号。在一大面上弹出纵向轴线的位置，及上柱侧面的中心线通到柱根。并标出纵轴号。见图 8-5-14。

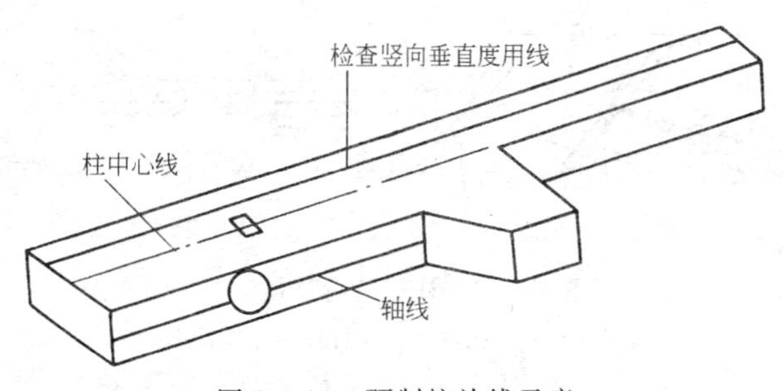

图 8-5-14 预制柱放线示意

（3）检查厂房的柱距与跨度，可用钢卷尺量已做好基础上弹出的轴线尺寸。如果误差太大要研究解决办法，不要到吊装吊车梁及屋架时才发现，那就问题大了。

（4）检查预制柱牛腿面到柱根的尺寸是否符合图纸，如有出入应结合杯底抹找平层来调整，目的是使柱子吊装校正固定后，牛腿面的标高达到一致。

（5）对预制柱翻身就好吊装之位，达到吊车能吊装入杯口。柱子翻身可利用正式吊装的机械进行，亦可用合适的汽车吊事先提前就位，清走底模，使场地清洁、干净。

（6）准备吊装的有关索具、工具，并准备观测的经纬仪两台。同时将柱间支撑铁构件准备好。

2. 柱子的吊装

（1）选定（或根据计算）起吊点，绑扎起吊索。自重小的中小型柱，大多绑扎一点；重型柱或配筋少而细长的柱，则需绑扎二点甚至三点。一点绑扎往往选在牛腿下部，如图8-5-15 所示。

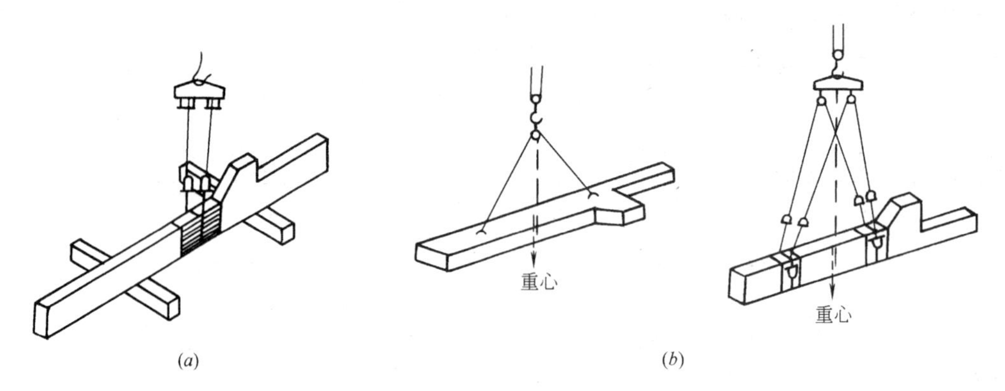

图 8-5-15　柱子的吊装

（*a*）直吊绑扎法；（*b*）两点绑扎法

（2）起吊。用单机吊装时一般采用旋转法或滑行法。旋转法即预制柱时或柱起模就位后，其柱根离杯口很近。吊机起吊时柱根不动，上部随起吊升起和向杯口上空旋转，到吊直后慢慢对准杯口落插入口。滑行法是柱子上端平行杯口，起吊后吊钩上升不动位置，而柱根下放托板滑行至杯口处，提直放入杯口。其形式可见图 8-5-16。

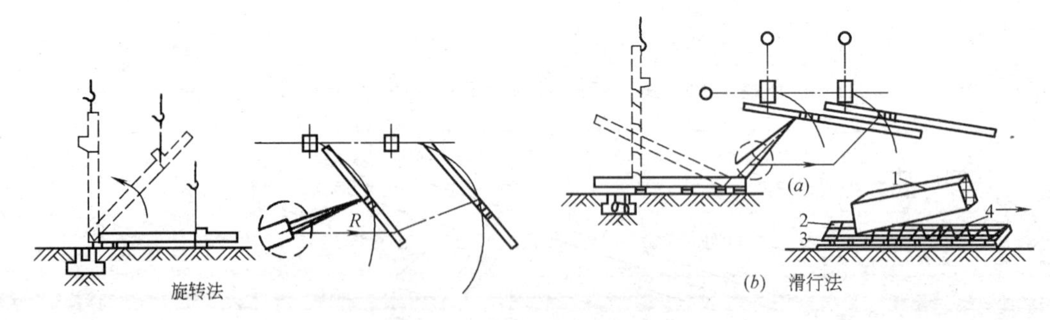

图 8-5-16　柱子的滑移吊装

1—柱子；2—托木；3—滚筒；4—滑行道

（3）就位和临时固定。起吊后放入杯口前，配合吊装就位人员应准备木楔或钢楔，待柱子插入杯口后，每面在柱与杯口边的间隙中插入楔子，一面二只。并观察和使用机器调整至柱基本垂直。然后用撬棍等将柱轴线与杯口上弹出的轴线对准，打紧楔子，打楔子时要两面对称用力，防止打后轴线又走动了。

（4）用经纬仪放置于柱子垂直方向的两个面，进行垂直度观测。以校正柱子的垂直度。观测时从柱根垂线对中照准后，纵转望远镜往上观测柱上部线是否在十字丝中，如不在则说明柱偏斜而需进行校正。

校正方法可用钢钎撬柱根，或打楔子，或在柱中部用钢管斜顶，总之使观测的线在经纬仪的十字丝上上下不变，那么柱子就垂直了，也达到了校正。

（5）校正完毕无误，即在杯口空隙内浇灌准备好的细石混凝土，作为正式固定。浇筑前应先作杯口湿润，先浇灌一些高强度水泥浆或水泥砂浆，以填补柱底与找平层间的缝隙。再浇灌细石混凝土。第一次浇到楔子底面，待混凝土强度到达设计强度30%时，可以拔出楔子再第二次浇灌，直浇筑至杯口上平。第一次浇灌时用人工钢钎捣固，但千万不要敲碰楔子。

（五）吊车梁的吊装

1. 施工准备

（1）吊车梁端头弹出梁的中心线。

（2）同时或在弹柱子线时，在柱牛腿上弹出吊车梁中心线应在位置线。

（3）准备垫铁、电焊机、连接铁板等。

（4）准备吊索等工具。

2. 吊装

吊车梁的吊装必须在基础杯口第二次浇灌的混凝土强度达到设计强度的70%以上才能进行。

吊车梁面有的有预埋的吊环，吊装时只要吊索相等挂上小吊钩起吊即可；如无预埋吊环则要捆绑钢丝绳索用卡环卡牢，再用等长索小吊钩起吊。主要起吊后要使吊车梁保持水平，以便于安装。吊装中为使构件运行中减少晃动，一般要溜绳控制。

吊到牛腿上面后，两端人员扶住吊车梁使其缓缓下落，争取一次对好纵轴线就位，稍有偏移在没有脱钩时用撬棍顶住落实。当落实到位后，才可脱钩，如有不平可用垫铁塞下敲进去垫平。临时用麻绳兜牢与柱拉住，防止倾倒。并根据牛腿面上轴线，用线锤检查吊车梁位置和垂直度，无误后可将吊车梁根部用电焊点牢，上部端头与柱上预埋铁电焊点牢。点牢而不全部焊死是要等纵向吊装若干跨后，两面柱及吊车梁已吊装完毕后，用尺量跨度中两吊车梁的中心线距离，即以后桥式吊车的轨距，经检测符合后，则可将该部分吊车梁全部焊死。这项工作与吊车梁吊装流水进行。

（六）屋架及天窗架吊装

屋架与天窗架的吊装与屋面板吊装都是同时进行的，当屋架、天窗架安装位置准确后，垂直度符合要求，在临时固定拿走前，就将屋面板吊上去与屋架预埋铁件焊牢，形成牢固的空间支撑，临时固定杆件即可取走。现将它们吊装中不同要求分述如下：

1. 屋架吊装的施工准备

（1）在屋架上弦顶面，弹出屋架中心线。

（2）在屋架端头弹出与柱顶支座线相符的支座线，见图8-5-17。并在端头前弹出轴线和标上轴线号。

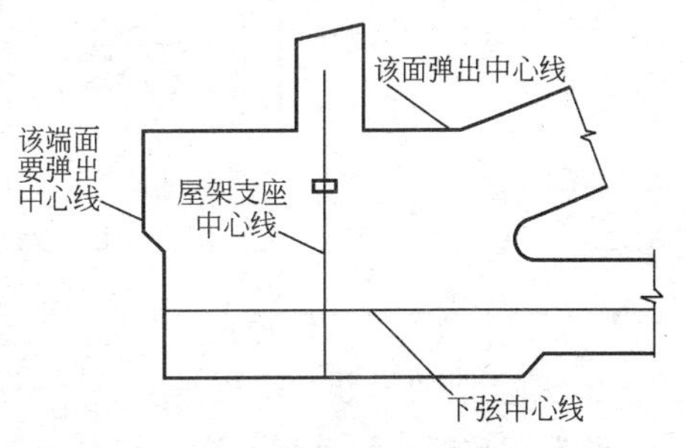

图8-5-17 屋架弹线

(3) 在上弦按屋面板的宽度弹出与中心线垂直的短线，以便安装屋面板和天窗架。

(4) 在天窗架端头侧面弹出中心线，以便在屋架上安装时与屋架上弦中心线吻合。在天窗架上面与屋架一样，也要弹出中心线以便安装屋面板。

(5) 同吊装吊车梁一样要准备垫铁、电焊机、吊索、临时固定屋架的拉杆、溜绳等。

(6) 准备好屋架间的钢支撑，以结合进行吊装安装。

2. 屋架翻身和垂直就位准备吊装

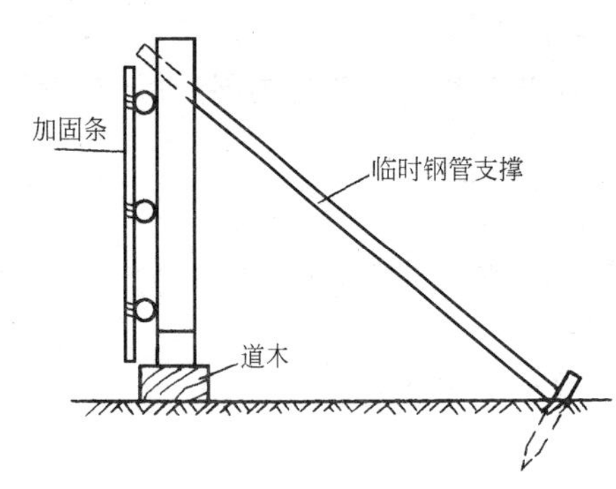

图 8-5-18 屋架加固及临时存放示意

屋架在工地制作时是平卧式的，吊装前必须将它翻起立直，并放在适合吊装的位置，在其两端支座处还要用道木垫起架空，准备吊装。就位时要根据屋架所在轴线位置，顺序放置。并在其几个主要上弦节点处绑上支撑钢管，防止倾倒。形状如图 8-5-18 所示。

在翻身起立时，当屋架跨度在 18m 及 18m 以上时，要求在屋架腹杆及弦杆上绑扎水平及竖向钢管，以增加屋架的刚度。到吊装至柱顶安装完毕后才可拆下。

3. 屋架的吊装

屋架吊装时，先起吊离地 50cm 左右，并使屋架中心对准跨中位置，然后略斜的方向徐徐起钩升高，到超过柱顶 30cm 时，用溜绳慢慢拉正，使与轴线平行，吊装人员扶住屋架端头指挥屋架缓缓下落，一次对中落好。这时将临时固定拉杆拉住屋架，进行撬正到位和用线锤吊挂检查垂直度，无误后即吊上屋面板两块，一端一块，并随即焊于屋架上。如该开间有屋架支撑则吊上支撑安装牢固，再吊屋面板焊牢。

屋架正式固定好位置后，在支座处将屋架端头铁板与柱顶铁板焊牢；有螺栓的把螺母拧牢并点上电焊防止松扣。

屋架的临时固定，垂直校正见图 8-5-19。

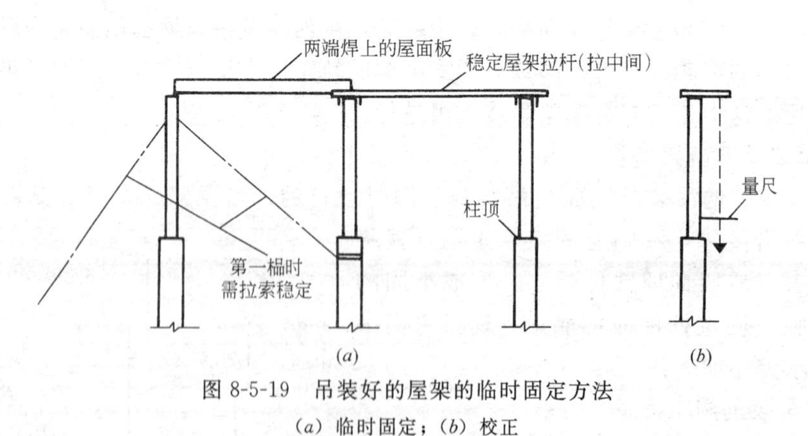

图 8-5-19 吊装好的屋架的临时固定方法

(a) 临时固定；(b) 校正

4. 天窗架的吊装

基本上和屋架的过程一样。只是天窗架重量轻，跨度小 (6m)，采用两点绑扎起吊安装。安装后亦要临时固定，校正垂直度，再在其上用屋面板固定焊牢，最后把天窗架支座处焊牢。

（七）屋面板及其他构件吊装

1. 准备工作

（1）现场屋面板堆放场地的平整、夯实，并有坡度可排水。

（2）屋面板堆放要有垫木，第一块下面应用道木，其上用5cm×10cm方子，垫木离板端不超过20cm，垫木在一堆板上应上下一条线。每一堆板的块数不宜超过6块。

（3）对进场的板要进行材质检查和验收。尤其注意主肋有无损伤和裂缝。底板及肋处有无露筋和孔洞。不合要求的板应剔除退货，暂时拿不走的要用红漆做记号不吊。

（4）吊装前要准备汽车和汽车吊进行场内二次倒运。

2. 屋面板吊装

屋面板一般都有预埋的吊环，用吊索钩住吊环即可起吊。如无吊环，应用兜索绑扎后卡环起吊。

吊装屋面板要呈水平，吊索与板面的角度应大于60°。

吊装中应对称屋架中心两面向中心吊装。吊装中就位尽量少用撬棍，尤其天窗架上，用力过大对天窗架推力太大会发生倾斜或裂缝。

吊装中板缝应均匀，落点要看屋架上的线，每块板要用垫铁垫平，并有三点焊牢。焊缝的长度、厚度等质量要求应符合图纸和施工规范。

3. 其他构件的吊装安装

（1）柱间支撑、屋架支撑等的安装：这些支撑都用型钢加工焊接或螺栓连接的。在工地上应先将原件拼装好，运至吊装部位边。起吊安装时要绑扎牢固，禁止用吊钩挂牢构件一角吊至柱间或屋架间。用电焊连接的，应先将柱及屋架上的预埋件清理干净；用螺栓连接的，要检查孔径和有无留孔。如要开孔一定要用电钻，禁用气割及电焊扩孔。要使支撑能准确安装就位，构件的吊装必须就位准确。

安装就位中，只有在电焊点牢后或螺栓拧紧后，才可松钩脱开。

（2）连系梁、墙梁的安装：连系梁、墙梁安装与吊车梁同时进行，墙梁支座于反向牛腿上，以承担围护墙的重量。要求两端支座在同一水平面上，即要垫平。梁身要垂直，支座处要与牛腿面预埋铁焊牢。连梁是起纵向结构稳定、联系的作用，支座于两柱侧面之间，柱上有预埋角铁支座，放置连系梁并电焊牢固。

吊装这些梁时，应注意要落实并电焊点牢后，才能脱钩。

（3）天窗侧板的安装：天窗侧板为天窗架两端下部的挡板，其上为天窗扇，其下为屋面板，靠电焊架立于天窗架上。吊装时，要求随吊随校正，随电焊。为了加快速度也可以用木撑把板撑牢，以后用电焊焊牢。不管何种方法，只有把侧板固定牢靠后才能松绳脱钩。

（4）天沟板的安装：屋面板的外侧如无女儿墙的厂房，一般要安装天沟板，以便屋面排水。吊装时要拉线观测，使在一条直线上。并要沟底在同一水平面上，所以必须校正垫平。如天沟板重心偏向墙面外侧，则在安装时要把拉结铁板和支座焊牢后，才可松绳脱钩。

四、结构吊装的质量和安全要求

（一）质量上应注意的要点

1. 所有的预制构件质量应有保证

（1）构件尺寸必须准确。这主要是预制时模板尺寸及浇灌时减少变形，从而得到保证。

（2）构件强度必须符合设计要求。其中混凝土要检查水泥为主的原材料质量；再是计量和配比准确。钢筋部分是做好隐蔽检查和钢筋质量的复检。预埋铁件的位置要准确，铁脚焊接符合要求，安放牢固。

（3）预应力张拉构件控制应力要符合设计，灌浆要及时，有关钢筋、钢绞线、锚具等要有质量保证。张拉时的混凝土强度要达到设计提出的要求。

（4）所有构件的混凝土试块应有资料作为旁证依据。原材料质量保证书、复验书亦应齐全。

2. 构件吊装中应注意的质量要求

（1）构件吊装时，其混凝土强度应达到设计许可的要求；或施工规范规定的要求（不低于设计强度的70%）。构件无危害性裂缝。

（2）充分做好施工准备，如构件上的中心线、标高线、支承位置线都应正确标注，并应经施工人员复检符合。

（3）抓住柱子吊装的位置及垂直度的质量控制。经纬仪本身必须无误差，观测要认真，校正要负责。

（4）吊点位置要选准，吊索与构件水平面成不小于45°的角。必要时对构件要进行吊点验算。有的应做加固措施。

（5）构件安装中及就位后，应具备临时固定的措施和工具。保证构件临时稳定，防止倾倒砸坏构件自身和其他构件，影响整个质量。

（6）安装的构件，必须经过校正达到符合要求后，才可正式焊接和浇灌接头的混凝土。

（7）构件中的浇灌的接头、接缝，凡承受内力的，其混凝土强度等级应等于或大于构件的强度等级。

（8）柱子吊装及基础灌缝强度达到设计要求时，才允许吊装上部构件。这点也必须控制好，而不要因抢工期而失控。所以采取全部柱子吊装就位后，再进行开间的节间吊装的流水方法，可以保证达到目的。

3. 构件安装中的允许偏差

（1）构件尺寸的允许偏差见表8-5-3。

构件尺寸的允许偏差 **表8-5-3**

项目			允许偏差(mm)
截面尺寸	长度	板、梁	+10 −5
		柱	+5 −10
		墙板	±5
		薄腹梁、桁架	+15 −10
	宽度、高度	板、梁、柱、墙板、薄腹梁、桁架	±5
肋宽、厚度			+4 −2
侧向弯曲	板、梁、柱		l/750且≤20
	墙板、薄腹梁、桁架		l/1000且≤20

续表

项目		允许偏差(mm)
预埋件	中心线位置	10
	螺栓位置	5
	螺栓明露长度	+10 −5
预留孔	中心线位置	5
预留洞	中心线位置	15
保护层厚度	板	+5 −3
	梁、柱、墙板、薄腹梁、桁架	+10 −5
对角线差	板、墙板	10
表面平整	板、梁、柱、墙板	5
预应力构件孔道预留位置	梁、墙板、薄腹梁、桁架	3

注：1. 受力钢筋保护层厚度的偏差仅在必要时进行检查。
2. 表中 l 为构件长度（mm）。

（2）构件安装时的允许偏差见表 8-5-4。

构件安装的允许偏差 **表 8-5-4**

项目			允许偏差(mm)
杯型基础	中心线对轴线位置		10
	杯底安装标高		0 −10
柱	中心线对定位轴线的位置		5
	上下柱接口中心线位置		3
	垂直度	柱高 ≤5m	5
		柱高＞5m,＜10m	10
		柱高≥10m	1/1000 柱高且≤20
柱	牛腿上表面和柱顶标高	≤5m	0 −5
		＞5m	0 −8
梁或吊车梁	中心线对定位轴线的位置		5
	梁上表面标高		0 −5
屋架	下弦中心线对定位轴线的位置		5
	垂直度	桁架、拱型屋架	1/250 屋架高度
		薄腹梁	5
天窗架	构件中心线对定位轴线的位置		5
	垂直度		1/300·天窗架高度
托架梁	底座中心线对定位轴线的位置		5
	垂直度		10
板	相邻两板下表面平整	抹灰	5
		不抹灰	3

4. 构件安装中质量通病的防治

（1）柱子安装的质量通病有：柱子实际轴线偏离标准轴线；垂直偏差超过允许值；牛腿标高不一致。

（2）柱子施工质量通病的防治办法：吊装时一定要对中后徐徐下落用木楔卡住卡紧，校正的仪器观测要认真，校正要负责；同时对杯口原有的放线要先于吊装进行检验；杯口浇入的第一次混凝土，在未达到10MPa以前，禁止拆掉楔子；上部的吊装必须待杯口内混凝土达到设计强度70%以上后进行。对柱子吊装前要量柱根到牛腿面的尺寸，凡过长者应先处理后吊装，保证牛腿面标高一致。电焊要对称等速进行，并观测垂直度是否有影响。

（3）梁安装的质量通病有：吊车梁跨距不等；吊车梁标高偏差或扭曲，吊车梁一列不直呈折线形；吊车梁垂直偏差超过允许值。

（4）对梁安装通病的防治办法是：柱子吊装一定要符合要求，才能保证吊车梁跨距准确。在已吊好的柱发生该情况应事先上去量出跨距，调整相邻梁的支座尺寸，满足支承面积要求。吊车梁的标高取决于牛腿面的标高，因此防止的方法是吊装柱前应检查尺寸，保证标高一致。局部与相邻的不一致可采用增减垫铁办法取平。吊车梁的垂直偏差应在吊装就位后，电焊前检查校正，可用与柱联结板电焊辅助校直。吊车梁一列不直，最好在吊装前在柱子牛腿面上部柱侧拉一根通长钢丝，吊装时以钢丝为准，使梁中心线与钢丝等距离，这样吊装后呈折线形的情况可以避免。

（5）屋架安装时的质量通病有：屋架的垂直偏差超过允许值；屋架扶直时出现裂缝；天窗架安装后支座点纵向不在一条直线上。

（6）对屋架吊装质量通病的防治：屋架扶直时，跨度等于大于18m的，一定要有加固措施，起升时一定要缓缓进行减少冲击惯性力；吊装就位后焊接前，一定要检验垂直度，吊挂线锤检查要认真；天窗架安装的准备工作中支座线的位置，一定要在屋架上弦上弹出，弹时要认真，必要时应复核。防止支座点不在一直线，而造成安装天窗侧板的困难。

（7）大型屋面板安装中易出现的质量通病有：屋面板两端支承长度不等；板肋裂缝，尤其吊环处受损较多；板安装后不平等。

（8）屋面板安装通病的防治方法是：吊装下落时，一定要认准屋架（或天窗架）上弦中心线，并不要压线，发现压线或一二块突出或缩进，应在电焊前用撬棍拔动达到要求。肋上裂缝应在吊装前仔细检查，凡有危害性的，应剔开不用，不影响的小裂缝应放在边沿部分，并与相邻板用钢筋把吊环连接在一起。板不平的应用铁片垫平，电焊前应上去踩一踩是否平整不动。

（二）安全上的保证措施

1. 操作人员应遵守的规则

（1）从事安装操作的人员，必须经过体格检查和专业培训。心脏病、高血压、癫痫病者不能登高作业，严禁酒后作业。凡参加吊装作业的人员必须经专业理论及实践操作的培训，上高作业应逐步升级提高适应能力。

（2）操作人员进入施工现场，必须戴安全帽，系安全带；使用的工具等要带工具包装好，上高作业戴手套，穿防滑鞋。

（3）结构吊装时，要听从统一号令，有人统一指挥，所有作业人员，均应熟悉各种信号，如哨音、色旗、手势的含义。

（4）电焊工作业时均应戴好安全帽，上高作业时要系好安全带，戴头套式防护面罩，要穿绝缘防滑胶鞋和戴绝缘皮手套。

（5）其他人员如搬运、拼装等工人应戴好安全帽，远离直接吊装范围。

（6）吊车司机禁止酒后开机，要听从指挥人员指挥，吊起构件时精神要集中，操作要平稳。

2. 起重机具的要求

（1）机械进场前应经全面检查，无机械故障，无机况不良，才可进场作业。

（2）吊装所用的钢丝绳、索具等均应事先认真检查，无磨损、无断丝、无腐蚀才可使用，当腐蚀磨损达钢丝直径10%的不准使用，当断丝数目超过规定量后应予报废。

（3）吊钩和卡环如有永久性变形或裂纹时，不能使用。

（4）开机吊装前应先试运转，机械无问题后才可进行作业；吊装进行一段时间后要检查一次机况和加润滑油等。

（5）履带式起重机操作中如必须负荷行走时，重物应在机械的正前方，构件离地不超过50cm，并用溜绳牵住缓慢行进。当起重机械已负荷近满载时，严禁同时进行两个动作（如起升和转臂）的操作。

（6）起重工作时，要认真注意勿碰触架空电线。起重臂、钢丝绳、构件等均应与架空线保持一定的安全距离。

（7）起吊构件时，升降吊钩要平稳，避免紧急刹车和冲击。

（8）起重机停止工作时，起动装置要关闭上锁。吊钩必须升高，不得悬挂重物和防止摆动伤人。

3. 对吊装作业环境的要求

（1）吊装作业区周围应有明显标志；吊装范围要用栏杆临时围护，禁止非操作人员及施工人员入内。

（2）在吊装吊车梁、屋架时，应在柱子上绑搭临时作业平台，保证操作人员的安全。操作台应配备悬挂式或轻便式爬梯，供人上下。

（3）屋架上应绑竖向栏杆，间距2m，栏杆之间用粗麻绳联系，供吊装人员在屋架上弦行走的依扶。如图8-5-20，可结合屋架加固时一起考虑。

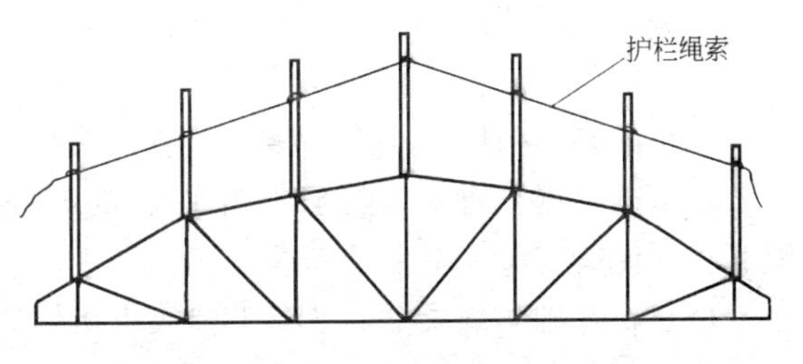

图8-5-20　钢管绑在腹杆上作护栏

（4）现场应有作业棚，可做成工具式的箱体，以存放工具、零件等；暑天时可以挡阳和略作休息的地点。

（5）现场电焊机要有统一电闸管理，焊机上要做帽式防雨罩，外拖电线要防压，发现破损应立即修理。

（6）遇有六级以上大风和大雨时，应停止作业。雷雨季节，起重设备伸臂高于15m以上时，要装置避雷设施。

五、单层工业厂房围护墙施工

单层工业厂房的围护墙体，同框架结构的围护墙体，本质上是相同的。框架结构的首层围护墙，放在基础梁或条形基础上外，其他各层均砌筑在框架边梁上。而单层工业厂房，如檐口高度在10m以内，则围护墙放在基础上或地梁上，竖向间除需加抗震圈梁外，一直砌至檐口下为止。如果檐口高度超过10m，那么在竖向高度中，除了圈梁，还有分担墙体重量的墙梁。墙梁的跨度即柱距大小，梁身的宽度一般按砌体材料设计，梁身的高度和配筋，则由其上墙体的荷载大小经计算决定的。墙梁支承在柱子的外向小牛腿上，梁可以在设计时考虑做预制构件，在结构安装时一起吊装与牛腿电焊联结。

此外，单层工业厂房墙上的门、窗口均较框架结构大，尤其厂房的大门往往要做一个钢筋混凝土的框。而当墙体为非实心烧结黏土砖时，窗口的边框也要做成钢筋混凝土框与圈梁、柱身联结起来，以保证窗身的稳固。

由于以上这些特点，单层工业厂房的围护墙体砌筑，要比框架结构的工序多一些。再加上单层厂房的一个山头，往往都有与车间生产相配套的附房。其内做办公室、工具间、卫生间、仓库等，其结构都为砖混形式。因此砌厂房围护墙体时，可以结合车间附房一起施工。

（一）施工准备

1. 技术准备

施工前必须先详细阅看施工图，了解墙体中心线与厂房轴线的关系，墙体材料是什么，块材的尺寸，采用什么砂浆，墙体的高度，厂房有无女儿墙，墙梁、围梁的标高位置等。再有是门、窗的位置和尺寸、标高。一般门的高度在3m左右，宽度大于2m，大的厂房门有6m高、6m宽的。窗的位置一般从+1.00m起到吊车梁底下部位为下层窗，从吊车梁面以上到柱顶平面以下止为上层窗，宽度可达3～4m。通过对图纸的熟悉，才可做好材料准备和施工操作准备。

2. 材料准备

主要是砌体材料、砂浆材料以及结合于工序中的圈梁、门或窗边框的模板、钢筋和混凝土材料。这些材料的进场应根据现场施工总平面图布置的地块进行堆放和验收。

3. 施工操作前准备

施工操作前准备工作内容较多，可分为：

（1）吊装结构后，应将基槽边回填土填好，厂房内外进行场地的基本平整，如有墙体的条形基础，则要将基础砌至防潮层。如采用地梁的，则梁的端头缝应灌注C20的细石混凝土，使梁与梁连上便于砌筑。

（2）在基础防潮层上或地梁上弹放出墙体的中心线和边线及门、窗口平面位置。在柱子上抄出厂房标高依据的水平线（如+0.5m线等）。并进行检查各基础顶面或地梁顶面是否标高一致，如不一致，应在砌体的第一层下用细石混凝土找平到一致。

（3）在柱子外侧，按标高线从基顶面画皮数杆，内容应标出窗台位置、窗口高度、圈梁位置、墙加筋等。画此线可随脚手架升高配合进行。画时可在柱列中间隔进行不必每柱都画。

（4）配合施工绑搭架子，由于厂房高度较高，应采用双排脚手架，便于堆放砌筑材料和砂浆。由于不具备多层框架结构的层空间，因此脚手架必须配备上人马道或上人梯，便于施工操作人员的上下安全。脚手架必须与吊装好的结构柱拉撑联结。

（5）运输砌体材料、拌制砂浆、运输砂浆，以及有关工具准备。如为砖体材料，在常温时还应浇水湿润。

（二）砌筑施工

(1) 清扫出基础面或地梁面上所弹出的砌体位置线；并检查有无差错。

(2) 检查所画的皮数杆与所砌的块体是否符合，与主结构联系的墙拉结筋是否在柱上预留齐全；如不齐，应采取措施加齐（如打入锚筋再电焊出长的墙加筋）。

(3) 砌筑前应根据所用的砌体块材进行排砖，使墙体的咬槎结合比较合理。

(4) 砌筑时可两人一档，砌一个柱间开间，根据排砖拉线砌筑。如相邻开间无人砌，应留斜槎；若有人砌，应互相搭接符合排砖要求。

(5) 砌筑时，要对照皮数杆控制水平灰缝的厚度。

(6) 砌筑中应将柱上预埋的墙拉结筋理直后砌入墙内。如图 8-5-21 所示。间距竖向为 500mm。

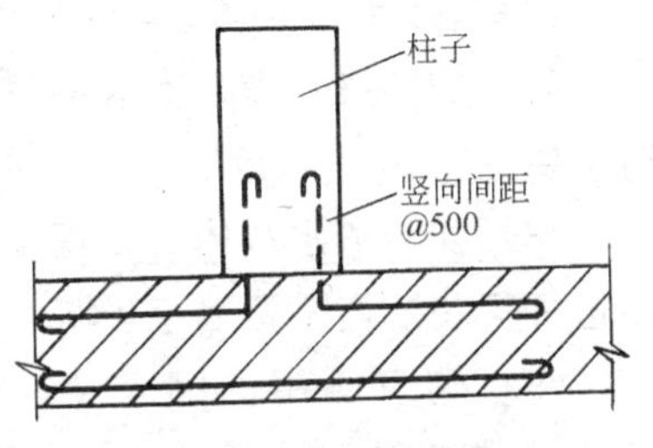

图 8-5-21　围护墙与柱的联结

(7) 砌至窗台高度，应分窗口，预留安装大窗的洞口。施工高度暂告一段落，待升架子后再砌。其他处尚未砌至窗台高的，应组织砌平。

(8) 在搭升脚手架后，即分窗口两侧进行砌筑，一般砌至圈梁底标高暂停，待施工圈梁结束后，再往上砌筑。圈梁的钢筋在柱子处，也由柱伸出预埋钢筋联结，需进行电焊，以保证整体性。圈梁一般设在窗口顶部，圈梁施工完毕，再砌筑至墙梁底部，则下部围护告一段落，上部围护则由墙梁上再砌一定高度，再分上层窗口的线，砌窗间墙至柱顶处圈梁下，再施工圈梁，最后砌筑到女儿墙顶或挑檐天沟底，结束砌筑施工。

(9) 山墙的砌筑，如该端有附房建筑的，按砖混结构砌筑施工进行；若为厂房山墙的，应与山墙挡风柱相联结。一般山墙中部有大门构造，砌时应留出门口加门框小立柱的尺寸，墙与门框处，由墙先伸出 20～30cm 预留钢筋，竖向间距为 50cm，作为与门框小柱联结成整体的构造。山墙前后檐砌至檐口高度后，其中间部位应根据屋架形状砌成山尖或多边折线形。施工时，应在高度变化处设立木皮数杆，使砌筑人员有依据进行工作。山墙与挡风柱的联结，也是在预制挡风柱与山墙相贴的一面，预留与墙体的联结钢筋，砌筑时砌入墙体。

(10) 砌筑中最主要的是厂房的大角，该处从底到顶应由技术等级高的工人把角。并应立专门的皮数杆，因画在柱上离得远不易检查，大角的垂直度不超过 $l/1000$ 且小于 20mm。因此边砌要边检查、勤检查。

(三) 砌筑围护墙体应注意要点

由于砌筑施工是在吊装好的骨架外进行，吊装的质量好坏，如柱的垂直度，方位正否都给砌筑带来影响。因此在砌筑时要综合考虑，使围护与主体和谐地结合起来。

(1) 先要全面检查各柱的垂直度，如垂直偏差都在规范之内，则对砌筑将影响不大。如垂直偏差较大且大于 20cm，则砌筑时对该柱处的墙身要上下借一借，保证砌体垂直，又不显出柱身的垂直度偏差过大。

(2) 围护墙体自身必须按操作规范保持垂直度，砌时要拉通线，每砌一步架要用托线板全面检查一下垂直和平整。

(3) 圈梁的支模、浇筑混凝土都不应突出墙面，梁身要垂直，使上下墙体能贯通，对以后做外抹灰或贴面装饰都有利。

(4) 墙梁安装时，偏差大的话，最好纠正重焊；如偏差不超过 10mm 的，即使对下面墙体有凸出或凹进现象，则到抹灰时进行弥补。梁上部墙体应以下部墙体为准延续垂直度往上砌筑。

(5) 拉结钢筋如在柱身上有个别遗漏或折断，可以用 $\phi6$ 的膨胀螺栓钉入柱内后，露出的头进行电焊 $\phi6$ 钢筋，恢复墙体拉结筋的构造和作用。

(6) 墙体砌至墙梁、连梁、檐口板之下，要用砖斜砌法挤紧。保证墙体与梁的牢固粘结。

(7) 如圈梁在窗口上兼做过梁的，应在其中增加配筋，达到符合图纸要求，隐蔽检查时不要忽略。

(8) 如为清水墙体，则墙梁、连梁的安装与砌筑结合进行。即用为砌筑吊装材料的塔吊进行安装，使梁下墙上坐灰，而不用斜砌法使墙面外观不统一。勾缝与砖混结构相同。

(9) 砌筑所用的脚手架，要有护栏；每平方米的堆载同砖混结构一样不要超过270kg。施工中不准攀登架子上下，应从搭设的梯子或马道上下。

(10) 每天砌筑高度以一步架约 1.5m 左右为宜。因为厂房无层次的间隔，这样对保证墙身稳定和施工安全都是有利的。

(11) 大风大雨之后，应对脚手架进行全面检查，发现问题应及时加固解决。脚手架应搭至高出屋面 1m 以上，到屋面施工完毕后才能拆除。

(12) 厂房的外墙上屋面的消防梯，砌筑时应结合安装好，或砌入墙身。这是施工时不应忘记的。

(13) 屋面上如有女儿墙的，砌筑时应在内侧墙身一定高度处，留出凹槽，以备防水卷材伸入其内，为防水施工创造条件。

复习思考题

1. 装配式结构的单层工业厂房施工工艺过程是怎样的？
2. 单层工业厂房的构件制作应注意哪些要求？
3. 结构吊装需用些什么机具？
4. 各种构件如何进行吊装？应注意哪些要求？
5. 结构吊装的质量要求和安全生产应注意什么？

第六节 高层建筑结构施工

一、高层建筑的施工测量

前面第五章已介绍了建筑施工的测量放线方法和多层建筑轴线的竖向传递，在这里对高层建筑主要介绍竖向传递和垂直度的控制。平面放线的原则基本上是一样的，所不同的是有些高层建筑为八角形、椭圆形、蝴蝶形、菱形等等，平面放线增加角度的测量和非正南正北的轴线，只要把握好是可以完成测量放线的。

而当高层建筑的地下部分（地下室等）完工后，随着结构施工的升高，要将下面定位的轴线向上逐层传递，作为各层放线和竖向垂直度控制的依据。其中房屋外轮廓的轴线、电梯井的轴线和垂直度尤为重要。

随着高层建筑的越建越高，因此施工中对竖向垂直偏差的控制要求也就越高，轴线的竖向投测的精度和方法必须相适应，从而保证工程质量。

(一) 规范对精度的要求

为了保证工程垂直度的质量，我国在不同的规范对不同结构类型、不同高度的高层建筑施工的竖向垂直度偏差的精度要求，作出了不同的规定。

(1)《高层建筑混凝土结构技术规程》(JGJ 3—2001) 中，规定测量竖向垂直度时，每隔 3～5 条轴线选取一条竖向控制线。各层均应由初始控制线向上投测。

层间垂直度测量偏差不应超过 3mm；建筑全高垂直度测量偏差不应超过 $3H/10000$ (H 为建筑物总高度)，且不应大于：

$30\text{m}<H\leqslant60\text{m}$ 时，10mm；

$60\text{m}<H\leqslant90\text{m}$ 时，15mm；

$90\text{m}<H$ 时，20mm。

在规程中又规定了各种结构施工允许的垂直偏差：

1) 现浇框架，框架—剪力墙的垂直度允许偏差为：层间：层高<5m　为 8mm；
层高>5m　为 10mm；
全高：为 $H/1000$ 及≯30mm。

2) 装配式框架、框架—剪力墙结构允许偏差为：层间：层高<5m　为 5mm；
层高>5m　为 10mm；
全高：为 $H/1000$ 且不大于 20mm。

3) 大模板混凝土墙体施工允许垂直度偏差为：层间：5mm；
全高：$H/1000$；且不大于 30mm。

4) 滑升模板施工的墙体、筒体结构垂直度的允许偏差为：层间：5mm；
全高：$H/1000$ 且不大于 50mm。

(2) 在《钢筋混凝土升板结构技术规范》(GBJ 130—90) 中，规定施工中允许的垂直度偏差为：柱层间：<5mm；

全　高：$H/1000$，且不大于 20mm。

墙层间：6mm；

全　高：$H/1000$，且不大于 30mm。

(3) 在《混凝土结构工程施工质量验收规范》(GB 50204—2002) 中的规定，整体式钢筋混凝土结构施工的各层竖向允许偏差为±8mm；全高累计为 $H/1000$，且不大于 30mm。装配式结构安装施工的各层柱高当小于等于 5m 时，允许偏差为 5mm；安装的柱高大于等于 10m 的多节柱时，竖向允许偏差为 $H/1000$ 且不大于 20mm。

(4) 在《钢结构工程施工质量验收规范》(GB 50205—2001) 中，对多节柱安装也规定了竖向允许偏差为：底层柱：±10mm；顶层柱：±35mm。

从以上这些规范规定中层高的允许施工偏差为 5mm；全高允许偏差最低要求为 50mm，最高要求为 20mm。再有规定了测量偏差，高度即使>90m 也限制允许为 20mm 的测量允许偏差。因此两者合在一起，我们也必须把建筑物的竖向垂直度的偏差控制在 20mm 以内才行。

(二) 经纬仪投点测量法

这种方法称为外控法，是在施工场地比较宽旷时，把经纬仪设置在高层建筑的轴线延长线上的控制观测桩上，进行远距离观测。

其方法是在地下工程结束后，把房屋外框的几条主轴线，用经纬仪将其测到离建筑物全高的1.2倍长的距离处，定出控制桩。可在建筑的相互垂直的两个方向设置。对控制桩要用混凝土围护保存好。桩顶上要有十字线和中心点，用小钉钉上。控制桩直到高层建筑结构施工完毕才不发生效用，因此要注意保护。

每次的投递点必须在基础露出地面部分做好标记。向外引伸延长线，并做控制桩，定好桩位中心点。对这项测量工作必须复核多次（用正、倒镜等）无误后，才可确定桩位中心。否则底下失之毫厘，到高屋顶上将失至千厘，就是大事故了！

设置观测控制桩和投点观测要做到：

（1）先将经纬仪架在龙门板轴线标记上，经整平、对中，观测基础上轴线标记，转镜将其移到地面上，并在地面上做出标记并标志清晰。在平行的两条轴线标记间量取尺寸，检查是否符合图纸，如有误差应研究调整，防止往上传递后由于观测误差使房屋变成上大下小，或上小下大的情况出现。

当标记无误后，用经纬仪转180°，向前方离建筑1.2～1.5H远的距离，任取一点打入控制桩，并在桩顶做记号，再用倒镜、反180°等方法检验，确认该点即为轴线延长线上的点，则认为控制桩成立。

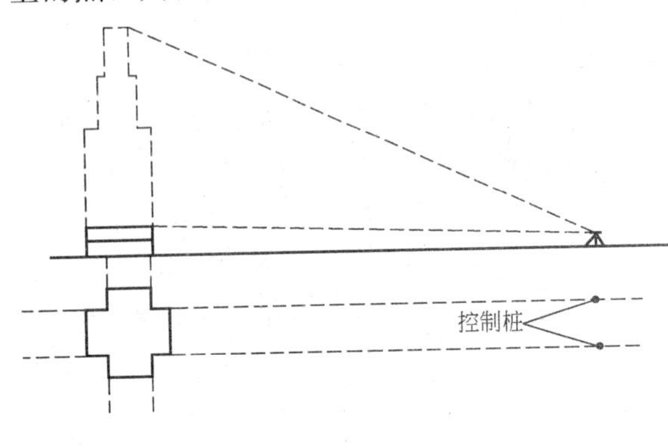

图8-6-1　用经纬仪传递观测

（2）当结构施工到二层楼面时，测量人员就应将经纬仪置于各轴线的控制桩上，向上投测。见图8-6-1。在桩点上先对中、整平，前视基础上的标记，转动望远镜照准楼面上侧面处用铅笔划记号，并用倒镜检查，无误后即为该轴线由首层传到了二层。各有关控制轴线传递上去后，再检查楼面轴线间尺寸，如有矛盾应再复检，无误后即可进行楼面放线和施工。在层次较低时，还可以在建筑物上挂线锤等进行校核。如三、四层均无误，且误差极小，那么说明控制桩也就没有什么问题，对以后的往高层传递，也就可以放心了。

（3）在高层建筑中作传递用的经纬仪应是精度较高的；并固定作为该项工作应用，不能兼作它用或乱用，造成误差将危害不少。

（4）在每次操作中对对中、调平的操作都应认真细致，严格要求，以达到精确无误为好。

（5）在向高一层次投递时，每次回镜应向下观测各传递点是否在一条竖向垂直线上。凡发现异常，或有些点不在竖直线上，应立即查找原因，比如仪器有无损坏，桩是否被动，对中、调平有无问题，找出原因立即纠正，防止传递失误引起高层施工偏差超规范。

（6）结合结构施工的上升，荷载增加，应配合水准观测其沉降，如发现沉降不均匀，应立即报告有关部门，否则继续作竖向传递，将会发生很大的差错。

（7）传递观测要选择无大风及日光不强烈的时间，避免因自然条件差而给观测带来困难。防止投测精度下降，而影响工程质量。

（三）挂吊线锤竖向传递法

采用重及大的线锤（可以特制）进行定点挂吊进行逐层传递的测量方法，也是一种传统使用的施工测量方法。尤其在施工外围受限制，经纬仪投测法无法施展时，又不具备激光经纬仪等情况下，本办法是很适宜的方法。它设备简单、费用省、操作容易，只要挂在室内边角处不受风雨影响，其精度是可以达到的。上海123m的花园饭店就是采用此方法进行竖向传递的，最后垂直度偏差亦未超过规范规定。

其过程是：

1. 在首层地面确定竖向传递控制点的位置

目前国内的高层建筑大多是钢筋混凝土结构。因此，在基础施工完后，经施工测量将底层的轴线位置放好线，经过校核无误后，可根据建筑平面的大小确定设立多少个竖向传递点。挂吊的传递点应设在室内，一般离墙50～80cm，位于纵横轴线相交的内侧，可见图8-6-2，传递点要做桩点并保护好。

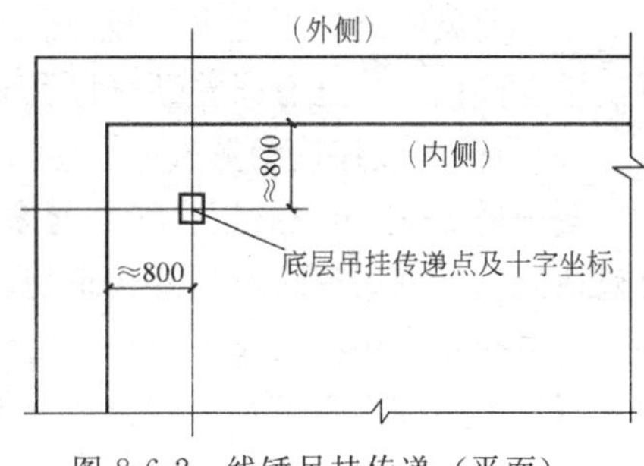

图8-6-2　线锤吊挂传递（平面）

2. 竖向挂吊的传递

施工首层至二层的结构时，木工应按底层平面的轴线及墙或柱的外框线进行支模。支模时木工用小线锤挂吊模板的垂直度，以保证结构位置的准确。施工时在楼面模板上留出对准底层传递控制点位置的方孔，尺寸可以200mm×200mm左右，作为以后传递时挂吊大线锤钢丝通过的竖向通道。

当楼层模板全部支撑完毕后，测量放线人员应在模板上预留的孔洞处挂吊线锤将底层控制点引到楼面，通过控制点形成的十字坐标，用来检查校核模板的准确性。经校核无误后，即可进行钢筋混凝土的施工浇筑。竖向传递小孔要留出，孔边模板支成倒锥台形。如图8-6-3，到了工程结构完成后，再吊底模浇灌混凝土填平。

在完成楼面混凝土工程后，放线人员再次在方孔处对准首层的控制点挂吊线锤，将控制点传递到楼面，放线人员将各孔的传递点相联，形成楼面的十字坐标，并以此十字坐标经与图纸核对算出轴线和柱或墙的位置进行楼面放线。并在孔边做出明显标记以便校核。如图8-6-4，以后各层均以此方法进行传递、校核，直至高层主体结构完成为止。

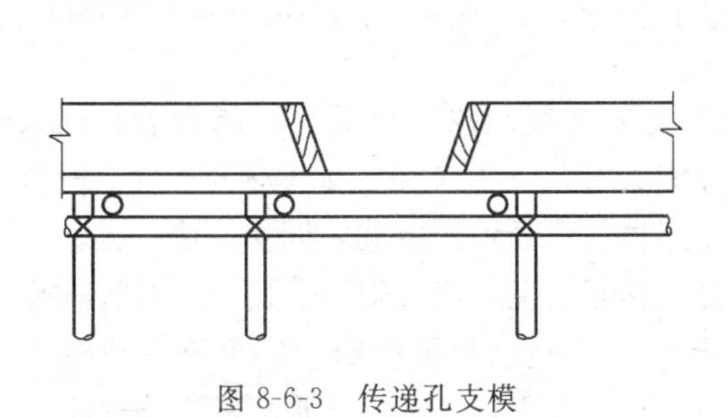

图8-6-3　传递孔支模

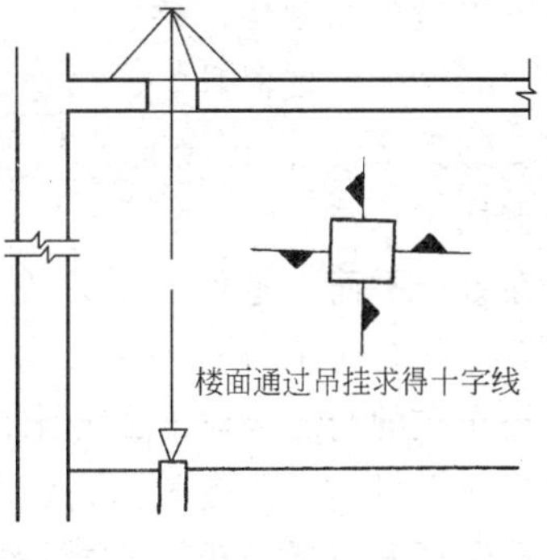

楼面通过吊挂求得十字线

图8-6-4　线锤吊挂传递（竖向）

3. 吊挂传递时应注意要点

(1) 首层地面设置的控制点的定位必须十分精确。并应与房屋轴线位置确定至毫米的尺寸（最好整数），经校核无误后才可在该处制定桩位并定出控制点（桩顶上定出点）。桩要用混凝土围护保存好。

（2）挂吊大线锤的钢丝必须在使用前进行检查，应无曲折死弯和圈结；若使用尼龙绳线的话，应能承受线锤的重量且受力后延伸长度不大的才行。

（3）当层数高后，挂吊线锤时要上下呼应（可用对讲机），或用手电光亮示意。上面移动支架时应缓慢进行，避免下部线锤摆动过大而不易对中准确。

（4）大风雨天气不宜进行竖向传递，如果工程急需则要采取防雨措施。事后还应进行再次检查校核，一旦有误差还可以及时纠正。

（四）激光经纬仪测量法

激光是1960年以后逐步发展起来的一门新兴科学技术。激光测量仪器的出现和使用，有效地提高了高层建筑及高耸构筑物施工的精度。

我国开始应用激光技术进行施工测量的是20世纪70年代百米以上烟囱滑模施工时，用来测量烟囱中心垂直度而设置的。后来随着高层建筑施工的发展，激光仪应用更广泛了。用它来作高层建筑竖向定位，使精确度有很大的提高。

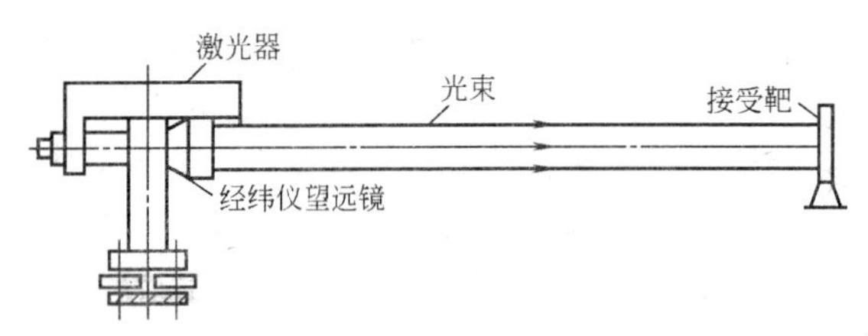

图 8-6-5　激光经纬仪原理

1. 激光经纬仪的原理

激光经纬仪主要由激光器和望远镜组成，使用时还要配置激光电源，形成整个激光经纬仪系统。当使用时，激光器接上激光电源，由电源触发激光器发出一连续波的激光束，并通过望远镜系统后射出一束直径约为40mm的连续带色光束。其原理可见图8-6-5。

由于该经纬仪制造时特将目镜端做短，因此目镜端可向下绕过支架，于是可将望远镜支直向天顶垂直发射激光束，用来作为高层建筑或高耸构筑物的竖向传递中心点，进行定位测量。

2. 竖向传递的测量

因为激光在测量时不受风振、日照等自然条件的影响，所以在高层建筑施工中，作为竖向传递可以做到速度快、精度高。

在使用时，先将仪器对中、调平，然后固定水平度盘，将望远镜转至垂直90°直冲天顶（操作要细致认真）。再接通激光电源，使激光器起辉，这样就可向天顶发射激光束了。其操作步骤如下：

（1）在首层平面上选好和确定控制点。控制点处必须能放下仪器，不能离墙、柱太近。控制点之间要能组成坐标轴，并与建筑轴线间有整尺寸的关系。如图8-6-6为上海虹桥宾馆主楼布点的情况。对准激光束传递处，每层楼在该处均应留孔，同挂吊法一样。

（2）当向上投递定位点时，先将激光仪安置在控制点上，经过对中、调平、冲天等操作，接上光电源发射激光束。在楼面需投递的孔处，在孔上放置绘有十字方格的接受靶标，光束在靶标上即形成光斑，通过调整发射望远镜的焦距，使靶标上形成的激光光斑达到最小，则该点在靶标上十字线上的点即为投递点。根据投递点在孔边做出点的中心位置的十字标记。可见图8-6-7。

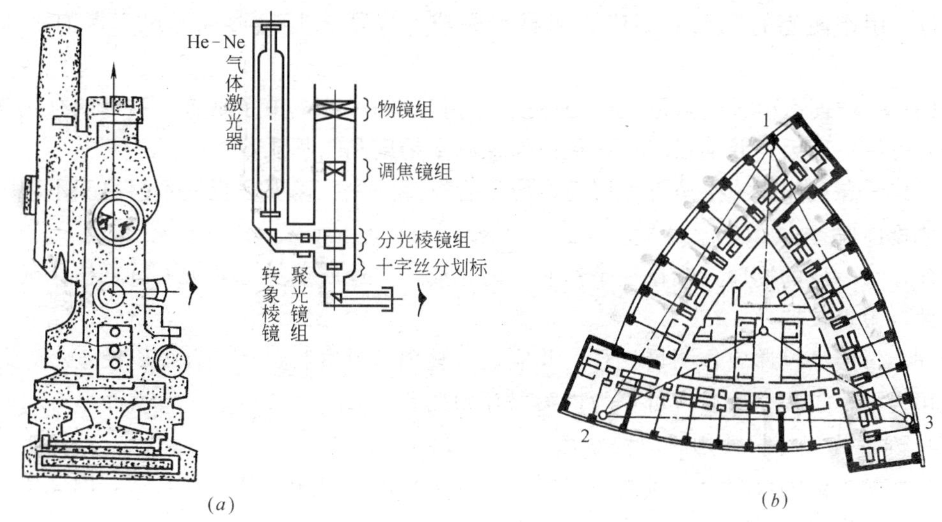

图 8-6-6　激光经纬仪和传递点布置

(a) 激光经纬仪；(b) 上海虹桥宾馆主楼竖向控制

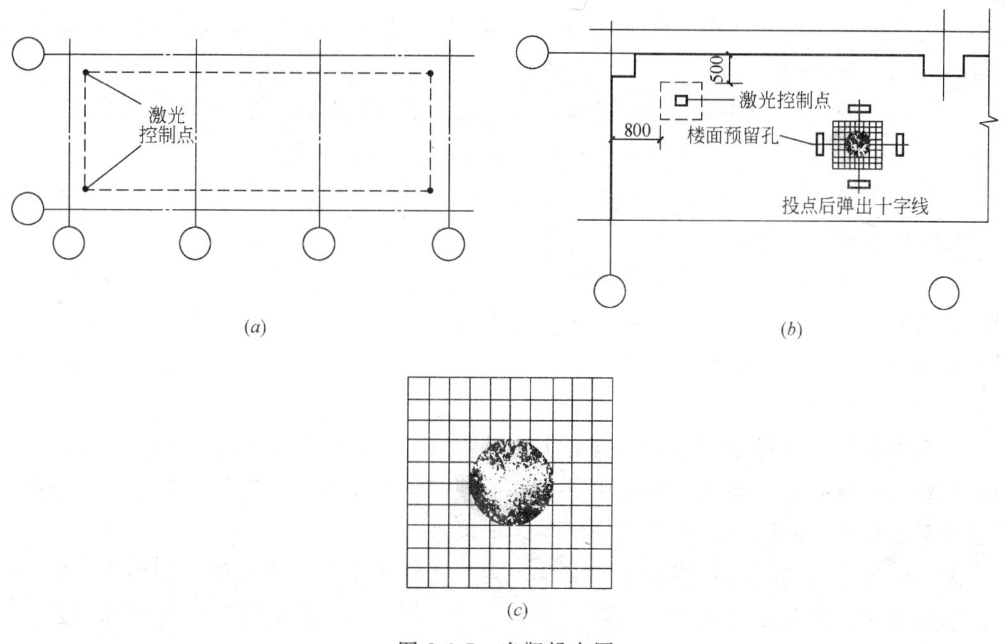

图 8-6-7　光靶投点图

(a) 布点图；(b) 平面点详图；(c) 光靶影

(3) 根据传递上来的各点，在楼面上先把控制点形成的控制坐标网弹出线来，其他墙、柱的轴线、位置线，则以该坐标网来进行放线。

总之，高层建筑施工中，要给测量放线留出一定时间，才能保证建筑位置，竖向垂直的准确，应把它当作一项工序来抓。

3. 使用激光经纬仪投递应注意点

(1) 激光束要通过的地方的楼面，施工时支模板应预留孔洞，孔洞大小以能放置靶标为限。孔洞做成倒锥台形，以便以后堵填。平时要用木板盖好，以保安全生产。

（2）用作激光的靶标要用半透明材料做成，以便在其上形成光斑，楼面上人可以看清。

（3）在楼面上由投递点形成的坐标网，与首层的尺寸、关系是否一致，如有差错或误差应及时找出原因，并加以纠正，从而保证测量精度和工程质量。

（4）当高层建筑施工至五六层后，应结合沉降观测，以保证投递不因由于不均匀沉降而造成投递偏差。

（5）每一层的投递，应在一个作业班内完成，并经质量员等有关人员复核，确认无误后，才可搬走仪器。

（6）每层的投递应作测量记录，并应及时整理形成资料进行保存，以便查考、总结研究之用。整个工程完成后，可作为档案保存归档。

4. 对激光经纬仪使用时应注意点

（1）激光经纬仪综合了激光、仪器、电源等技术的应用，技术性较强，因此要进行专门培训和专机专人负责。

（2）每次使用前都应对仪器各部分进行仔细检查，确认正常后才可进行测量。

（3）使用前应对电源量进行检查，不足的应充电。方法是接通电源后看光斑亮度是否足够，确认电源充足才能进行测量。保证使用过程中不因电力不足造成观测不准，影响质量。

（4）由于激光是方向性强，能量集中的光线。因此在测量观测过程中，接收人员不能用肉眼直接去迎视光线，否则要造成对眼睛的损伤。

（5）使用完毕，应对仪器、电源、附件等收藏好，并给予必要的维护保养，使仪器的使用能够长期保持良好状态。

其他用仪器测量的进行竖向投递的，还有配有90°弯管目镜的经纬仪、激光铅直仪、自动天顶准直仪、自动天顶—天底准直仪、垂准经纬仪、自动天底准直仪等。其方法和原理基本都相同，这里不作更多介绍了。

（五）沉降观测

建筑物在施工过程中荷载是逐渐增加的，直到正式使用后，全部荷载才加到建筑物上。荷载通过基础传给地基，地基土受上部荷载的压力发生压缩变形，再加上地下有可能引起地基变化的各种因素，使建筑物产生向下沉降。

为了保证房屋在施工及使用中的安全，因此在施工中及完工后使用期的头三年内，要进行沉降观测。尤其是高层建筑和软土地基上的建筑物，沉降观测就显得更加重要。

（1）沉降观测可以对建筑物施工期间的稳定性进行监控，建筑物地基如发生不均匀沉降会影响施工质量，为保证施工时的安全，沉降观测是必要的。

（2）通过施工期间的沉降观测得到的数据，可以总结出沉降规律，可以预测到建筑物未来的沉降趋势及可能的最后沉降值。

（3）通过观测可为设计部门提供数据，以便设计部门对原设计的各种基本假定和计算结果的准确性进行校核。从而发现和弥补设计及施工中尚未考虑周到的问题，便于采取有效措施，防止发生事故，使建筑物得以延长使用寿命。

（4）通过沉降观测可以积累不少宝贵资料，作为今后设计及施工的参考资料，以提高设计与施工的水平。

1. 沉降观测的各种准备工作

(1) 水准点的设置：对建筑物的沉降观测一般是以附近的水准点的高程来测定比较的。所以作为观测比较的水准点本身必须稳定可靠。但一般高程的水准点离建筑都有一定的距离，工地上往往采用施工时引进的水准点。为了使沉降观测的数据比较准确，因此应用施工时引进的水准点时，应在沉降观测之前进行一次校核，并在观测区内再设立二至三个水准点，这些水准点必须从正式高程水准点引进，校核无误，并加以保护。水准点可采用深埋式和浅埋式两种形式进行设置。可见图 8-6-8。

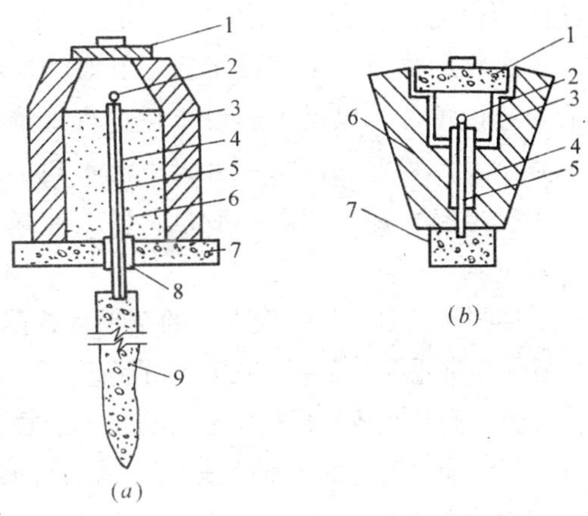

图 8-6-8　水准点的设置

(a) 深埋式水准基点构造示意图；(b) 浅埋式水准基点

1—盖板；2—水准基点头部；3—保护井；4—套管；5—水准点支承钢管；6—填料（木屑）；7—混凝土垫层；8—油毛毡二层；9—混凝土短桩

设置的地点应在不受震动和土壤坚实的地方，须避开道路、河岸、仓库、填土地带或要堆放材料的地方。一般观测区内至少应设有一个深埋式的水准点。

设置点的位置一般应离建筑物 30～50m，水准点的帽头宜用铜或不锈钢制成，水准点的埋设应在基坑开挖前 15d 完成。

(2) 观测点的设置：沉降观测点的布置，应按能全面地查明建筑物和构筑物基础沉降的要求，由设计部门根据地基的工程地质资料、结构特点、基础形式、荷载大小、建筑高度等在图上标志说明。

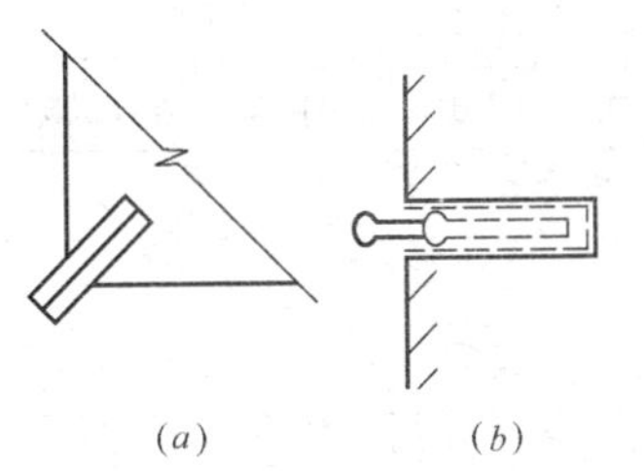

图 8-6-9　沉降观测点设置形式

(a) 现浇式观测点（墙角处）；

(b) 隐蔽式观测点（可伸入墙内）

观测点一般主要设在房屋转角处，纵横墙的交接处，沉降缝两侧；框架结构在柱子上设置；新建与原有建筑的连接处两边，都应设置观测点。

烟囱、水塔、油罐及其他高大构筑物，其观测点应沿周边对称设置。

(3) 观测点的设置要求：在建筑物上设置沉降观测点，应按照国家《地基与基础工程施工及验收规范》中所规定的方法，按建筑物的特点采用各种不同类型装置在建筑物上。如图 8-6-9 形式。

设置的观测点应牢固稳定、标志明显。安置时应先留出孔洞，然后将钢筋、角钢或螺纹管埋入孔内，再用混凝土或高强砂浆注牢。观测点上应能竖直地立水准尺，并具有良好的观测条件。在建筑施工中，观测点不能被碰撞，更不能遭到毁坏。

2. 沉降观测的方法

沉降观测宜采用精密水准仪及金属水准尺进行。观测时应使用固定的测量工具和固定的人员。

观测的次数和时间，应按设计要求，一般第一次观测应在观测点安设稳固后及时进行。民用建筑每加高一层应观测一次，工业建筑应在不同荷载阶段分别进行观测，整个施工期间的观测不得少于4次。

建筑物和构筑物全部竣工后，其观测次数为：第一年4次，其中第一次由施工单位测定后交建设单位，以后由建设单位进行观测。第二年观测二次，第三年及以后每年观测一次，直至下沉稳定（即每一百天下沉不到1mm时）后，认为可以停止观测。

根据经验，观测期限一般是：砂土地基观测约2年；黏土地基观测约5年；软土地基则要观测约10年。

必须强调的是，每一次观测的结果（数据），是以后各次观测的基础，所以第一次观测的质量好坏非常重要。若第一次观测的精度不足或存在错误（可能记录错误，读尺错误），不但无法补救，而且在成果比较中还将出现不能解决的矛盾。为了保证每次观测的准确性，观测工作应做到：确定测定的水准路线，统一测定的方法，确定观测人和持尺人要分工合作。

当建筑物和构筑物万一发生突然的大量沉降，或不均匀沉降并出现严重的裂缝时，应立即进行逐日或两三天一次的连续观测，以取得资料，便于分析处理。

3. 观测资料的整理和积累

建筑物的沉降量，是通过测定相应观测点的若干高程数值，把相邻两次的高程进行比较而确定的。沉降观测的目的就是要提供可靠的观测记录。这些观测记录经过整理可供给有关部门如设计单位、建设单位、施工单位，作为宝贵的资料保存起来。

（1）原始记录的整理：原始记录是观测时记下的数值，是资料中最初的第一手资料。原始记录由于记录时忙，事后需要整理。另外，通过整理还可以检查记录是否可靠，从核对中发现问题还可以马上到现场进行复测。因此，原始记录的整理工作，应在观测结束后就立即进行。通过整理，检核各项计算是否正确，检验精度是否合格，通过调整闭合差，推算出各沉降观测点的高程。

沉降观测记录可用如表8-6-1所示。

沉降观测记录表 **表8-6-1**

日　期	房屋层数	折合基底荷　载	观测点数据				
			编　号	观测高程	本次观测数据	沉降量	累计沉降量

（2）计算观测点的沉降量：根据原始记录整理之后，将每次测得的各观测点高程与上一次测得的高程之差，累计起来即为各观测点的累计沉降量。若当相邻观测点的高差超过观测点之间的距离的5/1000时，即认为有不均匀沉降情况，就应引起重视。

一个建筑物或构筑物到最后沉降稳定，设计时也有一个规定的允许值，高层建筑最大为20～40cm，一般建筑为12～20cm。所以设计上都要考虑各种措施，使沉降量达到最小范围。

（3）绘制沉降曲线：在沉降观测记录整理后，为了让有关人员能更加直观地看出沉降规律，通常把观测记录绘制成时间与沉降量关系的曲线和时间同荷载关系的曲线。

其中时间与沉降量的曲线的绘法是以沉降量为纵轴，时间为横轴。将各观测点的观测时间及该时间的下沉量作为曲线上的一个点，把各时间的点即可连成一条曲线，显示出该观测点的沉降规律。见图 8-6-10（*b*）下半部分的图形。曲线端头的 S_1、S_2、S_3……表示第一、二、三个观测点的规律。

时间与荷载的关系曲线，绘制时将荷载计算值作为纵轴，将时间作为横轴。绘制时是把观测时建筑物上荷载折合至该处基底荷载的值作为曲线上一点，把各观测时的点连成曲线，就为时间—荷载关系曲线，反映荷载作用沉降的规律。见图 8-6-10（*b*）上半部分的图形。其中竖向的线条划分的格子，每一格代表时间为一个月。

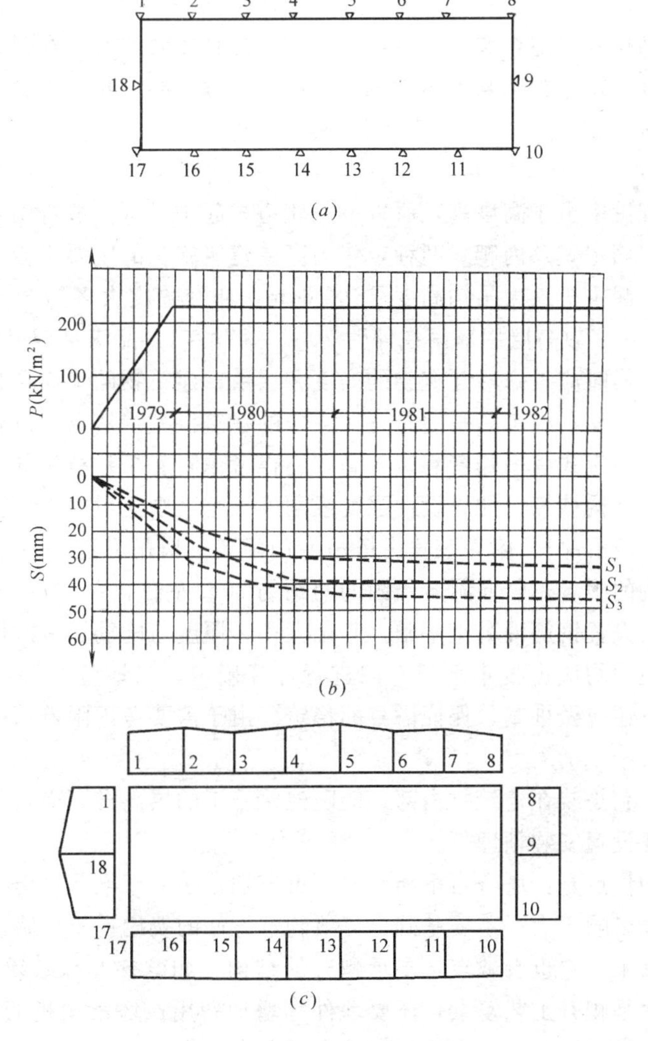

图 8-6-10 沉降、荷载与时间的关系曲线

（*a*）沉降观测点布点图；（*b*）压力与沉降发展曲线图；

（*c*）沉降分布曲线示意图

从图中可以看出曲线要趋于稳定，还得一段时间才能停止沉降。

此外该图下还绘有沉降分布曲线示意图，它是根据每个观测点在结束沉降观测时，最后一次观测时的累计沉降量值，连成的曲线。图中看出 8、9、10 三点沉降基本相同，而其他点相近，仅 1、17、18 三点中 18 点较 1、17 点沉量大些。曲线无异常，因此也没有不均匀沉降。

(4) 资料积累和归档：对于需进行沉降观测的建筑物，经过观测所取得的资料，均应整理成册。其中一份竣工验收后交给建设单位，以便他们继续进行使用期间的观测。一份由施工单位作为资料积累进行归档。其他多余的份数可供设计部门参考等。

施工单位通过对各种建筑，各种土质的沉降观测，积累起这类资料，对于了解不同土质、不同荷载时地基沉降的规律，是有好处的。同时这些资料的积累，也是施工单位宝贵的技术财富。

二、高层建筑施工的机械和脚手架

(一) 施工机械

高层建筑的结构施工能否顺利进行，工程进度能否按时达到，在很大程度上取决于垂直运输机械的合理安排。当然其他运输机械、汽车吊等，亦应相应配合。这里主要介绍垂直运输的主要机械。

1. 塔式起重机

在高层建筑施工中由于高度高，所以一般轨道式起重机（一般行走高度最高 45m）已经不适合，而采取固定式及内爬式两种，作为高层建筑施工的主要机械。

目前国产塔式起重机最大吊钩高度可达 160m，伸臂幅度大多为 30～40m，最大可达 60～70m。起重量，多数高层用塔吊在伸臂 20m 时可吊 5t，能满足楼层施工需要。

我们在选择塔吊时应考虑：建筑物的高度和层数；建筑物的平面形状；最大起重量和台班实物量；施工工期；施工总平面布置；当地的建筑机械租赁条件或企业自身具备机械的条件等。同时，固定式塔吊随着建筑升高，还得考虑附着于建筑物的位置。对于附着点如柱或墙，要进行结构核算，如原设计强度或刚度不够，则应对附着处构件进行加强（此工作由技术部门专门解决）。附着装置由塔吊专门配备，塔吊升起超过它设计的自由高度后，即应进行结构的附着，竖向附着锚固的间距约 20m 左右。

固定式塔吊要设置钢筋混凝土基础，基础大小、厚度与配筋，一般塔吊出厂说明书上均有说明。如无说明均应由技术部门专门进行计算确定。当地基的天然地基地耐力不够时，必要时塔基下还应做桩基，保证塔身的稳定。由于需要考虑附着，塔身的中心线离建筑物距离一般不大于 5m。

内爬式塔吊，它是装在建筑物内部，能随建筑施工的层高升高而爬升。一般装在电梯井内，在井壁上要设置安装预埋件。

内爬式塔吊的优点是：塔身自重相对轻，可节约较多的标准节；由于不附着结构，对以后的外装饰施工影响不大；不要基础，可节约这方面的费用；不要附着，也减少了这方面的设施和安装施工。它也有缺点：支承爬升的结构（如电梯井）必须适当加固或加强，由计算确定；其次是爬升工艺复杂，还要埋件等增加费用；塔吊司机的视线受一定限制，不能直接看到地面情况；最后的拆卸费用较大，费力、费事。

在一般情况下低于 30 层楼时，除非建筑场地狭窄，不可能设置固定式附着塔吊时，才采用。但根据有关资料表明，当建筑高度在 30 层以上，100m 高度以上时，采用内爬式塔吊即便要耗费较大的拆卸费用，其经济效益要比附着固定式的塔吊要好。因此，建议高度在100m以上的超高层建筑施工时，优先考虑采用内爬式塔式起重机。

内爬式塔式起重机的自由高度一般为30m，在建筑物上嵌固约要占去10多米，因此在计算施工楼层高度时，要考虑模板高度、吊运的钢筋骨架高度、吊索高度等。计算时要逐项细算，不可忽视，才能使施工顺利进行。

内爬塔式起重机的拆卸，国内采用人字拔杆加慢速卷扬机组成的拆卸设备，比较经济合适。应注意的是：①拆塔之前，应先要装好建筑物的避雷装置；②对支承拔杆等处的结构要进行强度、刚度验算，和必要的加固措施；③对拔杆结构、滑轮组、起重索等都要验算；④要配备必要的保险装置。其中①、②点是施工人员要做好的，③、④及其他有关事宜，则由拆卸单位进行考虑。

2. 重型井架起重设备

在多层建筑中，采用井字架加卷扬机，组成井架起重机械，是比较多的。在高层建筑中采用较少，但在50m高以内的较低高层建筑中，采用大角钢（∟ 90×90×10）的重型井架配卷扬机作起重机械，进行垂直运输，还是很经济的。曾用该种井架施工60m高的建筑，效果良好。

井架起重机的优点是：投资少、费用省、操作简单，但井架只能作垂直运输，不能作水平运输，还要有缆风绳占去空间。作为承担高层建筑结构施工还存在着困难和不便。不过在工期紧、装饰需要提前插入施工，用它配合塔吊作低层楼内实物的垂直运输，发挥它的作用是有利的。

3. 施工外用电梯

施工外用电梯是随着高层建筑发展，应运而生的垂直运输工具。它主要解决人的上下。有关资料表明，如果不采用施工电梯，高层建筑施工中的净工作时间损失可达30%～40%。因此，外用施工电梯是高层建筑施工提高劳动生产率的主要设备。

外用电梯可分为单厢式和双厢式两种。一般载重量为1t，可乘人12名；重型的载重2t，可乘人24名。它用齿轮和齿带驱动，并配有平衡重。国产外用施工电梯起升高度约100m，也有在引进产品时起升200m的。支架要进行附着，竖向间距是3m左右，一般一层楼附着一次。一台外用电梯大约可服务600m^{2}的建筑面积。施工中输送的对象是施工人员、工具、少量短钢筋、预埋铁件、其他物件。装饰时运输材料较多，包括装饰材料、卫生洁具等。

使用施工外用电梯要专人专机，经常检查维护，严禁超载。并应对输送等进行计划安排，防止混乱。外用电梯形状可见图8-6-11。

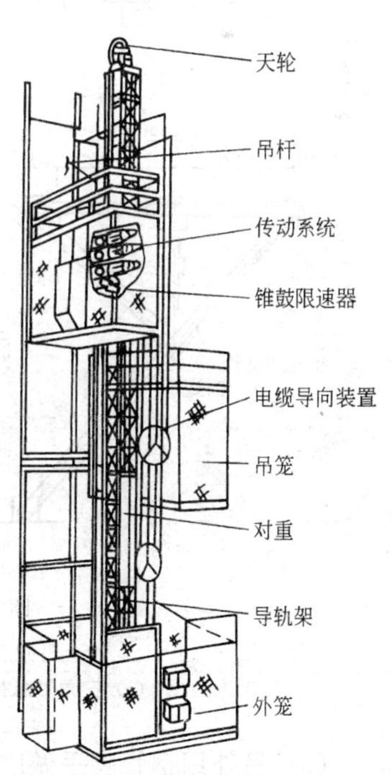

图8-6-11 齿轮齿条驱动施工电梯概示图

4. 其他机具

其他机具如以前介绍的泵送混凝土需要的运输车、泵车、输送管、还有布料杆等。如现场制作混凝土配合塔吊的要用料斗等。这里不再赘述。

（二）脚手架

我国目前高层建筑施工中，主要仍采用钢管扣件脚手架。一般在 50m 高度以内的建筑，只要经过计算，首层立杆加密至 1.2m 间距，甚至 0.9m 间距，基本上可承担 50m 高层的外脚手施工。门式钢管脚手架，在南方使用较多，一般能搭设的高度至 60m。而碗扣式钢管脚手架，在立杆间距为 1.2m 时，可搭至 90m 左右。至于竹脚手，在港澳地区及广州地带在高层施工中仍有采用，但是作为安全防护或外装修使用，由于其自重轻，只要与结构联系好，还可应用。而木脚手架，则不宜用于高层建筑的施工。

1. 钢管扣件脚手的使用

（1）高度在 50m 及 50m 以下高层，其搭设方法与普通多层建筑一样。

（2）当高度高于 50m 以后，可采取中间分段进行搭设。如上海宾馆工程结构施工阶段的钢管扣件脚手，从底到顶共分为三段，第一道从首层到 9 层，高 36m；第二道从 9 层到 17 层，高 24m；第三道从 17 层到屋顶，高 23.4m。每段间用槽钢做成的三角形支架与结构联结，支承上部 20～30m 高的脚手架。可见图 8-6-12。

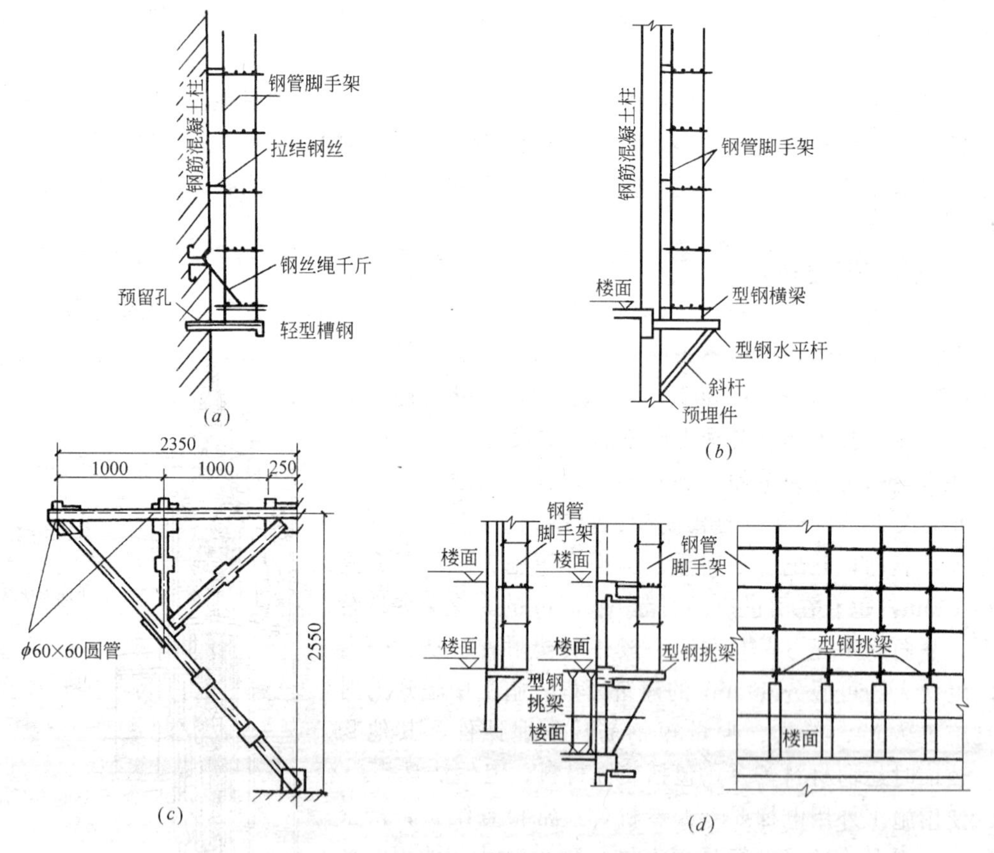

图 8-6-12 外挑式钢管扣件脚手架示意图

(a) 上挂式外挑脚手架；(b) 下撑式外挑脚手架；

(c) 三角形悬挑桁架构造示意图；(d) 按立柱纵距布设的外挑脚手架

（3）另外用钢管脚手做成单元提升式悬挂脚手，用于高层建筑结构施工。如某东方大厦工程，地下一层，地上 21 层，高 79.8m，建筑面积 20164m^2，框架剪力墙结构，楼层平面约 25m×35m，周长 116m。结构施工时采用做成 4m 宽，高度 8.4m；架宽 0.9m，每步架高 2.1m 的单元脚手。用塔吊提升，每单元重约 1.7t，挂在结构上的穿梁弯钩螺栓上。形式见图 8-6-13。

2. 门式框架形脚手架的使用

(1) 搭设的基层土要进行夯实，上面最好用砂加石填实夯平，然后铺垫木(宽≥200mm，厚≥50mm)，如垫木长度为 1.6～2.0m 的可垂直于建筑物墙面铺，放于每榀门架下；如垫木长度为 4.0m 左右，可平行于建筑物铺，放于三榀门架的一只脚下，然后往上搭设。这种落地式门架最大高度为 60m。见图 8-6-14。

(2) 分段搭设及分段卸荷的门式钢管脚手，以及脚手架搭设在建筑结构的楼面上时，要对脚手结构及建筑结构分

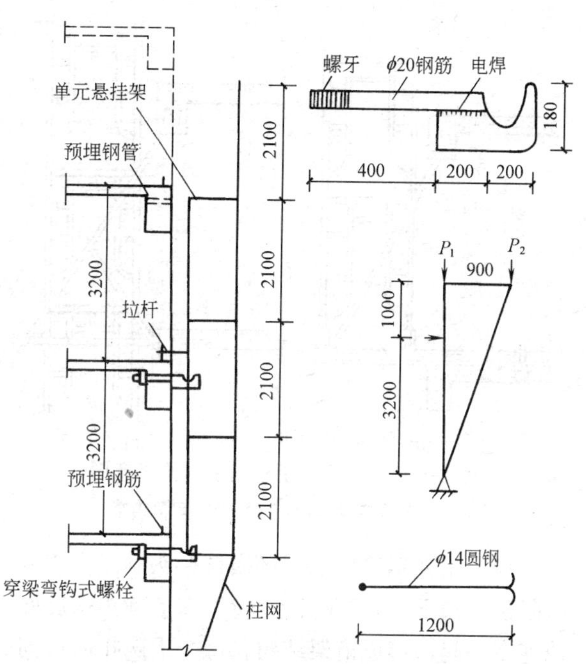

图 8-6-13 单元提升式悬挂脚手

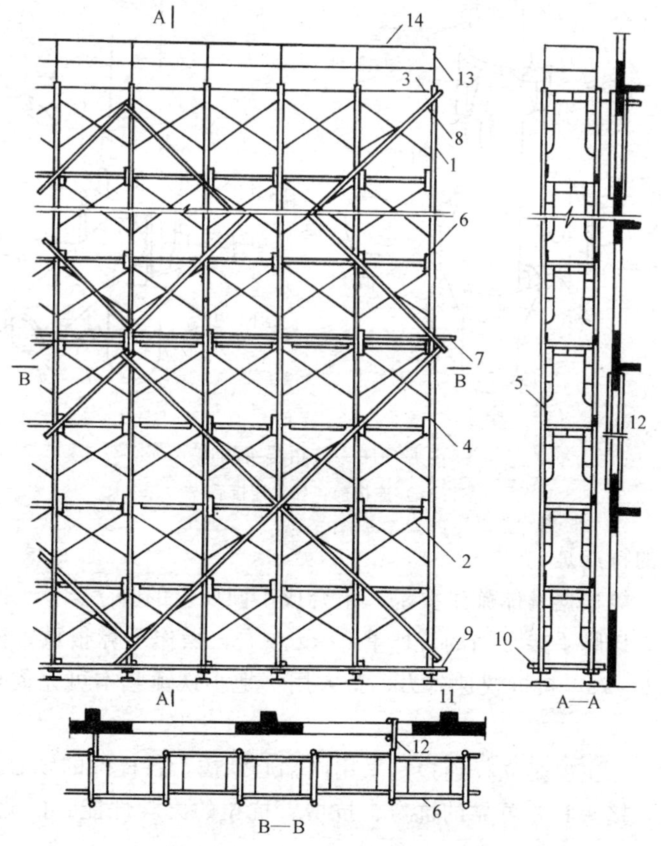

图 8-6-14 门式钢管脚手架组成

1—门架；2—交叉支撑；3—挂扣式脚手板；4—连接棒；5—锁臂；6—水平架；7—水平加固杆；8—剪刀撑；9—扫地杆；10—封口杆；11—可调底座；12—连墙杆；13—栏杆柱；14—栏杆扶手

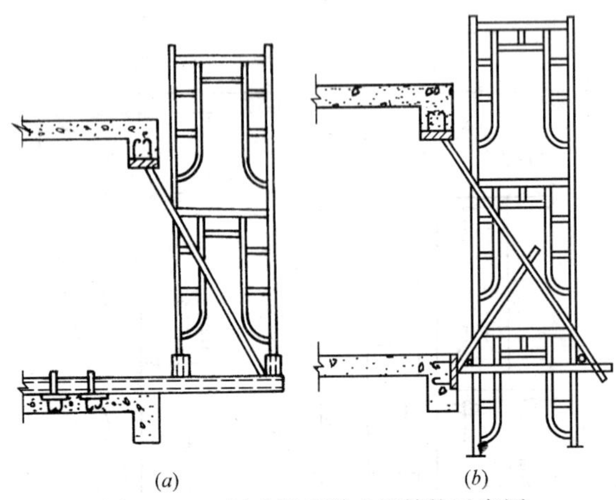

图 8-6-15　门式脚手架支承结构示意图

(*a*) 分段搭设构造；(*b*) 分段卸荷构造

别进行设计和验算。建筑结构不够时还应进行加强或加固。这些工作在施工组织设计时，就应考虑并进行设计。分段搭设的形式可参考图 8-6-15。

3. 碗扣式钢管脚手架的使用

WDJ 型碗扣多功能脚手架用独创的带齿碗扣接头连接各种杆件，采用 $\phi48\times3.5$mm Q235 焊接钢管作主构件，立杆和顶杆是在一定长度的钢管上每隔 0.6m 安装一套碗扣接头制成，碗扣分上碗扣和下碗扣，下碗扣焊在钢管上，上碗扣对应地套在钢管上，其销槽对准焊在钢管上的限位销，即能上下滑动。

横杆是在钢管两端焊接横杆接头制成，连接时只需将横杆接头插入下碗扣内，将上碗扣沿限位销扣下，并顺时针旋转，靠上碗扣螺旋面使之与限位销顶紧，从而将横杆和立杆牢固地连在一起，形成桁架结构。每个下碗扣内可同时装 4 个横杆接头。接头构造见图 8-6-16。

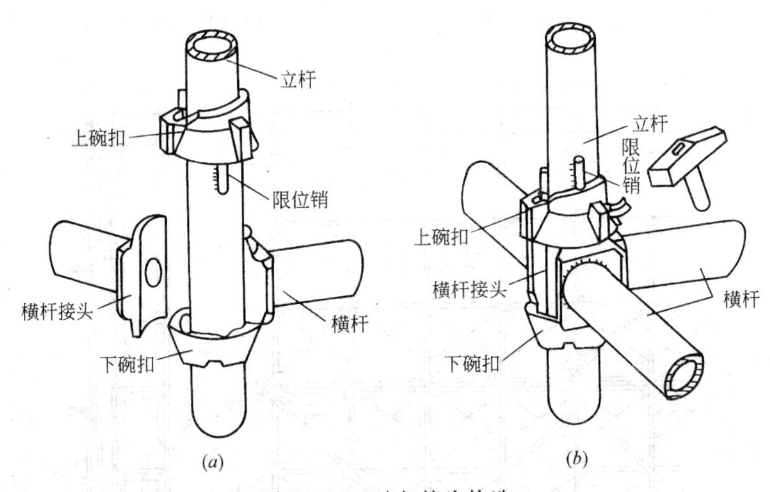

图 8-6-16　碗扣接头构造

(*a*) 连接前；(*b*) 连接后

碗扣脚手架的特点是：

(1) 功能多。能根据具体施工要求，组合成不同要求的脚手架。

(2) 功效高。该脚手架常用的管杆重 17kg 左右，操作不算很重，横杆与立杆连接的全套动作约只需 6～7s。拼拆快速省力，工人用一把小铁锤基本可完成全套作业，完全避免了拧螺栓工作。

(3) 承载力大。主要是立杆连接是采用同轴心承插，各杆件的轴心线交于一点，节点都在框架平面内，接头具有可靠的抗弯、抗剪、抗扭的力学性能。因此，结构稳定牢固，承载力大。可搭近 100m 的高度。

(4) 安全可靠。主要该接头设计时，就考虑到上碗扣的螺旋摩擦力和自重力作用，使接头具有可靠的自锁能力。作用于横杆上的荷重通过下碗扣传递给立杆，下碗扣由于电焊焊牢的，具有很大的抗剪能力，经测定可达 190kN。上碗扣即使没有被压紧，横杆的接头也不致脱出而造成事故。再配上安全网、间横杆、脚手板、挡脚板、架梯、挑梁、连墙撑拉杆等，使用可以安全可靠。

（5）加工制作较容易。可直接对现有脚手进行加工和改造，不需要复杂的加工设备。

（6）没有零件、扣件的丢失，可以把构件丢失减少到最低程度。

（7）维修少。没有扣件螺栓等要维护、修理。杆件一般经得起磕碰。

（8）管理方便，运输容易。

4. 附墙升降脚手架

目前在高层建筑现浇钢筋混凝土剪力墙结构的工程上，还采用一种附墙升降脚手架，它是分跨、不落地的工具型脚手架，其每组件高为 4～6 步架（约 10m 左右），攀附在建筑物的外墙上。该架子依靠自身构造，以倒链为升降设备，对脚手架进行升降操作，可以满足结构工程和外墙装饰施工。

附墙升降脚手架由下列各部分组成：

（1）升降架：分为固定架、活动架、附墙支座、穿墙螺栓、保险螺栓、附墙拉结、插销式安全栏杆、吊钩等。

（2）大横杆和小横杆。用 $\phi48\times3.5$ 钢管。

（3）安全栏杆。用于脚手架外侧。

（4）安全网。从脚手架外侧的顶部开始向下设置密眼安全网，绕过脚手架底部后到墙

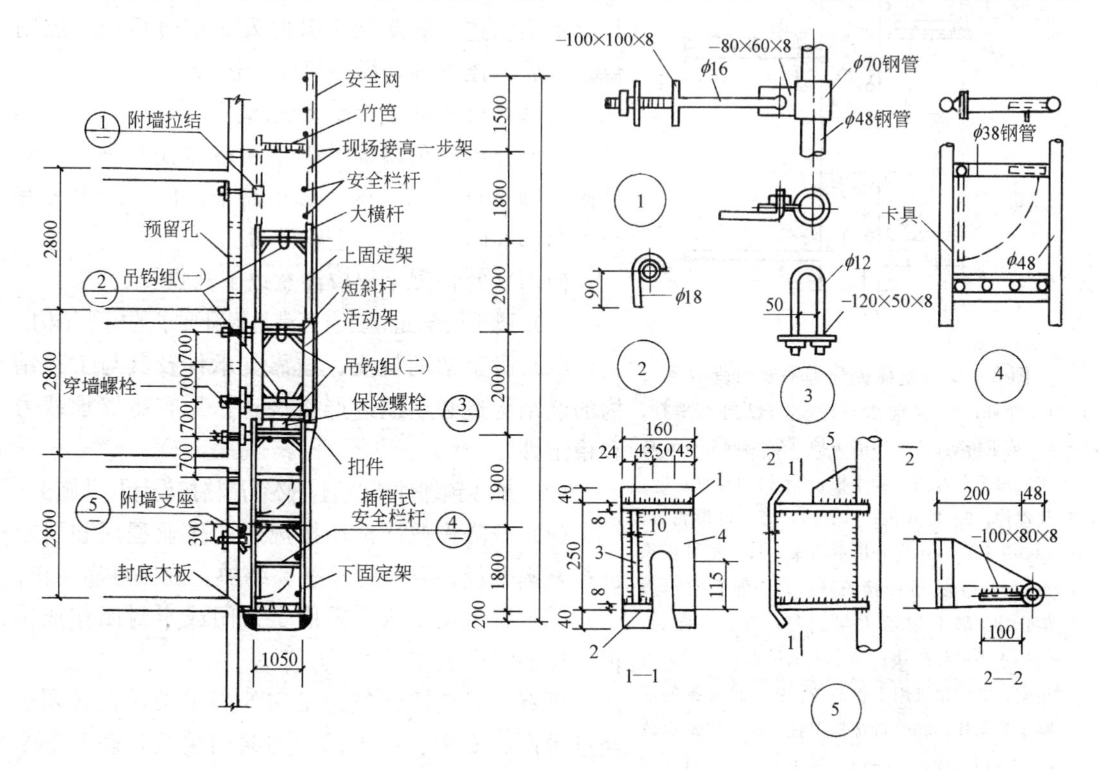

图 8-6-17　附墙升降脚手架构造

① 附墙拉结；② 吊钩组；③ 保险螺栓；④ 插销式安全栏杆；⑤ 附墙支座

边架子处结扎。

(5) 封底木板。放在脚手架底部，防止物体坠落。

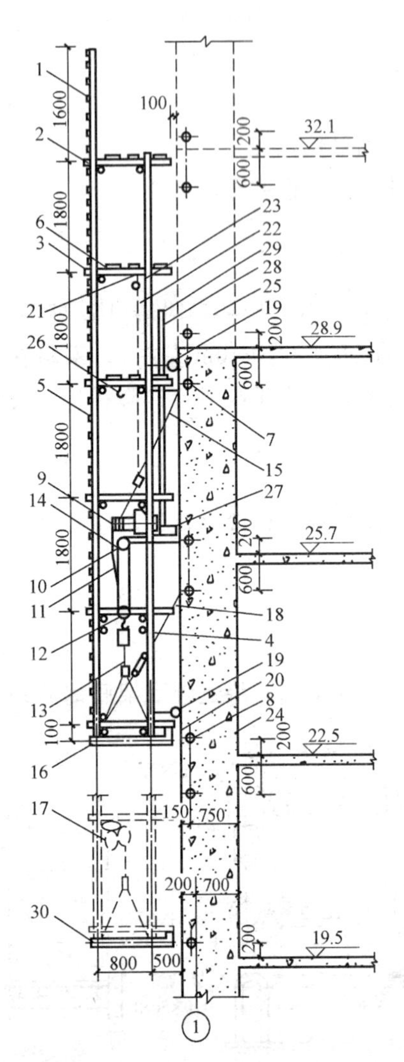

图 8-6-18 整体提升脚手架构造示意

1—立杆；2—横向水平杆；3—纵向水平杆；4—承重桁架；5—外围防护（安全网和 1m 高塑料编织布）；6—脚手板；7—拉固螺栓；8—预埋件；9—提升机；10、11、12—定滑轮组；13—吊杆；14—提升机承力架；15—提升机承力拉杆；16—吊杆接长环；17—脚手架承力架；18—脚手架承力架拉杆；19—导向轮；20—水平位移滑块；21—爬机吊钩；22—爬机吊索；23—爬机用手扳葫芦；24—已浇钢筋混凝土框架柱；25—待浇框架柱；26—往地面放提升机用吊钩；27—信号发生器；28—打孔网带；29—打孔网带尾端夹紧器；30—起始提升位置

(6) 升降动力设备。用 20kN 的 SH 型倒链。

具体的构造有专门的资料，其形式可看图 8-6-17。

5. 整体提升脚手架

它是搭设一座 4～6 步架高的脚手架，然后用多台提升设备，将围楼的脚手架同步整体提升。在主体结构施工时每次提升一层楼高；到装饰阶段时，每次下降要完成这脚手高度的外装饰。特别适用于塔式楼的高层施工。

(1) 脚手架部分：为适应各种框架—剪力墙结构的高层施工需要，设计有 1700、1500 和 1300 三个系列。用钢管和扣件搭设的双排脚手架支座于承力架上，用拉固螺栓与建筑物连接，据说可承受 10 级以上台风。脚手架里侧设有导向滑轮，利于沿外墙升降。

(2) 提升部分：采用小型特慢速的卷扬机，提升速度为 5cm/min。

(3) 控制部分：由控制台配套，能控制 20 台以上提升机，要求同步差不大于 50cm。信号部分直接与脚手架相连，脚手架上升时发出信号后，经控制台处理后，控制各台提升机同步运转。

其具体形式可参看图 8-6-18。

以上介绍的附墙提升脚手和整体提升脚手，只是作为脚手类型的了解。真正需采用时，还得去有经验和已实际施工过的企业学习。

使用这两种脚手架应注意以下几点：

(1) 脚手架单元应具有可满足提升要求的桁架结构。

(2) 脚手架的挑支、挂靠支承件及其与工程结构的联结构造必须经过严格设计，具有足够承载力和稳定性。

(3) 墙体预埋件或留洞，必须严格按设计尺寸施工。

(4) 升降作业严格地按规定的作业程序和要求进行，提升设备要经常检查、维护，确保可靠工作。

(5) 脚手架外侧应采取全封闭或半封闭作业围护，保证安全施工。

再有，对高层建筑施工用的脚手架，也必须要经过生产、安全、技术部门的共同验收，确保安全后才能使用。使用中还应经常检查其有无变形，与结构的拉撑点是否牢固，有无损坏和减少。这些常规工作、施工员不能忘记。

三、高层框架结构的施工

高层框架结构的施工与第四节钢筋混凝土框架结构的施工无太多的差异。我们主要介绍现浇框架、预制构件节点浇注的装配式框架和现浇柱子预制梁板的半装配式框架，在高层建筑中施工的一些特点和要求。

（一）全现浇框架结构的施工

全现浇框架结构包括框架带剪力墙；板柱结构等相同类型的施工。在施工中我们认为最突出的是由于高层建筑需要，在模板系统的支撑、钢筋的搭接上应采用较新技术，才能加快施工进度，保证工程质量。而混凝土的施工都采用泵送的商品混凝土，在第四节已介绍，这里就不再介绍了。

1. 模板中的台模

采用台模是高层框架施工，尤其是板柱结构施工更显出高效率的方法。它只要支撑一次最后拆除一次，中间进行维修。只是施工时要塔吊配合楼层间的垂直运输。台模适用于高层建筑的标准层，因为标准层柱、梁、板的间距、层高、板厚均一致。模板可以做成工具式的平台，主要是支撑板的结构部分。

台模亦称为飞模，即整体的由下一层“飞”到上面一层。它由平台板、肋（亦称梁）、支架、支撑、调节高低的支腿和相应的配件组装成的工具式模板。台模可以整体脱膜、转运，借助起重机械从已浇筑完成能拆除模板的一层楼盖下拖出、起吊“飞”到上一层重复使用；也可以在同一层分段流水时平移支模。主要在脱膜后要进行一次清理和整修。

台模过去用组合钢模拼组而成，下部用钢管组成支架，每座台模除考虑支模需要尺寸外，还要考虑起重机械能起吊的重量。现在可以用厚胶合板等作为面板则重量要轻得多。

台模的设计应考虑以下几点：

（1）台模的平面尺寸大小应根据施工图上工程对象的开间大小，并应尽量减少镶边的工作量。

（2）台模的面板、配件、管架材料要尽量采用标准件，以便在不用后，拆下的配件、管材仍能使用。

（3）台模的规格尽量要少，其大小、重量要适合移动和起吊。

（4）台模的强度、刚度、稳定性均能满足施工中各类荷载的作用，并能满足转移、起吊安装的要求。

台模的支搭应在楼面上弹出台模支设的边线，并在楼面测出标高，将组装好的台模吊至该位置，并用小千斤顶根据标高将台模支架起，并垫上垫块、楔上木楔。安装时由中间向四边扩展。就位后台模间柱、梁仍按常规支模，但不应与台模有联结，而应挤紧撑牢。

台模的拆除，应用千斤顶顶住模架，把其下的木模、垫块撤掉，随即装上车轮，再撤掉千斤顶。然后将台模逐个推到楼层外侧临时搭设的专用平台上，用起重机械起吊到上面一层楼面，进行清理维护、整形再重复支模使用。

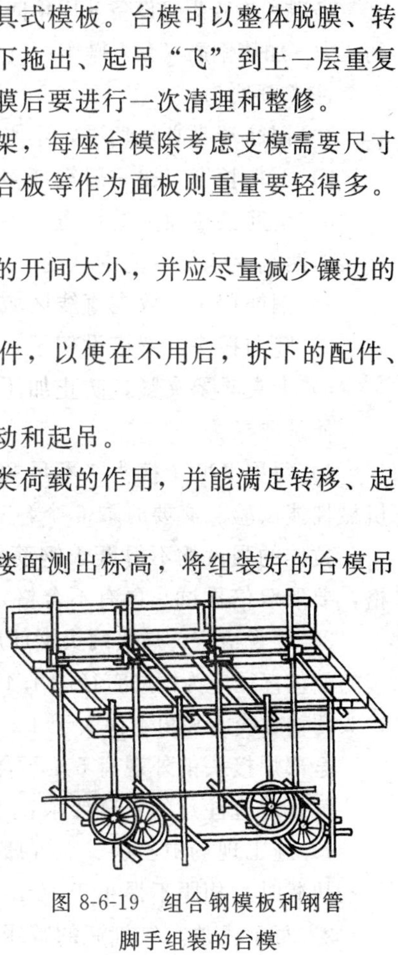

图 8-6-19　组合钢模板和钢管脚手组装的台模

台模的形式可参看图 8-6-19。

2. 钢筋工程中的搭接

钢筋工程的绑扎施工，同多层框架建筑一样，此处不想再多费篇幅，而主要介绍在高层施工中钢筋的搭接施工问题。

在高层建筑中大量的柱子钢筋、很长的梁的纵筋，由于抗震需要和受水平荷载较多层建筑大，水平及竖向搭接宜采用焊接。这既对质量有利，又可节约钢材。目前除了采用传统的电弧焊接外，又采用了气压焊、电渣压力焊、冷作的机械套筒挤压连接和锥螺纹接头连接技术。现分别介绍如下：

(1) 气压焊：气压焊是用氧和乙炔加热需接头的钢筋，到一定火候用加压器加压，使热塑状的钢筋接头两端挤压在一起，形成鼓包的接头，冷却后如同一根钢筋一样可以受力。

这种焊接技术在国外已应用 40 多年了，尤其日本使用更广泛。20 世纪 80 年代，我国开始引进并研制设备投入施工应用。其设备为：供气装置、加热器、加压器、压接器（亦称卡具）等四部分组成，并配备辅助工具：无齿锯和角向磨光机等。使用工具和操作人员应组成一个焊接组，并经过专业培训，取得上岗合格证。

施工员主要应了解其工艺过程和质量要求。

工艺过程为：

备料和检查焊接设备→用角向磨光机磨平钢筋对接的两个面→安装卡夹具→给钢筋对平的初压力→加热钢筋（专人操作）→挤压→回火加热→接头成型→拆夹卡具→观察检查质量。

注意事项为：

1）钢筋端头必须切平，不平者用磨光机磨平端头。

2）下料长度应比一般钢筋多个压缩量，即增长 $1d$（d 为钢筋直径）。

3）钢筋接压面上的锈斑、油污、水泥浆等均应清除干净，并用磨光机打磨见新。另外接头两端火焰加热范围（约 50～100mm）内的表面污秽也均清除干净。

4）钢筋接头应放在直线区域内，不得放在弯曲段内。

5）竖向接头，要搭设架子，并应对上部钢筋有扶持作用。

6）卡夹具要夹紧，防止加压时打滑。

质量要求为：

1）每层 200 个接头（不足 200 亦算一批）为一批，抽取 3 个接头（现场割取）去作机械性能试验。必要时取 6 个，三个作拉伸、三个作弯曲。

拉伸的强度均不得低于钢筋抗拉强度值，并应断裂在焊头之外。若有一个试件不合格，要取双倍再试。再有不合格，则这批接头为不合格。

2）外观检查：焊接两头钢筋应在一条轴心线上，最大偏差不大于钢筋直径的 1/5；焊接的鼓包直径应为钢筋直径的 1.4 倍以上；焊接鼓包部分的偏移不得大于钢筋直径的 20%；接头两轴心线的夹角不得大于 4°；焊接接头不得有环向裂纹，表面不得有严重烧伤。

全部焊接头的外观有 5%不合格时，应暂停作业，调查情况、研究措施后再焊。

气压焊应注意的安全要求：

1）施工现场中乙炔、氧气瓶和火钳三者间的距离不得小于 10m。同一地点有两个以上乙炔瓶时，相距不得小于 10m，否则要隔离。

2）每个乙炔、氧气瓶的减压器，只允许装一把火钳。

3）乙炔瓶和氧气瓶均应立直放置，不要曝晒，不得接近火源。气不得用尽，应留0.3MPa为宜。

4）作业区内要有防火措施，设置防火器材，但禁止用四氯化碳这类灭火器。

5）焊接人员要戴防护眼镜，戴安全帽，在高空作业时还得系安全带。雨雪天应有防滑措施。

(2) 电渣压力焊：电渣压力焊是属于熔化后加压焊接。是利用电流通过渣池在两根被焊钢筋间形成电阻热，由电能变为热能来熔化钢筋，再用挤压方法焊成接头。它适用于国产Ⅰ、Ⅱ、Ⅲ级钢，规格从$\phi16$～$\phi40$的钢筋。

其焊接工艺为：

施工准备→接头处120mm范围内除锈、清理干净→搭设脚手架并扶直钢筋→上夹卡具并对中钢筋→安放钢丝圈及焊剂（放入焊剂盒）→选好电焊参数通电（通电时间约16～40s）→挤压→稍停→拆除焊盒→拆除卡具→清扫接头回收焊剂→检查外观→完成焊接。

使用设备为：焊机，应根据生产单位产品说明书使用，并应在正式使用前用短头钢筋试焊。焊机又由电源变压器、控制箱、电流转换器、机头（夹具）等组成。配备设备及材料为焊剂和焊剂盒。

焊接中应注意要点为：

1）钢筋焊接的端头要直、端面宜平。

2）上下钢筋要对准，焊接过程中不能晃动钢筋。

3）焊接设备外壳要接地，焊接人员要穿绝缘鞋和戴绝缘手套。

4）正式焊前应进行试焊，并将试件进行试拉，合格后才可正式施工。

5）焊完后应回收焊药、清除焊渣。

6）低温焊接时，通电时间适当增加1～3s，增大电流量（要有挡风设施，雨雪天不能焊），稍停歇时间要长些，拆除卡具后焊壳应晚一些敲掉，让接头有一段保温时间。

7）应组织专业小组，焊接人员要培训，施工中要配专业电工以应付用电情况。

质量要求为：

1）要进行强度检验的抽查。每一楼层中以300个同类型接头（同级别、同直径）为一批；不足三百个时仍作一批，切取其中三个作为试件进行拉伸试验。三个试件的抗拉强度均不得低于该级别钢筋规定的数值，若有一个不合格，要取双倍数量再试，再试中若仍有一个试件不合格，则该批接头为不合格。

2）外观检查应符合以下几点：

A. 接头的焊包应均匀，不得有裂纹，钢筋表面无明显烧伤的缺陷。

B. 接头处钢筋轴线的偏移，不得超过钢筋直径的10%，同时不得大于2mm。

C. 相接处弯折角不得大于4°。

对外观不合格的接头要切下重焊。

(3) 变形钢筋钢套筒挤压连接技术：该种接头属于钢筋机械连接工艺。它是将相接的两根钢筋用钢套筒套在一起，采用挤压机将套筒挤压变形，让它紧紧咬住变形钢筋，从而实现两根钢筋的连接。钢筋的轴向力，主要通过变形的套筒与变形钢筋的咬合力来传递。

这种技术在国外是20世纪70年代初开发的新技术，可用于对钢筋接头可靠性要求更严格的，大直径的钢筋连接。1987年起，我国冶金部建研总院、中国建筑科学研究院结构所开发了CABR变形钢筋套筒挤压连接技术。

其优点是：节省电能（比电弧焊省电 20 倍），现场无明火，可在各种环境施工；不受钢筋可焊性的制约，适合于任何直径的变形钢筋；速度快、效率高，每台班可接Φ25 钢筋 200 个左右接头；质量易于控制，便于检查等特点。

目前我国采用两种挤压方法，一种为径向挤压，一种为轴向挤压。径向挤压是挤压机将钢套筒挤压变形；见图 8-6-20（*a*）。轴向挤压是采用挤压机压模沿轴线压过去把套筒压得与变形钢筋相同外形，咬住钢筋肋而连接牢。见图 8-6-20（*b*）。

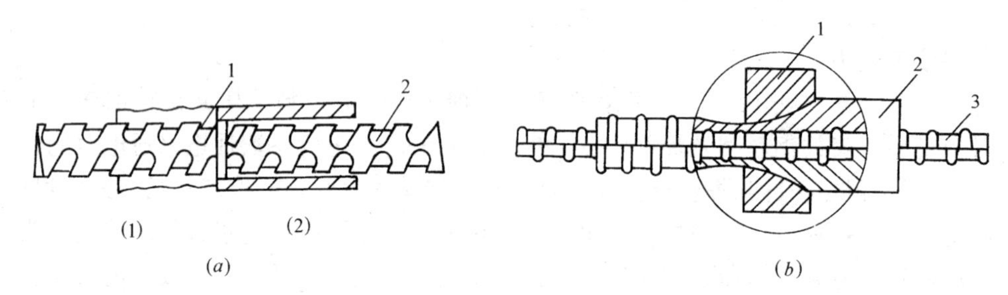

图 8-6-20　钢套筒冷挤压连接示意

（*a*）钢筋径向挤压
（1）已挤压；（2）未挤压
1—钢套管；2—钢筋

（*b*）钢筋轴向挤压
1—压模；2—钢套管；
3—钢筋

连接的施工工艺过程为：

材料准备（套筒采购或加工）→设备准备（检查及维护）→钢筋准备（清理及校直）→安装接头处套筒→装上挤压机件→起动及挤压→卸荷拆机件→完成作业→检查质量。

使用的材料及设备为：

1）钢筋应符合《钢筋混凝土用热轧带肋钢筋》（GB 1499—1998）标准中的 HPB335、HPB400 级变形钢筋。

2）钢套筒：径向挤压的可采用热轧无缝钢管，材质为普通碳素结构钢。机械性能应满足屈服强度为大于等于 235MPa，抗拉强度大于等于 375MPa，伸长率 δ_5 大于 27%；轴向挤压应采用优质碳素结构钢，其机械性能为屈服强度大于等于 250MPa，抗拉强度大于等于 420MPa，伸长率 δ_5 大于等于 24%，硬度 HRB≤75。

3）设备由挤压机、超高压泵、平衡器、吊挂小车、划标志工具和检查压痕的卡板等。挤压机型号较多，使用时应看清说明书。

质量要求：

1）钢套筒的屈服承载力和抗拉承载力应大于钢筋的屈服承载力和抗拉承载力的 1.1 倍。

2）套筒的材料及几何尺寸应符合形式检验认定的技术要求，并应有相应的出厂合格证。

3）钢筋端头的锈、泥沙、油污、杂物都应清理干净，端头要直、面宜平，不同直径钢筋的套筒不得相互串用。

4）钢筋端头要划出标记，用以检查钢筋伸入套筒内的长度。

5）挤压后钢筋端头离套筒中线不应超过 10mm，压痕间距应为 1～6mm，挤压后套筒长度应增长为原套筒的 1.10～1.15 倍，挤压后压痕处套筒的最小外径应为 0.85～0.90

倍原套筒外径。

6）接头处弯折角度不得大于4°。

7）接头处不得有肉眼可见裂纹，及过压现象。

8）现场每500个相同规格、相同制作条件的接头为一个验收批，抽取不少于三个试件（每结构层中不应少于一个试件）作抗拉强度检验。若一个不合格应取双倍送试，再有不合格，则该批挤压接头评为不合格。

安全措施为：

1）操作人员应经过专业培训，并经考核合格后，才能上岗作业。

2）在高空作业时，必须遵守高空作业的有关安全规定。

3）油泵及挤压机必须按设备使用说明书进行操作和保养。对高压油管应防止根部弯折和尖利物划坏，防止破裂射油伤人。

4）露天作业时，对设备的电器装置应有防雨措施。

（4）钢筋锥螺纹连接技术：钢筋锥螺纹连接技术，也是钢筋机械连接技术之一。它是将要连接的钢筋端头，用专用的机床加工成锥螺纹，与已加工好的相应锥螺纹的连接套相连接。同时用专用的测力扳手将其拧紧到规定的扭矩值，形成了钢筋锥螺纹接头。

它的优点是安装速度快，质量稳定、操作简便、节约钢筋、不污染环境，现场不用机械。

目前该项新技术已在日本、美国、法国、新加坡等广泛采用。用于抗震、防爆要求高的建筑物。该项技术在国内还属于新技术，使用经验还不足，对某些试验尚不够系统、完整。

锥螺纹钢筋头及锥螺纹连接套均要事先进行加工。钢筋适用于Ⅰ、Ⅱ级钢的ϕ16～ϕ40的规格。套筒分为外形为六角形和圆形两种，前者施工时易拧紧，安装方便；后者材料较省；在大量使用的情况下以六角形为佳。

1）钢筋锥螺纹的加工：钢筋切断应用砂轮锯或钢锯条，不得用气割或切断机；端头平面应平整，且端头300mm范围内应圆且直，不得弯曲；锥螺纹加工，必须在专用机床上进行，同时应采用水溶性切削冷却液，不得采用油类冷却液或无冷却加工；锥螺纹加工后，应通过环规自检合格，牙形完好，经自检合格后的钢筋锥螺纹，应立即旋上相应连接套或塑料保护套，总之把牙形保护好。然后在钢筋上涂些油漆作标记并妥善保管。

2）连接套的制造：连接套也是由专用机床加工，并应通过逐个塞规自检合格；加工牙形表面及其余表面都有粗糙度的要求；检查合格的套具其两头要用塑料保护盖保护，并在套上打上规格、材质的钢印标记。

3）现场的安装要求：在构件受拉区段内，同一截面连接接头数量不宜超过钢筋总数的50%；受压区不受限制。连接头的错开应相距大于500mm，保护层不得小于15mm，钢筋间净距应大于50mm。

要求连接套规格与钢筋应一致；表面应完好无损，如有杂质应清理干净。拧紧时要拧到规定扭矩值，待测力扳手发出指示响声时，才认为达到了规定的扭矩值要求。规定扭矩值如表8-6-2，但不得加长扳手杆来拧紧。

钢筋连接接头扭矩规定值（N·m） 表 8-6-2

钢筋规格	$\phi 16$	$\phi 18$	$\phi 20$	$\phi 22$	$\phi 25$	$\phi 28$	$\phi 32$
扭矩规定值	118	147	177	216	275	294	314

4）质量要求：在正式安装前要做三个试件，进行基本性能试验。每有一个试件不合格，应取双倍进行试验，如仍有一个不及格，则该批加工的接头不合格，并严禁在工程中使用。

对连接套应有出厂合格证及质保书。每批接头的基本试验应有试验报告。连接套与钢筋应配套一致。连接套应有钢印标记。

安装完毕后，质量检测员应用自用的专用测力扳手对拧紧的扭矩值加以抽检。

梁、柱构件：每根梁或柱抽其内接头总数的 1/4，并最少一根；

墙板：每 100 个接头为一批，不足 100 个也算一批，每批抽 10%，最少不少于 3 个。

抽检应 100%达到合格，如有一个达不到，应重新对该批接头逐个拧紧到合格。

检测人员的扳手应定期（6 个月）送当地计量检测单位进行校验。所用扳手应为经计量部门批准的生产单位生产的。检测人员的扳手严禁同操作人员扳手混用。

3. 模板、钢筋、混凝土施工的常规作业均同第四节。

（二）预制构件节点浇注装配式框架施工

在有抗震设防的这类结构，一般建筑物高度可达 50m 左右。也属于高层框架结构中结构体系之一。其特点为：

（1）柱、梁、板等构件均采用工厂生产，节省现场的模板工程的施工，钢筋、混凝土的工程量大为减少。

（2）施工速度相对加快，并可充分利用施工空间进行流水作业。

（3）施工时必须配备相应的起重机械和运输吊装设备。

（4）但用钢量比全现浇的要多，工程造价也要比全现浇的框架结构大。

（5）节点浇筑工序要细致认真，保证质量。

1. 柱、梁及节点构造的大致形式

柱、梁在工厂预制部分仅完成其构件的 60%～80%，其他在工地补足。板可采用预应力多孔板，跨度可达 6m，厚 18cm。节点在梁、柱吊装焊牢后支模浇筑。柱、梁、节点的形式可见图 8-6-21 和图 8-6-22。

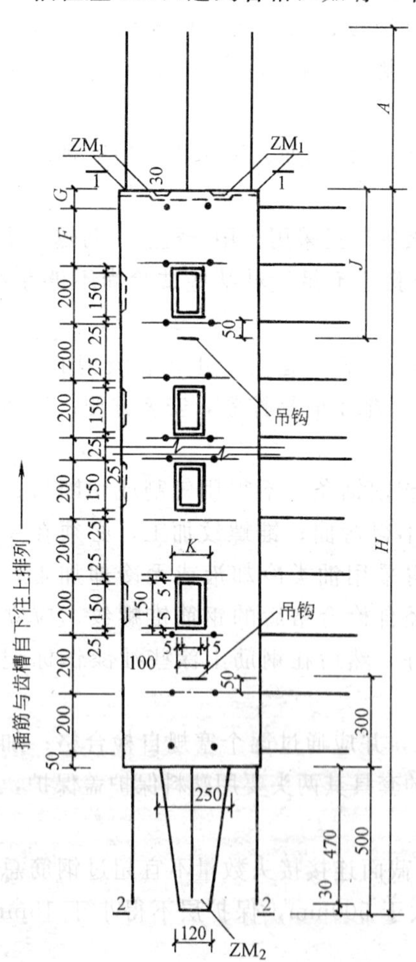

图 8-6-21 柱外形图（与墙联系的柱）

2. 施工工艺流程

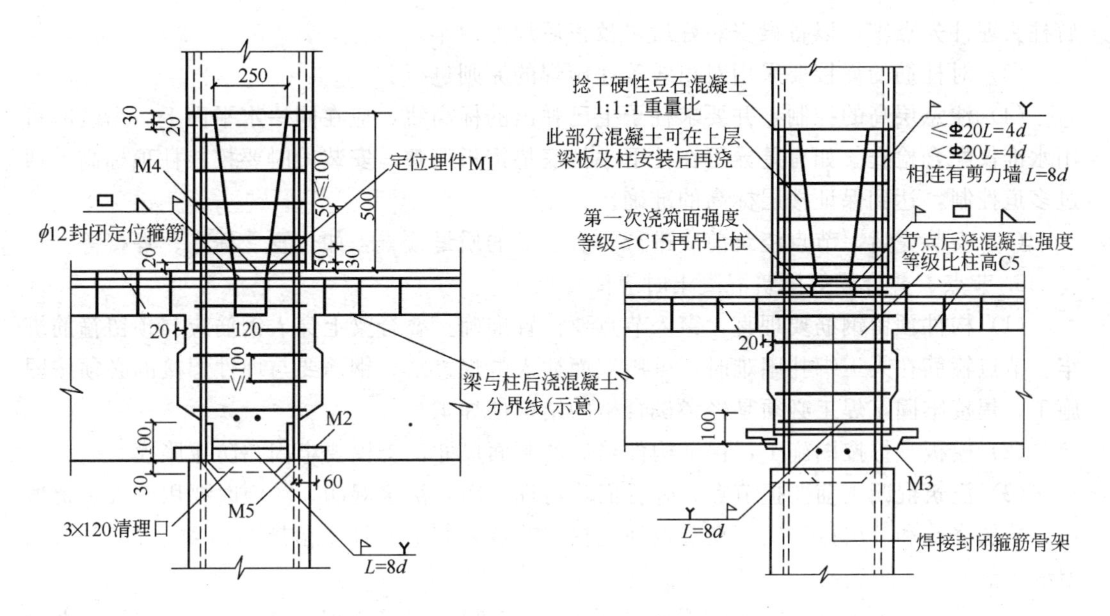

图 8-6-22 梁柱节点图

地下室顶板施工完毕后，结构吊装及节点浇灌按以下流程进行：

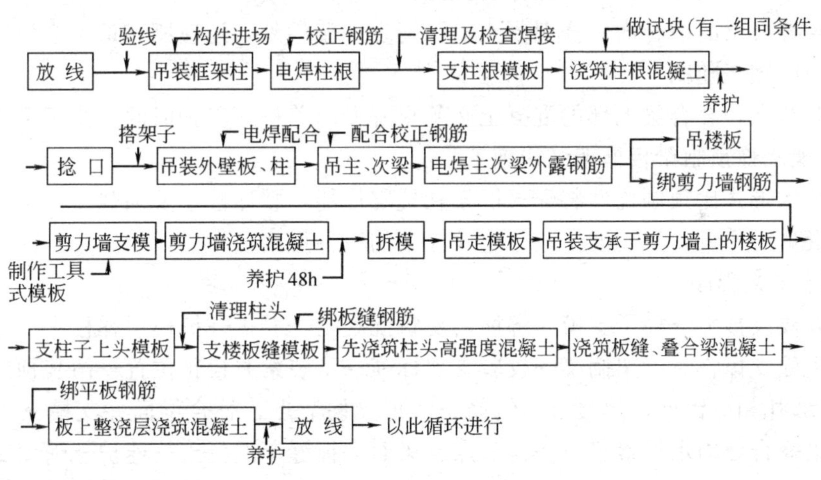

3. 吊装前的准备工作

预制装配的构件在吊装前应做好以下工作：

(1) 检查运来的构件的型号、尺寸、预留钢筋、埋件、外形、长度是否符合图纸；是否有质量疵病、裂缝等。有问题应及时处理解决。

(2) 弹出柱子三个面的中心线、梁的端头中心线。并根据计算可弹出每层楼面以上50cm标高线，弹在柱侧面，给吊装时参考。

(3) 算出构件重量以备吊装参考，并大致确定起吊点位置。准备好电焊机二三台。

(4) 搭好吊装用架子，以便操作人员施工。

4. 吊装中的注意事项

(1) 应制定吊装程序，可根据施工组织设计再结合工程变化情况编制流水作业方法。

(2) 控制好柱子位置和垂直度，可用两台经纬仪相互垂直观测中心线位置。初步校正后柱头埋件先点牢，以备梁安装好后再校正后焊死焊牢。

(3) 对柱筋的焊接要采用对角线等速施焊的原则进行。

(4) 注意层高的控制，并要求柱子上已弹出的标高线，应在同一水平面上。吊装时可用水准仪配合检查。如有差异可在柱下小柱底垫钢板调整。安装梁时要校核柱顶标高。通过多道控制，达到保证楼层标高的准确。

(5) 安装完后，节点浇筑前应进行一次全面的质量检查，如位置、标高、焊接等。

5. 节点、叠合梁等浇筑混凝土时应注意点

(1) 构件预留钢筋要理直，穿入节点要位置准确；叠合梁上穿入钢筋应与预留箍筋绑牢。节点箍筋在人工绑扎困难时，可用双面插入电焊连结。钢筋要与埋件焊接的必须按图施工，焊接牢固，焊工必须是经考试合格的结构件焊工。

(2) 模板支撑按图施工，保证构件最后的断面尺寸。支模要牢固，防止胀模。

(3) 浇筑混凝土前要把节点、叠合面均清理干净，浇水湿润。浇灌时要用专人负责振捣，分层浇筑和分层振密实。在节点处上柱与节点处有的设计要留出 3cm 缝，进行捻口，留缝不能太小，要留准，宽度一致。

(4) 捻口是人工进行，采用干硬混凝土 1：1：1（浇筑水泥：中砂：小豆石），水灰比控制在 0.3 以内，用小锤及捻口用扁錾操作，砸打密实。每次用灰量不要太多，捻灰不实对结构质量危害较大，因此该操作要注意。

(5) 对叠合梁的叠合面，浇混凝土前除清理、湿润外，还应刷一道素水泥浆，但不应过早刷好，应随浇随刷。

(6) 对节点，叠合梁上部的混凝土必须很好专门养护，养护时间不少于 7 天。

(三) 现浇柱预制梁板框架结构施工

该种结构形式比预制构件装配式框架在抗震性能，整体性上要加强些。也具有减少梁板支模的大量工作量，是发展工业化建筑体系的一种形式。

1. 施工工艺程序

定位放线及抄平→柱子支模→绑筋、浇筑混凝土→养护→拆模后弹柱中线标高线→在柱边梁支座处支撑临时支架搁梁→校验支架标高→吊装梁并校正位置→吊装预应力多孔板（楼板）→绑扎相应钢筋→焊接节点钢筋→清理梁柱节点、叠合梁面并支模→支模后清理及湿润及梁叠合处刷水泥素浆→浇筑节点及梁面、板缝等混凝土→养护→强度足够后拆除支撑→结束一层施工。

2. 施工中应注意点

(1) 柱子混凝土浇筑高度要在梁底标高，要计算正确并标志清楚，防止冒高。

(2) 梁支座处及梁跨度中的临时支撑架，要经过荷载计算，支架要牢固、刚度要好，要有施工的稳定性。首层的支架梁端处应支在柱基上，梁中处一定要夯实，用道木支垫，切忌沉陷。

(3) 吊装工作在柱头处施工时，应事先准备小型或活动脚手架。在楼板吊上去后，施工人员可上楼面操作。

(四) 质量控制和安全要求

全现浇框架结构施工的质量控制在前面已介绍过。这里主要介绍预制装配框架应注意的质量要点。

高层现浇或预制框架除对竖向垂直度外，其可能出现的质量通病有：柱平面位置扭转、柱安装标高不准、柱垂直偏差大、梁标高不准、柱子由于电焊主筋不当而表面裂缝、一列梁安装后不直、楼板安装不平、节点清理不干净、混凝土浇筑不实、捻口不密实等质量问题。因此必须在施工中对以下方面工作加以控制：

(1) 柱、梁的中线必须用墨线弹出，弹线前要量准。平面上轴线、中线的放线必须复核无误。

(2) 在施工中除用经纬仪检测柱的垂直度外，还应用水准仪检测构件设置的标高，只要柱顶标高一致，梁的标高也就得到控制，楼板不平的问题也不会出现。

(3) 对连接钢筋的电焊，应对称对角进行，并应适当间隙，不要使钢筋过热造成柱表面裂缝。

(4) 节点浇筑混凝土前，施工员必须亲自检查，以保证节点内干净和湿润。捻口应派有经验的专人进行，捻口的豆石混凝土的配比、水灰比必须控制好，使捻砸时能达到黏而不稀，不致产生徐变而不密，也不能太干捏不成团，砸后疏松下落。

(5) 对所有钢筋在浇混凝土前要整理好，发现问题必须及时处理，符合图纸后才能绑扎并浇混凝土。

(6) 进场构件及楼板均应事先验收。发现裂缝等问题，能及时处理应用的，应符合结构受力情况，进行合理处理后才可使用，如无法处理的应放置一边，做上记号，不得安装使用。

安全方面应注意的要求：

预制构件吊装结构的施工，一般往往不采用外脚手架，而在结构完工后采用吊篮做外墙装饰。所以结构施工中的外围安全很重要。

(1) 首层施工完毕后，就应在结构四周挂好安全网。以后每隔三层挂吊一次。网的一端可挂在结构上的为吊挂安全网的预埋钩上，另一端用杆支撑起来。支出墙面应有 3m 以上。

(2) 吊装施工人员必须系安全带，戴安全帽，穿防滑鞋。

(3) 吊装应有人统一指挥，操作人员应服从指挥。严禁违章指挥和违章作业。

(4) 吊装索具、零件，在起吊中经常检查。吊点必须正确。起吊及吊装时，吊件周围及其下不准站人操作。

(5) 施工中清理的杂物或其他东西不准往楼下抛扔。

(6) 电梯井口、楼梯边均应设置防护栏杆，防止误入及从楼梯处坠落。

(7) 已吊装好的构件，在吊另一构件时，操作司机和指挥应认真集中注意力，不要碰撞已吊好的构件，防止撞倒，引起重大事故。

(8) 电焊工作必须有电工配合施工，同时注意现场防火工作，采取防火措施。电焊人员要戴面罩和穿防护服，带电焊手套，穿绝缘鞋。

四、剪力墙结构的高层建筑施工

剪力墙结构主要是现浇钢筋混凝土墙体的施工，它包括模板的支撑、钢筋的绑扎、混凝土的浇筑三大工序。在施工中这三个工序的后两项工序，其施工方法和操作要求同框架结构等没有什么大的差异，而模板工程的施工在高层剪力墙结构施工中到目前为止已有：大模板工艺、滑模工艺和爬模工艺三大类。其施工方法各有特色，在这里我们主要介绍这三大工艺，结合我们懂得的钢筋施工和混凝土浇筑，就可以了解高层剪力墙结构的施工方法。

（一）大模板施工

大模板施工技术是建造高层住宅和旅馆的较好的手段。它的特点是采用工具式大型整块模板来支撑墙面；进行浇灌混凝土。其优点是结构整体性好，浇筑出的墙面平整，可以减少墙面抹灰等工作量，模板周转快、工期短、操作技术易掌握，工人劳动强度较轻。在施工中又总结出：全现浇内外墙大模板施工工艺；外墙挂板内墙现浇大模板工艺；外墙砌砖内墙现浇大模板工艺三类形式。

1. 大模板

大模板即指大面积的模板或大块头的模板，以区别其他模板（如组合钢模等）的主要标志是：模板高度相当于楼层的净结构高度，宽度则根据建筑平面、模板类型和吊机起重能力而定，一般其宽度可做成同房间的净宽尺寸一样。

对大模板的基本要求是：有足够的强度和刚度；板面平整光滑，做到拆模后不抹灰；每平方米的重量要较轻，使每块重量能被塔吊吊起及安装；要使支拆模板、运输、堆放能安全方便；尺寸构造尽可能标准化、通用化，达到周转次数多，维修少。

大模板通常由面板、骨架、支撑系统和附件等组成。

（1）面板的作用是使混凝土形成的墙面，达到设计要求的外观；可用钢板、胶合大板。

（2）骨架的作用是固定面板，保证刚度，并将受到荷载传到支撑系统去。骨架常用薄壁型钢做成。

（3）支撑系统的作用是将荷载传递到楼板或下层墙上，并可调整面板的位置达到设计要求的部位。在堆放时可保持模板的稳定性。

（4）附件包括操作平台、爬梯、穿墙螺栓，上口卡板等。

其形状和支模方法可见图 8-6-23、图 8-6-24。

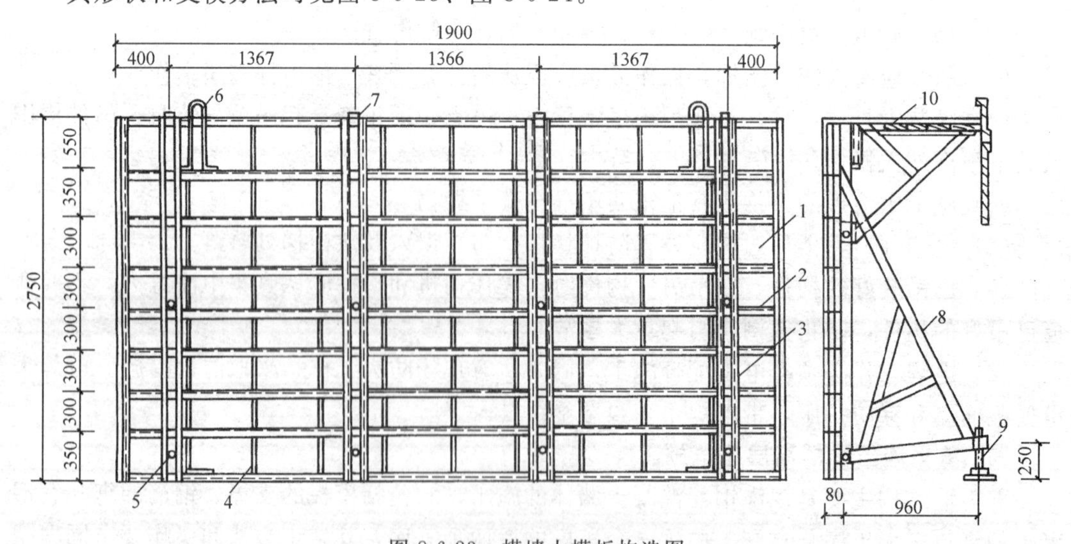

图 8-6-23　横墙大模板构造图

1—面板；2—横肋；3—竖肋；4—小肋；5—穿墙螺栓；

6—吊环；7—上口卡座；8—支撑架；9—地脚螺丝；10—操作平台

2. 外墙预制墙板内墙现浇的大模板施工

(1) 施工工艺程序：

施工准备→抄平放线→绑扎墙体钢筋→立门口、洞口→安装水电预埋件→吊装安置大模板→安装外墙壁板并临时固定→绑扎构造柱（该构造柱是预制墙板交接处的）钢筋→插放构造柱处防水保温板条→进行隐蔽工程验收→浇筑内墙大模内混凝土→养护及拆模→吊装楼板及预制楼梯→板缝浇灌混凝土→完成一层施工。

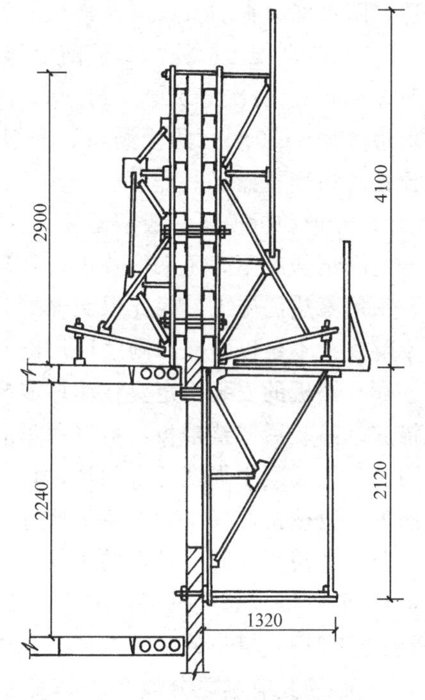

图 8-6-24 外承式大模板

(2) 施工中应注意点：

1) 施工准备主要熟悉图纸，考虑施工流水、准备机械、材料，做垫块、堵楼板孔…等。施工准备主要是考虑问题要全面，内容要细，对实施施工有利。

2) 抄平放线主要是确定定位控制桩，及水平标高桩。如房屋间距不够无法用经纬仪在楼外进行传递轴线，可在楼内卫生间现浇板处设立竖向传递桩点的洞口。水平标高可在楼梯间处往上传递。放线中一定要注意墙的位置，防止上下墙错位误差，这点很重要。其次是门口及内窗口的位置和数量不要弄错。

3) 钢筋绑扎主要是上下层连接处，钢筋要理直绑牢。整个墙面的配筋一般采用预先按图纸制成的点焊网片，吊装就位再在下部绑扎好。应注意的是网片上要梅花点似的绑上垫块，保证钢筋的保护层厚度。

4) 立门口、洞口，门口应尽量采用先立口方法，这样比较牢固，但门樘的立边必须撑牢，防止混凝土挤歪造成口成梯形。洞口或门口后立的则只要做个临时模框就可以了。但后立门口的安装要在混凝土墙上钻孔再用锚钉把门框钉牢，施工较繁。

5) 大模板的安装，在吊装就位时，一定要看准所放的线再放置模板，再用撬棍拔正，用地脚螺栓调整垂直度，再用两支点托线板（亦叫双十字靠尺）检查垂直度。另外要检查上口标高是否符合在楼板底的高度。检查无误后安装穿墙螺栓杆，杆上套塑料管，拆模时可以卸下并周转使用。螺栓一定要上紧，避免振捣混凝土后拆模时出现局部的鼓包。大模底如有不平有缝隙，应用木条等塞严，防止浇混凝土漏浆，而在拆模后出现烂根（或称吊脚）的质量通病。

6) 安装外墙壁板，应预先根据标高抹好找平层，就位时再坐水泥浆，保证上下接触面的粘结。安装时以外墙边线为准，并用两支点托线板检查垂直。墙板与墙板间的构造缝宽要一致，并注意棱角保护和空腔防水构造的完好。

上下层墙板键槽内的连接钢筋应及时焊牢。检查合格后，可将键槽内的混凝土浇灌完成，并把墙板根下的砂浆捻缝作业完成。

外墙安装的关键是防水构造的按图施工，操作人员和施工人员要加强注意和检查。

7) 隐蔽验收主要检查钢筋之外；还应对立的门口、洞口位置、数量也应检查；防水构造、防水保温板的安放以及模板的垂直度、标高等附带进行检查。

8）浇筑混凝土应注意封模前根部清理，浇灌前洒水湿润，接合面先铺垫同混凝土的砂浆 3～5cm。每次浇筑厚度约 50cm，不宜再厚。门、洞口边的下料要对称均匀，振捣棒离口边应大于 30cm，防止洞口、门口变形。浇筑过程中要有人看模板，防止模板位移，螺栓松动和严重漏浆。

9）养护和拆模：一般常温施工，经 24h 即可拆除大模，并浇水养护。发现异常问题，由于混凝土强度不高还来得及进行处理。冬期施工，一般在大模背面用聚苯乙烯泡沫板保温，采用蓄热法施工。因此保温养护时间要 72h 之后才能拆模。如气温很低，混凝土强度仍不够高，不足以防冻时则还应用红外线法进行养护一段时间。

10）楼板的安装一定要在墙体混凝土强度达到 10MPa 后才能进行。如提前安装要采取措施。吊装后调整楼板，最好用吊起平移的方法为好，不要用撬棍硬撬移动，给墙顶水平力过大，混凝土强度还未到达设计强度，容易出现墙面裂缝。楼板安装完后，如为抗震设防的，应按抗震要求对板缝加筋等处理后，浇筑板缝混凝土。

（3）大模板施工应具备的条件：

1）要有塔式起重机配合施工。由于每块大模板约重 4t，所以配 80t・m 的塔吊为宜（高层施工时），塔吊的台数按楼的长度，流水段等确定。一般每台班约 60 吊次。

2）必须具有满足分段流水施工配套齐全的大模板。根据经验一套大模包括纵横墙、反正模板约要 40 块，可完成建筑面积约 $160m^2$，还需要相应的配套零部件。

3）有混凝土搅拌站，或具备商品混凝土的供应条件。

4）配套的垂直运输机械：井架、附墙施工电梯、运输小翻斗车、混凝土吊斗等。

5）需要有堆放外墙板、拆模后堆放大模板，及堆放空心楼板，预制楼梯等构件的场地。

3. 内外墙均现浇的大模板施工

内外墙均由现场浇灌混凝土的，其施工工艺仅取消外墙板吊装的这一程序。它的特点是减少外墙板加工、运输、管理等环节，可节约一部分费用。但增加了现场施工工作量，要考虑外墙支模的技术措施。由于外墙也现浇就要考虑防止混凝土总体收缩的问题。

由于其整体性好，层数可以更高些，此外由于不受外墙板开间尺寸的限制，其内开间布置也可以灵活些。因此好多地方在 18 层以上的住宅、旅馆已逐步采用现浇内外墙大模板工艺。

在使用材料上，为保温隔热起见，外墙可采用陶粒混凝土（承自重）等轻混凝土；也可以和内墙一样用普通混凝土，但需做复合层内壁，如加气块或其他保温材料。

施工中因为一起现浇，内外墙主要依靠钢筋连结，没有构造柱等设置，也没有空腔防水层等。其与外挂内浇主要的区别是外墙要支模板，过程如下：

（1）外墙模板：

外墙内侧模板可以按开间净尺寸制作；门窗洞口不宜在模板上开洞，而用模板框支架在内侧模板上。外侧模板大小可以做成轴线尺寸宽，或同内模一样，再在横墙处加块堵头板，堵头板和外侧模用螺栓连接。

（2）模板的支撑方法：

内侧模板支承在楼板或地面（首层时）上；外侧模板的支撑有两种方法：

1）依靠穿拉在下层的外墙上的三角承重架来支托上层外墙外侧模板。具体可看图 8-6-25。

2）采用内侧模悬挂外侧模的办法支模。是外侧模的上口横肋上焊一段短槽钢（长度是外墙板宽加连结长度），用卡环可以卡到内侧模的上口肋上。再通过穿墙螺栓杆把外侧模固定在外墙位置上。可参看图 8-6-26。

以上介绍的就是内外墙全现浇大模板工艺与外挂内浇的工艺不同之处。此外由于平面开间可根据设计的灵活性，连楼板也有全改为现浇楼板或叠合式楼板进行施工的。

4. 外砌内浇形式的大模板工艺

这类建筑用于 10 层以下建筑时，外墙还可以用砖做自承重结构；而当高度超过 10 层时，则外砌墙体只能作填充墙，墙下要配墙梁。外砌有时为了建筑需要，如北京京伦饭店外墙采用蓝色机砖清水墙，是作为外装饰作用而用的外砌内浇的大模工艺。但山墙不能外砌必须浇筑混凝土，否则墙体无法形成整体刚度。

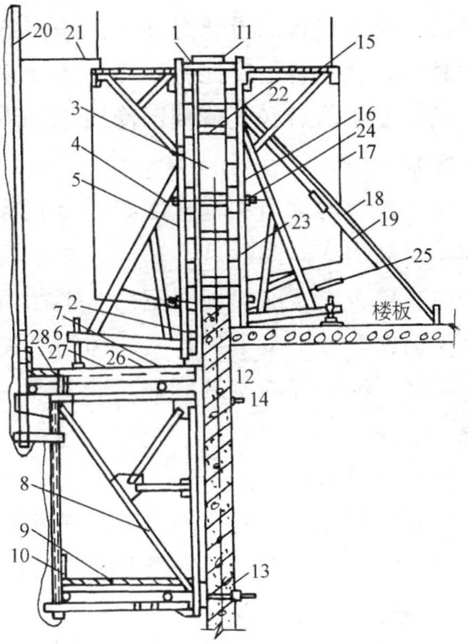

图 8-6-25　外侧模板支承在三角架上

1—上水平线模；2—下水平线模；3—混凝土墙面；4—外钢模；5—窗框；6—滑动轨道；7—轨枕；8—三角桁架；9—下吊盘；10—吊笼吊杆；11—上钩盒；12—上挂钩；13—下钩盒及下挂钩；14—上升模螺栓；15—操作平台；16—外墙里钢模；17—上下人梯；18—防侧移撑杆；19—防侧移位接花篮螺栓；20—护身栏；21—临时拉接；22—上挂钩留孔；23—挂钩留孔；24—穿墙螺栓；25—内墙穿墙螺栓孔；26—轨道前滚轴；27—轨道后滚轴；28—轨枕滚轴

由于外砌砖墙或砌块，因此为承受水平力和达到抗震设防，采取加强内纵墙和部分横墙的结构受力，从而保证整个房屋的刚度。也有的还采取现浇楼板，增加水平刚度。总之该类建筑我们施工人员应根据设计意图进行施工，并保证工程质量。

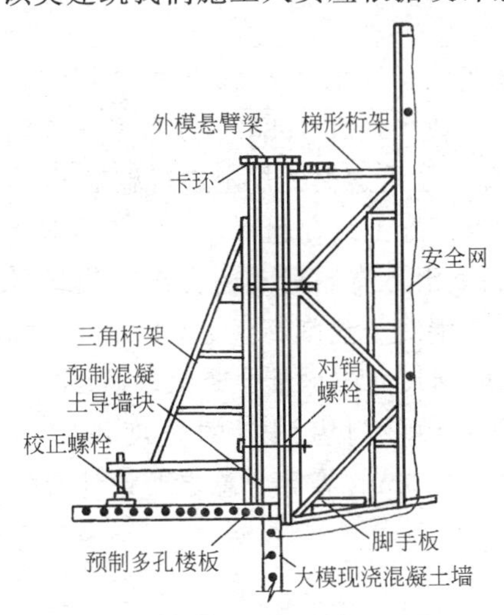

图 8-6-26　外侧模板悬挂支承

其工艺程序大致如下：

施工准备→定位放线→内墙、山墙绑钢筋（配合放门、窗洞口）→支模→浇筑混凝土→养护和拆模→内纵墙绑筋（配合放门、窗洞口）→支模→浇筑混凝土→养护拆模→弹出水平的 50cm 标高线→外墙砌筑→墙顶找平→吊装楼板或现浇楼板→灌板缝→养护→完成一层施工→循环转至上层施工。

其施工要求和注意事项均同外挂板内浇筑大模施工相同。

5. 质量控制和安全要求

大模板施工容易出现的质量通病有：墙体烂根、墙面波形凹凸不平、墙顶高度不准、墙身垂直偏差大、楼板安装不平等。这些质量通病应在施工中事先控制，才能保证工程质量。

（1）对大模板的设计必须考虑振捣等侧压力，使模板有足够的刚度，加上对穿墙螺栓杆的紧固，就不会出现凹凸不平。关键要紧螺栓。

（2）支模前后必须清理干净墙根，浇筑时要先铺 3～5cm 同混凝土砂浆。并对模板底防止漏浆。

（3）模板的标高和垂直度必须事先检查准确，才能进行施工。可防止事后出现的不垂直和墙身高出或高高低低不在同一水平面上的现象。

（4）楼板安装前要利用室内水平标高线来检查墙顶，并作找平层和坐浆，使楼板平稳和整个楼面在一个水平标高上。标高事先检查很重要。

其他可能出现的质量疵病，也只要在施工中按规范、规程操作，都可以得到控制和避免。

安全方面主要是：

（1）吊装外墙壁板，吊装人员必须系好安全带、戴好安全帽，要穿防滑的鞋。

（2）底层和每隔三层安装楼四周的安全网。安全网可在圈梁上留挂钩绑杆，杆上挂网，再用杆支出去至少 3m。

（3）要经常注意大模板零件是否牢靠，吊装过程中要下面人员避开。

（4）吊装要有专人指挥，操作人员要服从指挥。禁止违章指挥和违章作业。

（5）全现浇外挂模板时，必须检查确已牢固才能上外模作业。

（6）外砌施工时，要检查安全网是否支好，已支的是否牢固，操作人员在内侧施工，不准将打的砖、杂物往外扔，防止物体打击。

（7）注意“三口”“四边”的防护措施。

（二）墙体滑模施工

滑模施工最早是用于构筑物，如烟囱、水塔、筒仓等。后来发展到剪力墙结构的墙体施工，它的应用还早于大模板的施工。

它是现浇钢筋混凝土工程采用液压机械，使之活动连续成型的一种施工工艺。该工艺是 20 世纪初创始于美国，然后推广到欧洲，30 年代后又改进了千斤顶和模板结构，减轻了劳动强度，使用范围逐步扩大。

最近几年，我国各地应用滑模施工工艺，已相继建成了一批 20～50 层的高层和超高层建筑。每层结构的施工期一般三天完成。通过实践，我国还在 1988 年颁布了《液压滑动模板施工技术规程》(GBJ 113—87)，滑模施工就此有了可遵循的规定进行施工了。

凡采用滑模施工的工程结构设计，必须与工程的滑模施工结合起来，这样才能取得好的效果。例如要求：设计时平面布置应适合滑模顺利上滑，有碍滑动的突出部位尽量避免；墙体厚度应大于 140mm（无筋的应大于 180mm）；混凝土强度不低于 C15；同一标高内的混凝土应设计成同一强度等级；滑动方向的结构断面尺寸应尽量少变化，必要时用改变混凝土强度等级来解决；各层门窗洞口位置应一致，门窗洞口的宽度不宜超过 2500mm；丁字墙或十字墙处的门窗洞口离墙边应大于 250mm 等等。总之要设计与施工配合。这点施工员应在设计交底时注意。

1. 滑模体系的组成

滑升模板体系主要由模板系统、操作平台系统、液压系统及施工精度控制系统等部分组成的。可见图 8-6-27。

(1) 模板系统：模板系统由模板、围圈、提升架三部分组成。

模板是沿混凝土表面滑动的接触板（可用木模、钢模），主要是承受混凝土的侧压力、冲击力和滑升时的摩阻力，并使混凝土按设计的平面形状成型。用木模时内侧要包铁皮以减少阻力。

围圈又称围檩，其主要作用是使模板保持组装的平面形状，并将模板与提升架连成一个整体。围圈协助模板承担侧压力、冲击力及风荷载等水平力，以及操作平台传来的竖向荷载，并将这些荷载传至提升架和支承杆、千斤顶上。

提升架就是千斤顶架，它是安装千斤顶，并与围圈、模板连接成整体的主要构件。它的作用是控制模板、围圈由于混凝土的侧压力、冲击力而产生的向外变形；同时承受整个平台上的竖向荷载，并将这些荷载传递给千斤顶和支承杆。当提升机具工作时，通过提升架带动围圈、模板及操作平台一起向上滑动。

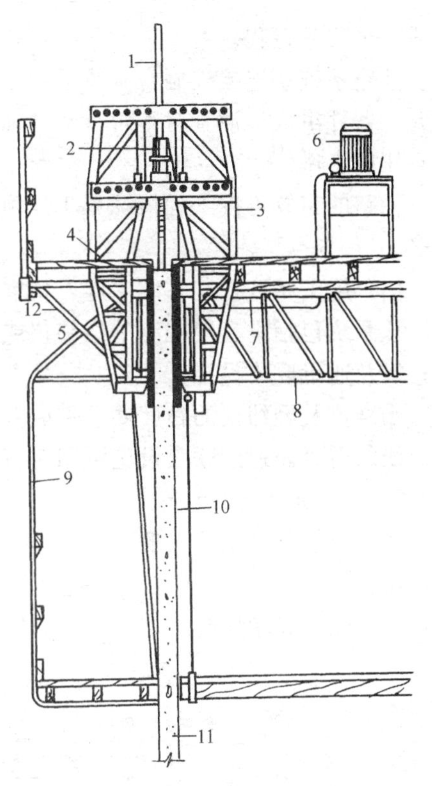

图 8-6-27　滑升模板

1—支承杆；2—液压千斤顶；3—提升架；4—围圈；5—模板；6—油泵；7—输油管；8—操作平台桁架；9—外吊脚手；10—内吊脚手；11—混凝土墙体；12—外挑架

(2) 操作平台系统：滑模的操作平台是滑模施工的空间场所，在平台上绑钢筋、浇混凝土、提升模板、放工具、小型机械、预埋件、乃至抄平的水准仪。

平台根据楼板施工工艺不同分为固定式和活动式两种，每层滑完就要做楼板施工的，宜采用活动式；滑到顶后再施工每层楼板的，可用固定式。一般采用活动式为多。

操作平台的外侧要设置有护拦，保证施工安全的外挑架。

操作平台下还挂有吊脚手架，主要用来检查滑出的混凝土质量及做表面修饰用。同时也可对模板进行检查，发现问题可及时修理和拆换。

(3) 液压系统：液压系统是滑升的动力源（当然它需要由电源供能量），主要由千斤顶、液压控制台、油路管线系统等组成。

千斤顶在目前国内多用 HQ-35 型或 QH-30 型穿心式液压千斤顶。起重能力为 35kN 及 30kN。千斤顶的工作原理是供油时排油弹簧被压缩，这时上下卡头紧紧抱住支承杆，下卡头随外壳带动模板系统向上滑升一个行程；排油时下卡头紧紧抱住支承杆，上卡头被排油弹簧向上推动复位。如此循环工作，使滑模上升。

液压控制台是该系统的控制中心。主要由电动机、油泵、换向阀、溢流阀、液压分配器和油箱等组成。其工作过程是电动机让油泵运转，把油箱中油液通过溢流阀控制压力后，经换向阀输送到液压分配器，再经油管把油输入千斤顶，使千斤顶沿爬杆上升。当活塞走满行程后，换向阀变换油路，千斤顶中之油经换向阀返回油箱。这样一个工作循环，形成一个爬升过程。

油路系统是连接控制台到千斤顶的通路。主要由油管、管接头、液压分配器和截止阀等元、器件组成。油管对不常拆动的油路可用无缝钢管做成；需经常拆改的油路油管可采用高压胶管做。

油路的布置可按工程情况和千斤顶位置的不同，分为并联布置和串联布置。前者用得较多。

(4) 施工精度控制系统：施工精度控制主要保证滑模的垂直度和整个平面的水平。

该系统包括垂直度观测的经纬仪或激光天顶经纬仪；水平度的控制用的自动安平水准仪；以及通讯联络设施。

水准仪及经纬仪的精度要求不应低于1/10000。其控制和观测可见前面介绍的施工测量放线的内容。通讯联络设施可用对讲机、声光信号等。

2. 滑升模板施工工艺

滑升模板整个系统一般要先通过设计，选材制作，滑模装置的组装，才能进入施工。这是比较专业的技术工作，我们这里不作详细介绍。作为施工员主要了解组装和施工的程序，便于配合和指导施工。其程序一般如下：

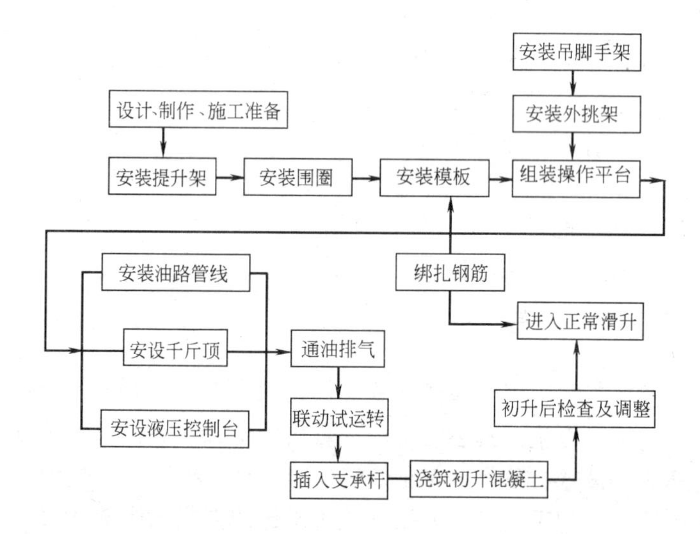

(1) 施工准备工作：滑模工程应在基础工程或下部结构完成之后，并进行隐蔽验收。在组装设备前应先将施工场地平整清理好，用经纬仪定位，按设计平面图和模板组装图，放线弹出建筑物各部位的中心线和结构轮廓线，并标出提升架、门窗的位置线，设置竖向垂直度的控制点（房屋内或房屋外根据工程实际定）。

同时还要做好把水、电源引到现场组装部位；清除基础上的脏物、污泥、残渣，对钢筋除去浮锈，还要考虑以后滑升中养护水下落的排出。

准备好测量仪器；电焊设备；电钻、手提砂轮、倒链等工具。

准备组装的零部件，如提升架、围圈、模板、桁架、连接螺栓和支承杆，并进行必要的除锈和刷油。

组织专业提升小组，有统一指挥人员，对组装件的核对、检查和质量验收。

在组装前应先绑一段钢筋，立支承杆，进行试运转，然后进行全面检查和调整才能正式施工。

施工准备的另一方面是应严格按施工组织设计的施工总平面图放置材料、施工机械（如塔吊、搅拌机）、加工件和搭设工地的临时设施，划出施工区域避免闲人出入。

（2）钢筋绑扎和预埋件安放：钢筋的配制应掌握横向钢筋长度不大于7m；竖向钢筋应与楼层高度一致。加工好的钢筋应根据施工程序先后，运到现场并分类存放。钢筋的绑扎应与滑升速度、混凝土浇筑相配合。

每层混浇土浇灌完毕后，在混凝土表面上至少有一道绑扎好的横向钢筋。竖向钢筋的绑扎，应在提升架上部设置钢筋定位架，以保证钢筋位置准确。大于$\phi16$的竖向钢筋宜采用气压焊或电渣压力焊。双层钢筋绑好后其间要用拉结筋定位，并保证有20mm保护层。

预埋件必须按图按标高放置，一定要准确。可用钢丝绑在钢筋上后电焊点牢。混凝土浇筑后，滑升过该预埋件后，应立即清除表面混凝土，使预埋件外露。要求位置偏差不大于20mm。

（3）支承杆的放置：对第一层插入穿心式千斤顶的支承杆的长度，应有四种以上，按长短顺序排列，目的是使在同一标高上支承杆的接头数量不超过25%。对支承杆上的油泥应清除干净，支承杆的接头有丝扣接头、榫接头、焊接接头三种。前两种接头加工量大，成本高。焊接接头现场焊接工作量较大，一般可采用电渣压力焊，焊好后锉平焊口，便于爬升。工具式支承杆可以在滑模施工结束后一次拔出，周转使用。

（4）混凝土的浇筑：滑模施工要求的混凝土，除了设计要求的强度之外，还应适合滑模施工的工艺。它包括：混凝土早期强度的增长速度，即满足滑升速度的要求；混凝土坍落度对墙板来说应控制在4～6cm内；对掺入混凝土的外加剂和掺合料都应事先通过试验确定。配合比一定要经过试配，对骨料粒径：墙板最大粒径宜为20mm。要求粒径在7mm以下的细集料占50%～55%，粒径0.2mm的细集料占5%以上。这样对滑升施工减少摩阻力有利。使用的水泥最好牌号、强度等级不变。

要求混凝土的初凝时间控制在2h左右。终凝时间一般控制在4～6h。实践证明，当混凝土出模强度为0.2～0.3MPa时，工程质量较好，混凝土表面易抹平（或压光）、修理，不致产生流淌和拉裂现象。

混凝土浇筑时应注意以下几点：

1）必须分层均匀交圈（全部墙体流水过去循环回来），使浇筑高度都处于同一水平面上。

2）分层厚度以30cm为宜，相接层间隔时间不超过2h。

3）先浇筑较厚的墙，后浇筑较薄的墙；先宜浇内墙后浇外墙。

4）在门、窗洞口、变形缝处，对两侧的混凝土应对称均匀地浇灌。

5）振捣棒不要触及支承杆、模板及钢筋；振捣棒插入下一层混凝土的深度不宜超过5cm；在模板滑升的过程中，不得进行混凝土振捣。

（5）模板的滑升：当向模板内开始浇筑混凝土时，浇灌时间一般控制在3h左右，分两层将混凝土浇灌到60～70cm后，就可以进行模板的初试滑升。

初试滑升，必须对滑模装置和混凝土的凝结状态进行检查。试滑时，应将全部千斤顶同时缓缓平稳升起50～100mm；将脱出的混凝土用手指按压时，有轻微的指印也不粘手，且在滑升过程中有“沙沙”之声，这说明混凝土具备了滑升条件。当模板滑升到30cm

时，应稍作停歇，对所有提升设备和模板系统进行全面检查，作必要整修，这样才可进行正常滑升。这次检查是保证以后全过程正常滑升的基础。

正常滑升时，在每次滑升前将混凝土浇灌至距模板上口以下50～100mm处，并应将最上面一道横向钢筋露在混凝土上表面外，作为绑扎上面钢筋间距的依据。每次浇灌也以30cm一层为控制，两次提升模板的时间间隔最好不要超过1.5h。气温较高时，要增加中间提升1～2次，每次升高为6cm左右，目的是因天热硬化快，这样做可以减少摩擦力。

滑升中应经常检查机件，出现非正常情况应暂停施工，检查原因及时处理。

滑升过程中，操作平台要保持水平，各千斤顶的相对标高差不得大于40mm，相邻两个提升架上的千斤顶的升差不得大于20mm。

滑升过程中要检查和记录结构的垂直度；扭转情况（没有最好）；结构的断面尺寸；轴线有无偏差等。一般剪力墙结构刚度较好，可以每滑升1m即进行一次检查并记录情况。对纠正结构的垂直度时，应缓慢进行，避免出现硬弯变化。

滑升过程中还应及时清理粘结在模板上的灰浆，及模板之间存有的夹灰。对被油污污染的钢筋和混凝土要及时处理干净。

最后当模板滑升至房屋顶部下1m左右处，滑模施工进入完成滑升阶段，此时应放慢滑升速度，并进行准确的抄平和找正工作，使最后一层混凝土能均匀和水平的交圈，从而保证屋顶部位标高及位置的正确。

在施工中模板的滑升速度有经验公式计算，为明了起见，我们根据经验可以归纳为上升速度大致为15～25cm/h，经验公式就不列了。

（6）混凝土的养护和修饰：在滑升后脱模的混凝土应及时进行修整和养护。常温时可进行浇水养护，夏季气温高，必须在脱模后12h内进行浇水养护，并应增加次数；当气温平均低于5℃时，可以不再浇水，但应设法用保温蓄热办法养护。

养护用的喷水管，宜设在内外吊脚手架上。并要附设高压水泵提高扬程，但喷水时压力不宜过大。

近年来已采用养护剂，随滑升脱模后，人站在吊脚手上喷刷，应注意的是防止漏喷、漏刷。

混凝土脱模后，对墙面质量较好的应用木抹子将表面搓平；对出现蜂窝麻面的，应将松动的石子等清干净，再用少石砂浆填补抹平；对问题较大的如空洞、大裂缝，应另行支模修补。

3. 滑模施工的精度控制

滑模施工建筑物能否保证垂直和水平，是保证滑模质量的关键。在这方面有很多办法，我们可以在遇到该项施工时进一步深入钻研，在这里我们只把它们的方法名称作些介绍。

控制水平度的方法：房屋能保持水平上升则垂直度也不会出现很大的偏差。但由于千斤顶设备有时会出现不同步，出现升差，如不及时加以控制，那么垂直度也会出现问题，模板结构体系也会变形。从工程实践中总结出了限位调平器控制法；限位阀控制法；行程调节控制法；截止阀控制法；激光自动调平控制法等。

滑模的垂直度控制：影响垂直度的因素有千斤顶不同步有升差，滑升装置刚度不够出现变形，操作平台上荷载不均匀，混凝土浇灌老是一个方向循环进行，大风荷载等等。为了解垂直度情况要先进行观测，这种观测与以前讲的垂直度控制相仿，除用经纬仪、线锤之外，近年又出现了：激光导向法；激光导线法；导电线锤法等。经观测若发现问题则可以采用平台倾斜法，导向纠偏控制法，顶轮纠偏控制法，外力法等进行纠正。

总之，在滑升过程中要经常观测水平度及垂直度，从而及时纠正。一般每滑升 1m 高要检查一次，滑升一层后大检查一次。这样并不费时，不要到偏差大了再纠正，那就更费时费力了，也不易纠正得很好，这是施工过程中应注意的。

4. 楼板结构的施工

剪力墙结构的楼板可做成现浇的和预制板吊装安装的两类。而在施工时则分为逐层封闭法即滑升一层墙体，做一层楼板；先滑墙体法，即先滑升数层高后，然后再做几层楼板的先滑墙体后跟楼板的方法。

逐层封闭法是，当每层墙体滑升至该层楼板底标高时，将混凝土按标高浇平，随即停止浇筑混凝土。等混凝土达到脱模强度后，把模板连续提升直至与混凝土脱开，再向上空滑至楼板面标高上一定高度停止。然后把活动平台吊开，就可以在模架以下进行现浇楼板支模或预制楼板吊装就位。如此逐层进行，故称逐层封闭法。

应注意的是：

（1）模板空滑后，应立即进行清理，并涂刷隔离剂（防止污染钢筋），便于楼板施工完后继续滑模。

（2）如楼板为单向板，横墙承重，则纵墙应不空滑，多浇一段高度（约 50cm 左右）的混凝土，使纵墙与模板不脱空，保持模板稳定。如为双向板则外墙要浇成企口形，使外侧模板不脱空，防止全脱空后，模板系统产生平移或扭转的变形。见图 8-6-28。

（3）如为安装预制楼板的，则要求墙体混凝土强度达到 3MPa。如要加快施工进度，则要采取技术措施。

（4）安装楼板时，不得以墙体作支点撬动楼板，也不得以模板及支承杆为支点撬动楼板。严禁吊装时撞墙及支承杆，因此操作必须细致认真，下落板要慢要稳，做到一落即能就位。

（5）楼板层施工完后，板面至滑模的空隙，可用挡板支模进行继续浇混凝土及滑升。

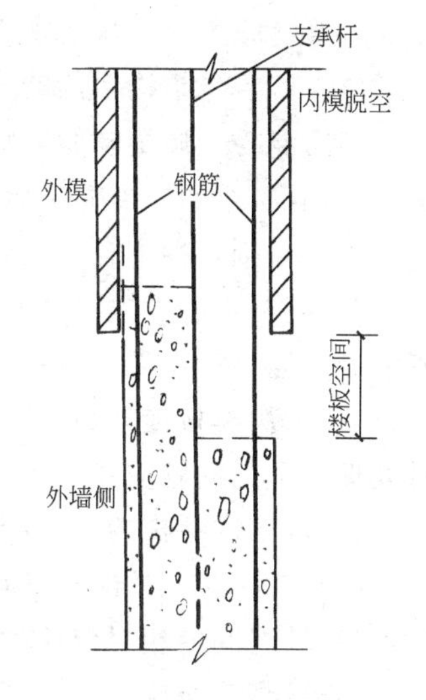

图 8-6-28　滑升模板留板安装空间

先滑墙体后跟楼板法是当墙体滑升到数层高度后，就可以自下而上地交插入楼板的施工。施工时揭开活动操作平台，从该处作为进口，吊入模板、钢筋、混凝土等材料可做现浇楼板；或斜向把预制楼板吊下去进行安装就位。

先滑墙体法在设计上要对现浇板或预制板与墙体结构连接进行考虑。现浇板的连接方式有钢筋混凝土键的连接法；钢筋销与凹槽连接法，使墙板在结构上形成整体。具体的要按施工图进行实施。预制板的结构连接有永久牛腿连接法，即墙上做出钢或钢筋混凝土的牛腿来支承楼板；还有是临时支架放板，再在墙上预留的洞和钢筋把板钢筋伸入或电焊连接后，浇灌板端混凝土使板支于墙体上，不过该种板要在加工时做成倒斜坡形。见图 8-6-29。

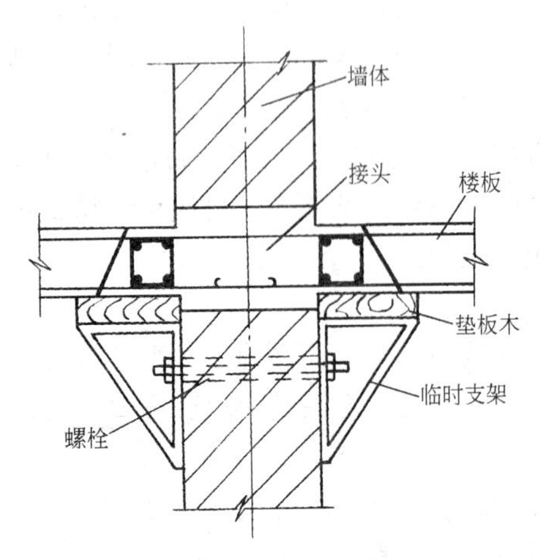

图 8-6-29　楼板支座的一种方法

逐层封闭法和先滑墙体法各有优缺点，前者的优点是施工完一层墙体，就可做一层楼板，为施工的立体交插创造了条件；同时保证了施工期间结构的整体稳定性。缺点是模板空滑需要严格验算每根支承杆的稳定性。后者的优点是模板不空滑，墙体施工与楼板施工可分别进行。缺点是用牛腿做永久支承，在室内外观上差，用临时支架放楼板则施工麻烦，且结构连接的施工时必须仔细认真。

5. 滑模施工的质量和安全要求

滑模施工的实施操作均应以《液压滑动模板施工技术规范》（GBJ 113—87）和有关标准的规定，进行跟班质量检查和隐蔽工程验收。滑模施工的安全生产必须以《液压滑动模板施工安全技术规程》（JGJ 65—89）的要求进行。

对滑模施工的质量要求大致有以下一些规定：

（1）若兼作结构钢筋的支承杆的焊接接头、预埋插筋等均应作隐蔽工程验收。

（2）混凝土质量检验应符合以下几点：

1）混凝土的标准养护试块，每一台班不应少于一组，如在该台班内，混凝土配合比发生变化，则每种配合比应作一组试块。

2）混凝土的出模强度检查，每一工作班应不少于两次，如在该班次中气温发生骤变，或混凝土配合比变化，应相应增加检查次数。

3）每次模板提升后，应立即检查出模混凝土有无塌落、拉裂、麻面等，发现问题及时处理，重大问题应作好记录。

4）对高层结构的垂直度的观测，应以当地时间 6：00～9：00 间的测量结果为准。

（3）滑模施工的结构允许偏差为：

1）轴线间的相对位移为：5mm；

2）标高：每层为：±10mm；

全高为：±30mm；

3）垂直度：每层高小于 5m 为：5mm；

全高≥10m 为：高度的 0.1%，并≤50mm；

4）墙截面尺寸偏差为：+10mm，−5mm；

5）表面平整：抹灰为：8mm；

不抹灰为：5mm；

6）门、窗洞口位置偏差为：15mm；

7）预埋件位置偏差为：20mm。

对质量的控制应抓住：水平度、垂直度的检查、观测；支承杆的牢固稳定；混凝土的配比和坍落度；要组织好人分片检查出模强度和混凝土出模质量；试块不能少做，应有代表性；检查钢筋和电焊的质量等。

对安全施工的要求有：

（1）对滑模施工的人员应进行安全培训和教育，并通过考核合格方能上岗，主要施工人员应相对固定。要配专门安全员。

（2）应经常与当地气象台取得联系，遇到雷雨、六级及以上大风时应停止施工。人员离开、切断电源等。

（3）凡有高血压、心脏病、贫血、癫痫病及不适应高空作业的人员，不得上操作平台工作。

（4）施工建筑应划出警戒区，范围为距建筑物10m以上。当不能满足时要采取防护措施。

（5）进出入口和上下作业，都应在其上搭设防护棚架。防护棚要双层板，具有足够抗住上面落物的冲击的强度和刚度。

（6）操作平台应有专门设计并经审批，平台制作、安装严格按设计图进行；焊接质量必须仔细检查；吊脚手架上的铺板必须严密平整、防滑、固定可靠，不可任意挪动。操作平台边应设防护拦，高度不小于120cm，底部设挡板，外侧应挂安全网封闭。

（7）使用的设备（包括垂直运输机械）和电气照明等均应符合相应规定。

（8）要有上下联络的通讯设备、信号装置；当高度超过50m时，夜间要有航空指示信号的设置。

（9）根据现场具体环境应考虑是否设置防雷装置。如要设防雷装置应符合有关规定。

（10）注意现场设置防火设施和观察所在环境是否要做好防毒工作等。

（11）滑升操作前应进行全面安全检查；滑升中应有人统一指挥；禁止超速滑升；经常检查支承杆的情况，尤其是接头处。

（12）滑模装置拆除时，应制定方案，并由专业队伍进行拆除。拆除工作必须在白天进行，宜采用分段整体拆除，到地面后解体。当遇到雷雨、雾、雪和风力在五级及以上时，不得进行拆除作业。

（三）爬升模板施工

爬升模板可以说是大模板和滑模施工的结合，在近年使用较多。爬升模板亦称提模或跳模，也可以说是一种特殊的大模板施工。模板随建筑物结构施工而上升，兼有大模板的墙面平整和滑模不落地的优点，可以减少塔式起重机等垂直运输设备的工作量。

该种施工方法在1970年后欧洲首先开创应用于剪力墙结构的高层现浇钢筋混凝土工程。80年代后传入我国，在上海、天津、北京、杭州、南京等地的高层剪力墙结构现浇钢筋混凝土工程中推广，并经我国结合国情有所创新发展。

爬升模板系统是由悬吊的大模板、爬升支架、液压千斤顶三部分组成。

大模板和以前讲的构造基本相同，只是外墙的外侧模板要依靠爬升支架上的爬升设备支承和爬升，其模板高度比层高高出5～10cm。

爬升支架是一个格式钢架，由下部附墙架和上部支承架两部分组成。附墙架则由螺栓固定在下层墙体上（每层墙都要依此预留螺栓孔），支承架的高度大于两层墙高，支承架坐落在附墙架上，形成一个整体刚架。支承架顶有一根爬架的横挑梁，用来悬吊模板的爬杆，爬杆下装有水平起模用的支承梁，中部装有爬架爬升用的千斤顶。

复 习 思 考 题

1. 高层建筑测量定位的竖向传递有哪几种方法？
2. 如何进行沉降观测？
3. 高层建筑施工应备的机械和设备有哪些？
4. 高层施工中采用的模板体系有哪些？各有什么特点？
5. 高层建筑中竖向钢筋的接头方法有哪些？各有什么要求？
6. 高层建筑中各种结构类型的施工方法各有什么特点和要求？

第七节　屋面工程及防水工程施工

一、平屋面工程的施工

（一）施工工艺流程

平屋面的施工是按设计图纸上对屋面构造层次的组成，逐步一层一层施工的。其流程如下，其中虚线者为有的需要，有的不需要。

施工准备 → 材料准备 → 屋面抄平、弹线 → 材料运输 → 找平层（虚线） → 隔汽层 → 保温层 → 找平层 → 防水层 → 保护层 → 架空隔热层

1. 施工准备

看施工图，了解屋面层次构造、流水坡度和方向、水落管位置，再了解隔汽层、保温层（或兼找坡用）、防水层等材料种类和性能。进行技术交底；清理屋面检查结构层情况有无异常；测定屋面标高并抄平，作为施工找坡及控制施工厚度的依据。

2. 材料及设备准备

对屋面工程需用的材料应进场存放，其中保温材料和防水材料应放入防雨的仓库内。防水材料要取样试验。

3. 工艺流程间的相互关系

如结构层（基层）上直接铺保温层或建筑找坡层，那么第一层找平层就不必做了。而隔汽层的有无则是根据地区及室内湿度确定的，设计上有的一定要做，这对保温隔热层是有好处的。而保温层上的找平层是一定要做的；防水层是屋面的关键一层是不能少的；其上的保护层可以是上人屋面的找平层加面层；或不上人屋面的砂、豆石层加架空隔热板。架空隔热板四角是支放在三皮砖砌的小墩子上。了解了相互关系，即使图纸记不清，但也不致造成大的差错。

（二）找平层的施工

1. 找平层所用的材料

基层上的找平层是根据屋面结构情况定的。如为预制钢筋混凝土屋面板，则要在其上做一层找平层，有的要求用 30mm 厚的 C20 细石混凝土加 ϕ4 钢筋，纵横 200mm 中-中的网片压光抹平。如为现浇钢筋混凝土屋面板的，则只要用 20mm 厚 1∶3 水泥砂浆抹平搓毛。

2. 找平层的施工操作

施工操作中应做到的是：

(1) 水泥砂浆配合比要准确，水泥强度等级不低于32.5级，搅拌均匀，砂浆稠度应小于5cm。

(2) 用细石混凝土时，配合比要按C20要求配制，搅拌均匀，坍落度以3～5cm为宜。

(3) 要根据抄平划分施工段，并做出灰饼控制厚度，达到节约材料，施工有标准。

(4) 要检查基层有无问题，并应清理干净洒水湿润，完成后达到粘结牢固、不翘不裂。

(5) 应与供料前进线路反向倒退操作，这样可以避免施工好的表面，被人及车再压坏。施工中严格掌握坡度方向，保证屋面坡度准确。

(6) 气温低于0℃时，或在终凝前会有雨，则不宜进行该项施工。

(7) 找平层完成后不得上人踩踏，施工完后12h要根据气候作不同的养护，达到不起砂、不脱皮。

(8) 凡有天沟处的阴阳角和女儿墙处的阴角均应抹成弧形，以便卷材缓和拐弯铺贴。

(三) 隔汽层的施工

隔汽层是防止湿度大的房屋内水分向上蒸发，透过结构层和找平层渗入保温层，而长期影响后，保温层将失去作用。因此有隔汽层构造的房屋屋面，隔汽层必须按图纸设计的材料和做法施工。

施工中应注意的是对下层必须密封，凡有女儿墙的，隔汽层必须做到墙面上，并高出保温层面150mm，等于把保温层从底往上包裹了起来。

施工应认真细致，凡用单层卷材的，搭接头处要粘结和封闭好，搭接应大于7cm；凡用涂料的，应涂刷均匀厚薄一致，施工时方向一致。

(四) 保温层的施工

保温层的材料种类较多，块体的铺砌都比较简单，拉线、按标高把屋面铺满，但都要按图纸或规范留出排汽槽及排汽孔。一般排汽槽间距为6m，纵横设置；屋面面积每36m^{2}宜设置一个排汽孔。为了具体说明施工方法，我们这里主要介绍的是现浇水泥珍珠岩的施工。

珍珠岩的堆积密度为40～300kg/m^3，常温时导热系数为0.04kcal/m·h·℃，耐火度为1280～1360℃，其重量吸水率为400%。这些性能中吸水率问题对我们施工必须引起注意，因此不论是成品块体或现浇一片，都必须保证其不受雨淋和浸水。否则，保温失效，还会造成向内渗水隐患。

现浇珍珠岩施工其配合比为体积比，常用的有以下几种：

(1) 水泥应采用强度等级32.5级水泥，珍珠岩用堆积密度为120～160kg/m^3。

(2) 采用的配合比有：

1) 水泥：珍珠岩=1：8（体积比）；其性能大致为：质量密度为510kg/m^3；抗压强度约1.6MPa；导热系数为0.073kcal/m·h·℃；

2) 水泥：珍珠岩=1：10（体积比）；其性能大致为：质量密度为390kg/m^3；抗压强度为1.1MPa；导热系数为0.069kcal/m·h·℃；

3) 水泥：珍珠岩=1：12（体积比）；其性能大致为：质量密度为360kg/m^3；抗压强度为1MPa；导热系数为0.064kcal/m·h·℃。

现浇珍珠岩的搅拌，采用先把水泥和珍珠岩拌合，后慢慢加水搅拌。水灰比的用水量约为水泥重的一半，水不可加得过多。一般经验的方法是手握成团不散，挤不出灰浆或只能挤出极少量灰浆为宜。

铺设前应将基层表面适当洒水湿润，不能浇水。铺设的厚度比设计厚度增加30%，比如设计80mm厚，虚铺时应铺至104mm，然后可用木拍轻轻拍实至设计厚度，并用木抹子搓平。

铺设应以36m² 为一单元，四周可用预制的加气混凝土块锯成条，做成排汽槽，在它围的范围内铺平水泥珍珠岩拌合物。其厚度可用边上围砌的加气块控制。排汽槽可做成60mm宽。

铺设完毕，第二天应抹上找平层，过后应适当养护。

现浇水泥珍珠岩或水泥珍珠岩预制块材的施工或铺设应选晴好天气抓紧完成，并随即抹上找平层。一旦遇到雨天，大量水被吸入其内，而在未干透的情况下做找平层、防水层，则最后水分大量窝在其中出不来，即使有排汽孔道也解决不了。没有隔汽层的会出现室内天晴也滴水，顶棚潮湿；有隔汽层的使卷材屋面起鼓泡。

因此做保温层时，一定要选好天气，防雨水和其他多余的水，因为浸水而出质量事故的不是少数。尤其江南梅雨季节赶上做屋面工程，该类问题尤为突出，所以应尽量避免，要采取技术措施。

再有排汽孔道、沟槽必须连通，沟槽内要干净。在做找平层时，沟槽上要盖钢板网片，抹找平层时应形成其下的空腔可以通汽。

排汽孔及沟槽构造可见图8-7-1。

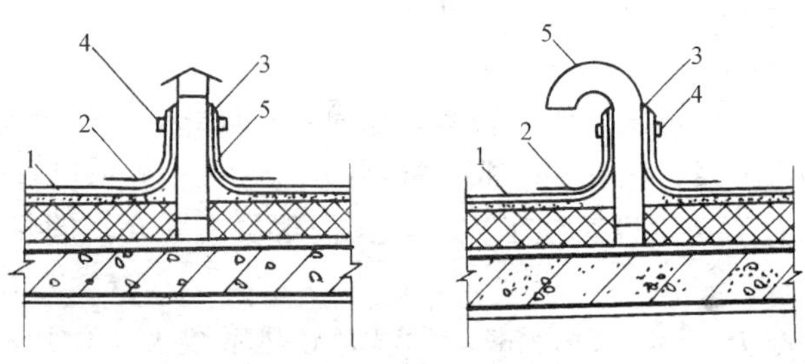

图8-7-1 排汽出口构造

1—防水层；2—附加防水层；3—密封材料；4—金属箍；5—排汽管

（五）挤塑泡沫保温材料

该种新型保温隔热材料国内尚未推广使用，其具有闭孔式结构，厚度均匀，内壁互连无空位。

它的用途非常广泛，可做内外墙的复合板，顶棚、屋面工程的保温层；做冷库的地、墙、顶的保温等。

它在屋面的构造中，是倒置于防水层上面的，对卷材防水屋面可起保护作用。施工时平铺在防水层上，板块间有平头对齐的、企口拼合的、舌榫咬合的三种，互相错位铺放。在保温层上盖上纤维布可再铺上水泥砖或混凝土块做成屋面系统。其构造如图8-7-2。

（六）卷材防水屋面施工

卷材防水是平屋顶应用最广的防水方法。以卷材的种类分为：沥青防水卷材、高聚物

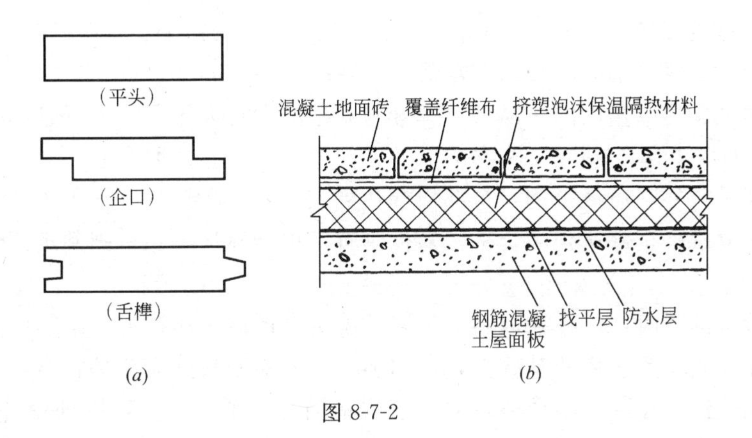

图 8-7-2

改性沥青防水卷材、合成高分子防水卷材等。我们将以它们三种不同的卷材施工进行介绍：

1. 沥青防水卷材的施工

(1) 材料和要求：沥青防水卷材分为：纸胎油毡、纤维胎油毡（胎芯为玻璃丝布、玻纤布、化纤布、黄麻等）、特殊胎油毡（胎芯为金属箔、合成膜、复合胎等）。

沥青防水卷材质量要求分为外观质量、物理性能两个方面，可见表 8-7-1 和表 8-7-2。

沥青防水卷材的外观质量要求　　表 8-7-1

项　目	质量要求	项　目	质量要求
孔洞、硌伤	不允许	裂　纹	距卷心 1000mm 以外，长度不大于 10mm
露胎、涂盖不匀	不允许	裂口、缺边	边缘裂口小于 20mm，缺边长度小于 50mm，深度小于 20mm
折纹、皱折	距卷心 1000mm 以外，长度不大于 100mm	每卷卷材的接头	不超过 1 处，较短的一段不应小于 2500mm，接头处应加长 150mm

沥青防水卷材的物理性能　　表 8-7-2

项　目		性能要求	
		350 号	500 号
纵向拉力(25±2℃时)(N)		≥340	≥440
耐热度(85±2℃,2h)		不流淌，无集中性气泡	
柔性(18±2℃)		绕 ϕ20mm 圆棒无裂纹	绕 ϕ25mm 圆棒无裂纹
不透水性	压　力(MPa)	≥0.1	≥0.15
	保持时间(min)	≥30	≥30

沥青防水卷材的规格分为 350 及 500 两种标号，宽为 915mm 及 1000mm 两种，面积为 20±0.3m^2。

要求贮存在阴凉通风的室内，避免雨淋、日晒和受潮，严禁接近火源，环境温度不高于 45℃。存放时应立直堆放，高度不超过两层，不得倾斜或横压。避免与化学介质及有机溶剂等有害物质接触。

对沥青卷材的找平层的阴阳角转角弧度半径取10～15cm。

对其抽样试验的取量以同一品种、牌号和规格的卷材大于1000卷的取5卷进行检验；500～1000卷的取4卷；100～499卷的取3卷；少于100卷的取2卷。

然后展开进行外观质量检测，全部指标达到表8-7-1规定，即为合格。如有一项达不到应取双倍量复试，全部达到为合格，复检时有一项指标达不到，则判定该产品外观质量为不合格。

与外观检查的同时，应在抽取卷上裁取试验量的试件去作拉力、耐热度、柔性和不透水性试验。在外观质量合格的基础上，该四项物理性能的检查应全部合格，才能认为该批卷材合格。如检测中有一项不合格，取双倍试验仍有一项不合格，则即使外观质量合格，但该批卷材仍不合格。

粘结沥青卷材的粘结材料为沥青玛𤧛脂，该料应由施工单位的试验室根据所用原材料试配确定。施工中严格按确定的配合比配料，每工作班均应抽查玛𤧛脂耐热度相应的软化点和柔韧性。

沥青玛𤧛脂的标号分为S-60、S-65、S-70、S-75、S-80、S-85。以屋面坡度不同，历年极端最高气温来选定使用。例如，屋面坡度为2%～3%，历年最高气温为41℃则采用S-65标号，其他各类标号的采用，规范均有规定。

在施工中热玛𤧛脂的加热温度不应高于240℃，使用温度不宜低于190℃。熬制好的玛𤧛脂应在当天作业班内用完为好。

（2）沥青卷材的粘贴：沥青卷材的铺贴施工可分为热贴法（过去传统的贴法）和冷贴法（即用冷玛𤧛脂粘贴卷材）两种。与找平层粘结的方法分为：满铺满贴法、空铺法、条贴法、点粘法等若干种。

冷玛𤧛脂是由石油沥青、填充料（如滑石粉）、溶剂等配制而成。

空铺法是卷材仅在四周一定宽度（约15cm）内粘贴，中间部分不粘贴的施工方法。

条贴法是卷材与找平层之间采用条状粘结，每卷宽度内与基层粘贴不少于两条，每条宽不少于15cm。

点粘法是卷材与基层（找平层）的粘结以小面积（10cm×10cm大小）粘贴，每平方米不少于5点。

各类的贴法是根据屋面结构的不同，而由设计选用的，而我们往往习惯于满铺满贴施工。这点必须要逐渐改变，应以设计为准。

铺贴卷材根据设计要求及防水等级有二毡三油及三毡四油的两种做法。现规范规定一般工业与民用建筑为三毡四油，比过去常做的二毡三油又多了一层卷材和粘贴料。

卷材热铺贴的工艺过程为：

施工准备→检查基层（找平层）是否干燥，有无起砂、酥松、脱皮现象→清扫基层尘土等达到干净→放开卷材清扫撒布料→回卷堆放一边→刷冷底子油→上热玛𤧛脂→铺贴附加层处一毡一油→大面铺贴→重复完成三油三毡→收头→浇热玛𤧛脂→撒表面保护层绿豆砂→清理屋面完成施工。

应注意点为：

1）屋面坡度小于3%时，卷材宜平行屋脊铺贴，从沿口边往上贴，后贴的压先贴的；

屋面坡度为3%～15%之间时，卷材可平行或垂直屋脊铺贴；当坡度大于15%时，卷材应垂直于屋脊铺贴。但上下卷材不可互相垂直铺贴。

2）沥青卷材的搭接宽度满粘法时短边要搭接10cm，长边搭接7cm；空贴、点贴、条贴法时，短边搭接15cm，长边搭接10cm。

3）采用热玛琋脂粘贴时，粘料厚度宜为1～1.5mm，面层要2～3mm；采用冷玛琋脂粘贴时，粘料厚度宜为0.5～1mm，面层厚度要1～1.5mm。涂刮要均匀，不得超厚和堆积。

4）上层和下层搭接压缝应铺开1/2卷材宽度。

5）铺贴卷材时应随刮玛琋脂，随滚压卷材，使之展平压实。

6）铺设立面时（如女儿墙），应将收头处的端部裁齐，压入墙上预留凹槽内，用压条或垫片钉压固定，最大钉距不应大于90cm，然后用密封材料将凹槽嵌填封严。

7）落水口四周50cm范围内应有5%的下水坡，并应预先在该处把附加层贴好。贴时应防止油膏流入水落管。

8）如用绿豆砂做上面保护层的，应将绿豆砂预热至100℃左右，随刮玛琋脂，随撒绿豆砂。绿豆砂要铺撒均匀，并滚压使其与玛琋脂粘结牢固。未粘牢的应扫走，并防止掉入落水管。

9）沥青卷材严禁在雨天、雪天施工；五级风及其以上大风时不得施工；负温下不宜施工。凡施工途中遇雨则应立即做好防护工作。

除热铺贴外，目前对沥青防水卷材也开展了叠层冷粘贴施工，其工艺过程大致如下：

施工准备→检查及清理基层→刷冷底子油→节点密封处理→刷冷胶材料→铺第一层沥青防水卷材→三毡三油铺完→油毡收头处理→刷面层冷胶料→撒面层保护材料→清理→检查、修补、验收。

施工中在天沟、女儿墙、变形缝处的卷材做法可参看图8-7-3（*a*）、（*b*）、（*c*）。

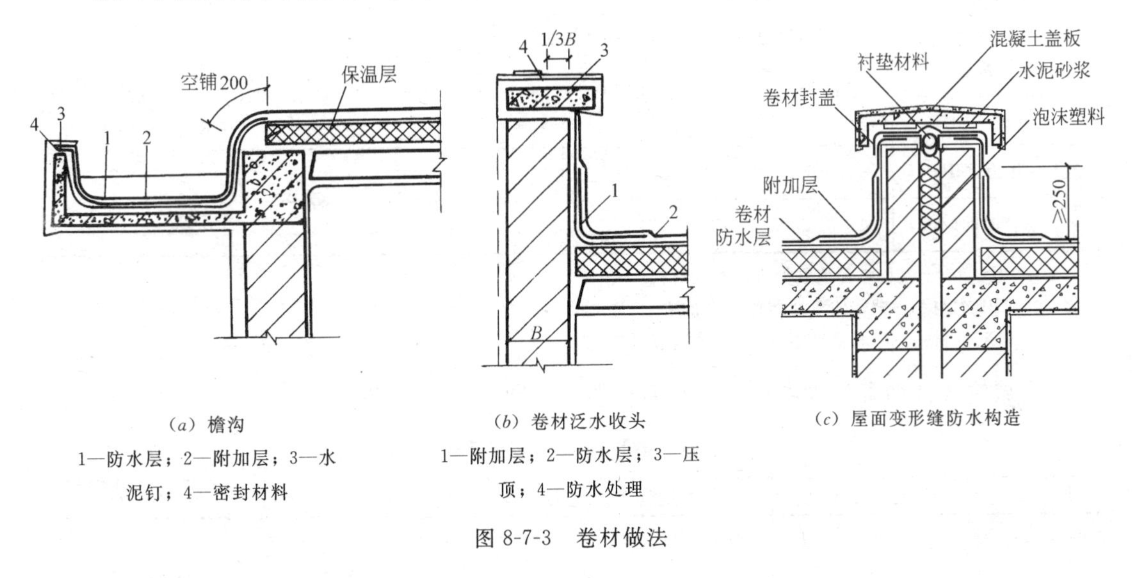

（*a*）檐沟
1—防水层；2—附加层；3—水泥钉；4—密封材料

（*b*）卷材泛水收头
1—附加层；2—防水层；3—压顶；4—防水处理

（*c*）屋面变形缝防水构造

图8-7-3　卷材做法

2. 高聚物改性沥青防水卷材施工

（1）材料及要求：高聚物改性沥青防水卷材有：SBS改性沥青卷材，APP改性沥青防水卷材，PVC改性煤焦油卷材，再生胶改性沥青卷材，废胶粉改性沥青卷材，其他改性沥青卷材等。

高聚性改性沥青防水卷材的质量要求也分为外观质量和物理性能两个方面，可见表8-7-3、表8-7-4。

高聚物改性沥青防水卷材外观质量要求 表 8-7-3

项　　目	质　量　要　求
孔洞、缺边、裂口	不允许
边缘不整齐	不超过 10mm
胎体露白、未浸透	不允许
撒布材料粒度、颜色	均匀
每卷卷材的接头	不超过 1 处，较短的一段不应小于 1000mm，接头处应加长 150mm

高聚物改性沥青防水卷材物理性能 表 8-7-4

<table>
<tr><th colspan="2" rowspan="2">项　　目</th><th colspan="5">性　能　要　求</th></tr>
<tr><th>聚酯毡胎体</th><th>玻纤毡胎体</th><th>聚乙烯胎体</th><th>自粘聚酯胎体</th><th>自粘无胎体</th></tr>
<tr><td colspan="2">可溶物含量(g/m²)</td><td colspan="2">3mm 厚≥2100
4mm 厚≥2900</td><td>—</td><td>2mm≥1300
3mm 厚≥2100</td><td>—</td></tr>
<tr><td colspan="2">拉力(N/50mm)</td><td>≥450</td><td>纵向≥350
横向≥250</td><td>≥100</td><td>≥350</td><td>≥250</td></tr>
<tr><td colspan="2">延伸率(%)</td><td>最大拉力时
≥30</td><td>—</td><td>断裂时
≥200</td><td>最大拉力时
≥30</td><td>断裂时
≥450</td></tr>
<tr><td colspan="2">耐热度(℃,2h)</td><td colspan="2">SBS 卷材 90，
APP 卷材 110，
无滑动、流淌、滴落</td><td>PEE 卷材 90，无流淌、起泡</td><td>70，无滑动、流淌、滴落</td><td>70，无起泡、滑动</td></tr>
<tr><td colspan="2" rowspan="2">低温柔度(℃)</td><td colspan="3">SBS 卷材−18，APP 卷材−5，PEE 卷材−10</td><td colspan="2">−20</td></tr>
<tr><td colspan="3">3mm 厚，r=15mm；4mm 厚，r=25mm；3s，弯 180°无裂纹</td><td>r=15mm，3s，弯 180°无裂纹</td><td>ϕ20mm，3s，弯 180°无裂纹</td></tr>
<tr><td rowspan="2">不透水性</td><td>压力(MPa)</td><td>≥0.3</td><td>≥0.2</td><td>≥0.3</td><td>≥0.3</td><td>≥0.2</td></tr>
<tr><td>保持时间(min)</td><td colspan="4">≥30</td><td>≥120</td></tr>
</table>

注：SBS 卷材——弹性体改性沥青防水卷材；
APP 卷材——塑性体改性沥青防水卷材；
PEE 卷材——高聚物改性沥青聚乙烯胎防水卷材。

高聚物改性沥青防水卷材规格与沥青卷材不同，可见表 8-7-5。

高聚物改性沥青防水卷材规格 表 8-7-5

厚　度(mm)	宽　度(mm)	每卷长度(m)	厚　度(mm)	宽　度(mm)	每卷长度(m)
2	≥1000	15.0～20.0	4	≥1000	7.5
3	≥1000	10.0	5	≥1000	5.0

凡用为改性沥青卷材的胶粘剂其要求粘结的剥离强度≥8N/10mm。并应进行抽检。

按规定抽检的量同沥青防水卷材。其物理性能的抽检项目同表 8-7-4 中的拉伸、耐热、柔性和不透水等四项。

(2) 高聚物改性沥青防水卷材的施工：该卷材的施工分为热熔法铺贴和冷粘法铺贴两种。

铺贴卷材的厚度以防水等级确定，用于一、二级防水的建筑，其厚度不少于3mm；三级防水的建筑，其厚度不宜小于4mm，复合使用时不少于2mm。所谓复合使用是指与涂膜或刚性防水等结合使用。

热熔法铺贴：这是采用火焰加热器热熔卷材背面的改性沥青，加压后使两层卷材粘结牢的铺贴方法。其工艺程序如下：

施工准备（包括火焰加热器试用）→检查及清理基层→节点密封处理→附加层铺设→定位弹出基准线及试铺→加热底熔胶滚铺→辊压、排气压牢→加热烧去搭缝面薄膜→加热搭接缝卷材处热熔胶→粘合、滚压排气→密封胶封搭接缝口→收头固定、密封→清理、检查、修理。

其施工应注意的是：

1）加热器离卷材面距离应适中，加热应均匀，以卷材表面熔融至光亮乌黑时为度，不能过分加热乃至烧穿卷材；反之加热不足又贴不牢。这需要经过培训的熟练工人进行操作。

2）滚压要及时，并使之平展无折皱，把卷材下空气赶出来，使辊压粘结牢固。

3）搭接缝处以溢出热熔的改性沥青为度，并要用橡皮刮封刮接口。

4）其他如水落口、天沟、女儿墙等处的做法和沥青卷材相同。

冷粘法铺贴：这是采用冷胶粘剂或冷玛瑀脂粘贴在刷有冷底子油的屋面基层上的铺贴方法。其施工工艺过程为：

施工准备→检查基层并清理干净→涂刷基层处理剂→节点密封处理→卷材反面涂胶→基层涂胶→卷材粘贴辊压排气→搭接面清理、清洗→搭接缝涂胶→搭接缝粘合辊压→搭接缝口密封→收头固定密封→清理检查修整。

施工中应注意的是：

1）胶粘剂涂刷要均匀、不漏底、不堆积。采用空铺法、条粘法、点粘法则应按规定的位置与面积涂刷胶粘剂。

2）胶粘剂的涂刷与卷材铺贴的间隔时间，要根据胶粘剂的性能进行控制。

3）铺贴要平整顺直、搭接准确，不得扭曲和折皱；卷材下空气要排净，搭接缝处要涂满胶粘剂，并用辊压使之粘结牢固。溢出的胶粘剂随即刮平封口。

4）接缝口处应用密封材料封严，其宽度应大于10mm。

5）铺贴第一层时，可以弹线为准进行铺贴；为使与基层粘结牢固，可以刷二遍冷底子油。

改性沥青卷材还有采用自粘法铺贴的。但其卷材必须在生产时就做成自粘型，即在卷材底面涂敷一层高性能的改性沥青胶粘剂。在成卷时要在涂层上放一层隔离纸，铺贴时要把这隔离层撕下，就可以直接粘贴在刷有冷底子油的屋面基层上了。其施工工艺流程为：

施工准备→检查和清理基层→节点密封处理→刷冷底子油→弹基准线试放→撕去隔离纸→铺贴→辊压、排气→对搭接缝用加热器加热压粘缝道→密封胶封搭接缝口→收头固定和密封→清理、检查、修整。

铺贴中应注意的是：

1）铺时隔离纸一定要撕干净，否则，有残留会影响粘结。

2）铺贴应按部位尺寸先将卷材裁好，否则隔离纸撕去后，就不易裁割了。铺贴时要将卷材下空气赶压排净，并辊压粘结牢固。

3）铺时亦应平整顺直，搭接尺寸准确，不得扭曲、皱折。搭接缝处应用热风焊枪加热，加热后立即粘压贴牢，溢出的自粘胶剂要刮平封口，封口要用密封材料封严，宽度大于10mm。

4）铺贴立面或大坡度屋面处时，要加热粘贴牢固。

高聚物改性沥青防水卷材，一般均为单层铺设，所以两幅卷材的搭接缝处是防水的薄弱环节。它不像沥青卷材的叠层铺设，接缝可以上下层错开，因此为了保证接缝处防水的可靠性，高聚物改性沥青卷材不论采用热熔法、冷粘法、自粘法，接缝封口处一定要用密封材料封严，宽度且不小于10mm。这点在施工中施工人员必须严格做到，并应加强检查。

(3）高聚物改性沥青防水卷材保护层的施工：

该类卷材的保护层分为柔性保护层和刚性保护层。

柔性保护层为涂膜保护及反射膜保护两种。即在卷材铺贴完成后，经检查合格，清扫干净表面即可涂刷。涂层应与卷材粘结牢固、厚薄均匀，不得漏涂。

采用刚性保护层则有用水泥砂浆、细石混凝土、块板铺放等。但该类保护层与防水层之间要做一层隔离层，隔离层可用1：3石灰砂浆抹平，厚约15mm。

水泥砂浆做保护层时用1：2.5水泥砂浆抹25mm厚，并进行分格约1m见方。

用细石混凝土时，采用C20强度的细石混凝土40mm厚，内放ϕ4～ϕ6双向200中—中的钢筋，拍平抹压光面。并应设分仓缝，每仓以36m^2为宜。

采用防滑面砖铺面作保护层时，可用20厚1：2.5水泥砂浆加15%的108胶作结合层粘贴面砖，分块面积不宜大于100m^2。

凡刚性保护层屋面，有女儿墙的，应与墙之间留开30mm宽的空隙，并应嵌填密封材料。

同样，高聚物改性沥青防水卷材的施工，其气候条件，亦同沥青卷材一样，应符合规范规定。

3. 合成高分子防水卷材施工

合成高分子卷材实际上属于橡胶、塑料系列的防水材料。橡胶系列的有三元乙丙橡胶防水卷材、丁基橡胶防水卷材、再生橡胶防水卷材；树脂系列的有氯化聚乙烯防水卷材、聚氯乙烯（简称PVC）防水卷材、聚乙烯防水卷材、氯磺化聚乙烯防水卷材；橡塑共混型的有：氯化聚乙烯——橡胶共混防水卷材、三元乙丙橡胶——聚乙烯共混防水卷材。这些防水卷材在防水性能上是较好的，但也较昂贵。

合成高分子防水卷材规格是：厚度分为：1mm、1.2mm、1.5mm、2.0mm四种；宽度均大于或等于1000mm；每卷长度是前三种厚度的为20m长，2.0mm厚的为10m长。具有良好的低温柔性和适应变形的能力，有较长的防水耐用年限。

(1）材料的性能要求：

1）外观质量要求可见表8-7-6。

合成高分子防水卷材的外观质量要求　　表 8-7-6

项　　目	质　量　要　求
折　　痕	每卷不超过 2 处，总长度不超过 20mm
杂　　质	大于 0.5mm 颗粒不允许，每 $1m^2$ 不超过 $9mm^2$
胶　　块	每卷不超过 6 处，每处面积不大于 $4mm^2$
凹　　痕	每卷不超过 6 处，深度不超过本身厚度的 30%；树脂类深度不超过 5%
每卷卷材的接头	橡胶类每 20m 不超过 1 处，较短的一段不应小于 3000mm，接头处应加长 150mm；树脂类 20m 长度内不允许有接头

2）该类防水卷材应具备的物理性能，可见表 8-7-7。

合成高分子防水卷材的物理性能　　表 8-7-7

项　　目		性　能　要　求			
		硫化橡胶类	非硫化橡胶类	树 脂 类	纤维增强类
断裂拉伸强度(MPa)		≥6	≥3	≥10	≥9
扯断伸长率(%)		≥400	≥200	≥200	≥10
低温弯折(℃)		−30	−20	−20	−20
不透水性	压力(MPa)	≥0.3	≥0.2	≥0.3	≥0.3
	保持时间(min)	≥30			
加热收缩率(%)		<1.2	<2.0	<2.0	<1.0
热老化保持率(80℃，168h)	断裂拉伸强度	≥80%			
	扯断伸长率	≥70%			

注：Ⅰ类指弹性体卷材；Ⅱ类指塑性体卷材；Ⅲ类指加合成纤维的卷材。

凡作为合成高分子防水卷材的胶粘剂，其粘结剥离强度应大于等于 1.5N/mm，浸水 168h 后粘结剥离强度保持率应大于 70%。

对这些材料的抽检要求与沥青防水卷材要求相同。

（2）合成高分子防水卷材的施工：合成高分子防水卷材的粘贴方法分为：冷粘贴法、自粘法和热风焊接方法等三种。

1）冷粘法是采用胶粘剂粘贴，一般是单层施工，贴在涂好基层处理剂的屋面基层上。施工方法和改性沥青卷材相仿。主要基层处理剂必须和应用的胶粘剂材性相容，基层一定要清理干净表面干燥，否则卷材极易被砂粒、石屑刺破，影响防水功能。其次卷材与胶粘剂也是专门配套的，不得错用、混用。第三是粘合剂涂刷后要有一个间隔时间，才能粘贴卷材，间隔时间要根据试验、经验确定，并与气候、温度影响有关。施工中铺开卷材时切忌把它拉得过紧，同时搭接缝处的粘合一定要牢固，封口严密，才能保证防水质量。

2）自粘法和改性沥青防水卷材施工相同，只是接缝部位不能采用热风焊枪加热，拉伸卷材不能用力过大。

3）热风焊接的施工方法：

其施工工艺流程为：

施工准备→检查清理基层（要细致）→涂刷基层处理剂→节点密封处理→定位及弹基

准线→卷材反面涂胶（先撕隔离纸）→基层涂胶→卷材粘贴、辊压排气→搭接面清理（乃至清洗）→搭接面处焊接→搭接缝口处密封（用密封胶）→收头固定处密封→检查、清理、修整。

在施工中热焊加热应以胶体发黏为度，焊时有单道焊缝和双道焊缝两种。采用热风焊为加强胶粘剂的粘结可靠性，从而确保防水层搭接缝处的质量。

施工中要做到焊接前卷材铺放应平整顺直，搭接尺寸准确。焊接结合面要清扫干净甚至必要时要清洗一下。焊时应先焊长边搭接缝，后焊短边搭接缝。

4）合成高分子防水卷材的保护层的做法和施工，均同改性沥青防水卷材的一样。

施工时的气候要求和防雨做法也和改性沥青防水卷材施工相同。

（七）涂膜防水屋面的施工

涂膜是用防水的涂料，涂于屋面基层，形成一层防水膜，故称涂膜。

目前的防水涂料是一种流态或半流态的物质，经涂刷在屋面基层上后，经过溶剂或水分的挥发，或各组成物间的化学作用，形成一层有一定厚度具有一定弹性的薄膜。这层薄膜可以使雨水与基层隔绝，起到防水密封作用。

其优点是可以满足屋面上各种复杂、不规则部位的防水要求，又具有无接缝连续完整的一层防水膜。操作比较简单，施工速度也较快，采用冷作业施工，无加热熬制和减少污染改善劳动条件的好处。同时温度适应性也好，且易于修补，价格相对便宜。其不足之处是涂膜厚度在施工中较难保持均匀一致。

按规范规定涂膜防水只适用于Ⅲ级和Ⅳ级的屋面防水。如用在Ⅰ级及Ⅱ级防水屋面时，必须与其他防水材料组成复合防水层才行。

防水膜的涂层厚度根据防水等级和材种的不同而不同：

在Ⅲ级防水屋面上：沥青基防水涂膜单独使用时厚度应大于等于 8mm；在Ⅳ级防水屋面上或作复合使用时不宜小于 4mm。高聚物改性沥青防水涂膜不应小于 3mm，在Ⅲ级防水屋面上复合使用时，不宜小于 1.5mm；合成高分子防水涂膜不应小于 2mm，在Ⅲ级防水屋面上复合使用时不宜小于 1mm。

涂层的厚度是通过分层分遍涂刷达到的。要待先涂的涂层干燥后成膜，才可涂刷下一遍。凡需铺设胎体增强材料的（例如化纤无纺布），当屋面坡度小于 15%，增强胎体料可平行屋脊铺设；当坡度大于 15%时，应垂直于屋脊铺设，并由屋面的最低处向上操作。胎体长边搭接宽度不得小于 50mm；短边搭接宽度不得小于 70mm。如有二层胎体时，铺时上下层不可互相垂直铺设，应错开接缝，其间距应为幅宽的 1/3～1/2。

在天沟、檐沟、泛水等部位，均应加铺有胎体增强材料的附加层。落水口四周与屋面交接处，要作密封处理，并加铺二层有胎体增强材料的附加层。涂膜应伸入落水口 50mm 以上。凡收头处要多涂几遍或用密封材料封严。

涂膜在没干实时，不得在其上进行其他施工作业。同时完成后的涂膜防水层屋面，在其上也不允许直接堆放物品。

1. 涂膜材料种类和要求

防水涂料按液性状态可分为：溶剂型、水乳型和反应型三种。按其物质的组成可分为：沥青基防水涂料、高聚物改性沥青防水涂料、合成高分子防水涂料三类。可以列表分类如下：

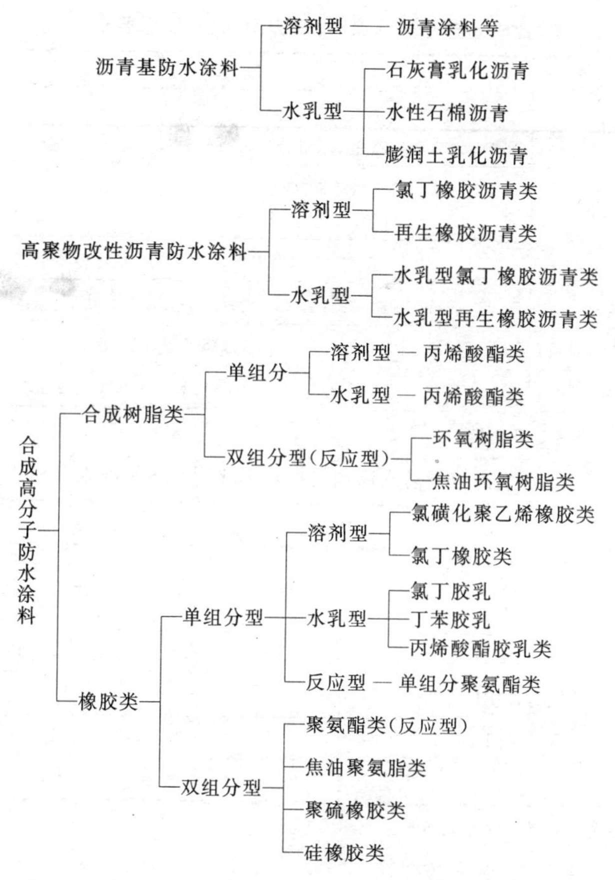

其材料的质量要求可从下列表 8-7-8、表 8-7-9、表 8-7-10、表 8-7-11 来说明。

沥青基防水涂料质量要求 表 8-7-8

项目		质量要求
固体含量		≥50%
耐热度(80℃,5h)		无流淌、起泡和滑动
柔性(10±1℃)		4mm 厚,绕 φ20 圆棒,无裂纹、断裂
不透水性	压力	≥0.1MPa
	保持时间	≥30min 不渗透
延伸(20±2℃拉伸)		≥4.0mm

高聚物改性沥青防水涂料质量要求 表 8-7-9

项目		质量要求	
		水乳型	溶剂型
固体含量(%)		≥43	≥48
耐热性(80℃,5h)		无流淌、起泡、滑动	
低温柔性(℃,2h)		−10,绕 φ20mm 圆棒无裂纹	−15,绕 φ10mm 圆棒无裂纹
不透水性	压力(MPa)	≥0.1	≥0.2
	保持时间(min)	≥30	≥30
延伸性(mm)		≥4.5	—
抗裂性(mm)		—	基层裂缝 0.3mm,涂膜无裂纹

合成高分子防水涂料(反应固化型)质量要求　　表 8-7-10

项目		质量要求	
		Ⅰ类	Ⅱ类
拉伸强度(MPa)		≥1.9(单、多组分)	≥2.45(单、多组分)
断裂伸长率(%)		≥550(单组分) ≥450(多组分)	≥450(单、多组分)
低温柔性(℃,2h)		-40(单组分),-35(多组分),弯折无裂纹	
不透水性	压力(MPa)	≥0.3(单、多组分)	
	保持时间(min)	≥30(单、多组分)	
固体含量(%)		≥80(单组分),≥92(多组分)	

注：产品按拉伸性能分为Ⅰ、Ⅱ两类

合成高分子防水涂料（挥发固化型）质量要求　　表 8-7-11

项目		质量要求
拉伸强度(MPa)		≥1.5
断裂伸长率(%)		≥300
低温柔性(℃,2h)		-20,绕 ϕ10mm 圆棒无裂纹
不透水性	压力(MPa)	≥0.3
	保持时间(min)	≥30
固体含量(%)		≥65

注：Ⅰ类为聚酯无纺布，Ⅱ类为化纤无纺布。

对防水涂料的运输和保管应做到：

(1) 防水涂料包装容器必须密封，容器表面应有明显标志，标明防水涂料的名称、生产厂、生产日期、产品有效期。

(2) 水乳型防水涂料运输、存放保管应>0℃；溶剂型同样也要>0℃，并不得日晒、碰撞和渗漏；存放环境要干燥、通风、远离火源，仓库中应有消防设施。

(3) 胎体增强材料运输、保存的环境应干燥、通风，也要远离火源，仓库也得设置消防设备。

对防水涂料的抽检应按同一规格、同一品种，每 10t 为一批，不足 10t 的按一批进行抽检；胎体增强材料，以每 3000m² 为一批，不足 3000m² 的也按一批进行抽检。

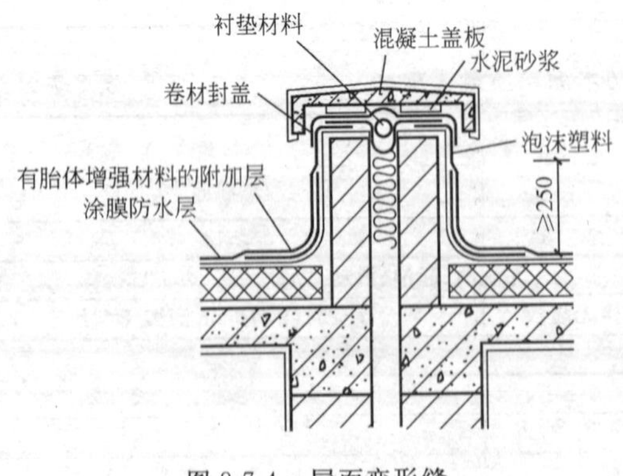

图 8-7-4　屋面变形缝

2. 防水涂料的涂膜施工

(1) 涂膜施工的条件：涂膜防水的选择必须根据屋面防水等级；当地气温条件，屋面坡度，一般坡度大于 25%时，不宜采用沥青基防水涂料和成膜时间过长的防水涂料。屋面基层要求同防水卷材施工一样，阴阳角处也要做成弧度。关键部位要加胎体增强材料，变形缝处涂膜要到顶，但其上要用卷材覆盖下来，如图 8-7-4。

（2）涂膜施工：涂膜防水常规施工程序如下：

施工准备工作→板缝处理及基层施工→基层检查及处理→涂刷基层处理剂→节点和特殊部位附加增强处理→大面积布涂施工及铺贴胎体增强材料→防水层清理、检查与修整→保护层施工。

1）施工准备包括技术准备如看施工图；了解节点处理，使用涂料，涂膜厚度，有无胎体增强材料。要编写施工方案，提出质量要求和安全措施，并向施工专业队交底。

机具的准备如计量器具磅秤，搅拌机具，盛器（装混合料），喷涂机具，还有其他如扫帚、钢丝刷、棕毛刷、胶皮刮板、裁剪刀、卷尺等。

还有材料准备：如进场、贮存、保温、防晒。

2）板缝处理及基层施工：主要是指预制板的板缝要清理干净，细石混凝土要浇捣密实。板头端缝中要填嵌密封材料，要粘结牢固、封闭严密。

抹找平层时，分格缝应与板端缝对齐，均匀顺直，也要填嵌密封材料。对找平层的平整度要求比卷材基层高，用 2m 托线板检查平整度应小于等于 5mm。

完成后要进行检查，合格后才可进行下道工序施工。

3）在找平层干燥之后，可涂刷基层处理剂。涂刷要均匀，覆盖完全。干燥后再进行涂膜施工。

4）节点和特殊部位是指屋面上凹进凸出及需要加强防水处理的部位，这些部分要先多涂刷一至二层的防水涂料，达到克服薄弱环节保证防水质量。

5）大面积涂刷施工应注意的是：分层分遍涂刷最后总厚度应达到设计要求；涂层要厚薄均匀、表面平整；铺设胎体增强材料时，宜边涂边铺胎体；胎体应刮平并排除气泡，应与涂料粘牢；在胎体上涂布涂料时，应使涂料浸透胎体，覆盖完全，不得有胎体外露。

高聚物改性沥青防水涂料，在施工中最面上的涂层至少应涂刷两遍，厚度还应不小于 1mm。而合成高分子防水涂料在大面积涂布时，每遍涂刮的推进方向宜与前一遍互相垂直。位于胎体下涂料层厚度不宜小于 1mm；最上面的一层最少也应涂刷两遍以上。

合成高分子的多组分涂料要配比和计量准确，拌合均匀，配好的料要及时用完，在配料时可加适量缓凝剂或促凝剂来调节固化时间。

对于防水涂料施工同卷材一样，禁止在雨雪天气进行。五级风及其以上大风时，或预计涂膜固化前有雨时，也不得施工。气温低于 5℃或高于 35℃时不宜施工。

6）防水涂料的保护层可用细砂（筛洗干净并晾干燥的），云母或蛭石等布撒于涂料上。施工时是在涂刮最后一遍涂料时，边涂边撒，要均匀不露底。在涂膜干燥后，将多余料扫净。

凡用砂浆、细石混凝土等作保护层时，同卷材防水层时做法一样。

防水涂料最好不要暴露在空气中，因有些材料受日晒紫外线作用，容易老化。采用隔绝保护为宜。

（八）架空隔热层的施工

架空隔热层在南方地区应用较多。即在屋面防水层上支架一层通风、隔热（防太阳曝晒传到屋顶下面而提高屋内温度）的构造层，达到降低屋面表面温度的目的。

架空隔热层构造简单，修理方便，比较经济。

1. 架空隔热层的构造形式

（1）砖墩支架预制板式架空层。该种架空层采用50cm×50cm×3cm预制细石混凝土板（板内宜加ϕ4@100双向钢筋），支架在三皮砖高的点式@500的砖墩上，下部均架空可以通风。离女儿墙应至少空开250mm。可见图8-7-5。

（2）混凝土板凳式架空层。用混凝土做成预制的带腿小板凳式构件，支腿高18cm，施工时，放到屋面上即可。凳面积可做成40cm×40cm或50cm×50cm，腿可做成3cm×3cm见方。有的还把凳面做成水泥珍珠岩复合层，隔热效果更好。可见图8-7-6。

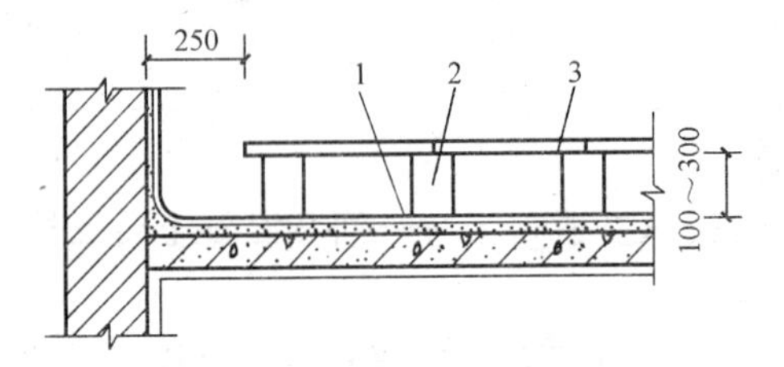

图8-7-5　架空隔热屋面构造

1—防水层；2—支座；3—架空板

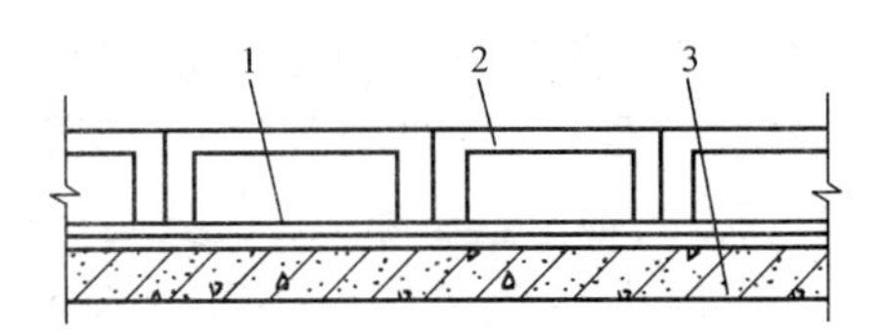

图8-7-6　混凝土板凳架空层

1—防水层；2—混凝土板凳；3—结构层

（3）其他架空层形式有：混凝土半圆拱和水泥大瓦支架在条形砖墩上等。可参看图8-7-7和图8-7-8。

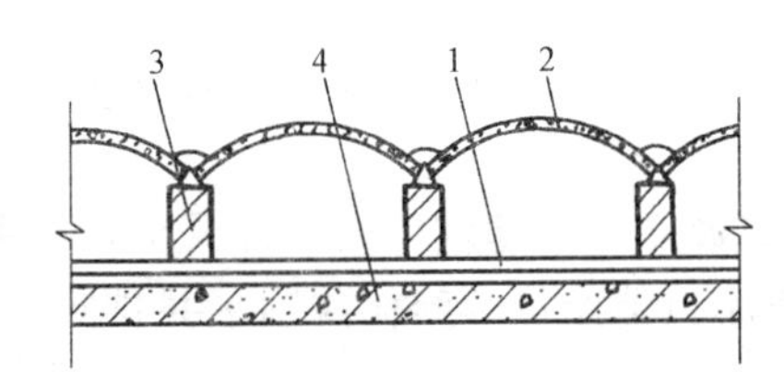

图8-7-7　水泥大瓦架空层

1—防水层；2—水泥大瓦；3—砖墩；4—结构层

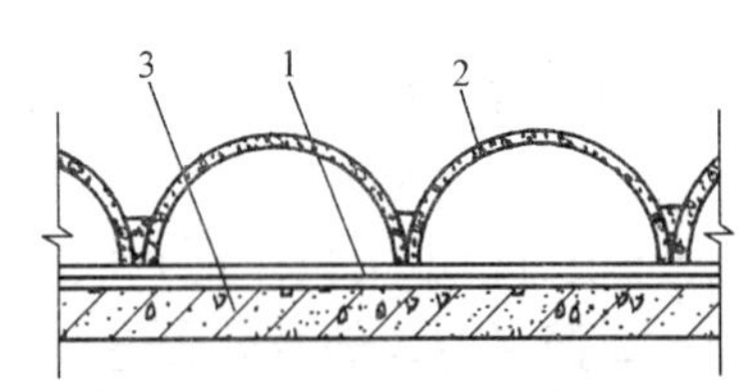

图8-7-8　混凝土半圆拱架空层

1—防水层；2—混凝土半圆拱；3—结构层

2. 架空隔热层的施工操作

（1）应先将屋面清理干净，并排一排放置行数及列数，确定后进行分行分列的弹线或拉线，便于砌筑砖墩。

（2）运输砖及板材，应轻放轻卸，不能损坏防水层。必要时应垫草包或木板。

（3）拉线砌砖墩，宜采用水泥砂浆，强度等级应为M5。

（4）铺架空板时先扫清砖间垃圾，再在板支座的砖墩上铺坐灰，放置板块。铺时也要拉线，使板面标高一致。整个屋面铺完后应平直及表面平整。

（5）架空板之间的缝隙应用水泥砂浆勾缝，缝可勾成平缝或凹缝，达到外观优美。

（6）施工中一定要保护好已做的防水层。

二、坡屋面工程的施工

屋面坡度大于5%的均可称为坡屋面，但在坡度小于15%时，还可同平屋面一样采用各类防水施工方法及屋面构造进行屋面工程的施工。当屋面坡度超过25%时，一般都采用瓦屋面、波形瓦屋面、油毡瓦屋面、彩钢板压型屋面及特种钢板屋面。

在此主要介绍常见的瓦屋面施工。

（一）平瓦屋面的施工

平瓦有瓦爪四个，前爪的爪形与大小须保证挂瓦后爪与瓦槽搭接合适，后爪的有效高度不小于 5mm。瓦槽深度不应小于 10mm；边筋高度不得低于 3mm；要求头尾搭接处长度为 50～70mm；内外槽搭接处长度为 25～40mm。

瓦表面应光洁、无翘曲；不应有变形、砂眼和贯穿的小裂缝。不应有缺棱掉角、边筋和瓦爪的残缺。在成品中不应混入欠火瓦。

单片瓦放在距离 300mm 的两个支点上，最小抗折荷载不得小于 0.6kN；覆盖 $1m^2$ 屋面的瓦吸水后重量不超过 55kg；抗冻性应合格。

平瓦运输时应轻拿轻放，不得抛扔、碰撞；进入工地后应放在不受影响的地方，立放堆垛整齐，必要时在其上覆盖草帘防物体打击。

平瓦屋面按规范规定适用于Ⅱ、Ⅲ、Ⅳ级的屋面防水。

1. 材料及要求

平瓦分为黏土平瓦、水泥平瓦两种，还有相应的脊瓦。

2. 平瓦屋面的施工

（1）平瓦屋面的施工程序为：

施工准备→运瓦、堆放→铺瓦→做脊→封边。

（2）施工准备：主要是检查屋面基层，如油毡层是否平整，有无破损，搭接覆盖是否符合要求，挂瓦条是否钉牢、间距是否正确，可用平瓦试挂检验，檐口挂瓦条应满足檐瓦出檐 5～7cm 的要求。其次是进行选瓦，对缺边、掉角、裂缝、砂眼、翘曲不平和缺少瓦爪的应选出不用；并准备好山墙、天沟处的半片瓦，尽量利用选出不用的整瓦中可用部分锯切。第三是检查施工脚手架，是否牢固和稳定，并应高出檐口 1m 以上作为护栏。

（3）运瓦和堆放：运瓦应两坡对称同时进行，先可用井架等垂直运输到屋檐标高，随后由人工分散运到屋面，注意不要碰坏油毡层，每次搬运量以 3～5 块为宜。堆放时以点式分散每摞九块均匀摆开。堆放时两坡要对称，不造成对屋盖结构产生不均衡荷载。

（4）铺瓦：平瓦铺放顺序是从檐口开始向上到屋脊，铺的方向是人面对屋面时，从右侧向左侧铺过去。第一块瓦应出檐 6cm，先在两山头下檐口放好，拉通线，中间各出檐瓦以此为准铺设。檐口瓦要用钢丝穿瓦鼻与挂瓦条拴牢，瓦与瓦之间应落槽挤紧，不能空搁，瓦爪必须勾住挂瓦条。

在风大地区和 7 度以上地震区或屋面坡角大于 30°的瓦屋面；楞摊瓦屋面；瓦应固定，每块瓦要用 20 号镀锌钢丝穿瓦鼻上小孔拴在挂瓦条上。瓦在铺设中，应保持瓦边垂直屋檐，这样铺出的瓦屋面整齐美观。

铺瓦屋面时，凡遇到转折屋面，则转折处有天沟，在天沟内要铺镀锌钢板厚 0.5～0.7mm，铺瓦时则按天沟走向弹出墨线，用切割机把瓦片切好，再按编号顺序铺盖，铺前将钢板刷防锈漆，瓦压钢板最少应有 150mm，铺好瓦后，瓦与钢板间的空隙要用掺麻刀的水泥混合砂浆堵抹严密，表面溜光。

（5）做脊：整个屋面铺完后，在屋脊上应扣盖脊瓦，俗称做脊。应先在两端山尖处先各稳上一块脊瓦，然后拉通线为准线，进行铺筑。扣盖脊瓦应用麻刀水泥混合砂浆，强度为 M1，在脊瓦内满铺，做到饱满、密实。脊瓦盖住平瓦的搭接边，必须大于 40mm，脊瓦之间的搭槎或接口、脊瓦与平瓦搭接间的缝隙，应用掺有麻刀的水泥混合砂浆勾嵌密实。为了外观好看可以掺入与瓦色相同的颜料进行勾嵌。

凡四落水屋面，其四角的斜脊亦应同屋脊一起做脊。只是该处平瓦亦应按斜度切割铺放，平瓦伸入脊瓦内也不应少于 40mm。

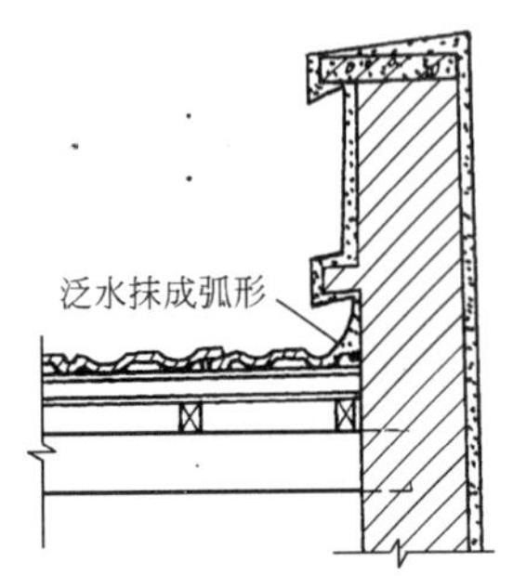

图 8-7-9 高封山的泛水做法

（6）封边：没有高出屋面的山墙时，铺完瓦屋面后，瓦与墙顶之间均有空隙，这就要封边，防止雨水浸入。封边先用水泥混合砂浆将空隙堵嵌密实，然后用掺麻刀的水泥混合砂浆抹边并翻边到屋面，盖住边瓦 40mm，做得方正美观，即为封边完成。

如山墙有高出屋面的封山，则在瓦与封山之间要做成泛水，交角处也可嵌些防水油膏。其泛水形式可见图 8-7-9。

（二）小青瓦屋面的施工

当前为适应民居式建筑，好多新建房屋的屋面采用小青瓦屋面，其基层有成椽子、望板或望砖的传统做法，而大多是钢筋混凝土斜屋面上铺设小青瓦达到外观效果。为了解古式居民小青瓦屋面的施工，在此作大致介绍。

1. 材料及要求

小青瓦亦称青瓦、合瓦、蝴蝶瓦。它也是用黏土压制成型后焙烧而成的。其规格是：长约 170～230mm，大头宽 170～230mm，小头宽 150～210mm，厚度为 10～15mm。

其质量要求没有统一标准，一般要求瓦片中不得含有石灰等杂质，不能欠火（色发黄），砂眼、裂缝、翘曲的瓦一般不宜使用。对小青瓦的质量以观察色泽、轻敲听声音来确定质量。要求色泽发青表面有光，颜色一致；敲时声音清亮；尺寸一致、弧度相当。

2. 小青瓦屋面的施工

（1）小青瓦施工操作工艺为：

施工准备→运瓦和摆瓦→筑脊→铺瓦→清扫收头完成铺筑。

（2）施工准备工作：

1）基层的检查验收：基层构造一般分为两种。一种是传统木基层，为檩条，椽子加望砖；一种是现浇钢筋混凝土坡屋面板。

对木基层应检查支座是否稳固，椽子断面是否足够，一般方椽为 50mm×70mm，圆椽直径为 70～80mm。椽子间距以望砖长度确定。同时要求望砖面要平整，屋面没有起伏不平的状态。望砖没有缺角、掉棱，在室内仰视无疵病。

对钢筋混凝土屋面主要检查板面是否平整和符合铺筑屋面小瓦的要求，如有凹凸不平的地方应凿去及补平。

2）对小青瓦进行规格及质量验收，并要选瓦，让每垄瓦的规格尺寸基本一致。欠火的、断裂的均不能用，稍有缺角的应视情况使用。

（3）运瓦和摆瓦：小青瓦进场后应直立堆放在施工不影响的地区，尽量减少倒运，以减少损耗。堆放高度以直立 5～6 层为宜。装卸运瓦应垫草包用小车送到垂直运输处，再升送到屋檐脚手架上。往屋面运瓦也是人工运送、传递、分散、均匀堆在屋面上，也是两坡同时进行。在沿屋脊边应多放些以备筑脊。

摆瓦是在全坡长度内排列一下瓦的数量，并顺坡弹线，使瓦垄顺直，铺完瓦后外观好看。摆瓦是仰瓦上下搭压 1/2 瓦，盖瓦上瓦搭下瓦 2/3。通过摆瓦调整搭压使不出半截瓦的楞条，同时计算出总体用量。

（4）筑脊：小青瓦屋面的脊是先做的，与平瓦不同，这样可以避免后筑脊踩坏瓦造成损失。步骤为：

1）先做山墙处的边垄和脊下两坡的老头瓦。老头瓦是下面排垄的依据，必须从一头山墙到另一头山墙按规矩排好，再按仰瓦、盖瓦铺出屋脊两坡三张仰瓦及五张盖瓦的老头瓦，以备筑脊。老头瓦铺筑就要以仰瓦压 1/2，盖瓦压 2/3 的方法铺放，盖瓦还应两边扣盖到仰瓦内 40mm，留出 100mm 左右的瓦沟以便排水。

2）做背脊：老头瓦铺好之后，在两坡老头瓦的脊上用石灰砂浆窝一张盖瓦扣住两头的老头瓦，再在其上盖第二皮盖瓦，扣瓦时要骑缝，并以此找直屋脊。背脊合好之后，再在其上砌一皮瓦条找平。

3）在做好的背脊的瓦条平面上，开始筑脊，筑脊要将瓦立放，两头做成纹头，瓦要挤紧排齐。筑脊完成后，在立瓦上抹一层盖头灰，灰可用纸筋灰拌烟墨合成。再将背脊与老头瓦的仰瓦中的空隙均用此灰抹堵严密，并表面压光。有的为了美观还在立的脊瓦下抹几道灰线，称为起线。见图 8-7-10。

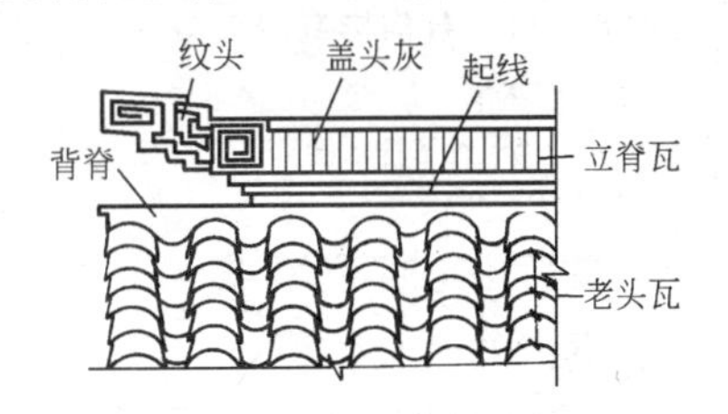

图 8-7-10　小青瓦屋脊

(5) 铺瓦：筑脊完成后，将屋面适当清理，就可以开始铺瓦了。铺瓦以老头瓦为准及以摆瓦时顺坡的线为依据，从檐口向上铺筑。每铺一垄瓦应进行一次顺直的检查，以达到垄直美观。全部屋面瓦铺完之后，将边楞、檐口处的空隙全用石灰砂浆和纸筋灰堵实、压光。

(6) 铺筑时应注意点：

1）筑脊要直，上口要平（可用盖头灰抹平），底座要稳，使屋脊不变形。

2）檐口瓦挑出檐口为二寸（约 5～7cm），檐口瓦应选外形整齐、质地好的小青瓦。檐口瓦铺放时出檐处应略抬高，约高 3～5cm，俗称望檐。以防盖瓦往下滑落。因此，为出檐一致及抬高一致，要拉通线施工，做到檐口整齐、平直。

三、地下防水及楼层防水施工

地下工程的防水采用地下排水与地下防水两种形式来保证建筑物不受水侵害。楼层防水主要是防止有水房间的渗漏侵害相邻房间的防水措施。

(一) 地下排水的施工

地下排水通常采用盲沟排水、内排法排水、渗排水层排水等措施，将地下水排走，降低地下水位，达到防排结合的目的。

1. 盲沟排水

盲沟可做于建筑物或构筑物下，采用自流排水条件，使水排走；当不具备自流排水条件时，水可经管道流入集水井中，再用水泵抽到雨水排流管道中。

盲沟排水适用于地基为弱透水性土层，地下水量不大，排水面积较小，常年地下水位在地下建筑物的底板之下，或在丰水期地下水位高于建筑物底板的地下排水工程。

盲沟排水是结合结构防水的一种方法，它可以降低地表渗透水和地下水对基础、地下室或地下构筑物的浸蚀，对基础的坚固、稳定、以及地下室或地下构筑物的正常使用，起到有利作用。

盲沟分为埋管盲沟和无管盲沟两种，工程采用无管盲沟较多，现介绍如下：

(1) 使用材料：大石子，粒径为 60～100mm 的砾石或碎石；小石子，粒径为 5～

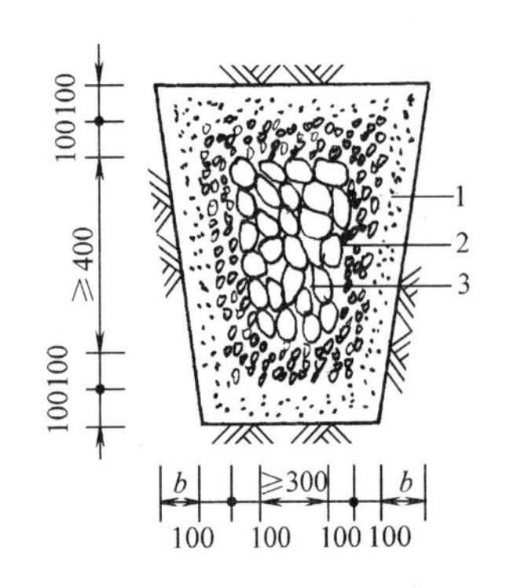

图 8-7-11　盲沟构造示意图

1—粗砂滤水层；2—小石子滤水层；3—石子排水层

10mm 的豆石或细石；粗砂。石子要筛、洗，砂要过筛并含泥量少。

（2）盲沟的构造形状为外周用粗砂；中间为小石子；内心为大石子，这是排水通道。外层和中层是滤水用的。见图 8-7-11。

（3）施工做法：

1）按设计的盲沟位置（顺地下水流向）和深、宽尺寸，进行放线和挖土。沟底要按设计坡底找坡，严禁倒坡。

2）把沟底及壁削平拍好，开始先铺滤水层，应铺 100mm 粗砂，再铺中层小石子，往上升时同时铺两侧的粗砂，小石子也铺 100mm，为了不混铺，侧面可用插板挡开。最后中心部位填 400mm 大石子自然堆积，不要拍实，作为流水通道（实际上相当于有管盲沟的带孔管道）。

3）应注意铺设时厚度和密实程度的均匀一致，并防止污物、杂物、泥水混入滤水层。

4）完成后要检查，并作隐蔽验收。

2. 渗排水法：本办法适用于地下水为上层滞水且防水要求较高的地下建筑物。

（1）材料要求：

1）砂、石必须洁净，含泥量不应大于 2%。

2）地下水中游离碳酸含量过大时，不得采用碳酸钙石料。

3）石子粒径分别采用小的 5～15mm；大的 20～40mm，要筛洗。

4）砂宜采用中粗砂，要过筛。

（2）渗排水层的构造大致如下：

1）砂滤水层：选用中粗砂。

2）碎石或砾石渗水层：用粒径 20～40mm 石子。

3）渗排水管：用 $\phi150$～$\phi250$ 的铸铁管、硬塑料管、钢筋混凝土管。

4）隔浆层：可用 C10 垫层混凝土。

5）渗排水墙：用砂石堆在地下室墙外。

6）渗排水沟：排水管四周渗水层构成。

7）保护墙：用砖墙砌筑。

8）护坡：C10 混凝土如做散水一样做好。

其图形可参看图 8-7-12。

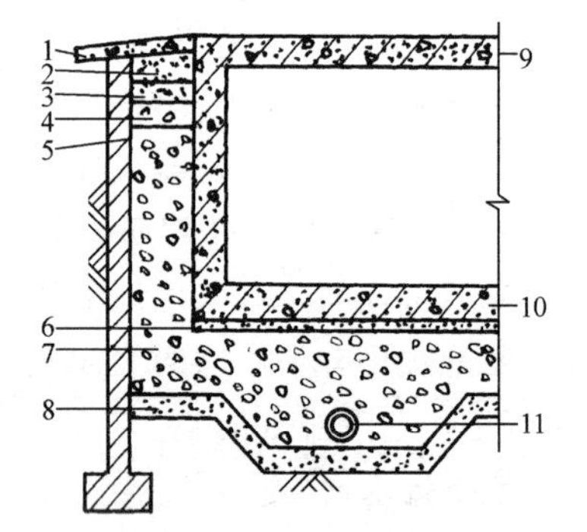

图 8-7-12　渗排水层构造示意图

1—混凝土保护层；2—300 厚细砂层；3—300 厚粗砂层；4—300 厚小砾石或碎石；5—保护墙；6—隔浆层；7—渗排水层；8—砂滤水层；9—防水结构顶板；10—防水结构底板；11—渗水管

（3）施工方法：

1）挖地下室基坑部分要考虑渗水墙厚度和保护墙厚度，并一起放宽开挖，深度则按设计基底深度加渗排水层一起加深挖土。

2）按放线尺寸施工结构周围的保护墙。

3）先铺结构基底的滤水层，一般用 5～15mm 的豆石（细石）铺，厚约

100～150mm。

4）沿渗水沟安放排水管，管接头处要离开10～15mm的缝隙，并用大石子卡住两侧使稳定，管子坡度应不小于1%。

5）在管边分层铺设渗排水层，用粒径20～40mm石子铺至结构层的垫层下面。总厚度应大于300mm，分层铺设时每层厚约200mm。铺时可以用木拍（大的）分层铺拍，密实度应均匀一致。

6）做结构部分的垫层，使上部结构混凝土施工时，混凝土中的水泥浆不会渗漏掉，对正式工程结构有利。另外，施工结构垫层时不要用振捣器振捣，避免造成水泥浆下渗而影响滤水层效果。

7）结构的墙壁施工完后，如墙壁有外防水的要做好外防水，并砌好外防水的保护墙，再在两道保护墙之间施工排水层和滤水层。最后完成顶部的散水坡，散水坡应做到外保护墙外不少于400mm。

（二）地下防水工程施工

地下工程的防水方案，分为防水混凝土自防水结构和设置附加防水层进行防水两类。这里主要介绍防水混凝土自防水结构的施工和用柔性防水卷材做附加外防水层的施工。

1. 防水混凝土结构及其施工

（1）防水混凝土结构施工的一般规定：

1）地下工程的防水混凝土结构应在对地基或渗排水工程验收合格后才能施工。

2）施工期间，继续做好排水降低地下水位的工作，要求地下水位降至防水工程底部最低标高以下30～50cm，直至防水工程全部完成后，上部结构重量可以平衡地下水压时才可不再降水。

3）基坑周边的地表水必须控制不得流入基坑；基坑中不应积水，严禁带水或带泥浆进行防水工程施工。

4）防水混凝土的抗渗能力，不应小于0.6MPa，具体应根据设计要求确定。

5）防水混凝土结构的混凝土垫层强度等级应大于C10，厚度大于等于10cm。

6）钢筋保护层厚度迎水面不小于35mm，直接处于侵蚀性介质中时，保护层厚度不小于50mm。

7）原材料要求为：

水泥：采用普通硅酸盐水泥，其强度等级不低于32.5级。

砂：采用中砂，并符合国家质量标准。

石子：除应符合国家标准外，最大粒径不大于40mm，所含泥土不得呈块状或包裹石子表面，含泥量≯1%，吸水率≯1.5%。

水：应为洁净水。

（2）对防水混凝土的要求

1）防水混凝土的配合比，施工前必须经试验做出符合抗渗要求的配合比供施工应用。在进行配比设计时，应将强度等级提高0.2MPa进行计算。

当水泥强度等级为32.5级及以上并掺有活性粉细料时，水泥用量不得少于280kg/m^3。

砂率宜为35%～40%；灰砂比宜为1∶2～1∶2.5。

水灰比宜在0.55以下。

坍落度不宜大于5cm，掺外加剂时可不受此限制。

掺引气剂或引气型减水剂时，混凝土含气量应控制在3%～6%。

2）所用材料必须按质量配合比准确称量，计量的允许偏差应符合下列规定值以内：

水泥、水、外加剂、掺合料为±1%。

砂、石为±2%。

减水剂应预先溶成一定浓度的溶液。

3）混凝土应采用机械搅拌，时间不少于2min。掺加剂时，应根据外加剂的技术要求确定搅拌时间。振捣必须采用机械振捣。

（3）防水混凝土结构的施工

1）施工工艺程序：

防水混凝土作为自防水结构，其施工程序大致如下：

施工准备→（有排水工程的应先施工）→检查前道工序→浇筑混凝土垫层→放线

↓—留墙板下施工缝

→支放垫块→绑扎钢筋→支撑边模→隐蔽验收→浇筑混凝土→养护→支墙外模板→拆施

↑—准备撑铁、钢筋

工缝木模→绑钢筋→支墙内模板→支顶板底模板→（包括内部柱子模板）→浇筑墙（柱）

↑—隐蔽验收

↓—养护

混凝土→绑顶板钢筋→浇筑顶板混凝土→养护→拆外墙模→（有排水工程的做外排水施

隐蔽验收—↑

工）→检查工程——→回填土方→上部施工。

隐蔽验收—↑

2）施工准备：学习施工图，了解整个地下防水工程的构造情况，根据施工组织设计考虑实施方案，制定技术措施，作好技术质量和安全交底。进行原材料检验，备足使用材料。

进行混凝土配比的计算和试配，并根据要求的量，备置外加剂，并交待使用方法。

准备施工用的工具及相应材料，比如模板中带止水片的对穿螺栓，设计上有些部位需用的钢板或橡胶止水带，过墙用的预埋套管等；机具有计量器具，混凝土施工的有关机械等。

3）施工放线：地下防水工程的施工放线包括土方开挖的定位放线和给出标高及确定挖深。浇筑垫层后放出支模的墙体、柱子的位置线，绑钢筋的区域划分线等。底板浇筑后要给定墙柱标高，顶板标高。如有排水工程的要给出分层填放滤水层，排水层的标高、厚度线等。总之要配合施工进行，施工员要负责督促。

4）钢筋绑扎：要先放好底下垫块，有垫层的做成35mm厚的长条形高强砂浆块。因为底板的钢筋量大，总体重量重，不先放垫块以后无法垫好，强度不高则易压碎。还要检查加工好的钢筋规格、数量、长度，都应符合图纸。并准备双层钢筋中的撑铁，到时可以支架上层钢筋。底板钢筋长的可以采用新的各种搭接技术，尽量减少绑扎搭接。

中间柱子及四周墙壁钢筋均应留向上的插筋。墙体插筋应高出施工缝并有搭接长度，分成四个不同长短以满足同一断面绑扎搭接允许25%的规定。中间柱子钢筋比较粗，可采用气压焊、电渣压力焊等，接头要互相错开，保证钢筋符合规范中同一断面允许搭接量的规定。

5）模板的支撑：一般先支撑外墙外模板，可避免泥土、杂物落进钢筋绑扎区内，一般支撑到顶板上部。外墙内模则以设计图上翻边施工缝高度确定支模高度。待底板混凝土及施工缝高度的混凝土浇灌好后，拆除施工缝模板，才可将内模板支到顶板底部。中间柱子可以按常规施工支撑，主要应防止胀模，应支箍牢固。

施工缝处的留设和墙板防止胀模采用的带止水环的穿墙螺栓的施工方法，可以见图 8-7-13（*a*）、（*b*）。

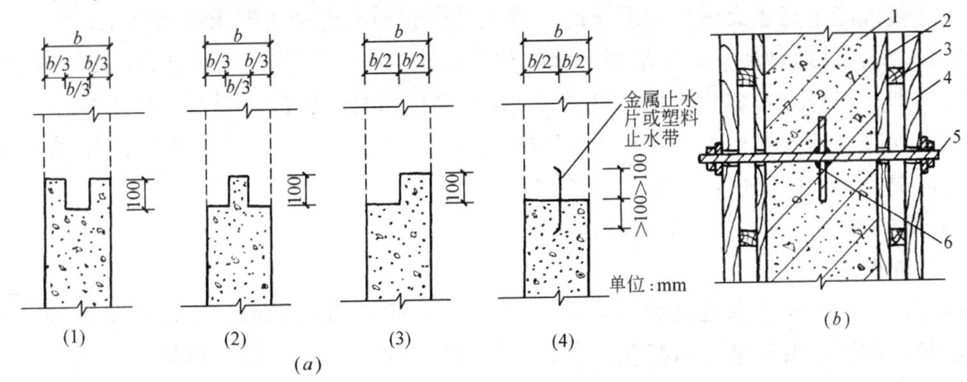

图 8-7-13　施工缝及止水环的做法

（*a*）水平施工缝构造图
（1）凹缝；（2）凸缝；（3）阶梯缝；
（4）平直缝

（*b*）螺栓加焊止水环
1—围护结构；2—模板；3—小龙骨；
4—大龙骨；5—螺栓；6—止水环

在墙体上有穿墙管道的，必须预留比管子直径大的预留管洞，管上也要做止水片，如图 8-7-14 所示。以后正式管子与预留管间的空隙一般用石棉绳及防水油膏等嵌堵密实，通常图纸上会有交待的。

顶板部分模板的支撑与框架结构支模相同。

6）混凝土的浇筑：

防水混凝土的浇筑是防水工程质量好坏的关键。

底板的浇筑：一般因为它的厚大而往往忽视，其实是不应该的。底板一定要分层分次台阶式的浇筑，如图 8-7-15。

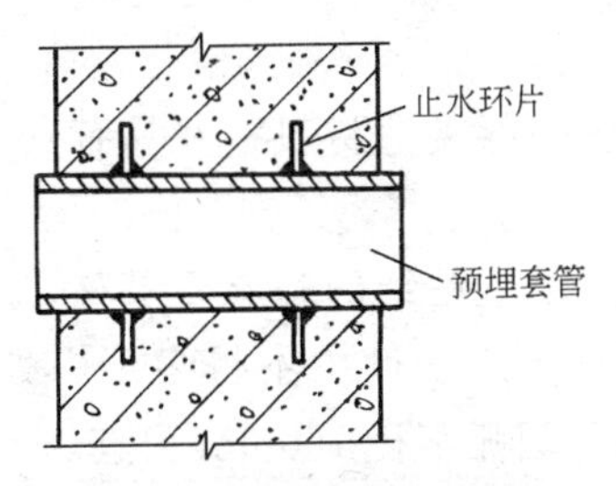

图 8-7-14　预留过墙管做法

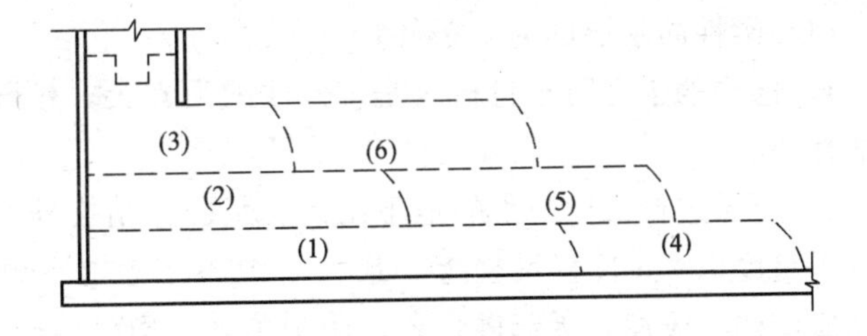

图 8-7-15　底板为防水要分层浇筑

浇时上一层的应盖住下一层相接处的缝道，相接处的缝道其连接时间不应超过 2h，即不能形成冷缝。这样才能保证底板没有冷缝和上下贯通的缝，通常只要振捣密实，是不会发生渗漏的。

墙板的浇筑：施工缝处一定要清理干净，用高压水冲净，要先填浆（同混凝土的砂浆）3～5cm，后浇筑混凝土，每次应 30cm 左右分层转圈进行浇筑。振捣要密实，捣的时间以 10～30s 为宜。以混凝土开始泛浆不冒气泡为准。要避免漏振、欠振、过振。禁止一处下料成山用振捣棒振动引开，形成拆模后看得出的大山式起伏的波浪形接槎缝，这种操作方法要不得。

防水混凝土的浇筑，要组织好施工力量，做到连续性浇筑完毕。如底板应连续一次浇到墙、底交接处的施工缝；墙板连续一次浇到顶板底下 10～20cm 处的施工缝为止；最后顶板亦应一次连续浇筑完毕。

当底板混凝土属于大体积混凝土时，应按大体积混凝土施工要求进行施工。

7）养护：养护是地下防水混凝土施工中一项应重视的工作。要求防水混凝土在终凝后就应立即进行养护，养护时间不得少于 14d。养护期间应保持混凝土表面湿润。

防水混凝土的冬期施工，入模温度不应低于 10℃，可采用蓄热法养护或用暖棚法养护，并应保持一定的湿度，防止早期脱水。

8）试块制作：强度试块应以每台班不少于 2 组进行制作，并作标准养护，必要时还应做同条件试块。

同时，混凝土连续浇筑量为 500m^3 及以下时，要做两组抗渗试块；其量增加 250～500m^3 时，应再增做两组。如配合比、原材料有变化时，应相应留置试块。

总之，防水混凝土要同时做这两类试块。

9）工程验收：目前对防水混凝土结构是否渗水，我们采用在基坑内，建筑物四周放水至地下水常年水位高度后经 48h，在内部四周墙面仔细观察有无渗漏或湿渍，如有抗渗不满足要求的应设法处理，达到满足规范防水等级要求后，才能做防水构造工程（周边填砂石），或直接回填土。

2. 卷材防水的施工

在地下防水工程的外部，采用柔性的防水卷材做成多层防水；或采用涂膜防水均可达到防水目的。这类防水层具有良好的韧性和可变性，能适应振动和微小变形，加上目前防水材料供应比较充足，因此对要求高的地下工程做外部防水，目前被广泛地应用。

卷材或涂膜防水其施工质量很关键。施工质量好防水有效；而工作粗糙，细部处理不好，有时还可能出现渗漏。为此，在一级防水工程中往往采用防水混凝土结构加卷材或涂膜防水，使防水功能达到满足。

（1）柔性防水层的施工条件：

1）选用的柔性防水材料应是抗菌性的沥青类、橡胶类、塑料类等材料，并具有延性好的性能。

2）所需进行柔性防水的地下结构要坚固，结构外形要简单，粘结的基层要平整、干燥。平整度以 2m 长直尺检查，最大空隙不应超过 5mm，且每米长度中不得多于一处。表面应清洁、干净，无起砂现象。阴阳角处，均应做成圆弧，圆弧半径 150mm 为宜。

3）凡粘贴橡胶类、塑料类、沥青类的卷材，所用胶粘剂应与相应卷材吻合。

4）卷材防水层经常承受的压力应不超过 0.5N/mm^2；但又须在经常保持不小于 0.01N/mm^2的侧压力下，才能发挥防水效能。因此防水层外侧要设置保护墙，墙厚为 120mm，可分段断开砌筑，可以起附加压力的作用。

5）施工期间要使施工区内的地下水位降到垫层以下不少于30cm处。且施工气温应不低于5℃。冬期施工应有保温措施，雨期施工应有防雨设施。

6）施工前在基层应刷表面处理剂，以保证柔性防水材料与基层的粘结力。

（2）卷材防水层的施工：采用卷材防水层，要求铺贴方法为满贴法，即胶粘剂应涂满卷材粘贴，不采用条贴、点贴等施工方法。按施工方法分为：外防外贴法和外防内贴法两种。现分别将这两种施工方法介绍于下：

1）外防水外贴法：外防水外贴法是除结构物底下的卷材是在结构施工前贴好外，而其结构竖向的墙体部分的外防水，则均在墙体结构完成后，再在结构墙体外面进行粘贴（称为外贴）的方法来完成。所以称为外防外贴法。

外防外贴的工艺程序为：

施工准备→浇筑垫层混凝土→砌两侧临时性保护墙→在垫层上抹1：3水泥砂浆找平层，并在墙角处做圆角→在保护墙上抹1：3石灰砂浆找平层→铺卷材防水层（先底后墙）→在底板下卷材防水层上浇筑5cm细石混凝土保护层→在保护墙上防水层面抹砂浆保护层→进行底板、墙板结构施工—养护→拆模—→外墙结构面抹1：3水泥砂浆找平层—→拆临时保护墙→做外防水卷材防水层—水压试水→砌外保护墙→回填土→结束施工。

2）施工准备：施工准备主要应了解施工图中对外防水做法的要求，选用的防水材料，做的层次，施工条件和要求。以及结构施工的准备工作。

其次是准备防水材料、胶粘剂、基层处理剂，垫层材料、找平层材料、砖和结构施工材料等。

再是准备相应的机械设备和工具，以及在做防水施工时的相应脚手架，卷材操作人员相应的劳动保护用品。

3）施工注意要点：

A. 垫层浇筑时一定要抄平，浇筑要平整，标高要一致。垫层混凝土可用C10强度，厚度可为100mm；

B. 放线砌临时性保护墙，一般墙高为结构底板厚度加上卷材铺设层次乘每层搭接150mm长的积，再加200～500mm富余量。可见图8-7-16。临时保护墙不要求坚固，但要垂直、平整，通长要直、上面水平标高一致。

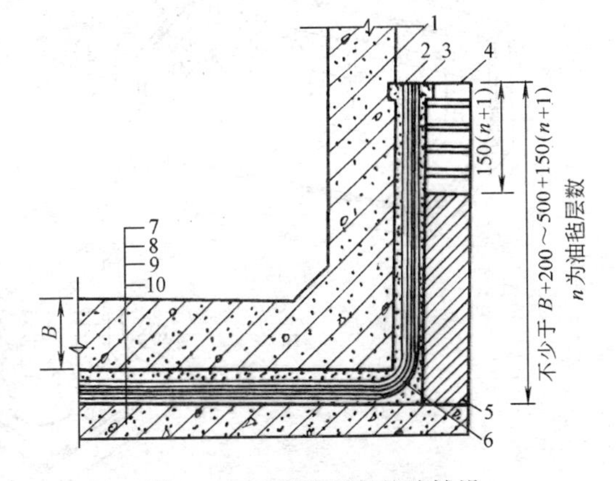

图8-7-16　用临时保护墙铺设转折处油毡的方法

1—需防水结构；2—永久性木条；3—临时性木条；4—临时保护墙；5—永久性保护墙；6—附加油毡层；7—保护层；8—油毡防水层；9—找平层；10—混凝土垫层

C. 在临时保护墙和垫层转角处，一是找平层一定要做成圆角，二是铺卷材时要铺贴一层附加层，进行加强。水平卷材接缝应离墙不少于60cm。

D. 找平层上均要涂刷基层处理剂。对临时保护墙的下半截永久性保护墙上要铺贴牢固，而上半截临时性墙上只要进行固定即可，留出以后搭接的各层接槎长度（每层≥150mm）。

E. 在保护墙上粘贴好卷材后，要撒砂在面上的胶粘剂上，便于抹卷材防水层的保护层，否则不易抹牢。施工结构时不能碰坏找平层。

F. 拆除临时保护墙后，分开各层卷材时要细心，然后先贴内层，后贴外层，分层进行施工。

G. 卷材施工完后经检查合格和试水，才可砌筑外面永久性保护墙。并做防水工程的隐蔽验收工作。最后回填土结束地下工程。

4）外防水内贴法：外防内贴法是所有卷材防水层全部施工完后，再进行结构的施工。与外贴法不同的是保护墙砌成永久性的一次到位，把防水卷材一次做到顶板高度。

应注意的是，对保护墙上的找平层均用 1：3 水泥砂浆抹平，粘贴前都要刷界面处理剂便于粘结。卷材做完后，要用胶粘剂粘牢砂粒后抹 1：3 水泥砂浆的内保护层。施工时保护墙的位置要考虑两层找平层厚度，即不要把线放得太进而占去结构墙体的断面。

再有是保护墙等于结构墙体的外侧模板，因此支模时，外保护墙一定要按外模板一样支顶牢固不能发生变形，而造成卷材拉裂。内侧模板也要经计算采用内支顶办法支撑牢固，决不允许采用穿墙螺栓拉结而刺破卷材防水层。

卷材完成后要经检查验收合格，办理隐蔽手续，才能做抹灰保护层进行结构施工。结构施工时，必须认真细致，不要碰坏保护层，危及卷材防水层。

其他施工准备、阴阳角处理、粘贴方法均同外防外贴法相同。

三面角处的卷材铺设形式可看图 8-7-17。

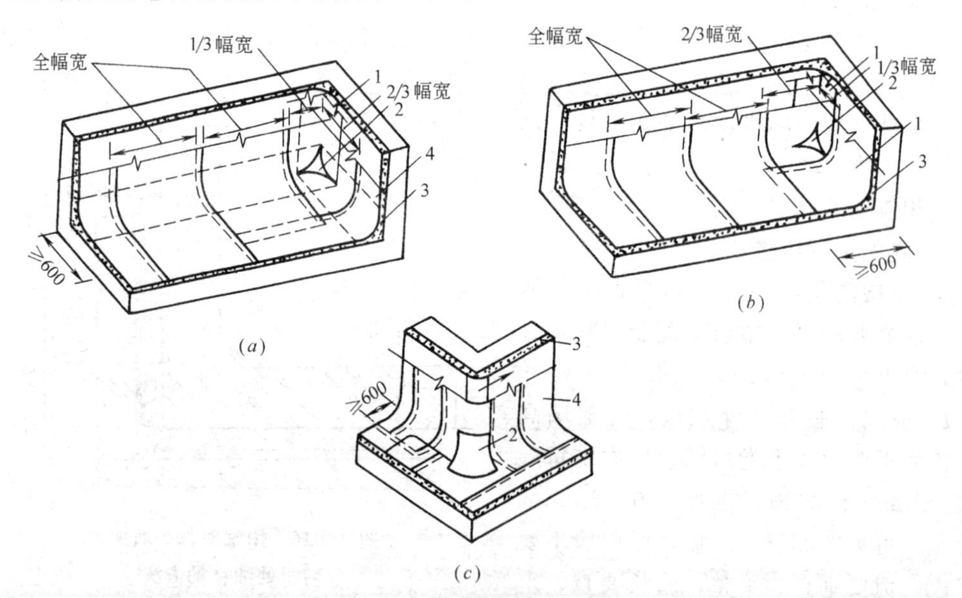

图 8-7-17　三面角卷材铺贴法

(*a*) 阴角的第一层卷材铺贴法；(*b*) 阴角的第二层卷材铺贴法；(*c*) 阳角的第一层卷材铺贴法

1—转折处卷材加固层；2—角部加固层；3—找平层；4—卷材

（3）涂膜防水层的施工：涂膜防水施工的方法和屋面涂膜防水相同。其施工程序和卷材施工相仿。应注意的是：

1）应选用抗菌、无毒或低毒涂料。

2）抗震结构应选延伸性好的涂料。

3）对处于侵蚀介质中的结构应选用耐侵蚀涂料。

4）对基面要求必须干燥、清洁、干净。

5）对涂料的配比、制备及施工，必须严格按屋面防水涂膜要求一样进行。

6）用涂膜防水不得少于二遍，后一遍涂刷必须待前一遍结膜后进行。涂刷方向前后两层应相互垂直。

7）涂膜防水宜采用胎体增强材料进行施工，以提高抗变形能力。

8）其他如保护层等做法同卷材防水一样遵照执行，也要做隐蔽验收工作。

（三）楼层间的防水施工

楼层面有水房间的防水处理不好，往往引起渗漏，给用户带来不便。施工中应注意做法。

1. 楼面有水房间的楼面防水构造

一般由结构层、找平层、防水层、面层几个层次。对结构层要求采用现浇钢筋混凝土楼板，并将上下管道的孔洞留出，安装完毕后，应将管与孔洞之间的空隙用混凝土堵塞密实。最好是预埋套管，浇筑在楼板内，套管高出室内地坪3～5cm，以后正式管与套管面间隙用柔性材料堵塞后用防水膏体密封。

找平层用1∶2.5水泥砂浆抹灰，坡向地漏，最薄处不小于8mm，泛水坡度在5‰左右。

防水层用两油一毡或涂膜加胎体增强材料分两次涂刷做成，卷到墙面上200～250mm高。

面层按设计要求进行施工。

该类房间结构层标高比其他房间应低30～50mm，做完后比其他房间地面标高低20mm。

2. 找平层的施工

首先检查通过房间楼面的管道或套管是否全部施工完毕，管道边的空隙是否已经堵塞密实。再检查一下地漏的上平是否太高，一般比结构面高5～6mm即可，即抹完找平层后，喇叭管边与找平层面平，以便防水层可以伸入口内。

抹找平层前应根据泛水算出找平层在各面墙根的厚度，然后弹出边上应抹到多厚的灰线，并在结构面上弹出泛水流向线，操作者可以依此抹出几道筋，然后大面积以此筋抹找平层，达到厚度、坡度、流向满足设计要求。

找平层抹时要搓顺抹平，并在完成后养护。

3. 防水层的施工

防水层施工应在管道施工（即有套管的管道也应完成）全部结束后，找平层已干燥，才可进行施工。施工前将有套管的管道，在两管之间填塞石棉绳，塞紧并凹进10mm左右，再用防水胶粘剂填嵌封缝。管道与找平层的节点处也用防水胶粘剂加强一道。最后全面铺设防水层，操作方法为满铺贴，铺完后在面上涂胶粘剂时撒干净的干砂，以便做面层能粘结牢固。

4. 面层施工

面层施工必须在防水层硬结后进行，间隔时间不能太久，或对该房间在做完防水层后临时封门，不让防水层遭破坏。

做面层施工应注意不要损坏防水层。粘结层的砂浆用橡胶泥桶传递，不要用铁锹铲扔。块体材料用人工传递，铺多少传递多少。施工完后关闭房门，进行养护。

四、屋面及地下防水工程的质量与安全要求

（一）屋面工程的质量控制与安全要求

屋面工程的质量关键是屋面防水，其次是保温和隔热功能。屋面工程又是一个多项工序的工程，因此要达到防水、保温、隔热的质量能符合国家标准和规范，必须每道工序都有质量控制予以保证。

1. 屋面基层的质量控制

（1）现浇钢筋混凝土的屋面结构层

对现浇钢筋混凝土的屋面结构作基层的，其质量应达到：

1）如为结构找坡，坡度应符合设计图纸的要求。

2）浇筑的表面应平整、不露筋，无凹坑，符合钢筋混凝土板面的质量要求。

3）没有由于结构变形引起的裂缝。

4）若有女儿墙的，墙体无变形裂缝，墙立面已留出卷材收头的凹槽。一般宜设置构造柱和压顶把女儿墙围成一个整体，不使出现屋顶、女儿墙下的水平裂缝，而造成对防水材料的危害。

为达到以上这些质量要求，施工中应进行控制。如坡度问题，结构找坡应从测量抄平上进行控制，板面平整等应从混凝土浇筑中进行控制，对结构变形等裂缝应查清原因，处理解决后才能做屋面工程。否则做了屋面工程就会出现质量问题。女儿墙的构造应根据当地气候与设计人员协商做成不发生墙根水平裂缝的构造要求，从而得到控制。

（2）预制板的屋面基层

屋面采用钢筋混凝土材料的预制板来做屋面结构部分时，对其要求是：

1）如为结构找坡，则在安装板以前，就应检查梁的、墙的找坡是否准确，然后才可安装楼板，这是施工员应提前考虑的；若坡度不够，则还可以先在梁、墙上找好，安装好板后，再大面积找坡就浪费材料了。关键也是在搞好测量抄平工作。

2）板缝要灌注密实。要求板缝均匀匀开，不允许干挤缝，有的图省事，大多缝干挤仅留一条大缝灌筑混凝土，这是不允许的。凡板缝做得好的，灌缝均匀、密实的应在雨天后，板下无明显渗漏，而仅在缝边有湿渍。

3）若有女儿墙的屋面，亦应与前述要求一样应防止水平裂缝，通过合理构造而做好。

采用预制板的屋面在施工中的控制，重点是板面灌缝。一是混凝土配比要准确，粗骨料大小要控制在不大于20mm；二是板缝中要干净，缝道要支模，不允许塞草绳、纸袋等。三是浇筑时人工插捣要密实，浇好后上表面要抹平，事后要浇水养护。不能马上上人施工。

对女儿墙上留的防水层收头的凹槽应事先留出，不应到事后去凿，影响质量。

（3）瓦屋面的基层：瓦屋面其坡度一般都较大，不会发生很大偏差，即使差1%～3%也不会影响排水。而其主要的质量是要抓以下几点，并进行控制。

1）檩条应无明显的下挠，具有足够刚度。这在施工中应事先控制选材。

2）椽子及望板所用材质（尤其木材）应符合有关规范的规定，断面尺寸要够、不朽不蛀。不能在屋面荷载上去后，发生明显的挠度。

3）平瓦屋面的挂瓦条间距要符合使用的瓦的尺寸，施工前应用瓦试挂检查，要事先控制避免到上瓦时才发现，而大面积返工。再有是瓦条下铺的防水卷材，要保护好，不能碰破，挂瓦前要检查，如有破裂应提前修理。

2. 屋面找平层的质量控制

屋面找平层对卷材及涂膜防水都是需要的。目前找平层的做法大部是水泥砂浆，其次是细石混凝土（用于预制楼板面），再是沥青砂浆用于特殊需要的屋面（一般较少用）。

对找平层的要求我们必须控制的质量是：

（1）材料配合比要准确，否则容易起砂、脱皮、空鼓。

（2）要抓住火候把表面抹平、抹光（当然不是很光是比搓平要光些，可以节约胶粘剂），这样可以不发生起砂、脱皮和裂缝。抹平时要用大杠先刮平，要求用 2m 靠尺检查，凹凸不超过 5mm 的规定，这都要事先控制好。

（3）设计有分格的，一定要将分格条埋好，抹完后起出，干燥后要用防水油膏嵌实。分格条要平直，宽度一致。

（4）要在节点处做好圆角，这点在做找平层时，施工员一要交待，二要检查。

（5）要抓好完工后的养护工作，保持一定时间的湿润，对防止裂缝、起砂有好处。

（6）总之，找平层是基层和防水层联系的纽带。下面要与基层粘结好，施工时要清干净，基层充分湿润，保证粘结；上面要与防水层粘结好，则要做到干燥、不起皮、起砂，要涂刷处理剂（冷底子油之类），使防水层不脱开。

因此，找平层的作用和质量控制在屋面工程中不应忽视。

3. 保温层的质量控制

保温的屋面，施工中必然遇到保温层的施工作业。保温层关键必须干燥，不影响其导热系数，这是施工必须控制好的关键。因此要求：

（1）材料的运输、贮存及施工过程中必须防雨、防潮。施工中途有雨，一定要防雨覆盖。

（2）必须按设计图纸或施工规范中规定的设置排气道。排气道要互相沟通，不可堵塞，排气口一定要有防雨措施。施工中施工员必须仔细检查后才能封抹找平层进行隐蔽。

（3）如采用保温层做建筑找坡，那么对坡度要控制，厚度要控制，做到又保温又排水的作用。控制的办法是屋面抄平后做出高低、厚薄的标记，施工铺设时以该标记为准。保温层下一定要按规范做隔汽层，不能忘掉或图省事。

4. 防水层的质量要求与控制

（1）质量要求：

1）屋面不得有渗漏和积水现象；屋面所用的材料应符合质量标准和设计要求；屋面坡度应准确，排水系统应通畅。

2）节点做法应符合设计要求，封固严密，不得开缝，翘边。水落口及突出屋面的设施与屋面连接处，应固定牢靠，密封严实。

3）卷材铺贴方法和搭接顺序应符合规定，搭接宽度应正确，接缝应严密，不得皱折、鼓泡和翘边；涂膜防水层不应有裂纹、脱皮、流淌、鼓泡、露胎体和皱皮现象，厚度应符合设计要求。

4）刚性防水层厚度应符合设计要求，其表面应平整，不得起壳、起砂、裂缝；防水层内的钢筋位置应准确；分格缝应平直，位置正确；密封材料应填嵌密实，粘结牢固。

（2）根据质量要求，应在以下几方面给予控制：

1）原材料除有出厂质量证明外，还必须进行材料复试，以确保材质可靠。

2）屋面施工应单独有方案和技术交底，作为质量控制的先决条件。

3）节点密封，卷材收头，都应由施工员经过检查认可，质量员抽查复验，才可进行大面积卷材及涂膜施工。

4）找平层表面必须要干燥，减少潮气，也控制了可能鼓泡的一个条件；找平层上一定要涂刷基层处理剂，铺贴时辊压要实，充分排除空气。

5）铺贴、布涂的每道工序要监督检查，并控制厚度及搭接长度；开卷布铺要平直，应避免发生皱折；涂膜一定要两层布涂方向互相垂直，这点不可忽略；最后要抽查厚度。

6）对刚性防水层，其下一定要做隔离层，这是防止裂缝的措施之一；一定要分仓（分块）施工，并在模板上标出厚度标记，按此浇筑混凝土。混凝土配合比、坍落度都要控制好，不能稀；钢筋应在浇到一定厚度时放置，或做好专门垫块（比厚度薄 1.5cm）；表面滚压要密实，压光要掌握时间；养护必须要专人按规定时间执行。分格缝嵌密封材料前要清理干净，这很重要，嵌填后要专门检查，再铺贴缝条防水层。

7）防水层面上的保护层要按规定做好，这是防止卷材、涂膜老化的措施，是延长防水使用期的一条措施。

5. 架空隔热层的质量要求与控制

（1）质量要求：架空板不得断裂、缺损；架设应平稳，相邻两块板的高低偏差不应大于 3mm；架空层中不得堵塞。

（2）质量控制要做的工作是：

1）在施工前一定要放线，一是定纵横方向的砌砖礅位置，二是定砌筑的高度。

2）对架空板来料要验收，并检验其强度，可用支架试压确定；最好加工时放 $\phi4$ 钢筋。

3）用放板时坐浆来控制相邻板间的高低差；安放板前应将架空层中的砂浆、碎砖清扫干净，避免堵塞；放板时要拉通线操作，从而做到放平和标高一致。

6. 瓦屋面的质量要求及控制

（1）瓦屋面的质量要求：不得渗漏，基层平整、牢固，瓦片排列整齐、平直，搭接合理，接缝严密，且不得有残缺瓦片。

（2）质量控制应做的工作是：

1）基层应做到前面讲的要求；

2）对瓦的来料要验收，抽查抗折强度；

3）铺瓦前要选瓦，并试铺；

4）铺筑中要拉线，施工人员应经常对操作进行检查；

5）重点要注意脊瓦与坡上瓦处接缝的严密，防止该处渗漏。如有天沟的地方瓦伸入沟内的尺寸应足够，避免水泛溢到瓦底内渗漏。小青瓦的垄沟不要太宽，若盖瓦压不住仰瓦也易渗漏。

7. 向使用单位应交待的注意事项

在工程竣工验收后，施工单位应根据国家规定向使用单位（建设单位），提出以下注意事项：

（1）使用方应有专人负责屋面防水管理。

（2）严禁在防水层、保温隔热层上凿孔打洞、重物冲击，不得任意在屋面上堆放杂物及增设构筑物，并经常检查节点的变形情况。

（3）需要增加设施的屋面上，应做好相应的防水处理。

（4）严防水落口、天沟、檐口堵塞，使用者管理人员应在雨期、冬期前进行检查清扫，发现问题及时维修，从而保持屋面排水通畅。

只有施工重视质量，使用又能管理维护好，屋面的防水工程才能“延年益寿”。

8. 屋面工程施工的安全要求

屋面工程均在高空作业，其施工安全应重点做到以下几个方面：

（1）屋面四周的脚手架，均应高出屋檐1m以上，并应有遮挡围护，这是必须做到的一点。

（2）在使用垂直运输的机械、井架等，均应遵守使用该类机具的规定，不准违反。

（3）上高施工人员应符合高空作业的条件，不得穿打滑的鞋，戴好安全帽，系好安全带。

（4）附近有架空电线等，应搭设防护架，挡开电线，安全施工。

（5）不准夜间施工；大风（五级以上）、大雨、大雪天气不准施工。遇雪后天气，应先清扫架子、屋面，然后才能施工。

（6）对沥青材等施工，应遵守国家《关于防止沥青中毒的办法》以及其他有关安全、防火的专门规定。现场使用明火要有许可证，并应有防火措施。施工运输操作中应防止烫伤。

（7）所用材料应有专人保管、领发，尤其应杜绝有毒的涂料、易燃材料的无人管理状况。

（二）地下防水工程的质量控制和安全生产

地下防水的质量要求是：

防水混凝土应做到：所用原材料、混凝土强度、抗渗强度等级必须符合设计要求；采用外加剂符合要求，掺量准确；施工缝、变形缝、止水带位置正确；止水片、穿墙管等制作正确、预埋合适。总之，不能渗漏。在外观上应无露筋、蜂窝等缺陷，预埋件位置准确。

地下卷材或涂膜防水质量要求是：

与屋面防水层要求相同，严禁有渗漏。

为此我们应抓以下各方面的质量控制：

1. 防水混凝土的质量控制

（1）原材料中水泥应采用适合地下工程的品种，强度等级不低于32.5级，还应进行复试。

原材料中的砂、石主要控制含泥量。

（2）配合比中主要控制水灰比，凡混凝土干硬些则防水性能好些，但要利于操作和振捣密实。其次是控制外加剂用量，一定要按配合比允许量掺加。

（3）掌握搅拌时间，不能少于2min，振捣要密实，浇筑一定要分层。

（4）止水带要放置正确，尤其是伸缩缝处支模时一定要卡牢。

（5）养护很重要，要保证养护时间，并应有专人负责。

2. 柔性材料防水的质量控制

（1）对使用材料必须进行抽样复验，这是控制的第一道关。

（2）不论外防外贴或外防内贴，所有细部均应提前处理好；如找平层的圆角、管孔边的密封，都应在大面铺贴前完成并检查合格。

（3）铺贴基层必须干燥，并用基层处理剂涂刷到位。铺贴中要检查搭接长度是否足够。

（4）结构施工时一定要交待不得碰损已做好的防水层和保护层，在施工中经常检查督促。

（5）涂膜防水还应在施工中抽查涂层厚度，和胎体增强材料的铺设及搭接。

通过以上各项工作，在施工过程中检查控制，那么防止渗漏，保证质量是可以做到的。

3. 地下防水工程的安全生产

该项工程施工均在地坪以下进行的，因此安全生产应做到以下几方面：

（1）施工人员上下地坑，应搭设上下道或爬梯，不得攀爬土壁上下。

（2）应经常注意四周土壁有无变化、塌土现象，即使有边坡支护，也不应忽视这一点。

（3）地面水不准漫流入地坑，引起土壁浸水变化，增加不安全因素。

（4）明火作业、熬煮沥青等，必须在地面上安全区内进行，不得在地坑内进行该项工作。

（5）防毒、防火工作应遵守国家有关规定执行。操作中防止烫伤。

（6）外防内贴的施工，保护墙应有支撑，防止倒下伤人。施工操作应搭正式架子进行铺贴。

（7）在地坑内工作必须戴好安全帽，穿防滑鞋。

（8）尽量不在夜间施工。

复习思考题

1. 目前屋面防水材料有哪几类？各有什么质量要求？
2. 瓦屋面有哪几种？它们的施工方法和特点是什么？
3. 地下防水工程怎样进行施工？有哪些特点和要求？
4. 防水施工的质量和安全如何保证？

第八节　门窗工程施工

一、木门窗的施工

（一）木门窗

1. 木门的种类

木门可以按所用材料及使用功能不同进行分类：

（1）按所用材料分：木板门，是完全用木材经过锯、刨、拼装加工而成的；门心均为薄的木板做成，边、框均为方木加工做成；胶合板门，其边、框均用方木加工做成；而其门板则是由木筋做肋，面上盖上胶合板做成，外观较美；纤维板门，制作方法和胶合板门相同，但门板则用纤维板割制铺面做成，外观较粗糙，但节约木材。

（2）木门的构造可参见图 8-8-1。

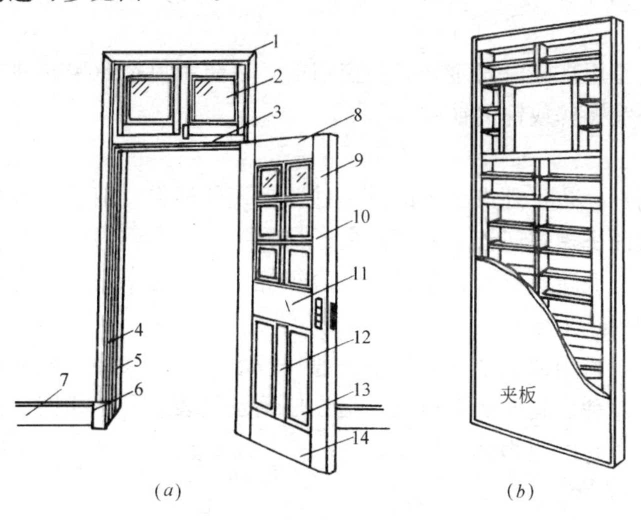

图 8-8-1　木门构造

（a）木门的各部分名称；（b）胶合板门

1—门樘冒头；2—亮子；3—中贯档；4—贴脸板；5—门樘边梃；6—墩子线；7—踢脚板；8—上冒头；9—门梃；10—玻璃芯子；11—中冒头；12—中梃；13—门肚板；14—下冒头

2. 木窗的种类

（1）木窗主要按其开关和构造形式的不同分为：开关窗、推拉窗、上悬窗、翻窗、高窗、固定窗（不能开启的窗）等；按窗的使用可分为：百叶窗、玻璃窗、纱窗、花格窗等等。

（2）木窗的构造可参见图 8-8-2。

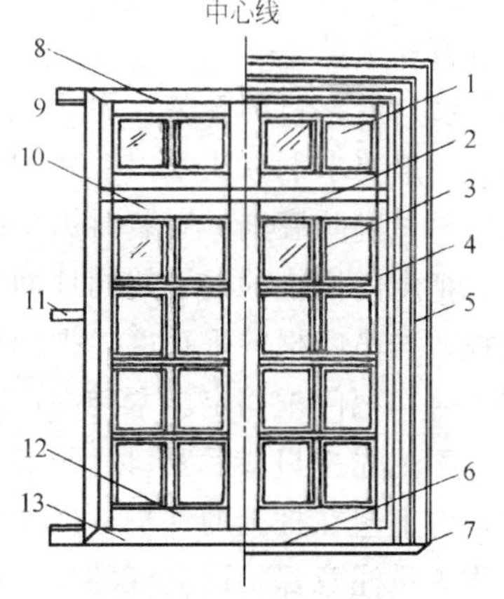

图 8-8-2　木窗构造

1—亮子；2—中贯档；3—玻璃芯子；4—窗梃；5—贴脸板；6—窗台板；7—窗盘线；8—窗樘上冒头；9—窗樘边梃；10—上冒头；11—木砖；12—下冒头；13—窗樘下冒头

（二）木门窗用的五金

木门窗要成为可使用的门、窗实物，在安装中必须采用金属制成的五金零件。现将常用的五金件介绍如下：

1. 铰链（亦称合页）

它按形式不同分为：普通铰链、轻型铰链、抽芯铰链、方铰链、长脚铰链、弹簧铰链、翻窗铰链等。

2. 插销

是临时关闭门窗扇时固定门窗扇用的五金件。它分为明插销、暗插销、翻窗插销等。

3. 拉手

是开启门窗扇时手拉的五金零件。它有弓形拉手、平板拉手、管子式拉手。

4. 碰珠

这是用在一般单扇中、小门上的五金件。它装在门扇的开启一侧，五金件表面露出一半鼓圆形的金属珠，有弹簧伸缩。在门框相应一侧装一配套的金属槽。门关闭时珠子卡入槽内将门扇临时固定不动。人进出时只要用些劲就可以拉或推开门，不像门锁及插销还要人去开启。对在有风天气的开关门扇很方便。

5. 风钩

又称窗钩，它是用来临时固定开启的窗扇的，以防刮风把窗扇碰回窗框震碎玻璃。风钩构造简单，是外表镀锌或镍的铁钩。

6. 门锁

门锁是关闭门户，防止外人出入的五金件。门锁的种类目前真是五花八门，归结起来大致可分为金属做的机械式门锁和科学的电子计算机门锁。作为一般常见的还是前者，大致分为：弹子锁、三保险锁、双舌复式多保险锁等。后者是采用密码、指纹、感应等通过计算机后开启，国内还不多见。

以上介绍的木门窗用的五金件，只是一般的情形。由于装饰工程的发展，五金件也不断的变化，增量、品种、花式的多样化，但在使用及安装上基本相同。作为施工人员凡见到新品种，只要知道它的应用就可以了。

（三）木门窗的安装

1. 门框的安装

门框安装有先立口和后塞口两种方法。

(1) 先立口的安装：先要检查木框尺寸是否符合图纸要求，木材材质是否符合规范要求。凡朽木、虫蛀、劈裂者均不能用。安装前要在靠墙一侧涂刷防腐剂。安装时要按放的线立口，使地坪的±0.00 线与木门框下边的锯子线同高，按此标高把木框垫好立住。要把燕尾木砖装好，以便砌墙者砌入墙内。框下口要用方木撑住，以保持门口的宽度。安装时要用两支点托线板挂吊框的垂直度，钉好交错斜拉条。砌筑中还得复查一次以保证门框的垂直和平整。

(2) 后塞口的安装：由于门洞是先留的，应检查门洞尺寸是否符合，木砖数量是否够。一般要求洞口比木门框外侧大 20mm～40mm。安装前要给出水平标高线，并检查木框质量，刷防腐剂。安装时锯子线的高度以给出的水平标高线，往下量出该处地面标高位置，把木门框上的锯子线同地面线立平，即认为木门框的标高准确了。然后再用两支点托线板，挂吊门框的垂直度，把门框立好。立正后用大木钉把钉帽砸扁，由门框内侧钉入墙内木砖，把门框固定。木砖在砌入前应刷好防腐剂。这点施工员应监督瓦工做好。

不论先立口或后塞口，凡装好的木门框，在施工过程中要在框下部，手推车轴的高度处，钉上包在框上的铁皮，或木板条，以保护门框不受车轴碰撞损害。还应在施工中教育操作人员注意保护已立好的木门框。

立木门框在墙厚度中的位置有分中立，靠内侧立口的两种情形。凡靠内侧立时要考虑墙内侧抹灰的厚度，要把框突出内墙面 15mm 左右，使框平面与抹灰面平面在一个平面上。立框时还应根据图纸看是向内开还是向外开，不能立反。

2. 门扇的安装

门扇的安装有双扇门、单扇门、弹簧门等不同的情况。我们在这里介绍一般的施工操作过程。

(1) 检查已立好的门框，因为门扇的安装时间都在抹灰、地面施工完后进行的。在这中间门框可能会受施工过程的影响，产生一些变形等。所以安装门扇前必须对门框的尺寸、对角线、垂直度进行全面检查，不符合的应进行纠正。从而保证安装好门扇后，门的开关、外形及观感使人满意。

(2) 修刨门扇，在对框已检查无误后，应先量出框口净尺寸，考虑风缝的大小，再在扇上确定高度和宽度，进行修刨。双扇门要对口后再修刨两边梃。风缝大小的一般规定见后面质量标准部分。

(3) 装门扇，先将修刨好的门扇试放入框口中，用木楔垫在扇下，观察四周风缝合适后，划出铰缝位置，开出安装小槽。在框上相对处也开出铰链槽。安装铰链的位置一般上铰链上边离门扇上边≤200mm，下铰链下边离门扇下边≤250mm，即以扇高度的1/10～1/8安装。高大较重的门有的要装三副铰链，除上下两副外，中间在门拉手或锁的位置或门扇高的1/2处再装一副。

(4) 安装其他五金，在用铰链把门扇安装好后，可在门扇上临时钉一木块作拉手用，开关看看是否合适，风缝是否符合，经检查合格后，即可开始安装其他五金。

1) 拉手：可安装在离地1.10m左右，尺寸以拉手中部为准量取，以便人手的开关门扇。

2) 插销：可安装在门扇房间内的一侧，位置同拉手高度相仿，主要用于关上门扇固定不动。

3) 暗插销：一般用在双扇门中的一扇上，位于扇立梃侧面的上下端，上端将插销插到门框的中贯档上，下端将插销插入地坪上留出的孔中。双扇门中有暗插销的一扇固定后，另一扇关闭时，可将插销插到固定的扇上，整个门就关闭了。

4) 装门锁：门锁安装高度一般在离地面90～95cm。木板门的锁不宜安装在中冒头与立梃交接结合处，以免损坏榫接。安装锁一般都要钻孔装锁头，钻孔的直径应比锁头大1mm。锁安装在门扇上，锁舌壳安装在门框上，或双扇门的一扇的立梃上。胶合板门，在安锁处加工制作时该处都应装有木块。

5) 安装碰珠：有些内门不安装门锁，为开关方便也不用插销，一般就安装碰珠以临时固定门扇。碰珠安装在门扇立梃的侧面，珠槽安装在木框的立梃上。安装时都要开槽，安好后要先试试是否灵活，太松或太紧则要调整珠槽的进出位置。

所有五金安装均采用木螺钉固定，钉木螺钉时，要求先用木工锤（小榔头）打入1/3木螺钉的长度，然后用改锥（亦称旋凿）拧进2/3，要拧紧、拧平不能歪斜。严禁整根木螺钉用锤全部钉入框或扇上。这种现象在操作中已成为通病，一定要提高操作者的素质改变这种作业。如在硬木上钉木螺钉，则可先用小钻钻孔达2/3钉长的深度，然后再把木螺钉用改锥拧入。小钻孔径应为木螺钉直径的0.9倍，即比钉子直径细10%。

(四) 木窗的安装

1. 木窗框的安装

窗框安装和门框一样有先立口和后塞口的两种方法。除要求检查窗框的质量外，同样在框的四周涂刷防腐剂。窗框比木门框多一条底框，因此是四周均要刷防腐。不同于木框仅刷三面，这点不要忽视。

(1) 先立口的，一般在砖墙砌到窗台高度时，需要安排木工去把口立上。这时要检查墙的标高是否一致，口立上去后要拉通线检查是否标高一致，可用木楔找平，并用斜撑钉住框边临时固定木窗框。一般窗框以分中立口较多，则要求检查位置是否一致，不要立进立出不在一条分中线上，形成外观差的不良效果。总之要仔细检查。立正后，垂直平整均应符合质量要求，才可砌筑墙体。其次和木门框一样要把走头、燕尾榫木砖砌入墙内，要求不能把框挤得太紧，应留 5～10mm 的缝隙。抹灰时再用水泥砂浆塞密实。

(2) 后塞口的窗框，应先检查留洞是否符合尺寸，下口标高是否一致。木砖数量是否足够。安装窗框时应根据给出的水平标高线，算出窗框底标高高度，然后拉通线安装窗框。安装时要用线锤挂吊垂直度，垂直后再用钉子将框钉入木砖固定牢固。窗框的木砖数量也要根据窗口的高度、大小而定，这在砌筑时，施工员就应考虑好。

先立口或后塞口，都应注意框有无纱窗裁口，不要把纱窗在外或在内的位置弄错，要对照图纸检查。一般常规的是纱窗在内，那么别把玻璃扇面立到室内一边。因为扇的厚薄不同，这要注意的。

后塞口时，如发现留的洞口高了一些，窗框按标高立上去后，顶上与过梁间的空隙过大如大于 30mm，这样上部抹灰太厚，不易牢固。这时可以统一将窗框标高抬高 10～20mm，只要外观一致也不影响使用，这是允许的。当然空隙过大已大于 50mm，而形成错差，应专门处理后再施工。

2. 窗扇的安装

窗扇一般多为两扇，也有三扇或更多。窗扇较轻比门扇安装要省力。其安装方法和步骤和门扇基本相同。五金件没有门锁和碰珠，但多一个风钩，用风钩来固定开启的窗扇，以防刮风碰坏窗扇和玻璃。如有双层窗扇的（带纱窗或保温双层窗），宜先安装外层窗扇，后安装内层窗扇。

窗扇的铰链位置，一般也在窗扇上下端 1/10 窗扇高度处安装。拉手一般在窗扇中部安装。插销是竖向安装在扇的下部，插入框上的插销鼻内。风钩安装在扇下靠近框立梃的地方，距离约为扇宽的 1/3 处。当窗开成 90°时，风钩与框成 45°角支撑住窗扇。风钩的大小根据窗扇的大小选用。高大的窗在框中贯档处还装风钩，以稳定窗扇。

双扇对口窗，在扇对口处要刨成企口边梃，安装时要先试放合适后，再用铰链固定。

窗扇安装好后，冒头、窗芯应呈水平，双扇窗或三扇窗的窗芯应互相对齐。纱窗的窗芯应正对玻璃窗的窗芯。总之要外观一致、感觉舒适。

(五) 木门窗的质量要求

木门窗安装及制作上的质量要求和我们应抓住或控制的质量关键有以下几点：

1. 为保证安装质量，我们在安装前都要对来的加工品进行验收。为了顺利验收必须懂得木门窗制作的质量标准。木门窗制作的质量标准是：

(1) 木材材质要求应符合木结构工程施工及验收规范中门窗及其他细木制品中，对该类构件的材质要求的标准。并要求木材应进行干燥处理，成品应刷一遍底油，防止受潮变形。木材干燥很重要！

(2) 来的加工成品，应结合牢固，割角拼缝严实平整。表面应净光或砂磨，并不得有刨痕、毛刺和锤印。胶合板或纤维板门扇不允许脱胶。框、扇的裁口起线均应顺直，无缺棱掉角情况。

（3）制作的成品其允许偏差和检验方法如表 8-8-1 所示：

木门窗制作的允许偏差和检验方法 **表 8-8-1**

项次	项　目	构件名称	允许偏差（mm）		检　验　方　法
			普通	高级	
1	翘曲	框	3	2	将框、扇平放在检查平台上，用塞尺检查
		扇	2	2	
2	对角线长度差	框、扇	3	2	用钢尺检查，框量裁口里角，扇量外角
3	表面平整度	扇	2	2	用 1m 靠尺和塞尺检查
4	高度、宽度	框	0；−2	0；−1	用钢尺检查、框量裁口里角，扇量外角
		扇	＋2；0	＋1；0	
5	裁口、线条结合处高低差	框、扇	1	0.5	用钢直尺和塞尺检查
6	相邻棂子两端间距	扇	2	1	用钢直尺检查

注：1. 高、宽尺寸，框量内裁口，扇量外口。
2. Ⅰ级品指不允许有虫眼，Ⅱ、Ⅲ级品允许有表层的虫眼。

有了以上的标准验收时就有了依据，可按标准要求检验。其中应抓的关键是木材是否经过干燥处理；结构件结合是否牢固；有无翘曲；如肉眼可看出的，则认为不合格。其次看表面是否光洁平整，有无刨痕、锤印，裁口是否顺直。

2. 安装的质量要求

（1）门窗框安装位置必须符合施工图，安装要牢固，一般的碰撞应不会发生位移。

（2）门窗框与墙之间的缝隙应作单一工序来操作。一般地区可塞严水泥砂浆，寒冷地区要填塞保温材料，应填塞饱满、均匀。裁口要顺直、刨面要平整光滑，扇要开关灵活、稳定，无回弹和倒翘。五金安装要齐全、位置适宜、槽深一致、边缘整齐、尺寸准确。木螺丝拧紧帽卧平，开关插销灵活，操作中要检查是否先打入 1/3 后拧入 2/3。如有门窗披水、盖口条、压缝条、密封条的，安装时要尺寸一致，平直光滑，与门窗结合牢固严密，无缝隙。

（3）木门窗安装的留缝限值、允许偏差和验收方法可见表 8-8-2。

木门窗安装的留缝限值、允许偏差和检验方法 **表 8-8-2**

项次	项　目	留缝限值（mm）		允许偏差（mm）		检验方法
		普通	高级	普通	高级	
1	门窗槽口对角线长度差	—	—	3	2	用钢尺检查
2	门窗框的正、侧面垂直度	—	—	2	1	用 1m 垂直检测尺检查
3	框与扇、扇与扇接缝高低差	—	—	2	1	用钢直尺和塞尺检查
4	门窗扇对口缝	1～2.5	1.5～2	—	—	用塞尺检查
5	工业厂房双扇大门对口缝	2～5	—	—	—	
6	门窗扇与上框间留缝	1～2	1～1.5	—	—	
7	门窗扇与侧框间留缝	1～2.5	1～1.5	—	—	
8	窗扇与下框间留缝	2～3	2～2.5	—	—	
9	门扇与下框间留缝	3～5	3～4	—	—	

续表

项次	项目		留缝限值（mm）		允许偏差（mm）		检验方法
			普通	高级	普通	高级	
10	双层门窗内外框间距		—	—	4	3	用钢尺检查
11	无下框时门扇与地面间留缝	外门	4～7	5～6	—	—	用塞尺检查
		内门	5～8	6～7	—	—	
		卫生间门	8～12	8～10	—	—	
		厂房大门	10～20	—		—	

门窗安装应抓住的质量关键是：

（1）门窗框口的标高：尤其是门框的锯子线与地面标高线必须符合一致，在同一水平线上。窗框标高必须以已有水平标高线为准，统一拉线定出框下标高，使下框标高在同一水平线上。再是开启方向要正确避免装反。

（2）门窗框的固定要牢固，窗框每边最少两个固定点（注：木砖及燕尾木即为固定点），间距不大于1.2m；门框每边最少三个固定点，间距不大于90cm。框与墙之间的缝隙，凡是后塞口用钉钉入木砖的，缝隙中必须垫一小木块后才能钉钉，这样框才能牢固。

（3）如偏中立框的，框出内侧墙的尺寸，必须与抹灰后相同平面，以后钉贴脸条时可以达到平整服帖。

（4）安装后要检查门窗开关是否灵活，有无翘曲现象。对缝和扇与框的相贴，均应平服，这是使用者特别注意的。否则，开关不灵、门缝不严、漏风漏雨、这种质量是过不了关的。

同时在施工中不允许用刨削门窗扇的大面和框的裁口（尤其胶合板门、纤维板门）的方法，来调节裁口间风缝的做法。

（5）要检查五金装置的牢固和齐全，有的操作者偷懒做法，如铰链上的木螺丝少两只，不是按打入1/3拧入2/3的方法，而是一打到底。我们检查时只要用改锥反拧能卸下的，说明操作准确；否则就是偷懒做法，是犯规的。此外，作为施工人员应考虑到用户使用方便，对设计缺少的五金可提出建议增加，这对使用和门、窗的长久耐用，牢固性均有好处。

总之，质量的关键在操作中及管理上，我们施工员要经常检查指导，从而才可保证使用质量。门窗工程质量虽非结构工程有危及人身安全等的重大意义；但是用户日常要遇到要使用的一部门，反映往往从这方面引起，因此我们施工中的预控，抓好这些关键，是施工人员工作的职责。

二、铝合金门窗的施工

（一）铝合金门窗的五金件

铝合金门窗与木门窗、钢门窗相比五金件相对要少些。一般有：推拉门窗的开关件，下坎的滑轮组，平开窗的执手、支撑杆，平开门的门锁、带锁的球形执手、铰链、拉手等。

开关件是装在推拉门窗立梃上及框上的，它有上下挂钩式和按拉卡住式两种。上下挂钩式是把挂件（在扇上）上推则脱钩（钩在框上），门窗可来回移动（滑动）；当把挂件下按，则挂上钩后门窗关死固定。按拉式是一根圆形杆装在窗扇上，当两扇分开卡入框中，把圆杆一按下去，两扇就串在一起不能再动，把窗关上；把圆杆拉出，则窗扇可自由滑动。

滑轮组是装在推拉门窗的扇下的滚动滑轮，有滚球轴承。它卡在门窗下框上可以滚动，推拉时，门窗扇就可开启及关闭。这是推拉门窗扇不可缺的五金件，一旦损坏或脱落，扇落在滑轨上移动就相当困难，还会磨坏扇和框。所以发生这种情况必须及时修理好。

其他非推拉窗的如铰链、拉手、支撑杆、执手、门锁，其原理同钢门窗一样。只是安装时要在扇、框上攻丝，所用螺丝为不锈钢机螺丝或铝制拉铆钉。

除五金件外还有其他配件如橡胶条、塑料垫块、尼龙毛刷、垫料、塑料胶纸、密封胶等安装材料。

（二）铝合金门窗的安装

铝合金门与窗在安装方法上有的地方不完全一样，不同类型的铝合金窗在安装的具体构造上也有差别，但其安装程序基本上相同。

1. 安装施工的工艺程序

施工准备→标尺定位→安装固定门窗框→配合灌浆边框嵌密实→注射密封胶→门窗扇安装→清洗→复检→交工验收。

2. 施工准备

施工准备包括技术准备、材料准备、作业准备等。技术准备主要是技术图纸学习，进行工艺交底，了解门窗型号和安装的玻璃种类和色彩等。材料准备是将要安装的各类门窗对号分别运到门窗口处，并检查有无碰伤，玷污、外包装损坏的应特别注意检查。堆放时要垫平、垫实，要有保护措施，使在安装前不受到挤压及碰撞而引起变形。并用箱装好五金件、螺丝钉、橡胶条、密封胶等。所需安装的玻璃要进场放入临时仓库，以备安装时用。作业准备主要是所用工具要备好，如射钉枪、电钻、小锤、水平尺、木楔等。还有操作条件如脚手架，或高凳（在内安装时），同时在工序上是否已具备可进行安装作业，避免工种之间运作的矛盾，对安装质量不利。

3. 标尺定位

铝合金门窗框一般均为后塞口，在结构工程施工时，就应根据设计尺寸把洞口留出。洞口的大小，即窗框与结构洞边的间隙，在施工时应视所用装饰材料（主要是外饰面）而定。如果内外墙都是抹灰层，则洞口每边应比框大大约 20mm；如果饰面为磨光花岗石、大理石等板材，那么留的间隙应看板的厚度加粘结层和底糙厚度。总之外抹灰也好，贴面砖也好，装饰板材也好，不能把框边盖住，看不见框边。要使框边与装饰（或抹灰面）交接吻合。这是给铝合金门窗在结构施工时，就应标尺定位。

其次是安装前应进行放线。即在同一立面的窗应水平方向、垂直方向做到整齐一致。这时就要对预留洞口进行检查，凡不合适的应作修正处理。偏差过大的修正时对结构有影响的，应通过技术部门研究措施后解决。

经处理合适后应在洞口四周弹出门窗框的边线位置。如图 8-8-3。

安装门框要注意室内地面的标高，底框面应与室内地坪标高相一致；无底框时，应使上框内往下到地坪标高处的尺寸等于门扇尺寸（铝合金平开门是无锯子线的）加风缝大小。

4. 门窗框的安装

(1) 按照弹线位置，先把门窗框用木楔临时固定在洞口内。经检查框的垂直度、水平度、左右缝隙、上下位置都符合要求后，把装在铝合金框内的镀锌锚固板条，平贴在结构洞口侧面上，用射钉枪把板条钉住。板条应固定牢靠，平服、不松动。板条间距应≤50cm。如图 8-8-4 所示。

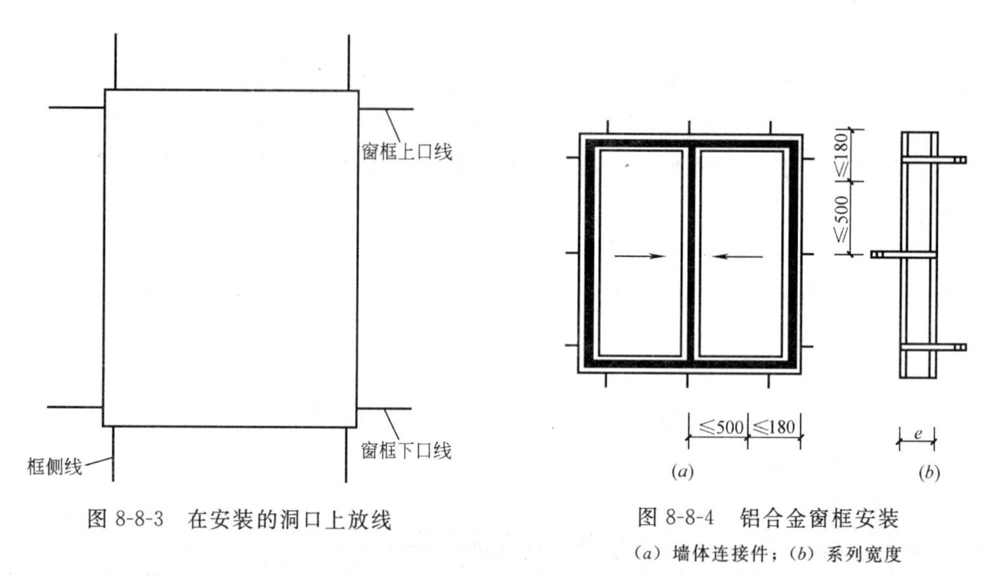

图 8-8-3 在安装的洞口上放线

图 8-8-4 铝合金窗框安装

(a) 墙体连接件；(b) 系列宽度

(2) 对门窗框周边进行灌浆填缝。由于防雨水浸入的要求，该道工序应作为单一道工序来进行，这样可以保证操作细致和质量可靠。填缝材料，原则上应按设计要求采用。而目前常用的往往是用 1∶2 水泥砂浆，塞灰时应将框四周清扫干净，洒水湿润洞口侧面，进行分层填塞，填时边上用木尺卡住，需填塞两遍以上，塞实填平。要求砂浆不能稀，以手捏成团，不挤出浆水为宜。由于水泥砂浆在塑性状态时，呈强碱性，会对铝合金材的氧化膜有一定影响，特别是氧化膜被损坏时，碱性物质对铝有一定腐蚀作用。为此，严格地说，当用水泥砂浆作塞缝填料时，铝合金框的外侧应涂刷防腐剂才好。

填塞的砂浆在经 24h 后，具有一定强度之后，可以拔出木楔，并在木楔空当内再补灰填满。

(3) 注射密封胶，该工序实际上要待外抹灰或外饰面结束之后进行。密封胶用打胶筒(成品可买到) 在铝合金框边与外饰面交接处的缝道上挤胶压入缝中，形成一条防风雨的防水缝道。密封胶缝要连续不断，宽度约 8mm。

5. 门窗扇的安装

门窗扇的安装应在抹灰、饰面等土建工程完工后进行。门窗扇安装包括了玻璃的安装。平开窗窗扇安装与钢窗相同，先装铰链，装时要用不锈钢螺丝或铝制铆钉。装好后要检查开启、关闭情况，缝隙合适无阻滞、回弹后，可装玻璃及五金。为装玻璃方便，有的五金要后装；有的则必须在装玻璃前装好。装玻璃时，要在玻璃和扇边框间嵌塞橡胶条，起防水作用，如同钢、木门窗玻璃边的油灰作用一样。

安装推拉窗的，则可以把玻璃先装好在扇框内，然后装入已固定好的铝合金框内，安装好后开启滑移运行自如，则认为合格。

其中玻璃的安装包括裁制玻璃、运输、安装就位、玻璃固定与密封等内容。

一般玻璃放入型材的凹槽中之后，内外两侧的间隙应不少于 2mm，但也不宜大于 5mm。玻璃下部应垫两块氯丁橡胶块，不能将玻璃直接放到金属面上，橡胶垫块约厚 3mm。同时玻璃的竖向两侧亦应与扇框间有一点间隙，以作为型材或玻璃热胀、冷缩的余地，不致造成玻璃被挤碎裂或型材变形。

玻璃安装后有三种方法封闭扇框与玻璃间的缝隙。一种是用橡胶条挤紧，然后再在橡胶条上面注入硅酮系列的密封胶；另一种做法是用小条橡胶块，将玻璃挤住，然后在缝道中注入密封胶，注入深度不宜小于 5mm，并应均匀光滑；第三种做法是只用定型的橡胶压条封缝，挤紧，表面不再注射密封胶。第三种做法目前采用较多。此外，还应注意所用的硅酮系列密封胶，其颜色应与铝合金的氧化膜色彩相近，以达到外观一致。

6. 清洗和复检

清洗是交工验收前的一道工序，这时应不再有影响铝合金门窗外表的施工工作了。清洗前要把包裹在铝合金型材外表的保护胶纸撕掉，并进行检查观察有无胶迹及污染（如水泥浆等），有污染的要用香蕉水清理干净，同时把玻璃也擦干净，使之明亮清晰。

完成全部工作后，应进行抽查复检，看门窗有无被碰坏、松动，扇的开关是否灵活，缝道是否密封防雨等。发现不符合质量要求的，应返工重做，达到合格为止。

（三）铝合金门窗安装的质量要求

铝合金门窗安装质量的要求为：

（1）铝合金门窗及其附件质量必须符合设计要求和有关标准的规定。如窗型材的壁厚应大于等于 1.2mm。门型材的壁厚应≥2.0mm。这点是目前较多铝合金型材均达不到，需加强检测。

（2）铝合金门窗安装的位置、开启方向必须符合设计要求。

（3）铝合金门窗框的安装必须牢固，预埋件的数量、位置、埋设连接方法及防腐处理必须符合设计要求。

以上三点为必须保证的要求。

（4）门窗安装好后关闭应严密、开关应灵活，无阻滞、无回弹、无倒翘。

（5）门窗五金件（或称附件）的安装要牢固，位置正确、端正，启闭灵活适用。

（6）门窗框与墙体间缝隙的填嵌材料应符合设计要求，填嵌饱满密实，表面平整，填嵌方法正确。

（7）安装中的允许偏差和检验方法可见表 8-8-3。

铝合金门窗安装的允许偏差和检验方法　　表 8-8-3

项次	项目		允许偏差(mm)	检验方法
1	门窗槽口宽度、高度	≤1500mm	1.5	用钢尺检查
		>1500mm	2	
2	门窗槽口对角线长度差	≤2000mm	3	用钢尺检查
		>2000mm	4	
3	门窗框的正、侧面垂直度		2.5	用垂直检测尺检查

续表

项次	项　　目	允许偏差(mm)	检　验　方　法
4	门窗横框的水平度	2	用1米水平尺和塞尺检查
5	门窗横框标高	5	用钢尺检查
6	门窗竖向偏离中心	5	用钢尺检查
7	双层门窗内外框间距	4	用钢尺检查
8	推拉门窗扇与框搭接量	1.5	用钢直尺检查

要达到以上质量要求应抓住以下的预控：

（1）对来货（铝合金门窗成品）应检查其型材壁厚，可用游标卡尺检查。一般也要由我们事先向加工单位提出这方面的要求，以便验收。

（2）抓安装过程的质量检查，看是否符合图纸要求型号、尺寸、开启方向。框的安装中的连结板条厚度、间距、钉子数量是否符合要求，连结板在框上生根是否牢靠等。

（3）抓安装后门窗开关灵活等的检查，主要采用观察办法经常去查看。

（4）用小锤（质量检查锤）敲击框侧，听声音检查框与结构墙体间缝隙是否填嵌密实。

（5）其他如外观质量、对角线、垂直度、水平度、留缝、标高等，可用卷尺、1m托线板、水平尺等，对观察有怀疑者，进行抽检。

三、塑料门窗的施工

我国对塑料门窗的开发，已有20多年历史了。早期大多采用的是氯化聚乙烯原料。它强度较高，成本也低，但最大的弱点是老化问题没有得到解决。近年由引进技术出现了塑钢门窗，使塑料门窗得到进一步发展。

塑钢门窗是由热塑性塑料即改性增强聚氯乙烯为基料经加热、加压挤出制成的杆状形材，并在型材腔内加衬不同类型的小型钢材所构成。

（一）对塑钢门窗的成品要求

（1）塑钢门窗的成品应有产品质保书和出厂合格证。

（2）塑钢门窗的成品在形状和尺寸上的允许偏差应符合表8-8-4。

塑钢门窗形状和尺寸允许偏差　　表8-8-4

项　　目	允　许　偏　差	检　测　方　法
高、宽尺寸	±1.5‰	用钢卷尺直接测量
对角线长度差	≤4mm	用钢卷尺直接测量
平　面　翘　曲	≤4mm	产品竖直用钢板尺量对角线中点
门窗分格尺寸	±2mm	用钢卷尺直接测量
色　　泽	单件均匀一致；一批基本一致	目　　测

（3）门的边框下端应比门扇长30mm，以便埋入地面。出厂时无下框的，应用$\phi 8$或$\phi 10$螺杆将边框下端临时固定，以保证安装时框的形状和尺寸。可见图8-8-5。

（4）塑钢门窗在出厂时应进行包装，可用包装布包扎并贴上“轻放”标志。运输时，必须堆置整齐，加以固定，并在每件之间可用软物（如草袋）分隔，以防止碰撞损伤。搬运时应轻拿轻放，不得摔、撞、碰、拖而损坏成品。成品到工地后，应放入仓库，有防风、防日晒的措施，要竖直放置整齐、并用垫木垫平，环境温度不宜高于40℃。

（二）塑钢门窗的安装

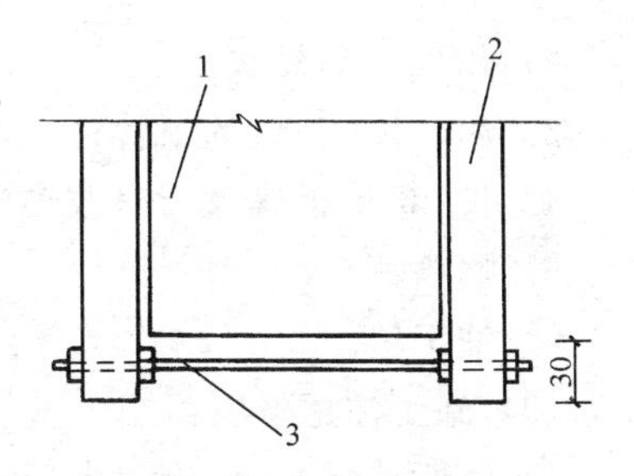

图 8-8-5　门框下部螺杆临时固定
1—门扇；2—门框；3—螺杆

塑钢门窗安装工序也必须在室内外土建中湿作业完毕之后进行。其安装程序和方法与木门窗相似，只是属于后塞口施工。其过程大致为：

(1) 安装前应认真熟悉施工图，检查预留洞口的尺寸是否符合图纸。一般洞口尺寸允许宽度偏差±5mm；高度偏差±15mm。当设计无具体规定时，门窗框与墙体结构（洞边）的间隙应视不同饰面材料而定。如用砂浆抹面则其间隙为 20～25mm；用贴面砖饰面，其间隙宜为 25～30mm；板材饰面（花岗石等），间隙宜为 40～65mm。

(2) 门窗框与结构体的联结点位置，应设在距边框角和边框与中贯档、中立档的交点 15cm 处，联结点的间距应不大于 60cm，如图 8-8-6 所示。

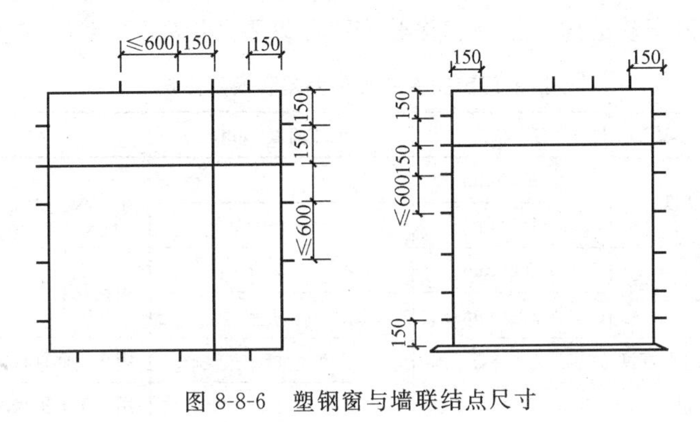

图 8-8-6　塑钢窗与墙联结点尺寸

(3) 门窗框与洞口侧边的间隙中，要填塞矿物棉或泡沫塑料。然后用抹灰封住两面，使填物稳固在其中。

(4) 安装时，也要像其他门窗一样进行放线。弹出门窗框的竖向边线和水平标高线，作为安装依据。要求外立面的窗上下一条线，水平同标高，达到外观效果良好。

(5) 安装时要核对型号、门窗开启方向，然后按照弹线放置好门窗框，并在四角和门窗梃能受力处，加木楔临时固定。不要使加木楔的地方由于受力使框梃变形弯曲。安装门框要注意地面标高。临时固定后用 1m 托线板检查垂直度，水平尺检查水平度，有误差应调整木楔，使之达到符合要求为止。

(6) 门窗框位置固定之后，可在洞口边上留有木砖处，用电钻在框上钻孔，再用木螺钉旋入，把框正式固定牢固，木螺钉最少应用 75mm 长（老的计量单位称为 3in)。如果不留木砖或缺掉木砖，则用电钻直径为 $\phi8$ 的钻头在框上打孔直至结构内，深入约 30mm，退出钻头后，用顶管将 $\phi8$ 塑料膨胀管顶入结构孔内，再将 80～100mm 长的木螺钉拧入，或平头机螺丝拧入固定。

(7) 门窗扇的安装，推拉窗同铝合金门窗扇一样安装；平开门窗扇与木门窗一样安装。

(8) 安装用工具：

1) $\phi6$～$\phi13$，手枪式电钻；

2）$\phi 8$ 合金钢钻头；

3）$\phi 8$，长 20cm 的顶管；

4）长 30cm 的螺丝刀（改锥）；

5）鸭嘴锄头；

6）油工铲。

（9）施工注意事项：

1）一般单扇 80cm 宽以上门，在框上每侧要用 4 个木螺钉固定。即事先留木砖时亦应一边留四块；门扇宽 60cm 左右的门，一般框的一侧用 3 个木螺丝即可。

2）如遇木砖放置间距不规则，数量不足时，必须采取先弥补木砖，或按间距打孔装膨胀塑料管，总之得保证安装牢固。

3）安装时，严禁用钉子钉入门框，在框安装好后要加以保护。门扇、窗扇应另行放置并保护好。

（10）塑钢门窗安装的允许偏差和检验方法，见表 8-8-5。

塑钢门窗安装的允许偏差和检验方法　　　　**表 8-8-5**

项次	项　　目		允许偏差(mm)	检　验　方　法
1	门窗槽口宽度、高度	≤1500mm	2	用钢尺检查
		＞1500mm	3	
2	门窗槽口对角线长度差	≤2000mm	3	用钢尺检查
		＞2000mm	5	
3	门窗框的正、侧面垂直度		3	用 1m 垂直检测尺检查
4	门窗横框的水平度		3	用 1m 水平尺和塞尺检查
5	门窗横框标高		5	用钢尺检查
6	门窗竖向偏离中心		5	用钢直尺检查
7	双层门窗内外框间距		4	用钢尺检查
8	同樘平开门窗相邻扇高度差		2	用钢直尺检查
9	平开门窗铰链部位配合间隙		+2，−1	用塞尺检查
10	推拉门窗扇与框搭接量		+1.5，−2.5	用钢直尺检查
11	推拉门窗扇与竖框平行度		2	用 1m 水平尺和塞尺检查

四、其他类门的安装

（一）钢木大门的安装

在单层工业厂房或多层厂房的底层入口处，由于需进出运输车辆，门都比较大，要求也比较结实。因此用小型型钢（角铁、扁铁）制作成外框为钢、内为木板拼装的移动式钢木大门。

钢木大门一般没有门框，其框为现浇的钢筋混凝土门框，在框的柱上、梁上设置预埋件，作为安装上轨道支架之用。在框下地面处，预埋控制门移动的轨道，轨成凹槽，门下有扁钢伸入卡牢不致脱出上下轨道的平面。

也有一种是平开式的，在门扇上安装两至三道扁钢做成的端头带圆形空心环，安装时将环套入在混凝土框上预埋件上焊出的轴上，使之开启或关闭。

1. 安装前的成品检查要求：

对门扇骨架成品的质量要求为：焊缝不得有未熔化、未焊透、有气孔、裂缝和烧穿等缺陷。

对门扇骨架制作的允许偏差如表 8-8-6 所示。

门扇骨架的允许偏差　　表 8-8-6

项　　目	大门（mm）	小门（mm）
骨架的长和宽	±5	±2
骨架的对角线长度差	10	5
骨架的平面外扭翘曲	10	2

对木板的宽度以 100～120mm 为宜、厚度 30～40mm 为宜，木材含水率不大于 12%，板与板的接合采用企口缝，如用 20mm 厚的双层木板者，应使板缝内外层错开，木板的压条应与骨架的上冒头及横档一次打孔，便于穿螺栓或螺钉一致。

门扇运输时，宜在木板面用方木垫平绑牢，防止碰撞、重压、滑动擦伤，造成损坏或变形。

在安装前除检查钢木大门的质量外，还应检查钢筋混凝土框上预埋件的位置、尺寸，及门扇尺寸等是否吻合，是否符合设计要求和图纸一致。若出入较大要进行修整，使达到要求，并应考虑安装牢固的措施，然后才能进行安装。

2. 吊挂式门扇安装的程序及方法

(1) 先将门扇上轨道的支架，按图 8-8-7 所示情况按图纸与门框预埋件焊接牢固，并保证支架的水平度。

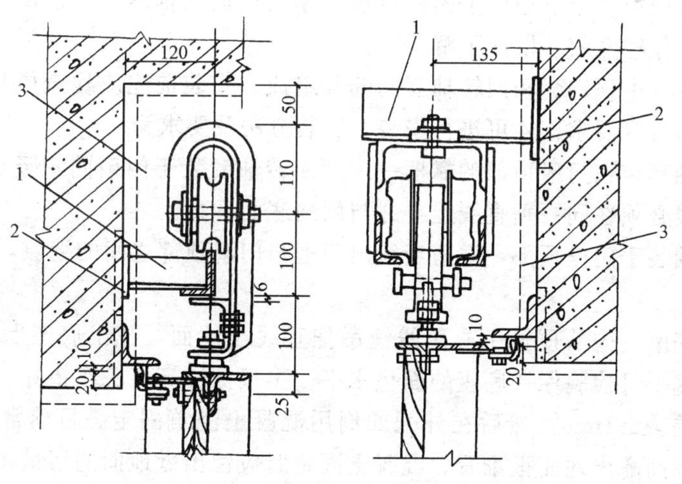

图 8-8-7　工厂钢木大门的吊门上部构造

1—上轨道支架；2—预埋件；3—粉刷线

(2) 安装上轨道，用压板初步固定，再调整其平面位置及水平度，紧固螺母，并将上滑轮自轨道端部卡进入轨道，试滑滚无误即可。

(3) 安装吊挂在其上的门扇。将门扇竖直成关闭时的状态，用吊挂螺栓穿入扇及滑轮吊架螺栓孔中，临时固定。再检查垂直度、门扇高度，门扇与墙面的距离，符合设计及有关规定后，紧固螺栓上的螺母。

(4) 根据门扇就位后的位置，确定下轨道的位置及下轨道的标高（一般应与地坪面同一标高），将预制好的下轨道就位，临时固定。经校正后浇筑混凝土进行正式固定。

(5) 门扇安装及调试正确后，将上轨上由于门开关而易造成松动的螺母用电焊点死，保证了门扇的牢固性。然后再安装需用的有关五金及铁件。

3. 平开门扇的安装方法

(1) 平开门扇的安装，应先把钢木门扇装入混凝土门框内，并做好临时定位，定位时要支撑牢固安全，防止门扇倾倒。门扇与门框（钢筋混凝土的框）四周的缝隙应调整合适。门扇必须垂直平整，安装上下轴时应弹线，使轴在竖向一条垂直线上，门扇伸出的轴套孔的中心也应上下在一条直线上，电焊轴辊时要按线焊准。

(2) 按放好的线及试装的位置，将轴座电焊点牢在门框预埋件上，经检查无出入、无差错后，再焊牢轴座，焊时防止热变形。

(3) 焊好后，可撤去临时支撑，开关门扇。要求达到开关灵活，缝道合适，无卡、垫不平或开启不足的情形。

(4) 门扇经安装，开启无阻，检查合格后即可安装上下插销，及门插销和带锁配制的横插销（用于锁门）。

所有钢木组合的门，铁件必须先除锈，涂两道防锈漆，最后同门一起涂刷相同颜色的面漆。

（二）地弹簧门的安装

地弹簧门的安装，实际是采用地弹簧这种五金件，来安装门扇。地弹簧的作用是替代老式的弹簧铰链，但它有个特点是把门扇开启成90°时，能固定不动一直开着。目前带玻木门扇、铝合金门扇及上下边用不锈钢包边的厚大玻璃无框扇等，使用地弹簧的比较多。因此我们在这里作些介绍，以便了解。

地弹簧五金件由顶轴套和回转轴套两部分组成。安装前先应检查成品的出厂合格证，成品外观，认为符合要求，才可进行安装。安装方法及要求为：

(1) 将顶轴套装在门扇顶部的靠框一边，回转轴套装于门扇同一竖直线处门扇底部。两者的轴中心线必须在同一垂直线上，并与门扇底面垂直。

(2) 将顶轴装于门框顶部，并适当留出门框与门扇顶部之间的缝隙，以保证门扇开关的灵活。

(3) 安装底座，先从顶轴中心用线锤吊挂垂线至地面，找出底座上回转轴中心的位置，安装时用水平尺检验保持底座的面呈水平。再根据标高将底座垫好，使底座面与地面标高一致，误差$\not>\pm1$mm。然后在外壳四周用混凝土浇筑固定。目前常见的通病是表面不平有斜度和标高高出地面很难看。混凝土固定时应留出做地面的留量，浇筑好混凝土后要很好保护。

(4) 安装门扇：安装门扇一般都在地面工序完成后进行。也有的在浇筑的固定外壳的混凝土有足够强度后进行。安装时将门扇底部的回转轴套装套到底座的回转轴上，再将门扇顶部的顶轴套的轴孔与门框上已安装的顶轴的轴心对准，然后拧动顶轴的调节螺丝，使顶轴的轴芯插入顶轴套的轴孔中，门扇即可开关使用。

(5) 若按顺时针方向拧“油泵调节螺钉”后，门扇关闭速度可以放慢；反之，向逆时针方向拧该螺钉，则关闭速度就会加快。这应根据建筑使用要求，在安装时由木工调好，经试用后认为合适即可。

（6）地弹簧的色泽应与门色相配合，铝合金门扇，最好配不锈钢面；深色门扇可配用铜合金面板。地弹簧的选用可见表 8-8-7，其安装示意可见图 8-8-8。

地弹簧选用表　　**表 8-8-7**

型　号	门扇宽度（mm）	门扇高度（mm）	门扇厚度（mm）	门扇重量（kg）
266	500～700	2000～2500	40～50	40～60
365	700～1000	2000～2600	40～50	70～130
560	＞1000	2000～2700	40～50	＞130

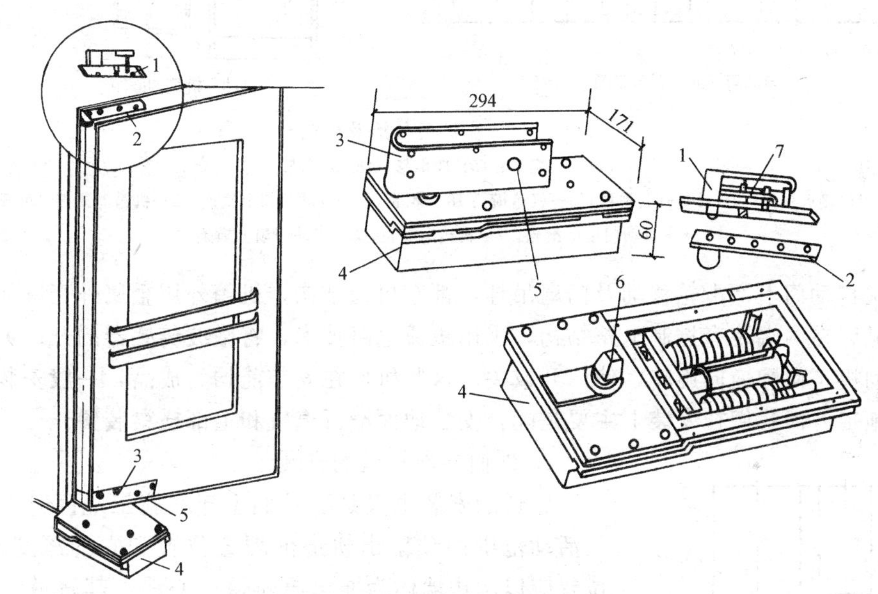

图 8-8-8　地弹簧门及地弹簧

1—顶轴；2—顶轴套板；3—回转轴套；4—底座；5—调节螺钉；6—回转轴；7—调节螺丝

（三）微波自动门的安装

微波自动门是近年来在宾馆、大厦，一些公共场所的主要通道门口处，安装较多。它是采用的国际流行的微波感应方式，使传感系统进行工作。如当人进入微波感应器的感应范围内时，门扇便自动开启；当人离开感应器感应范围时，门扇又会自动关闭。门扇的自动运行其速度可自动变换，使起动、运行、停止等动作达到良好的协调状态，同时还可以确保门扇之间的柔性合缝。

1. 微波自动门的大致构造

自动门在立面上有采用铝合金镶玻璃的铝合金玻璃门扇、上下用不锈钢镶在大块厚玻璃上的无框门扇两种。门形有两扇式，扇两边为墙体，开启时移动扇隐入墙后；四扇式，中间两扇为可移动开关的门扇，两边两扇为固定扇，开启时，移动扇移至固定扇后面，如为无框玻璃扇则可以看得见其活动状态；六扇式，只是四扇式在两侧再各加一扇可平开式的门，该扇一般采用地弹簧安装。其立面示意形式见图 8-8-9。

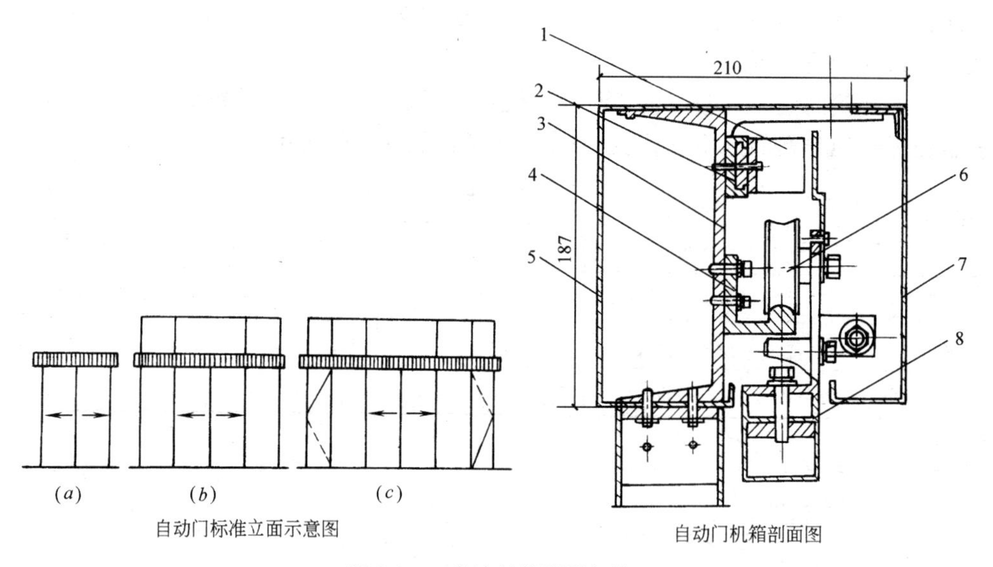

图 8-8-9　微波门外形及机箱

(a) 二扇形；(b) 四扇形；(c) 六扇形

1—限位接近开关；2—接近开关滑槽；3—机箱横梁 18 号槽钢；4—自动门扇上轨道；5—机箱前罩板（可开）；6—自动门扇上滑轮；7—机箱后罩板；8—自动门扇上横条

其次自动门上部滑轮移动及门扇吊挂，都有机箱结构，机箱外用金属外壳罩封闭，一般看不见。在两端装有控制电路结构，采用集成电路技术，将微波传感器的开、关讯号转化成电动机正向和逆向旋转，使门开或关。这些机件在安装前均为成品，一般安装有专业队伍来施工。而我们在安装上主要是配合安装地面滑行道轨和上部横梁装置。

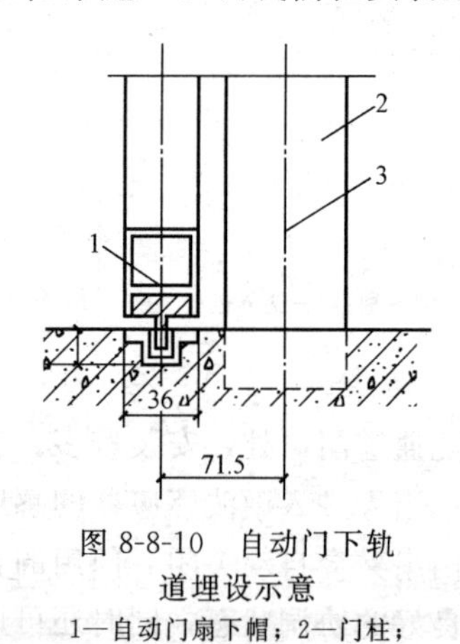

图 8-8-10　自动门下轨道埋设示意

1—自动门扇下帽；2—门柱；3—门柱中心线

2. 地面导向轨道的安装

轨道的安装也只是要我们土建在施工地面时，在自动门活动范围内预留出轨道的埋置位置和它的深度、宽度。位置应以两边墙体为准定出轨道中心线，其轨道安装应留的宽度和深度应以产品说明书为准。其预留槽的长度应大于两扇门扇宽度的两倍。门扇和隐于墙或固定扇后的位置，应与墙体或固定扇间有一定的间隙。在安装后应进行检查。下轨道埋设示意图如图 8-8-10 所示。

3. 上横梁的安装

自动门上部机箱层主梁的安装，是安装中的主要关键。由于机箱中装有机械及电控装置，因此对主梁和支承主梁的土建结构要求具有足够的强度、刚度和稳定性。

主梁一般采用 18 号槽钢，要求在支座上固定并焊牢。砖墙结构，梁可按标高平放在墙内混凝土块的预埋件上，找好标高无误后，随即焊牢。在混凝土结构上，梁可按标高支架平后，两端焊在结构侧面的预埋件上。其形状可参看图 8-8-11。

4. 应注意事项

自动门的使用性能和使用寿命，与施工质量好坏与日常的维护有关。

(1) 所用的门扇、机件在运到工地后，应妥善保管，不得与水泥、石灰等物质接触。

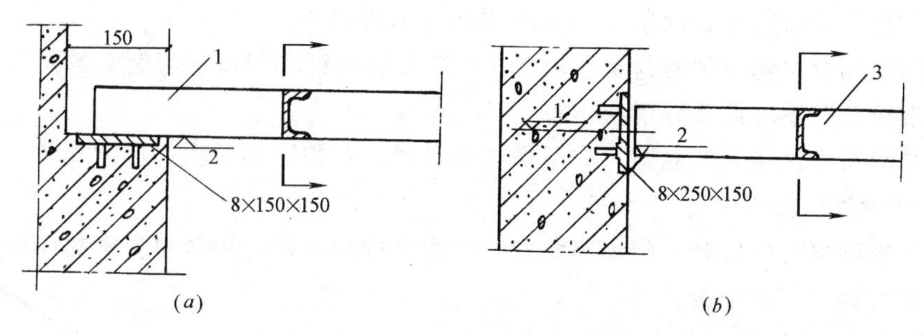

图 8-8-11　微波门机箱横梁电焊支点

(a) 1—机箱层横梁（18 号槽钢）；2—门扇高度；(b) 1—门扇高度+90mm；2—门扇高度；3—18 号槽钢

尤其厚玻璃板门，更应保管好，不得碰缺棱角。不能损伤表面而影响美观。

(2) 对主梁等构件要作防腐、防锈处理。电焊缝应除去焊药作防腐、防锈处理，以保证其使用寿命。

(3) 微波传感器及控制箱等，一旦调试运行正常后，就不能任意变动各种旋钮的位置，以防失去最佳工作状态。

(4) 在使用中，要交待使用者对下轨道应经常清理，在槽内不得留有垃圾杂物和其他异物。冬季雨水、冰雪等应防止流入形成冰冻卡阻活动门扇。

(5) 使用频繁的自动门，要交待使用者进行定期检查其传动部分，如装配的紧固零件是否松动、缺损。对机械活动部位定期加润滑油，保证机件、门扇正常的运行。

(四) 涂色镀锌钢板门窗安装

1. 划线定位

按图纸中门窗的安装位置、尺寸和标高，以门窗中线为准向两边量出门窗边线。如果工程为多层或高层时，以顶层门窗安装位置线为准，用线坠或经纬仪将门窗边线标划到各楼层相应位置。

2. 洞口处理

结构洞口边线与安装线有偏差者，应进行剔凿处理。剔凿削弱结构构件截面影响安全的，应对原结构进行修补加固。修补（或加固）方案应征得设计的认可。修补（或加固）完成并经过验收后，方可进行下一道工序施工。

墙厚方向的安装位置根据外墙大样图及内窗台的宽度来定。墙厚有偏差，原则上应以同一房间内窗台宽度一致为准。如内窗台安装窗台板，窗台板宜伸入窗下 5mm。

3. 带副框门窗就位固定

按图纸中要求的型号、规格组装好副框，分别搬运到安装地点，并垫靠稳当，防止碰撞伤人。

用 M5×12 的自攻螺丝将连接件固定在副框上，然后将副框装入洞口并用木楔临时固定，调整至横平竖直。然后根据门窗边线、水平线及距外墙皮的尺寸进行支垫，并用托线板靠吊垂直。

有预埋件的，连接件可采取与预埋件焊接的方式；无预埋件的，连接件可用膨胀螺栓或射钉固定于墙体上，但砖墙严禁用射钉固定。

取出四周木楔，用 1∶3 水泥砂浆把副框与墙之间的缝隙填实，并将副框清理干净，洒水养护。抹灰收口时外表面留5～8mm深槽口填密封膏。

副框的顶面及两侧应贴密封条。用M5×20自攻螺钉将门窗框与副矿紧固，盖好螺钉盖。安装推拉窗时还应调整好滑块。

副框与门窗框拼接处的缝隙，应用密封膏封严，安装完毕后剥去保护胶条。

4. 不带副框门窗固定

安装不带副框的门窗时，门窗与洞口宜用膨胀螺栓连接，用密封膏密封门窗与洞口间的缝隙，最后剥去保护胶条。

5. 五金配件的安装

待浆活修理完，油漆工序涂刷完后方可安装门窗五金配件，安装按其说明书进行，要求安装牢固，使用灵活。

安装前检查门窗启闭是否灵活，不应有阻滞、倒翘、回弹等缺陷。如有问题必须调整后再安装。

安装前检查五金零件安装孔的位置是否正确，如有问题必须调整后再安装。

6. 纱门窗的安装

裁纱、绷纱：裁纱要比实际尺寸每边各长50mm，以利压纱。绷纱时先将纱铺平，将上压条压好、压实，机螺丝拧紧，将纱拉平绷紧，装下压条，用机螺丝拧紧，然后再装两侧压条，用机螺丝拧紧，将多余的纱用扁铲割掉，要切除干净不留纱头。

7. 橡胶密封条安装

安装橡胶条前，必须将窗口内油腻子、杂物清除干净。新刷油漆的门窗，必须待油漆干燥后，再安装胶条，安装方法按产品说明，胶条安装应在5℃以上进行。

（五）卷帘门安装

（1）确认门洞口尺寸及安装方式（内侧、外侧、及中间安装），墙体洞口为混凝土时，应在洞口预埋件，然后与导轨、轴承架焊接连接；墙体洞口为砖砌体时，可采用钻孔埋设胀锚螺栓与导轨、轴承架连接。

（2）确定安装水平线及垂直线，按设计尺寸依次安装。槽口尺寸应准确，上下保持一致，对应槽口应在同一平面内，然后用连接件与洞口内的预埋件焊牢。

（3）卷门机必须按说明书要求安装。

（4）卷轴、支架板必须牢固地装在混凝土结构上或预埋件上。

（5）宽大门体需在中间位置加装中柱，两边有滑道。中柱必须与地面垂直，安装牢固，但要拆装方便。

（6）门体叶片插入滑道不得少于30mm，门体宽度偏差±3mm。

（7）防火卷帘门水幕系统装在防护罩下面，喷嘴倾斜15°角。

（8）安装完毕，先手动调试行程，观察门体上下运行情况。正常后通电调试。

（9）观察卷帘机、传动系统、门体运行情况。应启闭正常、顺畅，速度3～7m/min。

（10）调整制动器外壳方向，使环形链朝下；调整链条张紧度，链条6～10mm；调整单向调节器及限位器。

（11）卷筒安装应找好尺寸，并使卷筒轴保持水平位置，注意与导轨之间的距离应两端保持一致，临时固定后进行检查，并进行必要的调整、校正，无误后再与支架预埋件用电焊焊接。

（12）清理：粉刷或镶砌导轨墙体装饰面层。清理现场。

五、门窗工程的安全要求

（一）木门窗安装中的安全注意事项

(1) 搬运木门窗应量力而行，安放时应立直靠墙堆放，防止滑倒，底下应垫木板与地面倾角应大于80°。

(2) 所用工具斧子、羊角榔头、锯等工具使用前均应检查是否牢固，避免脱柄、掉头引起不良后果。工具应装入工具袋内，有锋刃的工具须加防护，不许夹在腋下或插在腰带上，不得放在脚手板或活动板上，以防坠落伤人。

(3) 在工地上使用的机械工具，如电锯、电刨，应遵守操作规定，电气设施应由电工负责安装、修理及拆除。使用旧料加工，应事先检查有无钉子、钢件，均应清除后才能进行机加工锯或刨。机械应有安全防护装置，凡残缺不全、装置失灵的应修好后使用。操作时严禁戴手套，袖口应扎紧，衣角衣扣均应理好，或用腰带束起。用完应切断电源。

(4) 现场加工应专设场地，并严禁吸烟，每天工作完后应将刨花、木屑清理干净。该处并应有消防设施和专用水管。

(5) 不得在脚手架上进行锯、砍、刨等木工作业；安装作业在脚手架上遇六级以上风天气应停止进行；安装门、窗框的木支架撑杆（先立口）和所塞的木楔（后塞口）均应牢固可靠、防止松动使门框窗框倒下伤人。

(6) 高层建筑中作业在脚手架上安装的，必须注意操作者应经体检能适应高空作业，其次应穿防滑鞋、戴安全帽，必要时携带安全带，工具应放在工具袋内，上下交错作业应有防护措施。

(7) 在室内高凳或内脚手架上作业时，应先检查高凳和脚手架是否牢固，高凳安放时应中间拉绳，脚支在滑的地面上时要包绑麻布等防滑。

（二）铝合金门窗安装的安全注意事项

(1) 有关堆放、高空作业、工具等安全应注意点，均同上述两种门窗。

(2) 铝合金门窗固定金属板条时要用射钉枪，射钉枪、钉弹使用的安全要求应注意以下几点：

1) 射钉弹的贮存安全方面为：

库房应整洁、干净、干燥、通风良好，无火源，库房内温度要求不应高于40℃。

装箱的钉弹应堆码整齐，分类放置；不得与易燃物、酸性物质、硫化物、氧化物等在一起存放。

钉弹领发应有手续，并应两人签字。使用时应遵循“用旧存新、用零存整”的原则进行发放。未用完的应归还仓库。

2) 射钉枪使用安全要求为：

使用该工具的应经专门培训后，持上岗证者才能操作。

操作人员应正确选用射钉弹的型号和颜色，操作时应按射钉、射钉弹及射钉器的说明书规定进行。射钉枪口严禁对人。

射钉弹严禁受热，不得将射钉弹放在焊接区下方或邻近有热源处。

使用完毕应收拾好，工程结束应交回仓库。

（三）其他应注意的安全要点

(1) 塑料门窗与以上门窗相同，无特殊要求。

（2）钢木大门安装，主要是在竖起门扇，临时固定时一定要内外两侧支撑牢固，防止不稳倒下而引起毁物、伤人。其次是检查预埋件是否牢固，电焊是否合格，不要安装上去后，由于其不牢固松动而开关门时倾倒造成事故。

（3）需安装玻璃的工序，如铝合金门窗，有好多是连玻璃一起安装的，它与木门窗、钢门窗由油漆工安装不同。因此要求运输、安装时不要碰碎而引起划破手，或安装时弄破使碎片下落伤人。这些都必须进行安全交底。此外，凡大的玻璃应两人合作进行操作。

（4）工作完成后一定要做到活完场地清，安装后的碎块、木头带钉、铝合金零头尖锐金属、包装布、木花等等都是现场不安全因素，应该清理干净，保持施工的文明现场，也是我们门窗工程分部项施工应做到的。

复习思考题

1. 木门窗的种类有哪些？
2. 木门窗使用的五金有哪些？
3. 木门窗怎样安装？质量要求有哪些？
4. 铝合金门窗如何进行安装？质量要求有哪些？
5. 塑料门窗的安装应注意什么？有哪些质量要求？

第九节　建筑楼地面工程施工

一、楼、地面的施工工艺程序

楼、地面的施工总体的程序大致分为两种：一种是先做地面工程后做抹灰等装饰工程；一种是先完成装饰工程后做地面工程。其程序分别如下：

1. 先做地面工程的程序

施工准备→给出水平标高线→立门框（指后塞口施工，先立口的无此工序）→检查基土质量→浇筑水泥混凝土垫层→养护→清理垫层面浇水湿润→面层（水泥砂浆）这种是最简单的地面。如果要做防潮层（即隔离层）那么中间还得插入做找平层等等，最后面层施工。

2. 先做楼面工程的程序

施工准备→给出水平标高线→立门框→清理结构层上杂物→浇水湿润→做垫层（细石混凝土）或填充层→找平层→面层。中间每层有养护、清理等间隙，还应最后做好面层养护保护工作。

3. 先抹灰后做地面工程的程序

施工准备→给出水平标高线→检查基土质量→清理、浇水湿润→浇筑垫层→养护→做按图需做的层次→地面养护、保护。

4. 先抹灰后做楼面的程序

施工准备→给出水平标高线→仔细清理抹灰操作等残留物于结构层面的东西→用水扫刷结构表面露出原色→在湿润的基面上浇筑垫层或填充层→找平层→面层→保护和养护。

以上这些程序除立门框外，其他基本相同，但要求清理的程序不同。对于先做楼、地面，还是先抹灰，往往有两种不同的意见。先做的说法认为质量好不易空壳、裂缝。后做的说法认为地面面层不易损坏，最后效果好。总之，我们认为先做或后做关键在管理，再是要具体情况具体决策。管理到位才能保证质量达到良好的效果。

5. 施工准备

1）熟悉施工图纸上对楼地面作法的要求，标注采用标准图集的应查找。

2）根据各层楼地面中房间所要求的面层的不同做法，合理安排施工先后步骤。

3）对所用原材料、成品的检验、抽样复验；需要配合比的请试验室配合提供：对已完工序的检查，需隐蔽的工程的验收并办隐蔽记录手续。

4）进行水准测量给出每一间的水平基准线并确定要做的楼、地面的总厚度。检查门框安装是否与楼、地面标高吻合，有泛水的房间做好泛水标高的标志。

5）根据水平标高基准线，检查结构标高是否有问题，并考虑如何处理解决该类问题。

6）其他准备，如做一些非常规的工具像扁钎子，磨石机及磨石块；遇地基土软弱时进行加固处理等等。

总之做好楼地面工程，施工准备要考虑全面些。做好准备工作是施工各工序都应做到的。

二、面层以下各构造层的施工

（一）基土的施工

基土是地面下最基层的一层构造层，地面应铺设在均匀密实的基土之上。要使基土达到密实均匀，其施工的各个工序都应做好，才能达到要求。现分别介绍如下：

1. 基槽回填

在房屋基础完成之后，基槽要先回填好，并将回填土按要求分层回填充分夯实。对于砖混结构的条形基槽围在中间的房心土可适当挖去一层再回填，使整个房间的基土层更厚些，均匀程度更好些。

基槽及房心土回填后，要使之有一个自重自沉的过程，不能马上进行房心回填及做垫层。

同时注意回填过程中土的含水率，避免形成橡皮土。

2. 房心土的回填

房心土的回填与基槽土的回填实质上是一样的。这里我们主要应注意的是：

(1) 如基土为软弱土层，尤其南方地区有淤泥质土、冲填土等，一是应按设计要求换土；一是进行对软土层的加固。这必须按照有关的规范进行处理施工。

(2) 土的含水量一定控制在最佳状态，过干的土在压实或夯实前应加以湿润；过湿的土应给予晾干。民用建筑如住宅等地面荷载较小的可凭经验控制，而工业厂房则应在施工前通过试验确定其最优含水量和施工含水量的控制范围。

(3) 房心填土时土颗粒直径不应大于 50mm，宜用打夯机（厂房也可用压路机）夯实(压实)，其机械压实每层虚铺厚度不应大于 300mm，蛙夯不应大于 250mm。

(4) 如采用换土回填，砂子可以适当浇水随浇随压（夯）实，每层虚铺厚度不应大于 200mm；采用碎石或卵石时，粒径不宜大于 40mm，并均匀分层铺压密实。如碎、卵石作软土面的加强层的话，则应均匀铺满一层后把它压入下层软弱的湿润土中。

(5) 不得在冻土上进行填土施工，如要在冻胀性土上铺设地面时，应按设计要求在土面上做一层防冻胀层的处理后，方可施工。

(二) 垫层的施工

作为基土上的垫层，它是垫在下面的一种构造层次，种类比较多，如北方常用的灰土垫层，南方多用三合土垫层，还有混凝土垫层、砂垫层、砂石垫层、碎(卵)石或碎砖垫层，炉渣垫层等等。下面介绍常用的一些垫层的做法：

1. 灰土垫层

灰土垫层是用熟化的石灰经过筛后，和过筛的黏土(或粉质黏土、粉土)按比例拌合均匀而作为垫层材料的。其比例一般为 3∶7(体积比)，也有用 2∶8 的。前者为熟化石灰，后者为黏土。一般该垫层的厚度不少于 100mm，也有厚些的如厂房用 150mm。

对其中石灰的要求是块灰量不少于 70%，熟化时间应在使用前三至四天开始洒水粉化。过筛后其粒径不得大于 5mm。对采用的黏土不得含有有机杂质，过筛后其粒径不得大于 15mm。

灰土的拌合应均匀一致、颜色一致、并有一定湿度便于夯实。其含水量宜为拌合料总重量的 16%。拌和好的灰土应随铺随夯实，厚 100mm 的垫层，宜虚铺 150mm。不得铺后隔日夯实，亦不得受雨淋。夯实后应由试验室环刀取样来测定干密度，其最低值应符合设计要求。夯实后表面应平整，经晾干后方可进行下一道工序的施工。

大的地坪如会场、厂房中施工时，施工间歇后继续铺设前，接槎处要清扫干净，接铺处的接槎要进行重叠夯实。

2. 三合土垫层

三合土垫层是采用石灰(经熟化)和砂、碎砖拌合后铺设再拍实而成。也可以铺好碎砖(均匀铺平密实)后用石灰砂浆灌浆做成。其实用厚度一般为 100mm。若不用砂，有的地方也有用炉渣代替。主要应拍压、整平，并在其硬化期间不得受水浸湿。

对材料的要求是，石灰的熟化也应提前三至四天，洒水粉化；砂应采用中砂或中粗砂并不得含有草根和有机杂质；碎砖应不酥松、或风化和夹有瓦片之类的杂质应具有一定强度，粒径不应大于 60mm。

如采用拌合后铺设压实的施工方法，那么石灰∶砂∶碎砖为体积比 1∶3∶6，或按设计要求比例配料。加水拌合要均匀，施工时可虚铺约 130mm，经压实后达到 100mm。虚铺 150mm，压实后为 120mm。

如采用灌浆办法施工，那么可根据碎砖颗粒大小均匀分层铺设，每层虚铺厚度不应大于 120mm，并洒水湿润和铺平拍实。然后可用体积比(石灰∶砂)为 1∶2～1∶4 的石灰砂浆进行灌浆，灌浆后夯实拍平。一般碎砖虚铺 120mm，加浆后夯实拍平约可达 90～100mm 厚。

完成后的垫层，不论哪种施工方法，均应做到表面平整，搭接处夯实不显槎痕。

3. 砂垫层和砂石垫层施工

砂和砂石垫层是分别用砂或天然砂石铺设而成的。砂和砂石垫层用于原基土较差需进行局部换土；或用于基土与垫层和上部构造层的缓冲。也有的房屋要求较高，在地面以下基础面以上，全部用砂或砂石填起来成为特厚的砂或砂石垫层。

从规范上规定一般作垫层时，砂垫层厚最少应有 60mm；砂石垫层厚最少应有 100mm。并对砂石的材料要求提出规定：砂或砂石中不得含有草根等有机杂质；冬期施工时不得含有冰冻块；石子的最大粒径不得大于垫层厚度的 2/3。砂宜选用质地坚硬的中砂或中粗砂；砂石宜选用级配良好的材料；如人工配制，则应按设计要求或试验后认为合适时采用。

砂和砂石垫层的施工要点为：

(1) 砂垫层铺平后，应洒水湿润，每层虚铺厚度一般为 150～200mm，最佳含水量为 15%～20%，在铺平的面上用平板振动器往复振动密实。

(2) 砂石垫层，如铺设厚度不大，亦可采用上述方法振动密实；如铺设厚度较大，可以采用机械碾压，碾压时应适当洒水使砂石表面保持湿润，一般碾压不少于三遍，并压至不松动为止。如厚度不大，又不具备振动器，则亦可用蛙式打夯机来回夯实至少三遍，边夯边洒水，到密实为止。不论碾压或夯实都应按分层虚铺进行。碾压的每次虚铺为 250～350mm，机夯的每次虚铺 150～200mm。铺设应均匀，不得有粗细颗粒分离现象。如用人工配制的，最好用搅拌机搅拌一番后再去铺设。

(3) 砂石垫层和砂垫层均要用环刀取样，测定其干密度。砂石垫层应在铺设层中设置纯砂检测点。干密度要求应符合设计，如设计无规定，则一般应大于 1.55～1.60g/cm^3。

4. 碎石或卵石垫层和碎砖垫层的施工

碎（卵）石作垫层和碎砖做垫层，都属于缓冲层。根据规范要求，碎（卵）石垫层和碎砖垫层厚度不应小于 100mm。

对碎（卵）石的材料要求为：强度均匀（即产地相同石种相同）、未风化和级配适当。最大粒径不大于垫层厚度的 2/3。对碎砖的材料要求为：不得酥松、风化、夹有瓦片和有机杂质的砖料，其粒径不得大于 60mm。

施工要点为：

(1) 碎（卵）石垫层铺设时应粗细均匀，虚铺厚度均匀，表面有空隙可用 5～15mm 的小石子填补。

(2) 垫层可用碾压或机械夯实，夯、压时要洒水保持表面湿润，一般夯、压至少三遍，直到不松动为止。每 1m^3 垫层实量要用约 1.10m^3 虚量。

(3) 碎砖料铺设垫层时，每层虚铺厚度不大于 200mm，要铺均匀。夯实时适当洒水，夯实到表面平整。一般虚铺厚度经夯实后，可压实 25%，即若虚铺为 200mm，夯实后厚为 150mm。因此施工时，应根据设计要求厚度，计划好虚铺厚度，然后进行夯实。

5. 炉渣垫层的施工

用炉渣作垫层已经很少采用。一是该种材料日见减少，二是往往用其他新的轻质材料代替。

炉渣垫层，实际上是三种情况：①纯炉渣作垫层，与砂、砂石垫层相仿；②水泥、石灰和炉渣拌合的材料做垫层；③水泥和炉渣拌合的材料做垫层。规范规定其最小厚度应有 80mm。

对该类垫层的材料要求为：

(1) 对炉渣要求其内不应含有有机杂质和未燃尽的煤块；粒径不应大于 40mm，且颗粒粒径在 5mm 及其以下的颗粒不得超过总体积的 40%。

(2) 石灰应符合灰土垫层中对石灰的要求，即熟化时间、石灰中块灰含量、过筛后颗粒粒径不得大于 5mm 等。

(3) 水泥应采用强度等级 32.5，安定性合格，出厂期不超过三个月等。

(4) 配合比应符合设计要求；若设计无说明的，水泥炉渣垫层的配比一般为体积比，水泥：炉渣为1：8；水泥、石灰和炉渣垫层的配合比其体积比常用水泥：石灰：炉渣为1：1：8。

施工要点为：

(1) 炉渣在使用前应提前浇水闷透，提前时间为5d。水泥、石灰、炉渣的混合垫层，闷炉渣时，可采用石灰浆水先与炉渣拌和的办法来闷炉渣。

(2) 纯炉渣垫层在闷透后，过筛、再按设计厚度分层虚铺，再用平板振动器或滚筒或木拍使之振、压和拍实。密实后的厚度一般为虚铺厚度的3/4，因此若设计厚为120mm，则虚铺应达160mm。纯炉渣垫层振压实时可适当洒水，但不得在表面有泌水现象。

(3) 水泥炉渣或水泥、石灰炉渣施工时，应先按配合比配好料，然后用搅拌机搅拌，不少于2min，出料后运至铺设地点进行浇筑。应注意的是加水量要控制，使浇筑后振、压实时表面不泌水为度。这要根据经验，尤其水泥、石灰、炉渣的原含水量就较多，加水拌和时更要注意控制水量。

(4) 在铺设浇筑后两种垫层时，对其基层应清扫干净、洒水湿润。铺设时也应先虚铺用平板振动器振动密实，虚铺和密实之厚度比也是1：0.75。振出浆后表面可用抹子抹平，对过分凹凸不平的应用细拌合料找补拍平。

(5) 若该类垫层内有埋设的小管道、管线，可在管线两边、间隔的用细石混凝土予以稳固，待硬化后，可再铺设浇筑水泥炉渣或水泥、石灰、炉渣垫层。

(6) 水泥炉渣垫层浇筑完毕后，至少养护3d才能进行下道工序；水泥、石灰、炉渣垫层施工完后，至少养护7d，才可进行下道工序。养护时要专人管理，要封闭不许他人进入带进垃圾、脏物落填在炉渣垫层的孔隙中，一不易清理，二造成下道工序的隐患，所以对养护也必须要认真重视才行。

6. 水泥混凝土垫层的施工

水泥混凝土垫层即混凝土垫层，是新规范对混凝土垫层前加的定语。

混凝土垫层是目前建筑中使用最广泛的一种垫层。它在地面工程中用于基土、灰土垫层、砂石垫层、碎石碎砖垫层之上，进行加强，形成整体。它在楼面工程中，往往用细石混凝土的形式在多孔板上作垫层，也可和水泥炉渣垫层一样作为楼面工程的填充层。

规范上规定混凝土垫层其强度等级不应小于C10；使用厚度不应小于60mm。

混凝土垫层的材料要求为：

(1) 水泥：可采用普通硅酸盐水泥、矿渣硅酸盐水泥等五种常用水泥。应不过期，安定性合格，强度等级应采用≥32.5。

(2) 砂、石均应符合国家标准《混凝土结构工程施工质量验收规范》GB 50204—2002的规定。

(3) 水：饮用水、自来水。

总之与以前讲的普通水泥混凝土的材料要求相同。只是当垫层厚度较小时，如60mm厚，则粗骨料石子的最大粒径应小于30mm为宜。

对水泥混凝土垫层施工应注意的要点为：

(1) 配合比应通过计算和试配确定，混凝土浇筑时的坍落度宜为1～3cm。

(2) 混凝土搅拌时间应大于2min为宜，搅拌要均匀，计量要准确。

(3) 对浇筑处的基层（如基土、灰土、砂石垫层等）表面要清理干净和整平，并洒水湿润。铺设厚度应以给出的标高线为准，振平后应与线平。

(4) 捣实混凝土应用平板振动器。边振捣边找补平整，振好的应用木抹子抹平。使用振动器时，振动器移动间距应能保持振动器平板能覆盖已振过部分的边缘，凡振动密实的混凝土表面应呈现浮浆和不再沉落。

(5) 在工厂或大厅等大面积垫层施工中，应进行分仓浇筑，其每仓面积可根据柱距、开间选定。分仓的分格缝应与地面的变形缝、考虑伸缩的分格相一致。在与柱子边缘、设备基础边缘、或不同材料地面边缘采取分隔措施，从而使结构与地面的沉降分开。不会造成粘连而拉裂地面。

(6) 混凝土垫层浇筑完毕之后，应在12h以内用草帘等加以覆盖和浇水，浇水次数应以混凝土保持湿润为度，养护时间不少于7d。

(7) 待混凝土强度达到1.2MPa后，才能进行上一层的施工。

这里再补充一点，所有垫层的施工，均要按施工工艺程序部分所讲的，要给出垫层厚度的标高线，使垫层施工有依据。小房间可以在四周墙面上标志出来；大厅、厂房则要在5～6m^2面积中有一个标高标志。在土地面上可用小木橛或竹签打入基土后，在其上抄平出标高；或在分仓模板上抄平出标高。在楼面上则要用水泥饼做成垫层面高（或称填充层高），以此做填充层（或垫层）。在所讲的这些垫层中，只有水泥细石混凝土和水泥炉渣可做楼面中的填充层（这时也可叫垫层）外，其他类垫层只能做在基土上。

(三) 找平层的施工

因楼、地面的面层的平整度要求高，直接做在垫层或填充层上达不到要求，所以做找平层在其中起到协调缓解作用，同时可使其下部的构造层达到形成整体的作用。

找平层可用水泥砂浆、细石混凝土、沥青砂浆和沥青混凝土做成。

对找平层所用的材料要求为：

(1) 水泥：强度等级不低于32.5的普通硅酸盐水泥或矿渣水泥。

(2) 砂：采用中粗砂，含泥量不大于3%。

(3) 石子：采用碎石或卵石，其最大粒径不大于找平层厚度的2/3，含泥量不应大于2%。

(4) 沥青：采用石油沥青，其软化点按“环球法”试验时宜为50～60℃，但不得大于70℃。

(5) 水泥砂浆配合比采用体积比，水泥∶砂为1∶3，混凝土配合比由计算和试验而定，强度等级不低于C15；沥青砂浆采用重量配比，沥青∶砂和粉料（粉料可用粉煤灰）为1∶8；沥青混凝土的配合比需经计算和试验确定。

找平层施工的要点：

1. 水泥砂浆、水泥混凝土找平层

水泥砂浆找平层一般为水泥类面层或结合层时用，其厚度最多不超过30mm。水泥混凝土找平层往往用于预制楼板面及嵌板缝。这种找平层我们过去往往称为垫层，用细石（或豆石）作为粗骨料。其上可做水泥砂浆面层，也可粘贴块材面料等，其厚度最小不少于30mm。

(1) 水泥砂浆找平层铺设时，应将其下面一层的表面清理干净，并用水将结构层（一般是现浇钢筋混凝土楼板）清刷露出本色，随着其潮湿情况下用水灰比为 0.4～0.5 的纯水泥浆在结构层上刷一遍浆，应随铺抹，随刷浆。切记不要先刷好，结果浆干了，不但不起增加粘结的作用，反而成了隔离层，引起找平层脱壳。

铺设找平层应按弹出的水平线及中间的灰饼为依据，灰饼是以水平线拉线做出的。质量要求高的找平层（如水磨石面层下的找平层），其平整度一般为 2m 托线板检查表面凹凸不超过 3mm，才能保证水磨石面层的平整要求 2m 托线板不超过 2mm 凹凸的规定。

铺好之后，应先用刮杠刮平，刮中应有压的力量使之密实，再用木抹子抹槎平整，并用托线板检查平整度。找平层完成后 12h 内浇水养护，至少 3d，待有强度后才可施工上面一层。

(2) 细石（豆石）混凝土找平层铺设时，同样要对基层进行清理，也最好用水将结构层（一般是预制多孔板）表面清净露出本色。然后在施工前洒水湿润，也可用纯水泥浆在结构层表面刷一遍后铺设细石混凝土。铺设时应按设计要求的厚度铺平，对应所给出的水平线进行操作。操作方法先用铁锹铺拍到大致平整，拍可以达到密实效果。然后用刮杠刮平，木抹子抹平。细石混凝土找平层其平整度一般要求用 2m 托线板检查表面凹凸不应超过 5mm，要求高些的不超过 3mm。随后也是浇水养护。

2. 沥青砂浆及沥青混凝土找平层

该类找平层目前工程中较少见，一般用于沥青砂浆面层，或沥青不发火地面时采用。也有的利用该种找平层起防水、防潮作用。

铺设该类找平层首先应把基层清理干净，但不能用水刷，为便于粘结可先刷一道冷底子油。拌合前应按配比使计量准确，拌和要均匀，如有拌合该类材料的机械，用机拌最好。在常温下，拌合料的温度应为 140～170℃，人工拌时常采用把铁板架起，在其下升火使拌和温度在 150℃左右，拌好后运至施工地点到铺压密实完成工序时，其温度要不低于 60℃。

拌合料铺好后，有条件的可用有加热设备的碾压机具压实：如无机械，一般采用厚 30～50mm 钢板做成的带长把的“大烙铁”加温后抹压压实抹平。要求每层虚铺厚度不宜大于 30mm。如面积较大，施工有间隙，则在继续铺设时，应将已完成部分的边缘加热，接槎处施工后应压实至看不出接缝为止。

当该类找平层上要做水泥类面层或用水泥类材料做结合层时，该找平层表面应洁净，干燥，并用同类沥青或沥青玛琋脂涂刷 1.5～2mm 厚（涂刷温度应大于 160℃），并随即将粒径为 2.5～5mm 的细石（或豆石）经清洗及预热至 50～60℃，撒到涂刷的沥青或沥青玛琋脂上，压入 1～1.5mm，使细石粘牢，把多余的扫走，成为以后水泥类面层或粘结层的基层，可以达到粘结牢固的目的。

沥青砂浆及沥青混凝土找平层，完成后不需要养护，但需要保护。不让弄脏，不让损坏（如凿坑、掉块等），直至上层施工开始为止。

(四) 隔离层和填充层的施工

1. 隔离层的施工

隔离层的作用是两个，一个是防水防潮；一个是防止油渗。防油渗时它是作为防油渗面层下面的加强层，是防止面层万一有一点疏忽，而在其底下做这层隔离层，对下部构造层和结构基层的防止污染均有保证。现将防水隔离层和防油渗隔离层的施工分别进行介绍：

(1) 防水隔离层的施工：防水隔离层在楼层间的防水施工已讲了一些，现根据地面施工新规范的要求，再补充讲清楚。

1) 凡需做防水隔离层的，要求设计时该部位楼面结构应采用现浇钢筋混凝土，或整块的（即整间大的）预制钢筋混凝土板。这是在学图审图时必须注意的一点。同时要求该板的混凝土强度等级不应小于C20。并在四周支承处，除门洞口外，均应设置向上翻的边梁，梁高应≥120mm，梁宽应≥100mm。并要求施工时结构层标高和预留孔洞的位置必须准确。因此在施工准备工作中，学图时要看一下该处楼面层的构造，再核算一下结构标高是否正确。

2) 当隔离层采用水泥砂浆或水泥混凝土的找平层（有一定泛水）时，要在该类拌合物中掺防水剂。目前有一种JJ91硅质密实剂，可以作为防水剂在水泥砂浆和水泥混凝土中掺加，掺入量为水泥重量的10%。但这时水泥砂浆层的厚度要增厚，不少于30mm，水泥混凝土（细石）厚度亦要求有50mm厚。并在水泥终凝前应完成不少于2次的压光操作，如上面做块材面层，则压光密实后再用木抹子搓毛以利结合。

3) 如用铺设防水材料作隔离层时，要对穿过楼板面的管道四周用防水材料向上铺涂，并超过套管的上口；四周墙应向上涂铺高出面层20～30cm。阴阳角、管子根、地漏处要增加涂铺加强层。防水层铺设要求在第七节中已介绍。铺设完毕后，应作蓄水检验，蓄水深度宜为20～30mm，在24小时内无渗漏为合格。并应作记录备案。当蓄水检验后即应继续做上一层施工，并在施工中防止碰坏，才能保证防水作用。

4) 凡在防水层上（即隔离层上）要铺设水泥类面层或结合层前，其表面应洁净、干燥，并在上面涂刷同类胶结料再将预热的绿豆砂撒上，压入1～1.5mm，使表面毛糙和便于和水泥类面层或结合层粘结牢固。

以上四点也是对楼层间防水层（现称为地面、楼面的隔离层中类型之一）的补充说明。

(2) 防油渗隔离层的施工：

1) 防油渗隔离层所用的材料必须符合设计要求。采用的材料应符合现行的产品标准的规定，施工前应抽样到国家法定的检测单位进行检测。

2) 防油渗隔离层采用防油渗混凝土时，其要求所用材料为：

水泥，应采用强度等级32.5及32.5以上纯硅酸盐水泥或普通硅酸盐水泥，要求不过期，无结块。

砂：采用中砂，平均粒径在0.35～0.38mm，不含泥块杂质。

石子：采用5～40mm粒径符合筛分曲线的碎石，质地要坚硬，组织致密，吸水率小，空隙率不大于43%。做楼面隔离层时可用5～15mm粒径。

水：饮用水、自来水。

外加剂：可用三种，一种为氢氧化铁，需由试验室配制，其掺量按固体物质计算，为水泥重量的1.5%～3%；一种是三氯化铁的混合剂，也由试验室配制，施工时按水泥用量的1.5%（固体含量折算）和水泥用量的0.15%的木醣浆（以固体含量计算）分别掺入混凝土拌和水中进行搅拌混凝土；再一种是三乙醇胺复合剂，在混凝土中掺入按水泥重量计算的0.05%的三乙醇胺和0.5%的氯化钠。施工时可根据设计或材料条件选择其中一种进行掺加。

防油渗混凝土隔离层施工时应注意：计量准确，严格掌握水灰比，注意扣除其他物质中的含水量；要求充分搅拌不少于 2min；在运输和卸料时要采取措施防止混凝土分层；浇捣时下料应均匀，粗细骨料分布合适，不得使粗骨料过分集中；如厚度较厚的应分层浇筑，一般做地坪隔离层厚度为 50mm，主要应按设计要求确定。浇筑中要振捣密实，应用平板振动器，应注意养护，在振捣密实和表面抹平、压光后，冬期应及时做好保温工作，覆盖薄膜和保温材料；夏季应在混凝土浇筑抹平后 12h 内再进行洒水养护，养护期间表面不得脱水，养护期至少 14d。

凡采用防油渗混凝土做隔离层时，其内不得敷设各种管线。

3）采用一布二胶防油渗胶泥做隔离层时，胶泥必须符合设计要求，并抽检合格，布可用玻璃纤维网眼布。施工时和做防水层一样，但总厚度应保证 4mm。应注意的是玻璃布的搭接宽度应≥100mm，与墙、柱连接处的涂刷应向上翻边约 30～40mm，工序完成后应进行检查，符合要求后，才可做下道施工。有的施工为了防油渗胶泥能与其下面基层粘结得好，一般先刷一遍防油渗胶泥的冷底子油，该冷底子油应由试验室配制并封闭存放备用。

2. 填充层的施工

填充层主要起保温、隔声、找坡作用，有了填充层在楼面上敷设暗线管也比较方便。填充层所用的材料应符合设计要求。

（1）常用的填充层材料有：

1）炉渣：一般要求不含有机杂质，石块、土块、重矿渣块、未燃尽的煤块。当作楼层的填充层时粒径最大不大于 20mm。

2）膨胀蛭石：蛭石是一种复杂的铁、镁含水硅酸铝酸类矿物，是水铝云母类矿物中的一种矿石。膨胀蛭石系由蛭石经过晾干、破碎、筛选、煅烧、膨胀而成。堆积密度为 80～200kg/m^3。

3）膨胀珍珠岩：前面已介绍过。堆积密度为 120～160kg/m^3。

4）细石（豆石）混凝土：目前一般住宅在面层以下用它做填充层的颇多。

这些材料中，前三种均为散状的保温及隔声材料。常常在楼面中采用水泥为相结合的拌合材料，做成水泥炉渣、水泥膨胀蛭石、水泥膨胀珠珍岩等整浇层。关于水泥炉渣、水泥膨胀珍珠岩的施工，前面均已介绍过。所以在这里我们主要对水泥膨胀蛭石填充层（起隔热保温、隔音作用）的施工作些介绍。

（2）现浇水泥蛭石填充层的施工：现浇水泥蛭石填充层，是以膨胀蛭石为集料，以水泥为胶凝材料，按一定配合比配制搅拌而成。可用于楼面荷载在 4kN/m^2 以内的楼面填充面。

1）使用的材料要求：

水泥：应选择强度等级为 32.5 及 32.5 以上强度的水泥；选用早期强度高的水泥品种，如普通硅酸盐水泥。水泥质量要求同混凝土。

膨胀蛭石：颗粒可选用 5～20mm 的颗粒级配，达到减轻质量密度，增高强度的作用。对蛭石存放要避风雨，搬运时要防止压碎，堆放高度不宜超过 1m。

采用的配合比是体积比，以水泥：蛭石：水分有 1：10：4；1：10：3 两种。采用强度等级 32.5 硅酸盐水泥，每 1m^3 用量约 130～140kg，膨胀蛭石每 1m^3 实体用 1.3m^3 堆积料。经 4d 养护其抗压强度大致可达 0.3～0.35MPa。

在配合比设计中主要要控制水灰比，由于膨胀蛭石的吸水率高，吸水速度快，水灰比过大会造成施工水分排出的时间长，造成强度降低；但如果水灰比过小，又会造成表面龟裂，同样使强度不高。现场检验的办法是：将拌好的水泥蛭石浆用手捏成团不散，并稍有水泥浆水往下滴时为合适。

2）施工应注意事项：蛭石由于易碎，破损率大，所以搅拌方式采用人工拌和为宜，方法是先将水和水泥拌成均匀的浆体，然后用小桶将水泥浆均匀地泼在计量算好的膨胀蛭石体上，随泼随拌，并拌和均匀。

由于膨胀蛭石吸水快的特点，施工时最好把水泥、蛭石先运到需铺设地点，按计量准备好蛭石，然后拌好水泥浆，随浇浆随拌同时随即铺设好，这样可以确保水灰比和工程质量。铺设时虚铺厚度应为设计厚度的 1.3 倍，然后用木拍拍实用木抹子抹平至设计厚度（假如设计厚度为 100mm，那么虚铺应铺 130mm）。

水泥蛭石填充层完成后，应立即在其上面抹找平层，不要分成两个阶段施工。如用水泥砂浆找平层，一般采用强度等级 32.5 普通水泥，配合比为水泥：粗砂：细砂＝1：2：1（体积比），稠度为 7～8cm（即稀些成粥状）。找平层抹好后，经 24h 可以稍稍洒水湿润养护一周即可。

凡面积较大的楼面浇筑时可根据现场实际结构情况，进行分仓施工。以达到不同变形、伸缩的需要。水泥蛭石表面的平整度以 2m 托线板检查不大于 5mm 凹凸为合格。

三、楼地面各类面层的施工

楼地面面层的类型日益增多，根据施工合理程序，各类面层的铺设宜在室内装饰工程（指带水作业类装饰为主）基本完成后进行，并应做好地面工程的基层处理工作。但也有交叉施工的。但以下楼地面面层必须在装饰工程结束后进行：木地板、拼花木地板、硬质纤维板、活动地板、塑料地板、菱苦土地面、面层涂刷，地漆布面层以及磨光光洁度高的，不让砂泥磨坏面层的磨光板材等。

下面将有选择地进行介绍常用到的楼地面面层的施工。楼面与地面的构造层次如图 8-9-1。

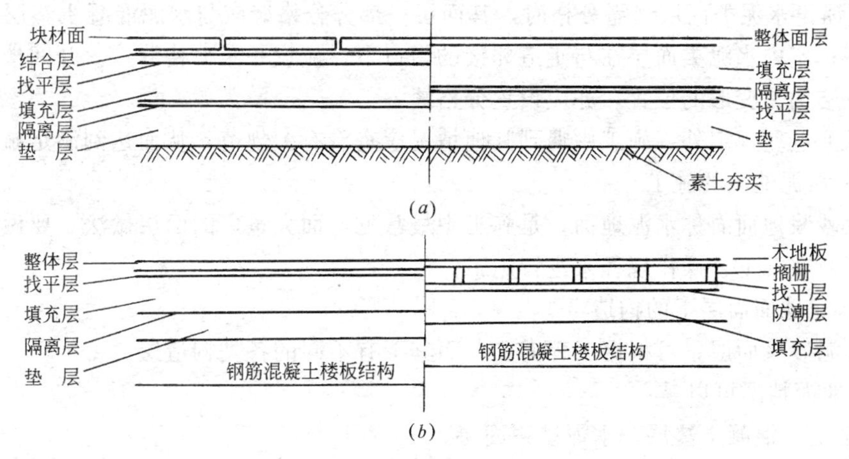

图 8-9-1　楼面与地面的构造层次示意

(*a*) 地面；(*b*) 楼面

（一）面层施工的一般规定

（1）凡怕潮湿而影响面层质量的各类面层，如木板、塑料、菱苦土等除室内抹灰应完工，还需待管道试压、试水等工序及可能造成建筑楼地面潮湿的施工工序完成后才可进行。并应在铺设上述面层之前，应使房间干燥，避免在环境潮湿的情况下施工。

（2）当铺设水泥类面层和结合层时，其下一层为水泥类材料时，其表面应粗糙、洁净和湿润，但不得有积水现象。当铺设板块面层时，其下一层水泥类材料的抗压强度不得低于 12MPa。

（3）当铺设沥青类面层以及采取沥青胶结材或防水涂料结合层铺设板块面层时，其下一层表面应坚固、密实、平整、干燥、洁净，并应涂刷基层处理剂。对于基层处理剂的表面，沥青胶结料或防水卷材、防水涂料隔离层的表面应保持洁净。

（4）板块面层用的结合层及嵌缝砂浆，应符合：

1）水泥采用硅酸盐水泥和普通硅酸盐水泥或矿渣硅酸盐水泥，强度等级不宜低于 32.5；

2）砂的质量应符合《普通混凝土用砂质量标准及检验方法》的规定，一般为用中砂作结合层，中细砂作嵌缝；

3）配合比采用体积比，一般根据面层板材不同有 1∶2 的和 1∶3 两种，相应强度 1∶2的应≥M15，1∶3 的应≥M10，稠度为 2.5～3.5cm；

（5）凡水泥类面层，或采用水泥类材料做结合层的板块面层，在施工完毕后，均应表面覆盖并湿润养护，时间不应少于 7d；

（6）当水泥类面层的抗压强度达到 5MPa，板块下水泥类结合层抗压强度达到 1.2MPa 时，其面层方可准许人能行走。当达到设计强度后，才可正常使用；

（7）踢脚板材料应采用和楼、地面面层相同的材料施工；

（8）楼梯踏步的高度，应以楼梯间结构层的标高结合楼梯上、下级踏步与平台、走道连接处面层的做法，进行划分。铺设后每级踏步的高度与上一级及下一级踏步的高差不应大于 20mm（注：质量评定规定中，高差≤10mm 为优良，≤20mm 为合格，＞20mm 不合格）；

（9）铺设水泥类面层当需分格时，其面层一部分分格缝应与水泥混凝土垫层的伸缩缝相应对齐；室内水泥类面层在与走道邻接的门口下，应设一条分格缝；大开间楼层的水泥类面层在结构易变形的位置，亦应设置分格缝。

除以上这些规定外，施工中遇到其他情况应查看有关规范，从而达到满足施工要求。

（二）水泥地面的施工

水泥砂浆地面简称水泥地面，是施工中最常见，面大量广的面层做法。要做好水泥地面应认真遵守规范、操作规程来进行施工。

1. 水泥地面面层下的构造

做水泥砂浆面层；可根据工程需要，而其下有不同的各类构造层。

（1）地面情况可以是：

1）基土→混凝土垫层→水泥砂浆面层；

2）基土→灰土垫层→混凝土垫层→水泥砂浆面层；

3）基土→砂石垫层→混凝土垫层→水泥砂浆面层；

4）基土→其他各种垫层→混凝土垫层→隔离层带砂→水泥砂浆找平层→水泥砂浆面层；等等。

（2）楼面情况可以是：

1）结构层（现浇钢筋混凝土板）→30mm 水泥砂浆面层，这是最简单的一种，但隔声、保温效果差；

2）结构层（预制钢筋混凝土多块多孔板）→细石混凝土垫层（亦可称填充层）→水泥砂浆面层，这是目前普通住宅最常见的做法；

3）结构层→填充层→找平层→水泥砂浆面层；

4）结构层→填充层→找平层→隔离层带砂→找平层→水泥砂浆面层；等等。

施工时应依据设计图纸指出采用的哪份标准图或标准图集的施工说明进行。

2. 水泥砂浆面层的一般规定

（1）水泥砂浆面层厚度不应小于 20mm，配合比（采用体积比）水泥∶砂宜为 1∶2，其稠度不应大于 3.5cm，强度等级不应小于 M15；

（2）水泥宜采用硅酸盐水泥，普通硅酸盐水泥，其强度等级不应小于 32.5，并严禁各种水泥（不同品种、不同标号）混用，采用的砂应为中粗砂，含泥量不应大于 3%。

（3）水泥砂浆应拌和均匀（应用机拌），施工时要随铺、随刮平、随拍实压光，初次抹平、压光应在水泥初凝前完成（时间上约 2h 以内），最后压光工作应在水泥终凝前完成（时间约为 8h 以内），在两次压光之间看情况也可增加一次压光。但面层的压光工作不应少于两次，事后应做好养护工作。正规的养护一般用锯末铺上 20mm，洒水湿润保持一周。目前大都仅就洒水养护，但应禁止人员来回进入走动，否则起皮起砂在所难免。

（4）水泥砂浆面层中不宜埋设管线，如万不得已出现埋管线后面层局部减薄时，一定要求设计做防止面层开裂的处理措施后，才可施工。

（5）当有些地区采用石屑（也有称石砂）来代替砂时，而成为铺设水泥石屑砂浆时，施工时应符合以下规定：

1）石屑粒径宜为 3～5mm，其含粉量应小于 3%。

2）水泥品种宜用硅酸盐及普通硅酸盐水泥，强度等级不低于 32.5。

3）配合比（体积比）水泥∶石屑仍为 1∶2，但水灰比应控制在 0.4。

以上这些规定是做好水泥地面的基本要求，但具体操作中还应注意好多问题，我们将在下面介绍。

3. 水泥地面的操作工艺和说明

（1）工艺流程：

施工准备→清扫、清洗基层→放线弹出面层标高水平线→湿润基层→刷素水泥浆→按标高及灰饼铺水泥砂浆→用刮杠或刮尺刮平→木抹子搓平、压实→铁抹子压光（三遍）→撒锯末洒水养护。

（2）工艺说明：

1）施工准备：审阅施工图，按施工组织设计进行技术交底；检查现场基层实况，是否符合做面层的要求；对水泥应选用同厂家、同品种、同强度，材料要堆放一起，以备作水泥面层用。从而达到颜色能一致。砂也应选一批相同的备用。即使全楼不能一致，至少也使每层能够一致，使外观上色泽一致观感完美。

砂浆一定要用机拌，达到均匀一致、色泽一致，拌和时间应超过 2min 为宜。

2）清扫基层达到表面干净，在操作完毕后，这是保证面层不壳不裂的前提。施工员必须亲自检查。

3）弹线放出水平标高线的位置，包括在铺灰前先用些砂浆按线拉出中间部分的标高，做成灰饼或做成灰条（俗称冲筋），使铺灰时有个标志依据。此外弹线后还应核对门框的锯口线是否吻合，否则还来得及返工修整。

4）刷素水泥浆，该浆一般是水灰比 1∶1 形如稀粥。但刷刮时应在铺前半小时刷好，不要间隔时间太长，结硬后反成为隔离层（不是地面构造层中讲到的隔离层），使面层与基层脱壳。

5）铺砂浆时应由边向中间，由内向门口退出操作；随铺灰时应用杠尺刮平，接着用木抹子拍实、抹平，木抹子用力应均匀，将砂眼、脚印等消除后，用靠尺检查一下平整度。

6）关于面层的压光，头遍应先检查一下平整度，待砂浆稍收水后，即用铁抹子稍用压力压出浆水，抹平，初光；到水泥砂浆初凝之后，（约为初光后 2h）进行第二遍压光，除时间控制外，还有用经验观察，由边角到大面的顺序加大压力抹光，不要漏抹，用铁抹子边抹边压，把死坑、砂眼填实压平，达到表面显光平整；第三遍应在水泥砂浆终凝前（即在 8h 以内，有的水泥可能 6h），凭经验观察，这是最后一遍压光，要达到无抹痕，表面光滑反亮。因此抹压时要细心采用后退抹压，把以前留下的抹纹压平、压光使之表面光滑。

当采用抹光机械压光时，砂浆在拌和时的干硬度应比手工压光的稍干硬一些，压光次数和控制时间与手工压光相同。

7）在水泥砂浆干湿度不适合时（即不易压光操作时），可以稍洒一些水，等一等再压光；当湿度大，水分相对多时，可撒些预拌好的 1∶1（水泥∶砂）干水泥加砂的拌合均匀的料，进行压光。这是在压首遍时可采用，二、三遍时不能采用，并且不能只撒干水泥，这点要注意，否则容易引起脱皮。

8）如果室内要求将面层分成格子（即一块一块的约 80cm×80cm），则应在水泥初凝后进行弹线分格，在压光的基础上用分格器（即劈缝漏子）、直尺按线压抹出缝条，分格线应平直、深浅一致。再在分格线内分块把面层最后一次压光（即第三次压光），结束施工。

9）面层在压光后经过 24h，在这期间禁止走人，事后应用锯末屑覆盖表面，洒水保持湿润养护 7～14d。

（三）水磨石面层的施工

水磨石面层也是传统的施工工艺，但施工污染较多；水磨石面层有单色及彩色两类，前者工艺单一，后者施工步骤由彩色多少而定，相对比较繁些，但效果美观、色泽鲜艳。

1. 水磨石面层及其下的大致构造

仅以地面一例和楼面一例作为说明。

（1）水磨石地面（带防潮层）的构造

素土夯实→100mm 厚碎石或碎砖夯实→80 厚 C10 混凝土随捣随抹，表面撒 1∶1 水泥黄砂，压实抹光→刷冷底子油一道，热沥青二道做防潮层→撒绿豆砂一层压入粘牢→做

40mm 厚 C20 细石混凝土→抹 1∶3 水泥砂浆找平层 15mm 厚→做 15mm 厚 1∶1.5 水泥石碴（或有色石碴）面层。

（2）水磨石楼面（带防水层）的构造：

捣制钢筋混凝土楼板→20mm 厚 1∶3 水泥砂浆找平层，四周墙下抹小八字角（或小圆角）→聚氨酯三遍涂膜防水层，厚 1.5～1.8mm→30mm 厚 C20 强度等级细石混凝土→20mm 厚 1∶3 水泥砂浆找平层→15mm 厚 1∶2 水泥石渣（或彩色石碴）水磨石面层。

2. 对水磨石面层的一般规定

（1）水磨石面层是采用水泥和石碴（也称石粒）加水均匀拌合后铺设。面层厚度宜为 12～18mm，应结合石碴粒径确定。配合比采用体积比，水泥∶石碴宜采用 1∶1.5～1∶2.5。

石碴的粒径以 6～15mm 为宜。采用质地坚硬但又可磨的白云石、大理石类的岩石加工而成。石碴应经筛和清洗，再晾干遮盖好备用。

（2）白色、浅色或彩色的水磨石面层，应采用白水泥；深色的水磨石面层可采用硅酸盐水泥、普通硅酸盐水泥或矿渣硅酸盐水泥；它们的强度等级均应不小于 32.5。同颜色的面层应使用同一批水泥，至少一层楼应如此。

如果白水泥中为调色需掺入颜料时，应采用耐光、耐碱的矿物颜料，不得使用酸性颜料。一般掺入量应由试验确定，大致在水泥量的 3%～6%；同样同一彩色面层用的颜料，亦应使用同一厂、同一批的货。

（3）在铺设水磨石面层之前，应在基层面上按设计要求的分格或图案，设置铜条或玻璃条，亦有采用彩色塑料条的。分格条用纯水泥浆（稠浆）固定，使条子露出 4～6mm，水泥浆抹成 30°～45°，分格条应平直、牢固、接头严密、又作为铺设面层厚度的标志。见图 8-9-2。

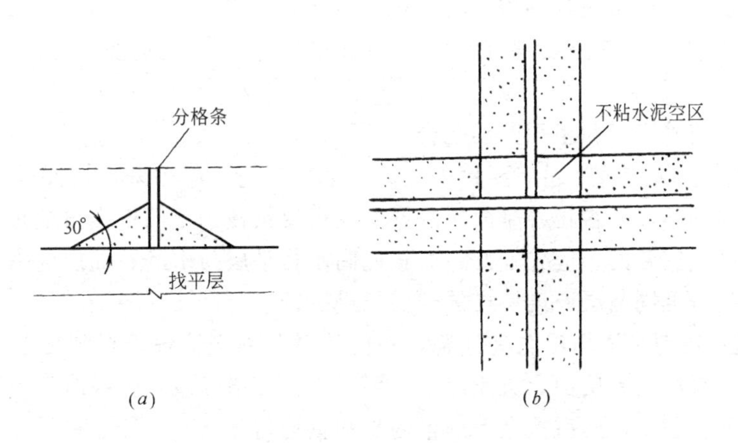

图 8-9-2　水磨石分格条

（a）分格条粘结剖面；（b）十字交接处平面

（4）铺设前应检查面层下的找平层有无空壳、起砂、裂缝，符合要求后才能粘条和进行面层铺设。铺设时，可在找平层上先涂刷一遍同面层颜色的水泥浆结合层，要求水灰比在 0.4～0.5 间，亦可在水泥浆内掺些胶粘剂，也要做到随刷、随铺，间隔时间不能过长。

（5）铺设石碴浆面料时，将拌合均匀的混合料平整地铺设在结合层上；宜将该料铺得高出分格条 2mm 左右，并应拍平、滚压密实。

滚压密实后，待凝结有强度后才可用磨石机分遍磨光，但开磨前一定要试磨，以面层石粒不松动、不跳出方可开磨。

(6) 普通水磨石面层磨光不应少于三遍。每遍磨光时采用的油石规格为：

头遍时可采用粗些的砂轮石规格为 54 号、60 号、70 号；二遍采用 90 号、100 号或 120 号；三遍采用细些的油石如 180 号、220 号、240 号等。

若为高级水磨石面层，其厚度、磨光遍数与采用油石规格应由设计确定。一般说面层要厚些、磨的遍数多些约四遍及以上，油石的规格层次也多些。

(7) 在水磨石面层磨光后，在涂草酸上蜡前，其表面严禁污染。涂草酸及上蜡应放在影响面层质量的其他工程和工序全部完成之后，才能进行。

3. 水磨石操作工艺流程及施工说明

(1) 工艺流程：

施工准备→检查基层→清理基层→弹分格线→镶嵌分格条→养护→再清理分格条内基层→湿润基层和刷水泥素浆结合层→铺水泥石子浆→清边拍实→滚压密实→用铁抹子再次拍实抹平→养护→试磨→头遍粗磨→补石粒擦水泥浆→养护→第二遍磨→擦水泥浆→养护→第三遍磨光→清洗、晾干→擦草酸→打蜡养护完成施工。

(2) 施工工艺说明：

1) 施工准备：首先应查看图纸，是一般单色水磨石还是彩色水磨石，如为彩色图案应如何布置均应弄清。再看面层厚度是多少，分格大小是多少尺寸；采用什么石碴（如彩色的名称更多什么红、什么绿、什么黑……等等）；配合比为多少；分格条用什么材料及条子宽度、厚度等技术准备。

其次是材料、工具准备，应向材料部门提供用各类石碴多少、分格条（铜或玻璃）规格和米数，白水泥和青水泥各多少；磨石机多少台，滚筒几个；组织对石碴清洗和筛分，然后分类分规格堆放，(底下要铺苇席)，上面覆盖保持清洁。其他如草酸、蜡、磨石等的准备。

第三是进行技术交底和组织劳动配合。

2) 检查基层：除前面所述需要检查有无空壳、裂缝、起砂外，还要检查平整度和上平与标高水平线的差，是否正好是面层的厚度；再要校核一下门框锯口线是否吻合面层上平线；如有地弹簧安装的，应先安好，面板应高出找平层与水磨石面层取平。总之要检查无误后，才能把宽度同面层厚度一样的分格条进行镶嵌。

3) 清理基层主要是清扫浮灰和浮浆，不能用凿和敲来清理，否则易把找平层敲击空壳。经清扫干净露出找平层面，且无浮灰后可以进行分格弹线，弹线时先把对应踢脚线的镶边条宽度在四周留出，然后按余下的室内长和宽均匀分格，一般每格尺寸在 80～100cm 左右。从而进行分格弹线，作为粘贴分格条的依据。

4) 镶嵌分格条：镶嵌分格条之前应先检查铜条是否调直，玻璃条宽度是否一致，这样才能做到嵌条后高度一致。嵌条时用小抹子将水泥灰浆嵌在条子两侧，放条时一定要对准弹好的线。嵌好条后在灰浆未硬化前，可用两只手指把条顶以下 4～6mm 部位用手指一勒，使条边该部位的灰揩净，露出一般规定中要求的 6mm 左右的高度。这样可以使铺的石子靠到条子边上，不至于形成条边无石碴变成难看的一条水泥色。此外在十字交错处交点四周20mm范围内不要抹水泥浆，让其空出（见图8-9-2（*b*）），也是便于石碴填入该部位，不会形成十字交点四周一块水泥色。同时十字交叉处应上平一致，接头不错位，交点平直。一间完成后拉线检查，也可用靠尺（本身要直）对角线检查平整度，尺放上去不翘动为好。完成后根据气温情况在12～24h后要洒水养护3d。

5）养护结束后，应将分格中找平层上清刷干净，再刷一层水泥素浆结合层，铺设石碴浆。水泥石碴浆用人工拌和，一定要拌均匀，用多少拌多少，恰到好处。做到随清刷、随刷水泥浆、随铺水泥石碴浆。如为彩色分块，水泥石碴浆应先铺颜色深的，后铺浅的；先做大面，后做镶边；待深色的色浆凝固后，再铺抹浅色的，一般相隔1～2h。严禁两种不同色同时铺设，否则造成串色后界线不清，外观质量不好，这是应特别注意的。

6）铺好后应用铁抹子拍实拍平，以分格面为准，一般应略高出1～2mm，拍平后再用滚筒进行滚压，为防止嵌的条子碰动的可能，应来回滚动不能单向滚动。有时还可以对角线方向滚动，要滚出浆头。滚动中看情况可以均匀撒一些石碴再滚压进去，达到密实。大滚筒一般是纵横方向各1～2遍，对角线交错各滚压一遍，滚压完毕后，再用铁抹子拍实抹平。不过这时要求操作者观察石子的均匀程度，可以用抹子挑出石子厚的多些的到石子少灰多的地方，总之要使石碴分布均匀，达到磨出来后美观一致。用平直的刮尺检查一下平整情况，认为符合要求后即可在第二天开始养护。养护只需浇洒水，不要覆盖草包、锯末，以防污染面层。

7）进行开磨，一般开磨在抹平养护数天后进行，具体天数与气温有关。

① 采用机械磨光，在气温5～10℃时要养护5～6d后；气温在10～20℃时，要养护3～4d；气温在20～30℃时，养护2～3d即可。

② 采用人工磨光（如楼梯之类），在以上不同气温时，分别为2～3d；1.5～2.5d；1～2d。

以上的天数是一般作为参考的，正式开磨前一般应先试磨，以磨时石碴不松动为准。有经验的工人一般都能掌握。

在开磨时，施工人员必须考虑污水排向，且不污染或尽量少污染其他已完的工序。

普通水磨石磨的遍数为三遍。中间二次浆灰的时间，也是根据气候温度和操作经验来确定。浆灰后也要养护，养护后再磨二遍，再浆灰，再磨三遍。

8）三遍或四遍全部磨好后，应保持面层清洁，防止易污染和渗透的东西进入，尤其高级及彩色水磨石，更要做到这一点。待其他不影响面层质量的一些施工工序全部结束后，用拖布把表面擦净、晾干。再用草酸擦洗表面，擦完后显出清爽、露底的面层，再用调制好的蜡，包在薄布内（干净的白布），在面层上由里向外，由边角向中间涂抹，不宜太厚，待干后用打蜡机研磨直到光滑洁亮为止。

上蜡后要铺锯末进行养护，到交工前再扫净。这样才算水磨石面层施工的工艺全部完成。

（四）地砖面层的施工

楼地面面层采用粘贴地砖，优点是施工湿作业相对减少，施工速度较快，表面可做成毛面或光滑面以适应不同使用要求；使用时易清洁、打扫，外观亦使人满意。因此采用该种面层日益增多。

1. 地砖面层及其以下构造

(1) 用于地面的地砖面层下构造参考做法为：

素土夯实→100厚碎石或碎砖夯实→60厚C10强度等级混凝土→刷素水泥浆结合层一道→10厚1∶2干硬性水泥砂浆结合层→撒素水泥干灰（均匀撒于铺的面积上）和洒适量清水→8～10厚地砖面层，最后干水泥擦缝。这是地砖在地面上做法的一例。

(2) 用于楼面层的构造参考做法为：

捣制钢筋混凝土楼板→20厚1∶3水泥砂浆找平层，四周抹小八字角→聚氨酯三遍涂膜防水层，厚1.5～1.8mm，四周涂卷起150高→40～50厚C20强度等级的细石混凝土层，坡向地漏→15厚1∶3水泥砂浆找平层→5厚1∶1水泥细砂浆结合层→8～10厚地砖面层干水泥擦缝。这是有防水层一例楼面地砖面层的做法构造层次。

2. 对地砖面层施工的一般规定

(1) 地砖铺设必须有结合层，结合层可用水泥砂浆，也可用经技术鉴定的建筑胶粘剂。

(2) 地砖的质量要求应符合现行的产品标准的规定。

(3) 结合层厚度当采用水泥砂浆时应为5～15mm；采用胶粘剂时可为2～3mm。

(4) 铺贴前，应对砖的规格尺寸、外观质量、色泽等进行预选，并应浸水湿润后晾干待用；铺贴时宜采用干硬性水泥砂浆，面砖应紧密、坚实，砂浆应饱满，并严格控制标高；面砖的缝道宽度按设计要求铺排，当设计无规定时，紧密铺贴缝宽一般为1mm，虚缝铺贴宽度宜为5mm左右。为防止收缩、热胀，以后者为宜。

(5) 大面积施工时，应采取分段按顺序铺贴，按标准拉线镶贴，并要做各道工序的检查和复验工作。

(6) 面砖铺贴后应在24h内进行擦缝（缝很宽的如8mm或10mm，要勾缝），擦缝深度应为砖厚的1/3以上，并要用同结合层一样的品种、强度等级、颜色的水泥。要随做随清理，最后要做好养护和成品保护工作。

(7) 在砖面层铺完后，面层应坚实，平整洁净，缝道顺直，不空壳、松动、脱落、裂缝、缺棱、掉角和有污染等缺陷。

3. 地砖面层操作的工艺流程和说明

(1) 工艺流程：

施工准备→检查基层→清理基层→根据面砖大小在室内排砖根据排砖弹出纵横分块线→铺结合层→铺面砖→擦缝→养护。

从流程看出地砖面层铺贴是比较简单，过程内容较少，容易施工。

(2) 工艺说明：

1) 施工准备：主要也是先要看图纸，采用什么要求的地砖，是否有拼花，缝宽有无要求；根据房间大小计算砖的纵、横向数量，心中要筹划把半块砖及窄条放到边角处，并进行技术交底。

此外还应准备电动手工工具如锯切机等，让操作人员使用。要准备浸湿地砖的水槽，选砖用的套模。对进来的砖材要检查外观质量，如是否平整、牌号、规格是否符合，块与块之间尺寸误差是否过大等等。总之要在技术准备、材料、机具准备方面做好各项工作。

2) 做地砖面层其下必须有找平层，该找平层必须做到平整、不空、不裂、不起砂。贴地面砖前必须进行检查。符合要求后，才能进行下道施工。

3）找平层面必须清理干净，用扫帚扫出找平层表面，做到无灰尘、泥土、油污。然后在其上按筹划好的铺块布置，先中间整块，把半块及窄条匀到边上，按该种方法进行弹线。一般弹出纵横坐标线即可，房间大的可多弹一、二道纵横线。可依线在两端先贴一块砖，然后中间拉线操作。

4）若用干硬性水泥砂浆后撒干水泥洒水铺砖，则用橡皮锤击实压平的方法，其砂浆干硬度为手捏成团，落地分散为度，绝不能稀。若用柔性砂浆在找平层上铺贴，则粘结层一般较薄，厚了不易铺平。这时砂浆中用的砂应为中细砂，不能有太大的颗粒搁住地砖造成压不实而松动或空壳。这类砂浆的稠度应适宜，也不能太稀。

5）铺砖必须顺拉的线铺，一是找直、二是找平（不高出不凹下），缝道在铺时要用眼穿看顺直，也可拉线检查。缝要大小一致、均匀美观。铺时一定要拍击密实，表面平整。

6）铺好后进行检查，合格后用干水泥擦缝，缝中应具有潮湿状态（不是有水）能使干水泥粘牢后结合。

7）工序完成后应进行养护及成品保护，尤其防止物体打击把易碎的陶瓷地面砖弄损坏、缺角、掉棱边和出现裂缝。交工时用拖把擦干净，反映出地砖光洁和缝道平直。

（五）板块材面层的施工

地面、楼面铺贴磨光的花岗石和大理石，既美观又经磨耐久，体现出建筑的规格和豪华。

1. 板材面层的构造层次

该类板材厚度约 20mm，重量较重，铺贴后加上其下的构造层，对楼面结构荷载要求大了，结构标高要求比建筑标高再降低些。

（1）磨光花岗石地面以及其构造层次：

素土夯实→150 厚碎石或砂石垫层→60 厚 C10 强度等级的混凝土找平层→刷素水泥浆一道→30 厚 1∶4 干硬性水泥砂浆结合层→撒干水泥灰（洒适量清水）→20 厚花岗石面层灌稀水泥浆擦缝。

（2）磨光花岗石楼面以及其构造层次：

捣制钢筋混凝土楼板→20 厚 1∶3 水泥砂浆找平层→8 厚 1∶1 水泥细砂浆结合层→20 厚磨光花岗石面层，稀水泥浆擦缝。

从这里看出在多层框架的大楼公用厅堂中，采用这种做法，比最普通的水泥砂浆面层，在荷载上每 m^2 约增加 0.7kN；结构标高要再降低约 30mm。这都是在施工中应注意的。

2. 板材面层施工的一般规定：

（1）花岗石、大理石板材应在结合层上铺设。但大理石板材不得用于室外地面面层。

（2）天然大理石、花岗石的技术等级、光泽度、外观等质量要求，应符合国家现行行业标准《天然大理石建筑板材》JC/T 79、《天然花岗石建筑板材》JC 205 的规定。并应在尺寸上长宽误差允许为＋0、－1；厚度误差＋1、－2；平整度最大偏差 50cm 见方的约 0.6mm，边角要方正、无扭曲、缺角掉边，色泽鲜明、表面光洁明亮，无刀痕、旋纹。

（3）在铺设前，板材应按设计要求，根据石材的颜色、花纹或图案等试拼并进行编号；当板材有裂缝、掉角、翘曲和表面有缺陷时，应予剔除（可放一边用于边角处找补中取其可用面），凡品种不同的板材不得混杂使用。

（4）结合层的厚度；当采用水泥拌砂时可洒些水拌匀（体积比，水泥：砂为1：4～1：6），应为20～30mm，当采用水泥砂浆时应为10～15mm。

（5）要铺设的石板应先用水浸湿，待晾干后方可使用。铺设的板材应平整、线路顺直，镶嵌正确；板材之间、墙角、镶边和靠墙处均应紧密砌合，不得有空隙。

（6）石板材面层应洁净、平整、坚实；板材间的缝宽当设计无规定时，一般不大于1mm。铺好后，其表面应加保护，待结合层的水泥砂浆强度达到要求后，才可打蜡上光。

3．板材铺面的施工工艺流程和说明：

（1）工艺流程：

施工准备→清理基层→弹线→试排和试拼→扫浆→铺水泥砂浆结合层→铺设板材→灌稀砂浆和擦缝→养护和保护→打蜡上光。

（2）工艺说明：

1）施工准备：技术准备是图纸阅看，了解构造层次、材料要求，产地、品种，板材厚度、长宽尺寸、有无花纹、图案的拼搭要求，结合层的砂浆配比等；根据图纸及规范的技术要求书写技术交底书和考虑施工方案和程序。

其次是材料工具准备，如对来料的抽检，组织浸水湿润和晾干，搬运中不要损坏，工具中主要是切割机和打蜡上光机，橡皮锤、直尺、擦缝用的棉丝等。

2）基层的清理：和其他面层要求相同，应清除落地灰、垃圾、尘土等，达到表面干净无油垢。尤其楼面上，由于结合层较薄，一定要清理好，否则铺后容易空壳。再有当下层的找平层较薄时，清理时要用多铲，少凿砸的方法操作，避免把找平层弄起壳和裂缝。

3）弹线：由于板块较之地砖等块头要大，且厚度也厚，所以弹线要第一弹在四周墙面上，作为标高控制线；二要弹在找平层上把每块板块的位置都弹出来，平面上的线也是以房间（厅堂）中间部分为整块，把房间边上作镶边或条块。

墙上的标高控制线一定要准确，精度要高，留有余地。不要与其他工艺构造产生矛盾。

4）试排和试拼：目的是使铺好后的面层整齐美观。试拼一般采用的方法是在房间地面的纵、横两个方向要铺两条略宽于板块的干砂带，砂带厚度约30mm。根据施工方案中的排列大样图，拉线校正其方正的程度，并排列好。再校核板块与墙边、柱边、门洞口的相对位置和标高等。再检查拼缝宽度（1mm）是否合适，检查无误后，对应锯切的板量出切割尺寸后送去加工。其他以拼好的纵、横方向的板块为准，作为铺设的标准。

5）铺设面层：采用较厚的干硬性砂浆铺设的，则下面找平层上要先刷一层水灰比为0.5的水泥素浆，随刷随铺干硬性砂浆的结合层，可从里往外摊铺，用刮尺刮平，再用木抹子搓揉找平，铺一段结合层，随即安装铺设一段面层板材。

对要铺设的板材，应先进行选材使尺寸一致，后浸水晾干备用。铺时要以弹好的线处两端先铺两块标高正确的板材面层，然后以试拼、试排的规矩拉通线在其间逐块铺设。铺时在先铺好的干硬性砂浆上再用水泥素浆浇一层浆水，或洒一点清水，使结合层表面湿漉漉的，把板材再按线放下去，用橡皮锤锤击至线的标高，达到板材与结合层牢固结合。这中间有操作的经验和技巧，铺时结合层应略高1～2mm，才能锤击板材时能压实到正确标高。如果干硬砂浆面的标高已正合标高尺寸，那么锤击后会洼下去，就不合适了。

在操作中为了检查是否结合密实，就像检查砌砖的粘结度一样，可把铺好的板材揭起观察背面，若均粘有砂浆痕迹则认为合格，如有空隙，则应再浇洒些水泥素浆再铺后锤击密实。铺好几块后可用直尺检查平整，用手摸感触两块板材拼缝间的平服。

其中关于使用的干硬砂浆有两种情况：一种是干硬得手捏成团，落地散开，捏时手感潮湿，铺板材时一般采用洒些清水，使之更湿润些即可粘贴；一种是极干，手捏有时也不成团，但确是水泥和砂按配比拌和均匀的，那么在铺时为粘结得更好些，往往在其上浇洒一些水灰比为0.45的水泥素浆来进行粘结。

6）灌缝、擦缝：一般在板块铺完后2d，在缝隙中灌水泥稀浆后用棉丝擦缝。如面层为色彩鲜明的面层，则水泥浆还需用白水泥配矿物颜料调制成所需颜色再进行灌缝擦缝。擦缝要用干净棉丝将沾在面层上的污点一起擦拭干净。最后要铺上干净锯末养护，洒水湿润7d。并要做好保护工作防砸防敲击。

7）在其他工序基本结束后，擦干净面层表面，然后用打蜡机上光打蜡，达到表面光亮洁滑、美观、舒适。

（六）塑料地板面层的施工

1. 塑料板块面层下的构造

（1）地面上面层为塑料板块粘贴时：

素土夯实→100厚碎石或碎砖夯实→60厚C10强度等级混凝土→水泥素浆刷结合层一道→20厚1∶2.5水泥砂浆，压实抹光整平→2～3厚软质聚氯乙烯塑料地面粘贴（采用XY409地板胶粘剂粘贴）并擦上光蜡。

简单地说，就是在做好的、平整、抹压光洁的水泥地面上贴塑料面层。

（2）楼面上塑料面层的粘贴时：

捣制钢筋混凝土楼板→≥20厚1∶2.5水泥砂浆压实抹光平整→XY409地板胶粘剂→2～3厚的软质聚氯乙烯塑料楼面层。

2. 塑料面层施工的一般规定

（1）塑料板块一般均在水泥类平整的面上粘贴的；施工时要求室内相对湿度不应大于80%。

（2）采用的板块应平整、光洁、无裂纹、色泽要均匀，厚薄一致、边缘平直，板内不应有杂物和气泡，并应符合设计要求和现行国家标准的规定。

在运输中应防止日晒雨淋和撞击；贮存时应堆放在干燥、洁净的仓库中，并距热源3m之外，且环境温度不宜大于32℃。

（3）胶粘剂的选用应根据基层所铺材料和面层材料使用要求，通过试验确定并应符合现行国家标准《民用建筑工程室内环境污染控制规范》GB 50325的规定。胶粘剂应存放在阴凉通风、干燥的室内。凡超过生产期三个月的产品，应取样检验，认为合格后方可使用。超过保质期的产品一律不得使用。

胶粘剂可采用乙烯类（如聚醋酸乙烯乳液）、氯丁橡胶型、聚氨酯、环氧树脂、合成橡胶溶液型、沥青类和926多功能建筑胶等。

（4）铺设的水泥类基层表面应平整、坚硬、不空、不裂、干燥、无油脂及其他杂质、且含水率不大于9%。当表面有稍微麻面起砂和少数裂缝现象时，应采用水泥、108胶与水拌合的乳液腻子处理。处理时每次涂刷厚度不大于0.8mm，干燥后用0号铁砂布打磨，再涂第二遍腻子，直至表面平整后，再用水稀释的乳液涂刷一遍。乳液腻子配比采用重量比，水泥：108胶：水=1：0.175：0.4。乳液为0.175：0.4（乳液：水）。

基层表面的平整度要求用2m托线板（直尺）检查时凹凸不大于2mm。

(5) 铺前要按设计进行分格和定位的弹线，并在离墙面200～300mm处开始要镶边。定位方法有直角定位方法和室内对角线方向定位两种。

(6) 塑料板块铺贴之前应进行处理：软质聚氯乙烯板应放在约75℃热水中浸泡10～20min，待板面全部松软伸平后取出晾干备用；半硬质聚氯乙烯板宜采用丙酮、汽油混合液（1：8）进行脱脂除蜡。软质板预热时禁用炉火、电炉之类进行预热。

(7) 在基层表面涂刷胶粘剂时，应按胶的品种采用相应的方法。

当采用乳液型胶粘剂时，应在塑料板背面和基层上同时均匀涂刷胶粘剂；

当采用溶剂型胶粘剂时，应在基层上均匀涂胶。

在基层上涂刷胶粘剂时，应刷出分格线约10mm，涂刷厚度均应小于或等于1mm。铺好后将刷出格部分刮掉。

铺贴塑料板块时，一般是待胶层干燥至不粘手（约过10～20min）时进行，或按产品使用说明书的要求操作。要求一次就位准确、粘贴密实。

3. 塑料板面层粘贴施工工艺和说明

(1) 工艺流程：

施工准备→清理基层→弹线→预铺→刮胶→粘贴板块面层→贴塑料踢脚板→面层保护→打蜡上光。

(2) 工艺说明：

1) 施工准备：主要在技术准备中了解设计所用的材料品种、规格大小、质地软、硬；铺贴方法和用的胶粘剂。对胶粘剂的使用说明、性能要求有所了解，便于指导。并准备施工方案、技术交底。在材料方面应检验板材是否符合上述一般规定中的要求，实际材质是否与牌号中说明书等相符，检查胶粘剂的出厂期、保质期，最好在铺贴施工前一二个月先找一块地方试贴观察，以检验质量和了解性能。

2) 基层清理：主要是把表面清至符合粘贴要求，无浮尘浮砂、无油污杂质。也包括一般规定所指的基面处理工作。再有是含水率的测定和防止基层遭到水浸和受潮。含水率测定可在边角处取小块样品到试验室测定。

3) 预铺：是使正式铺贴能达到质量要求的一个操作方法。施工前可对检验合格的板材进行挑选、清理（去除裂、损、翘的个别块）、分类堆放，并进行按规定的预处理。个别规格差些的可用木工细刨刨成大小一致的规格料。

预铺前还应按图纸定位方法弹出每块塑料板材的位置。弹线时一定要丈量准确，尺寸一致。定位方法见图8-9-3。

预铺是按线先干排，如有花纹还要对花并编号，遇到门框、拐角等处应在板材上先画好线，然后用剪刀裁口卡入铺贴。经干排预铺检查无误后，把板材收起按号放在一边。

4) 刮胶：刮胶是在室内要铺板的基层上均匀的刮上一层厚度不大于1mm的胶粘层。在刮胶前应将基层面再用干毛巾再抹擦一遍，去掉灰尘，再有板材背面也要揩干净。这层胶粘层我们称为底子胶，待其干燥后，可以按弹线位置由房间里面向外贴，大房间可以从房中间先铺好十字形板带后，再向四周铺贴。

5) 铺贴面层：铺贴面层时，可由3～4人组成小组进行流水作业。铺时宜先刷塑料板

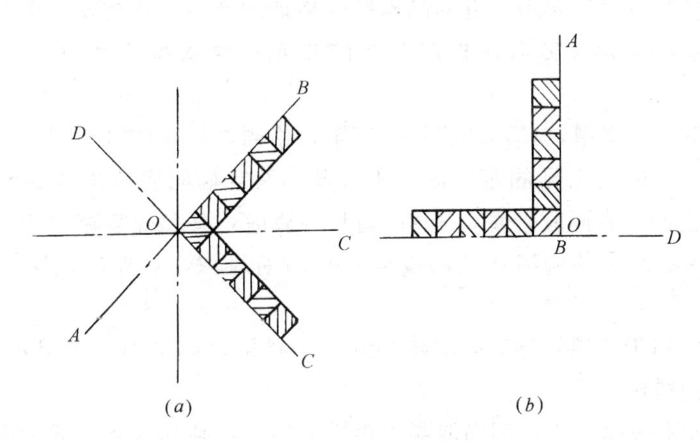

图 8-9-3　定位方法

(a) 对角定位法；(b) 直角定位法

背面，后刷基层面，宜一面纵刷，一个面横刷。铺时要看准对好一次到位，顺手平抹使之初粘，依次赶走板下空气，达到密合。然后用胶滚筒从起始边到终端边循序滚压密实。挤出的胶液随手用棉丝蘸稀释剂擦抹干净。对胶粘剂初粘力较差者，贴后可用砂袋均匀加压，待胶粘剂硬化后取走。

6) 贴塑料贴脚板，亦应如做水泥踢脚线一样把基层抹成水泥踢脚线。再同地面一样进行粘贴。粘贴应从阴角开始，绕室一周完成。粘贴完后，如发现局部空鼓、个别边角粘贴不牢，可用大号医用注射器刺孔、抽排水和空气后，从原针孔中注入胶粘剂，再压合（用砂袋加压）密实。

7) 铺设完毕后宜在温度 10～30℃，湿度小于 80%的环境中自然养护一周（7d）。在铺贴好 24h 后，可用干布擦净表面，再用布包住已配好的上光地板蜡反复涂抹，揩擦2～3遍，直至表面光滑、亮度一致为止。

（七）木质地板的施工

木质地板在楼地面中属于高档的地面，大致分成两种形式：一种是长条的企口木地板，另一种是经加工后长度为 30～50cm，可拼列成各种图形的拼花木地板。后者直接粘贴在水泥地坪上的为多，这里主要介绍前者长条的木板面层的施工。

1. 木板面层施工的一般规定

(1) 铺设木板面层，应待有潮湿过程的室内工程和可能引起地面和楼面潮湿的室内工程完工后进行；在铺设木板面层时，应使房间干燥，并尽量避免在气候潮湿的情况下施工。

(2) 木板面层和基层所用的木材的选材标准和铺设时木材含水率限值，均应按国家现行标准《木结构工程施工质量验收规范》中的有关规定执行。

(3) 木板面层的木质应采用不易腐朽、不易变形和开裂的木材做成，如用水曲柳、核桃木、柞木等木材烘干加工成一定长度，侧面应带有企口，木板宽度宜不大于 120mm，厚度应符合设计要求。

面层下的毛地板及板材下的木格栅和垫木横撑、剪刀撑等用材，树种及防腐处理，均应符合设计要求。

(4) 木板面层的条材宜采用具有商品检验合格证的产品，其技术等级及质量要求，均应符合现行的国家标准《实木地板产品》的规定。含水率应为8%～12%，不得超过12%。

(5) 木板层下的木格栅，其两端应垫实钉牢，格栅之间应加钉剪刀撑或横撑。当采用地垄墙、砖墩时，尚应与格栅固定牢固。木格栅端头与墙间应留出30mm间隙，以利隔潮和通风。木格栅的上表面应平直，用2m直尺检查时，其允许空隙为3mm。

(6) 大面积木板面层的构造通风高度以及室内通风沟，室外通风窗等均应符合设计要求。

木质面层不宜用于长期潮湿处，避免与水长期接触；如果用于多层建筑底层地坪时，应对基层采取防潮措施。

(7) 作为实铺木板面层，在钢筋混凝土楼板上铺设，则其木格栅的断面和间距、稳固方法等均应符合设计要求。木格栅及木板应作防腐处理，木板是底面涂刷沥青或木材防腐油。

(8) 双层木地板中下层的毛地板可采用钝棱料，其宽度不宜大于120mm。在铺设前应清除毛地板下空间内的刨花等杂物。

铺设毛地板时，板应与格栅成30°或45°角，并应斜向钉牢，使髓心向上；板间的缝隙不应大于3mm。毛地板与墙之间应留10～20mm缝隙。每块毛地板应在每根格栅上各钉两个钉子固定，钉子长度应为板厚的2.5倍。当在毛地板上铺钉长条地板时，要先铺一层沥青纸或油毡，以隔声和防潮。

(9) 如在格栅上直接钉铺长条木板面层时，每块长条木板应钉牢在每根格栅上，钉长应为板厚的2～2.5倍，并从侧面斜向钉入板中，钉头不应露出。

(10) 木板面层的长条板端头接缝应在格栅上，并应间隔错开。板与板企口应紧密，但仅允许个别地方有不大于1mm的缝隙；而面层板采用硬木长条形板时，不应大于0.5mm。

木板面层与墙之间应留10～20mm的缝隙，该缝用踢脚板封盖。

(11) 木板面层的表面应刨平磨光。木踢脚板应先刨平磨光后装钉，整个木板面层和踢脚板，应待室内装饰工程完工之后，方可刷油和打蜡上光。

以上11条一般规定，也基本上说明了木板面层的楼、地面施工的要求。如能遵照执行应该说质量是可以得到保证的。

2. 木板地面的各层次构造

根据上面一般规定我们了解了总体要求，为此在这里介绍四种构造状况，以补充对施工程序的了解。

(1) 双层硬木空铺地面：

该类地面做在室内球场、风雨操场的地面部位比较多，其构造层次如下：

1) 首先素土夯实（按设计标高回填分层夯实好）。

2) 150厚碎石或碎砖夯实后用M5水泥砂浆灌实。

3) 砌120厚地垄墙，采用M5水泥砂浆砌，间距80cm。如墙高度超过60cm时应砌240厚墙，若地垄墙长度超过4m时，应每4m在墙两侧各出120厚附墙垛。

4) 地垄墙顶面抹20厚1∶3水泥砂浆找平层。

5）用 100×50 沿缘木满涂防腐剂，用 8 号镀锌铁丝两道绑牢在地垄墙上（也可钉在预埋在地垄墙的木砖上）。

6）50×70 的木龙骨 400mm 间距（中—中），用 50×50 横撑间距 800mm（中—中），两者均满涂防腐剂。

7）22 厚松木毛地板（背面刷氟化钠防腐剂）45°斜铺，再上铺油毡纸一层。

8）50×20 硬木企口长条地板面层。

9）地板漆二遍，干后打蜡上光。

其中 1）→9）的顺序为 1）先施工，9）最后施工。

（2）双层硬木实铺地面

1）素土夯实。

2）60 厚 C10 混凝土随捣随抹，撒 1∶1 水泥拌干砂压实抹光。

3）刷冷底子油一道后做一毡两油防潮层。

4）浇筑 40 厚 C20 细石混凝土随捣随抹压实抹光，并预埋 Ω 形 $\phi6$ 铁鼻子，行距 400、环距 800。

5）用厚 30、100×100 垫木块与木龙骨钉牢，垫块中距 400，用 10 号镀锌铁丝两根与铁鼻子绑牢。

6）50×70 木龙骨 400 中距，50×50 横撑中距 800（龙骨、横撑满涂防腐剂）。

7）22 厚松木毛地板（背面刷氟化钠防腐剂）45°斜铺，上铺油毡纸一层。

8）50×20 硬木企口长条木地板。

9）地板漆二遍，干后打蜡上光。

（3）单层长条松木地板实铺地面

1）素土夯实。

2）100 厚碎石夯实。

3）40 厚 C20 细石混凝土加砂浆抹平。

4）刷冷底子油一道，一毡二油防潮层。

5）50 厚 C15 细石混凝土垫层随捣随抹平并在混凝土中预留 Ω 形 $\phi6$ 铁鼻子，行距 400 中—中，环距 800 中—中。

6）50×70 木龙骨 400 中距，50×50 横撑中距 800，龙骨、横撑满涂防腐剂。

7）100×25 长条松木企口地板（背面刷氟化钠防腐剂）。

8）地板漆二道，干后打蜡上光。

（4）单层楼面木地板实铺

1）预制钢筋混凝土楼板

2）40 厚 C20 细石混凝土垫层，拍浆抹平，预埋 10 号镀锌钢丝双道，纵向 1000 中距，横向 400 中距。

3）30×100×100 木垫块与木龙骨钉牢，中距 400。

4）60×50 木龙骨 400 中距，50×50 横撑，800 中距，与下面木垫块钉牢。

5）22 厚宽 50～100 的硬木企口地板（背面涂防腐剂），钉在木龙骨上。

6）油漆二道地板漆，干后打蜡上光。

3. 木板面层的工艺流程和施工要点

（1）实铺式木板面层的施工工艺流程：

施工准备→基层清理→抄平弹线→浇筑垫层预埋铁件→安装木格栅→钉撑木→弹线、钉毛地板→找平刨平→铺油毡→弹线钉硬木面板→找平→刨平→弹线钉踢脚板→刨光、打磨→油漆→上蜡打光。

（2）架空式木板面层的施工工艺流程：

施工准备→基土及垫层施工→弹线抄平砌筑地垄墙→地垄墙顶抹找平及铺油毡→铺沿缘木→弹线找平→安装木格栅及剪刀撑→弹线钉毛地板→找平刨平→弹线铺钉硬木面板→找平、刨平→弹线钉踢脚板→刨光、打磨→油漆→上蜡打光

（3）施工要点：

1）施工准备：主要了解设计内容，木地板的使用场合，采用木材品种、规格、质量要求。同时了解构造层次的种类，总高度或厚度。在回填土或楼面结构标高时就要统筹考虑。

材料上要准备各层次所需材料，有地垄墙的还得准备砖、砂浆，以及下面空间的通风如何按图施工等。对木材材质的检验，必要时要对含水率进行测定。材料尺寸规格是否符合要求等。

在工具上需考虑木工锯、刨、钻等工具。以及木工常用的工具的备件。

踢脚板要事先计算好总长，并提前加工刨平磨光，堆放备用。

2）基层清理：实铺式主要是在铺龙骨前将基层上的砂浆、垃圾杂物清扫干净，并检查基层平整是否达到质量要求，如有高低不平过大的，应用砂浆找平，凹凸不多的可在架龙骨施工中垫木片解决。应注意的是不要遗漏预埋铁丝等。铺时应将在龙骨空格中的刨花、杂物清净。

架空式的构造，应采取做一步清理一步，地垄墙砌完后应把砂浆、垃圾清扫干净；安装格栅之后，铺毛地板之前应将其下木屑、刨花、碎木块清干净后才能铺毛地板，毛地板施工完后，清扫干净才能铺硬木面层。总之清理必须随工序进行。清理的目的是利于下面通风和防止小木块刨花之类易腐对地面的耐久性不利。

3）抄平和弹线也是在施工中应紧跟配合的工作。抄平主要是在四周墙上给出各构造层的标高水平线，弹线是确定地垄墙、格栅、龙骨、铁件的位置。弹线完毕施工员应进行复核检查，以保证位置正确。

4）格栅、龙骨安装好后要检查牢固程度、平整程度以及与墙间的空隙，以及有无混入的质差的木材。最后看防腐情况，若有遗漏应及时补刷。施工应有顺序，一般是从墙一边开始后向对边铺设，铺了数根以后应用靠尺检查平整及检查标高。

在地垄墙上的沿缘木，应用预埋在地垄墙上的 8 号镀锌铁丝兜起来嵌入木方上开的槽内与木面平，并绑结牢固。同时根据标高把沿缘木（垫木）调平垫稳。

实铺式地板时，应用 8～12 号镀锌铁丝穿过 Ω 形预埋铁件将格栅绑牢，铁丝面应与格栅面平。

格栅需接长时，可按木结构梁式构件对接好后，两边用双夹板夹住加钉钉牢。用钉数量及夹板厚度应按计算确定，接头应互相错开。调平用的木材应选较好的木材制作，上下应刨平，长度比格栅宽 1.5 倍。以便格栅可在其上钉牢。并应垫在格栅固定处或接头处，严禁用木楔垫塞。垫木应事先做好防腐。

剪刀撑断面及间距应按设计确定，可以用毛料，但应对齐在一条线上，并应低于格栅面 10～20mm。剪刀撑端头应锯平紧贴格栅。

所有钉子一般采用斜钉，而不让钉帽露出表面上平。

5）铺的毛地板应上下刨平，厚薄一致。宽度要控制在 120mm 以内。铺时按弹好的斜线铺钉，板缝间隙可留 2～3mm，靠墙处离开 10～20mm，板在格栅处接头，接头应错开，接头间可留缝 2～3mm。钉毛地板的钉帽要事先砸扁，钉帽冲入板面下不得少于 2mm。

毛地板铺完后应用 2m 靠尺检查平整度，有不合要求的应进行修正，无误后，可铺油毡一层，油毡每边搭接宽度不得少于 100mm。

6）毛地板清扫干净后，铺了油毡，在铺硬木地板前进行面层的弹线。硬木地板铺钉时依线由中间向两边铺拼，铺时先铺钉一条标准地板条，经检查合格后，依次施工。钉时要用办法使企口挤紧，用侧面钉钉，斜钉入毛地板。钉帽也要事先打扁，接头也要间隔错开。

7）踢脚板安装：先在墙上弹出踢脚线四周上平水准线。在地板上弹出踢脚线铺钉的边线，用 2 英寸钉将踢脚板上下钉在墙上预留的木砖上。踢脚线接头锯成 45°角拼接。接头上下各钻两个小孔把钉帽打扁的小钉钉入冲进 2～3mm。踢脚板交接处可见图 8-9-4。

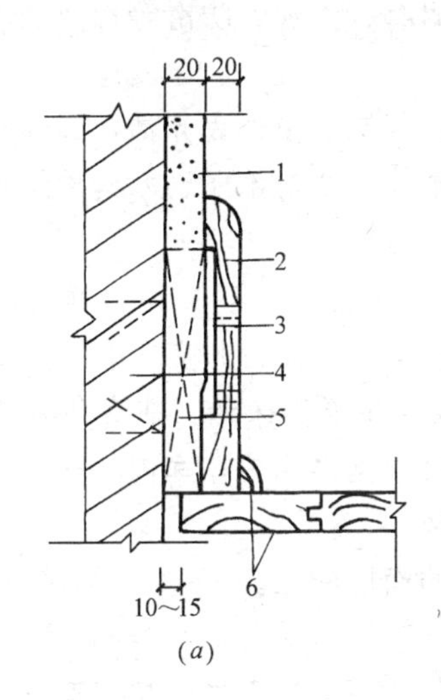

(*a*)

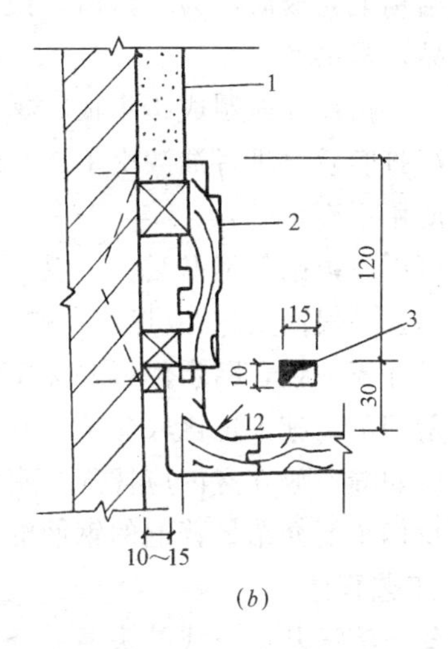

(*b*)

图 8-9-4　木踢脚板安装示意

（*a*）平头踢脚板压条
1—内墙粉刷；2—20×150 木踢脚板；3—通风孔（1000 中—中）；4—木砖（防腐 752 中—中）；5—垫块（防腐 750 中—中）；6—15×15 压条

（*b*）企口踢脚板（圆角）
1—内墙粉刷；2—硬木踢脚板；3—通风孔 3 个一组间距 1000mm

8）面板铺钉完毕后，可在板面弹方格网测水平（指大厅、球场大平面时），从而顺木纹方向用刨光机械或手工机、手工刨刨平、刨光。刨平和刨光可分三次进行，刨去的总厚度不应超过 1.5mm，并无刨痕，边刨要边用直尺检查平整度。靠墙处应先刨平、刨光。

在刨板中应注意消除板面的刨痕、戗槎和毛刺。

最后使用打磨机打磨时应顺木纹方向打磨。最后擦干净后才能进行油漆。目前采用强度好的树脂漆甚多，漆前可根据设计图要求的颜色先上色，但要显出木纹，油漆后达到木纹清晰，表面光亮，最后为了保护漆面，可采用上蜡磨光使地板经久耐用。

木地板施工主要应按正确步骤施工操作，掌握标高、平整度、消除刨痕，其质量是不会差的。

以上主要介绍了，水泥类、塑料类、木材料的地面、楼面层的施工，这仅仅是地面种类中相当少的一部分。还有沥青地面、不发火地面、防油渗地面、混凝土地面、水泥钢屑地面、各种砖地面、陶瓷锦砖地面、料石地面、活动地板、拼花木地板、硬质纤维板、面层涂饰等等。只要我们在施工中实践，遵照图纸、规范要求施工，是不难掌握的。

四、楼梯、台阶、散水和楼、地面变形缝的施工

在新的楼、地面工程的施工与验收规范中，把楼梯、台阶、散水都归入楼、地面这个分部工程的施工范围。楼、地面的变形缝则是根据房屋结构情况需要而出现的，不是任何一幢楼房都会遇到。

（一）楼梯的面层施工

从结构上楼梯可分为梁式和板式两类；从外形上可分为单跑、转折双跑、三跑、弧形旋转式等；从使用材料上分为木楼梯、钢楼梯、钢筋混凝土楼梯、砖砌墙搁钢筋混凝土板的楼梯等。目前以钢筋混凝土楼梯使用最广。

楼梯从结构上完成后，为了清洁、使用方便、耐磨、美观、防滑等都要做上面层后才能够成为成品，提供使用。

木楼梯则要按尺寸先制成踏步板、梯梁、事先锯、刨，使外表光洁，经检查尺寸等合格后，用砂纸打磨后，进行油漆交工。相对比较简单，主要对木质、木构件结合应检查其牢固，目前使用不广。

砖楼梯可以一边砌斜形砖墙，一边靠建筑墙面，梯板可用小块预制钢筋混凝土板铺放，形成楼梯。一般面上抹 20 厚水泥砂浆压实抹光即可，施工比较简单。主要应抓住踏步板的宽度尺寸要一致，踏步侧板要抹 10 厚水泥砂浆并压实抹光。在交角处用小角抹子抹压成小圆角即可。施工也比较简单。其中侧面墙可根据楼梯放在室内还是室外，如在室外，侧墙可仅勾缝；放在室内应抹灰与室内色调一致。

在这里我们主要介绍最普遍的钢筋混凝土楼梯的面层施工。

1. 施工工艺程序

施工准备→清凿基层→找补头遍灰→初步检查尺寸→清扫面层→抹二遍灰→做正式面层（如水泥面、水磨石面或贴预制好板材的面层）→抹梯底→抹梯侧→做防滑条→养护→成品保护。

2. 施工要点说明

(1) 施工准备：从施工图上了解楼梯是梁式的还是板式的。梁式的应考虑施工工序多一些。再有要了解踏步细部做法如步宽、步高的尺寸，有无防滑条，是一条还是两条，用什么材料。再有面层采用什么材料，是水泥面层，还是水磨石面层，还是预制板块（是花岗石、大理石还是预制水磨石）面层，都要弄清楚。凡是板块的还应按图先提出加工图及数量，加工尺寸一定要准确，其侧板高度尺寸上要略小 1mm 留有余地，板的长度（即楼梯宽度）尺寸一定要准确，一般应按图尺寸略长一些。这都是加工单上要写清楚的，否则来料后不合适就麻烦了。

其次应同做各种面层的楼、地面一样，准备相符的工具和手用电动工具。

所用材料的质量亦应同楼、地面一样进行现场验收、检验以保证工程质量。

(2) 弹放出楼梯标准步级的斜线，见图 8-9-5。此标准斜线是楼梯面层踏步高度及步级宽度的依据。斜线应是面层交角在线上的一个点。

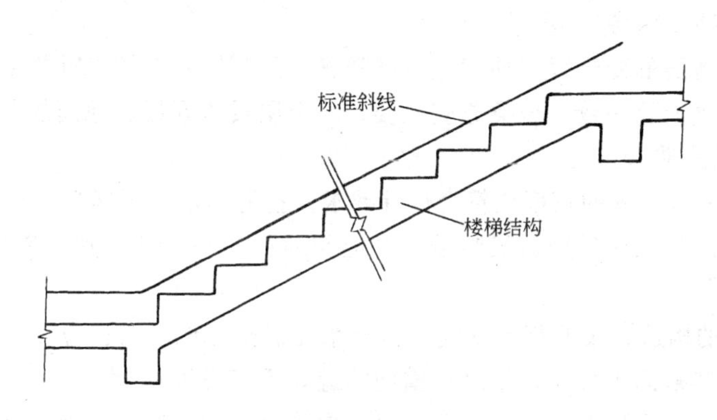

图 8-9-5 楼梯踏步抹面标准的斜线

(3) 不论做头遍灰找补或正式做面层的铺底灰的一层，每层施工前都要清理干净。做前可刷素水泥浆一道，但不宜太稀，总之做好后避免空壳。

抹踏步时要先抹立面，后抹平面即踏脚的面。

经底子层完成后要对照标准斜线检查，这时踏步尖角与线间有一个面层的距离。再检查平整度和踏步间高差，总之基层的基本尺寸要符合图纸要求。

(4) 对梯底及梯侧的抹灰，一定要平整美观，兜方。梯侧要抹到底面处抹出滴水线，以防清扫、擦梯时水沿边流到梯底弄脏后很难看。所有线条都要交圈。

(5) 面层施工根据不同面层做法和楼、地面一样，不再重复介绍。

(6) 防滑条可在工程全结束后人员进出不多时做。防滑条有金刚砂水泥砂浆做的；有贴防滑地砖的；做铜条的；应按图施工。

(7) 最主要的是养护和成品保护。尤其水泥面层要达到养护目的，施工时楼梯应分楼梯间轮流进行。先封一个楼梯间，不让人进出。这时人流放到另外一楼梯间进出。施工时可以从上往下施工，先踏步后平台，一间楼梯间完成后，水泥面层的应养护 7d，水磨石面层的养护 3d，板材的 3d。当允许通行时应加以保护。尤其是水磨石和板材面层碰坏一

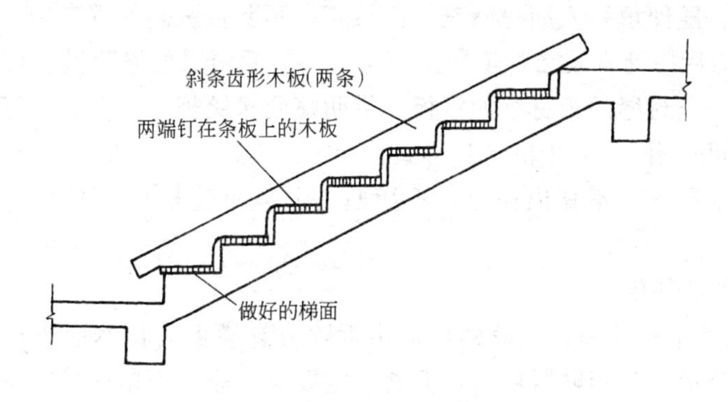

图 8-9-6 梯级保护方法示意

小块就使整个破坏了，难以修补。为此一般采用木板钉成的临时护梯的踏步，使通行人与物不会碰梯步的棱角。见图 8-9-6。

(8) 施工中应注意做面层前，检查栏杆预埋件是否已有，如缺、漏应事先补足。做面层施工要求应先做好栏杆，防止事后做而破坏面层。

(二) 地面变形缝的施工处理

建筑中楼、地面的变形缝（伸缩缝、沉降缝、防震缝）是按设计要求设置的，并应与结构相应的缝位置上要一致。该类缝应从楼、地面层贯通到楼、地面的各构造层次。

1. 变形缝的构造

(1) 沉降缝和防震缝的宽度应符合设计要求。把缝内清洗干净后，应先用沥青麻丝填实，再以沥青胶结料填嵌后用盖板封盖，并应与面层齐平。其各种构造形式可见图 8-9-7 及说明。

(2) 伸缩缝的构造：按照规范规定，室外水泥混凝土地面工程应设置伸缩缝；而室内水泥混凝土楼面和地面工程应设置纵、横向缩缝，不宜设置伸缝。

当室内水泥混凝土地面工程面积很大时，要分仓（即分区、分段）浇筑时，应与设置的纵、横向缩缝的间距相一致。且纵向缩缝应做平头缝；当垫层厚度大于 150mm 时，亦可采用企口缝。而横向缩缝应做成假缝，断开 1/3 垫层厚度。缝的设置和断面形式可参看图 8-9-8。

2. 缩缝和伸缩的构造规定

(1) 室内纵向缩缝的间距，宜为 3～6m；

(2) 室内横向缩缝的间距，宜为 6～12m；室外横向缩缝的间距，宜为 3～6m。

(3) 室外伸缝的间距宜为 30m。

(4) 伸缝的宽度宜为 20～30mm，上下要贯通。缝内应填嵌沥青材料。可参看图8-9-9。

3. 变形缝的施工和处理

(1) 沉降缝和防震缝的施工：

1) 地面、楼面的沉降缝，防震缝的位置应与施工图上结构上留设处相一致，施工该部位前应检查有无误差。定好位后在该处可用木板固定于该处，作为地面垫层及其以上构造层的缝条分格处。

2) 地面各构造层按施工做法要求完成后，可把木板取出，把缝内清理干净，主要不应有硬块、杂物，随即填塞入沥青麻丝，要填实，不要带进碎块等杂物。填至面层下的基层面下 20mm，然后用沥青胶结材填嵌至面层下，然后面层处缝隙做法可按图纸施工。如在两侧面层间留一条封缝的板材（如钢板、带肋痕硬橡胶板、铝合金板等），厚度同面层，最后放置入内，可见图 8-9-7 中的各种形式。

盖缝的板材应平整、不高出面层，不翘曲，卡得应较紧些，不发生跳出表面而影响使用。

(2) 缩缝和伸缝的施工：

1) 缩缝采取的平头缝和企口缝的缝道由拆除分仓模板后自然形成，其中不得放置任何隔离材料，以浇灌时互相贴紧即可，但缝一定要直，企口要留得较准确不要歪扭，缝侧拆模时其混凝土强度应不小于 3MPa 为好。

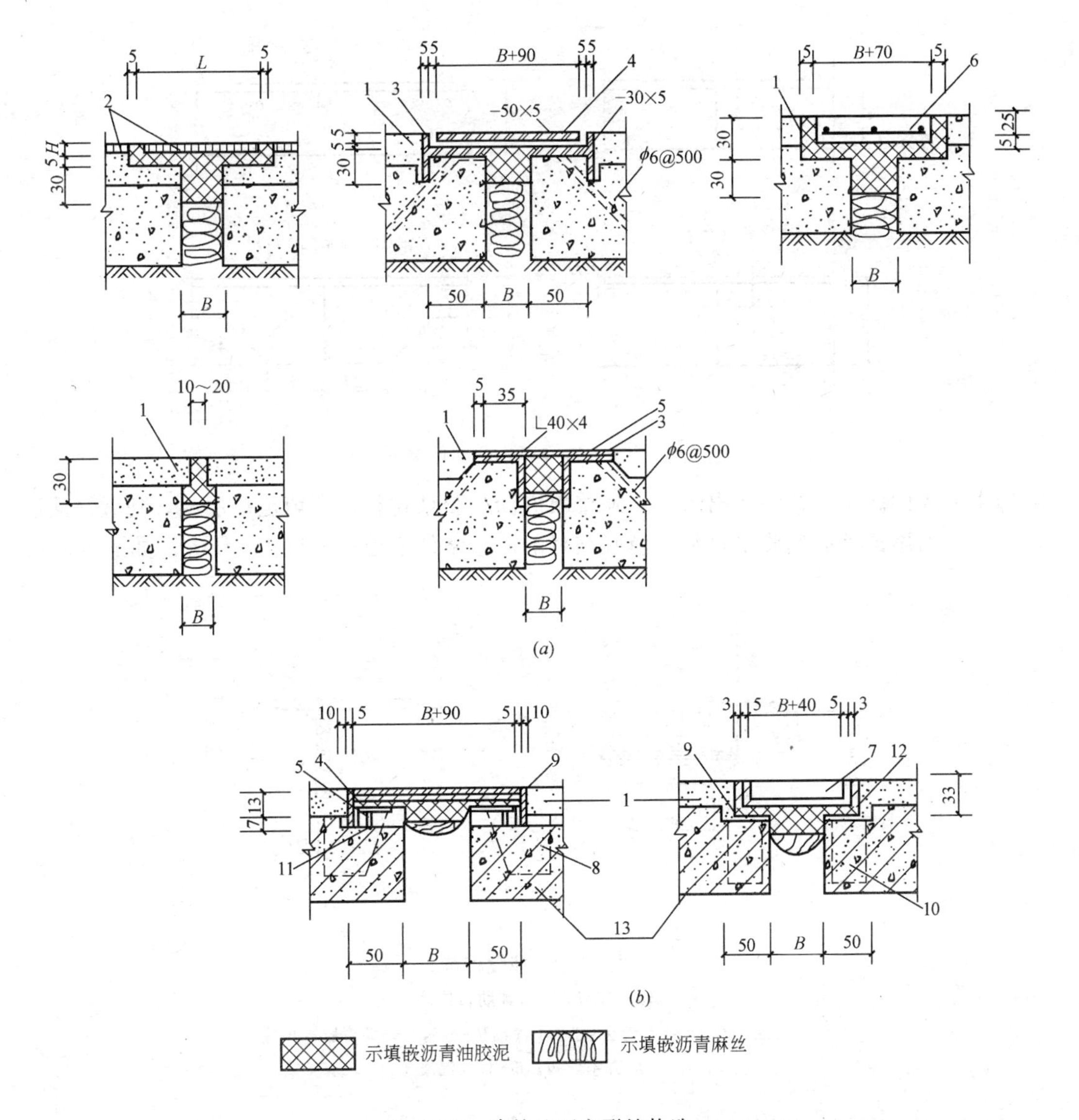

图 8-9-7　建筑地面变形缝构造

(*a*) 地面变形缝各种构造做法；(*b*) 楼面变形缝各种构造做法

1—整体面层按设计；2—板块面层按设计；3—焊牢；4—5 厚钢板（或铝合金板、塑料硬板）；5—5 厚钢板；6—C20 混凝土预制板；7—钢板或块材、铝板；8—40×60×60 木楔 500 中距；9—24 号镀锌铁皮；10—40×40×60 木楔 500 中距；11—木螺钉固定 500 中距；12—└30×3 木螺钉固定 500 中距；13—楼层结构层；*B*—缝宽按设计要求；*L*—尺寸按板块料规格；*H*—板块面层厚度

2）做假缝分开，是在浇混凝土垫层时，在应分缩缝的位置，把预制好的木条埋在混凝土中，条宽 10～20mm，高为垫层厚的 1/3（如垫层厚 100mm，则条高 30～40mm，宽 15mm，做成上宽下窄楔形式，便于取出。取出时间为混凝土终凝前，约为浇筑后 6～7h 后取出。该缝在做面层时可用水泥砂浆填没。如图 8-9-9。

3）伸缩的施工是，缝宜留置 20～30mm 宽，要上下贯通。可用模板断开，模板亦做成楔形比垫层略高，到混凝土终凝前起出，起时当心不要把两侧混凝土边角损坏。起出后

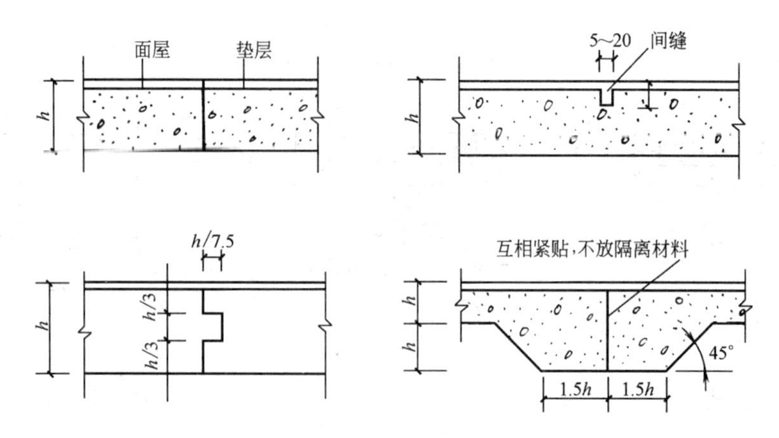

图 8-9-8　缝的设置和断面形式

将缝中掉入的硬块，杂物清出干净，随接填嵌沥青胶结材料。塞填至垫层面，到做好面层后，再在面层该处嵌填胶结材料，但胶结材的面应略低于地面面层 1～2mm。如图 8-9-9。

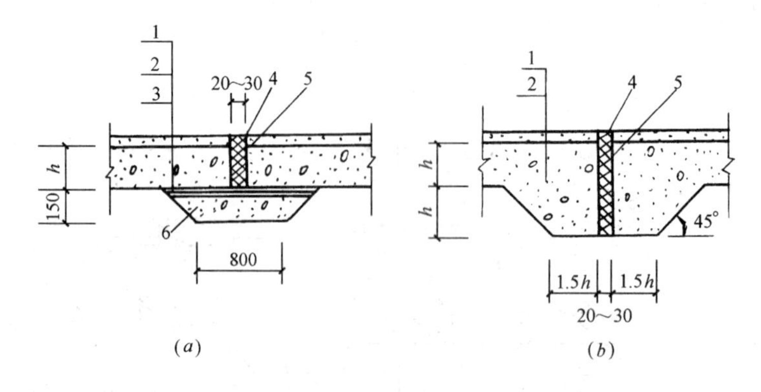

图 8-9-9　伸缝构造

(*a*) 伸缝；(*b*) 加肋板伸缝

1—面层；2—混凝土垫层；3—干铺油毡一层；4—沥青胶泥填缝；5—沥青木丝板；6—C10 混凝土

(3) 地面不同材料处的镶边处理

根据规范规定对以下一些地面相接处应作镶边处理，目的是保证该地面边角不损不掉，使达到使用上质量较完满。

1) 在有强烈机械作用下的水泥类整体面层，在与其他类型的面层邻接处，应设置镶边角钢。施工时角钢内侧应焊上 ϕ6 钢筋带钩，预埋入混凝土垫层中，施工时把角钢用模板卡住浇筑完后，角钢与垫层间的缝隙在做水泥砂浆面层时嵌塞压入严密。

2) 如为水磨石整体面层时，则与其他面层相邻时，用同料的水磨石嵌的条子镶边，必要时可用双条。嵌条相镶的施工方法同水磨石嵌条。

3) 当采用条石面层和砖面层相接或其他面层相接，则镶边采用条石或用砖丁砌法相接，作为镶边。

4) 凡地面上有管沟、孔洞、检查井等，在该些部位与地面间应有镶边。这些镶边材料应与沟、洞、井材料相近，且应先预制好进行施工装设，随后才做地面、楼面的面层。

以上几点主要是地面构造中会遇到的情况，施工并不复杂。主要是要我们在施工中不要疏忽遗忘，而造成地面裂缝、下沉等不良现象出现。

（三）台阶和散水的施工

台阶和散水都是房屋的室外工程，其施工时间在室内外主要工程完成之后，属于收尾工程一类。施工中，应注意做好以下几点，以使质量良好，保证使用。

1. 台阶的施工要点

(1) 应注意台阶底下要避免有管道、暗沟管通过。

(2) 台阶做在室外基槽回填土等土层之上，因此对回填土的施工夯实必须严格按土方工程施工要求执行，以免造成台阶下沉、裂缝、倾斜。

(3) 台阶施工时放线以门中引线为准，台阶正中与大门正中在一条直线上；抄平给出标高线，根据室内外高差均分到每台阶踏步的高度。根据面层材料的厚度，再确定砖砌或浇筑混凝土构造层次的每步台阶的“结构”高度。相应的台阶宽度亦如此计算确定。

(4) 台阶施工应在工程收尾阶段，进出人流较少时进行。施工时可架设一架子通道让人们作为进出房屋的通道。施工后应加强养护和成品保护的管理。

(5) 台阶如用混凝土材料，其支模方法同支撑楼梯相同，只是没有底模（底模为基土），仅侧模和踏步模板。做面层的施工也同前面讲的楼梯面层做法一样。

(6) 目前很多台阶用花岗岩加工成为细条石铺砌而成。连门口的平台也都用该细石板铺砌。这由专门石工进行施工。对于我们施工人员主要应做好以下几方面工作，以保证工程质量。

1) 土层夯成斜坡时要分层夯实，保证基土的密实不下沉；然后在基土上做成台阶式的泥结石垫层，也要人工夯实；最后在面上铺设石板踏步。构造可见图 8-9-10。

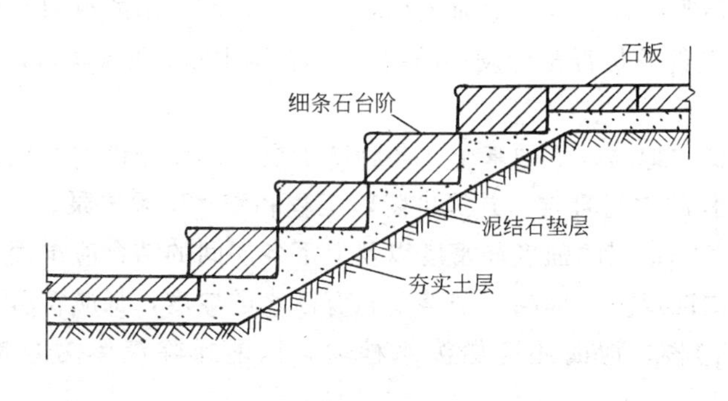

图 8-9-10

2) 主要检查来的条石的加工錾凿、斧剁的外表质量是否细腻、纹路一致，再检查尺寸是否符合，尤其是步宽和步高尺寸。

3) 检查施工质量铺得是否平直，有无搁动不平。缝道是否宽窄一致，最后用同色细砂浆抿缝。台阶较长时，每台踏步石的长向拼接缝，上下步均应错开 1/2 石长为宜。

4) 完工后亦应做好保护成品工作，防止碰撞、击砸而造成损棱、掉角。交工前宜用草袋铺面走人。交工时清洗扫刷，达到美观、色泽一致。

2. 散水施工注意要点

散水是房屋外墙下的一周保护基础少受水直接浸入的护坡。起到把屋面雨水下落时散出一段距离的作用，所以称为散水。

散水的构造层次一般为：基层素土夯实；中间用垫层找补，可以是碎石、砂石、灰土、三合土；面层可做混凝土一次压光，或做混凝土层后抹水泥砂浆压光；也可铺砖；也可铺块石勾缝。最一般的是：素土夯实→砂石垫层→60 厚 C10 混凝土→15 厚 1∶2.5 水泥砂浆压光。

(1) 散水施工前一定要在建筑物根部弹线以示散水面的上标高，在其宽度的外侧要支模，可先立小木杆抄平定出散水外口的上标高，后以标高支模。散水内外高差形成的坡度约为 3%～5%。

(2) 散水底素土必须夯实，至少三遍；其上垫层为碎石、砂石的也要夯实严密。做垫层时就要形成 3%～5%的向外泛水的坡度。

(3) 浇筑混凝土时，内侧与墙体间要隔开 10～20mm（可放薄板，待混凝土终凝前拆出），同时在转角处和每间距 12m 都要用木条隔断，形成缝道。

(4) 在浇筑混凝土时，可加浆一次压光，也可在混凝土终凝后未被弄脏时，略加水冲洗，后抹 1∶2.5 水泥砂浆面层。最后养护及保护。

(5) 养护完毕后，清干净留出的伸缩缝道即与墙根部、转弯处、相隔 12m 的伸缩缝处，在缝中填嵌沥青胶粘剂。这样才算散水工序完成。

五、楼、地面工程的质量和安全要求

(一) 楼、地面工程的总体质量要求

楼、地面工程包括了基层、垫层、找平层、隔离层、填充层、面层等等。它们以各种不同材料和不同施工工艺和方法，构成不同的各种楼面或地面。因此有其共性和各自的特性。在此先把共性的质量要求介绍如下：

(1) 在质量上验收建筑的楼、地面工程时，应检查所采用的材料和已完成的楼、地面中各层构造及其连接件等是否符合设计的要求和现行国家标准《建筑地面工程施工质量验收规范》的规定。

(2) 对完成的楼、地面以下的基土、各种防护层、防腐处理的结构或连接件、通过的管线，都应已做工程的中间验收，并提供隐蔽工程和浸水试验记录。

(3) 楼、地面各构造层的强度和密度以及上下各层间的结合应牢固、密实。

(4) 各构造层次的厚度、标高、平整度和有泛水的坡度，都应符合设计图纸要求和规范规定。凡有坡度的楼、地面还应做泼水检验，以能排除液体为合格，不得有倒返水现象。

(5) 各类面层与其下一层的结合，应用敲击的方法检查，不得有空鼓。

(6) 各种现制的整体面层不应有裂缝、脱皮、麻面、起砂等现象。踢脚板应与墙面紧密贴合。

(7) 各构造层厚度与设计厚度的允许偏差，为各层厚度的 10%。例如垫层设计厚度为 100mm，允许其实际厚度不少于 90mm 和不大于 110mm。

(8) 根据《建筑地面工程施工质量验收规范》（GB 50209—2002）的规定，混凝土要做试块，试块强度按设计的强度等级检验；而砂浆的试块的强度检验，则是以体积比为 1∶2 时其强度应达到 15MPa；体积比为 1∶3 时，其强度应达到 10MPa。这点是必须注意的。除要求配比准确外，更主要的是控制水灰比。

(9) 各类允许偏差的要求可见表 8-9-1～表 8-9-3。

1) 各种整体面层的允许偏差应符合表 8-9-1 的规定。

整体面层的允许偏差和检验方法（mm） **表 8-9-1**

项次	项目	允许偏差						检验方法
		水泥混凝土面层	水泥砂浆面层	普通水磨石面层	高级水磨石面层	水泥钢(铁)屑面层	防油渗混凝土和不发火(防爆的)面层	
1	表面平整度	5	4	3	2	4	5	用 2m 靠尺和楔形塞尺检查
2	踢脚线上口平直	4	4	3	3	4	4	拉 5m 线和用钢尺检查
3	缝格平直	3	3	3	2	3	3	

2) 木、竹面层的允许偏差，应符合表 8-9-2 的规定。

木、竹面层的允许偏差和检验方法（mm） **表 8-9-2**

项次	项目	允许偏差				检验方法
		实木地板面层			实木复合地板、中密度(强化)复合地板面层、竹地板面层	
		松木地板	硬木地板	拼花地板		
1	板面缝隙宽度	1.0	0.5	0.2	0.5	用钢尺检查
2	表面平整度	3.0	2.0	2.0	2.0	用 2m 靠尺和楔形塞尺检查
3	踢脚线上口平齐	3.0	3.0	3.0	3.0	拉 5m 通线，不足 5m 拉通线和用钢尺检查
4	板面拼缝平直	3.0	3.0	3.0	3.0	
5	相邻板材高差	0.5	0.5	0.5	0.5	用钢尺和楔形塞尺检查
6	踢脚线与面层的接缝	1.0				楔形塞尺检查

3) 板、块面层的允许偏差应符合表 8-9-3 的规定。

板、块面层的允许偏差和检验方法（mm） **表 8-9-3**

项次	项目	允许偏差											检验方法
		陶瓷锦砖面层、高级水磨石板、陶瓷地砖面层	缸砖面层	水泥花砖面层	水磨石板块面层	大理石面层和花岗石面层	塑料板面层	水泥混凝土板块面层	碎拼大理石、碎拼花岗石面层	活动地板面层	条石面层	块石面层	
1	表面平整度	2.0	4.0	3.0	3.0	1.0	2.0	4.0	3.0	2.0	10.0	10.0	用 2m 靠尺和楔形塞尺检查
2	缝格平直	3.0	3.0	3.0	3.0	2.0	3.0	3.0	—	2.5	8.0	8.0	拉 5m 线和用钢尺检查
3	接缝高低差	0.5	1.5	0.5	1.0	0.5	0.5	1.5	—	0.4	2.0	—	用钢尺和楔形塞尺检查

续表

项次	项目	允许偏差											检验方法
		陶瓷锦砖面层、高级水磨石板、陶瓷地砖面层	缸砖面层	水泥花砖面层	水磨石板块面层	大理石面层和花岗石面层	塑料板面层	水泥混凝土板块面层	碎拼大理石、碎拼花岗石面层	活动地板面层	条石面层	块石面层	
4	踢脚线上口平直	3.0	4.0	—	4.0	1.0	2.0	4.0	1.0	—	—	—	拉5m线和用钢尺检查
5	板块间隙宽度	2.0	2.0	2.0	2.0	1.0	—	6.0	—	0.3	5.0	—	用钢尺检查

（二）水泥地面的质量通病和预防

1. 水泥砂浆面层的质量通病

（1）地面起砂（或称起灰），一磨擦就有粉尘乃至砂粒脱下。

（2）空壳（亦称空鼓），用小铁锤敲击会发出空壳之声与实地面之声不同。

（3）裂缝，分为地面的不规则裂缝、四周裂缝；楼面的沿板间缝裂缝及梁上支座处裂缝（大间梁上无墙的，而往往可见到）。

（4）倒泛水，厕所、阳台，水不向地漏及落水口流去，沉积于中间。

2. 控制预防这些通病的方法

（1）原材料水泥的安定性必须合格，一定要抽检，水泥性能合格是第一关键；其次是砂必须用中砂或中粗砂，细砂是做地面的大忌；再是配合比一定要准确，尤其水灰比，干硬些的砂浆操作要困难些，但作业后质量肯定比稀的好。

（2）空壳的基本原因是基层清理不干净，同时湿润也不够，再有是面层和面层下的一层之间的强度差较大，面层强度高，收缩大，下面抓不住而脱离空开起壳。关键是清干净和浇水湿润。再有是采用水泥素浆结合层，涂刷过早，未起粘结作用，反成隔离作用，也是应加以预防的。

（3）预制多孔板的板缝一定要灌密实，这是防止沿板纵向裂缝的关键。此外在施工中不要超荷载的堆放东西，使个别板产生挠度而发生裂缝。因此这些都必须预防的。

（4）在预制板放在梁上时，板端的两块板缝中要加附加支座负弯矩钢筋，这是防止板端顺梁裂缝的方法。

（5）一定要掌握压光时间，及完工后的养护。要防止过早上人，这对地面起砂、裂壳的防止都有好处。

（6）地面泛水问题必须在做找平层后，先行试验。总之找平层的泛水按规矩做好，试水后无大问题，做面层后一般不会出现倒返水现象。

（三）水磨石现制面层的质量通病和预防

1. 除空鼓、裂缝等与水泥地面相同外，还有以下一些通病。

（1）分格条显露不清，断断续续；弯曲不直，玻璃条破碎歪斜。总之外形不美观。

（2）分格条两边及十字接头处石碴显露不清、不匀，甚至只有水泥色。

（3）由于石子不匀，出现面层有局部的水泥斑痕。

(4) 不同颜色的水泥石子浆相互污染；彩色水磨石地面颜色深浅不一、彩石分布不均匀。

(5) 表面光洁度差，有磨纹和细洞眼。

2. 预防和控制上的措施

(1) 分格条在铺石子前一定要检查，无破损、弯曲，要用靠尺检查平整度，滚压石子要来回走或对角线走，发现分格条有问题应立即纠正。分格条的粘贴必须留出4～6mm条高，再有在十字接头处20mm范围内不粘灰，留出余地让石碴有处可放，就不会出现“黑边”十字接头处的“黑点”了。

(2) 各构造层、基土施工必须按规范施工。只有这样才防止由于回填土下沉而裂缝；由于找平层起壳连带水磨石起壳；我们发现过大面积水磨石起壳，凿取检查，发现是找平层和面层粘结很好，而找平层强度不足，其下与基层粘结又不好，最后同面层一起起鼓，造成大面积返工，因此最好的预防是层层按规矩操作，层层检查。

(3) 铺石子一定要均匀，比条子略高1～2mm，滚压时泛浆均匀，若泛浆过多，说明石碴少应适当加些，这样不会出现面层局部水泥斑痕现象。补浆时要全面，缺石子太多处要添补石碴抹压。

(4) 彩色石子分格配置时，一定要按前面介绍的，先深后浅的原则铺石碴，要有初凝的间隔，同时要认真控制边缘色浆不要漫过分格条。补浆时要操作严谨，不要使色浆混杂弄错。

(5) 磨石时，一定要每遍用的磨石号分清，不能图省事一种磨石磨到底；同时打蜡前一定要清洗干净，草酸擦洗没有污染、油垢，再加上补浆全面，只有这样才能使水磨石表面无磨痕，细腻光洁。

(四) 板块面层的质量通病和预防

1. 板块面层（除大理石、花岗石、地砖外也包括塑料板）的通病

(1) 空鼓，尤其地砖和塑料板明显地隆起，走上去其层下有空气咕咕发声，是最不好的质量病，且非返工重做不可。大理石、花岗石虽不鼓起，但用检查小锤一敲，壳壳壳之声告诉我们粘结不牢，久而久之会踩断、裂缝。

(2) 接缝不平、缝子不匀。这些板块在质量标准上平整要求还是最高的，要求2mm、1mm的平整度，所以也是施工中不易达到的质量要求。

(3) 色差，这也是常见的一种弊病，但由于材质（制造厂的问题），岩层纹理等因素造成，又往往较难以避免。

2. 预防的主要方法

(1) 对来料一定要选择，尺寸一致、色泽一致的要单独堆放，保存好，以便用于大庭广众的地方。避免色差在明显地方出现。

(2) 结合层采用干硬性砂浆为宜，陶瓷地砖的缝道适当加宽，且用干水泥擦缝；塑料板的基层必须先检查，要干净、干燥、平整，粘贴时涂胶要均匀，掌握该贴的时间；有的应做好除去背面的蜡的处理，按操作规程操作。再有施工时环境温度一定要在10℃以上，并保温养护。只有这样才能防止空鼓。

(3) 平整度要依靠抄平、做标高灰饼、分段施工加强检查，凡铺一块用手感触摸两块之间有无差异，只有步步仔细，多观察多检查，才能做到平整度符合要求。

（五）木质地板的质量通病和预防

1. 木质地板存在的质量通病

(1) 含水率与规范的要求有差距，这主要是有些地区无木材烘干设备，依靠架空天然风干办法进行干燥，而含水率不易控制。

(2) 踩踏时发生格格作响的声音，主要是木格栅不稳固、有松动，或木板层间结合差，双层板间有空鼓。

(3) 地板拼缝不严，一是材料不直，宽窄不一致、企口太松，含水率大，干后收缩等原因造成。

(4) 地板表面不平整，乃至个别有翘曲。一是含水率因素，还有是操作因素如格栅不太平，刨时机刨与手工刨混合进行。再有是由于标高抄平不准而与其他地面产生不平的高差。

2. 对木质地板的质量通病的预防

(1) 对木质含水率应进行测定，来料后应放入通风、干燥、防雨的仓库，架空通风继续干燥，使含水率低于12%。

(2) 施工前对加工来的半成品如格栅、板材均应进行筛选。有腐朽、疖疤、劈裂、翘曲等疵病的均应剔除，对宽窄不一的应理出重新修整符合后用。

(3) 格栅施工时一定要摆正、固定牢固，并均作防腐处理，安装完后要检查平整度。

毛地板必须45°方向排钉，钉子必须长度足够、钉牢在格栅上。尤其端头必须钉牢防止翘起。板底要做防腐，板面要铺油毡纸。

(4) 铺钉面板时，应先试排，并挤密，然后正式铺钉。只要钉牢为止不必过分猛力敲打，防止木材回弹，使缝裂隙。不直的板、弯曲的板，处理后再用。

(5) 地面标高抄平时要测准，木地板刨平时要有序进行，用电刨刨地时，刨刀要细要快，转速不宜过低（4000r/min以上为宜），行走速度均匀，中途不要停顿。人工修理要尽量找平，站在远处观察，用直尺检查。

总之要做到不空、不响、不扒缝、面平整。

（六）地面工程施工的安全要求

(1) 施工前应逐级做好安全生产交底，检查安全防护措施，如楼梯间先把栏杆架安好，对操作脚手要检查。检查要用的机械设备和电气设备，确认其符合安全生产后方可使用。

(2) 进入工地必须戴好安全帽；严禁任意拆除或变更安全防护设施。若施工中必须拆除的应经项目管理组同意，施工完后应立即恢复。

(3) 地面、楼面预留的孔洞，其边长或直径大于200mm的都应加盖或护栏进行安全防护；凡楼梯均必须设置安全防护栏杆，当有临空面时，应张设安全网或设防护栏杆。

(4) 使用打夯机、磨光机、磨石机、电刨等电动工具，必须戴绝缘手套和穿绝缘鞋。使用时应防止电线卷入机内。

(5) 操作有毒物质作业时（如沥青地面），应戴好防护用品及口罩等，作业时间亦应控制，且要有足够的通风。

(6) 易燃物品、胶粘剂等应专人保管规定地点存放，要防火、防高温，遵守有关制度。

(7) 搬动大块板材，要轻装轻卸，堆放要有草袋之类垫底，并防止装卸砸人。运输用小推车不要超重、猛跑、放溜、注意平稳、掌握重心。使用井架、外用电梯作垂直运输时，要遵守制度，不要超载和超出井架平板范围。

(8) 清理楼、地面基层时，不得从窗口向外乱扔杂物、垃圾，以免砸伤别人。

(9) 木地板作业、严禁吸烟，刨花、木屑应当天清理干净，防止可能发生火灾。

(10) 所用电气设施下班后应切断电源。夜间作业应有足够照明，并应派电工值班。

(11) 室外作业遇有冰雪、台风、暴雨后，应及时清理冰雪，积水、加防滑措施，冬期应有防冻防寒措施。

总之，安全生产还应根据现场具体情况，由施工人员作出技术交底，使操作者增强自我保护意识。

复习思考题

1. 楼地面的施工工艺过程是怎样的？
2. 怎样做好水泥、水磨石、地面砖、木地板地面？
3. 楼地面工程的质量和安全要求是什么？

第十节　装饰工程施工与工艺

一、抹灰工程的施工和工艺

在目前的实际施工中，我们还离不开抹灰作业这个最传统和古老的工艺。因此还必须进行介绍。抹灰分为两大类，一是一般抹灰，一是装饰抹灰。

(一) 一般抹灰的施工

1. 一般规定

(1) 一般抹灰按建筑标准、操作工序和质量要求可分为普通、高级两个等级。

普通抹灰是以一底一面完成工序，即头遍为底，二遍为面。底层厚度一般为 8～15mm，操作时分两次赶平；面层厚 2～3mm，要求压光，总厚度不超过 18mm。

高级抹灰是以二底三面完成工序，头遍糙为底层，二遍抹平为垫层，三、四、五为面层。各层的厚度为：底层 5～8mm 与结构粘结，二遍厚 5～12mm，抹平搓毛，三遍用衬光纸筋石灰面层厚 1.5～2mm 与糙底粘结，四遍衬光纸筋石灰面层厚 0.5～1mm 要压光，五遍用沥浆纸筋石灰面层厚 0.5mm 再次压光出亮，总厚度不超过 25mm。

(2) 抹灰工程开始，必须在结构验收核定为合格之后及屋面防水工程完成后进行。框架结构的填充墙体上抹灰，应给墙体在砌后有一个自沉压缩的时间，然后先对压缩、收缩的缝道先嵌密实之后再行抹灰。

(3) 抹灰施工前应做好以下一些工作：

1) 熟悉图纸，进行施工操作技术交底。

2) 检查抹灰基层的平整度、垂直度、局部凸、凹的地方应提前处理好，并根据抹灰等级确定抹灰总厚度。

3) 检查已安装好的门窗框位置是否准确，门窗框与墙体间的缝隙用 1：3 水泥砂浆或水泥混合砂浆分层填嵌密实。

4）将过梁、圈梁、梁垫、构造柱等混凝土表面凸出部分剔平，有蜂窝、麻面的应将疏松表面凿清再用1：2水泥砂浆分层补抹平整。

5）抹灰前应将管道穿过的墙洞、楼板洞、脚手眼、支模孔等用砖加砂浆或C15细石混凝土、或用1：3水泥砂浆，根据情况进行堵填密实。散热器及管道密集的背面墙，应先抹灰后安装。

6）检查有关安装的预埋件等标高、位置是否正确，无误后做好防腐方可在墙面抹灰。

7）根据操作面高度和施工现场具体情况，要搭设操作脚手架。

8）清扫墙面，基层面浇水湿润。

2. 材料要求

(1) 所用材料的质量、品种、规格、色泽均应符合设计图纸的要求。

(2) 水泥采用强度等级32.5以上的水泥，且经复试各项指标均为合格。

砂用中砂，含泥量不大于5%，砂中不含有有机杂质，使用前必须过5mm孔径的筛子。

石灰膏应用块状生石灰淋制，并经过3mm见方的筛孔过滤，熟化时间不少于15d，使用时不得含有未熟化的颗粒和其他杂质。

3. 施工常用机具

(1) 运输机械有小翻斗车、垂直运输井架配卷扬机。

(2) 常用工具：铁抹子、木抹子、捋角器、阳角抹子、托灰板、木杠、软刮尺、直尺、粉线袋、水桶、毛草帚、小锤、凿子等。

(3) 检查质量的工具有：托线板、线锤、塞尺、兜方尺、钢卷尺等。

4. 水泥砂浆、水泥混合砂浆抹灰工艺和施工要点

(1) 工艺流程：

基层处理→做灰饼→做护角→冲筋→抹底灰→抹中层灰→抹面层灰压光。

(2) 基层处理：着重要提的是墙面浇水要充分。浇水不透影响底灰与基层的粘结力易造成空鼓、裂缝。

(3) 水泥砂浆抹灰：水泥砂浆在室内主要做厨房、厕所墙裙；室外的勒脚、窗台、檐口、腰线、雨篷、阳台、扶手、压顶等等。其配合比采用水泥：砂为1：3或1：2，以1：3打底，1：2罩面。

水泥砂浆每次粉抹的厚度为5～7mm，总厚度不超过15～20mm。操作也要用刮尺、直尺找平、找直、兜方。

水泥砂浆完工后，在常温下经过24h要用喷壶洒水养护，保持湿润，养护3～7d。施工中水泥砂浆随用随拌，每天应将已拌的砂浆用完。

(4) 混合砂浆及外墙抹灰：

1）外墙大片混合砂浆抹灰：该类抹灰在南方住宅工程上应用较普遍，目前也仍有使用。其砂浆配合比为水泥：石灰膏：砂=1：1：6（体积比），其中对砂及水泥的来料要求同批、同色泽，才能使抹灰后颜色达到一致、外观完美。

施工时挂线检查基层表面平整垂直情况，然后进行贴灰饼。操作时先贴上灰饼再贴下灰饼，然后按两个面的墙的灰饼面相交于大角处，用线锤从上挂线，定出大角护角线的尖点，应在线锤挂的线处，抹出大角的护角。从而形成整个墙面的平整、垂直、棱角的控

制网。

根据图纸要求墙面有分格缝的应粘贴分格条，分格条预先制作，可用木料或塑料，宽约12mm，厚约8mm，做成面宽、底窄些的梯形，嵌在抹灰中易于取出。

最后在灰饼及分格条中基层面上分次抹压到面层厚度，最后用木抹子从上到下竖向的抹出顺直的表面，要使上下一致，达到柔和、美观。

再有在江南多雨的地区，在做该混合砂浆墙面时，为了抗渗漏，要求在东西山墙用1∶3水泥砂浆打底压实，以1∶1∶6的混合砂浆罩面。

2）其他局部抹灰：外墙抹灰应按脚手架自上而下以次进行，随抹完一层，可拆除部分脚手架，以防雨天水溅脚手污染墙面。尤其水泥砂浆及混合砂浆面在污染后不易清净，不像饰面还可擦洗。

局部抹灰像窗台外侧，女儿墙压顶、阳台、雨篷的边角均要用水泥砂浆粉抹、表面可压光也可搓平的毛面，主要应利于排水。其下部要做滴水线。这一点施工员在交底时和检查时一定要重视。其具体做法形状可见图8-10-1。其中滴水槽的深度和宽度均应大于10mm。

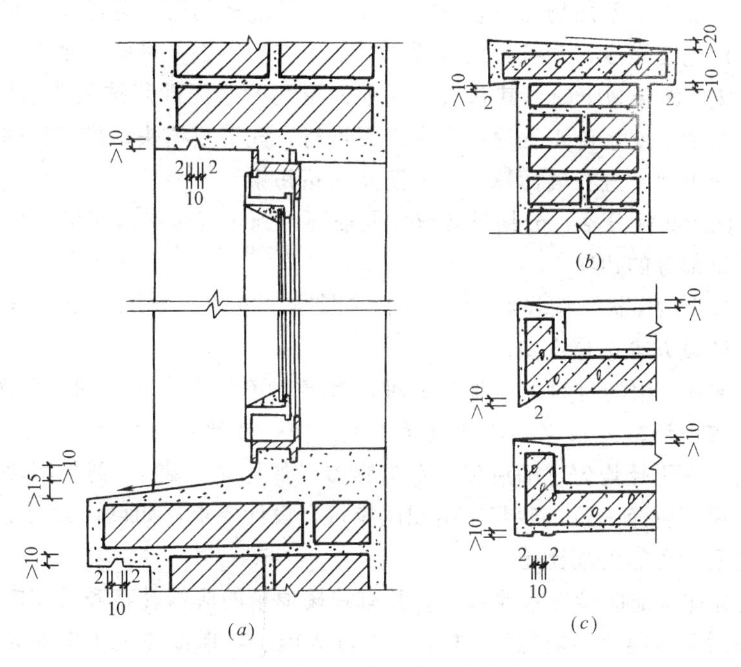

图8-10-1　流水坡度及滴水线

(a) 外窗台；(b) 女儿墙；(c) 阳台、雨篷檐口

3）应注意点为：当墙面面大时，一天完不成需留槎，竖向留槎处宜选择在阴角处或水落管要安装处的背面，这样接槎不易被明显看出，使外观能达到一致，和顺；横向留槎在分格条处，滴水线和分格条放的条子，均应粘贴在中层抹灰面上，条子的面应与面层平，见图8-10-2。条子粘上后要等有一定粘结强度后，才能抹面层。起条子时也必须待面层有强度后才能用铁抹子轻轻取出。发现有爆边的应及时修补完美。外墙面的檐口线、腰线等应先立面后底面进行操作，防止棱角碰损；拆架子前要先检查，修补完整无误后，才可拆除架子往下施工。当天完活后，凡在凸出部位上有落地灰的应及时清干净，防止硬结

后无法清除，造成影响外观。整个工程完毕应进行浇水润湿养护，这点也往往被忽视，应认真做到。

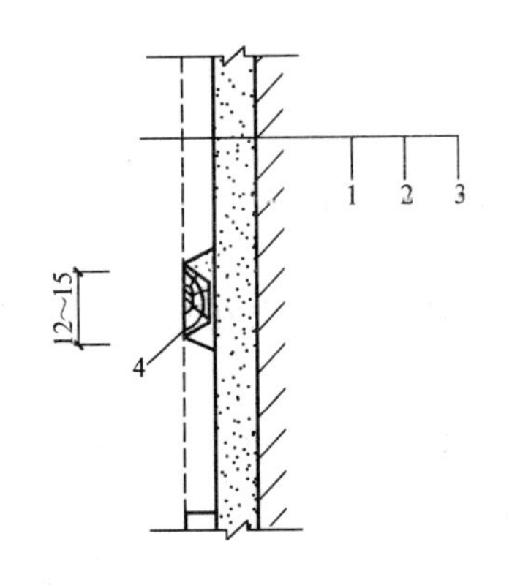

图 8-10-2　嵌分格条示意图
1—面层；2—中层；
3—基层；4—木条

（二）装饰抹灰施工

装饰抹灰比普通抹灰在色彩上、工序上均进了一步。在过去饰面材料、装饰材料不丰富时，起到了相当的作用。目前在一些经济不发达地区及某些建筑小品上，仍有采用。装饰抹灰大致包括的工艺是：水刷石、干粘石、斩假石、仿面砖、拉毛灰、聚合物水泥砂浆喷涂、滚涂、弹涂等等。

1. 一般规定

(1) 装饰抹灰面层的厚度、颜色、图案均应按设计图纸要求实施。

(2) 装饰抹灰施工前、门窗框均已安装完毕、窗台抹灰的底层已完成，预埋线管已结束，主体结构验收合格、门窗口边空隙、脚手眼、管洞、沟槽等缺损处也修补齐全、墙面上的管卡、支架等附加物已安装齐全，装配式外墙板的防水缝已施工完毕，所有底层中层的糙板均已施工完成，并符合质量要求（如不空、不裂，平整、垂直均达到要求）。

(3) 装饰抹灰面层施工前，其基层应按前面讲述的水泥砂浆抹灰要求已做好并硬化，具有粗糙而平整的中层，施工程序应自上而下进行，先完成檐头、檐口挑檐底的顶棚等抹灰工作，然后自上而下进行墙面抹灰，应防止交错污染。

(4) 装饰抹灰必须分格，分格条要求均同前述；施工缝留在分格缝、阴角、落水管背面、或单独装饰部分的边缘。

(5) 施工前要做样板，按设计图纸要求的图案、色泽、分块大小、厚度等做成若干块，供设计、建设方等选择定型。

(6) 装饰抹灰所用的材料的产地、品种、批号、色泽应力求相同，能做到专材专用。在配合比上要统一计量配料，并达到色泽一致。同一建筑，至少同一墙面所用色调的砂浆，在施工前一次干拌均匀过筛后装入专门容器（如尼龙丝袋），到拌和使用时再加水拌合，这样容易保证色泽一致。砂浆所用配比应符合设计要求，如设计无规定时按规范及本地区成熟的、质量可靠的配比施工。

(7) 做装饰抹灰前应检查水泥糙板，凡有缺棱掉角的应修补整齐后才能做装饰抹灰面层。装饰抹灰时环境温度不应低于 5℃，避开雨天施工，保证在施工中及完工后 24h 之内不受雨水冲淋。

(8) 装饰抹灰面层施工完成后，严禁开凿和修补，以免损坏装饰的完整。

2. 材料要求

装饰抹灰所用材料，主要是起色彩作用的石渣、彩砂、颜料，以及白水泥等。具体要求如下：

(1) 选定的装饰抹灰面层对其色彩确定后，应对所用材料宜事先看样定货，并尽可能一次将材料采购到齐，以免不同批、矿的来货不同而造成色差。

(2) 所用材料必须符合国家有关标准，如白水泥的白度、强度、凝结时间，各种颜料、108 胶、有机硅憎水剂、氯偏磷酸钠分散剂等都应符合它们的各自的产品标准。

(3) 彩色石碴：它是由大理石、白云石等石材经破碎而成的。用于水刷石、干粘石等，要求颗粒坚硬、洁净、含泥量不超过2%。使用前根据设计要求选择好品种、粒径和色泽，并应进行清洗除去杂质，按不同规格、颜色、品种分类保洁放置。

(4) 花岗岩石屑：主要用于斩假石面层，平均粒径为2～5mm，要求洁净，无杂质和泥块。

(5) 彩砂：有用天然石屑的，也有烧制成的彩色瓷粒，主要用于外墙喷涂。其颗粒粒径约1～3mm，要求其彩色的大气稳定性好，颗粒均匀，含泥量不大于2%。

(6) 其他材料：

1) 颜料：要求耐碱、耐光晒的矿物颜料。掺量不大于水泥用量的12%，作为配制装饰抹灰色彩的调刷材料。

2) 108胶：正名为聚乙烯醇缩甲醛。是拌入水泥中增加粘结能力的一种有机类胶粘剂。目的是加强面层与基层的粘结，并提高涂层（面层）的强度及柔韧性，减少开裂。

3) 有机硅憎水剂：如甲基硅醇钠。它是无色透明液体，主要在装饰抹灰面层完成后，喷于面层之外，可起到憎水、防污作用，从而提高饰面的洁净及耐久性。也可掺入聚合物水泥砂浆进行喷涂、滚涂、弹涂等。该液体应密封存放，并应避光直射及长期暴露于空气之中。

4) 氯偏磷酸钠：主要用于喷漆、滚涂等调制色浆的分散剂，使颜料能均匀分散和抑制水泥中游离成分的析出。一般掺量为水泥用量的1%。储存要用塑料袋封闭，做到防潮和防止结块。

总之有些新品材料在使用前要详细阅读产品说明书，了解各项指标性能，从而可进行检验及按产品说明要求进行操作使用。

3. 施工需用机具

装饰抹灰除一般抹灰需用机具外，还要根据其抹灰特点需配备一些专用工具和机械。大致有：

空气压缩机：一般要求工作压力为0.6～0.8MPa，排气量0.6m^3/min，主要用于干粘石、喷涂等。

挤压式砂浆输送泵：用于喷涂。

喷枪（喷嘴口径5mm）；喷斗（喷嘴口径10mm）；加压罐、振动筛等也是用于喷涂及干粘石喷粘。

工具有：斩斧、花锤、单刀或多刀，用于斩假石；辊筒，用于滚涂；弹涂器，用于弹涂；铁梳子、划线钩子、拉毛抹灰模具、猪棕刷、鸡腿刷、长毛刷等用于拉毛灰等操作；还有水壶加刷子或用手压水泵作水刷石操作等。

总之，所用机具其功率、口径等应用工作量、工作顺序具体结合起来选择，做到适应工艺要求，保证工程质量而选用。

4. 装饰抹灰的施工

装饰抹灰的工艺较多，我们在这里以归类介绍，重点是工艺流程，为我们施工员了解掌握和便于检查。

(1) 水刷石、干粘、斩假石一类：这一类均是要采用石渣为主材料达到装饰效果的。

水刷石是把水泥石碴灰浆抹到底层上后，用水喷洗或水壶冲水刷子刷洗出石粒，达到装饰效果的。干粘石是在底层上涂抹粘结层砂浆，随即把石碴用空气压缩机压力喷射在粘结层上，或用人工甩石碴到粘结层上，然后压抹成装饰效果。斩假石是前段的操作同水刷石相同，只是不洗刷，而抹好后进行养护，待有一定强度后用斩斧进行剁斩出纹路，形成外观如同细作的石材一样，达到装饰效果。

水刷石的工艺流程和施工要点：

工艺流程为：

基层处理（此基层是结构层面）→做灰饼→抹刮底层粘结砂浆→设置标筋→抹中层砂浆→粘贴分格条→抹水泥素灰（作为中层和面层的粘结层）→抹面层水泥石碴浆→压抹平（可用直尺检查平整）→收水→喷水刷石或水壶冲水刷石（南、北方作业各异）→起分格条并修整→终凝后进行养护。

施工要点为：

1）抹底、中层砂浆的操作同抹水泥砂浆一样，主要砂浆配比为 1：3，不要配高以免浪费水泥，总厚度控制在 15mm 以内。

2）粘贴分格条的条子应事先准备好，贴前要在水中浸泡，吸足水分，条子应平直通顺（塑料条可不浸水）。贴条在中层达到六七成干燥时进行，贴好条后即可罩面层的水泥石碴浆。贴条要按图纸分格形状，先用粉线弹在中层灰上，以线为准粘贴。

3）水泥石碴浆（石碴可以单色也可以彩色）的配比为水泥：石碴＝1：1.25～1.5，石碴粒径为 4～8mm（北方称中八厘）。彩色浆用白水泥和颜料时要事先按色泽程度干拌好过筛装袋，需与石碴拌石碴浆时取来使用，拌和要均匀，不要使石碴成团。拌和采用人拌，专人负责以免影响色泽不一。

4）水泥素浆粘结层的水灰比宜取 0.37～0.4，抹上粘结层后，操作小组内另一人随即抹上水泥石碴浆，石碴浆厚度控制在 10mm，与分格条面取平。应一个分格区一个分格区的操作，抹时要揉压平整，对石碴尖棱要用铁抹子拍平。阳角处应特别注意由两侧同时裹棱抹面，然后放上直尺修正，防止显露接痕。

5）喷刷是水刷石的关键，一般待面层收水无水光后，先用软刷蘸水除去表面水泥浆，使石子显露，并修补缺粒，再用铁抹子拍平拍实为止。待面层用手指按无痕时可进行喷刷。刷时以露出石碴粒径 1/3 为宜，不要刷洗太深，刷洗要均匀、干净。洗净后起出分格条，修补条槽内水泥浆。刷石操作应从上而下，先做门窗口边等细部，后刷大面。最后在工序完成后应进行湿润养护若干天。

干粘石的工艺流程和要点：

工艺流程为：

基层处理→做灰饼→抹底层砂浆→设置标筋→抹中层砂浆→粘贴分格条→抹粘结层砂浆→手工或机喷粘石→拍抹表面→起分格条修整→养护。

施工要点：

1）抹平中层砂浆后要检查平整，稍干后（即手按有凹痕但无水印）即抹粘结层和粘石，这是一种操作方法；另一种是中层砂浆硬结后抹粘结层再粘石。

第一种方法粘结层采用水泥、108 胶素浆，配合比为：1：(0.3～0.5)；或采用水泥、石灰膏、108 胶浆，配合比为：1：0.2：0.1。粘结层抹 1～2mm 厚。

若为第二种方法粘结，则先应在硬结的中层灰上洒水湿润，再先抹水灰比为 0.4～0.5 的水泥素浆，随即抹水泥砂浆（1∶2 可稍掺一些石灰膏）4～6mm 厚进行粘石。

2）粘石是操作的关键。手工甩石要准备 30cm×40cm×50cm 尺寸，底为铁窗纱的木框托盘，以盛石碴。还要准备木板铲以铲甩石粒。机喷要采用空压机、盛装石碴的喷斗。并都应准备塑料布等放在甩石、喷石面之下，以聚集掉落的石渣回收清洗使用，节约材料。

粘石至粘结层上后要观看是否均匀，有没有露底，补齐均匀后要用抹子或辊子把石粒压入粘结层，用力要均匀，要压平、压实，但不要把灰浆拍出面层影响美观。石粒嵌入深度不小于 1/2 粒径。操作时也应注意阳角处不露黑边。

3）粘结完毕后，应起条并修整分格条内灰浆，修补局部石粒不饱满处，可用刷 108 胶甩石修补抹平。最后亦应进行适当养护，保持一段湿润时间。

斩假石的工艺流程和要点：

工艺流程为：

基层（结构层面）处理→做灰饼→抹底层砂浆→设置标筋→抹中层灰→粘贴分格条→抹素水泥浆一遍→抹水泥石屑浆→养护→剁斩面层形成假石面。

施工要点为：

1）底层和中层砂浆宜采用 1∶3 水泥砂浆，总厚控制在 12mm。严禁在砂浆中添掺石灰膏。待中层硬结后才可抹面层石屑水泥砂浆。

2）面层采用水泥∶石屑＝1∶1.25 的体积比，石屑粒径为 2～4mm（北方称小八厘），水泥强度等级应不低于 32.5。如为大面积的施工，亦应按图纸要求进行分格，施工时要粘贴分格条，方法同水刷石。

3）抹面层时，应在底糙上洒水湿润后抹一层水灰比为 0.37～0.4 的水泥素浆，随即抹水泥石屑浆，再用刮尺刮平，用木抹子横向、竖向反复压实压平。达到表面平整、阴阳角方正、边角无空隙、石子颗粒均匀。抹前一定要对底糙进行检查，有无空壳、裂缝，不合要求应砸去返工。否则剁斩假石时加剧壳裂，使整个面层一起报废，这是必须注意的！

抹好后隔 24h 洒水养护，常温时养护 3～5d，待硬化后先试斩，石子不脱落才可正式进行全面剁斩。

4）剁石：为保证斩出的纹理有垂直和平行之分，应在分格条内先用粉线弹出垂直部位和平行部位的控制线。

斩假石用的斩斧要扁阔，斧子应垂直于要斩毛的面，斩石时刀口应平直，用力一致，顺一个方向斩剁，以保持斩纹均匀顺直。斩剁的深浅以石粒径 1/3 为宜，斩的深浅要一致。在斩剁阴阳角处应防止损坏相邻面。在阳角及分格缝四周一般留出 20mm 左右宽，不斩或斩成横纹，要求斩时保证棱角完整无缺，具有仿石面的效果。

最后取出分格条，并用素水泥浆把缝勾抹好，使分格条清晰、观感良好。

以上这类装饰抹灰属于传统工艺，作外墙面装饰，除剁斩假石目前还有采用；在经济较发展地区，水刷石和干粘石已被日益丰富的饰面材料所代替，已经很少见到了。

(2) 拉毛灰、洒毛灰、拉条灰一类：这类抹灰以采用在抹灰面层上做成毛疙瘩、毛点或凹凸形的灰条，达到装饰效果。它可以用于外墙，也可用于礼堂、剧场等有音响要求的室内墙面装饰。

其施工工艺流程为：

拉毛灰
洒毛灰 ——→基层处理——→做灰饼——→抹底层砂浆——→设置标筋——→抹中层砂浆——→
拉条灰

抹面层砂浆——→拉毛
上底色浆——→洒色浆
设置轨道——→抹面层砂浆——→拉出灰条——→甩罩面浆——→面层扯光——→喷或刷进行上色

施工要点为：

1）拉毛灰用于外墙时其底层、中层砂浆应用1∶3水泥砂浆；用于内墙可采用1∶0.5∶4的混合砂浆（水泥∶石灰膏∶砂）。拉毛灰的面层采用水泥和石灰纸筋砂浆，拉毛的粗细以砂浆稠度大小来控制。要粗毛则用稠砂浆，要细毛用稀砂浆。施工前可找一块墙面先试拉后再确定配比和稠度。

拉细毛用白麻缠绕成的"刷子"，"刷子"直径以拉毛疙瘩大小而定，拉时垂直墙面依次一点一拉，轻缓地拉出一个个毛头。

拉中毛要用硬棕毛刷；拉粗毛则是用铁抹子轻按在墙面灰浆上吸附后顺势慢慢拉起，拉出毛头。如有毛头尖过分高，可用铁板轻轻压平毛头。

2）洒毛灰在施工前为使达到设计要求的颜色，一般在底子灰上先刷一道水泥色浆。洒毛灰的面层砂浆采用1∶0.5∶0.5（水泥∶石灰膏∶砂）的混合砂浆或1∶1水泥砂浆。砂浆的稠度以能粘在竹丝上，洒在墙面上不流淌为宜。如果直接甩洒色浆，而不另行喷或刷进行上色时，则面层色浆应按设计要求采用掺矿物颜料的白石屑水泥浆。其配合比按施工前的样板确定。

洒毛灰洒前应将底子灰面湿润，洒的厚度宜控制在6～8mm，浆块大小以10～20mm为宜。待稍干后用铁抹子轻轻压平成云朵状。操作时要自上而下，同一墙面要连续施工不留接槎。

3）拉条灰主要用于外墙装饰。拉条面层条形均应根据设计要求布置。凹凸的条形要先做一块有凹凸形的木板，形如梳子作模具，操作时沿导轨上下拉动，在墙面上形成清晰的条状饰面。

拉条抹灰的面层砂浆和罩面层根据拉条的粗细不同而区分。拉细条时，面层砂浆和罩面层均用混合砂浆，配合比为：水泥∶细砂∶细纸筋灰＝1∶2∶0.5。拉粗条时，面层砂浆采用配合比为水泥∶中砂∶纸筋灰＝1∶2∶0.5的混合砂浆；罩面灰则用1∶0.5水泥纸筋灰。

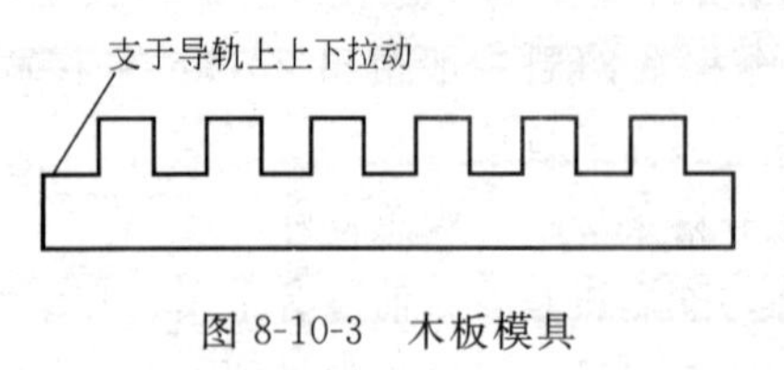

图 8-10-3　木板模具

拉条灰施工前要在底层上弹出竖向分格线，竖向条的宽度、间距以事先做的木板模具确定。导轨是按弹的线上粘贴木条做成，导轨应垂直和平行，轨面（即木条面）要平整通顺。模具形式可见图8-10-3。

拉条操作宜两人合作，竖向逐格连续进行。一般宜从阴角或门樘边开始，抹完一分格，随即拉出一分块的灰条。抹面层灰应在底层达七成干时进行，先洒水湿润表面，再抹面层砂浆厚度约10mm，用抹子抹平，并嵌好条子作导轨，待面层收水稍干后，可用模具由上至下拉出灰条。拉出毛坯条后，再用毛柴帚甩罩面浆，再扯模具，经多次甩浆拉模使条面顺直光洁。

全面完成及干燥后，可根据设计要求，作表面喷或刷涂料处理。

(3) 聚合物水泥砂浆饰面类：聚合物水泥砂浆是在普通水泥砂浆中掺入适量的有机聚合物，来改善原有材料性能，以提高粘结强度和耐污染性的一种砂浆材料。它在 70 年代发展起来，应用于外墙装饰为多。它分为喷涂、滚涂、弹涂三种形式。其工艺流程为：

基层处理→做灰饼→抹底层砂浆→设置标筋→抹中层砂浆→养护→弹线分格（贴条）→喷涂、滚涂或弹涂面层→（起条）面层罩面。

其施工要点是按喷、滚、弹而不同，在喷、滚、弹之前的工艺均和抹水泥砂浆一样。

1) 喷涂：是用挤压式砂浆泵或压缩空气机把空气通过喷斗，把聚合物水泥砂浆喷涂于墙体表面而形成面层装饰效果。墙体表面毛糙的要做 1∶3 水泥砂浆抹面找平，总厚度不大于 12mm；如为大模板或预制好的平整混凝土墙板的，可以直接处理好基层后喷涂。

材料配合比一般分为两种：一种是白水泥∶集料＝1∶2，并掺水泥重 10%的 108 胶，再掺水泥重 0.2%～0.3%的木质素磺酸钙；另一种是普通水泥∶石灰膏∶集料＝1∶1∶4，要掺水泥重 20%的 108 胶，和水泥重 0.2%～0.3%的木质磺酸钙。

粒状喷涂时，砂浆稠度为 10～11cm，一般两遍成活，厚度约为 3mm。波状及花点喷涂时，砂浆稠度为 13～14cm，一般要三遍成活，厚度约为 3～4mm，但花点喷涂应增加一道花点喷涂工序。

施工前应将门窗和不喷涂的部位采取遮挡措施以防污染；如设计分格的墙面应先按图纸弹线分格，在分格线位置用 108 胶粘贴胶布条形成分格线；喷前墙面可先喷刷一层水∶108 胶＝3∶1 的胶水溶液，使粘结牢固和基层吸水趋于一致，且颜色可以均匀些。

喷涂饰面应按分格块连续进行，一次完成一块。在继续喷涂下一块时，应采取遮挡已喷完的一块，防止发生“浮砂”，造成颜色不均。饰面收水之后，可将分格的胶布条撕去，露出基层后在分格缝内刷涂聚合物水泥浆。待面层干燥之后，要在面上罩喷一层甲基硅醇钠的憎水剂。

2) 滚涂：是把聚合物水泥砂浆抹到墙面的表面，然后用滚筒（与油印滚筒差不多大小）在墙面上滚出花纹，再在干燥后喷罩一层甲基硅醇钠形成饰面。

材料配比为水泥∶集料＝1∶0.5～1，掺入水泥重量 20%的 108 胶，再掺 0.3%水泥重的木质磺酸钙。砂浆稠度以 11～12cm 为宜。要求配比正确，搅拌均匀，成稀粥状后才可使用。

滚涂宜两人组合操作，一人在前抹砂浆，抹刮后抹平整，另一人紧跟着滚拉，要求滚拉上下顺直，连续进行。

滚涂时应掌握好基层的干湿度，吸水较快时可以适当洒些水，但以不流坠为度。

滚涂分格施工和喷涂一样，不得留接槎缝，不得事后修补，以免发生花纹和颜色不一致现象。滚涂完成后 24h，要罩喷一道甲基硅醇钠憎水剂。

3) 弹涂：弹涂是用弹涂器分几遍将不同色彩的聚合物水泥浆弹到墙表面已涂的底涂层上，形成 3～5mm 大小的扁圆形花点，再罩上一层甲基硅树脂或聚乙烯醇缩丁醛溶液，形成饰面。

其材料配比为：刷底的色浆，用普通水泥的则为普通水泥∶水∶108 胶加适量颜料＝

1：0.9：0.2；用白水泥的，则水泥：水：108胶＝1：0.8：0.13，再加适量颜料。弹花点时配比，用普通水泥时，则水泥：水：108胶＝1：0.55：0.14，再加适量颜料；用白水泥时，则水泥：水：108胶＝1：0.45：0.1加适量颜料。

施工时也要按设计要求弹线分格，粘贴分格胶布条。然后将配好的底色浆在墙面刷二度，干后用砂纸打磨平整。弹前应选一块墙面进行试弹，做出样板，施工时按样板弹涂。

弹涂面层厚度控制在3mm内，弹涂射点方向应与墙面垂直。离墙约40cm，并保持一定速度（即匀速前进），自上而下，从左至右进行。弹涂应分遍进行，每遍不宜太厚，弹点分布要均匀，颜色深浅一致。

在施工中应随时检查弹涂质量，当出现流淌和拉丝现象时，应即停止操作，及时调整色浆的水灰比。整块墙面（或区间）应一次施工完成。继续施工下一区间时，要遮挡已完成的部分。

当面层砂浆干固后（即含水率在5%以下），即可采取喷涂罩面层。外罩甲基硅树脂溶液时，应根据施工时的气温，在树脂中加入1‰～3‰的乙醇胺固化剂；外罩聚乙烯醇缩丁醛溶液时，应把粉状聚乙烯醇缩丁醛一份溶于15～17份酒精中（重量比），溶液配调好后，把该溶液喷涂在面层上。

不论喷涂、滚涂或弹涂，要求调制的聚合物水泥砂浆，在2h左右用完。如为外墙饰面抹灰，事先应将雨水出水口用临时排水管引至脚手架外，施工完后应及时安装水落管。防止雨水冲刷做好的饰面。施工结束后，要及时清理遮盖不到而落在门窗及其他被污染部分。

完工后要做好成品保护，如保护好棱角防止被碰损；禁止在窗口、阳台等部位向下倾倒垃圾、杂物或液体、脏水，以免污染饰面；必须合理安排工序，饰面完成后严禁再在墙上凿洞等损坏饰面，影响美观。

（三）抹灰工程的质量要求与控制

（1）抹灰用的各种主要材料的品种和质量，抹灰的等级、种类、构造都应符合设计要求。

（2）各抹灰层、抹灰层和基层之间必须粘结牢固，无脱层、空鼓、裂缝，面层无爆灰等缺陷。抹灰分格缝（或条）的宽度、深度要均匀一致，表面应平整光滑，无砂眼、连通、不得有错缝，缺棱掉角。滴水线、滴水槽的流水坡向要正确，滴水线应顺直，滴水槽的深度、宽度均不小于10mm，要求整齐一致。

（3）观感质量要求：

1）普通抹灰应表面光滑、洁净，接槎平整。

2）高级抹灰应表面光滑、洁净，颜色均匀，无抹纹、灰线平直方正，清晰美观，阴阳角方正。

3）外墙抹灰的滴水线、滴水槽的尺寸应符合规定、整齐一致。

4）水刷石应石粒清晰、分布均匀，紧密平整、色泽一致，无掉粒和接槎痕迹。

5）干粘石应石粒粘结牢固、分布均匀，表面平整、颜色一致，不显接槎、不露浆、不漏粘，阳角处不得有明显黑边。

6）斩假石应剁纹均匀顺直，深浅一致，颜色一致，无漏剁处，留边宽窄一致，棱角无损坏。

7）拉条灰拉条应顺直清晰、深浅一致，表面光滑洁净，间隔均匀，不显接槎，上下端的灰口齐平。

8）拉毛灰、洒毛灰应花纹、斑点分布均匀，颜色一致，不显接槎。

9）粒状喷涂（亦称喷砂）应表面平整，砂粒粘结牢固、均匀、密实、颜色一致。

10）波状喷涂和滚涂、弹涂均应颜色一致，花纹、点色的大小均匀，不显接槎，无漏涂、透底、流坠现象。

（4）抹灰和装饰抹灰的允许偏差如表8-10-1和表8-10-2所示：

一般抹灰的允许偏差和检验方法 **表8-10-1**

项次	项目	允许偏差(mm)		检验方法
		普通抹灰	高级抹灰	
1	立面垂直度	4	3	用2m垂直检测尺检查
2	表面平整度	4	3	用2m靠尺和塞尺检查
3	阴阳角方正	4	3	用直角检测尺检查
4	分格条(缝)直线度	4	3	拉5m线，不足5m拉通线，用钢直尺检查
5	墙裙、勒脚上口直线度	4	3	拉5m线，不足5m拉通线，用钢直尺检查

装饰抹灰的允许偏差和检验方法 **表8-10-2**

项次	项目	允许偏差(mm)				检验方法
		水刷石	斩假石	干粘石	假面砖	
1	立面垂直度	5	4	5	5	用2m垂直检测尺检查
2	表面平整度	3	3	5	4	用2m靠尺和塞尺检查
3	阳角方正	3	3	4	4	用直角检测尺检查
4	分格条(缝)直线度	3	3	3	3	拉5m线，不足5m拉通线，用钢直尺检查
5	墙裙、勒脚上口直线度	3	3	—	—	拉5m线，不足5m拉通线，用钢直尺检查

（5）质量应控制的要点：

1）充分做好施工准备，看清图纸理解装饰要求、所用材料、构造层次、分格尺寸等，并以此进行技术交底。在施工时合理安排程序，对来料要进行检查和质量验收。提供施工放线。

2）结构基层一定要清理干净，达到能粘结牢固，对钢模的混凝土面层应采取一些技术措施，对砖墙面要浇水湿润。

3）分层结合的抹灰要掌握结合的时间，且间隔中不得使底层污染或尘染造成隔离而引起空鼓。

4）配合比要准确，拌和要均匀，水泥用量应适度，防止收缩不同引起裂缝。

5）纸筋灰、石灰砂浆的石灰膏熟化必须充分，以防成活后发生爆面。

6）装饰抹灰的石碴要清洗过筛；聚合物水泥砂浆的配比、配色均应准确，并由专人负责。

7）根据装饰等级及工程质量目标的要求，应在施工前做样板，作为施工的依据，从而可达到预期的质量目标。

8）经常检查操作是否按工艺流程施工，在施工中检查操作质量，如检查是否空鼓、裂缝、表面观感等。抽查垂直平整等。

总之，质量控制以预先于施工前考虑周密，在施工中实施监督、检查、交待、纠正。才能通过质量控制的管理保证抹灰工程质量的达标。

二、块、板材饰面工程的施工和工艺

块、板材饰面是指加工及制成品的陶瓷砖、锦砖、玻璃锦砖、大面砖、花岗石、大理石、人造石、预制水磨石板等，通过施工工艺程序和技术操作做成墙面、墙裙、勒脚、柱、阳台等表面的装饰。这些材料在目前较高档的建筑上应用广泛，除起装饰效果之外，对建筑物主体结构的保护、生产生活的使用需要都起到重要作用。

（一）总体的一般规定

（1）饰面工程应用的材料品种、规格、图案、线条、固定方法和粘结材料，均应符合设计要求和规范规定。

（2）饰面工程施工前，应先将钢、木门窗框固定好，并用1∶3水泥砂浆将框与墙面缝隙嵌塞严密。铝合金、塑料门窗周边所用嵌缝隙材料，应符合设计要求，且应嵌塞严密，并事先贴好保护膜。

（3）装饰的结构基层表面，要在施工前进行处理，以保证其与抹灰打底层的粘结或直接与板材灌浆的粘结牢固。目前可采用界面处理剂来处理。

（4）大面积饰面工程施工前，应先做样板，并经有关部门检查鉴定合格后，才可组织施工和进行技术交底。

（5）饰面板材、砖材等，要粘贴平整、接缝宽度要一致，并勾缝密实防止渗水。

（6）粘贴室外突出的沿口、压顶、腰线、窗台、雨篷、阳台底等饰面时，必须有流水坡和滴水线。

（7）粘贴面砖或板材时，遇到安装的管线、卫生器具、灯具、支架或孔洞等，应进行整块切割吻合，切割边缘应整齐并磨光。

（8）粘贴变形缝处的饰面材料时，留缝的宽度应符合设计要求，该处应弹出粘贴材的边线。

（9）施工前应对面砖等进行选砖，对板材检查尺寸，不符者再行加工。严重污染而又无法清洗者不得采用。

（10）高湿季节粘贴室外饰面板、饰面砖时要采取防曝晒的措施。

（二）总体的材料要求

（1）饰面材料应具备产品出厂合格证，进场时，我们应按厂牌、型号、规格和颜色进行质量和数量验收。符合后入库存放备用。

（2）饰面砖表面应平整，边缘整齐，无缺棱掉角现象。面砖一般分为有釉和无釉两种，要求表面光洁、色泽一致、无暗痕裂缝。

每块尺寸允许偏差：长度为±0.5mm；宽度为±0.5mm；厚度为－0.2～0.3mm。

使用于内墙的面砖（如瓷砖）其吸水率不得大于18%；使用于外墙的面砖其吸水率不得大于8%，必要时还应做冻融性试验。

(3) 饰面板表面亦应平整、无翘曲、边缘整齐，无缺棱掉角现象（尤其正面）。天然的大理石、花岗石的表面不得有隐伤、风化等现象，其尺寸应根据图纸放样后加工，加工后允许偏差为：对角线误差不大于1mm，表面平整不大于1mm，板厚一般为20～25mm。

预制的水磨石、人造石板几何尺寸应准确，面层石粒均匀（指水磨石）、表面洁净、颜色一致，背面有平整的粗糙面。其加工允许误差为：对角线误差不大于2mm；表面平整不大于2mm；板厚亦一般为20～25mm。

(4) 陶瓷（或玻璃）锦砖（俗称马赛克），表面不允许有夹层、起泡等缺陷。每联（即每张纸贴的）边长允许偏差为：－0.5～2.5mm；锦砖应与牛皮纸粘贴牢固，且在纸面见到的缝道应大小均匀，宽窄一致；湿水后脱纸的时间不得超过40min。

(5) 饰面板安装用的锚固件、连接件按目前条件应采用不锈钢或铜质材为宜，至少应镀锌。镜面的花岗石板或大理石板则必须用铜材或不锈钢材。

(6) 饰面板、面砖等包装应采用不易受潮和不掉色的物质，以防止包装材受潮褪色后渗入面板、面砖材料，造成污染表面不能使用而损失。

(7) 水泥应采用强度等级32.5及以上的普通硅酸盐水泥或强度等级32.5及以上的白水泥。水泥应有质保书，结块的水泥不得使用。白水泥最好一次进料同批窑出。

(8) 砂应采用中砂，应过筛不含杂质，含泥量小于5%；石灰膏应用块状生石灰淋制熟化不少于15d；水应用洁净水、自来水；凡使用的界面剂、粘结剂等必须有产品质保书和合格证。用法及掺量应按使用说明或经试验确定。

（三）施工所用机具

施工所用机具，除传统的手工工具外；随着机电水平提高，对加工切割石材板材的机具有：砂轮机、手提切割机、台式固定切割机、手提式电钻、台钻等机具；其他工具如需钢凿、合金钢錾、橡皮锤、铁水平尺、兜方尺、开刀、老虎钳、剁斧、花锤等各种专为饰面需要的工具。

（四）陶瓷（或玻璃）锦砖施工

不论陶瓷质或玻璃质锦砖（通称马赛克）都是粘于纸上的成品，其施工操作和工艺过程基本上是一样的。

1. 施工工艺流程

考虑排砖后（↓ 指向“做粘贴标准”）

基层处理→基层抹灰→弹线→做粘贴标准（即确定厚度及上下垂直、平整度的贴上马赛克或小锦砖的标块）→粘贴（可挂线进行）→湿纸→揭纸→拨缝→擦缝→清面→检查（→修整）→完成工序。

2. 施工要点说明

饰面之前的底灰施工和操作均同前面的水泥抹灰、装饰抹灰一样，要处理好基层。找规矩、贴灰饼、冲筋、分层抹灰等。应说明的是底灰总厚为15mm，用1∶3水泥砂浆抹成。

贴锦砖前对底灰要进行全面检查，包括是否空鼓、有无裂缝、表面平整、垂直、阴阳角方正等，凡不符合质量标准的应修整或返工。

（1）弹线：弹线这一工序在锦砖粘贴中很重要，弹线应以垂直线和分层的水平线为准弹出十字坐标线。但为了粘贴出的墙面好看，弹线前应根据窗口、阴阳角位置，用每张锦砖纸版排一排“砖”，以减少半块现象，即使无法避免，亦应将它安排在墙面阴角处。一般弹线竖向每三至四张纸版弹一条线，水平线可五至十张纸版弹一道以控制水平位置。

弹好线后，可在线的位置上以粘贴厚度 3～4mm 的要求，做些标准面的灰饼（灰饼上已有锦砖块了），贴时以它为准，可挂线粘贴以保证垂直平整。

（2）粘贴：程序是自上而下，从左到右粘贴，或从阳角处向阴角处铺贴。具体由操作工人员实施。施工员应检查其相贴的之间缝隙大小是否均匀，要考虑到揭纸后见到锦砖排列是良好的。要防止操作人员拍平时用力过大拍碎粒子。

（3）湿纸和揭纸：贴好后约过 20～30min，便可用毛刷浸水湿透牛皮纸，待湿透后轻轻揭下，再用毛刷刷去剩纸和胶水。然后用棉丝把表面揩擦干净。

（4）拨缝：揭纸后经观察检查，对缝道不平不直，歪斜不正的，要用开刀插入缝内拨正。拨正后要用抹子轻压一下，使与底灰粘牢。应先拨横缝后拨竖缝。这些都应在初凝前进行完毕。凡揭纸时掉下的小粒子也同时重新补好。

（5）擦缝：在粘贴牢后的锦砖面上，抹纯水泥浆或加色水泥浆，把缝刮满、严实，收干后用棉丝或泡沫塑料擦缝，做到使缝均匀平滑，最后用干净毛巾把锦砖面揩干擦净以完成工艺。

（6）应注意操作者的手艺，成活后的平整度。有的差的成品在光照下如鱼鳞纹或云波纹，这都是质量上的缺陷。

（五）墙面砖粘贴施工

墙面砖的粘贴都是一块一块进行的，与锦砖以张为单位不同。但面砖的规格很多，有方的 100mm×100mm，长方的 100mm×200mm，200mm×300mm，有长条的 50mm×200mm 的等等，但粘贴方法都是一样的。目前使用的粘结层材料除传统常用水泥砂浆外，出现了各种各样的粘结剂，对粘结剂的使用必须了解性能，使用方法，产品质量保证性等，不能随便取之即用。

1. 施工工艺流程

基层处理→基层上抹底灰→排砖→弹线→浸砖→粘贴→勾缝→清擦→完成工艺。

基层处理到抹好底子灰的过程均同前面一样，厚度亦为 15mm。

2. 施工要点说明

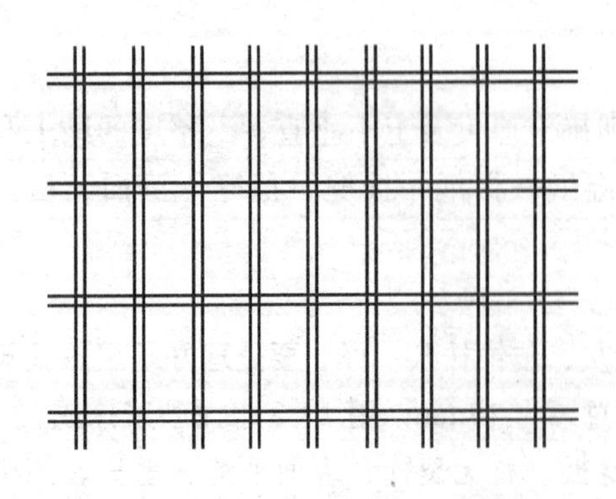

图 8-10-4　面砖铺贴分块线

（1）弹线排砖：在底子灰上先可弹出垂直与水平的十字坐标控制线，再根据采用的砖排列的形式（如长条的采用横贴或竖贴……等），用砖的实际规格与墙面实际尺寸相结合，确定面砖出墙尺寸和缝的宽度。一般要求水平缝与窗台面在同一水平线上，窗间墙、柱等应是整砖，通过试排成功及确定后，弹出每块砖的竖缝和横缝，仔细的作业在缝道处还弹出双线，见图 8-10-4，以保证面砖的横平竖直、缝道均匀。

(2) 浸砖和粘贴：浸砖即把面砖在水中浸泡使其吸水，时间约1～2h，浸前把砖面揩干净。取出后晾干备用。

粘贴前亦应检查底子灰，合格后才可贴面砖。贴时做标准灰饼并挂线。

用水泥砂浆粘贴一般配比为1∶1加适量108胶，厚度在5～7mm。粘贴必须沾满灰浆，并用铁抹子的木柄轻敲密实。粘贴程序以脚手或层次，从下而上（第一皮下可先钉木直尺定位挡一挡砖，以防下坠）分段进行。贴完第一皮砖后，应将砖上口的露出灰刮清，如上口不平可在面砖下口垫塞小木楔，使上口找平找直，在同一水平线上。然后放灰缝的木质嵌缝条（这是施工前施工人员要准备的），再贴第二皮砖，贴好第二皮砖，把第一皮上的嵌缝条取出揩净放到第二皮上再贴第三皮，逐次上升。贴时要随时检查平整垂直和缝道的平直。

用粘结剂粘贴，一般厚度为3mm左右。粘结剂随拌随用，在砖背铺刮均匀，贴到墙上要轻敲密实，也要沾满防止空壳。其他方法相同。

铺贴时，竖向垂直线缝，要统一规定以面砖一侧（左或右）对准墙面上弹的垂直线。

(3) 勾缝：勾缝好坏，对反映面砖的棱角线条很有影响。一般缝道设置宽度约为8mm，勾缝用1∶1水泥细砂子灰浆，应先勾水平缝，后勾竖直缝。勾好的缝要溜光并凹进墙面3mm左右，水平与竖直缝交搭处应压平无疙瘩。

勾缝完毕后，进行检查无漏勾或其他疵病后，可用棉丝将面砖表面揩擦干净。最后应进行洒水（一定要干净清洁水）养护若干天。

3. 内墙瓷砖的粘贴

由于内墙瓷砖的粘贴工序与外墙面砖基本相同，所以在此附带介绍，不另外再分项陈述了。

瓷砖面层使用场合为有水或潮湿的地方，或要擦洗的地方。如医院的内墙裙，各种卫生间、食堂、浴室及住宅的厨房等等。

瓷砖操作不拨缝，以砖边碰砖边形成自然缝即可，粘贴完后擦缝擦匀擦实，最后将表面揩擦干净。瓷砖有的场合要用压顶条、阴阳三角条等配件，这些在排砖时均应考虑。

操作前也要弹线、浸砖（2h）、选砖、做应贴厚度和平直的标饼，也是在底下垫直尺开始由下往上贴。贴时是在砖背面涂上1∶1水泥砂浆往底子灰上粘贴敲实，底子灰上可先抹2～3mm粘结层砂浆配比相同。粘贴中也要经常检查垂直平整。如遇管子、灯具匣等应用整砖套割吻合，不得用非整砖凑贴。

有花纹要拼合的，或方向一顺的，这些在粘贴中都应十分注意，不要贴错、贴倒。

最后擦缝时，先要将瓷砖面揩干净，再用同色或确定的色的水泥色浆用布擦入缝中，待稍收干后用干净棉丝揩擦缝道使之均匀密实。最后把砖面擦干净完成工序。

瓷砖亦可用粘结剂或胶水进行粘贴，其操作方法不变，只是使用这类粘结材料时要看说明书、质保书和质保期。粘贴厚度为2～3mm，擦缝仍用水泥素浆。若砖面粘上胶后要及时擦清，若已结硬清除不去，可用相应溶剂洗去后用清水把墙洗擦干净。

（六）镜面大理石、花岗石、水磨石板材饰面的施工与工艺

目前高档或具有一定意义的建筑，除地面、内部柱子采用该类材料外，好多外墙面的一层乃至多层的全楼也用该种材料作为饰面装饰。

对该种块大较重的板材，施工的方法目前分为三种：一种为传统的湿作业要灌水泥砂

浆粘结；一种为干作业为空挂于预埋件及连接器上；近年由于强力的粘结胶建材的出现，又多一种采用五点法粘结的半干作业的施工工艺。现在我们分别大致介绍这三种方法的施工。

1. 湿作业工艺

（1）工艺流程：

基层结构上预留挂拉铜丝的钢筋网架→找规矩（即按图纸如何定位）→试拼→板材上钻孔剔槽→穿铜丝→安装挂牢在钢筋网架片上并固定牢→分层灌浆→擦缝→擦净表面→完成工序→保护成品。

（2）工艺说明：

1）基层处理。主要是在结构表面要做石板材饰面的，应先根据设计图纸，板材的大小、高低，预埋纵横向的钢筋头 $\phi10$ 左右，后再用 $\phi6$ 钢筋焊于其上形成纵横向的钢筋网架片，见图 8-10-5，这些纵横钢筋以后都可以缠绕板上穿挂的铜丝，作为拉住板材不外倾的永久结合点。

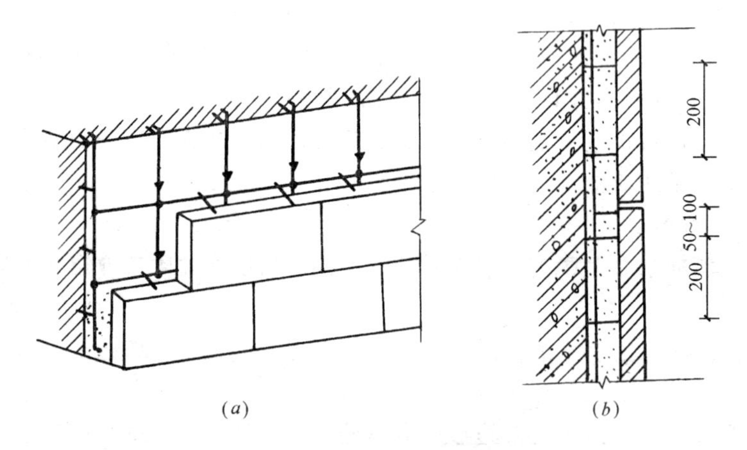

图 8-10-5　板材湿作业安装示意

(a) 饰面板与墙体连接；(b) 分层灌浆示意图

当然基层要求基本平整，凹凸不超过 10mm，因为板材与结构墙面间的缝隙，一般只允许留 3～5cm。

2）找规矩。即是按图纸上排列的方法，使板材对号入座。这要在施工准备时编号、绘制加工尺寸的大样图进行加工，来料后对照验收和质量检查。

施工前先要把底下第一排的板材的底线弹出来，作为安装的水平基准线。垂直方向亦要以墙角处第一块边缝作垂直基准线，可以用经纬仪从下往上打，然后弹出该基准线。这样整个饰面板就有了控制的规矩。

有了线之后，可在墙或柱根下依底下的水平线为准，做好平整的一条垫层，作为正式铺第一排板材墩放的基座，垫层一定要坚实不沉。

3）试拼。试拼是按排列图把板材放在有软垫物的平整地坪上，检查拼后的高宽尺寸是否符合结构尺寸和排缝等要求。一般镜面大理石、花岗石的缝为 1mm，预制水磨石板为 2mm。同时要看有无明显色差和如何使之调整和协调。然后根据调整好的板进行再编号，在结构上也在相应位置写上编号，安装时就可对号入座。

4）根据先安装的板材，对其进行钻孔、剔槽。第一排板要钻上下两处四个孔，往上可只钻上面两个孔。孔位于板宽的两端进来1/4板宽处，孔径约$\phi 5$，深约15mm，孔位中心在板背面边8mm，在相应深处再钻垂直孔，使之连通可以穿铜丝，见图8-10-6。

在墙、柱的阳角处的板材，其一端要将角用砂轮锯倒出八字角（45°）以便拼角。见图8-10-7。

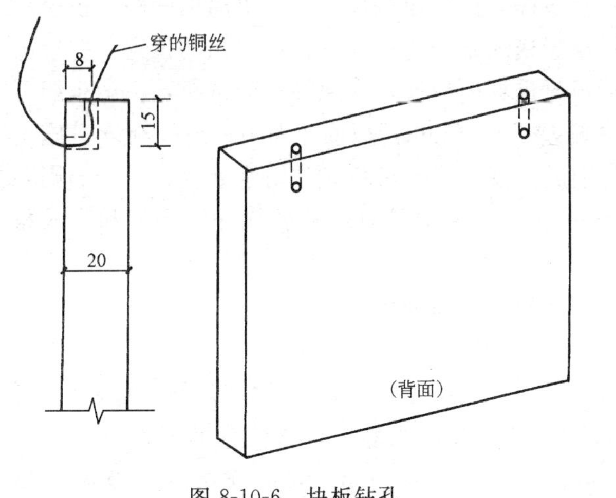

图8-10-6　块板钻孔

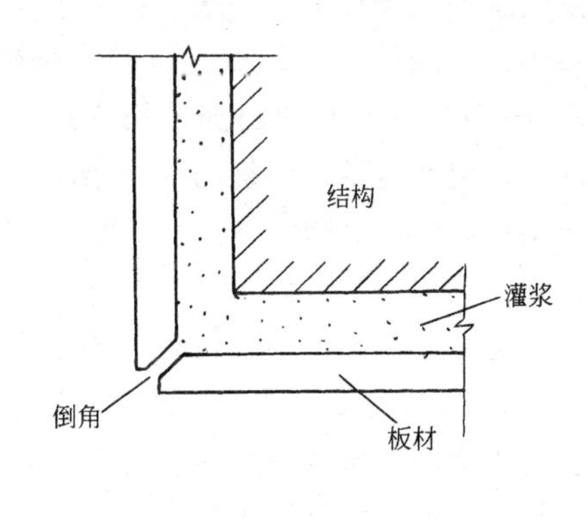

图8-10-7　阳角处倒45°角易于拼装

5）穿铜丝进行安装。所用铜丝为16号，可剪成20cm长，一端穿过钻的孔与自身扎牢，另一端备挂在钢筋网架片上。安装时对号把板第一排墩在坚实的垫层上，有的放在平整很直的木方上，然后把钢丝缠牢在钢筋网片上，并使板立直，后用木楔插在墙与板之间作为临时固定，第一排板完成后，在第一排板上再安装第二排板，板缝一般为干接，当上口不平时可在板底缝中垫塞薄铅片，使每排上口平直。两排安好后要检查垂直平整，用水平尺找上口平，用角尺找阴阳角方正。无误后用石膏调成糊状，粘贴在上下排板材接缝处，板的根底一定要用木撑撑牢，在石膏硬结之后，就可以开始灌浆到板材与墙之间的空隙中，空隙一般按图留置，通常约30～50mm。

6）灌浆。灌浆采用1：2.5的水泥砂浆，进行分层灌入并用竹片捣实，水泥砂浆可以稠度大些如粥状，每次灌入高度为20cm，第二层再灌入时应待第一层初凝之后进行，每次灌浆结束应比板材上口低5～10cm作为上排板与下面的结合线。灌浆用小桶平移徐徐倒入缝隙中，施工时防止碰撞板材造成板面移动，如发生了偏移不平整，则要拆除重来。第一次灌浆凝固后，可拔去上口临时固定的木楔，擦去石膏，再往上安装。施工时可以流水转着进行。不要限在一个区段中等凝固、耗时间。

7）擦缝。在一段墙面、某一范围或小面积量的全部的板材安装完毕之后，则要先清擦板材饰面，擦干净后，调制与板材颜色相同的色浆，进行擦抹嵌缝，边嵌边擦净饰面板，达到缝嵌得密实、均匀、干净，颜色一致。最后进行检查，如有不完整处应进行修整，再打蜡上光出亮。

2．板材的干挂工艺

（1）工艺流程为：

施工准备→建筑物结构丈量→定点挂线放样→墙面固定点打洞→安装膨胀螺栓→安装

固定角钢→安装连接板→板钻孔开槽→板材对号入座→对钻孔安装销钉与连接板结合→拧紧连接板与角钢的螺栓→检查质量和做必要调整→连接点强固树脂胶合→塞发泡圆条入缝→挤压黑色软膏嵌缝→表面清理→成品检查→打蜡上光。

（2）工艺说明：

1）施工准备：由于干挂工艺需在结构全部完工后才能进行。因此施工准备工作主要是搭架子；根据板块设计图要自顶部挂钢丝线锤，量出建筑尺寸，定出离墙间距；按楼层测出水平线给挂板有一水平缝的准线；根据竖横线条安排每块石板在墙面的位置，并定出各固定点的位置。此外，施工准备还包括板材进场的校验；在地坪上的试拼，一般板缝可取5～6mm；要求板材加工长度尺寸允许偏差±1.00mm，板面平整0.1～0.3mm。施工准备还包括对结构墙板的防水措施，如为混凝土墙，一般可不必作防水处理，而砖墙则要抹1：2.5水泥砂浆，分层抹成厚度在15mm左右。再要检查干挂的挂件零配件和附属材料如强固树脂、嵌缝膏、发泡圆条等。

总之施工准备事宜较多，要备全备细保证施工顺利进行。

2）板材与结构墙面之间由于安装件等尺寸和操作需要，空隙约为80mm。所有挂件包括入墙的膨胀螺栓均为不锈钢件。根据图纸和丈量尺寸弹线定出每块板的位置和相应写上板号。经过计算定出应打洞的墙上点位，钻孔安装膨胀螺栓，这位置的误差不要大于5mm，虽然挂件有长圆形孔可以调整，但其范围也仅10mm。安装连接的示意图可见图8-10-8。

3）根据墙面膨胀螺栓孔的间距，在石板的上下面钻销钉孔。销钉孔位必须量准后钻，以便销钉穿入上下两块板时，板缝不错位。每块板共要钻四个孔眼，如板较大则要6～8孔。视图纸及具体情况而定。

4）安装石板时也是由下往上一排一排进行安装，每安装两排后要进行检查垂直平整及上口的水平。检查无误后用强固树脂胶把连接节点涂上，类似电焊使节点固定牢，不变形不松动。待安装完一段或全部后，在板缝中嵌塞圆发泡塑料条，塞进约10mm，作为软膏嵌缝的“内膜”。最后用挤压枪把软膏挤入缝中，表面用溜子溜平。软膏是一种密封材料具有良好的粘结力，结膜后不收缩、不干裂、有弹性，具有防雨、防晒、抗老化等性能。目前这种材料国内尚不多。

5）应注意的质量上的要点是：尺寸丈量要准确，板块布置位置、弹线要准确，并检查复核无误。无误后再定打膨胀螺栓的孔位置，要控制好误差在10mm之内。粘强固树脂胶时，节点表面要清理干净，不要遗漏。缝道宽度要用垫块控制，达到水平缝均匀。不锈钢连接板的端头不能伸到石板面处，应凹进10mm，塞发泡圆条及挤软膏时缝内灰尘一定要清干净。

由于干挂工艺是近年才开始应用，如未施工过的，施工员应先参观一下施工的地方，然后再在自己工程上实施，这样可以少走弯路。

3. 胶粘结板材施工

该工艺是由国外引进新的粘结胶建材后，已在国内一些工程的石板材饰面安装中使用。该种胶在国内被称为“大力胶”，我们这里简称胶料。

（1）该树脂胶的性能：

1）分为慢干型、快干型和透明型三种。

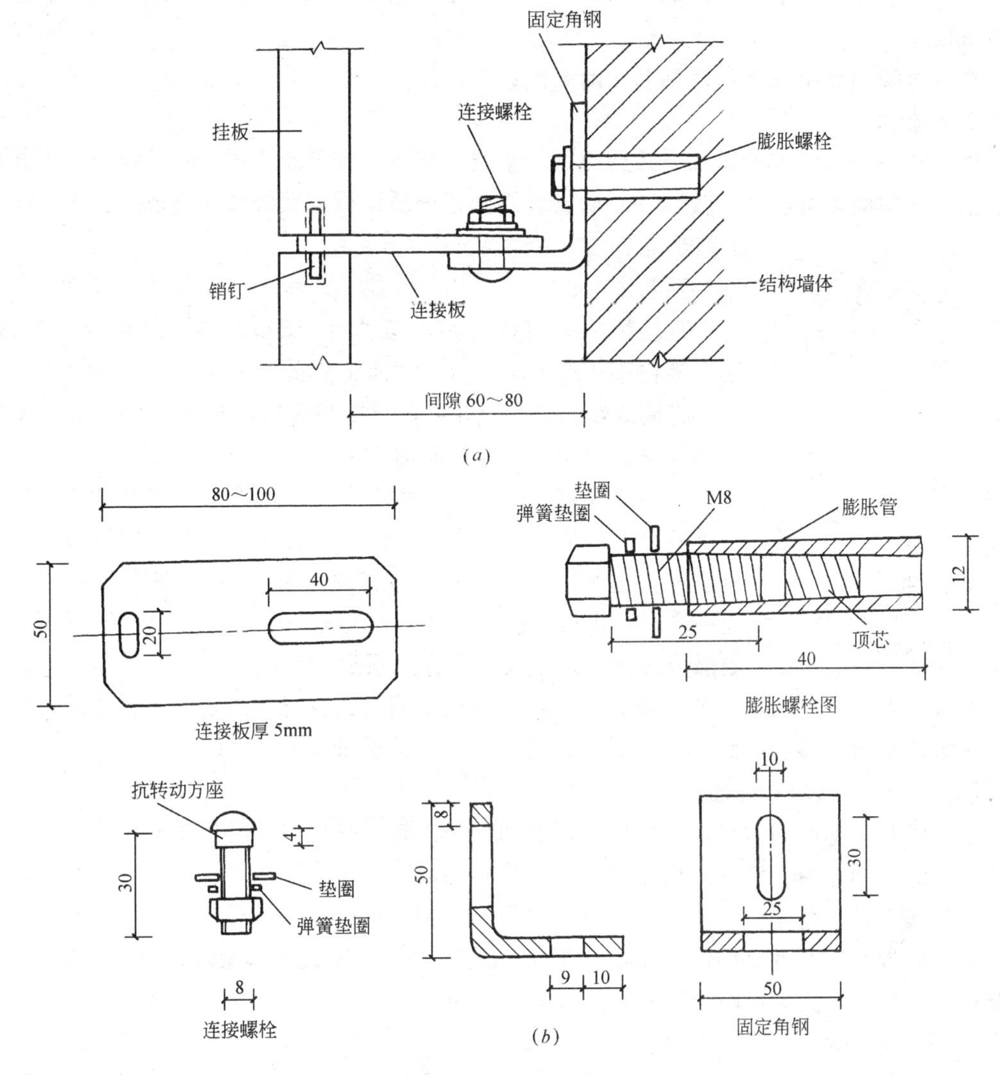

图 8-10-8 干挂板安装连接示意

(a) 挂板组合示意图；(b) 挂件详图

2) 属于环氧树脂聚合物，具有高强的永久性粘合强度；有较强抗震、抗冲击、抗拉和抗压能力；有一定韧性及伸缩能力，能防止粘合后受震动、风力、热胀、冷缩作用下变形、扭曲及脱落；干固后具有防水、防潮能力、并能在－30～90℃温度环境中保持稳定性，不脆化；有抗污染及化学侵蚀的能力等。

3) 施工简捷，适合各种环境下施工，施工位置不受限制。

4) 对混凝土、钢铁、石材、砖等均具有较强的粘结力。

(2) 施工时需用工具为：调胶抹子及调胶板、线锤、水平尺、弦线、电动小型锯、小型磨机和电钻，专用水桶及棉丝、毛巾等。

(3) 安装粘贴的方法有：直接粘贴法；过渡粘合法；钢架直粘法。胶粘结合后的石板在胶料干固后，石板之间无需互相借力，完全可以自行独立悬挂在结构上。

目前进口的该种胶分为 A、B 两种组分，要根据说明书配比均匀混合调制，调制在木板上进行，随调随用。在有效时间中用完，慢干型、透明型的有效时间在常温下约 45min。

在这里我们介绍一下直接粘贴法的工艺：

工艺流程：

施工准备→石板定位弹线→筛选板材→基层处理→石板背面清理→胶的调制→石板粘结点上胶（中间点可用快干胶）→石墙安装及调正→质量检查及修整→完成工艺擦净表面上蜡出亮。

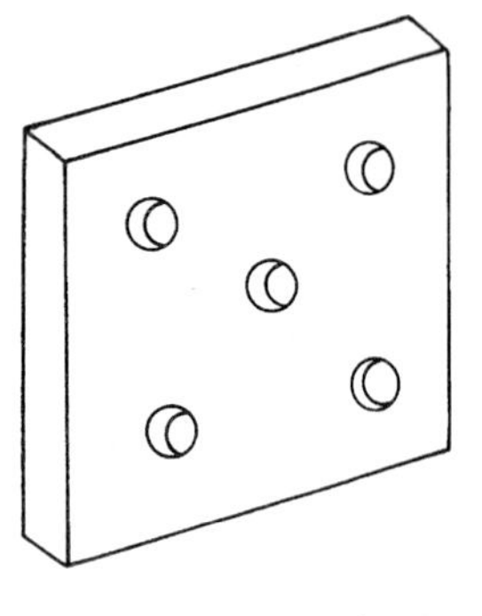

图 8-10-9 “大力胶”五点粘贴法示意

工艺说明：

直接粘贴法与墙间距不宜大于 8mm。基层处理要把松散、浮土等物质清理干净，石板背面也要揩擦干净。

将调制好的胶料分五点在石板背面均匀布抹好，见图 8-10-9。抹起的高度稍大于墙与板间的空隙。

根据弹线和拉的弦线，利用水平尺、直尺就位及调直。定位后对粘合点的情况作检查，必要时加胶补强。安装两排后用托线板检查垂直平整。板与板间的缝隙宜留 2mm，在完工后与湿作业一样可以进行擦缝。总体高度超过 9m 时，应根据说明书要使用部分锚件，以增大安全保险系数。

对该种新工艺、新材料的使用，一是要看使用说明书，查材料质保书、保质期；二是要先试验及学习已成功经验，从而保证自己工程施工的质量。

（七）毛面天然块石饰面施工

天然状麻、毛面的石材，经背面、侧面四周加工较平整后，进行施工安装，形成立面天然粗犷的装饰，使观感感到庄重的一种块板石饰面。用于半层如高勒脚的台座般，使房屋如座于其上，显得稳固；或用在整个一层外墙，都是可以达到一种特有的装饰效果。

这种块板石、厚度比前面介绍的光面大理石等要厚，有的要厚达 100mm，立面比上部装饰好的墙面要突出 10～15mm，显得沉重稳固。

其工艺流程为：

基层处理→找规矩弹线→试拼→钻孔→在墙体预埋件上焊绑钢筋网片→穿铜丝安装块材灌浆→养护→勾缝→清理饰面使之洁净→完成工序保护成品。

施工中的一些要点：

基层处理主要是检查基层墙面的平整度，有无特别凸出的地方。检查预埋的钢筋头数量及位置，必要时应补足和修整。清扫基底使在安装后灌浆能使之粘结牢固。延墙根做一条 20cm 宽坚实的垫层。

找规矩和弹线，主要是根据室外地坪标高，在结构面上弹出第一皮块材下口的水平线，一般应低于散水内侧标高 20～30mm，并以此线按块板尺寸划皮数到安装高度的顶面。同时要吊垂直和套方，以块材厚度和 30～50mm 灌缝尺寸，在垫层面弹出块材的内侧轮廓尺寸线，作为放置第一皮块材的基准线。

试拼和钻孔和前面介绍的相同，但为稳固起见，板材的左右相对位置和转角处的角上块，均要钻孔，给安装时放置销钉和扒钉用。图 8-10-10 为接缝形式。

安装块材：安装的程序和方法和挂光面石板材相同，原则是保证上口平直和缝的均匀，安装时要挂垂线作为保证垂直的依据。安装好后清理与墙间缝隙，再用1∶2.5水泥砂浆灌缝，方法同前面介绍的相同。

勾缝：这是最后一道工序，缝有平缝和凹缝两种，平缝只要嵌实擦平即可，凹缝是在块材上事先凿出，后用与石材相近色砂浆勾抹成比较宽的缝道，形成装饰效果。

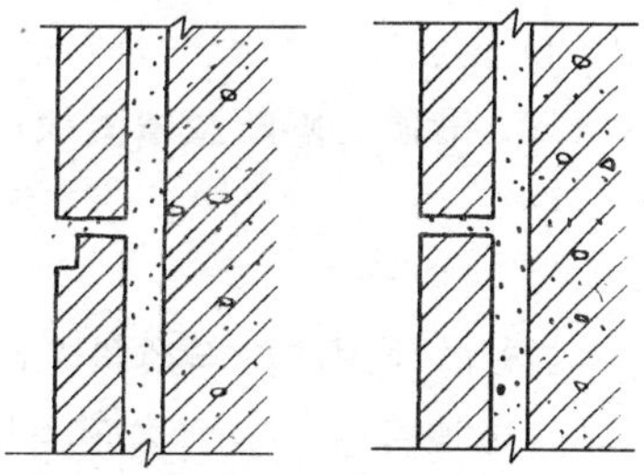

(a)　(b)

图 8-10-10　接缝形式

(a) 凹缝；(b) 平缝

（八）质量要求和控制

饰面工程的质量要求为：

(1) 饰面砖、饰面板（空挂、粘结除外）与基层底灰，底灰与结构基层均应粘结牢固，无空鼓脱层现象。

(2) 表面应平整、洁净，无歪斜、缺棱掉角、裂缝等缺陷，同一墙面或柱面应色泽一致。

(3) 接缝要填嵌密实，平直、宽窄均匀，颜色一致，面砖规格齐全，阴阳角方正、接角符合要求。

(4) 整块砖进行套割的边缘要整齐，缝隙不超过5mm，墙裙、贴脸等上口要平顺，凸出墙面的厚度要一致。

(5) 滴水线顺直、流水坡向正确。

(6) 饰面板及饰面砖粘贴的允许偏差可见表8-10-3。

饰面板安装的允许偏差和检验方法　　**表 8-10-3**

项次	项　目	允许偏差 (mm)							检验方法
		石材			瓷板	木材	塑料	金属	
		光面	剁斧石	蘑菇石					
1	立面垂直度	2	3	3	2	1.5	2	2	用2m垂直检测尺检查
2	表面平整度	2	3	—	1.5	1	3	3	用2m靠尺和塞尺检查
3	阴阳角方正	2	4	4	2	1.5	3	3	用直角检测尺检查
4	接缝直线度	2	4	4	2	1	1	1	拉5m线，不足5m拉通线，用钢直尺检查
5	墙裙、勒脚上口直线度	2	3	3	2	2	2	2	拉5m线，不足5m拉通线，用钢直尺检查
6	接缝高低差	0.5	3	—	0.5	0.5	1	1	用钢直尺和塞尺检查
7	接缝宽度	1	2	2	1	1	1	1	用钢直尺检查

饰面工程应在质量上进行控制的有以下几点：

1) 基层处理必须符合规范要求，中间的抹灰必须按抹灰工艺要求进行检查。饰面前要先对底子灰的平整、粘结进行检查，以保证基层的坚固。

2) 进场材料的检验一定要抓住，包括材质、尺寸、平整、色泽等。不合格品一旦进入施工工序，一是造成质量达不到标准，二是浪费资金还要返工。

3) 所用砂浆配比、稠度等均应符合规范要求；操作要按工艺流程进行，注意气候、温度影响。

4）完成工艺后及时进行养护和成品保护。

三、吊顶与隔断及罩面板施工

（一）吊顶工程的施工与工艺

1. 一般规定：

（1）吊顶用的材料质量及品种、规格均应符合设计及规范规定，其材质可以是传统的木结构吊顶骨架；目前大多采用的是轻钢龙骨和铝合金型材龙骨。

（2）龙骨在运输中及安装时不得扔摔、碰撞。龙骨堆置应垫实放平，注意防潮。

（3）结构施工时应在现浇楼板或预制板板缝中按设计要求间距，预埋$\phi 6 \sim \phi 10$钢筋吊杆。

（4）吊顶内若有通风、水电管线、上人的行走通道、消防管道、重型灯具等应先行安装检查合格试水试压合格，并要单独挂吊，然后才能进行吊顶施工。

（5）选用罩面板应按规格、颜色等分类选配、堆放或库存。

2. 对所用材料要求：

（1）吊顶用的木材符合《木结构工程施工质量验收规范》（GB 50206—2002），尤其是主、次龙骨不得有朽蚀、裂缝、多节，含水率要低于12%；钢质、铝合金材的型号尺寸符合设计要求。目前前后两者的型号有[型[38、[50、[60；T型T38、T50、T60等两型三种。

（2）罩面板用的材质及配件应符合现行的国家、行业及有关企业的标准。

（3）龙骨用的紧固件及螺钉、钉子等宜用镀锌制品，预埋的木砖应作防腐处理。

（4）胶粘剂的类型按所使用的罩面板配套使用。

3. 目前吊顶使用的主要机具包括：电锯、无齿锯、射钉枪、手锯、手刨子、钳子、螺丝刀、搬子、方尺、钢尺、钢水平尺等。

4. 吊顶龙骨安装工艺流程：

弹线→检查大龙骨吊杆→安装大龙骨→安装小龙骨→安装罩面板

（1）吊挂的点及吊杆必须检查，一般主龙骨吊点间距为90～120cm。

（2）龙骨安装前在四周墙上弹出标高线，作为安装平整度控制。吊顶中间应起拱，起拱高度不小于跨度（短跨方向）的1/200。凡遇有人孔、灯带、灯箱、风口等部位，均应用龙骨在四周加固，并适当增加吊点。吊杆第一根应离主龙骨端头不大于30cm。木龙骨除吊杆外同时还要设置撑筋，撑筋可用3cm×4cm的方木，在吊杆间撑紧龙骨，上顶楼板底，下顶主龙骨，使整个龙骨架稳固。由于木材珍贵紧缺，木吊顶目前较少采用了。

（3）主龙骨安装后校正位置和标高，随即紧贴主龙骨安装次龙骨，木龙骨要用连接木杆紧贴主龙骨钉牢，禁止钉子直接朝上钉入主龙骨；钢或铝质次龙骨则用紧固件与主龙骨紧固连接。龙骨露明处由于长度不够需接缝的，或十字交错处的缝隙都要紧密，缝不大于1mm。龙骨安装后的图示见图8-10-11。

（4）施工顶棚的面层，木龙骨面层可以是灰板条加钢丝网在其上抹灰，或做石膏花饰，也可以在次龙骨上钉胶合板、纤维板、石膏板等。钢及铝质龙骨上可安装石膏板、钙塑板、水泥纤维加压板等。

面层施工要平整、色泽一致。

总之，顶棚吊顶关键是龙骨的坚固和平整、稳固。罩面用面层材料的安装，最好采用

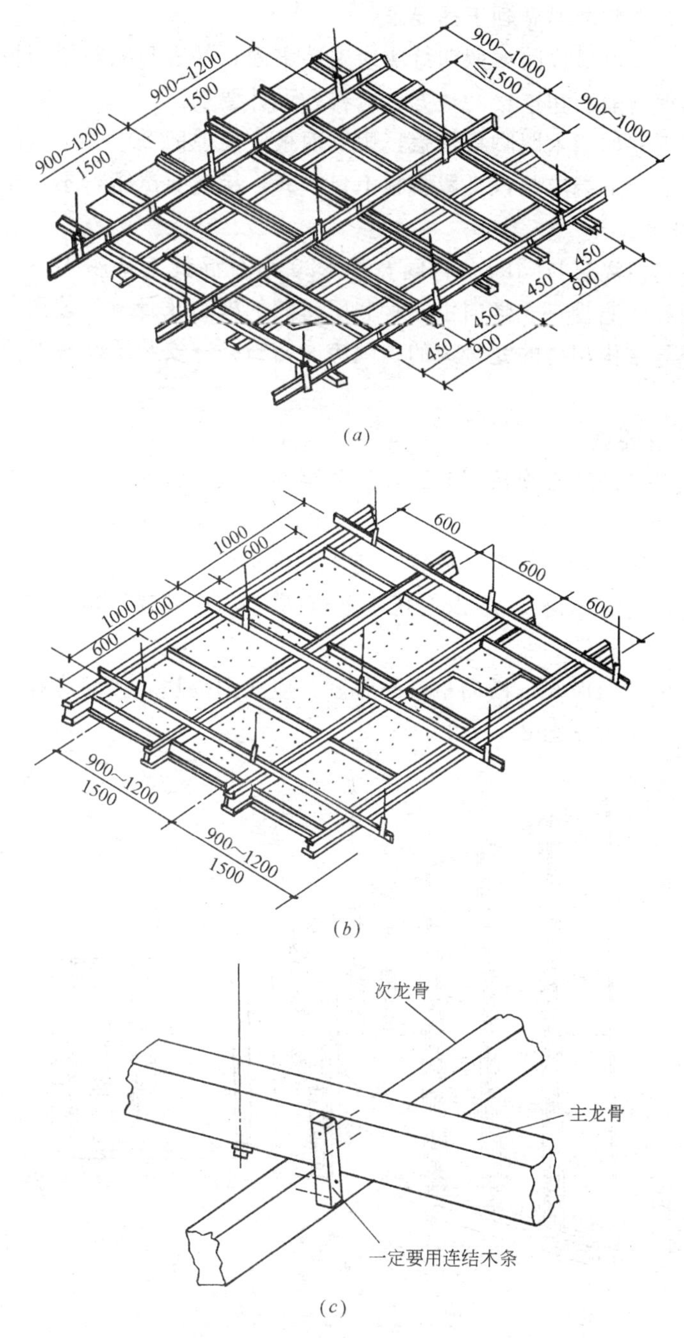

图 8-10-11 吊顶龙骨结构示意图

(a)[型龙骨吊顶示意；(b) T 型龙骨吊顶示意；(c) 木吊顶格栅联结方法

收缩小、不易裂缝的材料和轻质材料施工。

（二）隔断工程的施工

1. 材料要求

隔断所用材料也不外乎木质、轻钢、铝合金等材料。因此对材质的要求，所用的机具也同吊顶一样。

应注意的是，安装前要做到下述要求：

（1）隔断内如有电器线路或照明灯座应安装牢固，外表与隔断罩面板表面平齐。

（2）门、窗框与隔断相连接的地方，应符合设计要求。

（3）隔断的下端如用木踢脚板覆盖，则罩面板应离地面 20～30mm，若为面砖，石板材做踢脚，则罩面板下端应与该类踢脚板上口平齐，接缝要严密，不大于 1mm。

2. 工艺流程

定位放线→支模浇筑与隔断龙骨同宽的 C20 细石混凝土基座 10～15cm 高→找平顶面→固定顶龙骨和底龙骨→立竖向主龙骨和门窗洞的框边龙骨→安装次龙骨→校正垂直度和立面平整度→与结构相碰的龙骨边的缝隙应嵌密封条→安装罩面板及门、窗→修整→完成工序。

3. 施工应注意要点

（1）顶、底龙骨固定必须按图施工，安装牢固。竖龙骨安装完后要吊垂直，并用力晃动是否牢固。

（2）次龙骨间距必须按图准确放置，连接件要安卡牢固。次龙骨一般 3m 高的隔断应有 2 道；3～5m 高应有 3 道；5m 以上高应 3～5 道。门窗处或特殊结构其节点的龙骨应设计要求适当增加。

（3）罩面板安装前应竖、横向检查平整度，应按图分块，接缝应在龙骨处。

龙骨安装示意图可见图 8-10-12。

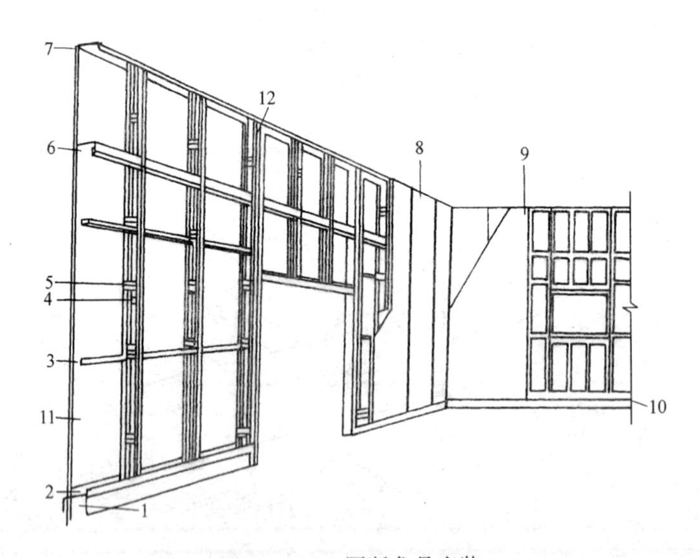

图 8-10-12　隔断龙骨安装

1—混凝土脚座；2—沿地龙骨；3—通贯横撑龙骨；4—贯通孔；5—支撑点；6—横撑龙骨；7—沿顶龙骨；8—石膏板；9—墙纸；10—踢脚板；11—石膏板；12—加强龙骨

（三）罩面板安装的要求

现根据施工经验的总结，对不同罩面板材的安装要求，提出一些规定，供读者参考。

1. 胶合板、纤维板安装时应符合下列规定

（1）胶合板、纤维板用钉子固定，钉距应为 8～12cm，钉长应有 20～35mm，钉帽应打扁，钉入板内约 1mm，后用油性腻子抹平。如用木压条固定，钉距不大于 20cm，其他

要求相同。硬质纤维板应用水浸透，晾干后安装。

直接在结构上安装，其内侧最好做防潮措施，如铺油毡或刷防水涂料。

（2）胶合板表面如刷清漆，则拼装时使木纹和颜色相接近，达到外观完美。

在阴角处这两种板材均应做压条护角。

2. 石膏板安装时应注意点

（1）安装前应对隔断中预埋管道、器件采取加固措施。对吊顶内管道尤其有水的应检查有无渗漏情形，检查无隐患后才可吊顶安装。

（2）长边应沿纵向次龙骨铺设，用自攻螺丝固定，钉距 15cm 左右，钉与板边距离以 15mm 为宜，钉头略埋入板内，钉眼用石膏腻子抹平。双层石膏板安装，面层板与基层板接缝要错开，不要在同一条龙骨上接缝。

（3）石膏板与结构相碰处，应在其墙上留 3mm 深的槽口（可人工剔凿出），安装时先在槽口内注嵌缝膏后把板挤紧安装。石膏板的阴角要用腻子嵌满，贴上接缝带；阳角应做护角。

（4）用胶粘法安装，要涂胶均匀、粘结牢固；镶嵌法安装时，板块大小与龙骨要配套，嵌装松紧适度，图案花纹吻合，板材与龙骨间应有 1～2mm 空隙。

3. 纤维水泥加压板安装应符合以下规定

（1）龙骨的布置应参照纤维水泥加压板的规格、尺寸、力学性能和吊顶的造型、灯具等在设计时应统一考虑。

（2）纤维水泥加压板的固定采用螺钉，先钻孔，孔径比钉直径小 0.5～1mm，螺钉拧至与板面齐平，并刷底漆，防止钉帽外露。

（3）安装中板与板间距应留出 5～8mm 板缝隙，板缝处理前应清刷干净，然后用密封膏、石膏腻子掺 108 胶的水泥浆进行嵌缝刮平，待硬化后用砂纸磨平，再用拉力较好的与板同色的薄布条粘贴好，在板面上刮一遍腻子，方可进行面层施工。

做罩面板的材料还有如金属板材、塑料板材、钙塑板等，其施工方法大同小异，只要通过实践，施工是很容易掌握的，关键是龙骨等骨架的牢固、稳定和平整，才能保证罩面板平服、美观。

（四）吊顶、隔断等的质量要求

吊顶、隔断及其他的罩面，其质量要求有以下几方面：

（1）所用材料的品种、规格、颜色及基层构造、固定方法都应符合设计要求和规范规定。

（2）骨架与结构体的连结应牢固、无松动，强度、刚度和稳定性均满足使用要求。

（3）罩面板与龙骨的连接应紧密，表面应平整，不得有污染、折裂、缺棱、掉角、擦伤等缺陷，接缝应均匀一致。

（4）粘贴的罩面板不得有脱落、脱开；卡搁的罩面板不得有漏缝、透亮、翘角等现象。

（5）石膏板铺设方向正确，安装牢固，接缝密实、光滑，表面平整。石膏条板之间及板与主体结构之间应粘结密实、牢固。

（6）龙骨吊顶与骨架隔墙安装的允许偏差值可见表 8-10-4、表 8-10-5、表 8-10-6。

暗龙骨吊顶工程安装的允许偏差和检验方法　表 8-10-4

项次	项目	允许偏差(mm)				检验方法
		纸面石膏板	金属板	矿棉板	木板、塑料板、格栅	
1	表面平整度	3	2	2	2	用2m靠尺和塞尺检查
2	接缝直线度	3	1.5	3	3	拉5m线，不足5m拉通线，用钢直尺检查
3	接缝高低差	1	1	1.5	1	用钢直尺和塞尺检查

明龙骨吊顶工程安装的允许偏差和检验方法　表 8-10-5

项次	项目	允许偏差(mm)				检验方法
		石膏板	金属板	矿棉板	塑料板、玻璃板	
1	表面平整度	3	2	3	2	用2m靠尺和塞尺检查
2	接缝直线度	3	2	3	3	拉5m线，不足5m拉通线，用钢直尺检查
3	接缝高低差	1	1	2	1	用钢直尺和塞尺检查

骨架隔墙安装的允许偏差和检验方法　表 8-10-6

项次	项目	允许偏差(mm)		检验方法
		纸面石膏板	人造木板、水泥纤维板	
1	立面垂直度	3	4	用2m垂直检测尺检查
2	表面平整度	3	3	用2m靠尺和塞尺检查
3	阴阳角方正	3	3	用直角检测尺检查
4	接缝直线度	—	3	拉5m线，不足5m拉通线，用钢直尺检查
5	压条直线度	—	3	拉5m线，不足5m拉通线，用钢直尺检查
6	接缝高低差	1	1	用钢直尺和塞尺检查

四、涂料、油漆的施工

涂料广义的讲就是在构件外涂上一层物质，使之起到保护和装饰作用，因此油漆和刷浆都可归入涂料施工。只是刷浆目前已较少采用，过多的介绍也没有必要。

(一）油漆工程的施工

油漆在我国是个古老的工艺，后来加了国外传入新的油漆材料，从而油漆的种类就更多和更广泛了。在这里主要介绍：一般规定、材料要求、施工工艺及注意点，不作具体每种油漆的介绍了。

1. 一般规定

(1) 油漆工程应在具备下列条件后，才可施工：

1) 主体结构已完成，屋面已能正常防水、排水。

2) 层（间）室内抹灰和装修已完成。基层或基体的质量检验已合格，混凝土或抹灰基层涂刷溶剂型涂料时，含水率不得大于8%；涂刷乳液型涂料时，含水率不得大于10%。木材基层的含水率不得大于12%。

3) 水暖、卫生器具及管线已试压合格。

(2) 油漆工程的等级和材料的品种，应符合设计要求。油漆材料在使用时，应注意配套性、相容性、如相容的腻子、底漆、面漆、稀释剂等。

(3) 油漆的工作黏度和稠度，必须加以控制，在涂刷时不流坠、不显刷纹；涂刷过程中不得任意稀释，最后一遍油漆不宜加催干剂。

（4）涂刷溶剂型油漆时，后一遍油漆，必须在前一遍油漆干燥后进行，油漆应刷均匀，各层间必须结合牢固。

（5）使用双组分或多组分配合的油漆，应按说明规定准确配合，并在规定时间内用完。

（6）金属构件及其半成品安装前，应检查防锈漆有无破损，如有损坏，应在损坏处补刷完整。

（7）涂刷机具在使用完毕后，应及时清洗或浸泡在相应溶剂中。

2. 对材料的要求和使用机具

（1）所用油漆或半成品料，应有品名、种类、颜色、制作时间、贮存有效期、使用说明和产品合格证。

（2）油漆质量在开桶后应符合如下要求：

1）清漆开桶后应看出是清洁、透明、颜色浅，稠度适当，无结皮、变稠、浑浊、沉淀等现象。

2）色漆开桶后应看出表面稍有薄层油料或稀释剂，经搅拌后能充分均匀，颜色一致，无结皮、变稠、沉淀、结块、变色等现象。

（3）油漆工程所用的腻子，应具塑性和易涂性，干燥后应坚固结实，不起皮、不裂纹。

（4）使用工具有：牛角漆刮、硬塑料板刮、橡皮板刮等作批嵌腻子用；油刷、铲刀、羊毛排笔、涂刷为刷不同油漆的涂刷工具；其他还有如钢丝刷、油灰刀、木砂纸、水砂纸、铁砂纸等。

3. 油漆的工艺

油漆的种类可分为：木材表面的混色油漆、清漆，金属面的油漆，混凝土、抹灰面的混色油漆，古建的大漆磨退等。各种面的油漆又分为：普通和高级二个等级的油漆工艺；大漆磨退又分为油灰麻绒打底、油灰褙布打底和漆灰褙布打底三种。油漆工艺是一种细致工作，在施工中主要根据规范规定检查各工序是否都做到，质量要求是否达到，质量通病是否克服等。现将不同油漆的工艺工序列表，见表 8-10-7～表 8-10-11。

木料表面涂刷溶剂型混色油漆的主要工序　　表 8-10-7

项次	工序名称	普通级油漆	高级油漆	项次	工序名称	普通级油漆	高级油漆
1	清扫、起钉子、除油污等	+	+	11	磨光		+
2	铲去脂囊、修补平整	+	+	12	刷底漆		+
3	磨砂纸	+	+	13	第一遍油漆	+	+
4	节疤处点漆片 1～2 遍	+	+	14	复补腻子	+	+
5	干性油打底	+	+	15	磨光	+	+
6	局部刮腻子、磨光	+	+	16	湿布擦净		+
7	腻子处涂干性油	+		17	第二遍油漆	+	+
8	第一遍满刮腻子		+	18	磨光（高级油漆用水砂纸）		+
9	磨光		+	19	湿布擦净		+
10	第二遍满刮腻子		+	20	第三遍油漆		+

注：① 表中“+”号表示应进行的工序（后面工序表同）；

② 木料及胶合板内墙、顶棚表面涂刷溶剂型混色油漆主要工序同上表；

③ 高级油漆做磨退时，宜用醇酸树脂漆，并根据漆膜厚度增加 1～2 遍油漆和磨退、打砂蜡、打油蜡、擦亮的工序。

木料表面涂刷清漆的主要工序　　表 8-10-8

项次	工 序 名 称	普通级油漆	高级油漆	项次	工 序 名 称	普通级油漆	高级油漆
1	清扫、起钉子、除去油污等	+	+	13	磨　光	+	+
2	磨砂纸	+	+	14	第二遍清漆	+	+
3	润　粉	+	+	15	磨　光	+	+
4	磨砂纸	+	+	16	第三遍清漆	+	+
5	第一遍满刮腻子	+	+	17	磨水砂纸		+
6	磨　光	+	+	18	第四遍清漆		+
7	第二遍满刮腻子		+	19	磨　光		+
8	磨　光		+	20	第五遍清漆		+
9	刷油色	+	+	21	磨　退		+
10	第一遍清漆	+	+	22	打砂蜡		+
11	复补腻子	+	+	23	打油蜡		+
12	拼　色	+	+	24	擦　亮		+

金属表面漆刷混色油漆的主要工序　　表 8-10-9

项次	工序名称	普通级油漆	高级油漆	项次	工序名称	普通级油漆	高级油漆
1	除锈、清扫、磨砂纸	+	+	10	复补腻子		+
2	刷涂防锈漆	+	+	11	磨　光		+
3	局部刮腻子	+	+	12	第二遍油漆	+	+
4	磨　光	+	+	13	磨　光		+
5	第一遍满刮腻子		+	14	湿布擦净		+
6	磨　光		+	15	第三遍油漆		+
7	第二遍满刮腻子		+	16	磨光(用水砂纸)		+
8	磨　光		+	17	湿布擦净		+
9	第一遍油漆	+	+	18	第四遍油漆		+

注：① 薄钢板屋面、檐沟、水落管、泛水等涂刷混色油漆，可不刮腻子，但涂刷防锈漆不得少于两遍；
② 高级油漆做磨退时，应用醇酸树脂漆涂刷，并根据漆膜厚度增加 1～3 遍油漆和磨退、打砂蜡、打油蜡、擦亮的工序；
③ 钢结构涂刷油漆还应符合现行《钢结构工程施工质量验收规范》(GB 50205—2001) 有关规定。

混凝土及抹灰内墙、顶棚表面涂刷溶剂型混色油漆的主要工序　　表 8-10-10

项次	工序名称	普通级油漆	高级油漆	项次	工序名称	普通级油漆	高级油漆
1	清　扫	+	+	9	第一遍油漆	+	+
2	填补缝隙、局部刮腻子	+	+	10	复补腻子		+
3	磨　平	+	+	11	磨平(光)	+	+
4	第一遍满刮腻子	+	+	12	第二遍油漆	+	+
5	磨　光	+	+	13	磨平(光)		+
6	第二遍满刮腻子		+	14	第三遍油漆		+
7	磨　平		+	15	磨平(光)		+
8	清油打底	+	+	16	第四遍油漆		+

注：石膏板内墙、顶棚表面油漆工程的主要工序除板缝处理外，其他工序同本表。

大漆磨退的主要工序 **表 8-10-11**

项　次	工　序　名　称	油灰麻绒打底大漆磨退	油灰褙布打底大漆磨退	漆灰褙布打底大漆磨退
1	清　　理	+	+	+
2	刮 腻 子	+	+	+
3	打　　磨	+	+	+
4	褙 麻 绒	+		
5	褙　　布		+	+
6	麻上刮 次腻子	+		
7	打　　磨	+		
8	褙云皮纸	+		
9	打　　磨	+	+	+
10	布上刮一次腻子		+	+
11	打　　磨		+	+
12	刮二次腻子	+	+	+
13	打　　磨	+	+	+
14	刮三次腻子	+	+	+
15	打　　磨	+	+	+
16	刮四次腻子	+	+	+
17	水　　磨	+	+	
18	糙　　漆	+	+	
19	打　　磨	+	+	+
20	刮五次腻子	+	+	+
21	水　　磨	+	+	+
22	上　　色	+	+	+
23	上头度面漆	+	+	+
24	水　　磨	+	+	+
25	挂　　光	+	+	+
26	破　　粒	+	+	+
27	水磨退光	+	+	+
28	打　　蜡	+	+	+

4. 施工中应注意事项

（1）基层一定要处理好，符合油漆要求，如去尘土、污垢……主要防止咬蚀油漆和透到表面，造成面损难看。金属面如钢屋架、钢门窗等主要是防锈处理和除锈要干净。

（2）底油、腻子、砂纸必须按工序做到做细。

（3）油漆要均匀、周到、不漏刷，如门扇的顶边及底边，有的检查时发现还是光坯，一点油漆也没有。操作时应进行流水作业，待第一遍漆干后才能涂刷第二遍、第三遍。

（4）防止质量通病，如钉子在木构件上还未拔掉，油漆工说："这是木工钉的不关我事"，实际上工序中就有拔钉子的一项要求；还有的最坏的是偷工序，三遍漆变二遍，砂纸不擦，腻子不批或点卯似的点点到，不复补腻子等，这都是通病；还有漏刷、透底、皱皮、流坠、分色不清、污染五金、刷纹明显等，这些通病要与油漆工匠研究解决办法，保证优良的工程质量。

5. 油漆的质量标准

油漆的质量要求归纳起来为：不脱皮、不漏刷、不返锈和无斑迹；不透底、不流坠、不皱皮；颜色一致，无刷纹或少刷纹；光亮、光滑分色线平直，分色清楚不裹楞；五金、玻璃无污染。

6. 油漆质量的控制

(1) 对油漆产品必须使用有信誉的牌号，对来料成品进行抽查检验，这是预控的第一关。

(2) 油漆构件的基层必须清干净，达到符合油漆要求，从而避免脱皮、返锈、斑迹。

(3) 施工操作人员要按规范逐道工序进行操作，偷工序作业其最后效果必然差。

(4) 认真进行技术交底，作业组应由技术好、工作认真的工匠带班，从人的因素上对油漆质量做到保证。

(二) 墙面等涂刷、刷浆施工

1. 施工的一般规定

(1) 涂料及刷浆工程的等级和产品品种要求，应符合设计和现行国家标准的规定。

(2) 涂刷前应具备油漆施工时一样的条件，且基层要求平整、干净、坚固、无污垢、油渍、砂浆流痕、起壳、脱皮、粉化等现象。

(3) 涂刷基层必须干燥，温度过大的要延长干燥时间，待干燥后再涂，如要抢工应烘干。

(4) 涂料所用工具，事先均应清洗干净，不得带油污，尘土等杂质混入涂料。施工完毕或间歇时，工具应洗净或泡在相应溶剂中备用。

(5) 成品涂料使用前认真阅读说明书，了解产品性能。双组分或多组分混合的涂料准确配比，调拌均匀。用多少拌多少，并在规定时间内用完。

(6) 涂刷面大要分段施工时，分段线应在墙面阴角、分格线、或水落管或管道后面留置。室内一个房间涂刷不宜分段，要一次成活。

(7) 涂料及刷浆工程用的腻子应坚固，不粉化、起皮、裂缝。腻子干后要打磨平整光滑，并清理干净。

(8) 涂料及刷浆的涂刷环境温度应按说明书要求达到。

2. 材料要求及使用工具

涂料及刷浆所用的材料、成品、半成品均应符合设计要求，以及现行有关产品的国家标准的规定，并应有品名、种类、颜色、制作时间、贮存的有效期，技术指标和产品合格证。

再有配制的各种浆料的配比要准确，存放时间要短，工程中随配随用，防止沉淀。配制的腻子要有易涂性，满足施工要求，干燥后坚固结实，不粉化、起皮、裂纹，能与基层、涂层有相容性。

涂料与刷浆工具有：铲刀、腻子板、刷子、排笔、毛滚、料桶、粉线袋、砂纸等。

3. 涂刷、刷浆的工艺工序

涂料和刷浆同油漆一样，不同的施工对象和不同的涂料，其工艺工序是不一样的。

刷浆主要用于室内；涂料工程则分为内墙和外墙薄涂料，内墙和外墙厚涂料以及复层涂料的各种工序。其工序过程见表8-10-12～表8-10-18。

室内刷浆的主要工作 **表8-10-12**

项次	工序名称	石灰浆		聚合物水泥浆		大白浆			可赛银浆	
		普通	中级	普通	中级	普通	中级	高级	中级	高级
1	清扫	+	+	+	+	+	+	+	+	+
2	用乳胶水溶液或聚乙烯醇缩甲醛胶水溶液湿润			+	+					
3	填补缝隙、局部刮腻子	+	+	+	+	+	+	+	+	+
4	磨平	+	+	+	+	+	+	+	+	+
5	第一遍刮腻子						+	+	+	+
6	磨平						+	+	+	+
7	第二遍满刮腻子							+		+
8	磨平							+		+
9	第一遍刷浆	+	+	+	+	+	+	+	+	+
10	复补腻子		+		+		+	+	+	+
11	磨平		+		+		+	+	+	+
12	第二遍刷浆	+	+	+	+	+	+	+	+	+
13	磨浮粉							+		+
14	第三遍刷浆		+				+	+		+

注：① 表中"+"号表示应进行的工序；

② 高级刷浆工程，必要时可增刷一遍浆；

③ 机械喷浆可不受表中遍数的限制，以达到质量要求为准；

④ 湿度较大的房间刷浆，应用具有防潮性能的腻子和浆料。

混凝土及抹灰内墙、顶棚表面薄涂料工程的主要工序 **表8-10-13**

项次	工序名称	水性薄涂料		乳液薄涂料		溶剂型薄涂料		无机薄涂料	
		普通	高级	普通	高级	普通	高级	普通	高级
1	清扫	+	+	+	+	+	+	+	+
2	填补缝隙,局部刮腻子	+	+	+	+	+	+	+	+
3	磨平	+	+	+	+	+	+	+	+
4	第一遍满刮腻子	+	+	+	+	+	+	+	+
5	磨平	+	+	+	+	+	+	+	+
6	第二遍满刮腻子		+		+		+		+
7	磨平		+		+		+		+
8	干性油打底					+	+		
9	第一遍涂料	+	+	+	+	+	+	+	+
10	复补腻子		+		+		+		+
11	磨平(光)		+		+		+		+
12	第二遍涂料	+	+	+	+	+	+	+	+

续表

项次	工序名称	水性薄涂料		乳液薄涂料		溶剂型薄涂料		无机薄涂料	
		普通	高级	普通	高级	普通	高级	普通	高级
13	磨平(光)				+		+		
14	第三遍涂料				+		+		
15	磨平(光)						+		
16	第四遍涂料						+		

注：① 表中“+”号表示应进行的工序；
② 机械喷涂可不受表中施涂遍数的限制，以达到质量要求为准；
③ 高级内墙、顶棚薄涂料工程，必要时可增加刮腻子的遍数及1～2遍涂料；
④ 石膏板内墙、顶棚表面薄涂料工程的主要工序除板缝处理外，其他工序同本表；
⑤ 湿度较高或局部遇明水的房间，应用防水性的腻子和涂料。

混凝土及抹灰外墙表面薄涂料工程的主要工序　　表 8-10-14

项次	工序名称	乳液薄涂料	溶剂型薄涂料	无机薄涂料
1	修补	+	+	+
2	清扫	+	+	+
3	填补缝隙,局部刮腻子	+	+	+
4	磨平	+	+	+
5	第一遍涂料	+	+	+
6	第二遍涂料	+	+	+

注：① 表中“+”号表示应进行的工序；
② 机械喷涂可不受表中涂料遍数的限制，以达到质量要求为准；
③ 如施涂二遍涂料后，装饰效果不理想时，可增加1～2遍涂料。

混凝土及抹灰室内、顶棚表面轻质厚质涂料工程的主要工序　　表 8-10-15

项次	工序名称	珍珠岩粉厚涂料		聚苯乙烯泡沫塑料粒子厚涂料		蛭石厚涂料	
		普通	中级	中级	高级	中级	高级
1	清扫	+	+	+	+	+	+
2	填补缝隙,局部刮腻子	+	+	+	+	+	+
3	磨平	+	+	+	+	+	+
4	第一遍满刮腻子	+	+	+	+	+	+
5	磨平	+	+	+	+	+	+
6	第二遍满刮腻子		+	+	+	+	+
7	磨平		+	+	+	+	+
8	第一遍喷涂厚涂料	+	+	+	+	+	+
9	第二遍喷涂厚涂料				+		+
10	局部喷涂厚涂料		+	+	+	+	+

注：① 表中“+”号表示应进行的工序；
② 高级顶棚轻质厚涂料装饰，必要时增加一遍满喷厚涂料后，再进行局部喷涂厚涂料；
③ 合成树脂乳液轻质厚涂料有珍珠岩粉厚涂料，聚苯乙烯泡沫塑料粒子厚涂料和蛭石厚涂料等；
④ 石膏板室内顶棚表面轻质厚涂料工程的工作工序，除板缝处理外，其他工序同上表。

混凝土及抹灰外墙表面厚质涂料工程的主要工序　　　表 8-10-16

项次	工 序 名 称	合成树脂乳液厚涂料合成树脂乳液砂壁状涂料	无机厚涂料
1	修　补	+	+
2	清　扫	+	+
3	填补缝隙,局部刮腻子	+	+
4	磨　平	+	+
5	第　遍喷涂厚涂料	+	+
6	第二遍喷涂厚涂料	+	+

注：① 表中“+”号表示应进行的工序；

② 机械喷涂可不受表中涂料遍数的限制，以达到质量要求为准；

③ 合成树脂乳液和无机厚涂料有云母状，砂粒状；

④ 砂壁状建筑涂料必须采用机械喷涂方法施涂，否则将影响装饰效果、砂粒状厚涂料宜采用喷涂方法施涂。

混凝土及抹灰内墙、顶棚表面复层涂料工程的主要工序　　　表 8-10-17

项　次	工　序　名　称	合成树脂乳液复层涂料	硅溶胶类复层涂料	水 泥 系复层涂料	反应固化型复层涂料
1	清　扫	+	+	+	+
2	填补缝隙,局部刮腻子	+	+	+	+
3	磨　平	+	+	+	+
4	第一遍满刮腻子	+	+	+	+
5	磨　平	+	+	+	+
6	第二遍满刮腻子	+	+	+	+
7	磨　平	+	+	+	+
8	施涂封底涂料	+	+	+	+
9	施涂主层涂料	+	+	+	+
10	滚　压	+	+	+	+
11	第一遍罩面涂料	+	+	+	+
12	第二遍罩面涂料	+	+	+	+

注：① 表中“+”号表示应进行的工序；

② 如需要半球面点状造型时，可不进行滚压工序；

③ 石膏板的室内内墙、顶棚表面复层涂料工程的主要工序，除板缝处理外，其他工序同上表。

混凝土及抹灰外墙面复层涂料工程的主要工序　　　表 8-10-18

项　次	工　序　名　称	合成树脂乳液复层涂料	硅溶胶类复层涂料	水 泥 系复层涂料	反应固化型复层涂料
1	修　补	+	+	+	+
2	清　扫	+	+	+	+
3	填补缝隙,局部刮腻子	+	+	+	+
4	磨　平	+	+	+	+
5	施涂封底涂料	+	+	+	+
6	施涂主层涂料	+	+	+	+
7	滚　压	+	+	+	+
8	第一遍罩面涂料	+	+	+	+
9	第二遍罩面涂料	+	+	+	+

4. 涂料及刷浆施工的要点

(1) 基层必须处理好。涂刷前应将基层的缺棱掉角处，用1∶3水泥砂浆（或聚合物水泥砂浆）修补好，表面麻面、缝隙等应用腻子填补平齐。涂刷的表面要清扫干净，无灰尘、污垢、溅沫、砂浆流痕等。基层好是涂出好质量的基础。

(2) 涂刷的料要拌均匀，使色泽一致；涂时要每次薄涂，不宜过厚，所用涂料应同一室内、同一墙面，用同一批号或同一配料。

(3) 工序过程应按各表要求的不少、不漏地做到。涂刷交接要及时，相隔时间太久会显出接槎而不美观。

(4) 对复层涂料（即封底层、主层、面层）的各层次涂刷时，应待前一层干燥后才能涂后一层。面层要涂两次，第二次涂时，也要待第一次涂层干燥后才能进行。其中水泥系的主层涂层，涂好后应先干燥12h，然后洒水养护24h，再干燥12h后，才能涂面层。这是特殊的情况，我们要记住其特殊要求。

(5) 涂刷面的基层必须干燥，基层要平整表面和顺，这是保证涂刷质量的关键。

5. 涂料和刷浆的质量要求

(1) 所用材料的颜色、品种应符合设计要求，材质应符合产品标准，完成的涂装色彩、效果应符合选定的色板要求。

(2) 对掉粉、起皮、漏刷、透底、反碱、咬色、流坠、疙瘩等都不允许出现。要求颜色均匀一致，装饰线、分色线在5m长内偏差不大于2mm，高级的为1mm。要求室内的门窗、灯具、五金等不被污染。对室外的门、窗、阳台等非要求涂料的物件均不应被污染。

(3) 涂料、刷浆不得被水浇潮或受水的浸蚀，而造成发花、反碱，以免影响质量效果。

油漆和涂料的质量和检验方法见《建筑装饰装修工程质量验收规范》(GB 50210—2001) 中的有关规定。

五、玻璃和玻璃幕墙工程的施工

(一) 一般玻璃工程的施工

我们这里所述的一般玻璃工程是指在门窗上安装及一般斜天窗玻璃安装。作为施工员主要是检查施工过程及完工后的质量。具体操作工艺作为油漆工或玻璃工的工匠都会自行解决的。

1. 一般主要规定

(1) 采光的天棚玻璃，一般采用夹层玻璃、钢化玻璃、夹丝玻璃、中空玻璃进行安装。设计有其他要求的除外。

(2) 门窗玻璃安装，应在框扇校正好后，五金也安装完毕后进行，要求预留孔眼位置和数量准确。

(3) 外墙铝合金或塑料框扇的玻璃不宜在冬期安装。

(4) 玻璃的运输、存放要有箱框保护，存放在防雨防潮的仓库中。玻璃的木箱底应垫高10cm，防止吸潮。防止搬运过程中被碰破，运大面积玻璃时要注意风向，确保安全。

(5) 玻璃宜集中裁割，边缘不得有缺口和斜曲，钢木框、扇的玻璃应按实量尺寸再长宽各缩小框裁口的1/4宽进行裁割，一般说小3～5mm左右。

(6) 玻璃安装时朝向应符合设计要求。

(7) 安装好的玻璃完工后应擦净明亮。严禁用酸性洗涤剂和研磨粉等擦玻璃。尤其是镀膜玻璃。

2. 对材料要求和使用工具

(1) 对玻璃和玻璃砖的品种、规格和颜色应符合设计要求，质量应符合有关产品标准并附有产品检验合格证。

(2) 各种玻璃应薄厚均匀、光滑平整、不得有气泡、水纹和裂痕。磨砂玻璃的磨砂面应粗细均匀、无砂痕和漏磨透明处。压花玻璃的花纹要清晰、匀细、齐整；夹丝玻璃应网格均匀，并居玻厚的中间。

(3) 油灰的配制用料及配合比符合规范，油灰应具有塑性，嵌抹时不断裂、不出麻面。用于钢门窗上的油灰应有防锈性。铝合金门窗中的镶嵌条、定位垫块和隔片、填充材料、密封膏等材料品种规格、尺寸、颜色、理化性能应符合设计要求，与玻璃等有相容性。

(4) 使用的工具

1) 裁割工具：工作台、玻璃刀、直尺、钢卷尺、钢丝钳、毛笔、煤油、刮刀、角尺等。

2) 安装工具：刨刀、油灰刀、木柄螺丝批，木把小锤、剪刀、小刀，密封膏枪等。

3. 玻璃工程施工要点

(1) 裁割 5mm 厚以上玻璃，要用毛笔蘸煤油在划线处涂一遍，便于割开。割后要磨边。

(2) 钢化玻璃不能用玻璃刀裁割，应用电动小号薄口砂轮磨割。

(3) 磨砂玻璃要用水磨。

(4) 木门窗安装玻璃要垫油灰后放玻璃，后钉玻璃钉，最少每边两颗，再抹外油灰。钢门窗安玻璃，也先垫油灰，后装玻璃，玻璃用钢丝卡子卡牢后再抹油灰，卡子每边亦应有两个。铝合金和塑料门窗的玻璃安装，应先清理槽口内的灰尘、杂物，畅通排水孔，然后放垫块，装入玻璃后用镶嵌条或垫片固定。嵌条转角处要用硅胶粘结。

(5) 墙、隔断、顶棚安装玻璃砖时，应使骨架与结构联结牢固，隔断上部顶面与楼盖间应留有适当的缝隙。玻璃砖排列整齐、表面平整，嵌缝的油灰或密封膏应饱满密实。

施工中主要抓住这些要点，并用手轻轻敲打玻璃，如无活动或轻的壳壳声，则说明安装良好，四周垫实了，不会受风力后振动受损。

4. 玻璃工程的质量标准

(1) 安装的玻璃品种、规格、色彩及安装方法应符合设计要求和规范规定幕墙应使用安全玻璃。

(2) 安装好的玻璃应平整、牢固，不松动；油灰与玻璃及框扇的裁口应粘结牢固，四角成人字形，表面不得有裂缝、麻面和皱皮；油灰与玻璃及裁口接触的边缘应齐平，钉子、钢丝卡不得露出油灰面。

(3) 用木压条的，木条与玻璃间亦应有薄薄的油灰层，压好后应与裁口边缘齐平，木压条应互相接紧与裁口也贴紧；铝合金门窗上的密封条与玻璃、槽口的接触要紧密、平整；不得露出槽口；橡胶垫镶嵌玻璃时，胶垫应与裁口、玻璃及压条紧贴，不得露在压条之外；密封膏与玻璃、玻璃槽口的边缘应粘贴牢固，接缝齐平。

(4) 玻璃砖隔断、天棚中安装的玻璃砖不得移位、翘曲、松动，接缝要均匀、平直、密实。

拼排彩色玻璃、压光玻璃的接缝应吻合，颜色、图案应符合设计要求。

(5) 完工后的玻璃，表面应洁净，不得留有油灰、浆水、密封膏、涂料等的污斑。

(二) 玻璃幕墙的施工

1. 玻璃幕墙的分类和特点

玻璃幕墙的分类是以是否显示框格来分的：明框玻璃幕墙、半隐框玻璃幕墙（即有一组对边为明框)、隐框玻璃幕墙三种。

按幕墙立梃的厚度尺寸可划分玻璃幕墙的系列，见表 8-10-19。

玻璃幕墙系列 **表 8-10-19**

幕墙系列(mm)	60	110	120	138	140	155	160	180
立梃厚度(mm)	60	110	120	138	140	155	160	180

按玻璃的种类可分为：吸热玻璃、夹丝玻璃、夹层玻璃、钢化玻璃、镀膜热反射玻璃、中空玻璃等玻璃幕墙。

玻璃幕墙的特点是：

(1) 体现现代建筑气息，它能随季节变化而改变外观的颜色。

(2) 可以借外部的景色到幕墙之上，产生别致的装饰效果。

(3) 作为围护墙体，它具有自重轻，一般为 30～40kg/m^2，是砖墙的 1/10～1/12；混凝土墙的 1/5～1/7。

(4) 原材料生产工业化、施工装配化、工期短、速度快。

(5) 缺点：造价高、耗能大，光污染以及在设计、施工、材料不完善时有安全隐患。

2. 玻璃幕墙所用材料

玻璃幕墙主要有结构上的预埋件、铝合金立梃（或称立柱)、横梁、幕墙结构连结件，幕墙固定玻璃和窗玻璃，或铝合金幕墙板，结构硅酮胶，以及耐候密封胶等。

(1) 对幕墙材料的要求：

1) 所用玻璃幕墙材料应符合国家现行产品标准的规定，型材应有试验，并应有出厂合格证。

2) 玻璃幕墙材料应选用耐气候的材料。金属材料和零附件（除不锈钢外)，钢材应进行表面热浸镀锌处理，铝合金应进行表面阳极氧化处理。

3) 应采用不燃烧性材料或难燃烧性材料作幕墙材料。

4) 结构硅酮密封胶应有与接触材料相容性试验报告，并应有保险年限的质量证书。应附有品牌、产地、合格证和试验报告、粘结力试验等证明。

(2) 对所使用的玻璃及密封材料要求可参看表 8-10-20～表 8-10-27 得到了解。

热反射镀膜玻璃尺寸的允许偏差 (mm) **表 8-10-20**

玻璃厚度	玻璃尺寸及允许偏差	
	≤2000×2000	≥2440×3300
4、5、6	±3	±4
8、10、12	±4	±5

热反射镀膜玻璃外观质量　　　　表 8-10-21

项目＼外观质量		等级划分		
		优等品	一等品	合格品
针眼	直径≤1.2mm	不允许集中	集中的每平方米允许2处	
	1.2mm<直径≤1.6mm 每平方米允许处数	中部不允许 75mm边部3处	不允许集中	
	1.6mm<直径≤2.5mm 每平方米允许处数	不允许	75mm边部4处 中部2处	75mm边部8处 中部3处
	直径>2.5mm	不允许		
斑纹		不允许		
斑点	1.6mm<直径≤5.0mm 每平方米允许处数	不允许	4	8
划伤	0.1mm≤宽度≤0.3mm 每平方米允许处数	长度≤50mm	长度≤100mm 4	不限
	宽度>0.3mm 每平方米允许处数	不允许	宽度<0.4mm 长度≤100mm	宽度<0.8mm 长度<100mm

注：表中针眼（孔洞）是指直径在100mm面积内超过20个针眼为集中。

聚乙烯发泡填充材料的性能　　　　表 8-10-22

项目	直径		
	10mm	30mm	50mm
拉伸强度 N/mm²	0.35	0.43	0.52
延伸率%	46.5	52.3	64.3
压缩后变形率(纵向)%	4.0	4.1	2.5
压缩后恢复率(纵向)%	3.2	3.6	3.5
永久压缩变形率%	3.0	3.4	3.4
25%压缩时，纵向变形率%	0.75	0.77	1.12
50%压缩时，纵向变形率%	1.35	1.44	1.65
75%压缩时，纵向变形率%	3.21	3.44	3.70

氯丁密封胶的性能　　　　表 8-10-23

项目	指标	项目	指标
稠度	不流淌，不塌陷	低温柔性(−40℃，棒 ϕ10mm)	无裂纹
含固量	75%	剪切强度	0.1N/mm²
表干时间	≤15min	施工温度	−5～50℃
固化时间	≤12h	施工性	采用手工注胶机不流淌
耐寒性(−40℃)	不龟裂	有效期	12月
耐热性(90℃)	不龟裂		

耐候硅酮密封胶的性能 表 8-10-24

项　　目	技术指标	项　　目	技术指标
表干时间	1～1.5h	极限拉伸强度	0.11～0.14N/mm^2
流淌性	无流淌	撕裂强度	3.8N/mm
初步固化时间(25℃)	3d	固化后的变位承受能力	25%≤δ≤50%
完全固化时间	7～14d	有效期	9～12月
邵氏硬度	20～30度	施工温度	5～48℃

结构硅酮密封胶的性能 表 8-10-25

项　　目	技术指标		项　　目	技术指标	
	中性双组分	中性单组分		中性双组分	中性单组分
有效期	9月	9～12月	内聚力(母材)破坏率	100%	
施工温度	10～30℃	5～18℃	剥离强度(与玻璃、铝)	5.6～8.7N/mm(单组分)	
使用温度	−48～88℃		撕裂强度(B模)	4.7N/mm	
操作时间	≤30min		抗臭氧及紫外线拉伸强度	不　变	
表干时间	≤3h		污染和变色	无污染、无变色	
初步固化时间(25℃)	7d		耐热性	150℃	
完全固化时间	14～21d		热失重	≤10%	
邵氏硬度	35～45度		流淌性	≤2.5mm	
粘结拉伸强度(H型试件)	≥0.7N/mm^2		冷变形(蠕变)	不明显	
延伸率(哑铃型)	≥100%		外　观	无龟裂、靠近无变色	
粘结破坏(H型试件)	不允许		完全固化后的变位承受能力	12.5%≤δ≤50%	

聚胺基甲酸乙酯低发泡间隔双面胶带的性能 表 8-10-26

项　　目	技术指标	项　　目	技术指标
密　度	0.35g/cm^2	静态拉伸粘结性(2000h)	0.007N/mm^2
邵氏硬度	30～35度	动态剪切强度(停留15min)	0.28N/mm^2
拉伸强度	0.91N/mm^2	隔热值	0.55W(m^2·K)
延伸率	105%～125%	抗紫外线(300W,250～300mm,3000h)	颜色不变
承受压应力(压缩率10%)	0.11N/mm^2		
动态拉伸粘结性(停留15min)	0.39N/mm^2	烤漆耐污染性(70℃,200h)	无

聚乙烯低发泡间隔双面胶带的性能 表 8-10-27

项　　目	技术指标	项　　目	技术指标
密　度	0.21g/cm^2	剥离强度	27.6N/mm
邵氏硬度	40度	剪切强度(停留24h)	40N/mm^2
拉伸强度	0.87N/mm^2	隔热值	0.41W(m^2·K)
延伸率	125%	使用温度	−44～75℃
承受压应力(压缩率10%)	0.18N/mm^2	施工温度	15～52℃

(3) 玻璃幕墙宜采用岩棉、矿棉、玻璃棉、防火板等不燃烧性或难燃烧性材料作隔热保温材料，同时应采用铝箔或塑料薄膜包装的复合材料，作为防水和防潮材料。

(4) 在主体结构与玻璃幕墙构件之间，应加设耐热的硬质有机材料垫片。

(5) 玻璃幕墙立柱与横梁之间的连接处，宜加设橡胶片，并应安装严密。

3. 在设计上考虑的一些要求

玻璃幕墙的设计应考虑的一些问题，作为我们施工人员应了解的是：

(1) 幕墙设计要考虑到受风压后变形的性能；防雨水渗漏的性能；空气渗透的性能；平面内变形的性能；保温性能；隔声性能；耐撞击性能等。

(2) 玻璃幕墙在风荷载标准值作用下，其立柱和横梁的相对挠度不应大于 $L/180$（L 为立柱或横梁两支点间的跨度），且绝对挠度应不大于 20mm。

(3) 幕墙设计中应考虑地震的影响；而在非地震设防区，要求在风荷载下，玻璃不得破损。

(4) 结构硅酮密封胶在玻璃与金属之间的粘结厚度不应小于 6mm，亦不应大于 12mm。

(5) 连接件都进行承载力的计算的。因此受力的铆钉和螺栓，每处不得小于 2 个。

(6) 与幕墙立柱相连接的主体结构的混凝土构件的强度不低于 C30。

4. 幕墙施工前的准备工作

(1) 要请有设计资质的设计单位设计幕墙，并在施工前对幕墙的建筑、结构方面的图和节点进行综合性会审，对不协调部分提出修改意见，以备设计修改，经设计及业主同意出修改图后才可施工。

(2) 应根据国内现有技术质量标准《玻璃幕墙工程技术规范》和有可能地参考国外标准，精心组织编制幕墙施工方案。

(3) 要统筹规划和协调好相关搭接部分的结合，落实不同工种工艺之间分工协作的关系。

(4) 确定各种材料的抽检方法和检测标准；使用的计量器具必须经过检验，并在有效期内。要求对构件应抽查总量的 5%，且每种不少于 5 件，若有一个不合格应加倍抽查。

(5) 对施工人员进行技术质量交底，施工难点部位，可组织技术业务培训，落实专职质量检查人员。做好安装的施工放线工作。

(6) 落实材料堆放、现场作业场地，对易碎、易变形的玻璃及铝合金板材应放入临时仓库或专地隔遮存放。

5. 幕墙的施工工艺流程

结构施工时槽铁预埋→结构尺寸复核→确定垂直及水平基准线→安装立梃→安装横梁→幕墙固定玻璃的安装→幕墙玻璃窗的安装→密封条→打硅酮密封胶→室内立柱罩板→窗台板、窗帘盒安装→封顶→外墙清洗检查→验收、拆架子。

6. 施工中注意要点

(1) 施工前必须有可靠设计资质的单位设计，并审图后组织施工，一定要编施工方案。

(2) 所用材料必须抽检，不合格绝不能用，尤其是粘结胶、密封胶，过期严禁使用。

(3) 玻璃必须选用安全玻璃，如钢化玻璃、夹丝玻璃。玻璃尺寸要考虑热胀冷缩变化。

(4) 施工中考虑防雷措施。节点施工必须按图一丝不苟的处理好。

(5) 玻璃安装的下部构件框槽内，应设两块定位橡胶垫，避免玻璃直接和构件接触摩擦。安装前玻璃应擦洗干净，用吸盘安装，并注意保护镀膜层，内胶条应填实密封。密封胶施工前，必须对缝隙进行清洁，干净后应立即打密封胶，防止二次污染。密封胶表面应光滑平整。

(6) 各节点连结件、螺丝等必须安装牢固符合图纸，事后应进行复查以保证使用安全和承受风荷载和震动。

(7) 注意完工后的成品保护。

(8) 应向业主建议对幕墙进行定期或不定期的检查、维修。每隔5年应进行一次全面检查。以确保幕墙的安全使用。

(9) 施工中积累的技术资料及监理认可的合格证等证明资料，应当存档。

隐蔽验收内容为：构件与主体结构的连接节点的安装；幕墙四周、幕墙内表面与主体结构之间间隙节点的安装；幕墙伸缩缝、沉降缝、防震缝及墙面转角节点的安装；幕墙防雷接地节点的安装。

7. 施工中的质量及安全要求

(1) 质量方面的要求

1) 安装玻璃幕墙的钢结构、钢筋混凝土结构以及砖混结构的主体工程，应符合各类工程的结构施工质量验收规范，即工程是合格乃至优良的。

2) 安装玻璃幕墙的构件及零附件的材料品种、规格、色泽、性能，应符合设计要求。

3) 构件安装前均应进行检验和校正。构件应平直、规整，不得有变形和刮痕。不合格构件不得安装。

4) 玻璃幕墙与主体结构连接的预埋件，应在主体结构施工时按设计要求埋设。埋设应牢固、位置准确，埋件的标高偏差不大于10mm，埋件位置与设计位置偏差不大于20mm。

5) 立柱安装标高偏差不大于3mm，轴线前后偏差不大于2mm，左右偏差不大于3mm；相邻两根立柱安装标高偏差不大于3mm；同层立柱的最大标高偏差不大于5mm；相邻两根立柱的距离偏差不大于2mm。

6) 横梁安装时两端的连接件及弹性橡胶垫应安装在立柱的预定位置，并应安装牢固，其接缝应严密。相邻两根横梁的水平标高偏差不大于1mm。同层标高偏差：当一幅幕墙宽度小于或等于35m时，不大于5mm，当一幅幕墙宽度大于35m时，不大于7mm。

7) 玻璃幕墙观感检验应达到：明框幕墙框料应横平竖直；单元式幕墙的单元拼缝或隐框幕墙分格玻璃拼缝亦应横平竖直，缝宽均匀，符合设计要求。

玻璃的品种、规格、色彩与设计要符合，整幅幕墙玻璃的色泽应均匀；不应有析碱、发霉和镀膜脱落等现象，玻璃的安装方向要正确。

幕墙的铝合金料不应有脱膜现象，彩色应均匀，并符合设计要求。装饰压板表面应平整，不应有肉眼可察觉的变形、波纹或局部压砸等缺陷。

幕墙的上下边及侧边封口、沉降缝、伸缩缝、防震缝的处理及防雷体系应符合设计要求；隐蔽节点的遮封装修应整齐美观；幕墙不得渗漏。

8）玻璃幕墙工程抽样检验应符合下列要求：铝合金料及玻璃表面不应有铝屑、毛刺、油斑和其他污垢；

玻璃应安装或粘结牢固，橡胶条和密封胶应嵌密实、填充平整；钢化玻璃表面不得有伤痕。

9）玻璃表面质量；金属幕墙安装的允许偏差；隐框玻璃幕墙的安装允许偏差量等可见表 8-10-28～表 8-10-30。

每平方米玻璃的表面质量和检验方法　　表 8-10-28

项次	项　目	质量要求	检验方法
1	明显划伤和长度>100mm 的轻微划伤	不允许	观察
2	长度≤100mm 的轻微划伤	≤8 条	用钢尺检查
3	擦伤总面积	≤500mm^2	用钢尺检查

金属幕墙安装的允许偏差和检验方法　　表 8-10-29

项次	项　目		允许偏差(mm)	检验方法
1	幕墙垂直度	幕墙高度≤30m	10	用经纬仪检查
		30m<幕墙高度≤60m	15	
		60m<幕墙高度≤90m	20	
		幕墙高度>90m	25	
2	幕墙水平度	层高≤3m	3	用水平仪检查
		层高>3m	5	
3	幕墙表面平整度		2	用 2m 靠尺和塞尺检查
4	板材立面垂直度		3	用垂直检测尺检查
5	板材上沿水平度		2	用 1m 水平尺和钢直尺检查
6	相邻板材板角错位		1	用钢直尺检查
7	阳角方正		2	用直角检测尺检查
8	接缝直线度		2	拉 5m 线，不足 5m 拉通线，用钢直尺检查
9	接缝高低差		1	用钢直尺和塞尺检查
10	接缝宽度		1	用钢直尺检查

隐框、半隐框玻璃幕墙安装的允许偏差和检验方法　　表 8-10-30

项次	项　目		允许偏差(mm)	检验方法
1	幕墙垂直度	幕墙高度≤30m	10	用经纬仪检查
		30m<幕墙高度≤60m	15	
		60m<幕墙高度≤90m	20	
		幕墙高度>90m	25	
2	幕墙水平度	层高≤3m	3	用水平仪检查
		层高>3m	5	
3	幕墙表面平整度		2	用 2m 靠尺和塞尺检查

续表

项次	项　　目	允许偏差(mm)	检验方法
4	板材立面垂直度	2	用垂直检测尺检查
5	板材上沿水平度	2	用1m水平尺和钢直尺检查
6	相邻板材板角错位	1	用钢直尺检查
7	阳角方正	2	用直角检测尺检查
8	接缝直线度	2	拉5m线，不足5m拉通线，用钢直尺检查
9	接缝高低差	1	用钢直尺和塞尺检查
10	接缝宽度	1	用钢直尺检查

(2) 安全方面的要求：

1) 施工前应进行安全技术交底，搭好安装架子及设置安全防护栏。如有立体交叉作业时，施工层间应架设防护棚或密网。

2) 施工人员应戴好安全帽、配备安全带，有工具袋。

3) 在离地面3m以上高处施工，应搭出水平伸出6m的安全网。

4) 对安装使用的施工机具，在使用前应进行仔细检查是否牢固和好用。

5) 现场进行焊接等工作，应有防火措施，应有专人“看火”，准备好水管及灭火器。

六、建筑饰品的施工

(一) 饰品的分类

根据目前常用的饰品按所用材料大致可分为：

1. 细木制品

(1) 木护墙板：可用木板拼装做成，也可用胶合板锯块做成，多用在室内，具有使用效果及增加室内装饰效果。

(2) 楼梯的木扶手：在设计上可由其造型构造、花样，而使楼梯这公共部位增加色彩。

(3) 门、窗的贴脸：用细木带线条的贴脸板条安装于门、窗边，使门、窗增加线条美而不至于单调。

(4) 窗帘盒：它使窗帘的上部滑道隐在其内，外观上使人有舒服感，不像直接暴露于外那么别扭。

(5) 门口的筒子板：使门有种稳重感，增加了门的线条和给洞口的墙体加上了一条“花环”。

(6) 花格框式木隔断：它可以放置盆景、增加室内美观。见图8-10-13。

(7) 木挂线：是梁、柱结合角处的一种花格装饰，增加建筑的线条美。如图8-10-14。

(8) 木挂景线是室内装饰划分顶棚色彩和墙面色彩的分界线，使得装饰协调。

2. 塑料制品

(1) 塑料扶手：主要装于栏杆及楼梯栏杆上的，可代替木扶手的作用。

(2) 塑料护墙板：和木护墙板一样，在室内墙裙部位应用，既便于擦洗，又有装饰效果。

3. 金属饰品

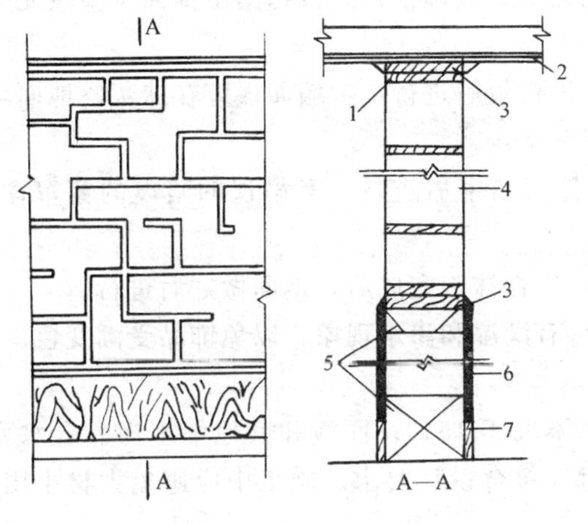

图 8-10-13　花格框式木隔断示意

1—螺钉；2—平顶；3—压条；4—隔断；
5—木筋；6—胶合板；7—踢脚板

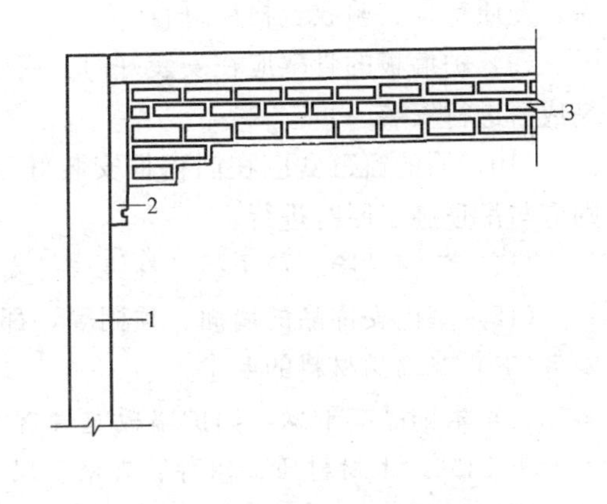

图 8-10-14　木挂落安装示意

1—柱；2—抱柱；3—挂落

（1）铸铁花饰金属围墙制品：它是用铸铁连结做成一片片花饰，可以安装在混凝土座梁及混凝土柱侧，做室外的围墙装置。其效果改变了过去围墙青一色砖砌抹灰，而又见不到内部建筑色彩的弊端。由于花饰的大方空格，又可显示内部建筑的造型，目前使用日益增多。

（2）金属栏杆：用于楼梯、阳台、走廊、屋顶等。它可以是钢条、不锈钢、铜等制成，各显特色，装置在上述各种部位，既起到护栏安全的使用，也起到使人看了舒服的装饰效果。

4. 石膏饰品

（1）石膏雕塑：这在公共建筑、艺术建筑中常会见到，这往往又超过了建筑施工的范围，而具有艺术性的东西。

（2）石膏花饰：这在目前的会议室，以致家庭住宅中的起居室（客厅）内的天棚上也开始贴上石膏花饰的灯圈、花边、灰线等。

（二）对建筑饰品施工的一般规定

（1）饰品的安装应在结构施工阶段，就应按设计布局及施工要求预埋木砖、铁件、锚固连接件的零件或预留出孔洞。预埋木砖及铁件要涂刷防腐剂和防锈漆。

（2）饰品用材料或已做的成品、半成品，必须进行质量验收，按设计要求检查尺寸，图案、强度，制作的质量水平。

（3）安装前要检查预埋件、锚固连接件、预留孔洞等是否具备。

（4）安装饰品的部位，是基层、基体等必须牢固，属于抹灰层的应粘结牢固、无脱壳、裂缝等缺陷。表面要平整、清洁。

（5）若在抹灰面上安装饰品（如石膏花饰），应待抹灰面硬化干燥后进行。安装时防止浆水流坠墙面。

（6）若有浮雕和凸起的高浮雕饰品，宜与饰面板镶贴，或饰面砖粘贴同时进行施工。

（7）复杂饰品的安装，必须先按设计图案试拼，然后分块在背面编号；安装时图案应精确吻合。

(8) 安装楼梯扶手时，应在楼梯间湿作业完毕、楼梯栏杆、楼梯踏步饰面等安装完毕后，经质量检查验收合格后进行。

(9) 护墙板的骨架应在安装好门、窗框，窗台板后进行，护墙面板应在抹灰、地面均完成后进行安装。

(10) 明的窗帘盒应在门窗框安装好后，抹灰结束后进行；有吊顶的暗设的窗帘盒，则应与吊顶施工同时进行。

(11) 门窗贴脸、筒子板、挂镜线等安装，应在抹灰完成后，地面做好后进行。

(12) 室内安饰品的墙面、顶棚等，都不得有潮湿和渗水现象，以免饰品受潮变色。

(三) 对饰品材料的要求

(1) 木饰品应干燥，如护墙板龙骨含水率不大于15%；面板和其他细木饰品含水率不大于12%。木材材质、树种、规格、尺寸都应符合设计要求。施工中应避免大材小用，优材劣用的现象。

(2) 细木饰品露明部位、作清漆显木纹的，均应选优质木材，要颜色、木纹相近。易虫蛀的木材不可作细木饰品。不得有腐朽、节疤、扭曲、劈裂等缺陷。

(3) 安装所用的金属配件、连接铁件、滑轮、滑轨、螺栓、螺帽、钉子等的品种、规格、尺寸应符合设计要求及有关标准的规定。

(4) 塑料及金属饰品的质量要求应符合有关的标准及规定。

(5) 石膏材料、饰品半成品应无杂质，并无受潮变性的性质。

(四) 饰品施工应注意要点

1. 细木饰品

(1) 细木饰品一般工艺流程为：

按图配料→基层处理（包括预埋木砖等）→弹线布局→半成品加工→拼接组合→安装→修整→油漆。

(2) 要检查预埋件、连接件是否牢固；安装应横平、竖直、挤缝严密、表面光洁、顺滑，尺寸、标高符合设计要求。

(3) 钉子帽一定要砸扁后使用，要钉入板面内2mm左右，后用油灰填补平。

(4) 花格框架、挂落等木件的接榫要牢固不脱开，接槎平服。禁止用钉子连接内部接头。复杂的应先放样，按样制作施工。

(5) 细木饰品上用的胶粘剂要在保质期内，过期胶料不得使用。

2. 塑料制品

(1) 安装时，每个部位或单元应选颜色一致，表面光洁度好的制品。

(2) 安装时接缝、接角要平滑无错台。安装的连接件要牢靠，安装后要牢固。

(3) 接缝、接头用塑料胶时，胶液不要挤到表面，应及时清理，毛刺可用砂纸打光后用无色蜡抛光，达到美观。

3. 金属饰品

(1) 安装的位置、尺寸、标高应符合设计要求。安装后应牢固、预埋件、连接件应先检查合格、牢固后才能安装。栏杆式围墙应在支模、浇混凝土或砌砖时同时施工，完成后擦洗干净后油漆光洁。

(2) 要注意金属件焊接处的平服、光滑，不能有毛刺、焊瘤，凡发现应用锉刀锉平。

尤其不锈钢、铜的扶手和栏杆等。

(3) 管状扶手、栏杆表面不应有凹坑，波轮现象，若修整不好应返工重做。尤其不锈钢和铜管状的饰件特别明显，应十分注意保护。

(4) 金属饰品安装完后，该油漆的油漆、抛光的抛光，显出其独特的特色。

(5) 连结螺丝、螺栓均应采用不锈钢材料。

4. 石膏饰品

(1) 石膏饰品的一般工艺流程为：

基层处理检查→弹线定位→地面试拼→饰面处安装→校正和固定→检查和修整→清理细修→拆除支撑。

(2) 对基层要检查其牢固程度，并将表面修补平整。

(3) 按图弹线定出位置，必须认真细致，完成后应进行复核检查。

(4) 饰品背面应先清扫干净放一边备用，并防止碰损、裂缝。

(5) 安装时轻的可采用粘贴方法，大的重的可用木螺丝紧固。粘贴用石膏浆均匀涂在饰件背面，然后按弹线粘贴至指定位置。用木螺丝固定法，一般花饰面积在 0.3～0.5m^2 的，用 4～6 个螺丝钉，拧时不宜过紧，以免损坏花饰。

(6) 安装中要注意拼接平服、线条平直，无接拼处错位、凸凹不平现象。安装好后应对缝隙、孔洞（钉孔）补石膏浆，使表面整齐不露痕迹。待石膏浆或白水泥浆达到一定强度后可以拆除临时固定的支撑。

(7) 石膏饰品冬期施工时应有采暖和防冻措施。且基层表面应干燥、湿度不超过 10%。表面有冻屑等应清扫干净及烘干。

5. 成品保护

细木制品如挂落等细柔的装饰，要防止碰撞；金属的铜管、不锈钢管，要包裹保护防止砸瘪出凹坑及摩擦有痕；石膏花饰一要防止碰撞损坏，二要防止污染变色。

总之，饰品的成品保护同其他装饰一样，在施工工序完成之后，要采取相应措施，达到保护完好的目的。

七、装饰工程的安全施工

装饰工程进行施工有室内、有室外，有地下、有高层，环境不同，工作内容不同，因此在施工管理中，应根据不同的具体情况组织施工的安全生产。现对安全生产的要求作些介绍：

（一）总体要求

(1) 装饰工程在室外进行时，先应对结构施工的脚手架或后来采用吊篮架等进行检查、验收。如脚手是否牢固，木架的铁丝、竹架的竹蔑、金属架的扣件等是否腐蚀、脆断和螺栓松开；有无翘头板、折断的板，竹排片是否散断；脚手搭设应符合安全要求，如檐口处脚手应高出檐头至少 1m，并设护拦，严禁搭飞跳。

(2) 由于装饰工程立体交错作业较多，一定要戴好安全帽；个别高处难度大的操作应带好安全带。

(3) 室内装饰面大、体高的要搭满堂脚手架，不得自搭凑合的施工脚手。禁止将脚手板、钢管、木杆、竹杆等支搭在门窗框樘上及扶手、栏杆上。

(4) 人字梯在中间部位应有牢固拉结的索或绳；为防止在较滑地面时滑动，人字梯脚上应包扎麻布头等防滑物质。脚手板不得放到最高一档上，在一块跳板上不得同时站两个作业人员。

(5) 各种施工机械、电源电器必须由持证人员操作，无证人不得进行开机和接电，防止发生安全事故。

(6) 电焊操作必须持证上岗，必须戴好全套防护用具，协作人亦应戴墨镜及戴绝缘手套。防止电焊光灼伤眼睛。焊接时应有人看火。

(7) 冬期施工时应遵守冬施有关规定，室内如生火采暖的，应注意防止一氧化碳气中毒和防止火灾发生。

(8) 脚手架上不得向下扔东西，垃圾应及时清理，工具应安放稳当；冬施期凡遇雨雪、冰冻，上架操作前应先进行清扫干净，才能施工，高空作业必须穿软底防滑鞋作业。

(二) 抹灰工程施工的安全要求

除总体的要求之外，具体增加以下一些应注意点：

(1) 室内抹灰一般由抹灰工自搭架子。最好采用工具式支架，脚手板要牢固，支搭要稳固。体量大而高（高度超过 3.6m 者）的，一定要由架子工搭设满堂施工的脚手架，并设有护栏。

(2) 工业厂房楼层施工时，凡有设备孔洞处，均应铺设牢固遮盖物（如满铺脚手板或竹排片），推车应绕开运行。

(3) 室外脚手上施工，不允许多人集中在一起操作，凡立体交叉作业时，上下操作手之间至少应有 1m 以上的间距，禁止站在同一垂直线上作业。物品应放在可靠的地方，防止下落伤人。

(4) 运输、搅拌砂浆、抹顶棚灰时，均应注意防止砂浆溅入眼内，万一被溅应先用洁净水冲洗，后去医务所治疗。喷涂抹灰时，不论在操作中或检修中，严禁把喷枪嘴对人，更不准面对枪嘴口检查是否堵塞。

(5) 磨石子机的操作人员应穿胶鞋，戴绝缘胶皮手套进行操作，软线应架空，不得拖在地上来回拉。

(三) 饰面工程的安全施工要求

(1) 搬运重型石材板材和块材应两人合作，防止砸脚伤骨。

(2) 在脚手架上施工时，切割下的碎块和碎面砖等不能任意下扔，而应装入桶中集中往下运送清理。

(3) 使用的工具要事先检查，如锤子、斩斧、錾子等防止脱落下坠伤人。

(4) 在板材上用电钻等钻眼打孔时，应注意用电安全；操作时应两人合作，操作中防止钻动时打滑、脱空而失手。

(5) 挂板时铜丝一定要绕牢固，灌浆时不要捣固过分，以防止板块根部外滑下落伤人。

(6) 若墙面需用稀盐酸清洗时，应把盐酸徐徐倒入水中，严禁把水倒入盐酸中，造成酸液飞溅伤人。使用时戴胶皮手套防止“烧”手。

(四) 吊顶及隔断施工时的安全要求

(1) 要检查预埋的牢固程度，防止施工中吊顶荷重上去后下坠坍塌而伤人。

(2) 木吊顶不得用斜钉方法，不用连结小吊杆，直接把次龙骨钉到主龙骨上。因吊顶不牢，钢丝网抹灰又厚，曾发生过重量过大造成顶棚坍塌下落，在竣工后发生砸人的伤亡事故的教训。

（3）高的吊顶，必须搭设操作脚手，应由架子工搭设，搭好后应检查验收后，才能使用和上人进行作业。

（4）隔断施工，必须在质量上保证隔断刚度足够、架子稳固，不发生施工中或使用中倒架伤人的事故。施工中应有适当的临时支撑。

（5）施工中应用的临时马道，应架设或支架吊挂在房屋结构件上，严禁以吊顶龙骨或隔断龙骨作支撑点。

（6）多工种交错作业时，应注意上下工序的配合，并不得任意扔掷工具及材料，以免伤人。

（7）电动、电焊等设备和工具在使用时应由专人保管，并应按照电器安全操作规定操作不得随意乱拉电线，不得违章作业。

（8）夜间施工，照明灯具不应贴近木质龙骨、纤维板、胶合板等，以防止电热升温引起火灾。这类事也是曾经发生过的。

（五）油漆和涂料施工的安全要求

（1）油漆和涂料应设专门库房，库房和配料房周围，必须严禁烟火、隔绝火源、禁止吸烟。室内应用安全照明，并配备一定数量的泡沫、干粉灭火器，不得用水灭火。

（2）库房、配料房内储藏的油料、溶剂桶，应盖紧密封，并安放在指定地点（低温处），开桶时严禁用榔头、铁器撬击。库房温度最高不得大于 32℃。

（3）所有沾染油漆类的旧纸、盖头、揩布、乱棉丝等废物污品，应及时收集在有盖的桶内，定期处理，以杜绝火源。

（4）使用有毒油漆、涂料时，必须有防毒措施，施工场所应通风流畅，操作时戴活性炭防毒口罩。熬胶、熬油时，必须找远离建筑的空旷场地进行。

（5）要交待操作人员了解使用的各种油漆及涂料的性能，懂得安全施工措施，严格执行各项劳动保护制度。

（6）带粉尘（如磨砂纸时）和喷、涂作业时应戴好口罩、穿工作服、戴防护眼镜。

（7）使用空压机、喷枪、喷浆机具时，应作使用前的检查，是否安全好用。如空压机的安全阀应灵活有效，喷枪通顺不堵，皮管不裂、不漏等等。使用中发生故障时进行检修，注意其出口不得朝人面部，防止浆料喷出伤人。

（8）施工人员在作业后，就餐之前，必须洗手、洗脸。应用肥皂及温水洗涤，不得用有害溶剂洗刷粘在皮肤上的油漆。

（9）大漆施工操作前，应对操作人员做好生漆过敏的保护。

（六）玻璃及裱糊工程的施工安全要点

（1）裁割下的玻璃条及碎块，应集中放在指定木箱中，定期清理走，不得乱抛乱堆。裁割时应防止划破手指等。

（2）搬运玻璃要戴手套，重、大玻璃应两人合作，玻璃放置时应立放紧靠。

（3）安装玻璃时，应带工具袋，在木门窗上安玻璃时，禁止把钉子含在口内进行操作。在同一垂直面上不得上下交叉作业，以防止工具、玻璃脱手下坠伤人。玻璃未固定时，不得停工或休息，以防止掉落伤人。刮大风时，不得在室外脚手上安装玻璃。

(4) 安装门窗玻璃或玻璃隔断时，不得将梯子靠在门窗扇上或玻璃框上作业。

(5) 安装天窗、顶棚玻璃（或玻璃砖）时，在施工面下方应设防护设施（如安全网双层)，以防止工具或玻璃摔落，同时应暂时禁止行人往来和在其下进行其他作业施工。

(6) 裱糊裁纸时，防止刀伤手及指。对易燃材料或有害物质应采取相应的防护措施。

复习思考题

1. 抹灰工程的种类有哪些？各自的施工方法和要求有哪些？如何保证工程质量和安全要求？

2. 饰面、吊顶的施工要求是什么？如何保证工程质量？

3. 装饰工程施工安全施工有哪些要求？

第十一节　工程构筑物施工

工程构筑物是工业与民用建筑中配合工业生产、民用生活的需要而建造的相关工程，特点是：高耸或庞大，没有什么建筑装饰，属于结构外露型，所以称为构筑物。

我们一般遇到的有烟囱、水塔、水池、油罐、筒仓、冷却塔等。

在此主要介绍常见的烟囱和水塔的施工。

一、烟囱的施工

烟囱可以用砖砌，也可用钢筋混凝土建造。钢筋混凝土烟囱是目前采用较多的一类。

(一) 砖烟囱的施工

砖烟囱由基础、筒身、内衬、紧箍圈、钢筋混凝土圈梁、外爬梯、囱顶平台、避雷针、信号灯等组成，其底部有出灰口和烟道入口。

烟囱的外壁有2%～3%的坡度，是由直径逐步收小而形成。筒身按总高度分成若干段，其壁厚由下至上逐段减薄。根据构造要求，砖烟囱当筒身顶口的内径小于或等于3m时，其筒壁的最小厚度应为240mm；当筒身顶口的内径大于3m时，筒壁最小厚度应为370mm，烟囱每段的高度不宜超过15m，在每一段内的壁厚应相同。烟囱顶部应向外侧加厚，加出180mm为宜，成反台阶形的挑出，每挑一台为60mm。烟囱顶口及加厚台阶部分抹1∶3水泥砂浆，顶面有向外的泛水坡。通常该部分用钢筋混凝土压顶做成。

烟囱的内衬，根据烟气的温度高低，可采用耐火砖，也可采用烧结普通砖（低温时）。内衬与外壁间有一40～60mm的隔热层，为此外壁上设有60mm×60mm小孔，形成上下左右均有的散热孔。内衬在筒身分段时，隔热层上口要由外壁向内挑出砖檐压住，防止烟灰落入而降低隔热效果。

砖烟囱的高度，一般不宜超过60m；60m以上高时，则大多采用钢筋混凝土烟囱，这样比较经济，且比砖烟囱要牢固，抗震性能也好。

砖烟囱的构造及细部做法可见图8-11-1。

1. 砖烟囱所使用的材料要求

(1) 砌筑筒身外壁的烧结普通砖：一般要求其强度应达MU10，外观整齐，不欠火、

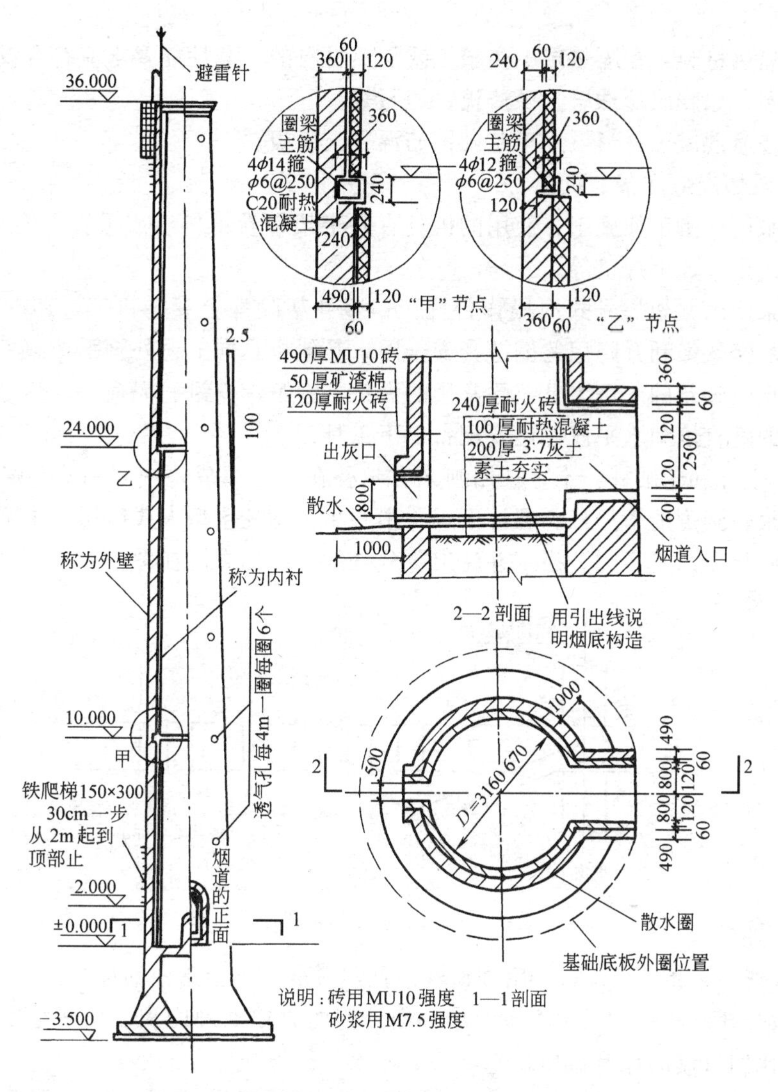

图 8-11-1 烟囱外形图和剖面图

不翘曲、质地均匀、色泽一致，抗冻性合格。

(2) 耐火砖：内衬采用耐火砖时，如需配置异形砖的，应根据设计要求事先进行准备。

(3) 砌筑砂浆：强度由设计确定，一般为不低于 M5 的水泥混合砂浆，烟囱顶部 5m 范围内提高一级，不低于 M7.5。当烟囱有钢筋配筋时，其砌筑砂浆不低于 M7.5。

内衬砌筑砂浆或胶泥：内衬采用黏土砖时采用 M2.5 的水泥混合砂浆；内衬采用耐火砖时应用耐火胶泥砌筑；内衬用耐热混凝土预制块砖时，在耐火胶泥中再加 20% 的水泥拌和后使用。

(4) 钢筋：烟囱有配筋则钢筋的要求同钢筋混凝土结构中一样。

(5) 耐热混凝土：按耐热混凝土要求，选用水泥、骨料，水泥和骨料应符合相关规定。

(6) 附加铁件：如铁爬梯、紧箍圈、平台、避雷针等，应事先进行加工并先刷好防锈漆。

(7) 隔热材料：在隔热层中要求填塞隔热材料的，其性能要求应符合设计要求。存放时切忌受潮，如膨胀珍珠岩、矿渣棉、蛭石等。

(8) 普通混凝土材料：用于基础钢筋混凝土底板。

2. 砌砖烟囱应准备的机具

(1) 采用外脚手架施工：使用的机具有井字架带卷扬机组成垂直运输系统；砂浆机、小翻斗车或小车、电焊机等。

(2) 采用内井架提升式内操作台施工：竖井架除配合卷扬机外，还有升降的操作平台、相应的钢丝绳和升降用的倒链，安全网，其他机具同上述外脚手架施工相同。

(3) 烟囱砌筑的专用工具：除常用的大铲、刨锤、铁锹、泥桶、小车等外，为解决砌筑中烟囱的垂直度和水平度，还要配备以下工具：

1) 十字杠和轮圆杆：十字杠用刨光方木叠在一起组成，中间用 $\phi10$ 螺栓固定，螺栓上附带一根轮圆度的木尺杆。螺栓下焊一中心小钩悬挂重型大线锤用。十字杠上按烟囱直径和坡度收势划出直径收分格，并注出收分处的竖向标高。如图 8-11-2。

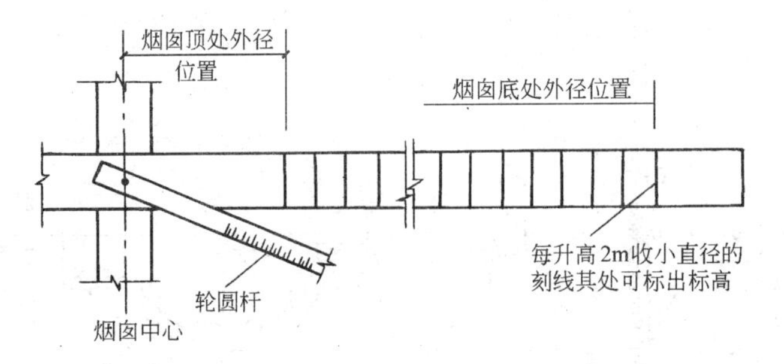

图 8-11-2　十字杠和轮圆杆示意图

2) 大线锤：重 5～10kg，用细铁丝吊挂，对准基础上正中的标志。

3) 收分托线板：用来检查砌筑中烟囱外壁的收坡准确度和表面平整度。是按图纸要求的收坡比例自制的计量器具。

4) 铁水平尺：用来放在十字杠上，检查烟囱砌至同一标高处，四周各点是否都在同一水平上，控制上口的水平度。

5) 其他配合工具如卷尺、百格网、塞尺等。

3. 砖烟囱的施工工艺流程

施工准备→定位放线→基础挖土→基础施工→放线复核及定出烟囱中心→基础顶做防潮层→烟道口、出灰口放线→摆砖撂底→砌筑囱身

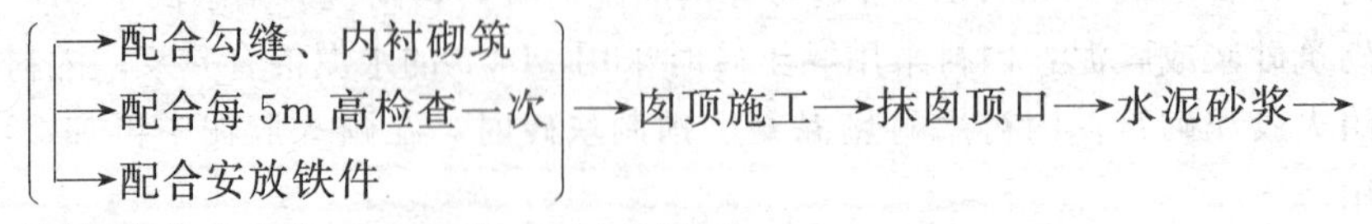

整体检查垂直度、中心度→完成施工。

4. 施工要点

(1) 施工准备：主要是要熟悉好图纸，确定采用的施工方案，编写施工组织设计；准备井架等机具，对材料的定货、加工和进场验收；组织劳动力（包括技术水平、健康条

件、工级搭配等）；进行技术、质量、安全交底等。

（2）定位放线：应根据建筑总平面布置图、丈量尺寸进行复核，无误后可进行定位放线；以确定十字中心为烟囱中心作为以后施工的基准。

（3）基础施工：

1）基坑开挖后，应进行验槽。检查坑底标高、尺寸、表面水平度（这点对烟囱较重要）和基坑中心坐标是否符合。再有是土质是否符合勘探资料要求。

2）对高于50m的烟囱的地基土质还应作验证试验。对低于50m的，在土质有怀疑时，也要做验证试验。

3）有地下水的基坑应进行抽排水，使施工及基土干燥；基底应水平，严禁用填土方法找平基底平面，个别低凹处用素混凝土找平。

4）基坑验槽符合后，应随即进行施工，以防坑底土质被水浸、扰动……，若发生该类事应会同设计部门一起解决。

5）浇灌钢筋混凝土的基础或底板时，不得在混凝土中填充大块石。

6）基础完成后，应立即进行基础验收和基坑回填土。

7）高度大于50m的烟囱，应在散水以上50～60cm处用互相垂直的轴线交于圆周上各设一点（共四点），埋设水准观测点，进行沉降观测。

（4）烟囱施工：

1）砌筑前应对基础进行复核，然后在基础上口进行排砖，计算收坡后减少的砖数，筹划整个的砌筑方法。砌筑采用丁砌法。

2）砌筑中应砂浆饱满，灰缝的立缝外口不大于15mm，里口不小于5mm；水平缝控制在8～10mm；一般不允许用半砖，只有当砌体厚度大于2½砖时，方允许用半截砖砌部分部位但数量不应多于一皮上数量的30%，但小于半砖的碎砖，不得用于砌烟囱。

3）砌筑应先砌外圈，后砌内圈，最后填中心的砖；砌时为了防止因操作人员的手法不同而产生的垂直偏差和上口不平、灰缝不均等现象，要求操作人员相对固定。同时在每砌升高一步架时，操作人员应顺时针或逆时针方向移动一个位置，使砌体在不同程度上得到调整。每砌一步架后应用十字杠、轮圆杆、坡度托线板，由操作人员进行自检及纠正偏差。

4）每大砌筑高度应控制在1.8m左右。砌筑中应把爬梯、紧箍圈、勾缝、内衬等同时进行施工及安装。安装要准确。

5）内衬砌筑时，要每砌1m高和周长上每隔1m向外砌出一块丁砖顶在外壁上，形成梅花形支点，使之稳固。如隔热层中要填料的，则每隔2～2.5m高砌一圈向外挑出的减荷带。

6）烟囱砌筑完成后，应进行全面检查，得出中心度、垂直度的数据和偏差值。对避雷针进行电阻测定，合格后才能拆除架子等。

7）烟囱在正式使用前，要进行加热烘干，烘干时应逐渐地、均匀地升高温度。

（二）钢筋混凝土烟囱的施工

钢筋混凝土烟囱的高度一般在60～250m，底部直径7～16m左右，筒壁坡度一般为2%，也分节成每段高度不大于15m，筒壁厚度一般如表8-11-1所示；构造大致如图8-11-3。

筒壁最小厚度 **表 8-11-1**

筒身顶口内径 D(m)	最小厚度(mm)	筒身顶口内径 D(m)	最小厚度(mm)
$D\leqslant4$	140	$6<D\leqslant8$	180
$4<D\leqslant6$	160	$D>8$	$180+(D-8)\times10$

注：采用滑模施工时，壁厚不宜小于160mm。

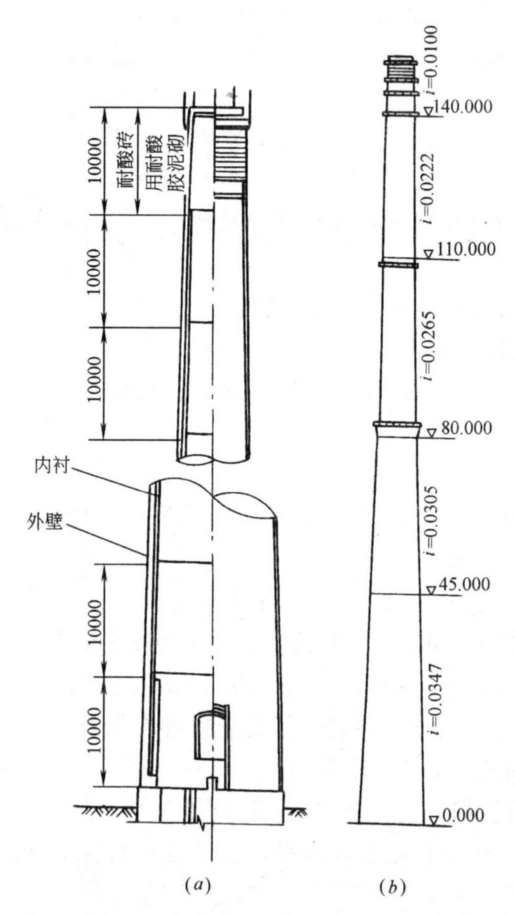

图 8-11-3　钢筋混凝土烟囱构造示意
(*a*) 总视图；(*b*) 筒身斜度简图

其最小配筋直径为：纵向筋不小于直径10mm，环向筋不小于直径8mm；间距：纵向筋外侧不大于300mm，内侧不大于500mm；环向筋间距不大于250mm和不大于壁厚。

烟囱的附件要求是：爬梯离地2.0m处开始设置，直至囱顶；爬梯设置的方向，一般设在常年风向的上风方向。当烟囱高度大于60m时，在30m以上部位设置围栏；并每隔20m设置一活动休息板。信号灯：当烟囱高度在100m以下信号灯应装在顶部；当高度大于100m时，尚应在中部适当增设信号灯及平台。避雷针的数量是根据烟囱的高度与上口的内径而定，避雷针直径为ϕ10～12的镀锌钢条，下端与导线的连结点应用铜焊焊严密，导线至地下与接地极扁钢带焊牢。扁钢带环囱基四周与数根接地极焊接好，接地极以直径50mm的镀锌钢管或角钢制成，插入基底土中，数量以土的种类而定。

1. 钢筋混凝土烟囱的材料要求

(1) 钢筋：要求同钢筋混凝土结构中相同。

(2) 混凝土：其中水泥宜采用普通硅酸盐水泥；石子粒径不应超过筒壁厚度的1/5和钢筋间距的3/4，同时最大粒径不得超过60mm，且不应采用石灰石类做骨料；砂石材料的级配、含泥量等各项指标均应符合有关规定。

(3) 耐热混凝土：如内衬有的用耐热混凝土，其耐热粗、细骨料均应按设计指定选用。一般骨料选耐火砖碎料、高炉矿渣、玄武岩、辉绿岩等。水泥宜采用粉煤灰水泥，如用普通水泥、矿渣水泥、矾土水泥应掺入耐火掺合料如粘土熟料、矾土熟料等。

(4) 其他材料如耐火砖、耐火胶泥、附加铁件、隔热材料等与砖烟囱相同，要求也一样。

2. 采用的机械和工具

钢筋混凝土烟囱施工时，低于80m的在无滑模情况下，可以采用土办法：外脚手架、井字架、倒模支撑（即一段一段支模拆下再倒到上面逐步升高的支模）。施工用的机械为：搅拌机、卷扬机、振捣器、小翻斗车等。

一般钢筋混凝土烟囱均高于50m，大多采用滑模方法施工。滑模施工需用的机械为千斤顶及其液压系统，加操作平台。烟囱滑模施工采用无井架构架结构操作平台。其构造形式如图8-11-4。

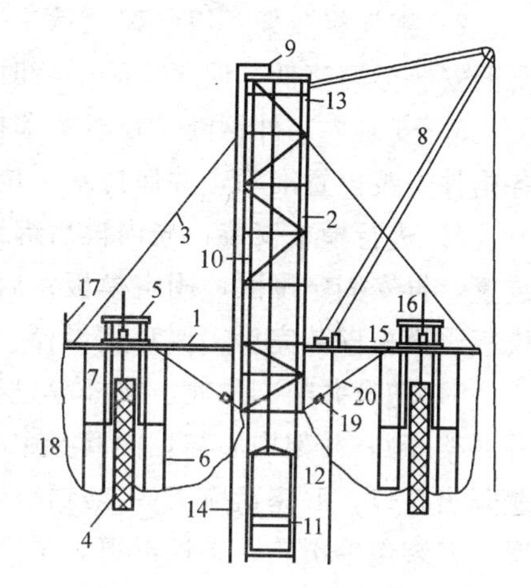

图8-11-4　无井架液压滑升模板构造示意图

1—辐射梁；2—随升井架；3—斜撑；4—模板；5—提升架；6—吊架；7—调径装置；8—拔杆；9—天滑轮；10—柔性滑道；11—吊笼；12—安全抱闸；13—限位器；14—起重钢丝绳；15—千斤顶；16—支承杆；17—栏杆；18—安全网；19—花篮螺丝；20—悬索拉杆

除了平台系统的机械外，还要配置卷扬机、吊笼、钢丝绳系统、安全抱闸、减速器等，其他是常规的使用机械。

工具方面主要在操作平台上，如辐射梁、外拦圈、中钢圈、内钢圈、斜撑、悬索拉杆等。其他还有模板系统等相应工具。

为保证烟囱的垂直度和中心度，钢筋混凝土烟囱必须配备激光铅直仪或光学垂准经纬仪。这应事先做好准备，到时可以应用。

3. 劳动组织

由于烟囱滑模施工周期短、循环快，烟囱平台上场地小，因此劳动组织必须精干。为此往往采取施工操作人员混合编组，并要求一专多能。一般要求有：木工、钢筋工、混凝土工、起重工、操作工、电焊工、电工、信号员（兼质量、安全员）等在高空作业；在地面的应有机械工（开卷扬机等）、普通工、信号员和管导索的人员。根据台班工作量的多少，确定实际需用人数。一般烟囱上（高空）为20人以内，地面上可达25人以上。

4. 施工准备工作

在实际施工中，百米以上高烟囱的滑模施工，其准备工作相当重要。其内容有：

（1）编制好施工组织设计，一是采用的方案经过比较后确定，写出施工方法和步骤；二是选用的设备；三是施工现场的平面布置，以及进度计划及劳动力配备。

（2）对施工操作平台和模板的设计。操作平台设计包括辐射梁的型号、尺寸，内、中、外钢圈的型号和直径，提升架、外拉圈的型号尺寸，悬索拉杆、鼓圈拉杆等内容。模板设计包括内、外模板中的固定模板、滑动模板、抽拔模板的用料、尺寸、块数的设计。

（3）对设计好的平台进行组装和试压。按设计好的平台把辐射梁等架好后，内、中、外钢圈、悬索拉杆等组装好后，放在基座上堆载试压，测试后符合要求即可正式安装施工。如果刚度差、变形较大则要修改设计重做。

（4）其他施工准备。如平台架、滑模系统的卷扬机、罐笼、钢丝绳、千斤顶、液压设备、提升支承杆、平台上随升井架、拔杆，滑模施工的外吊架、安全网，罐笼的安全抱闸、限位装置……等需用的配套机具及零件的准备。

（5）组装全套滑升施工系统：

1）组装准备：即组装前对各准备好的部件的质量、规格、数量，进行详细校对和编号。

2）搭设组装架：组装架是承受平台安装的架子，要求搭设高度比内、外钢圈和辐射梁的安装标高略低，便于安装平台时垫平找齐。

3）安装内、外钢圈、辐射梁和提升架：安装前应在组装架平台上先放出位置线，使各构件安装位置准确，并保持水平位置，提升架要保持垂直。

4）进行模板安装：先内模后绑钢筋再安装外模。模板安装时是先安固定围圈的调整装置，再安固定围圈、固定模板；后安活动围圈的顶紧装置，活动围圈和活动模板、收分模板。模板安装完后，要对其半径、坡度、壁厚、钢筋保护层等进行检查纠正。

5）随升井架、吊笼、拔杆等进行安装：要求井架垂直偏差不大于 1/200H（H 为随升井架高），井架中心与烟囱筒身中心重合一致；拔杆安装的根部位应在平台内钢圈附近，避开出料口，底座盘应大些能压住四根辐射梁为宜，拔杆回转半径应大于筒身外侧爬梯位置。安装包括滑轮、柔性滑道、吊笼等配套进行。

6）最后铺设平台板及支模施工用的吊架子及外围的安全网。平台板一般做成定型板，吊架子上板以环向铺设。

7）安装液压设备。包括油路布置、管路安装、液压控制台安装等专业工序。

5. 正式施工及注意要点

（1）模板安装后，其中心位置与囱身中心的最大误差不大于 10mm。模板提升后与板下部位的混凝土应有 100mm 搭接，搭接模板应捆紧，缝隙应堵严，内模应支牢顶紧，防止变形。提升前应检查有无挂连之处，无误后才能提升。每次提升高度以 25～30cm 为宜。掌握好提升时间和速度，以保证混凝土不流淌、不坍落、表面光滑。

模板上口要保持水平；在收分时要进行半径检查和砖烟囱轮圆杆一样进行检查，其中心以激光经纬仪的反光点为准。

（2）钢筋绑扎：竖向钢筋接头应错开，同一截面只允许 25%搭接，ϕ18 以上可以允许到 50%，水平环筋亦应如此，搭接长度以 45d 为准。钢筋保护层要用砂浆垫块，保护层厚度一般为 20～25mm，允许偏差 5mm。粗钢筋竖向搭接最好用电渣压力焊。

（3）混凝土浇筑：应沿周长均匀浇筑，每层厚度以 200～300mm 为宜，并应用振捣器振实。以筒身高 2.5m 做一组试块，进行标养检测强度。

（三）烟囱施工的质量和安全要求

1. 质量方面的要求

（1）砖烟囱的质量应注意要点：

1）砖的强度必须达到设计要求；若有抗冻要求时，砖的抗冻指标应符合设计规定。

2）在常温下应提前将砖浇水湿润，砖含水率要达到 10%～15%。

3）砂浆强度应满足设计的强度要求。

4）砂浆饱满度应不低于 80%，严禁水冲浆灌缝。

5）砂浆试块以每 5m 高度取一组。

6）外壁灰缝均应勾缝，用 1∶1.5 水泥砂浆勾成风雨缝。

（2）钢筋混凝土烟囱的质量注意要点：

1）钢筋和混凝土的原材料经检验必须合格。

2）钢筋搭接应符合规范要求；保护层要足够，符合设计规定。

3）筒壁混凝土宜选用同品种、同强度的普通硅酸盐水泥或矿渣硅酸盐水泥配制，但平均气温在10℃以下时，不应用矿渣硅酸盐水泥。每 m^3 混凝土最大水泥用量不应超过450kg，水灰比不宜大于0.5，混凝土宜掺减水剂。

4）采用双滑法施工时，应采取有效措施，保证筒壁和内衬厚度，防止内外层渗透和混淆。

5）每5m高度应取一组混凝土试块，试块经28d标养后强度应达到设计要求。

6）脱模后，对其表面应进行修理，浇水养护或刷养护剂，浇水湿润至少7昼夜。

（3）允许偏差数值：

1）基础位置和尺寸的允许偏差见表8-11-2。

表8-11-2

项　次	名　　　称	允许偏差值
1	基础中心点对设计坐标的位移	15mm
2	环壁或环梁上表面的标高	20mm
3	环壁的厚度	20mm
4	壳体的壁厚	+20mm，−10mm
5	环壁或壳体的内半径	内半径的1%，且不超过40mm
6	环壁或壳体内表面局部不平	内半径的1%，且不超过40mm
7	底板或环板的外半径	外半径的1%，且不超过50mm
8	底板或环板的厚度	20mm

2）砖烟囱中心线垂直度的允许偏差见表8-11-3。

同一烟囱不同标高处中心度允许偏差　　表8-11-3

项　次	囱壁标高(m)	允许偏差值(mm)	项　次	囱壁标高(m)	允许偏差值(mm)
1	≤20	35	4	80	75
2	40	50	5	100	85
3	60	65			

3）砖烟囱筒壁砌体尺寸的允许偏差见表8-11-4。

表8-11-4

项　次	名　　　称	允许偏差值
1	筒壁的高度	筒壁全高的0.15%
2	筒壁任何截面上的半径	该处半径的1%且不大于30mm
3	筒壁内外表面的局部凹凸不平	该处半径的1%且不大于30mm
4	烟道口的中心线	15mm
5	烟道口的标高	20mm
6	烟道口的高度和宽度	+30mm −20mm

4）钢筋混凝土烟囱中心线垂直度的允许偏差见表8-11-5。

钢筋混凝土同一烟囱中心线垂直度的允许偏差　　表 8-11-5

项　次	筒壁标高	允许偏差值(mm)	项　次	筒壁标高	允许偏差值(mm)
1	≤20m	35mm	7	150m	110mm
2	40m	50mm	8	180m	120mm
3	60m	65mm	9	210m	130mm
4	80m	75mm	10	240m	140mm
5	100mm	85mm	11	270m	150mm
6	120m	95mm	12	300m	160mm

5）钢筋混凝土烟囱筒壁尺寸的允许偏差值见表 8-11-6。

表 8-11-6

项　次	名　　称	允 许 偏 差 值
1	筒壁的高度	筒壁全高的 0.15%
2	筒壁的厚度	20mm
3	筒壁任何截面上的半径	该处半径的 1%且不大于 30mm
4	筒壁内外表面的局部不平	该处半径的 1%且不大于 30mm
5	烟道口的中心线	15mm
6	烟道口的标高	20mm
7	烟道口的高度和宽度	＋30mm，－20mm

2. 安全生产上的要求

（1）安全设施方面：

1）卷扬机使用前应进行全面检查，需经空车及重车试运转及制动试验；不得超过机件允许负荷；

2）为预防钢丝绳突然折断，吊笼上应设安全抱闸；井架上应设两道限位装置，以防冒顶；

3）钢丝绳留在滚筒上至少 10 圈以上，并牢靠地固定好；

4）施工过程中要经常检查设备中每个部件。

5）夜间施工应有充分的光照设施，高空作业用的作业电压不大于 36V；

6）各种机械的电动机必须接地，运转中电机温度不得超过规定。

7）高空与地下应有信号装置及对讲机通话。

8）在烟囱施工范围内划出危险区，严禁非工作人员入内，通道上要搭防护棚。

9）井架上下的人孔靠吊笼的一面，应安装钢丝防护网，防止吊笼上下时碰伤人员。

10）在烟囱筒身内距地 2.5m 高处，要搭一座保护棚，当烟囱施工升高时，每隔 15m 应搭设一层内保护棚。

11）上面操作平台四周要设钢丝网护栏，内外吊架、吊梯上要设安全网；利用井架避雷的应做上有针、下有线接地的避雷针。

（2）施工作业方面：

1）高空作业人员必须经体检合格才行，凡有高血压、心脏病、癫痫病、恐高症者不得进行高空作业。

2）作业前应进行安全交底，学习安全操作规程。

3）有大风大雨、雷雨天气应停止作业，突然出现时，应及时下地躲避。

4）操作平台上的料具应均匀堆放，每班下班前应清理场地，多余不用的料具运下来。

5）操作人员上下烟囱乘吊笼时，必须站在吊笼内，吊笼顶上严禁站人。

6）如采用内井架或外井架用缆风索的，应拉在可靠的地方，并经常检查，使用中要拉紧或松开时，应对称进行。

7）经常检查作业平台、构架等操作系统的装置，防止松开、脱散，保证安全使用。

8）如在工厂内施工，应预防附近可能有的烟囱所排出的废气或有害气体会对人体的伤害，施工时应有相应的安全防毒措施。

二、水塔的施工

水塔是在一个区域内，为增强使用水的水压力所建的构筑物。这里把它们的具体构造及采用的施工方法作一般介绍外，重点介绍钢筋混凝土结构的倒锥形水塔的施工。

（一）各类水塔的大致构造

1. 砖筒身砖加筋水箱水塔

其构造为：支承水箱的砖砌圆筒形筒体，水箱底板为浇筑在筒身上的一块圆形中间拱起的钢筋混凝土板，水箱壁为水泥砂浆砌的圆形砖筒，在砌体中每3皮砖加3ϕ6钢筋，砖筒外有一周护壁砖筒体，与水箱之间留有空隙可以填锯末或矿渣棉保温，箱顶用砖薄壳砌成，在顶上可做保温层及防水层。

2. 砖筒身钢筋混凝土平底水箱水塔

其构造为：筒身砖砌，壁厚以上部水箱容量大小确定，最小不少于24cm，水箱底板支承于砖砌筒身上，水箱壁为不低于C20的防水混凝土圆筒形。外护壁可用砖砌，护壁和水箱壁面的空隙，可填保温材料。水箱顶做成笠帽形坡顶，其上做保温层和防水层。

3. 钢筋混凝土水塔

该类水塔所用材料均为钢筋混凝土，构造分为支承体用钢筋混凝土筒体和钢筋混凝土框架两种。是目前建造最多的一类水塔，优点是容积大、高度可建得高，抗震性能好。

其构造分为三种情况：

1）框架式支承体水塔：塔身采用四根、六根或八根钢筋混凝土柱子，组成互相用拉梁联系的空间结构；水塔为圆形钢筋混凝土筒体，底板支承在框架顶的环梁上，底板成拱形向上拱起，筒形水箱壁支在环梁上斜挑起的外圈板上，箱顶为笠帽形，中心有通气的顶盖帽，并有至水箱顶盖上的出入口。因为无保温构造，这种水塔在南方用得较多。

2）钢筋混凝土筒体支承的水塔，其水箱为圆筒形，水箱底亦为拱起的底板，支承在筒身顶部，箱顶也为尖顶斜坡式箱盖，其水箱壁外有护壁，护壁用砖壁，厚120mm，护壁和水箱壁间的空隙填保温材料，适用于北方地区。

3）钢筋混凝土筒体作支承，其上部水箱为倒锥形，它结构紧凑，造型美观，机械化程度高，但没有保温做法，在我国南方已大量采用。它的容量可达100～150m^3。

其构造为：基础、筒身、水箱三大部分。基础一般为圆形，其大小与水箱容量、水塔高度、地基承载力有关。基础根据受力状况，设计配置钢筋，当基础埋置较深时，中间筒身的底部可设置地下室，作为泵房之用；如泵房在水塔之外，则进、出水管要通过基础部分进入塔身。水塔的筒身外直径可达2.5～3.0m，筒壁厚一般为20cm，配置竖向纵筋和横向环筋，若为单层钢筋则放置于筒壁外侧。筒身高度一般依设计需要而定，一般在35m左右，筒内可每5m左右设置一层休息平台，作为内爬梯上下人员间歇之处，也加强了筒

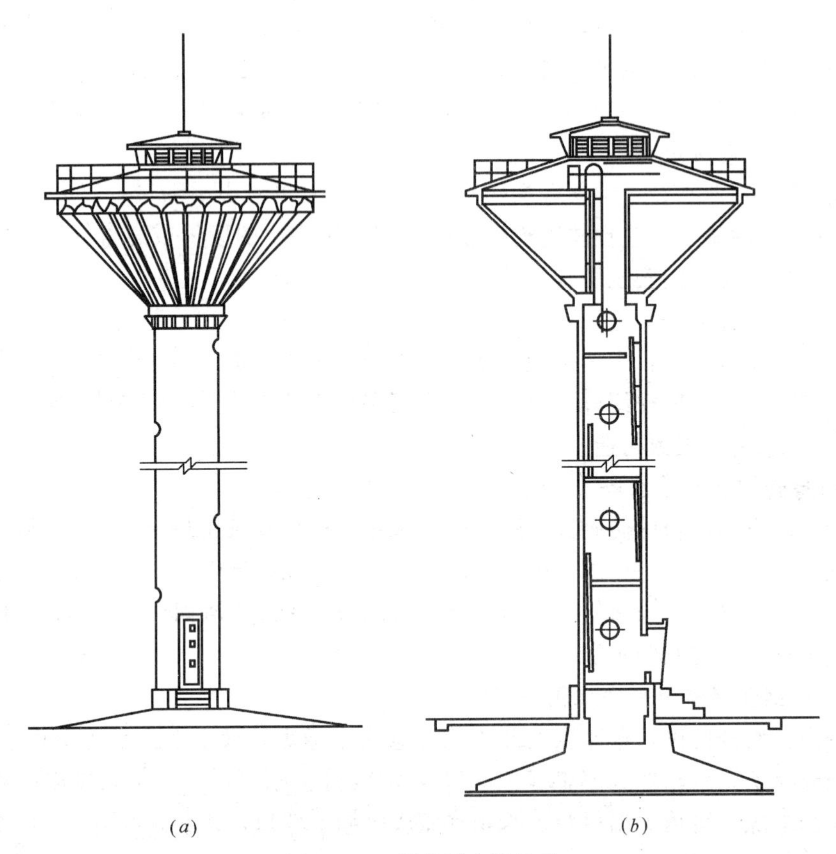

图 8-11-5 倒锥形水塔示意

(a) 立面；(b) 剖面

体的刚度。水箱部分，因其是倒锥形，因此只分上壳部分和下壳部分，相接处为环形圈梁，水箱顶为小的顶盖，顶盖由环梁，小立柱和帽盖组成，小立柱间可安装通风百叶窗。水箱正中为筒体收小后的井筒，支承在筒身顶的厚板上，井筒为爬梯向上进入水箱内作检修用。壳体部分，下壳体一般厚度为 15cm，为抗裂起见往往配置双层斜向辐射钢筋和环向钢筋；上壳体一般厚 8cm，单层辐射钢筋和环向钢筋配置。这样形成了一座钢筋混凝土的构筑物。

水塔上除了主要构筑骨架外，还有内或外爬梯，门洞、窗洞；安装的水管和止水阀、照明的线路和照明灯具；塔顶还有避雷针，与结构内选定的钢筋焊接直通基底，再与避雷埋入地下的装置焊接起到避雷作用。此外，在施工中还应根据这些设置，预备相应的配件、埋件，如水管进出处的套管，固定铁爬梯的预埋铁件，管子挂吊的挂吊件等零星物件；门窗有的是空洞，有的则要安装门窗的框和扇，全部完成后才成为一座可用的水塔。

（二）各类水塔目前采用的施工方法

1. 采用外脚手架配井架做垂直运输的施工方法

该种方法适用于：砖砌筒身，砖砌加筋水箱的水塔；砖砌筒身，钢筋混凝土水箱的水塔；空间钢筋混凝土框架支承的钢筋混凝土水箱的水塔。

外脚手施工系在支承体（筒身或框架）外部搭设双排脚手架，操作人员在外架子的脚手板上操作，水箱部分施工时，采用挑脚手或内加立杆的脚手架进行操作。脚手架可围水塔搭成正方形或多边形，布置形式如图 8-11-6。

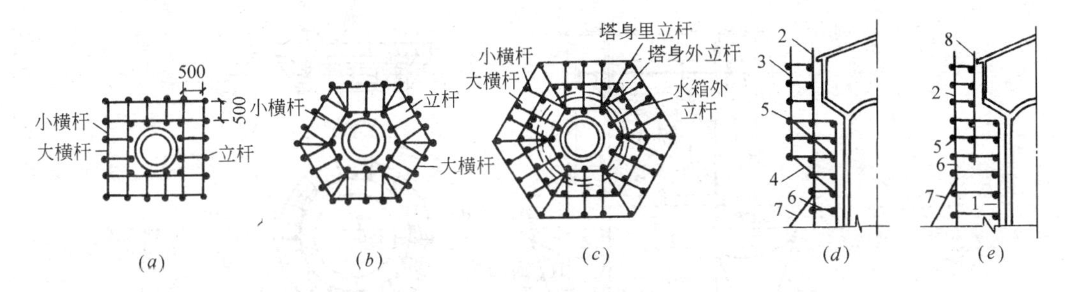

图 8-11-6 外脚手架的布置形式

(a) 正方形；(b) 六角形加挑脚手；(c) 六角形放里立杆；(d) 挑脚手架；(e) 放里立杆脚手架

1—筒身里立杆；2—筒身外立杆；3—水箱外立杆；4—斜挑杆；

5—大横杆；6—小横杆；7—撑杆；8—水箱里立杆

布置水塔外脚手架时，要考虑顶部水箱的直径大小，到水箱部位时，脚手的立杆应离水箱壁有不小于 50cm 的距离，以便施工操作。

外脚手在搭设时应注意以下几点：

(1) 地坪要夯实，并铺脚手板，钢管立杆数量应经计算确定，并绑扫地杆，设底座。

(2) 脚手要留出进出筒体下部门口的通道，以便运送材料和施工找中心度等人员进出。

(3) 脚手架下部四周要张安全网，网与网之间必须牢固连接。

(4) 脚手板要用厚 5cm 以上的板材，木质应坚固，凡腐朽、扭纹、破裂或大横透节的木板都不能使用。南方用竹排片的应用新料，凡内料也应七八成新，凡已损、破旧的不能使用。

若为钢筋混凝土筒体加钢筋混凝土水箱的水塔，其脚手按上述搭设外，筒体的模板内模固定在筒壁内支撑架上，每节可按内部分段高度支撑；外模宜每节 1.5～2.0m，利用环向圈带连成整体，用松紧调节器固定与收紧。筒壁厚度的尺寸用临时支棍支牢，到浇混凝土时浇筑到支棍位置下时拆掉支棍即可。

2. 采用里脚手架施工的方法

用里脚手架进行水塔施工，系在塔身内搭设里脚手架，工人站在塔筒内平台上进行操作，塔身的筒体施工完后，可利用里脚手架支撑水箱底模，并在筒身上挑出三角形托架，进行水箱下环梁的支模施工。水箱底和下环梁施工结束，再在水塔内搭里脚手架进行水箱立壁的施工和护壁施工，最后支模做水箱顶盖施工。

这种方法适用于砖筒身水塔的施工，上料架可设在筒身内，施工也较安全，比外脚手架施工要节省些。

3. 钢筋三角架的脚手施工

这种施工方法是用钢筋焊成的三角形架子，挂在筒身上并用钢丝绳系紧，环成圆形的脚手架。随着水塔的升高，逐步倒换三角架子，进行水塔施工。该方法适用于砖筒身及钢筋混凝土筒身的施工。吊挂处是预埋在筒身上的铁件，形式见图 8-11-7 和图 8-11-8。上料可在塔身外另搭上料井架。

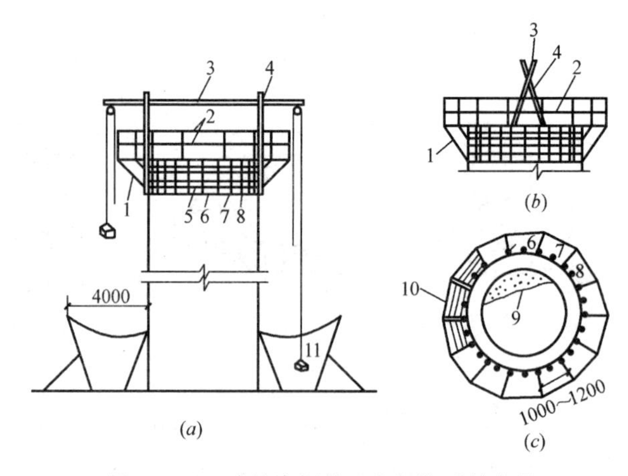

图 8-11-7　砖筒身钢筋三角架脚手的布置

（a）正立面图；（b）侧面图；（c）平面图

1—钢筋三角架；2—栏杆；3—横杆；4—ϕ38 钢管支架；5—紧绳环；6—ϕ9 钢丝绳；7—50×50×1200 方垫木；8—带鼻垫木；9—塔内安全网；10—平台脚手板；11—塔外安全网

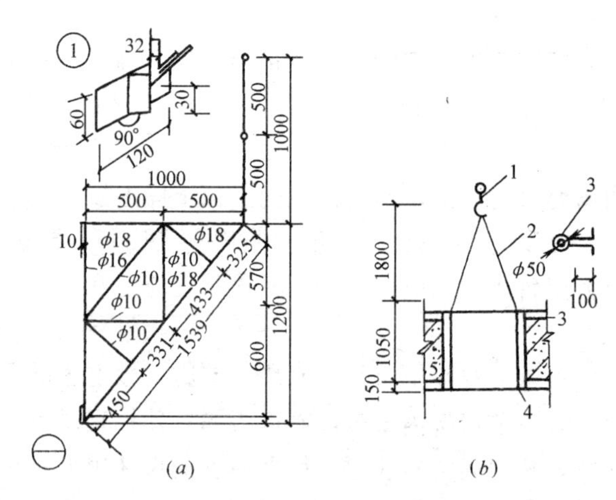

图 8-11-8　三角架及起重支架

（a）三角架；（b）钢管起重架

1—ϕ100～150 横木；2—ϕ38 钢管支架；3—铁环（每边三个）；4—50×50×150 垫木；5—50×100×1200 带鼻垫木

但该种方法由于拆升架子安全上较差，故目前已较少使用。

4. 提升式吊篮脚手施工

该施工方法是要在水塔筒身内架设好金属井字架，利用井架作为高空作业支架，井架应高出水塔顶 3～5m，把吊篮脚手悬挂到井架上，吊篮在塔筒之外，工人站在吊篮脚手架上作业。每施工完成一步架，用倒链把吊篮提升一步架，再继续施工。垂直运输利用井架内吊笼上料。适用于砖砌筒身的水塔施工。井架顶要用缆风索拉住锚固。筒身底部支搭安全网。

5. 提模施工

提模施工是建造钢筋混凝土筒身水塔的一种方法。它先在筒身内架设好金属构架的提升用塔架，在塔架上挂好内吊盘，做操作平台用。筒体的内、外模板是用预制好的四块曲面金属板组合成内圆模和外壁圆模的。内模板由绞车提升，即随吊盘平台一起上升；外模由另一上部吊盘挂四只倒链，每只倒链提升一块外模，与内模同步上升。到水箱部位时，以先施工筒身、下环梁、池壁等，然后再施工水箱底板。

这种方法比外脚手等方法施工进度快，工效较高，也比较安全，设备容易解决。

6. 其他施工方法

(1) 装配式水塔施工：该种方法适宜于轻型水塔，且高度较低不超过30m。它由预制支架（梁和柱）吊装拼装焊接成支承架，水箱用钢丝网抹水泥做成，重量较轻适合起重吊车的起吊，然后吊装就位到支架上进行焊接并浇注节点，结成整个水塔。该种施工目前已少见。

(2) 用滑模施工倒锥壳形水塔，这种施工方法我们将在下面详细介绍。

（三）倒锥壳水塔的施工

倒锥壳水塔全部是钢筋混凝土结构，所以它既可采用老的施工方法即采用外脚手施工，当水塔高度在30m左右，容量150m^{3}以内，又不具备滑模设备和提升设备时，可以采用所谓“土办法”外脚手、逐步翻模板、分节浇混凝土的施工方法施工，工期较长些，脚手费用大些，同样可达到效果。而在目前设备齐全的地方，一般采用的方法是：筒身混凝土进行滑模施工，而水箱采用在地面制作，然后再用提升方法提升到筒身顶部，再浇筑筒顶与水箱相联结处的环形圈梁，而形成整体的一座水塔。再将两种工艺过程介绍如下。

1. 全现浇外脚手施工工艺流程：

施工准备→定位放线→基础挖土→验槽并签隐蔽验收单→浇筑垫层→放线→绑扎钢筋→

配合水管穿过安装

基础支模→浇筑基础混凝土→养护→回填土→分层夯实平整→支搭脚手架→支筒壁内模（一般按休息平台高支出一层）→绑扎钢筋→支筒壁外模（每节1.5～2m）→浇外模高度的

对中检查　　定出筒体中心

一节混凝土→浇到休息平台处支平台底模（留进出洞）→绑钢筋→浇平台混凝土→支筒壁内模→绑筒身钢筋→支一节外模→浇一节筒身混凝土……→直至水箱环梁底标高→从底部开始支搭水箱施工承重脚手架（作为水箱底壳支模用）→支底壳及底环梁外模、内模、筒

检查筒体对中并校正

顶板底模→绑扎上述部位的钢筋→支底壳内模板一节（可根据壳的斜向长度均匀分节）→浇一节混凝土到中环梁底→支内井筒模板、中环梁模和配合绑扎钢筋→浇筑井筒及中环梁混凝土→支上壳底模→绑钢筋→浇混凝土→支帽盖模板、绑钢筋、浇混凝土（配合避雷针安装）→养护→拆模板→清理→水箱内抹水泥砂浆做五层防水→安装铁爬梯及防护栏杆→水电安装→门窗安装→油漆及外部涂料→收尾清理结束施工。

2. 滑模及提升方法施工工艺流程

施工准备→至回填土部分同前面工艺过程相同→筒身四周地坪夯实平整→用常规方

法浇筑 1m 高钢筋混凝土筒身→安装滑模设备（包括组装骨架，安装内模及部分操作平台，
└同时埋爬杆

液压系统的组装和试验，绑扎钢筋，安装外模及外操作平台，设置对中装置，滑到 3m 以上开抬装吊篮、安全网、喷水养护装置。）→滑模施工→筒身外搭井架作垂直运输机具→
配合养护┘ └检查中心度

升到筒顶水箱底→支筒顶模、绑筋、浇混凝土→结束滑模施工拆除滑模设备→内部配合安装上人爬梯→地面以筒身为基准就地预制钢筋混凝土倒锥壳水箱（先完成下壳、环梁的支模、绑筋、浇混凝土至中环梁，待有一定强度后施工上壳部分，支模时要留好提升吊杆的预埋件，壳体水箱上下环梁与筒身间缝隙要填塞松散材料，要填实待混凝土强度到达设计要求后，拆模时再清掉。）→养护→拆模→清理→内部砂浆防水五层做法施工→
┌全面检查无问题后

焊水箱顶避雷针、护栏杆→安装提升装置（由井架运输上去）→检查试验合格后→提升（要求吊杆安全储备系数为 3.5）→提升中配合检查及测吊杆内应力→提升到 2m 后安装吊篮脚手→提升到筒顶上后安装临时支承钢梁架→浇筑环形厚板支承水箱下环梁并电焊（见图 8-11-9）→养护→提升机具及设备拆除→顶帽盖施工→内部水电、门窗安装→油漆、涂料→收尾清理结束施工。

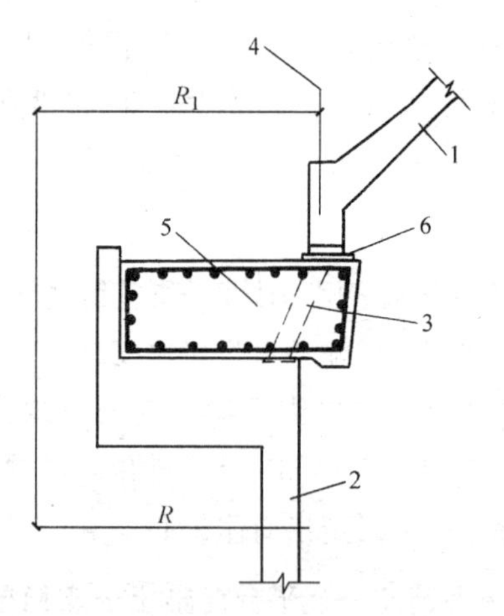

图 8-11-9　环板及箱底环梁焊接
1—水箱；2—筒身；3—钢支架；4—吊杆；5—环板；6—焊接板；R—筒身外径；R_1—水塔中心至吊杆半径

（四）使用的设备和工具

采用外架子进行施工的主要机具设备比较简单，主要为：外脚手用钢管、扣件，脚手板；钢或木模板，筒身可用窄型钢模，水箱要用木模内钉白铁皮；安全网；钢丝绳；支模的钢或木的杆件、附件；机具为垂直运输的井字架和卷扬机；混凝土搅拌机及计量器具等。

当采用滑模及提升水箱时，则所用的设备和工具就比较多了。滑模时的设备和工具有：滑模操作台、电磁换向阀、液压操纵箱、高压胶管、高压铜管、千斤顶、电焊机、井架拔杆、卷扬机、搅拌机、高压水泵、预制好的定型钢或木（内包铁皮）模板，吊篮、安全网；配合工具有吊斗、振捣器、氧割器具、激光靶，搅拌机、计量器具、小车、养护水管……等。提升水箱需用机具为：千斤顶、高压油泵、提升支架、丝杆、吊杆、连接器、油路元件、针阀、无缝钢管、高压胶管、一般胶管、预埋铁件、临时支承钢梁架、固定螺栓、电阻应变仪、吊篮、安全网。垂直运输的井架系统仍需用，但需要加悬臂钢架跳板，从井架运上料后由跳板往水箱顶部运物件及用料。总之，所用的各种机具在施工前必须准备好，并要先进行检查以保证安全使用。

（五）施工应注意的要点

1. 施工准备

首先要把施工图看清，计算出工作量，从而确定施工方法。编写施工组织设计或施工

方案。像采用外脚手需要进行承重架计算；用滑模则要计算操作平台的骨架，提升要计算吊杆直径等。要准备所用的材料、设备、工具；对模板要进行设计和翻样，尤其是水箱部分，特别是倒锥壳形水箱要翻样、制作、拼装并经检查尺寸无误后，才可用到工程上。作垂直运输的井架也要根据经验及计算确定采用哪类型式或采用多大角钢制作做成。还要做好施工现场的布置达到加快施工速度和文明施工的目的。

施工准备工作越细，考虑得越全面，则对工程进展越有利。

2. 定位放线工作

定位放线主要是对筒身中心位置的确定和施工中的对中控制。其次是标高测定，使水塔基底的位置、埋置深度符合设计要求。

对中的控制可同烟囱一样，外脚手施工的可采用中心吊挂大线锤进行检验；滑模施工可采用激光经纬仪投向激光耙进行检查控制。

3. 基础施工

(1) 控制挖土深度，掌握好标高测定，并防止基土被扰动。做好验槽及隐蔽验收工作。

(2) 配合好进出水管的安装，要通过基础的，则在支模和绑钢筋时留出孔道。浇混凝土前应将管子装好。

(3) 浇混凝土前对中心度要进行一次检查；浇筑硬化后，把龙门板上中心引到基础上，并做好标志，确定水塔的中心位置。

(4) 回填前要检查基础并做好隐蔽验收；回填土要分层夯实，回填到施工考虑的标高。

4. 筒身施工

(1) 弄清施工图中对材料的要求，如为砖筒身，则应了解需用的砖和砂浆强度；如为混凝土则应了解是什么强度等级。

(2) 施工中要经常检查中心度、垂直度，发现问题应及时纠正。

(3) 对钢筋混凝土筒体，除检查中心度、垂直度外，对模板（内、外模）的间距应经常检查，以保证筒壁厚度。

(4) 做好钢筋隐蔽验收和保护层的检查。

(5) 混凝土的坍落度不要大于 4cm，要适合提模、滑模施工，并保证水灰比和混凝土强度。要分层浇筑，振捣密实。滑模中要配合修理。

(6) 筒身上的预埋件，必须按图正确放置，防止遗漏。留置的洞口尺寸、位置要正确。

(7) 浇筑一段后应进行淋水养护，避免风吹日晒而导致干裂。滑模淋水可随滑升进行。

5. 水箱施工

(1) 水箱底支模应出翻样详图，然后按图施工。支撑要牢固，不允许出现变形。尤其是倒锥壳水箱，发生变形后，则对其外观造成损坏变成名不符实，也是一种质量事故。

(2) 水箱支模前应对筒身进行一次中心度，垂直度及外观的全面检查。无问题后才能进行水箱部位施工。

(3) 水箱壁厚度较小时，混凝土粗骨料的粒径可选用 0.5～2.5cm 的级配石子，以便易于振捣密实。坍落度要控制在3cm以内，要分层转圈均匀浇筑，振捣密实，不得漏振。

(4) 浇混凝土前应检查钢筋，做好隐蔽验收。钢筋保护层厚度要符合图纸及施工规范。

(5) 水箱混凝土要连续施工，一次浇筑完成，不留施工缝。浇筑完毕应及时养护，特别应防止干裂。

6. 五层防水施工

五层防水做法是水泥砂浆和素水泥灰浆交替在水箱内壁上粉抹做成。其具体层次和操作如下：

(1) 第一层是抹2mm厚素水泥灰浆。抹时先将筒壁清理干净，浇水湿润一天后进行。素灰浆的水灰比为0.37～0.4，操作时先抹1mm厚，并用铁抹子往返用力刮抹5～6遍，刮抹均匀并使素灰填入混凝土表面孔隙，再抹1mm进行找平，然后用湿毛刷轻刷一遍。

(2) 第二层是抹4～6mm厚的1：2水泥砂浆。水灰比为0.4～0.45，抹的时间是第一层初凝之后，抹时要轻压与第一层结合牢固，但要防止用力过分的压抹使第一层一起脱落。当砂浆初凝后可以用扫帚将水泥砂浆表面按顺序自上往下横向扫出条纹与第一层刷纹垂直。扫时用力不可过大，防止脱落。

(3) 第三层，又为水泥素浆，厚度、水灰比均同第一层。抹的时间为第二层完成后过夜（间隔16～24h），抹时先可适当洒水湿润，按第一层的办法抹和刷。若抹前发现第二层有析出的白色薄膜，则需先清洗干净后才可操作。

(4) 第四层，也为1：2水泥砂浆，厚度、水灰比同第二层一样。抹时也在第三层初凝后进行，抹法同第二层，只是抹完后表面不扫条纹，而是在终凝前分两次用铁抹子抹压即可，要抹压密实。

(5) 第五层，也是最后一层。其粉抹的是水泥素浆，厚度、水灰比均同第一层，但抹的时间是在第四层抹压完后，随即进行。方法是要用毛刷把水泥素浆均匀地涂刷在第四层表面，并随之用铁抹子抹压光滑，达到表面压实压光。

(6) 应注意的是：防水做法前，对混凝土表面应清理干净，最好拆模后在混凝土表面用钢丝刷打毛，以便于与防水层结合。对混凝土表面有凹凸不平、蜂窝、麻面、小孔必须先进行处理妥善才可抹防水层。抹防水层时，抹层的接槎要错开；阴阳角要抹成弧形；对穿入水箱的管道或预埋件的四周，要剔一周30mm深、20mm宽的凹槽，在抹防水层前，先用干水泥将环形凹槽捻实才行。

（六）质量要求和安全生产

1. 质量方面的要求

对水塔构筑物的质量标准，目前国家还没有像烟囱这样的施工及验收规范，但从工程的分项内容来看都有质量要求的标准。在这里，我们以分项工程的标准为依据，结合工程实践的经验，提出一些质量要求供读者参考。

(1) 地基与基础工程方面：

1) 挖土深度必须符合图纸，并从引进的水准标高点进行核对；因为高耸构筑物采用天然地基的话，基础必须埋入选定的持力层50cm以上，不是挖到该持力层即可停止，认为土质已符合了。因此埋深标高必须符合图纸，允许误差为±20mm。

2）采用天然地基的，挖好土后一定要验槽，即观察土质情况是否符合地质勘探资料。如发现有问题，应会同设计单位研究处理。

3）基础施工位置必须正确，并要定出中心点，作为以后筒身、水箱对中的依据。

4）基础钢筋的等级、规格、间距、保护层，均应符合图纸和施工规范规定。纵向往上伸入筒体的插筋，要接头互相错开同断面允许25％钢筋接头，错开长度大于30*d*。环向钢筋接头亦应错开，错开距离也应大于30*d*。

5）基础混凝土强度必须达到设计要求，配合比要准确，计量应实施监控。

6）若基础底板往上若为砖砌基础筒体，则砖的强度、砂浆强度应符合图纸上的设计要求。砌筑砂浆的饱满度应达80％以上，施工前砖要提前浇水，水泥砂浆要在3h内用完，随用随拌。

7）基础完成后，要标出轴线、标高及中心位置。并及时进行基础验收和基坑回填土，回填土要分层夯实，从而保证上部施工。

（2）筒身施工方面：

1）砖砌筒身应对砖和砂浆强度进行检查和验收，砖要在砌前提前浇水，砂浆配合比要准确，要进行计量。所用水泥混合砂浆应随用随拌，常温时所用砂浆应在4h内用完。砌筑采用丁砌法，砌体的垂直灰缝宽度和水平灰缝厚度应为10mm。在5m^{2}砌体表面抽取10处，只允许其中有5处灰缝厚度增大5mm。灰浆饱满度不得低于80％。砌体外部灰缝均应勾缝，内部不抹灰时灰缝亦应勾缝。每砌5m高应做一组砂浆试块。砌入筒体的爬梯蹬应刷防锈漆两度。

筒身施工完后，其中心线垂直度允许偏差不应大于30mm。

2）钢筋混凝土筒身施工中：

钢筋：所用等级、规格、间距、保护层，均应符合施工图纸和施工验收规范。纵向与环向的钢筋搭接应互相错开总量的1/4，焊接接头的量不应多于钢筋总数的50％。

滑模用的支承杆长度宜3～5m，支承杆亦应高、低互相错开1/4总量，相邻杆高差应大于杆直径的20倍。支承杆接头必须焊牢。

模板：模板的安装不论是滑模或移置式模板，其几何中心与筒身定位中心的偏差不得超过5mm。滑模在安装前应涂脱模剂，其滑升速度必须与混凝土的早期强度增长速度相适应，在混凝土脱出模板时，不坍落、不拉裂，混凝土强度应不低于0.2MPa。在滑升中如出现扭转时，应及时纠正。其环向扭转的值，按筒壁外表面的弧长计算，在10m高度内，不得超过100mm，全高范围内不得超过500mm。如中心度发生偏移时，应及时并逐渐地进行纠正。采用移置式模板，则脱模时混凝土强度应有0.8MPa以上，门洞口的模板应达到设计强度70％以上后才可拆除。

混凝土：水泥以优先采用普通硅酸盐水泥，应采用同一厂出品、同强度、同品种水泥。要求混凝土水灰比小于0.5，宜掺加减水剂。混凝土骨料（石子）的粒径，不应超过筒壁厚度的1/5和钢筋净距的3/4，且最大粒径不应超过60mm。

混凝土浇筑时，应沿筒壁圆周均匀地分层进行，每层厚度为250～300mm，浇时应对称进行，防止模板向一边倾斜和扭转，并用振捣器振捣密实，振捣时不可振支承杆、钢筋等，且在滑模过程中不得振混凝土。施工应连续进行，尽量减少施工缝（一般在休息平台处留一道）。

浇筑筒壁混凝土，以每5m高度做一组试块，并进行标准养护检验其28d龄期的强度。试块制作应有专人负责。

混凝土脱模后，应对其表面进行修理，并浇水养护，经常保持湿润，延续时间不应少于7d。也可涂刷养护剂进行养护。

当筒壁外需刷涂料等，则应表面清理干净，并在表面干燥后进行。

筒身的中心线垂直度的允许偏差不超过30mm，壁厚的允许偏差为不大于20mm，筒身任何截面上的半径偏差不大于半径的1%和30mm。

(3) 水箱的施工：水箱部分施工中，钢筋混凝土部分的质量要求和筒身一样。主要应注意五层防水做法按施工操作要求进行。防水层应不裂、不空壳、不脱皮。管道通过处要捻口边并试水不渗漏。

(4) 其他方面：

1) 避雷针与钢筋的焊接，钢筋作避雷导线的接头处的焊接，均应符合焊接要求和通电量要求。

2) 铁爬梯安装、焊接必须牢固，要除锈涂防锈漆和调和漆。

3) 水管、电线安装应符合安装规范要求。

4) 水箱上四周护栏的电焊要牢固，铁栏杆要除锈后，涂防锈漆两道和调和漆一道。涂刷要均匀，不得漏刷。

5) 门窗安装应符门窗工程规定要求。

6) 使用前要进行试水工序，经试水检查合格后，才能正式启用。

2. 安全生产的要求

(1) 一般要求为：高空作业人员事前应进行体检，凡检查后不适宜高空作业者不得进行高空作业；进入现场要戴安全帽，高空作业时应系安全带；每班作业前要仔细检查脚手架的杆件及脚手板，升降设备、绳索、滑车、缆风绳、刹车等是否完好；滑模及提升也应对所用设备、附件、杆件……等进行检查。凡发现问题应及时修好，严禁"带病"作业。六级及六级以上大风不宜进行高空作业。

(2) 安全防护方面：应根据水塔高度，在地面上划出施工范围，禁止非操作人员进入其内；在上料井架底部应搭设防护棚，以防止落物伤人；在水塔底四周应支撑出宽度大于4m的安全网；在筒身外的操作平台上应设置高1.2m的护身栏杆，栏杆应有至少两道横档；井架及采用的外脚手，在顶部应拉缆风绳，绳要张紧，保证稳定；施工中上下联系应有信号（用对讲机一类），并应有专人指挥；塔架或井架的高度超过10m时，应在其上设临时避雷针，下部入土埋置，或与正式的地下避雷系统临时焊接。

(3) 施工中应注意事项：

1) 基础挖土要放坡，坑深和土质差的要考虑边坡支护；弃土要离边坡1.2m以外，坡上应有挡水堤，防止地面水冲入坑内和冲坍边坡；基础完成后要随即回填土。

基础施工中运料要有设备或脚手架；人员上下基坑要有梯或斜道。施工中上边不得往坑中抛物或野蛮卸料。

2) 砖砌筒身时，架子上堆料应有控制，应随用随上料；砖的加工应在地面进行，如要打砖时，应向内侧筒身处打，不得向外打砖；禁止向架子下乱扔东西。

3) 钢筋混凝土施工时，支模板绑钢筋应有牢固的脚手；浇混凝土时，不得猛力冲击架子和模板，入模高度要保持均匀，禁止堆在一处把模板压坏、压偏；采用外脚手施工要经常检查架子的牢固程度；施工中防止物件坠落。

4）外脚手施工中，支拆模板必须在牢固的架子上进行；支拆模板的工具，不许上下抛扔，模板支撑不得由高空扔下；拆除水箱模板要集中后用井架拔杆吊下去，操作人员要离开模板吊运线路范围，防止被砸伤。

5）拆除滑模、提升设备、井架以及外架子等，均应有拆除方案和安全技术交底；拆除时，应先上后下，先零星，后主体，拆除施工中应互相呼应，危险作业处应把安全带挂在坚固牢靠处。

总之，安全生产施工要根据具体的施工方法和现场条件，制定出安全技术措施，并做好交底工作，做到在高耸构筑物施工中安全无事故。

复习思考题

1. 钢筋混凝土烟囱的施工方法有哪些？如何保证工程质量和安全要求？
2. 水塔的施工方法有哪些？质量和安全要求有哪些？

第十二节　季节施工

前面章节所介绍的均为正常气候、正常气温（即指平均气温在5～25℃）时的施工情况及要求。而一年四季的情况是不同的，有炎热的夏季、台风、雨季和低温的冬期等情况出现，以下将介绍遇到非正常气候和气温时各种工程施工时应采取什么措施，从而掌握季节施工的一些主要知识。

一、土方和地基基础工程的季节施工

（一）土方工程

土方工程遇到的主要是雨期和冬期应掌握的施工措施。

1. 雨期施工

土方工程雨期施工时的特点是土壤受水量大，地面水量增多，道路泥泞造成施工困难。为此土方工程施工往往避开雨季，抢在雨季到来前完成基础或雨期末进行开工。在雨季进行土方工程施工时，必须采取一定措施保证顺利施工。

(1) 大土方的开挖：在开挖前应做好施工方案，在挖土范围外周先挖好挡水沟，沟边做土堤防止雨水流入坑内，如图8-12-1。其次设计好运土线路，垫好临时路基。挖土采用反铲掘机，坑底预留30～40cm，待人工清土与浇筑垫层结合进行，以防止基土被水浸泡降低地基土质质量。坑内四周清土前应先挖好排水沟及排水井，排除雨水。注意，地下水的明排或井点降水与雨季考虑施工不是同一件事。

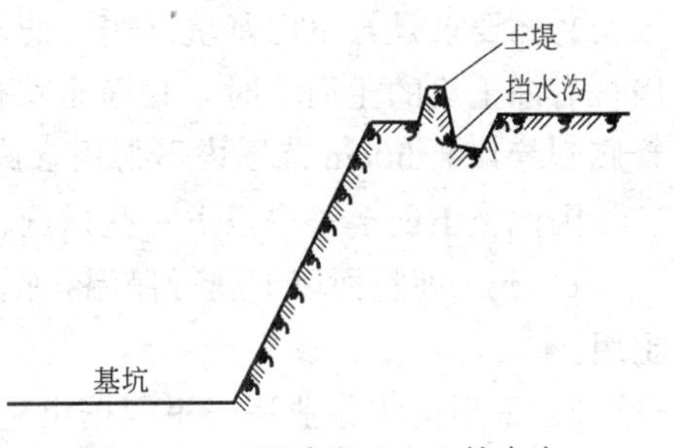

图8-12-1　雨季施工土上挡水沟

(2) 一般基槽挖土：通常也在挖土区范围外做挡水土堤，挖土时亦不能一次挖到设计槽底标高，适当留20～30cm，待作业面可进行流水作业时，进行清土找平槽底，随之浇

筑基槽内垫层。浇好后应适当遮盖，防止雨水冲刷垫层中的水泥浆类，降低强度。

(3) 土方的回填：雨期土方回填最忌土壤水饱和，回填后成为“橡皮土”很难密实。因此土在挖出后应进行遮盖，回填时土含水量偏大应晾干至含水率适宜后回填。如急于回填可掺加废渣或质量差的碎石混合后进行回填，以达到回填土密度的要求。

2. 冬期施工

冬期施工因为全国各地气候不同，所以以日平均气温稳定低于5℃时，这段时间进行施工时，我们称为冬期施工。根据有关资料我国各地的冬期长短是不一致的，因此施工时应根据当地的气温来考虑施工措施。

(1) 土方开挖。土在冬期因冻结变为坚硬，挖掘施工困难，费用也较常温要高。常用措施是在冬期初即在待建场地上将表土翻松20～40cm，起简单的保温作用，这样正式施工时冻土层就不会很深，一般在－10℃以内时冻土深不超过40cm，挖土时就比较容易了。

目前对深层冻土的开挖方法有：爆破法、机械法和最普通的人工开挖。爆破法需专门施工人员进行，施工中要注意安全防护、设禁区等；机械法当冻土厚度＜40cm时用大功率挖掘机开挖，当厚度＞40cm时可借用打桩机打楔形铁块开挖；人工挖土用大锤、铁楔子一块一块挖下来，开始处可借用火烤，先将一块地化开作为突破口，然后依次开挖进行。

人工挖土应注意以下几点：

1) 必须有周密的计划，组织合理的力量，进行连续施工，以加快进度减少继续加深冻结深度。

2) 挖完一处覆盖一处，间歇时间较长应把到底的土挖松但不起出再加覆盖。

3) 使用的大锤要经常检查以防锤头飞出，掌楔的人与打锤的人必须互成90°，严禁脸对脸。

4) 挖大块土方时，严禁在下面进行掏挖，以防冻土断裂下坠把人压伤或埋入土中，造成重大安全事故。

(2) 土方的回填。冬施期间的土方回填主要注意防止用冻土块回填，造成土层互相搁空，到回暖后土面下沉，乃至内部不密实。

总体要求是：室内基坑（槽）的回填土不得用有冻土块的土回填；室外的基槽或管沟用含有冻土块的土回填时，其冻土块体积总量不得超过回填土量的15%。凡管沟内，则管底到管顶上50cm范围内不得用含冻土块的土回填。

因此施工前要采取以下一些措施：

1) 施工前将回填土进行保温，把挖出的不冻土堆在一起，进行覆盖防冻，留作回填土用。

2) 采用流水作业法，甲幢挖出后回填至乙幢，并迅速夯实，可减少覆盖材料的消耗。

3) 冻土大块放到向阳处待其软化后击碎到直径50mm以下，也可掺入不冻土中回填利用。

4) 重点重大工程必要时采用砂土进行回填。

5) 回填土处的积雪等应清扫干净后才能进行回填。亦可以尽量减少回填量，只要保证外露基土不受冻的回填厚度，其余的可待解冻回暖后进行。

(二) 地基工程

地基工程有天然地基和地基处理（即人工地基）两类。

天然地基在雨季施工时要注意排水和防止基土浸泡，与土方工程是一致的；冬期施工主要是防止基土受冻，即挖好土应覆盖或立即浇筑垫层。因此天然地基的季节施工只要做到上述要求就可以了。在此主要介绍人工地基在季节施工中应注意的要点，以常见的为介绍主体：

1. 灰土垫层地基

（1）雨季施工：灰土垫层雨季施工应注意：

1）土必须事先覆盖防雨，含水率适宜；石灰熟化随用随洒水粉化，块灰堆放有防水防雨措施或随用随进。

2）雨天暂停施工；施工时槽内不得有积水、烂泥，必须清净或先洒干灰粉吸水后再下灰土进行施工。

3）夯实后应防雨，三天内不能受水浸泡，如表面受潮变软，应清去再补夯灰土。

（2）冬期施工：严禁用冻土做灰土原料，夯实后做覆盖保温。

2. 砂石垫层

雨季基坑内应无积水，砂石材料含水率不宜过大；因其自身渗水较好，只要不是大雨连绵，施工可正常进行。

冬期应防止夹有冻块、冰雪块，用前置于向阳的地方晾干，使其符合做垫层用料要求。

3. 碎砖三合土垫层

雨季中要防止雨水冲刷，施工时防止槽内积水；拌合时控制好加水量，使成料稠度适宜，水分不多。

冬期施工时拌合物入槽温度应＞10℃，入槽后及时覆盖保温以防受冻。

4. 重锤夯实与强夯地基

这两种采用机械强力挤压夯实的地基不宜进行雨施和冬施。

5. 灰土挤密桩加强地基

雨季施工时灰土做法要求同灰土垫层，场地四周做土堤防止地面水流入施工区域及成孔洞内。完成后桩上口灰土加高些以免积水。

冬期施工主要防止灰土受冻，拌合时符合灰土垫层要求，夯实后孔顶可堆放松土保温。

6. 砂桩加固地基

雨季应防止水分过多，冬期砂不得受冻，冬、雨季节均应严格控制砂的含水率。

7. 深层搅拌桩加固地基

1）雨季施工，施工场地四周做好防雨水措施，场地内应比较干燥；搅拌时控制好水泥浆体的水灰比。

2）冬期施工时主要防止水泥浆体受冻，入孔温度应达到10℃左右，并适量掺加早强抗冻剂。

（三）基础工程

基础工程是一个分部工程的概念，根据所用材料不同，将分别于砖石工程、混凝土工程中叙述其季节施工措施。

但须强调的是：雨季施工时凡整体基础要做好抽排水工作，冬期施工时基土必须无冻胀情况，基土必须保温在0℃以上。

二、砖石、砌块砌筑工程的季节施工

砌筑工程的季节施工，主要是其中水作业的控制。现分别叙述如下：

（一）雨期、炎夏和台风季节

1. 雨期施工

砌筑工程用块材少洒水或不浇水，材料应加以遮盖防雨，避免吸水过大。适当减小砂浆稠度，水平灰缝厚度控制在 8～10mm，收工时墙顶压盖一层干砖以防突然下雨冲掉刚砌好的砌体中的砂浆。控制每天的砌筑高度。经常检查脚手架及其基础，以防下沉变形。做好道路的防滑措施，确保安全生产。

2. 炎夏和台风时期施工

南方夏天气温高，蒸发量大，相对干燥，因此砌筑中应注意：

（1）砖及砌块砌筑前一天先浇水湿润，可适当增大砂浆稠度，严格按“三一”操作法施工，砂浆随拌随用，不能拌好一堆后由运输工慢慢运。

（2）特别干燥情况下，已砌筑完的墙体砂浆初凝后可适当洒水使墙面保持湿润，以利于砂浆强度增长。

（3）台风季节时，刚砌好的墙体承受强劲的风力是不利的，砌筑中要控制墙体的砌筑高度，最好四周同时砌筑形成整体刚度，对于无横向支撑的独立山墙、窗间墙、高的独立柱，砌完后应加临时保护支撑进行加强，以抵抗风力的破坏。

（二）冬期施工

按国家规范规定，当连续 5d 的平均气温低于 5℃时，砌筑施工属于冬期施工。

冬施前应做好准备工作，技术部门做出冬期施工措施。具体的要做以下一些工作：

（1）砌筑前所用材料砖、石、砌块等应清扫霜雪、冰碴；砂浆宜用普通硅酸盐水泥拌制；掺合料应做保温以防受冻；拌制用砂不得含有冰块和大于 10mm 的冻结块；拌合用水水温不超过 80℃，如砂要加热则不得超过 40℃。

（2）砌砖浇水有困难可适当增大砂浆稠度；在抗震设防烈度为 9 度的建筑物，砖块无法浇水又无特殊措施时不得砌筑。

（3）冬施时不得用无水泥配制的砂浆；每日砌筑后应在砌体表面覆盖保温材料。

（4）掺用外加剂时，应按规范执行，严禁超量。如对保温、绝缘、装饰等方面有特殊要求的工程，不得掺盐作抗冻剂。其他如用加热法、暖棚法，严禁地区可采用冻结法。

采用冻结法时应做到：砂浆上墙温度不得低于 10℃；当时最低气温高于或等于−25℃时，砂浆强度应比设计强度提高一级；在解冻时应作必要加固措施；为保证解冻时的正常沉降，每天砌筑高度不宜大于 1.2m；跨度大于 70cm 的过梁应用预制钢筋混凝土过梁；门窗樘上口应留出 5mm 以上的缝隙；砌体水平灰缝不应大于 10mm；解冻前应将砌体中的小洞口、沟槽填平；卸除房屋中残留的建筑材料、建筑垃圾；解冻期应经常观察和检查，发现裂缝、不均匀沉降应立即报告技术部门采取措施。

（5）空斗墙、毛石墙、受侧压力的砌体，在解冻期可能受到震动或动力荷载的砌体；及解冻时不允许出现沉降的（如筒拱）砌体，则一律不得采用冻结法施工。

三、钢筋与混凝土工程的季节施工

钢筋工程与混凝土工程在季节施工中是经常要遇到的，而且很难避开。因此钢筋与混凝土工程的季节施工知识是必须掌握的。

（一）钢筋工程

钢筋工程的雨季施工主要是：材料必须堆入仓库且要架空离地，防止雨水浸泡锈蚀；焊接工艺必须在室内或工作棚内进行，防止雨水对焊接处突然降温着水而产生裂缝。

钢筋工程的冬期施工，由于在负温条件下钢筋的力学性能要发生变化，即屈服点和抗拉强度增加，而伸长率及抗冲击韧性降低，脆性增加，称为冷脆性。因此钢筋工程的冬期施工应注意以下一些措施：

1. 在负温条件下冷拉

(1) 冷拉时环境温度不宜低于－20℃；

(2) 应采用同常温施工相同的冷拉伸长率；

(3) 当采用控制应力方法冷拉时，应较常温情况下控制应力提高 30MPa；

(4) 如为调直及节约钢材的冷拉，则按拉伸率 3%控制，不宜过大。

2. 在负温条件下的焊接

(1) 焊接应尽量在室内进行，对焊接工作间应适当采暖，使焊接接头不会突然下降温度。

(2) 在负温时闪光对焊，宜选用预热闪光焊或闪光—预热—闪光焊接的工艺。要求焊接时调伸长度增加 10%～20%，以利增大加热范围；变压器级数应降低 1～2 级；闪光前可将钢筋多次接触，使钢筋温度上升；烧化过程中期的速度应适当减慢；预热时的接触压力适当提高，预热间歇时间适当增长。

(3) 电弧焊接，应先从接头中部引弧，再向两端运弧；焊缝可采用分层控温施焊；焊接时电流应略微增大，焊接速度适当减慢。

(4) 所有焊接接头，焊完后可放在炉灰渣中让其慢慢降温，不得马上拿到室外。

(5) 在室外的焊接，则必须使环境温度不低于－20℃，同时应有挡风、防雨雪的措施；焊后的接头严禁立刻碰到冰雪。

(6) 室外竖向钢筋气压焊，要增长预热时间，压接后要小火回复降温加热 2～3min，使接头慢慢由红变成暗灰色。

(7) 室外竖向电渣压力焊，要适当调整焊接参数，其中电流的大小，应根据钢筋直径和环境温度而定，比常温应适当增加电流，并应适当加大通电时间。焊接后，接头的药盒要比常温时延长 2min 左右再拆，接头处的焊渣壳，应延长 5min 后再打壳去渣进行检查观察。

（二）混凝土工程

1. 混凝土的雨季及炎夏施工

(1) 雨季时砂、石料应堆放在地势高处并利于排水；施工时要经常测定含水率，以保证配合比中水灰比的准确，并适当降低坍落度，运输中采取措施防止雨水流入运输车内。

(2) 炎夏时期，应设有专人负责浇水养护混凝土至少 7d，且不允许新浇好的混凝土在阳光下曝晒。

2. 混凝土的冬期施工

(1) 基本要求：

1) 要编写施工方案，确定施工措施。要求能达到保证质量、加快进度、节约能源、控制成本完善地完成施工工程。

2) 要求混凝土的温度在降至 0℃前，其抗压强度不得低于抗冻的临界强度。即采用硅酸盐或普通硅酸盐水泥配制的混凝土其抗冻临界强度应达到设计强度的 30%；用矿渣硅酸盐水泥配制的，则应达到设计强度的40%；低于和等于C10的混凝土，不得小于5MPa。

3）冬期施工混凝土，一般应选用硅酸盐水泥或普通硅酸盐水泥、强度等级不低于32.5，每立方混凝土中的水泥用量不少于300kg，水灰比应小于0.6。

4）冬期施工中，混凝土的可掺加减水剂，早强剂，尽量不要用氯盐类掺加剂，使用时应按说明书和相应规程执行。

5）尽量采用蓄热法施工的原则，以减少能源的消耗。

6）侧模板的拆除，应待混凝土温度降至0℃时才可拆除，拆除时温差大于20℃时，要再包裹草帘保温。底模要待同条件试块强度及规范规定允许拆除时才能拆除。

7）冬施期间混凝土的脆性较大，不得在施工中遭受冲击和动力荷载作用。

8）冬施期间要经常听取天气预报，掌握天气变化、寒流、大风和警报，以便及时采取措施。此外还应有专门人员进行测温，如天气温度记录和混凝土内温度记录等。

（2）对混凝土拌制的要求：

1）冬施拌制的混凝土用的砂、石、水泥和水应都在正温为宜，拌制时应优先采用水加热，如热工计算不够，再对骨料进行加热。

2）骨料必须清洁，不得含有冰雪等冻结物及易冻裂的矿物质。

3）严格控制水灰比；应有专人配制防冻剂溶液，并严格掌握防冻剂的掺量。

4）搅拌前应先用热水冲洗搅拌机，使筒体预热；混凝土的搅拌时间应比常温增加50%的时间。

5）拌合出机温度应不低于10℃，入模温度应不低于5℃。

（3）混凝土拌和出料时的温度计算：根据经验公式得出混凝土拌合物的理论温度可用下面公式计算：

$$T_0=[0.84(G_c\cdot T_c+G_s\cdot T_s+G_g\cdot T_g)+4.19T_w(G_w-P_s\cdot G_s-P_g\cdot G_g)+b\cdot P_s\cdot G_s\cdot T_s+b\cdot P_g\cdot G_g\cdot T_g-B\cdot P_s\cdot G_s-B\cdot P_g\cdot G_g]\div[4.19G_w+0.84(G_c+G_s+G_g)] \tag{8-12-1}$$

式中 T_0——混凝土拌合物的理论温度（℃）；

$G_w\cdot G_c\cdot G_s\cdot G_g$——每$m^3$中水、水泥、砂、石的用量（kg）；

$T_w\cdot T_c\cdot T_s\cdot T_g$——水、水泥、砂、石的各自温度（℃）；

$P_s\cdot P_g$——砂、石各自的含水率；

b——水的比热，当骨料温度＞0℃时，$b=4.19$；当骨料温度≤0℃时，$b=2.10$；

B——水的溶解热，当骨料温度＞0℃时，$B=0$；当骨料温度≤0℃时，$B=330$。同样根据经验公式可算出自搅拌机中倾出时的温度，可用下面公式：

$$T_1=T_0-0.16(T_0-T_d) \tag{8-12-2}$$

式中 T_1——自搅拌机中倾出的温度（℃）；

T_0——式（8-12-1）计算出的理论温度（℃）；

T_d——搅拌棚内的温度（℃）。

这种计算目的是让我们知道出搅拌机温度后，如何加快运输，减少热损失，达到保证要求的入模温度。入模温度可以在入模处测到。

【例】 假设某工程每 m^3 混凝土中材料用量为：水 160kg，水泥 320kg，砂 600kg，石子 1350kg；材料温度测得水 75℃，水泥 3℃，砂加热为 40℃，石子外露与气温同为 −4℃；砂含水率为 5%，石子含水率为 2%；搅拌棚内温度为 8℃；求出料运输前的温度为多少？

这个例子可分两步计算，第一步先算出拌合物理论温度；第二步再算出出料时温度。

1）理论温度可代入公式（8-12-1）

$$
\begin{aligned}
T_0 = & [0.84\times(320\times3+600\times40-1350\times4) \\
& +4.19\times75\times(160-0.05\times600-0.02\times1350) \\
& +4.19\times0.05\times600\times40-2.10 \\
& \times0.02\times1350\times4-0\times0.05\times600-330\times0.02\times1350] \\
& \div[4.19\times160+0.84(320+600+1350)] \\
= & 13.81℃
\end{aligned}
$$

2）出料温度可代入公式（8-12-2）

$$T_1 = 13.81-0.16(13.81-8)=12.88℃$$

若经运输损失降温至 8℃作入模温度，那么能符合规范规定的入模温度不低于 5℃的要求，如不能满足则石子要适当提高温度来解决。

（4）蓄热法养护混凝土：蓄热法养护混凝土是冬期最低温度不低于−20℃地区最适宜采用的冬期混凝土施工的措施。它是在混凝土浇筑后周围用保温材料严密覆盖，利用预加的热量和水泥的水化热，使混凝土缓慢冷却，并在冷却过程中逐渐硬化，能使混凝土冷却至 0℃时可达到抗冻的临界强度或预期的强度要求。

蓄热法具有较经济、节能、简便的特点，但由于强度增长较慢，因此希望选用强度高、水化热大的硅酸盐水泥或普通硅酸盐水泥，同时选用导热系数小、价廉耐用的保温材料。并在浇筑后应有测温制度，如发现混凝土温度下降过快或遇突然寒流，应立即采取补加保温材料或加热措施，达到保证工程质量。

采用蓄热法应进行一套热工计算，确定采用什么保温材料，应覆盖多厚，才能保证到达 0℃的硬化养护期，使混凝土强度达到抗冻临界强度以上。由于篇幅关系，我们这里把有关的一些要素作些介绍，热工计算与有关表格资料，有兴趣者可参阅《建筑施工手册》有关部分。

蓄热法适宜于表面系数小于 8 的结构，所谓表面系数就是混凝土散热的表面积和 $1m^3$ 混凝土时它这种表面积的比。可以用公式表示：

$$M=\frac{F}{V} \qquad (8\text{-}12\text{-}3)$$

例如一根 50cm×50cm 见方的柱子，它的每 m 高的表面积为：0.5×4＝$2m^2$，它每 m 高的体积为 0.5×0.5×1＝$0.25m^3$，则它的表面系数为 2÷0.25＝$8m^2/m^3$。

其次蓄热法保温养护时间与混凝土入模温度、每 m^3 中水泥用量、水泥的水化热、保温材料的热阻系数（即保温性能好）等因素成正比；而与表面系数、室外温度、保温材料的透风系数成反比。

因此，我们在采用蓄热法时要做到：尽量提高入模混凝土的温度、采用高水化热的水泥、用价廉而又导热系数小的保温材料。尤其目前抗冻早强外加剂的大量采用，对用蓄热法保证冬期施工混凝土工程质量已是不难做到了。

在蓄热法施工中，我们要在混凝土中预埋测温管，测温管可用白铁皮做成，内径10mm，长度一般为500mm，底部封口，在浇筑好的混凝土梁、柱中直接插下去，上口用木塞塞好，露出表面10～20mm，板处可横向斜插。测温时把保温材料局部揭开，把温度计插入管内，停留3～5min后拔出即看温度，并记录于测温记录本上。测温孔应在平面图上标出，并编号。测温管示意可见图8-12-2。

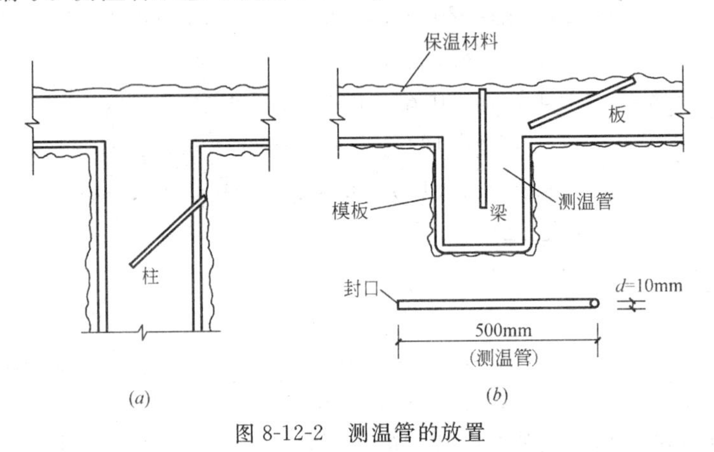

图8-12-2 测温管的放置

(a) 柱；(b) 梁板

当蓄热法测温时发现温度下降较快，保温养护时间可能不够时，可以在上表面增加覆盖，在梁板下面空间增加远红外线养护器增温，但必须加强防火安全措施，在使混凝土温度再上升后撤去。总之要达到足够的保温养护期。

(5) 蒸汽养护混凝土：冬期施工混凝土工程采用蒸汽加热，有两种方式，一种是让蒸汽与混凝土直接接触，利用蒸汽的湿热作用来养护混凝土；另一种是将蒸汽作为热载体，通过散热器，将热量传导给混凝土使之升温养护。

蒸汽养护的主要特点是：蒸汽含热量高，湿度也大，成本相对低些。缺点是温湿度难以保持均匀稳定，热能利用率低，现场管道多，容易发生冷凝和冰冻。

在工程现场，当采用蒸汽养护混凝土结构时，如为一般框架结构，则需根据所需养护的混凝土量，应提供多少蒸汽，养护多少时间，才能达到混凝土设计强度的50%以上，而选择现场施工临时用的立式锅炉。

在工程边上要建临时锅炉房，选用2～3台5t锅炉，燃煤提供蒸汽。框架四周应作适当挡风（用席加草帘）围护，其梁板下排管，管上开孔俗称花管，由锅炉房通过管道提供蒸汽，在框架下由蒸汽蒸养混凝土，使这个范围内有温度和湿度，达到对混凝土养护的目的。

所需用蒸汽量、养护时间、需要锅炉等技术数据，应由技术部门提供。

应注意的是：蒸汽养护方法混凝土应采用矿渣硅酸盐水泥，因它适应性好。不要用引气型的减水剂，掺加该类加气型物质会推迟混凝土凝结时间，降低强度。基土不应受水浸的地方，不应采用蒸汽养护。

除了蓄热法、蒸汽养护外，其他还有电热法、远红外线养护法等，这些由施工单位根据工程情况和企业所具备的条件进行选择。

总之，冬期养护混凝土，只要能在短期内经过养护达到临界抗冻强度，以哪个最经济、施工最方便，且又结合工程和企业实际，则采用哪种方法。

四、抹灰工程和其他装饰的季节施工

凡有水作业的工程都有季节施工的问题，抹灰工程、饰面工程、水泥或水磨石地面工程、油漆涂料粉刷工程等等都不例外。这里仅对应注意的要点进行介绍。

（一）抹灰工程和饰面工程

1. 雨期施工

室外部分的抹灰和饰面工程尽量避开雨期。室内抹灰、瓷砖等应在屋面工程完成后进行。

室外抹灰和饰面必须进行时，应不浇墙面，减少抹灰或粘贴砂浆的稠度，并明确大雨期间停止施工。

2. 冬期施工

室外一般采用冷作业，即在砂浆中掺抗冻早强剂，当室外温度低于－5℃时应停止作业。

室内抹灰均应采用供暖办法进行并通临时暖汽或生火炉关闭门窗。墙面湿润不宜大量浇水，所用砂浆应在5℃以上，低温地区应采用热水拌砂浆。室内潮气过大要定时开窗放潮气通风，每层抹层要检查有无冻结和空壳，以保证抹灰和粘结质量。

（二）楼地面和屋面工程

1. 雨季施工

室内楼地面施工必须待屋面工程找平层完成后才可进行。屋面工程雨季不宜施工，尤其水泥珍珠岩保温层之类，屋面找平层最好在雨季之前施工完毕，防水层必须在天晴后找平层干燥后才能施工。

2. 冬期施工

室内楼地面应同抹灰一样采用供暖，在不低于5℃的室温下进行。要求不高的水泥地面可采用掺盐法抹地面，但也不能低于－5℃。

室外屋面工程主要应防止找平层受冻，可采取掺无氯盐抗冻剂拌砂浆，抹好后稍硬即覆盖保温材料。防水层应采用热作法，不能用冷作业。

（三）涂料和油漆工程

1. 雨季施工

外涂料雨季时应停止施工。油漆在雨季由于潮湿也不宜施工，尤其墙面油漆，因含水率高，油漆后易脱皮。室内涂料亦应视情况而定。

2. 冬期施工

（1）室外涂料、油漆粉刷应在进入冬期前完成。初冬时可采取先阴面、后阳面的步骤，中午气温较高时做完。粉刷时涂料中不可随意加稀释剂或采用加热涂料办法作业；油漆时可适当加些催干剂，促使快速干燥成膜。

（2）室内的油漆和涂料粉刷工程均应有采暖条件且环境温度不低于5℃，以保证工程质量。

复习思考题

1. 砌筑工程的季节施工有哪些要求？

2. 混凝土工程的季节施工应注意什么？

3. 抹灰工程季节施工应注意什么？